In der **Erarbeitungs**phase wird an der Sache selbst gearbeitet. Jeder ist seiner Aufgabe gemäß am Werk. Dabei sind immer gegenseitige Absprachen und **Rückkopplungen** und dann auch gegebenenfalls Ziel- und Planungskorrekturen erforderlich, damit das gemeinsame Ziel auch in der Einzelarbeit nicht aus den Augen verloren wird.

Jedes Forschen endet immer mit irgendeiner **Darstellung**. Forscher nennen das eine **Veröffentlichung**. In der Schlussphase wird also das Ergebnis eurer Arbeit umgesetzt in eine Form der Präsentation für andere oder in eine Ergebnissicherung für sich selbst. Jede Darstelllung für andere muss auch eingeübt werden.

ERARBEITUNG

- Fernsehen (Schulfernsehen)
- Darstellendes Spiel
- Fragebogen erarbeiten
- Befragung durchführen und auswerten
- Buchstudium (Bibliotheken – Lexika, Fachbücher, Lebensbilder…)
- Experimente und die Versuche auswerten
- Internetrecherche
- Internetpräsentation anfertigen
- Museumsbesuch vorbereiten und durchführen
- Erkundungen durchführen
- Betriebsbesichtigungen

ERGEBNIS

- Fakten
  - zusammentragen
  - auswählen
  - bewerten
  - …
- Erkenntnisse
  - gliedern
  - gewichten
  - aufschreiben
  - …
- Erfahrungen
  - zusammentragen
  - gewichten
  - …

PRÄSENTATION

- Darstellungsform noch einmal überprüfen
  Vorschläge:
  - Experimentalvortrag
  - Rechner gestützte Präsentation
  - schriftlicher Bericht
  - Ausstellung
  - Internetseite
  - Plakataktion
  - Darstellendes Spiel (Geschichte)
  - …
- Wer präsentiert was?
- Präsentation einüben
  Vorschläge:
  - frei reden üben nach Stichworten
  - Vorführgeräte erproben
  - …

Schließlich werden die Einzelergebnisse eurer Arbeit in ein gemeinsames **Ergebnis** zusammen geführt. Dabei werdet ihr streichen, verdichten und zuspitzen müssen, damit ein geschlossenes Ganzes entsteht, das von anderen verstanden werden kann.

Die Themen der folgenden Seiten sind **Anregungen** für euer selbstständiges Arbeiten. Sie geben lediglich wichtige Versuche oder andere Inhalte, entscheidende Planungsschritte und unabdingbare Hinweise auf eure Arbeit. Die Entscheidung, was ihr tun wollt, die Planung eurer Arbeit, die Schritte der Erarbeitung selbst sowie Form und Einüben der Präsentation müsst ihr selbst in die Hand nehmen. …**Viel Spaß bei der Arbeit!**

Inhalt

Optische Instrumente – Farben des Lichts

Stromstärke – Ladung – Spannung

Kraft – Druck – mechanische Energie

Radioaktivität und Kernenergie

Energie – elektrisch und thermisch

Energieströme – Energienutzung

Anhang

* Diese Elemente oder Inhalte sind nicht verbindlich, sondern ergänzen die verbindlichen Inhalte des Kernlehrplans.

Optische Instrumente – Farben des Lichts

Die Welt um uns herum ist bunt – ein Blumenstrauß leuchtet in den schönsten Farben, ein Regenbogen ist eines der farbenprächtigsten Naturschauspiele. Wie kommen die Farben der Körper zustande, wie die des Regenbogens – wie entstehen Farben überhaupt? Wann sehen wir ein scharfes Bild von einem Gegenstand? Wie korrigieren Brillen Sehfehler?

Farbenspiele: Im hellen Sonnenlicht leuchtet ein Blumentrauß in den schönsten Farben. Wird er dagegen mit dem gelben Licht von Straßenlaternen beleuchtet, so erscheint er erschreckend farblos. Wo sind die Farben geblieben?

Optische Geräte: Gleichgültig, ob es sich um sehr weit entfernte Galaxien handelt oder ob es um einen kleinen Käfer geht – mit bestimmten optischen Geräten dringen wir in diese unzugänglichen Welten vor und bekommen Informationen über sie. Welche Geräte leisten das? Wie sind sie gebaut?

Spiegelkabinett: In einem Spiegelkabinett lassen sich verblüffende Beobachtungen machen. Jeder sieht sich selbst oder andere Personen mehrfach und scheinbar aus verschiedenen Richtungen. Oft ist auch nicht klar, ob eine Person einen Gegenstand, wie z. B. einen Fotoapparat, in der linken oder der rechten Hand hält.

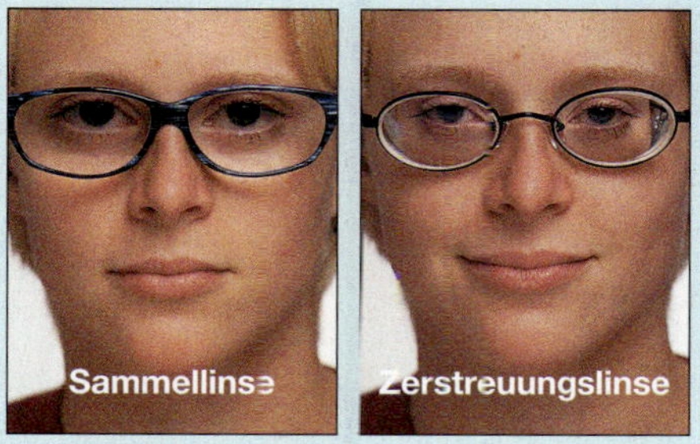

Sehfehler: Manche Menschen können aufgrund von Sehfehlern nicht mehr alle Gegenstände scharf sehen. Je nach Art des Sehfehlers gibt es unterschiedliche Brillen. Doch welche Brille gehört zu welchem Sehfehler?

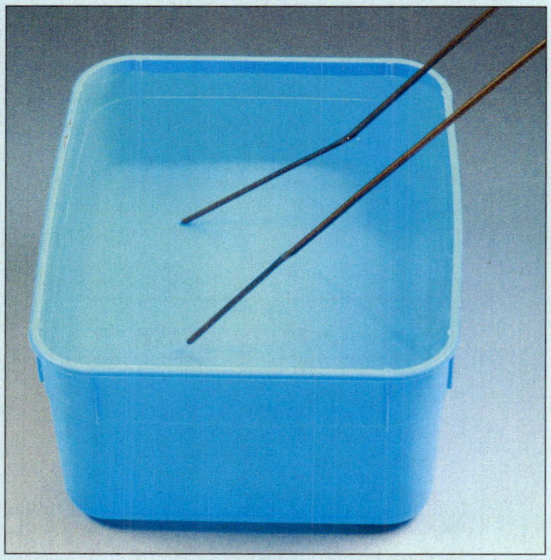

Der Knick in der Optik: Wenn gerade Gegenstände wie z. B. ein Metallstab in ein Wasserbecken gehalten werden, sehen sie auf einmal ungewöhnlich aus. Einer der beiden Metallstäbe erscheint gerade, der andere geknickt. Doch welcher ist welcher?

Vorbereitung

1 Lies die Texte dieser beiden Seiten durch und betrachte die zugehörigen Bilder. Schreibe zu den einzelnen Themen Fragen auf, die du dazu hast.

2 Blättere das folgende Kapitel durch, lies die Überschriften und betrachte die Bilder. Notiere neben den Fragen aus **1** die Seitenzahlen, die deiner Meinung nach Antworten zu deinen Fragen liefern könnten.

3 Überlege und schreibe auf, was du in Experimenten untersuchen möchtest. Vielleicht hast du ja schon Ideen, wie die Versuche aussehen könnten

4 Studiere die in der „Wiederholung Licht“ auf Seite 10 dargestellten Zusammenhänge. Schreibe dazu die wichtigsten Begriffe zusammen mit einer kurzen Erklärung auf.

Wiederholung Licht

Licht und Schatten

Hinter lichtundurchlässigen Körpern bilden sich bei Beleuchtung durch Licht Schatten.

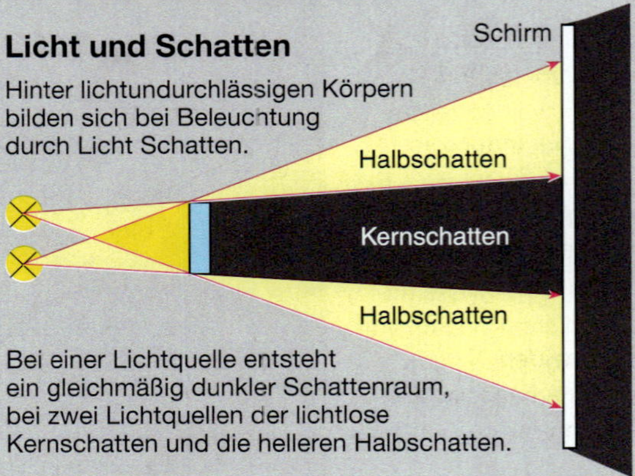

Bei einer Lichtquelle entsteht ein gleichmäßig dunkler Schattenraum, bei zwei Lichtquellen der lichtlose Kernschatten und die helleren Halbschatten.

Finsternisse

Der Kernschatten des Mondes erzeugt auf der Erde eine totale Sonnenfinsternis, der Übergangsschatten eine partielle.

Tritt der Mond in den Kernschatten der Erde, so gibt es eine Mondfinsternis.

Bei seinem monatlichen Umlauf ist von der Erde aus unterschiedlich viel von der beleuchteten Mondoberfläche zu sehen: Mondphasen

Bildentstehung

Lochblende (und Auge) erzeugen Bilder, die auf dem Kopf stehen und seitenverkehrt sind.

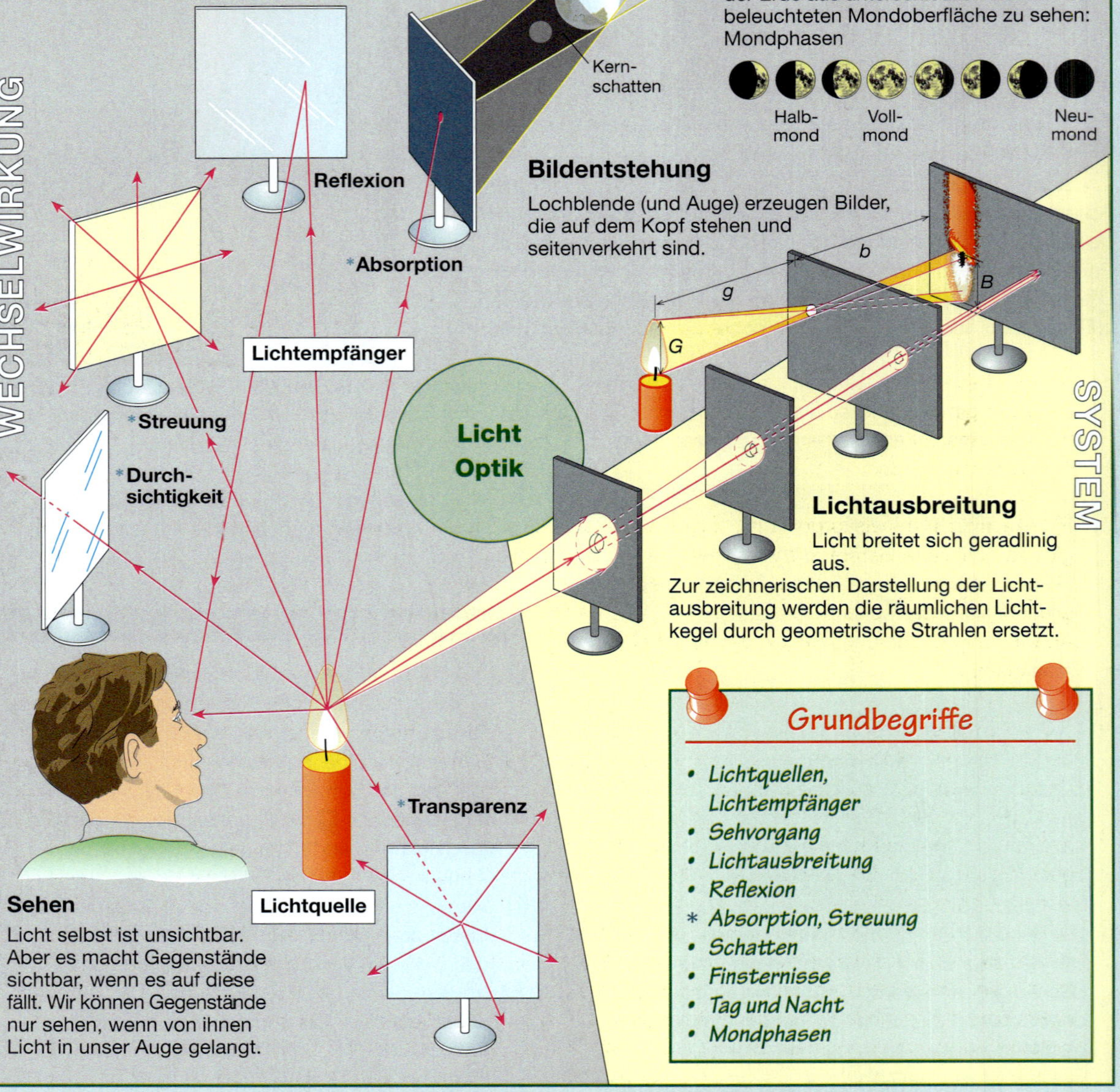

Lichtausbreitung

Licht breitet sich geradlinig aus.

Zur zeichnerischen Darstellung der Lichtausbreitung werden die räumlichen Lichtkegel durch geometrische Strahlen ersetzt.

Sehen

Licht selbst ist unsichtbar. Aber es macht Gegenstände sichtbar, wenn es auf diese fällt. Wir können Gegenstände nur sehen, wenn von ihnen Licht in unser Auge gelangt.

Grundbegriffe

- *Lichtquellen, Lichtempfänger*
- *Sehvorgang*
- *Lichtausbreitung*
- *Reflexion*
- * *Absorption, Streuung*
- *Schatten*
- *Finsternisse*
- *Tag und Nacht*
- *Mondphasen*

Augen und ihre Schwächen ... Projekt

Die Augen geben viele Einblicke in die Welt, die uns umgibt. Aber sie haben häufig Schwächen und ganz deutlich Grenzen. Mithilfe technischer Hilfsmittel lässt sich für beides Abhilfe schaffen.

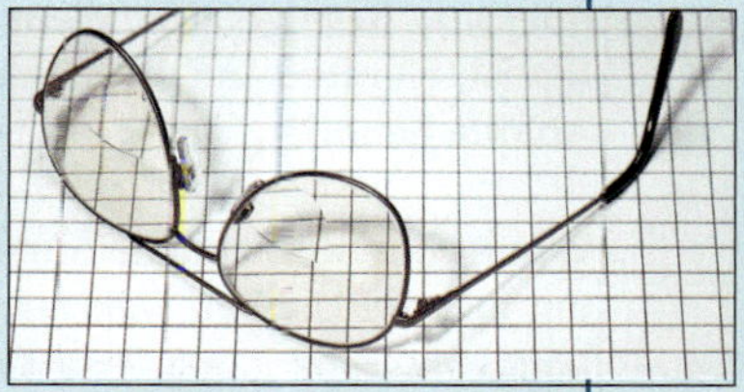

P1 a) Ermittelt durch Befragen von Brillenträgern, welche **Sehschwächen** sie haben und wie ihnen die **Brille** dabei von Nutzen ist.
b) Leiht euch möglichst viele verschiedene Brillen und untersucht ihre Eigenschaften und ihren jeweiligen Verwendungszweck. Teilt dann eure Ergebnisse in verschiedene Kategorien mit gemeinsamen Eigenschaften ein.

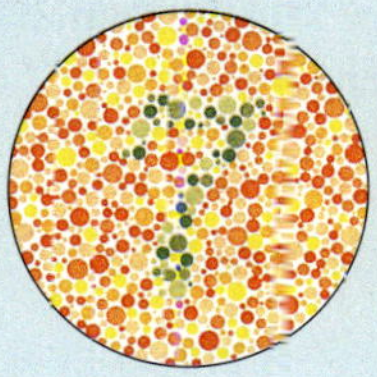

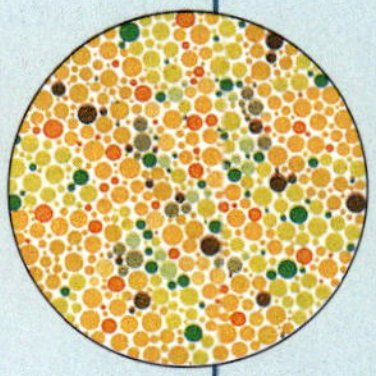

P2 Für manche Menschen ist es schwierig, Farben zu unterscheiden.
a) Erkundigt euch, wie durch einen **Sehtest** solche Schwächen erkannt werden.
b) Überlegt, wie ihr solche Tests für eure Klasse durchführen könntet und führt sie dann durch.

P3 Zum Betrachten von Gegenständen benötigen die Augen eine ausreichende Beleuchtung.
a) Experimentiert, wie viel **Beleuchtung** ihr benötigt. Reduziert dazu die Lichtintensität und achtet darauf, wann der Farbeindruck schwindet.
b) Experimentiert mit unterschiedlichen Lichtquellen (Taschenlampe mit Farbfolien, Schwarzlicht, Wärmelampe, ...), wie Gegenstände unter dieser Beleuchtung aussehen.

... und Grenzen Projekt

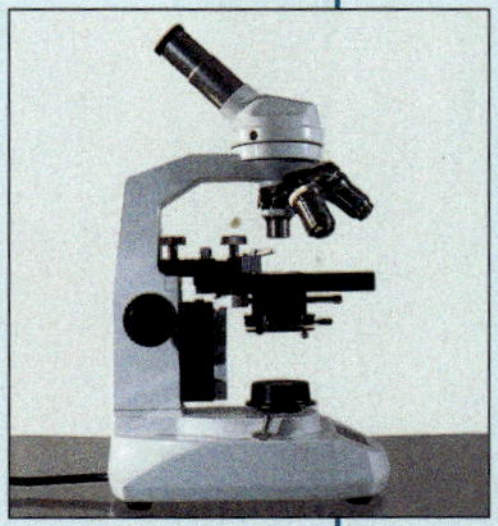

P1 Für besonders kleine Gegenstände wie den Flügel einer Fliege, einen Zuckerkristall oder ähnliches gibt es optische Geräte, die Kleines vergrößern. Sucht solche Geräte und untersucht ihre Gemeinsamkeiten, aber auch Unterschiede. Bestimmt ihre Einsatzgebiete und beschreibt ihre Verwendung dort.

P2 Auch für Himmelskörper wie Sonnen, Planeten und Monde, die sehr weit entfernt sind, gibt es geeignete Geräte, die Entferntes näher bringen. Sucht solche optischen Geräte wie **Fernrohre** oder **Teleskope** zusammen, beschreibt ihren Aufbau und ihre Einsatzgebiete und gliedert sie entsprechend. Arbeitet grundsätzliche Unterschiede heraus und nennt weitere Anwendungen. Versucht, mit einfachen Mitteln eigene Geräte zu bauen und damit zu experimentieren.

P3 Im Licht stecken viele Informationen in Form von **Farben**. Experimentiert mit verschiedenen Körpern, die weißes Licht in Farben zerlegen können. Sucht dabei in eurem Umfeld danach. Beschreibt eure Beobachtungen und zeichnet neben dem Lichtverlauf besonders genau die Farben.
a) Ermittelt, welche Materialien und welche Formen für die erzeugten Farben besonders gut geeignet sind. Stellt Gegenstände in die Farben und beschreibt eure Beobachtungen. Lassen sich die Farben wieder zusammensetzen?
b) Recherchiert, in welchen Bereichen Licht und seine Farben genutzt werden, um z. B. Schäden an Wäldern und Umwelt oder **Wärmeverluste** an Häusern zu erkennen. Beschreibt die Methoden, um an die benötigten Informationen zu kommen.
c) Recherchiert, welche **Atmosphäre** ferne **Sterne** und **Planeten** besitzen. Bestimmt damit, welche Informationen aus dem Licht geholt werden können und wie dies durchgeführt wird.

Das Auge

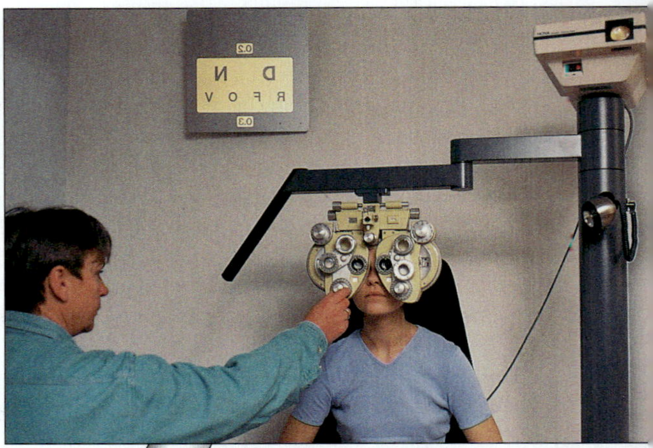

Das Auge vermittelt uns einen Großteil aller Informationen, die wir aus unserer Umgebung aufnehmen. Es erfasst Form, Größe, Farbe und Abstand von Körpern oder ihre Bewegungen. Wenn das Sehen beeinträchtigt ist, werden eine Brille oder Kontaktlinsen zur Abhilfe benötigt.

Wie ist das menschliche Auge aufgebaut, damit wir mit ihm die Umwelt wahrnehmen können? Wieso können wir nahe und ferne Gegenstände scharf und farbig sehen? Welche Sehfehler gibt es und wie lassen sie sich korrigieren?

Der Bau des Auges

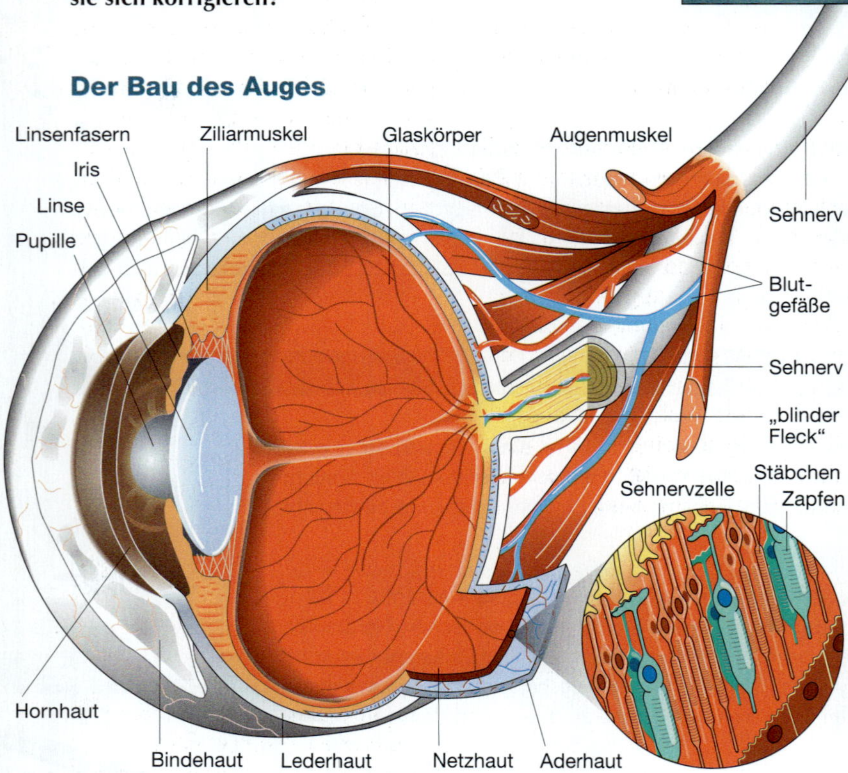

Beim Auge ist auf einem weißen Hintergrund ein farbiger Ring mit einem dunklen Kreis in der Mitte zu erkennen. Der farbige Ring ist die Regenbogenhaut oder Iris. Sie ist blau, braun, grünlich oder grau. Der dunkle Kreis in der Mitte ist die Pupille. Durch sie fällt das Licht in unser Auge.

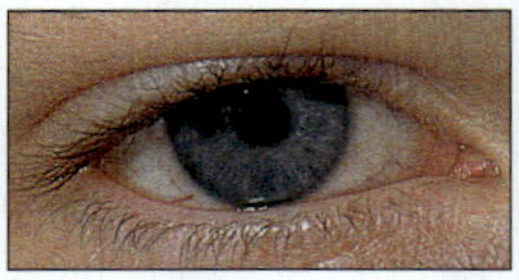

Hornhaut, vordere Augenkammer, Augenlinse und Glaskörper bilden zusammen ein Linsensystem, das den Weg des Lichts beeinflussen kann.
Den größten Beitrag steuert die Hornhaut bei.
Auf der Netzhaut entsteht so ein Abbild des beobachteten Gegenstands.

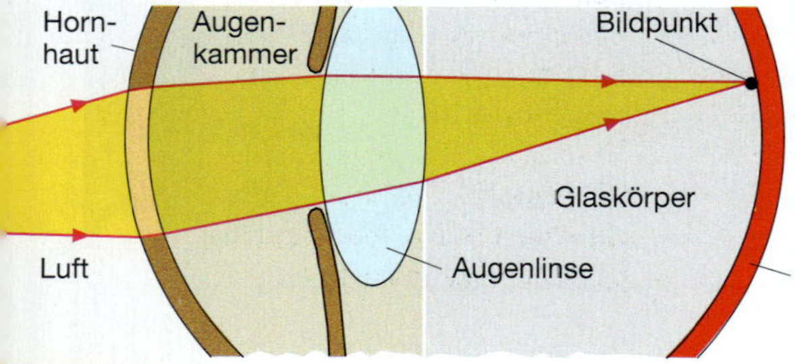

In der auf der Rückseite des Auges gelegenen **Netzhaut** sitzen Nervenzellen, die elektrische Impulse aussenden, wenn Licht ins Auge fällt.
Die zum Gehirn führenden Nervenfasern sammeln sich im hinteren Augapfel zum Sehnerv.
An der Stelle, wo der Sehnerv durch die Netzhaut tritt, ist sie für Licht nicht empfindlich („blinder Fleck“).

Betrachten wir etwas mit unseren Augen, sehen wir es aufrecht. Tatsächlich aber entsteht ein umgekehrtes und verkleinertes Bild auf der Netzhaut. Wir sehen die Gegenstände deshalb „richtig“, weil wir von frühester Kindheit durch Betasten der Gegenstände daran gewöhnt sind, unsere Wahrnehmung mit dem Auge richtig zu deuten. Dies ist allein die Leistung unseres Gehirns, das verarbeitet, was der Sehnerv ihm übermittelt.

Im Auge entsteht auf der lichtempfindlichen Netzhaut ein seitenverkehrtes, kopfstehendes und verkleinertes Bild der Gegenstände der Umgebung.

Entfernungsanpassung

Die Gegenstände unserer Umgebung sind ganz unterschiedlich weit vom Auge entfernt. Um trotz der verschiedenen Gegenstandsweiten jederzeit ein scharfes Bild zu erhalten, sind zwei Möglichkeiten für die Abbildung denkbar:
- die Bildweite wird angepasst;
- das Linsensystem verändert sich.

Der Abstand zwischen Linse und Netzhaut, die Bildweite, kann nicht geändert werden. Daher bleibt nur die zweite Möglichkeit, um scharfe Abbildungen zu erzeugen: die Änderung des Linsensystems.

Diese erstaunliche Eigenschaft der Augenlinse beruht darauf, dass sie elastisch ist, denn dadurch kann sie dicker oder dünner werden. Je dicker, also stärker gekrümmt sie ist, desto **stärker bündelt sie das Licht** und desto näher können Gegenstände dem Auge sein und doch noch scharf gesehen werden.

Die Veränderung des Linsensystems erfolgt durch den Ziliarkörper und die natürliche Elastizität der Linse. Der Ziliarkörper ist ein Muskelsystem aus ringförmigen und strahlenförmigen Muskelfasern.
Im entspannten Zustand des Ringmuskels üben die strahlenförmigen Fasern eine Zugkraft auf die Linse aus. Sie ist dadurch abgeflacht und ermöglicht **so** das scharfe Sehen von weit entfernten Gegenständen. Beim Zusammenziehen des Ziliarkörpers nähert er sich dem Linsenrand. Dadurch lässt die Zugkraft durch die strahlenförmigen Muskelfasern auf die Linse nach. Die Linse krümmt sich ihrer natürlichen Elastizität folgend stärker. Die Lichtbündel werden stärker gebündelt. Gegenstände in der Nähe können scharf gesehen werden.

Die Anpassung der Augenlinse an die veränderten Gegenstandsweiten heißt **Akkomodation.**

Beim gesunden Auge werden entfernte Objekte bei entspanntem Ziliarmuskel ohne Anstrengung scharf gesehen, weil der Abstand zwischen Linse und Netzhaut genau zur Stärke der Augenlinse passt. Wenn die Entfernung der Gegenstände vom Auge geringer als 25 cm wird, kann die Linse nur mit Anstrengung auf den Nahpunkt (10 cm – 15 cm) eingestellt werden. Die Anstrengung ist nach einiger Zeit als Ermüdung zu spüren.

Die Scharfstellung der Bilder erfolgt durch Anpassung der **Krümmung** der Augenlinse an die Gegenstandsweite bei unveränderter Bildweite.

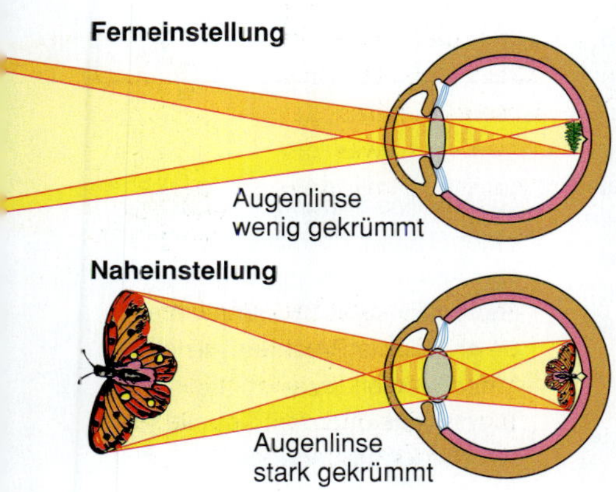

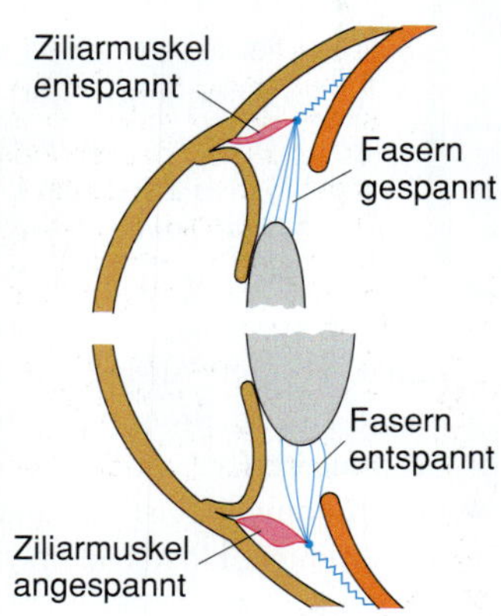

Helligkeitsanpassung

Zum Schutz vor zu viel Lichteinfall passt das Auge die Weite der Pupille der ankommenden Lichtmenge an:
- Bei großer Helligkeit, d.h. viel Licht, wird die Pupille ganz klein, damit nicht das gesamte Licht auf die Netzhaut gelangt.
- Bei schwachem Licht ist die Pupille weit geöffnet, damit möglichst viel Licht genügend Sehzellen auf der Netzhaut reizt.

In manchen Fällen reicht dieser Regelmechanismus aber nicht aus. Bei hellem Sonnenlicht, insbesondere im Schnee oder am Meer, kneifen wir die Augen zusammen, halten die Hand als Schattenspender über die Augen, tragen Schirmmützen oder eine Sonnenbrille, um die in die Augen gelangende Lichtmenge zu verringern. Denn wenn die auf die Netzhaut treffende Lichtmenge zu groß ist, kann dies zu bleibenden Schäden bis hin zur Erblindung führen.

Die Pupille regelt die Lichtmenge, die auf die Netzhaut trifft.

Aufgaben

1 Beschreibe die Funktion der einzelnen Teile des Auges.

2 Erläutere, wie deine Augen reagieren, wenn du am Tag durch einen Tunnel fährst.

3 **a)** Beschreibe, was im Auge geschieht, wenn zunächst entfernte und dann nahe Gegenstände betrachtet werden.
b) Erkläre, warum ein Objekt unscharf gesehen wird, wenn es sich nah am Auge befindet.

4 Bestimme aus der Zeichnung der Nah- und Ferneinstellung die Abstände Gegenstand – Linse und Linse – Netzhautbild. Schreibe auf, wie das Auge auf die Veränderung des Abstands des Gegenstands reagiert.

Bildentstehung bei Linsen

Nach einem Regenschauer glänzen die Regentropfen auf den Blättern der Pflanze im Sonnenlicht. Aber nach kurzer Zeit ist eine erstaunliche Beobachtung zu machen: Die Blätter haben regelrechte „Verbrennungen" dort, wo sich eben noch ein Wassertropfen befunden hat. Was geschieht mit dem Licht im Tropfen, dass es auf das Blatt eine solche Wirkung hervorrufen kann.

Sammellinsen

Wassertropfen haben eine gewölbte Oberfläche und sind durchsichtig. Auch eine Lupe hat eine gewölbte Oberfläche und ist durchsichtig, aber sie besteht aus Glas, manchmal auch aus Kunststoff. Fallen Lichtbündel auf einen solchen Glaskörper, so wird das Licht gebündelt und es entsteht eine Stelle, die besonders hell ist. Wird eine Hand an diese Stelle gehalten, fühlt sie sich sehr heiß an. Mit etwas Geduld kann mithilfe einer Lupe sogar ein Stück Zeitungspapier entzündet werden.

Zentraler Versuch

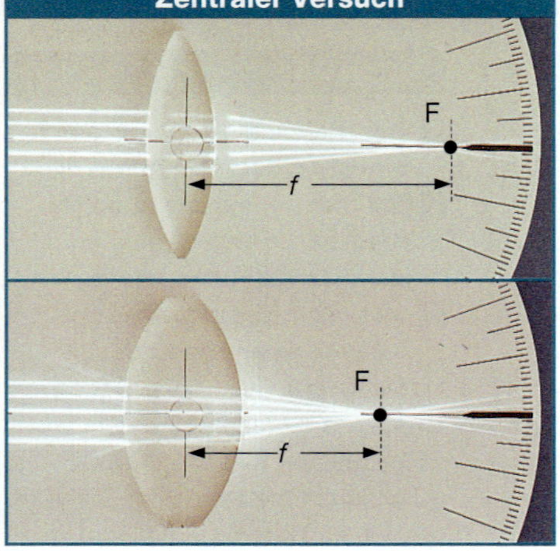

Durch eine Lupe wird ein Lichtbündel so abgeknickt, dass es hinter dem Glaskörper in einem Punkt zusammenläuft, *gesammelt* wird. Daher heißen solche Linsen **Sammellinsen.** Hinter dem Sammelpunkt läuft das Lichtbündel wieder auseinander.

Wird dieser Versuch mit anderen Lupen wiederholt, so lässt sich feststellen, dass der Abstand vom Glaskörper zum Sammelpunkt ganz unterschiedlich ist. Es kann sogar vorkommen, dass überhaupt kein solcher Brennfleck entsteht. Bei genauerer Betrachtung zeigt sich, dass dies offenbar mit der Form der Linse zu tun hat. Zur Bündelung des Lichts sind die Glaskörper besonders geeignet, die in der Mitte dicker sind als am Rand.

Um die Sammelwirkung von Linsen besser beschreiben zu können, sind einige Begriffe nötig. Die Abbildungen links zeigen sie:

- Fällt ein Bündel paralleler Lichtstrahlen (z. B. Sonnenlicht) auf ver schiedene Sammellinsen, so wird das Licht hinter jeder Sammellinse in einem Punkt vereinigt, dem **Brennpunkt** ***F***. Der Abstand Mittelebene Linse – Brennpunkt heißt **Brennweite** ***f***.
- Die Brennweite ist bei stärker gekrümmten Linsen kleiner als bei weniger stark gekrümmten.

Linsen werden oft für Brillen verwendet. Der Optiker beschreibt die Lichtbrechung bei einem Brillenglas allerdings nicht mithilfe der Brennweite, sondern mithilfe der **Brechkraft** ***D*** in der Einheit Dioptrie (dpt). Je stärker eine Linse das Licht bricht, desto größer ist ihre Brechkraft, desto mehr Dioptrie hat sie. Mathematisch gilt folgender Zusammenhang:

$$D = \frac{1}{f}$$

Brennweite

Das Formelzeichen ist *f*.

Die Einheit ist Meter (m).

Brechkraft

Das Formelzeichen ist *D*.

Die Einheit ist Dioptrie (dpt).

Sammellinsen bündeln Licht in einem Punkt, dem Brennpunkt *F*. Der Abstand Brennpunkt – Sammellinse heißt Brennweite *f*. Je größer die Brechkraft einer Linse, desto kürzer ist ihre Brennweite und desto stärker werden Lichtbündel gebündelt.

Bildentstehung bei Sammellinsen

Ein Loch im Vorhang kann wie eine Lochblende wirken. Ist der Raum dunkel genug, so entsteht auf der gegenüberliegenden Wand ein seitenverkehrtes und auf dem Kopf stehendes Bild der Umgebung. Je weiter die Wand vom Loch entfernt ist, desto größer, aber auch lichtschwächer ist das Bild.

Zentraler Versuch

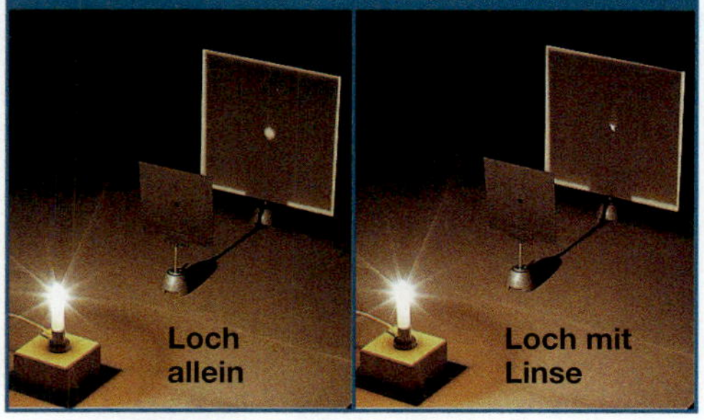

Bei Sammellinsen gibt es nur in ganz bestimmten Fällen ein scharfes Schirmbild:

- Beim Verkleinern der Gegenstandsweite g muss die Bildweite b vergrößert werden, das Bild wird größer.
- Bei Vergrößerung der Gegenstandweite g werden umgekehrt die Bildweite und das Bild kleiner.

Wird hinter das Loch im Vorhang eine Sammellinse gehalten, so wird das Bild heller, aber in den meisten Fällen auch undeutlicher. Erst wenn ein Schirm in einem ganz bestimmten Abstand zum Vorhang steht, entsteht ein scharfes Bild. Dieses Bild ist ebenfalls seitenverkehrt und steht auf dem Kopf, aber es ist sehr viel deutlicher und heller als ohne Linse.

Die Abbildung unten zeigt, warum das so ist: Alles Licht, das von einem Punkt P der Kerzenflamme auf die Linse fällt, wird von dieser im Punkt P′ gesammmelt. Im Gegensatz zur Lochblende gibt es nun keine Lichtflecke mehr, sondern kleine Lichtpunkte, die die gesamte Helligkeit eines Fleckes in sich vereinigen. Auf dem Schirm entsteht so Punkt für Punkt ein scharfes und helles Bild der Kerze. Es wird **reelles Bild** genannt.

Aber es gibt noch einen Unterschied zur Lochblende: Bei ihr entstand immer ein Bild – unabhängig davon, wie groß Gegenstandsweite und Bildweite jeweils waren.

Durch Messungen kann nachgeprüft werden, dass dabei die Verhältnisse b/g und B/G gleich bleiben. Für diesen **Abbildungsmaßstab** A gilt folgender Zusammenhang:
$A = \frac{b}{g} = \frac{B}{G}$.

Sammellinsen erzeugen scharfe, lichtstarke Bilder, deren Größe und Lage vom Abstand Gegenstand – Linse abhängen.
Je kleiner die Gegenstandsweite g, desto größer werden Bildweite b und Bildgröße B.
Abbildungsmaßstab: $A = \frac{b}{g} = \frac{B}{G}$

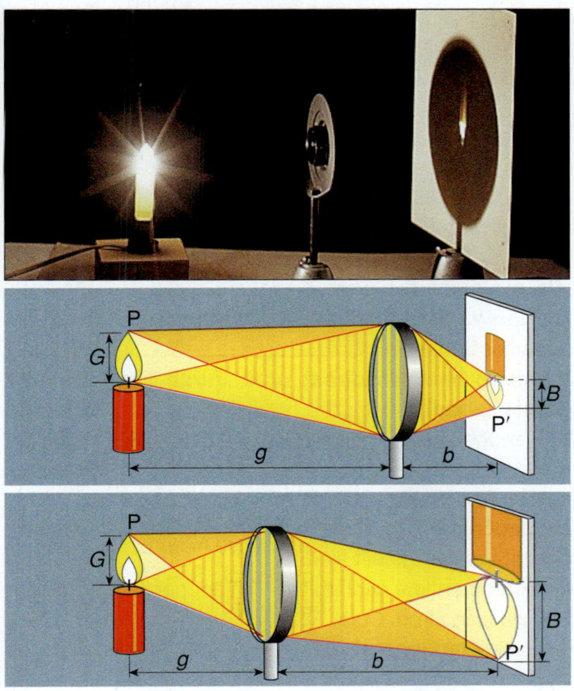

Aufgaben

1 Beschreibe, wie sich das Bild einer Linse von einem Spiegelbild unterscheidet.

2 Das Bild, das durch eine Linse entsteht, ist wesentlich heller als das, welches nur mithilfe einer Lochblende entsteht. Erläutere, welche „Nachteile“ es gegenüber dem Lochblendenbild besitzt.

3 Eine Sammellinse wird in eine Lochblende eingesetzt.
a) Erläutere, warum sich das Bild nicht in allen Fällen verbessert.
b) Beschreibe, wie du für den Fall, dass sich kein verbessertes Bild ergibt, den Versuchsaufbau verändern musst.

4 Durch eine Sammellinse entsteht auf einer Wand das verkleinerte Bild eines Gegenstands. Erkläre, wie ein vergrößertes Bild erzeugt werden kann, wenn nur die Linse, nicht aber der Gegenstand verschoben werden darf.

5 Das scharfe Bild einer Kerzenflamme ist 18 cm groß. Für die Bildweite werden 75 cm gemessen, für die Gegenstandsweite 25 cm. Berechne die Größe der Kerzenflamme.

Bildentstehung bei Zerstreuungslinsen

Es gibt Linsen, mit denen ist es nicht möglich, Sonnenlicht in einem Punkt zu sammeln. Diese Linsen haben eine andere Form: Der Glaskörper ist in der Mitte dünner als in den Randbereichen.

Durch die linke Linse wird ein verkleinertes, auf dem Kopf stehendes Bild erzeugt. Es kann auf einem Schirm aufgefangen werden, ist also ein relles Bild. Derartige Bilder werden von Sammellinsen erzeugt.
Durch die rechte Linse ist ein verkleinertes, aber dafür aufrecht stehendes Bild erkennbar. Dieses Bild kann nicht auf einem Schirm aufgefangen werden, es ist nur **virtuell.** Linsen, die derartige Bilder erzeugen, werden **Zerstreuungslinsen** genannt. Sie sind in der Mitte dünner als am Rand und sie bündeln das Licht nicht, sondern zerstreuen es.

Zentraler Versuch

Versuche und Aufträge — Linsen und Bildentstehung

Für die folgenden Versuche benötigst du verschiedene Linsen. Die kannst du dir besorgen, indem du alte, einfache Brillen sammelst. Oder du findest Lupen. Gut geeignet sind auch Bauteile aus optischen Geräten. Aber bitte vorher um Erlaubnis fragen.

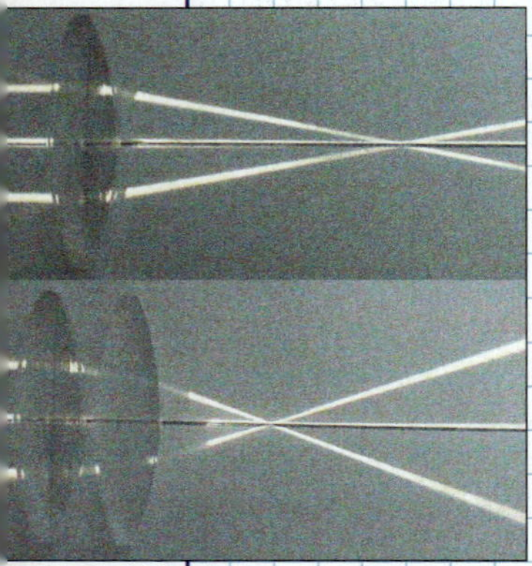

A1 Sortiere deine Linsensammlung in Sammel- und Zerstreuungslinsen. Beschreibe deine Unterscheidungskriterien.

V2 Bestimme die Brechkraft bzw. die Brennweite deiner Sammellinsen und beschrifte sie dann geeignet. Zeichne deinen Versuchsaufbau und halte deine Vorgehensweise fest.

V3 Kombiniere jeweils zwei deiner Sammellinsen zu einer. Bestimme jetzt die Brechkraft deines Linsensystems neu. Halte alle Ergebnisse in einer Tabelle fest.

V4 Verfahre wie unter V3, kombiniere jetzt aber immer eine Sammel- mit einer Zerstreuungslinse. Halte deine Ergebnisse ebenfalls in einer Tabelle fest. Bestimme daraus anschließend die Brechkraft jeder einzelnen Zerstreuungslinse und beschrifte sie geeignet.

V5 a) Baue den folgenden Versuch auf. Stelle die Linse so ein, dass ein scharfes Bild entsteht.

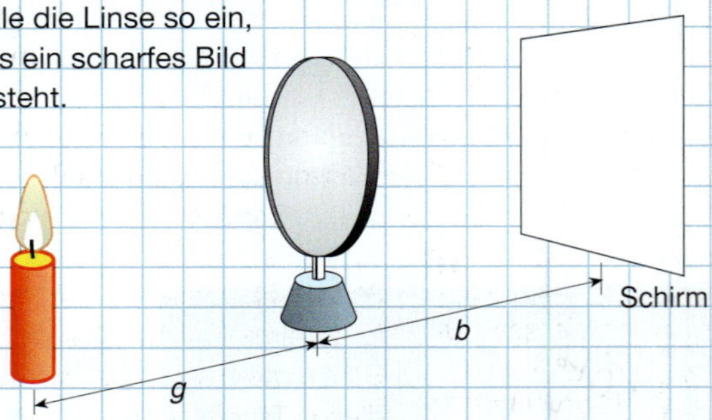

b) Ersetze dann den Schirm durch einen Spiegel. Beschreibe deine Beobachtung und erkläre sie.
c) Wie verändert sich das Bild im Spiegel, wenn du den Spiegel verschiebst? Erkläre.

V6 a) Untersuche verschiedene Linsen (Brillengläser, Lupe usw.) daraufhin, ob sie Licht bündeln können. Arbeite mit Sonnenlicht.
Vorsicht: Niemals direkt oder durch Linsen in die Sonne sehen!
b) Erzeuge einen möglichst kleinen Brennfleck und miss den Abstand Linse–Brennfleck. Halte deinen Versuchsaufbau und Versuchswerte schriftlich fest.
c) Wiederhole a) mit gewölbten Glasgefäßen (Kunststoff), die mit Wasser gefüllt sind.
d) Experimentiere auch mit verschiedenen Flüssigkeiten: Salzwasser, Limo, Cola, Apfelsaft, heißem Wasser. Halte jeweils deine Beobachtungen fest und vergleiche sie.

Werden die beiden Linsen jeweils näher an die Schrift herangebracht, lässt sich erkennen, dass die linke Sammellinse weiterhin vergrößert, aber jetzt ein aufrechtes Bild erzeugt. Die rechte Zerstreuungslinse verkleinert noch mehr und lässt das Bild weiterhin aufrecht stehen.
Mit den Augen lässt sich sowohl ein reelles als auch ein virtuelles Bild wahrnehmen.

Wie bei den Sammellinsen lässt sich die Stärke einer Zerstreuungslinse mit der Größe Brechkraft beschreiben. Damit sie jedoch von der Sammellinse unterschieden werden kann, wird der Brechkraft ein Minuszeichen voran gestellt.

Zerstreuungslinsen erzeugen virtuelle Bilder, die nicht mit einem Schirm aufgefangen werden können.

Aufgaben

1 Erkläre die Namen „Sammellinse“ und „Zerstreuungslinse“. Beschreibe dazu, wie ein Bündel parallelen Lichts hinter einer Sammel- bzw. Zerstreuungslinse verläuft.

2 Suche alle Merkmale zusammen, an denen sich Sammellinsen von Zerstreuungslinsen unterscheiden lassen. Erstelle eine übersichtliche Tabelle.

3 Beschreibe, wie sich die Brechkraft von Zerstreuungslinsen messen lässt. Gib dazu geeignete Beispiele an.

4 Die meisten Fotoapparate besitzen einen optischen „Zoom“. Überlege, ob die Fotolinse
a) bei einem weit entfernten Bildmotiv
b) bei einer Nahaufnahme
näher an den Gegenstand heran oder von ihm weiter weg „gezoomt“ werden muss.

V7 Untersuche, ob Wassertropfen als Linsen geeignet sind. Bestimme – wenn möglich – die Brennweite.
a) Halte einen Strohhalm in Wasser und verschließe das obere Ende mit dem Finger. Nun lass vorsichtig Luft in den Strohhalm, bis sich am unteren Ende ein Tropfen gebildet hat. Bestimme die Brennweite dieses Tropfens.
b) Setze den Wassertropfen in das Loch im Riegel eines Schnellhelfters. Experimentiere auch mit dieser Anordnung.
c) Untersuche mit dieser Methode auch Öltropfen oder andere Flüssigkeiten.

V8 Untersuche, wie die Qualität der Abbildung von der Größe einer Linse abhängt.
a) Dazu benötigst du ein möglichst kugelförmiges Glasgefäß (z. B. Blumenvase, Goldfischglas, Chemiekolben). Fülle es randvoll mit Wasser und bilde damit eine brennende Kerze in optimalem Abstand auf einem Schirm ab. Entleere das Glas und fülle es erneut langsam wieder voll. Schildere deine Beobachtungen während des Auffüllens.
b) Führe den Versuch auch mit einer Linse durch, die mit einem schwarzem Karton immer weiter abgedeckt wird.Experimentiere auch mit einer Lochblende.

V9 Baue entsprechend der folgenden Abbildung eine einfache Lochkamera.

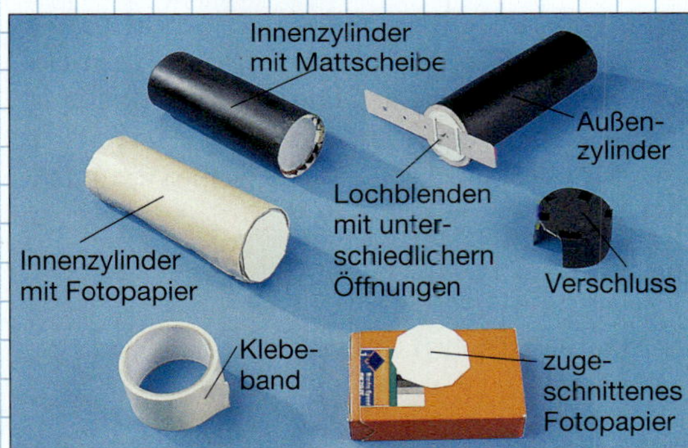

a) Untersuche, wie sich die Größe der Blendenöffnungen auf Helligkeit und Schärfe des Bildes auswirkt.
b) Erkläre die beobachteten Unterschiede.
c) Mache Fotos mit deiner Lochkamera. Achte darauf, dass die Kamera immer fest aufliegt, damit die Bilder nicht verwackeln.
d) Klebe eine kleine Glaslinse auf das Loch der Verschlusskappe. Wiederhole dann die Teilversuche a) bis c). Beschreibe deine Ergebnisse. Arbeite besonders die Unterschiede zur Lochkamera ohne Linse heraus.

Das Lochkamerabild wurde eine Minute belichtet.

Sehfehler und ihre Korrektur

Viele Leute können ohne Brille nicht scharf sehen. Dabei gibt es unterschiedliche Arten von Sehfehlern, die angeboren sein können oder sich im Laufe des Lebens ergeben. Aus medizinischen, optischen oder kosmetischen Gründen tragen manche Menschen auch Kontaktlinsen, die direkt auf der Augenlinse schwimmen.

Wenn die Buchstaben verschwimmen

Ein Mensch ist **weitsichtig,** wenn er nur Gegenstände in der Ferne scharf sehen kann. Bei Weitsichtigen ist
- entweder die stärkere Krümmung der Augenlinse nur mühsam möglich
- oder der Augapfel ist für die kleinste mögliche Brennweite der Augenlinse zu kurz.

Die Lichtbündel würden erst hinter der Netzhaut kleine Bildpunkte ergeben. Das scharfe Bild würde daher erst hinter der Netzhaut entstehen.

Auf der Netzhaut ergeben sich Bildflecke, die sich überdecken. Daher kann ein weitsichtiger Mensch Gegenstände in der Nähe nur unscharf wahrnehmen. Selbst bei entfernten Gegenständen muss die Brennweite der Augenlinse durch Anspannen des Ziliarmuskels wie sonst nur bei der Naheinstellung verändert werden. Vor allem Lesen bedeutet große Muskelanstrengung, was zu Ermüdungserscheinungen führt.

Für die Korrektur der Weitsichtigkeit muss durch eine Sammellinse der Brennpunkt von einem Ort hinter der Netzhaut auf die Netzhaut vorgezogen werden.

Wenn mit der Nase geschrieben wird

Ein Mensch ist **kurzsichtig,** wenn er nur Gegenstände in der Nähe scharf sehen kann. Bei Kurzsichtigen ist
- entweder die Krümmung der Augenlinse bereits im entspannten Zustand zu stark
- oder der Augapfel ist für die größte mögliche Brennweite der Augenlinse zu lang.

Die Lichtbündel vereinigen sich bereits vor der Netzhaut zu kleinen Bildpunkten und laufen dann wieder auseinander. Das scharfe Bild würde daher vor der Netzhaut entstehen.

Auf der Netzhaut ergeben sich Bildflecke, die sich überlagern. Daher kann der kurzsichtige Mensch entfernte Gegenstände nur verschwommen wahrnehmen, weil eine weitere Abflachung der Linse (Brennweitenvergrößerung) nicht mehr möglich ist.

Eine Brille oder Kontaktlinsen müssen die Lichtbündel so verändern, dass der Ort, wo das scharfe Bild entsteht, nach hinten auf die Netzhaut rückt. Für diese Form der Korrektur werden Zerstreuungslinsen verwendet.

Für ein scharfes Bild auf der Netzhaut muss bei Weitsichtigen der Brennpunkt durch Sammellinsen nach vorne verschoben werden.

Für ein scharfes Bild auf der Netzhaut muss bei Kurzsichtigen der Brennpunkt durch Zerstreuungslinsen nach hinten verschoben werden.

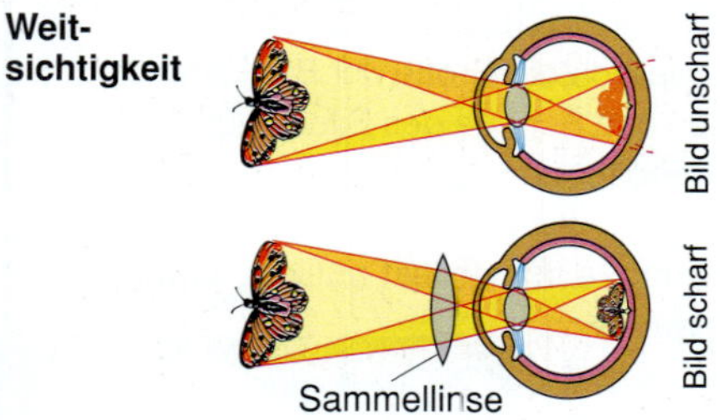

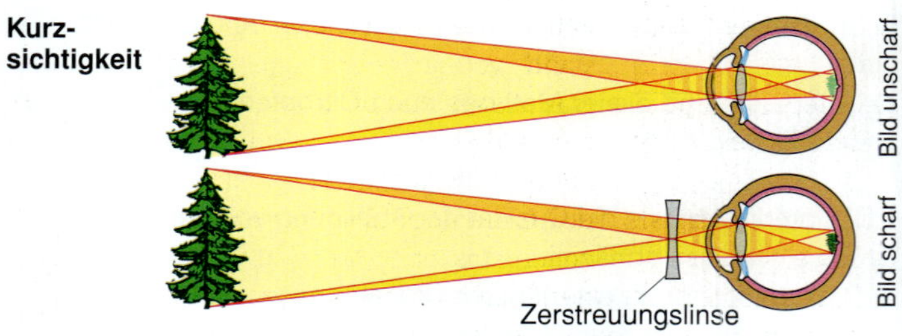

Aufgaben

1 Beschreibe, wie die Bilder von Gegenständen bei Kurz- bzw. Weitsichtigkeit entstehen.

2 Beschreibe die Probleme bei Kurz- bzw. Weitsichtigkeit. Erläutere, wie sie behoben werden.

3 Erläutere, bei welchem Augenfehler ein Mensch seinen Kopf zum Lesen näher als 25–30 cm über ein Buch beugen muss.

4 **a)** Finde heraus, wann und wo die Brille erfunden wurde.
b) Sportler sollten Brillen mit Kunststoffgläsern tragen. Begründe.

5 In einem Brillenpass steht: „links +1,0 dpt; rechts +1,5 dpt". Deute diese Angaben.

Der Sehwinkel

Beim Blick von hohen Gebäuden oder aus dem Flugzeug sehen Autos und Spaziergänger sehr klein aus. Bei einer Baumallee ist zu beobachten, dass die weiter entfernten Bäume viel kleiner erscheinen als die unmittelbar vorn stehenden, obwohl alle etwa gleich groß sind. Woran das liegt, zeigt die folgende Grafik.

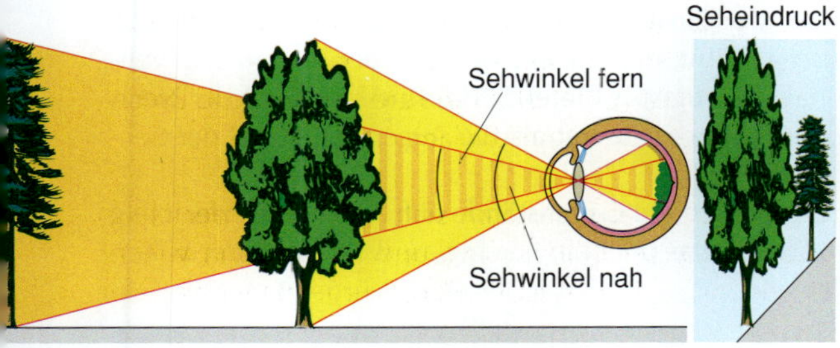

Der Winkel zwischen den beiden Randstrahlen von den äußersten Punkten des Gegenstandes durch den Mittelpunkt der Augenlinse heißt **Sehwinkel.**

- Je kleiner der Sehwinkel ist, desto kleiner ist das Netzhautbild. Dies wiederum hat zur Folge, dass der betrachtete Gegenstand klein erscheint.
- Bei einem großen Netzhautbild werden mehr Sehzellen gereizt als bei einem kleinen. Daher erscheint uns ein Gegenstand, der näher am Auge ist, größer als der entfernte.

Bei Nacht ist zu beobachten, dass die beiden Scheinwerfer eines entgegenkommenden Autos in großer Entfernung wie ein einziger Lichtpunkt wirken. Wie ist das möglich, wo doch zwei Lichtquellen vorhanden sind? Auf der Netzhaut des Auges sind die Sehzellen in einem bestimmten Abstand voneinander angeordnet. Das Auge ist nur in der Lage, zwei Gegenstände getrennt wahrzunehmen, wenn die Lichtreize der Gegenstände auf zwei Sehzellen treffen, die mindestens durch eine weitere getrennt sind. Im Fall der weit entfernten Autoscheinwerfer treffen die von ihnen ausgehenden Lichtbündel auf eine oder zwei unmittelbar benachbarte Sehzellen. Daher ist eine getrennte Wahrnehmung der beiden Scheinwerfer nicht möglich.

Je größer der Sehwinkel, desto größer ist das Netzhautbild des Gegenstandes und damit seine wahrgenommene Größe.

Die Lupe

Um kleine Gegenstände größer zu sehen, werden sie näher an die Augen gebracht, um den Sehwinkel zu vergrößern. Bis zu einer Entfernung von ca. 25 cm zum Auge, der *deutlichen Sehweite,* geht dies ohne große Anstrengung durch seine Akkomodationsfähigkeit. Bei weiterer Verringerung der Entfernung aber wird die Anstrengung für den Ziliarmuskel sehr groß. Außerdem ergibt sich eine natürliche Annäherungsgrenze durch den Nahpunkt des Auges.

Bei fester Entfernung zum Auge kann durch die Verwendung optischer Geräte der Sehwinkel vergrößert werden. Die **Lupe** ist das bekannteste und einfachste optische Gerät zur *Sehwinkelvergrößerung.* Wenn sich der Gegenstand in der Brennebene der Lupenlinse befindet, gelangen alle vom Gegenstand ausgehenden Lichtbündel als Parallelbündel ins Auge. Dadurch kann der Gegenstand mit entspanntem Auge betrachtet werden, weil es keine Naheinstellung durchführen muss.

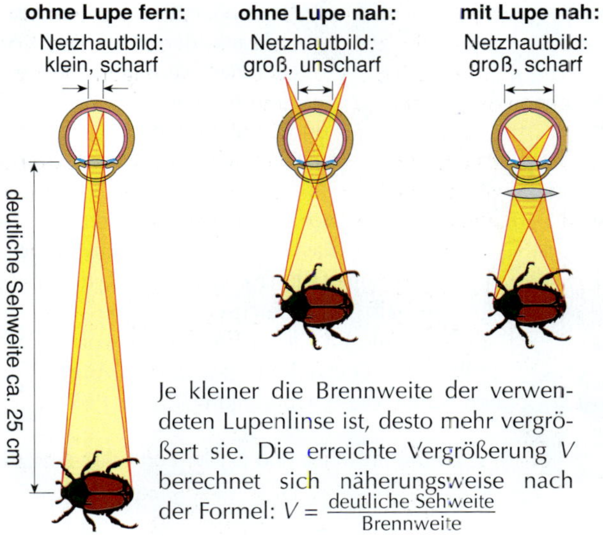

Je kleiner die Brennweite der verwendeten Lupenlinse ist, desto mehr vergrößert sie. Die erreichte Vergrößerung V berechnet sich näherungsweise nach der Formel: $V = \frac{\text{deutliche Sehweite}}{\text{Brennweite}}$

Eine Lupe ist eine Sammellinse, die ein größeres Netzhautbild erzeugt, weil der Sehwinkel des Gegenstandes vergrößert wird.

Aufgaben

1 Beschreibe, wie sich das Netzhautbild bei Änderung der Gegenstandsweite ändert.

2 **a)** Bestimme die Vergrößerung einer Lupe mit einer Brennweite von $f = 50$ mm.
b) Bestimme die Brennweite einer Lupe, die vierfach vergrößert.

Fernrohre

Astronomisches Fernrohr: Bei ihm erzeugt das Objektiv, eine Sammellinse mit großer Brennweite, ein Zwischenbild vom Gegenstand. Das Zwischenbild wird mit einer Lupe, dem Okular, betrachtet.
Diese Anordnung liefert ein aufrechtes und seitenrichtiges Netzhautbild, das vom Gehirn in ein seitenverkehrtes und kopfstehendes Bild umgewandelt wird. Die Bildumkehrung stört wenig, wenn man mit dem Fernrohr den Himmel betrachtet. Für Erdbeobachtungen ist die Bildumkehr jedoch lästig.

Galilei-Fernrohr: Das Objektiv ist eine Sammellinse, die den Gegenstand abbildet. Allerdings wird hier kein Zwischenbild erzeugt. Vielmehr gelangen die Lichtbündel durch eine Zerstreuungslinse als Okular und durch die Augenlinse auf die Netzhaut.
Die Sammellinse des Objektivs bricht das nahezu parallel einfallende Lichtbündel vom weit entfernten Gegenstand. Bevor es sich aber im Brennpunkt des Objektivs vereinigen kann, wird es durch die Zerstreuungslinse aufgeweitet, sodass es hinter der Linse als Parallellichtbündel weiterläuft. Die Zerstreuungslinse ist so gewählt, dass sie die Wirkung der Augenlinse weitgehend aufhebt. Deshalb erzeugt das Objektiv das Bild direkt auf der Netzhaut. Da es eine größere Brennweite hat als die Augenlinse, sind der Sehwinkel und das Bild größer.
Bei diesem Fernrohr erscheinen die Gegenstände aufrecht und seitenrichtig – gerade recht für ein Theaterglas oder ein Nachtglas, weil die Bilder außerdem wesentlich heller sind.

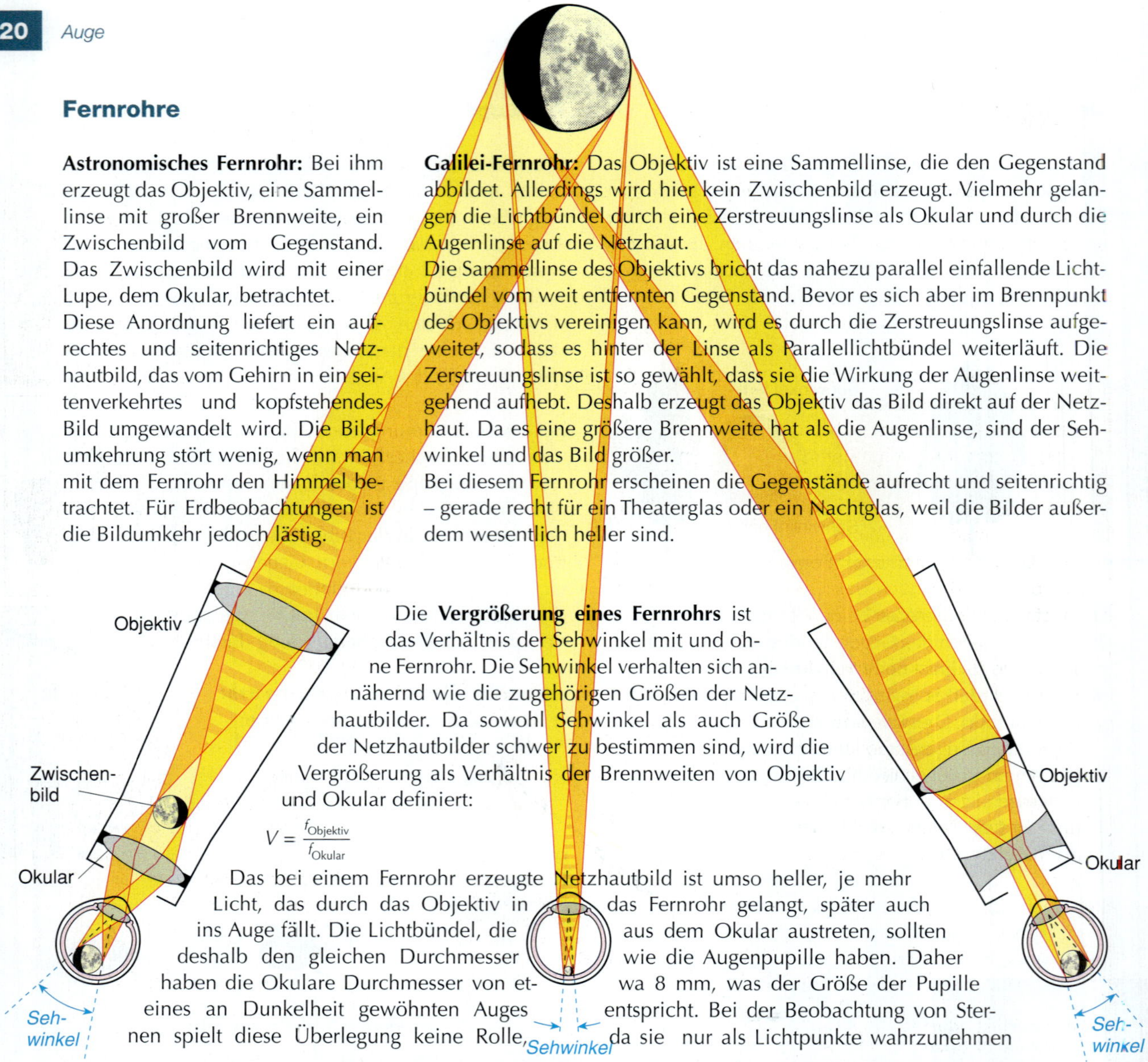

Die **Vergrößerung eines Fernrohrs** ist das Verhältnis der Sehwinkel mit und ohne Fernrohr. Die Sehwinkel verhalten sich annähernd wie die zugehörigen Größen der Netzhautbilder. Da sowohl Sehwinkel als auch Größe der Netzhautbilder schwer zu bestimmen sind, wird die Vergrößerung als Verhältnis der Brennweiten von Objektiv und Okular definiert:

$$V = \frac{f_{\text{Objektiv}}}{f_{\text{Okular}}}$$

Das bei einem Fernrohr erzeugte Netzhautbild ist umso heller, je mehr Licht, das durch das Objektiv in das Fernrohr gelangt, später auch ins Auge fällt. Die Lichtbündel, die aus dem Okular austreten, sollten deshalb den gleichen Durchmesser wie die Augenpupille haben. Daher haben die Okulare Durchmesser von etwa 8 mm, was der Größe der Pupille eines an Dunkelheit gewöhnten Auges entspricht. Bei der Beobachtung von Sternen spielt diese Überlegung keine Rolle, da sie nur als Lichtpunkte wahrzunehmen

Astronomisches und Galilei-Fernrohr vergrößern die Bilder der Gegenstände auf der Netzhaut.

Aufgaben

1 Ein astronomisches Fernrohr hat ein Objektiv mit einer Brennweite von 50 cm. Berechne die Brennweiten der Okulare, wenn das Fernrohr **a)** 10-fach, **b)** 20-fach vergrößern soll.

2 Von der Objektivseite eines Fernrohrs aus gesehen, erscheinen alle beobachteten Gegenstände verkleinert. **a)** Erkläre. **b)** Vergleiche mit einer einfachen Linse.

3 Für ein astronomisches und ein Galilei-Fernrohr wurde das gleiche Objektiv verwendet. Beschreibe, wodurch sich die Fernrohre schon äußerlich unterscheiden.

4 Die Vergrößerung eines Fernrohrs lässt sich berechnen. Diskutiere davon ausgehend, wie sich die Vergrößerung steigern ließe und versuche, (realistische) Fernrohre zu entwickeln. Vergleiche dazu Angaben von Fernrohren.

5 Recherchiere nach den leistungsstärksten (Linsen-)Fernrohren, die zurzeit in Betrieb sind. Schreibe einen Bericht darüber.

* **6** Erstelle eine kleine Übersicht, welche die Unterschiede und Gemeinsamkeiten bei Mikroskop und Fernrohr gegenüberstellt.

Das Mikroskop

Streifzug

Am oberen Ende des Tubus befindet sich eine Sammellinse mit kleiner Brennweite. Es ist das Okular, durch das der Betrachter blickt.
Für die Betrachtung besonders kleiner Gegenstände, die mit bloßem Auge kaum mehr zu erkennen sind, würde eine Lupe mit sehr kleiner Brennweite benötigt, damit die Vergrößerung das 50-Fache oder mehr beträgt. Eine Linse mit sehr kleiner Brennweite ist stark gekrümmt und dick. Dadurch kommt es zu Fehlern bei der Abbildung des Gegenstands (Linsenfehler).

Durch ein Mikroskop wird der Sehwinkel stärker vergrößert als von einer Lupe. Dazu wird der Gegenstand auf den Objekttisch gelegt und beleuchtet. Die Objektivlinse erzeugt von ihm ein vergrößertes Zwischenbild, das durch das Okular betrachtet wird.

Hat die Sammellinse des Okulars eine Brennweite von 2,5 cm, wird das Zwischenbild vom Auge zehnfach vergrößert wahrgenommen, denn nach der Formel für die Vergrößerung gilt:

$$V = \frac{\text{deutliche Sehweite}}{\text{Brennweite}} = \frac{25\text{ cm}}{2{,}5\text{ cm}} = 10$$

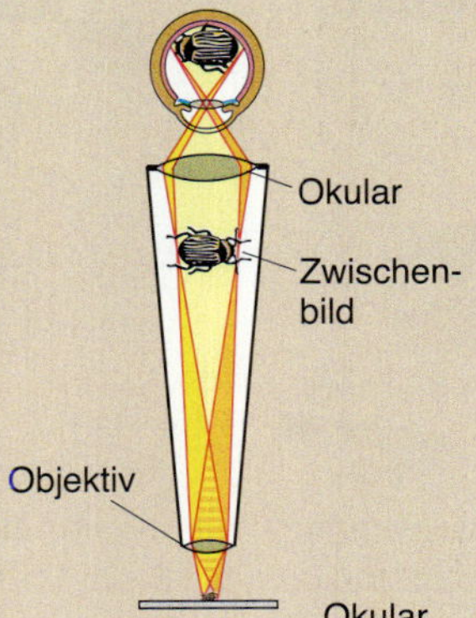

Der Vergrößerungsfaktor ist auf dem Okular vermerkt. Die Gesamtvergrößerung durch ein Mikroskop ist das Produkt der Einzelvergrößerungen von Objektiv und Okular: z. B. Objektiv 100-fach, Okular 8-fach ergibt eine Gesamtvergrößerung 800-fach.

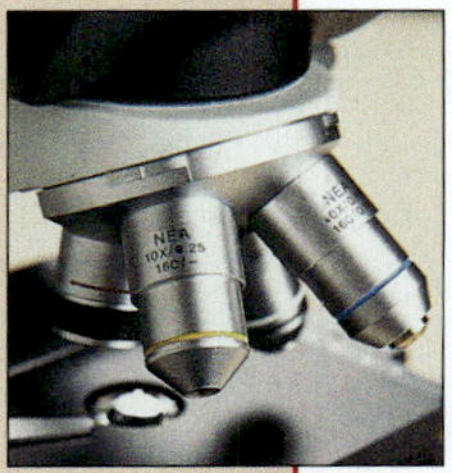

Häufig sind mehrere Objektive und Okulare bei einem Mikroskop miteinander zu kombinieren, um unterschiedliche Vergrößerungen zu erreichen.

Die Okulare werden durch einfaches Aufstecken auf den Tubus gewechselt. Die Objektive können durch Verdrehen eines Objektivkarussells ausgetauscht werden. Die Scharfeinstellung bleibt erhalten, weil das Objekt in der Brennebene bleibt.

Einer beliebigen Steigerung der Vergrößerung sind durch die Natur des Lichts Grenzen gesetzt. Die Vergrößerung von gebräuchlichen Lichtmikroskopen liegt bei 1000-fach bis 1500-fach.

Fazit:
Beim Mikroskop wird das vergrößerte Zwischenbild durch eine Lupe, das Okular, betrachtet.

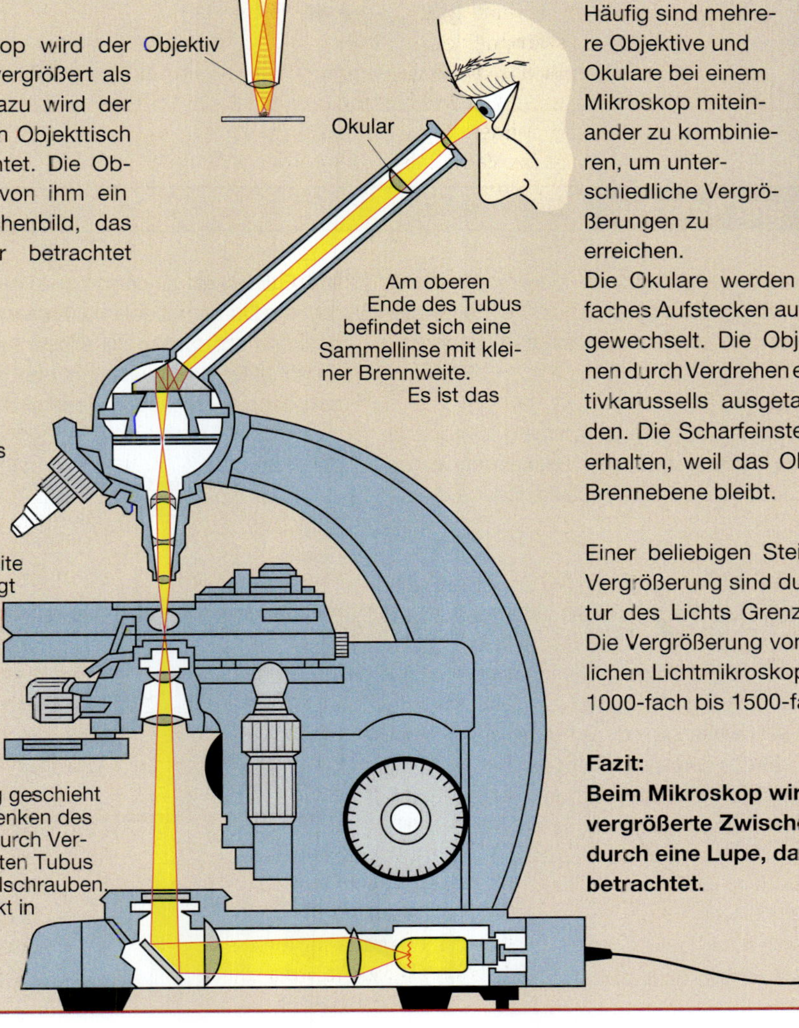

Streifzug — Optische Täuschungen

Die Lichtwirkungen rufen in der Netzhaut des Auges Reize hervor, die vom Sehnerv zum Gehirn weitergeleitet werden. Wir nehmen jedoch das vom Auge erzeugte Bild nicht nur auf, sondern das Gehirn deutet es. Dabei spielen die Erfahrungen jedes Einzelnen eine Rolle.

Als optische Täuschung wird etwas bezeichnet, das wir mit unseren Augen sehen, was aber so in Wirklichkeit gar nicht dargestellt ist. Die Abbildungen täuschen, weil unser Gehirn das Netzhautbild eigenständig weiterverarbeitet.

Handelt es sich um eine alte oder eine junge Frau ?

Sind die Figuren unterschiedlich groß?

Stellen die Flecken etwas dar?

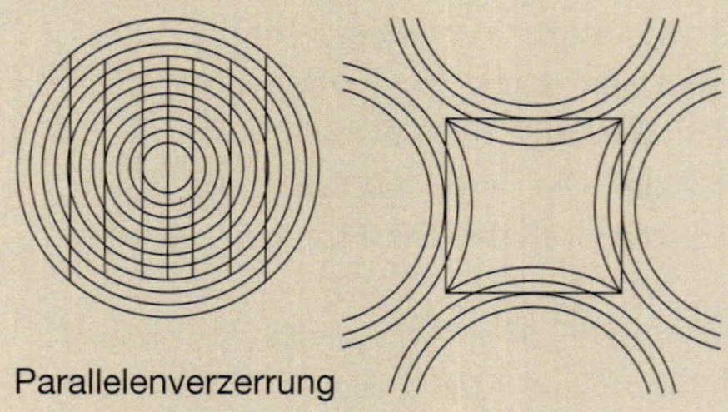

Parallelenverzerrung

Versuche und Aufträge — Sehvorgang

V1 Lege zwei kleine Geldstücke 7 cm auseinander auf den Tisch. Bringe das linke Auge 30 cm über das rechts liegende Geldstück. Was kannst du beobachten?

V2 Schließe vor einem Spiegel in einem beleuchteten Raum eine Zeit lang die Augen. Blicke dann in den Spiegel und beobachte deine Pupillen. Begründe die Veränderung.

V3 Schließe das linke Auge und halte diese Buchseite mit ausgestrecktem Arm, so dass sich das Kreuz genau vor dem rechten Auge befindet. Aus dem rechten Augenwinkel siehst du auch die schwarze Scheibe.

a) Was passiert, wenn du die Entfernung zwischen Auge und Buchseite langsam verringerst?

b) Was beobachtest du, wenn du den Abstand zwischen Auge und Kreuz noch mehr verringerst?

V4 Fülle zwei zylinderförmige Gläser mit kleinem und großem Durchmesser mit Wasser und stelle sie in Augenhöhe auf. Ordne die Gläser wie in der Skizze an. Verschiebe sie etwas und beobachte einmal ferne und dann auch nahe Gegenstände.

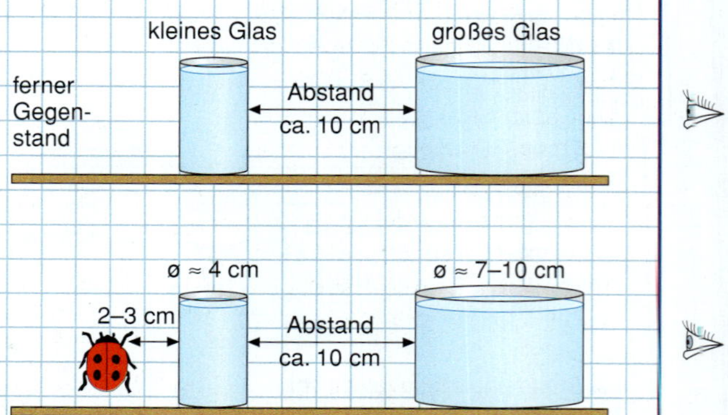

Weltbilder

Streifzug

Über tausend Jahre lang bestimmte das **geozentrische** Weltbild des CLAUDIUS PTOLEMÄUS (um 100–178) das Denken der Menschen. In diesem Weltbild hat gegolten:

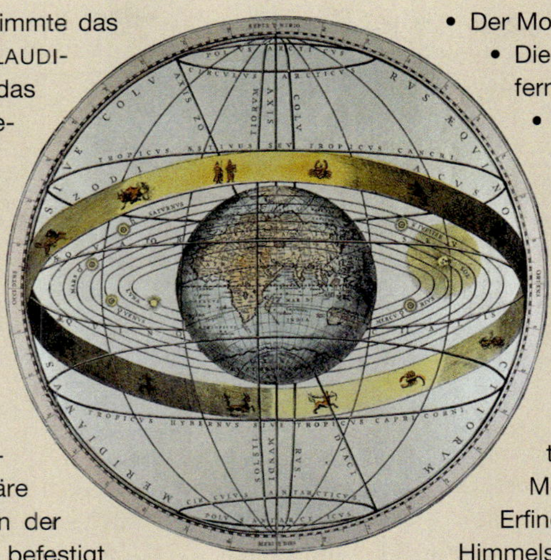

- Die Erde ist Mittelpunkt der gesamten Welt.
- Sonne, Mond und Planeten bewegen sich in verschiedenen, konzentrischen Sphären („durchsichtige Hohlkugeln") mit der Erde im Mittelpunkt.
- Diese inneren Sphären werden von der äußeren Sphäre der Fixsterne umgeben, an der die Sterne unbeweglich befestigt sind.
- Alle Himmelskörpersphären bewegen sich durch göttliche Kräfte.

Diese Vorstellungen spiegeln genau das wider, was die Menschen sehen. Die Sonne geht am Morgen auf, wandert über den Himmel und geht abends wieder unter. Dieses Weltbild musste richtig sein, da es keiner Beobachtung widersprach.
Das Weltbild mit der von Gott geschaffenen Erde im Mittelpunkt wurde von der christlichen Kirche übernommen und über tausend Jahre lang vertreten.
Erst die Neuzeit mit dem Ausweiten der Seefahrt und dem Entdecken neuer Kontinente ergab Impulse für die europäische Astronomie mit genaueren Beobachtungen durch bessere Instrumente. Durch exakteres Messen ergaben sich im Weltbild des PTOLEMÄUS Widersprüche.
Die löste NIKOLAUS KOPERNIKUS (1473–1543), indem er die Sonne ins Zentrum setzte.
Und später perfektionierte JOHANNES KEPLER (1571–1630) es noch, indem er die Kreisbahnen durch Ellipsen ersetzte.
Im Laufe der Zeit wuchs die Akzeptanz für das **heliozentrische** Weltbild mit seinem neuen Aufbau der Welt:

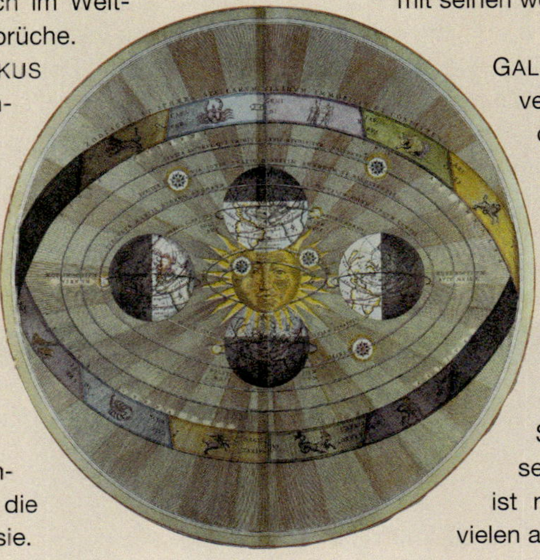

- Die Sonne ist Mittelpunkt unseres Sonnensystems und die Planeten bewegen sich um sie.
- Der Mond bewegt sich um die Erde.
- Die Fixsterne sind sehr weit entfernt.
- Tag und Nacht entstehen durch die Rotation der Erde um sich selbst.

Entscheidenden Einfluss auf diese Entwicklung des Weltbilds nahm der italienische Naturwissenschaftler GALILEO GALILEI (1564–1642) mit seinen genauen Beobachtungen. Als einer der ersten Menschen nutzte er eine neue Erfindung zur Beobachtung des Himmels, das **Fernrohr.** Seine erste Version, die etwa vierfache Vergrößerung erreichte, verbesserte er auf etwa 30-fache Vergrößerung.
Damit entdeckte er, dass vier Monde den Jupiter umkreisten. Diese durchbrachen damit die himmlischen Kristallsphären, welche die Erde konzentrisch umgeben sollten.
Weiter erkannte er in seinem Fernrohr die Planeten als ausgedehnte Himmelskörper, während die Fixsterne weiterhin nur als Punkte sichtbar blieben. Bei der bis dahin makellosen Sonne beobachtete er veränderliche Sonnenflecken.
Das verwaschene Band der Milchstraße begann sich unter der vergrößerten Beobachtung in ein Meer von einzelnen Sternen aufzulösen.
All diese Entdeckungen zerstörten das alte Weltbild mit seinen wohlgeordneten Sphären.

GALILEI zögerte lange, dies alles zu veröffentlichen, stand er doch mit diesen neuen Erkenntnissen im ernsten Konflikt mit der katholischen Kirche. Sie zwang ihn dann auch durch die Inquisition zum Widerruf seiner Ansichten. Dieses Urteil wurde erst 1992 aufgehoben.
Heute ist das heliozentrische Weltbild unumstritten. Die Sonne steht im Mittelpunkt unseres Sonnensystems, aber sie ist nur ein Stern unter unendlich vielen anderen im Weltall.

Brechung

Das Auge sorgt dafür, dass ein Gegenstand scharf auf der Netzhaut abgebildet wird. Dabei muss das Licht auf seinem Weg dorthin seine Richtung geeignet ändern. Ähnliches passiert an der Glaslinse in einem Teleskop.
Wie stark ändert sich die Richtung des Lichts? Wie lässt sich diese Richtungsänderung des Lichts gezielt beeinflussen? Welches Material ist dazu nötig? Muss das Material eine bestimmte Form haben?

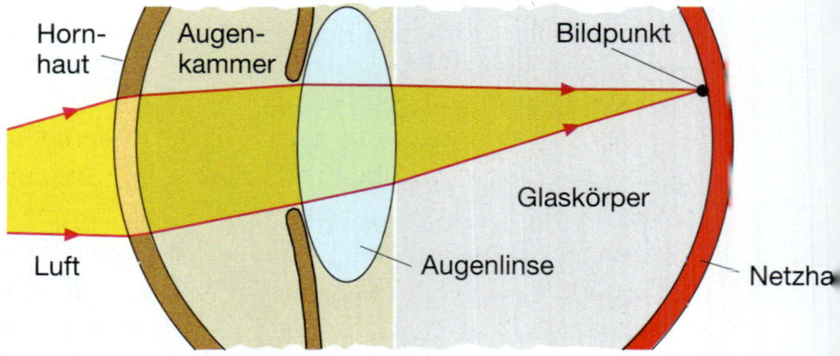

Prisma

Wird einem Lichtbündel ein Glasprisma in den Weg gestellt, geschieht Folgendes: Das Lichtbündel ändert sowohl beim Eintritt in das Prisma als auch beim Austritt aus dem Prisma seine Richtung. Dieser Vorgang wird **Brechung** genannt.

Zentraler Versuch

Das Licht wird beide Male im gleichen Sinn gebrochen. Dadurch entsteht eine große Ablenkung des Lichtbündels bezogen auf seine ursprüngliche Richtung.
Für eine genauere Beschreibung des Lichtweges über Winkel werden Lote benötigt. Diese werden am Auftreffpunkt des Lichts auf die Grenzfläche zwischen Luft und Glas gezeichnet.
Dabei gilt es zu beachten, dass die Größe der Winkel am Prisma immer zwischen dem Lichtstrahl und dem Lot auf die Glasfläche gemessen wird und nicht zwischen dem Lichtbündel und der Glasfläche.

Beim Eintreten in das Prisma wird das Licht zum Lot hin gebrochen, der Winkel im Glas ist kleiner als der in Luft. Im Glas bewegt sich das Licht geradlinig weiter bis es wieder auf Luft trifft. Beim Austritt aus dem Prisma wird das Licht diesmal vom Lot weg gebrochen, der Winkel im Glas ist wieder kleiner als der Winkel in der Luft. In der Luft bewegt sich das Licht wie gewohnt geradlinig weiter.
Die gesamte Ablenkung des Lichts beschreibt der Winkel zwischen der Richtung des Lichts ohne Prisma und der Richtung des Lichts mit Prisma.

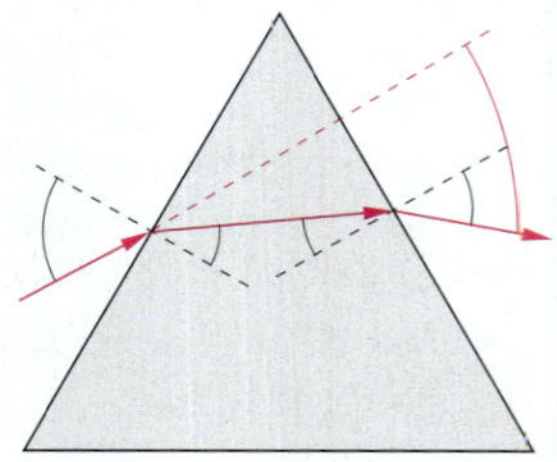

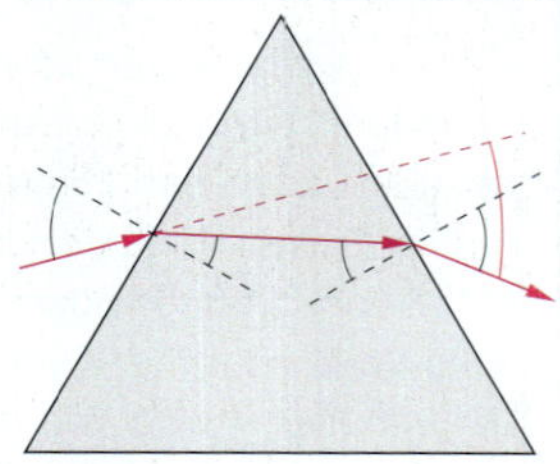

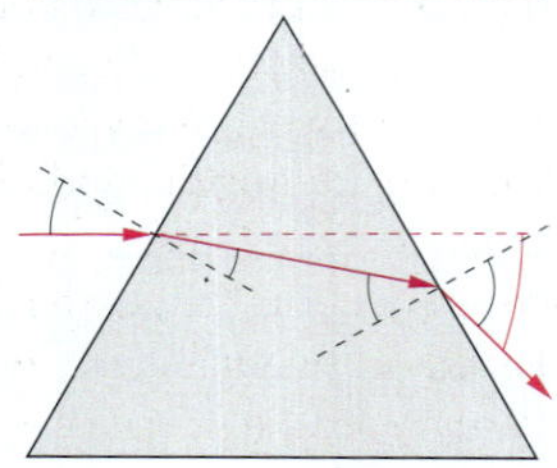

Beim Eintritt in ein Glasprisma wird ein Lichtbündel zum Lot hin gebrochen, beim Austritt vom Lot weg. Insgesamt gibt es dadurch eine besonders starke Ablenkung.

Aufgaben

1 Beschreibe den Weg des Lichts, wenn die Richtung des Lichts umgekehrt wird, d.h. das Licht trifft von der rechten Seite auf das Prisma und geht denselben Weg zurück.

2 Stelle Vermutungen an, welche Rolle die Größe des Prismas spielt. Zeichne zu diesem Zweck geeignete Prismen.

3 Diskutiere, welche Rolle die Form des Prismas spielt. Skizziere dazu verschiedene Prismen und wähle besonders spitze und besonders breite Prismen.

4 Bestimme aus der Grafik alle Winkel sowohl im Prisma als auch in Luft.

Planparallele Platte

Licht, das auf eine Fensterscheibe trifft, wird einmal beim Übergang von Luft nach Glas und dann noch einmal von Glas in Luft gebrochen. Allerdings wird unter normalen Umständen nichts davon bemerkt, die Gegenstände sehen genauso aus wie ohne Glasscheibe.
Das Besondere an der Glasscheibe ist, dass ihre Glasflächen parallel zueinander sind; das Glas ist überall gleich dick.

Zentraler Versuch

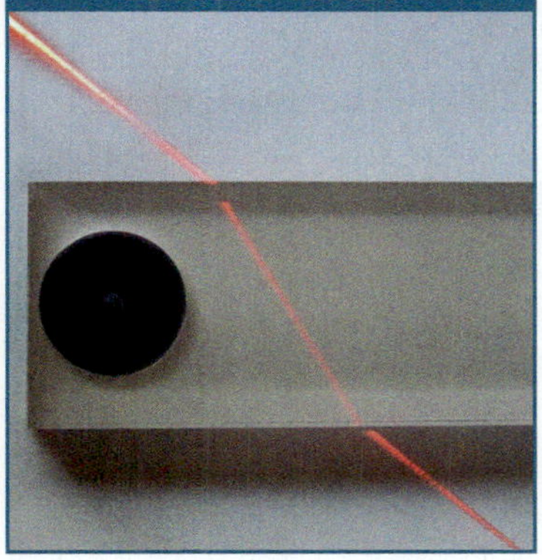

Das Lichtbündel wird beim Eintritt zum Lot hin gebrochen, beim Austritt an der gegenüberliegenden Seite vom Lot weg. Die Werte für die Winkel beim Austritt sind identisch zu denen beim Eintritt.
Wegen der parallel zueinander liegenden Seiten ergibt sich insgesamt nur eine Parallelverschiebung des Lichtbündels.

Beim Durchgang durch eine planparallele Platte wird ein Lichtbündel parallel verschoben.

Linsen aus vielen Prismen

Beim Übergang Luft → Glas bzw. Glas → Luft wird Licht aus seiner Richtung abgelenkt. Diese zweimalige Brechung ist der Grund für die beobachtete sammelnde oder zerstreuende Wirkung von Linsen.

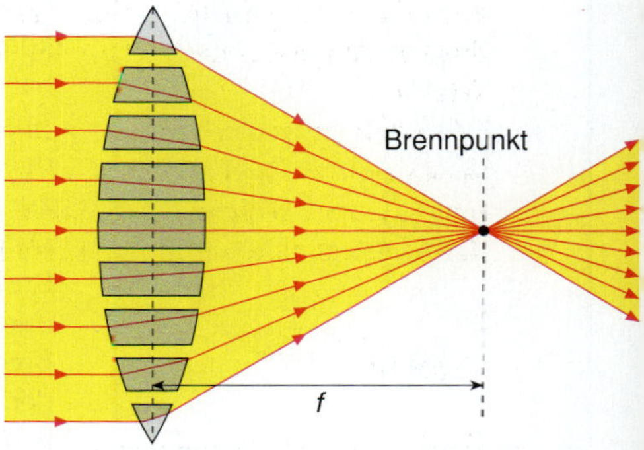

Eine **Sammellinse** lässt sich stark vereinfacht aus einzelnen Glasteilen zusammengesetzt denken. Beim obersten und beim untersten Glasteil hat das Licht den größten Einfallswinkel und wird daher stärker gebrochen als bei den näher zur Mitte liegenden Glasteilen. Beim folgenden Übergang Glas → Luft wird durch die erneute Brechung die Ablenkung noch einmal verstärkt. Auf das mittlere Glasteil trifft das Licht senkrecht und geht ungebrochen durch. Eine Sammellinse ist so konstruiert, dass sich alle auftreffenden Lichtbündel in einem Punkt, dem Brennpunkt, treffen.
Damit werden auch die unterschiedlichen Brennweiten verständlich. Bei stärker gewölbten Linsen wird das Licht stärker gebrochen, der Brennpunkt befindet sich näher an der Linse.

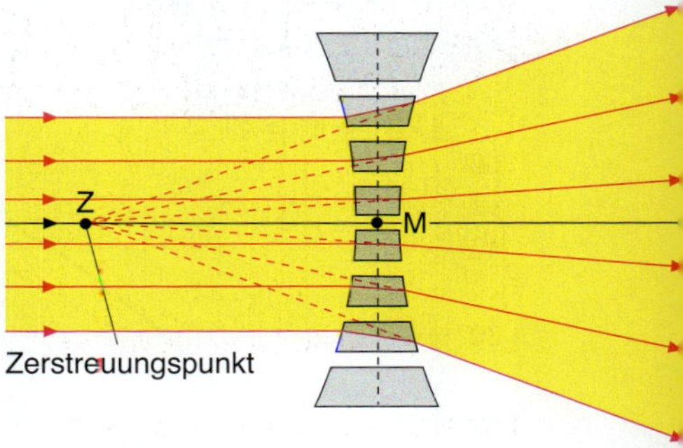

Auch die Wirkung einer **Zerstreuungslinse** lässt sich mit der Vorstellung verstehen, dass sie aus verschiedenen Glasteilen zusammengesetzt ist. Ähnlich wie bei einer Sammellinse werden die Lichtbündel am Rand der Linse stärker gebrochen als in der Mitte.
Auffallend ist, dass die rückwärtigen Verlängerungen der auseinanderlaufenden Bündel sich in einem Punkt schneiden. Es sieht so aus, als ob das gebrochene Lichtbündel von diesem Punkt ausginge. Es ist der Zerstreuungspunkt Z dieser Linse. Er ist vergleichbar mit dem Brennpunkt F einer Sammellinse.

Bei genauerer Betrachtung experimentell bestimmter Brennweiten und Brennpunkte (bzw. Zerstreuungspunkte) fällt auf, dass sich nur die inneren, achsnahen Lichtbündel genau im Brennpunkt treffen. Weiter außen liegende Lichtbündel treffen sich näher an der Linse. Abhilfe bringt manchmal Umdrehen der Linse, Lochblenden oder zusätzliche Linsen.

Aufgaben

1 Aus einer Zeitungsmeldung: „Die Feuerwehr nimmt an, dass der Brand durch die Scherben einer Glasflasche ausgelöst wurde." Nimm dazu Stellung.

2 Ein Bleistift liegt quer vor dir auf dem Tisch und ist im mittleren Teil von einem Quader aus Plexiglas bedeckt. Skizziere das Bild und erkläre.

3 Licht fällt unter einem Winkel von 30° auf eine planparallele Glasplatte und bewegt sich dann im Glas unter einem Winkel von 20° fort. Zeichne in eine Zeichnung den Strahlengang für 1 cm, 3 cm und 5 cm dickes Glas. Bestimme für jeden Fall den Strahlenversatz. Vergleiche mit einer Fensterscheibe.

Licht an anderen Grenzflächen

Zentraler Versuch

Zur genauen Untersuchung des Übergangs Luft → Glas wird ein halbkreisförmiger Glaskörper benutzt. Dieser hat den Vorteil, dass der Austritt des Lichtbündels genau senkrecht zur Grenzfläche erfolgt. Dabei findet also keine Brechung statt, wodurch das Ablesen des Brechungswinkels an der Gradskala wesentlich erleichtert wird.

Im Diagramm ist jetzt jedem Winkel in Luft der zugehörige Winkel im Stoff zugeordnet. Der mathematische Zusammenhang zeigt keine einfache Proportionalität mehr. Bei einem in Luft von 0° bis nahe 90° wachsenden Winkel wächst auch der Winkel im Stoff an. Allerdings wird die Zunahme des Winkels im Stoff mit größer werdendem Winkel immer geringer.
Zum Finden des richtigen Lichtweges hilft es auch, dass der Lichtweg umkehrbar ist.

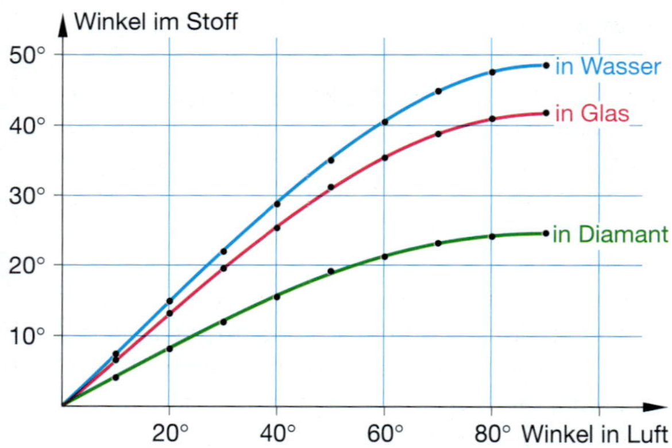

Es wurde vereinbart, dass der Stoff, in dem sich der kleinere Winkel befindet als *optisch dichter* bezeichnet wird. Damit kann das Brechungsgesetz allgemeingültig formuliert werden:

Ein Lichtbündel wird beim Übergang
- vom optisch dünneren zum optisch dichteren Stoff zum Einfallslot hin gebrochen,
- vom optisch dichteren zum optisch dünneren Stoff vom Lot weg gebrochen.

Einfallslot sowie einfallendes und gebrochenes Lichtbündel liegen in einer Ebene.

Aufgaben

1 Bestimme den Winkel in Luft für den Übergang Luft → Diamant, wenn der Winkel im Diamant 10° beträgt.

2 Ein Lichtbündel trifft unter einem Winkel von 45° aus Luft in Wasser. Bestimme die Größe der Richtungsänderung.

3 Gesucht ist der Winkel, unter dem Licht auf eine Wasseroberfläche treffen muss, damit das reflektierte und das gebrochene Licht einen Winkel von 90° bilden.
a) Konstruiere dazu jeweils beide Lichtbündel für die Winkel 40°, 50° und 60° in Luft und schätze daraus den richtigen Winkel ab.
b) Stelle über die Winkelbeziehungen eine Formel auf und löse das Problem mithilfe einer Tabelle.

4 Zehn Meter vom Ufer entfernt schwebt ein Taucher in 5 m Tiefe und schaut unter einem Winkel von 30° nach oben. Bestimme durch Konstruktion, ob er seinen Freund am Ufer sehen kann.

5 Erstelle aus dem Diagramm für die Winkel im Stoff eine übersichtliche Tabelle.

6 Untersuche, wie die Ablenkung des Lichts vom Prismenwinkel abhängt. Das Licht fällt in allen drei Fällen unter einem Winkel von 50° auf das Glas-Prisma. Übernimm dazu die Abbildungen in dein Heft und konstruiere jeweils den Weg des Lichts durch die Prismen. Gib alle Werte der auftretenden Winkel an.
Bestimme, wie stark das Lichtbündel insgesamt abgelenkt wird.

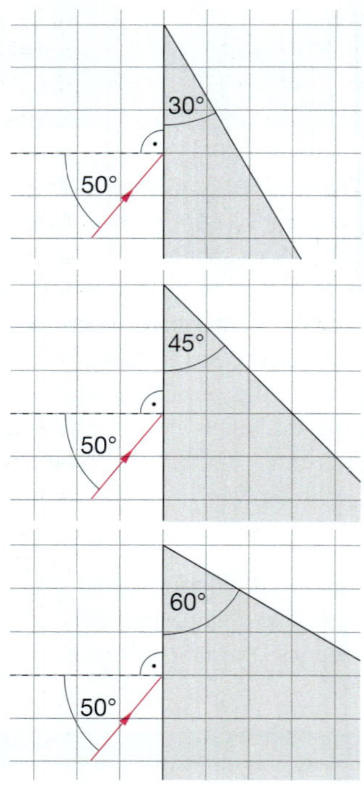

7 Es heißt, dass Pflanzen oder der Rasen im Garten nicht nur aus energetischen Gründen bei strahlendem Sonnenschein nicht mit dem Schlauch bespritzt werden sollen.
Erkläre diese Vorsichtsmaßnahme mithilfe einer kleinen Skizze.

Rechenbeispiel

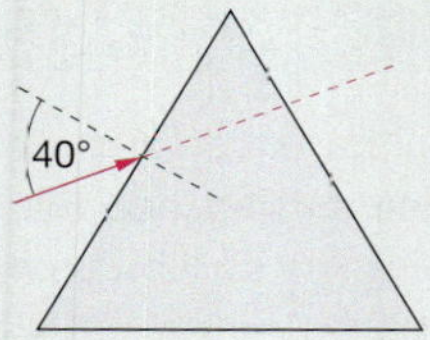

Licht fällt aus Luft kommend unter einem Winkel von 40° auf ein Glasprisma. Es wird beim Eintritt ins Glas zum Lot hin gebrochen.
Der Winkel im Glas lässt sich aus dem Diagramm „Winkel im Stoff" bestimmen, indem zum Winkel in Luft der zugehörige Winkel im Stoff (hier: Glas) gesucht wird.

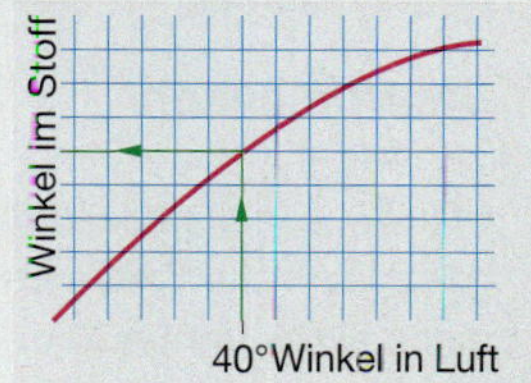

Trifft Licht auf die nächste Grenzfläche, so lässt sich der Winkel im Glas zum Lot durch Ausmessen bestimmen. Mit diesem Winkel in Glas wird jetzt der Winkel in Luft aus dem Diagramm abgelesen, allerdings jetzt in umgekehrter Richtung.
Die gesamte Ablenkung des Strahls beträgt 38,5°.

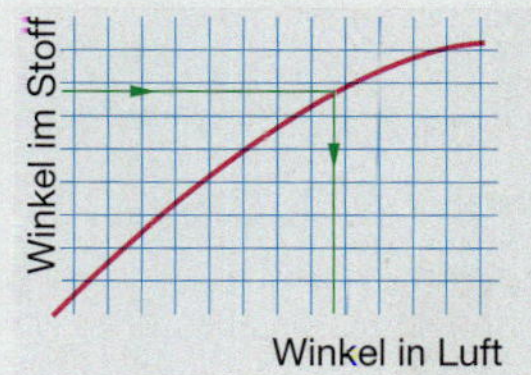

Zeichne mit den exakten Winkeln den Strahlengang durch das Prisma.

Brechung — Versuche und Aufträge

V1 Fülle einen durchsichtigen, möglichst quaderförmigen Behälter mit Wasser. Du erhältst verschieden dicke planparallele „Platten" durch unterschiedliche Wasserhöhen.

a) Lege den Wasserbehälter auf eine gerade Linie und miss die Parallelverschiebung des Bildes für verschiedene Plattendicken.
Trage die Ergebnisse in ein Diagramm ein.
b) Beschreibe den Einfluss des Blickwinkels auf die Messung.
c) Experimentiere auch mit anderen Flüssigkeiten (Zucker-, Salzwasser, Öl).

V2 Die linke Tasse scheint leer zu sein. Wird Wasser hineingegossen, so erscheint plötzlich eine Münze.
a) Führe den Versuch selbst durch. Experimentiere mit verschiedenen Blickwinkeln und Wasserhöhen.
b) Erkläre das Erscheinen der Münze mithilfe einer Skizze.

V3 Stecke einen Bleistift in ein leeres Reagenzglas und tauche das Reagenzglas in ein wassergefülltes Trinkglas.
a) Beschreibe deine Beobachtungen und finde eine Erklärung.
b) Stelle den Bleistift direkt in das Trinkglas. Beobachte die Anordnung von allen Seiten. Beschreibe und erkläre.
c) Nimm den Bleistift aus dem Glas, halte ihn vertikal und führe ihn hinter dem Glas entlang. Beschreibe und erkläre deine Beobachtung, wenn du von der Seite auf das Glas schaust.

V4 Für den folgenden Versuch benötigst du einen kreisrunden Glaskörper. Frage in der Schule danach. Du brauchst noch drei Stecknadeln, eine weiche Unterlage, in die sich die Stecknadeln gut einstecken lassen (z.B. Polystyrol, weiches Holz) und ein Blatt Papier.
a) Stich die Stecknadeln ① und ② so wie in der Skizze dargestellt ein. Peile sie nun so an, dass sie sich gegenseitig verdecken. Verschiebe dann die Nadel so hinter das Glas, dass ihr Bild im Glas hinter den Nadeln ① und ② verschwindet. Markiere die Position der Stecknadeln und lies Einfalls- und Brechungswinkel ab.
b) Ermittle so mindestens fünf Paare Einfallswinkel–Brechungswinkel und trage sie in eine Tabelle ein.
Stelle das Ergebnis auch grafisch dar.

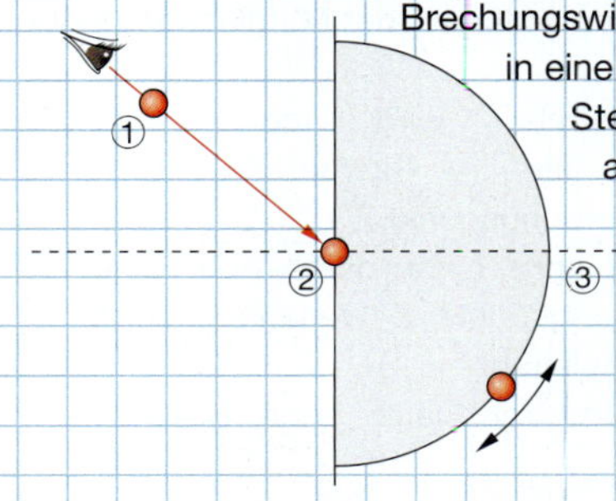

Werkzeug | **Bildkonstruktion mithilfe der Geometrie**

Sammellinsen

Mithilfe von Parallelstrahl, Brennstrahl und Mittelpunktstrahl lässt sich das bei einer Linse entstehende Bild ganz leicht konstruieren. (Die Brechung an den Grenzflächen zwischen Luft und Glas wird wie üblich durch einen Knick an der Mittelebene der Linse ersetzt.)

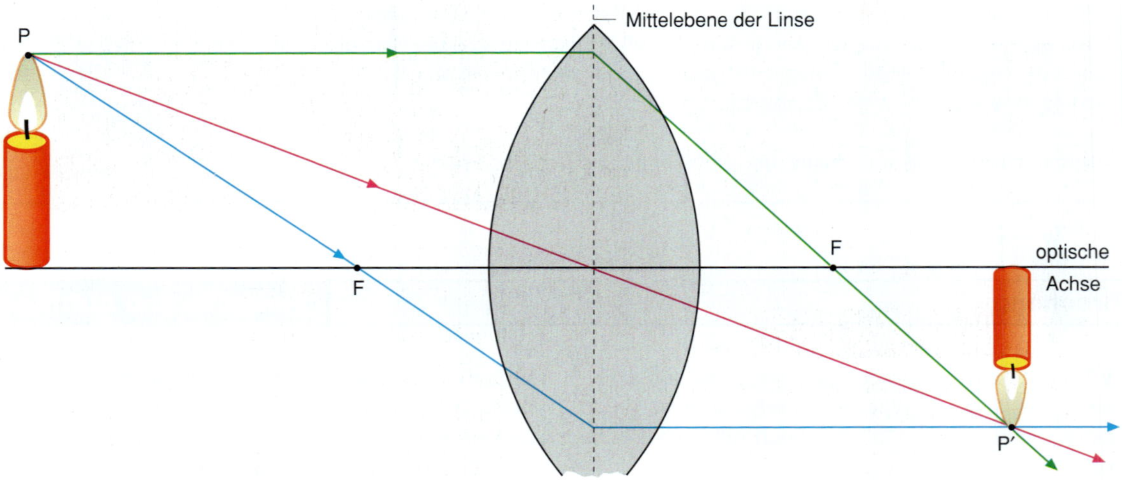

Diese Konstruktionsmethode führt auch zum Ziel, wenn der Gegenstand, der abgebildet werden soll, viel größer ist als die Linse. Dazu wird die Mittelebene der Linse verlängert; dann lässt sich für den Punkt P auch der Verlauf des Parallelstrahls konstruieren. Der Schnittpunkt mit dem Mittelpunktstrahl ergibt P′.

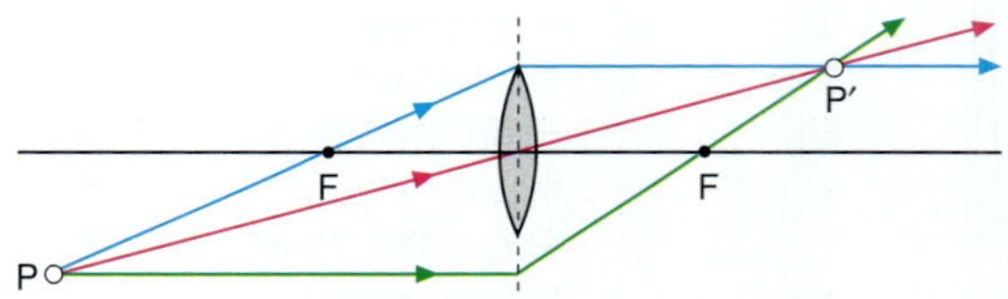

Bei einer maßstabsgerechten Zeichnung ist es möglich, die Größe des Bildes aus der Zeichnung abzulesen. Allerdings ist diese Methode ziemlich ungenau.

Zerstreuungslinsen

Das verkleinerte Bild bei Zerstreuungslinsen lässt sich nach dem gleichen Prinzip konstruieren wie bei Sammellinsen. (Die zweimalige Brechung an den Grenzflächen Glas–Luft wird wieder durch einen Knick an der Mittelebene der Linse ersetzt.)

- Ein Parallelstrahl wird so gebrochen, als käme er aus dem Zerstreuungspunkt Z.
- Ein Strahl, der ohne Linse durch den jenseitigen Zerstreuungspunkt Z' verlaufen würde, wird zum Parallelstrahl.
- Der Mittelpunktsstrahl läuft ohne Brechung

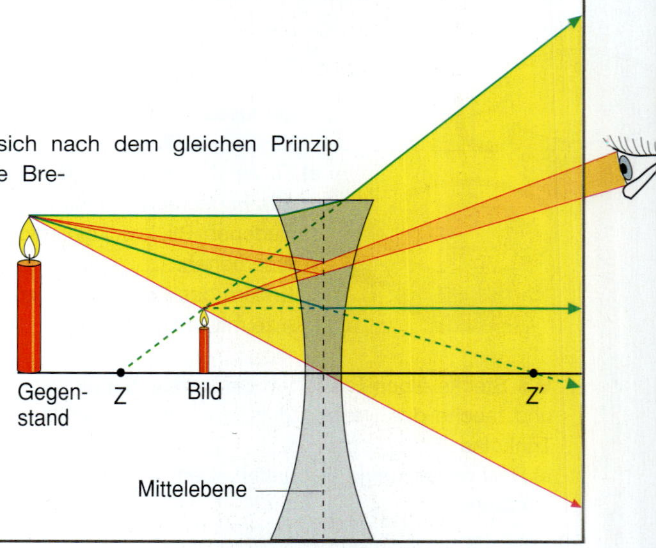

BRECHUNG

Wie er wohl mit geknicktem Paddel vorankommt?

Werden die Abstände der Leitersprossen wirklich kürzer??

Ein Glasstab hilft beim Lesen

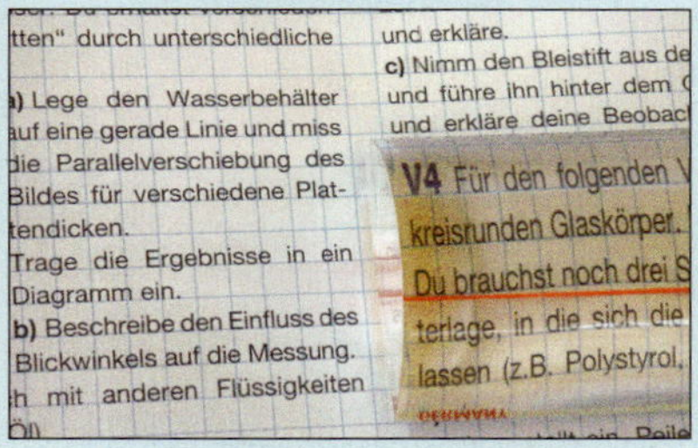

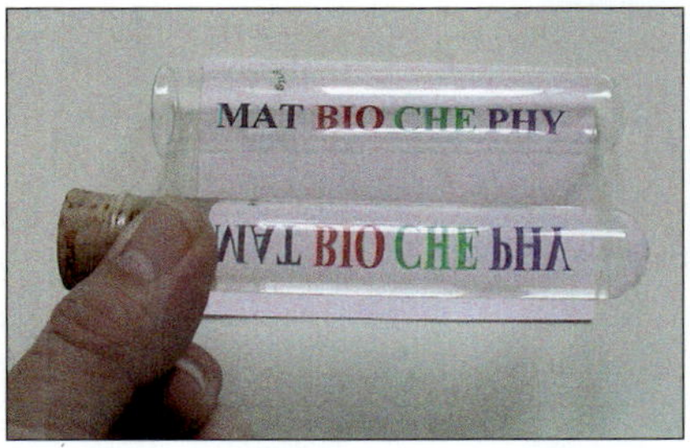

Optische Zauberei

Glasplatten „verschieben" Gegenstände

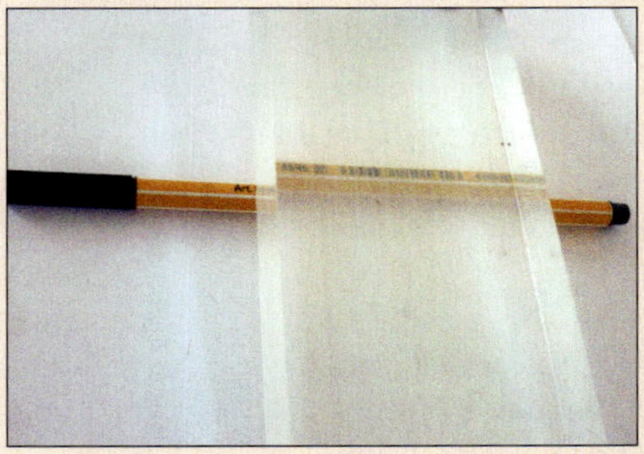

Monster sind unter uns

Taucher schätzen Entfernungen zu kurz ein

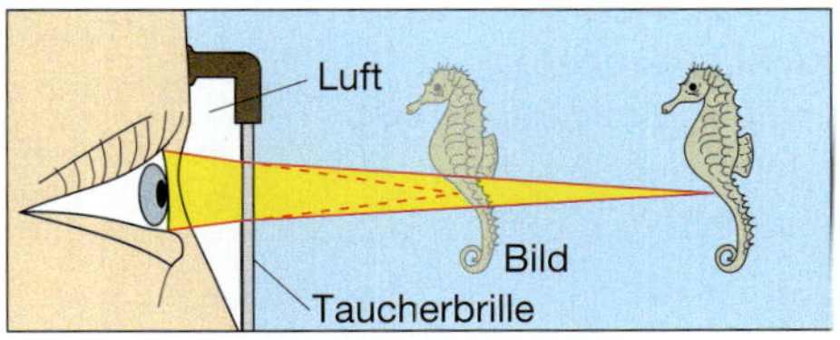

Reflexion

Spiegel kommen in jedem Haushalt, aber auch bei vielen technischen Anwendungen vor. Im Badezimmerspiegel siehst du dein Gesicht – aber hat das Mädchen im Spiegel den Föhn nicht in der falschen Hand?
Außerdem ist nur ein Teil der Person zu sehen. Hilft es, weiter vom Spiegel wegzugehen? Und welche Tricks lassen sich mit Spiegeln anstellen?

Eigenschaften des Spiegelbildes

Gegenstände werden sichtbar, weil das von ihnen gestreute Licht in das Auge gelangt. Glasplatten, polierte Metallflächen oder ruhige Wasseroberflächen streuen das Licht nicht mehr, sondern reflektieren es in eine Richtung. So entstehen Spiegelbilder von der Umgebung und vom Betrachter selbst.

Zentraler Versuch

Das Kerzenmännchen vor dem Spiegel ist der **Gegenstand.** Im Spiegel ist das gleiche Männchen als **Spiegelbild** zu erkennen. Was ist das Besondere an diesem Spiegelbild?

- Das Spiegelbild sehen wir *hinter* dem Spiegel.
- Die Verbindungslinie Gegenstand – Spiegelbild steht *senkrecht* auf der Spiegelfläche.
- Die Abstände Gegenstand – Spiegel und Spiegel – Spiegelbild sind *gleich* groß.
- Die dicke Knollennase zeigt auch im Spiegelbild nach links; die Kerzenflamme ist oben, der Fuß unten.

Unterschiede aber gibt es: Das Abzeichen auf dem rechten Arm des Männchens ist nicht zu sehen, sondern nur bei seinem Spiegelbild; dafür ist das fehlende Abzeichen auf dem linken Arm im Spiegelbild nicht zu erkennen. Vorder- und Rückseite bezüglich der Spiegelebene sind also vertauscht.

Beim Spiegel liegen Gegenstand und Spiegelbild symmetrisch zueinander, der Spiegel ist Symmetrieebene.
Beim Spiegelbild sind nur vorn und hinten vertauscht. Rechts und links sowie oben und unten bleiben gleich.

Aufgaben

1 **a)** Beschreibe das Bild in einem Spiegel, der sich an der Zimmerdecke über dem Beobachter oder auf dem Fußboden unter dem Beobachter befindet.
b) Fertige eine Skizze an und erkläre, wie das Spiegelbild entsteht.

2 **a)** Eine Fotografie von dir sieht nicht genau so aus wie dein Spiegelbild. Begründe.
b) Mache Vorschläge, damit die Fotografie dem Spiegelbild exakt gleicht.

3 Begründe, ob auch Schatten gespiegelt werden.

4 Du möchtest dich in einem 1,80 m entfernten Spiegel fotografieren. Gib die Entfernung an, auf die du deinen Apparat einstellen musst.
Begründe deine Antwort.

5 Schreibe die Aufschrift „Rettungswagen" auf der Motorhaube eines Rettungsautos so, dass andere Autofahrer sie im Rückspiegel lesen können.

6 LEONARDO DA VINCI hat viele seiner Entdeckungen und Ideen in Spiegelschrift notiert. Nenne Gründe für diese eigenartige Vorgehensweise.

7 Nicole steht 1,3 m vor einem Spiegel. Bestimme die Entfernung ihres Spiegelbildes.

Spiegel täuschen uns

Betrachten wir uns selbst im Spiegel, so haben wir den Eindruck, das Bild wäre seitenverkehrt: Bewegen wir die rechte Hand, so bewegt unser Spiegelbild die linke. Also ist rechts und links vertauscht! Dieser Widerspruch ist aber nur scheinbar, denn er kommt daher, dass wir uns in Gedanken in unser Spiegelbild hineinversetzen.

Der Junge auf dem Foto rechts soll mit einem Bleistift ein Labyrinth „durchwandern". Dabei sieht er die Vorlage selbst nicht, sondern nur deren Spiegelbild. Kann doch nicht so schwer sein, oder?

Aufgaben

1 Du willst ein Labyrinth entwerfen, welches in einem Spiegel betrachtet besonders schwierig nachzuzeichnen ist. Worauf musst du achten?

2 Schreibe deinen Namen mithilfe eines Spiegels. Blicke beim Schreiben nur in den Spiegel und achte darauf, dass dein Name im Spiegel lesbar ist.

Spiegelbild — Versuche und Aufträge

V1 Lege einen Würfel vor einen senkrechten Spiegel.
a) Bewege den Würfel nach rechts und links, oben und unten, vorne und hinten. Beschreibe die Bewegung des Spiegelbildes (Tabelle).
b) Betrachte die verschiedenen Würfelflächen und vergleiche Gegenstand und Spiegelbild. Notiere.

V2 Zeichne vor einen Spiegel (von oben betrachtet) ein beliebiges Drei-, Vier-, Fünf- und Sechseck und das dazu gehörige Spiegelbild.

V3 Stelle eine Glasscheibe mithilfe eines Buches senkrecht auf ein Blatt Papier wie im Bild unten. Lege vor die Scheibe einen Bleistift und markiere seine Lage.
a) Lege nun einen zweiten Bleistift (gleiche Größe) an die Stelle, wo du das Spiegelbild siehst. Markiere auch diese Position. Wiederhole diesen Versuch für andere Abstände des Bleistifts zur Glasplatte.

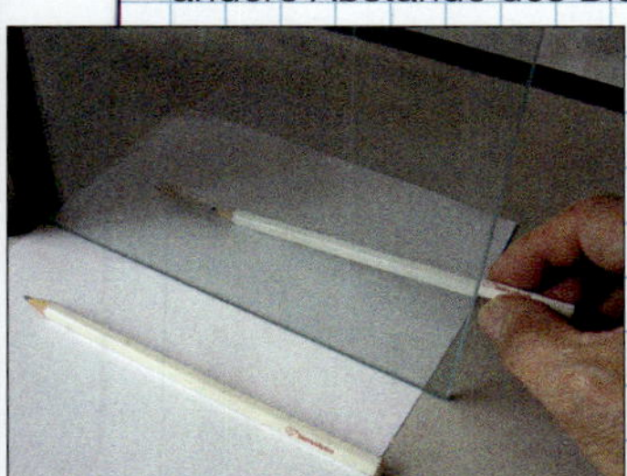

b) Welchen Winkel bilden die Verbindungslinien der beiden Bleistiftspitzen und die Glasplatte?
c) Vergleiche auch die Abstände Bleistift–Glasplatte und Spiegelbild–Glasplatte.

V4 Brennt im Bild oben tatsächlich eine Kerze unter Wasser?
a) Probiere den Versuch selber aus.
b) Fertige eine Skizze an (Draufsicht) und erkläre damit deine Beobachtung.
c) Was ändert sich an der Spiegelbildflamme, wenn du sie von einem anderen Ort aus betrachtest?

V5 Stelle dich etwa 50 cm vor einen Spiegel und zeichne den Umriss deines Spiegelbildes mit einem wasserlöslichen Stift nach. (Ein Auge dabei schließen.)
a) Vergleiche die Größe von Spiegelbild und Original (messen). Nimm zur genauen Kontrolle ein sauberes Lineal quer in den Mund und markiere die Enden im Spiegelbild.
b) Was stellst du fest? Erkläre deine Beobachtung.

Das Reflexionsgesetz

Zur genauen Untersuchung wird ein schmales Lichtbündel betrachtet, das unter einem vorgegebenen Winkel auf einen ebenen Spiegel fällt und von dort in einem bestimmten Winkel reflektiert wird.

Zentraler Versuch

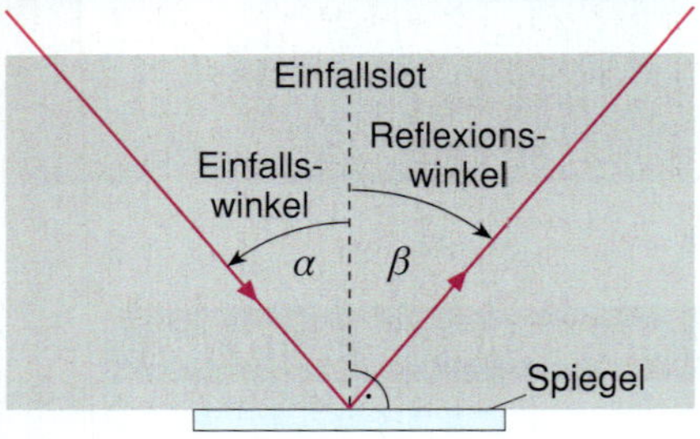

Zur Beschreibung sind folgende Begriffe nötig:

- Einfallslot
- Einfallswinkel
- Reflexionswinkel

Die Messung zeigt, dass der Reflexionswinkel exakt gleich dem Einfallswinkel ist.

Für spiegelnde Oberflächen gilt:
- Einfallendes Lichtbündel, reflektiertes Lichtbündel und Einfallslot liegen in einer Ebene.
- Einfallswinkel und Reflexionswinkel sind gleich: $\alpha = \beta$.

Aufgaben

1 Beschreibe den Versuch in dem Foto unten und erkläre die Versuchsdurchführung mithilfe einer Skizze.

2 Nenne die beiden Aussagen des Reflexionsgesetzes.

3 Konstruiere das reflektierte Lichtbündel, wenn ein Lichtbündel unter 25° auf einen waagerecht liegenden Spiegel fällt.

Wie entsteht das Spiegelbild?

Steht eine Kerze vor einem Spiegel, so geht von ihr Licht nach allen Seiten weg. Ein Teil des Lichts gelangt direkt ins Auge, ein anderer Teil indirekt nach der Reflexion am Spiegel. Dieses Lichtbündel wird am Spiegel nach dem Reflexionsgesetz zurückgeworfen und gelangt ins Auge. Auge bzw Gehirn „kennen" aber nur Licht, welches sich geradlinig ausbreitet. Deshalb scheint das Licht von einem Punkt hinter dem Spiegel zu kommen. Dort, wo sich die nach hinten verlängerten Ränder des Lichtbündels schneiden, „sehen" wir das Spiegelbild der Kerze.

Damit sich eine Person von den Haaren bis zu den Fußspitzen im Spiegel sehen kann, muss vom obersten und vom untersten Punkt noch Licht in die Augen gelangen. Die Grafik unten zeigt, dass diese Bedingung nach dem Reflexionsgesetz zwei Dreiecke ergibt, deren Spitzen die Ober- und Unterkante des Spiegels festlegen. Für eine Augenhöhe von 170 cm liegt die Oberkante des Spiegels bei 175 cm und die Unterkante bei 85 cm. Eine Person von 180 cm Körpergröße braucht also nur einen 90 cm hohen Spiegel, eine 120 cm große Person nur einen 60 cm hohen Spiegel.

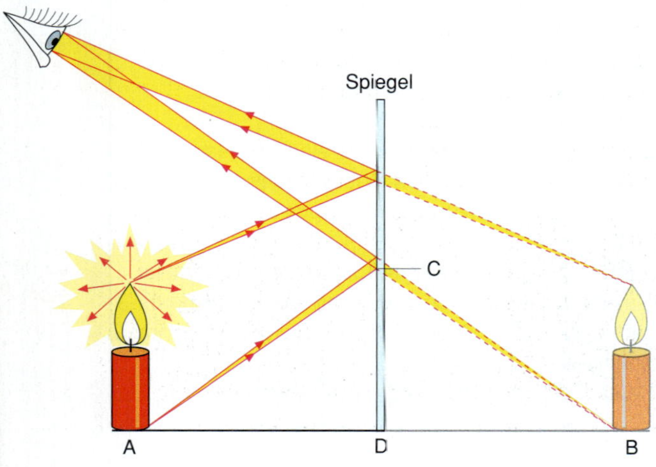

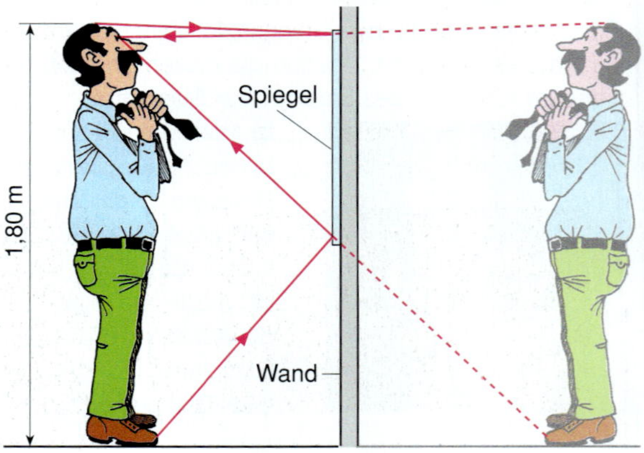

Unerwünschte Spiegelungen — Streifzug

Glasscheiben sind lichtdurchlässig, d. h. der Großteil des auffallenden Lichts wird durchgelassen, ein geringer Teil wird absorbiert und ein weiterer geringer Teil wird reflektiert. Der reflektierte Anteil ist umso größer, je schräger das Licht auf die Glasscheibe trifft.

Beispiele für solche unerwünschten Reflexionen finden sich im Alltag häufig:

- Die Auslagen hinter der Schaufensterscheibe sind bei ungünstigen Lichtverhältnissen von der Seite kaum zu sehen.
- Ein Reisender, der bei Dunkelheit aus dem beleuchteten Zugabteil nach draußen blickt, hat Schwierigkeiten, etwas durch das Fenster zu erkennen, das Spiegelbild des Zugabteils sieht er dafür umso besser.
- Der Kartenspieler wird sich wundern, dass er immer verliert.

Sollen solche störenden Reflexionen verringert werden, so muss das Glas entspiegelt werden. Dies geschieht durch Aufrauen der Oberfläche (Glasbilderrahmen) oder Aufdampfen dünner Metallschichten (Brillengläser). Dadurch wird der zuvor reflektierte Anteil des Lichtes nicht mehr reflektiert; es entsteht kein Spiegelbild mehr.

Reflexion — Versuche und Aufträge

Fällt der Lichtkegel einer Taschenlampe streifend auf eine helle Wand oder eine helle Tischplatte, so ist er gut zu erkennen. Mit Blenden aus schwarzer Pappe kannst du ein gut sichtbares schmales Lichtbündel erzeugen (ausprobieren).

V1 Baue den Versuch entsprechend dem Foto unten auf. Achte darauf, dass der weiße Karton entlang der gestrichelten Linie gut gefalzt ist.
a) Stelle die Taschenlampe so ein, dass die Lichtbündel gut zu sehen sind und zeichne sie nach.
b) Nimm das rechte Buch weg, sodass der rechte Kartonteil nach unten klappt. Beobachtung?
c) Nenne den Teil des Reflexionsgesetzes, der hier verdeutlicht wird.

V2 Ein Kamm liefert die Spalte, durch die das Licht einer Taschenlampe unter verschiedenen Winkeln auf einen Spiegel trifft. Als Unterlage wird ein weißer Pappkarton oder festes Papier benutzt, auf dem die Lichtwege mit einem Bleistift nachgezogen werden können (Lineal benutzen). Überprüfe für verschiedene Einfallswinkel das Reflexionsgesetz.

V3 **a)** Klebe auf die Rückseite eines kleinen Spiegels drei Wachskügelchen. Lege den linken Arm mit der Handfläche nach oben auf eine feste Unterlage. Drücke den Spiegel so auf das Handgelenk, dass ein Kügelchen genau auf der „Pulsader" liegt. Beleuchte den Spiegel mit einer fest eingespannten Taschenlampe und beobachte den Lichtreflex.
b) Wozu kann diese Anordnung genutzt werden?

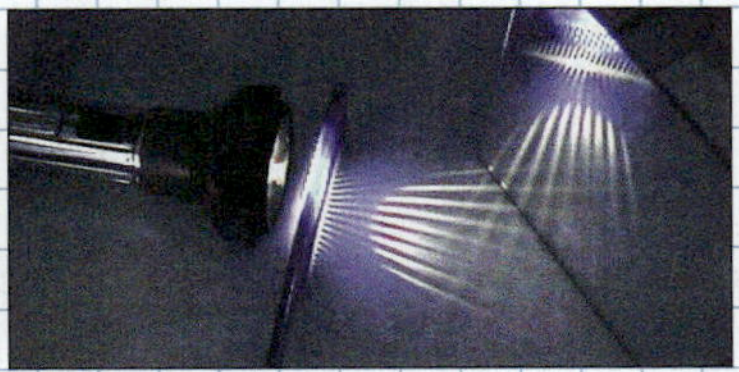

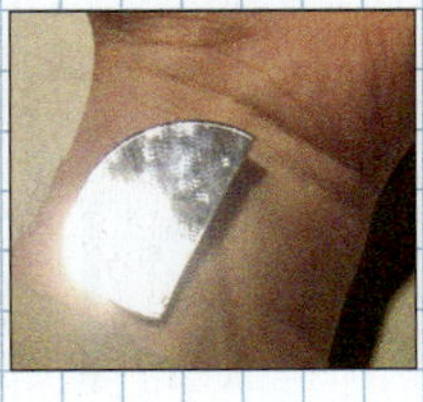

Spiegel-unterseite

Zauberei oder optische Täuschung?

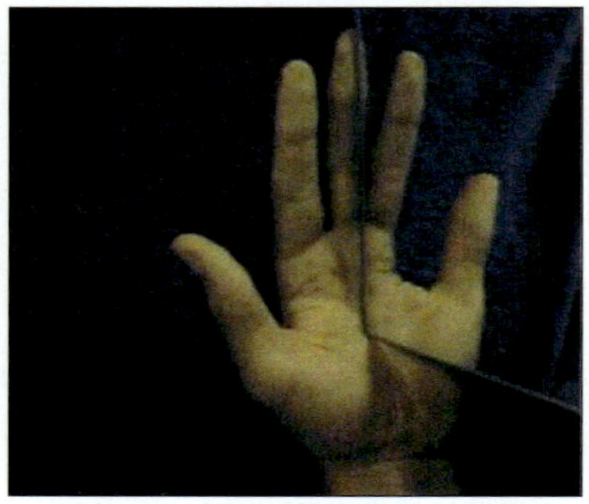

Winkelspiegel...

Wie sehen dich andere? Im ebenen Spiegel kannst du es nicht feststellen, aber in einem Winkelspiegel.

Baue zwei Spiegel im rechten Winkel zueinander auf und kontrolliere dein Spiegelbild (rechte Hand an das linke Ohr usw.). Halte auch ein Buch vor den Spiegel (Schrift).

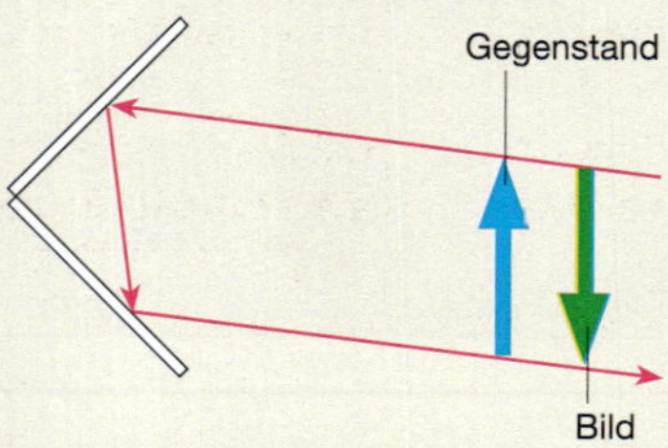

Gewölbte Spiegel

Zahnarztspiegel:
Dieser Spiegel ist gewölbt, wodurch das Spiegelbild etwas vergrößert wird. Er ist nicht größer als ein Daumennagel, damit er gut in den Mund passt.

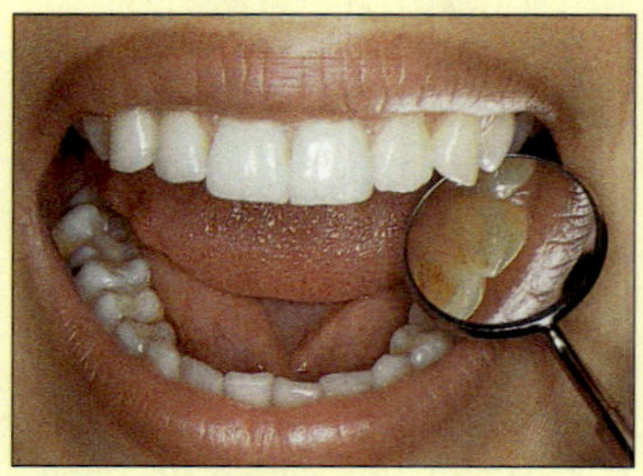

Kosmetikspiegel und Rasierspiegel sind gewölbt und vergrößern dadurch. (Hohlspiegel)

Panoramaspiegel:
Dieser Spiegel ist nach außen gewölbt. Dadurch entstehen verkleinerte Bilder. Der Blickwinkel dagegen wird vergrößert. (Wölbspiegel)

Vom Fragen zum Wissen

Durchblick

oder Wie Naturwissenschaftler arbeiten

Physiker forschen so ähnlich, wie du dir im Unterricht neues Wissen erarbeitest. Dabei greifen Fragen und Vermuten, Versuchen und Erkennen sowie Kritisieren und wieder Fragen in ganz bestimmter Weise ineinander. In der Protokollführung ist dieser Weg bereits angelegt.

Die Aufgabe
- *Formulieren und aufschreiben, was untersucht werden soll.*

Die Planung und Vorbereitung
- Zuerst eine Vermutung über das mögliche Versuchsergebnis aufschreiben (auch als Frage möglich).
- Die zu untersuchenden Größen festlegen.
- Die nötigen Geräte bereitstellen.
- Anfertigen einer Zeichnung des Versuches unter Verwendung der Vorgaben (Foto im Buch, Zeichnung auf einem Arbeitsblatt, Wandtafel …).

Die Durchführung
- Kurz, eventuell auch stichwortartig, aufschreiben, was getan wurde.

Die Beobachtung/Die Auswertung
- Übersichtlich aufschreiben, was du gesehen oder gemessen hast.
- Dabei beschränken auf die für die Aufgabenstellung wichtigen Dinge.
- Eine Tabelle, eine Skizze oder ein Diagramm sind hilfreich.

Das Ergebnis
- Das Versuchsergebnis vergleichen mit der Vermutung, die vor Beginn des Versuches angestellt wurde.
- Formulieren des Ergebnisses.
- Evtl. eine Erklärung dazu schreiben.

Die Fehlerbetrachtung
- Sich vergewissern, was bei der Durchführung des Versuches hätte besser gemacht werden können.
- Überlegen, was zu Fehlern geführt haben könnte, die nicht zu vermeiden waren.

Am Anfang steht etwas **Interessantes, Fragwürdiges** aus Natur oder Technik, das mich neugierig macht.

Geknicktes Paddel? Ist es eine optische Täuschung?

Daraus entsteht eine **Frage,** die ich als **Vermutung** formuliere.

Ich überlege mir, wie ich aus der Natur selbst oder aus der Technik die Antwort bekommen kann.

Durch ein Experiment stelle ich die Natur so nach, dass ich besser hinschauen kann, um eine Antwort auf meine Frage zu bekommen.
Der **Versuch** wird dadurch zu einer **Frage an die Natur/Technik.**

Zentraler Versuch

Das Lichtbündel ändert an der Grenzfläche seine Richtung.

Die sehr genaue **Beobachtung, Auswertung und Darstellung** führen zu einem Ergebnis, mit dem ich die **Vermutung überprüfen** kann.

War die Vermutung *richtig,* formuliere ich einen **Satz** oder ein **Gesetz** als Antwort auf die anfangs gestellte Frage.

Ein Lichtbündel wird beim Übergang Luft → Wasser zum Einfallslot hin gebrochen.

Vorher denke ich in einer **Fehlerbetrachtung** darüber nach, welche Fehler sich eingeschlichen haben könnten.

Bestätigt sich die Vermutung nicht, so setzt ein **erneutes Fragen nach prüfendem Nachdenken** ein.
Dies geschieht auch dann, wenn mich die Ergebnisse eines Versuches neugierig gemacht haben auf weiteres Wissen.

Dann geht alles von vorne los!

Das Paddel ist nicht geknickt; es muss eine Täuschung sein. Wie kommt sie zustande?

Bei der Brechung treten Farben auf. Wo kommen sie her?

Totalreflexion

Von der Lampe, die sich unter der Wasseroberfläche befindet, gehen mehrere Lichtbündel aus. Sie treffen unter verschiedenen Winkeln auf die Grenzfläche Wasser–Luft. Die inneren Lichtbündel werden reflektiert und gebrochen, die äußeren werden nur reflektiert und gehen nicht von Wasser in Luft über. Dieses Phänomen heißt **Totalreflexion.**

Bei dem rechten Lichtbündel ist der Einfallswinkel am größten. Der Einfallswinkel, von dem an Totalreflexion auftritt, heißt **Grenzwinkel α_G** der Totalreflexion.

Damit Totalreflexion an einer Grenzfläche auftritt, müssen zwei Voraussetzungen erfüllt sein:

- Das Licht muss vom optisch dichteren Medium kommend auf die Grenzfläche treffen.
- Der Einfallswinkel muss größer sein als α_G.

Zentraler Versuch

Ermittlung des Grenzwinkels der Totalreflexion

Bei stetiger Vergrößerung des Einfallswinkels vergrößert sich auch der Brechungswinkel, bis er schließlich den Wert 90° erreicht. Ab jetzt wird das Licht total reflektiert. Dieser Grenzwinkel lässt sich aus dem Diagramm für den Zusammenhang der Brechungswinkel (S. 26) ablesen. Der Winkel im Stoff ist stets kleiner als der in Luft. Der kleinste vorkommende Winkel im Stoff ist gleichzeitig der Grenzwinkel für die Totalreflexion. Er tritt bei dem Winkel von 90° für Luft auf. Für den Übergang Glas → Luft lässt sich 41,8°, für Wasser → Luft 48,6° und für Diamant → Luft 24,6° ablesen.

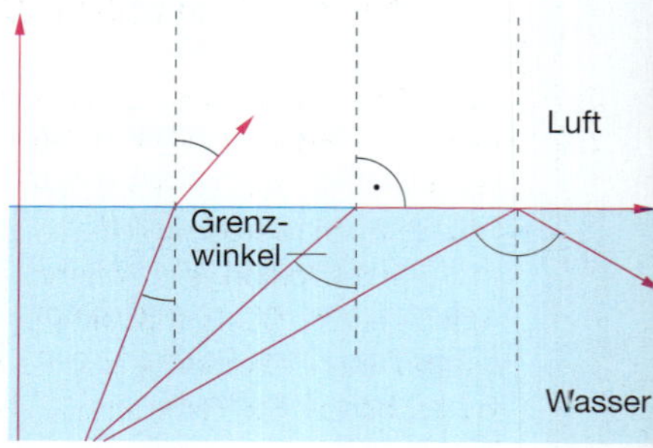

Eine wichtige Anwendung der Totalreflexion ist das **Lichtleitkabel.** Das Foto unten zeigt die Funktionsweise: Obwohl der Glasbogen am Innenrand nicht verspiegelt ist, tritt kein Licht über die Seitenwände nach außen, weil das Licht immer mit Einfallswinkeln auf die Grenzfläche Glas–Luft trifft, die größer sind als der Grenzwinkel. Deshalb kann Licht in Lichtleitkabeln über große Entfernungen transportiert werden.

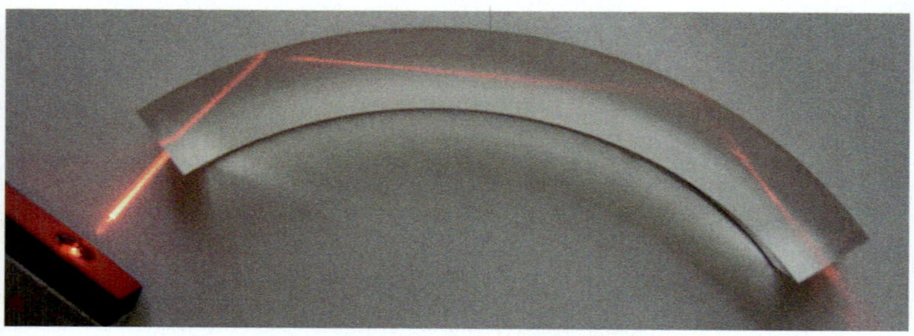

Beim Übergang des Lichts vom optisch dichteren zum optisch dünneren Medium tritt ab dem Grenzwinkel Totalreflexion auf.

ANWENDUNGEN DER TOTALREFLEXION

Das Fernglas

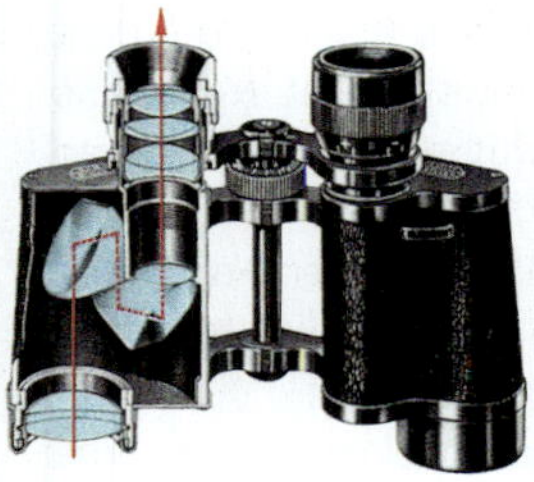

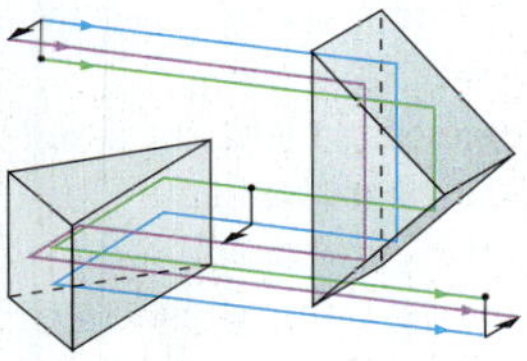

Fernrohre sind lang und können nur mit einem Auge benutzt werden, was auf Dauer sehr anstrengend ist. Sollen beide Augen beobachten, müssen zwei Fernrohre nebeneinander angebracht werden, was das Gerät sehr unhandlich macht. Prismen im Lichtweg rücken jedoch Objektiv und Okular bei gleich langem Lichtweg näher zusammen. An den Prismenflächen wird das Licht durch Totalreflexion umgelenkt. Durch geeignete Anordnung der Prismen wird erreicht, dass die Vertauschung oben–unten und rechts–links eines astronomischen Fernrohrs aufgehoben wird.

Regensensor

Der Regensensor sitzt innen an der Frontscheibe des PKW. Er arbeitet nach folgendem Prinzip: Das Licht einer LED wird über ein Prisma und die Scheibe (beide mit gleicher Brechzahl) mittels Totalreflexion zur Empfangsdiode geführt. Die empfangene Lichtmenge hängt von der Regenintensität ab, weil Regentropfen die Totalreflexion an der Glasoberfläche aufheben und dadurch ein Teil des Lichts aus der Scheibe austritt. Dadurch wird die in der Empfangsdiode ankommende Lichtmenge geringer. Ein Elektronikmodul erzeugt aus der Veränderung der Lichtmenge ein Signal zur Steuerung der Wischerblätter.

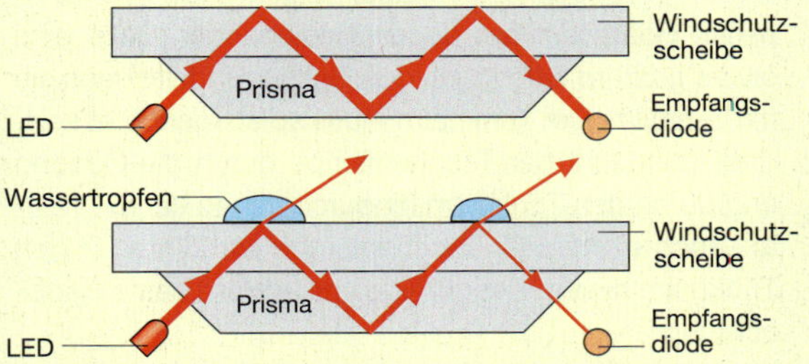

Nasse Straße ohne Wasser?

An heißen, trockenen Tagen erscheinen weiter vorn liegende Straßenabschnitte manchmal „nass“, obwohl sie staubtrocken sind. Diese Täuschung (Fata Morgana) entsteht durch Brechung und Totalreflexion an unterschiedlich warmen Luftschichten. Die Luft direkt über der Straße hat eine höhere Temperatur als die darüber liegende: Je höher die Temperatur, desto kleiner die Brechzahl. Von den unterschiedlich dichten Luftschichten wird das vom Himmel kommende Licht in das Auge umgelenkt. Für den Betrachter scheint das Licht aber von unten zu kommen.

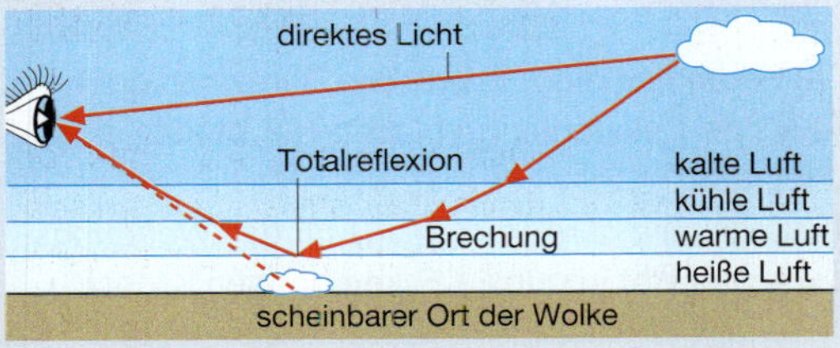

Bei einem Sonnenuntergang erscheint die Sonne – kurz bevor sie untergeht – platt gedrückt. Wie kommt es dazu? Tritt das Licht von der Sonne in die Lufthülle der Erde ein, so wird es gebrochen. Da die Dichte der Luft immer größer wird, je näher sie der Erdoberfläche ist, wird der Brechungswinkel von Schicht zu Schicht größer. Insgesamt ergibt sich ein gekrümmter Lichtweg. Deshalb ist die Sonne noch zu sehen, obwohl sie bereits seit etwa zwei Minuten unter dem Horizont verschwunden ist. Aber warum erscheint sie dann gestaucht?
Das Licht vom unteren Rand der Sonne tritt flacher in die Erdatmosphäre ein und wird daher stärker gebrochen als das Licht vom oberen Sonnenrand. Der untere Rand scheint gegenüber dem oberen Rand angehoben, die Sonne sieht platt aus.

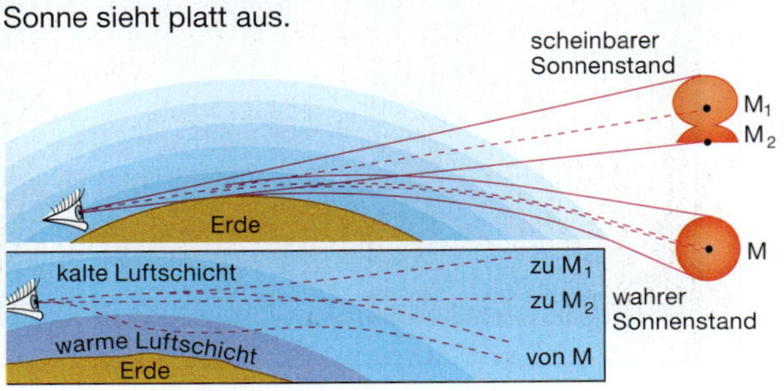

Versuche und Aufträge — Totalreflexion

V1 Nimm eine Schüssel und fülle sie mit Wasser. Halte dann ein Lineal senkrecht ins Wasser. Betrachte das Lineal mit seiner Skala zunächst schräg von oben und dann unter immer flacheren Winkeln, bis du fast parallel zur Wasseroberfläche auf das Lineal schaust. Halte deine Beobachtungen fest.
Wiederhole den Versuch, aber stelle das Lineal schräg ins Wasser. Vergleiche und halte deine Beobachtungen fest.

V2 Bohre in einen Plastikbecher eine kleine kreisrunde Öffnung, sodass ein Trinkhalmstück stramm hineinpasst. Bohre auf der gegenüberliegenden Seite eine etwas größere Öffnung in den Becher und verklebe sie mit Tesafilm. Der Trinkhalm muss so ausgerichtet sein, dass das Licht der Taschenlampe durch die Öffnung und durch den Trinkhalm hindurch gehen kann.
a) Leuchte mit einer Taschenlampe von hinten in den Trinkhalm hinein. Beschreibe und erkläre deine Beobachtung.
b) Konstruiere den Weg des Lichtbündels im auslaufenden Wasser.

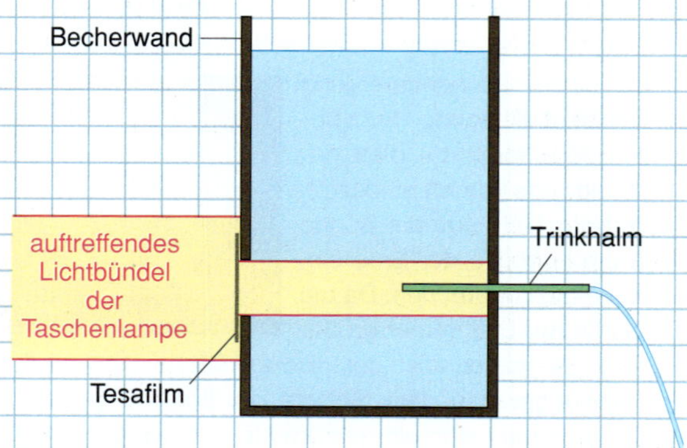

V3 Baue den folgenden Versuch auf.

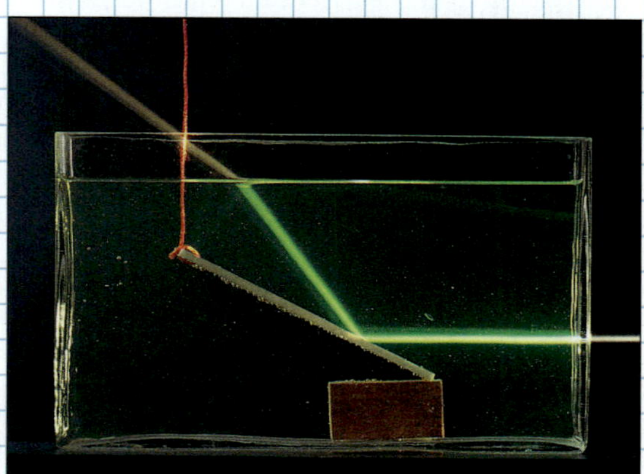

a) Verfolge den Lichtweg im Wasser und in der Luft. Skizziere ihn grob. Miss auch die Winkel. Nenne die Gesetze, die du so nachprüfen bzw. bestätigen kannst.
b) Erkläre den Lichtweg mithilfe einer geometrischen Konstruktion.

V4 Du benötigst einen Laserpointer oder eine Taschenlampe mit schmaler Öffnung (Schlitzblende aus schwarzem Karton schneiden).
a) Lass im abgedunkelten Zimmer das Licht auf eine Glasfläche (Glastisch, ...) zunächst senkrecht zur Fläche auftreffen (Einfallswinkel = 0°!) und steigere den Winkel immer weiter, bis im Glas der Grenzwinkel der Totalreflexion erreicht wird. Versuche, den Grenzwinkel möglichst exakt zu bestimmen. Beobachte von verschiedenen Seiten und schreibe deine Beobachtungen auf.
b) Besorge dir einen rechteckigen Körper aus Plexiglas und bestimme damit bei der Brechung die Winkel in Luft und im Plexiglas. Unterscheide die Übergänge von Luft nach Plexiglas und von Plexiglas zu Luft. Trage deine Messwerte in einer Grafik auf.
Vergleiche deine Werte mit denen beim Material Wasser, Glas und Diamant.
c) Bestimme die Werte für die Brechung beim Übergang Wasser–Plexiglas. Beschreibe dein Vorgehen.

V5 **a)** Beobachte im Schwimmbad einen Mitschüler von außen, wie er an der Leiter in das Becken steigt. Beachte besonders die Beine, wenn sie unter Wasser kommen.
b) Tauche im Schwimmbecken am Rand mit einer Taucherbrille ab und beobachte dabei die Sprossen der Leiter.
c) Tauche nach unten ins Becken und beobachte deine Freunde von unten, wenn sie sich knapp unter der Wasseroberfläche befinden. (Achtet dabei auf eine ruhige Wasseroberfläche). Verändere deine Blickrichtung oder die Tauchtiefe deiner Freunde.
d) Tauche unter die Wasseroberfläche und beobachte, wen du am Beckenrand sehen kannst. Ändere deine Blickrichtung und Tauchtiefe,
Halte deine Beobachtungen fest und erkläre sie.

A6 **a)** Erkundige dich, in welchen Bereichen der herkömmlichen Beleuchtungen Lichtleiter bereits eingesetzt werden.
b) Überlege dir eigene Vorschläge für den Wohnungsbau, wie du Licht in dunkle Ecken bringen kannst.

Licht in Stoffen — Streifzug

Glasfaserkabel

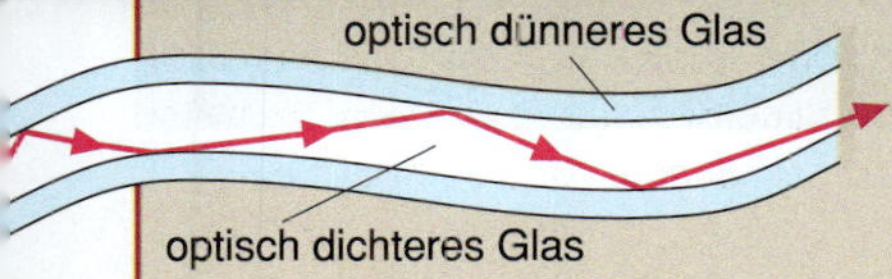

Glasfasern sehen aus wie sehr dünne Angelschnüre und sind fast genauso elastisch. Sie bestehen meistens aus zwei Glassorten. Der Kern aus optisch dichterem Glas ist von einer Schicht aus optisch dünnerem Glas ummantelt. Dadurch wird Licht fast ohne Verluste durch das Kabel geleitet, weil an der Grenzfläche der beiden Glassorten nahezu immer Totalreflexion auftritt. Dadurch ist es möglich, optische Signale zu übertragen, also Nachrichten.

Werrden viele tausende dieser Fasern zu einem Kabel zusammengefasst, so ist auch die Übertragung von Bildern möglich. Diese werden punktweise übertragen. Eine wichtige Anwendung dieser Bildübertragung ist das **Endoskop.** Damit können medizinische Untersuchungen im Körperinneren ohne Operation durchgeführt werden. Dazu sind mindestens zwei Glasfaserkabel erforderlich. Das eine dient zur Beleuchtung im Körperinneren, das andere überträgt die Bildinformation aus dem Körper. Meist ist noch ein Hohlkabel daneben angebracht, durch das spezielle Geräte (Messer, Scheren, Zangen) in den Körper eingebracht werden können, sodass sogar Operationen z. B. am Kniegelenk oder am Mageninneren durchgeführt werden können.

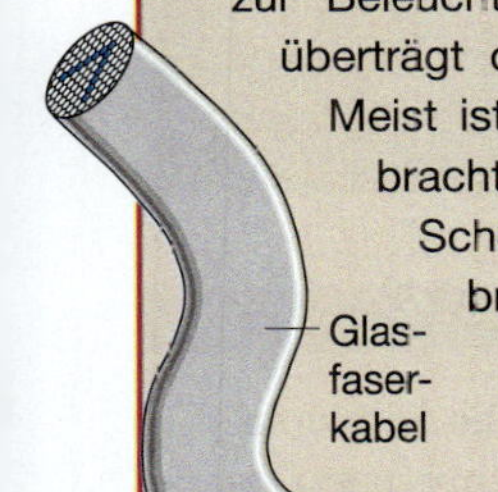

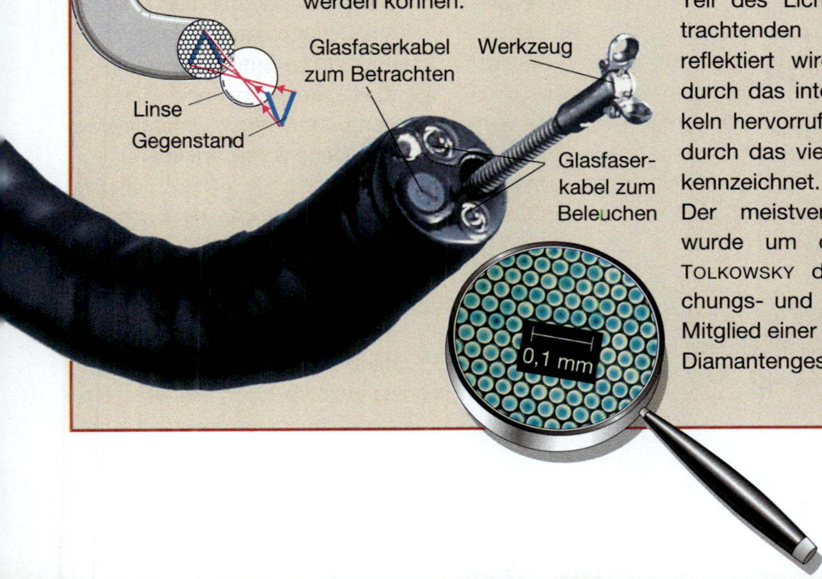

Warum funkeln Diamanten so schön?

Der Wert von Diamanten wird im englischen durch vier „C“ charakterisiert:
Carat (1 Karat = 200 mg)
Clarity (Reinheit)
Colour (Farbe)
Cut (Schliff)
Die ersten drei C werden durch den Rohdiamanten selbst festgelegt, so wie man ihn in der Natur findet.
Für 1 g Diamant müssen oft bis zu 100 Tonnen Gestein bewegt werden. Der größte Diamant, der bis heute gefunden wurde, ist nach seinem Fundort in Südafrika Cullinan benannt worden. Er hatte 3106 Karat, also mehr als 600 g. Er wurde in 105 Stücke zerteilt, von denen die größten in Zepter, Krone und Ring der englischen Kronjuwelen eingesetzt wurden.

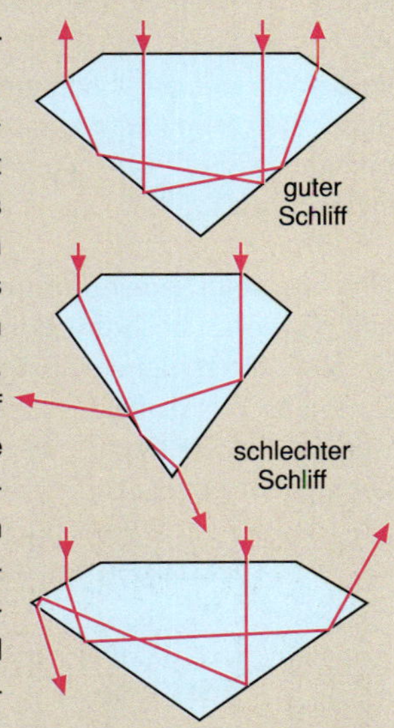

Diamant hat eine sehr große optische Dichte. Daher tritt sehr leicht Totalreflexion ein. Die Kunst des Diamantenschleifers besteht nun darin, durch geschickten Schliff aus dem Diamanten einen Brillanten zu machen. Denn der richtige Schliff bewirkt, dass der größte Teil des Lichts zur betrachtenden Person reflektiert wird und dadurch das intensive Funkeln hervorruft. Das wird durch das vierte „C“ gekennzeichnet.
Der meistverwendete und „brillanteste“ Schliff wurde um die Jahrhundertwende von MARCEL TOLKOWSKY durch Berechnung mithilfe des Brechungs- und Reflexionsgesetzes entwickelt. Er war Mitglied einer alteingesessenen mächtigen Familie im Diamantengeschäft.

Farben

Das schillernden Farbenspiel eines Kronleuchters oder einer Kristallvase erzeugt Bewunderung. Erstaunlich, dass einfaches durchsichtiges Glas in solch tollen Farben erscheint, wenn weißes unsichtbares Licht darauf fällt.
Unter welchen Umständen sind diese Farben zu sehen? Wie entstehen die schönen Farben? Sind sie schon vorher da oder werden sie erst produziert? Wie viele Farben gibt es?

Das Spektrum von weißem Licht

Geht weißes Licht durch ein dreieckiges Glas – ein sogenanntes *Prisma* – so zerfasert es auf einem Schirm in einiger Entfernung in ein buntes Band aus vielen Einzelfarben. Sie reichen von Rot über Grün bis zu Violett. Das Band heißt **Spektrum;** es besteht aus den **Spektralfarben.**

Alle diese Spektralfarben sind bereits im weißen Licht vorhanden. Werden sie mit einer Sammellinse wieder auf einen Fleck zusammengebracht, ergibt sich wieder der Farbeindruck Weiß.

Wird aus dem Spektrum eine einzelne Farbe (z. B. Grün) durch einen Spalt ausgeblendet und durch ein zweites Prisma geführt, wird sie zwar in der Richtung abgelenkt, aber nicht in weitere Farben zerlegt. Licht, das sich nicht weiter zerlegen lässt, wird **spektralrein** genannt.

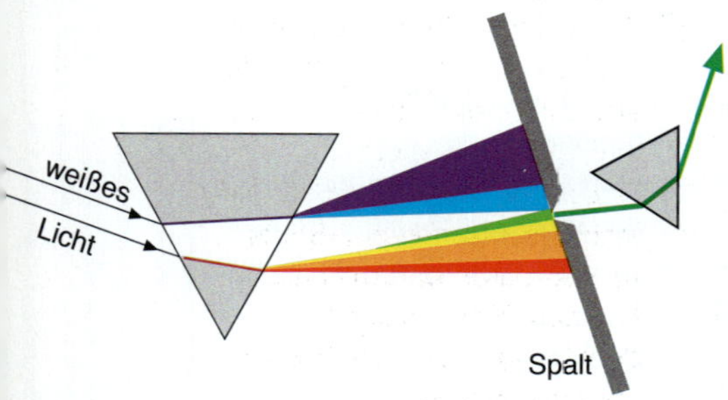

Zentraler Versuch

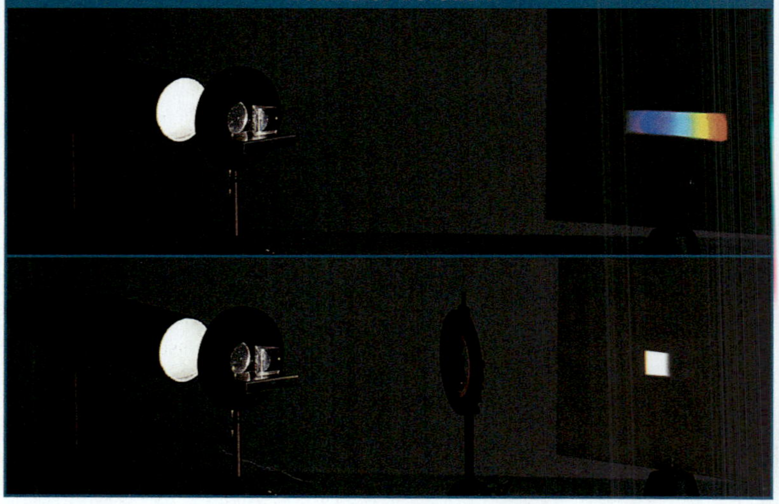

Beim Durchgang durch das Prisma werden die Farben des weißen Lichts unterschiedlich stark gebrochen: Violett am stärksten, dann kommen Blau, Grün, Gelb, Orange und schließlich Rot, das am schwächsten gebrochen wird. Diese Reihenfolge bleibt immer gleich, auch wenn das weiße Licht z. B. auf die Kante eines Glastisches oder die Glaselemente eines Kronleuchters fällt.

Weißes Licht wird durch ein Prisma in ein Band von verschiedenen Farben, das Spektrum, zerlegt.

Aufgaben

1 Erläutere, welche Farbe des weißen Lichts durch ein Prisma am stärksten gebrochen wird und welche am schwächsten.

2 **a)** Erkläre mithilfe einer Zeichnung, wie farbiges Licht an einer Glaskante entstehen kann.
b) Nenne noch weitere Beispiele, bei denen bei der Brechung von Licht Farben entstehen. Skizziere den jeweiligen Vorgang.

3 Skizziere einen Versuchsaufbau, mit dem weißes Licht zunächst in die Spektralfarben zerlegt und danach wieder zu weißem Licht zusammengeführt werden kann.

Licht jenseits des sichtbaren Spektrums

Wird bei der Untersuchung der Spektren statt eines Schirms eine lichtempfindliche Fotozelle eingesetzt und sie links und rechts neben das sichtbare Farbenspektrum gehalten, so gibt es am Messgerät eine Anzeige – obwohl unsere Augen dort gar nichts mehr wahrnehmen. Offensichtlich gibt es Licht auch jenseits vom sichtbaren Rot oder Violett! Der Bereich jenseits des roten Randes wird **Infrarot IR** und der jenseits des violetten Bereichs **Ultraviolett UV** genannt.

Wir können diese „Farben" nicht sehen, weil unser Auge nicht für diesen Farbbereich empfindlich ist. Aber mit einem anderen Sinnesorgan, nämlich der Haut, können wir dieses Licht spüren:

- Der Bereich des Infraroten wird auch Wärmestrahlung genannt. Wir können zwar mit unserem Auge nicht sehen, dass ein Heizkörper Wärme abstrahlt, aber auf unserer Haut können wir sie deutlich spüren. IR-Licht kann mit empfindlichen Thermometern nachgewiesen werden.
- Auch das UV-Licht wird von unserer Haut registriert. In geringem Maße aufgenommen macht es die Haut schön braun; der Körper kann Vitamin D aufbauen. Ein Zuviel kann allerdings Hautschäden von der leichten Rötung bis hin zum Hautkrebs verursachen. Auch die Augen können durch sehr intensives UV-Licht im Gebirge bei Sonne und Schnee geschädigt werden. Es besteht die Gefahr von Schneeblindheit. UV-Licht regt bestimmte Stoffe (z. B. ZnS) zum Leuchten an (Fluoreszenz). Damit beschichtete Metallplättchen oder Schirme können UV-Licht nachweisen.

Bei sogenannten Head-Up-Displays wird mithilfe von Infrarot-Technologie bei Dunkelheit ein Bild der vor dem Fahrer liegenden Straße auf der Frontscheibe erzeugt, auf dem beispielsweise Fußgänger besser zu erkennen sind.

Zentraler Versuch

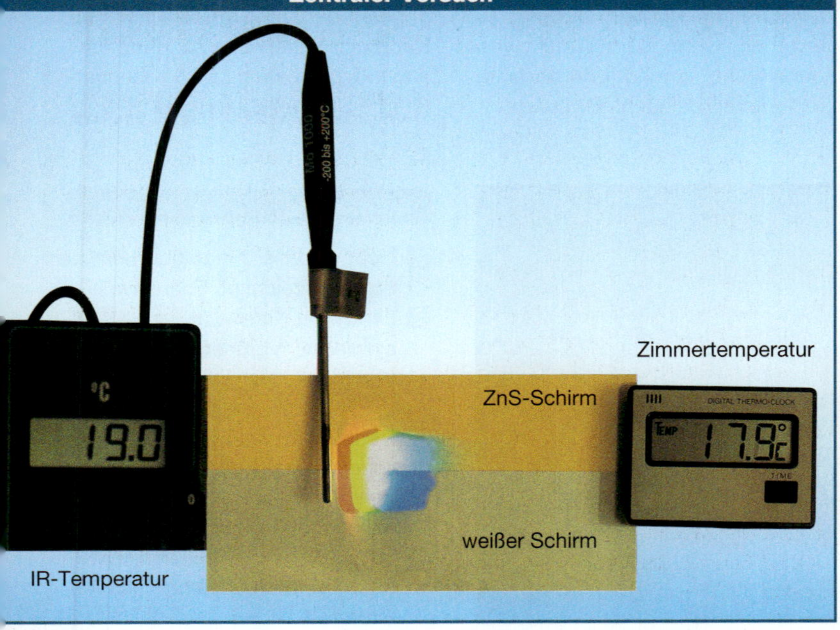

Aufgaben

1 **a)** Beschreibe, wie sich UV- und IR-Licht experimentell nachweisen lassen.
b) Begründe, warum zum Nachweis Geräte nötig sind.

2 Suche in Lexika, Büchern und Zeitungen nach technischen, medizinischen und biologischen Anwendungen für IR- und UV-Licht.

3 Beim Schweißen halten Handwerker dunkles Glas vor die Augen oder verwenden eine dunkle Brille. Erkläre den Grund dieser Schutzmaßnahme.

4 Tierfilmer benutzen bei Nachtaufnahmen häufig Infrarotfilme. Welche Eigenschaft müssen diese Filme haben, damit die Bilder gut werden?

5 Sogenannte „Schwarzlichtlampen" senden fast nur UV-Licht aus. Sie werden in Diskos oder beim Geldprüfen eingesetzt.
a) Beschreibe die Wirkung auf frisch gewaschenen T-Shirts.
b) Begründe, warum ähnliche Lampen Pflanzen auch in dunklen Innenräumen besser wachsen lassen.

Farben von Lichtquellen

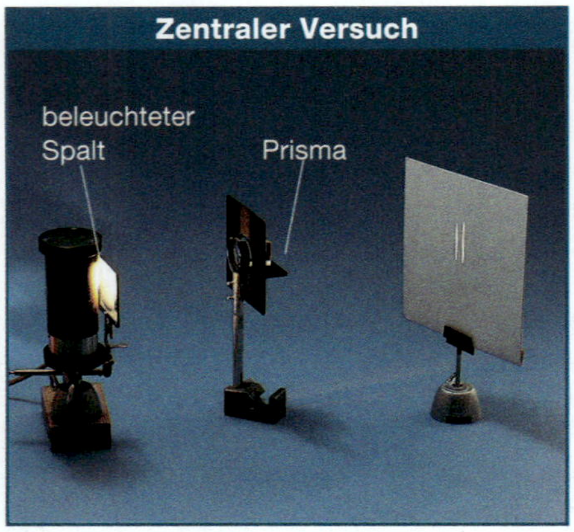

Wird das Licht einer Glühlampe durch ein Prisma spektral zerlegt, so ergibt sich auf einem Schirm ein lückenloses Spektrum. Weil es keine Unterbrechungen hat, wird es **kontinuierliches Spektrum** genannt.

Wird die Glühlampe durch andere Lichtquellen ersetzt, z. B. durch eine Natriumdampflampe oder durch eine Quecksilberdampflampe, so zeigen sich ganz andere Spektren auf dem Schirm. Jede Lichtquelle hat ein ganz bestimmtes Spektrum. Die Abbildung unten zeigt einige Beispiele.
Weil diese Spektren nur noch aus einzelnen Linien (Spektrallinien) bestehen, wird diese Art Spektrum als **Linienspektrum** bezeichnet.

Weil das Licht, das Lampen mit einem Linienspektrum aussenden, nur aus ganz wenigen Farben besteht, ist es auch normalerweise nicht weiß wie das Licht einer Glühlampe. Das Spektrum der Natriumdampflampe hat z. B. nur zwei eng benachbarte gelbe Linien, die Lampe sendet also nur gelbes Licht aus. Diese gelbe Farbe zeigte sich bereits im Chemieunterricht beim Einbringen von Kochsalz (besteht aus den Elementen Natrium und Chlor) in die Flamme eines Bunsenbrenners.

Wie Natrium sendet jeder Stoff, der zum Leuchten angeregt wird, ein ganz bestimmtes charakteristisches Farbspektrum aus, das nur dieser Stoff hat. Dieses **Emissionsspektrum** zeigt bei manchen Stoffen nur einige wenige Linien, bei anderen dagegen fehlen an nur wenigen Stellen kleine Bereiche im sonst kontinuierlichen Spektrum.

Damit ist die Farbverfremdung zu verstehen, wenn Körper nicht von Sonnenlicht, sondern von anderen Lichtquellen beleuchtet werden.

Unter Leuchtstoffröhren sieht zwar Papier ebenfalls weiß aus, aber Kleidungsstücke ergeben einen anderen Farbeindruck, da das Kunstlicht ein anderes Spektrum besitzt. Weil Energiesparlampen auch kein kontinuierliches sondern ein Linienspektrum besitzen, wird versucht, durch entsprechende Füllgase ein Spektrum herzustellen, dessen Farbaddition schließlich weißes Licht ergibt.

Wird Sonnenlicht mit einer guten Spektralapparatur sehr genau untersucht, zeigt sich, dass es kein kontinuierliches Spektrum besitzt, sondern dass ihm an bestimmten Stellen Farben fehlen. Diese Lücken führte JOSEPH FRAUNHOFER (1787–1826) darauf zurück, dass Gase in der Sonnenhülle wie Filter für bestimmte Farben wirken. Sie nehmen diese Farben aus dem kontinuierlichen Spektrum heraus. Auf diese Weise wurde 1868 das bis dahin unbekannte Element **Helium** (helios, griech. Sonne) entdeckt. Diese Lücken im Spektrum lassen also Rückschlüsse auf die Bestandteile der 6000 K heißen Sonnenoberfläche in 150 Millionen Kilometer Entfernung zu, ohne dass jemand persönlich zur Probenentnahme anwesend sein muss.

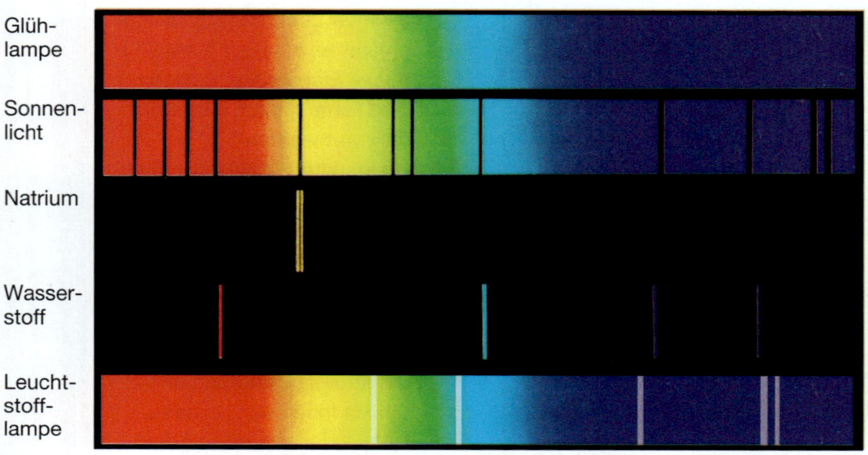

Aufgaben

1 Licht wird als „Fingerabdruck“ der Stoffe bezeichnet. Erläutere.

2 Ein weißer Kittel wird
a) mit einem grünen Scheinwerfer,
b) mit einer Natriumdampflampe,
c) mit beiden gleichzeitig beleuchtet. In welcher Farbe erscheint jeweils der Kittel?

3 Vergleiche ein Farbfoto und das dazugehörige Negativ im Sonnenlicht. In welchen Farben siehst du die einander entsprechenden Bildteile?

Spektren

Streifzug

Fraunhoferlinien – der Fingerabdruck unserer Sonne

JOSEPH VON FRAUNHOFER (*1787 in Straubing, † 1826 in München) beobachtete 1813 die nach ihm benannten dunklen Linien im kontinuierlichen Spektrum unserer Sonne und erforschte sie systematisch. Diese Linien entstehen durch Absorption. Die Atome im Inneren der heißen Sonne senden ein kontinuierliches Spektrum aus. In der verhältnismäßig kühlen äußeren Gashülle absorbieren Atome die für sie typischen Photonen. Bei den entsprechenden Farben erscheint daher eine dunkle Linie im kontinuierlichen Spek-

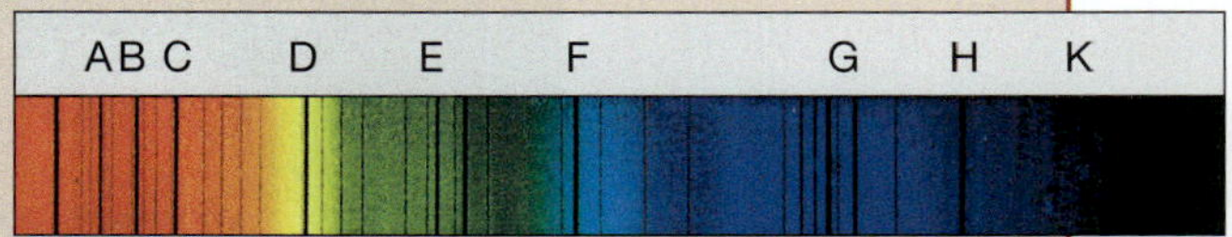

Die deutlichsten Absorptionslinien bezeichnete FRAUNHOFER mit den Großbuchstaben A bis K. So stammen z. B. die (beiden) D-Linien von Natriumatomen in der Gashülle der Sonne. Manche Fraunhoferlinien stammen aber auch von Absorptionsprozessen in der Erdatmosphäre, so z. B. die Linie A von Sauerstoff. Mithilfe der Absorptionslinien konnten Astronomen die Oberflächentemperatur der Sonne und die in ihr enthaltenen Elemente bestimmen.

Energiesparlampe der Firma X und Y im Vergleich

Verschiedene Gase in den Lampen sowie die Beschichtung der Glasröhren erzeugen bestimmte Farben, die bei Überlagerung weißes Licht ergeben. Ein Vergleich der Spektren zeigt, welche Lampe das natürliche Licht der Sonne besser nachempfindet.

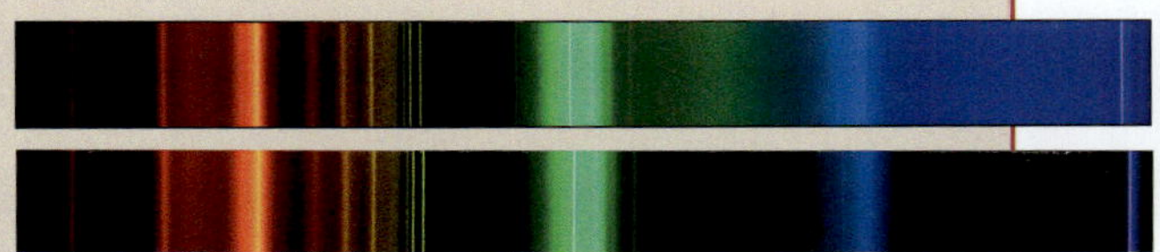

Spektrometer im Eigenbau

Versuche und Aufträge

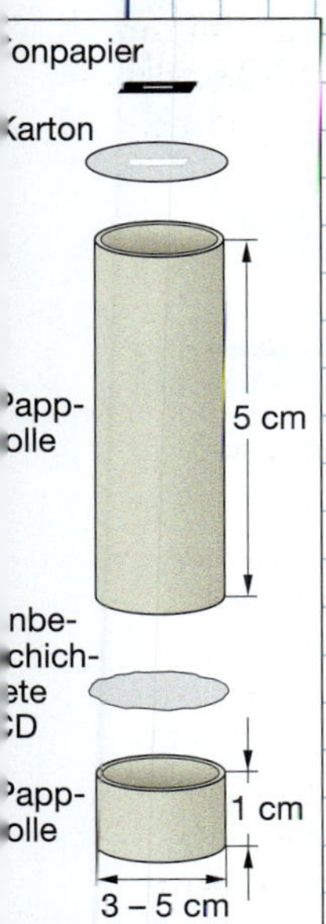

V1 Bauanleitung:

a) Zerschneide eine Papprolle (Ø ≈ 3–5 cm) in zwei Teile, ca. 5 cm und 1 cm lang.

b) Entferne durch Abziehen vorher aufgebrachter Klebestreifen die glänzende Beschichtung einer CD, schneide ein Stück der CD aus und klebe es zwischen die Rollen.

c) Schneide aus dünnem Karton einen „Deckel" für die Papprolle aus. Schneide eine kleine rechteckige Öffnung hinein.

d) Schneide aus schwarzem Tonpapier ein Rechteck aus, klebe es über die rechteckige Öffnung des Deckels und bringe mit einer Messerspitze eine schmale Blendenöffnung an.

e) Klebe den Deckel samt Blende an die längere der beiden Papprollen.

V2 a) Setze die kürzere Papprolle direkt am Auge (ohne Brille!) an, so dass kein Streulicht von hinten stört. Betrachte eine Glühlampe. (Tritt Licht durch die Klebestellen ein, so dichte mit schwarzem Tonpapier ab.) Das Spektrum der Glühlampe findest du leicht versetzt links oder rechts vom Weißlicht der Lampe.

b) Betrachte nun eine Energiesparlampe und eine Leuchtstoffröhre. Beschreibe Unterschiede und Gemeinsamkeiten zum Spektrum der Glühlampe.

c) Betrachte eine Leuchtdiode (LED, z. B. Stand-by-Anzeige am Fernsehgerät) aus sehr kurzer Entfernung. Dazu sollte der Raum völlig abgedunkelt sein.

d) Versuche Fotos der Spektren aufzunehmen, indem du den Fotoapparat direkt an der kurzen Papprolle aufsetzt.

Präsentiert und vergleicht eure Fotos.

Farbaddition

Zentraler Versuch

Ein roter, ein blauer und ein grüner Lichtkegel werden so auf eine weiße Wand gerichtet, dass sie sich in kleinen Gebieten überschneiden. In diesen Schnittgebieten erscheinen neue Farben: Der rote Kreis und der grüne *addieren* sich zur neuen Farbe Gelb; Blau und Grün werden zu Hellblau, Rot und Blau zu Purpur. In dem Schnittbereich, in dem sich alle drei Farben addieren, entsteht der Gesamteindruck *Weiß*.
Einen Bereich, aus dem kein Licht und somit auch keine Farbe kommt, heißt *Schwarz*.

Wird aus dem Spektrum eine Farbe durch einen Pappstreifen ausgeblendet, so entsteht nach der Überlagerung (Addition) der restlichen Farben auf dem Bildschirm nicht mehr Weiß, sondern eine neue Farbe.
Wird z. B. Rot ausgeblendet, so ergibt die Addition der restlichen Farben des Spektrums die **Mischfarbe** Grün. Wird Rot wieder dazugegeben, entsteht wieder Weiß. Die beiden Farben – die ausgeblendete und die durch Farbaddition des Restes entstandene – heißen **Komplementärfarben.**

Zum besseren Auffinden der Komplementärfarben werden die sechs Hauptfarben des Spektrums der Reihe nach in einem Kreis angeordnet. Jetzt liegt jeder Farbe ihre Komplementärfarbe genau gegenüber: Grün gegenüber Rot, Blau gegenüber Orange und Violett gegenüber Gelb.

Werden zwei nebeneinanderliegende Hauptfarben addiert, ergibt sich eine neue Mischfarbe: Z. B. addieren sich Blau und Grün zu Blaugrün. Werden allerdings die beiden Randfarben des Spektrums, also Rot und Violett überlagert, so entsteht *Purpur* – eine neue Farbe, die es im Spektrum von weißem Licht oder von Sonnenlicht nicht gibt.

Im **Newton'schen Farbkreis** sind diese zwölf Farben wieder kreisförmig angeordnet.

> Fällt Licht verschiedener Farbe auf die gleiche Stelle eines weißen Schirms, so addieren sie sich zur Mischfarbe. Komplementärfarben ergänzen sich zu Weiß.

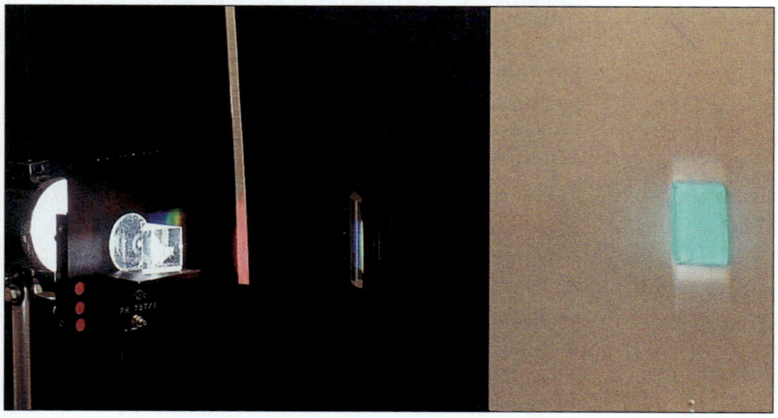

Aufgaben

1 Nenne die Komplementärfarbe **a)** zu Rot, **b)** zu Grün, **c)** zu Blau und **d)** zu Gelb.

2 Begründe, warum das weiße Brautkleid, das hinter einer Schaufensterscheibe aus Glas präsentiert wird, weiß und nicht farbig erscheint.

3 Ein Gegenstand ist **a)** schwarz, **b)** weiß, **c)** blau. Mache jeweils eine Aussage über die Lichtquelle.

Körperfarben

Fällt das Licht einer Glühlampe auf weißes Papier, so werden alle Farben gleichermaßen reflektiert. Bei farbigen Kartons zeigen sich Unterschiede. So gibt es rote Kartons, die nur reines Rot reflektieren und den Rest des Spektrums absorbieren. Es gibt aber auch rote Kartons, die nur Grün absorbieren; der Rest setzt sich zur Mischfarbe Rot zusammen. Es ist unserem Auge nicht möglich, zwischen der Mischfarbe und der spektralreinen Farbe zu unterscheiden.

Zentraler Versuch

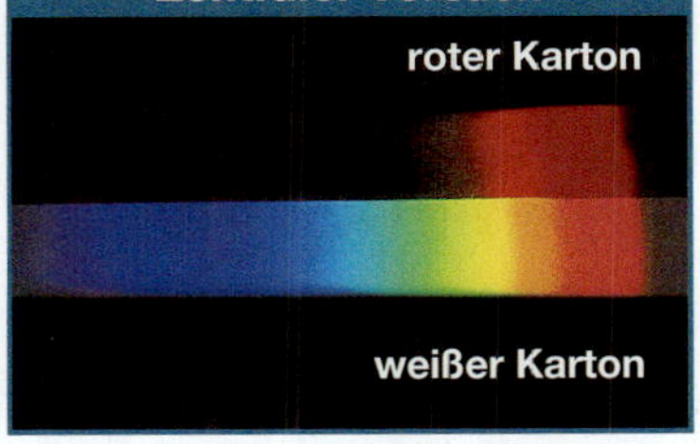

Die Farbe, in der uns ein Körper im Sonnenlicht erscheint, heißt **Körperfarbe.**

Werden Gegenstände mit farbigem Licht beleuchtet, so können nur Anteile von den Farben, die im auffallenden Licht enthalten sind, reflektiert werden. Deshalb erscheinen Körperfarben in Kunstlicht oft verfremdet.

Der Junge im oberen Foto wurde mit „normalem" weißen Licht beleuchtet; deshalb sehen wir alle Farben.
Im unteren Foto wurde eine Lampe verwendet, die nur gelbes Licht aussendete.

Farbige Körper absorbieren einen Teil der auffallenden Farben. Der durchgelassene bzw. gestreute Rest vereinigt sich zu einer Mischfarbe, in der uns der Körper erscheint.

Farben — Versuche und Aufträge

V1 Farbkreisel: a) Male einen Farbkreis, stecke einen spitzen Bleistift durch die Mitte und lasse den Farbkreis rotieren. Notiere deine Beobachtungen.
b) Male die Farben in einer anderen Reihenfolge in den Farbkreis und wiederhole. Beschreibe.

A2 a) Betrachte den Bildschirm eines TV-Gerätes oder eines Farb-Monitors mit einer Lupe. Beschreibe und skizziere den Aufbau und die Farben, die du siehst.
b) Welche Bereiche senden welche Farbe aus, wenn beim Betrachten aus größerer Entfernung der Bildschirm rot, grün oder blau erscheint?
c) Beschreibe, wie aus den vom Bildschirm ausgesendet Farben in deinem entfernten Auge der Farbeindruck Weiß oder anderer Mischfarben entsteht.
d) Handelt es sich um Farbaddition oder um Farbsubtraktion? Begründe deine Aussage.

V3 Besorge dir Folien in unterschiedlichen Farben. Halte sie erst einzeln vor eine helle Glühlampe, dann in Kombinationen von zweien oder mehreren.
a) Gib an, in welchen Farben du die Lampe siehst. Notiere deine Beobachtungen in einer Tabelle.
b) Erkläre, wie die Farben zustandekommen.

V4 a) Besorge dir eine rote (blaue, grüne oder gelbe) Lampe. Beleuchte zunächst verschiedene Gegenstände (ein grünes Blatt, einen roten Pullover, ein grünes T-Shirt usw.) mit einer normalen Glühlampe, danach mit der farbigen. Benenne die Farbe, in der der Gegenstand erscheint.
b) Erkläre, wie seine Farbe zustandekommt.

V5 Fülle ein durchsichtiges Trinkglas mit Wasser.
a) Schlage eine Versuchsanordnung vor, mit der sich das Licht einer Taschenlampe spektral zerlegen lässt. Gib eine genaue Beschreibung deines Versuchs.
b) Erkläre, wie das Spektrum entsteht.

V6 Regenbogen: Spritze im Garten fein zerstäubtes Wasser in die Luft. Erläutere, wie du dich in die Sonne stellen musst, damit du einen besonders schönen Regenbogen siehst.

FARBEN UND LICHT

Infrarotlampe

Die Ferkel fühlen sich unter der Infrarotlampe wohl. Durch die Absorption der Strahlung erwärmt sich die Haut der Tiere.

Farbaddition gestern...

Pointillismus: Aus winzigen nebeneinander gesetzten Farbpunkten (points) setzte der französische Maler GEORGES SEURAT sein Bild „Landschaft bei Port-en-Bessin, Normandie“ (1888) zusammen. Erst auf der Netzhaut des in einiger Entfernung stehenden Betrachters entsteht aus den vielen Farbtupfern der Gesamteindruck des Bildes.

... und heute

Farbfernsehen: Das Fernsehbild besteht aus vielen nebeneinander liegenden Streifen in den Farben Rot, Grün und Blau. Je nachdem, welche Bereiche des Bildschirmes welches Licht aussenden, sieht ein entfernter Beobachter die entsprechende Mischfarbe.

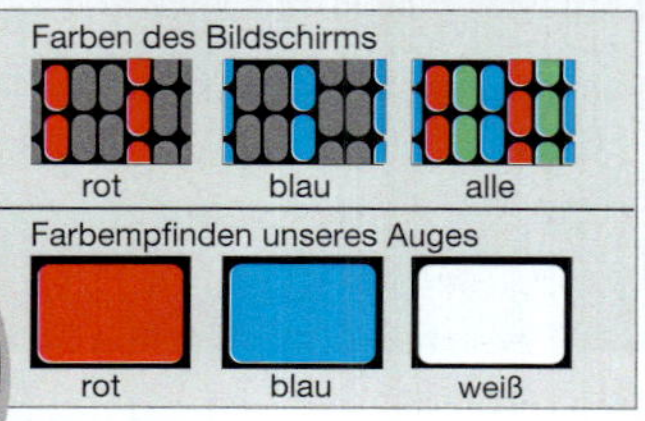

Geldfälschern auf der Spur

Echte Geldnoten sind unter einer UV-Lampe deutlich zu erkennen an den wahllos angeordneten farbigen Reflexen.

Wärmedämmung

Mit Infrarotkameras kann sichtbar gemacht werden, welche Stellen von Hauswänden warm sind (im Bild rot und orange), wo also Wärmeenergie aus dem Haus fließt. Damit lassen sich gezielt Energiesparmaßnahmen wie z. B. die Wärmedämmung von Dächern oder der Austausch von einfach verglasten Fenstern durchführen.

Nachtsichtgerät

Bei einem Nachtsichtgerät wird in der Dämmerung vorhandenes Restlicht auf elektronischem Weg verstärkt und so für das menschliche Auge sichtbar gemacht.

Höhensonne

Das bei Höhensonnen verwendete UV-Licht wird von der Haut aufgenommen und macht sie braun. Ein Zuviel an UV-Licht kann allerdings Hautschäden verursachen. Die häufige Benutzung von Höhensonnen sollte daher vermieden werden. Die Nutzung von Solarien ist für Jugendliche unter 18 Jahren verboten.

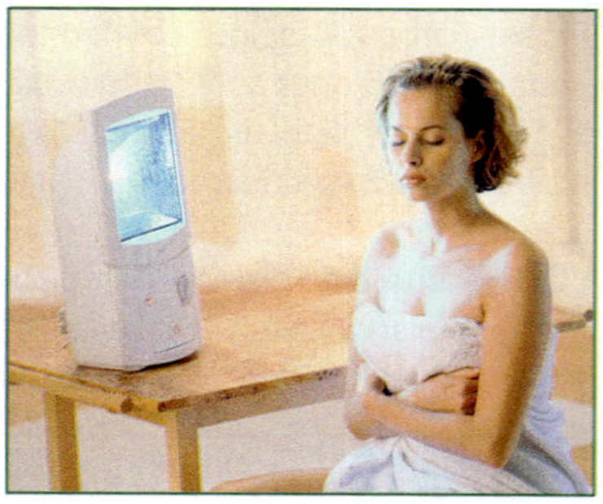

Wie entsteht ein Regenbogen?

Streifzug

Kaum sind die letzten Regentropfen gefallen und die Sonne scheint wieder – oder es regnet gar noch und gleichzeitig schaut schon die Sonne hervor – das ist die Gelegenheit, einen wunderbaren Regenbogen zu sehen. Aber wo genau ist er zu suchen? Wie entsteht er? Welche Rolle spielt der Regen?

Ein Regenbogen entsteht dort, wo sich Wassertröpfchen in der Luft befinden. Der Regenbogen ist nur zu sehen, wenn die Sonne im Rücken des Beobachters steht. Und er befindet sich auch nicht hoch am Himmel, sondern eher in Richtung Horizont. Da Farben entstehen, muss das weiße Licht der Sonne spektral zerlegt werden. Und dafür kommt nur die Wand aus Regentröpfchen in Frage.

Das Sonnenlicht fällt auf einen Wassertropfen. Die linke Lupe zeigt, dass es sehr verschiedene Wege nehmen kann, je nachdem, wo es den Tropfen trifft:

- Sehr weit oben wird es an der Oberfläche reflektiert.
- Genau in der Mitte geht Licht ungebrochen hindurch.
- Nahe der Mitte eintretendes Licht wird zweimal gebrochen und verlässt den Tropfen schräg nach hinten.
- Tritt Licht in einem bestimmten Abstand von der Mitte in den Tropfen, so wird es gebrochen und dabei spektral zerlegt. An der Rückseite erfolgt dann Totalreflexion. Bei der zweiten Brechung an der Vorderseite wird das farbige Band noch weiter aufgeweitet. Blaues Licht verlässt den Tropfen also am flachsten, rotes am steilsten. (Der Einfachheit halber sind in den Bildern nicht alle Spektralfarben gezeichnet, sondern nur Rot, Grün und Blau.)

Diese Spektralzerlegung des Sonnenlichts geschieht an vielen Tropfen gleichzeitig. Ein Beobachter des Regenbogens sieht alle Tropfen, die in einem bestimmten Winkel Sonne–Regenwand–Auge stehen, in einer bestimmten Farbe. Für Rot ist dieser Winkel am größten, für Blau am kleinsten. Deshalb hat ein Regenbogen immer den roten Rand oben/außen und den blauen unten/innen.

Der Regenbogen ist eigentlich ein Kreis, dessen Mittelpunkt auf einer von der Sonne durch das Auge gedachten Geraden liegt. Sein Mittelpunkt liegt also immer unterhalb des Horizonts. Einen kompletter Halbkreis ist daher nur bei Sonnenaufgang bzw. Sonnenuntergang zu sehen oder wenn mit einem Gartenschlauch fein verteiltes Wasser in die Höhe gespritzt wird.

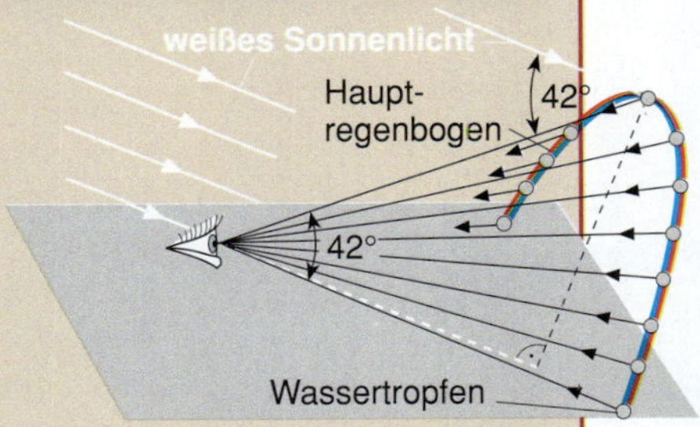

Gelegentlich kommt es vor, dass sich neben dem *Hauptregenbogen* (bei ca. 42°) ein zweiter Bogen, der *Nebenregenbogen* (bei ca. 52°), zeigt. Er liegt also weiter außen. Bei ihm ist die Farbreihenfolge genau umgekehrt und er ist auch in der Intensität viel schwächer. Die Ursache dafür ist eine zweite Totalreflexion im Regentropfen.

Streifzug Teleskope und Spektrometer

GALILEI entdeckte mit seinem Fernrohr die Monde des Jupiter. Erst dadurch gelangen ihm die entscheidenden Erkenntnisse, die zu einem neuen Weltbild führten. In den darauffolgenden Jahrhunderten wurden die Fernrohre – auch Refraktometer genannt – immer weiter verbessert.

Den Rekord für das größte je gebaute **Linsenfernrohr** hält das, welches zur Weltausstellung in Paris 1900 gebaut wurde. Es hatte eine Öffnung (Apertur) von 125 cm und eine Brennweite von 49 m (nicht cm!). Aber aufgrund seiner ungünstigen Lage mitten in der staubigen, verqualmten und voll beleuchteten Stadt wurde es wieder abgebaut.

Das heute größte Linsenfernrohr steht im Yerkes-Observatorium in der Nähe von Chicago, USA. Es besitzt eine Öffnung von 102 cm und eine Brennweite von 19,7 m.
Fernrohre in dieser Größe leiden an vielerlei Problemen. Das hohe Eigengewicht erfordert stabile Montagen. Die großen Linsen biegen sich wegen ihres großen Gewichts durch, was Fehler in der Abbildung nach sich zieht. Außerdem absorbieren sie wegen ihrer Dicke selbst viel Licht, was gerade bei lichtschwachen Objekten empfindlich stört.

Verwendet werden heute Linsenfernrohre bevorzugt bei der Beobachtung der Sonne. Diese Sonnenteleskope sind speziell ausgelegt für die Erscheinungen in der Sonnenatmosphäre wie Flares, Protuberanzen und Wechselwirkungen des Sonnenwinds.

Das schwedische Solar Teleskop auf La Palma ist mit seiner Öffnung von 1 m das zweitgrößte. Als Besonderheit hat es einen evakuierten Tubus, um Bildstörungen durch erwärmte Luft zu verhindern. Denn gerade in der Nähe des Brennpunktes wird durch die fehlende Luft eine Aufwärmung vermindert. Zusätzlich spezielle Steuerungen liefern hochaufgelöste Bilder. Selbst die Gebäude sind mit einer weißen, hochreflektierenden Farbe versehen, die ebenfalls übermäßiges Aufheizen verhindern soll.

Eine weitere Gattung von Teleskopen sind die **Spiegelteleskope.** Eine Ausführung, die ISAAC NEWTON entwarf, besitzt einen großen Hohlspiegel, der das Licht sammelt und auf einen kleinen Planspiegel konzentriert. Dieser lenkt das Licht in das Auge des Betrachters. Der größte Vorteil eines Spiegelteleskops ist, dass es wesentlich größere Öffnungen als 1 m haben kann. Das Durchbiegen des sammelnden Hohlspiegels lässt sich durch entsprechende Stützelemente erreichen. Auch haben die dünnen Spiegelelemente kein sehr hohes Eigengewicht.

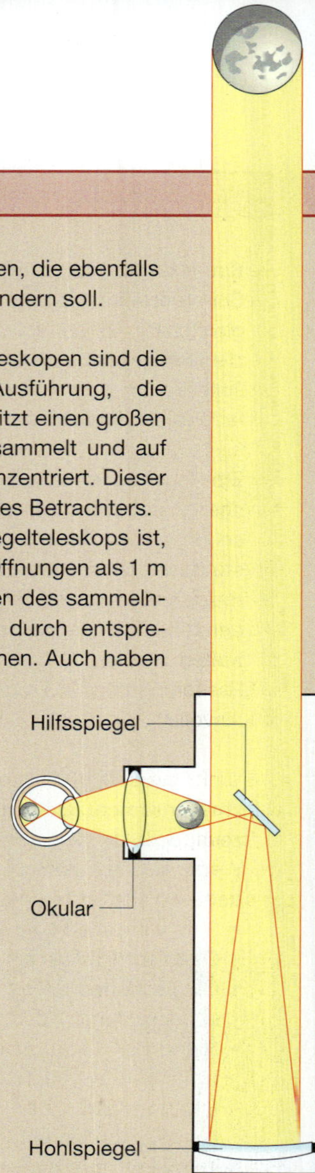

Auf dem 2456 m hohen Roque de los Muchachos auf der Kanareninsel La Palma findet sich das zurzeit größte Spiegelteleskop der Welt mit einem Spiegeldurchmesser von 10,4 m. Mit größeren Spiegeln lässt sich mehr Licht einsammeln und so können immer weiter entfernte und damit entsprechend lichtschwache Objekte beobachtet werden. Eine große Höhe und trockenes, ruhiges Klima vermindern deutlich terrestrische Störungen wie Wasserdampf oder Luftdruckschwankungen.

Weitere Teleskope finden sich z. B. in Chile auf dem Berg Cerro Paranal in der chilenischen Atacamawüste, einem der trockensten Gebiete der Erde.
Hier lässt sich eine weitere Entwicklung zu noch größeren Teleskopen finden. Anstatt ein Teleskop mit einem immer größer werdenden Spiegel zu bauen, werden vier Einzel-Teleskope elektronisch zu einem „Very Large Telescope" (VLT) in einem Abstand von bis zu 200 m zusammengeschaltet.

Eine andere Möglichkeit, den störenden Einflüssen auf der Erdoberfläche zu entgehen, bietet die Raumfahrt.
Mit dem **Hubble**-Teleskop erschloss sich ein neues Tor zu großen wissenschaftlichen Kenntnissen. Hubble liefert, besonders im sichtbaren Bereich, einzigartig eindrucksvolle Bilder.

Das Licht aus dem Weltall, das die Teleskope einfangen, wird mannigfach ausgewertet. Ganz wichtig ist die Bestimmung, welche „Farben" im Licht enthalten sind oder welche nicht. Diese Absorptions- und Emissionsspektren geben Aufschluss über viele Dinge.

So lassen sich daraus die Elemente bestimmen, aus denen ein Stern, seine Atmosphäre und seine Umgebung bestehen. Ebenso lassen sich Entfernungen, Bewegungen und Geschwindigkeiten der Sterne ermitteln.
Für die Aufnahme der Spektren werden **Spektrometer** verwendet. Es gibt Spektrometer für (fast) alle vorkommenden „Farben". Das sichtbare Licht macht dabei nur einen kleinen Teil des gesamten Bereiches aus. Das vom Spektrometer in einzelne Farben zerlegte Licht wird von nachgeschalteten Detektoren gemessen und danach aufgezeichnet.

Mithilfe des Infrarotspektrometers von Hubble lässt sich nachweisen, dass die Atmosphäre des **Exoplaneten** HD 189733b Kohlendioxid enthält. Vielleicht lässt sich so eine neue, zweite Erde finden, die in passendem Abstand zu ihrer Sonne, ausgestattet mit Wasser und Sauerstoff, einen Besuch lohnt. Die Suche geht weiter.

Grundwissen — Optische Instrumente – Farben des Lichts

Auge

Im Auge entsteht auf der Netzhaut ein seitenverkehrtes, kopfstehendes und verkleinertes Bild des betrachteten Gegenstandes.

Sehfehler werden durch Brillen oder Kontaktlinsen korrigiert:
- Kurzsichtigkeit durch Zerstreuungslinsen,
- Weitsichtigkeit durch Sammellinsen.

Optische Instrumente

Lupen und Fernrohre vergrößern den Sehwinkel und damit die wahrgenommene Größe eines Gegenstandes.

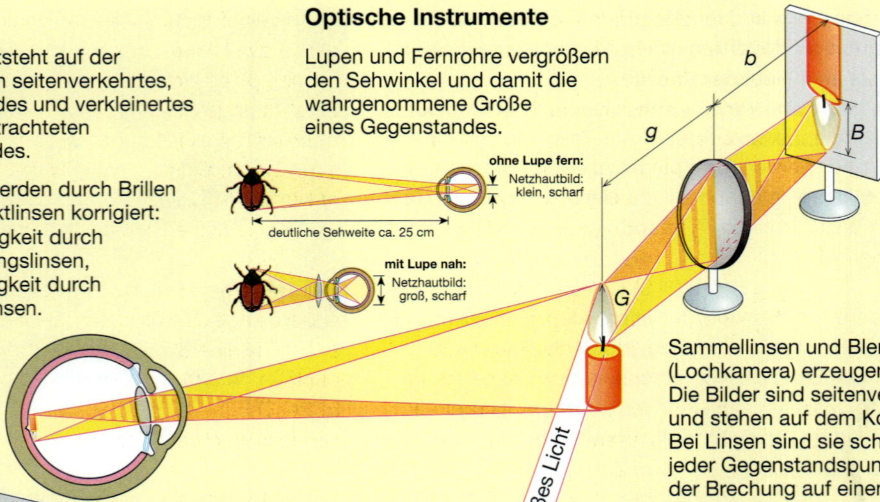

Sammellinsen und Blenden (Lochkamera) erzeugen Bilder. Die Bilder sind seitenverkehrt und stehen auf dem Kopf. Bei Linsen sind sie scharf, weil jeder Gegenstandspunkt wegen der Brechung auf einen Bildpunkt abgebildet wird.

Für den Abbildungsmaßstab A gilt:
$A = \frac{b}{g} = \frac{B}{G}$

WECHSELWIRKUNG

Farben

Weißes Licht, z.B. das einer Kerze, setzt sich aus Licht verschiedener Farben zusammen. Die Reihenfolge der Farben im Spektrum ist immer dieselbe: Rot, Orange, Gelb, Grün, Blau, Violett. Für das menschliche Auge nicht sichtbar sind die Anteile Infrarot (IR) und Ultraviolett (UV).

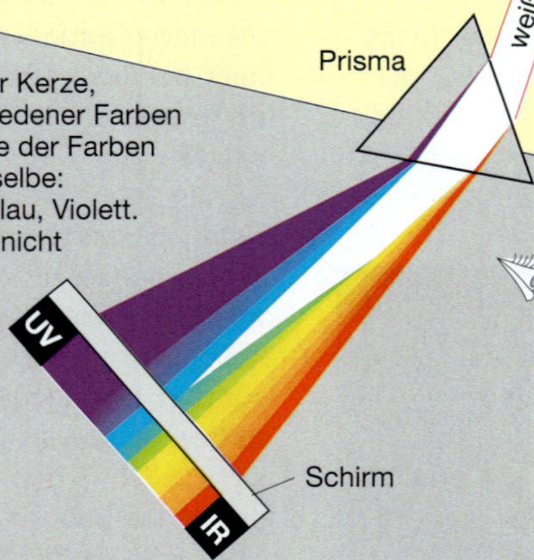

Farbaddition

Fällt Licht verschiedener Farbe auf die gleiche Stelle eines weißen Schirms, so ergibt sich eine Mischfarbe.

Bildentstehung

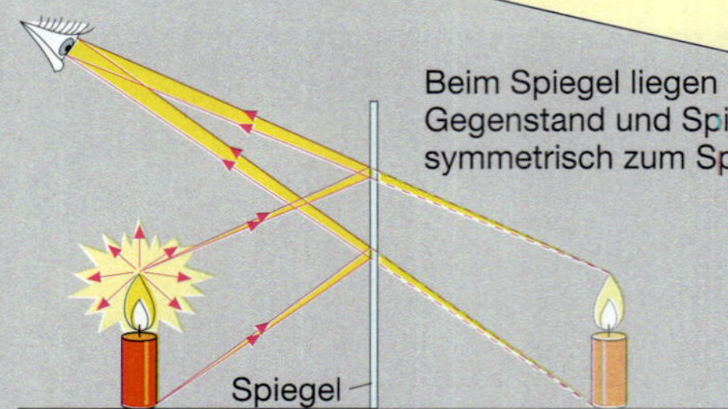

Beim Spiegel liegen Gegenstand und Spiegelbild symmetrisch zum Spiegel.

Brechung und Reflexion

Beim Übergang von Luft in Wasser oder Glas wird ein Lichtbündel zum Einfallslot hin gebrochen, beim Übergang Wasser bzw. Glas → Luft vom Lot weg.

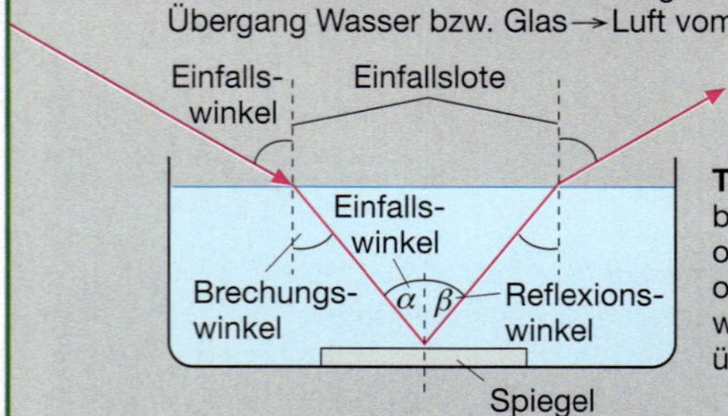

Totalreflexion tritt auf beim Übergang vom optisch dichteren zum optisch dünneren Medium, wenn der Grenzwinkel α_G überschritten wird.

Bei der Reflexion gilt: Einfallswinkel α = Reflexionswinkel β

Grundbegriffe

A1 Fertige mit den Grundbegriffen auf der linken Seite Karteikarten an. Notiere den Begriff auf der Vorderseite und erläutere ihn auf der Rückseite.
Anstelle der Karteikarten kannst du auch eine elektronische Datenbank anlegen.

A2 a) Beschreibe das Spiegelbild des Kerzenmännchens.
b) Gelegentlich wird behauptet, dass das Spiegelbild seitenverkehrt sei. Versuche zu begründen, wie es zu dieser falschen Aussage kommen kann.
c) Zeichne von dem Bild den Spiegel, die Kerzenflamme mit ihrem Spiegelbild und das sehende Auge ab. Füge dann den Lichtweg von der Kerzenspitze zum Auge mit ein.

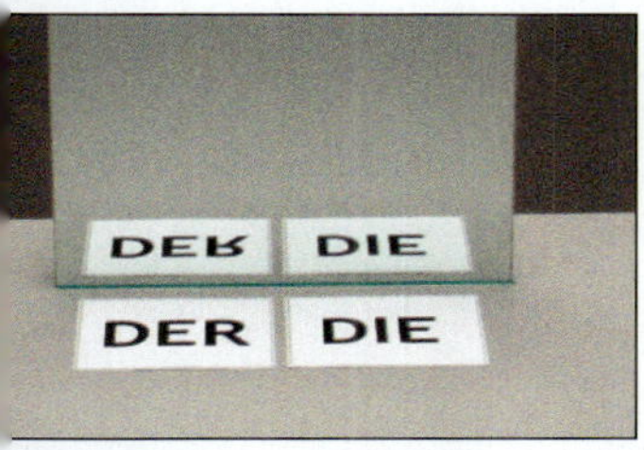

A3 a) Beschreibe das Spiegelbild.
b) Begründe, weshalb manche Buchstaben im Spiegelbild „richtig" zu lesen sind. Schreibe alle derartigen Buchstaben auf.
c) Zeichne zu fünf weiteren Buchstaben die Spiegelbilder.
d) Finde mindestens drei Wörter, die sich im Spiegelbild richtig lesen lassen.

A4 Klara legt eine Uhr mit dem Zifferblatt nach oben in 20 cm Entfernung vor einen Spiegel.
a) Gib den Abstand des Spiegelbildes der Uhr vom Spiegel an.
b) Beschreibe die Schwierigkeiten beim Ablesen der Uhr im Spiegelbild.

A5 Martin ist ein Spielzeugauto aus Eisen in den Gartenteich gefallen. Mit einem langen Bambusstab, an den er vorne einen Magneten geklebt hat, versucht er, das Auto vom Rand des Teiches aus zu „angeln".
a) Beschreibe, welchen optischen Effekt er dabei beobachten wird.
b) Stelle die Situation auch in einer Skizze dar.

A6 In einer Kiste findest du verschiedene Linsen.
a) Gib zwei Möglichkeiten an, wie du unterscheiden kannst, ob es sich jeweils um eine Sammel- oder eine Zerstreuungslinse handelt.
b) Beschreibe ein Experiment, mit dem die Brennweite einer Sammellinse ungefähr bestimmt werden kann.
c) Nenne die Ursache dafür, dass zwei Sammellinsen unterschiedliche Brennweiten haben können.

A7 Bei einer Sammellinse ergibt sich für Rot eine andere Lage des Brennpunkts als für Violett.
a) Fertige eine Skizze der Linse mit den beiden Brennpunkten an und begründe.
b) Beschreibe die Probleme, die dadurch beim Bau von Instrumenten auftreten können.

A8 a) Beschreibe, wie sich die Form der Augenlinse verändert, wenn erst ein entfernter und dann ein naher Gegenstand betrachtet wird.
b) Erkläre den Begriff „Kurzsichtigkeit" und erläutere, mit welchem Linsentyp dieser Sehfehler korrigiert werden kann.

A9 a) Erstelle eine farbige Zeichnung, mit der die Zerlegung von weißem Licht durch ein Prisma in verschiedene Farben verdeutlicht werden kann. Achte auf die richtige Reihenfolge der Farben.
b) Gib an, wo ultraviolettes Licht und wo infrarotes Licht in dem Spektrum eingezeichnet werden müsste.

A10 In einer Diskothek gibt es blaue, grüne und rote Scheinwerfer.
a) Jana wundert sich, dass ihr weißes T-Shirt in der Diskothek gelb aussieht. Finde eine Erklärung.
b) Erläutere, in welchen Farben das T-Shirt noch erscheinen könnte.

A11 Rechts wurde ein farbiges Papier neben ein weißes Papier gelegt und beide mit den Farben des zerlegten weißen Lichts beleuchtet.
a) Erkläre den Unterschied zwischen Spektralfarben und Körperfarben.
b) Begründe, weshalb auf dem weißen Papier alle Spektralfarben zu sehen sind.
c) Erkläre die andersartige Beobachtung auf dem farbigen Papier.

Stromstärke – Ladung – Spannung

Elektrischer Strom ist aus unserem Alltag nicht mehr wegzudenken, denn es gibt unzählige elektrische Geräte, die unsere Leben einfacher und komfortabler machen. Strom braucht Leitungen, die Quelle und Geräte in einem Kreisaufbau miteinander verbinden, sodass seine energiewandelnde Wirkungen (Wärmewirkung, magnetische Wirkung, chemische Wirkung, Lichtwirkung) genutzt werden können. Dies geschieht sowohl in kleinen Experimentierstromkreisen wie auch in den großen landesweiten Stromversorgungsnetzen.

In Stromkreis strömen bekanntlich Elektronen. Gibt es elektrische Erscheinungen auch dann, wenn kein Stromkreis vorhanden ist? Wie können Größen festgelegt werden, die den elektrischen Strom sowie den Energiestrom im Stromkreis messbar machen? Wovon hängt es ab, wie groß die energiewandelnde Wirkung eines Gerätes ist, das von elektrischem Strom durchflossen wird? Welche Gefahren und Risiken sind mit der Nutzung des elektrischen Stroms verbunden?

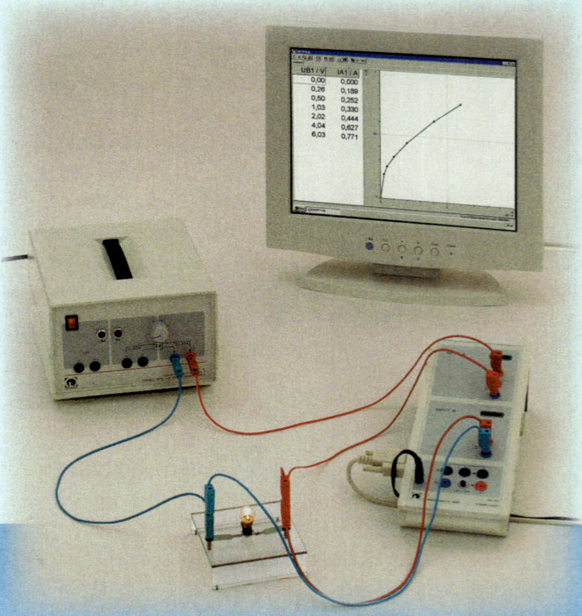

Knapp am totalen Blackout vorbei

Eine Leitungspanne im deutschen Stromnetz hat bei Millionen Menschen in Teilen Westeuropas am Samstagabend plötzlich das Licht ausgehen lassen. Besonders betroffen waren neben Deutschland Belgien, Italien sowie Spanien und vor allem Frankreich.

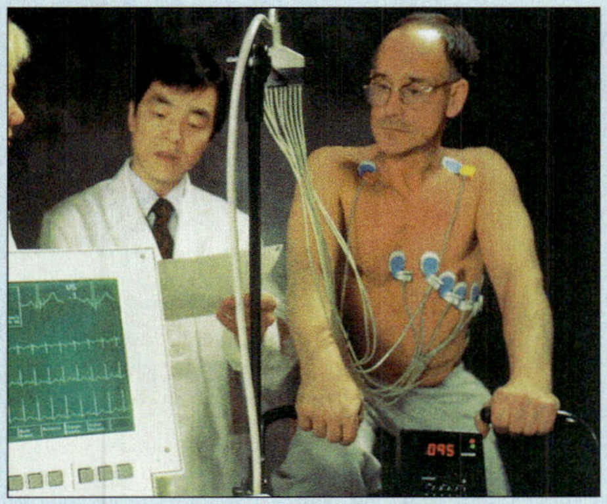

Elektrischer Strom in der Medizin

Die Messung der elektrischen Signale, die das Herz (EKG) oder Gehirn (EEG) steuern, liefern dem Arzt wichtige Hinweise auf den Gesundheitszustand des Patienten. Weiterhin kann ein kurzzeitiger und wohldosierter elektrischer Strom durch den Körper bei Personen mit Herzkammerflimmern oder mit lebensbedrohlichen Herzrhythmusstörungen eine lebensrettende Wirkung haben (Defibrillation).

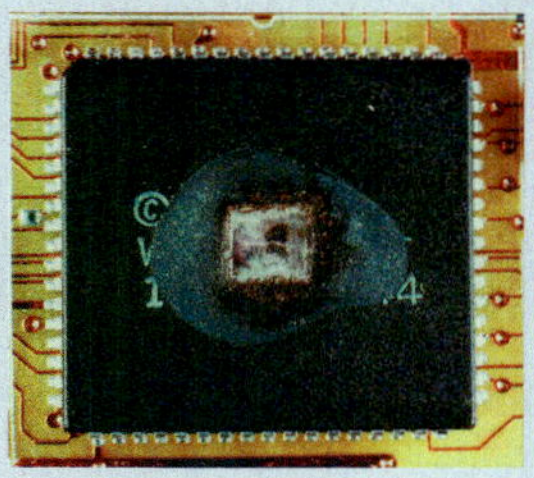

Überspannung

Im Durchschnitt werden über Deutschland in einem Jahr mehr als 1 Millionen Blitze registriert. Die Stromstärke eines Blitzes beträgt etwa 100 kA und es entstehen Spitzentemperaturen von 30 000 °C. Auch wenn der Blitz nicht direkt das Haus trifft, kann über die angeschlossenen Leitungen eine Überspannung entstehen, die elektrische Geräte wie Computer, Telefonanlagen, Fernseher usw. zerstört. Das kleine Bild zeigt einen durch Überspannung zerstörten Computerchip. Gibt es Möglichkeiten, sich vor solchen Schäden zu schützen?

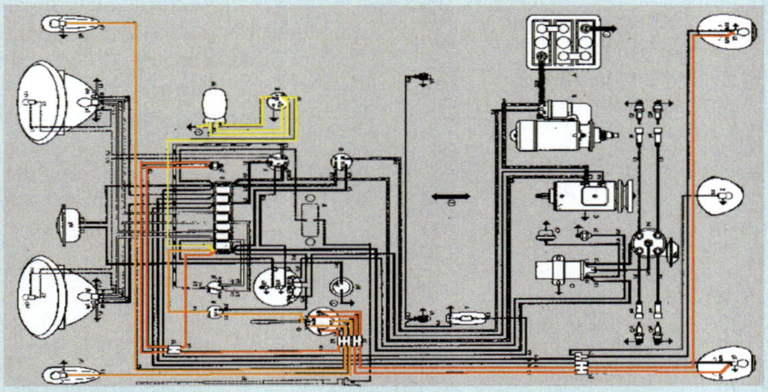

Autoelektrik

Autos besitzen eine Vielzahl elektrischer Geräte. Neben der Beleuchtungsanlage werden auch Scheibenwischer, Fensterheber, Stereoanlage, Klimaanlage usw. elektrisch betrieben. Der Schaltplan der Autoelektrik zeigt, wie die Geräte an die Batterie angeschlossen sind. Wie sind die Lampen (Standlicht, Abblendblicht, Fernlicht, Bremslicht, Nebelscheinwerfer, Blinker, Innenbeleuchtung, etc.) geschaltet?

Vorbereitung

1 Lies die Texte dieser beiden Seiten durch und betrachte die zugehörigen Bilder. Schreibe zu den einzelnen Themen Fragen auf, die du dazu hast.

2 Blättere das folgende Kapitel durch, lies die Überschriften und betrachte die Bilder. Notiere neben den Fragen aus 1 die Seitenzahlen, die deiner Meinung nach Antworten zu deinen Fragen liefern könnten.

3 Überlege und schreibe auf, was du in Experimenten untersuchen möchtest. Vielleicht hast du ja schon Ideen, wie die Versuche aussehen könnten

4 Studiere die in der Wiederholung „Der elektrische Stromkreis“ auf Seite 54 dargestellten Zusammenhänge. Schreibe dazu die wichtigsten Begriffe zusammen mit einer kurzen Erklärung auf.

Wiederholung – Der elektrische Stromkreis

ENERGIE

Damit ein elektrischer Strom fließen kann, muss ein geschlossener Stromkreis vorhanden sein, der aus einer elektrischen Quelle (Batterie, Netzgerät oder Steckdose), einem Elektrogerät und Leitungen besteht. Die Nennspannungen (Angabe in Volt (V)) von Quelle und Elektrogerät müssen gleich groß sein, damit das Gerät richtig funktioniert bzw. nicht beschädigt wird.

Strom ist gefährlich!

Elektrischer Strom kann im Menschen
- Verbrennungen
- Vergiftungen
- Muskelverkrampfung (Herzstillstand)

hervorrufen.
Gegenstände können durch elektrischen Strom entzündet werden.

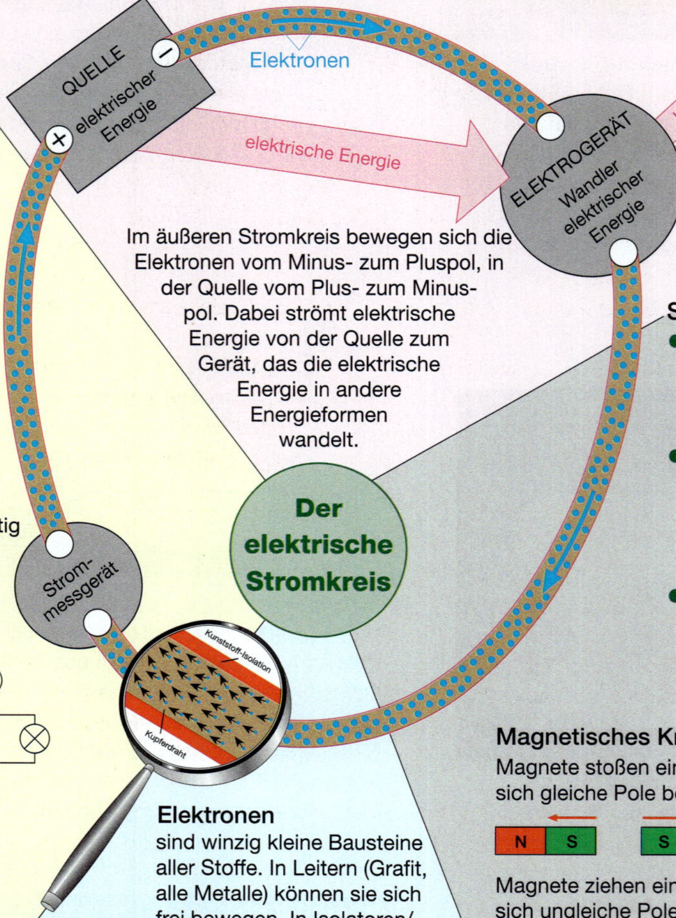

Im äußeren Stromkreis bewegen sich die Elektronen vom Minus- zum Pluspol, in der Quelle vom Plus- zum Minuspol. Dabei strömt elektrische Energie von der Quelle zum Gerät, das die elektrische Energie in andere Energieformen wandelt.

Der elektrische Stromkreis

SYSTEM

Schaltungen

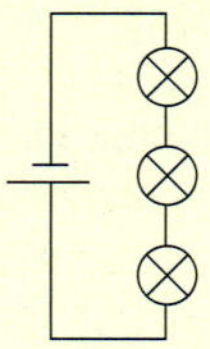

Reihenschaltung: Strom fließt nacheinander durch die Geräte.

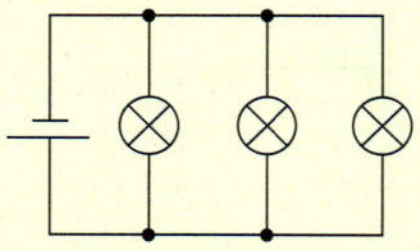

Parallelschaltung: Strom fließt gleichzeitig durch alle Geräte.

Schaltskizze

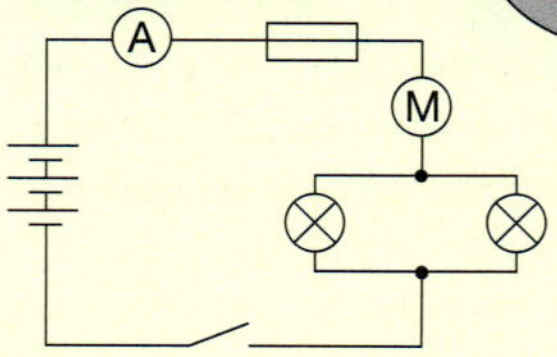

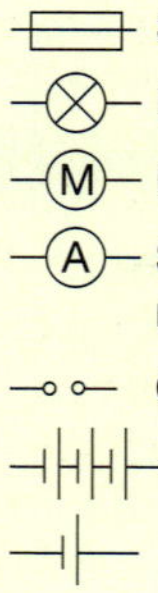

Elektronen

sind winzig kleine Bausteine aller Stoffe. In Leitern (Grafit, alle Metalle) können sie sich frei bewegen. In Isolatoren/Nichtleitern sitzen sie fest.

MATERIE

WECHSELWIRKUNG

Stromwirkungen

- Lichtwirkung

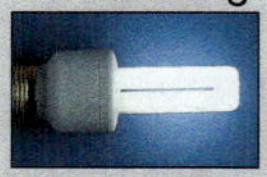

- Magnetische Wirkung

- Wärmewirkung

Magnetisches Kraftgesetz:

Magnete stoßen einander ab, wenn sich gleiche Pole begegnen (S–S, N–N).

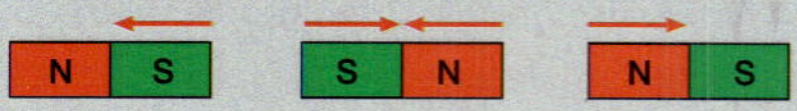

Magnete ziehen einander an, wenn sich ungleiche Pole begegnen (S–N, N–S).

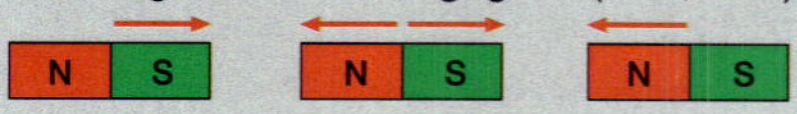

Grundbegriffe

- Quelle (elektrische)
- Elektrogeräte
- Reihen- und Parallelschaltung
- Schalter (EIN-AUS, UM)
- Schaltskizze
- Leiter und Nichtleiter/Isolator
- Elektronen
- Stromkreis
- Stromstärke
- Magnetpole
- magnetisches Kraftgesetz
- Stromwirkungen
- Sicherungen
- Elektromagnet
- Gefahren und Schutzmaßnahmen
- Nennspannung

Kraftfahrzeugelektrik

Projekt

Seitdem CARL BENZ im Jahr 1896 sein erstes Auto mit einem Verbrennungsmotor baute, sind sehr viele Fortschritte gemacht worden, die das Autofahren bequemer und vor allen Dingen sicherer machen. So sind viele elektrische Geräte in modernen Autos vorhanden: Der zündende Funke im Benzinmotor wird elektrisch erzeugt; die Scheinwerfer, die Blinker, die Ventilatoren, das Radio und vieles mehr wird elektrisch betrieben.

P1 Fertigt ein Poster an, das die Vielzahl der Elektrogeräte eines modernen Autos darstellt. Beschreibt zudem ihre jeweilige Funktion.

P2 Untersucht an einem Auto, wie die verschiedenen Lichtquellen prinzipiell geschaltet sein könnten, und fertigt dazu Schaltskizzen an. Baut ein vereinfachtes Modell mithilfe einer Batterie und Fahrradlampen.

P3 In modernen Autos werden viele Messungen mithilfe elektrischer **Sensoren** durchgeführt. Zum Teil werden aufgrund dieser Messungen elektrische Geräte automatisch eingeschaltet. Sucht die Sensoren und skizziert, an welchen Stellen sich diese Sensoren befinden. Beschreibt, worauf sie reagieren und was sie bewirken.

P4 Da die fossilen Energieträger immer knapper und teurer werden, wird intensiv nach Alternativen zum Benzinmotor bzw. nach Einsparmöglichkeiten beim Verbrauch gesucht. Dabei werden Fahrzeuge mit einem **Hybridantrieb** immer interessanter.
a) Stellt Informationen zu Hybridantrieben zusammen und bereitet eine kurze Präsentation z. B. mit Overheadfolien oder mithilfe des Computers vor.
b) Fertigt ein Modell eines hybridbetriebenen Fahr-

Sicherheit im Haushalt

Projekt

Viele elektrische Geräte im Haushalt machen das tägliche Leben komfortabel. Die Nutzung der energiewandelnden Wirkung des elektrischen Stroms in den unterschiedlichsten Zusammenhängen nimmt uns eine Vielzahl von Tätigkeiten ab. Trotz all dieser positiven Aspekte ist die Nutzung des elektrischen Stroms auch mit Risiken und Gefahren verbunden, die aber durch spezielle Maßnahmen minimiert werden.

P1 Untersucht zusammen mit einem Erwachsenen euren Sicherungskasten zuhause, listet die einzelnen Bestandteile auf und informiert euch über deren Zweck und Funktionsweise. Bereitet einen kleinen Vortrag zu diesem Gebiet vor.

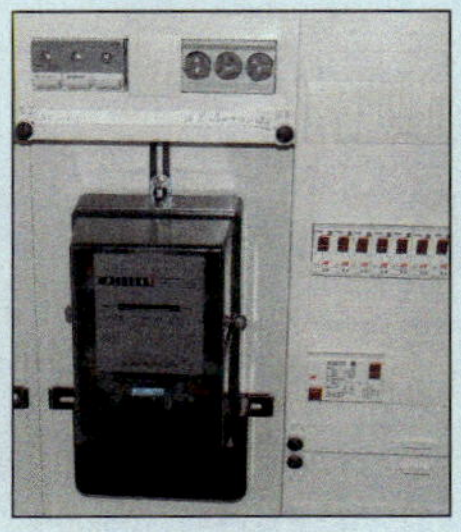

P2 Elektrischer Strom kann, wenn er durch den menschlichen Körper fließt, sehr gefährlich sein.
a) Fertigt eine Übersicht an, welche die Wirkung des Stromes auf den menschlichen Körper (physiologische Wirkung) in Abhängigkeit von der Stromstärke, dem Stromweg und sonstigen wichtigen Faktoren zeigt.
b) Ergründet, wie im Haushalt versucht wird, die Gefahr eines „Stromschlages" technisch zu vermeiden.
c) Stellt Regeln für den Gebrauch elektrischer Geräte auf.

P3 Erkundigt euch, wie Häuser mit elektrischer Energie versorgt werden. Baut ein Modellhaus aus Pappe, Klingeldraht und Fahrradlämpchen. Veranschaulicht an diesem mit Hilfe eines „Pappmenschen" die Gefahrenquellen. Der „Pappmensch" soll z. B. eine leitende Verbindung zwischen Hand und Fuß besitzen. Wenn ein elektrischer Strom durch die Leitung fließt, zeigt eine eingebaute Lampe den Stromfluss und damit die Gefahr an. Erläutert auch andere Gefahren und Sicherheitsmaßnahmen am Modell.

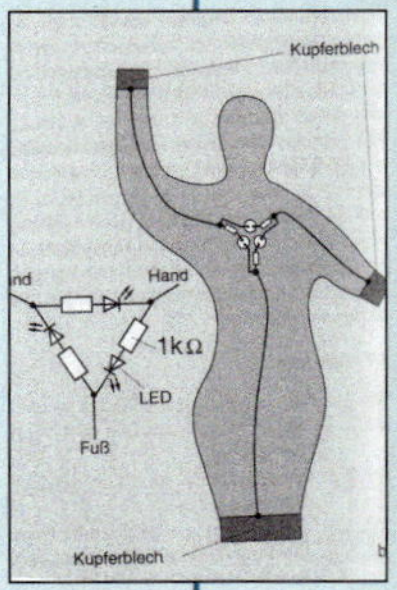

Die elektrische Stromstärke

Eine Nebelschlussleuchte am PKW erhöht die Verkehrssicherheit, denn sie strahlt wesentlich heller als die normalen Rückleuchten.
Unterschiedliche Ströme haben unterschiedlich starke Wirkungen. Welche unterschiedlichen Möglichkeiten gibt es, die Stromstärke zu messen? Wie kann die Stärke des elektrischen Stroms im Elektronenbild veranschaulicht werden?

Fließende Elektronen im Stromkreis

Das folgende Experiment liefert Hinweise darauf, dass die Vorstellung sich bewegender Elektronen bei einem elektrischen Strom sinnvoll und vernünftig ist.

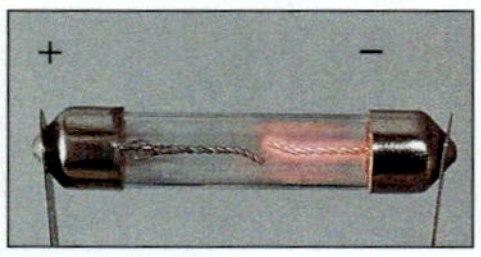

In einem Experiment werden zwei Glimmlampen in Reihe geschaltet. Der Stromkreis wird zwischen den beiden Glimmlampen unterbrochen.

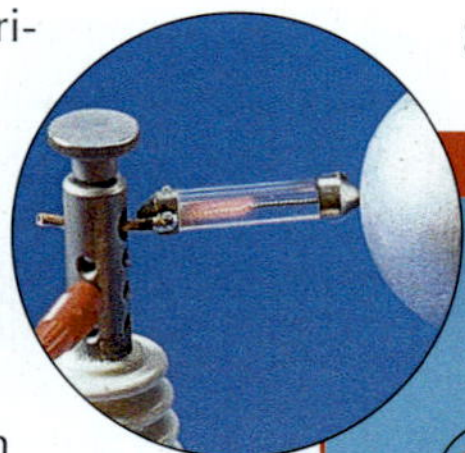

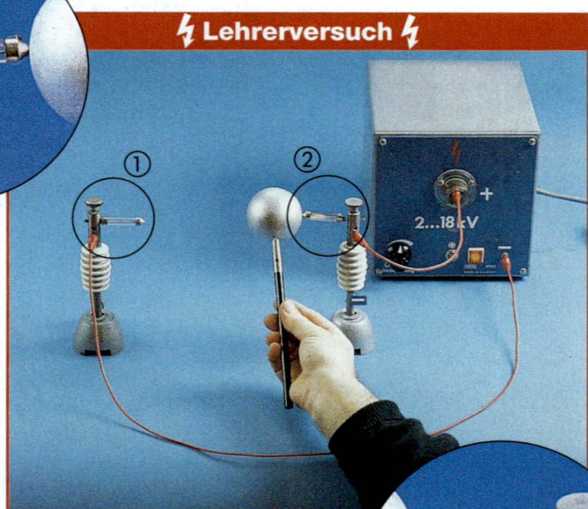

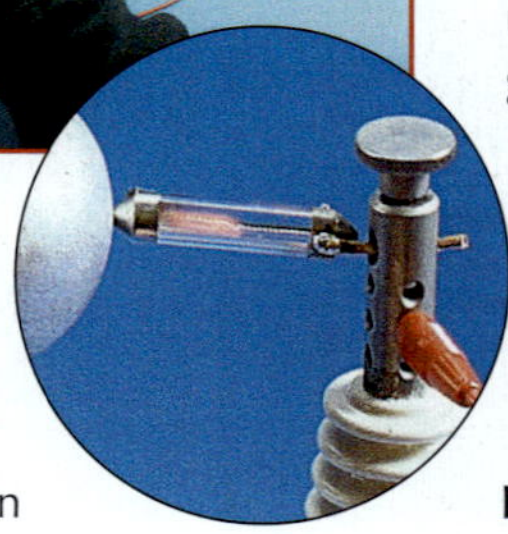

1. Wird die Glimmlampe ① mit einer isolierten Metallkugel berührt, so leuchtet sie an der der Kugel abgewandten Seite auf.
2. Wird nun mit dieser Kugel die Glimmlampe ② berührt, so leuchtet diese an der der Kugel zugewandten Seite kurz auf.

Dieser Vorgang kann laufend wiederholt werden;

- je schneller dies geschieht, umso häufiger leuchten die Glimmlampen auf;
- je größer die Kugel, umso heller leuchten die Glimmlampen.

Wie kann diese Beobachtung erklärt werden? Das Aufblitzen der Glimmlampe zeigt einen Stromfluss, also die Bewegung von Elektronen, an. Im 1. Fall müssen sich Elektronen zur Kugel bewegt haben; somit müssen sich mehr Elektronen auf der Kugel befinden als vorher. Die Kugel ist *geladen* worden. Die mit Elektronen beladene Kugel kann Elektronen wieder abgeben, wenn sie an das andere Ende des offenen Stromkreises gehalten wird (2. Fall). Das kurze Aufleuchten zeigt dies an. Ein erneutes Berühren mit derselben Kugel ruft kein weiteres Aufblitzen hervor. Es stehen offensichtlich keine „überschüssigen" Elektronen mehr zur Verfügung, die einen Stromfluss bewirken könnten. Die Kugel ist *entladen*.

Eine größere Kugel nimmt mehr Elektronen auf. Das stärkere Aufleuchten der Glimmlampen zeigt es an. Die Kugel kann „mehr" oder „weniger" geladen werden. Auf diese Weise können bei einer Bewegung mehr oder weniger Elektronen übertragen werden.
Der unterbrochene Stromkreis wurde durch „manuellen" Transport der Elektronen „geschlossen". Werden die beiden Glimmlampen durch einen Draht verbunden, leuchten beide ohne Unterbrechung. Im geschlossenen Stromkreis werden laufend Elektronen vom Minus- zum Pluspol geschoben. Es fließt ein gleichmäßiger, ununterbrochener elektrischer Strom.

Die aufgestellte Vermutung über die Elektronenbewegung bei elektrischem Stromfluss erweist sich als anwendbar. Die Richtung von – nach + ist jetzt bestätigt worden.
Elektrischer Strom ist tatsächlich die Bewegung von Elektronen.

Die Wirkungen des elektrischen Stromes werden durch die Bewegung der Elektronen in den Drähten der Elektrogeräte hervorgerufen.

Die elektrische Stromstärke

Da sich das Strömen der Elektronen nicht direkt beobachten lässt, hilft es häufig sich diesen mithilfe von fließendem Wasser vorzustellen.

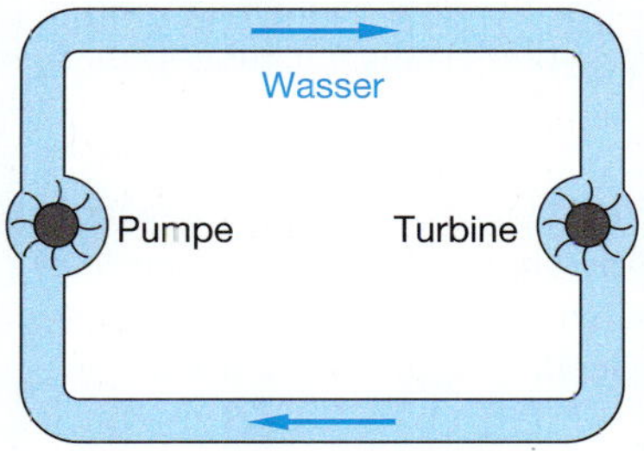

Die Pumpe treibt das Wasser durch die Röhren wie die Spannungsquelle die Elektronen durch die leitenden Verbindungsdrähte. Die Wirkung des Wassers kann an der sich drehenden Turbine beobachtet werden. Im elektrischen Fall führt der Stromfluss durch ein elektrisches Gerät zu einer beobachtbaren Wirkung. Die Wassermenge im Kreislauf ändert sich nicht. Es gibt keine Anhäufungen, keine Verdünnungen, aber auch keine Staus.

Wie viel Wasser strömt, kann beim Füllen eines Gefäßes mit Wasser verdeutlicht werden: Je geringer der Wasserhahn aufgedreht ist, desto länger ist die Zeit zum Füllen des Glases. Aus der Füllmenge und der dafür benötigten Zeit kann eine Größe für die Wasserstromstärke ermittelt werden, z. B. Liter pro Sekunde. Weil das Wasser aus kleinsten Teilchen besteht, sind in einem Liter Wasser 15 Quadrillionen Wasserteilchen enthalten.

Im elektrischen Stromkreis fließen Elektronen. Sie werden durch die Quelle angetrieben. Eine entsprechende Wirkung, z. B. das Aufleuchten einer Lampe, kann sofort nach Schließen des Stromkreises wahrgenommen werden.

Eine Möglichkeit zur Bestimmung der Größe der **elektrischen Stromstärke** wäre das Zählen der Elektronen, die in einer bestimmten Zeit an einer Stelle des Stromkreises vorbeiströmen. Werden viele Elektronen in einer Sekunde durch einen Querschnitt des Leiters geschoben, so liegt eine große Stromstärke vor, im umgekehrten Fall eine kleine.

Einzelne Elektronen rufen bei ihrer Bewegung im elektrischen Stromkreis keine wahrnehmbare Wirkung hervor. Erst die Bewegung von sehr vielen Elektronen führt zu beobachtbaren Wirkungen. Deshalb sind es sehr große Portionen von Elektronen, die die Wirkungen des elektrischen Stromes hervorrufen. Wenn 6 240 000 000 000 000 000 Elektronen (das sind 6,24 Trillionen Elektronen) in jeder Sekunde an einer Stelle des Stromkreises vorbeifließen, ist das eine Stromstärke von **1 Ampere (1 A).** Das ist die Stromstärke, die etwa bei einem Haartrockner bei Stufe 1 auftritt.

Zentraler Versuch

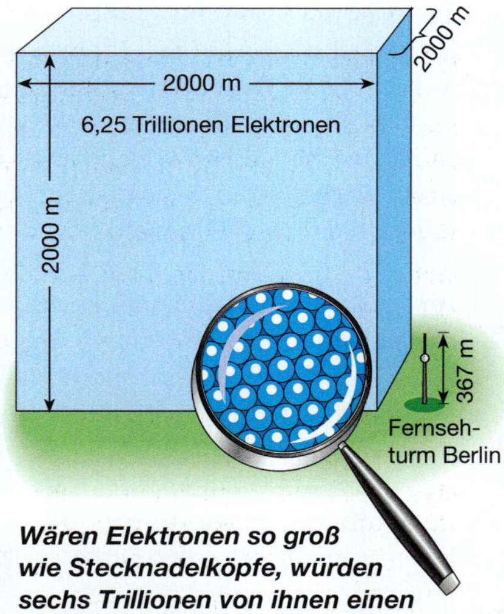

Wären Elektronen so groß wie Stecknadelköpfe, würden sechs Trillionen von ihnen einen Würfel von 2 km Kantenlänge füllen.

Elektrische Stromstärke

Das Formelzeichen ist *I*.
Die Einheit ist 1 A (Ampere).

Weitere Einheiten:
Milliampere: $1\ mA = \frac{1}{1000}\ A$
Mikroampere: $1\ \mu A = \frac{1}{1\,000\,000}\ A$

Die elektrische Stromstärke gibt an, wie viele Elektronen in einer bestimmten Zeit an einer Stelle des Stromkreises vorbeiströmen.

Aufgaben

1 Berechne, die Anzahl der Elektronen, die pro Sekunde fließen, wenn eine Stromstärke von 0,5 A gemessen wird.

2 12,48 Trillionen Elektronen fließen pro Sekunde. Bestimme die gemessene Stromstärke.

3 Vergleiche, wie sich die Stromstärken unterscheiden,
a) wenn 12 Trillionen Elektronen in zwei Sekunden
b) wenn 18 Trillionen Elektronen in drei Sekunden
durch den Querschnitt eines elektrischen Leiters fließen.

Messung der elektrischen Stromstärke ...

Zu jeder physikalischen Größe gehört eine Vorschrift, die genau angibt, wie diese Größe gemessen werden kann. Die physikalische Größe „Stromstärke" zum Beispiel ist festgelegt durch die Anzahl der Elektronen, die pro Sekunde an einer Stelle des Stromkreises vorbeifließen. Praktisch kann mit dieser Definition aber nichts angefangen werden, denn Elektronen können ja weder gesehen noch gezählt werden.
Physikalische Größen können aber auch durch Verknüpfung mit anderen physikalischen Größen definiert werden, wenn diese durch eine eindeutige Messvorschrift festgelegt sind. Das ist bei der Stromstärke möglich, indem aus den unterschiedlichen Stromwirkungen Messverfahren entwickelt werden.

An der Physikalisch-Technischen Bundesanstalt (PTB) in Braunschweig werden einer ganz bestimmten Stromwirkung eindeutig Stromstärkewerte (in Ampere) zugeordnet. Dieser Vorgang heißt **Kalibrieren.** Die so entstandenen Messgeräte werden den Eichämtern zur Verfügung gestellt. Mit diesen „Norm-Geräten" werden dann die industriell gefertigten Geräte geeicht, indem deren Anzeigen mit den Anzeigen der Norm-Geräte abgeglichen werden.

... durch Wärmewirkung

Jeder stromdurchflossene Draht erwärmt sich und dehnt sich dabei aus. Dies lässt sich folgendermaßen für die Messung von Stromstärken nutzen:
Die Helligkeit einer Glühlampe dient als Maß für die Stromstärke. Beim Glimmen der Lampe ist der Draht fast gestreckt, während er bei hellem Leuchten durchhängt. Um dies besser sichtbar zu machen, wird der Draht durch ein angehängtes Wägestück gespannt. Die Stellung des Wägestücks vor einer Skala ist somit ein Maß für die Stromstärke: Bei kleinen Stromstärken dehnt sich der Draht nur wenig, das Wägestück bleibt oben. Bei größeren Stromstärken dehnt sich der Draht stärker, der Zeiger „Wägestück" sinkt tiefer.

Zentraler Versuch

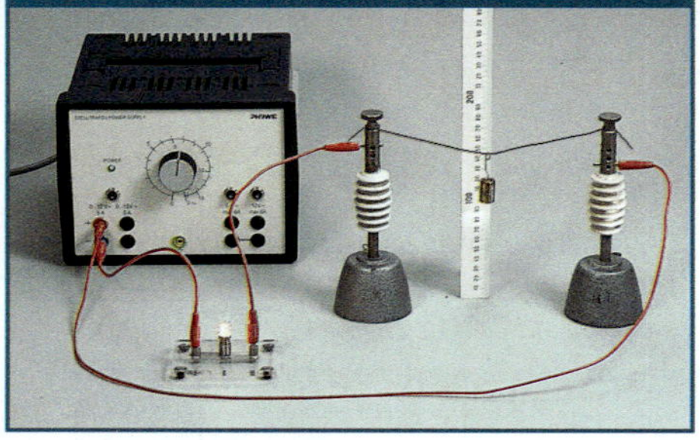

Diese Versuchsanordnung ist also eine Messeinrichtung für die Stromstärke. Durch Kalibrieren kann die Zentimeterskala des Lineals in eine Ampereskala umgewandelt werden.
Das nach diesem Prinzip arbeitende Messgerät heißt *Hitzdrahtinstrument.* Mit ihm können allerdings kleine Stromstärken nicht oder nur sehr schlecht gemessen werden. Außerdem ist es sehr träge, d. h. es dauert beim Einschalten oder bei Änderungen der Stromstärke ziemlich lange, bis die tatsächliche Stromstärke angezeigt wird.

... durch magnetische Wirkung

Eine drehbar aufgehängte Spule befindet sich im Magnetfeld eines Hufeisenmagneten. Fließt durch die Spule ein elektrischer Strom, so wird sie zu einem Elektromagnet. Die Pole des Magneten ziehen die entstandenen Pole der Spule an oder stoßen sie ab. Die Spule wird also verdreht. Je größer die elektrische Stromstärke ist, desto stärker wird die Spule aus ihrer Ruhelage herausgedreht.

Zentraler Versuch

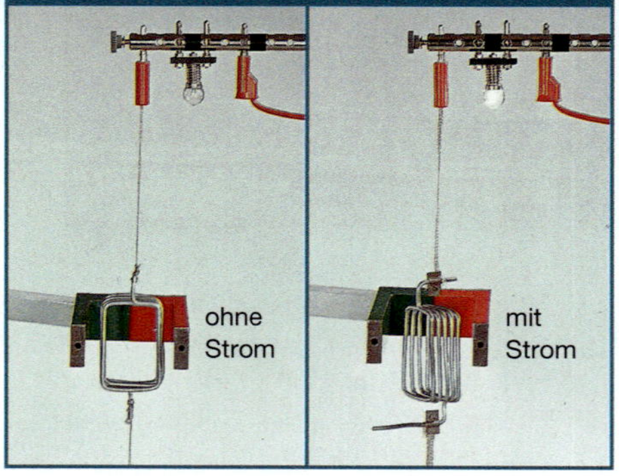

Das hat zur Folge, dass der Ausschlag des an der Spule befestigten Zeigers bei größerer Stromstärke auch größer ist.
Wird an der Spule eine Spiralfeder befestigt, so geht der Zeiger in die Ausgangslage zurück, wenn kein Strom mehr fließt.

Auch diese Messeinrichtung kann kalibriert werden. Das entsprechende Gerät heißt *Drehspulinstrument.*

Zur Messung der elektrischen Stromstärke werden die unterschiedlichen Wirkungen des elektrischen Stromes genutzt, indem einer bestimmten Stärke der Wirkung eine entsprechende Stromstärke zugewiesen wird.

Beispiele für Stromstärken

Stromstärken können sehr unterschiedlich sein. In den Nervenbahnen des Menschen fließen nur Bruchteile von Milliampere, während bei Gewitterblitzen elektrische Ströme von 20 000 A und mehr fließen können. Die Gefährdung des Menschen hängt sehr von der Zeit ab, die ein elektrischer Strom durch den Körper fließt und davon, welche Organe direkt in der leitenden Verbindung liegen.
Nebenstehende Tabelle gibt Auskunft, welche Geräte welche Stromstärke benötigen.
Stromstärken über ca. 10 mA sind schmerzhaft. Überschreiten sie 50 mA sind sie gesundheitsschädlich oder sogar tödlich.

Gerät	Stromstärke
LED, Glimmlampe	0,003 A
Transistorradio	0,02 bis 0,05 A
Taschenlampe	0,1 bis 0,5 A
Sparlampe	0,03 bis 0,1 A
Glühlampe	0,1 bis 5 A
Kühlschrank	0,07 bis 0,2 A
Föhn, Staubsauger	1 bis 6 A
Geschirrspüler Waschmaschine	10 bis 16 A
Straßenbahn	100 bis 400 A
Anlasserstrom beim Pkw	350 A
Aluminiumherstellung	10 000 A
Gewitterblitz	20 000 A
Elektro-Schmelzofen (Edelstahlherstellung)	bis 100 000 A

Wie schnell strömen Elektronen?

Wenn der Schalter in einem geschlossenen Stromkreis betätigt wird, leuchtet die Glühlampe sofort auf. Die Elektronen bewegen sich aber sehr langsam. Sie würden in einem Kupferdraht nur einen Weg von 12 m in einer Stunde zurücklegen.
Bei dieser geringen Geschwindigkeit müssten wir auf eine Nachricht bei einem Telefongespräch von Hamburg nach München (ca. 770 km) über 7 Jahre warten, denn so lange bräuchte ein Elektron für diese Strecke.
Doch der Strom der Elektronen verhält sich wie das Wasser in einer geschlossenen Anlage mit Pumpe und Turbine. Wenn die Pumpe in Betrieb gesetzt wird, bewegt sie das ganze Wasser. Die Turbine beginnt zeitgleich sich zu drehen. Genauso hören wir beim Telefonieren den Anrufer fast zeitgleich sprechen, nicht erst Jahre später.

Elektrodenschweißen – heiß muss es werden!

Beim Schweißen muss es heiß werden, schnell und auf den Punkt genau. Das zu schweißende Werkstück soll schließlich an der Schweißstelle so stark erhitzt werden, dass das Eisen dort schmilzt und sich die beiden Teile dauerhaft und fest miteinander verbinden.
Beim Elektrodenschweißen wird dieses Ziel dadurch erreicht, dass die Wärmewirkung eines Stromes hoher elektrischer Stromstärke auf eine kleine Stelle konzentriert wird. Schon einfache Heimwerkergeräte liefern Stromstärken von 160 A bis 250 A. Solch starke Ströme fließen durch Elektrode und Werkstück, denn dieses ist über ein Kabel mit einer Zwinge Teil des Stromkreises. An der Berührungsstelle entstehen Temperaturen von mehr als 4000 °C, die sowohl die Elektrodenspitze als auch das Eisen des Werkstückes zum Schmelzen bringen und die Naht damit dauerhaft verbinden.

Werkzeug — Umgang mit dem Strommessgerät

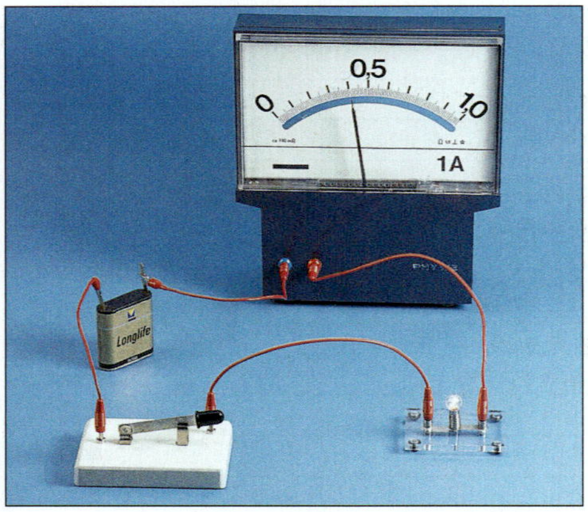

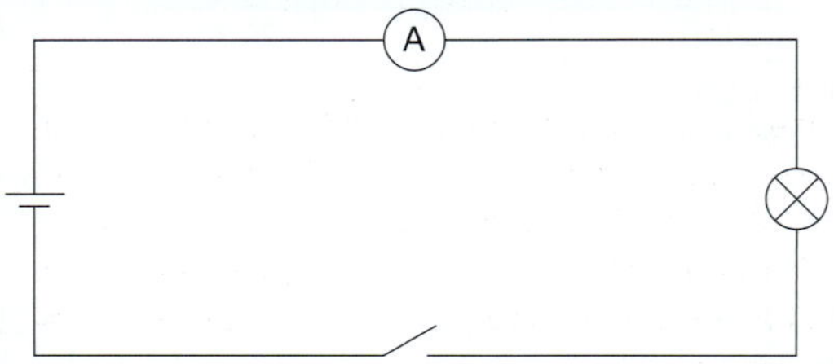

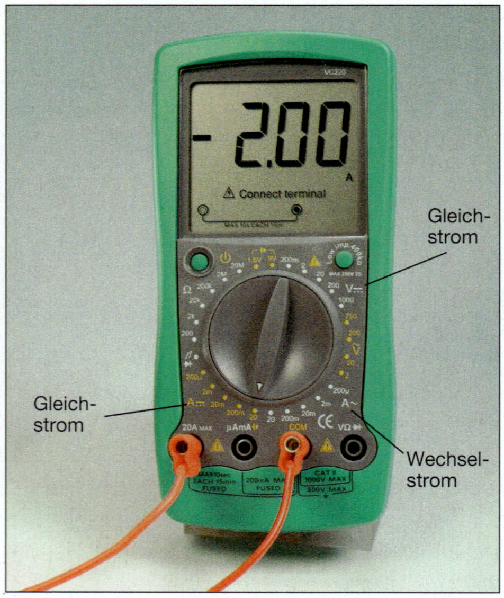

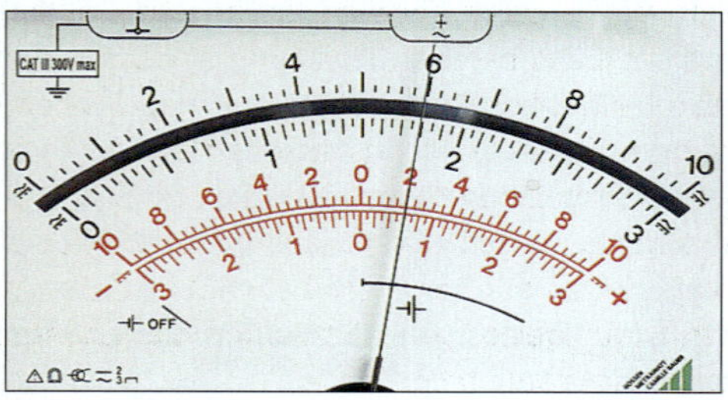

Zur Messung der Stromstärke wird der Stromkreis an einer Stelle „aufgetrennt“ und die entstehende Lücke mit dem Messgerät geschlossen. So fließen alle Elektronen auch durch das Messgerät und verursachen dort die Wirkung, auf die das Messgerät anspricht. Die elektrische Stromstärke kann abgelesen werden.

Elektrische Strommessgeräte werden mit den Geräten im Stromkreis in Reihe geschaltet.

- Schaltzeichen für ein Strommessgerät: –(A)–
- Schalte das Messgerät nie allein in einen Stromkreis, sondern immer in Reihe mit dem Gerät, dessen Stromstärke gemessen werden soll.
- Die ⊕ Buchse (rot) muss an den Pluspol angeschlossen werden. Die zweite Buchse (schwarz) wird oft mit Com bezeichnet.
- Entferne das Messgerät aus dem Stromkreis erst dann, wenn der Strom wieder ausgeschaltet ist.

In der Praxis haben sich Messgeräte mit verschiedenen Messbereichen bewährt. Bei modernen Mehrfachmessgeräten muss in folgender Weise vorgegangen werden:

- Wähle für Stromstärken den Bereich A – (Gleichstrom, nicht A ~ Wechselstrom).
- Stelle zuerst immer den höchsten Messbereich ein (im Beispiel 15 A).
- Gehe dann schrittweise nach unten, bis eine gut sichtbare Anzeige erfolgt.
- Blicke immer senkrecht auf die Anzeige oder den Zeiger.

Digital anzeigende Geräte:
Dies sind Geräte, bei denen die Messung durch eine Zahl im Display angezeigt wird.

Analog anzeigende Geräte:
Dies sind Messgeräte mit einem Zeiger. Auf ihnen sind oft mehrere Skalen vorhanden. Je nach dem eingestellten Messbereich muss eine Umrechnung des angezeigten Skalenwertes in den tatsächlichen Messwert erfolgen.

- Messbereich 1 A (10-er Skala oben): 0,6 A, d. h. Skalenwert dividiert durch 10.
- Messbereich 300 mA (3-er Skala oben): 180 mA, d. h. Skalenwert mal 100.
- Messbereich 100 mA (10-er Skala unten): 20 mA, d. h. Skalenwert mal 10.
- Messbereich 30 mA (3-er Skala unten): 6 mA, d. h. Skalenwert mal 10.

Selbstbau von Strommessgeräten

Versuche und Aufträge

V1 Baue ein Strommessgerät, das die magnetische Wirkung nutzt.

a) Besorge dir eine Rasierklinge. Halbiere sie (Vorsicht: die Klinge kann sehr scharf sein!) und umklebe die scharfe Kante mit Klebefilm. Magnetisiere die Klinge durch gleichmäßiges Bestreichen mit einem Magneten oder Hineinlegen in eine Strom durchflossene Spule. Wickele etwa 10 m Kupfer-Lack-Draht zu einer Spule auf eine Pappschachtel. Führe eine Stecknadel durch die Rasierklinge und hänge sie wie im Bild rechts in die Pappschachtel.

b) Schalte dein Messgerät in einfache und ungefährliche Stromkreise. Vergleiche die Stromstärke für elektrisch betriebenes Spielzeug, z. B. Elektromotor von Kran oder Auto, für die Taschenlampe, für die Beleuchtung einer Puppenstube usw.

Vorsicht: Nicht an Netzstromkreise anschließen!

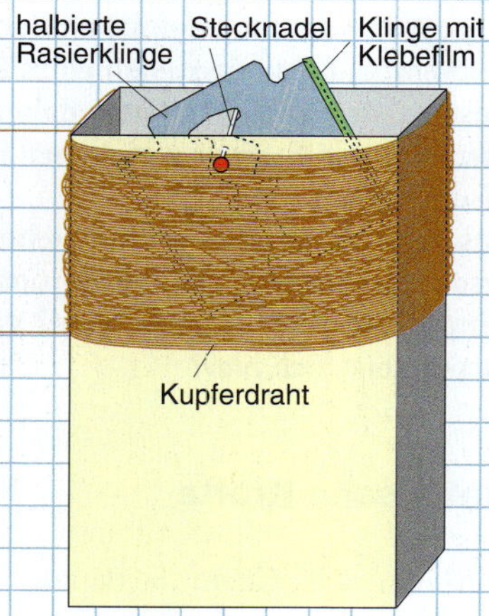

V2 Baue ein Strommessgerät. Wickele dazu aus dünnem Kupferdraht (∅ = 0,4 mm) über eine leere Hülse (Pappe auf Bleistift gerollt und geklebt) eine Spule von 200 Windungen (Länge: 10 mm). Wickele dann eine Feder aus dem vierfach gelegten Kupferdraht auf einen Bleistift mit zehn Wicklungen. Das ergibt eine „weiche" Feder. Hänge an diese eine M5 Eisenschraube und lasse sie zu einem Drittel in die Spule eintauchen.

a) Die Spule wird in Reihe mit parallel geschalteten Glühlampen (0,2 A bzw. 0,3 A) gelegt. Beobachte die Schraube, wenn unterschiedliche Lampen leuchten.

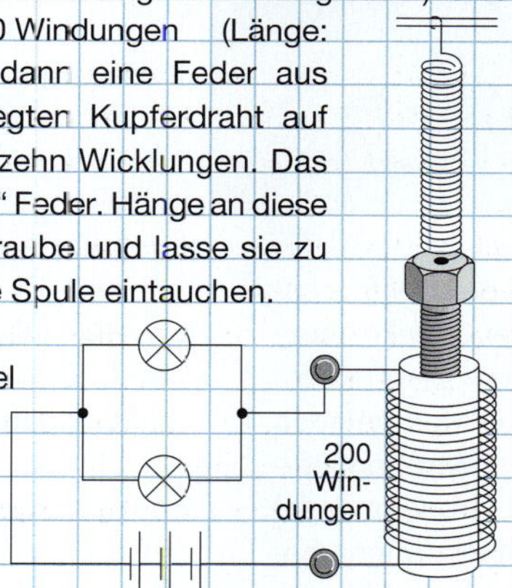

b) Beschreibe und begründe.

c) Dieses selbstgebaute Messgerät besitzt noch keine Skala, sodass die gemessenen Stromstärken nur grob miteinander verglichen werden können. Zum Beispiel kann festgestellt werden, dass die Stromstärke, die durch mehrere parallel geschaltete Lampen fließt, größer ist als die durch eine Lampe. Soll aber zahlenmäßig verglichen, also gemessen werden, so wird eine Skala benötigt. Das Messgerät muss kalibriert werden. Dazu wird der Ausschlag des Selbstbaumessgerätes mit verschiedenen „bekannten" Stromstärken verglichen: Schalte zusätzlich zum Selbstbaumessgerät ein Strommessgerät in Reihe. Miss wie für verschiedene elektrische Geräte (Lampen in Reihe oder parallel, Elektromotor, elektrische Spielzeuge, etc.) die Stromstärken und fertige eine Skala an.

V3 Baue die unten dargestellte Anordnung auf. Wickle dir dazu Spulen aus Kupferdraht (∅ = 0,8 mm) mit 50, 20 und 10 Windungen.

a) Prüfe, wie sich die Lage des Wägestücks ändert, wenn nacheinander die Spulen 1, 2, 3 parallel in den Stromkreis geschaltet werden.

Achtung: Bei Flachbatterie nur kurz Stromkreis schließen!

b) Diese Anordnung kann zur Messung der Stromstärke genutzt werden. Das technische Gerät heißt Hitzdrahtmessinstrument. Begründe diesen Namen.

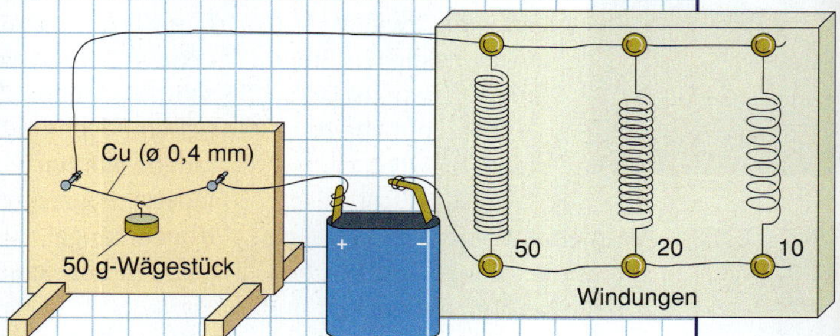

V4 **a)** Lege zwei Weicheisenstäbe in eine schräg gestellte Spule. Verändere die Stromstärke durch die Spule und beobachte die Eisenstäbe.

b) Erkläre die Beobachtung und erläutere, warum eine solche Anordnung zur Messung der Stromstärke benutzt werden kann.

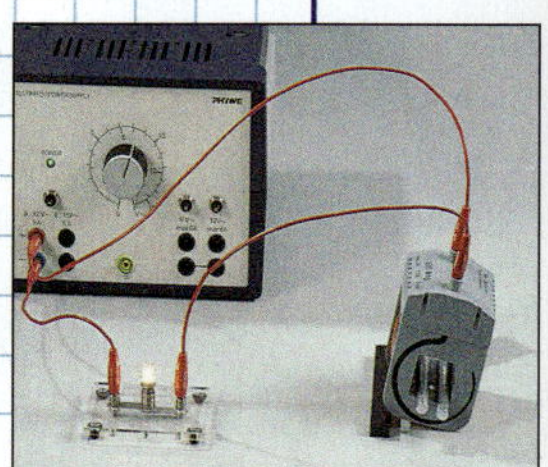

V5 Entwickle Ideen, wie sich auch die anderen Selbstbaugeräte kalibrieren lassen.

Elektrische Ladung

Du hast sicher schon einmal an der Türklinke einen „Schlag" bekommen. Beim Ausziehen eines Pullovers hörst du oft ein Knistern. Im Dunkeln können dabei kleine Blitze beobachtet werden. Mithilfe einer geriebenen Folie lässt sich eine neue Frisur zulegen.
Was steckt hinter diesen alltäglichen Erscheinungen? Welche Ursachen haben sie? Sind Elektronen mit im Spiel, obwohl keine Stromkreise zu sehen sind? Welche Eigenschaft der Körper zeigt sich hier?

Elektrische Kräfte

Wird ein mit einem Seidentuch geriebener Glasstab oder ein mit einem Stück Fell geriebener Kunststoffstab mit einer Glimmlampe berührt, so leuchtet sie auf. Dies zeigt, dass Elektronen im Spiel sind, denn die Glimmlampe zeigt ja das Fließen von Elektronen an. An den Stäben leuchtet die Glimmlampe aber an entgegengesetzten Enden auf. Wird der Stab ein zweites Mal an der gleichen Stelle berührt, so ist kein Aufblitzen mehr zu erkennen.

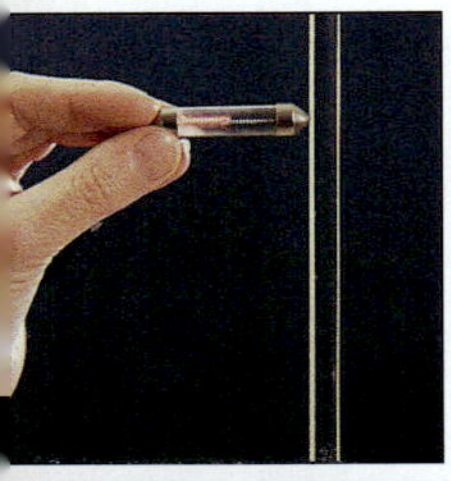

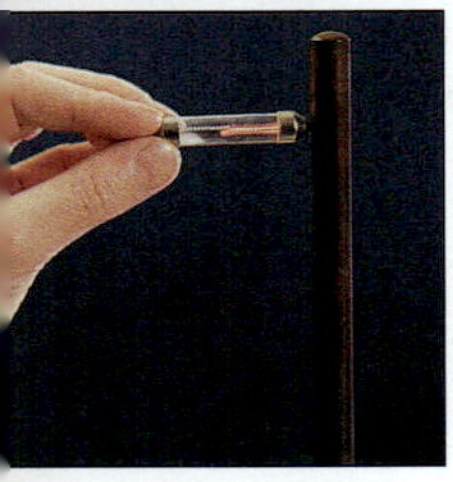

Werden mit einer Glimmlampe die Pole einer elektrischen Quelle berührt, so leuchtet immer der Teil der Glimmlampe, der den negativen Pol der Quelle berührt. Daraus folgt, dass der Kunststoffstab Elektronen aufnimmt, der Glasstab dagegen Elektronen abgibt.

Diese Beobachtung lässt sich so erklären: Durch das Reiben des Glasstabes mit dem Seidentuch werden Elektronen vom Glasstab an das Seidentuch abgegeben. Das Tuch hat danach mehr Elektronen als im Normalzustand, der Glasstab weniger. Es wird von *Elektronenüberschuss* oder von *Elektronenmangel* eines Körpers gesprochen. Die Körper selbst werden **geladen** genannt, wenn sie Elektronenüberschuss oder Elektronenmangel haben. Der mit Elektronen beladene Körper wird als negativ geladen ⊖ bezeichnet, der mit Elektronenmangel wird als positiv ⊕ geladen bezeichnet.

Zentraler Versuch

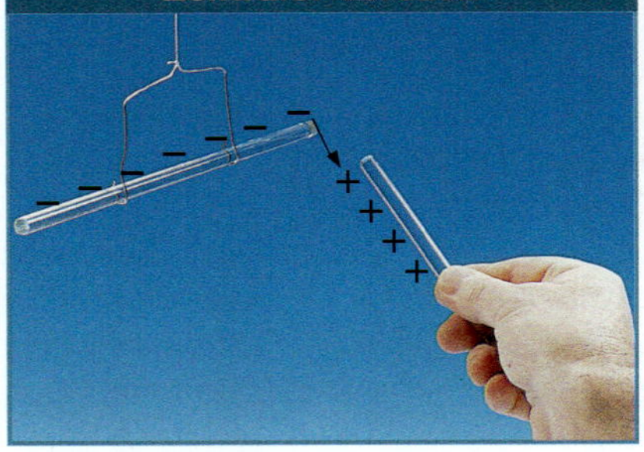

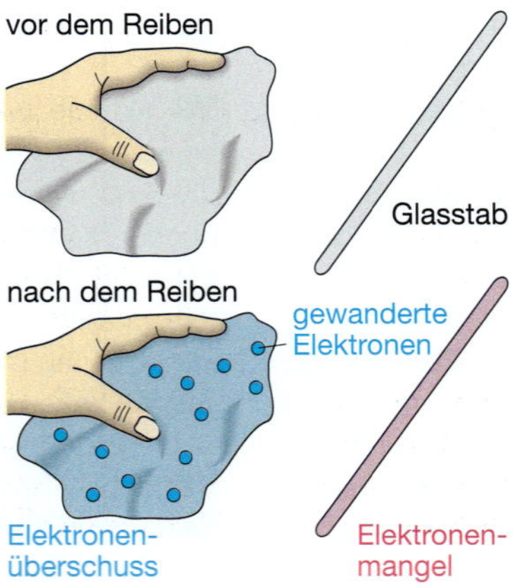

Welche Eigenschaften haben geladene Körper? Der mit Elektronen aufgeladene, frei bewegliche Kunststoffstab wird

- von einem zweiten negativ geladenen Kunststoffstab abgestoßen;
- von einem positiv geladenen Glasstab angezogen.

Geladene Körper üben also Kräfte aufeinander aus, auch ohne sich zu berühren. Dies zeigt, dass die geladenen Körper unterschiedliche Qualitäten oder Eigenschaften haben, die durch eine neue physikalische Größe beschrieben werden müssen.

Werden unterschiedlich geladene Körper wieder zusammen gebracht, so beeinflussen sie sich danach nicht mehr. Die Körper sind elektrisch **neutral.**

Körper sind negativ geladen, wenn sie zusätzliche Elektronen aufgenommen haben (Elektronenüberschuss).
Körper sind positiv geladen, wenn sie Elektronen abgegeben haben (Elektronenmangel).
Nicht geladene Körper sind elektrisch neutral.
Gleich geladene Körper stoßen sich ab, verschieden geladene Körper ziehen sich an.

Die elektrische Ladung

Wird eine Metallkugel mithilfe eines geladenen Kunststoffstabes aufgeladen und berührt sie eine zweite, ungeladene Metallkugel, so stoßen sich beide Kugeln ab. Wie ist das zu verstehen?

- Die eine Kugel wurde durch den Stab aufgeladen. Die Elektronen haben sich im Metall der Oberfläche gleichmäßig verteilt.
- Die zweite Kugel hat bei der Berührung Elektronen übernommen, die sich im Metall frei bewegen können.
- Beide Kugeln sind nun gleich geladen und stoßen sich ab.

Wird die erste Kugel mehrmals nacheinander jeweils mit einer neuen ungeladenen Kugel berührt, so wird die abstoßende Wirkung geringer. Die Ladung der Ausgangskugel wird immer kleiner, da die Anzahl der Elektronen auf der Ausgangskugel jedes Mal geringer wird. Schließlich ist sie so klein, dass keine Kraftwirkung mehr erkennbar ist. Die Kraftwirkung geladener Körper aufeinander wird offensichtlich von der Anzahl „überschüssiger" Elektronen bestimmt.

Ladung

Das Formelzeichen ist Q.
Die Einheit ist 1 C (Coulomb).

Die Eigenschaft von Körpern, mehr oder weniger geladen zu sein, wird mit einer neuen Größe, der elektrischen **Ladung Q,** beschrieben. Ihre Einheit ist das **Coulomb (C)**, benannt nach dem französischen Physiker CHARLES AUGUSTE DE COULOMB (1736–1806), der viele Erkenntnisse über elektrische Ladungen und Kräfte gewonnen hat.

Zentraler Versuch

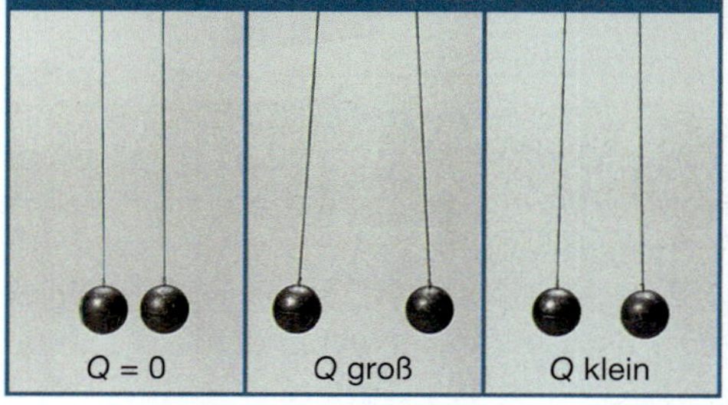

Die Kraftwirkung hängt auch vom Abstand der beiden Körper ab: Werden zwei gleich geladene Körper nah zueinander gebracht, so werden sie stark abgestoßen. Werden sie voneinander entfernt, wird die Abstoßung geringer.

Die elektrische Ladung ist eine Eigenschaft der Körper.

Das Elektroskop

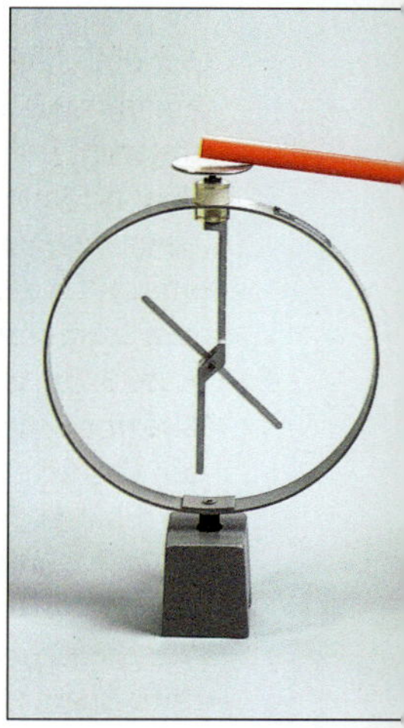

Die abstoßende Wirkung gleich geladener Körper wird bei einem Elektroskop zum Vergleich ihrer Ladung genutzt.

Wird am oberen Ende des Metallstabes ein geladener Kunststoffstab entlanggestreift, so dreht sich der bewegliche Metallstab aus der Ruhelage. Dies kommt daher, dass die Elektronen sich gleichmäßig auf Stab und Halterung verteilt haben. Beide sind danach negativ geladen. Deshalb stoßen sie sich ab. Je größer die Ladung des entlangstreifenden Körpers, desto größer der Ausschlag.

Mit einem Elektroskop können nur die Ladungen von Körpern verglichen werden. Eine Messung ist nicht möglich, da es nicht in Coulomb geeicht werden kann. Unabhängig davon, ob der Körper positiv oder negativ geladen ist, zeigt das Elektroskop bei gleicher Größe der Ladung einen gleich großen Ausschlag. Es zeigt nicht an, ob es sich um eine positive oder eine negative Ladung handelt.

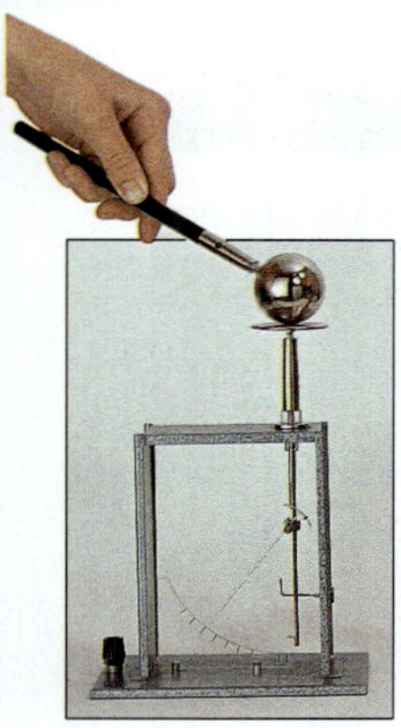

Aufgaben

1 Erläutere, wie festgestellt werden kann, ob ein Körper elektrisch geladen ist.

2 Links ist eine andere Form eines Elektroskops dargestellt. Erkläre seine Funktionsweise.

3 Erkläre, wie sich herausfinden lässt, ob ein Elektroskop positiv oder negativ geladen ist.

4 Wenn eine Metallplatte elektrisch geladen werden soll, muss sie mithilfe eines elektrisch nicht leitenden Stoffes gehalten werden, z. B. mit einem Holzgriff oder Kunststoffgriff. Begründe, warum das bei einer Glasplatte oder einer Kunststoffplatte nicht nötig ist.

5 Zwei Metallkugeln hängen an Seidenfäden und berühren sich. Die eine Kugel wird negativ geladen.
a) Beschreibe die Beobachtung.
b) Erkläre die Beobachtung.

Ladungen: Entstehen nicht – verschwinden nicht

Im zentralen Versuch pendelt eine Metallkugel zwischen zwei unterschiedlich geladenen Platten hin und her. Das Pendeln wird im Laufe der Zeit immer langsamer. Der Ausschlag der beiden Elektroskope nimmt ab; das zeigt, dass beide Platten immer weniger stark geladen sind.

Zentraler Versuch

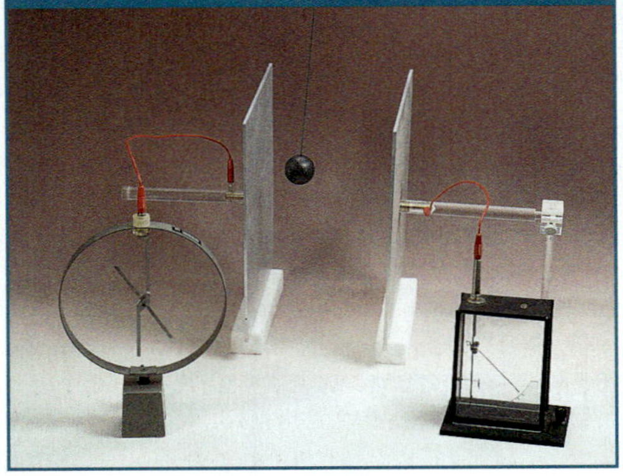

Die Kugel nimmt beim Berühren der negativ geladenen Platte Elektronen auf und gibt sie an die positiv geladene Platte ab. Sie gibt sogar mehr Elektronen ab als sie zuvor aufgenommen hatte. Deshalb ist sie positiv geladen und wird von der negativ geladenen Platte wieder angezogen. Die Kugel schwingt zurück und nimmt beim Berühren der negativ geladenen Platte wieder Elektronen auf. Das geht so lange weiter, bis fast alle überschüssigen Elektronen von der negativen Platte abgeführt sind. Der Ladungsausgleich wird durch die Kugel portionsweise vorgenommen.

Der Elektronenübergang von einem Körper zu einem anderen zeigt sich an der Abgabe bzw. Aufnahme von Ladung zwischen beiden Körpern. In dem Maß, in dem sich die Ladung eines Körpers erhöht, verringert sich die Ladung des anderen mitbeteiligten Körpers. Die Elektroskope zeigen an, dass genau die Ladung, die an der negativ geladenen Platte verschwunden ist, an der positiv geladenen ankommt. Die Summe der Ladung beider Körper bleibt gleich. Ladung verschwindet nicht, so wie sie nicht entsteht. Sie kann aber getrennt werden.

Verändert ein Körper seine Ladung, so werden Elektronen und damit Ladung abgegeben oder aufgenommen.
Die abgegebene Ladung eines Körpers ist gleich der aufgenommenen des anderen Körpers. Ladung kann nur getrennt, nicht erzeugt oder vernichtet werden. Sie bleibt stets erhalten.

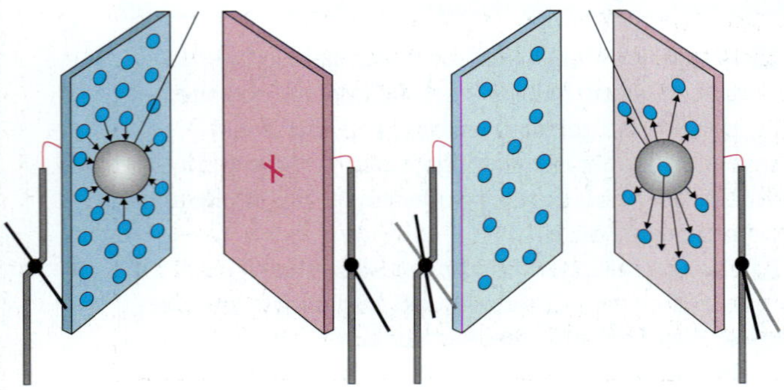

Luft und Erde als Leiter

Oft lässt sich das Überspringen von Funken zwischen zwei geladenen Körpern beobachten. Werden die Körper danach auf ihren Ladungszustand überprüft, so sind sie elektrisch neutral. Es hat über die Luft ein Ladungsausgleich stattgefunden. Die Luft wird hierbei für kurze Zeit zu einem Leiter.
Ein Ladungsausgleich findet auch dann statt, wenn sich eine Flamme, Feuchtigkeit (also fein verteiltes Wasser oder Wasserdampf) zwischen geladenen Körpern befindet oder der Abstand zwischen diesen sehr klein ist.

Eine Entladung erfolgt auch, wenn eine metallische Leitung zur Erde vorhanden ist oder der geladene Körper mit der Hand berührt wird und über die Füße eine Verbindung zur Erde geschaffen wird. Die Erde hat nämlich die erstaunliche Eigenschaft, beliebig viele Elektronen aufnehmen und abgeben zu können.

Aufgaben

1 Erkläre, warum es beim Berühren eines geladenen Metallkörpers ein kurzes Aufblitzen und kein Dauerleuchten gibt.

2 **a)** Eine Kunststoff-Folie wird mit einem Wolltuch gerieben. Beschreibe die Veränderungen der beiden Körper.
b) Erkläre die Aufladung nicht leitender Körper durch Reiben mit einem anderen Körper.

3 Beschreibe, wann ein Körper elektrisch positiv und wann er elektrisch negativ geladen ist.

Der Bandgenerator

Streifzug

Mit einem Bandgenerator können Körper sehr stark aufgeladen werden. So funktioniert das Gerät:
Im unteren Teil streift ein Endlosband aus Gummi an einer Kunststoffrolle vorbei, die sich dadurch positiv auflädt. Ihr gegenüber befindet sich eine geerdete Metallschneide, aus der wegen der Influenz Elektronen auf das Band übergehen. Ein Metallrechen nimmt am oberen Ende die vom Band hochtransportierten Elektronen ab und leitet sie zu einer Metallkugel. Durch die Elektronenabgabe wird dieser Bandteil positiv geladen. Er zieht deshalb unten aus der Metallschneide weitere Elektronen an. Durch das Drehen des Bandes wird die Ladung auf der Kugel oben immer größer.

Das Mädchen steht auf einer Styroporplatte, weshalb sie vom Boden (Erde) isoliert ist. Über Hand und Arm wird ihr ganzer Körper vom Bandgenerator negativ aufgeladen – auch jedes einzelne Haar. Wegen der Abstoßungskräfte sträuben sich die Haare.

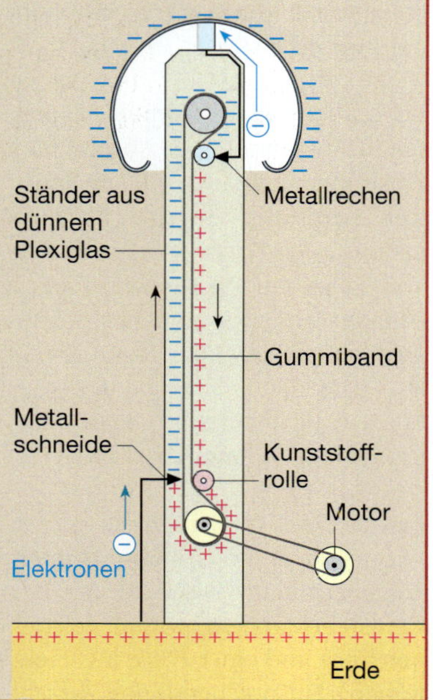

Elektrische Ladung

Versuche und Aufträge

V1 a) Reibe einen aufgeblasenen Luftballon an einem Wollpullover und bringe ihn danach an den Ärmel. Beschreibe und erkläre deine Beobachtung.
b) Reibe zwei Luftballons, die jeweils an Fäden befestigt sind, an einem Pullover. Hänge dann beide nebeneinander auf. Beobachte und erkläre.
c) Vergleiche die Ergebnisse von a) und b).

V2 a) Sicher hast du schon bemerkt dass Papier an einer Folie auch ohne Klebstoff „klebt“. Das kannst du auch erreichen, indem du eine auf Papier liegende Folie mit einem Wolltuch reibst. Ziehe dann die Folie vom Papier ab und hänge Papier und Folie nebeneinander auf. Beobachte.
b) Lege zwei Folienstreifen nebeneinander auf das Papier und reibe sie mit einem Wolltuch. Ziehe dann beide Streifen ab und hänge sie nebeneinander auf. Beobachte.
c) Vergleiche die Ergebnisse von a) und b) und erkläre sie.

V3 Schneide eine Zeitungsseite wie einen Kamm in schmale Streifen, sodass die Streifen etwa 15 cm lang sind. Lege die Zeitung dann auf eine trockene, kunststoffbeschichtete Tischplatte. Streiche mit einem Stück Fell fest über die Zeitung. Sie muss fest an der Tischplatte kleben. (Gegebenenfalls sind Fell und Zeitung auf der Heizung zu trocknen.) Ziehe die Zeitung von der Tischplatte ab. Wie verhalten sich die Zeitungsstreifen, wenn du die Zeitung hochhältst? Erkläre.

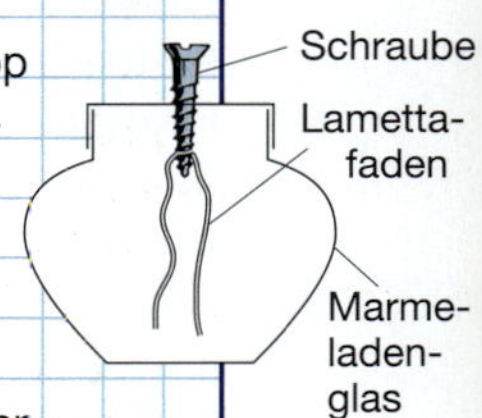

V4 Baue das Elektroskop entsprechend der Abbildung rechts nach. Überprüfe damit verschiedene Körper auf ihre elektrische Ladung, z. B. eine mit einer Kleiderbürste geriebene Postkarte, eine Zeitungsseite, einen am Pullover geriebenen Füllfederhalter, einen Kamm aus Kunststoff, eine mit einem Seidentuch geriebene Glasplatte.

V5 Nimm eine Dose aus durchsichtigem Kunststoff, säubere und trockne sie. Lege Prüfteilchen wie Papierschnitzel, Holundermark, Watteteilchen, Teeblätter in die Dose und verschließe sie. Reibe dann mit der trockenen Hand über den Deckel. Beobachte und erkläre.

Atombau und Ladung

Wie viele Elektronen hat ein Körper? Wie können wir uns im Teilchenmodell die Ladung von Körpern vorstellen?

Die Ladung eines Körpers kommt durch Aufnahme oder Abgabe von Elektronen zustande. Dem Elektron wird eine kleinste negative Ladung zugeschrieben. Bei Abgabe von Elektronen fehlt dem Körper negative Ladung, er bleibt positiv geladen zurück. Dies lässt vermuten, dass die Teilchen, aus denen Körper aufgebaut sind, auch elektrische Eigenschaften besitzen.

Forschungen in der Physik haben gezeigt, dass Körper aus **Atomen** aufgebaut sind. Diese Atome bestehen aus einem positiv geladenen *Kern* und einer *Hülle* aus Elektronen. Entsprechend der Anzahl der Elektronen ist die Hülle mehr oder weniger negativ geladen. Da das Atom aber nach außen neutral ist, muss der Atomkern eine gleich große positive Ladung haben.
Besteht die Hülle z. B. aus sieben Elektronen, so hat der Atomkern eine positive Ladung, die siebenmal entgegengesetzt so groß ist wie die Ladung eines Elektrons.
In einem Körper ist im neutralen Zustand also die negative Ladung (durch die Elektronen) genau so groß wie die positive Ladung (durch die Atomkerne).

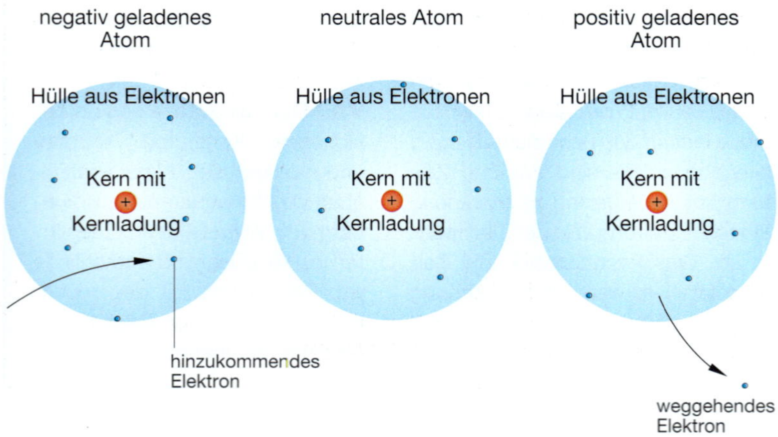

Jede elektrische Ladung ist also ein Vielfaches der Ladung eines Elektrons. Die Größe der Ladung des Elektrons wird deshalb **Elementarladung** genannt. Es gibt keine kleinere Ladung.

Mit dieser Vorstellung vom Atombau können die Experimente erklärt werden:

- Durch Reiben eines Glasstabes mit einem Tuch werden einige Elektronen aus den Hüllen der sich an der Oberfläche befindenden Atome herausgelöst. Diese gehen auf das Tuch über und lagern sich zusätzlich in den Atomhüllen an. Damit hat der Glasstab insgesamt weniger Elektronen als vorher, das Tuch mehr. Was der Glasstab an (negativer) Ladung abgibt, bekommt das Tuch dazu. Sie haben beide eine gleich große, aber entgegengesetzte Ladung.
- In Metallen sind nicht alle Elektronen fest an ihr Atom gebunden, einige können sich frei zwischen den Atomen bewegen. Daher sind Metalle elektrisch gute Leiter. Berührt eine Metallkugel den negativen Pol einer elektrischen Quelle, so fließen Elektronen auf das Metall. Dadurch wird die Anzahl der Elektronen erhöht. Die vorher elektrisch neutrale Kugel hat jetzt eine negative Ladung. In beiden Fällen – Kugel und Glasstab – wird die negative Ladung des Körpers verändert, die positive Ladung bleibt gleich. Überwiegt die negative Ladung, ist der Körper negativ geladen; überwiegt die positive, ist er positiv geladen.

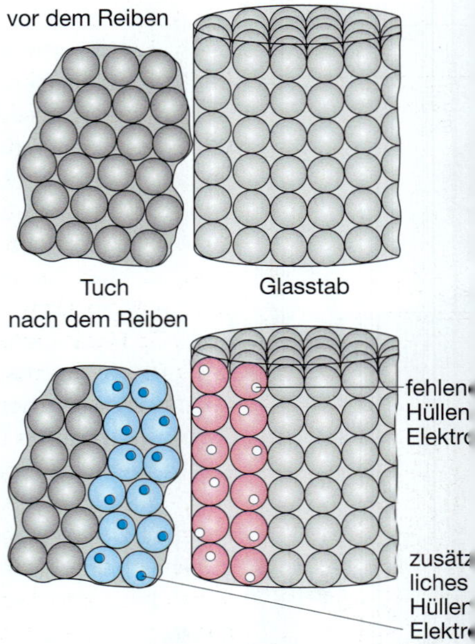

Atome sind die Bausteine der Materie. Sie besitzen einen Kern mit positiver Ladung und eine Hülle, die aus Elektronen gebildet wird und damit negativ geladen ist.

Aufgaben

1 Ein neutrales Atom hat in seiner Hülle acht Elektronen. Bestimme die Ladung des Kerns.

2 Ein neutrales Atom nimmt ein weiteres Elektron in seiner Hülle auf. Bestimme die Ladung des Atoms.

3 Eine Metallkugel ist positiv geladen worden. Erläutere, wie sich
a) die Anzahl der Elektronen der Kugel,
b) die Ladung der Atomkerne
geändert hat.

„Geisterhafte" Bewegungen durch elektrische Kräfte — Streifzug

Influenz

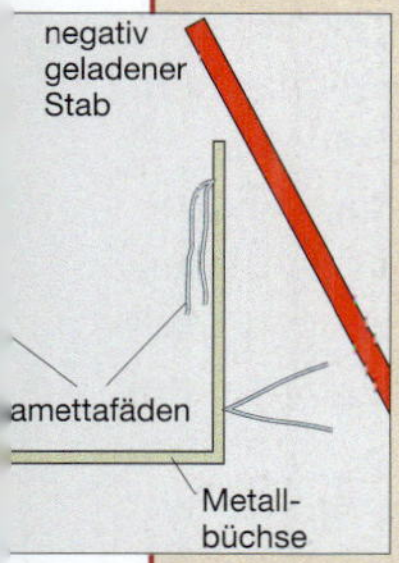

Streifen aus Aluminiumfolie werden, wie in der Skizze dargestellt, an einer Metalldose befestigt. Wird der Dose ein geladener Kunststoffstab genähert, so spreizt sich der Faden auf „geisterhafte" Weise ab, obwohl der Stab die Dose nicht berührt und somit keine Ladung von dem Stab auf die Dose übergegangen sein kann. Ein nichtgeladener Stab verursacht keine Bewegung des Fadens.

Da die Wirkung durch einen geladenen Körper hervorgerufen wird, müssen elektrische Kräfte die Ursache der Bewegung sein. Dose und Faden stoßen sich ab. Daher müssen sie gleichnamige Ladungen tragen, obwohl keine Ladung zu- oder abgeführt wurde. Die Dose und der Aluminiumfaden bestehen aus Metall. Darin liegt des Rätsels Lösung. Elektronen sind in Metallen frei beweglich. Wird z. B. der negativ geladene Kunststoffstab der Metalldose genähert, so werden die Elektronen im Metall abgestoßen und bewegen sich von dem Stab weg. Dadurch gelangen sie in den Teil der Dose, der sich auf der anderen Seite des Stabes befindet. Daher gibt es dann dort einen Elektronenüberschuss sowohl in diesem Teil der Dose als auch im Aluminiumfaden. Beide sind jetzt negativ geladen und stoßen sich daher ab. Der dem Stab zugewandte Teil der Dose ist positiv geladen, da die Elektronen dort fehlen. Wird der Stab wieder entfernt, fließen die Elektronen wieder zurück. Dann ist jeder Teil der Dose und des Aluminiumfadens wieder neutral.

Diese Form der Ladungstrennung durch berührungsloses Verschieben der Elektronen in einem Leiter heißt **Influenz.** Mithilfe der Influenz können Körper auch aufgeladen werden. Wird den zwei Metallkugeln eine negativ geladenen Folie genähert (Bild rechts), so strömen Elektronen auf die Kugel, die der Folie abgewandt ist. Werden die Kugeln in Anwesenheit der Folie getrennt, so ist die eine negativ und die andere positiv geladen.

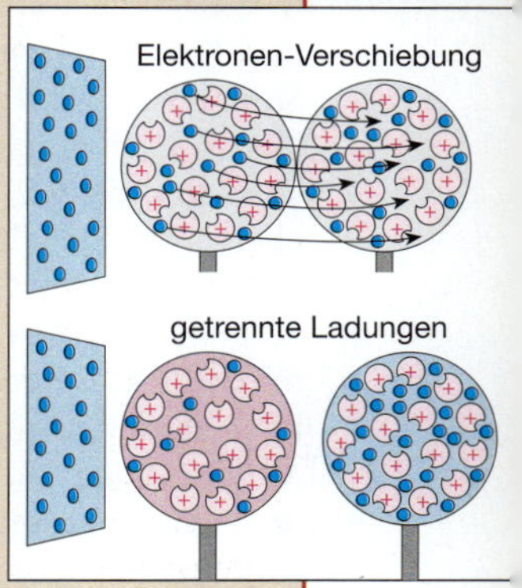

Polarisation

Bei Nichtleitern (Isolatoren) sind die Elektronen nicht frei beweglich. So behält ein geladener Kunststoffstab seine Ladung, auch wenn er an einem Ende angefasst wird. Wird ein geladener Kunststoffstab über Papierschnipsel gehalten, so werden auch diese von ihm angezogen, obwohl es keine frei beweglichen Elektronen im Papier gibt.

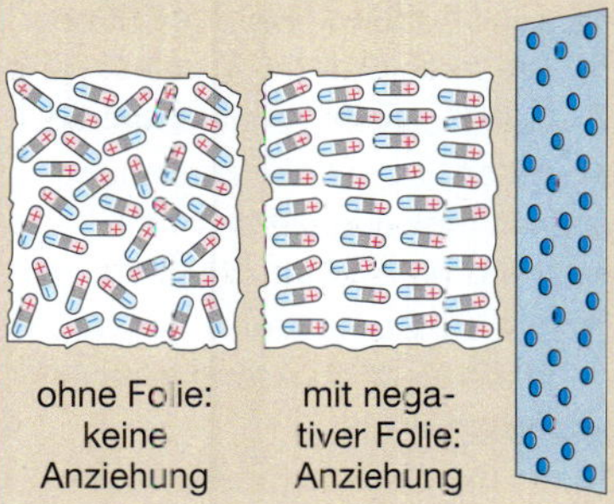

ohne Folie: keine Anziehung

mit negativer Folie: Anziehung

Die Vorgänge im Papier lassen sich aber mit folgender **Modellvorstellung** verstehen: Das Papier besteht aus länglichen Teilchen, die an einem Ende positiv und am anderen Ende negativ geladen sind. Da sie zwei Pole besitzen, werden sie *Dipole* (Zweipole) genannt. In Anwesenheit einer geladenen Folie bewirken die elektrischen Kräfte, dass sich die Dipole ausrichten. Dieses Phänomen ist vergleichbar mit einem Stück Eisen, das sich in der Nähe eines Magneten befindet. Die magnetischen Kräfte bewirken, dass sich die Elementarmagnete ausrichten, da sie einen Nord- und einen Südpol besitzen. Das Stück Eisen wird selbst zu einem Magneten, sodass Magnet und Eisenstück sich anziehen. Im elektrischen Fall besitzt der Isolator elektrische Dipole, die sich in Anwesenheit eines elektrisch geladenen Körpers ausrichten. Es kommt zur Anziehung.

Allerdings muss bei Modellvorstellungen immer beachtet werden, dass sie bestimmte Sachverhalte erklären können, andere aber nicht. So führt zum Beispiel die fortwährende Teilung eines Magneten zu den Atomen: Die als Stabmagneten dargestellten Elementarmagnete gibt es nicht; das Modell erklärt aber die obige Anziehung bzw. die Magnetisierung von Eisen in einleuchtender Weise. Im Gegensatz dazu gibt es im elektrischen Fall die Dipole in Wirklichkeit und nicht nur im Modell.

Stromstärke und Ladung

Die elektrische Stromstärke ist durch die Anzahl der Elektronen festgelegt, die in jeder Sekunde an einer Stelle des Stromkreises vorbeifließen. Direkt kann diese Anzahl nicht festgestellt werden. Das Foto zeigt, wie die Messung der elektrischen Stromstärke möglich ist. Das Verfahren nutzt die chemische Wirkung des Stromes aus (Elektrolyse).

Zentraler Versuch

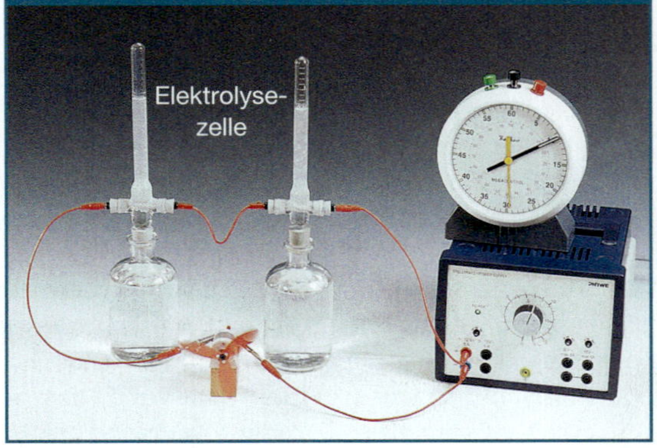

Die Messung des entstandenen Gasvolumens ist also eindeutig zur Festlegung der physikalischen Größe Ladung geeignet. Genauso sind die Wissenschaftler im vorigen Jahrhundert vorgegangen und haben festgelegt, dass eine Ladung von 1 C transportiert worden ist, wenn 0,19 cm^3 Gas abgeschieden worden sind (bei 20 °C und Normaldruck).

Das Foto zeigt eine experimentelle Möglichkeit: Der Stromfluss wird sowohl durch die Rotation des Propellers als auch durch das Messgerät angezeigt. Im Stromkreis sind zwei Geräte in Reihe geschaltet, in denen chemische Reaktionen stattfinden. Dabei wird beobachtet, dass zwei Gase entstehen, wenn ein elektrischer Strom fließt. Nach z.B. zehn Minuten können die Volumina der Gase verglichen werden. Dabei stellen sich folgende Abhängigkeiten heraus:

- Die beiden Gasvolumina sind gleich.
- Je größer die Stromstärke ist, desto größer sind die Volumina der jeweils entstandenen Gase.
- Je länger der Strom fließt, desto größer sind die Volumina der Gase.

Diese Beobachtungen weisen daraufhin, dass die Menge der geflossenen Ladung direkt mit der entstandenen Menge der Gase zusammenhängt:

- Bei einer Reihenschaltung ist die Stromstärke an jeder Stelle des Stromkreises und damit die in einer gewissen Zeit transportierte Ladung gleich.
- Bei einer größeren Stromstärke fließen in einer bestimmten Zeit mehr Elektronen durch den Kreis. Also wird mehr Ladung transportiert. Es entsteht mehr Gas.
- Fließt der Strom über eine längere Zeit, so wird auch eine größere Ladungsmenge transportiert, sodass größere Gasvolumina entstehen.

Elektrische Stromstärke

Das Formelzeichen ist $I = \frac{Q}{t}$.
Die Einheit ist 1 A (Ampere) 1 $\frac{C}{s}$.

Weitere Einheiten:
Milliampere: $1\ mA = \frac{1}{1000}\ A$
Mikroampere: $1\ \mu A = \frac{1}{1000000}\ A$

Die Messung der Stromstärke kann nun auf eine Ladungs- und Zeitmessung zurückgeführt werden: Die elektrische Stromstärke ist definiert als Quotient aus der durch die fließenden Elektronen transportierten Ladung Q und der Dauer t des Stromflusses: $I = \frac{Q}{t}$.
Das ist der gesuchte Zusammenhang zwischen der Stromstärke und der transportierten Ladung.

Es fließt ein Strom von 1 A, wenn in jeder Sekunde eine Ladung von 1 C transportiert wird.

Die Einheit Ampere ist nach dem französischen Physiker ANDRÉ MARIE AMPERE (1775–1836) benannt.

Das Verfahren über die Messung der Gasvolumina ist recht umständlich. Es war aber lange Zeit gültig. Heute gibt es eine andere Messvorschrift, die eine direkte Messung der Stromstärke ermöglicht, aber wesentlich komplizierter ist.

Aufgaben

1. In einem Stromkreis befindet sich ein Gerät, in dem bei Stromfluss Gas abgeschieden werden kann. In zehn Minuten werden 0,38 cm^3 gemessen. Berechne die geflossene Ladung sowie die Stromstärke.
2. Erläutere, dass die Definition der Stromstärke mit Hilfe der geflossenen Ladung mit der Vorstellung fließender Elektronen in Einklang steht.
3. In einem Stromkreis wird die Ladung 1 mC in 1 ms transportiert. Berechne die Stromstärke. Erkläre, wie sie sich ändert, wenn die gleiche Ladung in einer kürzeren Zeit transportiert wird.
4. Ein Körper wird 10 ms mit einer Stromstärke von 100 mA geladen. Berechne die übertragene Ladung.

Fotokopiergerät — Streifzug

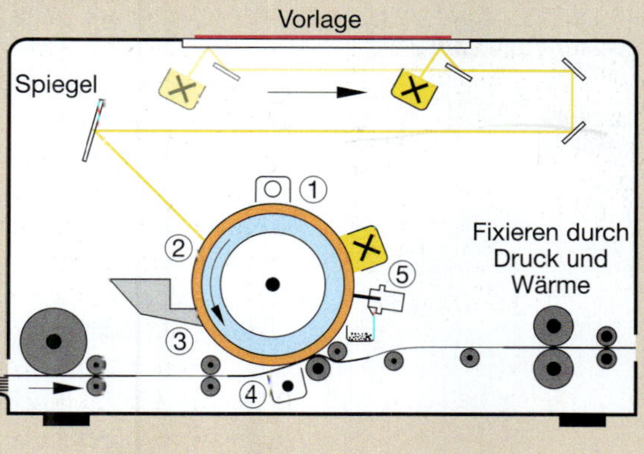

Arbeiten in der Schule oder in vielen Betrieben sind ohne Fotokopiergeräte nicht mehr denkbar. Doch wie funktioniert ein solches Gerät?

Ohne elektrisch geladene Teilchen und ihre Eigenschaften geht nichts: Das zu kopierende Original wird auf eine Schicht abgebildet, wobei die hellen und dunklen Stellen des Originals auf der Schicht unterschiedlich elektrisch geladene Bereiche erzeugen. Dieses „Ladungsbild" wird dann mittels Farbpartikeln in ein sichtbares Papierbild umgewandelt.

Aus dem optischen Bild der Vorlage wird ein Ladungsbild

Das Herz jedes Kopierers ist eine Alutrommel, die außen mit einer lichtempfindlichen Halbleiterschicht versehen ist. Anders als Isolatoren (z. B. Kunststoff, Glas), in denen sich Elektronen nicht oder nur wenig bewegen können, oder Metalle, in denen sie fast völlig frei beweglich sind, verhalten sich Halbleiter wie z. B. Selen im Dunklen wie ein Isolator, im beleuchteten Zustand wie ein Metall. Das zu kopierende Original wird auf die zunächst negativ geladene Selenschicht abgebildet (① und ②). Weil die hellen Stellen elektrisch leitend werden, kommt es durch das Abfließen von Elektronen über die geerdete Metallschicht zu einem Ladungsausgleich. Diese Stellen werden elektrisch neutral. An den dunklen Stellen bleiben die Ladungen erhalten. Es ist ein unsichtbares „Ladungsbild" entstanden: Alle hellen Stellen sind gar nicht oder nur wenig geladen, alle dunklen Stellen sind geladen.

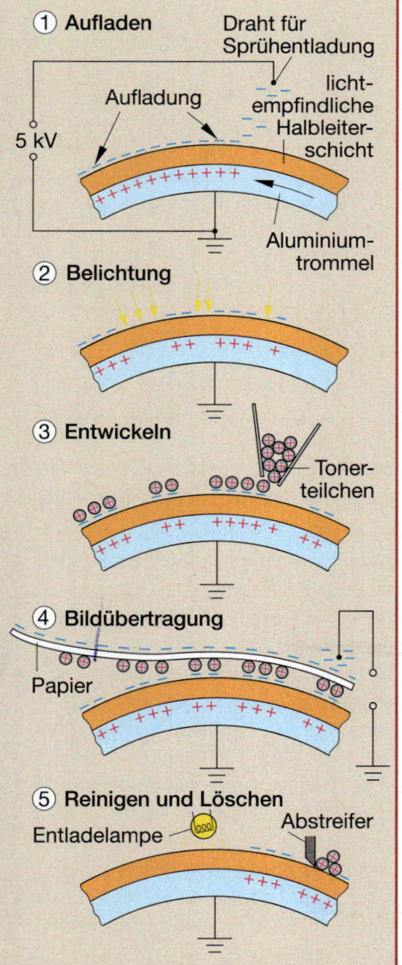

Das Ladungsbild wird sichtbar

Um das unsichtbare Ladungsbild sichtbar zu machen, wird ein feines Pulver aus Kunstharz, Kohlenstoff und Farbstoff (Toner genannt) mit sehr kleinen Kügelchen aus Glas, Eisen oder Kunststoff (Träger) vermischt. Durch Reibung zwischen den Tonerpartikeln und den Trägerkügelchen werden die Tonerpartikel positiv geladen, sodass sie von den negativ geladenen Stellen der Selenschicht angezogen werden: negative Bereiche werden schwarz, neutrale Bereiche bleiben ohne Farbstoff hell. Auf der Selenschicht der Trommel entsteht ein sichtbares Bild (③). Dieses muss auf das Papier übertragen werden. Dazu wird das Kopierpapier an der sich drehender Trommel vorbeigeführt. Weil das Papier stärker negativ geladen ist als die Trommel, werden die Farbpartikel durch elektrische Kräfte zum Papier gezogen (④).

Die Abbildung soll dauerhaft beständig sein – auch ohne dass das Papier geladen ist. Dazu wird das Papier mit dem „Tonerbild" zwischen beheizten Platten hindurchgeführt. Dabei schmelzen die Kunststoffpartikel und verbinden die Farbpartikel fest mit dem Papier. Die Kopie ist fertig.

Für eine Kopie in guter Qualität sind noch viele technische Details notwendig. Dazu gehören eine Reinigungseinheit, eine „Ladungslöschlampe" (⑤) sowie Walzen, Elektromotoren und optische Teile.

Das Trocken-Kopierverfahren oder die Xerografie (vom Griechischen xeros = trocken, graphein = schreiben) wurde 1937 von dem amerikanischen Physiker und Patentanwalt C. F. Carlson (1906–1968) erfunden.

Entstaubungsanlagen

Früher waren die schwarzen Wolken, die aus dem Schornstein austraten, das Kennzeichen jedes Kraftwerkes. Leider war in der Folge die Umgebung dick mit Ruß und Flugasche bedeckt.

Heute ist dies nicht mehr erlaubt – die Rauchgase müssen gereinigt werden. Der Elektrofilter, der das erledigt, besteht aus mehreren großen, geerdeten, senkrechten Metallplatten. Zwischen ihnen sind senkrecht Drähte gespannt. Zwischen den Drähten und den Platten liegt eine Spannung von ca. 50 kV. Von den Drähten werden die Staub- und Rußteilchen im Rauchgas negativ aufgeladen, weshalb sie von den positiv geladenen Platten angezogen und festgehalten werden. Das Rauchgas ist jetzt sauber.
Durch Hämmer, die gegen die Platten schlagen, wird die Staubschicht von Zeit zu Zeit abgelöst. Der Staub wird dann in den Brennerraum zurückgeführt und in die Schlacke, die beim Verbrennen der Kohle entsteht, eingeschmolzen. Die Schlacke wird z. B. beim Straßenbau verwendet.

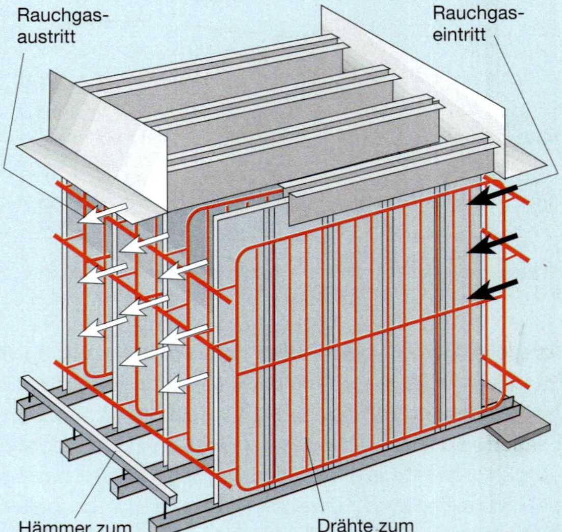

Rohrleitungen aus Polymer-Werkstoffen – korrosionsbeständig, aber bei brennbaren Flüssigkeiten nicht ungefährlich!

Die einzelnen Stationen bei der Produktion von Chemikalien sind durch unzählige Rohre verbunden. Durch sie werden die Reaktionsflüssigkeiten transportiert. Kunststoffrohre sind als Rohrmaterial sehr gut geeignet, weil sie von den Chemikalien nicht angegriffen werden. Doch können sie von den strömenden Flüssigkeiten sehr stark elektrisch aufgeladen werden. Dies kann dann zu einem „elektrischen Durchschlag" der Rohrwand führen. Dabei entstehen an der Durchschlagstelle feine Löcher, durch die Flüssigkeit in feinen Sprühstrahlen nach außen treten kann.
Deshalb werden Metallrohre verwendet, die aber mit einem besonderen Überzug gegen die aggressiven Flüssigkeiten geschützt werden müssen. Doch auch dies hat seine Tücken. Bei diesen Rohren werden Dichtungen aus dem Kunststoff Teflon verwendet – auch dies führt zu Aufladungen. Eine Erdung ist deshalb unabdingbar.

Schlagwettergefahr durch Förderbänder

In Bergwerken muss sehr darauf geachtet werden, dass keine Funken entstehen, da diese die gefürchteten Schlagwetter (Explosionen der untertage entstehenden Gasgemische) auslösen könnten. Die Förderbänder aus Kunststoff können sich aber durch Reibung aufladen wie ein Bandgenerator. Ihre Ladung kann so groß werden, dass es zu einem Ladungsausgleich durch einen Funken kommt. Deshalb sind die Förderbänder alle geerdet.

Blitz und Blitzschutz

Streifzug

Der Blitz war schon immer ein Naturschauspiel besonderer Art. Wie entstehen Blitze?

Durch die Bewegung von aufsteigenden Wassertröpfchen und herunterfallenden Hagelkörnern erfolgt eine Ladungstrennung in den Gewitterwolken. Eine sehr häufig anzutreffende Verteilung der Ladung ist im Bild unten dargestellt. Die große Ladung der Gewitterwolken erzeugt am Erdboden eine ebenso große, entgegengesetzte Ladung. Wie bei einem Funken kann nun der Ladungsausgleich durch die Luft erfolgen: Es entsteht ein Kanal in der Luft, in welchem sich Elektronen und andere geladene Teilchen von der Gewitterwolke zur Erde bewegen. Durch den Strom wird die Luft so heiß, dass sie Licht aussendet. Der Ladungsausgleich zwischen Erde und Wolke dauert nur 0,000 04 s, während ein Blitz etwa 0,1–0,2 s leuchtet.

Trifft ein Blitz einen Menschen, ein Tier oder eine Pflanze, so werden sie durch die großen elektrischen Ströme verbrannt, getötet bzw. zerstört. Dabei können Temperaturen bis zu 30 000 °C auftreten.

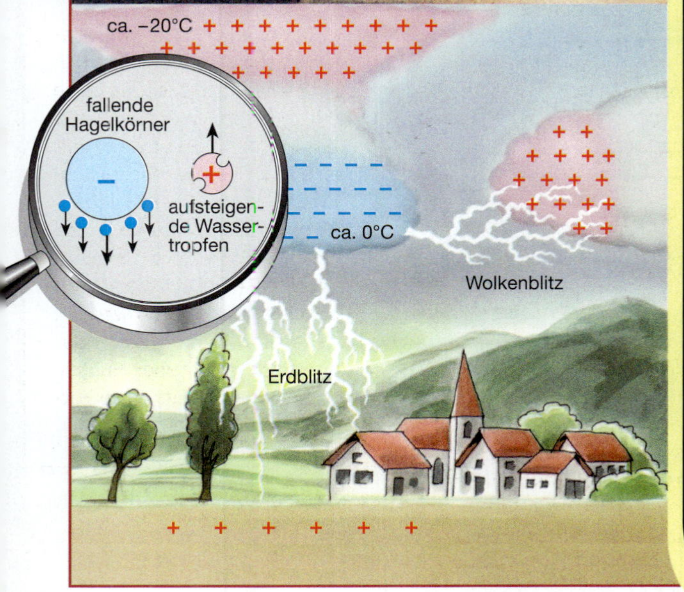

Blitzableiter

Wird dem Blitz ein besonders einfacher Weg zur Erde in Form eines dicken Drahtes angeboten, so kann der Ladungsausgleich gefahrlos erfolgen. Bei kleineren Häusern genügt ein Draht auf dem Dachfirst und eine Spitze am Schornstein; große Gebäude werden von einem „Drahtkäfig" umspannt.

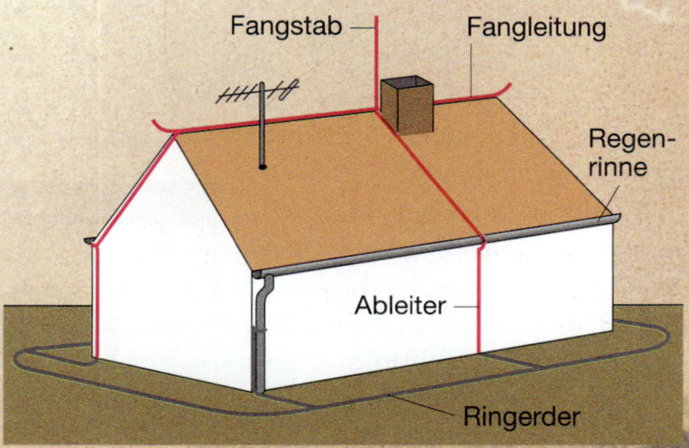

Schutzmaßnahmen

Befindest du dich bei Gewitter im Haus, solltest du dich von Wasserhähnen fern halten, da die zwangsläufig geerdeten Wasserleitungen vom Blitz auch als „Bahn" genutzt werden können.

Beim Aufenthalt im Freien während eines Gewitters sind folgende Vorsichtsmaßnahmen zu beachten:

- Weit entfernt halten von metallischen Türmen, Fahnenstangen usw.
- Nie unter einen Baum stellen (auch nicht unter Buchen!).
- Auf freiem Feld oder Wiesen nicht aufrecht gehen oder stehen. Besser sich hinlegen oder hinducken mit geschlossenen Beinen, möglichst in eine Mulde.
- Vom Fahrrad absteigen und das Rad zur Seite legen.
- Alle metallischen Gegenstände wie Schirme, Kameras etc. von sich entfernen.
- Nicht von außen an ein Auto anlehnen. Im Inneren des Autos ist man durch die metallische Karosserie geschützt.
- Nicht im See baden.
- Wenn möglich sehr nassen Untergrund meiden.

Die elektrische Spannung

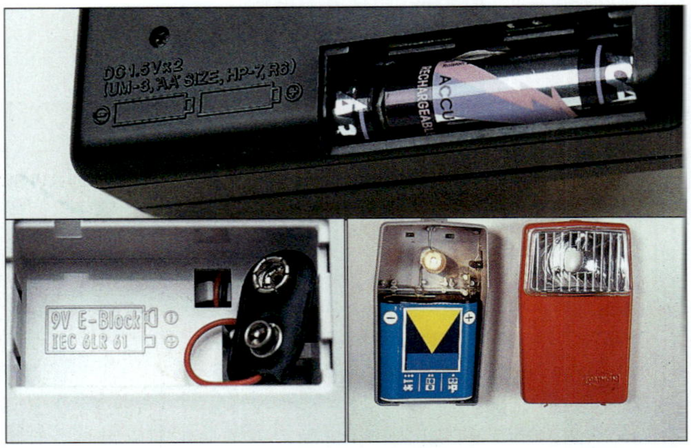

In MP3-Playern, Taschenlampen, CD-Playern oder Handys sind Batterien oder Akkus die Lieferanten der benötigten elektrischen Energie. Je nach Gerät haben die Quellen eine Spannung von 1,5 V, 4,5 V oder 9 V.
Wie erzeugen die elektrischen Quellen den Antrieb für die Elektronen? Wie kommt es zu den unterschiedlichen Voltzahlen der Quellen?

Die Spannung – der Antrieb der Elektronen

Damit der elektrische Strom in einem Gerät die gewünschte Wirkung erzielen kann, müssen die Elektronen von der Quelle durch den Stromkreis und das Gerät „gepumpt“ werden. Am Minuspol der Quelle treten dabei laufend Elektronen aus der Quelle in den Leiter über, am Pluspol kehren sie in die Quelle zurück. Was verursacht den Elektronenstrom, was treibt die Elektronen an? Was hemmt die Elektronen in ihrem Fluss?

Zentraler Versuch

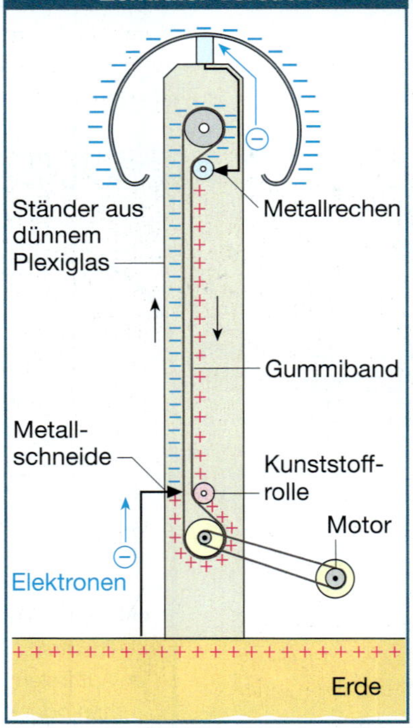

Ein statisches Voltmeter ist ein Spannungsmessgerät, bei dem bei der Messung keine Elektronen abfließen und das einem Elektroskop sehr ähnelt. Wird nun ein Bandgenerator mit einem statischen Voltmeter verbunden und in Betrieb gesetzt, so zeigt dies eine immer größer werdende Spannung an.

Der Bandgenerator transportiert Elektronen aus der Erde zur Metallkugel und trennt somit Ladungen. Je mehr Ladung auf die Metallkugel transportiert wird, desto größer wird auch die Spannung zwischen der Kugel und der Erde. Die elektrische Spannung besteht also zwischen unterschiedlich geladenen Körpern. Durch Ladungstrennung entsteht also eine elektrische Spannung. Der negative Pol besitzt verglichen mit dem positiven Pol einen Elektronenüberschuss. Wird eine leitende Verbindung zwischen den beiden Polen geschaffen, so werden die Elektronen aufgrund ihrer gegenseitigen Abstoßung durch den Stromkreis getrieben. Befindet sich ein elektrisches Gerät in dem Stromkreis, so hemmt dieses den Fluss der Elektronen. Die Stromstärke ist viel geringer als wenn das Gerät durch einen *Kurzschluss* überbrückt, quasi „umgangen“ wird.

Je größer die Spannung ist, desto größer ist der Antrieb und desto größer ist auch die Stromstärke. Jedes Gerät hemmt den Elektronenfluss aber in bestimmter Weise und es funktioniert nur dann einwandfrei, wenn die Stromstärke nicht zu groß und auch nicht zu klein ist. Daher muss die Spannung der elektrischen Quelle immer mit der Betriebspannung des Gerätes übereinstimmen.

Spannung

Das Formelzeichen ist U.
Die Einheit ist 1 V (Volt).

Weitere Einheiten:
Millivolt: 1 mV = $\frac{1}{1000}$ V
Kilovolt: 1 kV = 1000 V
Megavolt: 1 MV = 1000 kV = 1 000 000 V

Zwischen zwei unterschiedlich geladenen Körpern besteht eine Spannung, welche die Elektronen in einem Stromkreis antreibt. Elektrogeräte hemmen den Stromfluss.
Die Nennspannung von Quelle und Gerät müssen übereinstimmen.

Batterien

Batterien sind elektrische Quellen, bei denen die Spannung zwischen den Polen mittels einer chemischer Reaktion entsteht. Das so etwas möglich ist, entdeckte Luigi GALVANI (1737–1798) am Ende des 18. Jahrhunderts. Ihm zu Ehren wurden die Vorläufer unserer heutigen Batterien galvanische Elemente genannt. Endgültig geklärt wurden die Vorgänge durch seinen Landsmann Alessandro VOLTA (1745–1827). In Würdigung seiner Verdienste wurde die Einheit der Spannung Volt genannt. Er machte im Prinzip den oben dargestellten Versuch:

Zentraler Versuch

Werden eine Zink- und eine Kupferplatte in eine leitende Flüssigkeit (Elektrolyt) getaucht und z. B. ein Lämpchen angeschlossen, so beginnt es zu leuchten. Offensichtlich fließt ein elektrischer Strom.

Beim Kontakt der beiden Metalle mit dem Elektrolyt werden durch chemische Reaktionen unterschiedlich viele Elektronen in den Metallen zurückgelassen. Es kommt durch die unterschiedliche Ladung der Metalle zu einer Spannung. Wie groß die Spannung zwischen den beiden Polen ist, hängt von den verwendeten Materialien ab. Aus allen möglichen Kombinationen von Elektroden wurde die Kombination Kupfer-Zink als „Normalelement“ ausgewählt und die zwischen ihnen entstehende Spannung als Einheitswert 1 Volt festgelegt.

Reihenschaltung

Die handelsüblichen Einfachbatterien (Monozellen) besitzen eine Nennspannungen von 1,5 V. Sie unterscheiden sich lediglich durch ihre äußere Form. Wird zum Betrieb eines elektrischen Gerätes aber eine größere Nennspannung benötigt, so werden die Monozellen derart hintereinander geschaltet, dass der Pluspol der ersten mit dem Minuspol der zweiten Batterie verbunden wird und deren Pluspol mit dem Minuspol der dritten usw. So durchfließen die Elektronen jede Zelle und gelangen dann erst in den angeschlossenen Stromkreis Dabei werden sie von jeder Zelle erneut angetrieben. Bei sechs hintereinander geschalteten Zellen erhalten sie den sechsfachen Antrieb im Vergleich zu einer. Die Gesamtspannung beträgt dann $6 \cdot 1{,}5\,V = 9\,V$. In einem 9 V-Block werden die Zellen direkt hintereinandergeschaltet und dann in Kunststoff-Folie gewickelt.

Zentraler Versuch

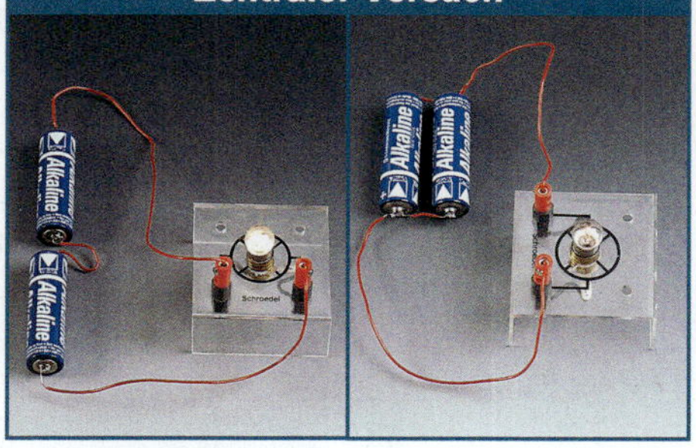

Die Gesamtspannung bei einer Reihenschaltung von Monozellen ist die Summe der Einzelspannungen.

Parallelschaltung

Bei einer Parallelschaltung von Monozellen fließen die Elektronen jeweils nur aus einer Zelle heraus. Sie erhalten dadurch auch nur den Antrieb dieser einen Zelle.

Dennoch kann eine Parallelschaltung von Batterien Sinn machen: Um ein Elektrogerät zu betreiben, ist ein bestimmter Elektronenstrom nötig. Bei einer Parallelschaltung muss jede der Monozellen nur einen Teil der insgesamt benötigten Elektronen liefern. Deshalb können sie den Antrieb für die Elektronen über längere Zeit aufrecht erhalten.

Parallel geschaltetete Monozellen haben die gleiche Spannung wie eine Monozelle.

Die Erzeugung elektrischer Energie durch chemische Prozesse ist nur eine von mehreren Möglichkeiten. Es gibt auch andere elektrische Quellen (E-Werk, Solarzellen), die die Energie durch andere Mechanismen erzeugen. Diese werden später behandelt.

Aufgaben

1 Begründe, was geschieht, wenn eine 3,5 V-Lampe an
a) eine 1,5 V Monozelle
b) eine 9 V Blockbatterie
angeschlossen wird.

2 In das Batteriefach eines CD-Players werden vier Monozellen eingelegt, eine davon falsch herum.
a) Erkläre, warum der CD-Player nicht funktioniert.
b) Gib die Gesamtspannung an den Buchsen an.

Messung der elektrischen Spannung

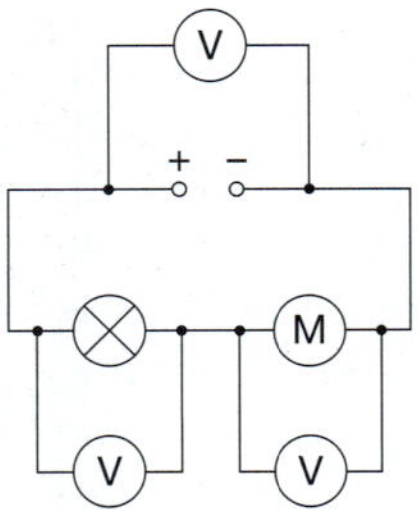

Die Spannung einer elektrischen Quelle kann mit einem Spannungsmessgerät gemessen werden. Dazu wird es direkt an die elektrische Quelle angeschlossen.
Um zu prüfen, mit welcher Spannung ein Gerät betrieben wird oder welche Spannung eine Quelle hat, muss ein Spannungsmessgerät immer parallel zum Gerät oder zur Quelle geschaltet sein.

Es gibt verschiedene Messgeräte. Nach der Anzeige werden analog (über eine Skala) und digital (in Ziffern) anzeigende Geräte unterschieden. Bei Analoggeräten mit mehreren Messbereichen muss der abgelesene Wert wie bei der Messung der Stromstärke noch mit einem Faktor multipliziert werden, der vom eingestellten Messbereich abhängt.

Spannungsmessgeräte werden immer parallel zum Gerät bzw. zur elektrischen Quelle geschaltet.

Aufgaben

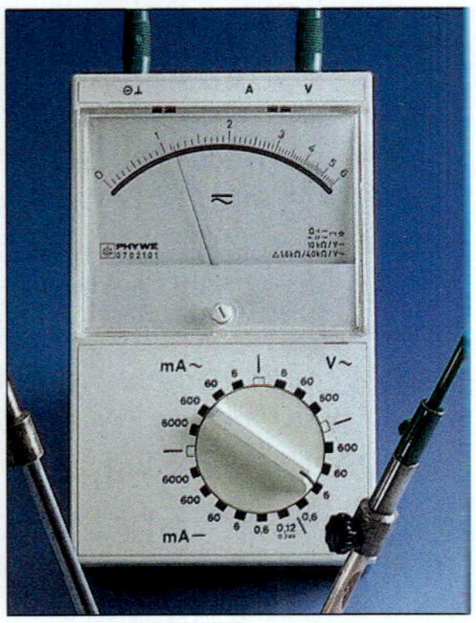

1 **a)** Notiere die angezeigten Spannungen.
b) Begründe, warum es wichtig ist, immer zuerst den größten Messbereich einzustellen.
c) Mit beiden Geräten soll eine Spannung angezeigt werden, die nur ein Zehntel der jetzt angezeigten Spannung ist. Schreibe auf, wie du vorgehst.
d) Zeichne, wie die im digital anzeigenden Gerät gemessene Spannung von dem analogen Gerät angezeigt würde und umgekehrt. (Drehknopf und Anzeige beachten)

Werkzeug — Umgang mit dem Spannungsmessgerät

Da die Spannung immer parallel zum Gerät bzw. zur Quelle gemessen wird, muss der Stromkreis für eine Spannungsmessung nicht unterbrochen werden.

- Schaltzeichen für ein Spannungsmessgerät: –(V)–
- Erkunde, ob Gleich- oder Wechselspannung anliegt, und stelle den entsprechenden Bereich ein. (V= bzw. V~).
- Wähle bei einer unbekannten Spannung den höchsten Messbereich.
- Verbinde bei einer Gleichspannung die +-Pole (rot beim Messgerät) von Quelle und Gerät miteinander und dann die –Pole (schwarz bzw. COM-Anschluss).
- Verringere den Messbereich so lange, bis ein gut ablesbarer Messwert zu beobachten ist.
- Bei analogen Messgeräten immer senkrecht auf den Zeiger und die Skala schauen. Führe eine Umrechnung vom angezeigten Skalenwert in den tatsächlichen Messwert durch.

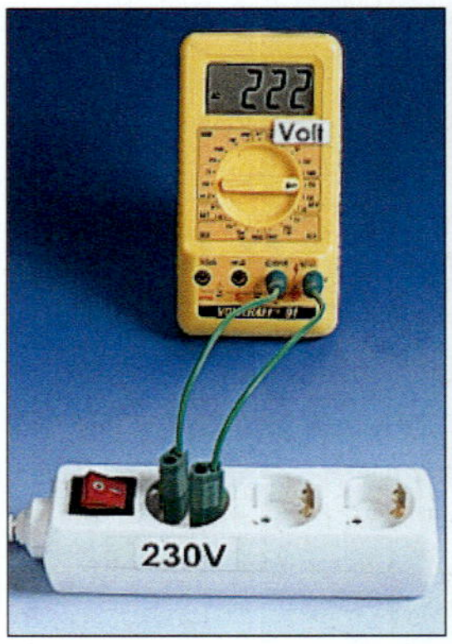

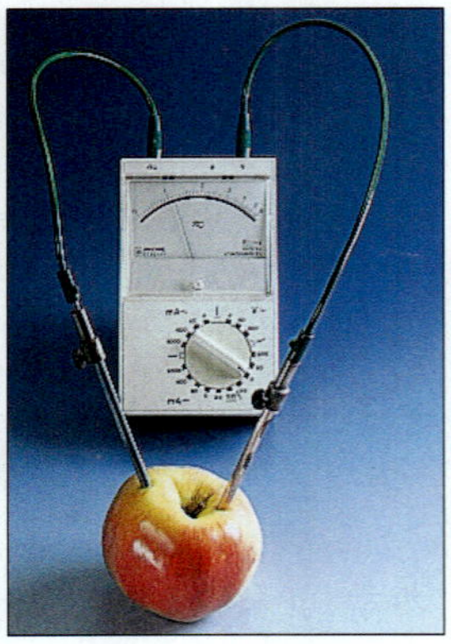

- Viele Messgeräte besitzen für den größten Strom-Messbereich eine eigene Buchse, im Bild oben z. B. 10 A. Beim Umschalten des Messbereichs muss das Anschlusskabel umgesteckt werden.

Elektrische Quellen und Spannungsmessung — Versuche und Aufträge

V1 Zitronenbatterie: In eine Zitrone werden ein Kupferdraht und ein Zinknagel so gesteckt, dass sich die beiden Drähte nicht berühren. (Der Kupferdraht kann durch eine 5 Cent-Münze ersetzt werden.)

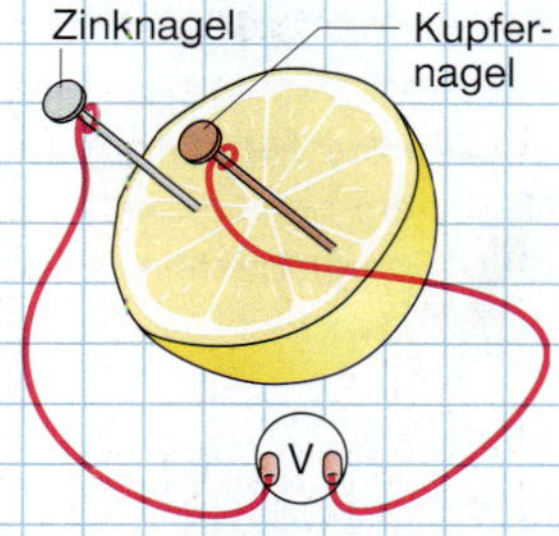

a) Miss die Spannung zwischen den beiden Drähten.
b) Schalte mehrere solcher Batterien in Reihe, miss die Spannung und versuche, ein Gerät (Leuchtdiode, alter Taschenrechner o. Ä.) mit dieser elektrischen Quelle zu betreiben.

V2 Batterie: Fülle ein breites Glas mit Essig als Elektrolyt. Tauche einen Zink- und einen Kupferstreifen hinein. Befestige je ein Kabel an der Kupfer- bzw. Zinkelektrode. Die anderen Kabelenden verbindest du mit den Anschlüssen einer Leuchtdiode oder eines Taschenlampen- oder Fahrrad-Lämpchens.
Erkläre die Funktionsweise der Batterie.

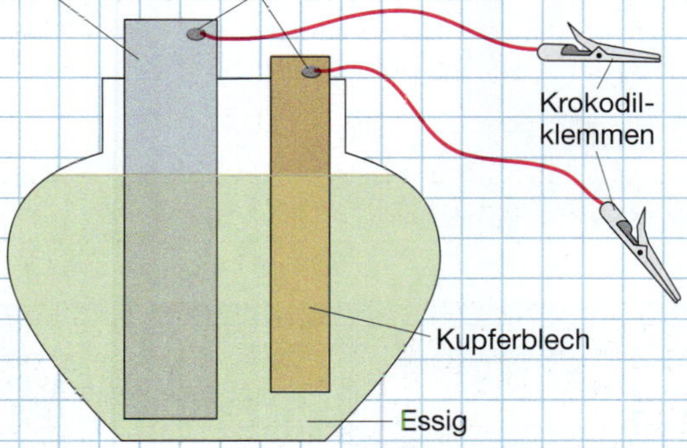

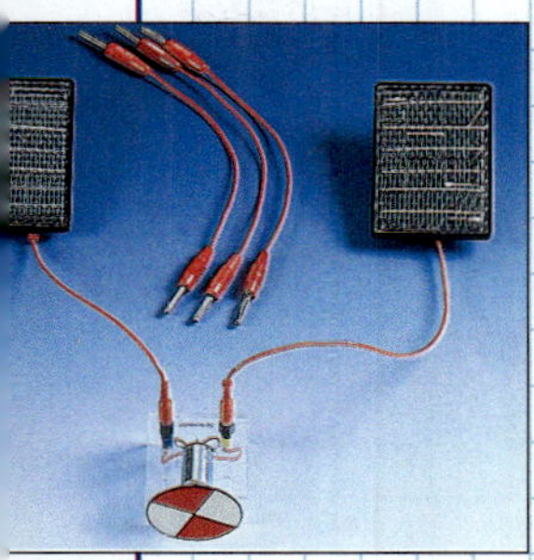

V3 Ein Motor wird durch eine elektrische Quelle betrieben, die aus zwei Solarzellen besteht.
a) Skizziere die möglichen Schaltungen.
b) Welche Beobachtung machst du bei den unterschiedlich geschalteten Solarzellen?
c) Welche Beobachtung machst du bei unterschiedlicher Beleuchtung?
d) Erkläre deine Beobachtung.
e) Überprüfe deine Erklärungen durch Messung der Stromstärke und der Spannungen.

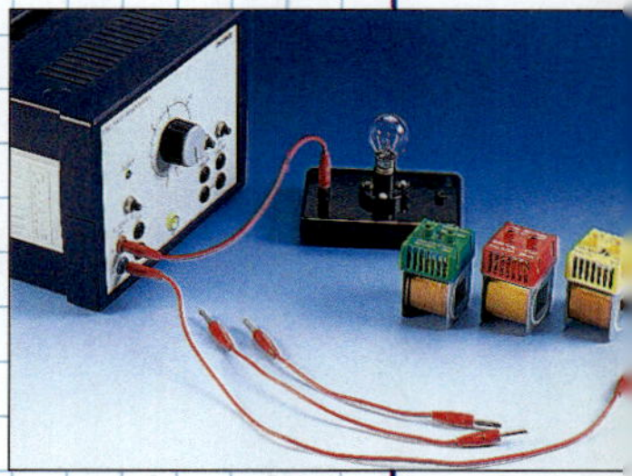

V4 Eine 6 V/5 A-Lampe wird mit einem Stromversorgungsgerät (auf 15 V einstellen) betrieben. Dazu wird eine Spule in Reihe geschaltet. Es stehen mehrere Spulen zur Verfügung.
a) Zeichne einen Schaltplan.
b) Miss die Spannung an der Lampe bei Verwendung der unterschiedlichen Spulen.
c) Bestimme die Spule, die für diese Schaltung am besten geeignet ist.

V5 Eine Glühlampe wird an drei gleiche, parallel geschaltete elektrische Quellen angeschlossen.
a) Zeichne die Schaltskizze.
b) Baue die Schaltung auf.
c) Miss jeweils die Spannung der elektrischen Quellen und die Spannung an der Lampe. Zeichne die Messgeräte in die Schaltskizze ein.
d) Miss die Stromstärke durch die einzelnen elektrischen Quellen und durch die Lampe. Zeichne die Messgeräte in die Schaltskizze ein.
e) Fasse deine Ergebnisse zusammen.

V6 Aus 4 Lämpchen – zwei mit 6 V/0,6 W und zwei mit 2 V/0,25 W – und einem Stromversorgungsgerät, soll ein Netz so aufgebaut werden, dass alle Lampen etwa ihrer Nennspannung gemäß leuchten.
a) Fertige zunächst eine Schaltskizze an und berechne die nötige Quellenspannung.
b) Baue auf und miss an sinnvollen Stellen Spannung und Stromstärke.

A7 Batterien sind transportable elektrische Quellen. Sie bestehen aus unterschiedlichen Materialien und dürfen nicht einfach mit dem Hausmüll entsorgt werden. „Leere" Batterien werden vom Einzelhandel zurückgenommen und meist in grünen Boxen gesammelt.
a) Informiere dich, was mit den zurückgegebenen Batterien passiert und wie sie recycelt werden.
b) Auf Batterien und speziell auf Akkus sind mehrere Aufdrucke vorhanden. Erkundige dich, was sie zu bedeuten haben. (*Hinweis:* GRS-Batterien bedeutet **G**emeinsames **R**ücknahme-**S**ystem Batterien.)
c) Bereite über die obigen Themen einen Kurzvortrag vor. Als Hilfe kannst du zwei kleine Dateikarten verwenden, auf denen du stichpunktartig die wichtigsten Informationen notierst.

Streifzug | **Von der Volta-Säule zur Brennstoffzelle**

Die erste Batterie wurde von ALESSANDRO VOLTA (1745–1827) gebaut. Er griff dabei auf eine Entdeckung LUIGI GALVANIS (1737–1798) zurück. Auf verschiedene Weisen brachte dieser zwei unterschiedliche Metalle mit tierischem Gewebe zusammen. Ihm fiel auf, dass die Glieder der toten Tiere zu zucken begannen. Chemische Stoffe in den Nerven und Muskeln lösen bei Berührung mit zwei unterschiedlichen Metallen elektrochemische Reaktionen aus. Aus diesen Erkenntnissen entstand die erste elektrische Zelle, das **galvanische Element.** VOLTA benutzte bei seiner Entwicklung der ersten Batterie drei Scheiben aus Zink, Pappe bzw. Leder und Kupfer. Die Pappe war mit einer Salzlösung getränkt. Kupfer ist edler als Zink, nimmt daher Elektronen auf und wird zu einem negativ geladenen Atom, einem Ion. Die negativ geladenen Kupferionen aus der Lösung scheiden sich ab.

Alle heute gängigen Zellen oder Batterien haben im Prinzip den gleichen Aufbau wie die Voltasäule. Je nach Verwendungszweck werden allerdings unterschiedliche Elektrodenmaterialien und Elektrolyte verwendet.

Brennstoffzellen

Während heutzutage fast die gesamte elektrische Energie auf dem Umweg über mechanische Energie (Turbinen) gewonnen wird, müssen in Satelliten andere Energiequellen eingesetzt werden. Eine ganz neue Entwicklung sind die Brennstoffzellen.

In ihnen kann chemische Energie mit einem hohen Wirkungsgrad direkt in elektrische Energie gewandelt werden. Dabei läuft die Reaktion zwischen Wasserstoff und Sauerstoff, die eigentlich explosionsartig erfolgt (Knallgasreaktion), kontrolliert ab. Mit Einsetzen der Reaktion steht die elektrische Energie ohne zeitliche Verzögerung zur Verfügung.

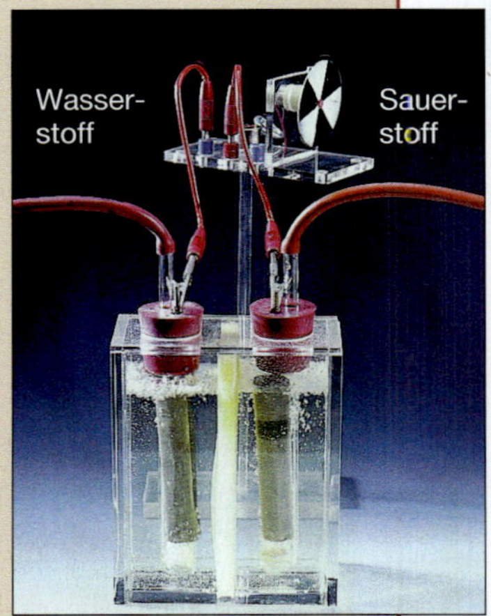

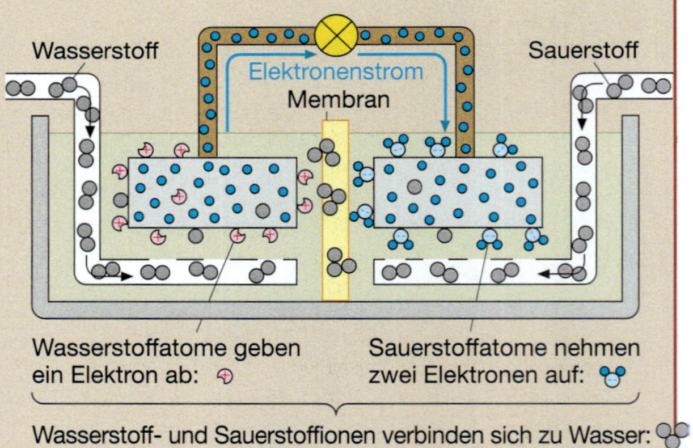

	Zink – Kohle	Alkali – Mangan	Zink – Silberoxid	Lithium	Nickel – Metallhydrid-Akku
Spannung	1,5 V	1,5 V	1,55 V	3 V	1,2 V
Minuspol	Zink	Zink	Zink	Lithium	Cadmium
Pluspol	Kohle	Mangandioxid	Silberoxid	Mangandioxid	Nickelhydroxid
Elektrolyt	Ammoniumchlorid	Kalilauge	Kalilauge	Lithiumverbindung in organisch. Lösungsmittel	Kalilauge
Eigenschaften	Spannung sinkt bei Belastung allmählich ab; preiswert	auslaufsicher; hohe Leistung; langlebig; teuer	Spannung bleibt sehr lange konstant; sehr langlebig; teuer	sehr lange lagerfähig; Spannung bleibt sehr lange konstant; teuer	wieder aufladbar; erspart hunderte von Monozellen; umweltgefährdend wegen Schwermetallen
Verwendung	Radios, Taschenlampen, Spielzeug	Blitzgeräte, Kameras, Cassettenrecorder	Hörgeräte, Rechner, Kameras, Uhren	Rechner, Herzschrittmacher	Videokameras, Werkzeug, Blitzgeräte

Wasserstromkreis – elektrischer Stromkreis

Durchblick

Eine Analogie mit Grenzen

Die Vorgänge in einem elektrischen Stromkreis sind nicht sichtbar, da die Bewegung der Elektronen in den Leitern auch mit dem besten Mikroskop nicht direkt beobachtet werden kann. Das Fließen der Elektronen in den Leitungen eines Stromkreises ist vergleichbar mit dem Strömen von Wasser in den Rohren eines Wasserkreises. Mithilfe dieser Analogie lassen sich Phänomene im elektrischen Stromkreis verständlich darstellen.

Wasserstromkreis	Elektrischer Stromkreis
 Wird das Ventil geöffnet, so fließt Wasser von dem Gefäß mit dem höheren Wasserstand in das andere und treibt dabei das Wasserrad an.	 Wird der Schalter geschlossen, so fließen Elektronen vom Minuspol der Quelle (Elektronenüberschuss) zum Pluspol und bringen dabei den Elektromotor zum Laufen.
Antrieb: Die unterschiedliche Füllhöhe in den Gefäßen sorgt dafür, dass das Wasser solange fließt, bis sich die Füllhöhen ausgeglichen haben.	**Antrieb:** Die unterschiedliche Ladung der Pole der elektrischen Quelle führt zu einer elektrischen Spannung, die die Elektronen solange fließen lässt, bis durch den Ladungsausgleich beide Pole die gleiche Ladung tragen und somit keine Spannung mehr vorhanden ist
Ende des Antriebs: Sind die Füllhöhen in den Gefäßen ausgeglichen, so kommt der Wasserstrom zum Erliegen. Damit er weiter geht, muss wieder Wasser von dem einen Gefäß ins andere gepumpt werden, um wieder einen Antrieb zu erhalten.	**Quelle „leer“:** Durch chemische Prozesse wird in einem Akku die Ladungsdifferenz der beiden Pole aufrechterhalten, bis die Ladungsdifferenz null ist; dann ist der Akku „leer“. Beim Aufladen wird die Ladungsdifferenz wiederhergestellt, der Akku ist wieder „voll“.
Wasserstromstärke: Die Stromstärke gibt die Anzahl der Wassermoleküle an, die sich pro Zeiteinheit an einer Stelle des Rohrsystems vorbeibewegen. Es bietet sich an, das Volumen des Wassers als Maß für diese Anzahl zu verwenden: $I = \frac{V}{t}$, Einheit: $1\,\frac{l}{s}$ 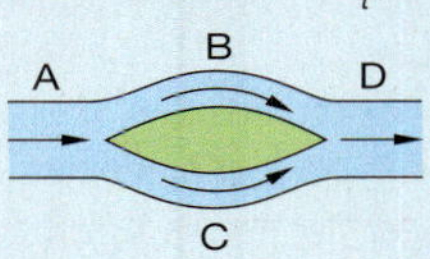 Die Wassermenge, die an der Stelle A vorbeifließt, teilt sich auf in die Wassermengen, die an B und C vorbeifließen. Es gilt: $I_A = I_D = I_B + I_C$	**Elektrische Stromstärke:** Sie gibt die Gesamtladung der Elektronen an, die sich pro Zeiteinheit an einer Stelle des Kreises vorbeibewegen: $I = \frac{Q}{t}$, Einheit: $1\,A = 1\,\frac{C}{s}$ 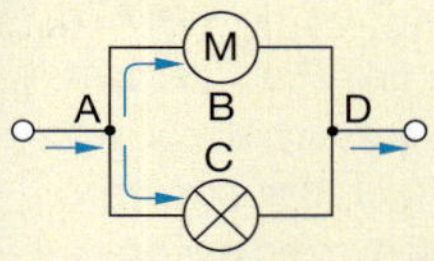 Der Elektronenstrom an der Stelle A verteilt sich auf die Elektronenströme durch die Geräte B und C. Es gilt: $I_A = I_D = I_B + I_C$
Hemmung: Das Wasserrad bremst die Fließgeschwindigkeit und verringert damit die Wasserstromstärke. • Je größer der Füllhöhenunterschied ist, desto größer ist die Fließgeschwindigkeit und damit die Wasserstromstärke. • Je schwergängiger das Wasserrad ist, desto kleiner ist die Wasserstromstärke.	**Hemmung:** Der Elektromotor bremst die Geschwindigkeit der Elektronen und verringert damit die elektrische Stromstärke. • Je größer der Ladungsunterschied der Pole und damit die elektrische Spannung ist, desto größer ist die elektrische Stromstärke. **?** Gibt es eine physikalische Größe, mit der sich die Größe der Hemmung durch ein Gerät angeben lässt?

Grenze der Analogie

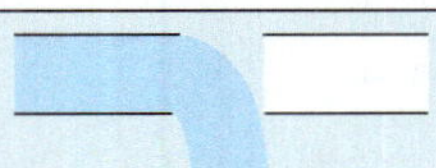 Wasser fließt aus einem aufgeschnittenen Rohr heraus.	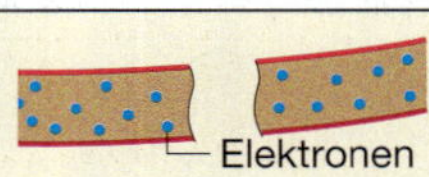 Elektronen fließen nicht aus einem durchgeschnittenen Kabel heraus.

Fazit: Der Wasserstromkreis und der elektrische Stromkreis haben viele Gemeinsamkeiten, sodass die analoge Betrachtungsweise viele Gesetzmäßigkeiten im Stromkreis verständlicher macht. Zudem werden durch die Übertragung neue Fragen aufgeworfen, die noch untersucht werden müssen. Allerdings hat die Analogie ihre Grenzen, wie das ausfließende Wasser zeigt.

Der Mund als Batterie

Wenn sich zwei verschiedene Metalle berühren, so gehen einige Elektronen aus dem einen Metall in das andere über. Dadurch erhält ein Metall Elektronenüberschuss und wird zu einem Minuspol, das andere Metall hat Elektronenmangel und wird zu einem Pluspol. Zwischen beiden Polen entsteht eine Spannung, die Kontaktspanung.

Eine schmerzliche Begegnung mit der Kontaktspannung erleben Menschen mit plombierten Zähnen oder Goldzähnen, wenn diese mit anderen Metallen, z. B. einem Silberlöffel oder dem Aluminium der Verpackung von Schokolade in Berührung kommen. Die Nerven in den Zähnen reagieren auf diese Kontaktspannung und melden einen stechenden Schmerz an das Gehirn.

Das Thermoelement

Werden zwei verschiedene Metalldrähte z. B. aus Kupfer und Konstanten zusammengelötet oder fest miteinander verdrillt, so entsteht zwischen ihren freien Enden eine Kontaktspannung. Ein angeschlossener Spannungsmesser zeigt, dass diese Spannung umso größer wird, je höher die Temperatur der Kontaktstelle gemacht wird: Je Kelvin Temperaturerhöhung etwa 0,06 mV. (Bei anderen Metallkombinationen ergeben sich andere Zahlenwerte.) Ein solches **Thermoelement** lässt sich technisch nutzen:

- **Temperaturmessung**: Dazu wird ein Thermoelement auf die zu messende Temperatur gebracht, während ein zweites, in Reihe geschaltetes Thermoelement auf einer bekannten Temperatur (z. B. der eines Eis-Wasser-Gemisches) gehalten wird. Aus dem bekannten Zusammenhang zwischen Spannung und Temperatur kann der Temperaturunterschied zwischen den beiden Kontaktstellen ermittelt werden oder ein angeschlossenes Messgerät wird gleich mit einer Kelvinskala versehen.
- Durch Reihen- bzw. Parallelschalten vieler Thermoelemente entsteht ein **Thermogenerator**, der Wärmeeergie in elektrische Energie wandelt. Mit ihm kann z. B. ein Kleinmotor betrieben werden.

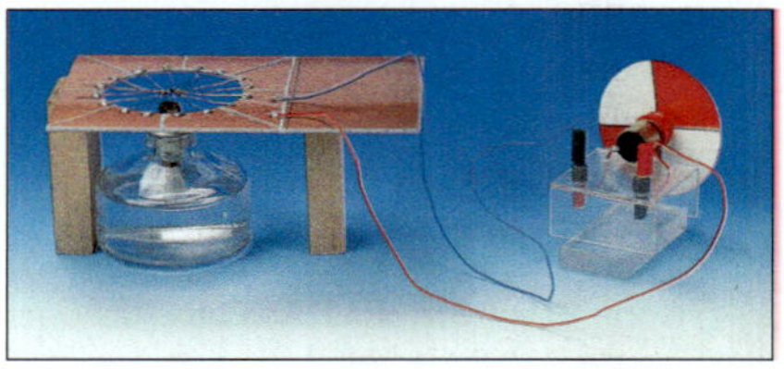

Teure elektrische Energie

Die Menge der elektrischen Energie, die im Haushalt in andere Formen gewandelt wird, wird in kWh (Kilowattstunden) gemessen. Dabei beträgt der Preis für eine kWh aus dem Festnetz etwa 20 Cent. Um den Preis der elektrischen Energie aus Batterien grob abzuschätzen, wird überlegt, wie viele Batterien für eine Kilowattstunde benötigt werden. Die Spannung zwischen den Polen der Steckdose beträgt ca. 240 V, d. h. es müssen 160 Batterien der Spannung 1,5 V (AA-Batterien) in Reihe geschaltet werden, um diese Spannung zu erreichen. Um 1 kWh Energie aus dem Netz zu bekommen, fließt eine Stunde lang eine Stromstärke von ca. 4 A. Wird bei den Batterien von einer Kapazität von 2 000 mAh ausgegangen, so müssten jeweils 2 parallel geschaltet werden. Das macht also insgesamt 320 Batterien des Typs AA. Die wirkliche Anzahl ist aber noch wesentlich größer, da selbst bei Kurzschluss keine Batterie eine Stromstärke von 2 A liefern kann. Ausgehend von einem Preis von 50 Cent pro Batterie ergibt sich damit ein Preis von 160 Euro. Das ist das 800-Fache des Preises aus dem Festnetz!

Kapazität von Batterien

Die Kapazität einer Batterie bzw. Akkus gibt an, wie lange die Batterie eine bestimmte elektrische Stromstärke aufrechterhalten kann, bis sie „leer" ist. Sie wird in mAh (Milliamperestunden) angegeben. Die Einheit besteht aus dem Produkt aus einer Stromstärkeeinheit und einer Zeiteinheit. Eine Kapazität von 2400 mAh bedeutet, dass die Batterie ungefähr 4 Stunden lang eine Stromstärke von 600 mA bzw. 20 Stunden lang eine Stromstärke von 12 mA aufrecht erhalten kann. Ist die Batterie „leer", so sinkt die Spannung und damit die Stromstärke, und das angeschlossene Gerät kann nicht mehr betrieben werden. Damit liefert die Kapazität beispielsweise einen Hinweis darauf, wie viele Fotos mit einer Digitalkamera gemacht werden können. Unten sind die Entladekurven für unterschiedliche Batterietypen dargestellt.

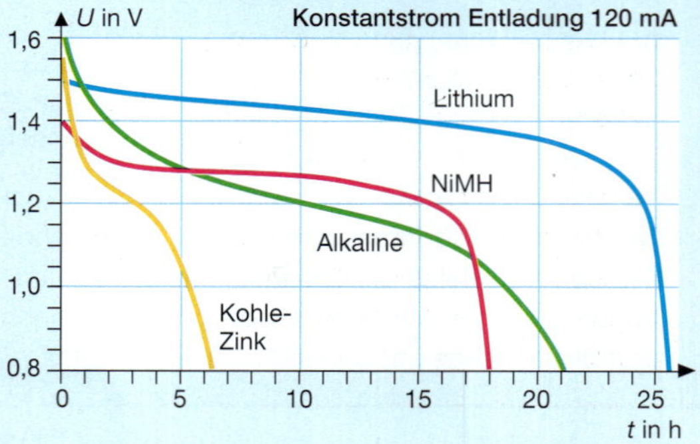

Elektrische Quellen in Natur und Medizin

Streifzug

Elektrische Fische

Im Mittelmeer und im Atlantischen Ozean lebt ein „elektrischer Fisch“, der schwarze Zitterrochen. Schwarze Zitterrochen können elektrische Spannungen von 70–220 V erzeugen. Das reicht aus, um andere Fische zu töten oder Menschen zu gefährden. Insgesamt gibt es etwa 200 verschiedene elektrische Fische.

Wie erzeugen die Fische die Spannung?
Die elektrischen Organe sind aus scheibenförmigen, umgewandelten Muskelzellen aufgebaut. Dabei handelt es sich nur um eine Erweiterung der normalen Muskelfunktion. Jedesmal, wenn ein Reiz eine Nervenbahn durchläuft und einen Muskel in Bewegung setzt, ist dies ein elektrischer Vorgang, bei dem ein ganz schwacher Strom mitwirkt. Bei elektrischen Fischen haben manche Muskeln die Fähigkeit sich zusammenzuziehen verloren. Die elektrische „Entladung“ geschieht unter Kontrolle des Gehirns und hat wegen der guten Isolierung der Nerven keine Wirkung auf den Fisch selbst.

Obwohl der schwarze Zitterrochen einer der größten Rochen ist (1,8 m Länge), hat er nur ein kleines Maul und sehr kleine Zähne. Er wäre ohne seine elektrischen Fähigkeiten kaum ein erfolgreicher Raubfisch.

Wie beim Zitterrochen wird auch beim Zitteraal, der nur in Südamerika heimisch ist, durch die zu elektrischen Organen umgebildeten Muskeln Spannung erzeugt. Im Gegensatz zu anderen Vertretern elektrischer Fische kann der Zitteraal eine Spannung bis zu 500 V erzeugen. Er kann aber auch elektrische Reize mit geringen Spannungen produzieren, die ihm helfen, sich in den trüben Gewässern des Amazonas ohne Sicht zu orientieren.

Elektrotherapie

Bevor die Menschen überhaupt verstanden haben, dass es elektrische Ströme gibt, wussten sie bereits, dass die Berührung gewisser Fische ein Kribbeln auf der Haut und sogar ein Zusammenziehen der Gliedmaßen hervorrufen kann.

Da elektrische Fische für den Verkauf gefangen wurden, erlitten die Fischer häufig „elektrische Schläge“. Die Römer glaubten, dass Zitterrochen eine giftige Substanz absondern, die das Blut gerinnen lässt. Sie verwendeten den Zitterrochen zur Behandlung von Gicht und Kopfschmerzen, indem sie den Fisch gegen die entsprechenden Körperteile drückten.

Die Wirkung elektrischer Ströme auf die Muskulatur wird heutzutage in der Medizin genutzt. Der Herzschlag wird normalerweise von einem Gewebestück in der rechten Herzkammer gesteuert. Das Strom leitende Gewebe, das das Zusammenziehen des Herzmuskels veranlasst, kann defekt sein, was zu Herzrhythmusstörungen oder Herzversagen führt. In solchen Fällen hilft ein **Herzschrittmacher.** Er wird in die Brust eingesetzt und gibt über eine Elektrode elektrische Impulse, deren Takt eingestellt werden kann, an das Herz ab. Das Herz schlägt dann in diesem Rhythmus.

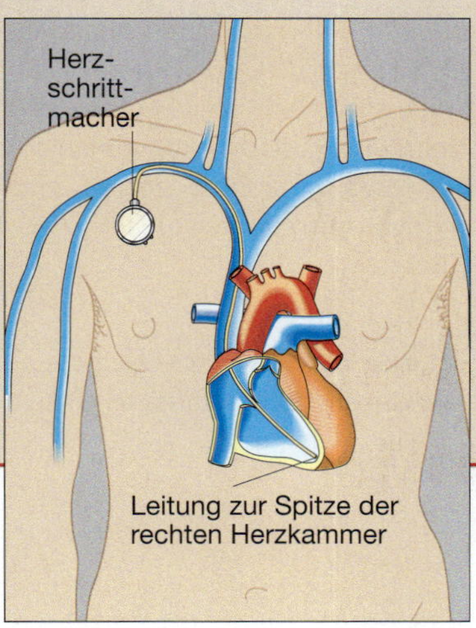

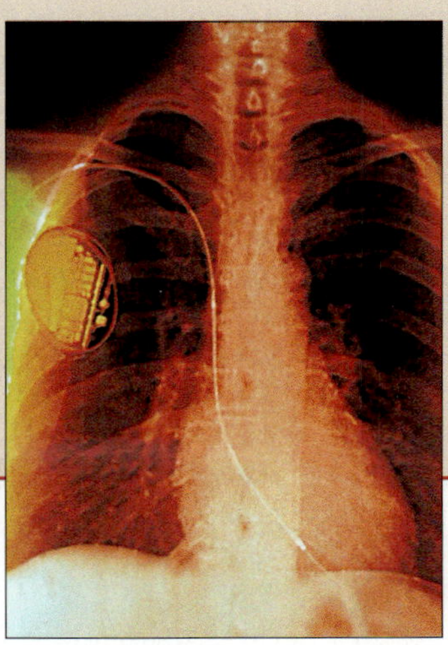

Reihen- und Parallelschaltung

Bei dem Auto ist ein Scheinwerfer defekt. Die Leuchtkraft des anderen Scheinwerfers hat sich dadurch nicht verändert. Ist die Stromstärke in dem funktionierenden Scheinwerfer durch den Defekt größer geworden? Wie müssen beide Scheinwerfer geschaltet sein, damit es überhaupt möglich ist, dass ein Scheinwerfer weiterhin leuchten kann?

Die Situation des defekten Autoscheinwerfers kann im Versuch mithilfe von einfachen Glühlampen nachgestellt werden. Zunächst wird die Stromstärke in einem einfachen Stromkreis mit einer Glühlampe (6 V I 0,1 A) untersucht. Der Elektronenstrom ist an Stellen gleich groß, egal an welcher Stelle gemessen wird: immer zeigt der Strommesser eine Stromstärke von 0,1 A an.

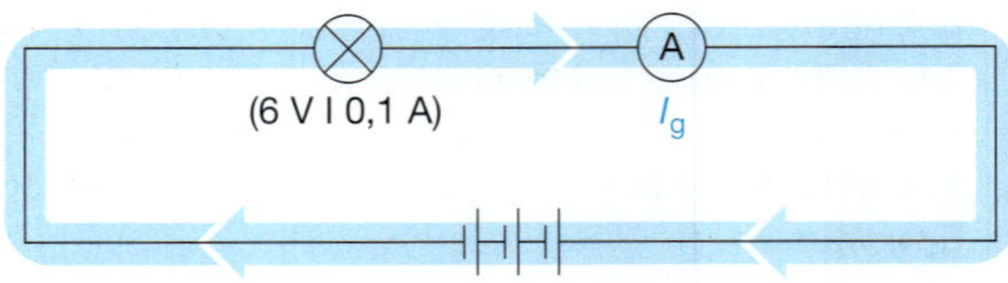

Reihenschaltung

Ein Vergleich der Helligkeit der Lampen in dieser Schaltung mit der Helligkeit einer einzelnen Lampe bei gleicher elektrischer Spannung zeigt: Die Lampen leuchten jetzt schwächer. Die elektrische Stromstärke muss geringer sein als bei der einzelnen Lampe, aber trotzdem an allen Stellen – vor der Lampe 1, zwischen der Lampe 1 und der Lampe 2, nach der Lampe 2 – gleich groß. Man liest an allen drei Messgeräten 0,05 A ab.

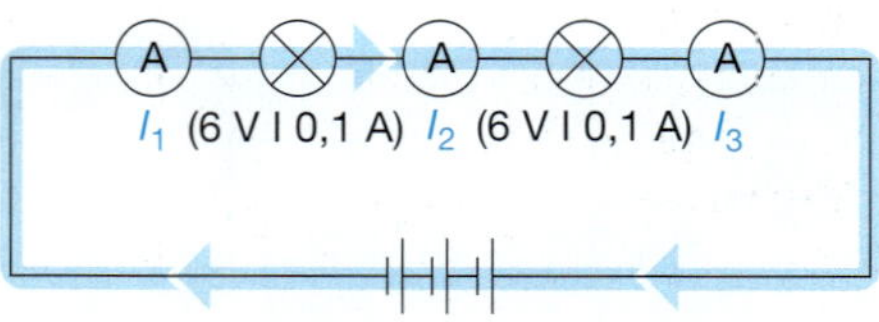

Daraus kann geschlossen werden, dass die Portionen von Elektronen gleichmäßig durch den Stromkreis geschoben werden. An allen Stellen fließen gleich viel Elektronen pro Sekunde an einer Stelle vorbei. Es gehen keine Elektronen verloren.

Zentraler Versuch

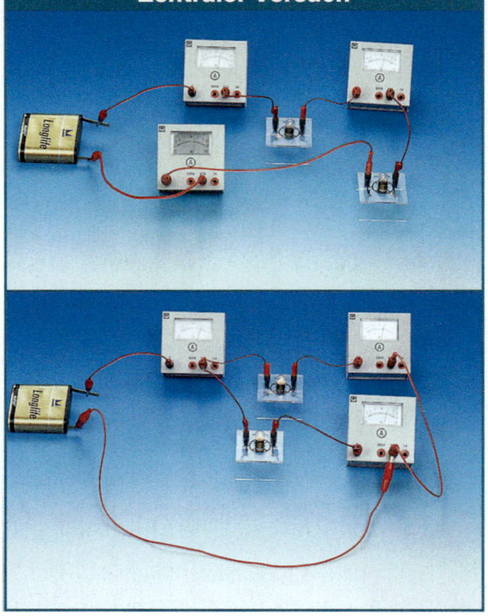

Werden mehrere Geräte hintereinander geschaltet, so wird der Elektronenstrom bei gleichem Antrieb mehrmals, also stärker gehemmt; die Messinstrumente zeigen eine geringere Stromstärke an als bei nur einer Lampe.

In einer Reihenschaltung ist die elektrische Stromstärke an allen Stellen gleich groß: $I_1 = I_2 = I_3$

Parallelschaltung

Werden die beiden Lampen parallel an die Batterie angeschlossen, so leuchten beide genau so hell wie die einzelne Lampe. Die Stromstärke müsste jeweils 0,1 A betragen. Dies zeigen auch die beiden Messgeräte an.

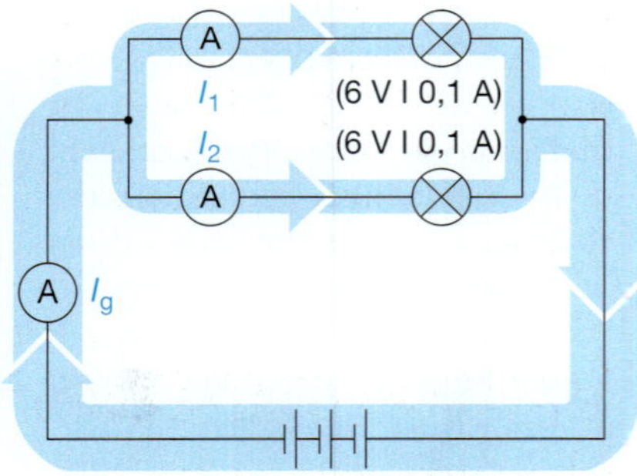

Die Stromstärke vor der Verzweigung muss so groß sein wie die Stromstärken in den beiden Zweigen zusammen, da die Elektronen sich am Verzweigungspunkt teilen und keine Elektronen verloren gehen. Die Stromstärke nach der Vereinigung müsste die Summe aus den beiden Teilströmen sein. Denn die Elektronenströme kommen an diesem Punkt wieder zusammen und fließen gemeinsam weiter. Tatsächlich werden davor und dahinter 0,2 A gemessen.

Die beiden Scheinwerfer im Auto müssen demnach parallel geschaltet sein. Nur so lässt sich erklären, dass der Defekt eines Scheinwerfers keinen Einfluss auf die Leuchtkraft des zweiten Scheinwerfers hat. Wären beide Lampen dagegen in Reihe geschaltet, würden im Fall eines Defektes einer Lampe beide nicht mehr leuchten. Für die Verkehrssicherheit wäre das eine gefährliche Situation.

Welche Stromstärken werden gemessen, wenn unterschiedliche Lampen parallel liegen?
Gilt $I_g = I_1 + I_2$ auch dann, wenn die Lampen unterschiedlich sind?

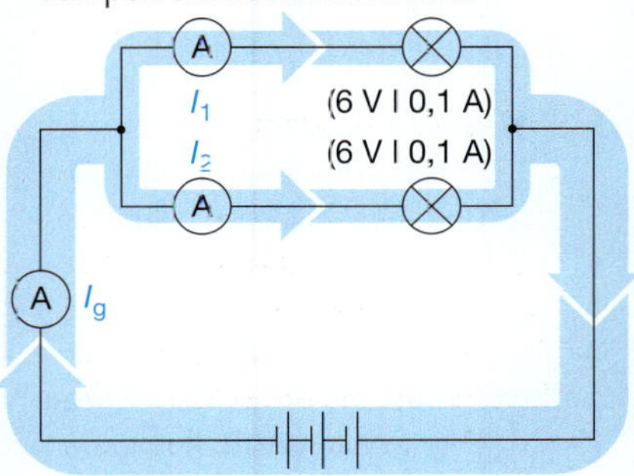

Bei den Teilstromstärken 0,1 A und 0,05 A wird eine Gesamtstromstärke von 0,15 A gemessen. Die Gesamtstromstärke ist auch hier gleich der Summe der Teilstromstärken.

Am Verzweigungspunkt teilt sich der Elektronenstrom auf. Ein Teil fließt über den einen, der zweite über den anderen Zweig. Die Messung der Stromstärke zeigt, dass auch hier keine Elektronen verloren gehen. Die Anzahl der bewegten Elektronen pro Sekunde vor und nach der Verzweigung ist gleich, da die Gesamtstromstärke gleich der Summe der Teilstromstärken ist. Da zwei Wege für die Elektronen zur Verfügung stehen, ist die „Hemmung" kleiner, es können insgesamt mehr Elektronen bei gleichem Antrieb bewegt werden als bei nur einem Weg (unverzweigter Stromkreis). Durch Parallelschalten von Elektrogeräten wird die Gesamtstromstärke vergrößert.

In einer Parallelschaltung ist die elektrische Stromstärke I_g vor und nach den Verzweigungen gleich der Summe der Teilstromstärken I_1 und I_2:
$I_g = I_1 + I_2$

Die Überlegungen zur Reihen- und Parallelschaltung erfolgten jeweils für zwei Widerstände. Allgemein gilt für n Widerstände bei
Reihenschaltung: $I_g = I_1 = I_2 = ... = I_n$
Parallelschaltung: $I_g = I_1 + I_2 + ... + I_n$

Aufgaben

1 Messgerät ① zeigt 0,2 A an. Erläutere, welche Stromstärken die Messgeräte ② und ③ anzeigen.

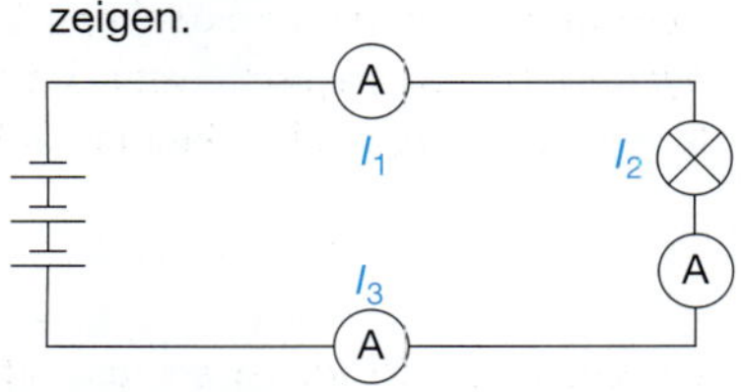

2 **a)** Der Motor einer Küchenmaschine (0,4 A) und eine Kaffeemaschine (2,5 A) sind parallel geschaltet. Berechne die Gesamtstromstärke.
b) Fertige eine Schaltskizze an.

3 Die Weihnachtsbaumbeleuchtung besteht aus zwölf in Reihe geschalteten Kerzen. Durch die erste Kerze fließt ein elektrischer Strom von 0,1 A. Begründe, ob durch die elfte Kerze mehr, weniger oder gleich viele Elektronen pro Sekunde fließen im Vergleich zur ersten Kerze.

4 Messgerät ① zeigt I_1 = 2 A an, Messgerät ② I_2 = 1,5 A. Ermittle die Anzeige von Messgerät ③.

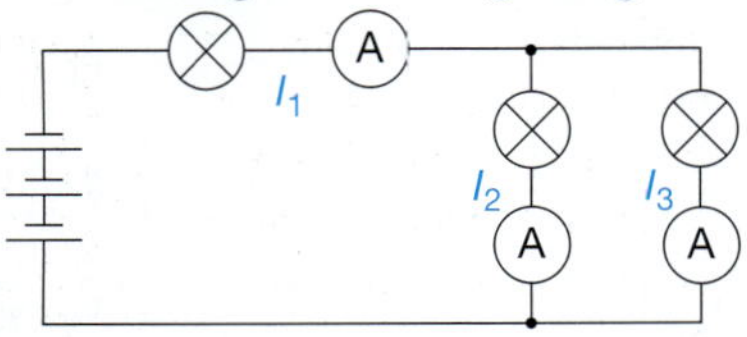

Rechenbeispiel

1. An den Strommessern werden die angegebenen Stromstärken gemessen. Bestimme die Stromstärke, die vom Messgerät ③ (I_3) angezeigt wird.

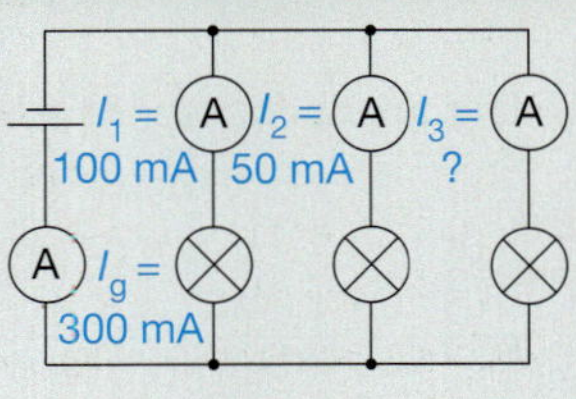

Lösung:
Bei Parallelschaltung gilt $I_g = I_1 + I_2 + I_3$.
Da I_g, I_1 und I_2 bekannt sind, ist die Formel nach I_3 umzustellen: $I_g - I_1 - I_2 = I_3$

I_3 = 300 mA – 100 mA – 50 mA = 150 mA

Das Messgerät zeigt eine elektrische Stromstärke von 150 mA an.

2. In einem Stromkreis wird eine Glühlampe betrieben. Mit einem Strommesser wird die elektrische Stromstärke vor der Glühlampe am Messgerät ① gemessen. Ermittle die Stromstärke nach der Glühlampe.

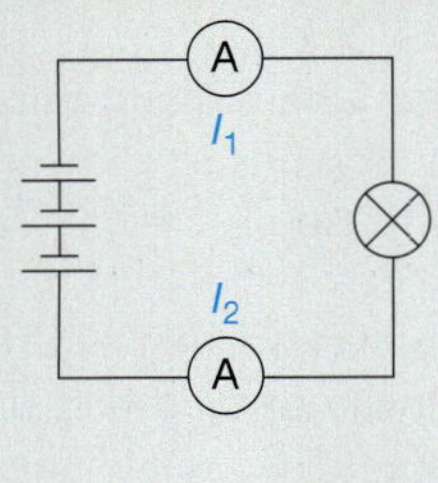

Lösung:
Es gilt $I_1 = I_2$,
denn die Stromstärke im unverzweigten Stromkreis ist an allen Stellen gleich: I_2 = 100 mA

Nach der Glühlampe werden ebenfalls 100 mA gemessen.

Spannungen im Stromkreis

Verzweigter Stromkreis

Am Beispiel der Autoscheinwerfer wurde gezeigt, dass die elektrische Stromstärke bei einer Parallelschaltung vor und nach der Verzweigung gleich ist. Mit einem weiteren Modellversuch lassen sich auch die Spannungsverhältnisse untersuchen.

Im Foto links sind an eine elektrische Quelle von 4,5 V
① eine 4 V-Lampen angeschlossen;
② zwei gleiche 4 V-Lampen parallel angeschlossen.

Im Fall ② leuchten die beiden Lampen genauso hell wie die Vergleichslampe ①. Wie kommt das?

Wird die Parallelschaltung wie in der Schaltskizze unten dargestellt, lässt sich erkennen, dass jede Lampe gewissermaßen einzeln an die elektrische Quelle angeschlossen ist. Damit ist für jede Lampe die Spannung, die die Quelle für sie bereitstellt, genau so groß wie ihre Nennspannung. Beide Lampen leuchten gleich hell.

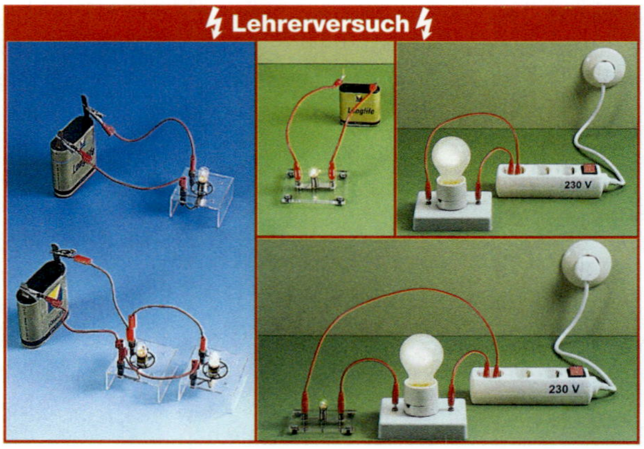

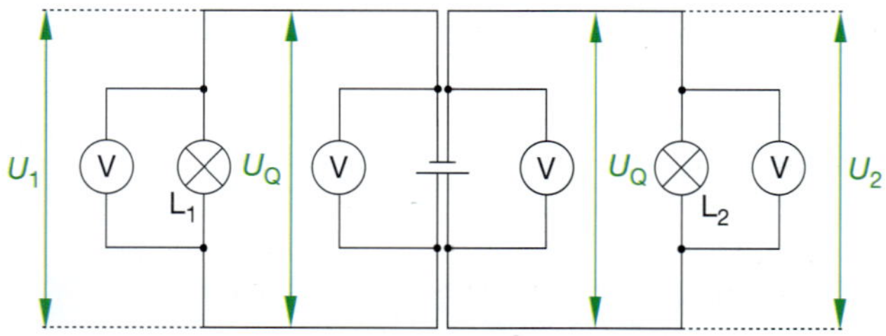

Die Überprüfung mit dem Spannungsmessgerät zeigt die Richtigkeit dieser Überlegung. An beiden Geräten wird eine Spannung von 4,5 V gemessen.

Im verzweigten Stromkreis ist die Spannung an der Quelle und an den parallel geschalteten Geräten immer gleich, unabhängig wie viele Geräte angeschaltet sind:
$U_Q = U_1 = U_2 = U_3 = \dots$

> Im verzweigten Stromkreis ist die Spannung an allen Geräten genau so groß wie die Spannung an der elektrischen Quelle.

Unverzweigter Stromkreis

Der Stromkreis rechts besteht aus einer elektrischen Quelle mit 230 V und zwei in Reihe geschalteten Lampen (230 V | 25 W) und (4 V | 0,1 A).

Die Helligkeit der beiden Lampen entspricht etwa der Helligkeit, die sie haben, wenn sie einzeln an 230 V bzw. 4 V angeschlossen sind. Wie ist das möglich?
Die Stromstärke in diesem unverzweigten Stromkreis muss überall gleich sein, also auch in den beiden Lampen. Ist auch die Spannung an beiden Lampen gleich? Sie beträgt an der Quelle 230 V, die kleine Lampe hat aber nur eine Nennspannung von 4 V. An 230 V müsste sie durchbrennen. Sie leuchtet aber so,als ob sie an einer 4 V-Quelle angeschlossen wäre.
Wird das Spannungsmessgerät nacheinander an die beiden Lampen angeschlossen, zeigt es einmal 226 V und einmal 4 V an. Das ist die an den Geräten wirkende Spannung. Diese Werte addiert ergeben gerade die Spannung der Quelle von 230 Volt.

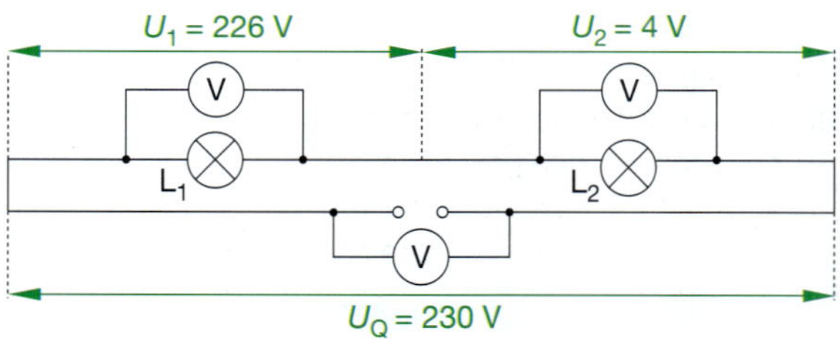

Die Spannung der Quelle ist immer so groß wie die Summe der an den Geräten wirkenden Spannungen:
$U_Q = U_1 + U_2 + U_3 + \dots$

Für das Eingangsbeispiel der Autoscheinwerfer ändert sich aufgrund der Parallelschaltung die Helligkeit nicht, wenn ein Scheinwerfer ausfällt, weil die Spannung an dem anderen Scheinwerfer unverändert bleibt.

> Im unverzweigten Stromkreis teilt sich die Spannung der elektrischen Quelle auf die einzelnen Geräte auf. Die Summe der Spannungen an den Geräten ist genau so groß wie die Spannung der Quelle.

Aufgaben

1 Zwei Taschenlampen sind mit zwei dicken 1,5 V-Monozellen bestückt. Bei Leuchte ① sind sie parallel geschaltet, bei Leuchte ② in Reihe. Entscheide, welche Lampen jeweils für die beiden Handleuchten gebraucht werden. Begründe.

2 Eine Weihnachtsbaum-Lichterkette für den Anschluss an 230 V besteht aus zwölf gleichen elektrischen Kerzen. Berechne die Nennspannung der Kerzen, wenn sie in Reihe geschaltet sind.

3 Ein Mixer (60 W) aus den USA hat eine Nennspannung von 110 V. Eine 60 W-Glühlampe für 110 V ist auch vorhanden. Beide Geräte werden in einer Reihenschaltung an das deutsche Netz mit 230 V angeschlossen. Beide Geräte arbeiten normal, obwohl jedes eine Nennspannung von 110 V hat. Erkläre diese Beobachtung.

4 Die Spannung einer elektrischen Quelle beträgt 36 V. Es sollen drei gleiche Lampen mit einer Nennspannung von 12 V angeschlossen werden.
a) Skizziere die Schaltung.
b) Begründe deine Aussage.
c) Mache eine Aussage zur Helligkeit, mit der die Lampen leuchten.

5 Zeichne in den folgenden Schaltungen die Messgeräte ein, um die Spannungen zu messen.

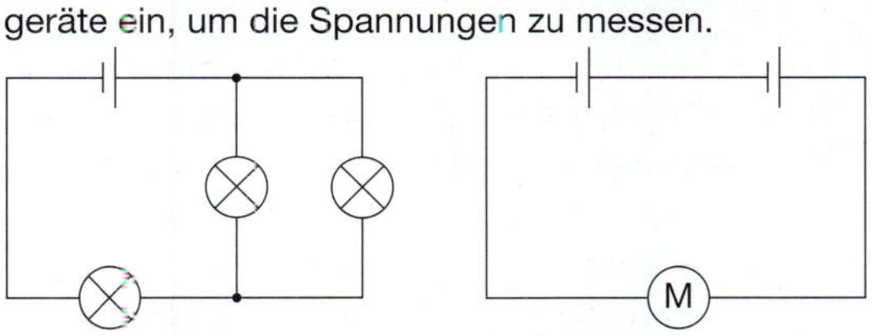

6 **a)** Nenne die Schaltungen, in der das Strommessgerät richtig geschaltet ist.
b) Welche Schaltung ist falsch? Beschreibe die Folgen und begründe deine Aussagen.

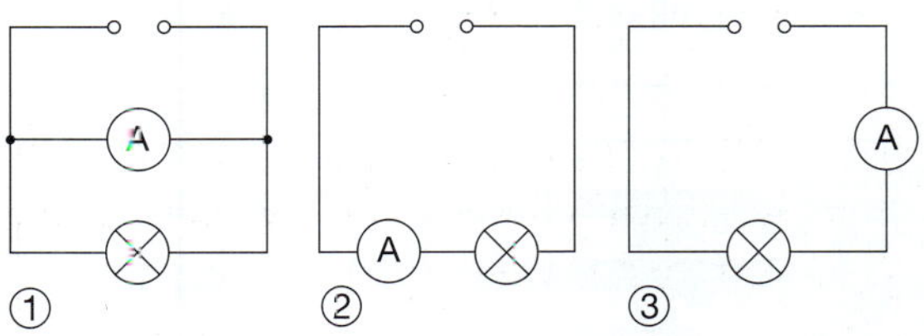

7 Hier ist ein Spannungsmessgerät falsch eingezeichnet! Welches? Begründe deine Anrwort.

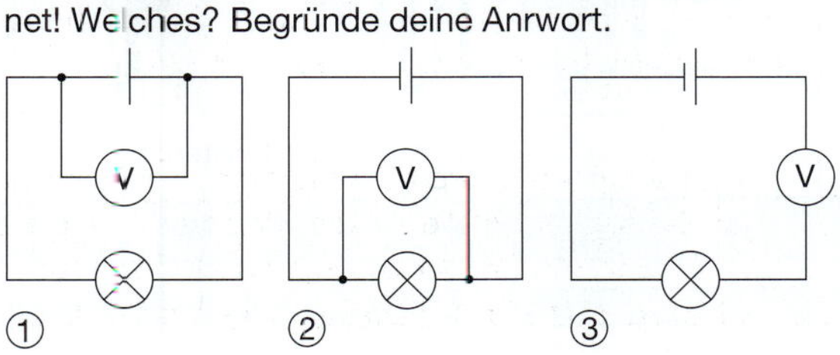

8 In den folgenden Schaltungen werden Stromstärke und Spannung gleichzeitig gemessen.
a) Finde die „richtigen" Schaltungen heraus. Begründe deine Aussage.
b) Ordne den Messgeräten zu, von welchen Lampen sie die Spannung oder die Stromstärke messen.
c) Bei manchen Schaltungen sind die Messgeräte falsch eingezeichnet. Begründe deine Aussage.

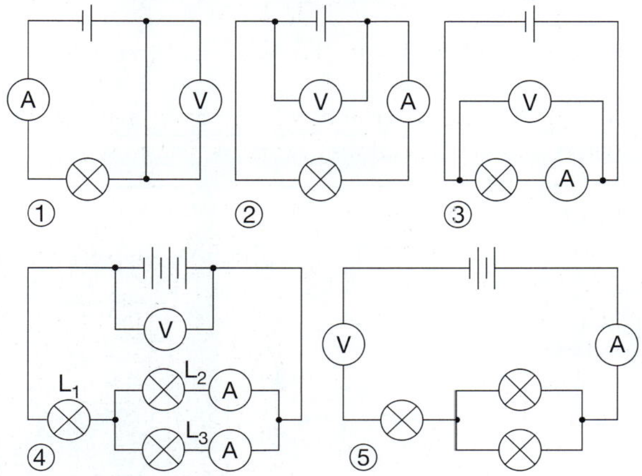

9 **a)** Bestimme die fehlenden Spannungen.
b) Begründe deine Aussagen.

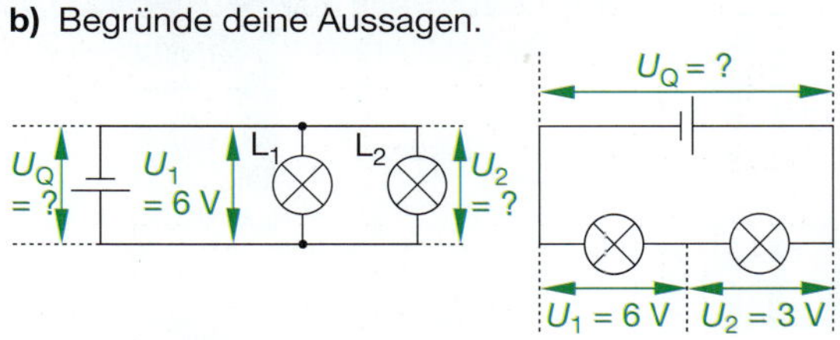

10 **a)** Beschreibe, wie mehrere gleiche Geräte (mit gleicher Nennspannung) an eine elektrische Quelle angeschlossen werden müssen, damit sie einwandfrei funktionieren. Begründe deine Antwort.
b) Nenne die Größe der Spannung der Quelle.
c) Gibt es mehrere Möglichkeiten, die Geräte anzuschließen, sodass sie ordnungsgemäß funktionieren? Welche? Begründe deine Antwort.
d) Zeige gegebenenfalls Vorteile und Nachteile auf.

11 **a)** Entwickle Schaltungen mit zwei Lampen, die mit „normaler" Helligkeit leuchten. Du hast:
- zwei Monozellen mit je 1,5 V;
- mehrere gleiche 1,5 V-Lampen;
- mehrere gleiche 3 V-Lampen.

b) Beschreibe auch die Vorteile und Nachteile der Schaltungen im Vergleich.

12 An einem in einem Stromkreis liegenden Gerät soll die Spannung mit einem Vielfachmessgerät gemessen werden. Beschreibe, welche Schritte zu tun sind.

Stromkreise im Haushalt

Die elektrische Energie kommt meist über ein Erdkabel von der nächsten Netzstation ins Haus. Die erste Station im Haus ist der **Hausanschlusskasten.** Er enthält die Hauptsicherung, die *Panzersicherung,* für das gesamte Haus. Von dort ausführen Leitungen zu den **Abzweigkästen,** die die Stromkreise für jeden einzelnen Haushalt trennen. Diese Abzweigkästen sind mit Plomben versiegelt, damit nicht in die Energieversorgung einer anderen Familie eingegriffen werden kann. Vom Abzweigkasten gehen Leitungen zur **Zählertafel** im jeweiligen Haushalt. Der Zähler zeigt an, wie viel elektrische Energie von diesem Haushalt dem Netz entnommen wurde; dies ist die Grundlage für die Stromrechnung.

Von der Zählertafel führen mehrere Leitungen zur **Unterverteilung.** Hier befinden sich die Sicherungen für die verschiedenen Stromkreise der Wohnung. Da der Bedarf an elektrischer Energie in den verschiedenen Räumen der Wohnung unterschiedlich ist, sind verschiedene Stromkreise geschaltet. In den meisten Wohnungen werden beispielsweise Herd und Waschmaschine in jeweils eigene Kreise gelegt, da diese Elektrogeräte einen sehr hohen Energiebedarf haben; manche Herde haben sogar mehrere Stromkreise für Herdplatten und Backrohr.

Die Leitungen für die weitere Verteilung der elektrischen Energie gehen vom Sicherungskasten zu **Abzweigdosen** und von dort zur letzten Sta-tion, den Steckdosen oder den Anschlüssen für Lampen und andere fest installierte Geräte.

Der Vorteil dieser getrennten Kreise ist, dass bei einem Fehler in einem Elektrogerät, der ein Ansprechen der Sicherung zur Folge hat, nur die Energiezufuhr in diesem speziellen Kreis unterbrochen wird, während alle anderen Räume weiterhin mit elektrischer Energie versorgt werden.

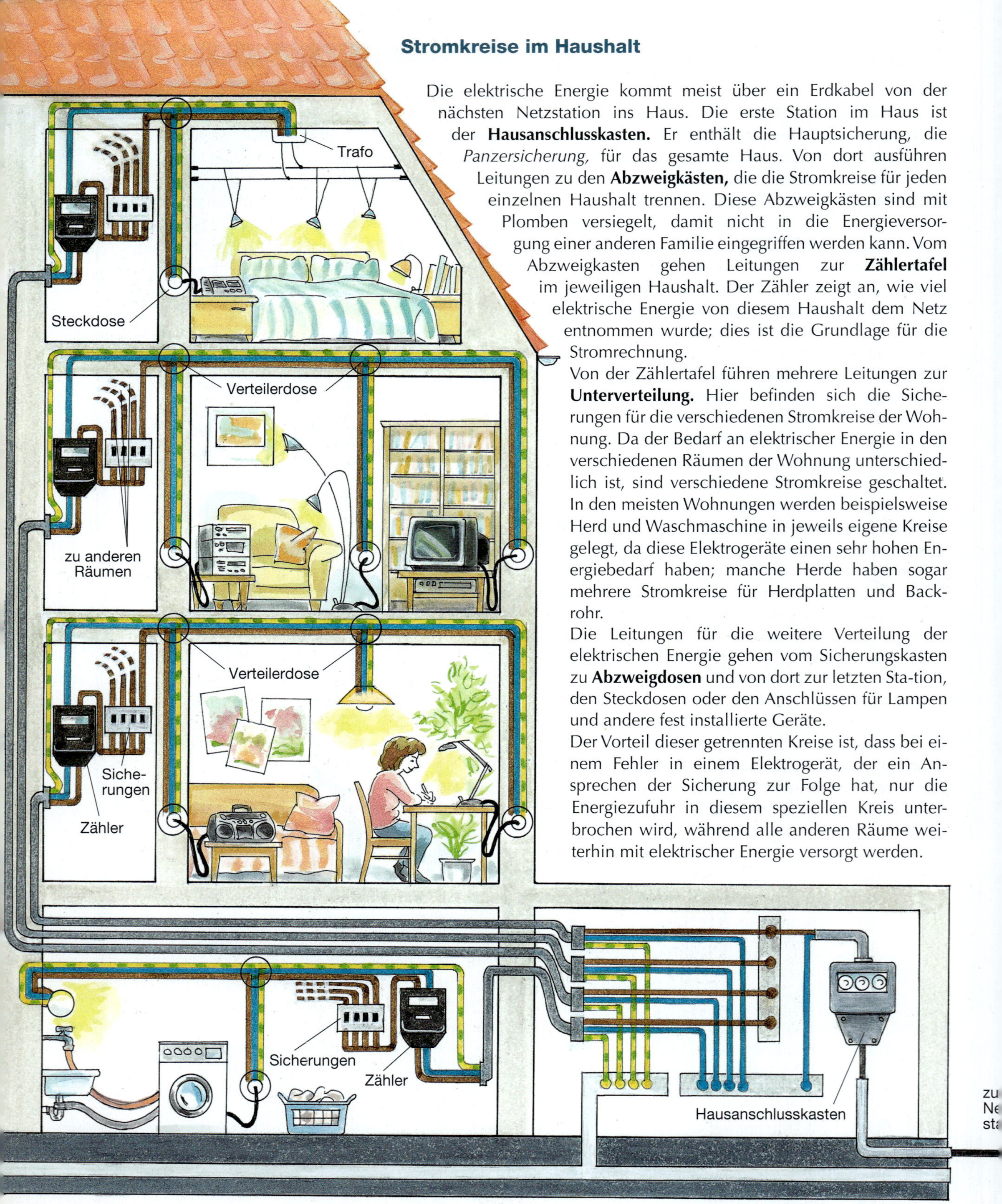

Reihen- und Parallelschaltung im Haushalt

Streifzug

In vielen Wohnungen, in Bildergalerien oder in Wartezimmern werden Halogenleuchten verwendet. Damit sind besondere Effekte zu erzielen.

Bei genauer Betrachtung dieser Leuchten ist zu erkennen, dass die einzelnen Lampen zwischen dicken Drähten aufgehängt sind. Wird eine einzelne 12 V-Lampe an eine elektrische Quelle von 12 V angeschlossen, so leuchtet die Lampe und es wird eine Stromstärke von 3 A gemessen.

Dem Aufbau der kompletten Leuchte ist zu entnehmen, dass alle Lampen parallel geschaltet sind. Zu- und Rückleitung sind jeweils die Aufhängungsdrähte oder die gebogenen Metallrohre der Leuchte.
Werden vier Lampen angeschaltet, so fließt durch jede einzelne ein Strom von 3 A. Da die Gesamtstromstärke im verzweigten Stromkreis gleich der Summe der Einzelstromstärken ist, ergibt sich eine Gesamtstromstärke von
$4 \cdot 3\,A = 12\,A$.
Damit die Leitungen sich nicht zu stark erwärmen, müssen sie einen großen Querschnitt haben.

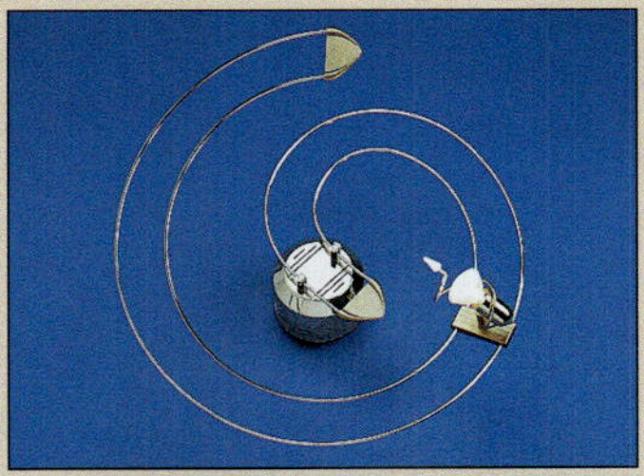

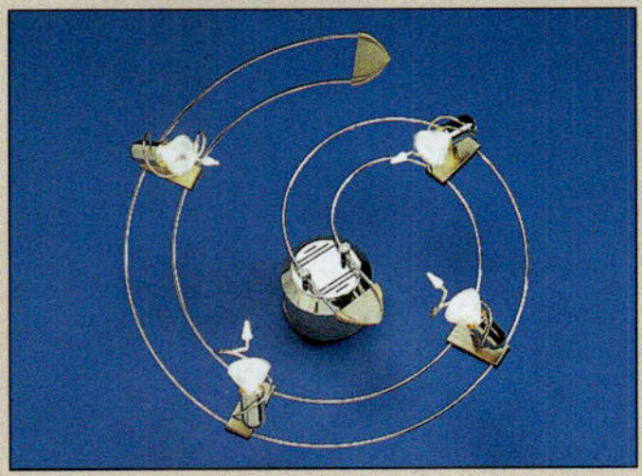

Wenn Stromkreise zu sehr belastet werden

In modernen Haushalten werden immer mehr elektrische Geräte eingesetzt, die das Leben erleichtern oder das Informations- und Unterhaltungsbedürfnis befriedigen sollen. Alle benötigen für ihren Betrieb elektrische Energie.

Die Schaltung der Steckdosen und Lampen in den Haushalten sind Parallelschaltungen. Wenn also viele elektrische Geräte angeschlossen sind, können in den gemeinsamen Zuleitungen sehr hohe Stromstärken auftreten. Bekannt ist aber auch, dass bei großen Stromstärken die Wärmeentwicklung in den Leitungen sehr beträchtlich sein kann.

Um Brände zu vermeiden, werden die Hausanlagen mit Sicherungen versehen, die bei Überschreiten der zulässigen elektrischen Stromstärke den Stromkreis unterbrechen. Vor einigen Jahrzehnten genügte eine Absicherung mit 6 A. So waren auch die Leitungen ausgelegt, d. h. relativ dünne Leitungen reichten aus. Heute benötigen Geräte wie Waschmaschinen oder Herde große Stromstärken. Sie haben daher einen eigenen Stromkreis und sind in der Regel mit 16 A abgesichert. Deshalb sind in jeder Wohnung mehrere Stromkreise installiert, die einzeln abgesichert sind.

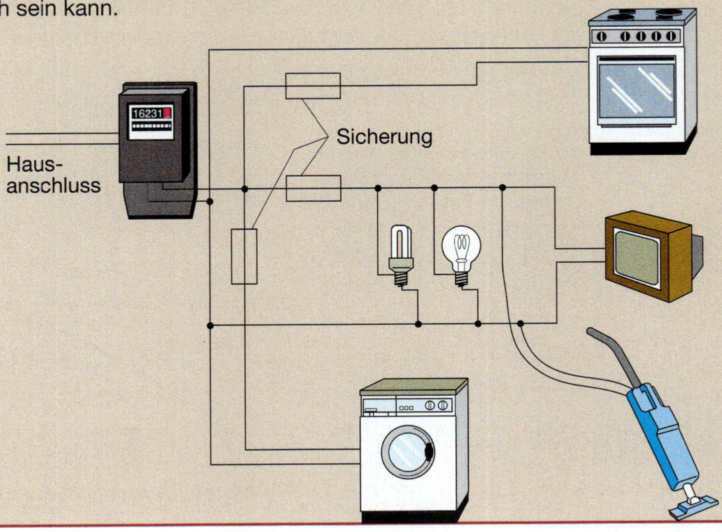

Der elektrische Widerstand

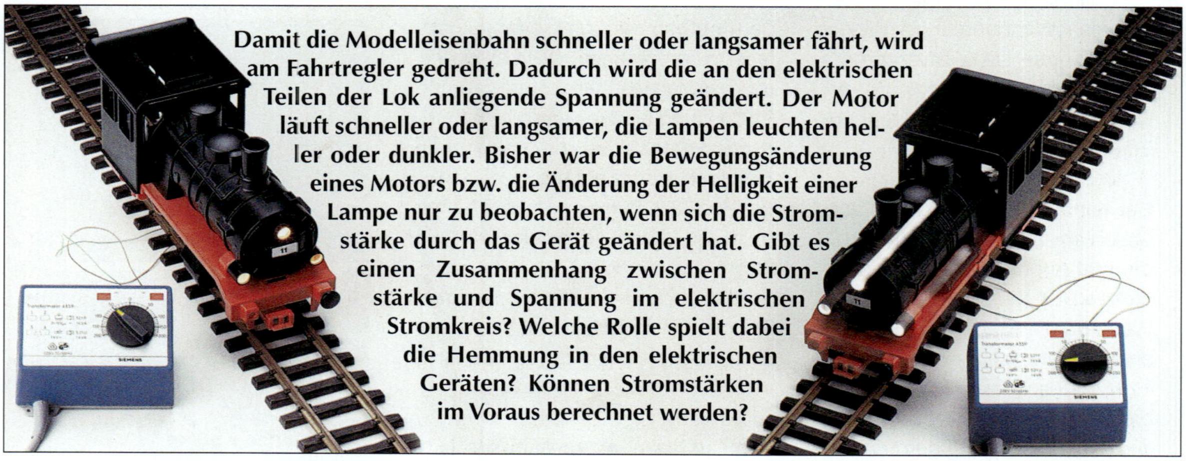

Damit die Modelleisenbahn schneller oder langsamer fährt, wird am Fahrtregler gedreht. Dadurch wird die an den elektrischen Teilen der Lok anliegende Spannung geändert. Der Motor läuft schneller oder langsamer, die Lampen leuchten heller oder dunkler. Bisher war die Bewegungsänderung eines Motors bzw. die Änderung der Helligkeit einer Lampe nur zu beobachten, wenn sich die Stromstärke durch das Gerät geändert hat. Gibt es einen Zusammenhang zwischen Stromstärke und Spannung im elektrischen Stromkreis? Welche Rolle spielt dabei die Hemmung in den elektrischen Geräten? Können Stromstärken im Voraus berechnet werden?

Kennlinien elektrischer Geräte

Elektrische Geräte sind in der Regel so gebaut, dass sie bei einer bestimmten Spannung, der Nennspannung, ihrem Zweck entsprechend funktionieren. Da die Spannung nicht in allen Ländern 230 V beträgt, können Reisende z. B. ihren Föhn nicht immer ohne weiteres benutzen. Es gibt auch Geräte, die für geringere Spannungen gebaut sind, z. B. der Türgong, die Modelleisenbahn, der Autostaubsauger, das Blitzlicht des Fotoapparates. Durch Netzgeräte oder Batterien werden die notwendigen Spannungen von z. B. 6 V, 12 V, 18 V zur Verfügung gestellt.

Das jeweilige Gerät arbeitet nur dann einwandfrei, wenn die richtige Stromstärke vorhanden ist. Sie stellt sich ein im Wechselspiel zwischen dem Antrieb, den die Elektronen in der Quelle erhalten, und der Hemmung durch das Gerät. Zwischen der Spannung der Quelle und der Stromstärke besteht also bei einem vorgegebenen elektrischen Bauteil oder Elektrogerät ein Zusammenhang. (Bauteile sind Elemente, aus denen die Elektrogeräte zusammengesetzt sind, also z. B. Spulen, Lämpchen, Schalter.)

Zentraler Versuch

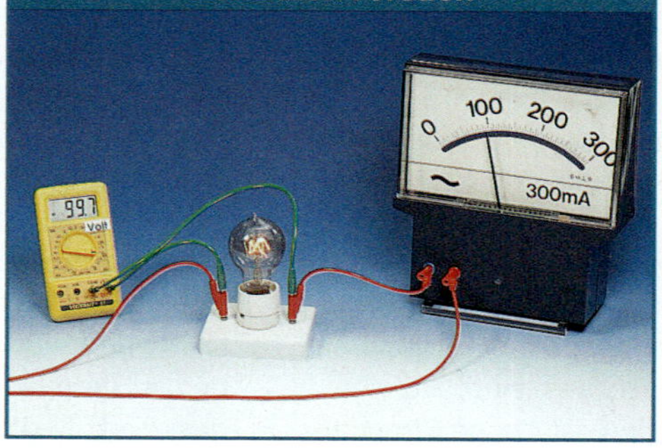

Zur Untersuchung dieses Zusammenhangs bei zwei Lampen muss die Stromstärke in Abhängigkeit von der Spannung gemessen werden. Die Spannung lässt sich durch Reihenschaltung mehrerer Batterien oder durch Verwendung eines regelbaren Netzgerätes verändern.

Die Messpunkte (Spannung|Stromstärke) ergeben ein Diagramm, die **Kennlinie** des betreffenden Bauteils. Sie gibt Auskunft über dessen elektrisches Verhalten in verschiedenen Betriebszuständen.

Weil jede Messung mit Ablese- und anderen Fehlern behaftet ist, liegen die Messpunkte nicht exakt auf der gezeichneten Ideallinie.

Lampe mit	Kohlefaden	Metallfaden
U	*I*	*I*
0 V	0,00 A	0,00 A
30 V	0,08 A	0,16 A
60 V	0,16 A	0,23 A
90 V	0,28 A	0,27 A
120 V	0,38 A	0,31 A
150 V	0,49 A	0,36 A
180 V	0,62 A	0,39 A

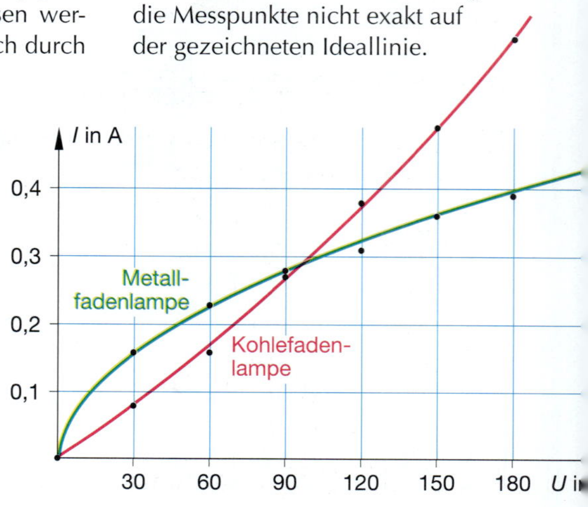

Die Kennlinien der beiden Lampen verlaufen sehr unterschiedlich:

- Metallfadenlampe (meist noch im Haushalt verwendet): Wird die Spannung von 0 V auf 30 V vergrößert, so ändert sich die Stromstärke um ΔI = 0,16 A. Bei Änderung der Spannung von 30 V auf 60 V ändert sich die Stromstärke um ΔI = 0,07 A, bei Änderung von 150 V auf 180 V ist ΔI = 0,03 A.
  Bei gleichen Spannungsänderungen ΔU ist die Stromstärkeänderung ΔI bei geringen Spannungen also größer als bei höheren Spannungen. Die Kennlinie steigt mit größer werdender Spannung immer weniger.
- Kohlefadenlampe: Eine Änderung der Spannung von 0 V auf 30 V bewirkt ein ΔI = 0,08 A, eine Änderung von 30 V auf 60 V ein ΔI = 0,08 A, eine Änderung von 150 V auf 180 V ein ΔI = 0,13 A.
  Bei niedrigen Spannungen wächst I also weniger stark als bei höheren Spannungen. Die Kennlinie steigt mit größer werdender Spannung immer mehr an.

Rechenbeispiel

Bestimme die Stromstärke bei der Kohlefadenlampe, wenn eine Spannung von 130 V anliegt.

- In der Kennlinie wird auf der waagrechten U-Achse der Wert U = 130 V aufgesucht.
- Von dort wird eine Parallele zur senkrechten I-Achse bis zur Kennlinie gezogen.
- Von diesem Schnittpunkt wird eine Parallele zur U-Achse gezeichnet. Ihr Schnittpunkt mit der I-Achse ergibt den gesuchten Wert I = 0,41 A.

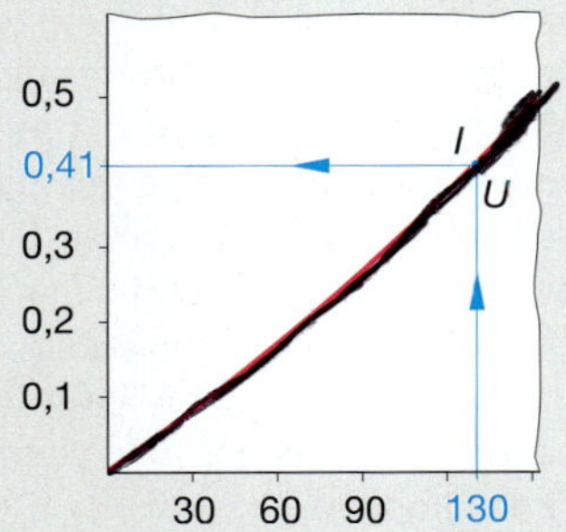

Die Kennlinie ermöglicht Aussagen darüber, welche Spannung für ein Elektrogerät oder ein Bauteil benötigt wird, wenn die Stromstärke einen vorgegebenen Wert annehmen soll. Mit ihrer Hilfe können auch Wertepaare ermittelt werden, die vorher nicht gemessen wurden.

Für CD-Player ist die richtige Umdrehungszahl sehr wichtig. Dazu muss der Motor mit einer ganz bestimmten Stromstärke betrieben werden, die von der Spannung der Quelle abhängt. Auch die Geschwindigkeit von Straßenbahnen oder E-Loks wird durch Verändern der Spannung am Motor geregelt. Aus dessen Kennlinie lässt sich ablesen, welche Spannung anliegen muss, damit der Motor mit einer bestimmten Stromstärke „versorgt" wird und entsprechend schnell oder langsam läuft.

Die magnetische Kraft eines Elektromagneten hängt von der Stromstärke ab, mit der er betrieben wird. Aus der Kennlinie lässt sich ermitteln, welche Spannungen für bestimmte Kräfte nötig sind.

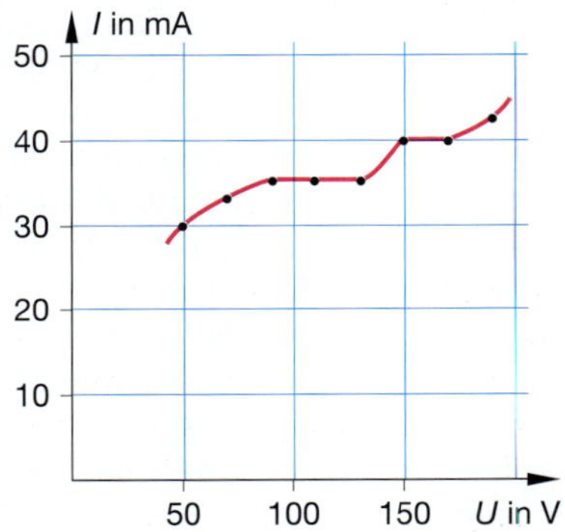

Für jedes Bauteil oder Elektrogerät gibt es einen ganz bestimmten Zusammenhang zwischen Spannung und Stromstärke.
Die Kennlinie erlaubt Aussagen über das Verhalten von Bauteilen oder Elektrogeräten in unterschiedlichen Betriebszuständen.

Aufgaben

1 Übertrage die Tabelle in dein Heft. Lies die fehlenden Werte aus der Grafik ab

U	I
100 V	0,1 A
110 V	?
120 V	0,25 A
130 V	?
?	0,40 A
150 V	0,47 A
?	0,55 A

2 Bei einem Wasserkocher wurden folgende Spannungen und Stromstärken gemessen. Zeichne die Kennlinie und erläutere sie.

U	20 V	40 V	60 V	80 V	100 V	120 V	160 V	215 V
I	0,14 A	0,26 A	0,40 A	0,54 A	0,68 A	0,8 A	1,08 A	1,4 A

3 Für eine Leuchtdiode wurden die in der Tabelle angegebenen U-I-Werte gemessen.
a) Zeichne die Kennlinie der Diode.
b) Interpretiere die Kennlinie.

U	1,7 V	1,8 V	1,9 V	2,0 V	2,1 V	2,2 V	2,3 V
I	0 mA	0,5 mA	5 mA	10 mA	20 mA	30 mA	50 mA

Das Ohm'sche Gesetz

Eine genaue Betrachtung der Kennlinien von Metallfaden- und Kohlefadenlampe zeigt, dass keine einen linearen Verlauf hat. Bestenfalls der obere Teil der Kennlinie der Metallfadenlampe ließe sich als linear bezeichnen. Gibt es keine Stoffe, die einen mathematisch einfach zu erfassenden Zusammenhang zwischen Spannung und Stromstärke haben? Untersuchen wir verschiedene Drähte.

Die Messwert-Tabelle zeigt, dass die Stromstärke beim Konstantandraht im gleichen Maße steigt wie die Spannung. Wird die Spannung verdoppelt, verdoppelt sich auch die Stromstärke; wird die Spannung verdreifacht, verdreifacht sich auch die Stromstärke.
Allgemein: Wird die Spannung auf das *n*-fache vergrößert, erhöht sich auch die Stromstärke auf das *n*-fache – ein Kennzeichen für die Proportionalität $I \sim U$.

Die Proportionalität zwischen Spannung und Stromstärke hat GEORG SIMON OHM (1789–1854) 1826 durch viele Experimente an verschiedenen Drähten erkannt und in wissenschaftlichen Abhandlungen dargestellt. Ihm zu Ehren wird dieser Zusammenhang **Ohm'sches Gesetz** genannt.

	U	I	$\frac{U}{I}$
Konstantan 1 m lang 0,3 mm Ø	0,5 V	0,071 A	7,0 $\frac{V}{A}$
	1,0 V	0,14 A	7,1 $\frac{V}{A}$
	2,0 V	0,28 A	7,1 $\frac{V}{A}$
	3,0 V	0,42 A	7,1 $\frac{V}{A}$
	4,0 V	0,56 A	7,1 $\frac{V}{A}$
Eisen in Luft 1 m lang 0,3 mm Ø	0,5 V	0,23 A	2,2 $\frac{V}{A}$
	1,0 V	0,42 A	2,4 $\frac{V}{A}$
	2,0 V	0,70 A	2,9 $\frac{V}{A}$
	3,0 V	0,90 A	3,3 $\frac{V}{A}$
	4,0 V	1,10 A	3,6 $\frac{V}{A}$
Eisen in Wasser 1 m lang 0,3 mm Ø	0,5 V	0,23 A	2,2 $\frac{V}{A}$
	1,0 V	0,49 A	2,0 $\frac{V}{A}$
	2,0 V	0,98 A	2,0 $\frac{V}{A}$
	3,0 V	1,50 A	2,0 $\frac{V}{A}$
	4,0 V	2,00 A	2,0 $\frac{V}{A}$

Die Quotienten aus zusammengehörigen Werten für Spannung und Stromstärke haben für Konstantan

Zentraler Versuch

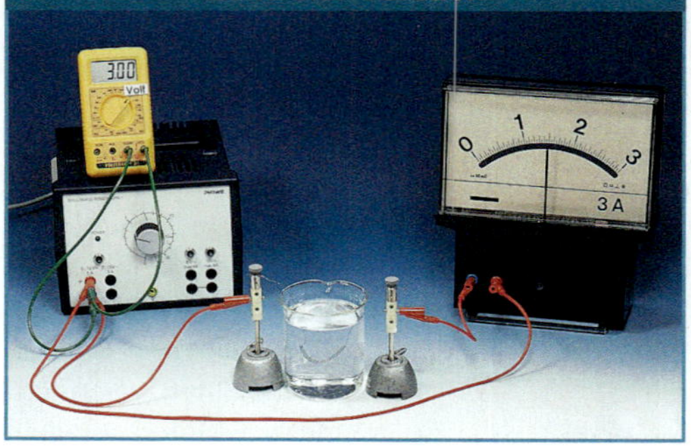

immer etwa den gleiche Wert, nämlich 0,8 $\frac{V}{A}$ (siehe Tabelle). Dies ist eine weitere Möglichkeit, die Proportionalität zwischen I und U nachzuweisen. Das Ohm'sche Gesetz kann deshalb auch in der Form $\frac{U}{I}$ = konstant formuliert werden.

Die Proportionalität zwischen Spannung und Stromstärke und damit das Ohm'sche Gesetz kann somit in drei Formen angegeben werden:

- U *n*-fach ⇒ I *n*-fach
- $\frac{U}{I}$ = konstant
- In einem U-I-Diagramm liegen alle Messpunkte auf einer Ursprungsgeraden.

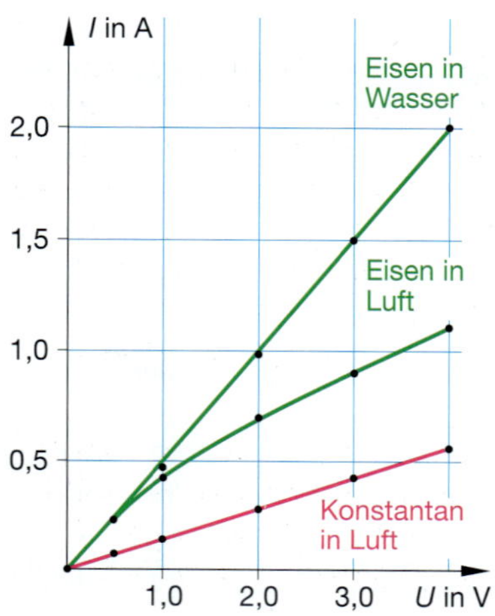

Aus den im Bild links gemessenen Kennlinien lässt sich entnehmen, dass nicht bei allen Drähten uneingeschränkt Proportionalität zwischen Spannung und Stromstärke besteht. Proportionalität gilt nur für kleine Stromstärken. Bei größeren Stromstärken flacht die Kurve ab, weil die Wärmewirkung des elektrischen Stroms zunimmt – was an der Temperaturerhöhung zu erkennen ist.

Der Einfluss der Temperatur wird bestätigt durch die Kennlinien für Eisen in destilliertem Wasser und in Luft. Im Wasser wird die Energie vom Draht abgeleitet; seine Temperatur bleibt nahezu konstant, es besteht Proportionalität zwischen I und U. In Luft geschieht diese Energieabgabe nicht so stark; die Temperatur steigt, das Ohm'sche Gesetz gilt nicht.

Für Metalle gilt die Proportionalität zwischen Spannung und Stromstärke also nur, wenn ihre Temperatur konstant bleibt. Konstantan und einige andere Stoffe machen eine Ausnahme. Für sie gilt das Ohm'sche Gesetz immer.

> Für Metalldrähte gilt:
> Die elektrische Stromstärke ist der angelegten Spannung proportional $I \sim U$, wenn die Temperatur konstant bleibt.

Der elektrische Widerstand

Werden verschiedene Bauteile immer an die gleiche elektrische Quelle angeschlossen, so ergeben sich in der Regel unterschiedliche Stromstärken. Der Fluss der Elektronen wird in den verschiedenen Bauteilen also unterschiedlich stark gehemmt.

Zentraler Versuch

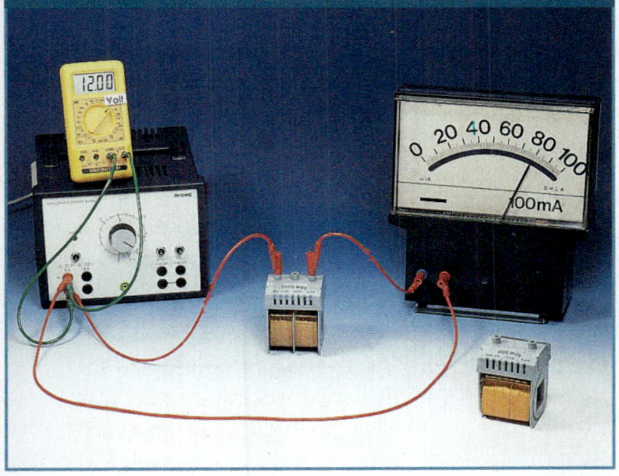

Werden wie im Bild links zwei verschiedene Spulen nacheinander an die gleiche Quelle angeschlossen, so ergibt sich z. B. für Spule I eine Stromstärke von 1,5 A, für Spule II 80 mA. Das heißt, dass der Elektronenstrom in Spule II stärker gehemmt wird als in Spule I. Der Widerstand von Spule II ist also größer als der von Spule I. *Je kleiner die Stromstärke bei gleicher Spannung ist, um so größer ist der Widerstand des Bauteils.*

Die Größe des elektrischer Widerstandes eines Bauteils wird bestimmt, indem der Quotient aus angelegter Spannung und elektrischer Stromstärke gebildet wird: $R = \frac{U}{I}$.

Diese Eigenschaft von Bauteilen oder Geräten, den Elektronenstrom zu hemmen, wird mit einer neuen physikalischen Größe beschrieben, dem **elektrischen Widerstand** mit dem Formelzeichen ***R***.

Lässt sich der Widerstand eines Bauteils oder Gerätes messen oder gar berechnen?

Rechenbeispiel

Wie groß ist der Widerstand einer Spule, wenn bei angelegten 9 V eine Stromstärke von 0,6 A gemessen wird?

Geg.: $U = 9\ \text{V}$; $I = 0{,}6\ \text{A}$

Ges.: R

Lösung: $R = \frac{U}{I} = \frac{9\ \text{V}}{0{,}6\ \text{A}}$

$= \frac{9}{0{,}6}\ \frac{\text{V}}{\text{A}} = 15\ \Omega$

Der Widerstand der Spule beträgt 15 Ω.

Die Einheit des elektrischen Widerstandes wird OHM zu Ehren in **Ohm** angegeben und mit dem griechischen Buchstaben Ω (Omega) abgekürzt. Ein Draht oder Bauteil hat den elektrischen Widerstand 1 Ω, wenn sich bei einer angelegten Spannung von 1 V eine Stromstärke von 1 A einstellt.

Bei Bauteilen, für die das Ohm'sche Gesetz gilt, wird der Elektronenstrom auch bei unterschiedlichen Spannungen immer gleich stark gehemmt. Ihr Verhalten beim Anlegen unterschiedlicher Spannungen lässt sich nicht nur durch eine Kennlinie beschreiben sondern viel einfacher durch eine der bekanntesten Gleichungen der Physik:

$U = R \cdot I$ **mit R = konstant.**

Die physikalische Größe elektrischer Widerstand gibt an, wie stark der Elektronenstrom von einem Bauteil gehemmt wird.

Elektrischer Widerstand

Das Formelzeichen ist *R*.
Die Einheit ist 1 Ω (Ohm).

Weitere Einheiten:
Milliohm: 1 mΩ $= \frac{1}{1000}\ \Omega$
Kiloohm: 1 kΩ = 1 000 Ω

Schaltzeichen:

Aufgaben

1 Ein Bauteil genügt dem Ohm'schen Gesetz. Bei einer Spannung von 20 V wird eine Stromstärke von 100 mA gemessen. Berechne die Stromstärke, die beim Anlegen einer Spannung von 60 V gemessen wird.

2 Begründe, welche Bauteile mit den folgenden Kennlinien das Ohm'sche Gesetz erfüllen.

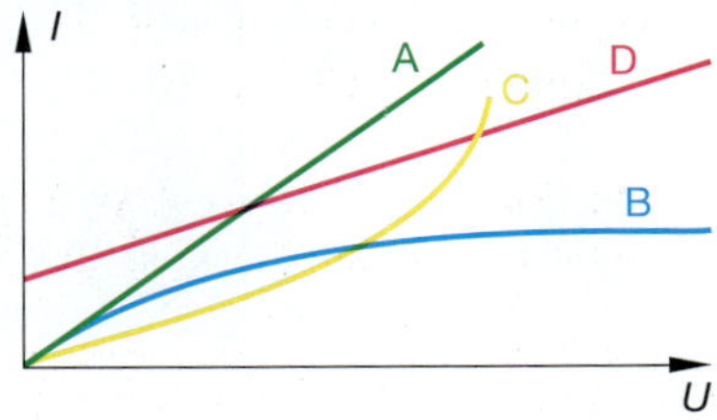

3 Bei einem Tischventilator (Betriebsspannung 230 V) wird eine Stromstärke von 80 mA gemessen. Berechne seinen Widerstand.

4 Berechne die Widerstände der Lampen mit den Kenngrößen (6 V|0,1 A) und (6 V|0,3 A)?

5 Für drei Bauteile wurden folgende Werte gemessen.

U	2 V	5 V	10 V	12 V	17 V
I	0,15 mA	0,25 mA	0,32 mA	0,34 mA	0,41 mA

U	1 V	2 V	3 V	4 V	5 V
I	0,25 mA	0,55 mA	0,8 mA	1,1 mA	1,3 mA

U	2 V	4 V	6 V	8 V	15 V
I	0,04 mA	0,15 mA	0,38 mA	0,65 mA	2,15 mA

a) Skizziere die Kennlinien.
b) Begründe, für welches Bauteil das Ohm'sche Gesetz gilt.

ELEKTRISCHER WIDERSTAND

Gold in elektronischen Schaltungen

In der HiFi- oder der Computertechnik wird Gold für Leitungen oder Kontakte verwendet. Kupferdrähte hätten zwar einen geringeren Widerstand als vergleichbare Golddrähte und würden die sehr kleinen Ströme in HiFi-Anlagen oder Computerbauteilen noch besser leiten. Aber Gold lässt sich besser verarbeiten und reagiert auch nicht mit dem Silicium der Chips.

Vögel können, ohne getötet zu werden, auf den nicht isolierten Kabeln von Hochspannungsleitungen sitzen, da ihr Widerstand wesentlich höher ist, als der des Kabelstücks zwischen ihren Krallen. Der Strom, der durch die Körper fließt, ist so gering, dass es nicht gefährlich ist.

In elektrischen Schaltungen z. B. für Radios, für Fernseher, aber auch beim Experimentieren werden Leiter benötigt, deren elektrischer Widerstand einen fest vorgegebenen Wert hat. Solche Leiter oder spezielle Bauteile heißen Widerstände. Damit ist das Bauteil und nicht die physikalische Größe gemeint. Das Schaltsymbol ist —▭—. Es gibt verschiedene technische Ausführungen:

Drahtwiderstand: Diese Widerstände werden aus Drähten aus Speziallegierungen (Konstantan, Manganin, Nickelin) hergestellt.

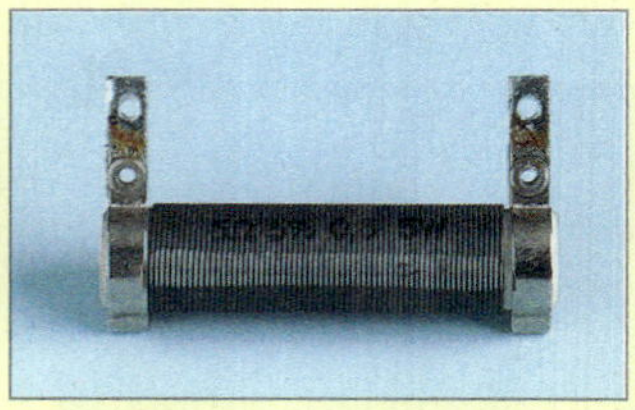

Schichtwiderstände: Leitfähige Schichten aus Kohle, Chrom-Nickel-Legierungen, Gold, Platin oder Zinnoxyd sind auf ein Keramikröhrchen aufgebracht. Nuten zwingen die Elektronen, spiralförmig um das Röhrchen herumzulaufen, weshalb sie einen viel längeren Weg zurücklegen müssen. Nach außen werden Widerstände durch eine Lackschicht oder Glasur geschützt (siehe A4).

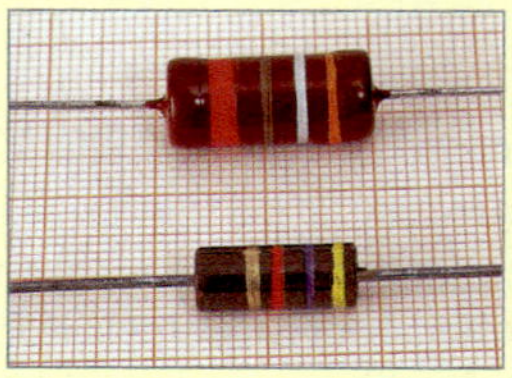

Versuche und Aufträge — Widerstand

V1 Bleistiftminen, z. B. aus einem Druckbleistift, leiten elektrischen Strom. Überlege dir einen Versuchsaufbau zur Messung der Kennlinie einer Bleistiftmine und führe die Messung durch. (Vorsicht: Der Stromfluss erwärmt die Bleistiftmine, baue den Versuch auf einer feuerfesten Unterlage auf!)

V2 In einem Stromkreis ist ein Eisendraht eingebaut. Wird der Stromkreis geschlossen, so schlägt der Zeiger des Strommessgerätes zunächst weit aus und geht dann erst langsam auf den Endwert zurück.

a) Führe den Versuch durch und erkläre.

b) Wie verhält sich der Zeiger bei einem Konstantandraht?

A3 In einigen Schaltungen werden regelbare Widerstände, sogenannte Schiebewiderstände, eingebaut. Schau einen solchen Schiebewiderstand aus eurer Physiksammlung an und erkläre, wie er funktioniert.

A4 In elektrischen Schaltungen sind die Widerstände oftmals so klein, dass eine lesbare Beschriftung unmöglich ist. Deshalb wurde ein Farbcode eingeführt.

a) Informiere dich über die Bedeutung der einzelnen Farben und der Ringe.

b) Bestimme die Größe des Widerstands mit der Farbreihenfolge: grün – gelb – blau – gold.

c) Zeichne den Farbcode für einen 220 Ω-Widerstand mit einer Genauigkeit von 5 % auf.

Auswertung von Messergebnissen — Werkzeug

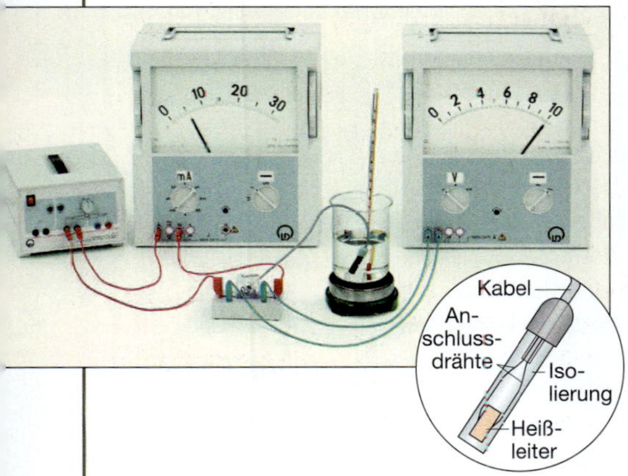

In einem Versuch soll die Abhängigkeit des Widerstandes von der Temperatur für einen temperaturabhängigen Widerstand (Heißleiter) untersucht werden. Dazu wird der Heißleiter im Wasserbad erhitzt. Neben seiner Temperatur werden gleichzeitig die an ihm anliegende Spannung und die Stromstärke gemessen.

Die Auswertung dieses Versuches wird nun auf drei verschiedenen Wegen vorgenommen:

- mit „Papier und Stift" (und einem Taschenrechner)
- mit einem Tabellenkalkulationsprogramm
- mit automatischer Messwerterfassung

Mit Papier und Stift

Die in der Tabelle rechts angegebenen Werte wurden ermittelt.
Die Widerstände für jede Messung werden mit der Gleichung $R = \frac{U}{I}$ berechnet.

Zum Schluss muss noch das Temperatur-Widerstands-Diagramm gezeichnet werden.

ϑ	U	I	R
25 °C	10 V	2,5 mA	5,0 kΩ
30°C	10 V	2,6 mA	3,8 kΩ
35 °C	10 V	3,2 mA	3,1 kΩ
40 °C	10 V	4,0 mA	2,5 kΩ
45 °C	10 V	5,0 mA	2,0 kΩ
50 °C	10 V	6,2 mA	1,6 kΩ
Messgrößen			berechnet

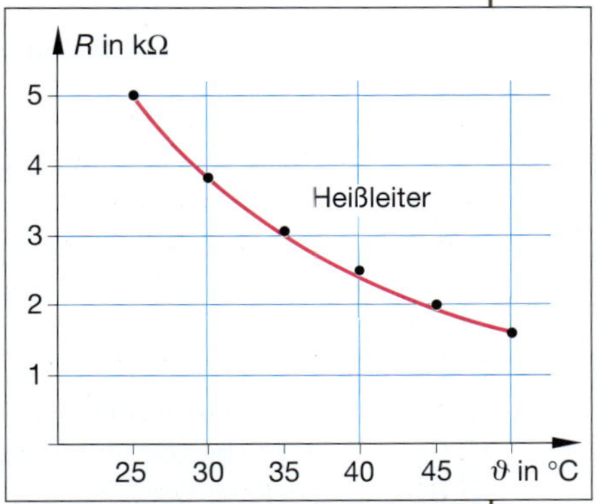

Mit dem Tabellenkalkulationsprogramm

Die Messwerte werden mit den Messgeräten ermittelt und in die drei Spalten für Temperatur, Spannung und Stromstärke eingegeben. Durch Eingeben der Formel für den Widerstand berechnet der Computer die Widerstände automatisch für die 4. Spalte. Nun kann vom Rechner das Diagramm gezeichnet werden.
Dieses Verfahren spart also den Aufwand für die einzelnen Rechnungen und die Diagrammzeichnung.

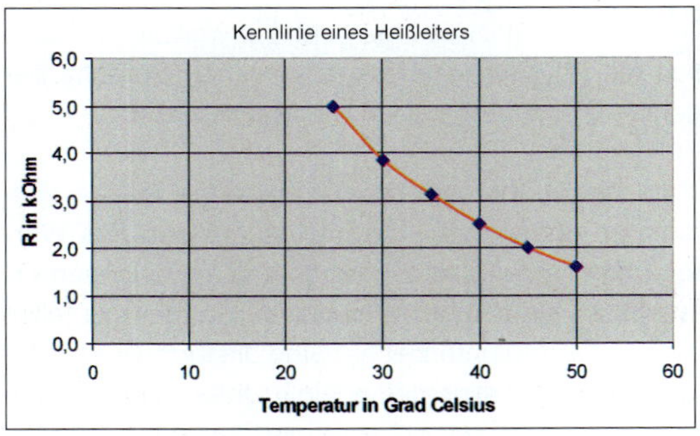

Mit automatischer Messwerterfassung

Noch schneller wird das Versuchsergebnis dargestellt, wenn zur Messwerterfassung und -auswertung ein Computer mit einem entsprechenden Programm verwendet werden kann. Sensoren liefern jetzt die Messwerte an eine dem Computer vorgeschaltete spezielle Schnittstelle, die die analogen Messwerte in für den Computer verständliche digitale Signale umwandelt.
Das Diagramm wird bei entsprechender Einstellung des Programms sofort angezeigt. Ein Ausdruck von Messwerten und Diagramm ist meist ebenfalls möglich.

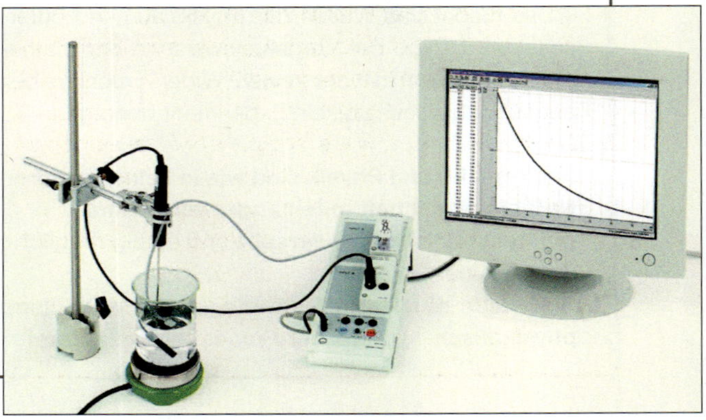

Durchblick – Mathematik als Sprache der Physik

In jedem Physikbuch sind mathematische Formeln zu finden. Für viele Schüler ist es oft schwierig, zwischen der Physik und der Mathematik zu unterscheiden.

Eines der grundlegenden Werke der modernen Physik ist die „Philosophiae Naturalis Principia Mathematica“ (Mathematische Prinzipien der Naturphilosophie) von Sir ISAAC NEWTON, dem Vater der Mechanik und dem Schöpfer der dafür erforderlichen Differential- und Integralrechnung. Mit letzterer ist die Mathematik – wie in vielen anderen Bereichen auch – von der Physik angeregt worden.

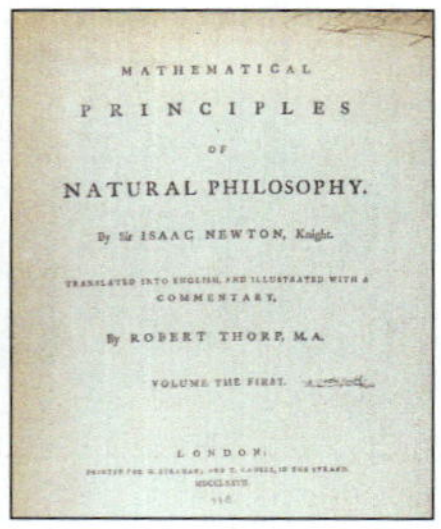

Die **Naturwissenschaft Physik** befasst „sich mit der Erforschung aller experimentell und messend erfassbaren sowie mathematisch beschreibbaren Erscheinungen und Vorgänge in der Natur“ (Meyers Neues Lexikon).

Für ihre Fragen (Hypothesen), Vorgehensweisen (naturwissenschaftliches Arbeiten) und Ergebnisse (Gesetze) wurden in der Physik folgende Prinzipien entwickelt:

1. Seit GALILEI das quantitativ messende Experiment,
2. streng logisches Schlussfolgern,
3. Einfachheit der Darstellung,
4. Modelldenken / Abstraktionsmöglichkeit.

Um diesen Prinzipien gerecht zu werden, müssen sich die Physiker einer angemessenen Sprache bedienen. Diese finden sie in der **Mathematik.**

Ohne die Mathematik ist die moderne Physik vollkommen undenkbar – im wahrsten Sinne des Wortes. Entscheidend ist allerdings, die gewonnenen Erkenntnisse einer ständig messenden, experimentellen Überprüfung zu unterziehen. Sind die formulierten Zusammenhänge allgemeingültig? Unter welchen Bedingungen müssen sie verändert werden? Können neue, allgemeinere Beziehungen formuliert werden? – Das macht das Wesen der Physik aus und unterscheidet sie von der Vorgehensweise in der Mathematik, die sich mit der reinen Widerspruchsfreiheit begnügt und deshalb kein Experiment benötigt.

Mathematik und Physik sind wie in keiner anderen Naturwissenschaft miteinander verwoben.
Mathematik ist *die* universelle und einzig mögliche Sprache der Physik.
Sie stellt effiziente Methoden zur Behandlung physikalisch-technischer Fragestellungen bereit.

Zu 1 – Messen

Die Ergebnisse von Messungen sind Werte zu physikalischen Größen, also Zahlen, für deren Verarbeitung die Mathematik Regeln und Verfahren bereit stellt. Im Gegensatz zur „reinen“ Mathematik haben die verwendeten Größen dabei aber eine physikalische Bedeutung. Die Physik ist die Verbindung ansonsten abstrakter Objekte der Mathematik zur Natur. Dazu gehört auch, dass einer Zahl in der Physik eine Maßeinheit zugeordnet ist, die sie erst zur physikalischen Größe macht.

Zu 2 – Schlussfolgern

Die gewonnenen Messdaten sollen in einen funktionalen Zusammenhang gebracht werden. Diese Zusammenhänge sind oftmals einfacher Natur, wie etwa die proportionalen Beziehungen zwischen der anliegenden Spannung, dem Widerstand und der resultierenden Stromstärke (Ohm'sches Gesetz). Die Mathematik bietet für die dazu erforderlichen Darstellungen in Form von Funktionen oder Graphen angemessene Ausdrucksformen. Ihre Verwendung liefert ein Höchstmaß an logischem Schlussfolgern, wie die Physik es benötigt.

Zu 3 – Einfachheit

Ferner sollen möglichst einfache und allgemeingültige Regeln/Folgerungen/Hypothesen aufgestellt werden (siehe dazu auch den Durchblick „Induktiv – Deduktiv“ auf S. 97). Dafür bietet die Mathematik eine sprachlich reine und klare, widerspruchsfreie und eindeutige Form. So ist z. B. der Zusammenhang zwischen der Spannung, dem Widerstand und der resultierenden Stromstärke in der Formelschreibweise $U = R \cdot I$ klarer und einfacher ausgedrückt als ein Satz in Worten dies könnte. Außerdem ist er so weiterem Schlussfolgern zugänglich.

Zu 4 – Modelldenken/Abstraktionsmöglichkeit

In der Physik werden von vielen physikalisch zugänglichen Wirklichkeitsbereichen Modelle erdacht. Insbesondere in der modernen Physik vom Allerkleinsten gelingt es nicht mehr, Bilder zu entwickeln, die mit der vertrauten makroskopischen Welt in Einklang zu bringen sind. Nur die abstrakten Formalismen der Mathematik bieten eine Möglichkeit der Darstellung.

Wovon hängt der Widerstand von Drähten ab? Streifzug

Der Widerstand von Drähten ist für Zuleitungen und Kabel ganz besonders wichtig. Sie sollen den Elektronenstrom möglichst wenig hemmen, d.h. ihr Widerstand soll sehr klein sein. So gibt es dicke Drähte in Kabeln, die den elektrischen Strom ins Haus leiten, aber auch dünne Drähte für die Telefonleitungen. Die Drähte in den Kabeln in den Versuchsaufbauten sind anders als die Drähte, die sich in Heizgeräten befinden.

Vermutlich hat der Widerstand eines Drahtes etwas damit zu tun, wie lang der Draht ist, welchen Querschnitt er hat und aus welchem Material er besteht, da durch diese Eigenschaften die Elektronen unterschiedlich stark in ihrer Bewegung gehemmt werden können. Deshalb soll untersucht werden, wie der elektrische Widerstand von diesen drei Größen *Länge, Querschnitt* und *Material* abhängt. Zur Messung wird das Widerstandsmessgerät genutzt.
Für die Untersuchung sind jeweils zwei der drei Größen konstant zu halten.

① **Abhängigkeit von der Länge *l*** bei konstantem Querschnitt (A = 0,1 mm²) und gleichem Material (Konstantan)

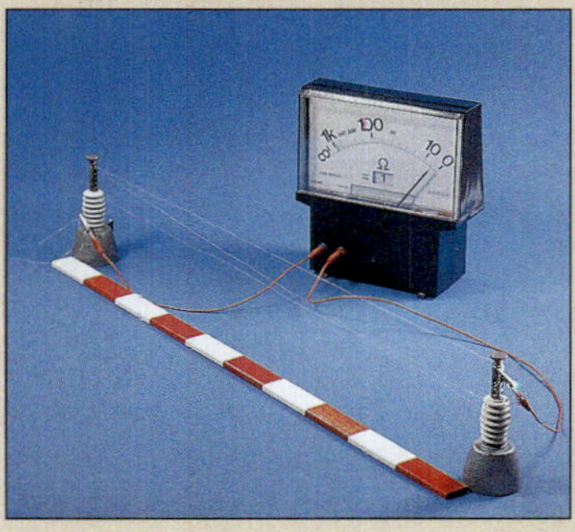

l	1 m	2 m	3 m
R	5 Ω	10 Ω	15 Ω

Je länger der Draht ist, umso größer wird der elektrische Widerstand: $R \sim l$

② **Abhängigkeit vom Querschnitt *A*** bei konstanter Länge (l = 3 m) und gleichem Material (Konstantan)

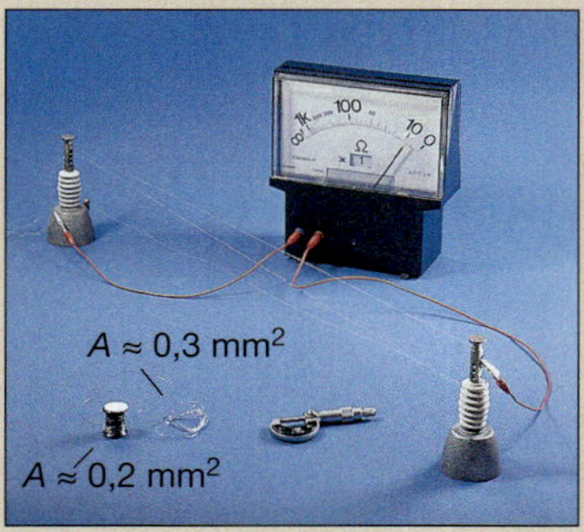

A	0,1 mm²	0,2 mm²	0,3 mm²
R	15 Ω	8 Ω	5 Ω

Je größer der Querschnitt des Drahtes, umso kleiner wird der elektrische Widerstand: $R \sim \frac{1}{A}$

③ **Abhängigkeit vom Material** bei konstanter Länge (l = 3 m) und konstantem Querschnitt (A = 0,1 mm²)

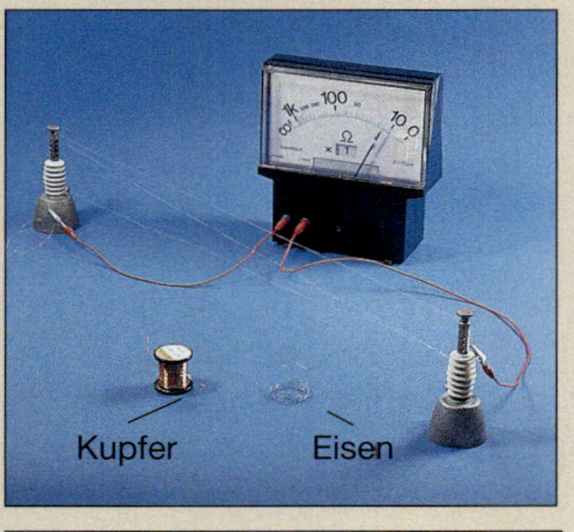

Material	Kupfer	Konstantan	Eisen
R	0,5 Ω	15 Ω	12 Ω

Der Widerstand ist je nach Material des Drahtes verschieden groß: $R \sim \rho$ (Materialkonstante)

Die drei Abhängigkeiten des elektrischen Widerstandes lassen sich in einer Formel zusammenfassen:

Spezifischer Widerstand	
Material	ρ
Gold	0,023 $\frac{\Omega \cdot mm^2}{m}$
Kupfer	0,017 $\frac{\Omega \cdot mm^2}{m}$
Aluminium	0,028 $\frac{\Omega \cdot mm^2}{m}$
Konstantan	0,49 $\frac{\Omega \cdot mm^2}{m}$
Wolfram	0,053 $\frac{\Omega \cdot mm^2}{m}$
Eisen	0,1–0,5 $\frac{\Omega \cdot mm^2}{m}$
Grafit	50–100 $\frac{\Omega \cdot mm^2}{m}$

$$R = \rho \cdot \frac{l}{A}$$

Die Materialabhängigkeit wird durch die Größe **spezifischer Widerstand (ρ)** ausgedrückt. Sie gibt an, wie groß der Widerstand eines 1 m langen Drahtes mit einem Querschnitt von 1 mm² des jeweiligen Materials ist.
Die Einheit ist $\frac{\Omega \cdot mm^2}{m}$.

Damit wird klar, warum Zuleitungen meist aus Kupfer und mit einem entsprechend großen Querschnitt hergestellt sind. Dadurch haben sie einen sehr geringen Widerstand. Der Strom wird kaum gehemmt.

Bei Heizgeräten ist die Situation umgekehrt: In ihnen soll der Strom stärker als in den Zuleitungen gehemmt werden, damit die Heizwendel glüht und die Energie an die Umgebung abgeben kann. Daher werden dünne Drähte aus Materialien mit großem spezifischen Widerstand (z. B. Eisen oder Konstantan) verwendet. Andererseits müssen diese Drähte die hohen Temperaturen aber auch aushalten. Sie dürfen nicht schmelzen oder zu brennen beginnen.

Elektrischer Widerstand und Temperatur metallischer Leiter

Wie lässt sich der Widerstand im Teilchenbild verstehen und welchen Einfluss hat dabei das Material des Drahtes?

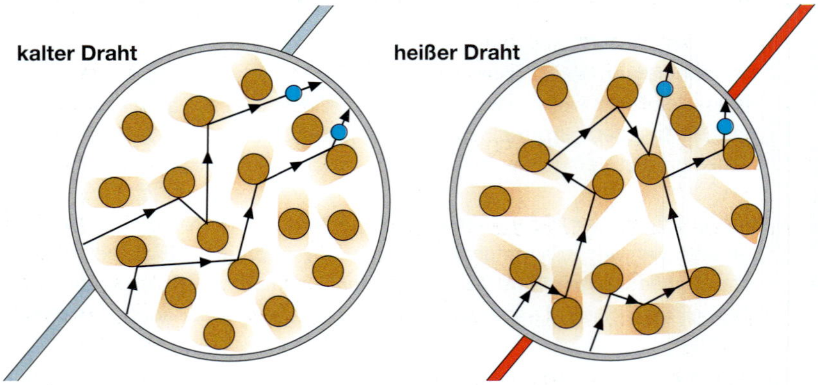

In der Zeichnung ist die Bewegung zweier Elektronen dargestellt. Die Elektronen werden durch Zusammenstöße mit den Atomen in ihrer Bewegung mehrfach behindert. Diese Hemmung ist umso stärker und damit die Elektronenbewegung umso langsamer, je mehr Zusammenstöße stattfinden. Von der Anordnung der Atome und ihren Wechselwirkungen mit den Elektronen hängt es ab, wie groß der Widerstand des Leiters ist. Damit wird zunächst einmal verständlich, warum verschiedene Metalle den elektrischen Strom unterschiedlich gut leiten.

Wird der Widerstand von Drähten mit gleichen Längen und gleichen Querschnittsflächen ermittelt, so ergibt sich für jeden Draht ein charakteristischer Wert. Die Tabelle zeigt einige Beispiele.

Material	Widerstand
Silber	0,016 Ω
Kupfer	0,017 Ω
Aluminium	0,027 Ω
Platin	0,1 Ω
Konstantan	0,49 Ω
Drahtlänge 1 m, Querschnitt 1 mm²	

Wie lässt sich der Einfluss der Temperatur des Leiters auf seinen Widerstand im Teilchenmodell erklären?

Die Atome schwingen um ihren Platz im Metallgitter, und zwar umso heftiger, je höher die Temperatur ist. Dadurch stoßen die sich durch das Gitter bewegenden Elektronen bei höheren Leitertemperaturen öfter mit den Atomen zusammen als bei niedrigen Temperaturen. Sie werden bei höheren Temperaturen also stärker gehemmt. Deshalb ist der elektrische Widerstand von metallischen Leitern bei höheren Temperaturen größer als bei niedrigeren.

Zentraler Versuch

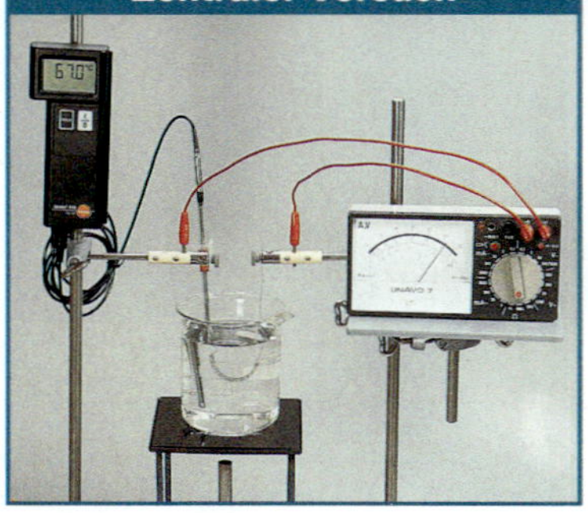

Diese „Theorie" lässt sich in einem Versuch überprüfen: Ein Eisendraht befindet sich in einem Wasserbad (destilliertes Wasser). Dieses wird langsam erwärmt und der Drahtwiderstand direkt gemessen.

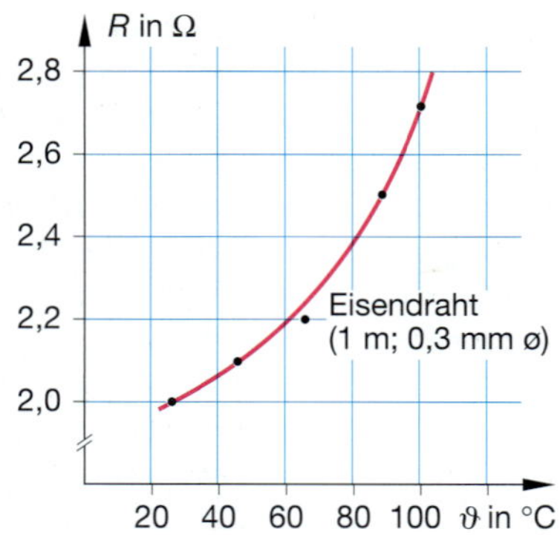

Material	R bei 20 °C	R bei 30 °C
Silber	1000 Ω	1038 Ω
Kupfer	1000 Ω	1039 Ω
Aluminium	1000 Ω	1047 Ω
Eisen	1000 Ω	1060 Ω

Die Temperaturabhängigkeit des Widerstands ist von Metall zu Metall verschieden. Die Tabelle zeigt die Widerstände verschiedener Leiter bei zwei unterschiedlichen Temperaturen. Ausnahmen machen einige Materialien wie Konstantan oder Nickelin. Ihr Widerstand ändert sich auch bei großen Temperaturschwankungen fast nicht.

Die ϑ-R-Kennlinie eines **Heißleiters** zeigt, dass es Materialien gibt, bei denen der Widerstand mit steigender Temperatur abnimmt! Dies ist mit unserer bisherigen Vorstellung nicht mehr erklärbar – Heißleiter erfordern ein anderes Modell als die bisher behandelten **Kaltleiter.**

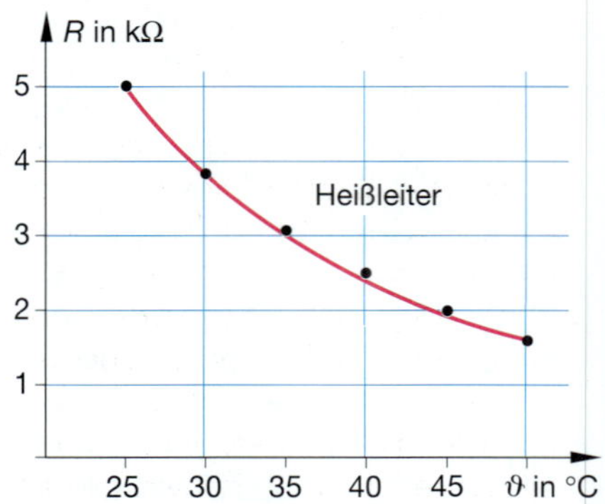

Rechenbeispiel

1. Eine Warmhalteplatte hat bei Betriebstemperatur den Widerstand 90 Ω. Berechne die Stromstärke durch das Gerät.

Geg.: $U = 230\ \text{V};\quad R = 90\ \Omega$

Ges.: I

Lösung: Aus $R = \frac{U}{I}$ folgt durch Umstellung

$$I = \frac{U}{R} = \frac{230\ \text{V}}{90\ \Omega} = \frac{230}{90} \cdot \frac{\text{V}}{\Omega} = 2{,}6\ \text{A}.$$

Durch die Warmhalteplatte fließt ein Strom von 2,6 A.

2. Ein Relais (elektromagnetischer Schalter) spricht bei einer Stromstärke von 40 mA an. Berechne die zum Schalten nötige Spannung, wenn das Relais einen konstanten Widerstand von 70 Ω hat.

Geg.: $R = 70\ \Omega;\quad I = 40\ \text{mA}$

Ges.: U

Lösung: Aus $R = \frac{U}{I}$ folgt durch Umstellung

$$U = I \cdot R = 40\ \text{mA} \cdot 70\ \Omega$$
$$= 40 \cdot 70 \frac{1}{1000}\ \text{A} \cdot \frac{\text{V}}{\text{A}} = 2{,}8\ \text{V}.$$

Für den Betrieb des Relais werden 2,8 V benötigt. Es genügen z. B. zwei Monozellen.

Aufgaben

1 Für einen Heizstrahler wurden 4,3 A, für einen Staubsauger 2,2 A und für einen Wäschetrockner 14 A bei einer Spannung von 230 V gemessen. Ermittle, welches Gerät den kleinsten bzw. den größten Widerstand hat. Begründe deine Antwort.

2 Durch die Spule eines Elektromagneten mit einem konstanten Widerstand von 3,0 Ω soll ein Strom von 2,0 A fließen, damit mit dem Magnet ein Ventil geschlossen werden kann.
Erläutere, welche Spannung angelegt werden muss, um die gewünschte Stromstärke zu erreichen.

3 Bei Glühlampen ist der Widerstand im kalten und im heißen Zustand unterschiedlich.

	kalt	heiß
25 W	157 Ω	1940 Ω
100 W	37 Ω	490 Ω

Begründe mithilfe der Daten, weshalb Glühlampen meistens beim Einschalten „durchbrennen".

4 An den Eisendraht im Diagramm links wird eine Spannung von 5 mV angelegt. Ein Messgerät misst die Stromstärkewährend der Draht erwärmt wird.
a) Ermittle die Temperatur, bei der 2 mA angezeigt werden.
b) Hat sich die Temperatur halbiert, wenn 1 mA gemessen werden? Erläutere deine Antwort.

Supraleitung — Streifzug

Aus der Zunahme des elektrischen Widerstands bei Temperaturerhöhung des Leiters lässt sich umgekehrt schließen, dass der Widerstand bei Abkühlung immer geringer werden sollte. 1908 gelang HEIKE KAMMERLINGH-ONNES in Leiden (Holland) die Verflüssigung von Helium bei 2,45 K (Normaldruck). Damit konnte untersucht werden, wie groß der elektrische Widerstand bei sehr tiefen Temperaturen ist. Die erwartete Abnahme des Widerstands mit sinkender Temperatur wurde beobachtet. Aber 1911 fand ONNES etwas Besonderes: Bei Quecksilber sank der Widerstand bei 4,2 K sprunghaft auf null. Onnes taufte diese Erscheinung **Supraleitung,** die Temperatur **Sprungtemperatur.**
Bei anderen Stoffen tritt Supraleitung bei anderen Sprungtemperaturen auf. 1986 gelang es dem Deutschen BEDNORZ und dem Schweizer MÜLLER, die Supraleitung an keramischen Stoffen bei Temperaturen über 77 K nachzuweisen. Beide erhielten 1987 dafür den Nobelpreis. Rekord 1999: 133 K (= –140 °C).
Supraleitende Stoffe mit einer Sprungtemperatur oberhalb 77 K sind deshalb interessant, weil 77,4 K (= –195,75 °C) die Siedetemperatur von flüssigem Stickstoff ist. Derartige Stoffe könnten mit flüssigem Stickstoff unter ihre Sprungtemperatur gekühlt, also supraleitend gemacht werden. Allerdings lassen sich diese supraleitenden keramischen Stoffe nicht zu Drähten üblicher Form und Elastizität verarbeiten.
Aber durch die Entwicklung leistungsfähiger Heliumverflüssiger mit geringem Raumbedarf finden supraleitende Magnete zur Erzeugung starker Magnetfelder immer weitere Verbreitung. Denn die Leistungsfähigkeit von supraleitenden Elektromagneten ist immens, weil ja die Bewegung der Elektronen nicht mehr behindert wird. Supraleitende Magnete finden in der medizinischen Diagnostik, z. B. bei Kernspintomografen zur Untersuchung des Gehirns, Verwendung. Aber auch die großen Beschleuniger zur Untersuchung atomarer Prozesse, z. B. beim DESY in Hamburg, wären ohne supraleitende Magnete nicht denkbar.

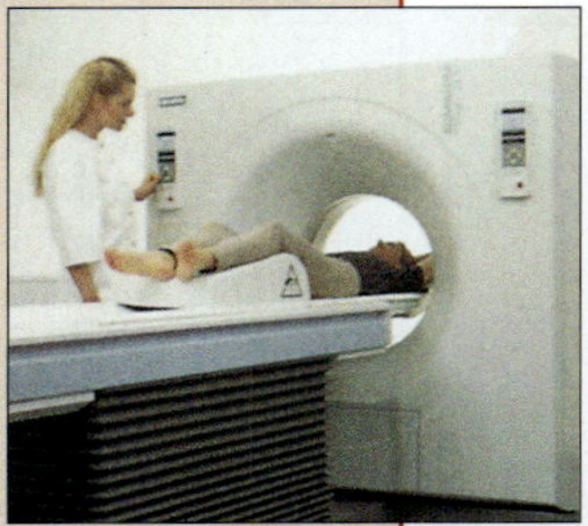

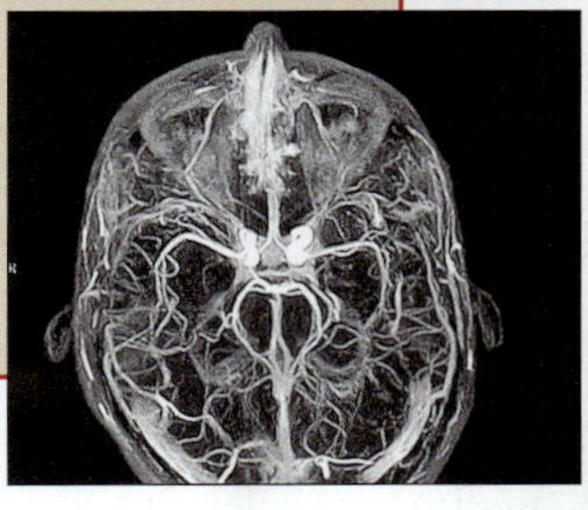

Reihen- und Parallelschaltung von Widerständen

Elektrische Widerstände bestimmen in einer Schaltung wie groß die Stromstärke I ist, wenn eine Spannung U anliegt. Für den Aufbau einer Schaltung ist es wichtig zu wissen, wie groß die Stromstärke ist, da jedes elektrische Bauteil nur bis zu einer bestimmten Stromstärke belastet werden darf. Demzufolge ist es sinnvoll den Gesamtwiderstand einer Schaltung berechnen zu können, um so die Gesamtstromstärke und auch einzelne Teilstromstärken bestimmen zu können. Das Gesetz $R = \frac{U}{I}$ bildet die Grundlage, um weitere Gesetzmäßigkeiten zu erschließen.

Reihenschaltung

Der einfachste Fall ist eine Reihenschaltung aus zwei Widerständen. Zunächst erfolgt eine Messung, anschließend die Suche nach einer allgemeinen Regel.

Statt mit Lampen wird der Versuch mit technischen Widerständen durchgeführt, bei denen die Größe R ihrer Widerstände bekannt ist.

Messwerte für zwei Widerstände

R_1	R_2	R_{ges}
50 Ω	100 Ω	150 Ω
200 Ω	400 Ω	600 Ω
150 Ω	200 Ω	350 Ω

Die Vermutung liegt nahe, dass bei der Reihenschaltung von zwei Widerständen eine einfache Gesetzmäßigkeit gilt: Die Summe beider Einzelwiderstände ergibt den Gesamtwiderstand. Eine Überprüfung dieser Regel erfolgt für den Fall, dass drei Widerstände in Reihe geschaltet sind.

Messwerte für drei Widerstände

R_1	R_2	R_3	R_{ges}
50 Ω	150 Ω	250 Ω	450 Ω
150 Ω	200 Ω	400 Ω	750 Ω

Offensichtlich gilt auch hier: Die Summe der Einzelwiderstände ergibt den Gesamtwiderstand. Weitere Messungen bestätigen, dass auch bei mehr als drei Widerständen sich der Gesamtwiderstand stets als Summe der Einzelwiderstände berechnen lässt.

In einer Reihenschaltung von n Widerständen R_1 bis R_n gilt: Der Gesamtwiderstand ergibt sich als Summe der Einzelwiderstände.

$R_{ges} = R_1 + R_2 + \ldots + R_n$

Parallelschaltung

Gilt für die Parallelschaltung eine ähnliche Gesetzmäßigkeit? Messungen (vgl. unten) zeigen, dass sich eine einfache Vermutung wie bei der Reihenschaltung nicht treffen lässt. Deshalb werden zur Berechnung des Gesamtwiderstands bereits bekannte Gesetzmäßigkeiten zur Parallelschaltung von Widerständen genutzt:

① Die Spannung in jedem Teilstromkreis ist gleich;
② die Summe der Teilstromstärken ergibt die Gesamtstromstärke. (Energieentwertung wird vernachlässigt.)

Allgemeine Berechnung von R_{ges}:
Bekannt ist:

① $U = U_1 = U_2 = \ldots = U_n$

② $I_{ges} = I_1 + I_2 + \ldots + I_n$

$R_{ges} = \frac{U}{I_{ges}}$

$R_{ges} = \frac{U}{(I_1 + I_2 + \ldots + I_n)}$ | Kehrbruch bilden

$\frac{1}{R_{ges}} = \frac{(I_1 + I_2 + \ldots + I_n)}{U}$ | Klammer auflösen

$\frac{1}{R_{ges}} = \frac{I_1}{U} + \frac{I_2}{U} + \ldots + \frac{I_n}{U}$

$\frac{1}{R_{ges}} = \frac{1}{R_1} + \frac{1}{R_2} + \ldots + \frac{1}{R_n}$

Beispiel ($n = 2$): Für $R_1 = 60\ \Omega$ und $R_2 = 30\ \Omega$ gilt
$\frac{1}{R_{ges}} = \frac{1}{60\ \Omega} + \frac{1}{30\ \Omega} = \frac{1}{20\ \Omega}$.
Daraus ergibt sich für R_{ges} ein Wert von 20 Ω.

In einem Versuch wird geklärt, ob sich das gefundene Gesetz auch experimentell bestätigen lässt.

R_1	R_2	R_{ges}
60 Ω	30 Ω	20 Ω
200 Ω	400 Ω	133,33 Ω
150 Ω	300 Ω	100 Ω

In einer Parallelschaltung von n Widerständen R_1 bis R_n gilt für den Gesamtwiderstand: Der Kehrwert des Gesamtwiderstandes ist die Summe der Kehrwerte der Einzelwiderstände.

$\frac{1}{R_{ges}} = \frac{1}{R_1} + \frac{1}{R_2} + \ldots + \frac{1}{R_n}$

Induktiv – Deduktiv

Durchblick

Es gibt unterschiedliche Methoden, physikalische Sachverhalte zu untersuchen und zu Erkenntnissen zu gelangen.

Bei der **induktiven Methode** (lat.: *inducere:* hereinführen) der Erkenntnisgewinnung wird **von einzelnen Erkenntnissen/Ereignissen auf eine allgemeingültige physikalische Gesetzmäßigkeit geschlossen.**

Bei der **deduktiven Methode** (lat.: *deducere:* ableiten, herleiten) der Erkenntnisgewinnung wird **von einer allgemeinen physikalischen Gesetzmäßigkeit auf eine Einzelerkenntnis geschlossen.**

Induktive Methode

Einzelereignis z. B. Ergebnis eines Experimentes

Beispiel: Reihenschaltung von zwei Widerständen
Der Gesamtwiderstand wird gemessen.

↓ Auswertung

Der Gesamtwiderstand ergibt sich als Summe der Einzelwiderstände.

Einzelerkenntnis

Der Gesamtwiderstand für zwei in Reihe geschalteten Widerständen ergibt sich als Summe der Einzelwiderstände:
$R_{ges} = R_1 + R_2$

↓ Bildung

Formulierung eines Aussagesatzes

Hypothese

Die Erkenntnis, die für zwei Widerstände gefunden wurde, gilt auch für mehr als zwei Widerstände.

↓ Überprüfung durch Experiment

Planung eines geeigneten Experiments

weitere Einzelexperimente

Der experimentellen Überprüfung dieser Hypothese wird nicht *nur* ein Einzelexperiment zugrunde gelegt: Versuche werden mit vielen verschiedenen Widerständen durchgeführt.

↓ Verallgemeinerung

Haben eine ausreichende Menge von Einzelerfahrungen die Hypothese gestärkt, wird sie als Erkenntnis auch auf nicht beobachtete Fälle ausgeweitet. Sie wird verallgemeinert:

Gesetzmäßigkeit

Physikalische Gesetzmäßigkeit: **Für den Gesamtwiderstand einer Reihenschaltung von Widerständen R_1 bis R_n gilt:**
$R_{ges} = R_1 + R_2 + \ldots R_n$.

Deduktive Methode

Gesetzmäßigkeit

Beispiel: Parallelschaltung von n Widerständen
Es gilt: $R = \frac{U}{I}$,
$U_1 = U_n = \ldots = U_n$, $I_{ges} = I_1 + I_2 + \ldots I_n$.

↓ Bildung

Formulierung eines Aussagesatzes

Hypothese

Aus den Gesetzmäßigkeiten lässt sich der Gesamtwiderstand von parallel geschalteten Widerständen bestimmen.

↓ mathematische Herleitung (Deduktion)

$$I_{ges} = \frac{U}{I} = \frac{U}{I_1 + I_2 + \ldots I_n}$$
$$\frac{1}{R_{ges}} = \frac{U}{I} = \frac{I_1}{U} + \frac{I_2}{U} + \ldots \frac{I_n}{U}$$
$$\frac{1}{R_{ges}} = \frac{1}{R_1} + \frac{1}{R_2} + \ldots \frac{1}{R_n}$$

theoretische Einzelerkenntnis

Es ergibt sich: $\frac{1}{R_{ges}} = \frac{1}{R_1} + \frac{1}{R_2} + \ldots \frac{1}{R_n}$
für den Gesamtwiderstand von n parallel geschalteten Widerständen.

↓ Planung

Planung eines geeigneten Experiments

Viele Einzelexperiment

Zur Überprüfung dieser Erkenntnis schließen sich viele Einzelexperimente mit n Widerständen an, die parallel geschaltet sind.

↓ Bewertung

Bestätigung oder Nicht-Bestätigung der theoretischen Erkenntnis

experimentell gesicherte Erkenntnis

Für n parallel geschaltete Widerstände gilt:
$$\frac{1}{R_{ges}} = \frac{1}{R_1} + \frac{1}{R_2} + \ldots + \frac{1}{R_n}$$

Bei der Erkenntnisgewinnung aus Beobachtungen findet der induktive Ansatz Verwendung. Von den konkreten Situationen wird auf das Allgemeine geschlossen. Viele Ideen (Bilder) der Wissenschaftler entstehen jedoch zuerst in den Köpfen bzw. auf dem Papier. Dann muss in Experimenten belegt werden, dass die im Kopf entwickelten Bilder mit ihren gedanklichen Ableitungen auch in der Realität Bestand haben (deduktiver Ansatz). In der Regel sind beide Methoden eng miteinander verknüpft und erweisen sich in Kombination als besonders sinnvoll. Unabhängig davon, ob die **induktive oder die deduktive Methode einzeln oder in Kombination verwendet werden, wird das gleiche Ziel erreicht: eine experimentell gesicherte Erkenntnis.**

Werkzeug — Analyse von Schaltkreisen

Komplexe Schaltungen lassen sich mithilfe der Gesetze zu Parallel- und Reihenschaltungen analysieren. Gesucht sind Größe des Widerstands, Spannung und Stromstärke vom einzelnen Widerstand und der Gesamtschaltung.

Analyse

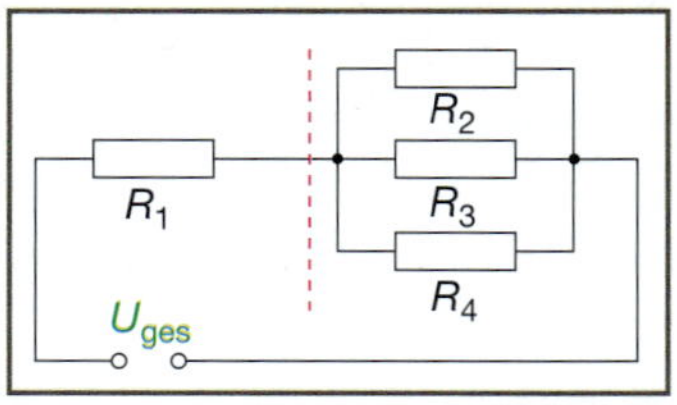

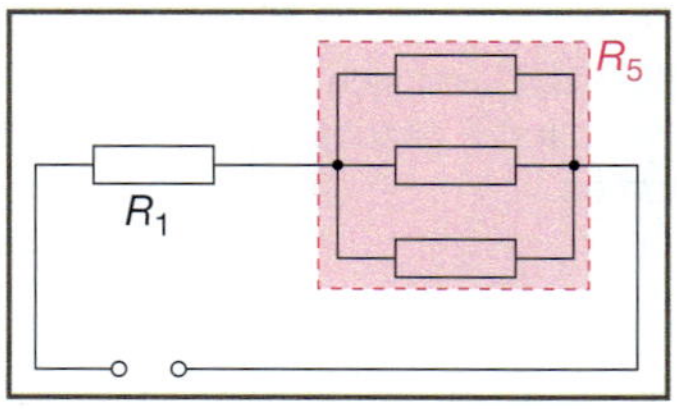

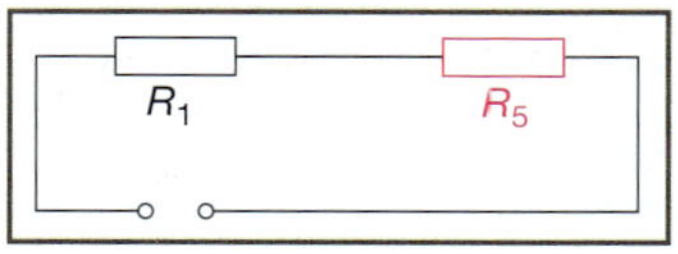

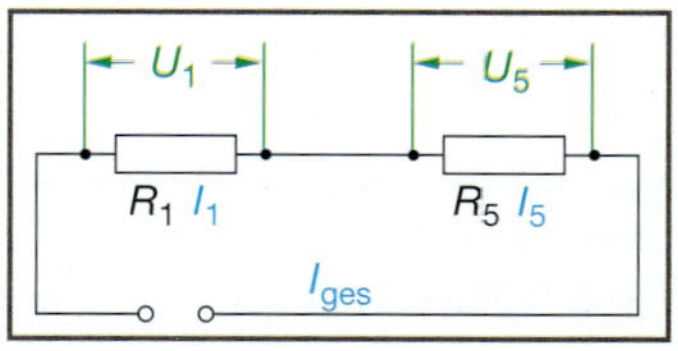

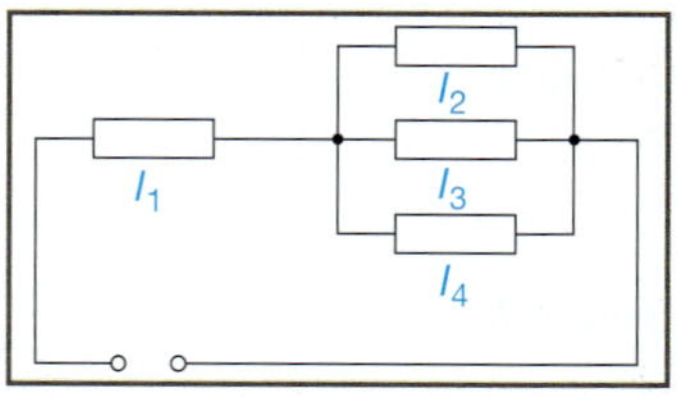

Plan

Gegeben sind R_1 bis R_4. Der Gesamtwiderstand lässt sich nicht direkt berechnen. R_2 bis R_4 sind aber parallel geschaltet. Die Schaltung teilt sich auf in zwei Teile, die einzeln einfach berechenbar sind.

Vereinfachung der Struktur: Zunächst wird der Ersatzwiderstand R_5 berechnet. Mit dieser Hilfe vereinfacht sich die Struktur der Schaltung : R_1 und R_5 sind in Reihe geschalt.

Der Gesamtwiderstand R_{ges} ergibt sich jetzt als Summe (Reihenschaltung) von R_1 und R_5.

Die Gesamtspannung U_{ges} und der Widerstand R_{ges} sind bekannt. Mit diesen Informationen lässt sich I_{ges} bestimmen.

R_1 und R_5 in Reihe: $I_{ges} = I_1 = I_5$

Es liegt eine Reihenschaltung vor, U_1 und U_5 können bestimmt werden : An R_2, R_3 und R_4 liegt jeweils die Spannung U_5 an (Parallelschaltung). I_2 bis I_4 werden berechnet.

Ausführung

Gegeben:

$R_1 = 100\ \Omega$
$R_2 = 300\ \Omega$
$R_3 = 200\ \Omega$
$R_4 = 120\ \Omega$
$U_{ges} = 10\ \text{V}$

Gesucht:

R_{ges}, I_{ges}, I_1 bis I_4, R_1 bis R_4

$$=> \frac{1}{R_5} = \frac{1}{R_2} + \frac{1}{R_3} + \frac{1}{R_4}$$
$$=> \frac{1}{R_5} = \frac{1}{300\ \Omega} + \frac{1}{200\ \Omega} + \frac{1}{120\ \Omega}$$
$$=> R_5 = 60\ \Omega$$

$$=> R_{ges} = R_1 + R_5 = 100\ \Omega + 60\ \Omega = 160\ \Omega$$

$$I_{ges} = \frac{U_{ges}}{R_{ges}} = \frac{10\ \text{V}}{160\ \Omega} = 62{,}5\ \text{mA}$$
$$I_{ges} = I_1 = I_5 = 62{,}5\ \text{mA}$$

$$=> U_1 = R_1 \cdot I_{ges} = 6{,}25\ \text{V}$$
$$U_5 = R_5 \cdot I_{ges} = 3{,}75\ \text{V}$$

$$U_2 = U_3 = U_4 = U_5$$

$$=> I_2 = \frac{U_2}{R_2} = 12{,}50\ \text{mA}$$
$$I_3 = \frac{U_3}{R_3} = 18{,}75\ \text{mA}$$
$$I_4 = \frac{U_4}{R_4} = 31{,}25\ \text{mA}$$

Vorgehensweise

Berechnen ohne Ersatzwiderstände möglich? **nein** ⇨ **Unterteilung in Ersatzwiderstände**

ja ⇨ **Berechnung von Widerständen, Teilspannungen oder Teilstromstärken** (⇦ Unterteilung in Ersatzwiderstände)

⇨ **Alle gesuchten Größen der Schaltung sind berechnet** (⇦)

Aufgaben

1 Berechne den Gesamtwiderstand R_{ges} in den folgenden Schaltungen. Vereinfache durch Einführung von Ersatzwiderständen und beschreibe deinen Lösungsweg.

a)

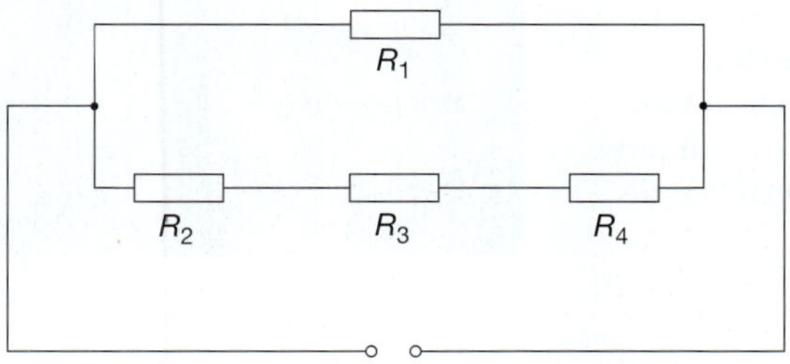

b)

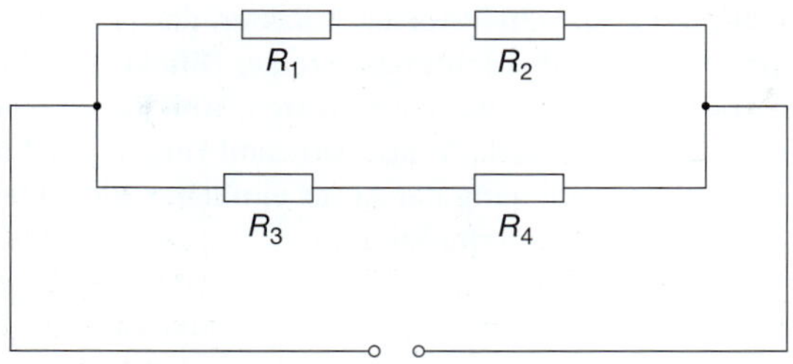

c)

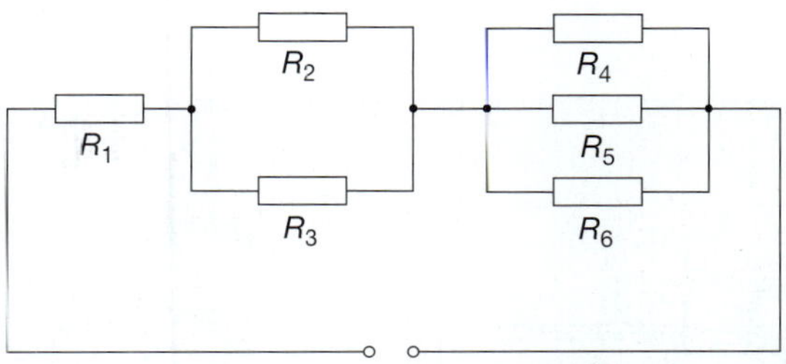

d)

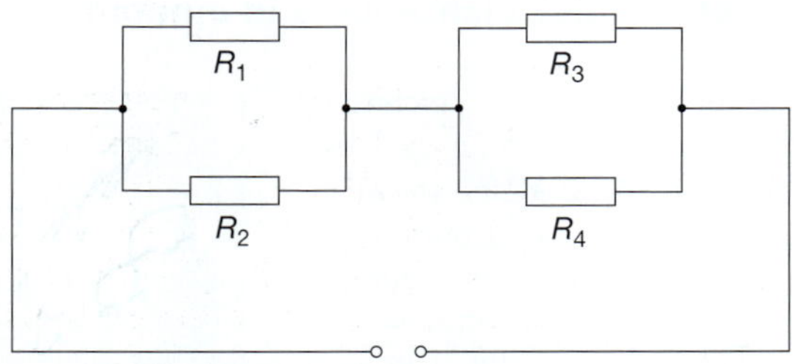

2 Gegeben sind drei Widerstände R_1, R_2 und R_3.
a) Berechne alle Spannungen und Stromstärken für folgende Schaltung, wenn U_{ges} = 10 V ist:

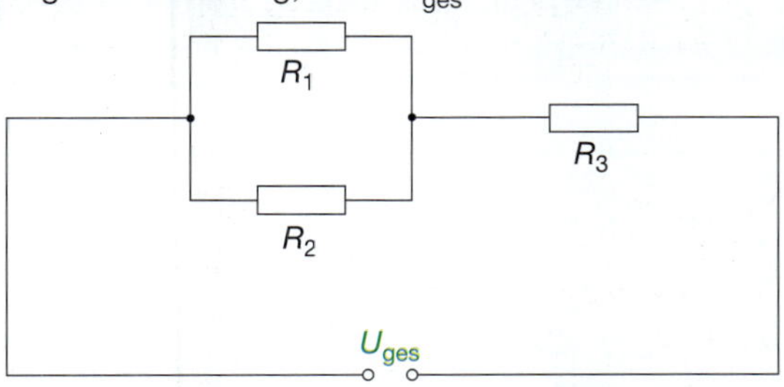

b) Skizziere die verschiedene Arten, auf die die Widerstände geschaltet werden können. Berechne jeweils den Gesamtwiderstand R_{ges} und die Gesamtstromstärke I_{ges}. Begründe, für welche Schaltung R_{ges} am größten bzw. am kleinsten ist.
c) Entwickle eine Schaltung aus vier verschiedenen Widerständen, welche einen Gesamtwiderstand von R_{ges} = 200 Ω hat. Dabei soll es sich nicht um eine reine Reihenschaltung oder um eine reine Parallelschaltung handeln.

3 Die Widerstände R_1 = 50 Ω , R_2 = 100 Ω und R_3 = 150 Ω sind an 100 V angeschlossen.
a) Berechne die Gesamtstromstärke für den Fall, dass alle Widerstände parallel geschaltet sind.
b) Berechne die Gesamtstromstärke für den Fall, dass alle Widerstände in Reihe geschaltet sind.

4 Ermittle deduktiv das Gesetz $R = R_1 + R_2$ für die Reihenschaltung.

5 Zwei Widerstände R_1 = 100 Ω und R_2 sollen so zusammengeschaltet werden, dass sie 200 Ω Gesamtwiderstand ergeben.
a) Berechne R_1, wenn beide in Reihe geschaltet sind.
b) Berechne R_1, wenn beide parallel geschaltet sind.
c) Interpretiere dein Ergebnis.

6 Erstelle für deinen Partner eine Aufgabe angelehnt an die Aufgabe **1** dieser Seite. Berechne die Lösung und gib deinem Partner anschließend deine Aufgabe. Bewerte seine Lösung.

7 Berechne R_{ges}, wenn für alle Widerstände R = 100 Ω gilt und die angelegte Spannung U = 10 V beträgt.

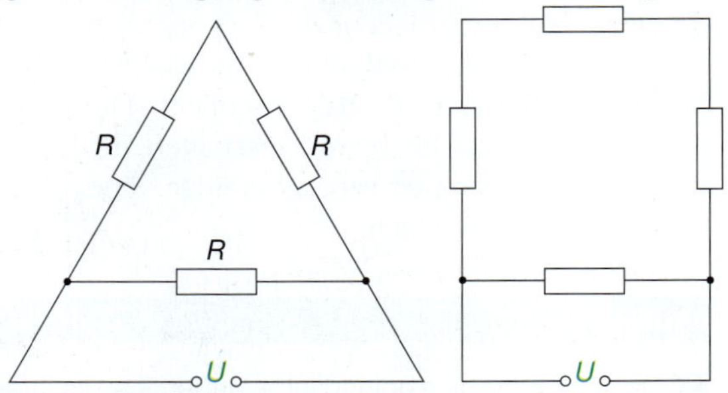

8 Eine Parallelschaltung von drei Widerständen hat einen Gesamtwiderstand von 8 Ω.
a) Berechne R_3, wenn $R_1 = R_2 =$ 50 Ω haben.
b) Berechne R_1 und R_2, wenn R_3 = 80 Ω hat und $R_1 = R_2$ ist.
c) Berechne R_1, R_2 und R_3, wenn $R_2 = 2\,R_3$ und $R_1 = R_2$ ist.

Elektrik im Auto

Zum Autofahren reicht Benzin allein nicht aus – ohne eine funktionierende Elektrik lässt sich nicht einmal der Motor starten! Zur Autoelektrik gehören z. B. Scheinwerfer, Anlasser, das akustische Warnsignal (Hupe) oder die Fahrtrichtungsanzeiger (Blinker). Außerdem haben moderne Autos bis zu vierzig Sensoren, welche auf elektrischem Weg Größen wie z. B. Druck, Temperatur und Feuchtigkeit messen. Mit ihrer Hilfe wird die Bedienung der Autos einfacher, gleichzeitig erfüllen sie auch Warn- und Schutzfunktionen.

Schaltung der Lichtanlage in einem Auto

Die nebenstehende Zeichnung zeigt den Schaltplan für die Elektrik in einem VW-Käfer, so wie er vor ungefähr vierzig Jahren benutzt worden ist. Für die heutigen Autos sind die Schaltpläne wesentlich komplizierter. Um den Schaltplan besser verstehen zu können, ist unter ihm ein Ausschnitt in vereinfachter Form dargestellt, der Teile der Lichtanlage beschreibt.

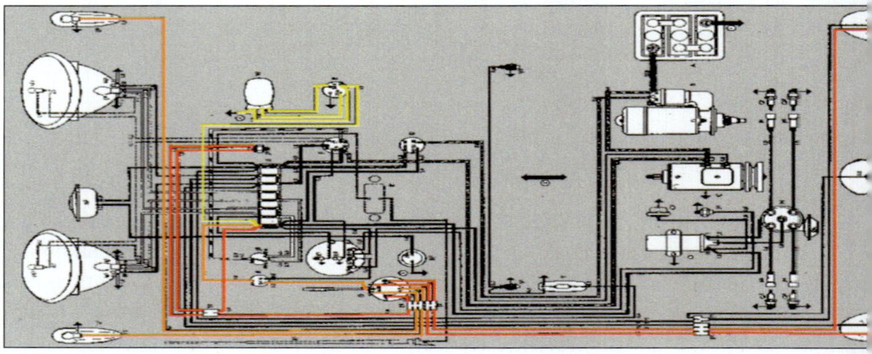

Damit bei einer defekten Glühlampe nicht alle Leuchten ausfallen, sind diese parallel geschaltet. Wenn, wie beim Scheinwerfer, in einer Leuchte zwei Glühlampen untergebracht sind, sind diese ebenfalls parallel geschaltet. Durch die Wahl von Glühlampen mit unterschiedlichen elektrischen Widerständen wird erreicht, dass verschiedene Helligkeitsstufen erzielt werden. Das Abblendlicht muss natürlich viel heller sein als das Standlicht. Die Stromstärken, welche beim Einschalten der einzelnen Glühlampen erzeugt werden, sind ebenfalls unterschiedlich.

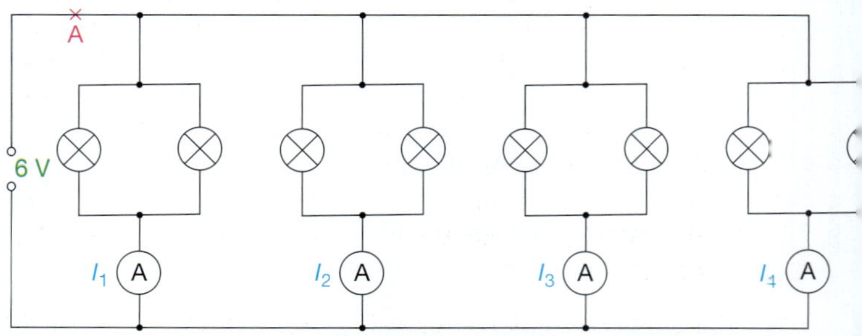

Aufgaben

1 Die Lampen des Abblendlichts haben jeweils einen Widerstand von 2,62 Ω, die des Standlichts von 36 Ω, die des Bremslichts von 6,86 Ω und die des Schlusslichts von 28,8 Ω. Die Batteriespannung beträgt $U = 6$ V.
a) Berechne die Stromstärken I_1 bis I_4.
b) Ermittle die Stromstärke, die im Stromkreis durch den Punkt A fließen würde, wenn alle Lampen gleichzeitig angeschaltet wären.
c) An welchen Stellen des Stromkreises müssen Kabel mit einem relativ großem Querschnitt verwendet werden? Erläutere.

2 Finde weitere Beispiele für Sensoren am Auto. Beschreibe, welche Größen gemessen und welche physikalischen Eigenschaften genutzt werden.

Widerstände als Sensoren

Der elektrische Widerstand eines Drahtes ist abhängig von seiner Querschnittsfläche, von seiner Länge und dem Material, aus dem er besteht. Sensoren, welche nichtelektrische physikalische Größen in elektrische Signale umwandeln, verändern ebenfalls ihren elektrischen Widerstand. Ein Fotowiderstand ist z. B. ein Sensor, welcher seinen elektrischen Widerstand abhängig vom Lichteinfall ändert. Im Auto lässt sich dieser Sensor dazu benutzen, um automatisch das Abblendlicht einzuschalten. Die Spannungsänderung, die durch den Fotowiderstand erzeugt wird, ist sehr gering. Daher muss ein Signalverstärker in die Schaltung integriert werden.
Ein Versuch kann zeigen, wie der Fotowiderstand als Schalter benutzt werden kann. Eine Diode/Lampe kann an- und ausgeschaltet werden, indem der Fotowiderstand abgedeckt wird und einmal nicht.

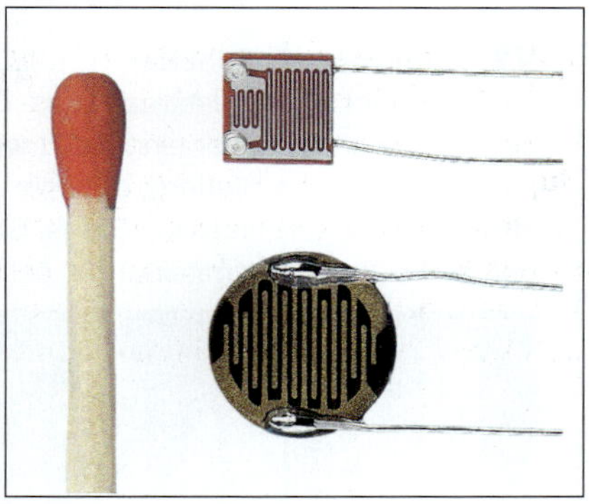

Beispiele von Sensoren im Auto

Das Prinzip zur Erfassung von physikalischen Größen durch Sensoren ist immer gleich. Es erfolgt eine Strommessung bei bekannter Spannung im einfachen Stromkreis, welche dann von einem Steuergerät ausgewertet wird. Das Steuergerät leitet als Folge eine Aktion ein.

Füllstandmessung:
Drehsensor

Im Tank eines Autos schwimmt ein Schwimmer auf der Benzinoberfläche im Tank. Je nach Füllstand verändert der Schwimmer durch eine Verbindung zum Drehsensor dessen elektrischen Widerstand. Der sich im Sensor befindende leitende Draht wird je nach Höhe des Schwimmers nur zum Teil von Strom durchflossen – der Widerstand ändert sich.

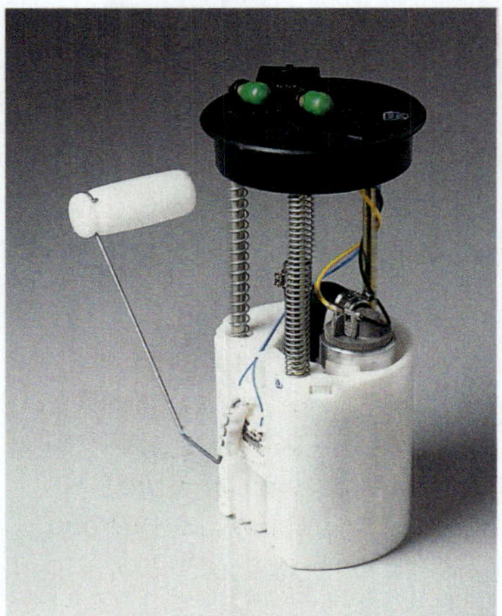

Temperaturmessung:
NTC- und PTC- Widerstände

NTC-Widerstände (Heißleiter) leiten elektrischen Strom besser, wenn sie erwärmt werden. Bei PTC-Widerständen (Kaltleiter) ist es genau umgekehrt. Sie werden eingesetzt zur Messung der Temperatur des Motors, der Ansaugluft oder von Kühlmitteln. Die Steuerungseinheit sorgt dafür, dass für den Fahrer Warnsignale aufleuchten.

Lichtabhängige Automatik:
Fotodiode

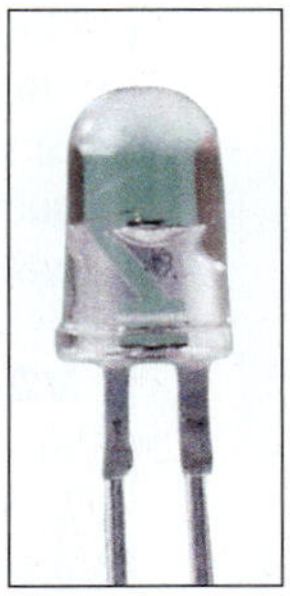

Bei einer Fotodiode ist der elektrische Widerstand von der einfallenden Lichtmenge abhängig. Im Auto lässt sich dieser Sensor einsetzen als Teil eines Regensensors oder zum automatischen Ein- und Ausschalten des Abblendlichts, wenn es dunkel wird oder man kurz durch einen Tunnel fährt. Auch automatisch abdunkelnde Rückspiegel benutzen Fotodioden.

Physikalische Größen wie Feuchtigkeit, Druck oder Temperatur lassen sich mithilfe von Sensoren messen.
Das elektrische Signal wird von einer Steuerungseinheit analysiert. Die Programmierung der Steuerungseinheit entscheidet dann über das Einleiten einer Aktion.

Versuche und Aufträge — Elektrische Bauteile

V1 Transistor als Schalter
Ein Transistor ist ein elektronisches Bauteil, welches als elektrischer Schalter eingesetzt werden kann. Am Transistor sind ein Steuerstromkreis und ein Arbeitsstromkreis angeschlossen. Beide Stromkreise sind durch den Transistor miteinander gekoppelt.

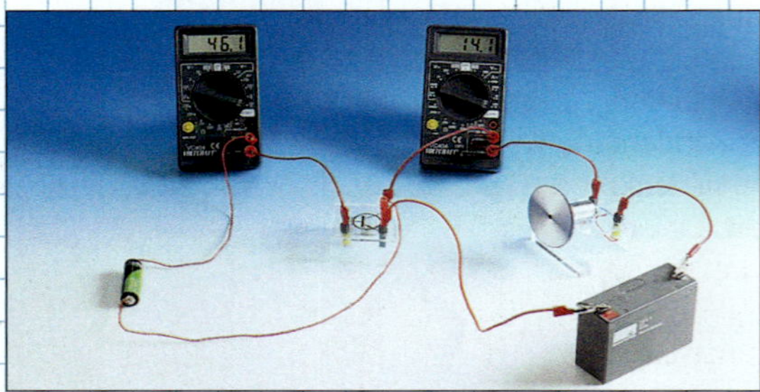

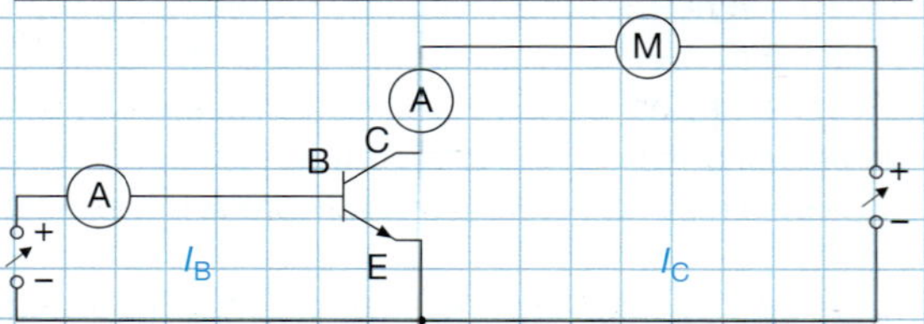

Der Motor im Arbeitsstromkreis läuft erst, wenn im Steuerstromkreis ein genügend großer Strom I_B fliesst. Die Stromstärke I_B ist klein im Gegensatz zur Stromstärke I_c im Arbeitsstromkreis. Sie kann durch kleine Spannungen in einem Sensor erzeugt werden. Untersuche mithilfe einer regelbaren Spannungsquelle, ab welcher Spannung der Transistor schaltet.

V2 Steuer-und Arbeitsstromkreis
Ermittle durch eine Messung die Stromstärken I_B und I_C für den Fall, dass im Arbeitsstromkreis ein Strom fliesst. Berechne anschließend das Verhältnis $\frac{I_C}{I_B}$.

V3 Transistor als Steuerelement
Sensoren wandeln physikalische Größen in kleine Spannungen um. Diese reichen in der Regel nicht dazu aus, um damit direkt z.B. einen elektrischen Schalter zu steuern. Bau den Versuch gemäß der Schaltskizze auf und halte die Photodiode abwechselnd bedeckt und offen. Beschreibe dein Ergebnis und überlege dir praktische Anwendungen der Schaltung.

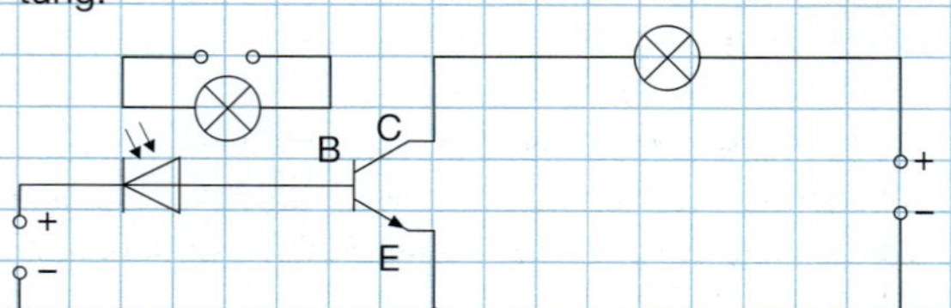

V4 **a)** Entscheide, ob der elektrische Widerstand eines Eisendrahtes genauso groß ist wie der eines Kupferdrahtes bei gleicher Länge und gleichem Querschnitt.
b) Beschreibe einen Versuch, mit dem du deine Entscheidung überprüfen könntest, und führe ihn durch.

Material	Länge	Querschnitt	Widerstand
Eisen			
Kupfer			

V5 Bestimme den elektrischen Widerstand von Glühlampen in Abhängigkeit von der Stromstärke. Nutze drei verschiedene Lampen mit gleicher Nennspannung, aber unterschiedlicher Helligkeit.
a) Entwickle eine Versuchsanordnung und einen Versuchsplan.
b) Miss U und I (Tabelle!) und berechne R.
c) Zeichne das I-R-Diagramm.
d) Gib eine Erklärung für die erhaltenen Messwerte und für die Graphen.

V6 Es soll die U-I-Kennlinie eines Eisendrahtes und eines Konstantandrahtes in Luft und in destilliertem Wasser aufgenommen werden.
a) Entwickle einen Versuchsplan und eine Versuchsanordnung.
b) Trage die Messwerte in eine Tabelle ein.
c) Zeichne die U-I-Kennlinie.
d) Gib eine Erklärung für die erhaltenen Messwerte.

V7 Untersuche das Widerstandsverhalten eines Heißleiters (NTC: Negative Temperature Coefficient) und eines Kaltleiters (PTC-Widerstand; Positive Temperature Coefficient).

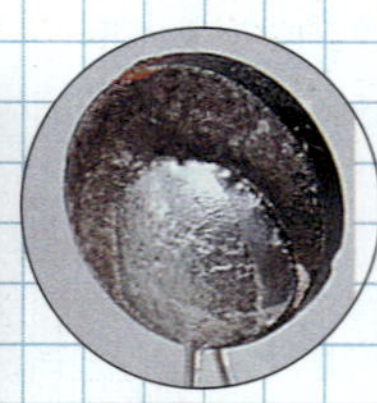

NTC

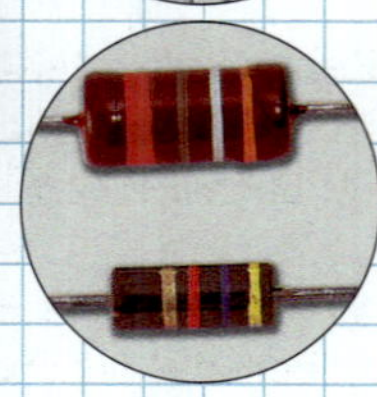

PTC

a) Prüfe das Wasser auf elektrische Leitfähigkeit.
b) Tauche nun die beiden Widerstände in ein Wasserbad. Erhitze das Wasserbad stufenweise.

c) Fertige eine Tabelle für die zu messenden Größen an.
d) Zeichne die ϑ-R-Kennlinie.
e) Interpretiere das Diagramm.

V8 Mit einer brennenden Kerze soll eine Glühlampe zum Verlöschen gebracht werden können?
a) Fertige eine Drahtwendel aus 1 m Eisendraht mit einem Durchmesser von 0,2 mm, indem du den Draht eng auf eine Stricknadel oder einen Holzspieß aufwickelst und dann abziehst.
b) Untersuche was passiert, wenn du die Wendel in Reihe mit der Glühlampe schaltest und dann die Wendel mit einer brennenden Kerze erhitzt. Beschreibe und erkläre deine Beobachtung.
c) Miss die Stromstärke vor, während und nach dem Erhitzen.

V9 a) Erläutere, was nach dem Schließen des Schalters in der unten fotografierte Schaltung zu beobachten sein wird.

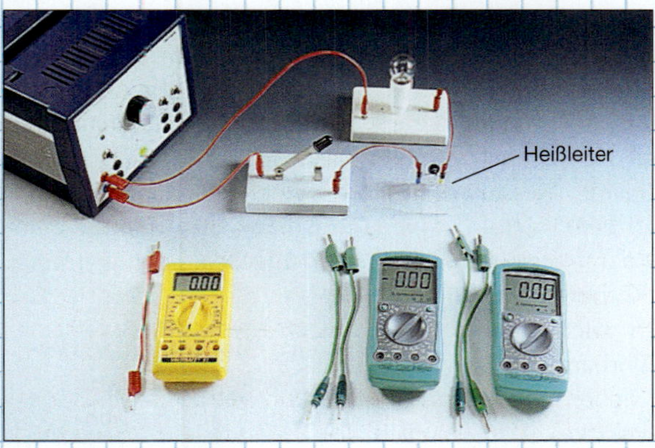

b) Miss die Spannung an der Glühlampe und am Heißleiter in Abhängigkeit von der Zeit und trage die Werte in eine Tabelle ein.

Zeit t	U_{Lampe}	$U_{Heißleiter}$

c) Zeichne die t-U-Kennlinie für beide Bauelemente.
d) Miss die Stromstärke zu verschiedenen Zeiten. Was stellst du fest? Vergleiche mit der Spannung.

V10 a) Baue eine Reihenschaltung aus drei gleichen Glühlämpchen auf und überlege dir eine geeignete Spannung für die Quelle.
b) Miss die Stromstärke an verschiedenen Stellen der Reihenschaltung.
c) Baue mit denselben Glühlämpchen eine Parallelschaltung auf und überlege dir wieder eine geeignete Spannung der Quelle.
d) Miss die Stromstärke an verschiedenen Stellen der Parallelschaltung.
e) Berechne aus den bisherigen Ergebnissen den Betriebswiderstand jedes Lämpchens.

V11 Mithilfe der abgebildeten veränderbaren Widerstände kann ① eine Länge, ② ein Winkel in eine elektrische Größe gewandelt werden. Dadurch kann die Messgröße über größere Entfernung übertragen werden.

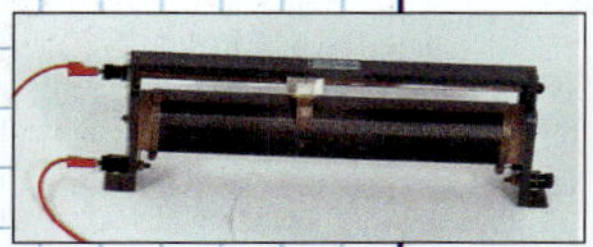

a) Erstelle einen Bauplan für eine solche Einrichtung.
b) Baue die von dir entworfene Einrichtung als Experiment auf und probiere sie aus.
c) Nenne die Größenwandlung, die dabei erfolgt.

V12 Entwirf eine Messeinrichtung für den Füllstand einer Flüssigkeit in einem Behälter. Der Füllstand soll über eine elektrische Größe angezeigt werden.

V13 Entwickle Messanordnungen zur Messung nichtelektrischer Größen. Nutze die Kenntnis über die Gesetzmäßigkeiten des elektrischen Widerstandes.

V14 Untersuche die Abhängigkeit der elektrischen Leitfähigkeit von der Konzentration einer Salzlösung. Beschreibe dein Vorgehen. Fertige eine Messwerttabelle an.
a) Miss den Widerstand von Trinkwasser in einem Behälter mit konstantem Elektrodenabstand.
b) Erhöhe die Konzentration durch portionsweises Zugeben von Kochsalz. (Umrühren nicht vergessen!)
c) Trage die Werte in die Tabelle ein.
d) Erkläre Beobachtung und Versuchsergebnis.

V15 a) Baue den Stromkreis vom Werkzeug „Analyse von Schaltkreisen" auf Seite 98 mit den entsprechenden Festwiderständen auf. Verwende eine Spannungsquelle mit $U = 10$ V.
b) Überprüfe mit einem Strommesser die im Werkzeug vorhergesagte Gesamtstromstärke.
c) Überlege vorher, wie groß die am Widerstand R_1 anliegende Spannung sein wird. Überprüfe deine Überlegung anschließend mit einem Spannungsmesser.

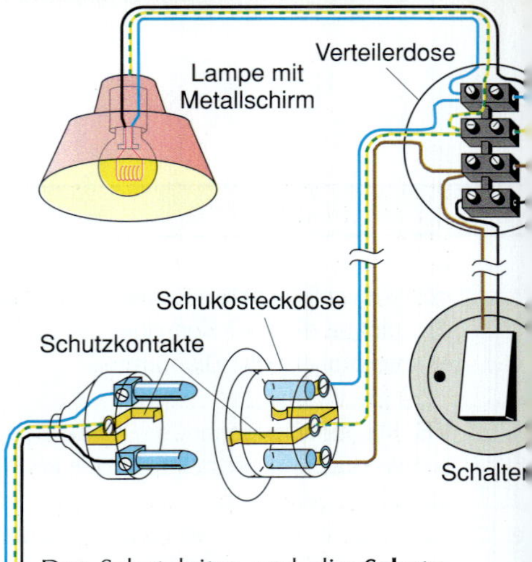

Gefahren und Schutzmaßnahmen

Der bedenkenlose Umgang mit elektrischem Strom birgt Gefahren. Für die Elektrizitätsanlage in einem Haus gibt es zahlreiche Vorschriften, die ein Elektriker zu beachten hat. Alle ausgedehnten metallischen Leiter (Hei-zungsrohre, Wasserleitungsrohre, Gasrohre, Dachrinne, Badewanne, Duschwanne etc.) müssen mit der Hauserdung verbunden sein. Ebenso unterliegen elektrische Geräte gesetzlichen Schutzvorschriften. Wie funktioniert das Haushaltsstromnetz und wie verlaufen die Stromkreise?

Erdschluss und Schutzerdung

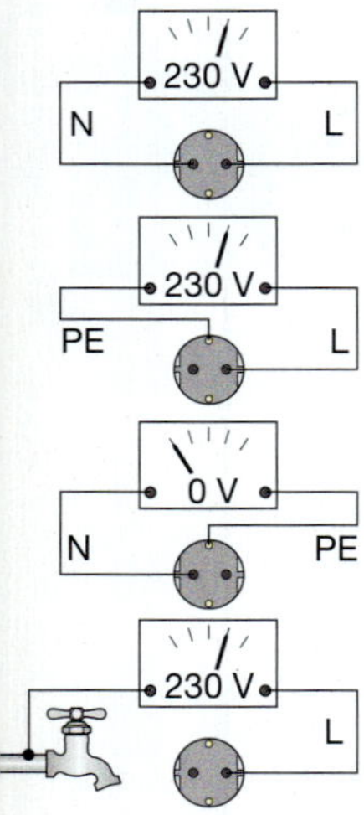

Die genaue Überprüfung der Anschlüsse einer Steckdose mithilfe eines Spannungsmessgerätes (nur durch einen Fachmann) zeigt, dass immer nur bei Verbindung mit einer Leitung bzw. einem Pol der Steckdose eine Spannung von 230 V gemessen wird. Diese Leitung heißt L-Leiter (engl. leader, braune oder schwarze Ummantelung). Zwischen den anderen Leitern, dem N-Leiter (Null-Leiter, blaue Ummantelung) und dem Schutzleiter (PE, engl. protection earth, gelbgrüne Ummantelung), liegt keine Spannung – ebenso nicht zwischen einer Wasserleitung und N-Leiter oder PE. Denn die Wasserleitung ist in der Erde verlegt, der PE-Leiter ist am Hausanschluss mit einem in der Erde verlegten nichtisolierten „Ring-Erder" verbunden, der N-Leiter ist in der Trafostation „geerdet" und damit mit den Wasserrohren leitend verbunden. Deshalb kann zwischen ihnen keine Spannung liegen, wohl aber zwischen den drei geerdeten Leitern und dem L-Leiter.

Elektrische Großgeräte (Waschmaschine, Herd, PC) haben metallische Gehäuse, sind also nicht schutzisoliert. Berührt ein Mensch ein solches Elektrogerät, dessen L-Kabel Kontakt mit dem metallischen Gehäuse hat, dann wird ein Stromkreis über den Körper und die Erde geschlossen. Ein solcher **Erdschluss** ist – ohne Vorhandensein eines Schutzleiters – lebensgefährlich, denn die Stromstärke ist für den Menschen zu hoch, aber für die Sicherung zu klein: sie spricht nicht an.

Der Schutzleiter und die **Schu**tz**ko**ntakte in den Schukosteckern und -dosen haben die Aufgabe, einen solchen Erdschluss durch Isolationsschäden in den Geräten unschädlich zu machen. Die Zuleitungskabel der Geräte sind deshalb genauso wie das Haushaltsnetz dreiadrig: Metallische Gehäuseteile sind über Schutzleiter und Schutzkontakte direkt mit der Erde verbunden. Im Falle einer Berührung des L-Leiters mit dem Gehäuse kommt es zu einem Kurzschluss und die Sicherung unterbricht sofort den Stromkreis. Deshalb darf jedes Elektrogerät, das nicht schutzisoliert werden kann, nur über einen Schuko-Stecker an eine Schuko-Steckdose angeschlossen werden.

Die Schuko-Steckdose und der Schuko-Stecker mit den dreiadrigen Kabelverbindungen verhindern in den meisten Fällen einen Erdschluss über den Menschen.

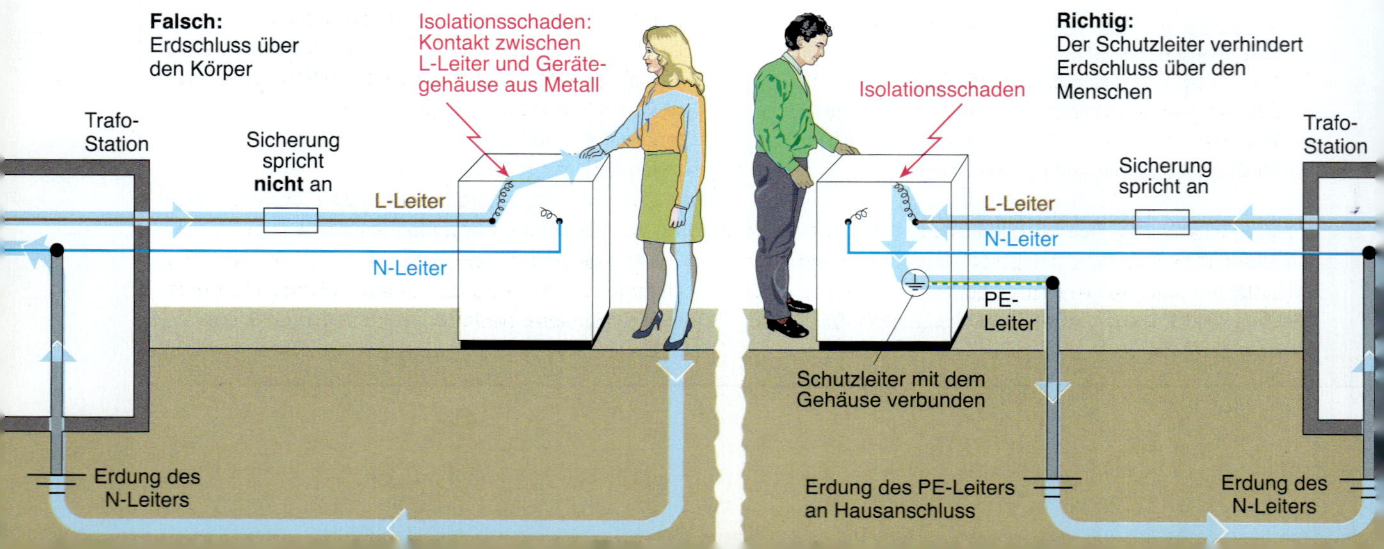

Der FI-Schalter – technische Lösung für optimalen Schutz

Streifzug

Trotz einwandfreiem Drei-Leiter-System mit Schukosteckdosen kam es früher besonders in den Feuchträumen zu tödlichen Unfällen.
Beispielhafte Situation: Beim Aufdrehen eines Wasserhahns und gleichzeitigem Abstützen auf eine Waschmaschine bekam der bedienende Mensch einen Stromschlag, obwohl die Maschine über einen Schuko-Stecker ans Netz angeschlossen war. Warum war der Stromkreis nicht über den Schutzkontakt durch die Sicherung unterbrochen worden?

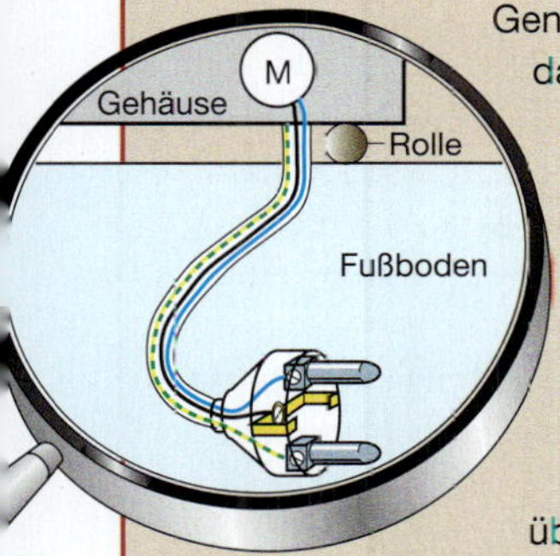

Genaue Untersuchungen ergaben, dass die Waschmaschine fehlerhaft verkabelt war: Der Schutzleiter der Waschmaschine war an einen Polstecker angeschlossen, dafür ein Kabel des Motors an den Schutzkontakt. Beim Anschluss der Maschine über den Schuko-Stecker wurde das Gehäuse über den Schutzleiter mit dem spannungsführenden Leiter (L) verbunden – zwischen Metallgehäuse und Erde lag eine Spannung von 230 V. Da die Maschine auf Kunststoffrollen stand, ergab sich zwischen dem Gehäuse und dem gefliesten Boden ein Widerstand von 730 Ω. So floss zwar ein Strom zur Erde, die Stromstärke betrug aber nur $\frac{230\ \text{V}}{730\ \Omega} = 0{,}315$ A. Von so einer geringen Stromstärke wird eine 16 A-Sicherung natürlich nicht ausgelöst.
Im Körper des Menschen floss über den Stromweg Gehäuse–Hand–Herz–Hand–Wasserleitung (Widerstand ≈ 3,0 kΩ) bei 230 V ein Strom von $\frac{230\ \text{V}}{73000\ \Omega} =$ 76,7 mA – lebensgefährlich viel!

Um derartige Unfälle zu vermeiden, muss bei einem Erdschluss in sehr kurzer Zeit (< 0,2 s) der Stromkreis unterbrochen werden, damit der Herzschlag nicht aus dem Takt kommt. Der **FI-Schalter** (F steht für Fehler, I für Strom(stärke)) leistet das:

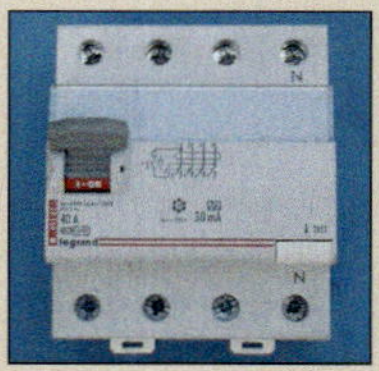

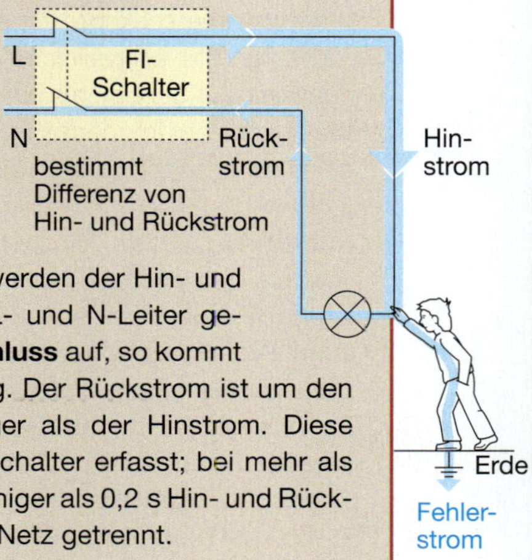

Durch den FI-Schalter werden der Hin- und der Rückstrom durch L- und N-Leiter gemessen. Tritt ein **Erdschluss** auf, so kommt es zu einer Verzweigung. Der Rückstrom ist um den Erdschlussstrom geringer als der Hinstrom. Diese Differenz wird vom FI-Schalter erfasst; bei mehr als 20–30 mA werden in weniger als 0,2 s Hin- und Rückleitung des Geräts vom Netz getrennt.

Wirkungsweise des FI-Schalters

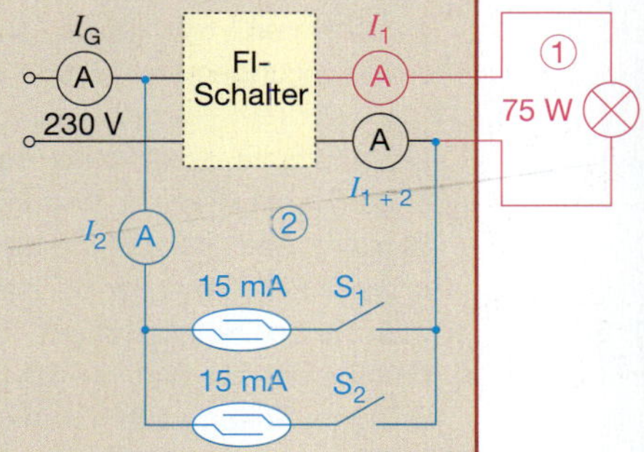

Mit der Schaltung rechts kann die Wirkungsweise eines FI-Schalters demonstriert werden. Mit Stromkreis ② wird der Fehlerstrom simuliert, indem nur ein Strang des FI-Schalters Teil des Stromkreises wird.
In Stromkreis ① leuchtet die Glühlampe, es wird eine Stromstärke $I_1 = 0{,}33$ A gemessen.

Wird Schalter S_1 geschlossen, so leuchtet zusätzlich die Glimmlampe bei einer Stromstärke von $I_2 = 0{,}015$ A. I_1 und I_{1+2} sind die Stromstärken des Hin- und des Rückstromes durch den FI-Schalter. Sie betragen $I_1 = 0{,}33$ A und $I_{1+2} = 0{,}345$ A, unterscheiden sich also um 0,015 A. Wird nun auch Schalter S_2 geschlossen, so trennt der FI-Schalter den Stromkreis von der Quelle, da die Stromstärke im Kreis ② $I_2 = 0{,}03$ A beträgt und sich folglich I_1 und I_{1+2} um diese 0,03 A unterscheiden.

Gesetzlich ist festgelegt, dass in Experimentier- und Feuchträumen (Bad, Küche), in Ställen und auf Baustellen die Stromkreise durch FI-Schalter abzusichern sind – zusätzlich zu den „normalen" Sicherungen. Bei Neuinstallationen wird das gesamte Hausnetz durch einen FI-Schalter gesichert, sodass die Bewohner in allen Räumen vor „Stromschlägen" geschützt sind.

Streifzug — Wirkungen des elektrischen Stroms auf den Menschen

Wenn der menschliche Körper Teil eines Stromkreises ist, kann dies schreckliche Folgen haben: Verbrennungen oder Schock bis hin zum Tod.
Was geschieht im menschlichen Körper, wenn er Teil eines elektrischen Stromkreises wird?

Körperflüssigkeiten sind gute elektrische Leiter. Besonders gut leitet die Haut den elektrischen Strom, wenn sie feucht ist. Ist der menschliche Körper Teil eines Stromkreises, so kann das zu Verbrennungen der Haut, zu einem krampfartigen Zusammenziehen der Muskeln und zur Störung des Nervensystems führen. Bei hohen Stromstärken kommt es zu

- Herzkammerflimmern;
- Verkrampfungen der Brustmuskulatur, was zum Erstickungstod führen kann;
- Verbrennungen der inneren Organe, was zu Nierenversagen führen kann;
- schweren Verletzungen durch ruckartige Bewegungen beim Erschrecken.

Die häufigste durch elektrischen Strom verursachte Todesursache ist *Herzkammerflimmern*. Bei dieser Störung des Herzleitungssystems kommt der geordnete Rhythmus der Herztätigkeit, die kräftige Kontraktion der Herzkammern, aus dem Takt. Der Blutdruck sinkt ab und die Blutzirkulation kommt zum Erliegen. Schon nach wenigen Minuten sterben empfindliche Körperstellen durch den auftretenden Sauerstoffmangel ab.

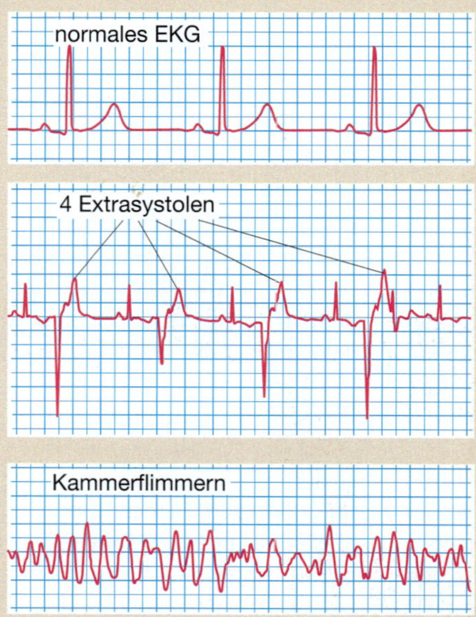

Die Wirkung des elektrischen Stroms ist abhängig von der Größe der Stromstärke durch den Menschen und der Zeit ihres Einwirkens.

- Stromstärken bis etwa **20 mA** haben auch bei längerer Einwirkung keine negativen Folgen, allerdings besteht Verletzungsgefahr durch Stürze – ausgelöst durch Muskelverkrampfungen.
- Stromstärken von **20** bis **80 mA** führen zu Herzunregelmäßigkeiten, erhöhtem Blutdruck, kurzzeitigem Herzstillstand. Bei längerer Einwirkungszeit von Stromstärken über **50 mA** kann Bewusstlosigkeit auftreten.
- Stromstärken über **80 mA** lösen Herzkammerflimmern aus (meist mit Todesfolge), falls die Einwirkungszeit länger als eine Herzperiode dauert.

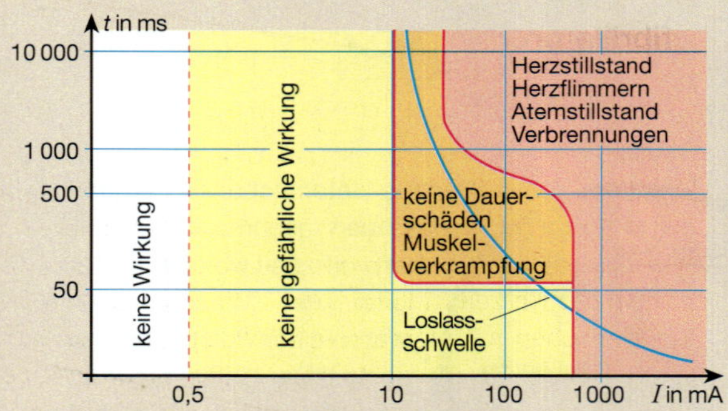

Für die notwendigen Schutzmaßnahmen zur Vermeidung von Stromunfällen sind zwei Gesichtspunkte zu beachten:

- die Größe der auslösenden Stromstärke
- die Ansprechzeit des Trennschalters

Was muss bei einem Stromunfall beachtet werden?

In der Schule:

1. Den dafür vorgesehenen roten Notausschalter (Pilzdruckschalter) betätigen, um den Stromkreis zu unterbrechen.
2. Den Verunglückten nicht berühren, solange der Stromkreis nicht sicher unterbrochen ist
3. Sofort Hilfe holen
4. Erste-Hilfe-Maßnahmen einleiten

Im Haushalt:

1. Den Stromkreis, in dem sich der Geschädigte befindet, mithilfe der Sicherung ausschalten
2. Sofort Hilfe rufen: Notruf 112
3. Erste-Hilfe-Maßnahmen einleiten, z. B. Herzdruckmassage und Atemspende

Erkundige dich, wo in eurem Haushalt der Sicherungskasten ist und welche der Sicherungen zu welchem Stromkreis gehört.

Gefahren und Schutzmaßnahmen **Streifzug**

Eurostecker

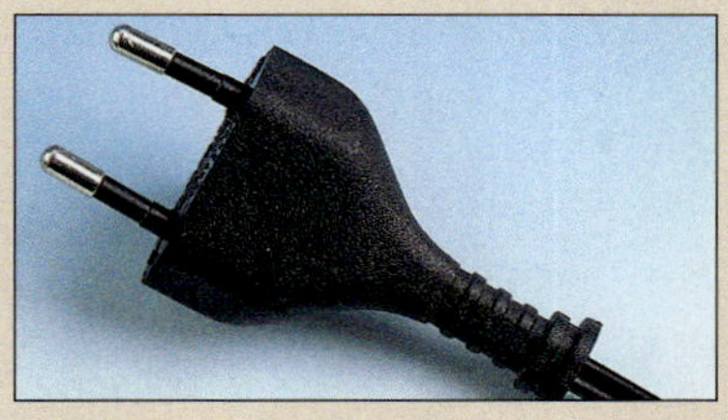

Elektrokleingeräte wie Radio, Rasierapparat oder das Ladegerät für ein Mobiltelefon, deren Gehäuse aus nicht-leitenden Stoffen bestehen und somit gegenüber elektrischem Strom isoliert sind, müssen nicht mit einem Schutzkontaktstecker (Schuko-Stecker) ausgestattet sein. Der in diesen Fällen eingesetzte Eurostecker kann aufgrund der vorhandenen Isolierung des Gehäuses auf einen Schutzkontakt verzichten. In den meisten europäischen Ländern passen die Stecker in die Steckdosen, da innerhalb der EU gemeinsame Standards gelten. Der Kauf von Adaptern, wie er noch vor Jahrzehnten erfolgen musste um eigene Elektrogeräte im Ausland betreiben zu können, kann somit entfallen. Vor einer Reise in Nicht-EU Ländern ist es ratsam sich im Vorfeld zu erkundigen ob der Anschluss für Elektrokleingeräte mit den im jeweiligen Land vorhandenen Steckdosen möglich ist.

Defibrillatoren

Wenn das Herz still steht, geht es um Leben und Tod! Hilfe muss her, und zwar schnell. In U-Bahnhöfen, wie z. B. in München, gibt es deswegen schon viele automatisierte Defibrillatoren (AED), mit denen jeder Leben retten kann. Mit Defibrillatoren wird das lebensgefährliche Kammerflimmern des Herzens unterbrochen, das zu 90 Prozent bei allen Menschen mit plötzlichem Herz-Kreislauf-Stillstand auftrittt. Ursache ist oft ein Herzinfarkt. Nur ein gezielt ausgelöster Elektroschock kann den gestörten Herzrhythmus wieder in Takt und das Herz somit wieder zum Schlagen bringen. Der elektrische Impuls sorgt dafür, dass die außer Takt geratene Kontraktion des Herzens wieder beginnt.

- die Hilfe muss allerdings schnell erfolgen.
- wird ein Opfer innerhalb der ersten Minute mit einem Elektroschock behandelt, besteht eine Überlebenschance von über 90 Prozent.
- danach sinkt die Wahrscheinlichkeit um etwa 10 Prozent pro Minute.
- nach spätestens fünf Minuten treten die ersten irreparablen Hirnschäden ein.
- nach acht bis zehn Minuten ohne Reanimation ist der Patient in der Regel tot.

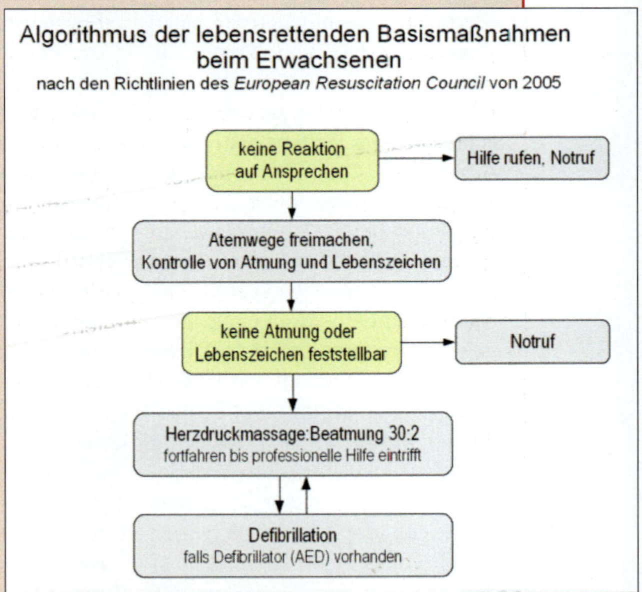

Viele Menschen sind heute noch der Meinung, dass der Rettungs- und Notarztdienst, besonders in Großstädten, schnell genug kommt und in wenigen Minuten beim Notfallpatienten ist. Dabei wird vergessen, dass die Hilfsfrist des Rettungsdienstes meist erst drei bis fünf Minuten nach einem Notfall beginnt. Deshalb kann bei einem plötzlichen Herzversagen der telefonisch gerufene Notarzt in der Regel, auch unter günstigsten Voraussetzungen, nicht rechtzeitig beim Patienten sein!

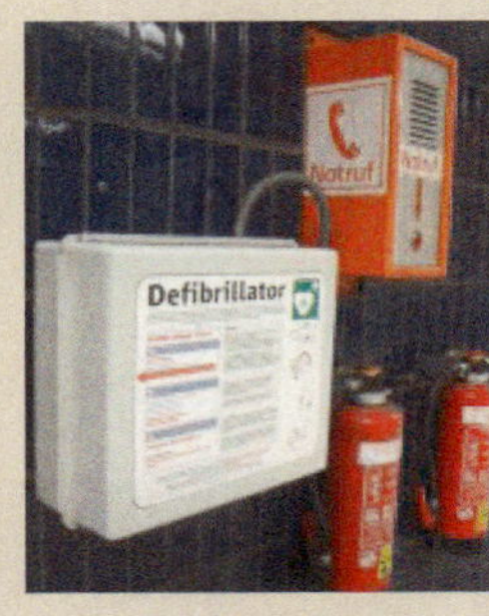

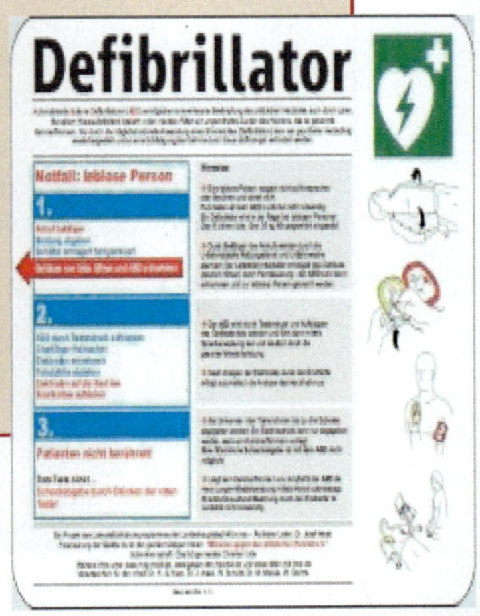

Streifzug **Die Väter der Elektrik**

GEORG SIMON OHM
(1789–1854)
deutscher Physiker

ALESSANDRO VOLTA
(1745–1827)
italienischer Naturwissenschaftler

ANDRÉ AMPÈRE
(1775–1836)
französischer Physiker und Mathematiker

Ohm nahm mit 22 Jahren sein Studium in seiner Geburtsstadt Erlangen auf. Mit seiner Arbeit über „Licht und Farben" erwarb er 1811 den Doktortitel und arbeitete als Lehrer in Bamberg und in Köln. Seine Neugier galt dem Zusammenhang von elektrischen Größen. Im Jahr 1821 gelang es OHM, der neben seinem Lehramt wissenschaftlich experimentierte, einen Zusammenhang von Spannung, Stromstärke und Widerstand zu formulieren. Trotz vieler Veröffentlichungen der Ergebnisse seiner Arbeit fand OHM keine wissenschaftliche Anerkennung.
Erst im Jahr 1833, OHM war zu diesem Zeitpunkt schon 43 Jahre alt, bekam er eine Professur für Physik in Nürnberg. König Ludwig I. von Bayern berief ihn zum Ministerialreferenten für das Telegrafenwesen. 1848 wurde OHM Professor für Physik an der Universtät München. Diese Anerkennung beflügelte seine wissenschaftliche Arbeit. An der Universität waren seine Vorlesungen überfüllt. Er schrieb für seine Studenten das Lehrbuch „Grundzüge der Physik als Copendium für meine Vorlesung".
OHM starb am 6. Juli 1854. Seine wohl größte Auszeichnung wurde ihm posthum verliehen: Der Kongress der Elektrotechniker benannte nach ihm die Einheit des elektrischen Widerstandes „Ohm" (Ω).

VOLTA besuchte die städtische Jesuitenschule in Como. Er studierte zunächst Philosophie und dann Naturwissenschaften. Schon als Schüler trat er mit Physikern in Briefwechsel und veröffentlichte 1769 und 1771 seine ersten wissenschaftlichen Arbeiten. VOLTA forschte hauptsächlich in der Elektrizitätslehre. 1774 wurde er Physiklehrer am Gymnasium in Como. Im darauf folgenden Jahr erfand er den Elektrophor, eine Metallplatte mit isoliertem Griff, die in der Lage ist, die von einem negativ geladenen Gegenstand an der Plattenunterseite erzeugte positive Ladung zu speichern.
1779 wurde er zum Professor für Physik an die Universität Pavia berufen, wo für ihn ein neuer Vorlesungssaal, die Aula Voltiana, gebaut wurde. 1791 wurde Volta in die Londoner Royal Scociety aufgenommen. 1792 hörte er von den Froschschenkelexperimenten des LUIGI GALVANI (1737–1798) und fand hier sein künftiges Arbeitsgebiet. Schon in seinen ersten Publikationen 1792 beseitigte VOLTA unrichtige Vorstellungen GALVANIS und gab klare Bedingungen für das Zustandekommen einer galvanischen Aktion. Um 1794 entwickelte VOLTA den ersten Vorgänger einer Batterie.
Er starb am 5. März 1827. Ihm zu Ehren wird die Einheit der Spannung „Volt" (V) genannt.

AMPÈREs Kindheit wurde von der Französischen Revolution stark überschattet. Sein Vater starb unter der Guillotine. Als Achtzehnjähriger befasste er sich mit den Lehrbüchern des Mathematikers LEONHARD EULER und der Mechanik von JOSEPH-LOUIS LAGRANGE. Er wandte sich zunächst der Botanik, der Metaphysik und der Psychologie zu, ehe er Mathematik und Physik studierte. Im Jahre 1802 verfasste AMPÈRE ein mathematisches Werk zur Spieltheorie.
AMPÈRE hatte eine Professur an der Pariser École Polytechnique und im Collège de France. Er konnte 1820 in Versuchen nachweisen, dass zwei stromdurchflossene Leiter eine Anziehungskraft aufeinander ausüben, wenn in beiden Leitern die Stromrichtung gleich ist, und dass sie eine Abstoßungskraft aufeinander ausüben, wenn die Stromrichtung entgegengesetzt ist. AMPÈRE konstruierte ein Gerät zur Messung des Stroms, das er Galvanometer nannte. Er erkannte, dass die fließende Elektrizität die eigentliche Ursache des Magnetismus ist. AMPÈRE erklärte den Begriff der elektrischen Spannung und des elektrischen Stromes und setzte die Stromrichtung fest.
1836 starb AMPÈRE. Zu seinen Ehren ist die Einheit des elektrischen Stromes mit „Ampere" (A) bezeichnet worden.

$$R = U : I$$
$$1\,\Omega = 1\,V : 1\,A$$

Elektrik im Wandel der Jahrhunderte

Künstliche Intelligenz? – **?**

Plasmafernseher, Ipod – **2000**

1990 – Internet, Mobiltelefon

Computer werden entwickelt/Industrieroboter – **ab 1970**

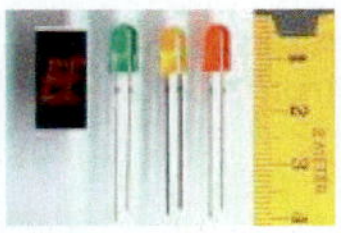

elektrische Sensoren/ Taschenrechner Leuchtdioden – **ab 1960**

ab 1945 – Miniaturisierung elektrischer Bauteile

Erste Fernsehübertragung – **1930**

Erste Rundfunksendung in Berlin 1923 – **1923**

ab 1900 – Elektrifizierung in Industrie und Haushalten

EDISON bringt die erste Glühlampe in den Handel – **1879**

1866 – SIEMENS erfindet den Vorläufer des Dynamo

1826 – OHM definiert den elektrischen Widerstand

1822 – FARADAY und AMPÈRE erfinden die Urform eines Elektromotors

OERSTEDT entdeckt den Zusammenhang zwischen elektrischem Strom und Magnetismus – **1820**

1785 – COULOMB entdeckt das Kraftgesetz zwischen zwei Ladungen

v. KLEIST (dt. Forscher) erfindet den ersten Kondensator zur Speicherung elektrischer Ladung – **1745**

1733 – DUFAY (franz. Forscher) erkennt, dass es zwei Arten von Ladungen gibt

[G]RAY (engl. Forscher) [u]nterscheidet [L]eiter und [N]ichtleiter – **1729**

1675 – ISAAC NEWTON beschreibt und untersucht Reibungselektrizität

1600 – GILBERT (engl. Gelehrter) beschreibt elektrische Erscheinungen und führt den Begriff „elektrisch“ ein

600 v. Chr – THALES VON MILET beschreibt Reibungselektrizität

Grundwissen — Stromstärke – Ladung – Spannung

SYSTEM

Messgerät: parallel zu Quelle oder Gerät

Die **Stromstärke *I*** (in A) ist ein Maß für die pro Zeitdauer Δt geflossene Anzahl an Elektronen bzw. Ladungen: $I = \frac{Q}{t}$

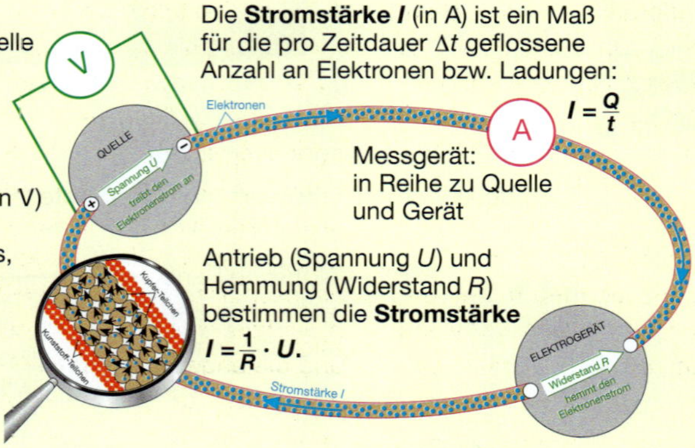

Messgerät: in Reihe zu Quelle und Gerät

Die **Spannung *U*** (in V) ist ein Maß für die Größe des Antriebs, den die Quelle den Elektronen gibt.

Antrieb (Spannung *U*) und Hemmung (Widerstand *R*) bestimmen die **Stromstärke** $I = \frac{1}{R} \cdot U$.

Atombau und Ladung

neutral

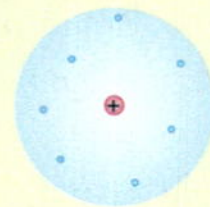

Die Ladung des Kerns ist so groß wie die Summe der Ladung der Hüllen-Elektronen

positiv

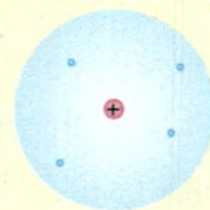

Elektronen-mangel

negativ

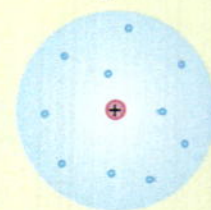

Elektronen-überschuss

Schaltungen

von Quellen

Reihe

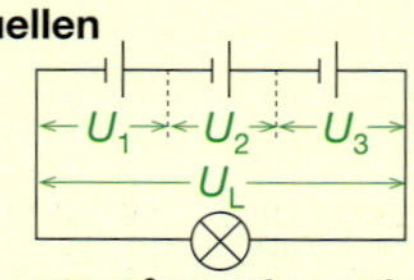

$U_L = U_1 + U_2 + U_3$

parallel

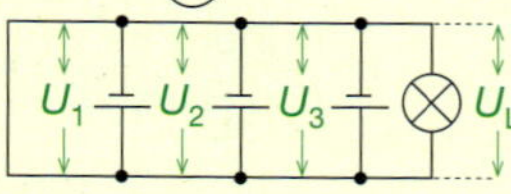

$U_L = U_1 = U_2 = U_3$

von Elektrogeräten

Reihe

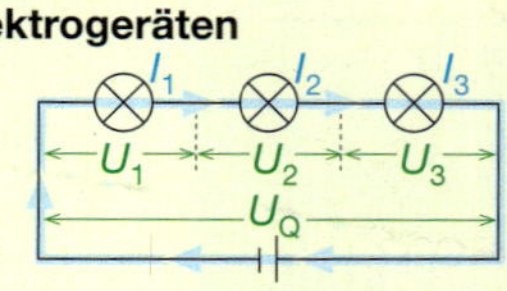

$I_Q = I_1 = I_2 = I_3$
$U_Q = U_1 + U_2 + U_3$

parallel

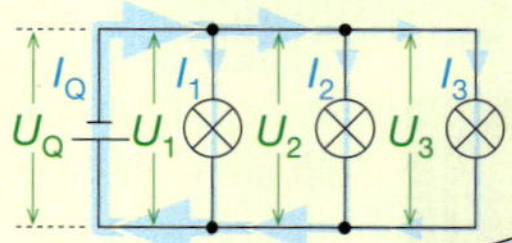

$I_Q = I_1 + I_2 + I_3$
$U_Q = U_1 = U_2 = U_3$

von Widerständen

Reihe

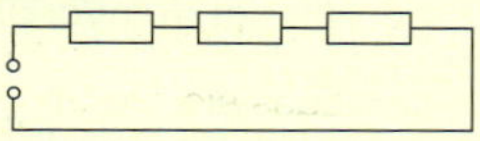

$R_{ges} = R_1 + R_2 + R_3$

parallel

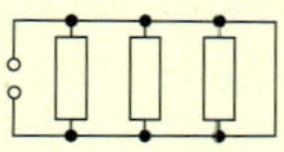

$\frac{1}{R_{ges}} = \frac{1}{R_1} + \frac{1}{R_2} + \frac{1}{R_3}$

WECHSELWIRKUNG

Elektrische Kräfte

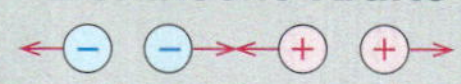

Gleich geladene Körper stoßen sich ab. Ungleich geladene Körper ziehen sich an.

Elektrischer Widerstand

In einem Stromkreis hat eine bestimmte Spannung für jedes Gerät eine entsprechende Stromstärke zur Folge. Kennlinien stellen diese Beziehung dar.

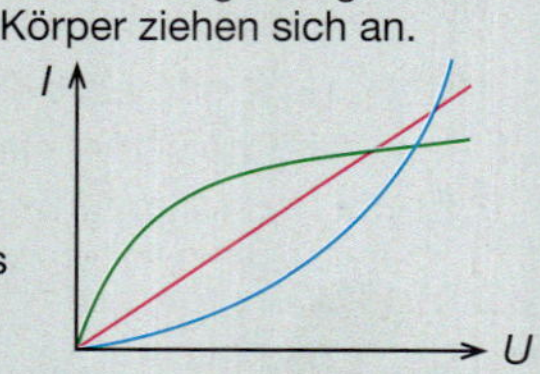

Der Quotient aus Spannung *U* und Stromstärke *I* heißt **Widerstand *R*.** Es gilt $R = \frac{U}{I}$.
Die Einheit ist $1\ \Omega = \frac{V}{A}$, das Schaltzeichen ist ─▭─.

Der Widerstand gibt an, wie stark der Elektronenstrom von dem betreffenden Gerät oder Bauteil gehemmt wird. Er wird bei höherer Temperatur (d. h. heftigerer Teilchenbewegung) größer (Ausnahme Heißleiter).

Wenn die Temperatur von Metalldrähten konstant bleibt, gilt das **Ohm'sche Gesetz $I \sim U$,** das auch als Gleichung geschrieben werden kann:
$U = R \cdot I$ (mit R = konstant).

MATERIE

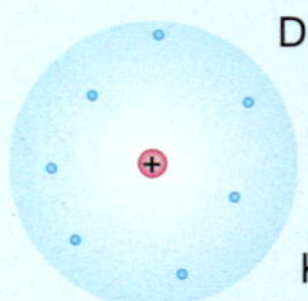

Die kleinsten Teilchen der Körper sind Atome oder aus Atomen bestehende Moleküle. Atome bestehen aus einem **Atomkern** mit positiver Ladung und einer **Hülle,** die von den negativ geladenen Elektronen gebildet wird. Die positive Ladung des Kerns und die negative Ladung der Hülle sind gleich groß, das Atom ist nach außen elektrisch neutral.

Es gilt der **Erhaltungssatz:** Ladungen entstehen nicht und verschwinden nicht; sie können aber verschoben werden.

Grundbegriffe

- *Elektron* S. 56
- *Elektronenstrom* S. 57
- *elektrische Ladung* S. 62/63
- *elektrische Kräfte* S. 62
- *elektrische Stromstärke* S. 68
- *elektrische Spannung* S. 72
- *Kennlinie* S. 86
- *Reihenschaltung* S. 80, 81, 96
- *Parallelschaltung* S. 80, 81, 96
- *elektrischer Widerstand* S. 89
- *Ohm'sches Gesetz* S. 88
- *Sensoren* S. 101
- *Gefahren und Schutzmaßnahmen* S. 104–107
- *Schutzerdung* S. 104

A1 Fertige mit den Grundbegriffe auf der linken Seite Karteikarte an. Notiere den Begriff auf der Vorderseite und erläutere ihn auf der Rückseite, eventuell mit Einheiten und sonstigen Besonderheiten.
Anstelle der Karteikarten kannst du auch eine elektronische Datenbank anlegen.

A2 Nicht jede der drei Zeichnungen gibt die Vorstellung vom Elektronenstrom in Metallen richtig wieder. Begründe für jede Zeichnung, inwiefern sie diese Vorstellung und die Festlegung der Strömungsrichtung korrekt wiedergibt.

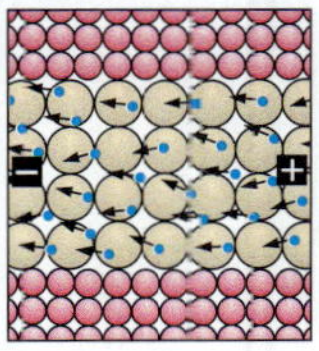
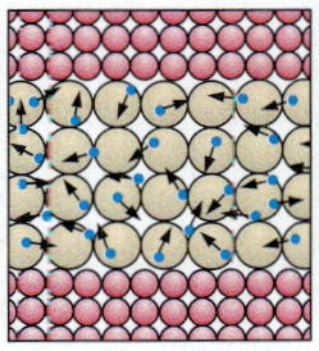
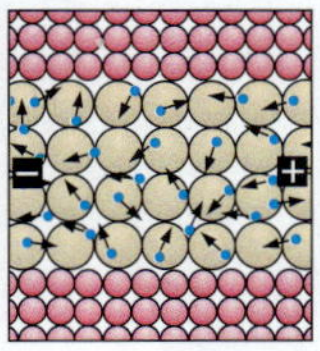

A3 Eine Lampe wird von einem Fahrraddynamo zum Leuchten gebracht.
a) Zeichne die Schaltskizze und beschrifte sie mit den Begriffen „Quelle“ und „Wandler“.
b) Zeichne das Stromkreis-Energie-Schema.
c) Zeichne das Strömungsschema des natürlichen Wasserkreislaufes und vergleiche mit dem Stromkreis-Energie-Schema. (Beachte: Ein Fluss transportiert nicht nur Wasser!)
d) Erkläre die Analogie zwischen der elektrischen Stromstärke und der Stromstärke in einem Wasserkreislauf.

A4 Zwei aufgeblasene Luftballons wurden an einem Wollpullover gerieben. Werden die beiden Ballons nebeneinander aufgehängt, so stoßen sie sich ab. Werden die geriebenen Luftballons an den Pullover gebracht, so bleiben sie an ihm „kleben“.
a) Gib eine Erklärung für diese Beobachtungen.
b) Begründe, dass „Kleben“ das falsche Wort für diesen Sachverhalt ist.

A5 Ein elektrisch neutrales Atom hat in seiner Hülle 6 Elektronen.
a) Skizziere das Atom.
b) Gib die Ladung des Atomkerns an.
c) Es werden 2 Elektronen aus der Hülle entfernt. Gib an, welche Ladung das Atom jetzt hat und begründe deine Antwort.
d) Skizziere das in Aufgabe c) beschriebene Atom.

A6 Ein Elektriker misst an einer Verteilerdose die Stromstärken der zu- und abgehenden Kabel. Am zugehenden Kabel misst er 9,7 A, am abgehenden Kabel zur Steckdose, an die ein Heizgerät angeschlossen ist, werden 8,7 A gemessen und in dem Kabel zur Deckenleuchte misst er 0,9 A.
a) Er misst auch die elektrische Stromstärke am Abgangskabel für die 2. Steckdose, an der das Radio angeschlossen ist. Berechne die Stromstärke.
b) Fertige eine Schaltskizze für diese Verteilerdose und die angeschlossenen Geräte an. Kennzeichne in deiner Skizze die unterschiedlichen Stromstärken durch unterschiedlich dicke farbliche Unterlegungen unter die Kabel.
c) Erkläre.

A7 **a)** Erkläre und begründe, wie mehrere gleiche Geräte (mit gleicher Nennspannung) an eine elektrische Quelle angeschlossen werden können, damit sie einwandfrei funktionieren.
b) Nenne die Größe der nötigen Spannung der Quelle. Begründe deine Aussage.
c) Entscheide, welche Möglichkeiten es gibt, die Geräte anzuschließen, sodass sie ordnungsgemäß funktionieren. Begründe deine Antwort.
d) Zeige gegebenenfalls Vorteile und Nachteile auf.

A8 **a)** Vergleiche Elektronenstromstärke, Energiestromstärke und Widerstand einer 230 V / 11 W-Energiesparlampe und einer 6 V/5 A-Optiklampe.
b) Erläutere in diesem Zusammenhang den Begriff Spannung.

A9 Max kauft in einem Bastelgeschäft eine 230 V-Lichterkette mit 20 Lampen und eine weitere mit 30 Lampen. Er möchte gleich noch eine Ersatzglühlampe mitnehmen. Die Verkäuferin fragt: „Für welche?“. Max schaut sie verwundert an. Erläutere.

A10 Bei einem Tischventilator wurden folgende Elektronenstromstärken in Abhängigkeit von der anliegenden Spannung gemessen.

U	50 V	90 V	130 V	170 V	215 V	230 V
I	0,30 A	0,60 A	0,84 A	1,11 A	1,40 A	1,75 A

a) Beschreibe die Energiewandlungen und nenne den eigentlichen Energiewandler.
b) Zeichne und deute die *U*-*I*-Kennlinie.
c) Bestimme Widerstand und Energiestromstärke bei 110 V.

Kraft – Druck – mechanische Energie

Mit vereinten Kräften gewinnt die Football-Mannschaft das Tauziehen gegen die Straßenbahn und zieht sie durch die Straße. Welche Kraft muss jeder Spieler aufbringen? Wie lassen sich Kräfte messen? Welche Wirkungen können Kräfte haben?

■ **Autounfall:** Ein Unfall mit dem Auto kann schlimme Folgen haben: Welche Kräfte wirken hier? Warum sind sie so zerstörerisch? Wie können sich Insassen vor den Folgen des Crashes schützen?

■ **Meister im Gewichtheben:** Ameisen sind ein wichtiger Bestandteil unseres Ökosystems. Die Arbeiterinnen schleppen unter anderem auch Baumaterial zum Nest. Dabei transportieren sie das Sechs- bis Siebenfache, manche Arten sogar das 40-Fache ihres eigenen Körpergewichtes. Würde ein Kind (30 kg) etwas Vergleichbares leisten wollen, müsste es ein Pferd heben.

■ **Schwimmen–Sinken:** Das extrem salzhaltige Wasser des Toten Meeres trägt den Leser, anders als im Schwimmbad. Ganz offensichtlich übt Salzwasser auf den Körper eine größere Kraft aus als Süßwasser. Gibt es Vergleichbares auch in Luft?

■ **Transrapid:** Der **Transrapid Shanghai** ist ein Hochgeschwindigkeitszug, der am 31. Dezember 2002 auf einer 30 km langen Strecke von einem Außenbezirk Shanghais (VR China) zum Flughafen Pudong mit dem Probebetrieb gestartet wurde. Er benötigt für die 30 km lange Strecke 8 Minuten. Nach $3\frac{1}{2}$ Minuten (zurückgelegte Strecke: 12,5 km) ist die Betriebsgeschwindigkeit von 430 $\frac{km}{h}$ erreicht. Sie wird für 50 Sekunden gehalten, bevor die Verzögerungsphase (wiederum 12,5 km) beginnt. 2003 erzielte der Transrapid in Shanghai mit 501 $\frac{km}{h}$ einen neuen Rekord als schnellste kommerzielle Magnetschwebebahn. 2004 wurde der Regelbetrieb als fahrplanmäßig schnellstes spurgebundenes Fahrzeug der Welt aufgenommen.

■ **Fitness-Geräte:** An ihnen sollen die unterschiedlichsten Muskeln trainiert werden. In vielen Fällen sind waagerechte Bewegungsabläufe günstig für die Muskulatur – aber richtig anstrengen muss man sich ja nur beim Hochheben von Körpern, also bei senkrechten Bewegungen. Beides miteinander zu verbinden ermöglichen Seile und Rollen: Gewichte werden hochgehoben, obwohl waagerecht gezogen wird.

Vorbereitung

1 Lies die Texte dieser beiden Seiten durch und betrachte die zugehörigen Bilder. Schreibe zu den einzelnen Themen Fragen auf, die du dazu hast.

2 Blättere das folgende Kapitel durch, lies die Überschriften und betrachte die Bilder. Notiere neben den Fragen aus **1** die Seitenzahlen, die deiner Meinung nach Antworten zu deinen Fragen liefern könnten.

3 Überlege und schreibe auf, was du in Experimenten untersuchen möchtest. Vielleicht hast du ja schon Ideen, wie die Versuche aussehen könnten.

Projekt – Schneller – Höher – Weiter

In vielen Sportarten spielen Bewegungsabläufe und der Einsatz von Kräften eine große Rolle.

P1 a) Informiert euch darüber, welche Techniken in der Leichtathletik beim Kugelstoßen, Hammerwerfen, usw. angewandt werden. Achtet hierbei besonders auf die Begriffe Kraft und Geschwindigkeit.

b) Stellt die Ergebnisse in geeigneter Form (z. B. auf Plakaten mithilfe von Bildfolgen dar).

P2 Für die folgenden Versuchsreihen benötigt ihr Stoppuhren und eine Videokamera. Die Auswertung von Bewegungsabläufen kann am besten mit geeigneter Computer-Software durchgeführt werden. Hilfreich ist es, am Körper in der Nähe der Hüfte einen Markierungspunkt zu befestigen.

a) Nehmt nun verschiedene Messreihen bei unterschiedlichen Sportarten (z. B. beim Weitsprung) auf. Wählt auch mehrere Versuchspersonen aus.

b) Stellt die Messwerte in geeigneten Diagrammen dar. Geht in eurer Auswertung auf die Frage ein, wie sich Geschwindigkeiten geändert bzw. welche Kräfte gewirkt haben.

Projekt – Maschinen

Maschinen haben die Entwicklung der Kulturen beeinflusst. Sie ermöglichten es Kräfte zu wandeln und damit Tätigkeiten zu verrichten, die nur mit der Muskelkraft des Menschen nicht möglich gewesen wären. Auch heute kommen viele „einfache Maschinen" im täglichen Leben zum Einsatz, ohne dass ihre Funktion bedacht wird.

P1 Viele großartige Bauwerke der Menschheit veranlassten nachfolgende Kulturen, über die verwendeten Techniken bei ihrer Entstehung nachzudenken.
Wählt ein Bauwerk aus, z. B. die Pyramiden in Ägypten, und erläutert die Schwierigkeiten für die damaligen Menschen und ihre Überwindung.

P2 Im Mittelalter wurden „Maschinen" bei der Belagerung von Burgen eingesetzt. Erstellt eine Präsentation, die auf die Funktionsweise und den Zweck solcher Maschinen eingeht.

P3 Informiert euch über die Entwicklung der Maschinen und erstellt eine zeitliche Übersicht. Berücksichtigt bei eurer Präsentation auch den Zweck der Maschinen.

P4 Im Haushalt oder bei handwerklichen Tätigkeiten kommen vielfältige Gegenstände zum Einsatz, die als selbstverständliche Helfer die Arbeit erleichtern oder überhaupt erst ermöglichen. Sucht Euch entsprechende Geräte zusammen und beurteilt sie zum Beispiel unter den Gesichtspunkten Kraftwandlung, Kraftersparnis usw. Erstellt dazu eine geeignete Übersicht.

Mechanische Energieformen

Projekt

Die mechanischen Energieformen und ihre Wandlungen bestimmten früher viele Prozesse des täglichen Lebens und tun es auch heute noch. Hierbei kann der Spaß, wie bei Spielzeug oder in Vergnügungsparks, aber auch die Bewältigung von Tätigkeiten im Alltag im Vordergrund stehen.

P1 **a)** Erstellt eine Übersicht von Kinderspielzeug, dessen Funktion auf der Wandlung von mechanischen Energieformen beruht. Ergänzt die Vorschläge „Auto mit Friktionsmotor", „Flugzeug mit Gummimotor" um eigene Beispiele.
b) Erklärt, welche Energieformen ineinander gewandelt werden.

P2 Auf Volksfesten und in den zahlreichen Vergnügungsparks gibt es Attraktionen, die auf dem physikalischen Prozess der Energiewandlung beruhen.
a) Ergänzt die bekanntesten Attraktionen „Achterbahn" und „Wildwasserbahn" um eigene Beispiele. Beschreibt die Wandlungsprozesse.
b) Fotografiert eine Achterbahn aus großer Distanz und die Wagen in einzelnen Abschnitten der Bahn. Nutzt die Fotos, um die Situationen hinsichtlich der Bewegungen und mechanischen Energieformen zu beschreiben.

P3 **a)** Vor der Erfindung des Elektromotors wurden viele Maschinen mechanisch angetrieben. Erkundigt euch zum Beispiel im Internet oder in einem Museum, wie diese Antriebe aufgebaut waren. Was geschah dabei aus energetischer Sicht?

b) Auf vielen Baustellen wird die Energiewandlung bei Maschinen genutzt. Beschreibt die mechanische Energiewandlungen auf einer Baustelle z. B. in Form eines Plakats.

Druck – eine Größe bestimmen und messen

Projekt

Druck ist ein Zustand, der in vielen Sachverhalten der physikalisch zugänglichen Welt vorzufinden ist: Im Fahrradreifen herrscht Druck, beim Tauchen drückt das Wasser auf die Ohren, hoher oder tiefer Luftdruck bestimmen das Wetter mit, in der Küche hilft ein Druckkochtopf, die Speisen schneller gar zu bekommen.

P1 Listet alle Formulierungen auf, die euch zum Wort „Druck" einfallen. Gliedert die Liste in solche Sachbereiche, die physikalischem Nachfragen zugänglich sind, und solche, die von der Physik nicht erfasst werden können.

P2 **a)** Presst einen Luftballon zwischen beiden Händen. Erläutert, wie die von außen auf das Gas im Inneren ausgeübte Kraft von innen aus „beantwortet" wird.
b) Messt die Kraft, die ihr auf den Luftballon ausübt, mithilfe einer Personenwaage. (*Hinweis:* Masseanzeige der Waage in Kraftanzeige umrechnen).
c) Die ausgeübte Kraft ist auf die Fläche der Hand verteilt. Übt mit dem Finger so viel Kraft auf den Luftballon aus, wie sie etwa 1 cm^2 der Handfläche aufbringt.

P3 Eine PET-Flasche und eine Spritze (vorher den Zylinder innen leicht ölen) sind randvoll mit Wasser gefüllt und miteinander verbunden.
a) Messt die Kraft, die ihr auf die Flasche ausüben müsst, um den Kolben der Spritze zu bewegen.
b) Findet und beseitigt mögliche Fehlerquellen.
c) Wiederholt den Versuch mit einer dünneren Spritze.
d) Vergleicht die Kräfte, die ihr auf die beiden Kolbenflächen ausgeübt habt. Vergleicht das Ergebnis mit dem von **P2**.
e) Ihr habt ein Messverfahren für den Druck im Wasser gefunden. Findet eine Einheit und begründet Eure Wahl.

P4 Informiert euch über Extremwerte von Druck in der Natur, auf der Erde und im Weltall.

P5 Erarbeitet eine Präsentation über die Ergebnisse eurer Arbeit und haltet ein Referat.

Bewegungen

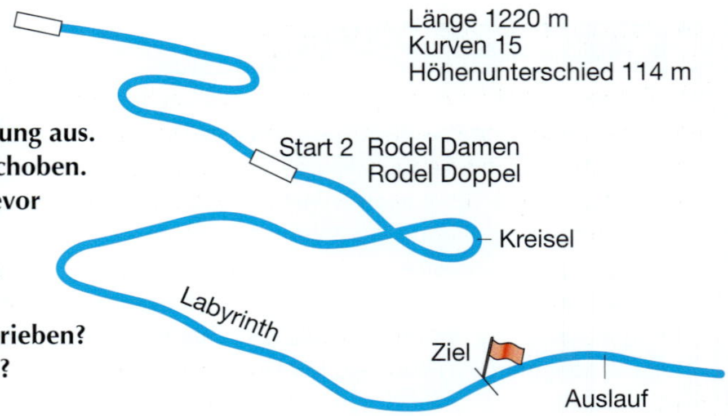

Drei-Zwei-Eins – Go! Go! Go!
Ein Bobschlitten führt eine sehr komplizierte Bewegung aus. Am Start wird er von den Sportlern hin- und hergeschoben. Nach dem Start fährt er einen geraden Abschnitt, bevor er in eine der vielen Kurven rast. Dabei erreicht er eine Geschwindigkeit von bis zu 150 $\frac{km}{h}$! Nach etwa einer Minute ist die Fahrt vorbei.
Auf welche Weise wird eine solche Bewegung beschrieben? Woher ist bekannt, wie schnell die Bobfahrer waren?

Geradlinige Bewegung

Bei einer geradlinigen Bewegung hat der Weg, den der Körper zurücklegt, die Form einer Geraden. Bei dieser Bewegung ändert sich also die Richtung nicht, in die sich der Körper bewegt.
Der Bob bewegt sich geradlinig. Das macht beispielsweise auch ein Intercity, der durch einen geraden Streckenabschnitt fährt.

Krummlinige Bewegung

Wenn der Bob durch die Kurve donnert, ändert sich ständig seine Richtung. Seine Bewegung ist nicht geradlinig, sondern krumm.
Ein besonderer Fall der krummlinigen Bewegungen ist die **Kreisbewegung,** die z. B. der Sitz eines Kettenkarussells oder (näherungsweise) der Mond ausführen. Auch unsere Erde bewegt sich auf einer ähnlichen Bahn um die Sonne.

Hin- und Herbewegung

Das Kennzeichen einer Hin- und Herbewegung ist, dass der Körper ständig zwischen zwei Punkten hin- und herpendelt (wie der Bob unmittelbar vor dem Start). Der Weg, den der Körper dabei zurücklegt, kann gerade oder krumm sein.
Auch ein Uhrpendel oder eine Kinderschaukel führen eine solche Bewegung aus. Sie wird auch **Schwingung** genannt.

Es gibt drei Bewegungsarten: geradlinige Bewegungen, krummlinige Bewegungen und Schwingungen.

Aufgaben

1 **a)** Beobachte in deiner Umwelt Bewegungen und teile sie in geradlinige Bewegungen, krummlinige Bewegungen und Schwingungen ein. Notiere sie.
b) Überlege, ob es auch Bewegungen gibt, die sich nicht eindeutig in diese drei Gruppen einordnen lassen.

2 Beim Bau von Autobahnen und Gleisen für Intercity-Züge werden die Kurven besonders großzügig geplant. Erläutere aufgrund deiner Erfahrung, warum dort auf scharfe Kurven verzichtet werden muss. Denke an das Fahrradfahren.

3 Beschreibe die Bewegung
a) einer Fähre über einen Fluss,
b) eines Busses zwischen zwei Haltestellen,
c) eines Busses in der Wendeschleife.

4 Nenne Strecken oder Längen, die am besten
a) in Metern, **b)** in Millimetern, **c)** in Kilometern,
d) in Mikrometern (1 µm = $\frac{1}{1000}$ mm) angegeben werden.

5 Berechne in Sekunden, wie lange die Erde für einen Umlauf um die Sonne braucht, also die Dauer eines Jahres.

Beschreibung von Bewegungen

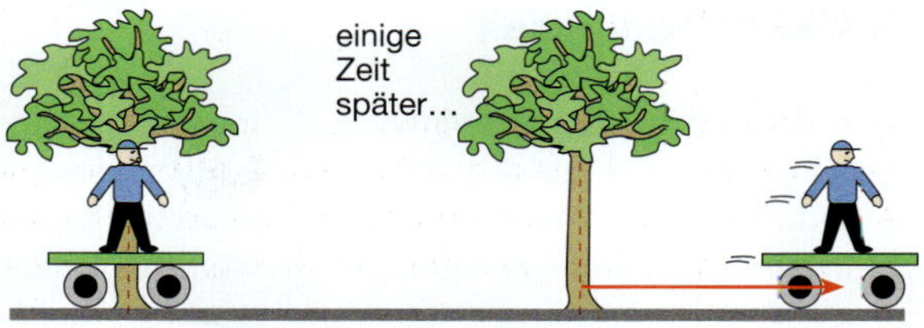

Im Bild rechts steht der Wagen mit dem Männchen zuerst neben dem Baum, später sind sie weit entfernt davon. Der Wagen und das Männchen haben genauso wie der Bob im Eiskanal eine **Bewegung** durchgeführt, also ihren Ort verändert. Bei dem Wagen ist die Bewegung einfach, weil sie geradlinig erfolgt.

Betrachtet wird bei der Bewegung des Wagens der Anfangsort neben dem Baum und der Ort, an dem der Wagen am Ende steht: Zwischen beiden liegt eine bestimmte Strecke. Die Länge dieser Strecke ist eine wichtige Angabe, um Bewegungen zu beschreiben. Diese Strecke wird als der zurückgelegte **Weg** bezeichnet. Er hat das Formelzeichen *s* und wird in der Einheit Meter (1 m) gemessen.

Die physikalische Größe Weg gibt an, welche Strecke der Körper insgesamt zurückgelegt hat. Wenn du zur Schule hin- und zurückgehst, bist du zwar am Ende wieder am gleichen Ort, nämlich zuhause, hast aber insgesamt einen Weg zurückgelegt, der doppelt so groß ist wie die Entfernung Schule–Zuhause.

Für den Weg vom Baum zum Endpunkt hat der Wagen eine bestimmte Zeit benötigt. Zur Beschreibung von Bewegungen wird also auch die physikalische Größe **Zeit,** Formelzeichen *t*, benötigt.

Zuerst kannten die Menschen die Zeiteinheiten Jahr, Monat und Tag. Diese ergaben sich aus der Natur. Als eine genauere Zeiteinteilung notwendig wurde, wurde der Tag in Stunden, Minuten und Sekunden unterteilt.

Weg

Das Formelzeichen ist *s*,
Die Einheit ist 1 m.

Weitere Einheiten:

Millimeter:	1 mm = $\frac{1}{1000}$ m
Kilometer:	1 km = 1000 m

Zeit

Das Formelzeichen ist *t*,
Die Einheit ist 1 s.

Weitere Einheiten:

Millisekunde:	1 ms = $\frac{1}{1000}$ s		
Minute:	1 min	= 60 s	
Stunde:	1 h	= 60 min	= 3600 s
Tag:	1 d	= 24 h	
Jahr:	1 a	= 365 d	

Jede Bewegung wird durch ihre Form, durch den zurückgelegten Weg und die dazu benötigte Zeit beschrieben.

Bewegungen — Versuche und Aufträge

V1 Lege dir selbst eine Länge fest und nenne sie ein „Mein-Meter". Miss nun verschiedene Strecken mit deinem Mein-Meter aus. Ermittle, wie sich deine Einheit „Mein-Meter" in die gebräuchliche Einheit „Meter" umrechnen lässt.

V2 Baue dir eine einfache Sonnenuhr: Stelle an einem Sonnentag einen senkrechten Stab (Stift o. Ä.) auf ein Blatt Papier und markiere zu jeder vollen Stunde Uhrzeit und die Lage des Schattens vom Stab. Kannst du am nächsten sonnigen Tag die Uhrzeit ablesen?

V3 Baue dir ein Pendel als eine „Sekundenuhr". Du brauchst dazu einen Körper, den du an eine Schnur bindest. Die Schnur befestigst du so, dass sie mit dem Körper pendeln kann. Ändere nun so lange die Länge der Pendelschnur, bis das Pendel in einer Sekunde hin- und herschwingt. Wie lang ist deine Pendelschnur dann? Lasse das Pendel 60-mal schwingen und vergleiche die Genauigkeit deiner „Pendeluhr" mit einer richtigen Uhr.

V4 Bestimme mithilfe deines Sekundenpendels die Zeit für folgende Vorgänge:
① Zeit für das Singen der ersten Strophe und des Refrains eines Liedes;
② Zeit für den Weg ins Kinderzimmer und zurück;
③ Zeit für einen 60 m-Lauf;
④ Zeit, um in den 3. Stock hochzusteigen;
⑤ Zeit, um eine Wasserflasche volllaufen zu lassen;
⑥ Dauer der Rotphase einer Ampel;
⑦ Dauer der Grünphase einer Ampel;
⑧ Zeit für das Schreiben einer SMS mit 10 Worten.

Die Geschwindigkeit

Bei jeder Bewegung wird ein Weg zurückgelegt, wofür eine bestimmte Zeit benötigt wird. Wenn die Strecke in einer kurzen Zeit zurückgelegt wird, ist der Körper schnell. Benötigt er für dieselbe Strecke eine lange Zeit, ist er langsam. Physikalisch beschreibt dies die Größe **Geschwindigkeit.**

Die Geschwindigkeit eines PKW kann direkt am Tachometer abgelesen werden. Wenn der Tacho 60 $\frac{km}{h}$ anzeigt, bedeutet es, dass das Fahrzeug mit dieser Geschwindigkeit 60 km in einer Stunde zurücklegen würde, falls es solange fährt.

Zentraler Versuch

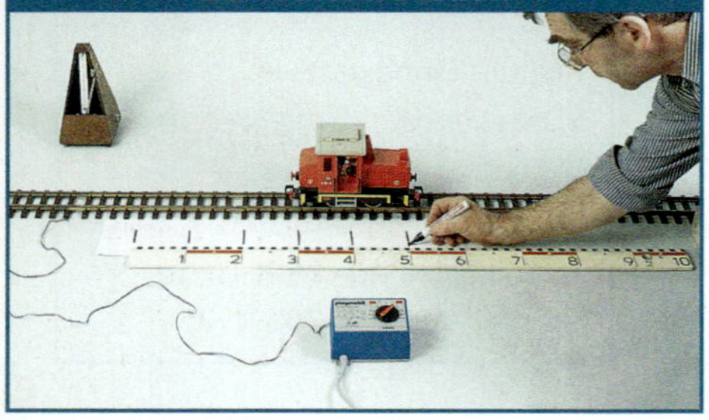

Wie im zentralen Versuch kann die Geschwindigkeit aber auch über eine Messung von gefahrenem Weg und dazu benötigter Zeit ermittelt werden. Wenn die Lok in 5 s eine Strecke von 50 cm fährt, würde sie in einer Minute das 12-fache, also $12 \cdot 0{,}5\ m = 6{,}0\ m$, fahren und in einer Stunde das 60-fache davon, also $60 \cdot 6{,}0\ m = 360\ m = 0{,}36\ km$. Die Lok hat also eine Geschwindigkeit von 0,36 $\frac{km}{h}$.

In einem ersten Versuch fährt die Lok langsam, in einem zweiten schnell; die zurückgelegten Wege werden wieder im Sekundentakt markiert. (Bei $t = 0$ s soll der Weg $s = 0$ cm sein). Die Tabelle zeigt die Messwerte. Bei beiden Bewegungen werden jeweils in der Zeitspanne von 1 s gleich lange Strecken zurückgelegt: Bei der ersten Bewegung jeweils 10 cm, bei der zweiten jeweils 13 cm. Eine Bewegung, bei der in gleichen Zeiten gleiche Strecken zurückgelegt werden, heißt **gleichförmig.**

Werden die Messwerte von Zeit und Weg für die Bewegung der Lok in ein Diagramm eintragen, so ergibt sich das **Zeit-Weg-Diagramm** dieser Bewegung. Bei beiden Bewegungen liegen die eingetragenen Punkte auf Ursprungsgeraden. Aus dem Diagramm lässt sich ablesen: In der doppelten Zeit wird der doppelte Weg zurückgelegt, in der dreifachen Zeit der dreifache Weg usw. Der rechte Teil der Tabelle bestätigt, dass der Quotient aus Weg und Zeit bei jeder der beiden Bewegungen konstant ist.

Der Quotient aus Weg und Zeit ist bei der schnelleren Bewegung größer. Er ist deshalb ein Maß für die Geschwindigkeit v. Im Zeit-Weg-Diagramm gehört zur schnelleren Bewegung, also zur größeren Geschwindigkeit die steilere Gerade.

Zur Berechnung der Geschwindigkeit können aber auch zwei beliebige Zeitpunkte t_1 und t_2 und die zugehörigen Strecken s_1 und s_2 verwendet werden. v ergibt sich dann als Quotient aus dem Wegunterschied $s_2 - s_1 = \Delta s$ und der Zeitspanne $t_2 - t_1 = \Delta t$ zu $v = \frac{s_2 - s_1}{t_2 - t_1} = \frac{\Delta s}{\Delta t}$.

Geschwindigkeit

Das Formelzeichen ist v.
Die Einheit ist $\frac{m}{s}$ oder $\frac{km}{h}$.

Bei gleichförmigen Bewegungen werden in gleichen Zeitabständen gleiche Strecken zurückgelegt. Der Quotient aus zurückgelegtem Weg Δs und dafür benötigter Zeit Δt ist die Geschwindigkeit v des Körpers: $v = \frac{\Delta s}{\Delta t}$.

Rechenbeispiel

1. Ein PKW darf innerorts höchstens mit einer Geschwindigkeit von 50 $\frac{km}{h}$ fahren. Gib seine Geschwindigkeit in $\frac{m}{s}$ an.
   $v = 50\ \frac{km}{h} = 50 \cdot \frac{1000\ m}{3600\ s} = 14\ \frac{m}{s}$
2. Ein Radfahrer benötigt für eine 400 m lange Strecke 2,0 min. Welche Geschwindigkeit zeigt der Tacho in $\frac{km}{h}$ an?
   $v = \frac{\Delta s}{\Delta t} = \frac{400\ m}{2{,}0\ min} = 200\ \frac{m}{min}$
   $= 200 \cdot \frac{0{,}001\ km}{1/60\ h} = 12\ \frac{km}{h}$

Lok	langsam	schnell	langsam	schnell
t	s	s	$\frac{\Delta s}{\Delta t}$	$\frac{\Delta s}{\Delta t}$
0 s	0 cm	0 cm	–	–
1,0 s	10 cm	13 cm	10 $\frac{cm}{s}$	13 $\frac{cm}{s}$
2,0 s	20 cm	26 cm	10 $\frac{cm}{s}$	13 $\frac{cm}{s}$
3,0 s	30 cm	39 cm	10 $\frac{cm}{s}$	13 $\frac{cm}{s}$
4,0 s	40 cm	52 cm	10 $\frac{cm}{s}$	13 $\frac{cm}{s}$
5,0 s	50 cm	65 cm	10 $\frac{cm}{s}$	13 $\frac{cm}{s}$

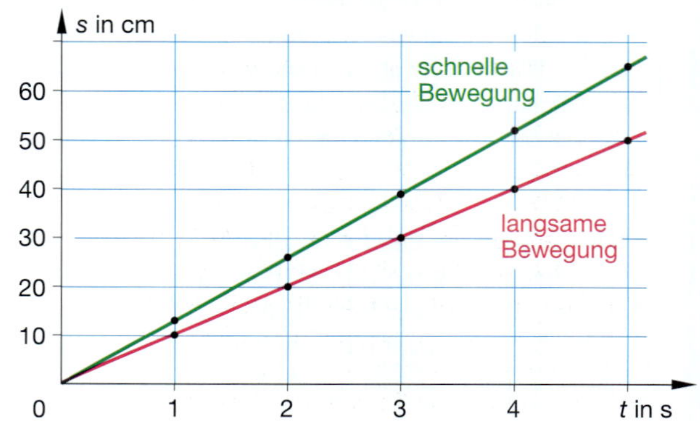

Aufgaben

1 Ein Fahrzeug fährt mit einer Geschwindigkeit von 20 $\frac{m}{s}$.
a) Berechne, welche Strecke das Auto in 14 s zurücklegt.
b) Berechne, wie lange das Fahrzeug braucht, um eine Strecke von 1000 m zurückzulegen.
c) Zeichne das *t*-*s*-Diagramm für b).

2 **a)** Bestimme aus dem rechts dargestellten *t*-*s*-Diagramm die Geschwindigkeit der Fahrzeuge ① und ②.
b) Beschreibe, in welcher Weise sich die Bewegung des Fahrzeugs ③ ändert.
c) Bestimme näherungsweise den Zeitpunkt, an dem Fahrzeug ① und 3 bzw. ② und ③ gleiche Geschwindigkeit haben.
d) Ermittle, wann Fahrzeug ③ das Fahrzeug ② einholt.

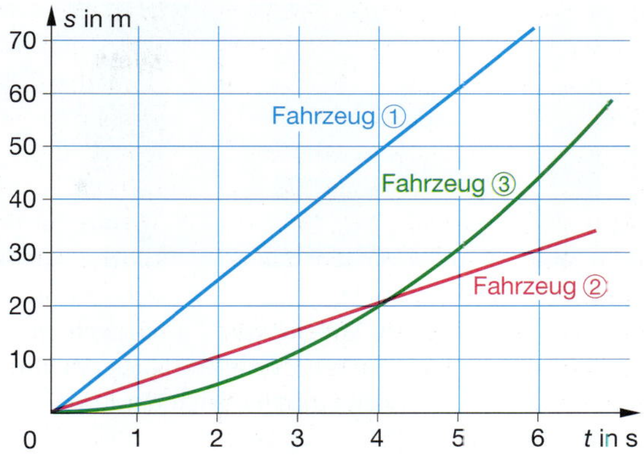

GESCHWINDIGKEITEN UND IHRE MESSUNG

Fliegen mit Rückenwind

Als Jetstream (Strahlstrom) werden in West-Ost-Richtung verlaufende Starkwindströmungen in über 10 km Höhe bezeichnet. Diese Strömungen können Geschwindigkeiten bis zu 600 km/h erreichen.
Seit längerer Zeit werden diese Jetstreams im Luftverkehr ausgenutzt: Stimmen Strömungs- und Flugrichtung überein, tauchen die Flugzeuge in diese Ströme ein und nutzen sie als Rückenwind. Dadurch können etwa 10 % bei Flugzeit und Treibstoff eingespart werden.

Geschwindigkeitskontrolle im Straßenverkehr

Vor fünfzig Jahren bestanden die Anlagen der Polizei aus zwei auf der Straße im Abstand von 4 m verlegten Schläuchen, die an ein Messgerät angeschlossen waren. Beim Überfahren der luftgefüllten Schläuche wurde durch die entstehenden Druckimpulse eine Uhr im Messgerät ein- und ausgeschaltet. Durch die festgelegte Messstrecke konnte sofort die Geschwindigkeit abgelesen werden.

Da diese Anlagen störanfällig und nicht sehr genau waren, wurden sie durch Geräte ersetzt, die mithilfe von Laserstrahlen oder Radar die Geschwindigkeit bestimmen. Um Messfehler auszuschließen, wird ein Fahrzeug mehrmals „geblitzt". Nur wenn die Messwerte unwesentlich voneinander abweichen, wird die Messung verwendet.

Mausefalle Mittelmeer

Für Segelschiffe stellt die Meerenge von Gibraltar unter bestimmten Umständen ein unüberwindliches Hindernis dar: Durch die starke Sonneneinstrahlung über dem Mittelmeer ist die Verdunstung sehr hoch. Der Wasserspiegel fällt und aus dem Atlantik strömt ständig durch die Meerenge Wasser ins Mittelmeer nach. Die Strömung kann so stark werden, dass bei geringem Wind ein Passieren der Meerenge unmöglich ist. Früher mussten die Schiffe manchmal wochenlang auf anderes Wetter warten, um in den Atlantik ausfahren zu können.

Geschwindigkeiten bei Tieren und Fahrzeugen

Weinbergschnecke	0,003 km/h
Fliege	8 km/h
Biene	29 km/h
Hai	36 km/h
Hase	65 km/h
Schwertfisch	90 km/h
Gepard	120 km/h
Wanderfalke	180 km/h
ICE	280 km/h
Verkehrsflugzeug	1 000 km/h
Satellit	28 500 km/h

Schneeflocke	0,2 m/s
Regentropfen	6 m/s
Wachstum Haar	0,3 mm/d

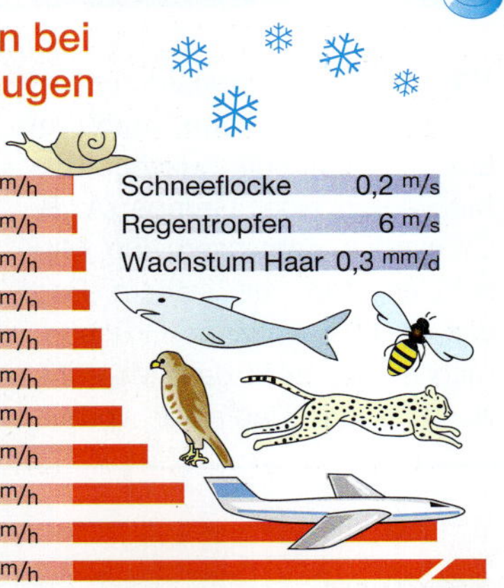

Von der Durchschittsgeschwindigkeit zur Momentangeschwindingkeit

Zentraler Versuch

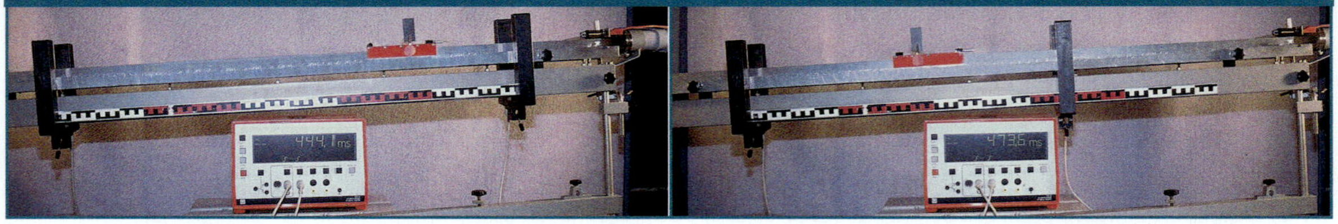

Für die 15,6 km lange Strecke von Gelsenkirchen nach Bottrop benötigt ein PKW 17 Minuten. Nach der Formel für die Geschwindigkeit errechnet sich daraus

$v = \frac{15{,}6\text{ km}}{17\text{ min}} = \frac{15{,}6\text{ km}}{\frac{17}{60}\text{ h}} = 55{,}1\ \frac{\text{km}}{\text{h}}$.

Was sagt dieser Wert über die Bewegung aus?

Es ist klar, dass der PKW nicht die ganzen 17 Minuten mit dieser Geschwindigkeit gefahren ist: Mal musste er bei Rot vor einer Ampel halten, mal konnte der Fahrer auf einer Bundesstraße mit einer deutlich höheren Geschwindigkeit fahren. Der berechnete Wert ist also nur ein Durchschnittswert und sagt über die Geschwindigkeit in einem bestimmten Moment überhaupt nichts aus. Die meisten Bewegungen im Alltag sind solche **ungleichförmigen** Bewegungen (z. B. das Anfahren oder das Abbremsen eines Fahrzeugs).

Durchschnitts-geschwindigkeit

$\bar{v} = \frac{\Delta s}{\Delta t}$ mit großem Δs bzw. Δt heißt Durchschnittsgeschwindigkeit. Sie ist unabhängig von der Geschwindigkeit auf einzelnen Teilstrecken.

Das hat aber Konsequenzen für die *t*-*s*-Diagramme und vor allem für die Messung von Geschwindigkeiten. Die *t*-*s*-Diagramme sind im Regelfall keine Geraden mehr.
Wenn die Geschwindigkeit eines Körpers mithilfe einer Strecken- und Zeitmessung bestimmt werden soll, muss Folgendes beachtet werden:

Das Zeit-Weg-Diagramm einer gleichförmigen Bewegung ist eine Gerade. Deshalb ist es bei einer solchen Bewegung im Prinzip egal, wie lang die Messstrecke (und damit die dazugehörige Zeit) ist, der Quotient $\frac{\Delta s}{\Delta t}$ ist immer gleich.
Bei ungleichförmigen Bewegungen aber gilt: Je länger eine Messstrecke ist, desto mehr Zeit vergeht, in der der Körper seine Geschwindigkeit ändern kann. Daher muss die Messstrecke (und somit das Zeitintervall) so klein wie möglich gewählt werden. Dazu werden häufig Lichtschranken benutzt, die die Zeit messen, in der ein Körper den Lichtstrahl zwischen Sender und Empfänger unterbricht **(Dunkelzeitmessung).**

Die **Tachometer** in Fahrzeugen zeigen die Momentangeschwindigkeit an; bei LKW wird diese Geschwindigkeit mit dem Fahrtenschreiber aufgezeichnet. Bei einem Tacho wird keine Zeit gemessen. Die Geschwindigkeit wird dadurch ermittelt, dass die Anzahl der Umdrehungen eines Rades in einer Sekunde gezählt wird.

Momentangeschwindigkeit

$v = \frac{\Delta s}{\Delta t}$ mit möglichst kleinem Δs bzw. Δt heißt Momentangeschwindigkeit.

Die Momentangeschwindigkeit gibt an, wie schnell sich ein Körper zu einem bestimmten Zeitpunkt bewegt.

Versuche und Aufträge — **Durchschnitts- und Momentangeschwindigkeit**

V1 Stellt euch in Zweiergruppen entlang einer Messtrecke (50 m) auf. Die Abstände zwischen den Mitgliedern einer Gruppe (A, B, C) werden gemessen. Ein Mitschüler fährt mit seinem Rad die Strecke entlang. Gruppenmitglied 1 gibt in dem Moment, zu dem der Radfahrer vorbeikommt, dem 2. Mitglied das Signal, die Stoppuhr zu starten. Abgestoppt wird die Zeit, die der Fahrer für die jeweilige Messtrecke braucht.
Vergleicht eure Ergebnisse!
Überlegt, ob es sich bei der Fahrt um eine gleichförmige Bewegung gehandelt hat.

V2 Stellt euch etwa alle 10 m entlang eines Bahnsteigs auf. Messt jeweils die Zeit, bis die bremsende Lok an euch vorbeigefahren ist und vergleicht die Zeiten. Welche Durchschnittsgeschwindigkeiten ergeben sich? Meldet Euch vorher bei der Aufsicht und sagt, was ihr vorhabt.

Aufgaben

1 Ein Radfahrer fährt eine insgesamt 30 Kilometer lange Bergstrecke. Zuerst muss er 12 Kilometer bergauf fahren, was mit einer Geschwindigkeit von 10 $\frac{km}{h}$ geschieht. Dann fährt er den Rest bergab mit einer Geschwindigkeit von 40 $\frac{km}{h}$. Berechne seine Durchschnittsgeschwindigkeit.

2 Ein LKW-Rad hat einen Umfang von 2,40 m. Während einer Fahrt dreht sich das Rad 3-mal in der Sekunde. Berechne die Geschwindigkeit, die der Tacho anzeigt.

3 Für ein Fahrzeug wurden folgende Messwerte ermittelt:

t	0	0,5 s	1,9 s	1,99 s	2,0 s
s	10 m	15 m	24 m	39,83 m	40 m

a) Bestimme möglichst genau die Momentangeschwindigkeit zur Zeit t = 2 s.
b) Begründe deine Rechnung.

4 Das t-s-Diagramm rechts gibt die Bewegung eines Körpers wieder. Schreibe zu diesem Diagramm eine Geschichte.

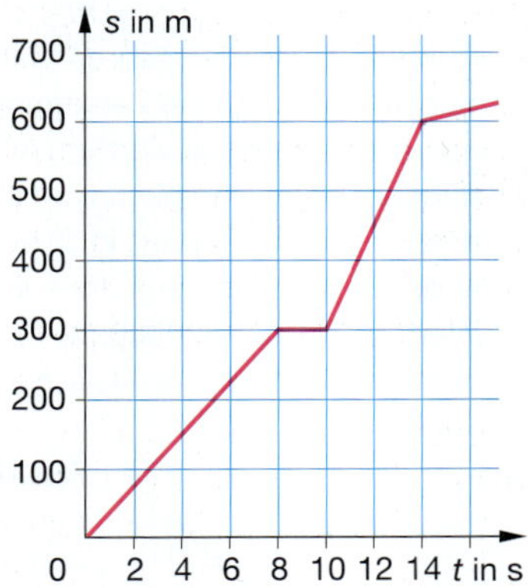

5 Erstelle ein t-s-Diagramm und ein t-v-Diagramm der folgenden Bewegung eines Fahrzeugs:

① Das Fahrzeug bewegt sich 10 Minuten mit der konstanten Geschwindigkeit v = 60 $\frac{km}{h}$.
② Dann erhöht es seine Geschwindigkeit und fährt 5 Minuten mit 80 $\frac{km}{h}$.
③ Anschließend macht der Fahrer eine Pause von 7 Minuten.
④ Im Anschluss fährt er eine Strecke von 30 Kilometern mit der konstanten Geschwindigkeit v = 60 $\frac{km}{h}$.
⑤ Die letzten 10 Kilometer kann er noch einmal schneller mit v = 70 $\frac{km}{h}$ fahren.

Bewegung ist relativ

Streifzug

Nena und Marius sitzen in Zügen, die auf nebeneinander liegenden Gleisen stehen, und warten auf die Abfahrt. Sie schauen aus dem Fenster und beobachten sich gegenseitig

① Nena fährt noch nicht. Marius Zug fährt gerade ab.

② Nenas Zug fährt nach links, der von Marius gleichzeitig nach rechts ab.

③ Nenas und Marius Züge setzen sich gleichzeitig gleich schnell in dieselbe Richtung in Bewegung.

Fazit: Die unterschiedlichen Deutungen kommen dadurch zustande, dass es verschiedene Sichtweisen darüber gibt, wer sich in Ruhe und wer sich in Bewegung befindet.
Bewegung ist deshalb keine absolute Größe. Sie erfolgt immer nur relativ zwischen zwei Körpern.

Werkzeug — Erstellen und Interpretieren von Diagrammen

Peter und Simone fahren mit ihren Fahrrädern ins Schwimmbad. Diese Bewegung kann in einem t-s-Diagramm dargestellt werden. Angenommen Peter fährt mit der Geschwindigkeit $v = 18\,\frac{\text{km}}{\text{h}} = 300\,\frac{\text{m}}{\text{min}}$, dann legt er in 1 Minute 300 m, in 2 Minuten 600 m und in 3 Minuten 900 m zurück. Im t-s-Diagramm können die Wertepaare (1 min | 300 m), (2 min | 600 m) usw. eingetragen werden, die alle auf einer Ursprungsgeraden liegen.

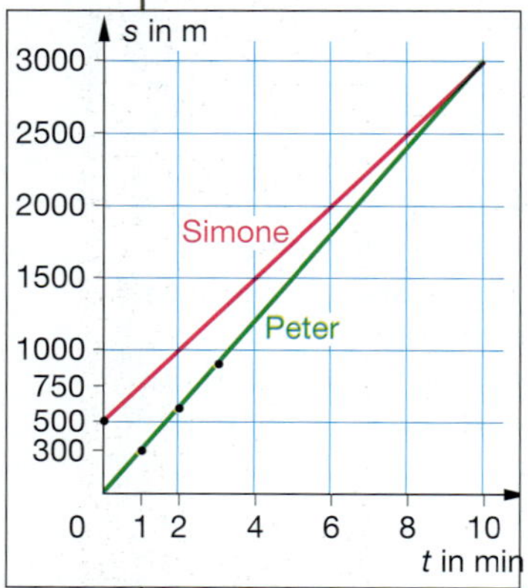

Aus diesem Diagramm können jetzt bestimmte Sachverhalte abgelesen werden: Peter braucht z. B. 10 min bis zum Schwimmbad, da es 3 km entfernt ist.
Simone wohnt nur 2,5 km vom Schwimmbad entfernt. Sie fährt zur gleichen Zeit wie Peter mit der Geschwindigkeit $v = 250\,\frac{\text{m}}{\text{min}}$ los. Da sie 500 m Vorsprung hat, beginnt die Gerade, die ihre Bewegung beschreibt, im Punkt (0 min | 500 m). Weil sie langsamer als Peter ist, ist die Gerade zu ihrer Bewegung weniger steil. Es ist aber zu erkennen, dass sich die Geraden im Punkt (10 min | 3000 m) schneiden. Die beiden treffen sich also nach 10 Minuten am Schwimmbad.

Nach dem Verlassen des Schwimmbades schiebt Peter sein Fahrrad mit der Geschwindigkeit $v = 100\,\frac{\text{m}}{\text{min}}$ nach Hause, weil Simone noch nicht am Ausgang ist. Sie fährt 3 min später mit $v = 400\,\frac{\text{m}}{\text{min}}$ hinter ihm her. Wann und wo trifft sie Peter?
Die Frage lässt sich mithilfe eines t-s-Diagramms für beide Bewegungen beantworten:

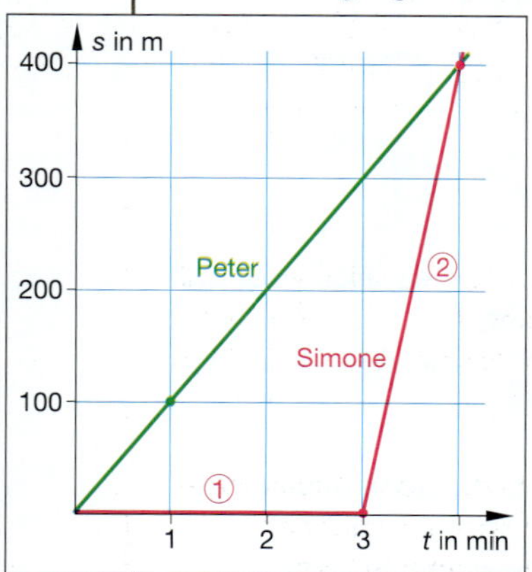

- Peters Bewegung ist eine Ursprungsgerade durch (1 min | 100 m)
- Simones Bewegung hat zwei Abschnitte : Im Bereich ① bewegt sie sich nicht, steht also bis zum Zeitpunkt $t = 3$ min. Dann bewegt sie sich im Bereich ② mit der Geschwindigkeit $v = 400\,\frac{\text{m}}{\text{min}}$. Sie ist erkennbar schneller als Peter.

- Aus dem Schnittpunkt der beiden Geraden kann abgelesen werden, wann und wo sich die beiden treffen: Nach 4 Minuten sind beide 400 m vom Schwimmbad entfernt.

Peters Bruder David fährt mit der Geschwindigkeit $v = 500\,\frac{\text{m}}{\text{min}}$ genau in dem Moment in Richtung Schwimmbad, als Peter vom Schwimmbad aus mit seinem Fahrrad nach Hause losläuft. Die beiden werden sich unterwegs treffen müssen. Die Frage ist auch hier nur wann und wo.
Zur Lösung soll wieder ein t-s-Diagramm benutzt werden, in dem beide Bewegungen dargestellt sind.

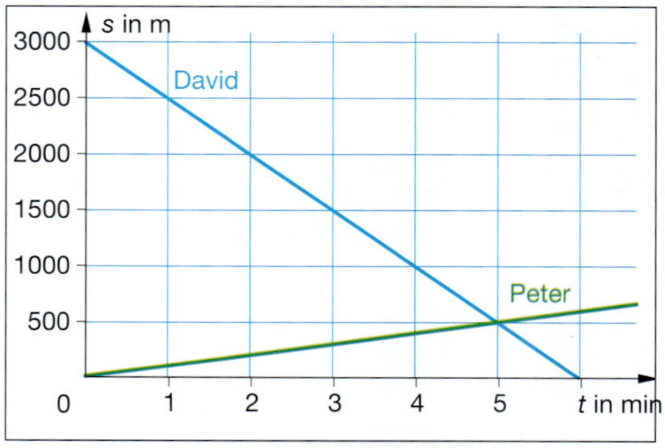

Peters Bewegung wird durch eine Ursprungsgerade dargestelt. Davids Bewegung sieht anders aus. Er startet genauso wie Peter zur Zeit $t = 0$ min. Da er da noch zuhause ist, befindet er bei $s =$ 3000 m. Also ist (0 min | 3000 m) ein Punkt auf der Geraden, die Davids Bewegung beschreibt. Da er im Vergleich zu Peter in die entgegengesetzte Richtung fährt, beschreibt eine fallende Gerade seine Bewegung. Die beiden treffen sich nach 5 Minuten 500 m vom Schwimmbad entfernt.

Fazit: Gleichförmige Bewegungen werden mithilfe eines t-s-Diagramms dargestellt:
- **Je steiler die Gerade verläuft, desto größer ist die Geschwindigkeit des Körpers.**
- **Schneiden sich die Geraden zweier Bewegungen, so befinden sich die Körper zu diesem Zeitpunkt am selben Ort.**
- **Bewegt sich ein Körper rückwärts, so wird dies durch eine fallende Gerade im t-s-Diagramm erkennbar.**
- **Laufen die Geraden nicht durch den Ursprung, beginnt die Bewegung nicht zur Zeit $t = 0$ s oder nicht am Ort $x = 0$ m.**

Messen – Darstellen – Interpretieren

Werkzeug

Messen

Zeit t	Strecke s
0	0
1,7 s	20 m
3,0 s	40 m
5,1 s	60 m
7,5 s	80 m
8,1 s	100 m
10,4 s	120 m

Jürgen fährt mit „Vollgas“ auf seinem Motorroller entlang einer geraden Straße. Freunde wollen den Bewegungsablauf untersuchen. Sie stellen sich dazu an der Staße auf und stoppen bei fliegendem Start die Zeit, bis er an ihnen vorbeifährt. Es ergibt sich nebenstehende Messwerttabelle.

Darstellen

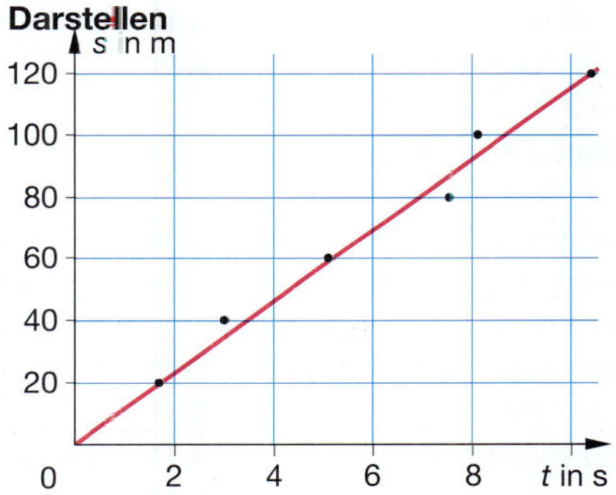

Die Punkte liegen zwar nicht exakt auf einer Geraden, aber es lässt sich durch sie eine **Ausgleichsgerade** zeichnen. Es ist aber darauf zu achten, dass der Abstand jedes einzelnen Punktes zur Ausgleichsgeraden nicht zu groß wird und einzelne Punkte sowohl oberhalb als auch unterhalb der Geraden liegen. Dieses Verfahren ist sinnvoll, weil bei der gewählten Messmethode von Messfehlern auszugehen ist. Darum ist es zulässig, von den tatsächlichen Werten abzuweichen, um eine Gerade durch die Messpunkte legen zu können.

Interpretieren

Aus dem Diagramm ist erkennbar, dass Jürgen gleichförmig gefahren ist.
Die Steigung der Ausgleichsgeraden gibt die Geschwindigkeit des Rollers an.

Messen

In einem weiteren Versuch wird ein Papierkegel in Luft fallen gelassen. In Zeitabständen von 0,1 s wird er durch ein Stroboskop beleuchtet. Die durchfallene Gesamtstrecke kann mithilfe des Lineals abgelesen und anschließend in eine Messwerttabelle eingetragen werden.

Zeit t	Strecke s
0	0
0,1 s	3,5 cm
0,2 s	11,5 cm
0,3 s	22,5 cm
0,5 s	53 cm
0,6 s	69,5 cm
0,7 s	87 cm
0,8 s	105 cm
0,9 s	123 cm

Darstellen

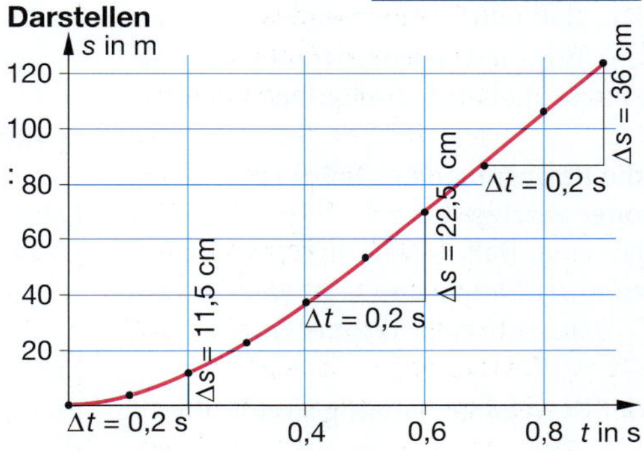

Diese Messpunkte liegen sicher nicht auf einer Geraden. Hierfür gibt es mehrere Gründe. Es ist nicht möglich, durch den Nullpunkt eine Ausgleichsgerade durch die Messpunkte zu legen. Dieser Punkt müsste darauf liegen, aber die Lage der anderen Punkte würde sich „verschlechtern“. Da der Trichter weiter fällt, könnten weitere Messpunkte aufgenommen werden. Dann müsste aber der Verlauf der Ausgleichsgeraden verändert werden. Dies ist jedoch unmöglich, weil der Verlauf dieser Geraden eindeutig ist.
Außerdem spricht gegen eine Ausgleichsgerade die Tatsache, dass die Intervallgeschwindigkeit $\Delta v = \Delta s/\Delta t$ von $\frac{11{,}5\ \text{cm}}{0{,}2\ \text{s}} = 57{,}5\ \frac{\text{cm}}{\text{s}}$ über $\Delta v = \frac{22{,}5\ \text{cm}}{0{,}2\ \text{s}} = 112{,}5\ \frac{\text{cm}}{\text{s}}$ auf $\Delta v = \frac{36\ \text{cm}}{0{,}2\ \text{s}} = 180\ \frac{\text{cm}}{\text{s}}$ zunimmt und dann konstant bleibt. Es muss also eine Kurve durch die Messpunkte gelegt werden.

Interpretieren

Im ersten Bewegungsabschnitt wird die Kurve steiler, also wird die Geschwindigkeit größer. Im zweiten Teil geht sie in eine Gerade über. Deshalb bewegt sich in diesem Teil der Trichter gleichförmig.

Fazit: Bei beliebigen Messkurven muss genau geprüft werden, ob das Einzeichnen einer Ausgleichsgeraden zu Widersprüchen führt. Sonst ist eine „glatte“ Kurve durch die Messpunkte zu zeichnen. Es muss aber geprüft werden, ob sich durch Teilbereiche eine Ausgleichsgerade zeichnen lässt.

Kräfte und ihre Wirkungen

Beim Tennis ist der Ball ständig in Bewegung: Er wird schneller oder langsamer oder in eine andere Richtung umgelenkt – aber nur, wenn ein Schläger oder Spieler ihn berührt und seine Muskelkraft einwirkt. Gleichzeitig fällt der Ball nach unten. Diese Beeinflussung des Balls durch die Spieler wird in der Physik mithilfe des Begriffs „Kraft" beschrieben. Woran ist zu erkennen, dass Kräfte ausgeübt werden? Welche Kräfte gibt es?

Bewegungsänderungen

- Um beim Fußballspielen einen ruhenden Ball in Bewegung zu versetzen, müssen die Spieler gegen ihn treten. Sie stoßen dabei den Ball mit der Kraft ihrer Muskeln weg. Der Ball wird dadurch schneller. Soll der Ball zurückgeschossen werden, so muss er zuerst abgebremst und anschließend wieder beschleunigt werden.
  Kräfte können die Bewegung eines Körpers beschleunigen oder verzögern.
- Ein scharf geschossener Ball bewegt sich geradeaus. Um seine Richtung zu ändern, muss er seitlich getroffen werden – dann rollt oder fliegt er in eine andere Richtung.
  Zur Änderung der Bewegungsrichtung sind Kräfte notwendig.
- Mit einer Kraft kann die Bewegungsrichtung des Balls geändert werden. Will ein Mensch aber seinen eigenen Bewegungszustand ändern, z. B. vom Boden aufstehen, so kann er sich nicht an den eigenen Haaren hochziehen, sondern muss sich vom Boden abdrücken.
  Kräfte können nur von einem auf einen anderen Körper ausgeübt werden.

Formänderungen

- Nicht jede Kraft, die auf einen auf dem Boden liegenden Ball einwirkt, führt zu einer Bewegungsänderung. Setzt sich ein Kind auf den Ball, wirkt eine Kraft von oben – der Ball setzt sich nicht in Bewegung. Aber Folgen hat die Krafteinwirkung schon: Der Ball wird zusammengedrückt.
  Kräfte können Körper verformen.

Dabei hängt es von den Eigenschaften der Körper ab, ob diese Verformung zurückgeht oder bestehen bleibt, wenn die Kraft nicht mehr wirkt. Wenn der Fußball seine anfängliche Form wieder annimmt, sobald die Kraft nicht mehr auf ihn wirkt, liegt eine **elastische** Verformung vor. Eine Knetkugel dagegen behält eine veränderte Form bei, wenn die Kraft nicht mehr auf sie wirkt. Diese Verformung wird als **plastisch** bezeichnet.

Kräfte können
- Körper beschleunigen und verzögern,
- die Bewegungsrichtung von Körpern ändern,
- Körper zeitweilig (elastisch) oder dauerhaft (plastisch) verformen,
- nur zwischen verschiedenen Körpern wirken.

Aufgaben

1 Beschreibe Situationen, in denen beim Weitsprung, Sprint, Skifahren eine Bewegungsänderung hervorgerufen wird.

2 Erläutere Beispiele für Verformungen in der Industrie und im Haushalt.

3 Beschreibe die Formänderung
a) beim Spannen eines Bogens,
b) beim Biegen eines Eisendrahts,
c) beim Ziehen an einem Strumpf,
d) beim Ziehen an einem dünnen Wollfaden.

4 Nenne Beispiele, bei denen zwischen Körpern Kräfte wirken, ohne dass sie sich berühren.

Beispiele für Kräfte

Beim Volleyballspiel wird der Ball durch die Kraft der Spieler beschleunigt, verzögert, verformt und seine Richtung geändert.

Beim Anfahren wirkt die Kraft des Fahrers über die Kette auf das Hinterrad. Dadurch wird das Fahrrad beschleunigt.

Der Sportler verformt durch den Absprung den Stab. Nach der Krafteinwirkung geht der Stab in seinen alten Zustand zurück.

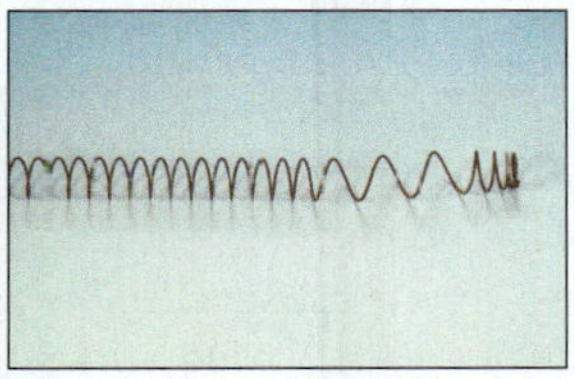

Ist die einwirkende Kraft zu groß, so wird die Verformung plastisch. Die Feder geht nicht in den Ursprungszustand zurück sondern wird zerstört.

Elastische Verformung tritt bei Körpern aus Gummi und einigen Kunststoffen auf sowie bei bestimmten Stofffasern (Elastan, Lycra); aber auch Körper aus Stahl, Glas oder Holz können elastisch verformt werden. Überschreitet allerdings die einwirkende Kraft bestimmte Grenzen, dann kann der Körper sich plastisch verformen (genutzt wird das beim Verformen von Stahlblechen) oder er geht kaputt (die Fensterscheibe …).

Aufgaben

1 Beschreibe, wo du schon einmal plastische und elastische Formänderungen in deiner Umgebung beobachtet hast. Nenne je drei Beispiele.

2 Gib Beispiele, bei denen Reibung und Luftwiderstand einen Körper zum Stillstand bringen. Erläutere jeweils Möglichkeiten, die Reibung bzw. den Luftwiderstand zu verringern.

3 Überlege dir an einem Beispiel die Folgen einer „reibungslosen" Welt für unser Leben und setze anschließend deine Gedanken in eine kurze Geschichte um.

4 Wo sich Achsen drehen, wird häufig ein Schmiermittel wie Öl oder Fett eingesetzt. Erläutere den Sinn dieser Maßnahme.

Reibung

Warum kommt auf der Erde jede Bewegung schließlich zur Ruhe? Beim Curling wirken Kräfte, die den Stein abbremsen und zum Anhalten zwingen. Zwischen Stein und Eis wirken Reibungskräfte, die immer auftreten, wenn sich zwei Körper gegeneinander bewegen. Auch wenn der Stein und das Eis äußerlich glatt aussehen, erscheinen sie unter dem Mikroskop betrachtet eher rau. Bei einer Bewegung verhaken sich die Unebenheiten des einen Körpers mit denen des anderen. Um die Bewegung aufrecht zu halten muss eine Kraft gegen diese Verhakungen aufgebracht werden. Beim Fahrradfahren ist die Reibung als verzögernde Kraft zu spüren. Außerdem drehen sich die Achsen der Räder in den Halterungen und verursachen Reibungskräfte, ebenso die Reifen auf der Straße, sodass jeder Radfahrer treten muss, wenn er nicht stehenbleiben will. Ohne Reibung könnte sich jeder Körper, wenn er einmal in Bewegung ist, ewig geradeaus weiterbewegen, da ihn keine Kraft verzögert.

Um einen Körper gegen Reibungskräfte in Bewegung zu halten, wird eine Kraft benötigt.

Reibung — Versuche und Aufträge

V1 Ziehe einen gefüllten Getränkekasten o. Ä. über einen Kiesweg. Entferne dann einige Flaschen und wiederhole den Versuch. Erkläre den Unterschied.

V2 Schiebe einen Bücherstapel über den Fußboden. Wovon hängt die Größe der Reibungskraft ab? Wiederhole das Schieben mit einem untergelegten glatten Tuch bzw. mit Bleistiften als Rollen. Erkläre deine Beobachtung.

V3 Besorge dir einen alten Fahrradreifen und schneide ihn in kleine Stücke. Belaste sie mit mehreren Gewichten und ziehe die Stücke dann über verschiedene Oberflächen (z. B. Teppich, Schmirgelpapier, Wasser, Öl, glatter Fußboden, …). Beschreibe deine Beobachtungen und erläutere mögliche Auswirkungen auf das Verhalten im Straßenverkehr.

... und wenn keine Kräfte wirken?

Im Linienbus ist fester Halt beim Anfahren, beim Abbremsen oder in einer Kurve wichtig, um nicht umzufallen. Aber was zwingt Körper zu diesem Verhalten? Wieso sind keine Wirkungen zu spüren, wenn der Bus mit gleichbleibender Geschwindigkeit geradeaus fährt?

Zentraler Versuch

- Im Foto fällt die Kugel hinten vom Wagen, wenn er angeschoben wird. Um einen Körper in Bewegung zu versetzen, ist eine Kraft erforderlich. Diese Kraft wirkt aber nicht auf die Kugel, weil sie nur lose auf dem Wagen liegt. Sie bleibt an ihrem Platz in Ruhe, während der Wagen unter ihr wegfährt. Die zweite Kugel verhält sich anders: Da sie am Wagen befestigt ist, wird die beschleunigende Kraft auf sie übertragen.
- Auch zum Anhalten ist eine Kraft nötig. Diesmal rollt die lose Kugel nach vorn entsprechend der Bewegung, die sie hatte: Sie bewegt sich weiter geradeaus, während der Wagen und die an ihm befestigte Kugel stehen bleiben.
- Bei Kurvenfahrten hat die Kraft, welche die Richtungsänderung des Wagens bewirkt, keinen Einfluss auf die lose Kugel. Da sie sich weiter geradeaus bewegt, rollt sie seitlich vom Wagen herunter.

Die Eigenschaft jedes Körpers, in Ruhe oder in geradliniger Bewegung zu bleiben, wird als **seine Trägheit** bezeichnet. Darum bewegt sich ein Körper gar nicht oder mit konstanter Geschwindigkeit, wenn keine Kräfte auf ihn wirken. Dies gilt natürlich nur, wenn keine Reibungskräfte vorhanden sind.

Ein Körper bleibt in Ruhe oder geradliniger Bewegung mit konstanter Geschwindigkeit, solange er nicht durch Kräfte gezwungen wird, seinen Bewegungszustand zu ändern. Reibungskräfte verzögern jeden bewegten Körper.

Ein Körper – zwei Kräfte

Sehr oft wirken mehrere Kräfte auf einen Körper ein. Dann können verschiedene Fälle unterschieden werden: Ziehen oder drücken mehrere Leute in die gleiche Richtung, z.B. um einen stecken gebliebenen PKW wieder flott zu bekommen, dann addieren sich die einzelnen Kräfte zu einer Gesamtkraft.

Ziehen zwei Mannschaften entgegengesetzt an einem Seil, dann wird wohl die gewinnen, die die größere Kraft aufbringen kann. Der kleine „Kraftüberschuss", den das stärkere Team gegenüber dem anderen hat, beschleunigt das Seil und damit die Markierung in seiner Mitte. Hier wirken zwei Kräfte entgegengesetzt. Was übrig bleibt, also die Differenz der beiden, hat die gleiche Richtung wie die stärkere Kraft.

Und wenn beide Mannschaften gleich stark sind, also zwei gleich große Kräfte entgegengesetzt auf denselben Körper wirken? Dann kommt es zum „Unentschieden": Der Körper verhält sich so, als ob keine Kraft angreift – er bleibt in Ruhe. Dieser Zustand wird als **Gleichgewicht** bezeichnet.

Aufgaben

1 **a)** Suche weitere Beispiele, bei denen zwei Kräfte in dieselbe Richtung bzw. in entgegengesetzte Richtung auf denselben Körper wirken.
b) Skizziere die Situation und zeichne jeweils die Kräfte ein.

2 Erkläre, was mit folgenden Aussagen gemeint ist: „Das Gleichgewicht halten" bzw. „Aus dem Gleichgewicht kommen".

Verkehrssicherheit **Streifzug**

Gut festgemacht

„Gurtmuffel" sind doppelt dumm dran: Zum einen riskieren sie eine Geldstrafe, zum anderen ihr Leben. Denn schon bei einer Geschwindigkeit von 50 $\frac{km}{h}$ entspricht ihr Aufprall auf das Lenkrad bei einem Frontalzusammenstoß einem Fall aus 10 m Höhe. Bei 100 $\frac{km}{h}$ wären das sogar rund 40 Meter! Die Kräfte, die bei einem Aufprall mit 100 $\frac{km}{h}$ auftreten, sind so groß, als wollte man gleichzeitig 20 Menschen in die Höhe stemmen!

Ohne **Sicherheitsgurt** würde der Fahrer wegen seiner Trägheit mit dieser Geschwindigkeit auf das Lenkrad treffen und es verformen; das Lenkrad aber würde zurückwirken und seinerseits den Brustkorb des Fahrers verformen. Quetschungen und Brüche wären die Folge von Zusammenstößen, wenn nicht durch den etwas dehnbaren Gurt der Mensch ebenfalls abgebremst werden würde, weil er durch Gurt und Sitz fest mit dem Auto verbunden ist.

Voraussetzung ist allerdings ein richtig angelegter, straff sitzender Gurt, der über drei Punkte des Körpers führt: links und rechts am Becken, einmal an der Schulter. Ein zu lockerer Gurt kann auch schwere Verletzungen verursachen, wenn der Körper mit seiner hohen Geschwindigkeit plötzlich gegen den Gurt knallt.

Für Kinder gibt es spezielle Sitze, damit der für sie viel zu weite und zu hoch liegende Erwachsenengurt ihren Körper richtig festhalten kann.

Gut abgefedert

Eine weitere wirksame Sicherheitsmaßnahme ist der **Airbag:** Ein großer Ballon, der sich zusammengefaltet im Lenkrad, beim Beifahrersitz hinter dem Armaturenbrett oder in den seitlichen Türen befindet und bei einem Aufprall in einer Zehntelsekunde mit Luft gefüllt wird.

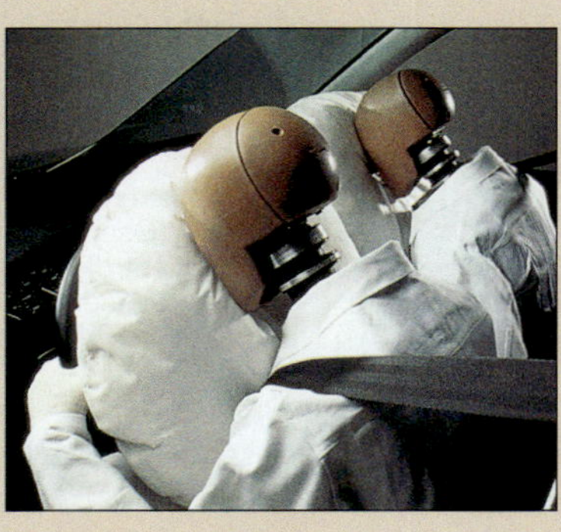

Durch mechanische oder elektrische Signale wird eine kleine Sprengladung zur Zündung gebracht und der Airbag mit 35 bis 70 Litern Luft gefüllt. Die Insassen des PKW können so nicht mehr gegen Lenkrad oder Armaturenbrett geschleudert werden und sich verletzen, da sie durch das Luftkissen sanft abgebremst werden.

Gut behütet

Auch bei Fahrradunfällen sterben in Deutschland täglich zwei Menschen. Viele von ihnen könnten noch am Leben sein, wenn sie einen Helm getragen hätten. Was bewirkt ein solcher Helm und wie ist er aufgebaut?

Eine harte Außenschale dient der größeren Haltbarkeit des Helms und schützt den Kopf und die weiche Innenschale des Helms vor spitzen Gegenständen. Die zwischen den beiden Schalen liegende Dämmschicht soll harte Aufpralle abfedern. Sie besteht aus Hartschaum.

Die Dämmschicht darf nicht zu weich sein, weil sonst der Kopf bis zur Hartschale durchschlägt. Aber auch eine zu harte Schicht kann den Kopf nicht schützen. Nur ein Material, das sanft abbremst, ist wirklich hilfreich.

Ein Riemen sorgt dafür, dass der Helm immer in der richtigen Position bleibt und nicht vom Kopf rutscht. Fahrradhelme sollen sorgfältig aufgesetzt und zugeschnallt werden. Sie müssen in der Größe passen, sonst schützen sie nicht.

Wie stark jemand ist, kann z. B. beim Tauziehen oder beim Expanderziehen festgestellt werden – aber eine Messung ist das nicht. Denn damit ist nicht zu ermitteln, wie groß die Kraft ist, mit der gezogen wird. Diese Aussage ist erst dann möglich, wenn es ein Messverfahren und eine Einheit für die Größe „Kraft" gibt. Können Kräfte auch grafisch dargestellt werden?

Wie groß ist eine Kraft?

Kräfte werden in der Einheit Newton (1 N) angegeben – nach dem Physiker ISAAC NEWTON (1643–1727), der um 1700 grundlegende Theorien und mathematische Methoden für die Mechanik und die Optik entwickelt hat.

Das Formelzeichen *F* ist abgeleitet vom englischen Wort für Kraft: *force*.
Eine Kraft von 1 N ist nicht sehr groß. Sie ist etwa nötig, um eine 100 g-Tafel Schokolade anzuheben.

Zur Messung einer Kraft wird ihre verformende Wirkung genutzt: Bei einem Expander dehnt eine größere Kraft eine Schraubenfeder stärker aus als eine kleine. Wenn bekannt ist, um wie viel eine bestimmte Kraft eine Feder verlängert, dann können damit andere Kräfte gemessen werden, indem die Verlängerungen der Feder durch diese Kräfte bestimmt wird.

Je größer die Kraft ist, desto mehr wird die Feder ausgedehnt. Dies ist das Messprinzip eines **Federkraftmessers.**

Durch die Verwendung von unterschiedlich starken Federn können Federkraftmesser für verschieden große Kräfte hergestellt werden.

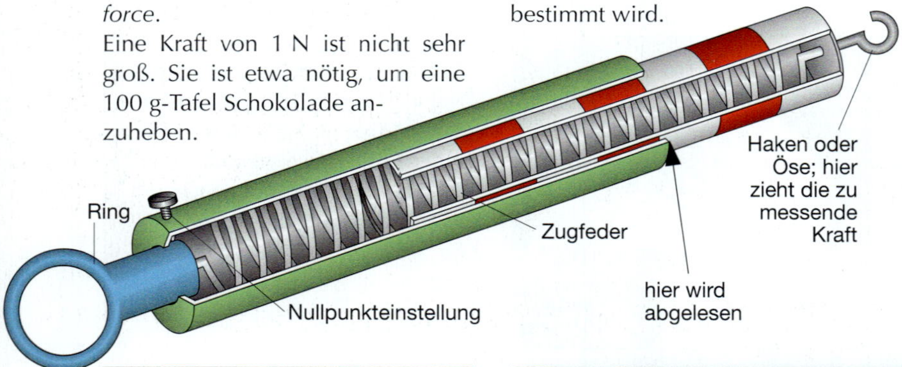

Wichtig bei der Arbeit mit dem Federkraftmesser:
- Vor der Messung den Nullpunkt exakt einstellen.
- Den aufgedruckten Messbereich nicht überschreiten.

Kraft

Das Formelzeichen ist *F*.

Die Einheit ist 1 N (Newton).

Weitere Einheiten:

Millinewton: 1 mN = $\frac{1}{1000}$ N

Kilonewton: 1 kN = 1000 N

Meganewton: 1 MN = 1000 kN = 1 000 000 N

Aufgaben

1 Lies die Federkraftmesser im Bild unten ab.

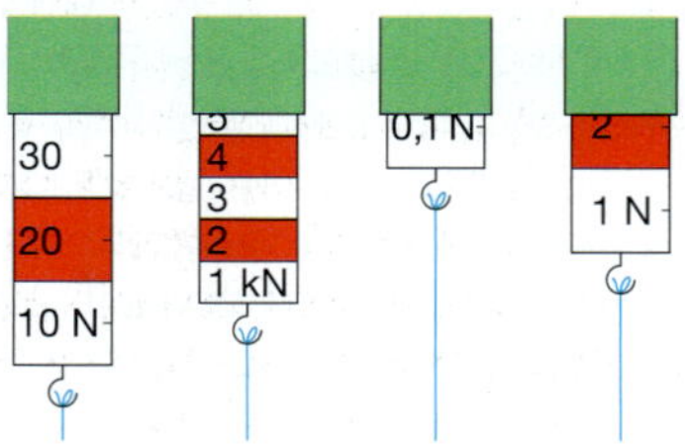

2 **a)** Rechne in N um:
4 kN; 0,73 MN; 3076 kN; 765 mN.
b) Rechne in kN um:
0,64 N; 400 MN; 645 N; 0,53 MN.

3 Berechne, wie viele Menschen (Schubkraft jeweils ca. 500 N) nötig sind, um dieselbe Schubkraft zu erreichen wie
a) der Motor eines PKW (5 kN),
b) eine Lok (0,2 MN).

Kraft hat eine Richtung

Wovon hängt es ab, welche Folgen ein und dieselbe einwirkende Kraft auf einen Körper hat? Die Abbildung unten zeigt Beispiele:

- **Von der Größe:** Durch eine kleine Kraft wird der leere Saftkarton weniger zusammengedrückt als durch eine große.
- **Vom Angriffspunkt,** also der Stelle, an der die Kraft einwirkt: Bei derselben Kraft wird der Saftkarton einmal geschoben, wenn die Kraft unten angreift; greift sie dagegen oben an, dann kippt er um.
- **Von der Richtung:** Wirkt die Kraft von oben, wird der Karton verformt; wirkt sie dagegen seitlich ein, dann wird er beschleunigt.

Die Wirkung einer Kraft ist abhängig
- von ihrer Größe,
- von ihrer Richtung,
- von ihrem Angriffspunkt.

Kraftdarstellung durch Pfeile

Wenn der Widerstand eines Lämpchens angegeben werden soll, dann wird der Zahlenwert und die Einheit dieser Größe angeben, z. B. 25 Ω. Damit ist die Größe Widerstand vollständig erfasst. Für die Beschreibung der Kraft reicht die Angabe $F = 3$ N nicht aus, da sie nichts über die Richtung und den Angriffspunkt der Kraft aussagt.
Deshalb werden Kräfte als Pfeile dargestellt, um die Richtung der jeweiligen Kraft deutlich zu machen. Das Pfeilende (Angriffspunkt) liegt meist an der Stelle, an der die Kraft jeweils am Körper angreift.
Die Länge des Pfeils sagt etwas über die Größe der Kraft aus. Sie lässt sich mit einem entsprechenden Maßstab (z. B. 1 cm ≙ 2 N) sogar zahlenmäßig erfassen. In unserem Beispiel gehört zu einer Pfeillänge von 6,3 cm eine Kraft von 12,6 N.

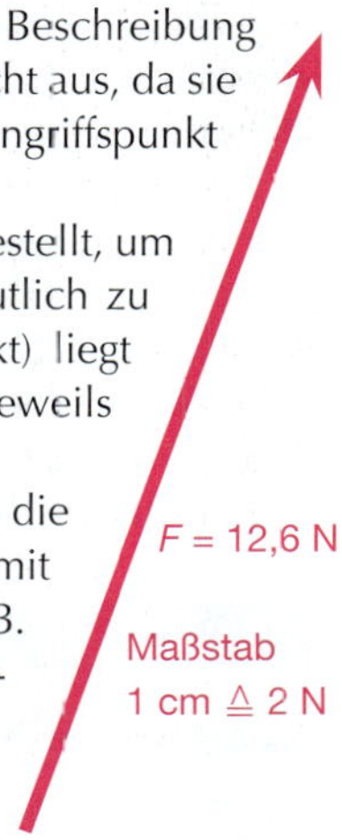

Kräfte werden durch Pfeile dargestellt.

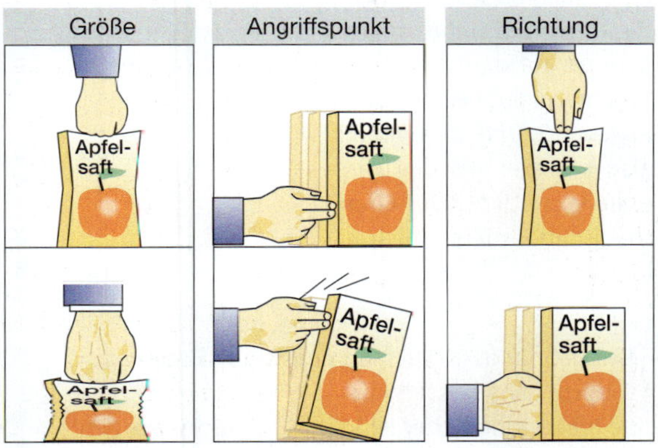

Aufgaben

4 Beschreibe, was mit dem Schwamm passiert, wenn nacheinander die Kräfte F_1, F_2, F_3 und F_4 auf ihn wirken.

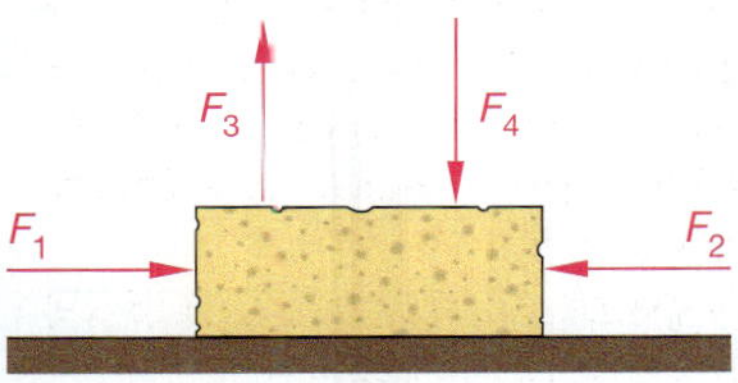

5 Zeichne folgende Kräfte in dein Heft: 0,8 mN; 1,5 N; 108 kN; 83 MN. Benutze jeweils einen geeigneten Maßstab dazu.

6 **a)** Gib an, in welche Richtung die Muskelkraft wirkt, wenn du einen Einkaufskorb anhebst bzw. dein Fahrrad schiebst, mit dem Fahrrad bergauf fährst oder einen waagerecht geworfenen Ball auffängst.
b) Fertige jeweils eine Skizze an und zeichne die Kraftpfeile ein.

7 **a)** Ein Kunstspringer steht zunächst in der Mitte des Brettes, dann am Ende. Skizziere die Verformungen und vergleiche.
b) Zeichne, wie sich das Ergebnis bei einer leichteren Springerin ändert. Erkläre die Veränderung.

8 Erläutere weitere Beispiele, bei denen die Wirkung einer Kraft von ihrer Größe, ihrer Richtung oder ihrem Angriffspunkt abhängt.

Dehnungs-Kraft-Diagramme

Dehnung von Federn

Damit ein Expander im gedehnten Zustand gehalten werden kann, ist eine gewisse Kraft nötig. Sicherlich muss zur weiteren Dehnung diese Kraft vergrößert werden. Aber welche Kraft genau muss für die doppelte Dehnung aufgewendet werden?

Um einen genauen Zusammenhang zwischen der einwirkenden Kraft F und der Federdehnung s zu finden, werden zwei Federn um vorgegebene Strecken s gedehnt; am Kraftmesser wird abgelesen, welche Kräfte F_1 bzw. F_2 dazu jeweils nötig sind. Die Messwerte werden in einer Tabelle notiert.

Zentraler Versuch

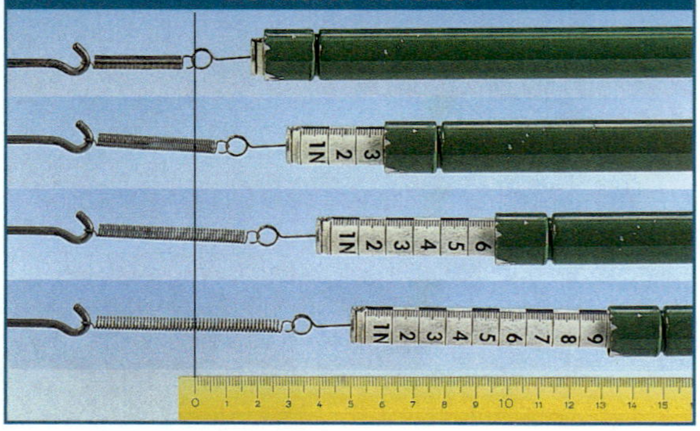

Dehnung s	1,0 cm	2,0 cm	3,0 cm
Kraft F_1	3,0 N	6,0 N	9,0 N
Kraft F_2	5,0 N	10 N	15 N

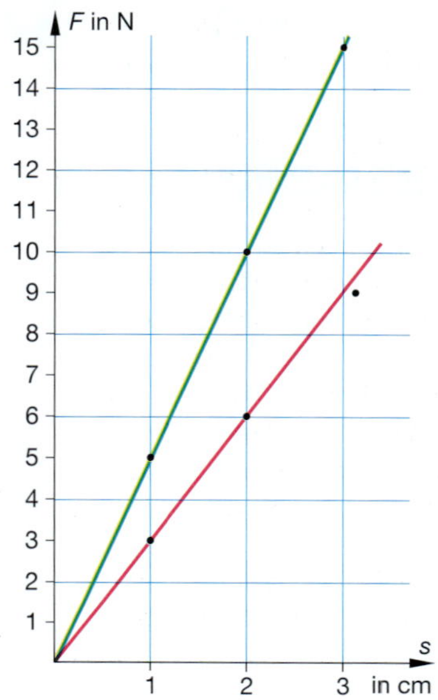

Um die beiden Federn vergleichen zu können, werden ihre s-F-Graphen in ein Diagramm gezeichnet. Die Messwerte werden als Punkte $(s \mid F)$ in ein Koordinatensystem eingetragen und so verbunden, dass jeweils ein einfacher Graph entsteht. Hier ist der Graph jeweils eine *Ursprungshalbgerade*. Aufgrund von Messfehlern können einzelne Punkte auch geringfügig vom Graphen abweichen.

Die Wertetabelle zeigt, dass zur doppelten bzw. dreifachen Dehnung einer Schraubenfeder eine genau doppelt bzw. dreimal so große Kraft nötig ist. Im Diagramm ist dies am gleichmäßigen Anstieg des Graphen zu erkennen.

Um zum Beispiel die erste Feder um 2,0 cm zu dehnen, ist eine kleinere Kraft als bei der zweiten Feder erforderlich. Die zweite Feder ist *härter* als die erste. Der s-F-Graph der zweiten Feder ergibt eine steilere Ursprungshalbgerade. Je härter eine Feder ist, desto größer ist der Kraftaufwand für die gleiche Dehnung. In s-F-Diagrammen gehört zur härteren Feder die steilere Ursprungshalbgerade.

Dehnung eines Gummibandes

Werden dagegen s-F-Diagramme von Gummibändern oder Blattfedern aufgenommen, so sind die Graphen keine Ursprungshalbgeraden.

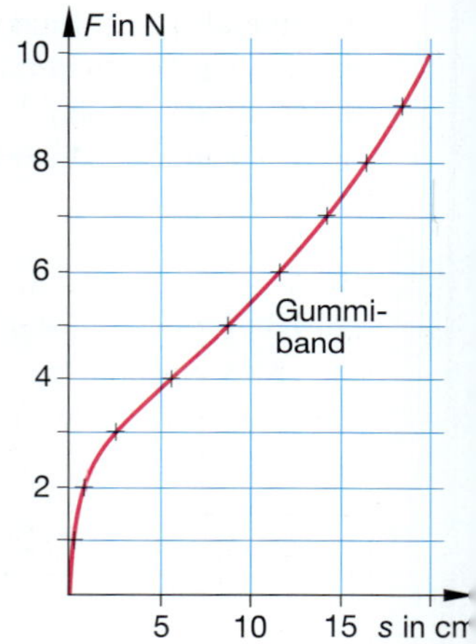

Um das Gummiband aus dem entspannten Zustand um 5,0 cm zu dehnen, ist eine Kraft von 3,9 N notwendig. Um das Band doppelt so weit auf dann insgesamt 10 cm zu dehnen, sind dagegen 5,5 N notwendig, also weniger als das Doppelte von 3,9 N. Der Graph steigt daher nicht gleichmäßig an.

Die Dehnungs-Kraft-Diagramme von Federn sind Ursprungshalbgeraden.
Je härter eine Feder ist, desto größer ist der Kraftaufwand für die gleiche Dehnung und desto steiler ist die Ursprungshalbgerade.

Aufgaben

1 Im Diagramm rechts ist dargestellt, welche Kraft nötig ist, um eine Feder um eine bestimmte Strecke zusammenzudrücken. Vergleiche die beiden Teilbereiche.

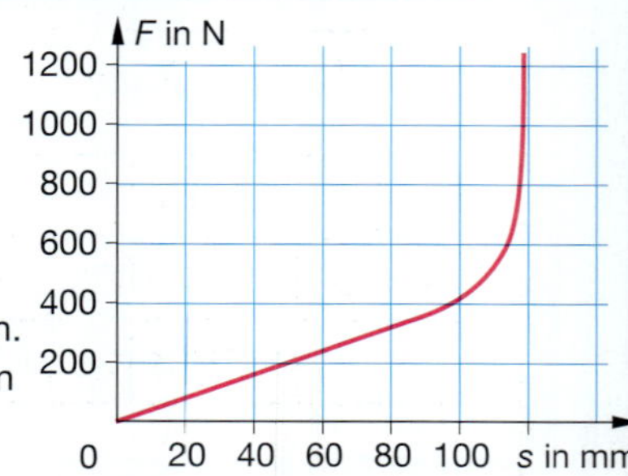

Das Hooke'sche Gesetz

Aus den Ursprungshalbgeraden bzw. der Quotientengleichheit von F/s kann die direkte Proportionalität der Größen s und F gefolgert werden: $\boldsymbol{s \sim F}$.

Dehnung *s*	1,0 cm	2,0 cm	3,0 cm
Kraft *F*	3,0 N	6,0 N	9,0 N
$D = \frac{F}{s}$	3,0 $\frac{\text{N}}{\text{cm}}$	3,0 $\frac{\text{N}}{\text{cm}}$	3,0 $\frac{\text{N}}{\text{cm}}$

Dieses Gesetz wurde bereits 1655 vom englischen Naturforscher ROBERT HOOKE (1635–1703) gefunden und nach ihm als *Hooke'sches Gesetz* benannt.

Um aus der direkten Proportionalität eine Formel zu erhalten, wird als Proportionalitätsfaktor die **Federkonstante *D*** eingeführt. Dadurch entsteht die Formel $\boldsymbol{F = D \cdot s}$.

Für $D = \frac{F}{s}$ ergibt sich die Einheit 1 $\frac{\text{N}}{\text{m}}$. Die Federkonstante D gibt also an, welche Kraft nötig ist, um eine Feder um einen Meter zu dehnen. Analoges gilt auch für das Stauchen einer Feder. Im Versuch war also eine Kraft von 3 N nötig, um die erste Feder um einen Zentimeter zu dehnen.

Für die zweite Feder errechnet sich eine Federkonstante von 5,0 $\frac{\text{N}}{\text{cm}}$. Es waren also 5,0 N nötig, um diese Feder um einen Zentimeter zu dehnen. Die Federkonstante sagt etwas aus über die Härte einer Feder: Je größer D ist, desto härter ist die Feder.

Hooke'sches Gesetz: Für die Kraft F, die eine elastisch verformbare Feder (mit der Federkonstante D) um die Strecke s dehnt oder staucht, gilt $F = D \cdot s$.

Rechenbeispiel

Eine 4,0 cm lange Kugelschreiberfeder ($D = 360\ \frac{\text{N}}{\text{m}}$) wird um 1,4 cm gedehnt. Berechne die Kraft, die auf die Feder wirkt.

Geg.: $s = 1{,}4$ cm; $D = 360\ \frac{\text{N}}{\text{m}}$

Ges.: F

Lösung: $F = D \cdot s = 360\ \frac{\text{N}}{\text{m}} \cdot 0{,}014\ \text{m} = 5{,}0\ \text{N}$

Zum Dehnen der Feder ist eine Kraft von 5,0 N nötig.

Aufgaben

1 Ein Kinderfedersessel hängt im leeren Zustand 40 cm über dem Boden. Mit Kind wird die Feder mit einer Kraft von 450 N gedehnt, der Abstand zwischen Boden und Sessel verringert sich auf 25 cm.

a) Berechne die Federkonstante der Sesselfeder.

b) Prüfe, ob sich der Vater mit in den Sessel setzen kann, ohne dass der Boden berührt wird, wenn durch ihn die Feder zusätzlich mit 900 N belastet wird.

Von Messwerten zur Formel — Werkzeug

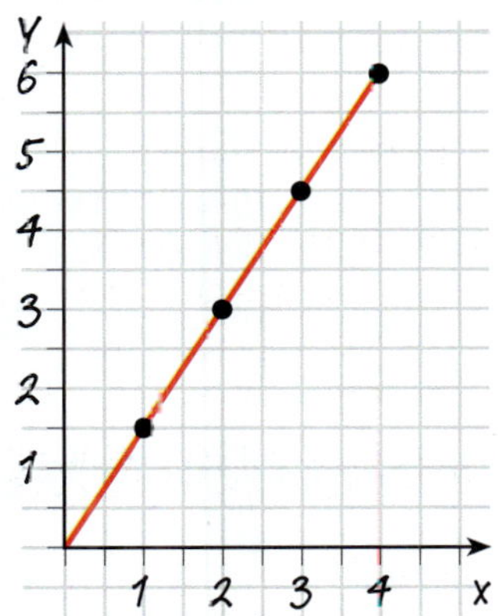

x	0	1,0	2,0	3,0	4,0
y	0	1,5	3,0	4,5	6,0
$\frac{y}{x}$	/	1,5	1,5	1,5	1,5

① Ergibt der Graph zweier Größen x und y in einem x-y-Diagramm eine *Ursprungshalbgerade,* so sind die beiden Größen zueinander direkt **proportional.** Man schreibt $\boldsymbol{x \sim y}$ und sagt „ x direkt proportional y".

② Zeigt die Wertetabelle, dass sich jeder y-Wert bei Verdoppelung des x-Wertes ebenfalls verdoppelt bzw. bei Verdreifachung des x-Wertes verdreifacht, so ist das ein Hinweis auf die Proportionalität der beiden Größen x und y. Gilt allgemein, dass für den n-fachen x-Wert auch der y-Wert n-mal so groß wird, so ist diese *Vielfachheit* ein Kennzeichen für die direkte Proportionalität von x und y.

③ Wird für verschiedene Wertepaare $(x \mid y)$ der Quotient $\frac{y}{x}$ gebildet und bleibt der Wert aller Quotienten stets konstant – *Quotientengleichheit* – so ist auch dies ein Kennzeichen für die direkte Proportionalität von x und y.

④ Die Konstante, die sich bei der Bildung des Quotienten $\frac{y}{x}$ ergibt, heißt **Proportionalitätsfaktor** und wird üblicherweise mit $\boldsymbol{k}$ bezeichnet.

⑤ Mithilfe des Proportionalitätsfaktors wird aus der Proportionalität $x \sim y$ die Gleichung $\frac{y}{x} = k$. Eine einfache Umformung liefert die Gleichung $\boldsymbol{y = k \cdot x}$, mit der beliebige Wertepaare berechnet werden können.

⑥ Mithilfe einer Tabellen-Kalkulation lässt sich die Überprüfung der Proportionalität von x und y (entsprechend ① und ③) sehr einfach durchführen.

Besondere Kräfte

Bungeespringen – ein tolles Erlebnis: drei bis fünf Sekunden im freien Fall in die Tiefe, gesichert und abgebremst durch ein starkes Gummiseil!

Bekanntlich fallen alle Körper nach unten, wenn sie nicht festgehalten werden.
Was aber setzt diese Körper in Bewegung? Welche Kraft ist dafür verantwortlich? Wer übt sie auf die fallenden Körper aus?

Die Gewichtskraft

Der menschliche Körper, die Eisenkörper im Bild rechts und die Bungeespringerin – sie alle sind schwer, weil sie von der Erde angezogen werden. Die stets wirkende Kraft, die die Erde auf alle Körper ausübt, heißt **Erdanziehungskraft** oder *Schwerkraft*. Sobald Körper angehoben oder hochgehoben werden sollen, muss diese Erdanziehungskraft überwunden werden. Die Kraft, mit der ein Körper dabei an der Hand zieht bzw. auf sie drückt, ist die **Gewichtskraft.**

Zentraler Versuch

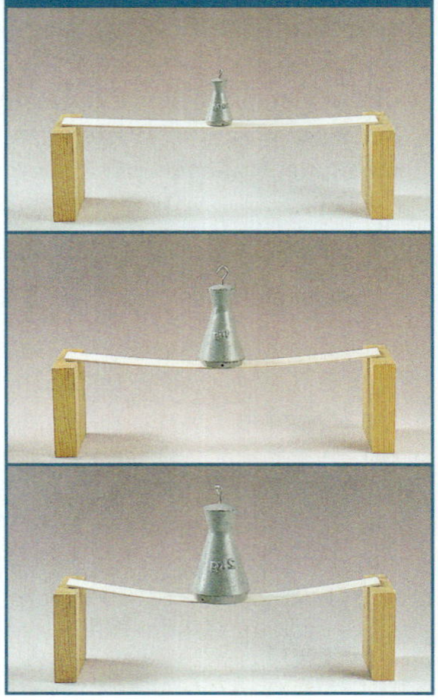

Die Eisenkörper im Bild rechts drücken mit ihrer Gewichtskraft auf das Brett. Dies ist an der Wirkung, dem Durchbiegen des Brettes zu erkennen. Die verschiedenen Eisenkörper wurden im Experiment jeweils auf das gleiche Brett gestellt. Das Brett biegt sich durch die Einwirkung der Gewichtskraft umso stärker durch, je größer der Eisenkörper ist. Jeder weiß aus Erfahrung, dass der größere Eisenkörper auch der schwerere ist, also die größere Gewichtskraft hat.

Die Zeichnung unten zeigt, dass die Angriffspunkte von Erdanziehungs- und Gewichtskraft verschieden sind: Die Erdanziehungskraft greift am Apfel an, die Gewichtskraft am Aufhänge- oder Auflagepunkt.

Jeder Körper drückt mit seiner Gewichtskraft auf seine Unterlage bzw. zieht mit ihr an seiner Aufhängung.

F_G: Hängt der Apfel am Ast oder liegt er auf dem Boden, so übt der Apfel eine Kraft auf den Ast bzw. Boden aus. Der Angriffspunkt der Gewichtskraft liegt im Berührungspunkt von Apfel und Ast bzw. Boden.

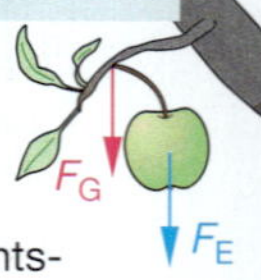

F_E: Die Erde übt zu jedem Zeitpunkt, auch beim Fallen, eine anziehende Kraft auf den Apfel aus. Der Angriffspunkt der Erdanziehungskraft wird in die Mitte des Apfels gezeichnet.

F_E und F_G sind stets gleich groß und zum Erdmittelpunkt hin gerichtet.

Eine Kraft, die nur nach unten wirkt

Unser Körper ist an die Wirkung der Erdanziehungskraft gewöhnt. Die Richtung dieser Kraft empfinden wir als „unten", auf die Erdoberfläche zu. Da die Gewichtskraft eine Folge der Erdanziehungskraft ist, stimmen die Richtungen beider Kräfte überein. Die Gewichtskraft ist also auch „nach unten" gerichtet.

Wird die Richtung der Gewichtskraft von außerhalb der Erde betrachtet, so ist zu sehen: Die Gewichtskraft hat an den unterschiedlichen Punkten der Erde jeweils eine andere Richtung. Aber die Richtungen der verschiedenen Gewichtskräfte weisen eine Gemeinsamkeit auf: Sie zeigen alle – unabhängig vom Ort – auf den Erdmittelpunkt, also überall auf der Erde „nach unten".

Für alle Orte auf der Erdoberfläche gilt: Die Gewichtskraft ist stets zum Erdmittelpunkt hin gerichtet.

Aufgaben

1 Nenne jeweils fünf Beispiele, in denen ein Körper durch seine Gewichtskraft an einer Aufhängung zieht bzw. auf seine Unterlage drückt.

2 Australien liegt auf der Erdkugel „unter uns". Erkläre, warum die Australier nicht von der Erde abfallen.

3 Ein Apfel fällt vom Ast ab nach unten ins Gras. Sage vorher, an welcher Stelle er ins Gras fallen wird.

4 Erläutere, welchen Winkel ein Faden, an dem ein Körper hängt, mit einer Wasseroberfläche bildet. Zähle Beispiele auf, in denen dies genutzt wird.

5 **a)** Begründe, warum Erdanziehungskraft und Gewichtskraft nicht das Gleiche sind.
b) Nenne Erscheinungen, die mit den physikalischen Größen ① „Schwerkraft" bzw. ② „Gewichtskraft" beschrieben werden.

Schwerelosigkeit — Streifzug

Auch wenn die Erdanziehung immer wirkt, gibt es Situationen, in denen sie nur noch teilweise oder gar nicht mehr zu spüren ist. In einem Fahrstuhl beim Beginn der Fahrt nach oben wird eine Person kurzzeitig etwas schwerer, beim Anhalten dagegen etwas leichter. Durch die Bewegungsänderung wirkt auf den Körper jeweils eine weitere Kraft ein, wodurch sich seine Gewichtskraft vorübergehend verändert.

In einem Raumschiff in der Erdumlaufbahn ist keine Gewichtskraft mehr vorhanden. Dieser Zustand wird als **Schwerelosigkeit** bezeichnet.

Astronauten müssen auf die Schwerelosigkeit bei Raumflügen gut vorbereitet werden. Eine Möglichkeit dazu bietet ein Flugzeug, das kurzzeitig so fliegt, als würde es ungebremst auf die Erde stürzen. Diese Situation ist im untenstehenden Bild dargestellt. Für einige Sekunden befinden sich die zukünftigen Astronautinnen in der Schwerelosigkeit und können sich mit diesem Zustand vertraut machen. Denn neben biologischen Veränderungen, die im Körper während der Schwerelosigkeit geschehen, ist es nun z. B. auch unmöglich zu entscheiden, was „oben" und was „unten" ist.

Wechselwirkungskräfte

Bei einer Bootspartie lässt sich das Boot beim Losfahren vom Steg wegdrücken. Treffen sich zwei Boote, können sie sich gegenseitig wegschieben.
Bei diesen Beispielen sind immer zwei Partner beim Wirken der Kraft beteiligt. Um das Boot in Bewegung zu setzen, ist der Steg oder das zweite Boot erforderlich. Das Boot kann keine Kraft auf sich selbst ausüben. Da bei einer Kraftwirkung immer zwei Körper beteiligt sind, stellt sich die Frage, wer denn eine Kraft ausübt. Ein einfacher Versuch soll dies erläutern.

Zentraler Versuch

Zwei etwa gleich schwere Mädchen stehen auf Rollerskates und sind mit einem Seil verbunden. Jede von beiden soll die andere zu sich heranziehen. Es gelingt ohne Probleme – beide treffen sich in der Mitte. Das eine Mädchen hat eine Kraft auf das andere ausgeübt und umgekehrt.
Die wirkenden Kräfte sind gleich groß, aber entgegengesetzt gerichtet und greifen an verschiedenen Körpern an. So ist es immer: Jede Kraft hat eine weitere Kraft als Partner – eine Kraft alleine gibt es nicht.

Wenn jemand vor einer Wand steht und mit seinen Armen gegen diese drückt, d. h. seine Kraft gegen die Wand wirkt, übt umgekehrt die Wand eine entgegengesetzt gerichtete Kraft auf die Person aus. Es tritt eine Wechselwirkung zwischen der Wand und der Person auf. Da die Wand fest mit der Erde verbunden ist, kann die Person sie nicht wegschieben. Aus diesem Grund bewegt sich nur die Person nach hinten.

Auch beim Radfahren wirken immer zwei Kräfte. Um beim Anfahren das Fahrrad zu beschleunigen, wird über die Pedale und die Kette eine Kraft auf das Hinterrad ausgeübt. Gleichzeitig übt aber die Straße auf das Hinterrad eine gleich große Wechselwirkungskraft aus, die das Fahrrad in Bewegung setzt.

Beim Bremsen ist es genauso. Auch hier übt das Rad eine Kraft auf die Straße aus. Aber erst die Gegenkraft der Straße auf das Rad verlangsamt es. Auch hier entsteht wieder eine Wechselwirkung zwischen dem Fahrrad und der Straße.
Damit lässt sich dann einfach begründen, warum bei Glatteis weder ein Beschleunigen noch ein Abbremsen möglich ist. Die Straße kann nicht die erforderliche Gegenkraft aufbringen. Darum dreht das Rad beim Anfahren durch und rutscht beim Abbremsen einfach weiter.

Auch bei einem Magnet und einer Metallkugel gibt es zu der Kraft des Magneten eine Gegenkraft der Metallkugel. Wird die Kugel festgehalten, bewegt sich der Magnet auf die Kugel zu. Die Gegenkraft zur Magnetkraft auf die Kugel setzt den Magnet in Bewegung.

Kräfte treten immer zwischen mindestens zwei Körpern auf, die gegenseitig aufeinander einwirken.
Übt ein Körper eine Kraft auf einen anderen Körper aus, so übt dieser gleichzeitig eine gleich große, aber entgegengesetzt gerichtete Wechselwirkungskraft auf den ersten Körper aus.

Der Kraftbegriff in der Umgangssprache

Im Umgang mit dem Kraftbegriff muss man vorsichtig sein. Denn in der Umgangssprache wird er oft falsch benutzt.

Der Satz „Ich stoße mich vom Ufer ab", den ein Bootsfahrer sagen könnte, ist unsinnig. Es würde bedeuten, dass jemand auf sich selbst eine Kraft ausüben kann, aber genau das geht ja nicht. Es muss richtig heißen. „Ich übe auf das Ufer eine Kraft aus. Durch die Gegenkraft des Ufers auf mich werde ich in Bewegung gesetzt.

Genauso falsch ist es, beim Klettern zu sagen „Ich kann mich am Seil bis unter die Decke ziehen". Natürlich muss man dazu eine große Kraft aufwenden, die auf das Seil nach unten wirkt. Die Wechselwirkungskraft des Seils auf die Hand ist nach oben gerichtet und sorgt für die Aufwärtsbewegung.

Wechselwirkungskräfte ⟷ **Gleichgewichtskräfte**

Ein Wägestück hängt an einem Faden an einer Stativstange.

- Aufgrund der Gewichtskraft des Wägestücks wirkt durch den Faden die nach unten gerichtete Kraft F_G auf den Stativstab.
- Umgekehrt übt das Stativ über den Faden eine Kraft F_S auf das Wägestück aus, die so groß ist wie F_G, aber dieser entgegengerichtet ist.

Hier treten also Wechselwirkungskräfte auf: Der Körper Wägestück und der Körper Stativ stehen über die ausgeübten Kräfte in Wechselwirkung miteinander

Wechselwirkungskräfte werden von zwei Körpern auf den jeweils anderen ausgeübt. Sie sind in ihren Beträgen gleich groß und in ihren Richtungen genau entgegengesetzt.

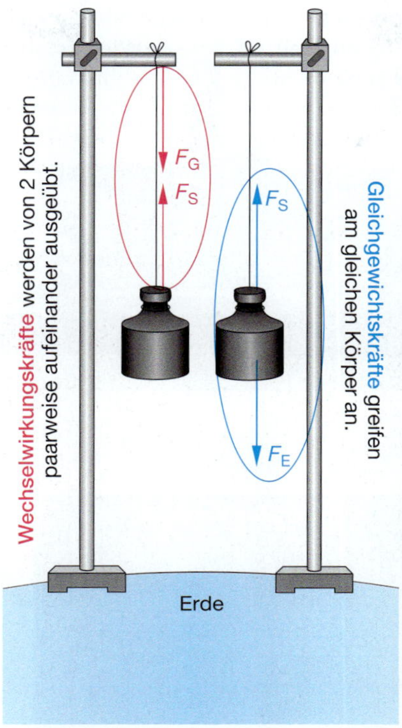

An dem Wägestück greifen zwei Kräfte an:
- Die Erdanziehungskraft F_E;
- die Kraft F_S, die das Stativ über den Faden auf das Wägestück ausübt.

Die beiden Kräfte sind gleich groß, entgegengesetzt gerichtet und greifen beide am Wägestück an. Die wirkende Gesamtkraft ist null. Darum befindet sich das Wägestück im **Kräftegleichgewicht** und bleibt in Ruhe.

Wenn zwei gleich große Kräfte an einem Körper in entgegengesetzten Richtungen angreifen, befindet sich dieser Körper im **Kräftegleichgewicht.**

Auch mehr als zwei Kräfte können zu einem Kräftegleichgewicht führen, wenn sie alle zusammen die Gesamtkraft null ergeben.

Aufgaben

1 Erkläre die Funktion von Startblöcken beim Sprint in der Leichtathletik. Vergleiche dies mit dem Versuch, auf Glatteis schnell loszulaufen.

2 **a)** Stell dir vor, du willst von einem Ruderboot, das nicht festgemacht ist, auf den Steg springen. Erkläre, was passiert.
b) Überlege dir die Unterschiede, wenn das Boot festgemacht ist.
c) Nun das umgekehrte Problem: Du steigst vom Steg ins Boot.Erkläre, was geschehen kann.

3 Du siehst auf dem Bild eine Turnerin, während sie auf dem Balken balanciert.
a) Fertige eine Skizze der Turnerin an und zeichne alle Wechselwirkungskräfte ein. Denke dabei daran, dass Kräfte auf die Turnerin, den Balken und die Erde wirken.
b) Gibt es auch Kraftpaare, die keine Wechselwirkungskräfte sind? Benenne sie.

4 Überlege dir Beispiele für Kraftpaare. Entscheide jeweils, ob es sich bei deinen gefundenen Beispielen um Wechselwirkungskräfte oder um Gleichgewichtskräfte handelt.

5 Beim Armdrücken und Fingerhakeln sind die Kräfte der jeweiligen Hände im Gleichgewicht. Zeichne für beide Fälle die zugehörigen Kraftpfeile.

6 Max geht in einem Klettergarten über die Taubrücke und ist mit einem Seil gesichert.
a) Fertige eine Skizze, in der alle auf die Klötze wirkenden Kräfte eingezeichnet sind. Erläutere.
b) Fertige die Zeichnung auch für das straffer gespannte Sicherungsseil an, wenn er abgerutscht ist.

Zusammensetzen und Zerlegen von Kräften

Mithilfe von Schleppern wird der Ozeanriese auf seinen Anlegeplatz im Hafenbecken gezogen, weil die Schlepper den Untergrund weniger aufwirbeln und manövrierfähiger sind. Ihre Kräfte wirken aus unterschiedlichen Richtungen auf das große Schiff ein. Wie verhält sich ein Körper, auf den mehrere Kräfte einwirken? Welche Rolle spielt es dabei,wie groß die Kräfte sind und welche Richtung sie haben? Lassen sich Kräfte aufteilen?

Zwei Kräfte – eine Wirkung

Im Bild rechts teilt sich die Gewichtskraft des Körpers auf zwei Federkraftmesser auf. Jeder Kraftmesser zeigt den Anteil seiner Kraft an, die zum Festhalten des Körpers erforderlich ist.
Natürlich reicht auch nur eine einzige Kraft zum Halten des Körpers aus. Auch sie hebt die Wirkung seiner Gewichtskraft auf, sodass er in Ruhe bleibt.
Die zwei Kräfte lassen sich also durch eine einzige Kraft mit derselben Wirkung ersetzen, der **Ersatzkraft F_{Ers}**.

Zentraler Versuch

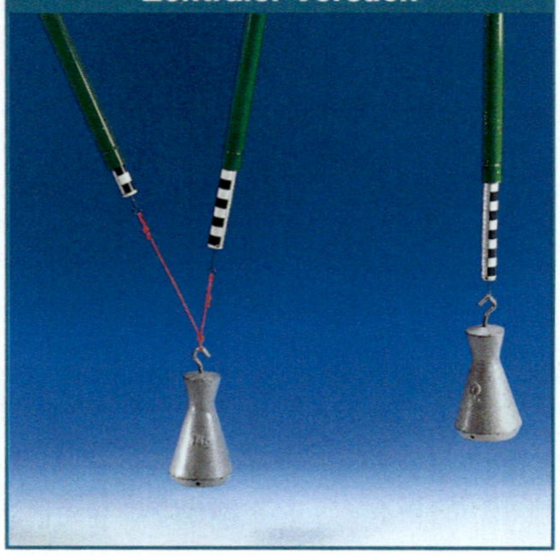

Sicher ist:
- Die Richtung der Ersatzkraft liegt zwischen den Richtungen der Einzelkräfte.
- Die Größe der Ersatzkraft ist größer als null, aber kleiner als die Summe der beiden Einzelkräfte.

Die genaue Ermittlung von Größe und Richtung der Ersatzkraft erfolgt durch **Kräfteaddition** in einem *Kräfteparallelogramm*, wie es die Grafik unten zeigt.

Lassen sich Größe und Richtung der Ersatzkraft auch ohne Versuch, nur mathematisch bestimmen?

Auf diese Weise lassen sich auch mehrere Kräfte schrittweise zu einer Ersatzkraft zusammensetzen.

Die Wirkung mehrerer Kräfte auf einen Körper kann durch eine einzige Kraft (Ersatzkraft) beschrieben werden.

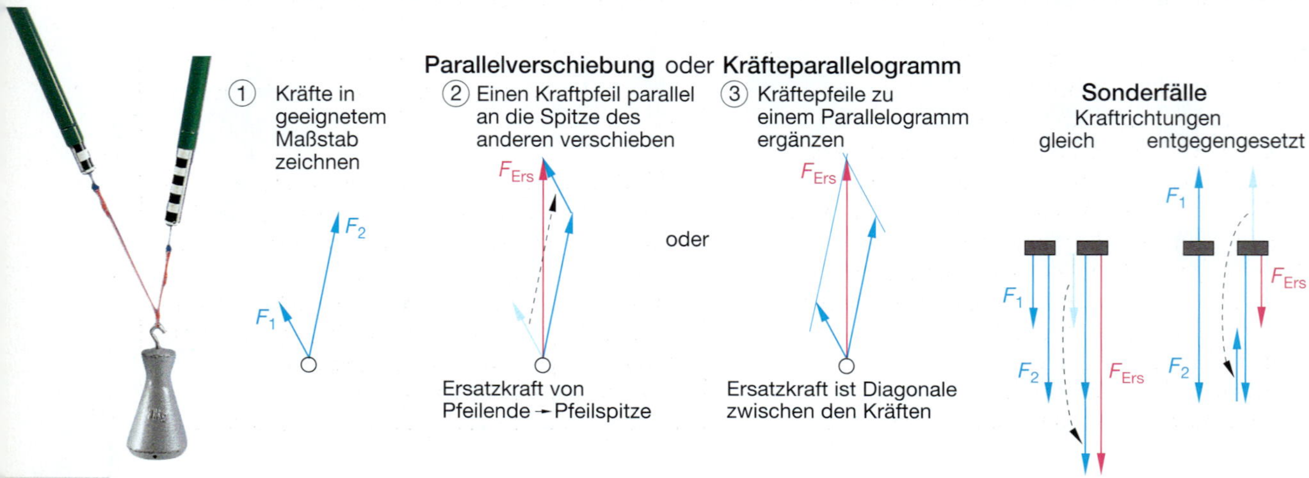

Mittels Kräfteaddition kann die Ersatzkraft natürlich auch für Kräfte mit gleicher und entgegengesetzter Richtung bestimmt werden:

Gleiche Richtung: An die Spitze der ersten Kraft wird der Pfeil für die zweite Kraft angesetzt. Dann ist die Länge des Pfeils der Ersatzkraft die *Summe* der beiden Einzelkräfte. Die Ersatzkraft hat die gleiche Richtung wie F_1 und F_2. Das geht auch bei mehreren Kräften.

Die beiden Teams ziehen in entgegengesetzte Richtungen. Es wird wohl die Mannschaft gewinnen, welche die größere Kraft aufbringen kann. Der „Kraftüberschuss", den das stärkere Team gegenüber dem anderen hat, bewegt das Seil und die Mannschaften in Richtung des stärkeren Teams.

Petra, Frank und Thomas bilden eine Mannschaft. Ihre Kräfte sind nicht gleich groß, aber beim Ziehen wirken sie in dieselbe Richtung. Deshalb addieren sich ihre Einzelkräfte zur Gesamtkraft des Teams.

Entgegengesetzte Richtung: Der zweite Pfeil läuft am ersten zurück. Es bleibt ein kleines Stück übrig, die *Differenz* der beiden Einzelkräfte. Sie gibt die Größe der Ersatzkraft an. Wenn F_1 größer ist als F_2, dann hat die Ersatzkraft dieselbe Richtung wie F_1, im umgekehrten Fall wie F_2 .

Und wenn beide Mannschaften gleich stark sind, also zwei gleich große Kräfte entgegengesetzt auf denselben Körper wirken? Dann kommt es zum „Unentschieden": Der Körper verhält sich so, als ob keine Kräfte an ihm angreifen würden – er bleibt in Ruhe. Dieser Zustand heißt **Gleichgewicht.** Die Ersatzkraft ist im Gleichgewichtsfall null.

Aufgaben

1 Suche weitere Beispiele, in denen zwei Kräfte auf denselben Körper wirken. Ordne sie den verschiedenen Fällen zu. Zeichne das Kräfteparallelogramm und ermittle die Ersatzkraft.

2 Die Kräfte F_1 = 30 N und F_2 = 50 N bilden einen Winkel von 0°, 30°, 45°, 90°, 120° und 180°.
a) Ermittle jeweils die Ersatzkraft und bestimme, wann sie am kleinsten, wann am größten ist.
b) F_3 ist 40 N. Konstruiere die Ersatzkraft, wenn zwischen den drei Kräften jeweils ein Winkel von 45° ist.

3 Erläutere den Ausdruck „Das Gleichgewicht halten".

4 Setze das Abschleppen des Ozeanriesen mit je zwei Schleppern in Kräfteparallelogramme um.
a) Unterscheide die Fälle ① beliebige, ② gleiche und ③ entgegengesetzte Richtung.
b) Gib an, welche Wirkung der jeweilige Fall auf die Bewegung des Ozeanriesen hat.

5 Die Mitglieder der roten Mannschaft ziehen mit 280 N, 320 N und 290 N am Seil, die der blauen Mannschaft mit 320 N, 250 N und 290 N.
a) Ermittle den Gewinner.
b) Begründe deine Antwort.
c) Überprüfe deine Antwort durch Konstruktion.

Versuche und Aufträge

V1 Befestigt an einem schweren Getränkekasten o. Ä. an einer Stelle zwei Seile. Haltet die Seile so, dass sie Winkel von 0°, 30°, 90° und 180° bilden.
a) Versucht jeweils, die Kiste zu ziehen, und vergleicht die dazu nötigen Kräfte.
b) Stellt den Versuch mittels Kraftpfeilen dar und ermittelt die Ersatzkräfte.

V2 Ein Leiterwagen wird an der Deichsel zurückgeschoben. Bestimme welchen Winkel die Deichsel zum Untergrund bilden muss, damit das Schieben besonders einfach bzw. ziemlich schwer ist. Erkläre.

V3 Besorge dir drei gleiche Schraubenfedern. Verbinde sie an einem Ende und befestige bei einer Feder das andere Ende an einem Nagel in der Wand. Diese Feder zeigt die Ersatzkraft an.
a) Spanne die beiden anderen Federn mit beliebigem Winkel. Miss den Winkel und die Verlängerungen der Federn. Trage die Werte in eine Tabelle ein.
b) Zeichne die Situation mit Kraftpfeilen.

Eine Kraft – mehrere Komponenten

Zwei oder mehr Kräfte lassen sich zu einer Ersatzkraft zusammensetzen. Lässt sich auch eine Kraft in Teilkräfte zerlegen – zum Beispiel wenn die Kraft ermittelt werden soll, mit der ein Gepäckwagen an einer Schräge festgehalten werden muss, damit er nicht wegrollt.

Wenn ein Körper nach unten fällt, dann wird er aufgrund der Anziehungskraft der Erde immer schneller. Auf einer geneigten Ebene erhöht er ebenfalls beim Herabrollen seine Geschwindigkeit, allerdings nicht so stark wie beim Fallen. Offensichtlich wirkt auch hier eine beschleunigende Kraft in Bewegungsrichtung. Die Anziehungskraft der Erde F_E wirkt aber senkrecht nach unten!

Zentraler Versuch

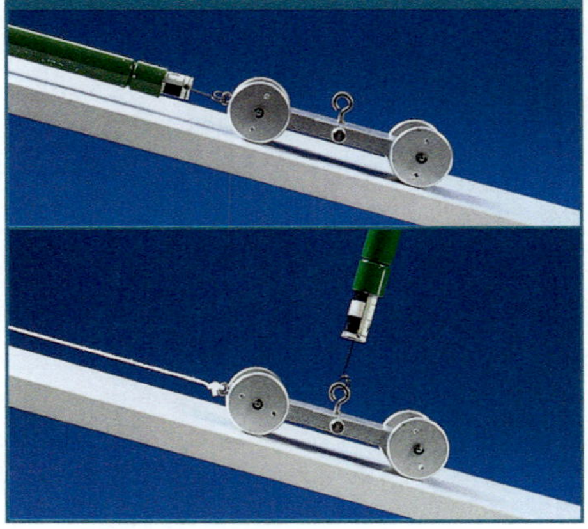

Nur ein bestimmter Anteil, nämlich die Komponente der Anziehungskraft parallel zur Oberfläche der geneigten Ebene bewirkt die Geschwindigkeitserhöhung. Es ist die **Hangabtriebskraft F_H.** Wird die Anziehungskraft als Ersatzkraft aufgefasst, dann muss wegen der Kräfteaddition neben der Hangabtriebskraft noch eine zweite Kraft vorhanden sein. Diese zweite Komponente ergibt sich aus der Verbindung der Spitzen von F_E und F_H. Diese Komponente heißt **Normalkraft F_N** und ist senkrecht zur Unterlage gerichtet. Nur so kann sie keine weitere Beschleunigung oder Verzögerung des Wagens bewirken, sondern ihn nur auf die Unterlage drücken und Reibung verursachen.

Wenn die Größe der Teilkräfte, der sogenannten *Komponenten* der Kraft, bestimmt werden soll, müssen die Richtungen bekannt sein, in welche die Komponenten wirken. Die Geraden, welche die Kraftrichtungen darstellen, heißen *Wirkungslinien*. Sie sind durch die jeweilige Situation vorgegeben. Im Foto oben verläuft die Wirkungslinie parallel zur Ebene, weil der Wagen nur in dieser Richtung rollen kann.

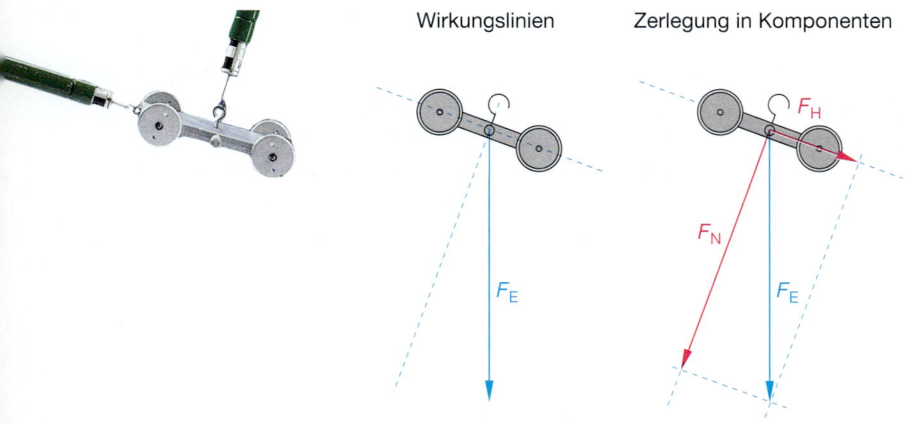

Eine Kraft lässt sich in Komponenten entlang von Wirkungslinien zerlegen. Die Zusammensetzung der Komponenten ergibt die ursprüngliche Kraft.

Aufgaben

1 Gegeben sind geneigte Ebenen mit den Neigungswinkeln 20°, 40° und 60°.
a) Ermittle die Hangabtriebskraft und die Normalkraft für einen Körper, der mit $F_E = 50$ N angezogen wird. Vergleiche die Kräfte.
b) Formuliere eine allgemeine Aussage.

2 Skizziere die Kräfte F_H und F_N, wenn eine geneigte Ebene senkrecht bzw. parallel zur Erdoberfläche verläuft. Erläutere.

3 In der Mitte einer Wäscheleine hängt ein Wäschestück. Konstruiere die Verteilung der Gewichtskraft des Wäschestücks auf die beiden Teile der Leine, wenn diese
a) straff gespannt ist (Winkel 170°),
b) stark durchhängt (50°).
c) Übertrage deine Erkenntnisse auf das Verlegen von schweren Freilandleitungen für die Stromversorgung.

4 Erkläre das Ziehen eines Bollerwagens bei unterschiedlichen Deichselstellungen mithilfe von Skizzen, welche die Kraftzerlegung zeigen.

5 Zeichne die Wirkungslinien der Kraftkomponenten
a) bei einer Stehleiter,
b) bei einer Leiter, die an einen Baum gelehnt ist.

Wo sind die Wirkungslinien?

Wirkungslinien verlaufen immer entlang von Seilen, Stützmauern, Streben, Armen, Deichseln usw., sind also durch die jeweilige Anordnung vorgegeben.

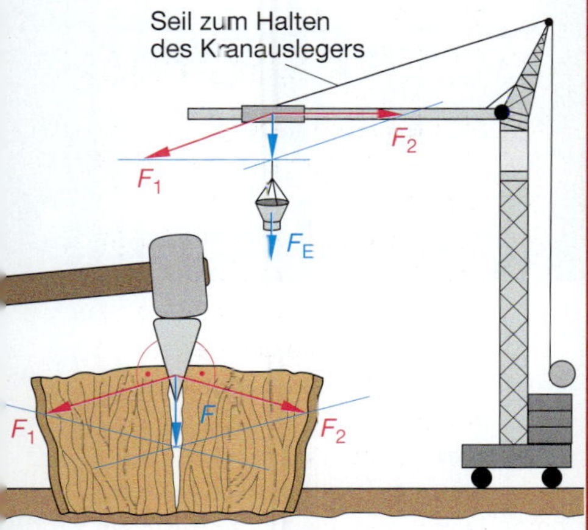

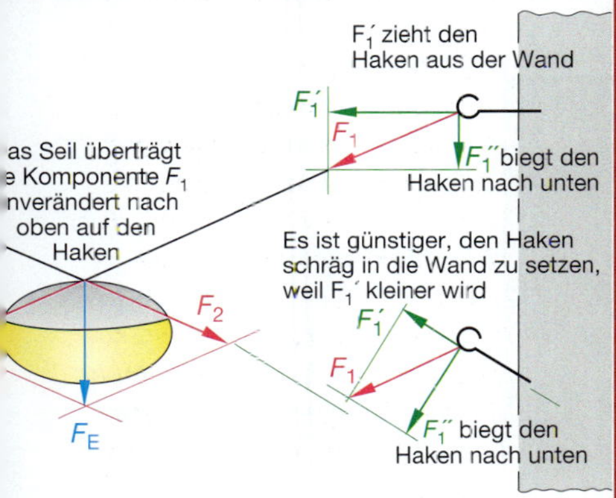

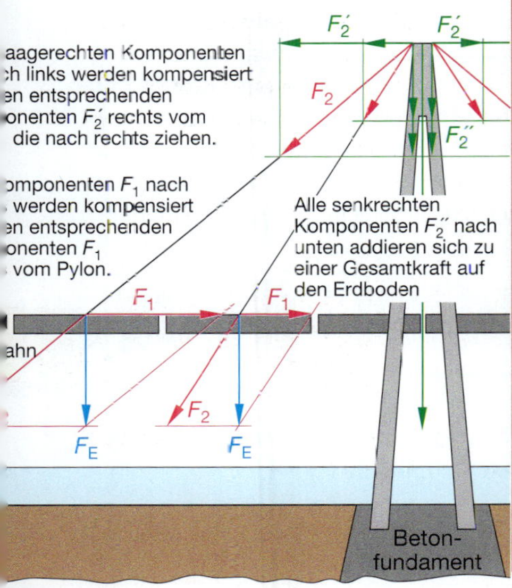

Segeln gegn den Wind

Streifzug

Der Wind weht meist nur aus einer Richtung – und trotzdem kann mit einem Segelboot (fast) jeder gewünschte Kurs gesteuert werden. Wichtig ist dabei die Stellung des Segels und die Richtung der Kiellinie des Schiffes.

In der vereinfachten Darstellung wird die Kraft des Windes auf das Segel in zwei Komponenten zerlegt:

- Die eine (F_1) verläuft parallel zum Segel, sie hat für die Bewegung des Bootes keine Bedeutung.
- Entscheidend ist die Wirkung von F_2 senkrecht zum Segel, denn sie bestimmt die Bewegungsrichtung des Segels.

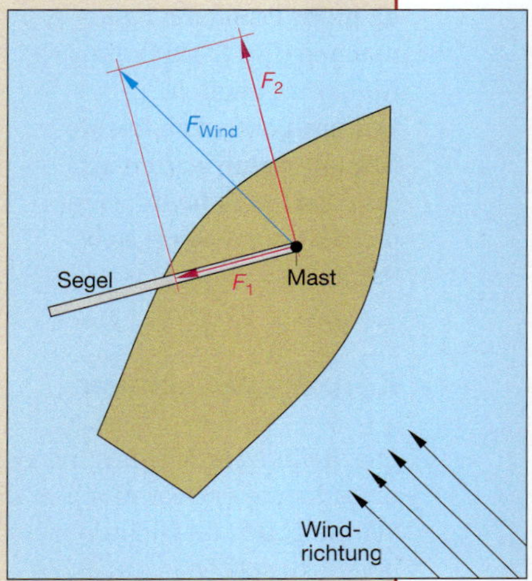

Wird der Winkel zwischen Wind und Segel verändert, dann ändert sich damit auch F_2. In diese Richtung würde sich das Segel und durch die Kraftübertragung mittels Mast und Seilen auch das Boot bewegen.

Einen entscheidenden Einfluss auf die Fahrtrichtung des Bootes hat jedoch die Stellung des Kieles, also die Kiellinie des Schiffes, denn nur in diese Richtung kann es leicht vorangleiten. F_2 wird durch den Kiel nochmals in zwei rechtwinklige Komponenten zerlegt:

- F_3 wirkt senkrecht zur Kiellinie. In diese Richtung kann sich das Schiff nicht bewegen, weil der lange und tiefe Kiel auf den großen Widerstand des Wassers trifft.
- F_4 wirkt parallel zur Kiellinie – und das ist die Kraft, die letztendlich das Segelboot vorantreibt.

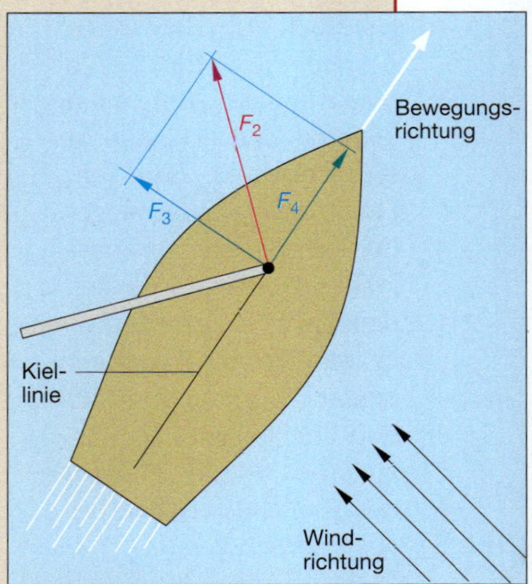

Bei einer bestimmten Stellung von Segel und Kiel kann das Boot sogar „gegen den Wind" segeln, d. h. mit dem kleinstmöglichen Winkel von 22° zwischen Wind und Fahrtrichtung. Um dabei ein anvisiertes Ziel zu erreichen, muss der Skipper einen Zick-Zack-Kurs einschlagen – er „kreuzt" mit seinem Boot **gegen den** Wind.

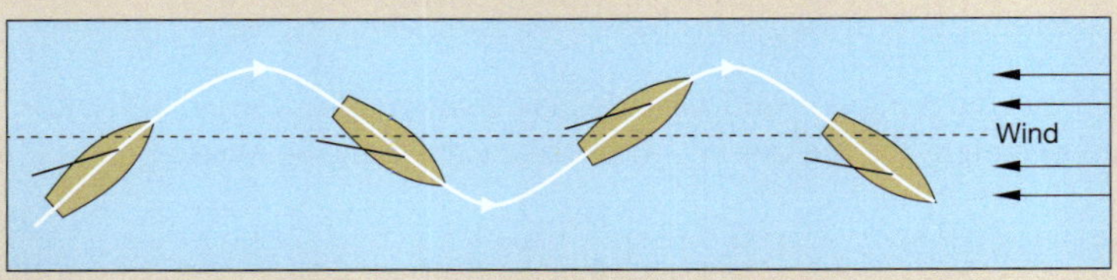

Die Masse

Mit einem Tennis- oder Hand ball 15 m weit zu werfen, ist einfach. Die kleine Stoß kugel der Frauen oder die große der Männer bereiten da mehr Probleme bzw. machen dise Distanz für Kinder unmöglich. Warum lassen sich leichte Körper weiter werfen als schwere? Welche Körpereigenschaft verbirgt sich dahinter?

Körper sind schwer

Die Bälle bzw. Kugeln, mit denen die Kinder im Bild oben hantieren, werden von der Erde angezogen. Die Wirkung der Gewichtskraft ist bekanntlich beim Anheben zu spüren.

Natürlich ist das keine Besonderheit der Bälle oder Kugeln. Bei allen anderen Gegenständen ist dies ebenso. Soll ein Eimer mit Wasser angehoben werden, so muss kräftig zugefasst werden, denn es ist bekannt, dass er schwer ist. Auch die beiden Eisenquader im Bild rechts sind schwer. Natürlich ist der größere der beiden Eisenkörper auch der schwerere.

Zentraler Versuch

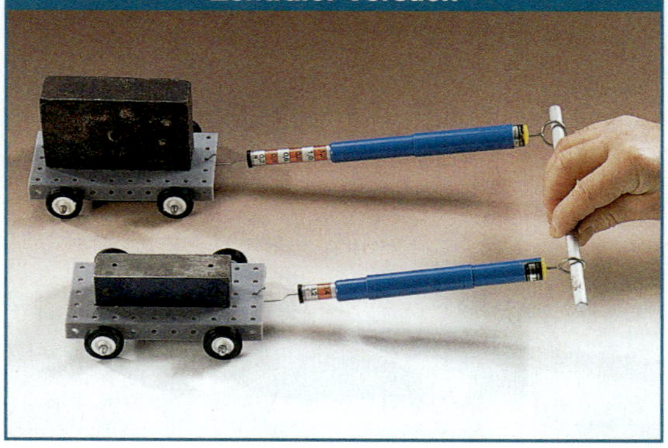

Gleich, welcher Körper betrachtet wird, es ergibt sich immer das gleiche Ergebnis: Alle Körper sind schwer.

Körper sind träge

Im zentralen Versuch werden beide Wagen gleichzeitig beschleunigt. Die Kraftmesser zeigen, dass die dafür nötige Kraft ist für beide Wagen unterschiedlich ist: Für den Wagen mit der größeren Last wird die größere Kraft benötigt, um ihn in Bewegung zu versetzen. Entsprechendes gilt für das Abbremsen.

Damit wird klar, warum es schwieriger ist, die Eisenkugel fünf Meter weit zu stoßen: Weil sie schwerer ist, ist eine größere Kraft erforderlich, um sie genauso weit zu werfen wie einen leichten Ball.

Jeder Körper setzt einer Bewegungsänderung einen Widerstand entgegen. Es ist eine Kraft erforderlich, um ihn abzubremsen, ihn zu beschleunigen oder seine Bewegungsrichtung zu ändern. Diese Körpereigenschaft die schon bekannte Trägheit.

Alle Körper sind schwer, weil sie von der Erde angezogen werden.

Jeder Körper ist träge. Er setzt der Änderung seines Bewegungszustandes einen Widerstand entgegen.

Trägheit und Schwere sind Grundeigenschaften aller Körper. Jeder Körper ist schwer und auch träge. Beides sind Eigenschaften, die mit der neuen physikalischen Größe **Masse** beschrieben werden sollen.

Die Masse eines Körpers gibt an, wie schwer bzw. wie träge er ist.

Massenbestimmung

„400 g Mehl, 100 g Zucker ...“ sind typische Angaben aus Kochbüchern. Der Buchstabe „g“ steht für eine mögliche Einheit der Masse, das Gramm. Die festgelegte Basiseinheit ist das Kilogramm (kg).

Zur Bestimmung von Massen, also beim „Wiegen“, werden beispielsweise Balkenwaagen verwendet. Auf die eine Waagschale wird der Körper gelegt, dessen Masse bestimmt werden soll. Auf die andere Waagschale werden so lange bekannte Massestücke gelegt, bis sich die Waage im Gleichgewicht befindet. Dabei werden in der Regel mehrere Massestücke benötigt, die in einem Wägesatz zusammengestellt sind.

Im Gleichgewichtsfall befindet sich auf beiden Seiten die gleiche Masse. Die Addition der bekannten Massen auf der einen Waagschale ergibt dann die zu ermittelnde Masse des Körpers auf der anderen Waagschale.

Masse

Das Formelzeichen ist *m*.
Die Einheit ist 1 kg (Kilogramm).

Weitere Einheiten:

Tonne:	1 t	= 1000 kg
Gramm:	1 g	$= \frac{1}{1000}$ kg
Milligramm:	1 mg	$= \frac{1}{1000}$ g
		$= \frac{1}{1\,000\,000}$ kg

Aufgaben

1 Zwei Kinder sitzen auf einer Wippe im gleichen Abstand zur Mitte. Erläutere die drei Möglichkeiten, in denen sich die Wippe einstellen kann. Ziehe Schlussfolgerung jeweils bezüglich der Massen der Kinder und begründe sie.

2 Nenne Beispiele, wo bei verschiedenen Körpern unterschiedliche Trägheit aufgrund unterschiedlicher Massen zu beobachten ist.

3 Bestimme, welche Wägestücke des Wägesatzes unten zum Einstellen des Gleichgewichts benötigt werden, wenn Körper folgender Massen auf der Balkenwaage liegen: 138 g; 25 g; 69 g; 11 g; 8 g; 113 g.

4 Kommentiere, warum alle Wägestücke des Wägesatzes unten, die als erste Ziffer eine „2“ aufgedruckt haben, doppelt vorhanden sind.

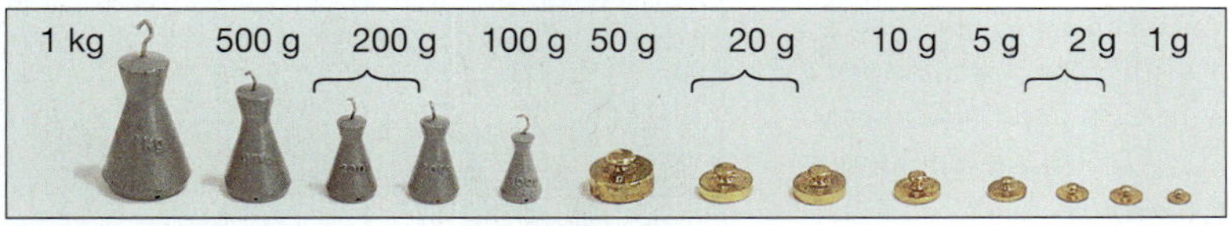

Das Urkilogramm

Streifzug

Auch wenn die Balkenwaage schon lange bekannt war und benutzt wurde, so war das Wiegen früher doch recht schwierig – es gab keine einheitlichen Wägestücke. Jedes Land, jede Stadt hatte eigene Wägesätze. Zum Verzollen musste die Ware an jeder Grenze neu abgewogen werden, da jede Stadt oder jedes Land für sich eine andere Norm bestimmt hatte. Und Wiegen bedeutet wie jeder Messvorgang Vergleichen mit einer Norm.

Eine solche Norm ist eine Festlegung. So wie für jede physikalische Größe eine Einheit vereinbart werden muss, ist es auch notwendig festzulegen, was diese Einheit bedeutet, also eine Norm für sie aufzustellen.

Erst im Jahre 1875 wurde begonnen, übereinstimmende Maßeinheiten zu vereinbaren. Auf einer Konferenz in Paris wurden für die ersten Maßeinheiten einheitliche Werte festgelegt. Seit dieser Zeit existiert das Urkilogramm in Paris, von dem jedes Land, das das internationale Einheitensystem (**SI** = **S**ystème **I**nternational d' Unités) anerkennt, eine Kopie besitzt. Das deutsche Urkilogramm befindet sich in Braunschweig. Kopien hiervon erhält jedes Eichamt und jedes Werk, welches Wägestücke oder Waagen herstellt. Mit diesem „Normkilogramm“ eichen sie die Waagen bzw. vergleichen sie die hergestellten Wägestücke. Außerdem werden alle Waagen regelmäßig von den Eichämtern überprüft. Damit ist gewährleistet, dass die Waagen genau messen.

Masse und Gewichtskraft

Bei den Exkursionen auf dem Mond hatten die Astronauten einen großen Rucksack auf dem Rücken. In ihm befanden sich alle Geräte, die für sie zum Leben notwendig waren. Die Rucksäcke waren schwer. Ihre Masse betrug etwa 80 kg. Und trotzdem waren die Astronauten in der Lage, auf dem Mond mit dem Gepäck noch große Sprünge zu machen. Warum geht das auf dem Mond, nicht aber auf der Erde?

Wenn der Rucksack auf dem Mond auf eine Balkenwaage gestellt würde, ergäbe der Massenvergleich wieder 80 kg. Die Masse des Rucksacks ist die gleiche wie auf der Erde. Anders verhält es sich mit der Gewichtskraft:
Im zentralen Versuch werden die Gewichtskräfte und die Massen unterschiedlicher Körper bestimmt. Es zeigt sich, dass Gewichtskraft F_G und Masse m proportional sind: $\boldsymbol{F_G \sim m}$.

Der Quotient F_G/m ist für jeden Ort konstant. Er wird mit g bezeichnet und wegen seiner Ortsabhängigkeit **Ortsfaktor** genannt. Sein Wert nimmt von 9,78 $\frac{\text{N}}{\text{kg}}$ am Äquator zu den Polen auf 9,83 $\frac{\text{N}}{\text{kg}}$ zu. In Deutschland wird der einheitliche Wert 9,81 $\frac{\text{N}}{\text{kg}}$ verwendet. Für Überschlagsrechnungen reichen 10 $\frac{\text{N}}{\text{kg}}$. Mithilfe des Ortsfaktors g wird aus der Proportionalität $F_G \sim m$ die Gleichung $\boldsymbol{F_G = m \cdot g}$.

Mithilfe dieser Gleichung kann die Masse berechnet werden, wenn mit einem Federkraftmesser die Gewichtskraft bestimmt wurde und der Ortsfaktor bekannt ist. Die meisten Waagen nutzen diese Methode der Massenbestimmung.

Zentraler Versuch

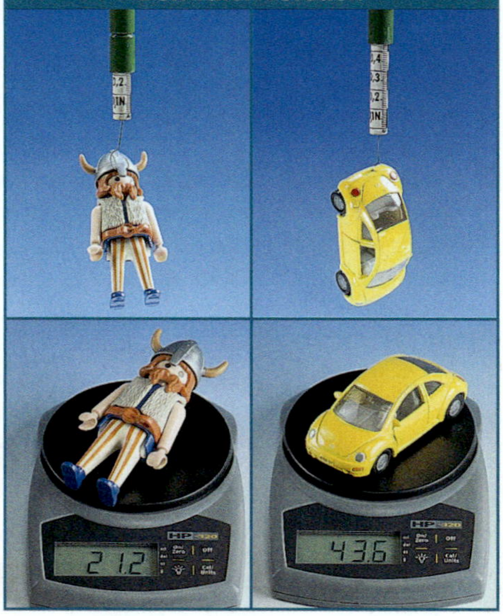

Auch die Anziehungskraft der Erde F_E auf einen Körper ist zu dessen Masse proportional, weil die Erdanziehung ja die Ursache für die Gewichtskraft des Körpers ist. Die betragsmäßige Übereinstimmung von Gewichtskraft und Erdanziehungskraft gilt aber nur, wenn nicht weitere Kräfte (z. B. durch den Auftrieb in Wasser) an einem Körper angreifen. In allen Fällen, in denen diese Kräfte sehr klein sind im Vergleich zu F_E, dürfen sie vernachlässigt und Erdanziehungskraft und Gewichtskraft gleichgesetzt werden:
$\boldsymbol{F_G \approx F_E = m \cdot g}$.

Auf dem Mond beträgt der Ortsfaktor nur etwa $\frac{1}{6}$ des Erdwertes. Daher konnten sich die Astronauten auf ihm so leicht bewegen, weil sie vom Mond viel weniger stark angezogen wurden als von der Erde.

Die Masse eines Körpers ist vom Ort unabhängig, die Gewichtskraft dagegen ist ortsabhängig.

Die Gewichtskraft eines Körpers ist das Produkt aus der Masse m und dem Ortsfaktor g: $F_G = m \cdot g$.

Rechenbeispiel

1. Mit welcher Kraft kannst du einen Spaten in die Erde drücken, wenn du dich darauf stellst?

Geg.: $m = 45$ kg; $g = 9{,}81\ \frac{\text{N}}{\text{kg}}$
Ges.: F_G

Lösung: $F_G = m \cdot g$
$F_G = 45\ \text{kg} \cdot 9{,}81\ \frac{\text{N}}{\text{kg}}$
$F_G = 441{,}45$ N

Deine Gewichtskraft beträgt rund 440 N. Mit ihr drückst du den Spaten in den Boden.

2. Wie groß ist die Masse einer Schultasche?

Geg.: $F_G = 65{,}5$ N; $g = 9{,}81\ \frac{\text{N}}{\text{kg}}$
Ges.: m

Lösung:
Aus $F_G = m \cdot g$ folgt
$m = \frac{F_G}{g} = \frac{65{,}5\ \text{N}}{9{,}81\ \frac{\text{N}}{\text{kg}}}$
$m = 6{,}68$ kg

Die Schultasche hat eine Masse von rund 6,7 kg.

Aufgaben

1 Berechne für folgende Massen die zugehörigen Gewichtskräfte: 1 Stück Butter (250 g); 1 Tafel Schokolade (100 g); LKW (7,5 t); Gewichtheber (120 kg); Schülerin (42 kg).

2 Berechne die Massen der Körper, die folgende Gewichtskräfte haben: PKW (12 kN); 1 Tüte Mehl (9,8 N); Blauwal (1,3 MN).

3 Begründe, warum zum Start gleicher Raumsonden vom Mond aus viel weniger Treibstoff notwendig wäre als zum Start von der Erde.

4 Erkläre, warum zwei Körper gleicher Masse auch auf dem Mond die gleiche Gewichtskraft haben.

5 Für den bemannten Flug zum Mars ist eine Raumstation im Orbit um die Erde als Montage- und Startbasis geplant. Erörtere die Vorteile, die diese Basis im Vergleich zum Start von der Erde aus bietet.

6 Berechne den Fehler (in Prozent), wenn du dich mit einer für Deutschland geeichten Personenwaage am Äquator bzw. am Pol wiegst. Werte dein Ergebnis.

Die Personenwaage

Beim Wiegen mit einer Personenwaage wird der Zusammenhang zwischen Gewichtskraft und Masse genutzt. Die Gewichtskraft wirkt auf das Trittbrett der Waage. Über ein Gestänge wird diese Kraft auf eine Feder übertragen. Je größer die Gewichtskraft ist, desto stärker wird die Feder gedehnt. Über einen Hebelmechanismus wird ein Zahnrad gedreht, an dem eine Drehscheibe befestigt ist. Geschickterweise lässt sich auf ihrer Skala gleich die Masse in Kilogramm ablesen. Da hier die Masse über die Gewichtskraft bestimmt wird, gibt diese Waage nur auf der Erde die richtigen Werte an. Auf dem Mond würde sie falsche Massen anzeigen.

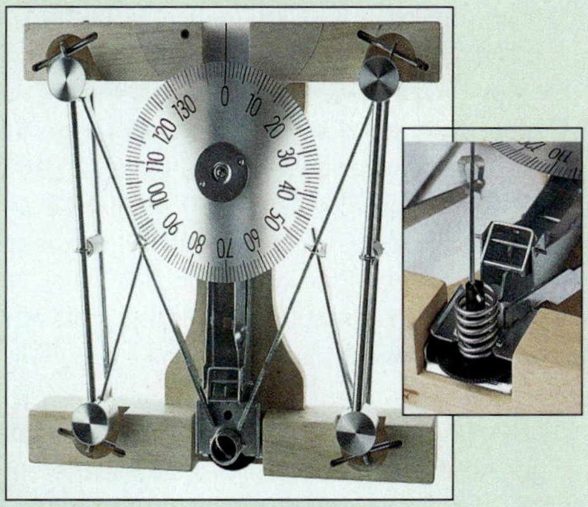

Natürlich können mit einer Personenwaage auch andere Dinge gewogen werden, z. B. ein Koffer, aber auch ein Hund oder eine Katze. Da diese nicht allein auf der Waage stehen bleiben, stellst du dich am besten einmal mit und einmal ohne das Tier auf die Waage. Mit dieser *Differenzwägung* kann dann die Masse von Hund oder Katze bestimmt werden.

Wie genau nehmen wir es mit Zahlen? — Streifzug

Beim Nachrechnen von Rechenbeispiel 2 zeigt sich, dass der Taschenrechner das Ergebnis 6,6768603 kg ausgibt.

Anders als in der Mathematik muss aber in der Physik stets beachtet werden, dass die Größen Messwerte und somit fehlerbehaftet sind. Ein Ergebnis genauer anzugeben als die Werte, aus denen es gewonnen wurde, ist nicht sinnvoll.

66,0 : 9,81 =

65,0 : 9,81 =

Am Beispiel dieser Aufgabe wird dies deutlich:

- Der Federkraftmesser hat als kleinste Skaleneinteilung 1 N. Der abgelesene Wert 65,5 N ist nicht der wirkliche Wert; die tatsächliche Gewichtskraft liegt im Intervall zwischen 65,0 N und 66,0 N.
- Die gegebenen Größen F_G bzw. g hatten drei Stellen. Das Ergebnis der Division 65,5 : 9,81 ist dann sinnvollerweise nur dreistellig: 6,68 kg.

Als allgemeine Regel gilt:
Das Ergebnis darf nur mit so vielen Stellen angegeben werden, wie bei den gegebenen Größen höchstens vorhanden sind.

Streifzug — Alle Körper ziehen einander an

Die Erdanziehungskraft wirkt nicht nur auf Personen, die auf dem Boden stehen. Sie wirkt genauso, wenn sie sich in einem Flugzeug in der Luft befinden. Mit zunehmender Höhe nimmt die Kraftwirkung durch die Erde zwar ab, sie wirkt aber unendlich weit – auch im Weltall. Sie heißt verallgemeinert **Gravitationskraft**.

Da jeder Planet eine Masse hat, wirken zwischen allen Himmelskörpern Gravitationskräfte. Die Sonne mit ihrer unvorstellbar großen Masse von $2 \cdot 10^{30}$ kg =

2 000 000 000 000 000 000 000 000 000 000 kg

übt die stärkste Kraft in unserem Planetensystem auf alle Körper aus. Eine Kraft von $3{,}5 \cdot 10^{22}$ N ist dafür verantwortlich, dass unsere Erde auf ihrer Bahn um die Sonne gehalten wird.

Sich gegenseitig anzuziehen ist aber keine besondere Eigenschaft der Sonne bzw. der Planeten. Die Ursache für die Anziehungskraft ist einzig und allein die Masse. Daher ziehen sich alle Körper gegenseitig an, denn jeder Körper besitzt eine Masse.

Im Vergleich zur Masse von Himmelskörpern sind die Massen von Gegenständen auf der Erde aber verschwindend klein. Deshalb sind die hier auftretenden Anziehungskräfte extrem gering.
Zwischen einer Person und einem Schiff mit einer Masse von 100 000 t beträgt die Anziehungskraft weniger als ein tausendstel Newton. Selbst die Anziehungskraft zwischen zwei solchen Riesenschiffen, die unmittelbar nebeneinander liegen, übersteigt noch nicht die Muskelkraft eines Menschen.
So wie jede Person von der Erde angezogen wird, zieht sie selbst auch andere Personen an beziehungsweise wird von diesen angezogen. Allerdings sind die Anziehungskräfte so gering, dass sie nicht wahrgenommen werden.

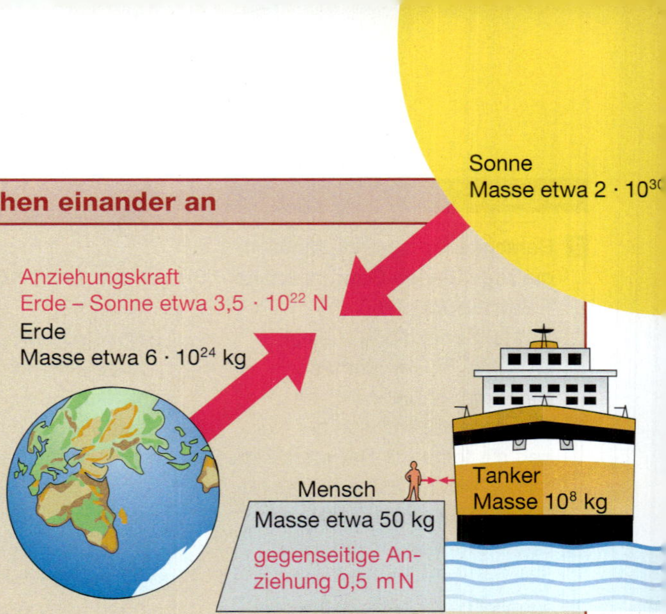

Wie groß ist die Gravitationskraft?

Als Ursache für diese Anziehungskraft zwischen zwei Körpern erkannte ISAAC NEWTON (1643–1727) die Masse der beiden Körper. Auf ihn geht auch die Bezeichnung **Gravitationskraft** zurück. In den Jahren zwischen 1670 und 1680 leitete NEWTON aus den Gesetzen der Planetenbewegungen um die Sonne das allgemeine Gravitationsgesetz theoretisch her. Demzufolge ist die Gravitationskraft proportional zur Masse m_1 und m_2 der beteiligten Körper und nimmt mit wachsendem Abstand r zwischen ihnen immer mehr ab.
Die mathematische Formulierung des Gravitationsgesetzes lautet:

$$F_{grav} = \gamma \cdot \frac{m_1 \cdot m_2}{r^2}.$$

Die Gravitationskonstante γ, die NEWTON in der Gleichung als Proportionalitätsfaktor brauchte, war ihm vom Wert her aber nicht bekannt. Diese Konstante γ zu bestimmen ist sehr schwierig, da selbst die zwischen zwei schweren Körpern wirkenden Gravitationskräfte äußerst klein sind.

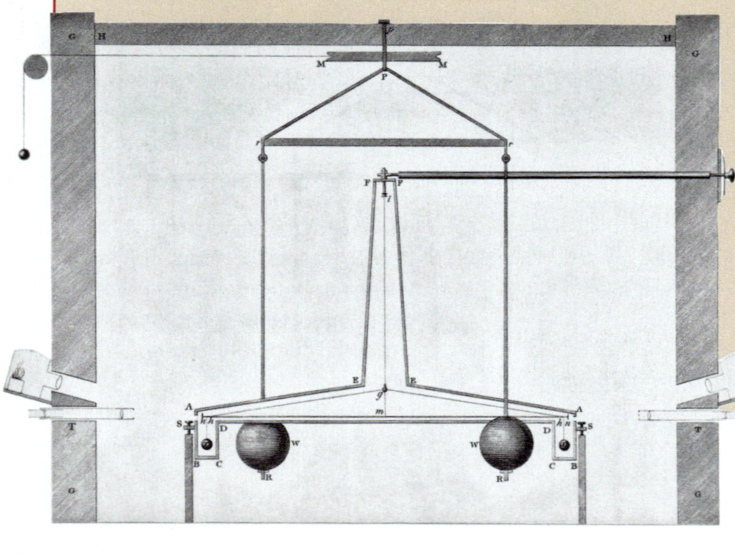

Es ist das Verdienst von HENRY CAVENDISH (1731–1810), diese Naturkonstante 1798 experimentell ermittelt zu haben. Mit seiner Gravitationsdrehwaage bestimmte er die Anziehungskraft zwischen zwei großen und zwei kleinen Bleikugeln aus der Verdrillung eines Torsionsfadens. Da die Massen und der Abstand ebenfalls bekannt waren, konnte er den Wert der Gravitationskonstante erstmals bestimmen:
$\gamma = 6{,}67 \cdot 10^{-11} \frac{N \cdot m^2}{kg^2}$.

WÄGEN GESTERN UND HEUTE

Schon im 6. Jahrtausend v. Chr. wurden in Mesopotamien einfache Waagen aus Holz benutzt. In ägyptischen Bildern sind Balkenwaagen dargestellt, welche sehr genaue Messungen erlaubten.

Für die Masse von Diamanten oder Brillanten wurde eine besondere Einheit festgelegt, das Karat:
1 Karat = 200 mg.

Der größte, je gefundene Diamant ist der Cullinan mit 3106 Karat. Er wurde in 105 Stücke zerteilt, von denen die größten in Zepter, Krone und Ring der englischen Könige eingesetzt wurden.

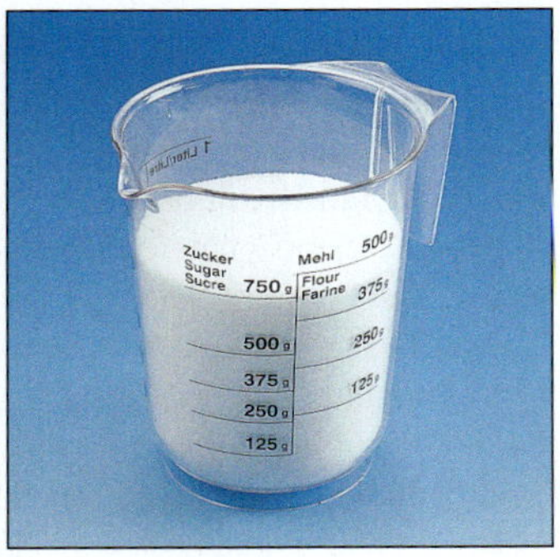

Mit der Spezialisierung bei allen Arbeiten in der Jungsteinzeit (vor etwa 10 000 Jahren) entwickelte sich auch der Handel. Um Waren tauschen zu können, war es notwendig, die Menge der Ware zu bestimmen. Eine Methode dazu ist die Volumenmessung z. B. mit einem Messbecher. Früher wurde ein solches Messinstrument *Scheffel* genannt.

Aber nicht alle Waren lassen sich so mengenmäßig bestimmen. Bei Goldklumpen oder Steinsalzstücken ist dies nicht möglich, da zwischen den Stücken viel Luft mitgemessen würde. Dies war der Grund für die Entwicklung von Waagen.

Laufgewichtswaage

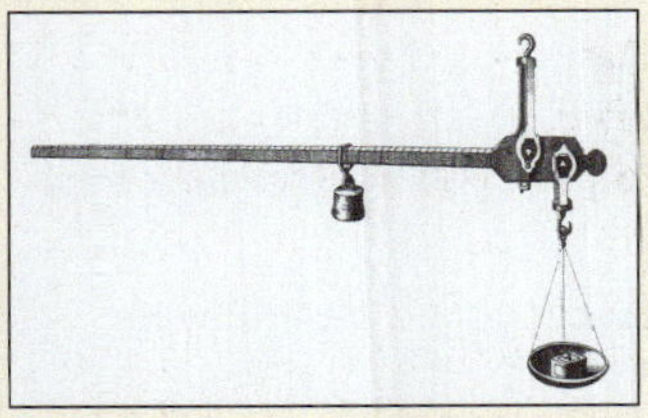

Der Stab hat zwei ungleiche Hebelarme, von denen der längere (der mit dem Laufgewicht) mit einer g- oder kg-Skala versehen ist.

Solche einfachen, in der Hand zu haltenden Waagen gibt es seit Jahrhunderten. Heute finden sie sich noch auf Märkten.

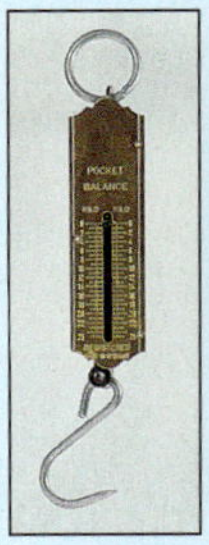

Sackwaage und Küchenwaage sind Beispiele für Federwaagen. Sie arbeiten nach dem gleichen Prinzip wie ein Federkraftmesser, nur dass ihre Skalen schon in g oder kg geeicht sind.

Die modernen elektronischen Waagen haben keine Federn mehr, sondern Messstreifen, die verbogen werden. Die Verbiegung wird in elektrische Signale umgewandelt und für die Anzeige weiter verarbeitet.

Maschinen

Im Alltag müssen häufig Lasten über größere Strecken gehoben werden. Dabei kommen im einfachsten Fall ein Seil und eine Rolle zum Einsatz. Damit kann z. B. ein Gefäß am Boden gefüllt und dann in die Höhe gezogen werden. Oft werden auch mehrere Rollen kombiniert, um das Hochheben zu erleichtern. Welche Funktion haben hierbei die Seile und Rollen? Was verändern sie an der Zugkraft?

Feste und lose Rollen

Bei einer **festen Rolle** wird das über sie geführte Seil nur in eine andere Richtung umgelenkt. Die Zugkraft F_{Zug}, mit der am Seil gezogen wird, und die Hubkraft F_{Hub}, mit der der Körper angehoben wird (sie muss mindestens so groß sein wie die Gewichtskraft des Körpers), sind gleich groß. Die Zugkraft muss wegen der nicht zu verhindernden Reibung größer sein als die Hubkraft.

Zentraler Versuch

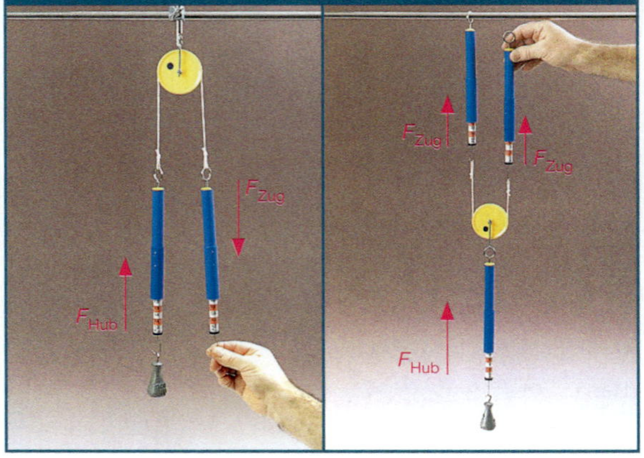

Bei einer **losen Rolle** wird die aufzuwendende Hubkraft F_{Hub} auf zwei Seile aufgeteilt, von denen eines oben an der Stativstange befestigt ist. Am Seilende, an dem gezogen wird, muss nur etwa die Hälfte der Hubkraft aufgewendet werden, die andere Hälfte übernimmt die Stange. (Die tatsächliche Zugkraft muss aber noch um die Hälfte der Gewichtskraft der Rolle erhöht werden.)

Wird auf der einen Seite am Seil gezogen, so bewegt sich die gleiche Länge Seil an der anderen Seite hinauf. Mit der festen Rolle kann also nur die Richtung der Kraft geändert werden.

Für die Seillängen gilt andererseits, dass der Zugweg doppelt so lang ist wie der Hubweg.
Durch eine Kombination mehrerer Rollen lässt sich die Zugkraft weiter verringern.

Feste Rolle

Zugkraft und Hubkraft sind etwa gleich groß:
$F_{Zug} = F_{Hub}$
Zugweg und Hubweg sind gleich lang:
$s_{Zug} = s_{Hub}$

Lose Rolle

Die Zugkraft ist etwa halb so groß wie die Hubkraft:
$F_{Zug} = \frac{1}{2} F_{Hub}$
Der Zugweg ist doppelt so lang wie der Hubweg:
$s_{Zug} = 2\, s_{Hub}$

Aufgaben

1 Nenne Alltagssituationen, in denen du feste oder lose Rollen gesehen oder selbst genutzt hast.

2 Skizziere, welchen Vorteil die gemeinsame Nutzung von fester und loser Rolle bietet.

3 Bei einer festen Rolle muss mindestens die gleiche Kraft aufgewendet werden wie beim direkten Hochheben des Körpers. Erkläre, warum die feste Rolle dann trotzdem z. B. auf Baustellen häufig genutzt wird.

4 Mithilfe einer losen Rolle wird ein Mörteleimer (Masse 25 kg) hochgezogen. Die lose Rolle hat eine Masse von 2,0 kg. Berechne die mindestens notwendige Zugkraft.

Der Flaschenzug

Zum Hochheben schwerer Lasten sind nicht immer aufwändige Maschinen notwendig. Eine sinnvolle Zusammenstellung von mehreren Rollen und einem Seil reicht vielfach aus, eine schwere Last zu heben. Die folgenden Bilder zeigen, wie das mithilfe eines **Flaschenzuges** geht.

Zentraler Versuch

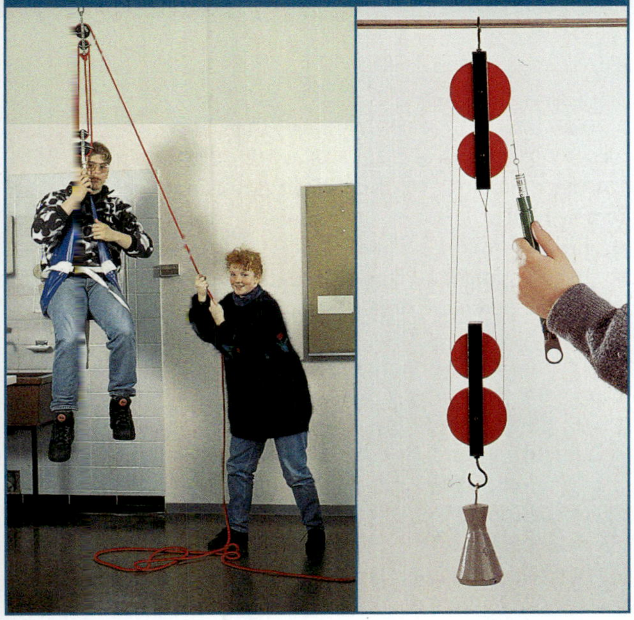

Die oberen zwei festen Rollen lenken die Kräfte nur um. Die zwei losen Rollen an der Unterseite bewirken die Krafteinsparung. Von jeder losen Rolle gehen zwei Seilstücke nach oben. Die Gewichtskraft der Person und der Rollen verteilt sich also auf vier „tragende Seile“.

Zum Anheben der Person muss die Kraft F_{Zug} aufgewendet werden, die in dem freien Seilende wirkt. Sie beträgt nur etwa $\frac{1}{4}$ der Gewichtskraft der Last.
Da aber alle vier tragenden „Seile“ jeweils um den Hubweg s_{Hub}, den der Körper gehoben werden soll, verkürzt werden müssen, ist die vierfache Seillänge s_{Zug} zu ziehen.

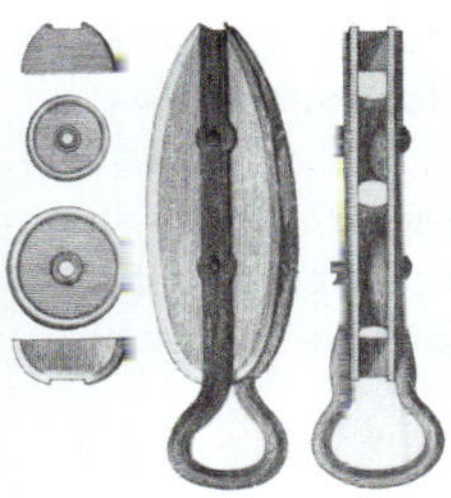

Der Name „Flaschenzug“ geht auf das ursprüngliche Aussehen der Vorrichtungen zurück, in denen die festen bzw. die losen Rollen eingebaut waren. Diese hatten die Form einer Flasche.

Für einen einfachen Flaschenzug mit n tragenden Seilen gilt: $F_{Zug} = \frac{1}{n} \cdot F_{Hub}$; $s_{Zug} = n \cdot s_{Hub}$

Rechenbeispiel

Mit einem einfachen Flaschenzug mit drei losen Rollen soll ein Eimer mit Beton (Masse 23 kg) an einem Gerüst 5,0 m in die Höhe gezogen werden. Berechne die Kraft, mit der am Seil gezogen werden muss, und wie viele Meter Seil eingeholt werden müssen.

Geg.: $n = 6$; $s_{Hub} = 5{,}0\ \text{m}$; $m = 23\ \text{kg}$; $g = 9{,}81\ \frac{\text{N}}{\text{kg}}$

Ges.: F_{Zug}; s_{Zug}

Lösung:
$$F_{Hub} = m \cdot g$$
$$= 23\ \text{kg} \cdot 9{,}81\ \frac{\text{N}}{\text{kg}} \approx 226\ \text{N}$$
$$F_{Zug} = \frac{1}{6} F_{Hub} = \frac{1}{6} \cdot 226\ \text{N} \approx 38\ \text{N}$$
$$s_{Zug} = 6\ s_{Hub} = 6 \cdot 5{,}0\ \text{m} = 30\ \text{m}$$

Mit einer Kraft von etwa 38 N müssen 30 m Seil gezogen werden.

Aufgaben

1 Stelle die Gleichungen für einen Flaschenzug mit vier bzw. fünf losen Rollen auf.

2 Mit einem Flaschenzug (sechs tragende Seile) soll ein Kübel (m = 25 kg) um 6,0 m angehoben werden.
a) Berechne die mindestens erforderliche Zugkraft.
b) Wie lang muss das Seil mindestens sein?

3 Bestimme die Masse, die höchstens mit einem Flaschenzug mit zwei losen Rollen angehoben werden kann.

4 Ein Flaschenzug mit drei losen Rollen wurde mit einem Seil gebaut, das eine Reißfestigkeit von 110 N hat. Kann mit diesem Flaschenzug ein Körper der Masse 25 kg hochgezogen werden?

5 **a)** Ergänze die Seilführung in dem rechts dargestellten Flaschenzug.
b) Bestimme die notwendige Zugkraft, wenn die Gewichtskraft der Last 5 kg und die der Rollen 0,5 kg beträgt.
c) Bestimme die Länge des einzuholenden Seiles, wenn die Last um 5 m gehoben werden soll.

Die schiefe Ebene

Im Gebirge windet sich die Straße manchmal in vielen Kurven den Berg hinauf – die Fahrzeuge fahren auf einer Serpentine hoch. Durch die vielen Kurven ist die Straße natürlich viel länger als der gerade Weg den Berg hinauf. Welchen Sinn hat eine solche Straßenführung?

Das folgende Bild zeigt, dass die notwendige Zugkraft für den Wagen geringer ist, wenn das Brett flacher gestellt wird. Da jeweils die gleiche Hubhöhe überwunden wird, ist die weniger geneigte Ebene aber viel länger.

Zentraler Versuch

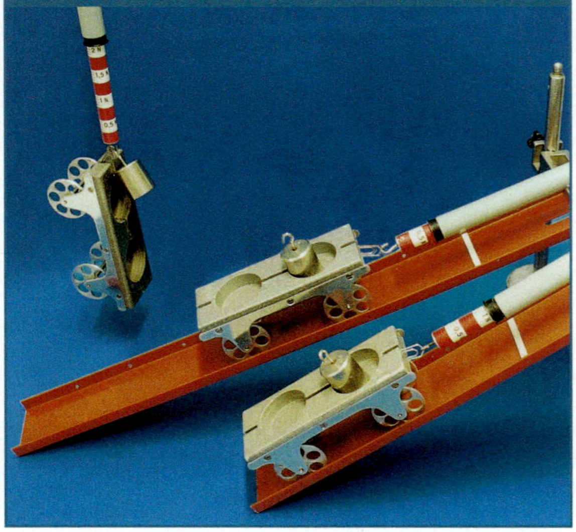

- Wird der Wagen senkrecht nach oben gezogen (gehoben), so ist die Zugkraft F_{Zug} so groß wie die Gewichtskraft F_G.
- Genaue Messungen ergeben: Ist die schiefe Ebene doppelt so lang wie die Hubhöhe, so ist als Zugkraft F_{Zug} nur noch die Hälfte der Gewichtskraft nötig, bei dreifacher Länge nur noch $\frac{1}{3}$ usw. Die bei einer schiefen Ebene nötige Zugkraft verringert sich bezogen auf die Gewichtskraft F_G demzufolge in dem Verhältnis, welches die Hubhöhe h und die zugehörige Länge l der Ebene zueinander haben:
  $\boldsymbol{F_{Zug} = F_G \cdot \frac{h}{l}}$

Genauso verhält es sich bei den Serpentinen: Der zurückzulegende Weg wird zwar wesentlich länger, aber die notwendige Zugkraft wird gleichzeitig soviel geringer, dass sie vom Motor des Fahrzeugs aufgebracht werden kann. Die schiefe Ebene ist ein **Kraftwandler.**

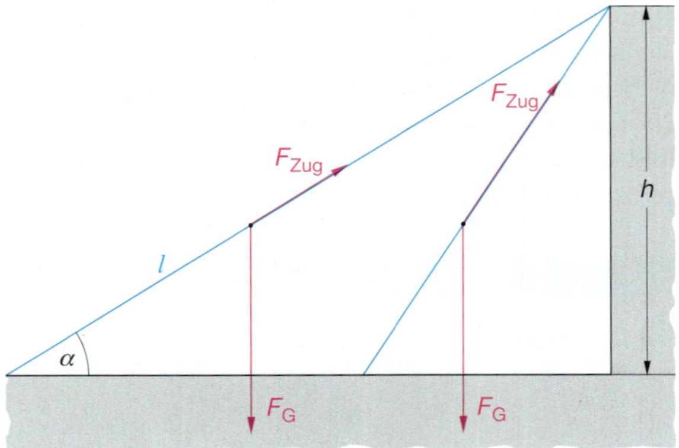

Aus der Zeichnung wird deutlich: Bei kleiner werdendem Winkel α

- wird F_{Zug} immer kleiner;
- aber entsprechend länger wird die Strecke l im Dreieck bei gleicher Höhe h.

Zwei Extremfälle können eintreten:

- $\boldsymbol{\alpha \rightarrow 0°}$**:** Die Länge l der schiefen Ebene wird sehr, sehr lang, aber dafür wird die Kraft sehr, sehr klein.
- $\boldsymbol{\alpha \rightarrow 90°}$**:** Die Länge der schiefen Ebene wird sehr kurz ($l \approx h$), die Zugkraft wird zur Gegenkraft der Gewichtskraft, erreicht also ihre maximale Größe.

Mit der schiefen Ebene lässt sich zwar Kraft einsparen, aber der Weg des Angriffpunktes der Kraft an dem bewegten Körper wird länger, weil Weg l und Kraft F_{Zug} umgekehrt proportional sind.

Durch eine schiefe Ebene wird der Zugweg verlängert, die notwendige Zugkraft dagegen verringert.
Es gilt: $F_{Zug} = F_G \cdot \frac{h}{l}$

Aufgaben

1 Beim Verladen wird ein Fass auf einen Anhänger gerollt. Statt der angebauten Rampe werden viermal so lange Balken benutzt. Berechne die aufzubringende Kraft im Vergleich zur Schubkraft auf der Rampe.

2 Berechne die benötigten Kräfte für Aufgabe 1, wenn das Fass eine Masse von 125 kg hat und die Balken bei einer Länge von 4,0 m einen Höhenunterschied von 50 cm überwinden.

3 Begründe, warum Seilbahnen meist nicht dem natürlichen Gefälle folgen, sondern sehr oft durch hohe Stützen ein auf der ganzen Strecke fast gleichbleibendes Gefälle haben.

Hebel

Als Hebel wird jeder starre Körper bezeichnet, der um eine Achse drehbar ist *(Drehachse)*. In der einfachsten Form sind Hebel gerade Stangen, aber es gibt sie in vielerlei anderen Formen. Allen gemeinsam ist, dass immer eine Kraft an einem Punkt des Hebels angreift und eine zweite Kraft an einem zweiten, vom ersten verschiedenen Punkt eingesetzt wird, um die erste Kraft zu überwinden.

Im Foto rechts wird ein Stein gehoben.

- Wenn die Gewichtskraft F_G des Steines und die Zugkraft F_{Zug} (am Federkraftmesser abzulesen) auf derselben Seite der Drehachse wirken, dann heißt der so genutzte Hebel **einseitiger Hebel.** Er erzeugt an der Stelle, an der F_G angreift, eine nach oben gerichtete Kraft F, die F_G entgegengesetzt ist und den Stein nach oben bewegt. F hat beim einseitigen Hebel immer die Richtung von F_{Zug}.
- Liegt die Drehachse zwischen den Angriffspunkten der Kräfte F_G und F_{Zug}, dann handelt es sich um einen **zweiseitigen Hebel.** Die von ihm erzeugte Kraft F ist entgegengesetzt zu F_G und hebt den Stein an. F_{Zug} und F wirken in entgegensetzte Richtungen.

Beim einseitigen Hebel tritt die Kraft F_{Zug} an anderer Stelle verstärkt als Gegenkraft F wieder auf. Hebel sind also **Kraftwandler.** Dies gilt auch für zweiseitige Hebel. Bei anderen Angriffspunkten können auch kleinere Kräfte F entstehen.
Entscheidend für die Kraftwandlung sind die Abstände der Drehachse zum Angriffspunkt der jeweiligen Kräfte. Die Teile des Hebels mit den Längen l_{Zug} und l heißen *Hebelarme*.

l	l_{Zug}	F	F_{Zug}	$\frac{l}{l_{Zug}}$	$\frac{F_{Zug}}{F}$
2,1 cm	5,4 cm	1,6 N	0,60 N	0,39	0,38
0,8 cm	6,4 cm	1,6 N	0,20 N	0,12	0,13
4,3 cm	2,9 cm	1,6 N	2,2 N	1,5	1,4

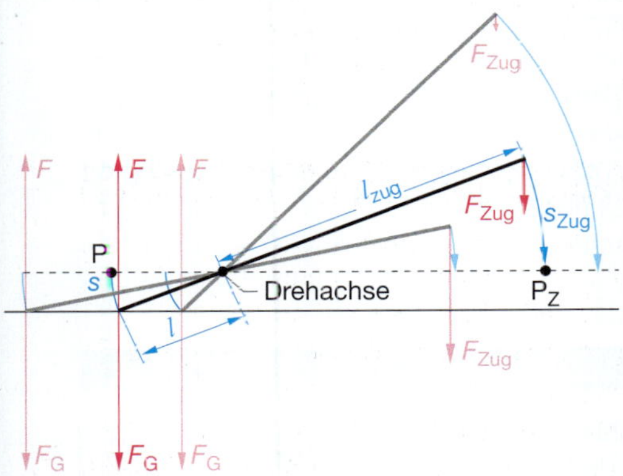

Genaue Messungen zeigen, dass das Verhältnis der Hebelarme gleich dem umgekehrten Verhältnis der Kräfte ist. Daraus ergibt sich

$$F_{Zug} = F \cdot \frac{l}{l_{Zug}} = F_G \cdot \frac{l}{l_{Zug}}.$$

Soll der Körper auf den Punkt P_1 angehoben werden, muss die Kraft F_{Zug} längs des kreisbogenförmigen Weges s_{Zug} bis P_Z wirken. Der Weg s_{Zug} ist länger als der Weg s. Für die beiden anders angesetzten Hebel gilt gleiches. Auffallend ist, dass bei großem F_{Zug} der Weg sehr klein ist und umgekehrt.

Hebel sind Kraftwandler. Mit ihnen können die Wirkungen von Kräften vergrößert oder verkleinert werden.
Je länger der Weg der aufzubringenden Zugkraft ist, desto kleiner ist diese Kraft und umgekehrt.

Zentraler Versuch

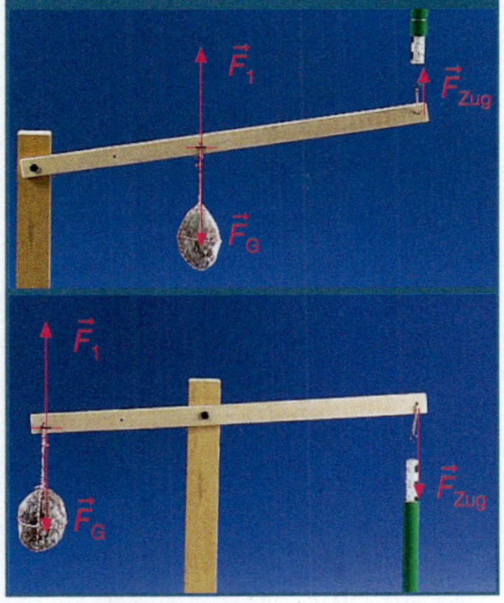

Aufgaben

1 **a)** Vergleiche verschiedene Scherenarten in ihrem Aufbau.
b) Begründe die unterschiedliche Länge der Griffe und Schneiden.

2 Benenne die Hebelart einer Pinzette. Begründe, wo sie angefasst werden muss, wenn an der Spitze eine große bzw. eine kleine Kraft wirken soll.

3 Mit zunehmender Größe der Muttern werden die dazugehörigen Schraubenschlüssel immer länger. Begründe.

4 Erläutere, warum man sich in dem Spalt zwischen Anschlagseite der Tür und Zarge die Finger gefährlicher quetschen kann als zwischen der Schlossseite und der Zarge.

5 **a)** An einem Hebel ist $F = 25$ N und $l = 8{,}0$ cm. Berechne jeweils F_{Zug} für die Fälle $l = l_{Zug}$, $l < l_{Zug}$ und $l > l_{Zug}$.
b) Zeichne für die in a) genannten Fälle je ein Beispiel für einen einseitigen und einen zweiseitigen Hebel.

6 Zeichne einen Handnussknacker, eine Pinzette und eine Zange; trage Hebelarme und Kräfte ein.

7 Erkläre physikalisch den Spruch: „Es ist besser, am längeren Hebel zu sitzen.“

Die Goldene Regel der Mechanik

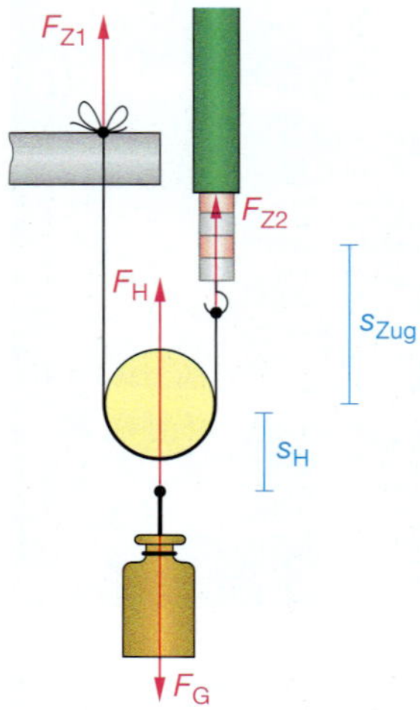

- Bei einer *losen Rolle* ist die Zugkraft F_{Z2} am freien Seilende halb so groß wie die Hubkraft F_H ohne Rolle, weil der zweite Teil der Hubkraft F_H (= Gegenkraft zu F_G) auf die Stange wirkt. Der Weg s_{Zug} der geringeren Zugkraft F_{Z2} ist doppelt so lang wie s_H beim Heben ohne Rolle, weil zwei Seilstücke jeweils den Weg s_H zurücklegen müssen.

- Bei der *schiefen Ebene* wird für einen langen Weg (flache Stellung), den ein Körper bewegt wird, eine geringe Zugkraft benötigt. Dagegen erfordert der kurze Weg (steile Stellung) die deutlich größere Zugkraft.

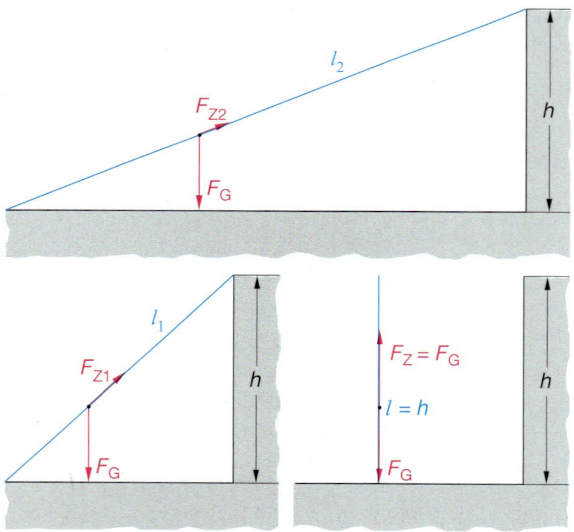

Lose Rolle, schiefe Ebene und Hebel sind kraftwandelnde Maschinen. Dazu gehören auch Flaschenzüge, Getriebe und hydraulische Anlagen. Allen ist gemeinsam, dass zum Heben oder allgemeiner zum Bewegen eines Körpers mit einer dieser Maschinen eine geringere Kraft aufgewendet werden muss als wenn er direkt bewegt würde.

Die geringere Zugkraft wird damit erkauft, dass die Wege, längs derer diese Zugkräfte wirken, umso länger werden, je weniger Kraft für das Bewegen des Körpers eingesetzt wird. Beispiel schiefe Ebene:
$F_{Z2} < F_{Z1} < F_Z \Leftrightarrow l_2 > l_1 > l$

In den beiden betrachteten Fällen der losen Rolle (gilt auch für den Flaschenzug) und der schiefen Ebene, in denen ein Körper gehoben wird, gilt Folgendes:
Die Produkte aus den beteiligten Kräften und den Wegen, die diese Kräfte zurücklegen, sind jeweils gleich:

Lose Rolle: $F_{Z2} \cdot s_Z = \frac{1}{2} F_H \cdot 2\, s_H = F_G \cdot s_H$

Flaschenzug: $F_{Zn} \cdot s_Z = \frac{1}{n} F_H \cdot n \cdot s_H = F_G \cdot s_H$

Schiefe Ebene: $F_Z = F_G \cdot \frac{h}{l} \Rightarrow F_Z \cdot l = F_G \cdot h$

Goldene Regel der Mechanik
Was an Kraft eingespart wird, muss an Weg zugelegt werden.

Die Goldene Regel gilt für alle kraftwandelnden Maschinen, also auch für Hebel.
Hinter der Goldenen Regel steckt ein **Erhaltungssatz:** Die jeweiligen Produkte aus Kraft und Weg bleiben konstant, unabhängig davon, wie groß die eingesetzten Kräfte sind. (Diese Aussage gilt allerdings nur, wenn die Reibung so klein ist, dass sie – und die Gewichtskräfte der Rollen – vernachlässigt werden kann.) Offen bleibt zunächst, welche physikalische Größe in den kraftwandelnden Maschinen nicht geändert wird, also erhalten bleibt.

Aufgaben

1 Erläutere die Wirkung einer Fahrradschaltung unter Zuhilfenahme der Goldenen Regel.

2 Ein hydraulischer Wagenheber hebt durch Pumpen einen LKW mühelos an, beim mechanischen Wagenheber wird gekurbelt. Erläutere.

3 Ein Flaschenzug hebt eine Last 0,50 m an. Dafür werden 20 m Seil mit 2,0 kN durch den Flaschenzug gezogen. Berechne die Masse der Last.

4 **a)** Betrachte das nebenstehende Foto und bestimme, um welche Art Hebel es sich hier handelt.

b) Fertige eine Schemazeichnung an.
c) Erläutere anhand deiner Schemazeichnung die Goldene Regel.

Kräne

Bei einem Kran werden zur Verringerung der aufzubringenden Zugkräfte und zur Stabilisierung mehrere Kraftwandler eingesetzt:
Der Haken ist an den losen Rollen eines Flaschenzuges befestigt. Die festen Rollen dieses Flaschenzuges befinden sich am Kranarm. Das Stahlseil wird über mehrere feste Rollen umgelenkt zu der Rolle, auf der es aufgewickelt wird. Durch Verwendung des Flaschenzuges muss das Seil sehr lang sein, da immer ein Vielfaches der Hubhöhe aufgewickelt werden muss.
Damit der Kran stabil stehen bleibt, auch wenn am Ende des Auslegers eine große Gewichtskraft wirkt, werden auf einem zweiten Arm nach hinten Betonteile in die richtige Entfernung vom Drehpunkt des Kranarmes gebracht. Die beiden Arme des Kranes wirken als Hebel. Die unterschiedliche Länge der Arme bringt die Gewichtskraft der Betonteile und die Gewichtskraft des zu hebenden Bauteils ins Gleichgewicht, sodass der Kran nicht kippt.

Die Kralle von Katzen

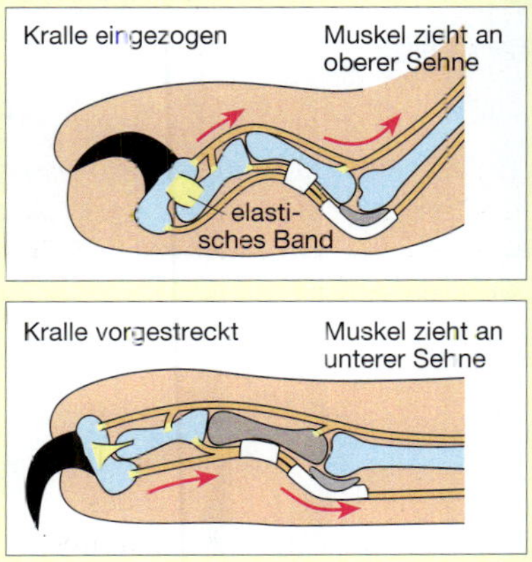

Im Haushalt

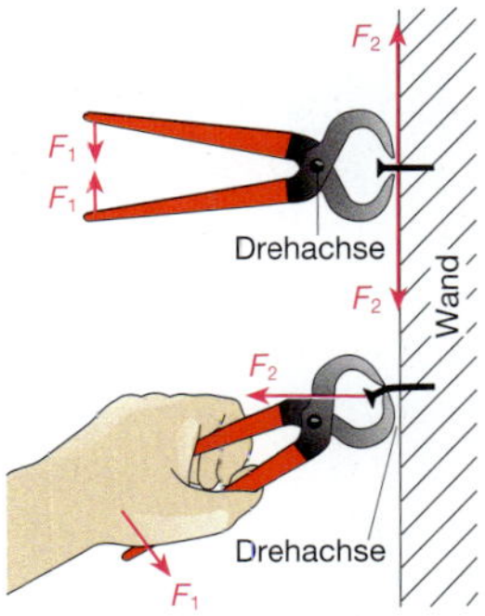

Um einen fest sitzenden Nagel aus der Wand zu ziehen, wird eine Zange benutzt. Sie ist ein zweiseitiger Hebel. Auf der Griffseite wird sie zusammengedrückt, wodurch auf der kurzen Seite der Nagel mit großer Kraft gefasst wird. Dann wird die Zange um eine der beiden gebogenen Schneiden nach unten oder oben gedrückt, wodurch der Nagel meist recht einfach aus der Wand „gehebelt" wird.

Sind Flaschen mit einem Kronenkorken verschlossen, lassen sie sich mit bloßen Fingern nicht öffnen. Flaschenöffner sind einseitige oder zweiseitige Hebel und verstärken die Kraft der Finger.

Schiefe Ebenen beim Pyramidenbau

Lange Zeit wurde gerätselt, auf welche Weise im alten Ägypten beim Pyramidenbau tonnenschwere Steine in solch große Höhen transportiert werden konnten. (Die Cheops-Pyramide z. B. ist 148 m hoch.) Heute wird allgemein anerkannt, dass dies auf folgende Weise mit schiefen Ebenen geschah:
Zuerst wurden Steine über eine aufgeschüttetete Rampe auf die unterste Steinschicht hochgezogen. War diese Etage mit Steinen belegt, wurde eine zweite Rampe auf dieser ersten Etage aufgeschüttet, über die die Steine auf die nächste Etage transportiert werden konnten usw. Rund um die Pyramide führten also kleine schiefe Ebenen bis zur Spitze. Dies war möglich, weil sich die Pyramide nach oben stufenförmig verjüngte.

Die schrägen Abschlussplatten wurden dann später von oben beginnend unter Rückbau der Rampen in die Stufen eingesetzt, wodurch die glatte, schräge Oberfläche entstand.

Energie – Energieformen – Energieerhaltung

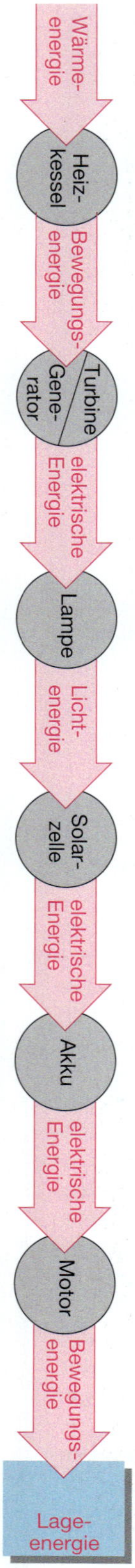

Der Begriff „Energie“ ist fester Bestandteil im täglichen Sprachgebrauch: Kernenergie, Energiekrise und Energiesparen sind einige der häufig verwendeten Worte. Auch im Sport ist Energie erforderlich, um die größte Höhe, die beste Weite oder die schnellste Zeit zu erreichen.
Dabei ist nicht nur eine Energieform an den Vorgängen beteiligt, sondern häufig mehrere. Welche Energieformen gibt es? Warum hat die Energie so eine zentrale Bedeutung? Kann Energie vernichtet werden?

Energie hat viele Namen

In der Grafik rechts ist ein Energiewandlungsprozess dargestellt, der schon früher einmal betrachtet wurde. Bei seiner Analyse ergaben sich folgende Erkenntnisse:

- Energie kann von einer Form in andere Formen gewandelt werden.
- Für jede Umformung muss ein geeigneter Wandler zur Verfügung stehen.
- Energiewandlungen geschehen normalerweise nie vollständig von der einen in die andere Form. (Eine Lampe wandelt elektrische Energie nicht nur in Lichtenergie, sondern auch in Wärmeenergie.)
- Bei jeder Wandlung wird mehr oder weniger viel Energie in eine unerwünschte Form gewandelt. (Im Bild erwärmt die Kerze auch die umgebende Luft; nach vielen Wandlungen steckt nur ein Teil der ursprünglich eingesetzten Energie im hochgehobenen Wägestück)
- Energie kann in bestimmten Formen gespeichert werden. (Die elektrische Energie im Akku muss nicht sofort weiterverwendet werden.)

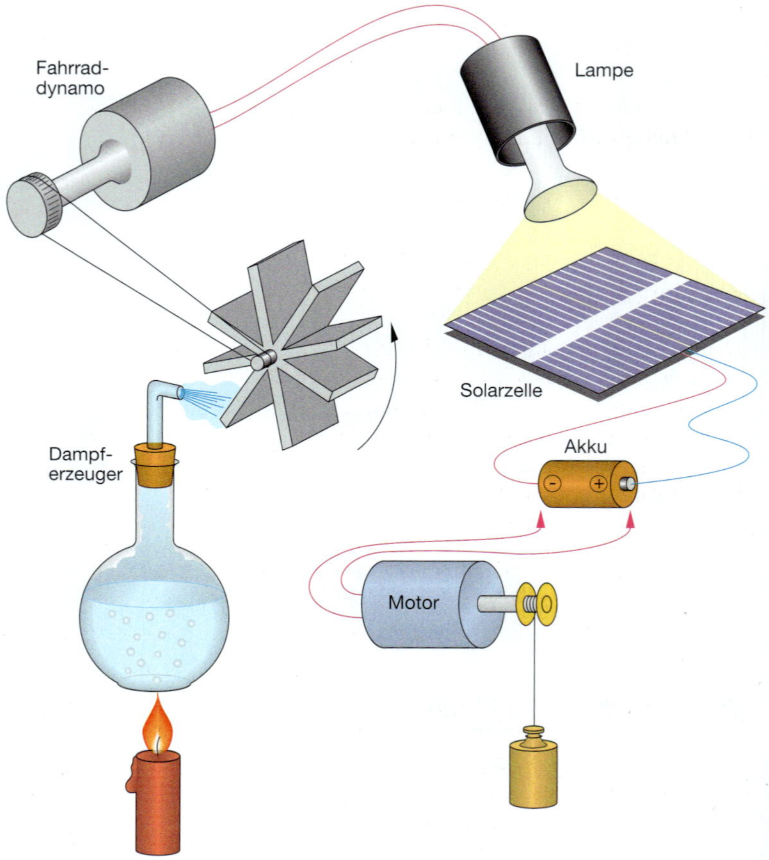

Wie die Glieder einer Kette sind die Energieformen hintereinander aufgereiht. Es macht daher Sinn, den Weg der Energie von der brennenden Kerze bis zum hochgehobenen Schild als *Energiekette* zu bezeichnen. Zur Deutung physikalischer Vorgänge genügt es meist, nur einen Teil einer Energiekette zu betrachten.

Energie kann von einer Form in andere Formen gewandelt werden. Sie hat unterschiedliche Bezeichnungen, ist aber immer nur *die* Energie. Energie wird benötigt, damit Vorgänge ablaufen.

Mechanische Energieformen

Im Bild rechts wird das Vorderrad eines Fahrrades durch kräftiges Anstoßen in schnelle Umdrehungen versetzt. Zum Abbremsen wird die flache Hand oder ein Dynamo von oben auf den Reifen gedrückt. Dabei werden die Hand oder das Reibrad des Dynamos warm. Das Vorderrad hat beim Abbremsen die Hand erwärmt oder Licht erzeugt, es hatte also Energie. Weil diese Energie in der Bewegung des Rades steckte, heißt sie **Bewegungsenergie** oder **kinetische Energie.** Diese Energie wurde dem Vorderrad beim Anstoßen zugeführt.

Gegenstände, die herunterfallen, können zerbrechen oder an anderen Gegenständen Schaden anrichten. Fällt wie im Bild rechts ein Hammer aus unterschiedlichen Höhen auf Nägel, die in einem Styroporklotz stecken, so werden die Nägel umso tiefer in den Klotz getrieben, je größer die Fallhöhe war. Der Hammer hat Energie, die mit seiner Höhe oder Lage verknüpft ist. Diese Energie heißt **Lageenergie** oder **potentielle Energie.**

Löst sich ein Gummi-Spanngurt von einem Gepäckträger, so schnellt der Gurt kräftig zurück und kann Verletzungen und Schäden anrichten. Ähnlich verhält sich ein Haushaltsgummi, wenn es reißt. Wird eine Springfigur wie im dritten Bild zusammengedrückt und dann losgelassen, springt die Figur umso höher, je größer die anfängliche Stauchung war. Eine größere Stauchung erzielt also eine größere Wirkung. Da die Energie in der Stauchung oder Dehnung der Feder steckt, heißt sie **Spannenergie.**

Die genannten Energieformen kommen auch beim Sport vor: Ein Stabhochspringer nimmt zunächst Anlauf – damit hat er Bewegungsenengie. Anschließend wird der Hochsprungstab gekrümmt – der Stab hat Spannenergie. Mit dieser schraubt sich der Springer in die Höhe – er bekommt Lageenergie. Bei der Abwärtsbewegung erhält er wieder Bewegungsenergie und bei der Landung verformt er die Sprungmatte

Zentraler Versuch

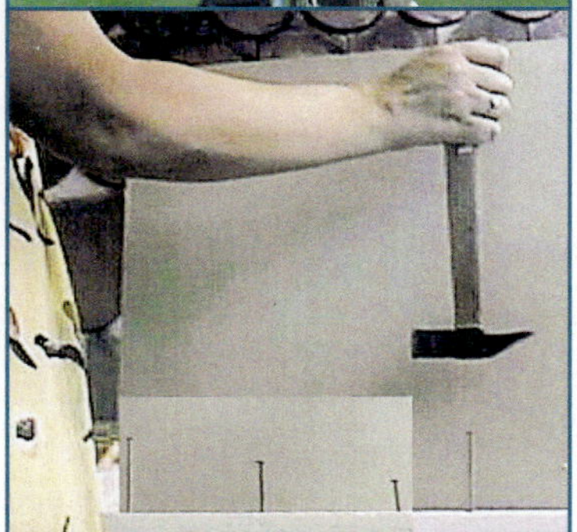

Es gibt drei mechanische Energieformen: Jeder sich bewegende Körper besitzt Bewegungsenergie, jeder hochgehobene Körper besitzt Höhenenergie und jeder elastisch verformte Körper besitzt Spannenergie.

Aufgaben

1 Nenne vier Sportarten, bei denen Spannenergie eine Rolle spielt. Erläutere jeweils, welcher Körper dabei Spannenergie besitzt und welche Energieformen insgesamt auftreten.

2 Nenne die Energieformen, die beim Skispringen auftreten.

3 Erläutere, welche Rolle Bewegungsenergie beim Bowling oder Kegeln spielt.

4 Alte Uhren lassen sich entweder mit einem Schlüssel „aufziehen“ oder es müssen schwere Gewichte hochgezogen werden. Erläutere, wodurch diese Uhren jeweils angetrieben werden.

5 Schon vor Jahrhunderten gab es Wassermühlen. Sie nutzen Energie in derselben Form wie die modernen Windräder (Windgeneratoren). Erläutere die Unterschiede, die zwischen einem Windrad und einer Wassermühle bestehen. Gehe dabei auch auf die Energieformen ein.

Energieerhaltung

Damit die Wagen der Achterbahn ohne zusätzlichen Antrieb durch den Looping kommen, werden sie von einem Motor auf eine bestimmte Höhe gezogen. Anschließend durchfahren sie den Looping ohne weiteren Antrieb.
Warum muss dieser Startpunkt ein Stück über dem höchsten Punkt des Loopings liegen, damit die Wagen ohne Risiko für die Passagiere den Looping passieren können?

Ein Versuch für mutige Experimentatoren ist im Foto rechts dargestellt. Die Bewegungsbahn des Wägestücks geht in Richtung Uhr. Wird das Wägestück die Uhr berühren oder sogar zerstören?

Das Wägestück schwingt auf der rechten Seite genau so hoch, wie es auf der linken Seite vor dem Start ausgelenkt war – also keine Gefahr, solange die Ausgangshöhe nicht höher war als die Uhr gehalten wurde. Warum?

In angehobenem Zustand besitzt das Wägestück Lageenergie, die sich nach dem Loslassen in Bewegungsenergie wandelt. Dabei wird die Lageenergie immer kleiner (da die Höhe abnimmt) und die Bewegungsenergie größer. Am tiefsten Punkt besitzt der Pendelkörper nur noch Bewegungsenergie, da dieser Punkt als Nullniveau der Lageenergie festgelegt wurde. Zu jedem Zeitpunkt der Bewegung ist die Summe der beiden Energien gleich.

Zentraler Versuch

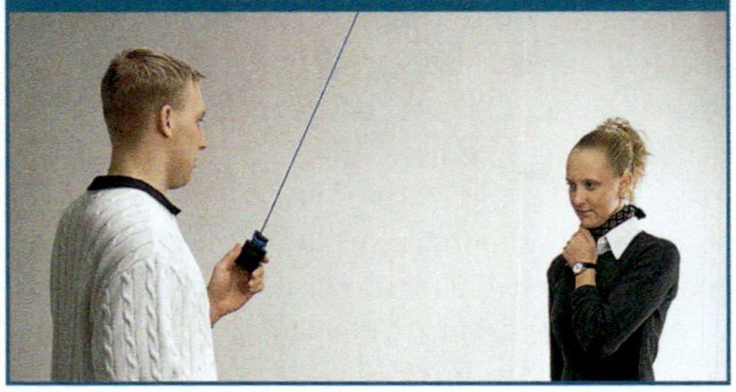

Dies gilt auch für das Hochschwingen. Jetzt wandelt sich Bewegungsenergie wieder in Lageenergie. Der Pendelkörper hat im höchsten Punkt der Aufwärtsbewegung rechts nicht mehr Energie als im Startpunkt links. Deshalb kann er nur wieder diese Höhe erreichen.

Die mechanischen Energieformen wandeln sich hier also ständig ineinander, ohne dass Energie verschwindet oder dazukommt. Diese Gesetzmäßigkeit, die bei allen Energiewandlungen gilt, wird als das **„Prinzip von der Erhaltung der Energie“** bezeichnet.

Der *Energieerhaltungssatz* soll durch ein einfaches Beispiel verdeutlicht werden: Wird Bargeld auf ein Sparkonto eingezahlt oder ein Gutschein davon gekauft, ändert sich zwar die Form, aber nicht die Menge des verfügbaren Geldes.

Bei allen Wandlungen bleibt die Energie erhalten.

Versuche und Aufträge — Energieerhaltung (1)

V1 Realisiere die unten dargestellten Pendelbewegungen. Beobachte, berichte und begründe.

V2 a) Untersuche, wie sich ein Pendel verhält, wenn du es einmal auslenkst und dann frei schwingen lässt.
b) Was geschieht, wenn du es immer wieder anstößt (wie bei einer Schaukel)?
c) Erkläre den Unterschied.

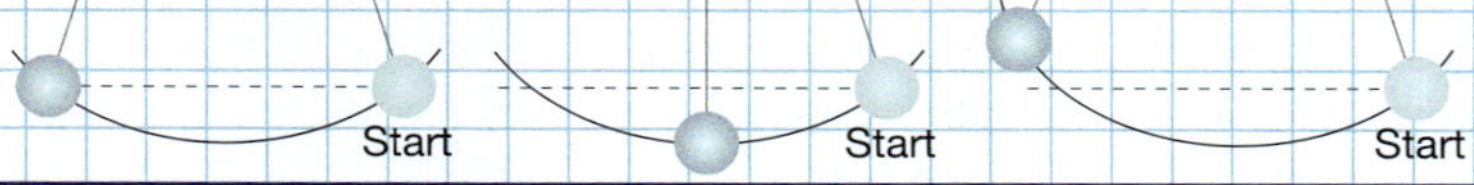

V3 Halte bei einem Fadenpendel ein Hindernis in den Weg des Fadens, sodass dieser dagegen schlägt, der Pendelkörper auf der anderen Seite aber weiterschwingt. Welche Höhe erreicht er rechts? Erkläre.

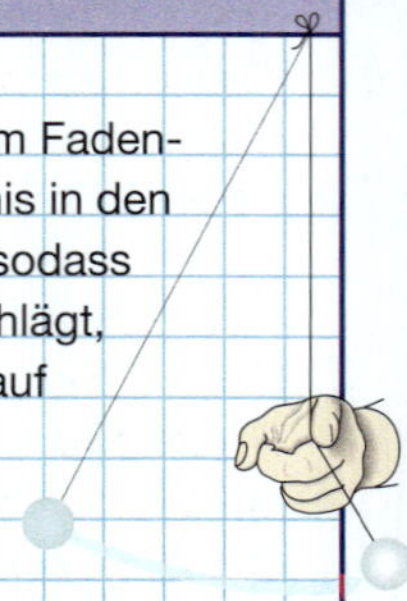

Energiebilanz

Ein hochgehobener und dann fallen gelassener Gummiball erreicht schon beim ersten Hochspringen nicht mehr die Höhe, aus der er losgelassen wurde. Seine Sprunghöhe nimmt im Laufe der Zeit immer mehr ab, bis er schließlich liegen bleibt.

Die energetische Analyse seiner Bewegung ergibt:

- Der hochgehobene Ball besitzt Lageenergie. Wird er fallengelassen, nimmt seine Lageenergie immer mehr ab. Sie wandelt sich in Bewegungsenergie, die immer mehr zunimmt, was die zunehmende Fallgeschwindigkeit zeigt. Während die eine Energieform zunimmt, nimmt die andere ab.
- Beim Aufprall wird der Ball verformt, seine Bewegungsenergie in Spannenergie gewandelt.
- Die Spannenergie wird anschließend wieder in Bewegungsenergie gewandelt, die bei der Aufwärtsbewegung zu Lageenergie wird.

Wäre die Summe aller mechanischen Energien des Balls zu jedem Zeitpunkt gleich geblieben, hätte der Ball beim Hochspringen wieder dieselbe Lageenergie wie zu Beginn und müsste folglich die Ausgangshöhe wieder erreichen. Dass er das nicht schafft, liegt an den auftretenden Reibungsvorgängen. Dadurch wird ein Teil der mechanischen Energie des Balls in thermische Energie gewandelt, steht also für die anschließende Aufwärtsbewegung nicht mehr zur Verfügung. Stattdessen erwärmen sich Ball und Umgebungsluft und beim Aufprall außerdem der Boden.

Wäre dieser „verlorene" Teil der Energie messbar, würde sich zeigen, dass zu jedem Zeitpunkt der Ballbewegung die Summe aller beteiligten Energien gleich bliebe. Es ist also weder Energie verloren gegangen noch neue hinzugekommen. Dieser Erfahrungssatz ist bisher durch keinen Vorgang in Natur oder Technik widerlegt worden.

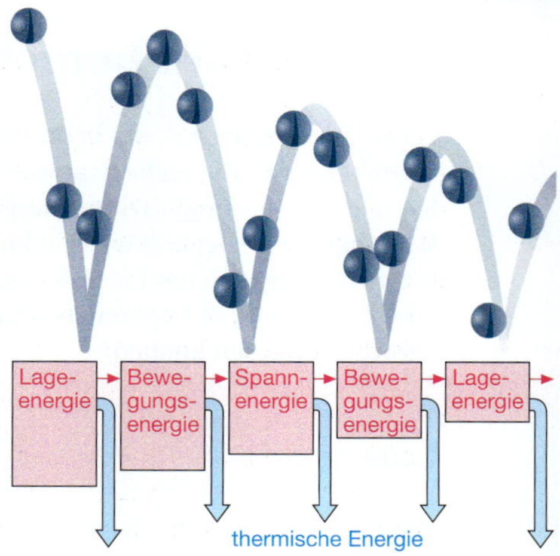

Fällt eine weiche Kugel aus Knetmasse zu Boden, bleibt sie verformt liegen. Bei unelastischen Verformungen wird die gesamte Energie des Körpers zu seiner thermischen Energie hinzugefügt.

> Bei mechanischen Vorgängen ohne Reibung ist die Summe aus Lageenergie, Spannenergie und Bewegungsenergie stets gleich. Durch Reibung wird mechanische Energie zu thermischer Energie der beteiligten Körper.

Aufgaben

1 „Wenn ich mein Fahrrad bremse, dann ist seine Energie weg." Erläutere, ob das stimmt.

2 Beschreibe die Folgen für Natur und Umwelt durch die Nutzung der verschiedenen Energieformen.

3 Energien, die von der Natur immer wieder nachgeliefert werden und uns scheinbar unbegrenzt zur Verfügung stehen, heißen *regenerativ*. Erstelle eine Übersicht mit derartigen Energieformen und wäge ab, wie zuverlässig sie uns zur Verfügung stehen.

4 Eine geniale Idee fürs Fahrrad: Ein Elektromotor treibt das Hinterrad an und wird selbst vom Dynamo am Vorderrad mit Strom versorgt. Erläutere, ob die Konstruktion funktionieren wird.

Energieerhaltung (2) — Versuche und Aufträge

V1 Du benötigst einen Gliedermaßstab und verschiedene Bälle (z. B. Tischtennisball, Gummiball, Tennisball, Flummi o. Ä). Befestige den Gliedermaßstab senkrecht an einer Wand.
a) Lasse einen Ball aus einer Höhe von 1,50 m am Gliedermaßstab entlang nach unten fallen und lies ab, welche Höhe der Ball beim ersten und beim zweiten Hochspringen erreicht. Notiere die Werte.
b) Wiederhole den Versuch mit den anderen Bällen.
c) Vergleiche die Ergebnisse und ordne die Bälle nach der Größe der „verloren" gegangenen mechanischen Energie.

V2 Mache einen Tennisball nass und lasse ihn auf eine glatte dunkle Unterlage oder Zeitungspapier fallen. (Alternativ kann auch eine Kiste mit Sand oder Kohlepapier (Kohleseite unten) verwendet werden.) Die Größe des feuchten Abdrucks ist ein Maß für die Verformung des Balls.
Lasse den Ball aus verschiedenen Höhen fallen und vergleiche die Größe der Abdrücke. Notiere Fallhöhen und Abdruckgrößen. Ziehe Schlussfolgerungen aus deinen Ergebnissen.

Energie wird berechnet

Große Wassermengen, die in der Höhe gestaut wurden oder in die Höhe gepumpt wurden, speichern Energie – Lageenergie. Diese Energie kann nach der Wandlung in Bewegungsenergie im Kraftwerk zur Erzeugung elektrischer Energie genutzt werden. Gibt es Formeln, mit denen die umgesetzten Energien berechnet werden können?

Lageenergie

Hat ein Körper Energie, kann er etwas bewegen, anheben, verformen oder andere Wirkungen hervorrufen. Aus der Größe dieser Wirkung lässt sich auf die Größe der Energie des Körpers schließen. Wird ein Haus auf sumpfigem Grund gebaut, werden Pfähle in die Erde getrieben, um die nötige Festigkeit für das Fundament zu schaffen. Diese Arbeit erledigt eine Pfahlramme, bei der ein schwerer Klotz immer wieder auf den Pfahl herunterfällt und ihn so in den Boden treibt. Wie lässt sich seine Lageenergie berechnen?

Zentraler Versuch

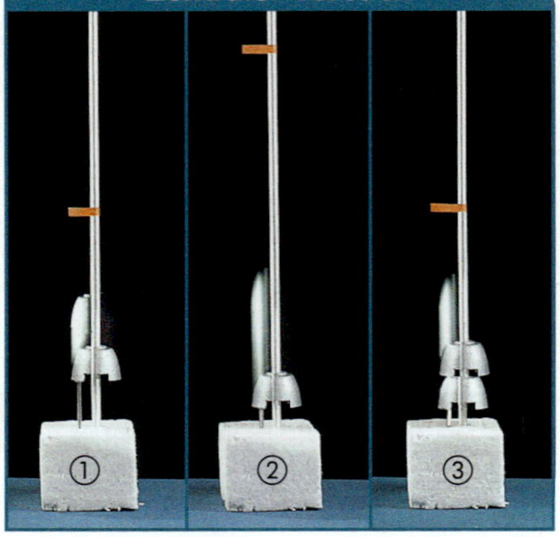

① Ein fallender Tonnenfuß treibt Nägel in einen Styroporklotz. Aus ihrer Eindringtiefe lässt sich schließen, wie groß die Lageenergie des hochgehobenen Tonnenfußes war:
② Je größer die Höhe h ist, aus der der Körper fällt, desto weiter wird der Nagel in das Styropor hineingetrieben. Bei doppelter Höhe geht der Nagel auch etwa doppelt so tief hinein; also ist die Lageenergie in diesem Fall auch doppelt so groß gewesen.
③ Je größer die Gewichtskraft F_G des Körpers ist, desto tiefer dringt der Nagel ein. Fallen zwei Tonnenfüße mit insgesamt doppelter Masse m aus der ursprünglichen Höhe herab, so haben sie die doppelte Lageenergie.

Die Höhe h eines Körpers und seine Gewichtskraft $F_G = m \cdot g$ bestimmen die Größe seiner Lageenergie. Es gilt der einfache Zusammenhang:

$$\boldsymbol{E_{Lage} = F_G \cdot h = m \cdot g \cdot h.}$$

Die Betrachtung der Einheiten in der Formel zeigt, dass das Joule eine zusammengesetzte Einheit ist. Für sie gilt: 1 J = 1 Nm. Es ist zu beachten, von welchem Punkt aus die Höhe gemessen wird. Im Versuch ist dies die Oberkante des Styroporklotzes. Hier ist die Lageenergie null.

> Ein Körper, der sich in der Höhe h über einem gewählten Nullniveau befindet, hat bezüglich dieses Nullniveaus die Lageenergie $E_{Lage} = F_G \cdot h = m \cdot g \cdot h$.

Rechenbeispiel

Der Rammklotz einer Pfahlramme mit der Masse 450 kg fällt aus einer Höhe von 3,90 m herab. Berechne seine Lageenergie vor dem Herabfallen.

Geg.: $m = 450$ kg; $h = 3{,}90$ m; $g = 9{,}81\ \frac{m}{s^2}$

Ges.: E_{Lage}

Lösung:

$$\begin{aligned} E_{Lage} &= m \cdot g \cdot h \\ &= 450\ \text{kg} \cdot 9{,}81\ \tfrac{\text{m}}{\text{s}^2} \cdot 3{,}90\ \text{m} \\ &= 17\,216{,}55\ \text{Nm} \\ &= 17\,217\ \text{J} = 17{,}2\ \text{kJ} \end{aligned}$$

Die Lageenergie des Rammklotzes betrug 17,2 kJ.

Aufgaben

1 Berechne, wie hoch ein gefüllter 10 Liter Wassereimer gehoben werden müsste, damit er genauso viel Energie wie der Rammklotz im Rechenbeispiel hat. (Masse des Eimers 360 g)

2 Im Pumpspeicherwerk Geesthacht an der Elbe beträgt der Höhenunterschied zwischen dem Oberbecken und den Turbinen 90 m. Bestimme die Größe der Lageenergie der $3{,}8 \cdot 10^6$ m^3 Wasser im oberen Speicherbecken, die sich unten in elektrische Energie wandelt.

3 Gib den Unterschied der Lageenergie eines Körpers an, wenn sich seine Höhe verdreifacht und seine Masse verdoppelt.

Spannenergie

Neben der Lageenergie und der Bewegungsenergie gibt es noch eine dritte Form der mechanischen Energie, die **Spannenergie.** Sie resultiert aus der elastischen Verformung eines Körpers. Eine gespannte Feder, ein gedehntes Gummiband, ein zusammengedrückter Ball haben Spannenergie.
Im Versuch hat die zusammengedrückte Feder Spannenergie. Wenn sie sich ausdehnt, stößt sie die Kugel weg, überträgt also ihre Energie als Bewegungsenergie auf die Kugel. Wenn die Feder stärker zusammengedrückt wird, rollt die Kugel schneller und weiter. Daraus ist zu schließen, dass ihre Bewegungsenergie größer ist, dass also die stärker verformte Feder mehr Spannenergie besitzt.

Zentraler Versuch

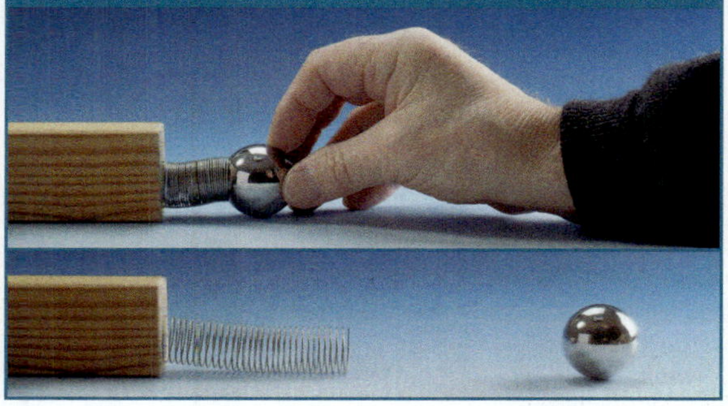

Eine Feder ist durch die Federkonstante D (in $\frac{\text{N}}{\text{m}}$) charakterisiert. Messungen und Überlegungen ergeben für die Spannenergie die Formel
$\boldsymbol{E_{\text{Spann}} = \frac{1}{2} F \cdot s = \frac{1}{2} D \cdot s^2}$.

Wird eine Feder mit der Kraft F um die Strecke s gedehnt oder gestaucht, dann hat sie die Spannenergie $E_{\text{Spann}} = \frac{1}{2} F \cdot s = \frac{1}{2} D \cdot s^2$.

Versuche und Aufträge

V1 a) Lasse einen Ball (z. B. Tischtennisball, Gummiball, Tennisball, Flummi o. Ä.) aus einer Höhe von 1,50 m entlang eines Maßstabes nach unten fallen und lies ab, welche Höhe der Ball beim fünften und beim zehnten Hochspringen wieder erreicht. Notiere die Werte.
b) Wiederhole mit den anderen Bällen.
c) Vergleiche die Ergebnisse und ordne die Bälle nach ihrem Bedarf an mechanischer Energie für das Hochspringen.

Mechanische Energie und Arbeit

Ein Körper bekommt Lageenergie, wenn er gegen die Erdanziehungskraftkraft F_E um eine Strecke h gehoben wird:
$E_{\text{Lage}} = F_{\text{E}} \cdot h$.

Fällt nun der Körper aus der Höhe h nach unten, so ist nach dem Energieerhaltungssatz seine Bewegungsenergie im tiefsten Punkt genauso groß wie seine anfängliche Lageenergie:
$E_{\text{Bew}} = E_{\text{Lage}} = F_{\text{E}} \cdot h$.

Dies lässt sich aber auch so interpretieren: Wird der Körper längs der Strecke s (= h) durch die Erdanziehungskraft F (= F_{E}) beschleunigt, so bekommt er die Bewegungsenergie
$E_{\text{Bew}} = F \cdot s$.

Analog gilt für Reibungsvorgänge: Wird ein Körper durch eine Kraft F (entgegengesetzt gleich der Reibungskraft F_{Reib}) längs der Strecke s verschoben, so ist dafür Energie nötig:
$E_{\text{Reib}} = F_{\text{Reib}} \cdot s$.

Generell gilt: Wird ein Körper mit einer konstanten Kraft F längs einer Strecke Δs bewegt, so ändert sich seine Energie E um
$\boldsymbol{\Delta E = F \cdot \Delta s}$.

ΔE ist ein Maß für die Energie, die einem Körper zugeführt werden muss, um den Weg Δs gegen eine Kraft F zurückzulegen. Sie wird auch als **Arbeit *W*** bezeichnet.

Wird ein Körper durch eine Kraft F längs einer Strecke Δs bewegt, so ändert sich seine Energie um $\Delta E = F \cdot \Delta s$.

Aufgaben

1 Gib an, wie die Spannenergie E_{Spann} einer Feder von der Dehnung s abhängt. Stelle den Zusammenhang in einem s-E_{Spann}-Diagramm dar.

2 Bestimme die Strecke, um die ein 5,0 kg schwerer Körper eine Feder (D = 300 $\frac{\text{N}}{\text{m}}$) zusammendrückt, und die Energie, die dann in der Feder gespeichert ist.

3 Die aufgezogene Feder eines Spielzeugautos hat eine Energie von 0,10 J gespeichert. Berechne die Geschwindigkeit, auf die damit das 80 g schwere Auto beschleunigt werden kann.

4 Eine Feder (D = 4,5 $\frac{\text{N}}{\text{cm}}$) wurde bereits um 3,0 cm gedehnt. Berechne die Energieaufnahme der Feder, wenn sie um weitere 3,0 cm gedehnt wird.

Bewegungsenergie

Zentraler Versuch

Um den Zusammenhang zwischen Bewegungsenergie und Geschwindigkeit herauszufinden, fährt ein Wagen gegen ein bewegliches Hindernis. Der Weg, auf dem der Wagen abgebremst wird, entspricht der Verschiebungsstrecke Δs des Hindernisses. Die zum Verschieben nötige Energie kommt aus der Bewegungsenergie des Wagens. Sie berechnet sich aus $E_{\text{Reib}} = F_{\text{Reib}} \cdot \Delta s$. Die Reibungskraft kann mit einem Federkraftmesser bestimmt werden. Die Geschwindigkeit des Wagens wird variiert und gemessen.

- Wird die Aufprallgeschwindigkeit verdoppelt bzw. verdreifacht, so vervierfacht bzw. verneunfacht sich der Bremsweg in etwa. Offensichtlich ist die Bewegungsenergie des Wagens proportional zum Quadrat seiner Geschwindigkeit:
  $E_{\text{Bew}} \sim v^2$.
- Natürlich spielt auch die Masse des Wagens eine Rolle: Je größer seine Masse, desto länger der Bremsweg, desto größer also seine Bewegungsenergie. Genaue Messungen wie in der Tabelle unten zeigen, dass gilt:
  $E_{\text{Bew}} \sim m$.

Beide Proportionalitäten lassen sich zu einer zusammenfassen:
$E_{\text{Bew}} \sim m \cdot v^2$.

m	v	s	$m \cdot v^2$	$F_{Reib} \cdot s$
50 g	0,30 $\frac{\text{m}}{\text{s}}$	0,023 m	0,005 kg $\frac{\text{m}^2}{\text{s}^2}$	0,003 J
50 g	0,63 $\frac{\text{m}}{\text{s}}$	0,079 m	0,020 kg $\frac{\text{m}^2}{\text{s}^2}$	0,010 J
50 g	0,91 $\frac{\text{m}}{\text{s}}$	0,180 m	0,041 kg $\frac{\text{m}^2}{\text{s}^2}$	0,023 J
100 g	0,30 $\frac{\text{m}}{\text{s}}$	0,038 m	0,009 kg $\frac{\text{m}^2}{\text{s}^2}$	0,005 J
100 g	0,63 $\frac{\text{m}}{\text{s}}$	0,154 m	0,040 kg $\frac{\text{m}^2}{\text{s}^2}$	0,020 J
100 g	0,91 $\frac{\text{m}}{\text{s}}$	0,343 m	0,083 kg $\frac{\text{m}^2}{\text{s}^2}$	0,045 J
150 g	0,30 $\frac{\text{m}}{\text{s}}$	0,058 m	0,014 kg $\frac{\text{m}^2}{\text{s}^2}$	0,008 J
150 g	0,63 $\frac{\text{m}}{\text{s}}$	0,236 m	0,060 kg $\frac{\text{m}^2}{\text{s}^2}$	0,031 J
150 g	0,91 $\frac{\text{m}}{\text{s}}$	0,521 m	0,124 kg $\frac{\text{m}^2}{\text{s}^2}$	0,068 J
F_{Reib} = 0,13 N				

Für eine Gleichung fehlt noch der Proportionalitätsfaktor. Er ergibt sich bei einer proportionalen Zuordnung aus der Quotientengleichheit

$$\frac{\text{2. Wert}}{\text{1. Wert}} = \frac{F_{\text{Reib}} \cdot \Delta s}{m \cdot v^2} = \text{konstant.}$$

Es ergibt sich aus allen Messwerten etwa der Wert $\frac{1}{2}$. Seine Einheit müsste $\frac{\text{J}}{\text{kg} \cdot \text{m}^2/\text{s}^2}$ sein, damit die Gleichung auch von den Einheiten her stimmt. Das Newton ist international nicht als Basiseinheit wie Meter oder Sekunde festgelegt, sondern aus anderen Basiseinheiten zusammengesetzt (wie das Joule: 1 J = 1 Nm = 1 N · m):
$\mathbf{1\ N = 1\ \frac{kg \cdot m}{s^2}}$.
Damit kürzen sich sämtliche Einheiten im Proportionalitätsfaktor heraus, sodass nur noch $\frac{1}{2}$ übrig bleibt. Es gilt also:
$\boldsymbol{E_{\text{Bew}} = \frac{1}{2} m \cdot v^2}$.

Ein Körper der Masse m, der sich mit der Geschwindigkeit v bewegt, hat die Bewegungsenergie $E_{\text{Bew}} = \frac{1}{2} m \cdot v^2$.

Rechenbeispiel

Im Straßenverkehr kann es durch eine kurzzeitige Unachtsamkeit zu einem Unfall kommen. Deshalb werden Crashtests gemacht. Dabei fährt ein Fahrzeug mit 50 $\frac{\text{km}}{\text{h}}$ vor einen Betonklotz. Berechne die Höhe, aus der das Fahrzeug fallen müsste, um beim Aufprall die gleiche Energie zu haben.

Geg.: $v = 50\ \frac{\text{km}}{\text{h}}$

Ges.: Fallhöhe h

Lösung: Es gilt $E_{\text{kin}} = E_{\text{Lage}}$, also
$\frac{1}{2} m \cdot v^2 = m \cdot g \cdot h$
Die Masse m kürzt sich heraus:
$\frac{1}{2} v^2 = g \cdot h$
Nach h umformen und Werte einsetzen:
$$h = \frac{(50\ \frac{\text{km}}{\text{h}})^2}{2 \cdot 9{,}81\ \frac{\text{m}}{\text{s}^2}} = \frac{(50 \cdot \frac{1000\ \text{m}}{3600\ \text{s}})^2}{2 \cdot 9{,}81\ \frac{\text{m}}{\text{s}^2}}$$
$= 9{,}83$ m

Der Aufprall mit 50 $\frac{\text{km}}{\text{h}}$ entspricht dem Fall aus fast 10 m Höhe.

Aufgaben

1 Ein Pkw fährt mit der Geschwindigkeit $v_1 = 80\ \frac{\text{km}}{\text{h}}$.
a) Berechne die Geschwindigkeit, auf die der Fahrer beschleunigen muss, damit die Bewegungsenergie des Pkws verdoppelt wird.
b) Erläutere, wie sich die Bewegungsenergie eines Körpers bei doppelter bzw. dreifacher Geschwindigkeit ändert.

2 Berechne die Energie, die beim Abbremsen
① eines Pkw (Masse 1000 kg) von 70 $\frac{\text{km}}{\text{h}}$ auf 50 $\frac{\text{km}}{\text{h}}$,
② eines Formel-1-Fahrzeugs (Mindestmasse 620 kg) von 300 $\frac{\text{km}}{\text{h}}$ auf 80 $\frac{\text{km}}{\text{h}}$,
③ eines ICE (Masse 400 t) von 300 $\frac{\text{km}}{\text{h}}$ bis zum Stillstand
als Abwärme in Bremsbeläge und Bremsscheiben geht.

Sicherheitsmaßnahmen bei Pkw

Streifzug

Häufig wird unterschätzt, welche Kräfte bei einem Aufprall auf Autoinsassen wirken. Bei 30 $\frac{km}{h}$ entsprechen sie einem Sturz aus 3,5 m Höhe, bei 80 $\frac{km}{h}$ einer Fallhöhe von 25,2 m. Bei einem Aufprall ist die Größe der Bewegungsenergie entscheidend für die Unfallfolgen. Deshalb besitzen moderne Autos eine Reihe von Sicherheitseinrichtungen, die das Verletzungsrisiko mindern:

- **Sicherheitsgurte:** Heute besteht für alle Pkw-Insassen Gurtpflicht. Gurte werden inzwischen auch in Reisebussen und Lkw eingesetzt.
- **Knautschzonen:** Sie können sich bei einem Aufprall verformen; zusammen mit einer steifen Fahrgastzelle sorgen sie für den nötigen Raum zum Überleben.
- **Airbag:** Bei hohen Aufprallgeschwindigkeiten kann sich der Sicherheitsgurt so weit dehnen, dass Oberkörper oder Kopf dennoch auf Lenkrad oder Armaturenbrett prallen. Um die daraus resultierenden lebensgefährlichen Verletzungen zu vermeiden, werden Airbags eingebaut. Front- und Seitenairbags verringern zusammen mit weiteren Sicherheitsmaßnahmen, z. B. aktiven Gurtstraffern, einknickenden Lenksäulen usw., das Verletzungsrisiko weiter.

Bei einem Frontalaufprall treffen die nicht angeschnallten Insassen wegen ihrer Trägheit mit der Geschwindigkeit, die der Wagen vor dem Aufprall hatte, auf Lenkrad, Armaturenbrett oder Windschutzscheibe. Ohne Sicherheitsgurt wird die Bewegungsenergie des Oberkörpers durch die Verformung des Fahrzeugteils abgebaut, auf den der Körper aufschlägt. Wie groß sind die Kräfte, die bei dieser Zwangsbremsung auf ihn wirken?

Beispiel: Fahrzeugaufprall mit 54 $\frac{km}{h}$ (= 15 $\frac{m}{s}$), Verformung von Lenkrad oder Armaturenbrett durch den Oberkörper (m = 30 kg) um s_{verf} = 10 cm.

Für die Bewegungsenergie des Oberkörpers gilt

$E_{Bew} = \frac{1}{2} m \cdot v^2 = \frac{1}{2} 30 \text{ kg} \cdot (15 \frac{m}{s})^2 = 3375 \text{ Nm}.$

Sie wird auf einem Weg von 10 cm gewandelt. Dabei wirkt auf die Brust eine Kraft

$F = \frac{E_{Bew}}{s_{verf}} = \frac{3375 \text{ Nm}}{0{,}10 \text{ m}} \approx 33{,}75 \text{ kN}.$

Dies entspricht etwa der Gewichtskraft eines Körpers von 3,4 t – oder einem Turm aus 3 Pkw auf der Brust einer liegenden Person!

Die Folgen des Aufpralls können verringert werden, wenn dafür gesorgt wird, dass

- sich die Insassen nicht oder nur wenig nach vorne bewegen. Dafür sorgen Gurte mit Gurtstraffern;
- die Kräfte, die die Rückhaltesysteme aufzunehmen haben, verringert werden.

Die Kräfte sind umso kleiner, je größer der Weg ist, auf dem das Fahrzeug beim Aufprall zum Stehen kommt. Dafür sorgen die Knautschzonen. Von ihnen wird ein großer Teil der Bewegungsenergie aufgezehrt. Durch den angelegten Sicherheitsgurt sind die Insassen „fest" mit dem Fahrzeug verbunden. Sie werden also mit diesem auf der Wegstrecke der Knautschzone verzögert. Zusätzlich dehnen sich die gestrafften Gurte und zehren dabei einen weiteren Teil der Bewegungsenergie auf. (Deshalb müssen sie auch nach einem Unfall ausgewechselt werden.) Wie verändern sich dadurch die Kräfte auf den Körper?

Wenn die Summe von Knautschstrecke und Gurtdehnung 1 m ist, also das Zehnfache des „Bremsweges ohne", verringert sich die Kraft auf den Oberkörper der Insassen auf $\frac{1}{10}$ der Kraft ohne Knautschzone und Gurt.

Trotzdem wirken je nach Unfallsituation immer noch Kräfte auf den Brustkorb, die 5- bis 10-mal so groß sind wie die Gewichtskraft des Insassen.

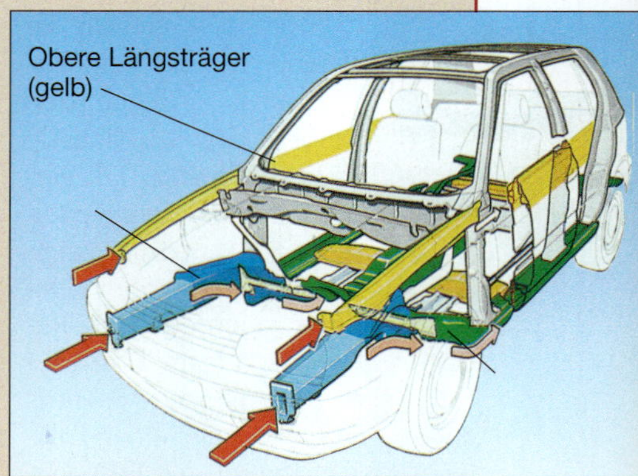

Bleibt die Energie wirklich erhalten?

Mit den entwickelten Formeln für die einzelnen Energieformen lässt sich prüfen, ob der Energieerhaltungssatz gilt.

Freier Fall

- Jeder Körper, der zunächst ruht und dann fällt, hat zu Beginn des Falles im Punkt A nur Lageenergie $E_A = m \cdot g \cdot h$.
- Während des Fallens verringert sich die Lageenergie, der Körper gewinnt Bewegungsenergie. (Von Reibung und Anfangsgeschwindigkeit wird abgesehen – deshalb „freier" Fall!) Der Körper besitzt jetzt Lage- und Bewegungsenergie, die von der aktuellen Höhe h' und der Momentangeschwindigkeit v' abhängen: $E = m \cdot g \cdot h' + \frac{1}{2} m \cdot v'^2$.
- Unmittelbar bevor der Körper im Punkt B am Boden auftrifft, ist seine ganze Lageenergie gewandelt und er besitzt maximale Bewegungsenergie $E_B = \frac{1}{2} m \cdot v_B{}^2$.

Zentraler Versuch

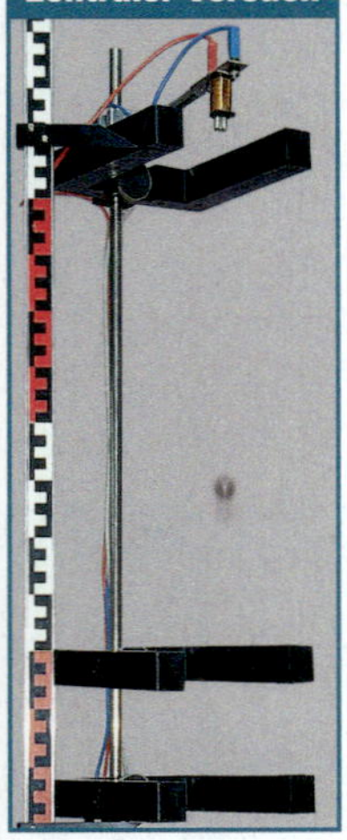

Eine Kugel der Masse 50 g fällt aus unterschiedlichen Höhen. Mithilfe von Lichtschranken wird die Geschwindigkeit der Kugel 10 cm über dem Boden (v_{10}) und kurz vor dem Auftreffen am Boden (v_B) gemessen. Daraus lassen sich die Energien zu den einzelnen Zeitpunkten berechnen (Tabelle rechts unten). Ein Vergleich der Energiewerte E_A, E_{10} und E_B zeigt: Die Kugel hat – wie vom Energieerhaltungssatz gefordert – zu Beginn, während und am Ende des Falls stets die gleiche Energie, auch wenn sich die einzelnen Energiebeträge während des Falls verändern.

Pendel

Jeder Körper, der schwingt, hat in seinem tiefsten Punkt nur Bewegungsenergie und in seinen Umkehrpunkten nur Lageenergie. Auf dem Weg nach unten wird die Lageenergie zu Bewegungsenergie, auf dem Weg nach oben umgekehrt. Gäbe es keine Reibung, würde der Körper immer zwischen den beiden Umkehrpunkten hin- und herschwingen und die Energie zwischen den beiden Formen kontinuierlich wechseln.

Wird ein Pendel aus verschiedenen Höhen h losgelassen, kann seine Durchgangsgeschwindigkeit v im tiefsten Punkt mithilfe einer Lichtschranke gemessen und mit den aus der Energiebilanz berechneten Werten verglichen werden.

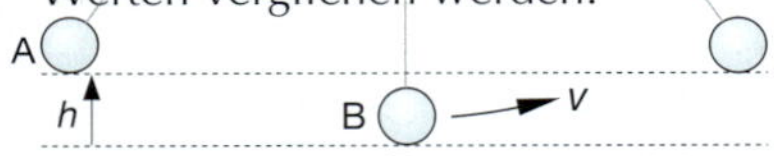

$E_A = E_B$

$m \cdot g \cdot h = \frac{1}{2} m \cdot v^2$

$2g \cdot h = v^2$

h	5,0 cm	7,5 cm	10 cm
$v_{gemessen}$	0,99 $\frac{m}{s}$	1,2 $\frac{m}{s}$	1,3 $\frac{m}{s}$
$v_{berechnet}$	0,99 $\frac{m}{s}$	1,2 $\frac{m}{s}$	1,4 $\frac{m}{s}$

Für kleine Auslenkungen werden obige Überlegungen gut bestätigt. Bei größeren Auslenkungen muss die Luftreibung und die Reibung der Pendelschnur am Aufhängepunkt berücksichtigt werden.

FREIER FALL				
	h	0,30 m	0,40 m	0,50 m
	E_A	0,15 J	0,20 J	0,25 J
	v_{10}	1,98 $\frac{m}{s}$	2,43 $\frac{m}{s}$	2,80 $\frac{m}{s}$
	E_{10}	0,15 J	0,20 J	0,25 J
	v_B	2,43 $\frac{m}{s}$	2,80 $\frac{m}{s}$	3,13 $\frac{m}{s}$
	E_B	0,15 J	0,20 J	0,25 J

Schiefe Ebene

An vielen steil abfallenden Autobahnen oder Bergstraßen sind sogenannte *Bremsstrecken* eingerichtet. Dies sind steil nach oben führende, mit Kies aufgeschüttete Stichstraßen. Eine solche schiefe Ebene soll beim Versagen der Bremsanlage dem Fahrer die Möglichkeit geben, das Pannenfahrzeug zum Stehen zu bringen.

Fährt das Fahrzeug mit hoher Geschwindigkeit in die Bremsstrecke ein, so besitzt es zu diesem Zeitpunkt viel Bewegungsenergie. Mit zunehmendem Anstieg der schiefen Ebene gewinnt das Fahrzeug Lageenergie und verliert aufgrund der Energieerhaltung Bewegungsenergie. Zudem vermindert sich diese um die durch Reibung entstehende Wärmeenergie. Das Fahrzeug kommt somit relativ schnell zum Stehen. Die anfängliche Bewegungsenergie wird also auf der schiefen Ebene in Lage- und Wärmeenergie gewandelt.

Der Energieerhaltungssatz kann bei Vernachlässigung der Reibung experimentell bestätigt werden:
Die Summe aller auftretenden Energien ist stets konstant.

Energiebilanzen

Werkzeug

Energie geht nie verloren, sondern wird nur in andere Formen gewandelt. Für einen Körper muss somit zu jedem Zeitpunkt die Summe all seiner Energien konstant sein, solange keine Energie zu- oder abgeführt wird. Dabei können sich die einzelnen Energieanteile durchaus verändern. **Energiebilanzen** sind geeignet, Größen zu ermitteln, deren experimentelle Ermittlung schwierig oder möglicherweise fehlerbehaftet ist. Das gelingt folgendermaßen:

① Analyse der Energieformen zu bestimmten Zeitpunkten:
Zeitpunkt A: $E_{Gesamt, A} = E_{kin, A} + E_{Lage, A} + E_{Spann, A}$
Zeitpunkt B: $E_{Gesamt, B} = E_{kin, B} + E_{Lage, B} + E_{Spann, B}$

② Die Gesamtenergien zu verschiedenen Zeitpunkten sind gleich, wenn in dem System keine Energie z. B durch Reibung als thermische Energie „verloren" geht. Dann lässt sich eine Energiebilanz aufstellen:

$$E_A = E_B$$

$$E_{Bew, A} + E_{Lage, A} + E_{Spann, A} = E_{Bew, B} + E_{Lage, B} + E_{Spann, B}$$

Das Beispiel Fadenpendel zeigt, wie durch eine Energiebilanz aus der Starthöhe h in fünf Schritten die Maximalgeschwindigkeit ermittelt werden kann, die sonst nur mit beträchtlichem Aufwand bestimmt werden könnte.

Die Zahl der durchzuführenden Schritte kann im Einzelfall unterschiedlich sein.

1. Schritt:
Festlegung eines geeigneten Nullniveaus für die Lageenergie:
Nullniveau im tiefsten Punkt:
$h = 0 \Rightarrow E_{Lage, B} = 0$

2. Schritt:
Berücksichtigung der Besonderheit im Umkehrpunkt
Momentangeschwindigkeit betrachten
$v = 0 \Rightarrow E_{Bew, A} = 0$

3. Schritt:
Weitere Reduktion der Energiebilanz:
$E_{Lage, A} = E_{Bew, B}$

4. Schritt:
Einsetzen der bekannten Formeln
$m \cdot g \cdot h = \frac{1}{2} m \cdot v^2$

5. Schritt:
Durchführung der algebraischen Umformung
$m \cdot g \cdot h = \frac{1}{2} m \cdot v^2 \quad | : m \quad | \cdot 2$
$v^2 = 2 \cdot g \cdot h \quad | \sqrt{}$
$v = \sqrt{2 \cdot g \cdot h}$

Aufgaben

1 Peter (m = 45 kg) klettert im Schwimmbad auf die unterschiedlichen Sprungbretter und springt aus 1 m, 3 m und 5 m ins Wasser.
a) Berechne seine Energie auf den Sprungbrettern.
b) Berechne die maximale Auftreffgeschwindigkeit auf der Wasseroberfläche nach dem Sprung.
c) Berechne seine Geschwindigkeit beim Fallen auf halber Höhe.
d) Ändert sich aus physikalischer Sicht etwas, wenn er vor dem Absprung auf dem Brett „federt"?

2 Auf dem Oktoberfest ist ein 15 m hoher Fünferlooping aufgebaut. Die Wagen werden zu Beginn der Fahrt auf eine Höhe von 20 m gezogen und fahren anschließend in den Looping ein.
a) Gib die Veränderungen von Bewegungs-, Lage- und Gesamtenergie der Wagen während der Fahrt an.
b) Bestimme die Geschwindigkeiten der Wagen im tiefsten und im höchsten Loopingpunkt (ohne Reibung).
c) Die letzte Loopingschleife ist wesentlich kleiner als die erste. Erläutere, welcher physikalische Grund sich dahinter verbirgt.

3 Eine Garageneinfahrt hat die Form einer schiefen Ebene. Sie ist 15 m lang und hat einen Höhenunterschied von 3 m. Bei einem dort geparkten Pkw (m = 1,2 t) löst sich die Bremse.
a) Berechne die Geschwindigkeit, mit der der Wagen auf die Straße rollt.
b) Berechne die Kraft, die zum Stoppen des Wagens nötig wäre.

4 Beim Spannen einer Federpistole wird die Feder (D = 50) $\frac{N}{m}$ um 40 cm zusammengedrückt.
Berechne
a) die Spannenergie, die nach dem Spannvorgang in der Feder steckt;
b) die maximale Abschussgeschwindigkeit, mit der die 8,5 g schwere Kugel den Lauf verlässt.

Versuche und Aufträge — Mechanische Energie ...

*Diese Versuche können Stationen eines **Lernzirkels** sein.*

V1 Baue mit einem Brett eine schiefe Ebene auf dem Fußboden auf.
a) Formuliere Vermutungen zum Zusammenhang zwischen dem Neigungswinkel der schiefen Ebene und dem Rollweg der Kugel.
b) Überprüfe deine Aussagen im Versuch und erkläre. Bestimme auch die Energie, die die Kugel am Startpunkt besitzt.
c) Berechne die Geschwindigkeit der Kugel am Ende des Brettes, wenn die Reibung der Kugel auf der schiefen Ebene vernachlässigt wird. Überlege dir einen geeigneten Versuchsaufbau zur experimentellen Überprüfung und führe den Versuch durch.

V2 Fertige aus einem Ball (z. B. Tennisball) und einer Schnur ein Fadenpendel. Befestige es an einer Aufhängung, die sich beim Schwingen nicht mitbewegt.
a) Lenke das Pendel so aus, dass es sich direkt vor deiner Nase befindet und lasse es los. (Deine Position darfst du nicht verändern.) Erläutere, ob du gefahrlos stehen bleiben kannst.
b) Lenke das Pendel auf verschiedene Höhen aus und berechne die Geschwindigkeit des Pendels beim Durchgang durch die Ruhelage. Bestätige die Werte durch eine geeignete Versuchanordnung.

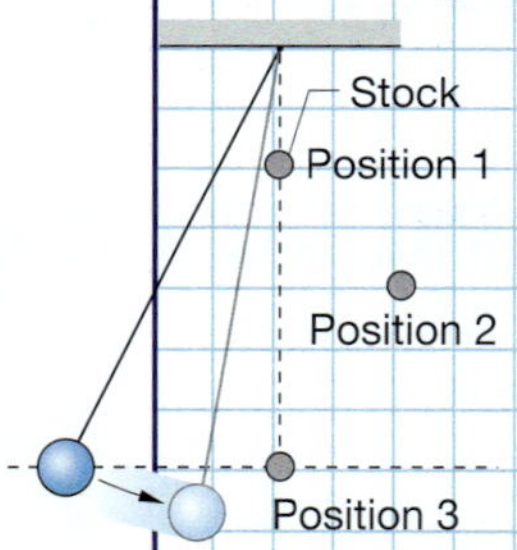

c) Lasse das Pendel nun einmal schwingen und markiere in geeigneter Form die maximal erreichte Höhe. Formuliere eine Aussage zur Veränderung der maximalen Pendelhöhe des Balls, wenn ein Stock an unterschiedlichen Positionen in die Pendelbahn gehalten wird. Überprüfe deine Aussage im Experiment und erkläre das Ergebnis.

V3 Schneide aus etwas dickerem Papier oder dünnem Karton zwei Kreise mit gleichem Radius (ca. 10 cm) aus. Schneide die Kreise bis zum Mittelpunkt ein und fertige durch Zusammendrehen zwei unterschiedlich spitze Kegel. Die überlappenden Teile NICHT abschneiden, sondern außen mit Klebefilm festkleben.

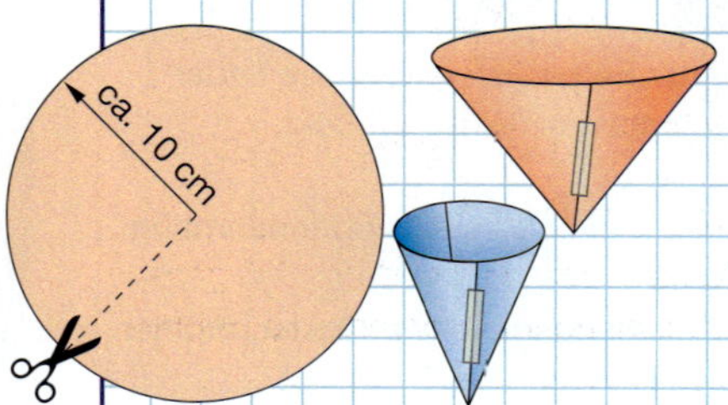

a) Mache eine Aussage über die Lageenergie, wenn du beide Kegel gleichzeitig aus derselben Höhe fallen lässt.
b) Lasse nun beide Kegel gleichzeitig aus derselben Höhe fallen. Begründe, ob deine Beobachtung der Formel für die Lageenergie widerspricht.

V4 Lasse einen Ball (z.B. Tischtennisball, Gummiball, Tennisball, Flummi o. Ä.) aus einer Höhe von 1,5 m entlang eines Maßstabes nach unten fallen. Ermittle die Höhen, die der Ball beim Hochspringen wieder erreicht. Um genauere Werte zu erhalten, zeichne den Fall mit der Serienbildfunktion einer Digitalkamera auf.
a) Berechne die Geschwindigkeit, die der Ball kurz vor Auftreffen auf dem Boden besitzt, und bestimme das Maß an Energie, die entwertet wird.
b) Erläutere, wie sich daraus auf die Federkonstante des Balles schließen lässt. Berechne sie auch.
c) Wiederhole den Versuch mit anderen Bällen.
d) Vergleiche die Ergebnisse und ordne die Bälle nach der Größe ihrer mechanischen Energie.

V5 Die Feder aus einem Kugelschreiber hat eine Federkostante von ca. 2,3 $\frac{N}{cm}$.
a) Berechne die in der Feder gespeicherte Energie, wenn sie um 0,5 cm zusammengedrückt wird.
b) Überlege, wie sich die gespeicherte Energiemenge ändern würde, wenn zwei gleiche Federn „in Reihe geschaltet" gemeinsam um 0,5 cm zusammengedrückt würden.
c) Entwickle einen geeigneten Versuch zur Überprüfung und führe ihn durch.
d) Beschreibe, was sich im Vergleich zum Versuch in Aufgabenteil b) ändert, wenn du beide Federn „parallel schaltest".

V6 **a)** Erkundige dich über die Energiemengen, die verschiedene Wasserkraftwerke als elektrische Energie zur Verfügung stellen können. Vergleiche die gespeicherten Wassermassen und die Höhenunterschiede der einzelnen Kraftwerke.
b) Erstelle eine Übersicht, in welchen europäischen Ländern große Mengen elektrischer Energie durch Wasserkraftwerke gewonnen werden.

A7 Finde heraus, wo im Alltag Federn zur Speicherung von Energie genutzt werden.

... und Energieerhaltung

V8 Hänge einen Pendelkörper bifilar (an zwei Fäden) an geeignetem Stativmaterial oder der Decke auf. Lenke den Pendelkörper zu einer Seite aus und bestimme die Höhe, um die er angehoben wurde. Lasse den Pendelkörper durch seine Ruhelage schwingen und bestimme mit einer geeigneten Messvorrichtung (Lichtschranke) die Durchgangsgeschwindigkeit. (Hinweis: Bei Verwendung einer Kugel muss darauf geachtet werden, dass sie mit ihrem größten Durchmesser das Lichtbündel der Lichtschranke passiert.)

a) Fertige eine Übersicht an, welche Energieformen und Energiewandlungen beim Experiment auftreten.
Ermittle die Energie des Pendelkörpers beim Durchgang durch die Ruhelage und in den Umkehrpunkten. Begründe, welche Messwerte dazu bestimmt werden müssen.

b) Bestimme mithilfe des Energieerhaltungssatzes die theoretische Geschwindigkeit, die sich aus der gewählten Hubhöhe ergibt.

c) Überprüfe für verschiedene Hubhöhen Δh die Momentangeschwindigkeit in der Ruhelage experimentell. Werte die Messergebnisse z. B. grafisch aus und diskutiere mögliche Fehler bei der Durchführung des Versuches.

c) Verändere die Masse des verwendeten Pendelkörpers und wiederhole die Messungen. Begründe die Beobachtung.

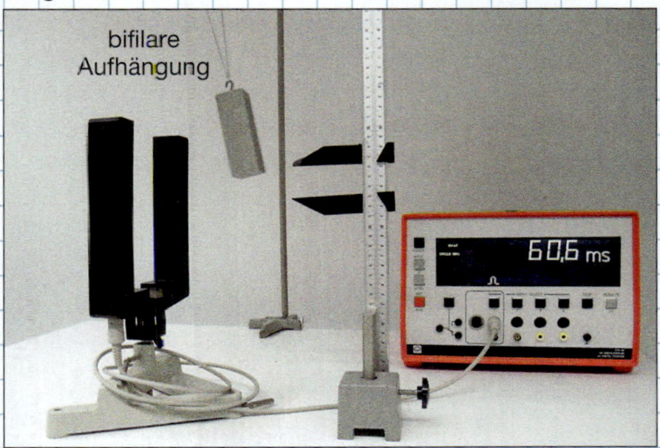

V9 Lasse einen kleinen Wagen eine schiefe Ebene hinabrollen. Bestimme durch eine Lichtschranke seine Geschwindigkeit am Ende der schiefen Ebene.

a) Erstelle eine Übersicht, welche Energieformen und Energiewandlungen beim Experiment auftreten.

b) Bestimme für verschiedene Neigungen der Ebene die Momentangeschwindigkeit des Wagens. An welchem Ort sollte die Lichtschranke positioniert werden? Werte die Messergebnisse aus und diskutiere mögliche Fehler bei der Durchführung des Versuches.

c) Verändere die Masse des verwendeten Wagens und wiederhole die Messungen. Begründe die Beobachtung.

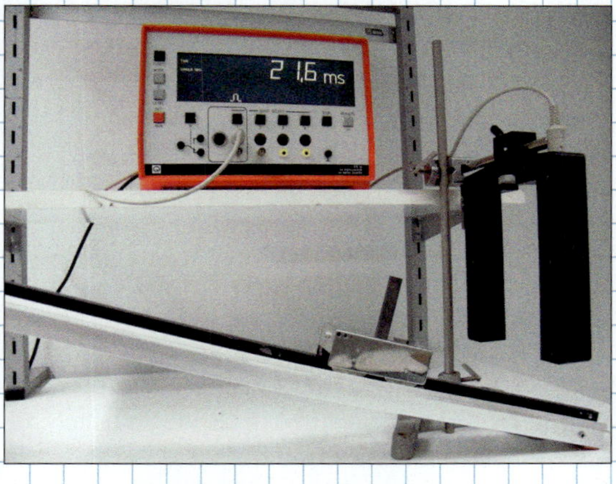

V10 Befestige auf einer waagerechten Bahn einen Wagen bekannter Masse m einseitig an einer Feder. Lenke den Wagen um eine Strecke s aus und lasse ihn anschließend los.

a) Gib in geeigneter Darstellung die beim Experiment auftretenden Energieformen und Energiewandlungen an.

b) Beschreibe ein geeignetes Experiment, um die Spannenergie der verwendeten Feder zu ermitteln. Bestimme mithilfe des Energieerhaltungssatzes die theoretische Geschwindigkeit, die sich aus der gewählten Auslenkung der Feder ergibt.

c) Ermittle für verschiedene Federauslenkungen die Momentangeschwindigkeit des Wagens, wenn die Feder gerade vollständig entspannt ist. Werte die Messergebnisse aus und diskutiere mögliche Fehler bei der Durchführung des Versuches.

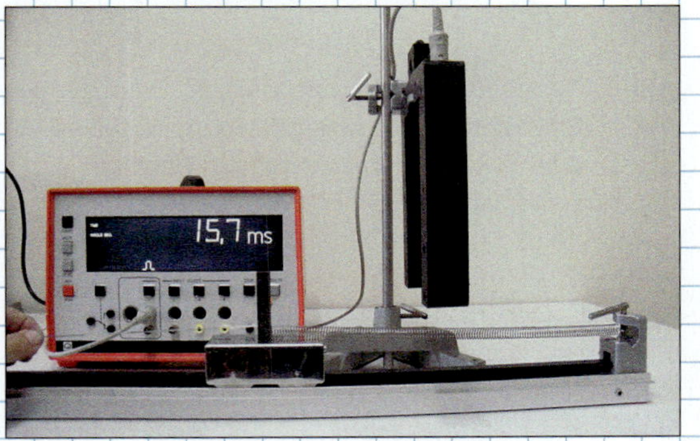

d) Verändere die Masse des verwendeten Wagens und wiederhole die Messungen. Begründe die Beobachtung.

Streifzug **Die Väter der Mechanik**

ARISTOTELES
(384–322 v. Chr.; griechischer Philosoph und Universalgelehrter)
Geboren im makedonischen Stagira, ging ARISTOTELES 367 v. Chr. nach Athen, um an der berühmten, um 387 v. Chr. gegründeten Akademie des griechischen Philosophen PLATON zu studieren. Später gründete er eine eigene Schule in Athen, das Lykeion.

ARISTOTELES widmete sich den Gepflogenheiten seiner Zeit folgend vor allem der Philosophie. Diese sollte seiner Auffassung nach an die Alltagssprache anknüpfen und Begriffe entwickeln, mit denen sich die Dinge und ihre Bewegungen angemessen beschreiben lassen. Bei seinen Naturbeobachtungen kam ARISTOTELES zu dem Schluss, dass überall eine „wunderbare Zweckmäßigkeit" zu erkennen ist.

ARISTOTELES analysierte mechanische Bewegungen durch Beobachtung von Alltagsvorgängen. So verallgemeinerte er aus der Beobachtung, dass ein Vogel herabstürzte, wenn er die Flügel unbeweglich an den Körper legte, und ein Bauernwagen stehen blieb, wenn die Pferde nicht mehr zogen: Eine Bewegung hört auf, wenn die Kraft nicht mehr wirkt.

Demnach war für ARISTOTELES eine gleichförmige Bewegung nur dann möglich, wenn eine Kraft dauernd einwirkte. Mit dieser in sich geschlossenen Theorie konnten trotz dieses grundlegenden Fehlers viele mechanische Bewegungen erklärt werden.

GALILEO GALILEI
(1564–1642; italienischer Mathematiker, Physiker und Astronom)
GALILEI war Professor für Mathematik in Pisa und Padua und ab 1610 Hofmathematiker in Florenz.
Durch das Eintreten für die Lehre des KOPERNIKUS kam er in Konflikt mit der Kirche und wurde 1633 durch die Inquisition zu unbefristeter Haft verurteilt, die er in seinem Haus bis zu seinem Tod verbüßte.

Durch die Einführung des Experiments mit Messwerten wurde GALILEI der Begründer der modernen Naturwissenschaft. Sein Interesse galt vor allem den Fallbewegungen von Körpern. Das größte Problem war dabei, die sehr kurzen Fallzeiten zu messen.
Er löste das Problem, indem er von der Überlegung ausging, dass ein Körper, der auf einer sehr steilen Ebene abrollt, sich fast genauso verhält wie ein fallender Körper. Da bei einer Verringerung der Neigung der Ebene stets nur der gesamte Vorgang langsamer, aber in gleicher Weise ablief, untersuchte er die Bewegung von Kugeln, die auf einer geneigten Ebene abrollten. Für die Zeitmessung benutzte er einen Wasserbehälter, der unten ein kleines Loch hatte. Das während des Herunterrollens der Kugel ausgelaufene Wasser wurde gewogen und diente als Maß für die verstrichene Zeit.

GALILEIs Erkenntnis, dass alle Körper gleich schnell fallen und nur die Luftreibung bei Körpern kleiner Masse, aber großer Angriffsfläche die Geschwindigkeit stark verzögert, wurde so nach vielen Experimenten auf der geneigten Ebene durch die Gesetze für den freien Fall ergänzt.
Nun war es möglich, Bewegungen exakt zu beschreiben und zu berechnen.

SIR ISAAC NEWTON

(1643–1727; englischer Mathematiker, Physiker und Astronom)
NEWTON gehört zu den bedeutendsten Naturwissenschaftlern der Menschheit. Grundlegende Ideen zu verschiedenen Gebieten der Physik (Dynamik, Optik, Himmelsmechanik) und Mathematik (Differentialrechnung) kennzeichnen sein Wirken. Das von ihm geschriebene Buch „Mathematische Prinzipien der Naturwissenschaft“ begründete unser heutiges naturwissenschaftliches Weltbild. Es galt mehr als 200 Jahre als das Standardwerk der Physik. In ihm sind die drei wichtigsten Gesetz der Mechanik verankert:

1. Trägheitsgesetz: „Jeder Körper beharrt in seinem Zustand der Ruhe oder der gleichförmigen Bewegung, wenn er nicht durch einwirkende Kräfte gezwungen wird, seinen Zustand zu ändern.“
2. Grundgesetz der Mechanik: „Die Änderung der Bewegung ist der Einwirkung der bewegenden Kraft proportional und geschieht nach der Richtung derjenigen geraden Linie, nach welcher jene Kraft wirkt.“
3. Wechselwirkungsgesetz: „Die Wirkung ist stets der Gegenwirkung gleich, oder die Wirkungen zweier Körper aufeinander sind stets gleich und von entgegengesetzter Richtung.“

NEWTON entdeckte als erster, dass bei jeder Wechselwirkung zwischen zwei Körpern gleich große Kräfte auftreten, es also eine grundsätzliche Symmetrie zwischen der verursachenden Bewegung („actio“) und der Reaktion darauf („reactio“) gibt.
Beispiel: Ein schwerer Medizinball rollt auf einer schiefen Ebene abwärts und soll angehalten werden. Um seinen Bewegungszustand zu ändern, muss eine Kraft auf ihn ausgeübt werden (1. Gesetz). Die auf den Ball einwirkende Kraft verändert seinen Bewegungszustand (2. Gesetz). Bis der Ball zum Stillstand gebracht wird, drückt er mit einer gleich großen Kraft gegen die Person wie diese gegen den Ball (3. Gesetz).

Mit dem von ihm formulierten Zusammenhang von Kraft und Beschleunigung – dem Grundgesetz – sowie dem Trägheitsgesetz und dem Wechselwirkungsgesetz leitete Newton eine neue Epoche in der Mechanik ein – die Ursachen für Bewegungen konnten genannt werden.

ALBERT EINSTEIN

(1879–1955; deutsch-amerikanischer Physiker)
Nach dem Studium an der TH Zürich und einer Anstellung im Patentamt Bern war EINSTEIN fast 20 Jahre lang Professor an der Universität in Berlin. 1921 erhielt er den Nobelpreis für Physik. 1933 emigrierte er wegen des Nazi-Terrors und wurde 1940 amerikanischer Staatsbürger.
Mit der speziellen und der allgemeinen Relativitätstheorie lieferte er einen Wissenschaftsbeitrag, der eine völlig neue Sichtweise auf die Physik darstellte. Später beschäftigte er sich mit einer neuen Gravitations- und einer einheitlichen Feldtheorie.

EINSTEIN ging in der Relativitätstheorie davon aus, dass die Lichtgeschwindigkeit als größte mögliche Geschwindigkeit feststeht, die zudem im Vakuum überall gleich ist.
Eine Folgerung daraus ist, dass die klassische Addition von Geschwindigkeiten für sehr schnelle Körper nicht mehr gilt: Wenn auf einem Wagen, der Lichtgeschwindigkeit hat, eine Lampe in Fahrtrichtung strahlt, so hat das abgestrahlte Licht nicht die doppelte, sondern ebenfalls nur Lichtgeschwindigkeit. Strahlt sie entgegen der Fahrtrichtung, so bleibt das Licht nicht stehen, sondern hat für jeden Beobachter – ob mitfahrend oder außerhalb ruhend – ebenfalls Lichtgeschwindigkeit.

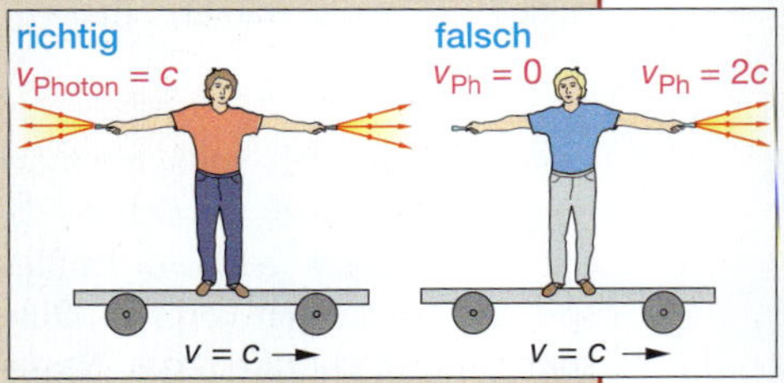

Weiterhin gilt, dass Körper mit einer messbaren (Ruhe-)Masse niemals Lichtgeschwindigkeit erreichen können, da die Masse von Körpern mit ihrer Geschwindigkeit anwächst und in der Nähe der Lichtgeschwindigkeit unendlich groß werden würde.

Die klassische Mechanik ist in den Gesetzen der Relativitätstheorie enthalten. Die Gesetze der Mechanik können für den Grenzfall kleiner Geschwindigkeiten aus den allgemeinen Gesetzen der Relativitätstheorie abgeleitet werden.

Stempeldruck

Druck muss in Wasser- und Gasleitungen herrschen, Druck brauchen der Autoreifen und der Luftballon. Und ohne den richtigen Druck in den Schläuchen könnte die Feuerwehr nicht löschen.
Was aber ist „Druck"? Was geschieht im Innern der Körper, in denen Druck herrscht? Welche Wirkungen ruft der Druck hervor und wie kann er technisch genutzt werden?

Druck in Gasen und Flüssigkeiten

Zuerst muss die Gartenspritze kräftig aufgepumpt werden, damit sie nachher auch möglichst weit spritzt. Beim Aufpumpen wird immer mehr Luft in den Zylinder hinein befördert. Zu der schon vorhandenen kommt immer neue Luft hinzu, sodass die Luft, die sich schon im Zylinder befindet, immer weiter zusammengepresst wird.

Dieser Zustand der „Gepresstheit" heißt **Druck.** Im Zylinder herrscht nach dem Pumpen ein größerer Druck als vorher. Der Zustand „Druck" herrscht in jedem Gas und in jeder Flüssigkeit – mal stärker, mal schwächer.

In der Gartenspritze sollte ein möglichst großer Druck herrschen, damit das Wasser auch ordentlich spritzt. Der Finger vor der Düse spürt, mit welcher Kraft das Wasser von der Luft herausgedrückt wird.

Wasser oder jede andere Flüssigkeit lässt sich auch pressen. Wenn der Kolben in die Kugelspritze hineingeschoben wird, spritzt das Wasser nach allen Seiten heraus. Der Zustand der „Gepresstheit" wird erhöht. Es herrscht Druck im Wasser, der *Kolben-* oder **Stempeldruck** heißt, weil er durch einen Kolben bzw. Stempel erzeugt wird.

Zentraler Versuch

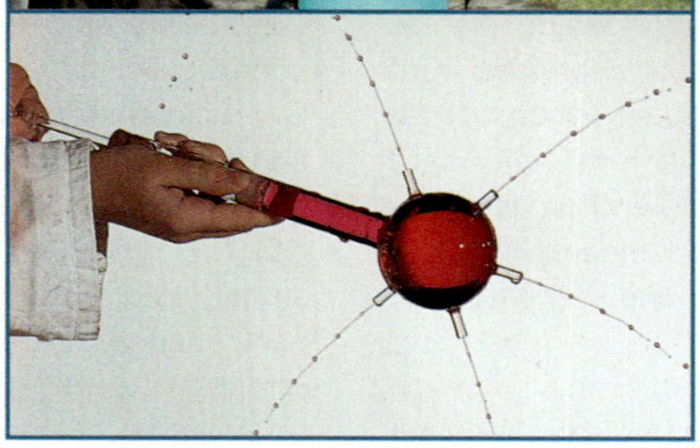

Der Stempeldruck, der durch das Pressen erzeugt wird, ist im gesamten Wasservolumen offenbar gleich. Aus den Düsen der Glaskugel spritzt es ja überall gleich stark in senkrechter Richtung zur Begrenzungsfläche heraus.

Beim Tauchen ist der Druck im Innern des Wassers, in dem der Taucher sich bewegt, deutlich spürbar. Das Trommelfell registriert ihn, weil das Wasser dagegen drückt. Wäre ein Loch im Trommelfell, dann spritzte das Wasser wie aus der Kolbenspritze in das Ohr hinein. (Deshalb dürfen Menschen mit defektem Trommelfell nicht tauchen.)

Druck herrscht also nicht nur an den Außenwänden einer eingeschlossenen Gas- oder Flüssigkeitsmenge, sondern auch in ihrem Inneren.

Das Spritzen aus dem Spritzkolben zeigt eine weitere Eigenschaft des Druckes: Flüssigkeiten und Gase üben durch den Druck Kräfte auf ihre Begrenzungsflächen aus, die immer senkrecht zur jeweiligen Fläche stehen. Auch im Inneren sind sie spürbar, denn z. B. registriert das Trommelfell den Druck durch die Kraft, die auf die feine Membran im Ohr ausgeübt wird. Je größer der Druck ist, desto größer ist auch die Kraft, die auf eine Wand ausgeübt wird. In *Manometern* wird diese Kraft auf eine Membran zur Messung des Druckes in Flüssigkeiten und Gasen genutzt.

Druck in einem Gas oder einer Flüssigkeit ist der Zustand der „Gepresstheit" des betreffenden Stoffes.
- Der Stempeldruck herrscht innerhalb des gesamten Gas- oder Flüssigkeitsvolumens.
- Wenn Stempeldruck herrscht, übt die Flüssigkeit oder das Gas eine senkrecht gerichtete, überall gleiche Kraft auf die Begrenzungsflächen aus.

Druck, von den Teilchen verursacht

Zentraler Versuch

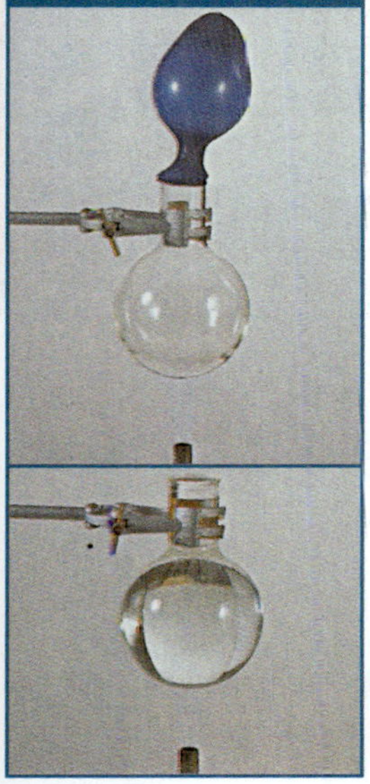

In Gasen und Flüssigkeiten sind die Teilchen gegeneinander verschiebbar. Sie füllen den Raum bis an die Gefäßwände vollständig aus. Beim Erwärmen wird die Geschwindigkeit der einzelnen Teilchen größer. Sie benötigen für die heftigeren Bewegungen, die sie bei höherer Temperatur ausführen, mehr Raum. Der Ballon dehnt sich aus und ein voll mit Wasser gefülltes Glasgefäß würde überlaufen.

Steht den Teilchen dieser Raum nicht zur Verfügung, so prallen sie öfter und heftiger gegen die Gefäßwände. Dies wird als erhöhter Druck des Gases oder der Flüssigkeit registriert.

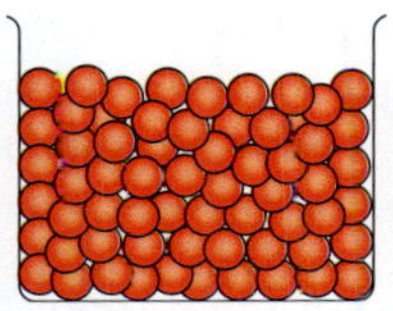

Die Modellflüssigkeit aus Kugeln zeigt: Wird in eine von einem Gefäß eingeschlossene Kugelmenge ein Stab hineingeschoben, so müssen die Kugeln ausweichen. Beide zusammen brauchen also mehr Raum als ohne den Stab.

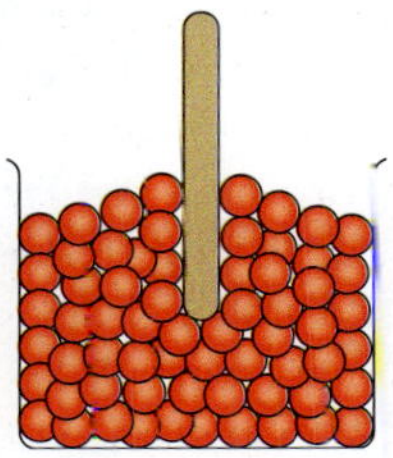

Wenn nun in dem Spritzkolben durch das Hineinschieben des Stempels der für die Teilchen verfügbare Raum verkleinert wird, so werden die Teilchen gegeneinander gepresst und drücken gemeinsam die Gefäßwände gleichmäßig nach außen, um den für sie notwendigen Platz zu bekommen. Damit entsteht ein Druck in der Flüssigkeit und sie übt Kräfte auf die Gefäßwände aus.

Der Druck in Flüssigkeiten oder Gasen wird nicht nur durch äußeres Pressen erhöht. Beim Erhitzen geraten die Teilchen in stärkere Bewegung. Dadurch brauchen sie mehr Platz und prallen heftiger gegen die Außenwände. Der Druck in der Flüssigkeit oder dem Gas wird erhöht.

Druck in Gasen oder Flüssigkeiten entsteht durch Zusammenpressen der Teilchen oder durch Erhöhung ihrer Bewegung bei Erwärmung. Die Kräfte auf die Begrenzungsflächen werden dabei größer.

Aufgaben

1 Erläutere die Funktionsweisen
a) einer Spritze, die bei Impfungen verwendet wird;
b) einer Wasserspritzpistole.

2 Beschreibe den Fahrkomfort eines mit Wasser gefüllten Fahrradreifens gegenüber dem luftgefüllten.

3 Erläutere im Teilchenbild, warum bei einem Wasserrohrbruch nur noch wenig Wasser aus dem Wasserhahn läuft.

Versuche und Aufträge

Druck in Flüssigkeiten und Gasen

V1 a) Blase zwei Luftballons verschieden stark auf und verbinde sie über ein Rohr miteinander. Halte dabei die Ballons stets zu. Gib jetzt die Verbindung über das Rohr frei. Beobachte und erläutere den nun folgenden Vorgang.
b) Ziehe Schlussfolgerungen über den Druck in den Ballons und vergleiche sie mit Beobachtungen beim Aufpusten.

V2 Nutze einen Wasserhahn im Freien, der einen Ansatz zum Aufstecken eines Schlauches besitzt.
a) Dichte den Ansatz mit einer Gummihaut (z. B. alter Fahrradschlauch) ab. Baue dann alles so auf, wie in der Skizze dargestellt.
b) Drehe nun den Hahn auf und entferne so lange Sand aus dem Eimer, bis Wasser aus dem Hahn austritt.

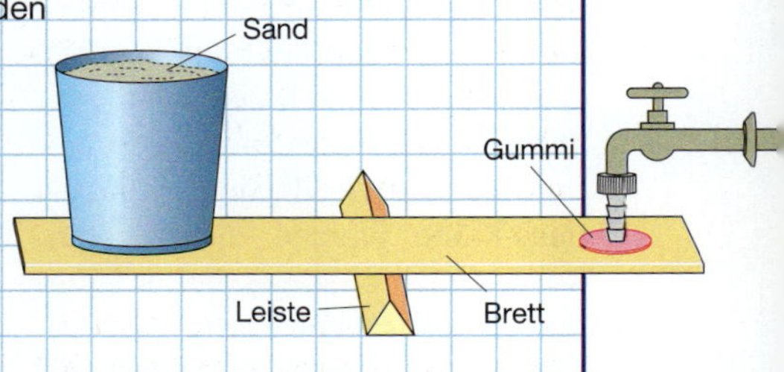

Durch Anheben des Eimers kannst du über dessen Gewichtskraft abschätzen, welche Kraft das Wasser durch seinen Druck besitzt.

V3 Durchlöchere einen nicht aufgeblasenen Luftballon mit einer heißen Nadel und fülle ihn mit Wasser.

V4 Den abgebildeten Rasensprenger kannst du mit einem kurzen Stück Schlauch nachbauen. Begründe, weshalb das Wasser aus allen Löchern gleichmäßig spritzt.

Druck, Kraft und Fläche

Die auf den vorhergegangenen Seiten genannten Eigenschaften des Stempeldruckes

- sich allseitig auszubreiten und
- an allen Stellen der Flüssigkeit bzw. des Gases gleich groß zu sein, lassen sich für Messungen nutzen.

Um den Druck zu ermitteln, ist es nur notwendig, ihn an einer einzigen Stelle zu messen. Auch eine Verbindung vom Messgerät, dem **Manometer,** zur Flüssigkeit über ein flüssigkeits- oder gasgefülltes Rohr ist ausreichend.

Auf dem Manometer ist der Druck in der Einheit **Bar (bar)** angegeben. Da diese Einheit keine Basiseinheit ist, muss bekannt sein, von welchen physikalischen Größen der Druck in welcher Weise abhängt.

Im Versuch wird mit einer bestimmten Kraft auf den linken Kolben ① gedrückt. Dadurch entsteht ein Druck in der Flüssigkeit. Durch die nun auf alle Gefäßwände wirkenden Kräfte werden die anderen Kolben nach oben geschoben. Um deren Aufwärtsbewegung zu verhindern, werden Wägestücke aufgelegt, bis alle Kolben wieder in Ruhe sind. Dann herrscht Gleichgewicht zwischen den Gewichtskräften, mit denen die einzelnen Kolben samt den aufgelegten Wägestücken auf die Flüssigkeit einwirken, und den Kräften, die durch den Druck in der Flüssigkeit auf die Kolben wirken.

Kolben	Kraft	Fläche	$\frac{F}{A}$
②	2,06 N	4,9 cm^2	0,42 $\frac{N}{cm^2}$
③	3,34 N	7,5 cm^2	0,45 $\frac{N}{cm^2}$

Der Druck ist in der gesamten Flüssigkeit gleich groß. Obwohl die Gewichtskräfte der Kolben und der Wägestücke ganz unterschiedliche Kräfte auf die Flüssigkeit erzeugen, stellt sich jeweils ein anderes Kräftegleichgewicht ein.

Zentraler Versuch

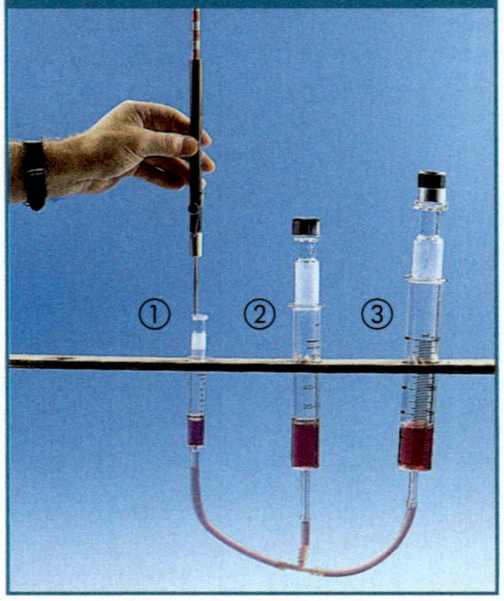

Die Messwerte in der Tabelle erklären auch die Ursache dafür: Jeder der Kolben besitzt eine andere Grundfläche. Der Quotient aus der insgesamt wirkenden Kraft und der Fläche, auf die die Kraft wirkt, ist in allen Fällen gleich. Deshalb wird er als Maß für den Druck verwendet. Für die **Einheit des Druckes** wurde festgelegt:
1 bar = 10 $\frac{N}{cm^2}$ oder 1 Pa = 1 $\frac{N}{m^2}$.

Druck

Das Formelzeichen ist p.
Die Einheit ist 1 Pa (Pascal): 1 Pa = 1 $\frac{N}{m^2}$.

Weitere Einheiten:

Hektopascal:	1 hPa =	100 Pa
Kilopascal:	1 kPa =	1000 Pa
Bar:	1 bar =	100 kPa

Somit kann der Druck neben der direkten Messung mit einem Manometer auch über die Berechnung aus wirkender Kraft und Fläche bestimmt werden.

Der Kolben ① im Experiment erzeugt den Druck. Auch hier hat der Quotient aus wirkender Kraft (Gewichtskraft des Kolbens + Kraft der Hand) und der Fläche, auf die die Kraft einwirkt, den gleichen Zahlenwert. $p = \frac{F}{A}$ gilt somit für jeden der drei Kolben. – Für Gase gelten die gleichen Überlegungen.

Kolben	Kraft	Fläche	$\frac{F}{A}$
①	0,75 N	1,8 cm^2	0,43 $\frac{N}{cm^2}$

Der Druck lässt sich berechnen als Quotient aus der auf eine Fläche senkrecht wirkenden Kraft F und deren Flächeninhalt A:
$p = \frac{F}{A}$.

Aufgaben

1 Der Kolben einer Spritze hat eine Fläche von 3 cm^2. Auf ihn wirkt eine Kraft von 15 N. Berechne den Druck, mit dem das Serum gespritzt wird.

2 In einer Wasserleitung herrscht ein Druck von 6,5 bar. Bestimme die Kraft, die erforderlich ist, um einen geöffneten Wasserhahn mit der Hand zuzuhalten, wenn seine Öffnung 4 cm^2 Flächeninhalt hat.

3 In einem Quader mit den Kantenlängen 3 cm, 4 cm und 5 cm wird eine Flüssigkeit mit dem Druck 5 bar eingeschlossen. Berechne die Kräfte auf die Begrenzungsflächen.

4 Die Pumpe eines Springbrunnens erzeugt für eine hohe Fontäne im Wasser einen Druck von 20 bar. Berechne, wie groß die Öffnung, durch die das Wasser austritt, höchstens sein darf, damit du sie durch die Wirkung deiner Gewichtskraft allein durch Draufstellen abdichten könntest.

Manometer

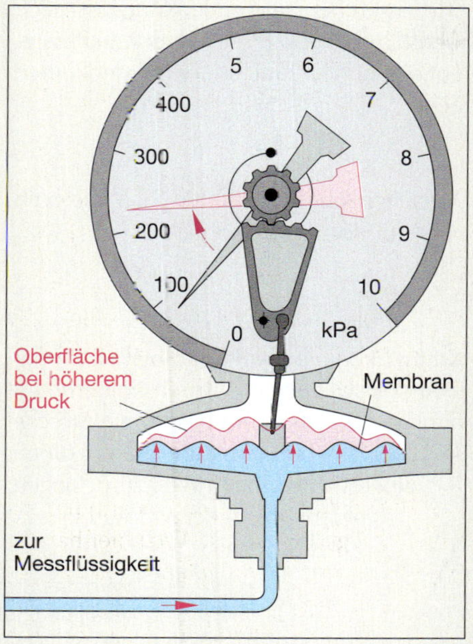

Zum Messen des Druckes werden häufig Dosenmanometer verwendet. Die stabile Druckdose des Manometers hat an der Oberseite eine verformbare Membran.

Wird der Druck in der Flüssigkeit erhöht, so erhöht sich der Druck in der Dose ebenfalls. Die Flüssigkeit im Manometer drückt dann auf die Membran, die dadurch verformt wird. Die Stärke der Verformung ist abhängig von der Größe der wirkenden Kraft und damit direkt vom Druck in der Flüssigkeit.

Die Membran bewegt über ein Gestänge ein Zahnradsegment. Dieses Zahnradsegment dreht über das kleine Zahnrad den Zeiger. Die Teile sind so aufeinander abgestimmt, dass eine kleine Bewegung der Membran eine große Bewegung des Zeigers ergibt.

Blutdruck

Im Ruhezustand schlägt das Herz eines Erwachsenen zwischen 60 und 80 mal pro Minute. Mit jedem Herzschlag pumpt es Blut durch den Körper. Während der *Systole,* dem Zusammenziehen des Herzmuskels, wird vom Muskel auf die gesamte Gefäßwand der linken Herzkammer eine Kraft ausgeübt. Dadurch steigt der Druck des Blutes im Herzen und in allen Arterien an – wir spüren den Pulsschlag: Das Blut wird durch die engen Kapillargefäße gepresst. Danach nimmt der Druck in den Arterien wieder ab. Wenn sich der Herzmuskel entspannt, wird das Herz wieder mit Blut gefüllt. Während diese Phase, der *Diastole,* ist der Druck im Blut geringer.

Beim Blutdruckmessen werden die Druckwerte während der Systole und der Diastole ermittelt. Dafür wird der Oberarm oder das Handgelenk mit einer Manschette versehen. Wird die Manschette mit Luft aufgeblasen, so entsteht in ihr ein Druck. Die Wand der Manschette drückt den Arm zusammen. Wenn die Druckkraft groß genug ist, wird der Blutfluss unterbrochen. Dann wird die Luft langsam abgelassen. Bald ist der Puls wieder zu hören. Zu diesem Zeitpunkt ist der Druck in der Manschette etwa gleich dem Blutdruck. Auf dem an der Manschette angeschlossenen Manometer kann der Blutdruck der Systole abgelesen werden. Ist der Puls dann nicht mehr zu hören, fließt das Blut wieder ungehindert unter der Manschette hindurch. Jetzt kann der Druck während der Diastole abgelesen werden.

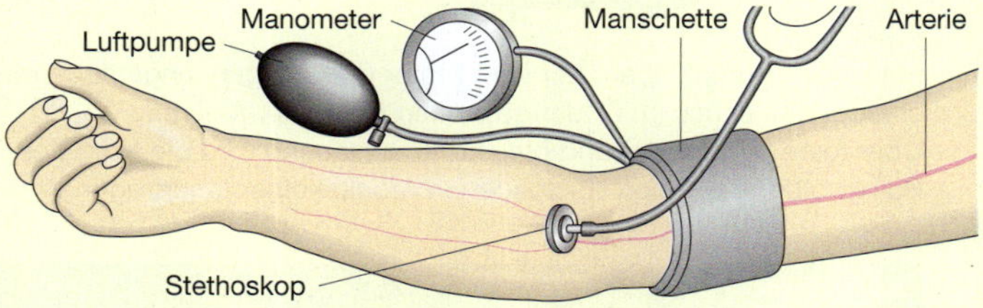

Typische Drücke

Fahrradreifen		ca. 2 bar	=	2000 hPa
Autoreifen		ca. 2,5 bar	=	2500 hPa
3 m Wassertiefe		0,3 bar	=	300 hPa
Luftdruck	normal auf Meereshöhe (NN)			1000 hPa
	im Orkantief			950–970 hPa
	Hochdruck			ab 1013 hPa
Blutdruck	Systole 120 mm Quecksilbersäule			160 hPa
	Diastole 80 mm Quecksilbersäule			107 hPa

Hydraulische Anlagen

Die Herleitung der Gleichung zur Berechnung des Druckes ergibt: Bei gleichem Druck in der Flüssigkeit ist für das Kräftegleichgewicht am Kolben mit der kleineren Querschnittsfläche eine kleinere Kraft notwendig als am Kolben mit der größeren Querschnittsfläche. Aus der Kenntnis dieses Zusammenhanges zwischen Kraft und Fläche beim Druck entsteht eine sehr wichtige Art von Kraft umformenden Maschinen – die **hydraulischen Anlagen.**

Durch hydraulische Anlagen werden Kräfte übertragen und verändert. Für die Kraft am Arbeitskolben gilt:
$F_A = F_P \cdot \frac{A_A}{A_P}$

Die auf den Arbeitskolben wirkende Kraft lässt sich leicht berechnen: Der Druck in der Hydraulikflüssigkeit ist der Quotient aus der Kraft auf den Pumpkolben und seiner Fläche:

$p = \frac{F_P}{A_P}$.

Der gleiche Druck herrscht am Arbeitskolben. Deshalb gilt (wegen $p = \frac{F_A}{A_A}$ für den Arbeitskolben):

$$\frac{F_P}{A_P} = \frac{F_A}{A_A} \Rightarrow F_A = F_P \cdot \frac{F_A}{A_P}$$

Die Kraftwirkung am Arbeitskolben ist immer mit einer Bewegung des Arbeitskolbens verbunden. Um ihn eine bestimmte Strecke zu verschieben, muss der Pumpkolben einen viel größeren Weg zurücklegen (Goldene Regel der Mechanik).

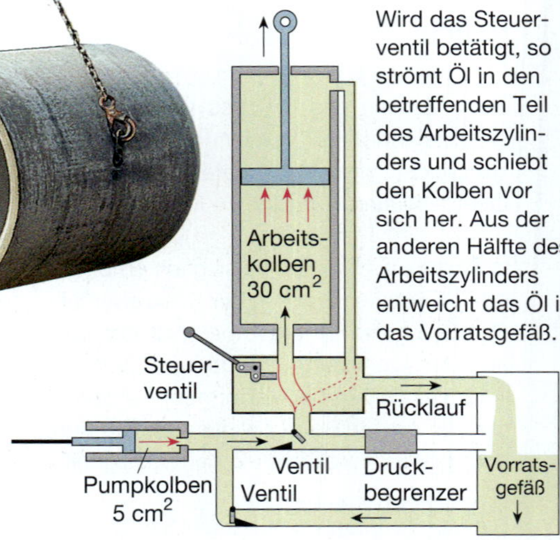

Wird das Steuerventil betätigt, so strömt Öl in den betreffenden Teil des Arbeitszylinders und schiebt den Kolben vor sich her. Aus der anderen Hälfte des Arbeitszylinders entweicht das Öl in das Vorratsgefäß.

Ein kleiner Pumpkolben, der vom Motor des Baggers angetrieben wird, erzeugt den Druck im Öl der gesamten Hydraulik-Anlage.
Über feste Metallrohre und biegsame Schläuche wird die Kraft des Pumpkolbens auf die verschiedenen Arbeitskolben übertragen.

Aufgaben

1 Beschreibe den Aufbau einer Hebebühne und erläutere ihre Funktionsweise.

2 Stelle eine Gleichung für die Wege der Kolben an hydraulischen Anlagen auf.

3 Kolben hydraulischer Anlagen sind meist kreisförmig. Entnimm die Verhältnisse der Kolbenflächen beim Bagger dem Bild und bestimme die Kraftverstärkung.

4 **a)** Erläutere, warum bei hydraulischen Anlagen Öl und nicht Wasser benutzt wird.
b) Werden Bagger in Wasserschutzgebieten eingesetzt, so wird teures Rapsöl für die Hydraulik benutzt. Begründe diese Maßnahme aus ökologischer Sicht.

5 Der Arbeitskolben einer Hebebühne hat einen Durchmesser von 20 cm, der Pumpkolben von 3 cm. Berechne die Kraft, mit welcher der Pumpkolben heruntergedrückt werden muss, um ein Fahrzeug von 1,5 t anzuheben?

6 Bei einem hydraulischen Wagenheber hat der Pumpkolben eine Fläche von 1 cm². Er wird mit einer Kraft von 1000 N heruntergedrückt. Berechne, welche Fläche der Arbeitskolben haben muss, wenn zum Anheben des Fahrzeugs eine Kraft von 7 kN notwendig ist.

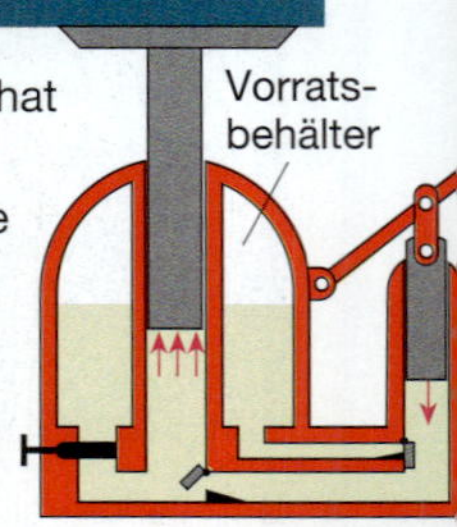

Hydraulische Anlagen besitzen gegenüber anderen Kraft umformenden Einrichtungen wie Hebeln oder Getrieben zwei wesentliche Vorteile: Neben der möglichen sehr großen Kraftvergrößerung kann der Druck und damit die Kraftwirkung über Rohrleitungen und Schläuche auch über größere Strecken „transportiert" werden.
Die Anwendungsmöglichkeiten für hydraulische Anlagen sind deshalb äußerst vielfältig. Ihr Einsatz ist meist sofort an dem typischen Gestänge mit den geschliffenen Arbeitskolben und den flexiblen Schläuchen zu erkennen.

Rettungsgerät Feuerwehr

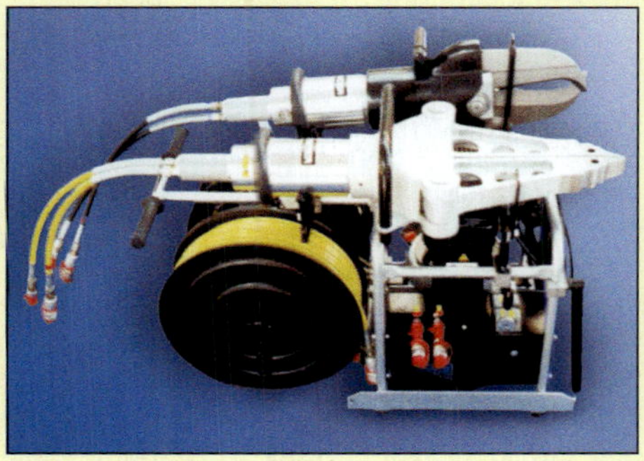

Bei Verkehrsunfällen sind zum Bergen von Unfallopfern aus deformierten Fahrzeugen oft sehr große Kräfte erforderlich. Das hydraulische Rettungsgerät der Feuerwehr zerschneidet die Karosserie mühelos.

Bremsanlage PKW

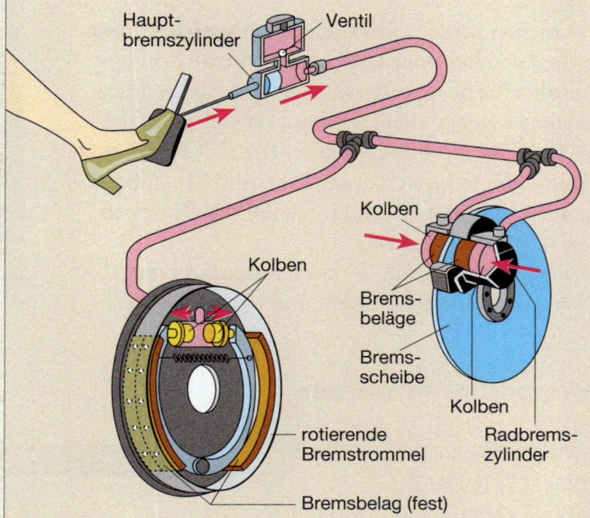

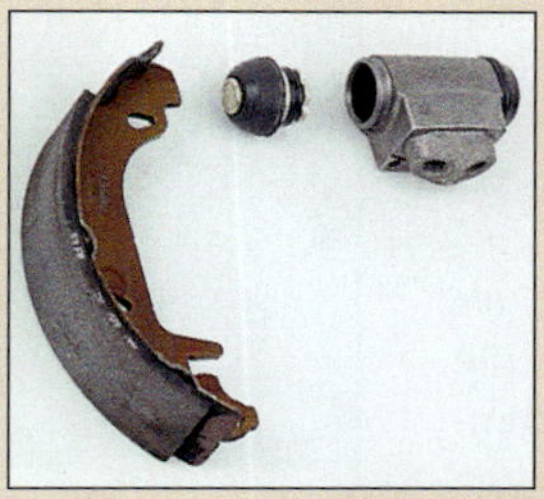

Bei der Bremsanlage eines PKW wird durch den Tritt auf das Bremspedal über den Pumpkolben ein Druck in der Bremsflüssigkeit erzeugt. Die Bremsflüssigkeit wirkt mit einer dem Verhältnis der beteiligten Kolbenflächen entsprechenden Kraft auf die Kolben der Bremszylinder und damit auf die Bremsklötze, die mit großer Kraft gegen Bremsscheiben oder -trommeln gepresst werden. Durch die Reibung zwischen ihnen und den Bremsbelägen wird die Bewegung des Fahrzeugs verzögert.

Mit Hydraulik werden die Ladeflächen von Autotransportern gehoben oder gesenkt oder die Visiere bzw. Auffahrrampen an Fähren bewegt.

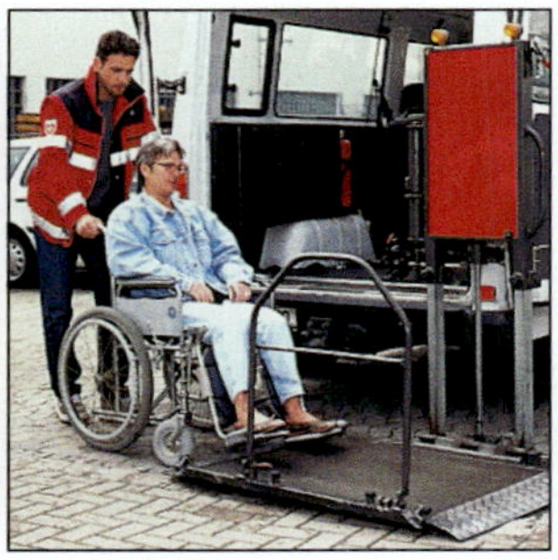

Auch die Plattform zum Auffahren für Rollstuhlfahrer wird über eine Hydraulik bewegt.

Schweredruck

Beim Tauchen ist der Druck auf die Ohren zu spüren. Arbeiter, Forscher oder U-Boote, die unter der Wasseroberfläche agieren, müssen sich durch dicke Panzerungen gegen den Druck im Wasser schützen. In der Luft gibt es ebenfalls einen Druck – Hoch- und Tiefdruckgebiete weisen darauf hin; und bei steilen, schnellen Talfahrten ist ein Druck auf die Ohren zu spüren wie beim Tauchen.
Woher kommt die Kraft, die diesen Druck erzeugt? Wie kann er bestimmt werden und wie groß ist er?

Schweredruck in Wasser

Die Membran an der Dosenöffnung im Foto rechts wird

- umso stärker eingedrückt, je tiefer der Trichter eingetaucht wird;
- in gleicher Tiefe von den Seiten, von oben und von unten gleich stark eingedrückt.

Im Wasser nimmt der Druck also mit der Eintauchtiefe zu; die Druckkräfte sind in einer bestimmten Wassertiefe in alle Richtungen gleich groß.
Mit dem Manometer kann der Druck in Abhängigkeit von der Tiefe bestimmt werden. Das Ergebnis zeigt die Tabelle. Eintauchtiefe h und Druck p sind proportional:
$\boldsymbol{p \sim h}$**.**

h	p	$\frac{p}{h}$
10 cm	1001 Pa	100,1 $\frac{\text{Pa}}{\text{cm}}$
20 cm	1997 Pa	99,9 $\frac{\text{Pa}}{\text{cm}}$
30 cm	3004 Pa	100,1 $\frac{\text{Pa}}{\text{cm}}$
40 cm	3998 Pa	100,0 $\frac{\text{Pa}}{\text{cm}}$

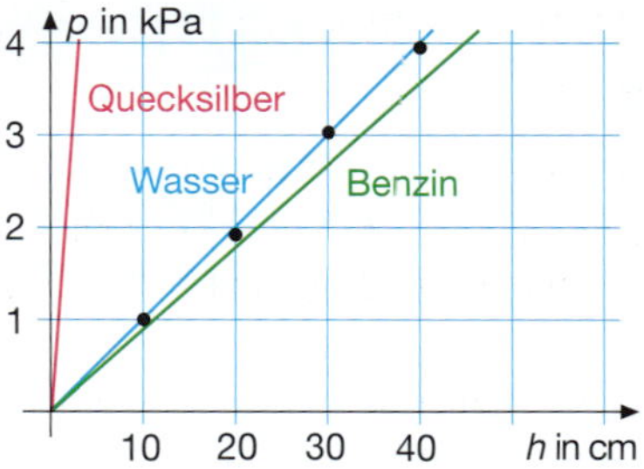

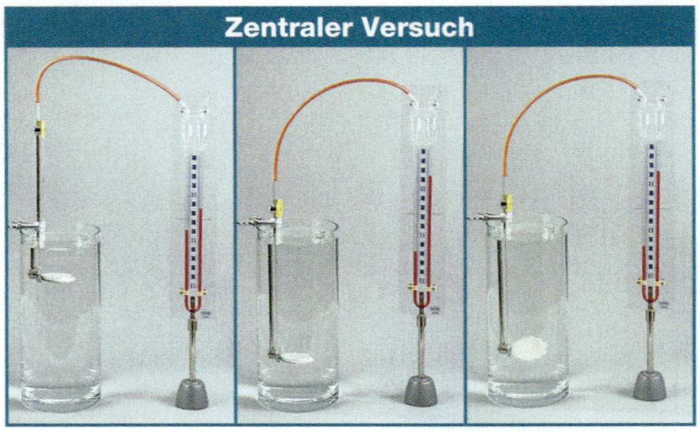

Das U-Rohr-Manometer
In der Luft des linken U-Rohr-Schenkels herrscht der zu messende Druck. Die Luft übt daher eine Kraft auf die linke Flüssigkeitsoberfläche aus. Diese Kraft verschiebt die Flüssigkeitssäule nach rechts. Die unterschiedlichen Flüssigkeitsstände in den beiden Schenkeln sind umso größer, je größer der Druck im linken Schenkel ist.

Um die Entstehung des Druckes zu verstehen, wird in Gedanken eine Wassersäule ausgeschnitten und die Gewichtskraft ermittelt, mit der die Säule auf die untere Begrenzungsfläche drückt. Die Eigenschaft der Wassersäule, schwer zu sein, bewirkt ja gerade den Druck im Wasser. Er wird deshalb **Schweredruck** genannt.

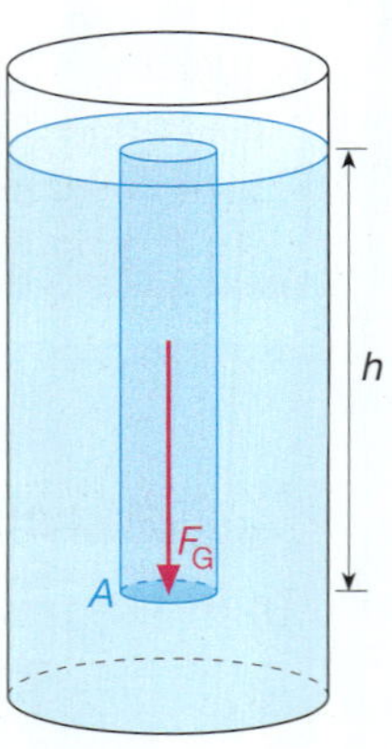

Für die Gewichtskraft der Wassersäule gilt: $F_G = m \cdot g$. Sie hat das Volumen $V = A \cdot h$ und die Masse $m = \rho \cdot V$. Es gilt deshalb für den Schweredruck p

$$p = \frac{F_G}{A} = \frac{m \cdot g}{A} = \frac{\rho \cdot V \cdot g}{A} = \frac{\rho \cdot A \cdot h \cdot g}{A}$$

$$\boldsymbol{p = \rho \cdot g \cdot h}$$

Der Schweredruck in einer Flüssigkeit hängt also nur ab von der Art der Flüssigkeit (Dichte ρ als spezifische Größe der Flüssigkeit) und der Eintauchtiefe h. Von der Fläche A, auf der die Wassersäule steht, ist er unabhängig. Die Formel bestätigt auch die in der Messreihe gefundene Proportionalität zwischen Eintauchtiefe und Schweredruck, denn ρ und g sind Konstanten und ergeben zusammen den Proportionalitätsfaktor zu $p \sim h$.

Je steiler die Geraden im Diagramm links verlaufen, desto mehr nimmt der Schweredruck mit der Tiefe zu. Für unterschiedliche Flüssigkeiten gilt: Je dichter die Flüssigkeit, desto größer der Schweredruck in gleicher Tiefe.

Wenn die senkrecht nach unten gerichtete Gewichtskraft den Schweredruck hervorruft, weshalb wird dann die Membran auch seitlich oder sogar von unten eingedrückt, wenn sie entsprechend gehalten wird?

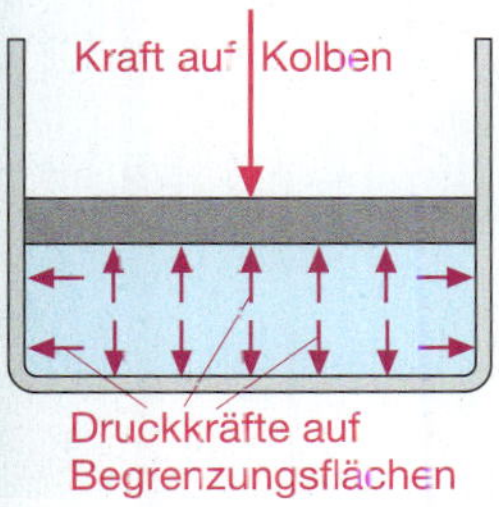

In einer allseitig eingeschlossenen Flüssigkeit wird eine Kraft, die auf einen die Flüssigkeit zusammendrückenden Kolben wirkt, gleichmäßig auf alle Begrenzungsflächen übertragen. An jeder Stelle in der Flüssigkeit ist deshalb der vom Kolben erzeugte Druck gleich groß.

Eine Flüssigkeit in einem oben offenen Gefäß wird von keinem Kolben zusammengedrückt. Aber jede obere Wasserschicht lastet auf den jeweils darunter liegenden wie ein drückender Kolben. Dadurch stellen sich in den unteren Wasserschichten Druckverhältnisse ein, wie sie vom Kolbendruck her bekannt sind. Die Weitergabe der Gewichtskraft der Teilchen an die unter ihnen liegenden und ihre Verschiebbarkeit gegeneinander führen dazu, dass in einer Flüssigkeit der Schweredruck an einer Stelle immer zu allen Seiten vorhanden und gleich groß ist.

In jeder Flüssigkeit herrscht ein Schweredruck.
- Er entsteht durch die Gewichtskraft der Flüssigkeit.
- Er nimmt proportional zur Eintauchtiefe zu.
- Die Druckkräfte in der Flüssigkeit sind in einer bestimmten Tiefe in allen Richtungen gleich groß.

Rechenbeispiel

Berechne den Schweredruck in 10 m Wassertiefe.

Geg.: $h = 10\ \text{m} = 100\ \text{dm}$; $\rho = 1\ \frac{\text{g}}{\text{cm}^3} = 1\ \frac{\text{kg}}{\text{dm}^3}$

Ortsfaktor $g = 9{,}81\ \frac{\text{N}}{\text{kg}}$

Ges.: Schweredruck p

Lösung: $p = \rho \cdot h \cdot g$

$= 1\ \frac{\text{kg}}{\text{dm}^3} \cdot 100\ \text{dm} \cdot 9{,}81\ \frac{\text{N}}{\text{kg}} = 981\ \frac{\text{N}}{\text{dm}^2}$

$= 98\,100\ \frac{\text{N}}{\text{m}^2} = 98{,}1\ \text{kPa}$

$= 0{,}981\ \text{bar} \approx 1\ \text{bar}$

In 10 m Wassertiefe beträgt der Schweredruck etwa 1 bar.

Aufgaben

1 Berechne den Druck, dem die Titanic nach ihrem Untergang in 3775 m Tiefe ausgesetzt war. Vergleiche diesen Druck mit dem, der in einem Autoreifen herrscht (ca. 2,0 bar). (Dichte von Meerwasser $\rho = 1{,}02\ \frac{\text{kg}}{\text{dm}^3}$)

2 Berechne die Kraft auf ein handflächengroßes Stück (ca. 1 dm^2) einer U-Bootwand in 350 m Tiefe.

3 Beim Tritt auf den Sand, von dem am Strand gerade das Wasser der letzten Welle abläuft, ist zu beobachten, wie seitlich vom Fuß das restliche Wasser aus dem Sand gedrückt wird. Die Kraft des Fußes hat aber nur senkrecht gewirkt.
a) Erkläre diese Beobachtung.
b) Erkläre an diesem Beispiel auch das Zustandekommen der nach oben gerichteten Druckkräfte.

Schweredruck – Versuche und Aufträge

V1 a) Bohre in eine große Plastikflasche mit einer heißen Stricknadel Löcher an den angegebenen Stellen. Fülle die Flasche über einer Wanne mit Wasser und beobachte.
b) Erläutere deine Beobachtungen mit den Eigenschaften des Schweredruckes.
c) Berechne den Druck an den verschiedenen Löchern.

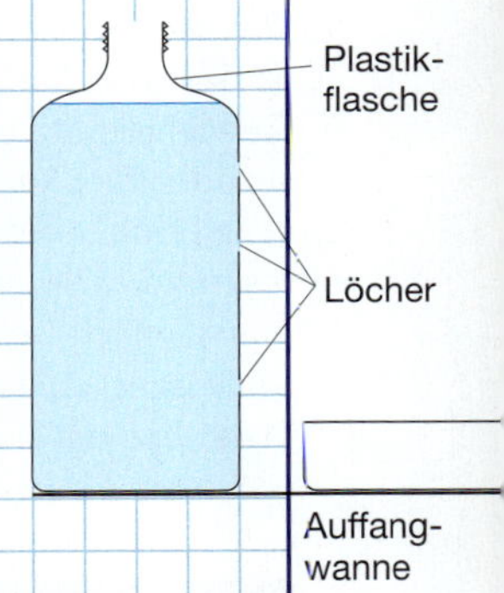

V2 Schneide von einem Filmdöschen den Boden ab und drücke in den Deckel eine Münze.
a) Setze den Deckel lose auf und tauche die Dose mit dem Deckel voran unter Wasser. Beobachte, wie das Wasser allmählich eindringt, bis der vom Döschen unter Wasser gedrückte Deckel abfällt.
b) Weshalb fällt er genau in dem beobachteten Moment ab?
c) Gib den Druck in Pa an, den das Wasser im Moment des Abfallens auf den Deckel ausübt.

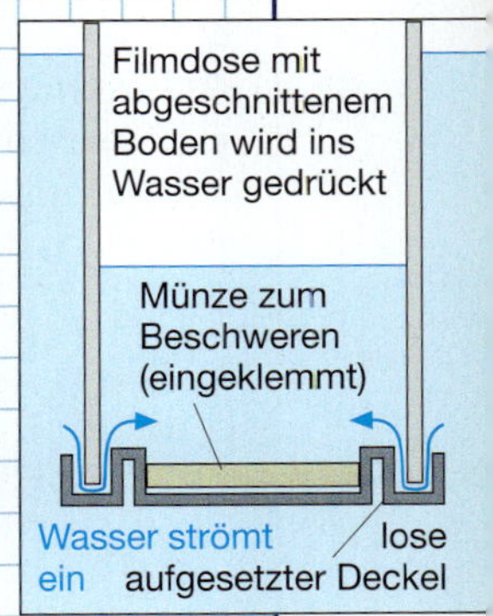

V3 Verschließe ein Wasserglas mit einem lose aufgelegten Papierdeckel und drücke es umgekehrt unter Wasser. Beschreibe und erläutere deine Beobachtung.

Schweredruck in Luft

Wie von Geisterhand wird der verschlossene stabile Metallkanister zusammengedrückt, wenn der Dampf des in ihm erhitzten Wassers nach dem Übergießen mit kaltem Wasser kondensiert. Woher kommt diese große Kraft?

In kondensierter Form nimmt das Wasser ein wesentlich geringeres Volumen ein als der Dampf, aus dem es entstanden ist. Im Kanister gibt es dadurch einen Raum, in dem weniger Wasserteilchen vorhanden sind als zuvor. Von außen kann Luft in diesen Raum nicht einströmen, weil der Kanister verschlossen ist.

Die den Kanister umgebende Luft ist schwer. Sie hat deshalb eine Gewichtskraft. Und aufgetürmt ist sie über dem Kanister auch, wie das Wasser über einem Stein am Meeresgrund. Die mehrere Kilometer hohe, nach oben nicht abgeschlossene Luftsäule über dem Kanister erzeugt einen Schweredruck am Boden. Die Luft drückt die Wand des Kanisters also mit ihrer Gewichtskraft zusammen. Weil innen wegen des Kondensierens des Dampfes ein geringerer Druck herrscht, fehlt die Gegenkraft für die Gewichtskraft der Luft – der Kanister kracht zusammen.

Die Größe des Luftdruckes kann mit einem Kolbenprober bestimmt werden: Wird der Kolben bei verschlossenem Zylinder herausgezogen, so entsteht innen ein Vakuum – von dort drückt nichts auf den Kolben. Von der anderen Seite aber drückt nach wie vor die Außenluft auf ihn. Am Kraftmesser ist abzulesen, dass das mit 80 N geschieht. Die Kolbenfläche ist 8 cm² groß. Der Luftdruck ergibt sich daraus zu

$$p_{\text{Luft}} = \frac{80\ \text{N}}{8\ \text{cm}^2} = 10\ \frac{\text{N}}{\text{cm}^2} = 1\ \text{bar}.$$

Als Schweredruck ist der Luftdruck abhängig von der Höhe der Luftsäule über dem Messpunkt. Als Bezugspunkt für die Höhenmessung des Luftdruckes wird Meereshöhe genommen. Dort herrscht ein Luftdruck von ca. 1 bar.

Zentraler Versuch

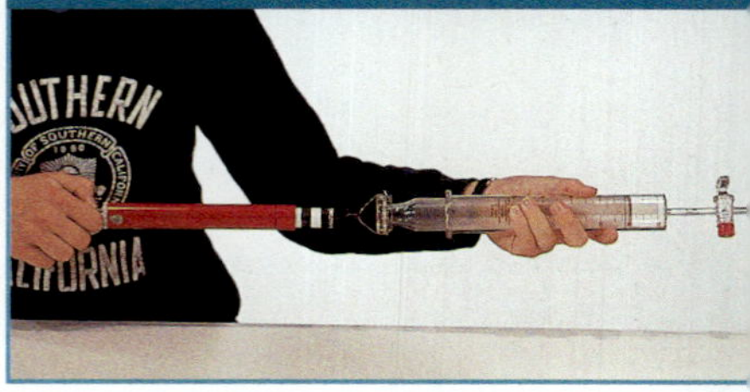

Der Druck der uns umgebenden Luft beträgt normalerweise
$1\ \text{bar} = 1000\ \text{hPa} = 10^5\ \frac{\text{N}}{\text{m}^2}$.
Der Luftdruck ist auf gleicher Höhe gleich groß. Er nimmt mit zunehmender Höhe ab.

Aufgaben

1 Berechne für Meereshöhe die Höhe der Wassersäule, deren Gewichtskraft der Kraft des Luftdruckes das Gleichgewicht hält.

2 Bei nicht ganz dichten Thermoskannen ist ein leichtes Zischen zu hören, wenn eine heiße Flüssigkeit in ihr langsam abkühlt. Erläutere das Zischen.

Streifzug – Die Magdeburger Halbkugeln

OTTO VON GUERICKE, Bürgermeister von Magdeburg, schrieb 1663 zu seinem Experiment: „Mit dem Lederring als Zwischenlage wurden nun diese Halbkugeln aufeinandergepasst und die Luft rasch ausgepumpt. Da sah ich, mit wie viel Gewalt sich die beiden Schalen gegen den Ring pressten! Und diesergestalt hafteten sie unter der Einwirkung des Luftdruckes so fest aneinander, dass 16 Pferde sie gar nicht oder nur mühsam auseinander zu reißen vermochten."

Die Beobachtung, die bei dem Experiment im Foto links gemacht werden kann, kennt jeder: Wird ein Glas verkehrt herum aus dem Abwaschwasser gehoben, so bleibt das Glas so lange gefüllt, wie die Öffnung unter Wasser bleibt, obwohl doch die Wasseroberfläche außerhalb viel tiefer liegt. Auf die Wasserfläche außen drückt die Luft und das Wasser wird in das Glas gedrückt. Erst wenn die Wassersäule im Glas so hoch ist, dass ihre Gewichtskraft der Gewichtskraft der Luft das Gleichgewicht hält, wird beim weiteren Hochziehen das Wasser vom Glasboden abreißen.

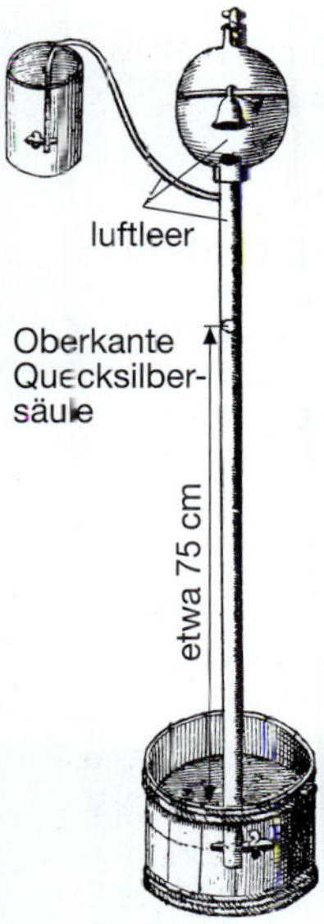

Ein ähnliches Experiment haben VIANI und TORRICELLI 1643 mit Quecksilber durchgeführt. Sie stellten fest, dass die Säule um eine mittlere Höhe von 760 mm schwankt. Bei schönem Wetter war sie höher, bei schlechtem etwas niedriger. Die Gewichtskraft der Quecksilbersäule hält der Gewichtskraft der Luft das Gleichgewicht. Die Höhe der Säule ist ein sehr genaues Maß für die Druckkraft, die von der Luft auf das Quecksilber im Gefäß ausgeübt wird. Mit diesem Verfahren kann also der Luftdruck gemessen werden.

Das Versuchsergebnis von VIANI und TORRICELLI ist zur Definition einer heute nicht mehr zulässigen Druckeinheit geworden: Als 1 Torr wurde der Druck einer 1 mm hohen Quecksilbersäule bei 0 °C auf Meereshöhe bezeichnet. Diese Einheit wird heute nur noch bei Blutdruckmessungen verwendet: Die Zahlenwerte für den gemessenen Blutdruck sind die Höhen einer entsprechenden Quecksilbersäule, also Angaben in Torr: z. B. 120 : 80 oder 100 : 60 oder gefährlich hoch 200 : 140.

Schweredruck in Luft — Versuche und Aufträge

V1 Lege auf ein randvolles Glas Wasser ein festes Papier. Halte es mit der flachen Hand fest und drehe das Glas um. Nimm die Hand weg. Erkläre deine Beobachtung.

V2 Schiebe den Kolben einer Einmalspritze ohne Nadel ganz hinein. Halte dann die Öffnung, auf die die Nadel gesteckt wird, mit dem Finger zu und zieh den Kolben wieder heraus. Erkläre deine Beobachtung.

V3 a) Jeder Luftdruckmesser (Barometer) ist als Höhenmesser verwendbar. Erkläre diese zweite Verwendung. Beschreibe die Veränderungen, die an dem Barometer vorgenommen werden müssen, um es als Höhenmesser verwenden zu können.
b) Gehe mit einem Barometer in den Keller eines Hochhauses und in das oberste Stockwerk. Vergleiche die Barometerstände. Begründe die unterschiedlichen Anzeigen.
c) Je höher du steigst, desto dünner wird die Luft in der Atmosphäre. Beschreibe den Einfluss, den dies auf die Skala eines als Höhenmesser kalibrierten Barometers hat.

Aufgaben

1 **a)** Rechne die Druckeinheit Torr in die heute gebräuchliche Einheit bar um. ($\rho_{Hg} = 13{,}59\ \frac{g}{cm^3}$)
b) Rechne die Blutdruckwerte eines Patienten von 120 : 80 in bar um.

2 Berechne die Kraft, die ein Luftdruck von 1 bar auf eine Fläche von 1 dm^2 (etwa Handflächengröße) auf den menschlichen Körper ausübt.

3 Ein gleiches Volumen Wasser enthält unter hohem Druck die gleiche Teilchenzahl wie unter geringem. In Luft dagegen befinden sich bei hohem Druck viel mehr Teilchen in einem gleichen Volumen als bei niedrigem Druck. Im Schaubild symbolisiert jeder Punkt und jedes Quadrat eine gleiche Teilchenzahl (in Wasser viel mehr als in Luft).

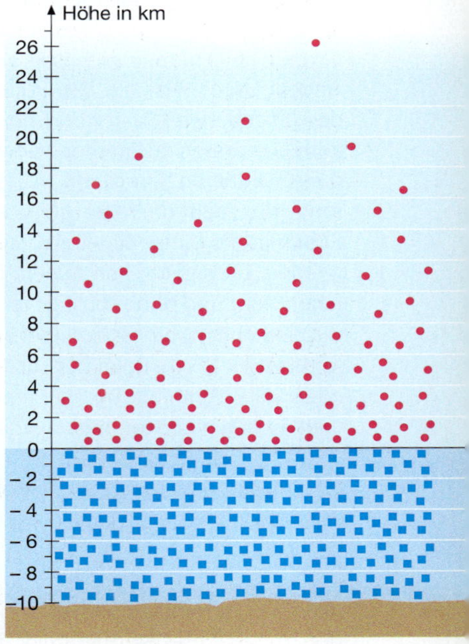

a) Zähle die Punkte in den einzelnen Schichten aus und übertrage die Zahlenwerte in ein Höhen (*y*-Achse)-Teilchen (*x*-Achse)-Diagramm.
b) Schließe auf die Druckdiagramme für Wasser bzw. Luft.
c) Vergleiche die Änderungen der Schweredrücke in beiden Stoffen.

Tauchen

Wenn um einen nach außen offenen Luftballon in einem geschlossenen Gefäß die ihn umgebende Luft abgepumpt wird, bläht er sich auf: Die Außenluft drückt gegen die Innenwand des Ballons. Da es keine oder nur eine geringe Gegenkraft von der Luft im Gefäß gibt, nimmt das Ballonvolumen zu. Umgekehrt verhält es sich, wenn der Luftdruck von außen erhöht wird.

Im Foto rechs wird der Druck der in der Plastikflasche eingeschlossenen Umgebungsluft des Ballons dadurch geändert, dass die Flasche zusammengedrückt bzw. wieder losgelassen wird. Der Umgebungsluft wird also ein kleineres und dann wieder ein größeres Volumen zur Verfügung gestellt.

Vergleichbar arbeitet die Lunge: Die Lungenbläschen sind über die Luftröhre mit der Außenluft verbunden; deshalb herrscht in ihnen normaler Luftdruck. Das Körperinnere ist ein abgeschlossener Raum. Beim Atmen wird sein Volumen durch Muskelbewegung des Brustkorbs oder des Zwerchfells abwechselnd vergrößert und verkleinert. Beim Vergrößern strömt infolge des Unterdruckes im Körper Luft in die Lunge. Bei Volumenverringerung entsteht ein Überdruck – die Luft strömt aus der Lunge.

Zentraler Versuch

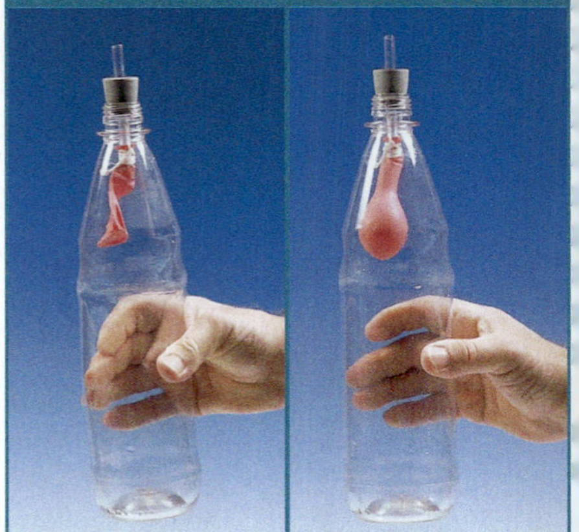

Ausatmen: Volumen verkleinern Luft strömt aus

Einatmen: Volumen vergrößern Luft strömt ein

Bei allen Landlebewesen ist der Körperinnendruck ungefähr so groß wie der normale äußere Luftdruck. So können sie ohne Hilfsmittel am Grunde des Luftmeeres existieren. Anders unter Wasser: Dort presst das umgebende Wasser den Brustkorb von außen zusammen. Gegen diesen äußeren Druck im Wasser muss die Atemluft unter gleichem Druck in die Lunge hineingebracht werden. Dies gelingt mit einem offenen Rohr und ohne sonstige technischen Hilfen nur bis zu einer Tiefe von etwa 1,5 m. Beim Tieftauchen muss die Atemluft in stählernen Luftflaschen mitgenommen werden.

Schnorcheln: Das Wasser drückt so stark auf den Brustkorb, dass er schon in 1,5 m Tiefe nicht mehr ausgedehnt werden kann, sodass Luft in die Lunge strömen könnte.

Tauchen mit Gerät: Atemluft kommt aus der Flasche. Der Wasserdruck wird durch den höheren Druck in der Flasche ausgeglichen.

Ein Druckanpassungsgerät lässt die Luft genau mit dem Druck in die Lunge einströmen, der im Wasser außerhalb der Lunge in der jeweiligen Tiefe herrscht.

Ab ca. 15 m Tiefe, also etwa ab 1,5 bar Druck, nimmt unser Blut mehr Stickstoff auf als unter Normaldruck. Beim Auftauchen, also bei Druckverringerung, perlt der Stickstoff wieder gasförmig aus. Durch dieses Überangebot an Stickstoff entsteht ein rauschartiger Zustand, die *Taucherkrankheit*, die u. A. das Urteilsvermögen stark einschränkt. Deshalb können Taucher aus größeren Tiefen nicht schnell und „in einem Zug" auftauchen, sondern nur langsam und mit Stopps in bestimmten Tiefen.

Beim Tauchen muss die Luft gegen den Schweredruck des Wassers mit gleichem Druck in die Lunge gepresst werden.

Aufgaben

1 Eine leere, verschlossene und an einem Stein angebundene Flasche wird in der Tiefe des Meeres zerdrückt. Ist sie offen, sinkt sie unbeschädigt bis auf den tiefsten Grund. Erkläre.

2 Erläutere, weshalb beim Tauchen der Druck der eingeatmeten Luft gleich dem Wasserdruck sein muss.

Hochdruck – Tiefdruck: Die Wettermaschine

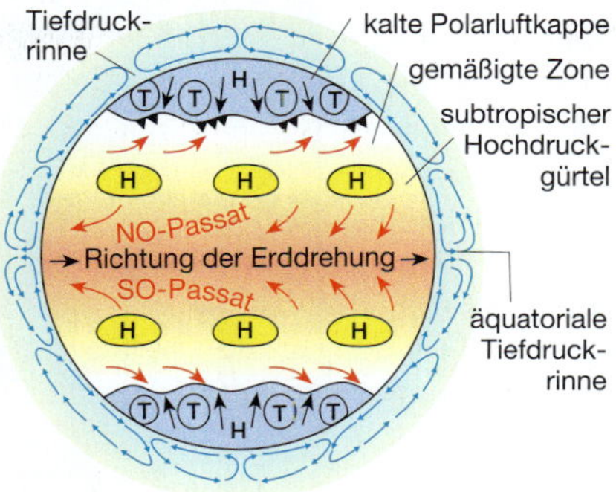

Der atmosphärische Druck ist nicht gleich verteilt auf der Erde. Die starke Sonneneinstrahlung am Äquator bewirkt dort ein Aufsteigen der Luft, weil sie durch die Vergrößerung des Volumens leichter wird als die Umgebungsluft. Es entstehen Tiefdruckgebiete. Dort, wo die abgekühlte Luft wieder zur Erde zurückkehrt, in den Subtropen, entsteht höherer Luftdruck. Die im Sommer so heiß ersehnten Azorenhochs stammen von daher.
Aus einem Hochdruckgebiet strömt die Luft heraus in ein angrenzendes Tiefdruckgebiet. Luft höheren Druckes kann mehr Feuchtigkeit aufnehmen als Luft, die unter geringerem Druck steht. Deshalb bilden sich immer dann Wolken, wenn der Druck abnimmt, also in einem Tiefdruckgebiet; meist ist Regen eine Folge davon. Ursache des gesamten Wettergeschehens ist die Sonne, die die Energie für die ganze Wettermaschine liefert. Hinzu kommt die Erdrotation, die die Passatwinde nach Westen ablenkt. Dadurch werden die Hochs und Tiefs aus ihren Entstehungsgebieten heraus bewegt.

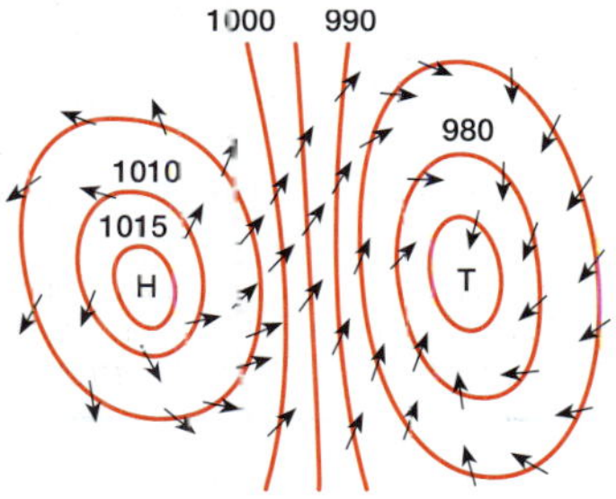

Der Saugnapf

Sollen im Bad Handtücher aufgehängt werden, können „Saughaken“ verwendet werden. Sie werden an die Fliesen gepresst und halten an ihnen fest. Wie bei den Magdeburger Halbkugeln ist es jedoch auch hier der äußere Luftdruck, der den Haken an der Wand hält. Durch das feste Anpressen wird die Luft unter dem Saugnapf entfernt. Beim Loslassen nimmt er fast seine ursprüngliche Form wieder an, ohne dass Luft in den sich bildenden Hohlraum eindringt. Dort ist ein Vakuum entstanden. Auf den Saugnapf drückt jetzt nur noch Luft von außen und hält ihn so an Wand oder Fliese fest. Der „Saug“napf ist also eigentlich ein „Druck“napf.

Auch in der Natur gibt es Tiere, die über Saugnäpfe verfügen. Kraken, Kalmare und Blutegel gehören dazu.

Diese Tiere benutzen Saugnäpfe, um sich festzuhalten oder Beute zu fangen. Bei Riesenkalmaren können sie Durchmesser bis zu 25 cm erreichen.

Vakuumverpackung

Wo keine Luft ist, kann nichts verderben, denn die Mikroorganismen, die das Verderben bewirken, benötigen Sauerstoff.
Wenn ein Körper sich in einer elastischen Hülle befindet, aus der die Luft abgepumpt wird, so wird diese Hülle von der Außenluft auf den kleinsten Raum zusammengedrückt, den der Inhalt annehmen kann. Denn die elastischen Beutelwände setzen der drückenden Luft keinen Widerstand entgegen.
Diese Eigenschaften des Vakuums werden bei Verpackungen genutzt. Lebensmittel wie Fleisch, Fisch oder auch Erdnüsse werden innerhalb eines auf nur 0,5 mbar (fast) luftleer gepumpten Raumes in Plastikbeutel verpackt und verschweißt. Verlassen diese Beutel die Vakuumkammer, sind sie hart und haben nur noch ein minimales Volumen. Dadurch können sie raumsparend gelagert werden. Natürlich kann auch die Luft von außen nicht eindringen, wodurch die Lebensmittel sehr viel länger haltbar bleiben.

Druckunterschiede bewirken Strömungen

Wird der Hahn zwischen den beiden Gefäßen im Foto rechts geöffnet, strömt Wasser aus dem kleinen Gefäß so lange in das große, bis sich die Flüssigkeitsoberflächen auf gleicher Höhe einstellen.

Zentraler Versuch

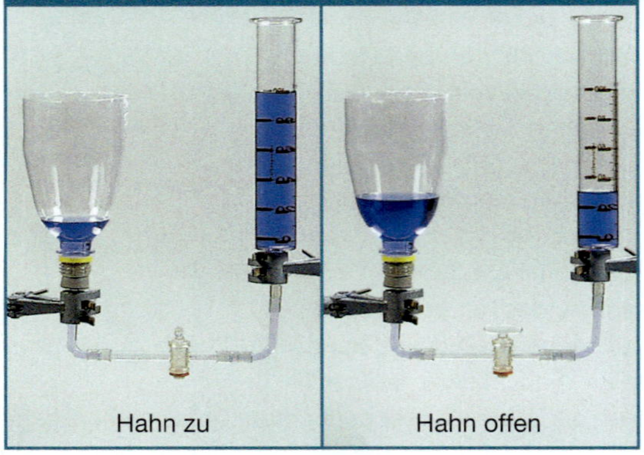

Die Erklärung für diesen Niveauausgleich liefert folgende Überlegung: Ein gedachter Probekörper befinde sich in der Mitte des Verbindungsrohres. Auf ihn wirken die Kräfte F_1 und F_2.
Weil in der Anordnung $h_1 < h_2$ ist, ist auch $F_1 < F_2$. Der Körper wird sich also so lange nach links bewegen, bis die beiden auf ihn wirkenden Kräfte gleich groß sind. Dies tritt ein, wenn die Wasserstände bei $h_1 = h_2$ ausgeglichen sind.

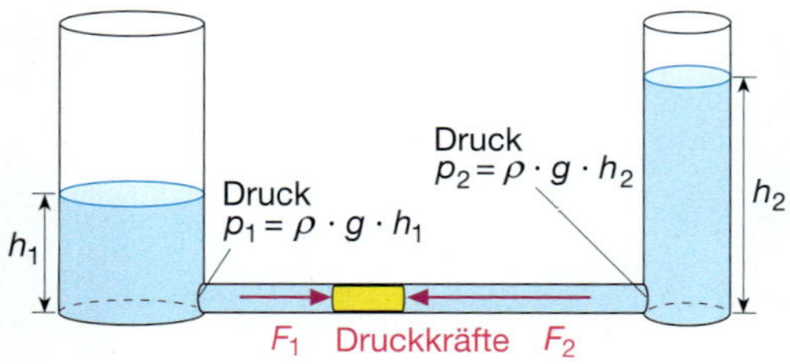

Allgemeiner: Wenn mehrere Gefäße miteinander verbunden sind, gleichen sich die Flüssigkeitsstände so einander an, dass sie in allen Gefäßen gleich hoch sind.

Der Höhenausgleich zwischen den Gefäßen hat eine Strömung der Flüssigkeit zur Folge. Sie hält so lange an, bis der Niveauausgleich erfolgt ist. Die Stärke der Strömung, ihre *Stromstärke*, hängt ab von der Druckdifferenz $p_2 - p_1$, die beim Schweredruck durch die Höhendifferenz $h_2 - h_1$ entsteht. Nur die Differenz beider Drücke bzw. Höhen bewirkt die Strömung, nicht deren absolute Werte. Ist kein Unterschied der Drücke bzw. Höhen vorhanden, strömt auch nichts.

Im linken Bild herrscht im Wasser am Ausflussrohr des linken Gefäßes ein niedrigerer Druck als am Ausflussrohr des rechten. Die Druckdifferenz ist die Ursache des Strömens des Wassers zwischen den Gefäßen. Überall da, wo Wasser strömt, besteht eine Druckdifferenz: bei Flüssen zwischen Quelle und Mündung, in Leitungen zwischen Anfang und Ende des Rohrs oder vor und hinter einer Pumpe.

Druckdifferenzen gibt es nicht nur in Wasser, sondern in allen Stoffen, in denen ein Druck herrscht, also auch in Luft oder anderen Gasen: In einem Luftballon herrscht ein höherer Druck als außerhalb. Es gibt also zwischen beiden Bereichen eine Druckdifferenz, die das Ausströmen der Luft bewirkt. Luft strömt so lange aus, bis die Druckdifferenz null ist.

Die Größe des Druckunterschiedes bestimmt, wie viel Stoff in einer bestimmten Zeit strömt. Die Größe der Druckdifferenz bedingt also die Größe der Stromstärke.

Druckunterschiede in Stoffen sind die Ursache für Strömungen.
Je größer die Druckdifferenz desto größer die Stromstärke.

Aufgaben

1 Ein Wasserturm ist 25 m hoch und steht auf NN 632 m, während die höchsten Häuser der Stadt, die er mit Wasser versorgt, auf NN 483 m liegen.
a) Berechne die Druckdifferenz zwischen Wasserturm und den höchsten Häusern.
b) In der Stadt gibt es Höhenunterschiede von 58 m. Kommentiere die Drücke an den Wasserhähnen.
c) Nenne Maßnahmen, damit an allen Wasser hähnen der Stadt etwa gleicher Druck herrscht.

2 **a)** Mit einer Schlauchwaage lässt sich das Niveau von A nach B so übertragen, dass die Verbindungslinie AB waagerecht verläuft. Begründe.
b) Nenne mögliche Anwendungen.

3 Nenne die Drücke dieser Strömungen:
① Luft aus der Fahrradpumpe;
② Luft, wenn der Fahrradreifen platt wird;
③ Öl, das in einen Hydraulikzylinder hineingepumpt wird;
④ Wasser, das aus einer defekten Leitung austritt.

Hoch und Tief in Zahlen

Die Druckunterschiede zwischen einem Hoch und einem Tief sind zahlenmäßig nicht sehr groß und doch haben sie erhebliche Auswirkungen auf das Wetter.

TIEF (niedriger als ca. 1000 hPA)

Normaldruck (0 °C, Meereshöhe)

HOCH (höher als ca 1025 hPA)

880 – 950 – 970 – 990 – 1000 – 1013 – 1050 – 1082

880: niedrigster je gemessener Luftdruck in einem pazifischen Taifun

950–970: Orkantief

990–1000: Tiefs

1013–1050: Hochs

in unseren Breiten

1082: höchster je gemessener Luftdruck in einem sibirischen Winterhoch

Windgeschwindigkeiten und Winddruck

Beaufort-Skala

Grad	Ereignis	bis km/h
0	Rauch steigt senkrecht auf	1
1	Rauchablenkung sichtbar	5
2	im Gesicht spürbar	11
3	dünne Zweige bewegen sich	19
4	loses Papier fliegt	28
5	größere Zweige bewegen sich	38
6	starke Äste bewegen sich	49
7	ganze Bäume bewegen sich	61
8	Autos geraten ins Schleudern	74
9	leichte Beschädigungen	88
10	entwurzelte Bäume	102
11	schwere Zerstörungen	117
12	Verwüstungen	mehr als 117

Bereiche unterschiedlichen Druckes in der Atmosphäre gleichen ihre Druckunterschiede gegenseitig aus. Die Folge sind Winde, Stürme, Böen, Orkane – mit oft verheerenden Folgen. Um die Stärke von Luftbewegungen klassifizieren zu können, hat der britische Admiral FRANCIS BEAUFORT um 1805/06 eine Windstärkenskala eingeführt, die mit einigen Modernisierungen bis heute gilt. Ihr höchster Wert, der Orkan, kann erheblich überschritten werden: Am 11./12. April 1937 wurde auf dem Mt. Washington im US-Staat New Hampshire die bisher höchste Windgeschwindigkeit eines Orkans mit 371 km/h gemessen.

Jede Luftbewegung übt auf Gegenstände eine Kraft aus. Diese Kraft ist dem Quadrat der Windgeschwindigkeit proportional. Für eine ebene Fläche von 1 m^2 errechnet sich die Kraft der Luft auf diese Fläche mit $F = v^2 \cdot 0{,}711$ N (v in m/s als reiner Zahlenwert!). Ein Orkan von 117 km/h = 32,5 m/s übt also eine Kraft von 755 N auf diese Fläche aus. Der 1937 tobende Orkan hatte die 10fache Kraft eines „normalen" Orkans!

Die extremsten Druckunterschiede und Luftgeschwindigkeiten gibt es in Tornados, wie sie am häufigsten zwischen den Ebenen Nordamerikas und dem Golf von Mexiko auftreten, wenn trockene Kaltluft und feuchte Warmluft aufeinander treffen. Im Innern des bis zu 100 m weiten Trichters eines Tornados fällt der Druck unter 700 hPA ab. Das führt dazu, dass Häuser, über die der Tornado hinwegfegt, regelrecht explodieren, weil der Druckausgleich zwischen innen und außen sich nicht langsam sondern schlagartig vollzieht. Die Windgeschwindigkeiten in einem Tornado wurden noch nie gemessen, weil alle Messinstrumente zerstört werden. Die Zerstörungen deuten auf Geschwindigkeiten bis zu 1000 km/h!

Albtraum jedes Urlaubers

07.08.03: In 11 000 m Höhe knallte die Lufthansamaschine LH 440, ein Airbus 340-300 bei einer Fluggeschwindigkeit von 950 km/h in ein Luftloch und sackte in Sekundenschnelle einen Kilometer tief ab. Panik an Bord, Schreie, Passagiere wirbeln durch die Luft. Austauschschüler Thomas Appel (16): „Ich begriff erst gar nicht, was los ist. Ich dachte, wir müssen jetzt alle sterben." Der Horror dauerte Minuten, dann hatten die Piloten die Maschine in eine ruhigere Zone gesteuert. 30 Minuten später werden am „George Bush-Airport" in Houston/Texas 28 Passagiere in die Kliniken der Stadt gefahren.

Natürlich gibt es keine „Luftlöcher" in der Atmosphäre, also Bereiche ohne Luft. Denn das Gas Luft nimmt jeden verfügbaren Raum ein, würde also ein Vakuum, das keine festen Wände hat, sofort wieder auffüllen. Das Flugzeug ist in Wirklichkeit in einen vertikalen, nach unten gerichteten Luftstrom geraten. Solche Strömungen entstehen am Rande und in Gewittern und sind für die Piloten nicht vorhersehbar. Diese vertikalen Strömungen werden weiter unten in horizontale Richtung umgelenkt, sodass ein Durchsacken des Flugzeugs bis zum Erdboden ausgeschlossen ist.

Auftrieb in Flüssigkeiten und Gasen

Im Wasser ist die Freundin viel leichter auf den Arm zu nehmen als außerhalb des Wassers. Ein unter Wasser gedrückter und dort losgelassener Ball schießt mit viel Schwung aus dem Wasser heraus und ein mit Helium gefüllter Luftballon entschwindet in den Himmel.
Wie kommt es zu den dafür erforderlichen Kräften gegen die Erdanziehungskraft? Wo und unter welchen Bedingungen tritt sie auf? Wie kann sie gemessen und wie ihre Größe berechnet werden? Hat das etwas damit zu tun, dass manche Körper schwimmen und andere nicht?

Die Auftriebskraft in Flüssigkeiten

Auf jeden in eine Flüssigkeit eingetauchten Körper wirkt eine Kraft, die der Gewichtskraft entgegen gerichtet ist. Diese Kraft heißt **Auftriebskraft F_A.** Sie kann auf experimentellem Wege oder durch theoretische Herleitung bestimmt werden.

Experimentelle Herleitung

Bei der linken Waage hält der Kraftmesser der Gewichtskraft des Steins das Gleichgewicht.
Nach dem Eintauchen wirkt die Auftriebskraft nach oben auf den Stein; er wird leichter. Jetzt genügt eine kleinere Kraft am Kraftmesser für das Gleichgewicht.

Zentraler Versuch

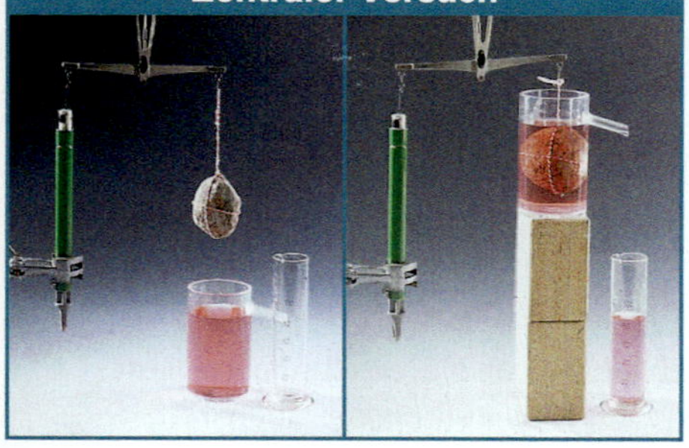

Der Unterschied der beiden Kraftmesser-Anzeigen ist die Auftriebskraft F_A. Sie ist genau so groß wie die Gewichtskraft des übergelaufenen Wassers.

Theoretische Herleitung

Ein Quader ist in eine Flüssigkeit eingetaucht. Es werden die Kräfte betrachtet, die das Wasser wegen des Schweredrucks auf die Begrenzungsflächen des Quaders ausübt:
Die seitlich auf den Körper wirkenden Kräfte heben sich gegenseitig auf. Wegen des größeren Druckes in der Tiefe h_2 gegenüber dem Druck in der Tiefe h_1 sind die an diesen Stellen auf den Körper wirkenden Kräfte unterschiedlich. Die Differenz der Kräfte F_1 auf die Deckfläche und F_2 auf den Boden ist die Auftriebskraft F_A, die auf den Körper wirkt: $F_A = F_2 - F_1$.

Wegen $p = \frac{F}{A}$ und $p = \rho \cdot g \cdot h$ gilt
$F_1 = p_1 \cdot A = \rho \cdot g \cdot h_1 \cdot A$ und $F_2 = p_2 \cdot A = \rho \cdot g \cdot h_2 \cdot A$
$F_A = F_2 - F_1 = \rho \cdot g \cdot A \cdot (h_2 - h_1) = \rho \cdot g \cdot A \cdot h$
$F_A = \rho \cdot g \cdot V$
Gewichtskraft der Flüssigkeit: $F_{Fl} = \rho \cdot g \cdot V$
Also $\mathbf{F_A = F_{Fl}}$

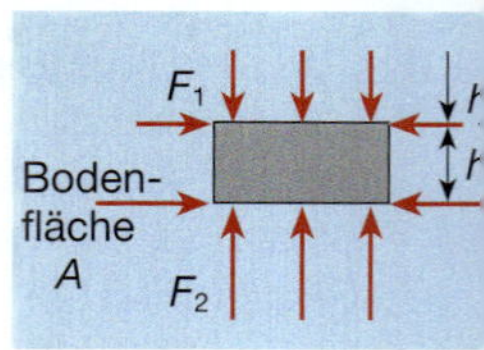

Damit ist die Größe der Auftriebskraft nur aus dem Wissen über den Schweredruck hergeleitet. Nach einer solchen allgemeinen Herleitung muss ein Experiment zeigen, dass die Überlegung sich in der Realität auch bewährt, d. h. zu identischen Ergebnissen führt. Das Experiment links zeigt, dass dies der Fall ist. Andere Probekörper und andere Flüssigkeiten führen zum gleichen Ergebnis.

ARCHIMEDES von Syrakus (285–212 v. Chr.) hat diesen Sachverhalt als erster formuliert. Deshalb heißt es auch **Archimedes'sches Gesetz.** Die Legende berichtet, dass ARCHIMEDES diese Erkenntnis beim Baden gekommen sei.

Die Auftriebskraft eines Körpers ist gleich der Gewichtskraft der von ihm verdrängten Flüssigkeit.
Die Auftriebskraft ist der Gewichtskraft des Körpers entgegengerichtet.

Auftrieb in Gasen

Zentraler Versuch

Auch Gase unterliegen einem Schweredruck. Gibt es dann auch in ihnen einen Auftrieb?

Die Balkenwaage – zunächst im Gleichgewicht – senkt sich auf die Seite des größeren Körpers, wenn die Luft abgepumpt wird. Der große Körper hatte ein größeres Luftvolumen verdrängt als der kleine. Diese Luftmenge besaß eine größere Masse als die kleine Menge Luft. Nach dem Archimedes'schen Gesetz erfährt deshalb der große Körper eine größere Auftriebskraft als der kleine. Der Auftrieb entfällt, wenn die umgebende Luft abgepumpt ist. Deshalb senkt sich die Waage auf der Seite des großen Körpers.

Die Auftriebskraft in Luft ist viel geringer als in Wasser, da bei gleichem Volumen die Masse der verdrängten Luft ja viel kleiner ist als die von Wasser.

Auch in Gasen erfahren Körper eine Auftriebskraft.

Aufgaben

1 Berechne nach dem Archimedes'schen Gesetz die Auftriebskraft deines Körpers
a) in Süßwasser ($\rho = 1\,\frac{kg}{dm^3}$),
b) in Meerwasser ($\rho = 1{,}02\,\frac{kg}{dm^3}$),
c) in Luft ($\rho = 1{,}3\,\frac{kg}{dm^3}$).
d) Vergleiche die Ergebnisse.
Hinweis: Bei 60 kg Masse beträgt das Volumen etwa $V = 75\ dm^3$; für je 6 kg mehr oder weniger kommen 5 dm^3 dazu oder werden abgezogen.

2 Begründe, weshalb die Auftriebskraft in 5000 m Wassertiefe nicht größer ist als in 5 m Tiefe.

3 **a)** Durch Eintauchen eines an einem Kraftmesser hängenden Körpers von 1 dm^3 in eine Flüssigkeit wird deren Dichte bestimmt. Beschreibe das Verfahren.
b) Bestimme die Dichte der Flüssigkeiten, in denen mit diesem Körper folgende Auftriebskräfte gemessen werden: 8,63 N; 9,8 N; 133,42 N.
c) Welche Flüssigkeiten sind es vermutlich?

Durchblick

Methoden der Erkenntnisgewinnung

Der Satz des ARCHIMEDES wurde auf zwei verschiedenen Wegen gefunden:

Bei der **experimentellen Herleitung** wurde
- *beobachtet;*
- nachgedacht, gefragt und daraus eine *Vermutung* – wissenschaftlich: eine *Hypothese – formuliert;*
- die Hypothese *experimentell überprüft;*
- und zum Schluss ein *Gesetz formuliert;*
- das Ergebnis auf andere Körper und Flüssigkeiten übertragen, also *verallgemeinert.*

Dabei ist vom Einzelfall des untersuchten Körpers in der Flüssigkeit „Wasser" auf alle anderen Flüssigkeiten geschlossen worden, dass für alle Körper und alle Flüssigkeiten das Gesetz auch gilt. Es gibt keinen Anlass anzunehmen, dass dies nicht so ist.

Bei der **theoretischen Herleitung** wurde
- das Wissen über den Schweredruck *angewandt;*
- es – mathematisch – *fortentwickelt;*
- mit dem Ergebnis eine *Prognose aufgestellt;*
- und daraus ein Gesetz *formuliert.*
- Dann ist im *Experiment geprüft* worden, ob die Prognose sich bestätigt und damit das Gesetz gilt.

Beide Wege sind die in den Naturwissenschaften gängigen Verfahren, zu Erkenntnissen zu gelangen:
- Der erste Weg ist das **induktive Verfahren.** Bei ihm wird von vielen Einzelbeobachtungen und Experimentalergebnissen auf ein allgemeines Gesetz geschlossen.
- Beim zweiten Weg, dem **deduktiven Verfahren,** wird aus vorhandenem Wissen und seiner meist mathematischen Weiterentwicklung ein allgemeines Gesetz formuliert. Es gilt aber erst dann, wenn es sich im Experiment bewährt hat.

Im induktiven Verfahren wird von vielen Einzelfällen auf eine allgemein gültige Aussage geschlossen.
Im deduktiven Verfahren wird eine theoretisch hergeleitete Voraussage im Experiment auf ihre Gültigkeit in der Realität überprüft.

Schwimmen oder sinken?

Das Papierboot schwimmt an der Oberfläche des Wassers, der Stein sinkt nach unten. Der mit Wasser gefüllte Luftballon bleibt in der Schwebe zwischen Oberfläche und dem Grund des Wassers.

Zentraler Versuch

Das Verhältnis der Erdanziehungskräfte zu den jeweiligen Auftriebskräften ist so unterschiedlich, dass die drei verschiedenen Körper im Wasser ganz unterschiedliche Verhaltensweisen zeigen: Einer *schwimmt*, der andere *schwebt*, der dritte *sinkt* oder *steigt*.

Die Auftriebskraft des steigenden Körpers bewegt ihn so lange aus der Oberfläche des Wassers heraus, bis der im Wasser verbleibende Teil nur noch ein so großes Volumen an Wasser verdrängt, dass dessen Gewichtskraft gleich groß ist wie die Erdanziehungskraft. Der Körper „schwebt" an der Oberfläche – er schwimmt. Da der Auftrieb in einer Flüssigkeit von ihrer Dichte abhängt ($F_A = \rho_{Fl} \cdot g \cdot V_{verdrängt}$), kann ein und derselbe Körper in einer Salzlösung schwimmen, in Wasser schweben und in Spiritus zu Boden sinken, weil deren Dichten ja unterschiedlich sind.

Das Verhältnis von Erdanziehungskraft zu Auftriebskraft bestimmt, ob ein Körper
steigt: $F_E < F_A$ und $V_{Kör} = V_{Fl}$
schwebt: $F_E = F_A$ und $V_{Kör} = V_{Fl}$
(schwimmt: $F_E = F_A$ und $V_{Kör} > V_{Fl}$)
sinkt: $F_E > F_A$ und $V_{Kör} = V_{Fl}$

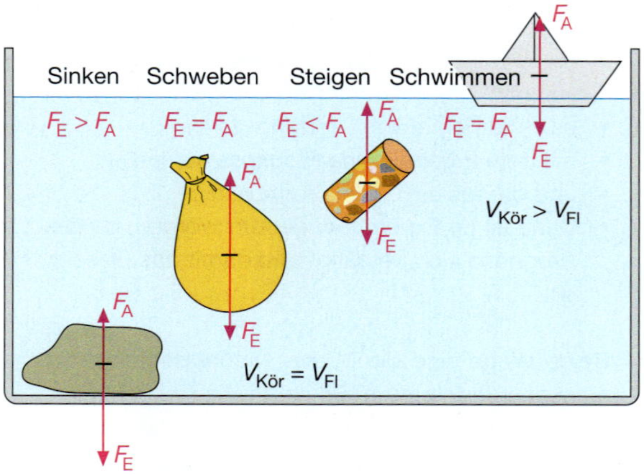

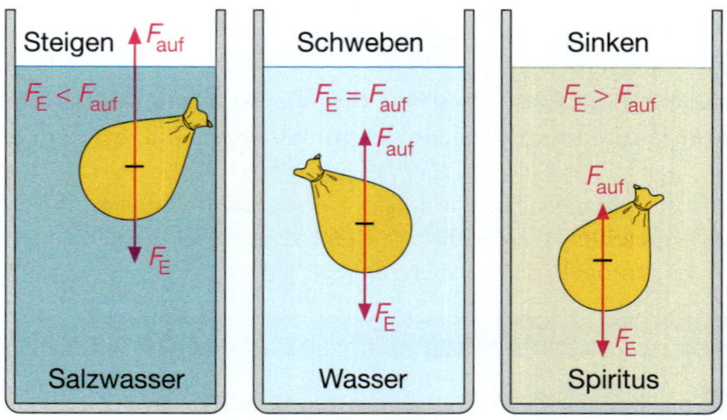

Aufgaben

1 Gib die Dichte eines Körpers an, der in einer Flüssigkeit schwebt. Begründe, weshalb ein wassergefüllter Luftballon in Wasser ziemlich gut schwebt.

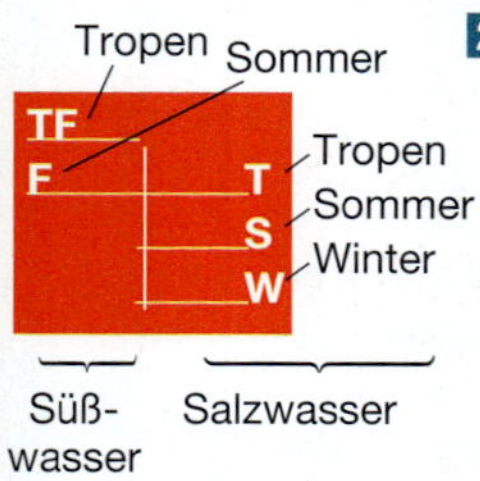

2 Süßwasser und Meerwasser haben unterschiedliche Dichten. Schiffe tauchen deshalb unterschiedliche tief ein. Darum gibt es an ihren Bordwänden verschiedene Markierungen für den Tiefgang. Überlege, wie sich die Eintauchtiefe bei einer Fahrt von Süßwasser nach Meerwasser ändert.

3 Die Eintauchtiefe eines Bootes mit senkrechten Wänden beträgt in Süßwasser 50 cm. Berechne seine Eintauchtiefe in Meerwasser (Dichte $\rho = 1{,}02\ \frac{kg}{dm^3}$).

Die Eintauchtiefe eines schwimmenden Körpers hängt ab von der Dichte der Flüssigkeit, in der er schwimmt.

Aus $F_A = F_G$ folgt

$\rho_{Fl} \cdot g \cdot V_{verdrängt} = \rho_{Kör} \cdot g \cdot V_{Kör}$

Für Zylinder oder Würfel gilt

$V = A \cdot h$ wobei $h <$ Eintauchtiefe / Körperhöhe ist.

Daraus ergibt sich

$h_{eintauch} = \frac{\rho_{Kör}}{\rho_{Fl}} \cdot h_{Kör}$ oder $\boldsymbol{h_{eintauch}} \sim \frac{1}{\rho_{Fl}}$.

Die Eintauchtiefe eines Normkörpers kann also als Maß für die Dichte einer Flüssigkeit dienen. **Aräometer** sind solche Normkörper zur Dichtebestimmung.

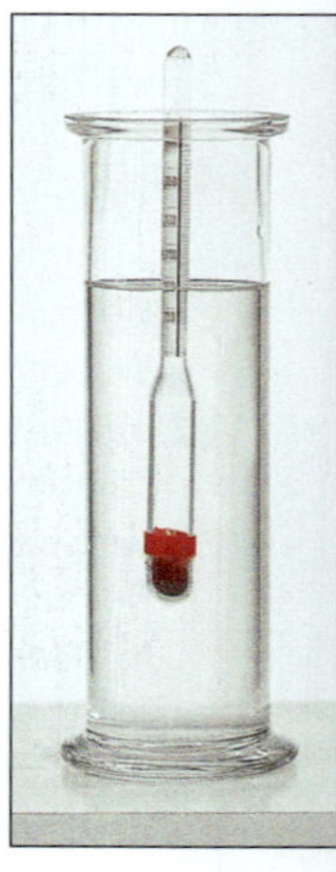

AUFTRIEB IN NATUR UND TECHNIK

rief ARCHIMEDES von Syracus (Sizilien; 287-212 v. Chr.), sprang aus seinem Badezuber, in den er grübelnd hinein gestiegen war und machte sich an die Arbeit. – So berichtete der Architekt und Geschichtsschreiber VITRUVIUS 100 Jahre später.

ARCHIMEDES sollte im Auftrag seines Königs HIERON II prüfen, ob ein Lorbeerkranz, der aus einem Klumpen Gold gefertigt worden war, auch tatsächlich nur aus Gold bestand und nicht etwa das leichtere Silber untergemischt worden sei. Der Massevergleich hatte nichts ergeben: Der Kranz war genau so schwer wie der Klumpen Gold vor der Verarbeitung.

Beim Baden nun kam ihm die zündende Idee: So groß wie das Volumen des aus dem randvoll gefüllten Zubers überschwappenden Wassers beim Eintauchen musste das Volumen des untergetauchten Teiles seines Körpers sein (Überlaufmethode). Und um die Gewichtskraft des übergelaufenen Wassers war sein Körper leichter geworden.

Um den Auftrag des HIERON zu erfüllen, besorgte sich ARCHIMEDES einen Klumpen Gold mit gleicher Masse wie die des Lorbeerkranzes. Er hängte beides an die Balken einer Waage. Natürlich bestand Gleichgewicht. Als er die beiden Gegenstände, die noch immer am Waagebalken hingen, in Wasser tauchte, neigte sich jedoch die Waage auf die Seite des Goldklumpens. Der Kranz besaß also ein größeres Volumen als der Klumpen aus purem Gold und erfuhr deshalb im Wasser eine größere Auftriebskraft als dieser. Deshalb musste etwas Leichteres als Gold dabei sein. Der Goldschmied hatte also gemogelt und wurde dafür hingerichtet – berichtet die Legende.

Boote und Fische

Um den Schwebezustand, bei dem Gewichts- und Auftriebskraft gleich groß sind, zu verändern, muss durch einen geeigneten Mechanismus das Verhältnis beider zueinander geändert werden.

Die meisten Fische besitzen eine Schwimmblase. In diese können sie ein Sauerstoff-CO2-Gemisch über das Blut hineinlassen oder daraus abgeben. Andere Fische führen der Schwimmblase Luft über den Verdauungstrakt zu bzw. lassen sie darüber auch wieder heraus. Dadurch ist es ihnen möglich, die Auftriebskraft gezielt zu verändern und im Wasser auf- oder abzusteigen. Zum Ausgleich des Schweredruckes von außen muss in der Schwimmblase immer etwa der gleiche Druck herrschen wie in der Umgebung des Fisches.

Fische ohne Schwimmblase wie z. B. Flundern, Makrelen oder Haie erzeugen die für das Steigen notwendige Gegenkraft zur Gewichtskraft durch Bewegung des Körpers und der Flossen.

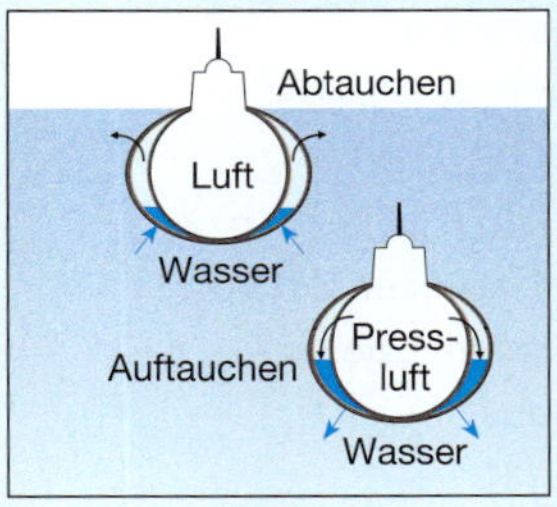

Beim U-Boot wird Wasser in spezielle Tanks eingelassen, damit es sinkt. Zum Aufsteigen wird dieses Wasser mit Pressluft aus den Tanks verdrängt.

Die PICCARDS – Höhen und Tiefen einer Forscherfamilie

AUGUSTE PICCARD stieg am 27.05.1932 zusammen mit PAUL KIPFER mit einem Ballon in die Stratosphäre bis in eine Höhe von knapp 16 km (Höhenrekord Ende des 20. Jahrhunderts: rund 35 km). Sie bewiesen damit, dass der Aufenthalt in solchen Höhen möglich ist – wenn sich der Mensch in einer Druckkabine aufhält, denn der Luftdruck beträgt in dieser Höhe nur noch 60 hPa statt der normalen 1000 hPa auf Meereshöhe. Heutzutage fliegen Langstreckenflugzeuge in diesen Höhen – mit Druckkabinen.

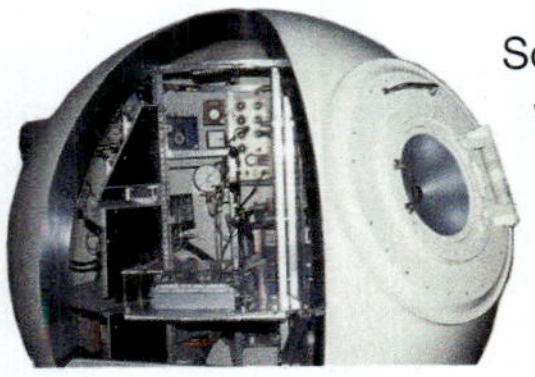

Sohn JAQUES PICCARD stellte 1960 den Tiefenrekord auf: Mit dem von Vater AUGUSTE konstruierten Tauchboot „Trieste" erreichte er im Marianengraben (im Pazifik westlich Guam) eine Tiefe von 10 916 m. Jeder Quadratzentimeter der Tauchkugel musste dabei der Gewichtskraft einer Wassersäule von 1 km Höhe standhalten, die eine Masse von 11 t hat. (Das entspricht elf Mittelklasseautos!)

Enkel BERTRAND gelang es 1999 als erstem Menschen, die Erde in einem Ballon im Non-Stop-Flug zu umrunden. Sein Ballon war eine Kombination aus einem geschlossenen Helium- und einem offenen Heißluft-Ballon. Die ganze Umrundung dauerte knapp 20 Tage. Die Reisehöhe des 55 m hohen Ballons betrug 10 000 m; der Aufenthalt war nur in einer Druckkabine möglich.

Grundwissen — Kraft – Druck – mechanische Energie

ENERGIE

Energie ist erforderlich, damit Vorgänge ablaufen können. Sie tritt in verschiedenen Formen auf, die ineinander gewandelt werden können. Wird ein Körper durch eine Kraft F längs einer Strecke Δs bewegt, so ändert sich seine Energie um $\Delta E = F \cdot \Delta s$. Energien werden in Joule angegeben: 1 J = 1 Nm

Mechanische Energieformen

- Bewegungsenergie $E_{Bew} = \frac{1}{2}\, m \cdot v^2$
- Lageenergie $E_{Lage} = F_G \cdot h = m \cdot g \cdot h$
- Spannenergie $E_{Spann} = \frac{1}{2}\, F \cdot s = \frac{1}{2}\, D \cdot s^2$

Energieerhaltung

Bei allen Wandlungen der Form bleibt die Energie erhalten.
Energiebilanz: Bei allen Wandlungen mechanischer Energieformen wird immer ein Teil der Energie durch Reibung zu thermischer Energie.

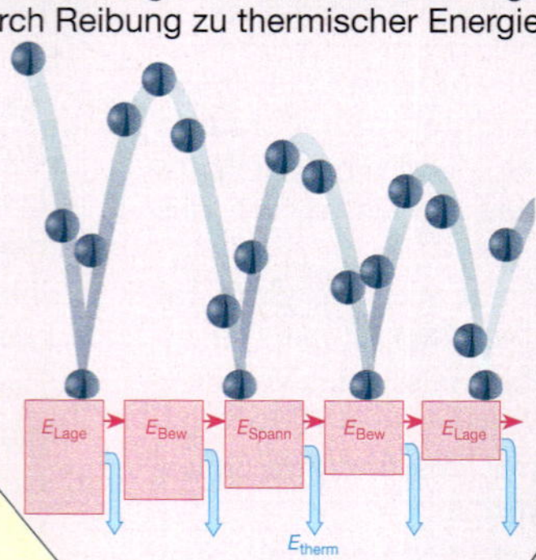

SYSTEM

Masse

Die Masse ist durch zwei Körpereigenschaften gekennzeichnet:

- **Trägheit:** Körper widersetzen sich Änderungen ihres Bewegungszustandes.
- **Schwere:** Körper werden von der Erde angezogen, sie sind schwer.

Die Masse eines Körpers gibt an, wie träge oder wie schwer er ist. Ihre Einheit ist 1 kg.

Massen werden mit Balkenwaagen durch Vergleich mit Normmassen (Wägestücken) bestimmt oder mit Federwagen.

Maschinen

Feste Rolle: $F_{Zug} = F_{Hub}$; $s_{Zug} = s_{Hub}$
1 Lose Rolle: $F_{Zug} = \frac{1}{2}\, F_{Hub}$; $s_{Zug} = 2\, s_{Hub}$
Flaschenzug: $F_{Zug} = \frac{1}{n} \cdot F_{Hub}$; $s_{Zug} = n \cdot s_{Hub}$
(n ist die Anzahl der tragenden Seilstücke)

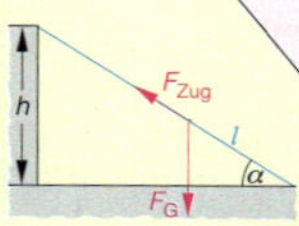

Schiefe Ebene: $F_{Zug} = F_G \cdot \frac{h}{l}$
Hebel: $F_{Zug} = F_G \cdot \frac{l}{l_{Zug}}$

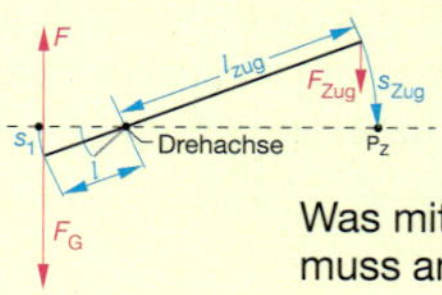

Goldene Regel

Was mit Maschinen an Kraft eingespart wird, muss an Weg zugelegt werden.

Bewegungen

Bewegungen können geradlinig, krummlinig oder Schwingungen sein. Sie werden durch den zurückgelegten Weg s und die dafür benötigte Zeit t beschrieben.
Bewegungen können

- **gleichförmig** sein, dann werden in gleichen Zeitabschnitten Δt gleiche Wegstrecken Δs zurückgelegt;
- *ungleichförmig* sein, dann werden zu verschiedenen Zeitabschnitten unterschiedliche Wegstrecken zurückgelegt.

Geschwindigkeit

Der Quotient aus zurückgelegtem Weg Δs und dafür benötigter Zeit Δt ist die Geschwindigkeit v des Körpers:
$v = \frac{\Delta s}{\Delta t}$. Einheiten sind $1\,\frac{m}{s}$ oder $1\,\frac{k}{m} = \frac{1}{3{,}6}\,\frac{m}{s}$.
Geschwindigkeiten werden in Zeit-Weg-Diagrammen dargestellt.

- Durchschnittsgeschwindigkeit ist die mittlere Geschwindigkeit für die Gesamtstrecke s während der Gesamtzeit t: $\bar{v} = \frac{s}{t}$.
- Momentangeschwindigkeit wird mit Tachometern direkt gemessen oder angenähert durch die Messung der Zeitspannen Δt für möglichstkurze Wegstrecken Δs: $v = \frac{\Delta s}{\Delta t}$.

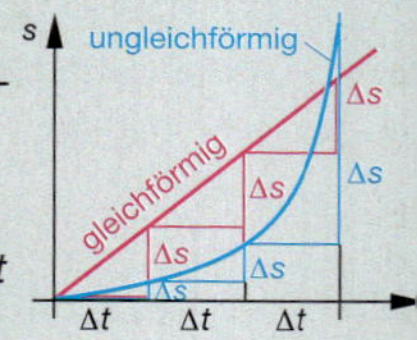

Grundbegriffe

Druck

Druck ist der Zustand des Gepresstseins einer Flüssigkeit oder eines Gases. Er ist überall in der Flüssigkeit bzw. im Gas gleich groß.

Flüssigkeiten und Gase unter Druck üben auf die Begrenzungsflächen senkrecht wirkende Kräfte aus.

Der Druck wird durch die Teilchenbewegung hervorgerufen.
Seine Einheit ist $1\ \mathrm{Pa} = 1\,\frac{\mathrm{N}}{\mathrm{m}^2}$ oder $1\ \mathrm{bar} = 10\,\frac{\mathrm{N}}{\mathrm{cm}^2}$.

Stempeldruck wird hervorgerufen durch die Kraft eines Kolbens auf eine eingeschlossene Flüssigkeits- oder Gasmenge: $p = \frac{F}{A}$

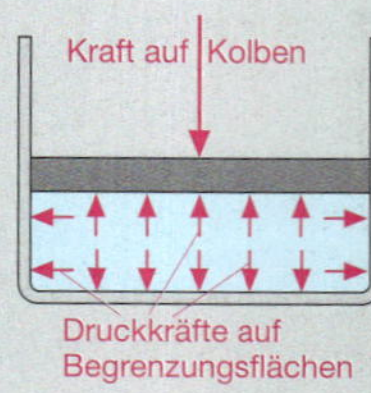

Hydraulische Anlagen übertragen und verändern Kräfte. Für die Kraft am Arbeitskolben gilt:
$F_A = F_P \cdot \frac{A_A}{A_P}$

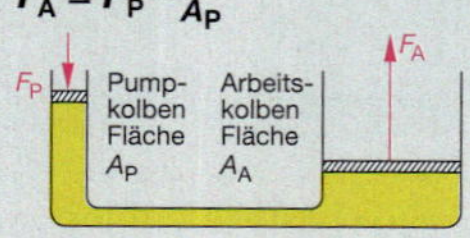

Kräfte

Kräfte beschreiben die Wechselwirkung von zwei oder mehr Körpern aufeinander. Eine Kraft wird immer von einem Körper (oder mehreren) auf einen anderen ausgeübt. Sie ist charakterisiert durch Angriffspunkt, Größe und Richtung.

Wirkungen von Kräften sind
- Änderungen des Bewegungszustands seines Körpers, also seiner Geschwindigkeit und/oder seiner Richtung;
- Änderungen der Form eines Körpers.

Darstellung durch Pfeile mit Angriffspunkt
Pfeillänge = Größe der Kraft
Pfeilrichtung = Richtung der Kraft

Messung mit Federkraftmessern
Die Einheit ist das Newton (1 N).

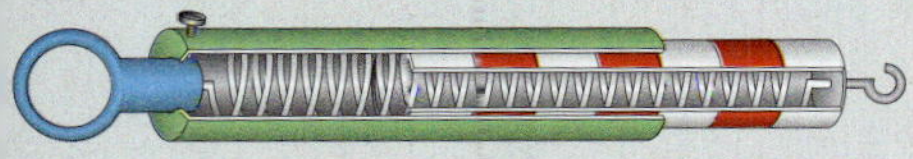

Für Metallfedern gilt das **Hooke'sche Gesetz:** $F = D \cdot s$, wobei D die Federkonstante (Einheit $1\,\frac{\text{N}}{\text{m}}$) ist.

Ein Körper befindet sich im **Kräftegleichgewicht,** wenn die Ersatzkraft aller auf ihn einwirkenden Kräfte null ist.

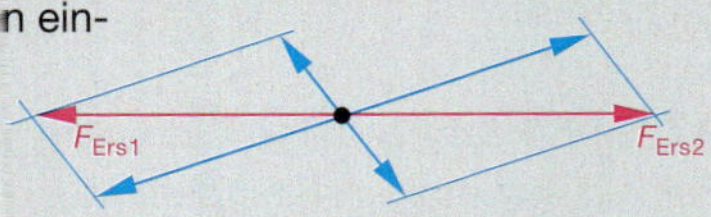

Schweredruck wird hervorgerufen durch die Gewichtskraft übereinander lastender Flüssigkeits- oder Gasschichten: $\boldsymbol{p = \rho \cdot g \cdot h}$

(ρ ist die Dichte, Einheit $1\,\frac{\text{kg}}{\text{m}^3}$)

Auftrieb wird hervorgerufen durch den Druckunterschied zwischen oberer und unterer Begrenzungsfläche eines eingetauchten Körpers mit dem Volumen V: $\boldsymbol{F_A = \rho \cdot g \cdot V}$

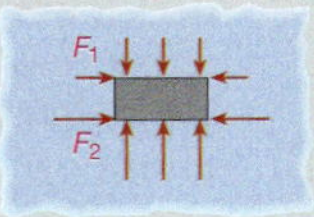

Strömungen
Druckunterschiede in flüssigen oder gasförmigen Stoffen verursachen Strömungen. Je größer die Druckdifferenzen sind, desto größer ist die Stromstärke des strömenden Stoffes.

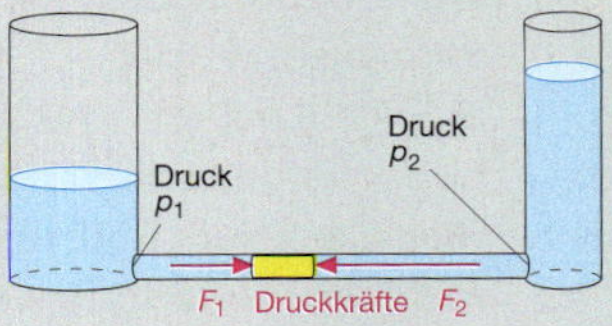

Besondere Kräfte
Die Erde übt auf jeden Körper die **Erdanziehungskraft** $\boldsymbol{F_E = m \cdot g}$ aus, wobei g der *Ortsfaktor* $g = 9{,}81\,\frac{\text{N}}{\text{kg}}$ ist.
Wegen der Erdanziehung drückt jeder Körper auf seine Unterlage oder zieht an seiner Aufhängung mit seiner **Gewichtskraft** $F_G \approx F_E$.
Erdanziehungskraft und Gewichtskraft sind beide zum Erdmittelpunkt hin gerichtet.

Wechselwirkungskräfte: Auf jeden Körper, der eine Kraft auf einen anderen Körper ausübt, wirkt der andere Körper mit einer gleich großen Kraft in entgegengesetzter Richtung ein.

Zusammensetzen und Zerlegen von Kräften

Die Wirkung mehrer Kräfte auf einen Körper kann durch eine **Ersatzkraft** $\boldsymbol{F_{Ers}}$ beschrieben werden.

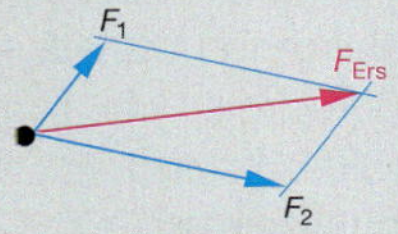

Eine Kraft kann in ihrem Angriffspunkt in Komponenten F_1 und F_2 zerlegt werden.
Die Richtung der Komponenten wird durch die Geometrie der Anordnung vorgegeben *(Wirkungslinien)*.

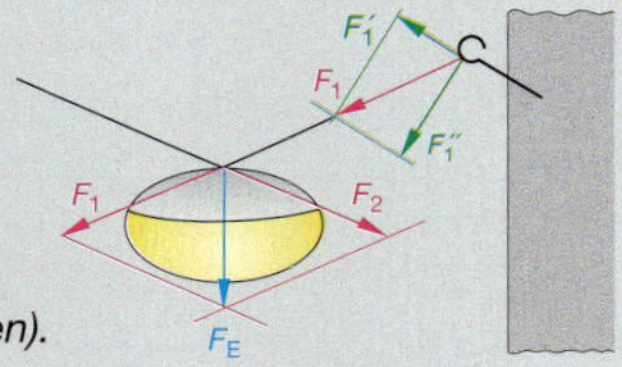

Trägheit

Ein Körper behält seinen Bewegungszustand (Ruhe oder geradlinige Bewegung mit konstanter Geschwindigkeit) bei, solange keine Kräfte auf ihn wirken.

WECHSELWIRKUNG

Grundbegriffe

Grundwissen — Kraft – Druck – mechanische Energie

A1 Fertige mit den Grundbegriffe auf den vorhergehenden Seiten Karteikarten an. Notiere den Begriff auf der Vorderseite und erläutere ihn auf der Rückseite, eventuell mit Einheiten und sonstigen Besonderheiten. Anstelle der Karteikarten kannst du auch eine elektronische Datenbank anlegen.

A2 Für die 166 Kilometer lange Autobahnstrecke zwischen Hamburg und Rostock rechnet ein Geschäftsmann mit einer Fahrzeit von 2 Stunden und 10 Minuten.
a) Berechne die durchschnittliche Geschwindigkeit des Fahrzeugs.
b) Durch einen Stau auf der Autobahn verzögert sich die Fahrt. Innerhalb der ersten 60 Minuten legt der Geschäftsmann lediglich 62 Kilometer zurück.
Bestimme, um wie viel $\frac{km}{h}$ das Fahrzeug langsamer als vorausberechnet war.
c) Berechne, wie schnell der Geschäftsmann durchschnittlich auf dem Rest der Strecke fahren muss, um seine eingeplante Zeit einzuhalten.

A3 Das folgende *t*-*s*-Diagramm stellt den grafischen „Fahrplan" zweier Züge dar, die zwischen A-Stadt und B-Stadt verkehren.

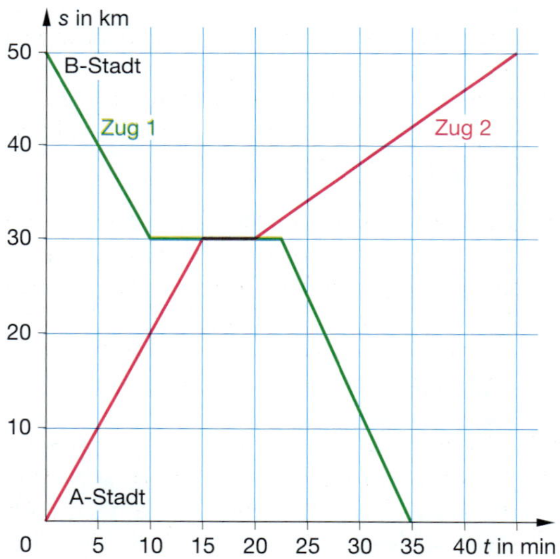

a) Beschreibe die dargestellte Bewegung der beiden Züge mit eigenen Worten.
b) Berechne die Geschwindigkeiten des Zuges 1 (grüner Graph) auf den einzelnen Teilstrecken der Verbindung. Berechne zusätzlich die Durchschnittsgeschwindigkeit des Zuges 1 zwischen Abfahrtort A-Stadt und Zielort B-Stadt.
c) Berechne die Durchschnittsgeschwindigkeit von Zug 2 (roter Graph) auf der letzten Teilstrecke.
d) Bestimme, welcher der beiden Züge insgesamt die größere Durchschnittsgeschwindigkeit hatte.
Erkläre, wie du die Aufgabe auch ohne Rechnung hättest lösen können.

A4 **a)** Beschreibe den Bau eines Federkraftmessers.
b) Erläutere, was bei der Messung mit einem Federkraftmesser alles zu beachten ist.
c) Vergleiche die beiden Graphen.
d) Lies jeweils zwei Wertepaare ab und berechne die Federkonstante. Vergleiche.

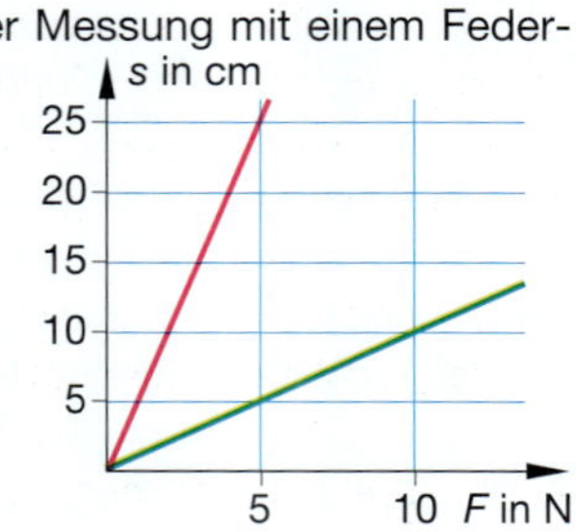

A5 Eine Feder kann mit 50 N belastet werden. Sie wird nacheinander mit 5 N und 10 N belastet. Dabei ergibt sich eine Länge von 160 mm und 200 mm. Bestimme:
a) die Ausgangslänge der Feder (also die Länge ohne Belastung),
b) die Länge der Feder bei einer Belastung von 8 N.

A6 Zwei Spannseile ziehen an der Feder ($D = 500\ \frac{N}{m}$). Berechne ihre Verlängerung.

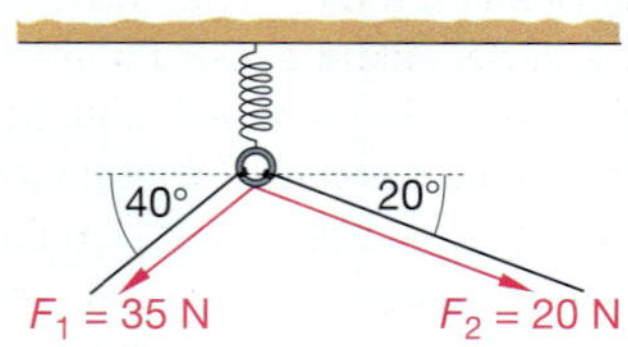

A7 **a)** Berechne deine Gewichtskraft zuhause, am Pol, am Äquator und auf dem Mond.
b) Erläutere die Veränderung der Anzeige einer Briefwaage während der verschiedenen Phasen einer Fahrstuhlfahrt.
c) Du führst den Versuch in b) mit einer Balkenwaage durch. Begründe deine erwartete Beobachtung.
d) Astronauten, die im Raumschiff die Erde umkreisen, spüren ihre Gewichtskraft nicht mehr. Wirkt auf sie keine Erdanziehungskraft mehr?

A8 Durch Paddeln kann ein Boot im Wasser leicht fortbewegt werden.
a) Erkläre mithilfe einer Skizze das Vorankommen.
b) Begründe, warum der gleiche Effekt eintritt, wenn Steine aus dem Boot geworfen werden und in welche Richtung sie geworfen werden müssen.

A9 Abbremsen eines PKW:

a) Der PKW macht eine Vollbremsung mit blockierenden Rädern. Vergleiche die Reibungskräfte auf trockener, nasser und vereister Fahrbahn miteinander und erkläre mögliche Unterschiede oder Gemeinsamkeiten.

b) Erläutere, wer beim Bremsen eines PKW eigentlich auf wen Kräfte ausübt.

c) Während der gleichförmigen Bewegung eines PKW treten verschiedene Kräfte auf. Erläutere anhand einer Skizze die auftretenden Kräfte. Unterscheide dabei zwischen Wechselwirkungs- und Gleichgewichtskräften.

d) Angenommen, auf einen PKW könnten keinerlei Kräfte ausgeübt werden. Kommentiere.

A10 Schreibe eine kurze Geschichte über eine Welt, in der das Wechselwirkungsgesetzt nicht gilt.

A11 An einen Flaschenzug mit vier tragenden Seilen hat ein Bauarbeiter unten einen leeren Eimer der Masse 2,5 kg angehängt. Auf dem Gerüst in 8 m Höhe hängt ein anderer Bauarbeiter seinen Hammer (Gewichtskraft 10 N) an das Zugseil unmittelbar unter die Rollen, damit es straff bleibt.

a) Skizziere den Flaschenzug.

b) Berechne, ob die Gewichtskraft des Hammers ausreicht, um den Eimer nach oben zu ziehen.

c) Bestimme die Höhe, in der der Eimer hängen bleibt, wenn der Hammer den Eimer nach oben zieht.

d) Berechne, wie viele Meter Seil für diesen Flaschenzug mindestens verwendet worden sind.

e) Wie viele Liter Wasser müssten in den Eimer mindestens gegossen werden, damit er nicht durch den Hammer nach oben gezogen wird? (Ohne Reibung)

f) Statt über die festen Rollen des Flaschenzuges könnte das Seil auch jeweils über eine Stange des Gerüstes laufen. Erläutere und begründe, welchen Vorteil die Rollen bieten.

A12 Ein Körper mit der Masse 100 kg fällt aus 50 m Höhe frei nach unten.

a) Berechne die Endgeschwindigkeit v_{max} und die Bewegungsenergie E_{kin}, mit denen er bei reibungsfreiem Fall unten ankommt.

b) Berechne v_{max} und E_{kin}, wenn er reibungsfrei auf einer schiefen Ebene hinabgleitet ① bei gleichem Höhenunterschied und ② bei halbem Höhenunterschied.

c) Berechne seine Endgeschwindigkeit, wenn 40 % der zu Beginn vorhandenen Lageenergie durch Reibung in Wärmeenergie umgewandelt werden. Erläutere, welche Rolle in diesem Fall die Masse des Körpers spielt.

A13 Ein Ball mit der Masse 900 g wird senkrecht nach oben geworfen und erreicht eine maximale Höhe von 6 m. Die Reibung ist vernachlässigbar.

a) Berechne die Bewegungsenergie des Balls in 1 m, 2 m und 4 m Höhe während der Aufwärtsbewegung.

b) Mache Aussagen über seine Bewegungsenergie beim Herunterfallen und begründe sie.

c) Berechne die Geschwindigkeit des Balls 4 m über dem Abwurfort für die Aufwärts- und für die Abwärtsbewegung.

A14 Vergleiche das Verhalten von Flüssigkeiten und Gasen in abgeschlossenen Gefäßen, wenn auf eine Seite des Gefäßes eine Kraft wirkt (Kolbenwirkung). Verwende eine angemessene Teilchenvorstellung.

A15 Bei einem Autokran wird der Ausleger über eine hydraulische Anlage bewegt. Der Pumpkolben hat eine Fläche von 0,3 cm^2, die zwei Arbeitskolben haben jeweils 50 cm^2 Fläche. Der Ausleger ist ein einseitiger Hebel; der Befestigungspunkt der Arbeitskolben ist $\frac{1}{3}$ vom Drehpunkt entfernt.

a) Bestimme den Druck in der Hydraukikflüssigkeit, wenn auf den Pumpkolben eine Kraft von 750 N wirkt.

b) Berechne die Last, die mit diesem Kran höchstens gehoben werden kann.

c) Erläutere, was passiert, wenn sich in einer hydraulischen Anlage (z. B. in der Bremsanlage eines PKW) Gaseinschlüsse befinden.

A16 Mit einem tragbaren Gerät zum Auffüllen der Autoreifen mit Luft, wie sie an Tankstellen verwendet werden, wurden schon drei Reifen auf den richtigen Druck von 2,5 bar gebracht. Beim vierten Reifen werden nur noch 2,3 bar erreicht. Erkläre physikalisch, wo das Problem liegt und wie Abhilfe zu schaffen ist.

A17 Ein Stratosphärenballon hat ein Fassungsvermögen von 12 000 m^3. Er wird am Boden bei einem Luftdruck von 100 kPa mit Helium ($\rho_{He} = 178\ \frac{g}{cm^3}$) gefüllt. Danach hat die Hülle ein Volumen von 2500 m^3.

a) Berechne die Auftriebskraft, die dieser Ballon am Erdboden auf Meereshöhe hat. Der Gewichtskraft von wie vielen PKW (mit je 750 kg Masse) entspricht das?

b) Der Ballon steigt auf. In 5400 m Höhe ist der äußere Luftdruck auf 50 kPa gesunken, in 10 000 m Höhe auf 25 kPa. Berechne das Ballonvolumen in 5400 m und in 10 000 m Höhe.

Radioaktivität und Kernenergie

Ein 2000 MW-Kohlekraftwerk verfeuert pro Jahr knapp 3 Mio. t Kohle. Ein gleich großes Kernkraftwerk benötigt dagegen nur etwas mehr als 50 t Uran. Kernkraftwerke scheinen also riesige Energiemengen praktisch aus dem Nichts zu erzeugen!

Woher kommen diese gewaltigen Energiemengen? Welche physikalischen Prozesse laufen in einem Kernreaktor ab? Warum sind Kernkraftwerke so umstritten? Was ist Radioaktivität überhaupt und wieso ist sie gefährlich?

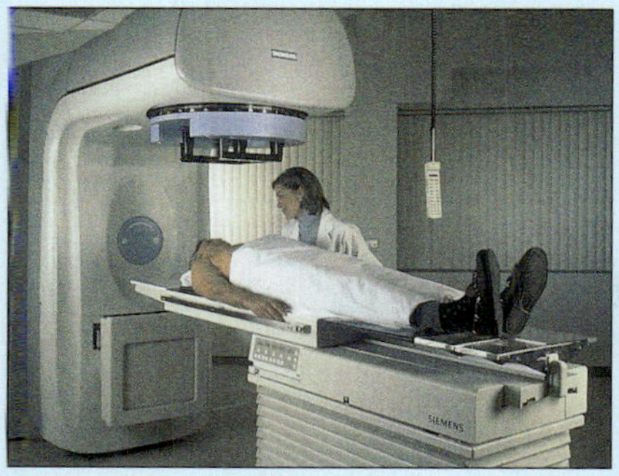

■ **Röntgenstrahlung** wird heute längst nicht mehr nur zu diagnostischen Zwecken, z. B. zur Erkennung von Knochenbrüchen, eingesetzt. Mithilfe von energiereicher Röntgenstrahlung und radioaktiver Strahlung können viele Krankheiten behandelt werden, zum Beispiel Krebs. Die Strahlung ist aber nicht nur hilfreich und heilsam, sondern auch gefährlich. Nutzen und Schaden müssen deshalb stets sehr sorgfältig gegeneinander abgewogen werden.

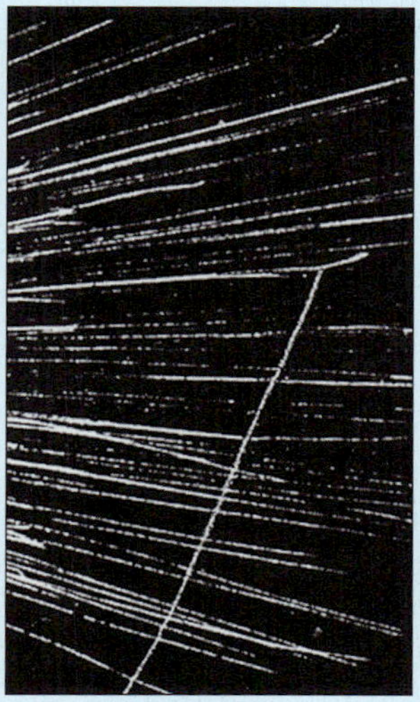

■ **Entdeckungen:** Etwa 1920 setzte ERNEST RUTHERFORD Stickstoff radioaktiver Strahlung aus. Die Strahlung bestand aus sehr schnell fliegenden Helium-Kernen. Er beobachtete und fotografierte die erste Umwandlung eines Elements (Stickstoff) in ein anderes (Sauerstoff). Bei der Umwandlung entstand noch ein drittes Teilchen, dessen Spur in der Nebelkammeraufnahme schräg nach unten verläuft.
RUTHERFORDS Versuchen folgten viele weitere. Dabei wurden zahlreiche neue Elemente und die Kernspaltung entdeckt.

■ **Kernkraftwerke** emittieren kein Kohlenstoffdioxid (CO_2) und leisten damit keinen Beitrag zur globalen Erwärmung. Andererseits ist das Problem der sicheren Endlagerung der abgebrannten hochradioaktiven Brennstäbe, die noch Jahrtausende strahlen werden, nirgendwo auf der Welt gelöst.
Die Brennstäbe müssen mindestens ein Jahr lang in einem Wasserbecken mit Kühlung im Reaktorgebäude verweilen, bevor sie in geeigneten Behältern in großen Hallen zwischengelagert werden können.

■ **Schutzmaßnahmen:** Zur Wahrnehmung radioaktiver Strahlung oder Röntgenstrahlung besitzt der Mensch keine Sinnesorgane. Zum Nachweis ist er daher auf geeignete Messgeräte angewiesen. Jeder Raum, in dem radioaktive Substanzen oder Röntgengeräte benutzt oder gelagert werden, muss deshalb eine entsprechende Kennzeichnung haben. Personen, die mit ihnen umgehen, müssen entsprechend geschult sein.

Vorbereitung

1 Lies die Texte dieser beiden Seiten durch und betrachte die zugehörigen Bilder. Schreibe zu den einzelnen Themen Fragen auf, die du dazu hast.

2 Blättere das folgende Kapitel durch, lies die Überschriften und betrachte die Bilder. Notiere neben den Fragen aus **1** die Seitenzahlen, die deiner Meinung nach Antworten zu deinen Fragen liefern könnten.

3 Überlege und schreibe auf, was du in Experimenten untersuchen möchtest. Vielleicht hast du ja schon Ideen, wie die Versuche aussehen könnten

4 Studiere die in der Wiederholung „Atome und Ladungen“ auf Seite 190 dargestellten Zusammenhänge. Schreibe dazu die wichtigsten Begriffe zusammen mit einer kurzen Erklärung auf.

Wiederholung – Atome und Ladungen

Atome, Moleküle

- Jeder Körper besteht aus winzig kleinen Teilchen, den Atomen oder aus Atomen zusammengesetzten Molekülen.
- Atome bestehen aus einem Atomkern mit positiver Ladung und einer Atomhülle, bestehend aus negativ geladenen Elektronen.
- Die positive Ladung des Kerns und die negative Ladung der Hülle sind gleich groß, das Atom ist nach außen elektrisch neutral.
- Die Anzahl der Hüllenelektronen eines neutralen Atoms bestimmt die Atomart und damit das chemische Element.

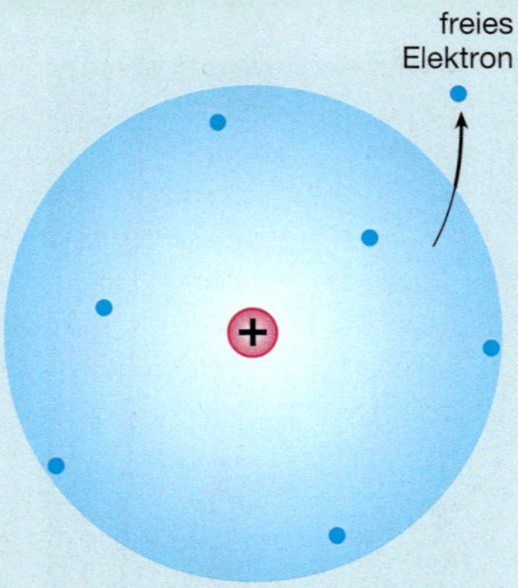

Ionen, geladene Körper

- Nimmt ein Atom ein oder mehrere Elektronen in seine Hülle auf, dann entsteht ein negativ geladenes Ion.
- Gibt ein Atom Elektronen ab, dann überwiegt die positive Ladung des Kerns, es entsteht ein positiv geladenes Ion.
- Ein negativ geladener Körper besitzt insgesamt einen Elektronenüberschuss, bei einem positiv geladenen Körper herrscht Elektronenmangel.

Nachweisgeräte für Ladungen

Die Aufladung eines Körpers lässt sich mithilfe einer Glimmlampe oder eines Elektroskops nachweisen.

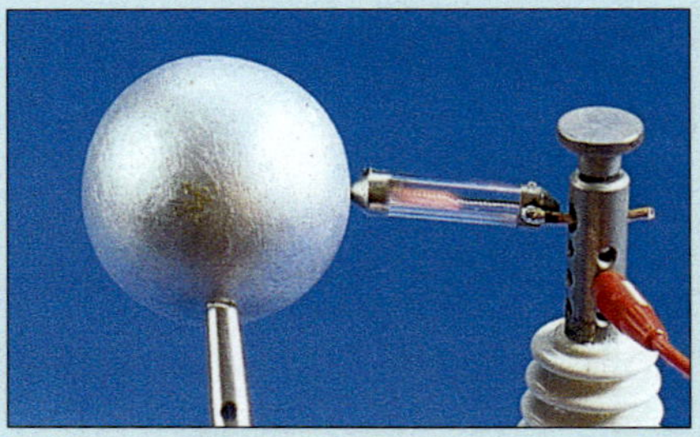

Die Kugel ist negativ geladen, da die Glimmlampe am zugewandten Ende leuchtet.

Gleichnamig geladene Körper (fester Stab und Zeiger des Elektroskops) stoßen sich ab. Die Ladungsart ist nicht bestimmbar.

Das Periodensystem der Elemente

Elemente sind alle die Stoffe, die mit chemischen Methoden nicht mehr weiter zerlegt werden können.
Die Ordnung dieser Elemente nach chemischen Gesichtspunkten führt zum Periodensystem der Elemente (PSE).

Im PSE sind die Elemente
- in den Spalten nach ihren chemischen Eigenschaften angeordnet;
- in den Perioden (Zeilen) nach aufsteigender Zahl ihrer Hüllenelektronen sortiert.

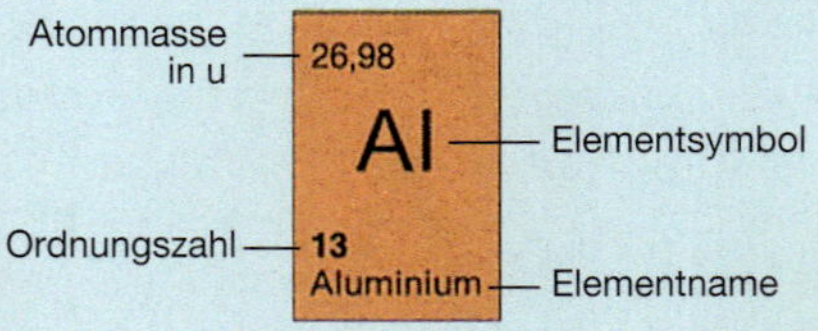

feste Elemente: schwarz
flüssige Elemente: blau
gasförmige Elemente: rot
künstliche Elemente: weiß
natürliche radioaktive Elemente: grün

Periode	Hauptgruppen I	II	Nebengruppen (Übergangselemente) III	IV	V	VI	VII	VIII	VIII	VIII	I	II	Hauptgruppen III	IV	V	VI	VII	VIII
1 K-Schale	1,008 H 1 Wasserstoff																	4,00 He 2 Helium
2 L-Schale	6,94 Li 3 Lithium	9,01 Be 4 Beryllium											10,81 B 5 Bor	12,01 C 6 Kohlenstoff	14,00 N 7 Stickstoff	16,00 O 8 Sauerstoff	19,00 F 9 Fluor	20,18 Ne 10 Neon
3 M-Schale	22,99 Na 11 Natrium	24,31 Mg 12 Magnesium											26,98 Al 13 Aluminium	28,09 Si 14 Silicium	30,97 P 15 Phosphor	32,07 S 16 Schwefel	35,45 Cl 17 Chlor	39,94 Ar 18 Argon
4 N-Schale	39,10 K 19 Kalium	40,08 Ca 20 Calcium	44,96 Sc 21 Scandium	47,88 Ti 22 Titan	50,94 V 23 Vanadium	52,00 Cr 24 Chrom	54,94 Mn 25 Mangan	55,85 Fe 26 Eisen	58,93 Co 27 Cobalt	58,69 Ni 28 Nickel	63,55 Cu 29 Kupfer	65,37 Zn 30 Zink	69,72 Ga 31 Gallium	72,61 Ge 32 Germanium	74,92 As 33 Arsen	78,96 Se 34 Selen	79,90 Br 35 Brom	83,80 Kr 36 Krypton
5 O-Schale	85,47 Rb 37 Rubidium	87,62 Sr 38 Strontium	88,91 Y 39 Yttrium	91,22 Zr 40 Zirkonium	92,91 Nb 41 Niob	95,94 Mo 42 Molybdän	(98,91) Tc 43 Technetium	101,07 Ru 44 Ruthenium	102,91 Rh 45 Rhodium	106,42 Pd 46 Palladium	107,87 Ag 47 Silber	112,41 Cd 48 Cadmium	114,82 In 49 Indium	118,71 Sn 50 Zinn	121,75 Sb 51 Antimon	127,60 Te 52 Tellur	126,90 I 53 Iod	131,29 Xe 54 Xenon
6 P-Schale	132,91 Cs 55 Cäsium	137,33 Ba 56 Barium	La-Lu 57 bis 71	178,49 Hf 72 Hafnium	180,95 Ta 73 Tantal	183,85 W 74 Wolfram	186,2 Re 75 Rhenium	190,2 Os 76 Osmium	192,22 Ir 77 Iridium	195,08 Pt 78 Platin	196,97 Au 79 Gold	200,59 Hg 80 Quecksilber	204,38 Tl 81 Thallium	207,2 Pb 82 Blei	208,98 Bi 83 Bismut	(208,98) Po 84 Polonium	(209,99) At 85 Astat	(222,02) Rn 86 Radon
7 Q-Schale	(223,02) Fr 87 Francium	(226,03) Ra 88 Radium	Ac-Lr 89 bis 103	(261) Rf 104 Rutherfordium	(262) Db 105 Dubnium	(263) Sg 106 Seaborgium	(264) Bh 107 Bohrium	(265) Hs 108 Hassium	(266) Mt 109 Meitnerium	(273) 110	(272) 111	(277) 112						

Elemente der Lanthanreihe	138,91 La 57 Lanthan	140,12 Ce 58 Cer	140,91 Pr 59 Praseodym	144,24 Nd 60 Neodym	(146,92) Pm 61 Promethium	150,36 Sm 62 Samarium	151,97 Eu 63 Europium	157,25 Gd 64 Gadolinium	158,93 Tb 65 Terbium	162,50 Dy 66 Dysprosium	164,93 Ho 67 Holmium	167,26 Er 68 Erbium	168,93 Tm 69 Thulium	173,04 Yb 70 Ytterbium	174,97 Lu 71 Lutetium
Elemente der Actiniumreihe	(227,03) Ac 89 Actinium	232,04 Th 90 Thorium	(231,04) Pa 91 Protactinium	238,03 U 92 Uran	(237,04) Np 93 Neptunium	(244,06) Pu 94 Plutonium	(243,06) Am 95 Americium	(247,07) Cm 96 Curium	(247,07) Bk 97 Berkelium	(251,08) Cf 98 Californium	(252,06) Es 99 Einsteinium	(257) Fm 100 Fermium	(258) Md 101 Mendelevium	(259,10) No 102 Nobelium	(260,11) Lr 103 Lawrencium

Radioaktivität um uns herum

Projekt

Alle Materie besteht aus Atomen. Die Modellvorstellung für das Atom ist das Kern-Hülle-Modell. Dieses Kapitel trägt die Überschrift: Radioaktivität und Kernenergie. Das deutet darauf hin, dass im Atomkern Energie steckt.

P1 Ergründet die Bedeutung dieses Symbols. Falls ihr es schon einmal gesehen habt, schreibt auf, wo das war.

a) Was wisst ihr bereits über Radioaktivität? Kommt sie in eurer unmittelbaren Umgebung vor oder spielt sie vielleicht anderswo eine Rolle? Notiert in Stichworten.

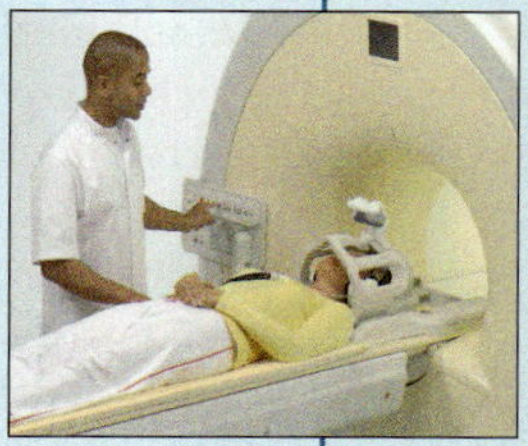

b) Informiert euch auch im Internet über das Thema. Die folgenden Stichworte sollen euch dabei helfen:
- **Strahlung**
- **Natürliche Radioaktivität**
- **Strahlentherapie**
- **Untersuchungen in der Medizin**
- Welche **radioaktiven Abfälle** entstehen und welche Möglichkeiten zu ihrer **Entsorgung** gibt es?

c) Erstelle eine Präsentation.

Kernkraftwerke – Nutzen und Gefahren

Projekt

P1 Radioaktivität und Kernenergie rufen bei vielen Menschen große Ängste hervor.

a) Informiert Euch über die Argumente der Kernkraftgegner und der Befürworter. Notiert die Argumente des Für und Wider in Tabellenform und bewertet diese Argumente. Achtet besonders darauf, ob Argumente sachlich oder eher polemisch sind und ob die Kernkraftgegner Alternativen zur Energiebereitstellung anbieten.

b) Stellt die Ergebnisse in Plakatform dar.

P2 Bildet ein Team und befragt eure Klassenkameraden, Eltern Bekannte und Verwandte nach ihrer Einstellung zur Kernenergie.

a) Mögliche Fragen sind:
- Wie ist der Kenntnisstand zur Kernenergie?
- Welche Befürchtungen bzw. Ängste gibt es?
- Gibt es die Bereitschaft, Energie zu sparen, damit Kernkraftwerke abgeschaltet werden können?
- Gibt es Alternativen zu Kernkraftwerken und welche Einschränkungen müssen in Kauf genommen werden, wenn alle Kernkraftwerke abgeschaltet würden?
- Welche Abfälle entstehen und wie wird damit umgegangen?

b) Ergänzt diese Liste und schreibt auch auf, was ihr selbst zum Thema wisst, aber auch, was ihr vom Thema nicht versteht.

c) Vergleicht dies hinterher mit euren Umfrageergebnissen und stellt die Ergebnisse in Plakatform dar.

P3 Eine Alternative zum Bau neuer Kraftwerke oder zum Erhalt vorhandener Kraftwerke wäre eine Reduzierung des **Energiebedarfs**.

a) Überlegt Möglichkeiten zum **Energiesparen**. Achtet darauf, dass die Vorschläge auch durchführbar sind und angemessene Einsparungen bewirken.

b) Formuliert eure Vorschläge als Fragebogen, mit dem festgestellt werden kann, wie groß die Bereitschaft zum Energiesparen wäre, und lasst den Fragebogen von Klassenkameraden beantworten.

c) Bezieht auch Eltern, Verwandte und Bekannte in die Fragebogenaktion ein und vergleicht die Ergebnisse mit der Klassenbefragung.

P4 Seit einigen Jahrzehnten wird daran geforscht, mithilfe der Kernfusion Energie bereit zu stellen. Das heißt: Die Menschheit versucht nachzubauen, was in der Sonne schon seit Milliarden Jahren funktioniert. Nach Prognosen der 80er Jahre müsste heute schon der erste Fusionsreaktor arbeiten – dies ist aber offensichtlich nicht der Fall.

Recherchiert zum Thema **Kernfusion**. Folgende Stichpunkte können dabei helfen:
- Wie weit ist die Forschungsarbeit? Gibt es spezielle Gründe, warum die Prognosen der 80er Jahre so falsch lagen?
- Gibt es in absehbarer Zeit Hoffnung auf einen **Fusionsreaktor**.
- Ist die Kernfusion im Labor schon einmal gelungen?
- Was bedeuten die Begriffe **Tokamak**, **Stellarator** und **Iter**?

Aufbau der Atome

Die Atome sind so klein, dass sie auch mit einem sehr stark vergrößernden Lichtmikroskop nicht betrachtet werden können. Ein Beispiel soll dies verdeutlichen: Der Atomkern ist gegenüber dem Atom so klein wie ein Reiskorn gegenüber einem Fußballstadion.
Trotzdem konnte das Kern-Hülle-Modell zur Erklärung vieler Erscheinungen im Mikrokosmos entwickelt werden. Kann es bestätigt werden? Wie groß sind Atome eigentlich? Und woraus besteht der Atomkern?

Abschätzung des Atomdurchmessers

Eine Vorstellung von der Größe der Atome kann mit dem **Ölfleckversuch** erhalten werden.
Wird ein Tropfen mit Leichtbenzin verdünnter Ölsäure auf eine Wasserfläche aufgebracht, die mit sehr feinen und leichten Blütensporen bestreut wurde, dann verdunstet das leicht flüchtige Benzin und die geringe Menge Ölsäure breitet sich auf dem Wasser aus. Die Größe des entstandenen Kreises wird durch die vom Öl verdrängten Blütensporen sichtbar gemacht. Daraus kann der Durchmesser des Ölflecks bestimmt werden. Werden zwei oder drei Tropfen Ölgemisch auf das Wasser gegeben, so hat der Ölfleck genau die doppelte bzw. dreifache Größe.

Zentraler Versuch

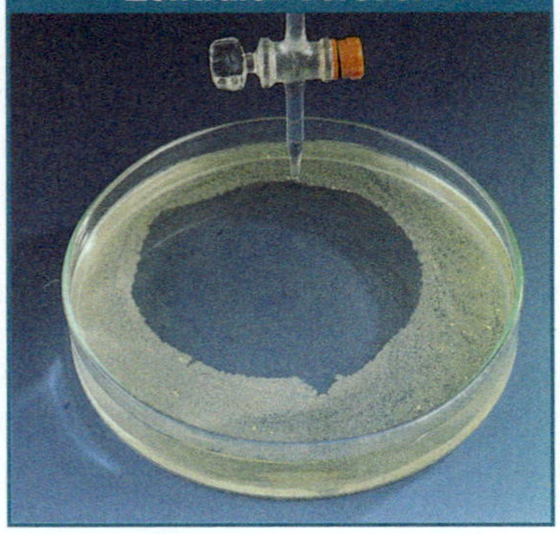

Daraus lässt sich schließen, dass die Ölschicht immer die gleiche Dicke hat, sich die Moleküle also alle nebeneinander anordnen, und somit der Moleküldurchmesser gleich der Höhe der Schicht ist.
Die Auswertung dieses relativ einfachen makroskopischen Versuchs – siehe Rechenbeispiel – ergibt eine erstaunlich gute Vorstellung von den Größenordnungen der Moleküle und sogar der Atome:

> Atome können als Kugeln mit Radien in der Größenordnung 10^{-10} m aufgefasst werden.

Rechenbeispiel

Ein Tropfen Ölsäuremischung (Mischungsverhältnis mit Leichtbenzin 1:2000) verursacht einen Fleck mit der Fläche $A = 125\ \text{cm}^2$. 49 Tropfen der Mischung haben ein Volumen von $1{,}00\ \text{cm}^3$.

1. Berechnung des Ölvolumens $V_{\text{Öl}}$ in einem Tropfen:

$$V_{\text{Öl}} = \frac{1{,}00\ \text{cm}^3}{49 \cdot 2000} = 1{,}02 \cdot 10^{-5}\ \text{cm}^3.$$

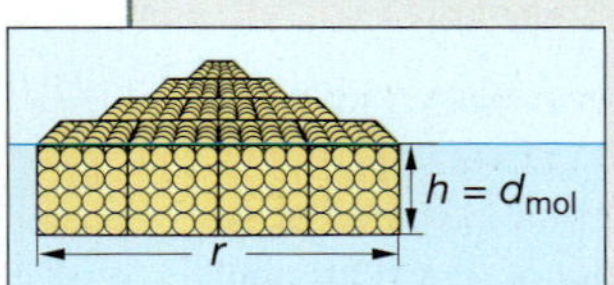

2. Abschätzung des Moleküldurchmessers d_{Mol}:
Die Dicke h des zylindrischen Ölflecks entspricht dem Moleküldurchmesser d_{Mol}:

$$d_{\text{Mol}} = h = \frac{V_{\text{Öl}}}{A} = \frac{1{,}02 \cdot 10^{-5}\ \text{cm}^3}{125\ \text{cm}^2} = 8{,}2 \cdot 10^{-8}\ \text{cm}$$

3. Abschätzung des Atomdurchmessers:
Ölsäure $C_{17}H_{33}COOH$ besteht aus 18 Kohlenstoffatomen, 34 Wasserstoffatomen und 2 Sauerstoffatomen, insgesamt also 54 Atomen. Zur Vereinfachung werden die Atome und Moleküle als Würfel gedacht. Ein Molekülwürfel, der die Kantenlänge von 3 Atomen hat, enthält $3^3 = 27$ Atome, ein Molekülwürfel mit der Kantenlänge 4 Atome enthält $4^3 = 64$ Atome. Das Ölsäuremolekül besitzt also eine Kantenlänge von ungefähr 4 Atomdurchmessern.
Damit ergibt sich für den Atomdurchmesser in etwa ein Viertel des Moleküldurchmessers:
$d_{\text{Atom}} \approx d_{\text{Mol}} : 4 = 2 \cdot 10^{-8}\ \text{cm} = 2 \cdot 10^{-10}\ \text{m}$.
Da das Ölsäuremolekül aus verschiedenen Atomen besteht und zudem einige vereinfachende Annahmen gemacht wurden, kann der erhaltene Atomdurchmesser nur die ungefähre Größe von Atomen angeben. Genauere Untersuchungen bestätigen jedoch, dass der Durchmesser von Atomen zwischen $1 \cdot 10^{-10}$ m und $5 \cdot 10^{-10}$ m liegt.

Das Rutherford'sche Atommodell

ERNEST RUTHERFORD (1871–1937) beschoss Anfang des 20. Jahrhunderts eine sehr dünne Goldfolie mit α-Teilchen – das sind positiv geladene Kerne von Heliumatomen, die von manchen Stoffen ausgesandt werden. Er untersuchte, unter welchen Winkeln die α-Teilchen aus der Einfallsrichtung abgelenkt werden. Den Raum um die Folie „tastete" er mit einem Leuchtschirm ab. Die α-Teilchen erzeugten beim Auftreffen auf den Leuchtschirm kleine Lichtblitze, die mit einem Mikroskop beobachtet wurden. So bestimmte RUTHERFORD die Anzahl der unter einem bestimmten Winkel abgelenkten α-Teilchen pro Zeitintervall.

Da Atome nach außen neutral sind, stellte man sie sich damals als positiv geladene Kugeln vor, in die die negativ geladenen Elektronen gleichmäßig verteilt eingebettet waren wie Rosinen in einem Kuchenteig *(Thomson'sches Atommodell)*.

RUTHERFORD erwartete dementsprechend, dass die α-Teilchen durch die Atome der Folie nahezu unabgelenkt hindurchfliegen, da die leichten Elektronen im positiven Teig des Atoms kaum Einfluss auf die Flugbahn der schweren α-Teilchen haben sollten und die gleichmäßig verteilte positive Ladung ebenfalls keine Richtungsänderung hervorrufen könnte.

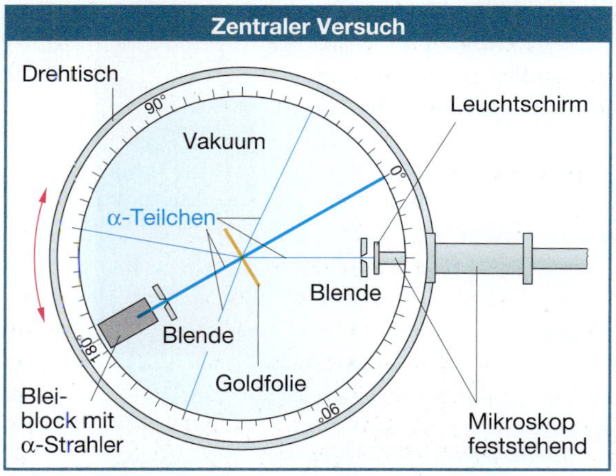

Das Experiment ergab aber ein ganz anderes Ergebnis. Die meisten α-Teilchen flogen zwar geradlinig durch die Folie, allerdings wurden unter allen Winkeln – auch unter sehr großen – abgelenkte, d. h. gestreute α-Teilchen beobachtet.

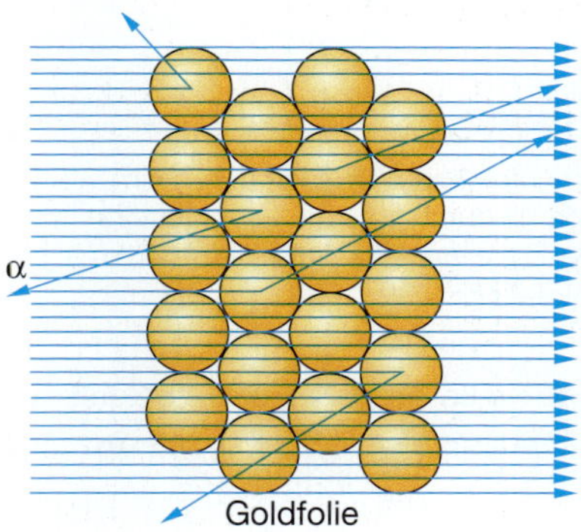

Aus RUTHERFORDs Versuchen ergaben sich folgende Schlussfolgerungen für den Aufbau der Atome:

- Die meisten α-Teilchen passieren die Atome ungehindert. Das massereiche und geladene Objekt im Atom ist daher sehr klein; sein Radius – der Kernradius – ist etwa 100 000-mal kleiner als der Atomradius. Das entspricht dem Verhältnis 1 cm : 1 km.
- Da die α-Teilchen in wenigen Fällen auch reflektiert werden, muss der Atomkern undurchdringbar sein und eine sehr große Masse besitzen.
- Die von RUTHERFORD entwickelte Gleichung zur Berechnung der Streuung der α-Teilchen erfordert einen positiv geladenen Kern.
- Rutherfords Erkenntnisse führten zum **Kern-Hülle-Modell:**

> Positive Ladung und fast die gesamte Masse eines Atoms sind im Atomkern konzentriert.
> Der Durchmesser des Kerns beträgt nur $\frac{1}{100\,000}$ des Atomdurchmessers.
> Die negative Ladung des Atoms wird durch die Elektronen der Hülle gebildet.

Aufgaben

1 Erkläre, warum beim Beschuss einer dünnen Goldfolie mit α-Teilchen die meisten α-Teilchen nahezu unabgelenkt hindurchfliegen können.

2 Erläutere die Verwendung von Stoffen mit relativ schweren Atomkernen bei Streuversuchen.

3 Die Elektronen in der Atomhülle haben praktisch keinen Einfluss auf die Flugbahn der α-Teilchen. Erkläre dieses Versuchsergebnis.

4 Angenommen, die Kernmaterie wäre im gesamten Atom gleichmäßig verteilt. Stelle die Versuchsergebnisse dar, die dann beim Beschuss mit α-Teilchen zu erwarten wären.

5 Eine Ölsäurelösung in Leichtbenzin enthält 2,0 g Ölsäure (Dichte $\rho = 8{,}9 \cdot 10^2\ \frac{kg}{m^3}$) in 1,0 l Lösung. Der mit einer Pipette auf eine Wasseroberfläche gebrachte Tropfen (Volumen $\frac{1}{90}$ cm³) erzeugt dort einen Ölfleck der Fläche 140 cm². Ermittle aus diesen Versuchsdaten die Größenordnung der Moleküle.

Ladung und Masse atomarer Teilchen

Zentraler Versuch

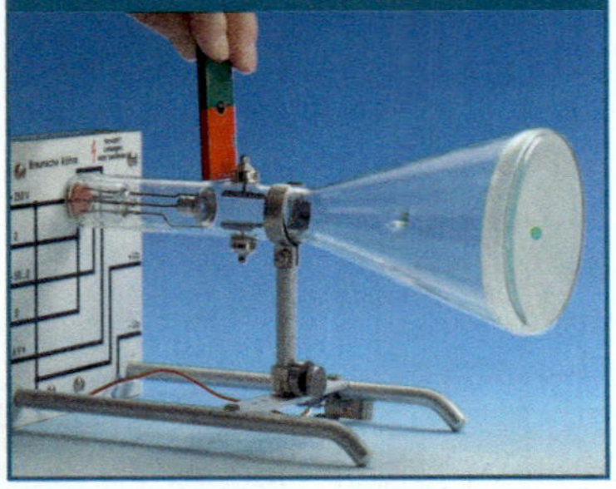

Die Elektronenstrahl-Ablenkröhre

Da der Atomkern positiv und die Elektronen negativ geladen sind, muss es möglich sein, sie durch magnetische Felder zu beeinflussen. Aus der Bahn der geladenen Teilchen können dann Schlussfolgerungen über ihre Eigenschaften gezogen werden.

Der zentrale Versuch zeigt:
- Je stärker das Magnetfeld, desto größer die Ablenkung.
- Je schneller die Elektronen, desto kleiner die Ablenkung.

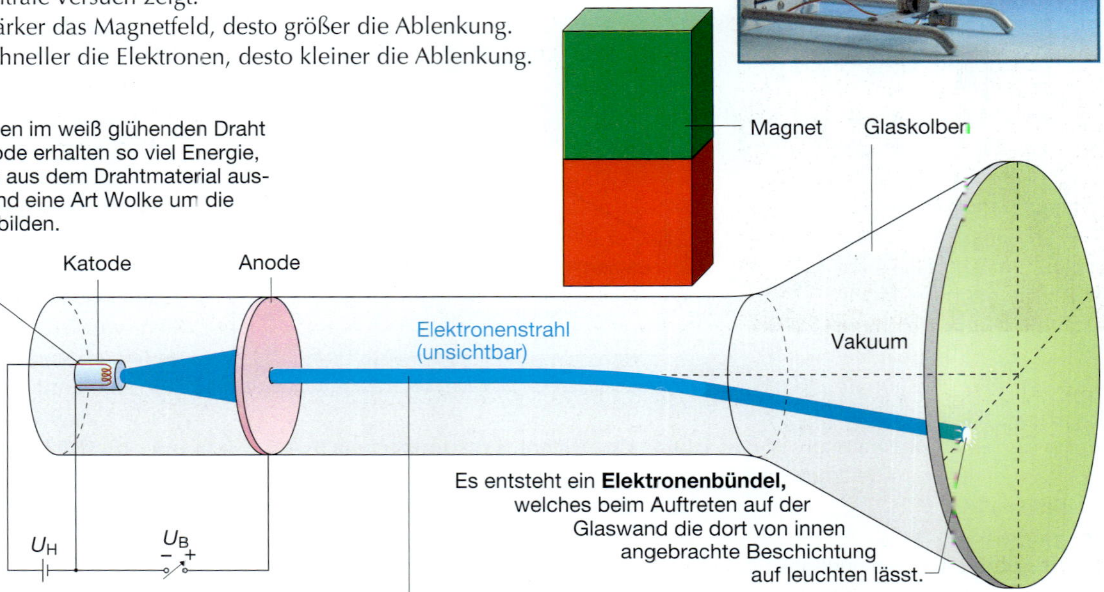

Bewegt sich ein Elektron in einem Magnetfeld senkrecht zur Feldrichtung, so wirkt eine Kraft auf das Teilchen. Die Richtung der Kraft kann mit der Linken-Hand-Regel bestimmt werden.

Werkzeug — Linke-Hand-Regel (UVW-Regel)

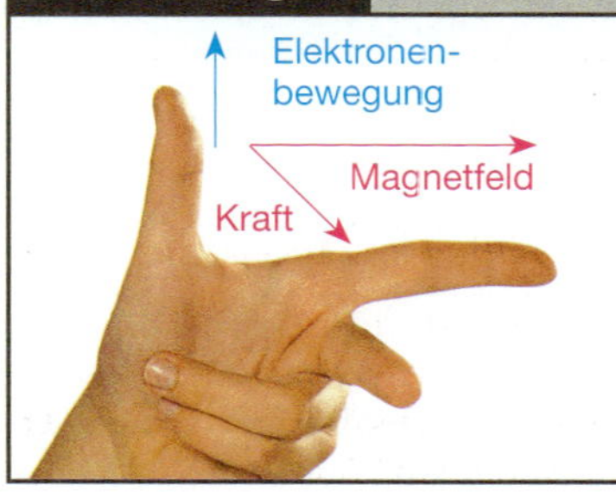

- Der Daumen der linken Hand zeigt in die Bewegungsrichtung der Elektronen von ⊖ nach ⊕ (**U**rsache).
- Der abgespreizte Zeigefinger zeigt in Richtung der Magnetfeldlinien von N nach S (**V**ermittlung).
- Der zu beiden senkrecht abgespreizte Mittelfinger zeigt dann die Richtung der Kraft an (**W**irkung).

Aufgaben

1 **a)** Skizziere den Verlauf des Elektronenbündels, wenn beim Stabmagneten Nord- und Südpol vertauscht werden.
b) Erkläre anhand einer Skizze, wo sich der Stabmagnet befinden müsste, damit das Elektronenbündel nach oben oder unten abgelenkt wird.
c) Erkläre welche Vorteile es gäbe, wenn der Stabmagnet durch einen geeigneten Hufeisenmagneten ersetzt würde.

2 Erläutere, wie sich die Beschleunigungsspannung auf die Ablenkung des Elektronenbündels auswirkt. Erkläre auch die Rolle, die dabei der Dauermagnet spielt.

3 Schildere die Folgen, wenn der Dauermagnet durch einen Elektromagnet ersetzt würde.

Ablenkung positiv geladener Teilchen

In einem Gedankenversuch werden die Elektronen in der Elektronenstrahlröhre durch positive geladene Teilchen ersetzt. Dies könnten zum Beispiel Protonen sein oder positiv geladene Ionen. Da diese Teilchen eine wesentlich größere Masse als Elektronen haben, wird ihre Ablenkung im Magnetfeld deutlich kleiner ausfallen.

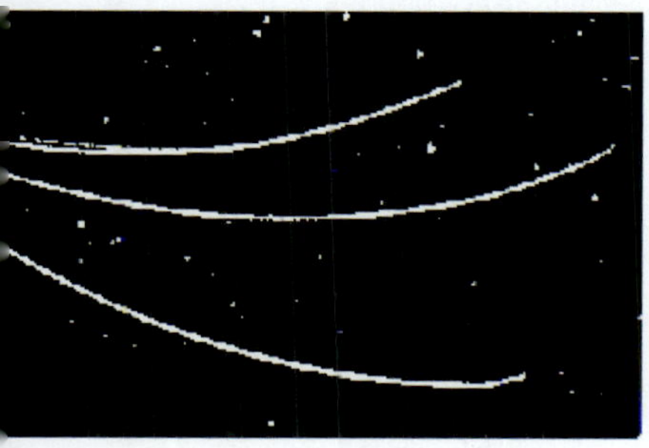

Es ergeben sich folgende Abhängigkeiten für den Bahnverlauf dieser Teilchen im Magnetfeld:

- Je größer die Masse der Teilchen ist, desto kleiner ist die Ablenkung.
- Je größer die Ladung der Teilchen ist, desto größer ist ihre Ablenkung

Da die Ladung positiv ist, kann die Richtung der Ablenkung mithilfe der Rechte-Hand-Regel vorhergesagt werden.

Aufgaben

1 Erläutere, warum ein Nachweis von Neutronen mit dem hier besprochenen Verfahren nicht möglich ist.

2 Stelle anhand einer einfachen Skizze dar, in welche Richtung die Feldlinien des magnetischen Feldes bei der Nebelkammer zeigen müssten, damit die dargestellte Ablenkung zustandekommt.

3 Nenne eine Bedingung, unter der es möglich wäre, dass die untere Spur der Nebelkammeraufnahme von einem Proton stammt.

Die Ablenkung geladener Teilchen im Magnetfeld hängt von denTeilcheneigenschaften ab (Geschwindigkeit, Masse, Ladung) und von der Stärke des Magnetfeldes.

Massenspektroskop

Im Umkehrschluss ist es möglich, bei bekannter Geschwindigkeit und Magnetfeldstärke aus der Teilchenablenkung auf deren Masse zu schließen. Dieses Verfahren kann besonders dann sehr hilfreich sein, wenn ein Gemisch von Teilchen verschiedener Massen vorliegt. Durch die unterschiedlichen Massen werden die Teilchen unterschiedlich stark abgelenkt und dadurch sortiert.

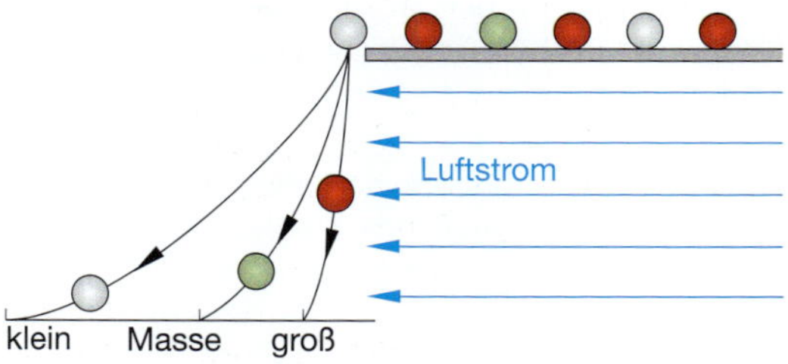

Um festzustellen, aus welchen Teilchen ein Element besteht und wie häufig diese vorkommen, wird ein **Massenspektroskop** verwendet. Die Abbildung rechts zeigt das Prinzip: Durch einen Luftstrom wirkt auf alle Kugeln eine gleich große Kraft, welche die leichten Kugeln mehr und die schwereren weniger stark ablenkt.

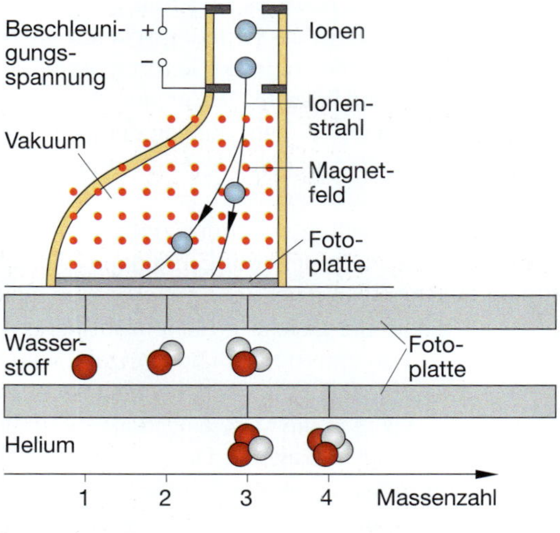

Beim Massenspektroskop werden die Atome zuerst ionisiert und dann in einem elektrischen Feld beschleunigt. Im magnetischen Feld werden die Ionen dann durch die Lorenzkraft seitlich abgelenkt. Wenn alle Ionen die gleiche Ladung und Geschwindigkeit (Geschwindigkeitsfilter) besitzen, hängt die Ablenkung nur von ihrer Masse ab. Der Versuch zeigt bei Wasserstoff mehrere Schwärzungslinien auf der Fotoplatte, eine stark ausgeprägte Linie für die leichtesten Ionen (nur ein Proton) und zwei weitere, deutlich schwächere Linien für schwerere Wasserstoffkerne. Auch bei Helium gibt es zwei Schwärzungslinien, die auf die Existenz von Heliumkernen unterschiedlicher Masse hinweisen. Bei allen untersuchten Elementen unterscheiden sich die Massen immer um eine Nukleonenmasse oder ein Vielfaches davon.

Aufbau der Atomkerne

Nach dem Atommodell von RUTHERFORD besteht das Atom aus dem positiven Kern, der nahezu die gesamte Masse enthält, und der Hülle mit den Elektronen.

Die Kerne bestehen aus einzelnen Kernbausteinen, den **Nukleonen.** Alle Nukleonen haben etwa die gleiche Masse. Es gibt positiv geladene Nukleonen, die **Protonen,** und ungeladene Nukleonen, die **Neutronen.** Wasserstoffatome sind die kleinsten, am einfachsten gebauten Atome. Der Atomkern besteht bei den meisten Wasserstoffatomen nur aus einem Proton. Es gibt aber auch noch das seltener vorkommende Deuterium, ein Wasserstoffatom mit einem Kern aus einem Proton und einem Neutron, oder das Tritium, das aus einem Proton und zwei Neutronen besteht. Diese Wasserstoffvarianten, die sich nur in der Anzahl der Neutronen im Kern unterscheiden, sind die **Isotope** des Wasserstoffs.

Solche Isotope gibt es bei allen Elementen. Sie haben die gleiche Anzahl von Protonen und dadurch den gleichen Aufbau der Atomhülle. Sie besitzen daher alle die gleichen chemischen Eigenschaften.

Die verschiedenen Isotope kommen im natürlichen Element unterschiedlich häufig vor, wobei eine Isotopenart meist deutlich überwiegt. Bei Stickstoff z. B. hat eines von zwei Isotopen die Häufigkeit 99,6%. Die Atommasse ist der gewichtete Mittelwert der unterschiedlichen Isotopenmassen. So erklärt es sich, dass die Atommassen im Periodensystem keine ganzen Zahlen sind: Bei Chlor z. B. 35,45 u, wobei u die **atomare Masseneinheit** ist. Sie ist definiert als ein Zwölftel der Masse eines Atoms des Kohlenstoffisotops $^{12}_{6}C$, dessen Kern aus 6 Protonen und 6 Neutronen besteht: $1\,u = 1{,}66 \cdot 10^{-27}$ kg.

> Alle in der Natur vorkommenden Atome eines Elements haben die gleiche Anzahl von Protonen, unterscheiden sich aber in der Neutronenzahl. Das sind die Isotope eines Elements.

Schreibweisen

Mithilfe der Kernladungszahl Z und der Massenzahl A können Isotope eines Elements eindeutig beschrieben werden:

- Die **Kernladungszahl *Z*** gibt die Anzahl der Protonen im Kern an (in der Chemie heißt sie auch Ordnungszahl). Neutrale Atome besitzen genau so viele Elektronen in der Hülle wie Protonen im Kern.
- Die **Massenzahl *A*** ist die Summe aus der Protonen- und der Neutronenzahl.

Die Massenzahl A wird oben, die Kernladungszahl Z unten an das Elementsymbol geschrieben.

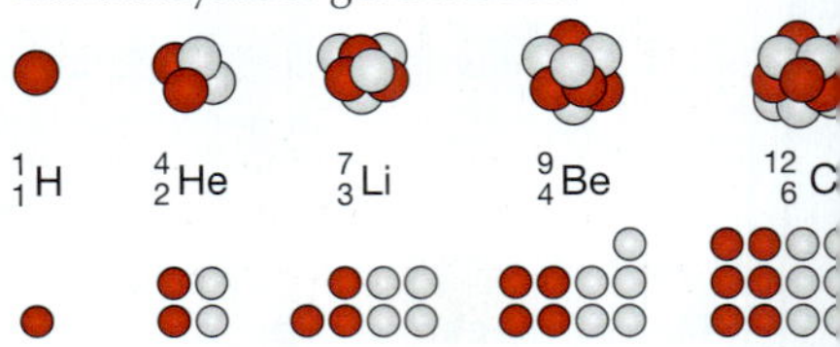

Da die Information über die Kernladungszahl schon in der Elementbezeichnung steckt, wird diese häufig weggelassen. Aus $^{12}_{6}C$ wird kurz ^{12}C oder C12.

Feste Körper und doch nicht stabil

In der Chemie gibt es als Ordnungsschema das *Periodensystem* der Elemente. In der Kernphysik ist die Entsprechung die **Nuklidkarte.** Sie ist aufgebaut wie ein Koordinatensystem, bei dem entlang der Rechts-Achse die Neutronenzahl N und auf der Hoch-Achse die Kernladungszahl Z aufgetragen sind. He4 hat also die Koordinaten: dritte Spalte ($N = 2$) und dritte Zeile ($Z = 2$), denn der He-Kern besteht aus 2 Protonen und 2 Neutronen. Alle Kerne in einer Zeile gehören zum gleichen Element, da sie die gleiche Protonenzahl haben, sind aber wegen der unterschiedlichen Anzahl von Neutronen unterschiedlich schwer. Sie heißen *Isotope*.
Werden alle Kerne in die Karte eingetragen, so fällt auf, dass sie sich nicht entlang der Linie $Z = N$ gruppieren, sondern mit schwerer werdenden Kernen deutlich darunter. Bei schwereren Kernen überwiegt also die Anzahl der Neutronen. Der vergrößerte Ausschnitt zeigt, dass die Nuklidkarte eine Fülle von Informationen enthält.

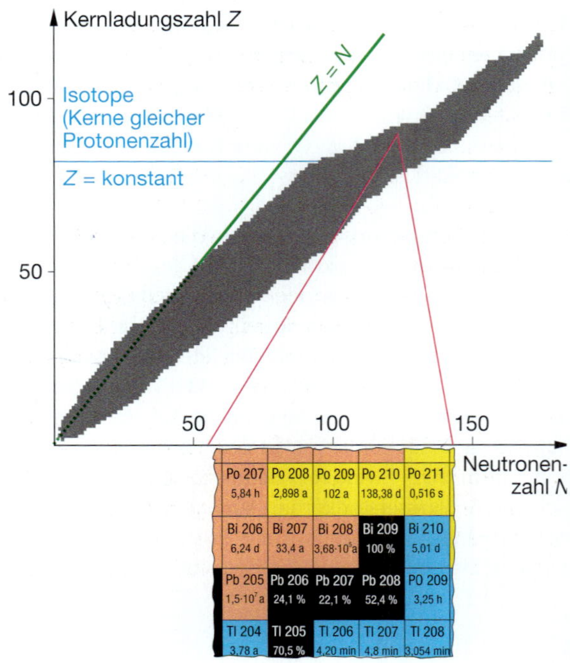

Kernkraft

Kerne bestehen aus positiv geladenen Protonen und ungeladenen Neutronen. Doch eigentlich dürften sie wegen der abstoßenden Kraft zwischen den Protonen nicht zusammenhalten. Es muss also eine Kraft existieren, die folgende Bedingungen erfüllt:

- sehr geringe Reichweite, gerade bis zum nächsten Nukleon;
- deutlich stärker als die abstoßende elektrische Kraft;
- wirkt auch zwischen Neutronen untereinander und zwischen Protonen und Neutronen.

Eine Vorstellung, wie diese **Kernkraft** die sonst dominierende elektrische Kraft übertrifft, liefert der folgende Versuch:

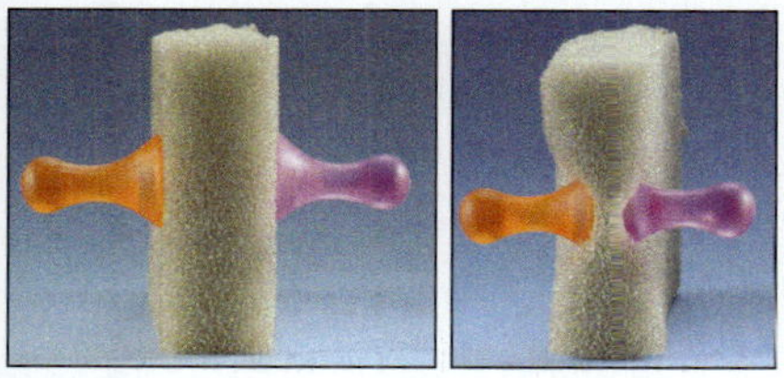

Zwei Magnete werden durch ein Stück Schaumstoff so auf Abstand gehalten, dass sie, wenn sie ein wenig in den Schaumstoff „eintauchen", von diesem entgegen der magnetischen Anziehung wieder auseinandergedrückt werden. Werden sie jedoch weiter in den Schaumstoff hineingedrückt, so ziehen sich die Magnete so stark an, dass der Schaumstoff dazwischen völlig plattgedrückt wird. Bei kurzem Abstand übertrifft also die anziehende magnetische Kraft die abstoßende Kraft des Schaumstoffs – genau wie im Atomkern die Kernkraft die Protonen zusammenhält trotz der abstoßenden elektrischen Kraft zwischen ihnen.

Neutronen und Protonen werden durch eine Kraft von sehr kurzer Reichweite zusammengehalten – der Kernkraft.

Aufgaben

1 **a)** Erläutere die Schreibweise $^{9}_{4}$Be und $^{12}_{6}$C.
b) Stelle in einer Tabelle die Namen der Elemente und die Anzahl der Neutronen und Protonen für folgende Kerne zusammen: H4, He4, O17, Co60, Ni60, Pb206, U235 und U238.

2 Die Kerne B10 und B12 sind Isotope des Elements Bor. Erkläre ihren Aufbau.

3 Die Masse eines Nukleons (Proton oder Neutron) beträgt ungefähr $1{,}66 \cdot 10^{24}$ kg. Berechne die Masse des He4-Kerns

4 Begründe, warum der Aufbau eines Atomkerns aus Protonen und Neutronen nur möglich ist, wenn es die Kernkraft gibt

5 Wird eine Tür zugezogen, ohne die Klinke herunterzudrücken, muss eine Kraft gegen die Feder des Türschnappers aufgebracht werden. Erst im letzten Moment rastet der Türschnapper ein. Erkläre an Hand dieses Beispiels die Reichweite der Kernkraft.

Quarks und Aufbau der Materie — Streifzug

Teilchen, die früher einmal als nicht zusammengesetzt galten, sogenannte **Elementarteilchen,** haben sich im Laufe der Zeit als aus immer kleineren Teilchen zusammengesetzt herausgestellt.

Zuerst wurde der Aufbau der Atome aus Kern und Hülle entdeckt, dann der des Kerns aus Protonen und Neutronen und schließlich der Aufbau der Protonen und Neutronen aus **Quarks.**
Demnach besteht ein Proton aus drei Quarks – zwei up-Quarks und einem down-Quark; das Neutron dagegen ist aus einem up-Quark und zwei down-Quarks zusammengesetzt:
Proton: uud   Neutron: udd

Da alle Atome nur aus Protonen und Neutronen im Kern sowie Elektronen in der Hülle bestehen, kann die gesamte Materie auf der Erde nur aus den beiden Quarks u und d und Elektronen aufgebaut werden.

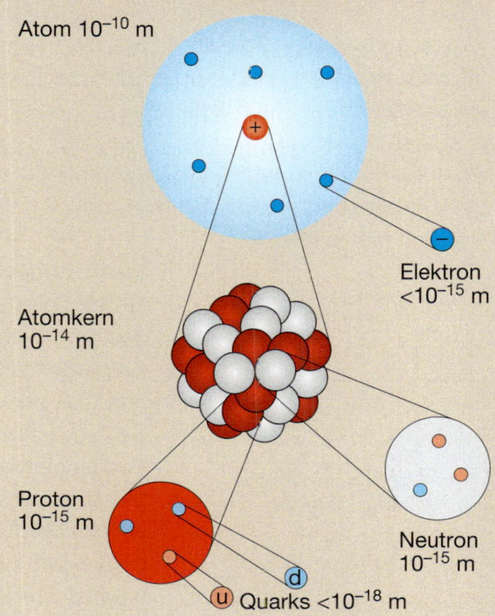

Streifzug Streuexperimente

Anhand von Streuexperimenten wird in physikalischen Experimenten untersucht, wie es im Innersten der Materie aussieht. Dabei werden Teilchen, die als Geschosse fungieren, an anderen Teilchen – der zu untersuchenden Probe, dem Target – gestreut. Die Art und Weise, wie die aufprallenden, eindringenden oder durchfliegenden Teilchen ihre Flugbahn verändern, verrät, wie das Target beschaffen ist.
Kein Mensch hat jemals ein Elektron, ein Proton oder ein Photon mit eigenen Augen gesehen. Trotzdem wird in der Physik über die Eigenschaften dieser Objekte geredet und überlegt, wie noch mehr über sie zu erfahren wäre. Wirklich zu sehen sind dabei nur kilometerlange und wohnblockgroße Maschinen, mit denen die Welt des Allerkleinsten untersucht wird: Teilchenbeschleuniger und Teilchendetektoren.

Diese Geräte sind so kompliziert, dass sie von mehreren hundert Wissenschaftlerinnen und Wissenschaftlern betreut werden müssen. Darunter befindet sich längst niemand mehr, der über Sinn und Zweck eines jeden Kabels Bescheid weiß.

Aber wie können über Streuexperimente Erkenntnisse im Mikrokosmos gewonnen werden? Ein Analogie-Versuch hilft weiter:

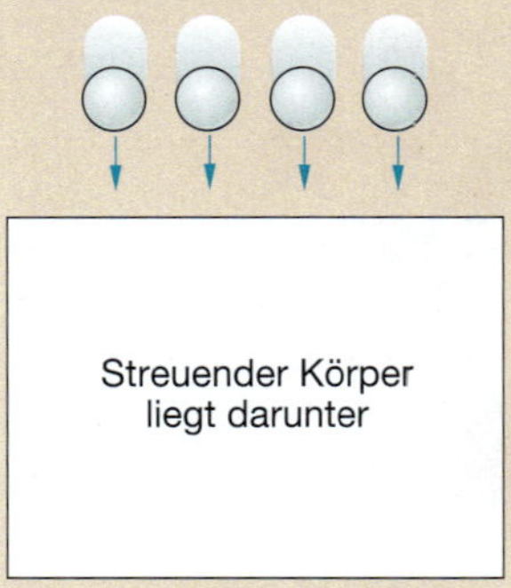

Wenn Kugeln auf ein festes, unter einer Abdeckung verborgenes Hindernis treffen, können aus der weiteren Bewegung der Kugeln Rückschlüsse darüber gezogen werden, welche Form das Hindernis hat, das nicht direkt zu sehen ist.

Bewegen sich die Kugeln nach dem Zusammenstoß mit dem Hindernis so wie in den Bildern angegeben, lassen sich Vermutungen über die Form der getroffenen Gegenstände anstellen. Bei Beschränkung auf die zweidimensionale Gestalt der Streukörper ist unter den Abdeckungen ein Dreieck, ein Kreis und ein Quadrat bzw. ein Rechteck zu erkennen. Aber ob die Körper gefüllt oder hohl sind, ist nicht auszumachen.

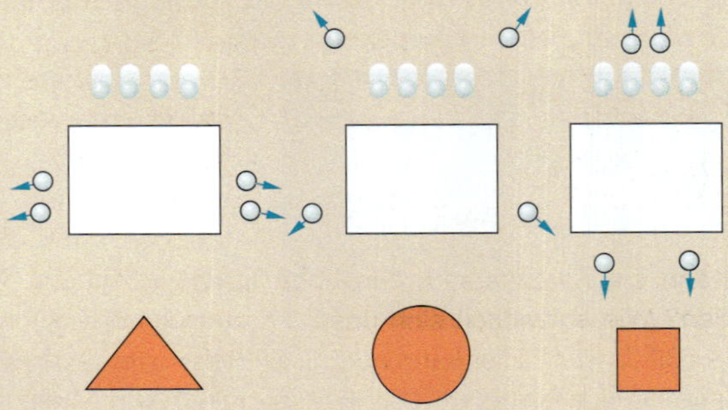

In den wirklichen Beschleunigern werden Targets mit Teilchen sehr hoher Energie beschossen. So können diese Teilchen in die beschossenen Objekte eindringen oder diese sogar durchdringen und eventuell auch Teile davon herausschlagen. Beim Rutherfordversuch z. B. durchflogen α-Teilchen die Goldfolie zum großen Teil unabgelenkt.

Selbst in einfachen Schulversuchen ist zu erkennen, wie die Bahn eines α-Teilchens sich plötzlich teilt und zwei Teilchen wegfliegen, eines davon nach rechts unten. Was ist geschehen? Das α-Teilchen (Heliumkern) trifft auf einen Stickstoffkern, wobei ein Sauerstoffkern und ein Proton entstehen.

Und woher kommt dieses Wissen? Aus der bekannten Masse des Geschosses und des Targets, aus den beobachteten Winkeln und Bahnlängen können Rückschlüsse auf Masse und Energie der beiden wegfliegenden Teilchen gezogen werden. Durchfliegen die Teilchen zusätzlich ein Magnetfeld, kann auch die Bahnkrümmung Informationen liefern.

Modelle und Simulationen

Durchblick

Ohne Modelle und Simulationen gibt es kein neues Auto. Nahezu alles, was neu auf den Markt kommen soll, muss – bevor es in Originalgröße produziert wird – zuerst im Modell nach- oder besser vorgebildet und in Modellrechnungen, sogenannten **Simulationen,** auf sein Verhalten überprüft werden. Zwei Beispiele:

Bevor der Airbus 380 zum ersten Mal abhob, fanden schon tausende virtuelle Flüge statt, wurde seine Aerodynamik am Modell im Windkanal getestet und die Festigkeit der Tragflächen am Computer simuliert.

Kann die Klimakatastrophe noch abgewendet werden? Wie entwickelt sich unser Klima in den nächsten 30 Jahren? Hier kann nur mit Modellen und Simulationen gearbeitet werden. Um zu prüfen, wie realistisch deren Aussagen sind, müssen die Simulationen mit bekannten Daten aus der Vergangenheit „gefüttert" werden. Dann wird überprüft, wie gut mit den Modellen die bisherigen Veränderungen des Klimas beschrieben werden. Nur wenn inzwischen eingetretene Szenarien brauchbar wiedergegeben werden, kann Zukünftiges vorausgesagt werden.

Ein Modell ist ein materielles oder gedankliches Objekt, das anstelle eines Originals genutzt wird. Dabei handelt es sich um eine Vereinfachung des Originals und somit der Wirklichkeit. Das Modell sollte in möglichst vielen Eigenschaften mit dem Original übereinstimmen.

Mit einem Modell lassen sich deshalb eine Reihe von Erscheinungen voraussagen und erklären, andere aber nicht; dafür muss dann ein anderes Modell benutzt werden. Modelle sind nur innerhalb bestimmter Grenzen gültig und sinnvoll nutzbar.

Für die Modelle und Simulationen gibt es im Bereich der Atom- und Kernphysik noch ein weiteres Problem: Sie sind kein vergrößertes Abbild der Wirklichkeit, sondern vergegenständlichte Vorstellungen über den Mikrokosmos. Der Mikrokosmos wird dabei durch Gegenstände veranschaulicht, die aus der makroskopischen Wirklichkeit bekannt sind, die in vielfältiger Weise anders ist als die Welt des Allerkleinsten. „Es kann nicht nachgeprüft werden, wie die Dinge tatsächlich aussehen."

Das Atommodell hat sich von der unteilbaren Kugel über die mit Elektronen gespickte, positiv geladene Massenkugel zum Rutherfordmodell mit Kern und Hülle entwickelt. Mit jedem neuen Modell wuchs die Erkenntnis über den Aufbau der Materie. Trotzdem sind auch alte, nicht so detaillierte Modelle nicht automatisch falsch, sondern genügen zur Erklärung vieler Vorgänge im atomaren Bereich.

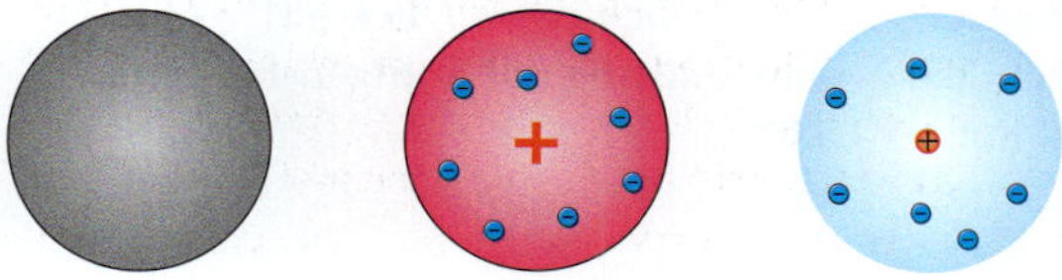

DALTON um 1800 | THOMSON um 1900 | RUTHERFORD um 1910

Alle Modelle müssen ihre Nützlichkeit beweisen, indem sie in Simulationen und Computerexperimenten die Ergebnisse von Realexperimenten richtig vorhersagen oder bestätigen. Weil weder Photonen, Atome, Elektronen, Protonen oder Neutronen direkt beobachtet werden können, sind alle Vorstellungen, die wir uns davon machen, nur Modelle, die – wenn sie durchgerechnet oder anschaulich simuliert werden – die gleichen Ergebnisse liefern wie reale Experimente mit den entsprechenen Teilchen.

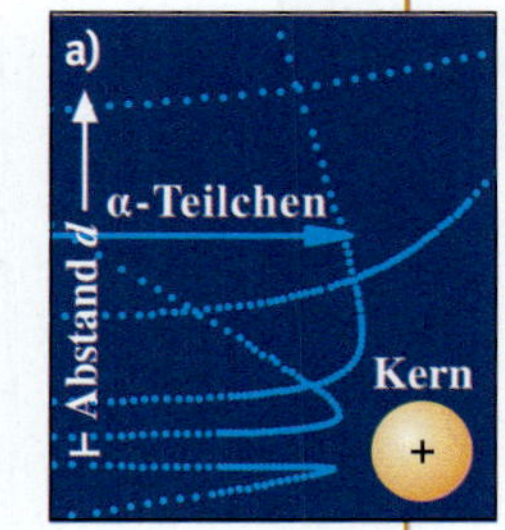

Simulationen am Computer haben den Vorteil, dass ohne Materialverschleiß und mit relativ geringen Kosten die verschiedensten Versuchsbedingungen und Konstellationen „durchgespielt" werden können. So können z. B. beim Rutherfordexperiment anstelle von Goldfolien andere Stoffe verwendet und beobachtet werden, wie sich die α-Teilchen dann verhalten. Es können auch schnellere bzw. langsamere α-Teilchen oder auch andere Geschosse wie z. B. Protonen etc. verwendet werden.

Zur Absicherung und Bestätigung aller Erkenntnisse, die theoretisch oder mit Modellen und Simulationen erlangt wurden, ist natürlich immer noch das Realexperiment absolut zwingend erforderlich. Modelle und Simulationen sind aber inzwischen zu unverzichtbaren Hilfsmitteln in der Physik zur Erklärung der Natur und zur Veranschaulichung der beobachteten Phänomene geworden.

Radioaktivität

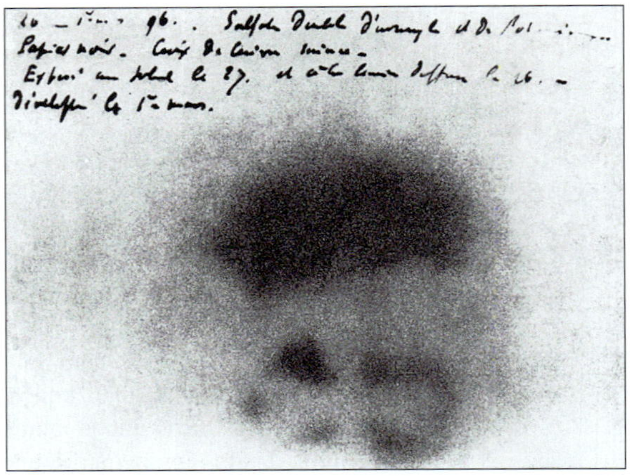

Bereits vor gut 100 Jahren machte HENRI BECQUEREL eine erstaunliche Entdeckung: Auf einem lichtdicht verpackten Fotopapier hatte er durch Zufall einige Tage lang ein Stück Uranerz liegenlassen. Nach der Entwicklung des Films zeigte sich eine Schwärzung, die den Steinumrissen entsprach.
Wie war dies ohne Lichteinwirkung möglich? Warum wurde das Papier nur an den Stellen „belichtet", an denen sich das Erz befand? Besteht ein Zusammenhang mit Röntgenstrahlung bzw. mit UV-Licht?

Nachweis von Radioaktivität

Experimente mit Uran führte um 1910 auch die in Polen geborene Physikerin MARIE CURIE durch. Sie konnte die Ergebnisse nur so erklären, dass von dem Uran eine unsichtbare Strahlung ausging, die Fotopapier schwärzte und noch weitere Wirkungen hatte. Die Stoffe, die diese Strahlung aussendeten, nannte sie „radioaktiv" (Strahlung aussendend).

Zentraler Versuch

Im Versuch wird ein Strahlerstift in die Nähe eines negativ bzw. positiv geladenen Elektroskops gebracht. Der Zeigerausschlag geht in beiden Fällen zurück – das Elektroskop wird also entladen.
Diese Entladung kann nur durch positiv oder negativ geladene Teilchen geschehen, die vorher nicht in der Luft vorhanden waren. Also muss die vom Präparat ausgehende Strahlung die Atome der Luft ionisiert haben, wodurch die Luft elektrisch leitend wurde.

> Von bestimmten Stoffen geht eine unsichtbare Strahlung aus, die Fotopapier schwärzt und Luft ionisiert.

Die Nebelkammer

In einer solchen Kammer befindet sich Luft, die mit Wasser- und Alkoholdampf gesättigt ist. Mit der Kammer ist ein Gummiball verbunden, der zusammengedrückt werden kann. Wird dieser Gummiball nun plötzlich losgelassen, so dehnt sich die Luft in der Kammer schlagartig aus. Dadurch sinkt die Temperatur unter die Kondensationstemperatur des Alkohol-Luft-Gemisches ab.
Die Strahlung aus dem Strahlerstift, der in der Kammer angebracht ist, erzeugt Ionen, die als Kondensationskeime wirken. Durch sie bilden sich kleinste Wassertröpfchen, die von der Seite kommendes Licht streuen. Auf diese Weise kann der Weg der Strahlung sichtbar gemacht werden.

Im Foto sind Nebelstreifen von 2 bzw. 4 cm Länge zu erkennen, die Spuren der ionisierenden Strahlung. Ein Stückchen Papier als Hindernis beendet die Spuren sofort. Was folgt daraus?

- Die durch die Nebelspuren registrierte Strahlung hat eine sehr begrenzte Reichweite in Luft und kann schon durch ein Blatt Papier völlig abgeschirmt werden.
- Die unterschiedlichen Bahnlängen weisen darauf hin, dass es Strahlung unterschiedlicher Energie geben muss.
- Das Bild der Nebelspuren entsteht sofort mit dem Loslassen des Gummiballs. Dies deutet darauf hin, dass vom Strahlerstift so viel Strahlung ausgesendet wird, dass immer welche vorhanden ist. Außerdem muss sie eine sehr hohe Geschwindigkeit haben.

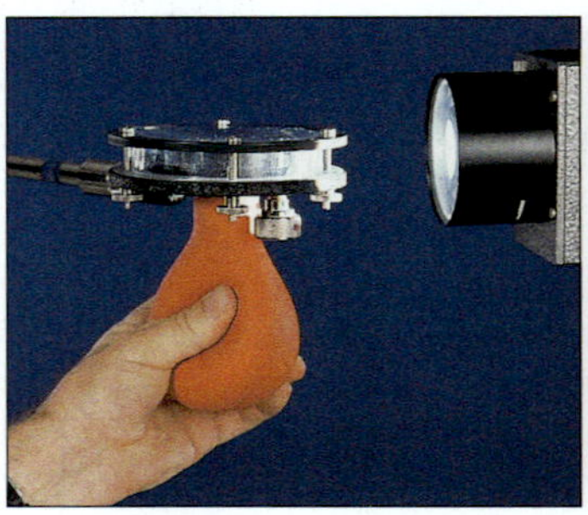

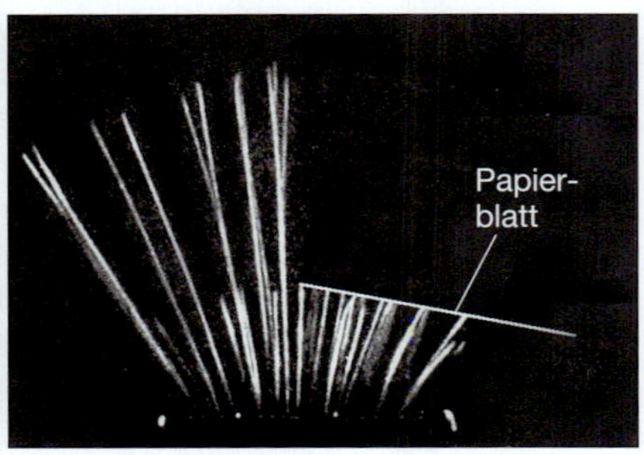

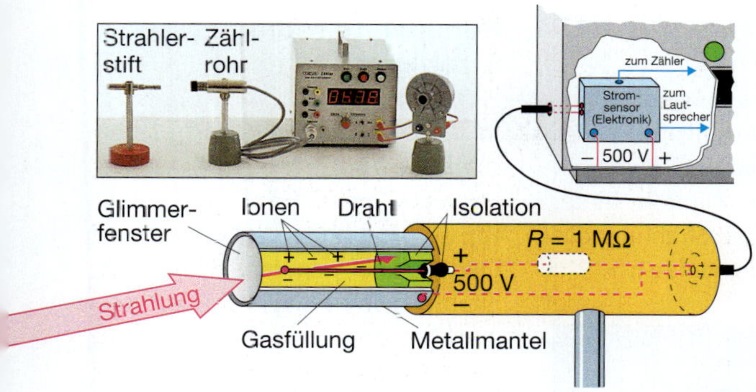

Das Zählrohr

Das Zählrohr besteht aus einem Metallzylinder, in dessen Inneren ein Draht isoliert eingespannt ist. Auf der einen Seite ist das Metallrohr von einem dünnen Glimmerfenster und auf der anderen Seite durch eine Isolierschicht luftdicht verschlossen. Gefüllt ist das Rohr mit einem Edelgas unter geringem Druck. Zwischen Draht und Metall liegt eine Spannung von einigen 100 V.

Gelangt Strahlung durch das Glimmerfenster in das Rohr, ionisiert sie Atome der Gasfüllung. Die entstehenden Elektronen werden zum positiven Draht hin beschleunigt, die positiven Ionen zur negativen Metallwand hin. Durch die hohe Spannung werden sie so schnell, dass sie durch Stöße weitere Gasatome ionisieren können und diese wiederum andere – es kommt zur **Stoßionisation.**

Die Zahl der Elektronen wächst dadurch lawinenartig an, es fließt ein messbarer Strom I über den Widerstand R und verursacht dadurch einen Spannungsabfall $U_R = R \cdot I$. Durch ihn wird die Spannung zwischen Draht und Wand reduziert und zwar so stark, dass im Zählrohr keine Stoßionisation mehr möglich ist und das Gas wieder zum Isolator wird. Die Zeit, in der keine weiteren Ereignisse gemessen werden können, heißt *Totzeit*. Sie liegt bei den meisten Zählrohren unter einer Millisekunde. Nach der Totzeit kann das Zählrohr erneut auf ionisierende Strahlung reagieren.
Die kurzen Stromstöße, die durch den Widerstand fließen, werden verstärkt und können in einem Lautsprecher ein Knacken verursachen oder von einer entsprechenden Elektronik gezählt werden.

Zählrate und Nulleffekt

Die Anzahl der Stromstöße, die in einer bestimmten Zeit mit einem Zählrohr gemessen wird, ist die **Zählrate.** Sie ist ein Maß für die Intensität der Strahlung.

Die Zählrate

Die Einheit ist 1 $\frac{\text{Imp}}{\text{s}}$.

Das Formelzeichen ist Z.

Die Überprüfung verschiedener radioaktiver Stoffe mit dem Zählrohr führt zu sehr unterschiedlichen Ergebnissen. Beim Strahlerstift werden in vergleichbaren Zeiten die meisten Impulse gemessen; er verursacht also die höchste Zählrate. Wird eine Messung wiederholt, so kann das Ergebnis deutlich abweichen (Fliese!)

Strahler	Strahlerstift	Uranerz	Leuchtziffern	Fliese	Fliese
Zeit	30 s	45 s	100 s	60 s	60 s
Impulse	31 800	78	62	371	355
Z	1060 $\frac{\text{Imp}}{\text{s}}$	1,7 $\frac{\text{Imp}}{\text{s}}$	0,6 $\frac{\text{Imp}}{\text{s}}$	6,2 $\frac{\text{Imp}}{\text{s}}$	5,9 $\frac{\text{Imp}}{\text{s}}$

Radioaktivität ist ein Vorgang, der unregelmäßig und zufällig auftritt und dadurch zu unterschiedlichen Zählraten führen kann. Dieser Effekt wird bei sehr kurzen Messzeiten besonders deutlich.

Zeit	60 s	600 s	600 s	6000 s	6000 s
Impulse	18	212	195	2067	2014
Z	0,3 $\frac{\text{Imp}}{\text{s}}$	0,35 $\frac{\text{Imp}}{\text{s}}$	0,33 $\frac{\text{Imp}}{\text{s}}$	0,34 $\frac{\text{Imp}}{\text{s}}$	0,34 $\frac{\text{Imp}}{\text{s}}$

Auch wenn sich kein radioaktives Material in der Nähe des Zählrohres befindet, registriert das Zählrohr Impulse. In diesem Fall wird die natürliche Radioaktivität aus der Umwelt gemessen. Dieser **Nulleffekt** ist ständig vorhanden und tritt sehr unregelmäßig auf. Erst bei Messungen über einen längeren Zeitraum gleichen sich diese zufälligen Schwankungen aus. Die auf den Nulleffekt zurückzuführende Zählrate wird **Nullrate** genannt und ist bei allen Messungen zu berücksichtigen.

Die Zählrate Z ist die pro Zeiteinheit mit einem Zählrohr gemessene Impulszahl. Sie ist ein Maß für die am Ort des Zählrohres vorliegende Intensität radioaktiver Strahlung.

Aufgaben

1 Früher gab es Uhren, von denen wurde behauptet, ihre Leuchtziffern wären radioaktiv. Beschreibe zwei Möglichkeiten, wie diese Behauptung überprüft werden kann.

2 **a)** Erläutere, wie ein Zählimpuls bei einem Zählrohr zustande kommt.
b) Was erwartest du, wenn du eine Messung mehrfach durchführst? Begründe.

3 Dieses Fotopapier hat einige Tage lichtdicht verpackt auf der Fliese gelegen. Erkläre das Zustandekommen der Schwärzung des Fotopapieres.

Ablenkbarkeit radioaktiver Strahlung

Wird zwischen Strahlerstift und Zählrohr eine dicke Bleiplatte gehalten, so werden keine Impulse mehr registriert. Die von dem Strahlerstift ausgesandte Strahlung wird von Blei fast vollständig abgeschirmt. Hat die Blende ein Loch, so wirkt sie wie eine Blende in der Optik. Wird das Zählrohr hinter dem Loch hin und her geschoben, ist zu erkennen, dass die Strahlung das Loch als relativ schmales, eng begrenztes Bündel geradlinig verlässt.

Zentraler Versuch

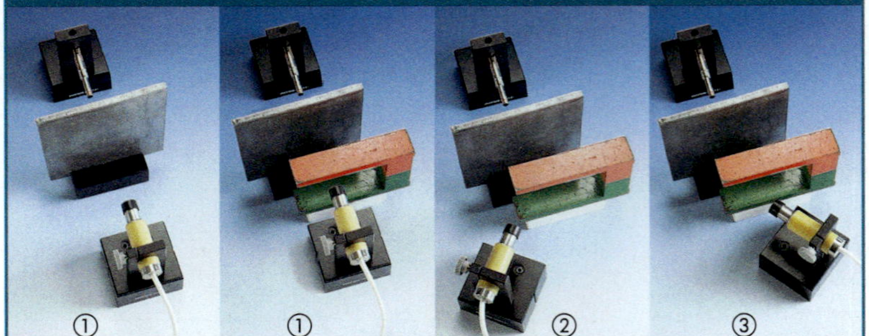

Bei der Durchführung des Versuchs müssen sich die Zählrohre möglichst nahe am Magneten befinden. Eine deutliche Zählrate bei Zählrohr ③ ist nur bei einem sehr starken Magneten und bei Durchführung des Versuchs im Vakuum möglich.

Läuft das Strahlungsbündel eines Ra226-Strahlerstifts durch das Feld eines möglichst starken Hufeisenmagneten in der fotografierten Weise, so zeigen sich die folgenden Ergebnisse:

- Die Zählraten des Zählrohres in Position ① sind mit Hufeisenmagnet deutlich kleiner als ohne.
- Das Zählrohr in Stellung ② registriert ebenfalls Strahlung, abseits der geradlinigen Ausbreitungsrichtung!
- Befindet sich die Anordnung im Vakuum und ist der Magnet extrem stark (Elektromagnet), registriert auch das Zählrohr in Stellung ③ Strahlung.

Auch dies lässt den Schluss zu, dass aus dem Ra226-Strahlerstift drei Arten von Strahlung austreten.

- Die Strahlung, die bei Vorhandensein des Magnets in Stellung ① registriert wird, wird durch das Magnetfeld nicht beeinflusst. Es handelt sich entweder um ungeladene Teilchen oder um eine materielose Strahlung wie Licht. Genaue Untersuchungen haben Letzteres bestätigt. Diese Strahlung ist die **γ-Strahlung.**
- Die vom Zählrohr in Stellung ② registrierte Strahlung wird wie negativ geladene Teilchen abgelenkt. Die Bestimmung ihrer Masse und Ladung ergab, dass die Strahlung aus Elektronen besteht. Es handelt sich um **β-Strahlung.**
- Die vom Zählrohr in Stellung ③ registrierte Strahlung wird wie positiv geladene Teilchen abgelenkt. Ihre Masse und Ladung entspricht der von Heliumkernen. Da die Strahlung **α-Strahlung** heißt, werden die He-Kerne oft auch α-Teilchen genannt.

α-Strahlung besteht aus Helium-Kernen, β-Strahlung aus sehr schnellen Elektronen, γ-Strahlung ist sehr energiereiche, materielose Strahlung. α- und β-Teilchen lassen sich im Magnetfeld ablenken, γ-Strahlung nicht.

Reichweite radioaktiver Strahlung

In der Nebelkammer sind Nebelstreifen von etwa 2 bzw. 4 cm Länge zu erkennen, die durch ein Blatt Papier sofort unterbrochen werden. Die die Nebelspuren erzeugende Strahlung muss nach den vorherigen Erkenntnissen α-Strahlung sein. α-Strahlung hat in Luft also nur eine Reichweite von wenigen Zentimetern.
Ein Krypton85-Strahlerstift sendet nur β-Strahlung aus, ein geeignet abgedeckter Radium-Strahlerstift nur γ-Strahlung. Die Strahlung verlässt den Strahlerstift in einem kegelförmigen Bereich. Ein Zählrohr misst deshalb mit größer werdendem Abstand eine immer kleinere Zählrate. Trotzdem gibt es Unterschiede: β-Strahlung besitzt nur eine Reichweite von wenigen Dezimetern, die γ-Strahlung nimmt weniger schnell ab und ist auch in 1 m Abstand noch gut nachweisbar.

Die Reichweite von α- und β-Strahlung beträgt in Luft nur wenige Zentimeter bzw. Dezimeter. Die Reichweite von γ-Strahlung ist in Luft im Prinzip unbegrenzt.

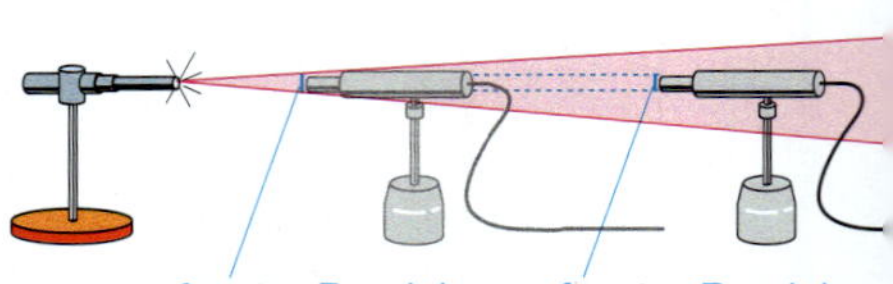

Abstand	Z_β 1)	Z_γ 1)
0 cm	9892 $\frac{Imp}{min}$	8538 $\frac{Imp}{min}$
5 cm	218 $\frac{Imp}{min}$	1322 $\frac{Imp}{min}$
10 cm	82 $\frac{Imp}{min}$	439 $\frac{Imp}{min}$
20 cm	11 $\frac{Imp}{min}$	137 $\frac{Imp}{min}$
50 cm	— 2)	22 $\frac{Imp}{min}$
100 cm	— 2)	5 $\frac{Imp}{min}$

1) Nullrate schon abgezogen;
2) kein Unterschied zur Nullrate

Durchdringungsvermögen radioaktiver Strahlung

Versuche zum Durchdringungsvermögen radioaktiver Strahlung zeigen, dass es verschiedene Strahlungsarten gibt. Dazu werden Platten aus dickem Papier, Aluminium und Blei zwischen den Ra226-Strahlerstift und das Zählrohr gehalten und jeweils die Zahl der Impulse 10 s lang gemessen. Der Abstand zwischen Zählrohr und Strahlerstift beträgt dabei höchstens 2–3 cm und darf sich bei allen Messungen nicht ändern.

Zentraler Versuch

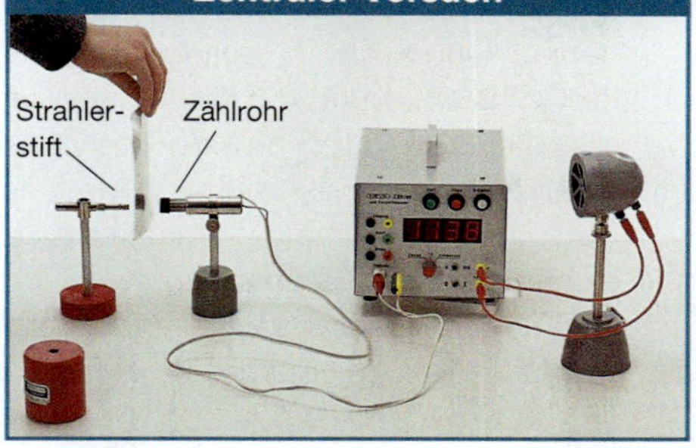

Die Ergebnisse sind in den Diagrammen dargestellt. Ohne jedes Plättchen registriert das Zählrohr ca. 19 000 Impulse in 10 s. Zu beachten ist die unterschiedliche Skalierung beider Diagramme.

- Die Strahlung von Ra226 wird bereits durch eine einzige Lage Papier deutlich absorbiert. Die durch ein Blatt Papier hindurchgehende Strahlung wird aber durch weitere Papierlagen viel weniger abgeschwächt.
- Aluminiumplatten schwächen die Strahlung wesentlich stärker, aber ab 4 mm Dicke bewirkt eine Vergrößerung der Aluminiumschichtdicke praktisch keine weitere Schwächung der Strahlung.
- Bereits durch 1 mm dickes Blei wird eine vergleichbare Absorption der Strahlung bewirkt. Eine dickere Bleischicht lässt die Zählrate weiter sinken. Es werden aber sehr dicke Bleischichten benötigt, um die Strahlung nahezu völlig zu absorbieren, denn eine Zählrate von ca. 400 Impulsen in 10 s liegt noch erheblich über dem Nulleffekt.

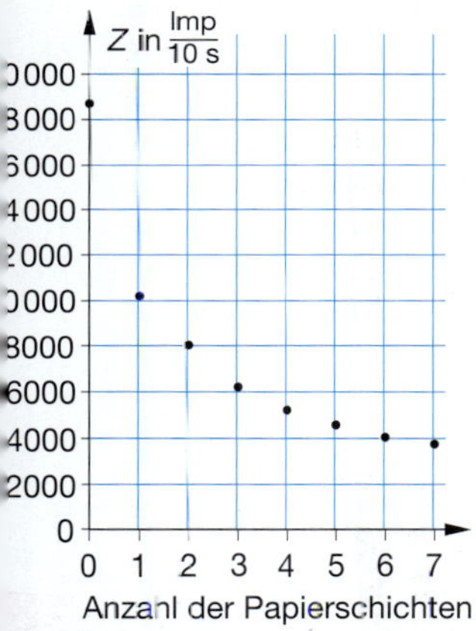

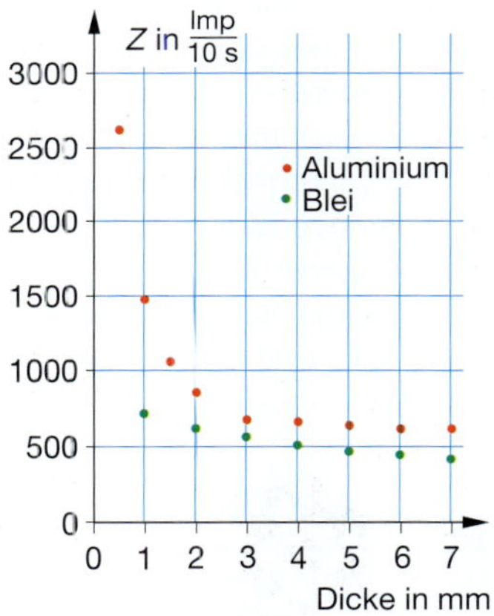

Aus den Versuchsergebnissen lässt sich schließen, dass das Radiumpräparat drei verschiedene Strahlungsarten emittiert. Eine erste Strahlungsart – **α-Strahlung** – wird bereits durch ein Blatt Papier absorbiert. **β-Strahlung** wird durch eine wenige Millimeter dicke Aluminiumschicht absorbiert. Darüber hinaus gibt es eine dritte Strahlungsart – **γ-Strahlung** – die erst durch dicke Bleischichten deutlich geschwächt wird.

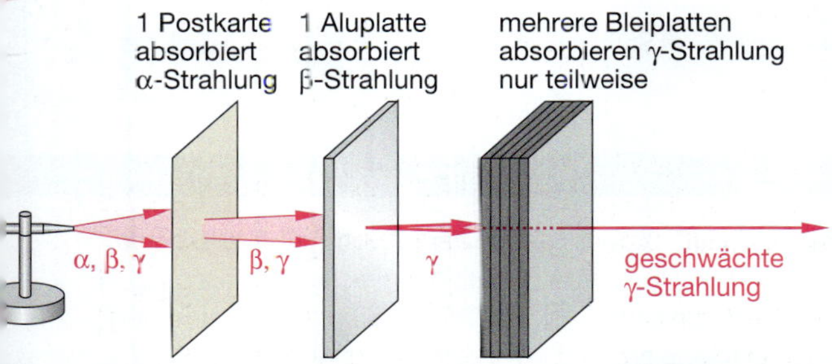

	α-Strahlung	β-Strahlung	γ-Strahlung
besteht aus	He-Kernen	schnellen Elektronen	Energiepaketen
Reichweite in Luft	einige cm	einige dm	„unendlich“
Abschirmung	Papier	Aluplatte	dicker Bleimantel

Radioaktive Stoffe senden α-, β- oder γ-Strahlung aus. Das Durchdringungsvermögen von α-Strahlung ist im Gegensatz zu β- und γ-Strahlung sehr gering.

Aufgaben

1 Ein radioaktives Präparat wird mit einer 4 mm dicken Aluplatte abgeschirmt und die Zählrate gemessen. Anschließend werden Bleiplatten von 4 mm Dicke dazugenommen und die Zählraten jeweils erneut gemessen.
a) Erläutere den Versuchsablauf und begründe insbesondere die Verwendung der Aluplatte.
b) Zeichne das Diagramm. Erläutere: Die „Halbwertsdicke“ von Blei beträgt 12 mm.

D	0 mm	4 mm	8 mm	12 mm	16 mm
Z	$\frac{446\ \text{Imp}}{5\ \text{min}}$	$\frac{313\ \text{Imp}}{5\ \text{min}}$	$\frac{276\ \text{Imp}}{5\ \text{min}}$	$\frac{226\ \text{Imp}}{5\ \text{min}}$	$\frac{167\ \text{Imp}}{5\ \text{min}}$

2 Erläutere, warum im Versuch der Abstand zwischen Strahlerstift und Zählrohr gleich bleiben muss.

Streifzug

Aus α wird Helium

Wie lässt sich nachprüfen, ob von einem α-Strahler tatsächlich Helium-Kerne ausgesendet werden? Dies ist insofern schwierig, als die Menge des entstehenden Heliums sehr gering ist. Im Jahre 1908 gelang die Nachprüfung ERNEST RUTHERFORD (1871–1937) und seinen Mitarbeitern.
In einem nahezu luftleer gepumpten Glaskolben befand sich ein Radiumpräparat, welches α-Strahlung aussandte. Wegen ihrer geringen Durchdringungsfähigkeit konnten die He-Kerne den Glaskolben nicht verlassen, sondern sammelten sich in ihm. Zusammen mit Elektronen aus der Restluft entstanden neutrale Heliumatome. Die Spuren des Edelgases konnten von RUTHERFORD und seinen Mitarbeitern nachgewiesen werden. Damit war experimentell gezeigt, dass α-Strahlung aus He-Kernen besteht.

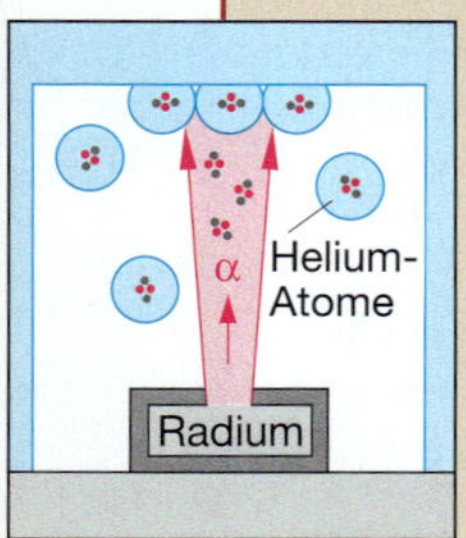

Wie viele Heliumatome entstehen in einem Zählrohr in einem Jahr?
Würde ein Zählrohr ein Jahr lang 40 Wochen täglich 5 Stunden genutzt, so wären das $1000\,\frac{h}{a}$. Bei einer Zählrate von $1000\,\frac{Imp}{s}$ entstehen bestenfalls 1000 He-Atome je Sekunde. In einem Jahr ergibt das:
$1000 \cdot 1000 \cdot 3600 \approx 3{,}6 \cdot 10^9$ Atome.

Zum Vergleich: 1 cm^3 reines Helium enthält ca. 10^{20} Atome.

Zerfallsarten

α-Zerfall

α-Teilchen sind Heliumkerne, die aus 2 Protonen und 2 Neutronen bestehen. Durch das Aussenden eines He-Kerns ist die Massenzahl A des Restkerns um 4 und die Kernladungszahl Z um 2 geringer als die des Ausgangskerns. Damit gehört der Restkern zu einem anderen chemischen Element. Der Zerfall lässt sich in Form einer Reaktionsgleichung darstellen.
Da keine Nukleonen verloren gehen können, muss bei einer solchen Gleichung die Bilanz immer stimmen: Die Summe aller Massen- bzw. Kernladungszahlen auf der linken Seite der Reaktionsgleichung muss gleich der Summe aller Massen- bzw. Kernladungszahlen auf der rechten Seite sein.

Beispiel: Durch das Aussenden von α-Strahlung wird aus dem Element Americium das Element Neptunium:
$^{241}_{95}Am \rightarrow ^{237}_{93}Np + ^{4}_{2}He$

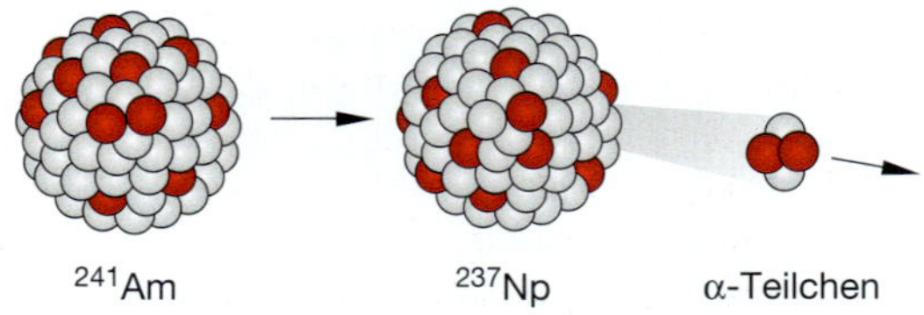

β-Zerfall

β-Teilchen sind Elektronen, die mit großer Geschwindigkeit aus dem Kern geschleudert werden. Wie ist dies möglich, wo doch ein Atomkern nur aus Protonen und Neutronen besteht?
Ein Neutron kann sich unter bestimmten Umständen in ein Proton und ein Elektron umwandeln. Das Elektron kann im Kern nicht bleiben, sondern wird aus ihm herausgeschleudert. Zurück bleibt ein Kern mit gleicher Massenzahl, aber einer um 1 größeren Kernladungszahl, da sich die Anzahl der Protonen um 1 erhöht hat. Damit die Reaktionsgleichung weiterhin gilt, wird dem Elektron die Massenzahl 0 und die Kernladungszahl –1 zugeordnet (negative Ladung).

Beispiel: Beim β-Zerfall von Strontium muss ein Element entstehen, das ein Proton mehr, aber ein Neutron weniger besitzt; es ist Yttrium:
$^{90}_{38}Sr \rightarrow ^{90}_{39}Y + ^{0}_{-1}e$

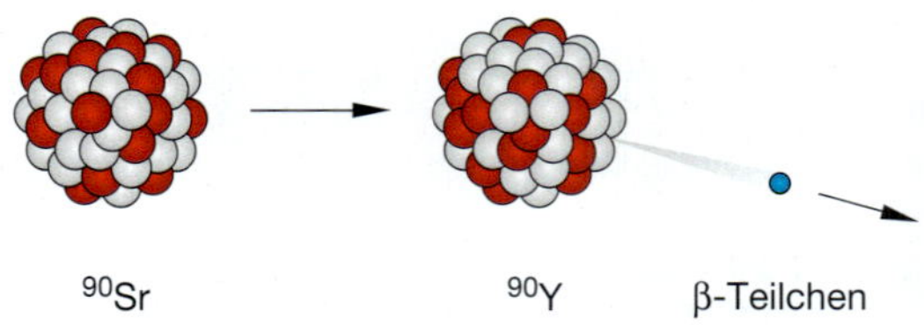

Aufgaben

1 Das Thoriumisotop $^{227}_{90}Th$ ist ein α-Strahler.
a) Gib die Reaktionsgleichung für die Abgabe eines α-Teilchens an.
b) Nenne die Kerne, die bei diesem Zerfall entstehen.

2 Kohlenstoff kann sich durch β-Zerfall in Stickstoff umwandeln.
a) Stelle die Gleichung für den Zerfall von $^{14}_{6}C$ auf.
b) Erläutere im Unterschied dazu den Zerfall von $^{16}_{6}C$. Stelle beide Reaktionsgleichungen auf.

3 Ra226 zerfällt unter Aussendung von Strahlung in Rn222.
Stelle die Zerfallsgleichung auf.

4 Beschreibe, wie die Ablenkbarkeit von β-Strahlung im Magnetfeld experimentell überprüft werden kann. Begründe weshalb dabei eine dicke Bleiplatte benutzt werden muss.

Umgebungsstrahlung

Streifzug

An einen isoliert aufgespannten Draht wird eine Stunde lang eine Spannung von einigen kV gelegt. Danach wird der Staub mit einem sauberen Papiertuch vom Draht abgestreift. Die Messung der Zählrate des Tuchs zeigt einen gegenüber der Nullrate leicht erhöhten Wert. Der Staub in der Luft ist teilweise radioaktiv. Das liegt daran, dass Baumaterial (Ziegel, Beton, natürliches Gestein) radioaktive Stoffe enthält, die das radioaktive Edelgas Radon freisetzen.

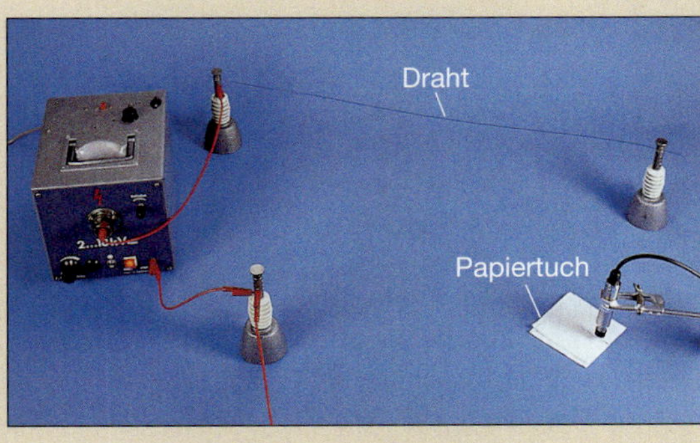

Systematische Untersuchungen haben gezeigt, dass es drei Quellen für die Strahlung in unserer Umgebung gibt:

- Viele in der Natur vorkommende Stoffe sind von Natur aus radioaktiv. Die daraus resultierende Strahlung wird unter dem Namen **terrestrische Strahlung** zusammengefasst.

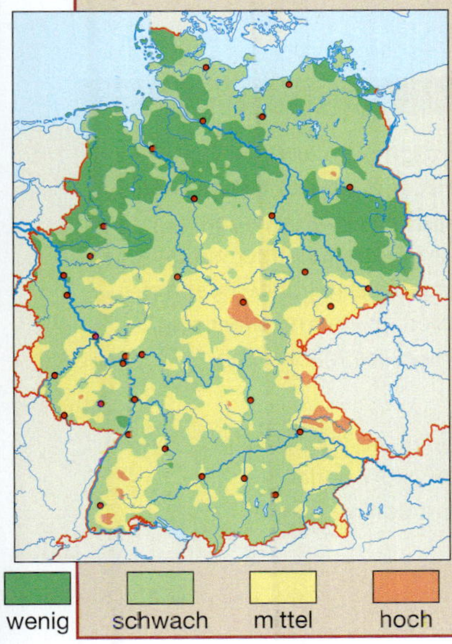

- Messungen in großer Höhe haben eine erhöhte Radioaktivität ergeben. Dies lässt den Schluss zu, dass Strahlung auch aus dem Weltraum kommt. Sie heißt **kosmische Strahlung.**
- Ein weiterer Anteil, die **künstliche Strahlung,** entstammt technischen Anlagen oder medizinischen Geräten.

Alle diese Anteile zusammen ergeben die **Umgebungsstrahlung.** Sie gab es – mit Ausnahme der künstlichen Strahlungsquellen – schon immer. Sie scheint keine schädlichen Auswirkungen auf Menschen, Tiere und Pflanzen zu haben. Gefährlich wird es, wenn die vom Menschen verursachte künstliche Radioaktivität zu hoch wird.

Die Belastung durch die kosmische Strahlung nimmt mit der Höhe zu. Langstreckenflüge finden heute in 10–12 km Höhe statt. Messungen haben ergeben, dass das Flugpersonal bei 500 Flugstunden einer doppelt so hohen Belastung ausgesetzt ist wie die mittlere natürliche Belastung in Meereshöhe. Im Laufe eines Berufslebens summiert sich diese Belastung zu einem um 0,4 % erhöhten Risiko, an Krebs zu erkranken. Ein einzelner Langstreckenflug ist unerheblich.

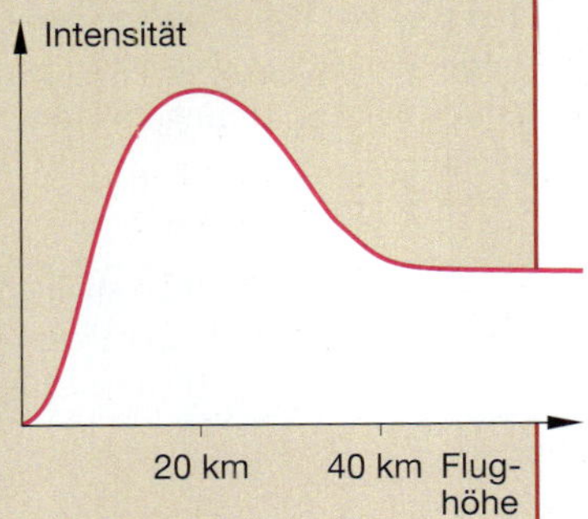

5 Für einen α-Strahler wird eine Zählrate von 89 $\frac{\text{Imp}}{\text{s}}$ gemessen.
a) Berechne die Maximalzahl der Heliumatome, die dadurch in einer Stunde entstehen können.
b) Gib die Zahl der Atome in 1 cm^3 Helium an und berechne die Zeit, die der α-Strahler braucht, um genügend Kerne für 1 cm^3 Helium zur Verfügung zu stellen.

6 **a)** Erkläre, wie radioaktive Präparate aufbewahrt werden müssen, um weitestgehenden Schutz vor ihrer Strahlung zu erzielen.
b) Vergleiche α-, β- und γ-Strahlung und nenne konkrete Maßnahmen (Material, Dicke des Aufbewahrungsbehälters usw.).

7 Ein γ-Strahler befindet sich genau in der Mitte eines wassergefüllten Swimmingpools (8 m x 5 m x 1,5 m). Berechne die Zählrate, die an der Wasseroberfläche
a) in der Mitte
b) an den Rändern des Pools
gemessen wird, wenn die ohne Wasser direkt am Strahler gemessene Zählrate 12 800 $\frac{\text{Imp}}{\text{s}}$ beträgt. (*Hinweis:* Die Halbwertsdicke für γ-Strahlung beträgt bei Wasser 12 cm.)

Teilchenfreie Strahlung

Röntgenstrahlung

Röntgenstrahlung wurde 1895 von WILHELM CONRAD RÖNTGEN (1845–1923) entdeckt, also etwa ein Jahrzehnt vor der Radioaktivität. Eine Röntgenröhre besteht aus einem luftleer gepumpten Glaskolben mit einer geheizten Katode und einer Anode. Die aus der Katode austretenden Elektronen werden mit einer sehr hohen Spannung (mindestens 10 kV) beschleunigt und treffen daher mit sehr hoher Geschwindigkeit auf die Anode, welche aus massivem Metall (Kupfer, Molybdän oder Wolfram) besteht. Die Bewegungsenergie der Elektronen wird beim Aufprall auf die Anode zu ca. 1 % in Röntgenstrahlung umgewandelt. Der Rest führt zur starken Erwärmung der Anode, die daher gekühlt werden muss.

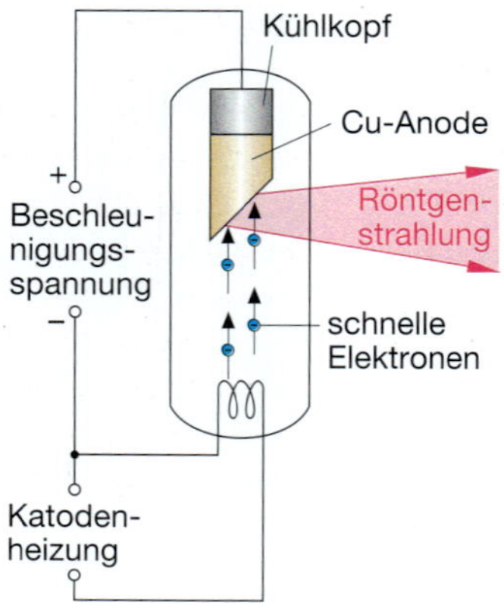

Röntgenstrahlung kann vom Menschen nicht wahrgenommen werden; erst wenn sie auf einen mit geeignetem Material beschichteten Schirm trifft, leuchtet dieser hellgrün auf. Werden Platten gleicher Dicke aus verschiedenem Material in das Röntgenbündel gestellt, so zeigt sich, dass Hartpapier die Röntgenstrahlung kaum schwächt, während Metalle nur schwer durchdrungen werden. Insbesondere lässt Blei fast keine Röntgenstrahlung mehr durch. Erstaunlich ist die starke Schwächung der Röntgenstrahlung durch Glas, welches beinahe so viel Strahlung absorbiert wie eine gleich dicke Aluminiumschicht.

γ-Strahlung

γ-Zerfälle gibt es nicht. Die Art des Kerns, d. h. die Anzahl der Protonen und der Neutronen ist vor und nach dem Zerfall exakt gleich. Bei einem α- oder β-Zerfall kann es allerdings vorkommen, dass nach Aussendung des α- oder β-Teilchens der Restkern (oder Tochterkern) zunächst in einem „angeregten Zustand" verbleibt. Das bedeutet, dass der Kern mehr Energie besitzt als im „Grundzustand". Diese überschüssige Energie gibt der Kern nach kurzer Zeit als γ-Strahlung in Form eines einzigen „Energiepakets" ab.

γ-Strahlung besteht also aus einer Folge von „Energiepaketen"; sie ist eine reine Energiestrahlung ähnlich wie Licht oder Röntgenstrahlung. Die „Energiepakete" heißen bei allen materielosen Strahlungen **Photonen.**

Aufgaben

1 Eine Fernsehröhre wird mit Spannungen über 20kV betrieben. Erkläre die möglichen Gefährdungen.

2 Bei einer Röntgenuntersuchung muss die Röntgenassistentin während der Aufnahme den Raum verlassen. Begründe diese Maßnahme.

Röntgenstrahlung ist Strahlung, die von stark beschleunigten Elektronen beim Auftreffen auf eine Anode erzeugt wird. Mit Abschalten der Beschleunigungsspannung ist auch die Röntgenstrahlung verschwunden.
Röntgenstrahlung ist wie γ-Strahlung eine teilchenfreie Strahlung und besitzt ionisierende Wirkung.

Anwendungen der Röntgenstrahlung in Medizin und Technik

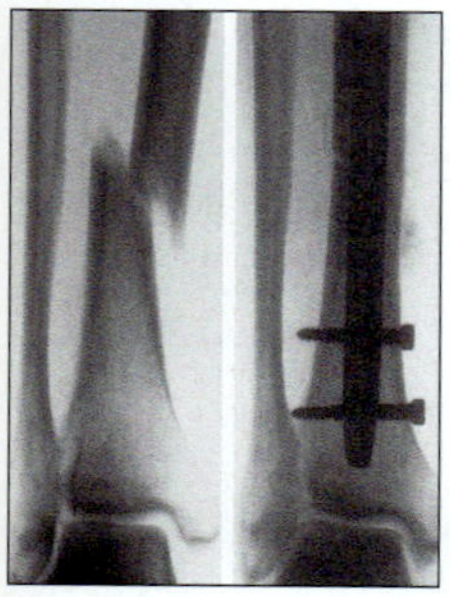

Röntgenstrahlung wird in der *Medizin* zur *Diagnose* und *Therapie* eingesetzt. Die Röntgenuntersuchung bietet den Vorteil, einen erkrankten oder verletzten Körperteil „betrachten" zu können ohne zu operieren. Die künstlich erzeugte Röntgenstrahlung wird von den verschiedenen Stoffen des Körpers (Knochen, Gewebe, Organe) unterschiedlich stark absorbiert. Ein Film oder eine Kamera mit Monitor liefert dadurch unterschiedliche Schwärzungen des Bildes. Die Fotos links zeigen einen Schienbeinbruch und seine Behebung durch einen Stahlnagel und Schrauben.

Auch in der *Technik* kann die Röntgenstrahlung eingesetzt werden etwa zur Überprüfung der Schweißnähte einer Pipeline. Diese dürfen keine versteckten Fehler enthalten z. B. Luftblasen oder feine Risse. Dieses Verfahren wird *zerstörungsfreie Werkstoffprüfung* genannt.

Auch zur Untersuchung des atomaren Aufbaus von Materie kann Röntgenstrahlung eingesetzt werden. Das nebenstehende Foto zeigt Reflexionen an Atomschichten von NaCl (Kochsalz), die Rückschlüsse auf die Kristallstruktur zulassen.

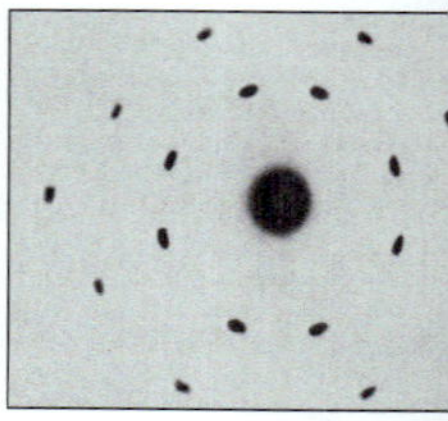

Photonen und ihre Energie

Streifzug

Wird der tropfende Wasserhahn weiter aufgedreht, entsteht erst ein dünner, dann ein kräftiger Wasserstrahl. Einzelne Wassertropfen vereinigen sich zu einem Rinnsal, dieses wird zu einem Wasserstrom. Dieser Wasserstrom besteht also aus einzelnen Wassertropfen. Auch ein elektrischer Strom besteht aus einzelnen Teilchen, den Elektronen. Sie bewegen sich im Stromkreis gemeinsam in eine Richtung vom Minus- zum Pluspol und bilden damit den Elektronenstrom.

In beiden Fällen wird durch das Strömen Energie transportiert. Durch das Wasser kann ein Wasserrad angetrieben werden oder eine Turbine, mittels des elektrischen Stroms kann eine Lampe leuchten.

Durch Sonnenlicht wird die Erde erwärmt, es strömt also Energie von der Lichtquelle zum bestrahlten Objekt. Wird die Vorstellung des Energietransportes beim Stromkreis auf das Licht übertragen, so können auch hier kleinste Energiepakete angenommen werden. Sie heißen **Photonen.** Auch die anderen Strahlungsarten (γ-, Röntgen-, UV- und Wärmestrahlung) sind in Form von Energiepaketen, den Photonen **gequantelt.**

Die Ausbreitung der Photonen ist – sofern sie nicht auf Hindernisse treffen – nur geradlinig möglich. Dabei bewegen sie sich mit Lichtgeschwindigkeit.

Fazit: Energie kommt immer in kleinsten (gequantelten) Portionen vor.

Viele Strahlungsarten

Das Licht der Sonne kann durch ein Glasprisma spektral zerlegt werden; an den sichtbaren Spektralbereich schließen sich links und rechts IR- und UV-Licht an. In wissenschaftlichen Untersuchungen konnte gezeigt werden, dass von der Sonne auch Röntgen- und γ-Strahlung sowie Radiostrahlung ausgesendet wird. Gäbe es ein „Universalprisma“ für alle diese Strahlungsarten, so entstünde ein Spektrum wie in der Abbildung unten. Das Ordnungsprinzip ist die Größe der Energieportion der jeweiligen Strahlung, also die Energie einzelner Photonen, die von energieschwacher Radiostrahlung über Licht bis zur extrem energiereichen γ-Strahlung ansteigt.

Ab einer gewissen Photonenenergie ist die Strahlung in der Lage, Atome und Moleküle des Körpers zu ionisieren; darin liegt die Gefährlichkeit dieser energiereichen Strahlung.

Ein deutlicher Unterschied zeigt sich in der Wirkung, die Strahlung auf Menschen, Tiere und Pflanzen hat. Insbesondere kann der Mensch intensive Wärmestrahlung sehr schmerzhaft erfahren (Verbrennungen); zu starker Lichteinfall kann zu Augenschäden führen; UV-Licht kann Sonnenbrand hervorrufen. Bei nicht zu intensiver Einwirkung sind viele dieser Schäden heilbar, während der Einfluss von Röntgen- und γ-Strahlung, welche vom Menschen möglicherweise im Moment gar nicht wahrgenommen wird, zu erheblichen Beeinträchtigungen führen kann.

Fazit: Die Energie der Photonen von UV-, Röntgen- und γ-Strahlung ist erheblich größer als die von sichtbarem Licht und für die Schädigung von Zellen verantwortlich.

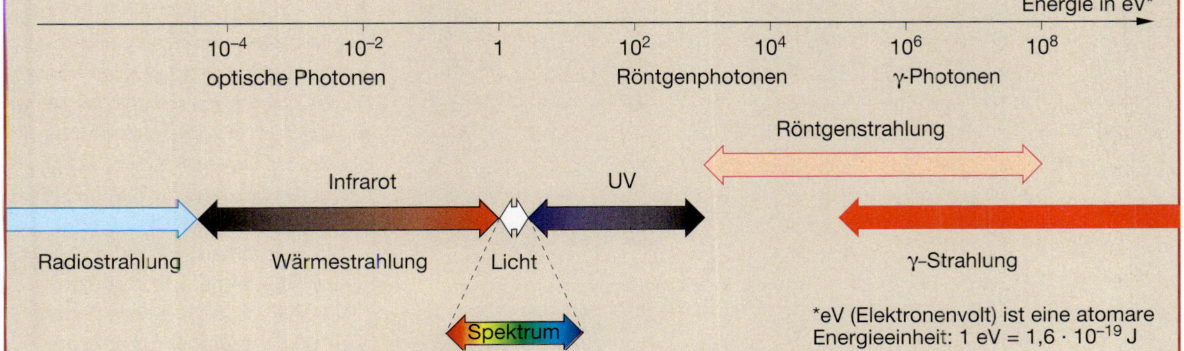

*eV (Elektronenvolt) ist eine atomare Energieeinheit: 1 eV = 1,6 · 10^{-19} J

Zerfallskurve und Halbwertszeit

Manche Atomkerne zerfallen ohne äußere Einwirkung unter Aussendung von Kernstrahlung. Dabei ist der Zerfall eines einzelnen Atomkernes ein vollkommen zufälliges Ereignis. Es ist nicht möglich vorherzusagen, welcher Kern als nächstes zerfällt und wann er das tun wird. Existieren trotzdem Gesetzmäßigkeiten beim radioaktiven Zerfall vieler Atomkerne?

Zentraler Versuch

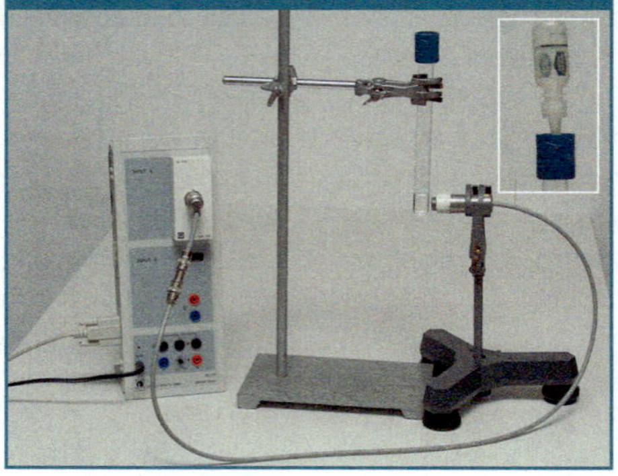

Im Versuch wird der radioaktive Zerfall der Kerne einer Flüssigkeit über einen längeren Zeitraum untersucht. Der dunkle Zylinder auf dem Reagenzglas enthält radioaktives Cäsium (Cs137), das durch Aussendung von β-Strahlung in Barium (Ba137) zerfällt. Die Bariumkerne sind nach dem Zerfall noch angeregt und geben ihre überschüssige Energie in Form von γ-Strahlung ab.
Im Versuch werden diese Bariumkerne durch eine geeignete Flüssigkeit aus dem Gefäß herausgelöst (kleines Bild im ZV). Die im Reagenzglas aufgefangene radioaktive Flüssigkeit wird mithilfe eines Geiger-Müller-Zählrohres untersucht.

Zeit	Impuls
0 min	144 $\frac{\text{Imp}}{10\,\text{s}}$
0,5 min	127 $\frac{\text{Imp}}{10\,\text{s}}$
1 min	98 $\frac{\text{Imp}}{10\,\text{s}}$
1,5 min	112 $\frac{\text{Imp}}{10\,\text{s}}$
2 min	83 $\frac{\text{Imp}}{10\,\text{s}}$
2,5 min	73 $\frac{\text{Imp}}{10\,\text{s}}$
3 min	64 $\frac{\text{Imp}}{10\,\text{s}}$
3,5 min	51 $\frac{\text{Imp}}{10\,\text{s}}$
4 min	38 $\frac{\text{Imp}}{10\,\text{s}}$
4,5 min	47 $\frac{\text{Imp}}{10\,\text{s}}$
5 min	41 $\frac{\text{Imp}}{10\,\text{s}}$
5,5 min	35 $\frac{\text{Imp}}{10\,\text{s}}$
6 min	31 $\frac{\text{Imp}}{10\,\text{s}}$
6,5 min	28 $\frac{\text{Imp}}{10\,\text{s}}$
7 min	23 $\frac{\text{Imp}}{10\,\text{s}}$
7,5 min	25 $\frac{\text{Imp}}{10\,\text{s}}$
8 min	15 $\frac{\text{Imp}}{10\,\text{s}}$
8,5 min	13 $\frac{\text{Imp}}{10\,\text{s}}$
9 min	19 $\frac{\text{Imp}}{10\,\text{s}}$
9,5 min	12 $\frac{\text{Imp}}{10\,\text{s}}$
10 min	15 $\frac{\text{Imp}}{10\,\text{s}}$
10,5 min	10 $\frac{\text{Imp}}{10\,\text{s}}$

Die Messwerte in der Tabelle zeigen, dass die Zählrate Z mit der Zeit abnimmt. Das liegt daran, dass die Anzahl der radioaktiven Kerne im Reagenzglas mit der Zeit immer kleiner wird. Aus dem zugehörigen t-Z-Diagramm lässt sich ablesen, dass die Zählrate – trotz der teilweise erheblichen Schwankungen – in bestimmten Zeitspannen immer auf etwa die Hälfte ihres vorherigen Wertes zurückgeht. Insofern liegt die Vermutung nahe, dass es sich beim radioaktiven Zerfall um eine exponentielle Abnahme der radioaktiven Kerne handelt. Die eingezeichnete exponentielle Regressionskurve (rot) bestätigt dies. Die Abnahme von 120 $\frac{\text{Imp}}{10\,\text{s}}$ auf 60 $\frac{\text{Imp}}{10\,\text{s}}$ dauert genauso lange wie die von 60 $\frac{\text{Imp}}{10\,\text{s}}$ auf 30 $\frac{\text{Imp}}{10\,\text{s}}$. Im Versuch beträgt die Zeit etwa 2,7 min.

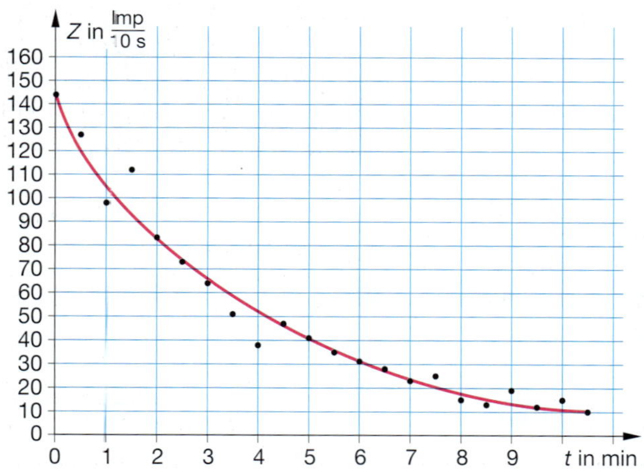

Die Zeit, in der sich die Zählrate und damit die Anzahl der radioaktiven Kerne halbiert, wird als **Halbwertszeit** bezeichnet. Sie hat das Formelzeichen $t_{1/2}$ (oder auch t_H). Die Halbwertszeit für radioaktive Isotope ist verschieden. Sie reicht von Mikrosekunden bis zu Milliarden von Jahren.

Isotop	$t_{1/2}$
Uran238	4,4 Mrd a
Radium226	1600 a
Cäsium137	30 a

Isotop	$t_{1/2}$
Polonium210	138 d
Iod128	25 min
Radon220	55,6 s

Die Halbwertszeit eines radioaktiven Isotops gibt an, nach welcher Zeitspanne nur noch die Hälfte seiner Kerne vorhanden ist. Die Halbwertszeiten für radioaktive Isotope sind verschieden.

Aufgaben

1 **a)** Cäsium137 ist ein β-Strahler. Erläutere, wie das in einem Versuch gezeigt werden könnte.
b) Begründe, weshalb es wenig sinnvoll ist, zur Bestimmung der Halbwertszeit von Cs137 einen Tag lang zu Beginn jeder Stunde für fünf Minuten die Impulszahlen zu bestimmen.
c) Bestimme, wie viele von 1 Million Cs137-Kernen nach 150 Jahren noch (etwa) vorhanden sind.

Ein funktionaler Zusammenhang zwischen der Zeit t und der Anzahl N der radioaktiven Teilchen kann mit unseren Mathematikkenntnissen noch nicht gefunden werden. Es lässt sich aber zeigen, dass die Zerfallskurve im Vergleich zu den uns bekannten Funktionen wesentlich schneller abklingt. Eine indirekte Proportionalität zwischen der Teilchenzahl und t^2 oder höheren Potenzen von t kann somit ausgeschlossen werden.

Aufgaben

1 Bestimme die Zeit, nach der die Strahlung von Strontium 90 auf $\frac{1}{16}$ des ursprünglichen Wertes zurückgegangen ist.

2 Für Schulen gibt es einen radioaktiven Strahlerstift mit Po210. Bestimme, nach welcher Zeit die Strahlung dieses Stifts auf $\frac{1}{16}$ bzw. $\frac{1}{100}$ des ursprünglichen Werts zurückgegangen ist. Deute deine Ergebnisse.

3 Zeichne für das Isotop Iod131 ein Zerfallsdiagramm wie in der Abbildung links. Trage dazu die Anzahl der Kerne über der Zeit ab. Zum Zeitpunkt $t = 0$ enthält die Probe 1 000 000 Kerne.

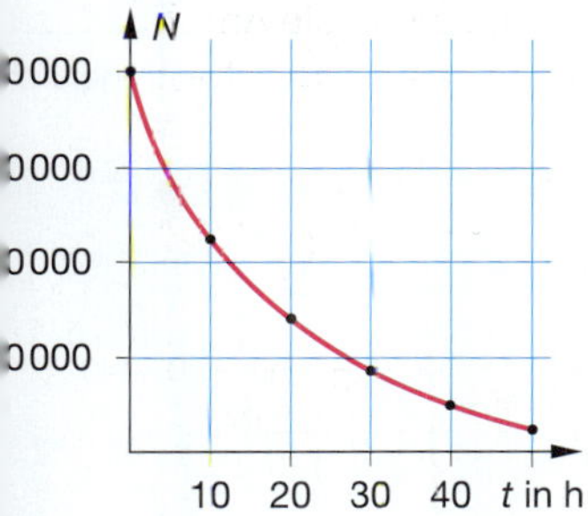

4 Bestimme aus dem Diagramm links die Halbwertszeit von Iod123.

Rechenbeispiel

In einer Probe befinden sich 500 000 Iod128-Kerne. Nach der Halbwertszeit $t_{1/2} = 25\,\text{min}$ sind davon die Hälfte, also 250 000 Kerne, noch nicht zerfallen. Nach weiteren 25 min, also nach $t = 50\,\text{min}$, sind noch ein Viertel, d. h. 125 000 nicht zerfallene Kerne vorhanden, nach weiteren 25 min ($t = 75\,\text{min}$) sind noch ein Achtel der ursprünglichen Kernanzahl (62 500) nicht zerfallen, usw. ...

Werden diese Wertepaare in ein t-N-Diagramm eingetragen, dann ergibt sich folgende Zerfallskurve für Iod128:

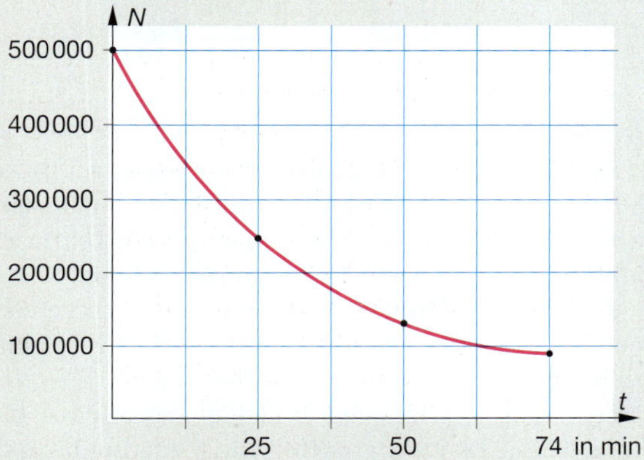

Simulation des radioaktiven Zerfalls — Werkzeug

Im Internet findet sich eine Vielzahl an Simulationsprogrammen. Beim Ablauf der Simulation kann einmal die dargestellte Teilchenmenge betrachtet werden. Hierbei ist deutlich zu sehen, dass zu Beginn des Zerfallsprozesses pro Zeitspanne sehr viele Atome zerfallen. Erst nach ein bis zwei Halbwertszeiten kann das Auge den Zerfällen folgen. Eingebaute Zähler für noch nicht und schon zerfallene Kerne zeigen, dass sich die Anzahl der radioaktiven Kerne jeweils nach Ablauf einer Halbwertszeit halbiert hat.

Parallel dazu wird oft noch die Zerfallskurve gezeigt, in der der aktuelle Zerfallszustand gekennzeichnet ist. In nebenstehendem Bildschirmprint einer Simulation wird die verstrichene Zeit t als Vielfache der Halbwertszeit angegeben und die Hochachse des Diagramms zeigt den prozentualen Anteil der noch nicht zerfallenen Kerne an.

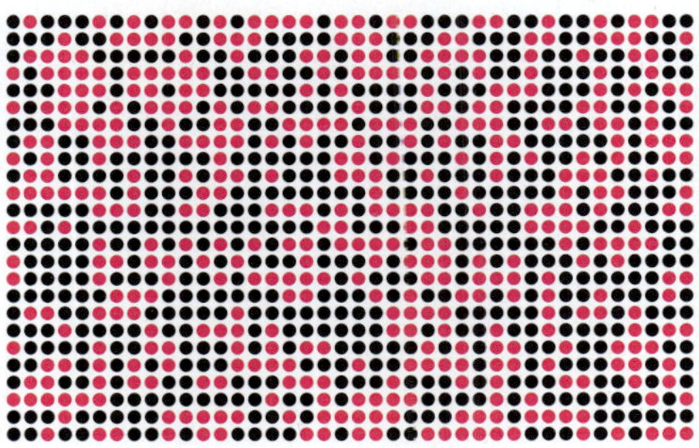

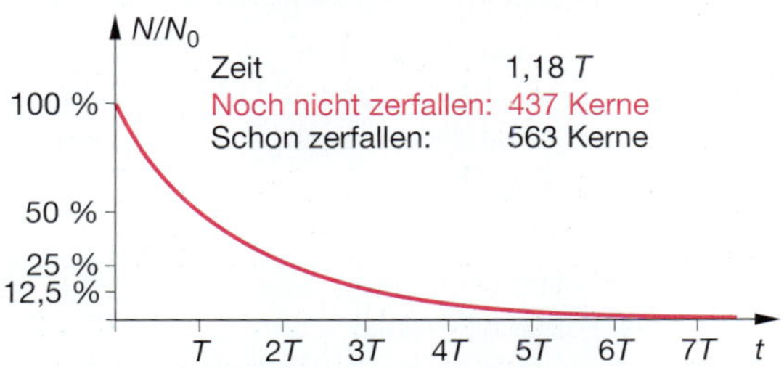

Zerfallsreihen

Beim Zerfall eines radioaktiven Nuklids unter Aussendung von Strahlung sind die neu entstehenden Nuklide häufig ebenfalls radioaktiv und zerfallen weiter. Dieser Vorgang kann sich mehrfach wiederholen und es entsteht eine ganze Zerfallsreihe, die sich sehr gut mithilfe einer **Nuklidkarte** verfolgen lässt.
Die einzelnen Felder einer solchen Nuklidkarte müssen groß genug sein, damit außer dem Elementsymbol noch weitere Informationen eingetragen werden können, z. B. Massenzahl, Zerfallsarten, Halbwertszeit.

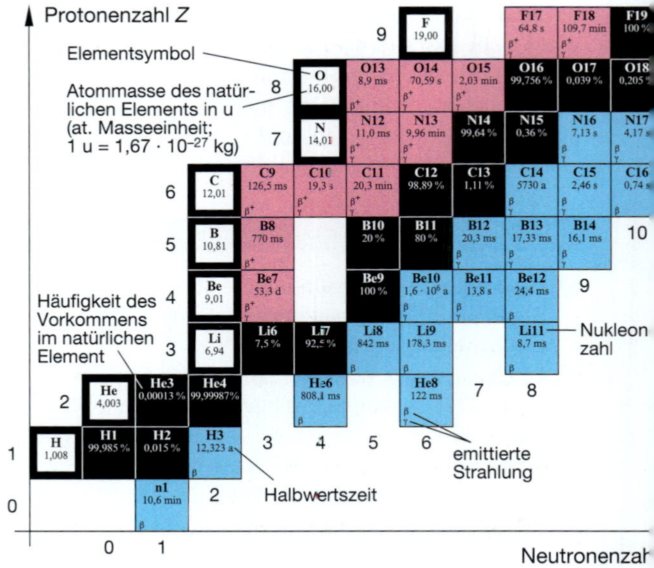

Die Farbe der Kästchen gibt an, welche Art von Strahlung das jeweilige Nuklid aussendet.

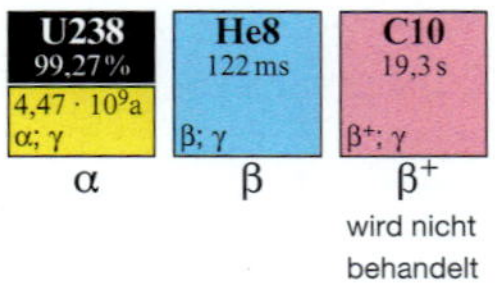

Beispiele für Zerfälle:

1. Zerfall von ^{3}H: Das blaue Kästchen weist auf β-Zerfall hin: Aus dem instabilen Tritium (H3) wird das stabile Nuklid He3 – in der Karte muss nur ein Feld nach links und ein Feld nach oben gegangen werden.

2. Zerfall von ^{232}Th: Der Karte ist α-Zerfall zu entnehmen, d.h. das Folgenuklid ist bei $Z-2$ (zwei Felder nach unten) und $N-2$ (zwei Felder nach links) zu finden: Ra228. Hier wird β-Zerfall abgelesen – das Element Ac228 wird erreicht. Die Zerfallsreihe lässt sich fortsetzen bis zum stabilen Nuklid Blei208.

3. Der β⁺-Zerfall des Nuklids C10 wird im vorliegenden Buch nicht behandelt.

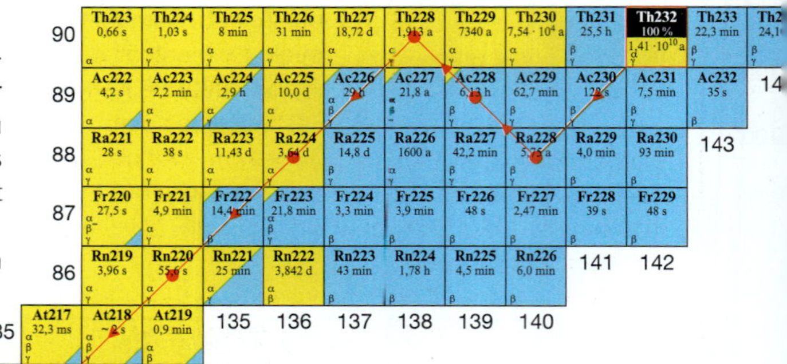

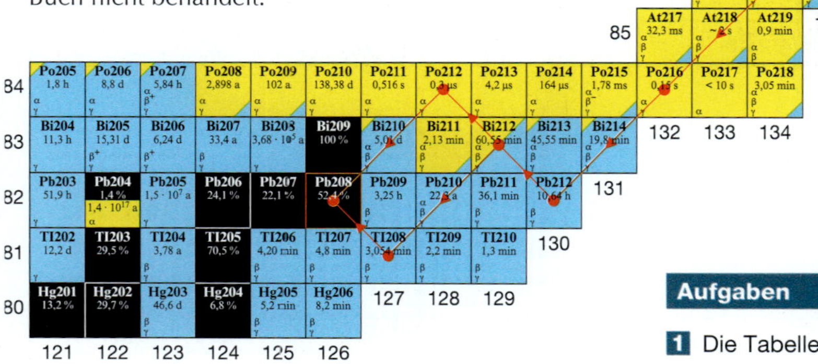

Es gibt zwar „nur" etwas mehr als 100 verschiedene Elemente, aber viele von ihnen haben zahlreiche Isotope, sodass eine Nuklidkarte aus über 2000 Nukliden besteht.

Einige Isotope zeigen eine Besonderheit, z. B. Bi212: Bei ihnen kann sowohl α- als auch β-Zerfall auftreten – zu erkennen an der diagonalen Gelb-Blau-Färbung des Kästchens. Für einen bestimmten Bi212-Kern ist aber natürlich nur ein Zerfallsprozess möglich, entweder zu Tl208 (α) oder zu Po212 (β).

α-Zerfall: zwei Felder nach unten
zwei Felder nach links
β-Zerfall: ein Feld nach oben – ein Feld nach links

Aufgaben

1 Die Tabelle zeigt die zeitliche Abnahme der Kernanzahl *N* eines Radiumisotops:

t	0 min	1 min	2 min	3 min	4 min	5 min
N	740 000	622 000	523 000	440 000	370 000	311 000

a) Stelle den Zusammenhang in einem Diagramm dar.
b) Ermittle die Halbwertszeit und entscheide, um welches Radiumisotop es sich handelt.

2 U238 und Ac235 sind jeweils Ausgangsisotope einer Zerfallsreihe. Schreibe diese Reihen jeweils mithilfe der Nuklidkarte (am Ende des Buches) auf z. B. so:
$^{238}_{92}\text{U} \xrightarrow[\alpha]{} {^{234}_{90}\text{Th}} \xrightarrow[\beta]{} \ldots$

Radioaktivität — Versuche und Aufträge

*Diese Versuche können Stationen eines **Lernzirkels** sein.*

V1 Bierschaum zerfällt ähnlich wie radioaktives Material.
a) Gieße alkoholfreies Bier so in ein hohes, schmales, zylinderförmiges Glas, dass eine möglichst große Schaumkrone entsteht. Markiere alle 10 s Ober- und Unterkante des Schaums. Trage in einem Diagramm die Schaumhöhe h über die Zeit auf.

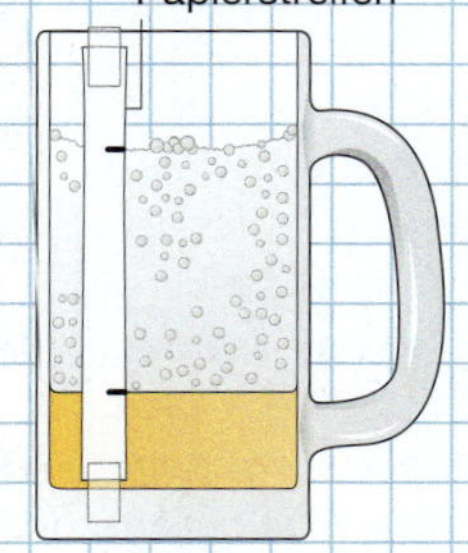

b) Bestimme aus dem Diagramm die Halbwertszeit.

V2 **a)** Lege 50 gleiche Münzen (1 Ct-Stücke) in einen Würfelbecher. Schüttle den Becher und schütte die Münzen auf einem Tisch aus. Nimm alle Münzen, die Zahl zeigen, heraus und zähle sie. Wiederhole den Vorgang, bis auch die letzte Münze Zahl zeigt. Zeichne ein Diagramm (x-Achse: Wurfnummer, y-Achse: Anzahl der Münzen mit Zahl).
b) Wiederhole den Versuch aus a) nun mit 50 Reißzwecken. Zähle dabei die Zustände ⊥ (Kopf).
c) Wiederhole den Versuch mit 50 Würfeln. Zähle nun die Anzahl der Einsen.
d) Erkläre, welcher Zusammenhang zwischen diesen Würfelversuchen und dem Zerfall radioaktiver Kerne besteht. Bei welchem Würfelversuch liegt die größte Halbwertszeit vor? Begründe.

V3 **a)** Baue den Versuch gemäß der Schaltskizze mit $U_0 = 11$ V auf.

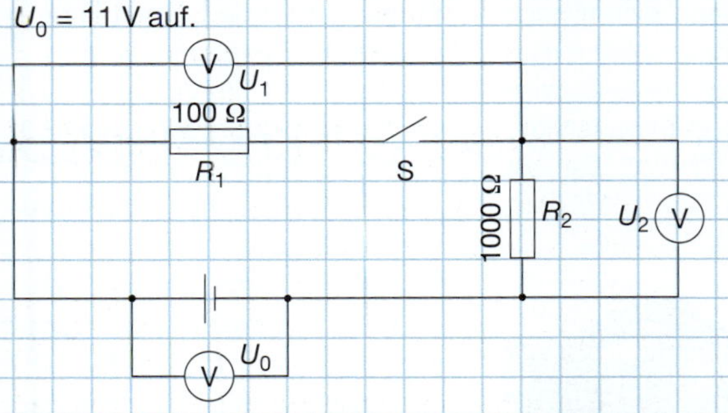

b) Miss die Spannungen U_1 und U_2 zunächst bei geöffnetem Schalter S, dann bei geschlossenem Schalter S.
c) Erkläre die Versuchsbeobachtungen mithilfe der Gesetzmäßigkeiten für Reihenschaltungen von Widerständen.
d) Der Versuch stellt einen Modellversuch zur Funktionsweise eines Geiger-Müller-Zählrohres dar. Das Schließen des Schalters S simuliert ein Ionisationsereignis, welches durch radioaktive Strahlung ausgelöst wird. Erkläre.

A4 **a)** Stelle einen tabellarischen Lebenslauf von MARIE CURIE und HENRI BECQUEREL zusammen. Recherchiere dazu im Internet und in Büchereien.
b) Erläutere ihre Entdeckungen und die dabei bestehenden wesentlichen Unterschiede hinsichtlich ihrer Vorgehensweise.
c) Nenne die radioaktiven Stoffe bzw. Einheiten, die nach CURIE und BECQUEREL benannt wurden.

A5 Die Abbildung zeigt den Aufbau einer Ionisationskammer. In diese Kammer kann durch einen Schlauch das radioaktive Edelgas Radon220, das eine Halbwertszeit von etwa 55 s besitzt, geleitet werden.
a) Erkläre, weshalb grundsätzlich ein elektrischer Strom zu messen ist. Erläutere den Unterschied zum Geiger-Müller-Zählrohr.

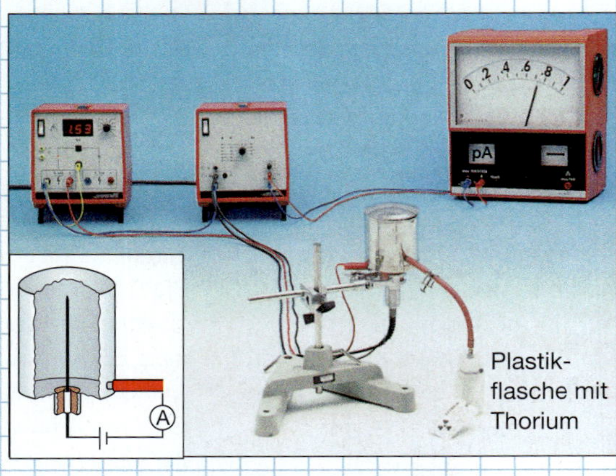

b) Beschreibe und erkläre den zu erwartenden Stromstärkeverlauf, nachdem eine bestimmte Menge Radon in die Kammer eingeleitet wurde.

V6 **a)** Teile ein Blatt Fotopapier. Hebe eine Hälfte gut geschützt auf; packe die andere Hälfte lichtdicht ein und klebe sie auf eine alte farbige Küchenfliese. Nimm das Papier nach 2–3 Tagen ab. Entwickle beide Hälften. Beschreibe das Versuchsergebnis.
b) Führe den Versuch auch mit anderen Materialien durch, z. B. mit Paranüssen, Uhr mit Leuchtziffern usw.

Hinweis zur Papierentwicklung:
- Belichtetes Bild etwa 2 Minuten in den Entwickler legen
- Bild im Wasserbad abspülen
- Zum Schluss 10 Minuten ins Fixierbad legen

Achtung: Arbeite sorgfältig und achte darauf, dass du nicht unnötig mit den Chemikalien in Berührung kommst.

Streifzug — **Wie alt ist Ötzi?**

C14 hilft bei der Altersbestimmung

Durch den Einfluss der Höhenstrahlung auf die Atmosphäre entsteht ständig das radioaktive Isotop C14, welches mit einer Halbwertszeit von 5730 Jahren wieder zerfällt. Dieser Vorgang ist seit vielen Jahrtausenden gleichbleibend; dadurch hat sich ein Gleichgewicht eingestellt: Bei Luft kommt ein radioaktives C14-Atom auf 10^{12} C12-Atome. Bei einer Probe, die 1 g Kohlenstoff enthält, werden durchschnittlich 14 $\frac{\text{Imp}}{\text{min}}$ gemessen.

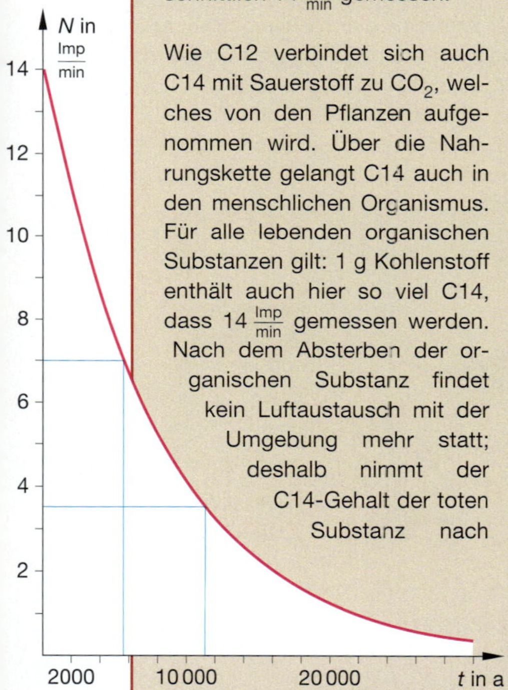

Wie C12 verbindet sich auch C14 mit Sauerstoff zu CO_2, welches von den Pflanzen aufgenommen wird. Über die Nahrungskette gelangt C14 auch in den menschlichen Organismus. Für alle lebenden organischen Substanzen gilt: 1 g Kohlenstoff enthält auch hier so viel C14, dass 14 $\frac{\text{Imp}}{\text{min}}$ gemessen werden. Nach dem Absterben der organischen Substanz findet kein Luftaustausch mit der Umgebung mehr statt; deshalb nimmt der C14-Gehalt der toten Substanz nach den Gesetzen des radioaktiven Zerfalls ab (siehe Diagramm).

Das bedeutet: 5730 Jahre nach dem Absterben wird nur noch eine Zählrate von 7 $\frac{\text{Imp}}{\text{min}}$ gemessen. Wird bei einem Knochen z. B. die Zählrate 3,5 $\frac{\text{Imp}}{\text{min}}$ für 1 g Kohlenstoff festgestellt, so ergibt sich aus dem Diagramm: Das Lebewesen, zu dem der Knochen gehört hat, ist vor etwa 11 500 Jahren gestorben.

Mit dieser Methode kann also mit guter Genauigkeit das Alter von archäologischen Fundstücken bestimmt werden. Voraussetzung ist allerdings, dass das Fundstück organisches Material enthält. Für „Ötzi“, eine im Ötztal gefundene Gletscherleiche, ist nach dieser Methode festgestellt worden, dass er vor 6500 Jahren gelebt haben muss.

Zeitliche Zwischenwerte wie bei Ötzi lassen sich dabei mithilfe der zugehörigen Funktionsgleichung ermitteln.
Die C14-Methode ist allerdings nur geeignet für Datierungen, die maximal 60 000 Jahre zurückreichen, weil die Zählrate nach einem noch längeren Zeitraum kaum noch messbar ist. Es muss auch vorausgesetzt werden, dass das Kohlenstoffgleichgewicht zu dieser Zeit so war wie heute.

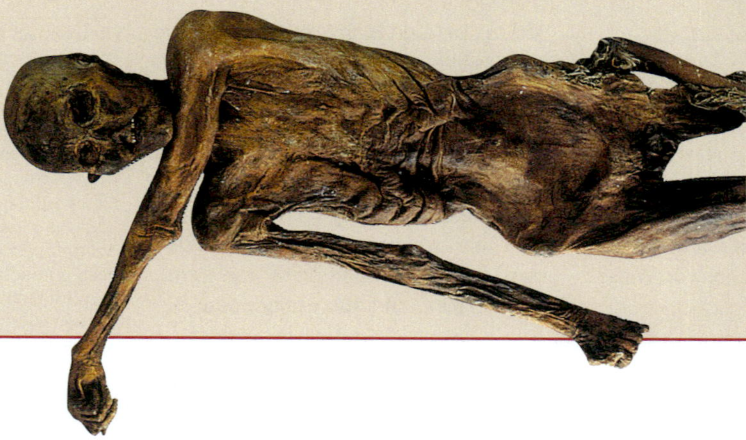

Die Uran-Blei-Methode

Die natürlichen Isotope U238 und U235 zerfallen über viele Zwischenstationen in die stabilen Isotope Pb206, Pb207 und Pb208. In vielen Versteinerungen sind auch diese Isotope vorhanden. Durch aufwendige Messungen ist es möglich, das Verhältnis der Anteile der verschiedenen Bleiisotope im Vergleich zum Uranisotop zu bestimmen. Aus diesem Mischungsverhältnis kann über die Zerfallsreihen das Alter von Gesteinsproben berechnet werden.
Die ältesten mit dieser Methode bestimmten Gesteine hatten ein Alter von etwa vier Milliarden Jahren – das Alter der Erde.

Aufgaben

1 In einer Höhle wurden Bärenknochen gefunden, deren C14-Gehalt im Vergleich zu lebendem Gewebe noch 12,5 % betrug. Ermittle anhand der nebenstehenden Zerfallskurve, wann der Bär gelebt hat.

2 Für eine Materialprobe (1 g) eines Bibeltextes wurde eine Zählrate von 11,1 $\frac{\text{Imp}}{\text{min}}$ bestimmt. Ermittle das Alter des Textes.

3 Messungen an Uranerzen aus großer Tiefe haben ergeben, dass etwa 1/3 der U238-Kerne zerfallen sind. Berechne daraus das Mindestalter.

Wegbereiter der Kernphysik

Streifzug

MARIE CURIE

MARIE CURIE (geb. SKLODOWSKA) wurde am 7. November 1867 in Warschau geboren. Ihr Vater war Physiklehrer. Sie ging 1891 nach Paris und schrieb sich an der Sorbonne ein. Zwei Jahre später bestand sie die Abschlussprüfung für Physik. 1895 heiratete sie PIERRE CURIE.

MARIE CURIE interessierte sich für die jüngsten Entdeckungen von Strahlung durch HENRI BECQUEREL und begann, diese Strahlung des Urans zu untersuchen. Als sie feststellte, dass die Strahlung des Erzes Pechblende intensiver war als die des Urans, folgerte sie, dass im Erz noch unbekannte Elemente vorhanden sein müssen, deren Strahlung die des Urans übersteigt. MARIE CURIE war die erste, die den Begriff „radioaktiv" zur Beschreibung von Elementen verwendete. Innerhalb von vier Jahren verarbeiteten die CURIES eine Tonne Pechblende, aus der sie in mühsamer Kleinarbeit den Bruchteil eines Gramms Radium isolierten. 1903 erhielten sie gemeinsam mit BECQUEREL den Nobelpreis für Physik für die Entdeckung der Radioaktivität. MARIE CURIE war damit die erste Frau, die einen Nobelpreis entgegennehmen konnte.
PIERRE CURIE wurde 1904 als Professor für Physik an die Sorbonne berufen und 1905 zum Mitglied der französischen Akademie der Wissenschaften ernannt. Obwohl MARIE CURIE 1908 ebenfalls eine Professur an der Sorbonne erhielt, wurde sie nie Mitglied der Akademie. Derartige Positionen konnten damals noch nicht von Frauen eingenommen werden, sodass MARIE CURIE eine ähnliche Anerkennung versagt blieb.
1911 erhielt sie – ein noch nie da gewesener Fall – einen zweiten Nobelpreis, dieses Mal in Chemie für ihre Arbeiten zu Radium und Radiumverbindungen.
Die CURIES hatten zwei Töchter, von denen eine ebenfalls Nobelpreisträgerin wurde: IRÈNE JOLIOT-CURIE und ihr Ehemann FRÉDÉRIC erhielten 1935 den Nobelpreis für Chemie für die Synthese neuer radioaktiver Elemente.

Im Jahr 1934 erkrankte MARIE CURIE an Anämie, die durch ständiges Arbeiten ohne Schutz vor Strahlung ausgelöst worden war. Sie starb am 4. Juli 1934.

OTTO HAHN und LISE MEITNER

Am 8. März 1879 wurde OTTO HAHN in Frankfurt/Main geboren. Bereits in seiner Schulzeit hatte er, angeregt durch „chemische Spielereien", sein Interesse für die Chemie entdeckt. Nach seinem Doktorexamen ging er 1904 nach England und begann, sich mit Problemen der Radioaktivität zu beschäftigen. Durch Fleiß und Forscherglück gelang ihm die Entdeckung des „Radiothors", des Thoriumisotops Th228. Ermutigt durch diesen Erfolg ging er 1905 nach Montreal zu ERNEST RUTHERFORD, um seine Kenntnisse zur Radioaktivität weiter zu vervollkommnen. Die Versuchsbedingungen waren damals sehr primitiv. Die radioaktive Strahlung wies Otto Hahn z. B. noch mithilfe eines Elektroskops nach, das er selbst aus einer Konservendose gebaut hatte.
Im September 1907 traf OTTO HAHN zum ersten Mal mit LISE MEITNER (geboren am 7. November 1878) zusammen. Weder Abitur noch Studium waren für Mädchen und Frauen damals eine Normalität. LISE MEITNER war erst die zweite Frau, die 1905 in Wien promovierte. Als sie 1907 nach Berlin kam, hatte sie sich bereits einige Zeit mit Problemen der Radioaktivität beschäftigt.

Die Zusammenarbeit zwischen der Physikerin MEITNER und dem Chemiker HAHN führte zu bedeutsamen Entdeckungen: 1934 begannen beide Forscher gemeinsam mit FRITZ STRASSMANN, Uran mit Neutronen zu bestrahlen. Als Ergebnis der Reaktion erwarteten sie verschiedene Radiumisotope. Stattdessen wiesen HAHN und STRASSMANN 1939 jedoch Barium und Krypton nach. MEITNER lieferte die erste wissenschaftliche Erklärung für diese Kernreaktion und gab ihr den Namen **Kernspaltung.** Sie wies außerdem nach, dass dabei große Mengen Energie frei werden.
LISE MEITNER war Jüdin und wurde durch das Hitlerregime politisch verfolgt. Deshalb musste sie bereits 1938 nach Schweden emigrieren.

Strahlenwirkungen und Strahlenschutz

Strahlenschutzsymbole sind an vielen Stellen zu finden, z. B. an Röntgengeräten, Aufbewahrungsbehältern von radioaktiven Substanzen und natürlich an Kernkraftwerken. Das Symbol weist darauf hin, dass im Umgang mit den gekennzeichneten Geräten oder Gegenständen höchste Vorsicht geboten ist, denn von ihnen geht ionisierende Strahlung aus.
Welche Wirkungen hat die Strahlung auf den menschlichen Körper? Sind die Wirkungen immer und für jede Strahlung gleich? Wie kann sich der Mensch schützen? Gibt es auch Anwendungsmöglichkeiten in Medizin oder Technik?

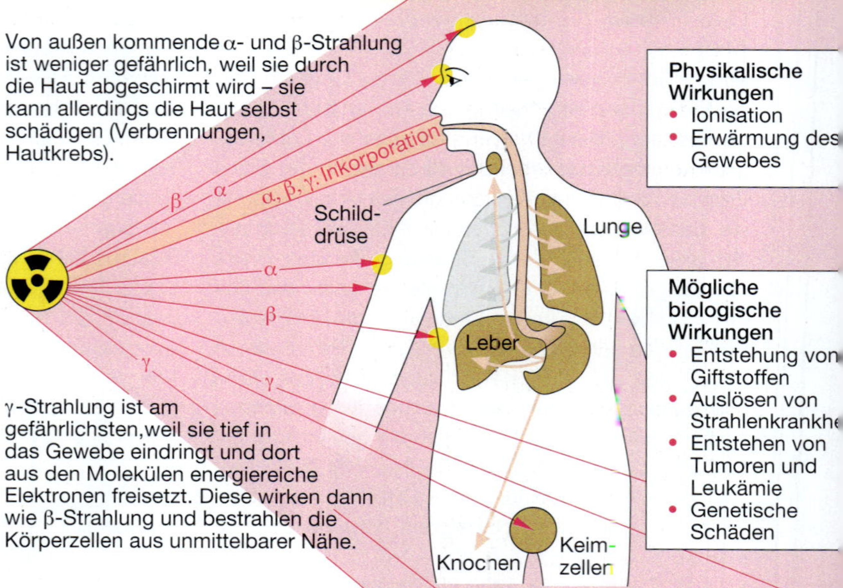

Wirkungen von Strahlung

Wenn α-, β- oder γ-Strahlung sowie Röntgenstrahlung auf den menschlichen Körper trifft, kommt es zu Wechselwirkungen der Strahlung mit Materie. Die physikalischen Effekte sind Ionisation und Anregung von Atomen und Molekülen. Diese Effekte können chemische oder biologische Änderungen in einzelnen Organen auslösen, was den gesamten Organismus erheblich stören kann:

- Intensive Strahlung kann zu Hautveränderungen wie bei einem starken Sonnenbrand führen;
- Moleküle bzw. Atome können als Folge der aufgenommenen Energie zerbrechen;
- Moleküle bzw. Atome zeigen Reaktionen, die sich vom Verhalten nichtionisierter Moleküle oder Atome drastisch unterscheiden. Entstehende Giftstoffe können die natürlichen Abläufe in den Zellen stören oder sogar ihre Funktion dauerhaft lahm legen.

Dies gilt sowohl für Strahlung, die von außen, als auch für Strahlung, die durch **Inkorporation** (Aufnahme radioaktiver Substanzen in den Körper) von innen auf den Organismus wirkt. Einige radioaktive Stoffe verteilen sich gleichmäßig im Körper (z. B. Caesium), andere werden bevorzugt in bestimmten Organen abgelagert, z. B. Iod in der Schilddrüse oder Strontium im Knochenmark.

Die durch die Absorption zugeführte Energie führt zwar auch zu einer minimalen Temperaturerhöhung, aber die Schädigung der Zellen ist auf die ionisierende Wirkung der Strahlung zurückzuführen.
Dabei spielt es keine Rolle, ob die Strahlungsquelle sich außerhalb oder innerhalb des Körpers befindet.
Folgende Faktoren sind allerdings von Bedeutung:

- α-, β- oder γ-Strahlung sowie Röntgenstrahlung haben unterschiedliche biologische Wirkungen.
- Die Bestrahlungsstärke, die zeitliche Dauer der Bestrahlung und die Größe des bestrahlten Körpervolumens beeinflussen die mögliche Wirkung ebenfalls.
- Die einzelnen Organe sind unterschiedlich empfindlich.
- Auch Milieufaktoren (z. B. die Art der Ernährung) oder der Gesundheitszustand spielen eine Rolle.

Wenn Strahlung auf Körperzellen trifft, führt die absorbierte Energie zu Ionisationen von Atomen und Molekülen. Diese lösen chemische und biologische Prozesse aus, die zu Gesundheitsschäden führen können.

Schäden durch ionisierende Strahlung

Die biologischen Wirkungen ionisierender Strahlung lassen sich in drei Kategorien einteilen:

- **Somatische** (körperliche) **Frühschäden** sind an den bestrahlten Personen selbst erkennbar. Die Menschen leiden nach starker Bestrahlung an **vorübergehender** oder **schwerer Strahlenkrankheit** (siehe unten).
- Wenn durch die Bestrahlung Krebs, z. B. Leukämie, ausgelöst wird, sind dies **somatische Spätschäden.**
- Die ionisierende Strahlung kann auch eine Schädigung von Zellen bewirken, die Erbinformationen enthalten. Die gespeicherten Erbinformationen werden verändert, was dann in der Folge zu **genetischen Schäden (Mutationen)** führt (siehe unten).

Während somatische Schäden an den bestrahlten Menschen selbst auftreten, wirken sich genetische Schäden an den Keimzellen erst bei den direkten Nachkommen oder in den Folgegenerationen aus.

Wird der Körper von Strahlung getroffen, stehen zwei sehr wirksame **Abwehrmechanismen** bereit: das *Reparatursystem* und das *Immunsystem*. Sie schaffen es, dass eine vorübergehende Strahlenkrankheit im Normalfall rasch überwunden wird, wenn der Körper des Menschen gesund und widerstandsfähig ist.
Schädigungen durch Strahlung können dagegen nur teilweise oder gar nicht abgewendet werden, wenn die körpereigenen Abwehrsysteme überlastet sind, weil das Immunsystem z. B. gleichzeitig gegen eine Virusinfektion ankämpfen muss. Sehr starke Strahlung kann die Abwehrmechanismen selbst so schwächen, dass sie ganz versagen.

Aber nicht jede Bestrahlung verursacht zwangsläufig Schäden. Das Risiko, an Krebs oder Leukämie zu erkranken, wird auch von Umweltfaktoren, den Erbanlagen, dem Alter und der Lebensweise einer Person stark beeinflusst.

Die Absorption von ionisierender Strahlung kann bei Körperzellen zu somatischen und bei Keimzellen zu genetischen Schäden führen.
Immun- und Reparatursystem können Schäden – wenn sie nicht zu schwer sind – beheben.

Abwehrmechanismen

- **Das Reparatursystem** behebt Molekül- und Zellschäden. Dadurch werden somatische Schäden verhindert oder begrenzt. Mutationen können allerdings bestehen bleiben oder sogar durch fehlerhafte Reparaturen an DNS-Molekülen neu entstehen.
- Das Immunsystem entfernt veränderte, also mutierte Zellen aus dem Gewebe und sorgt für neue Zellen durch Beschleunigung der Zellteilung. Deshalb ist eine Mutation nicht immer gleichbedeutend mit einem somatischen oder genetischen Schaden.

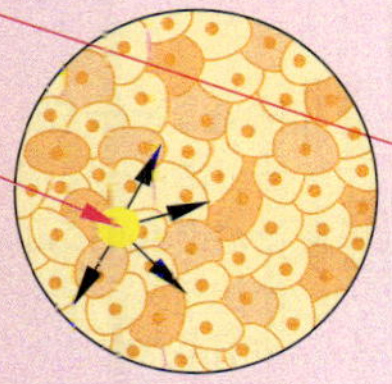

Keine Absorption: Biologisch unwirksam

Körperzelle

Absorption von Strahlung
- Erwärmen der Zelle
- Ionisation

Biochemische Effekte
- Zerbrechen von Molekülen
- Bildung von Giften
- Mutationen durch Veränderung der DNS

Wenn die Abwehrmechanismen versagen

Keimzelle

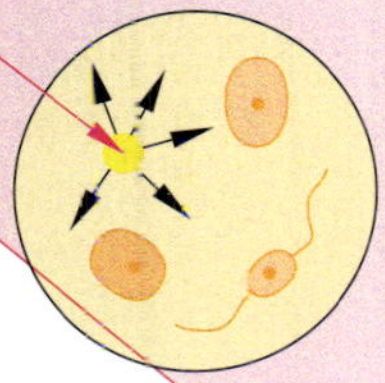

Keine Absorption: Biologisch unwirksam

Somatische Schäden

Vorübergehende Strahlenkrankheit
- Die Schutz- und Abwehrfunktionen des Körpers sind geschwächt.
- Die Anzahl der Zellverluste ist höher als die Zellneubildungen. Die Zahl der weißen Blutkörperchen nimmt rapide ab.
- Zwei bis drei Wochen nach der Bestrahlung kommt es zu Appetitlosigkeit, Entzündungen im Bereich der Luft- und Speisewege, Haarausfall, kleinen Hautflecken und allgemeinem Unwohlsein. Die Abwehrkräfte erlahmen und Verletzungen heilen nur noch schwer.

Schwere Strahlenkrankheit
- Immer mehr Zellen verlieren die Fähigkeit, sich zu teilen, oder sterben sogar ab.
- Dramatische Blutveränderungen als Folge der Zellbeeinträchtigungen führen nach 10 bis 14 Tagen zu schweren Entzündungen und inneren Blutungen.
- Bei Männern kann vorübergehende oder lebenslange Unfruchtbarkeit eintreten.

Genetische Schäden

Spätschäden
- Körperzellen können z. B. zu unkontrolliertem Wachstum und damit zu Krebsbildungen angeregt werden.
- Wenn Samen oder Eizellen von Mutationen betroffen sind, wirkt sich das auf die Entwicklung des ungeborenen Kindes aus. Zum Beispiel können Missbildungen oder Down-Syndrom bei Neugeborenen auftreten.
- Gestörte Erbinformationen können an die Nachkommen weitergegeben werden, was dann zu Erbkrankheiten führt.

Messung der Strahlenbelastung

Die radioaktive Strahlung, die von Natur aus und auch durch medizinische Anwendungen, Kerntechnik oder Kernwaffenexplosionen ein Bestandteil der Umwelt ist, lässt sich mit den Sinnesorganen nicht erfassen. Sie kann nur mithilfe spezieller Messeinrichtungen nachgewiesen werden. Die Aktivität der Probe eines radioaktiven Stoffes allein erlaubt aber noch keine Aussage darüber, welche Wirkungen die Absorption der Strahlung auf den Menschen hat.

- Zur Angabe der Strahlenwirkung dient die **Energiedosis *D*.** Sie gibt an, wie viel Energie pro Kilogramm eines bestrahlten Stoffes absorbiert wird:

  $$D = \frac{\text{absorbierte Energie}}{\text{Masse des bestrahlten Körpers}} = \frac{E}{m}$$

  Die Energiedosis ist von der Masse des bestrahlten Gewebes abhängig. Daher macht es einen Unterschied, ob die absorbierte Energie vom ganzen Körper oder z. B. nur von einer Hand aufgenommen wird.
- Die Wirkung der ionisierenden Strahlung auf lebende Organismen ist von der Art der hauptsächlich absorbierten Strahlung abhängig. Jede Strahlungsart wirkt unterschiedlich auf das Körpergewebe und führt zu verschieden starken biologischen Folgen. Die biologische Wirkung der gleichen Energiedosis ist bei α-Strahlung viel größer als bei β- oder γ-Strahlung. Daher reicht die Angabe der Energiedosis für eine Abschätzung der Wirkung nicht aus. Die Energiedosis muss mit einem **Qualitätsfaktor** (auch *Bewertungsfaktor* genannt) ***Q*** multipliziert werden; das ergibt die **Äquivalentdosis *H*:**

  $$H = Q \cdot D$$

  Die Qualitätsfaktoren sind Erfahrungswerte aus Experimenten:
  $Q = 1$ für β-, γ-, Röntgenstrahlung,
  $Q = 10$ für Neutronenstrahlung,
  $Q = 20$ für α-Strahlung.
  Um Äquivalentdosen von Energiedosen unterscheiden zu können, wird als spezielle Einheit das Sievert (Sv) verwendet:
  $1\ \text{Sv} = 1\ \frac{\text{J}}{\text{kg}}$.

Bestrahlung von Körperzellen mit
α-Strahlung, 0,1 Gy β-Strahlung, 0,1 Gy

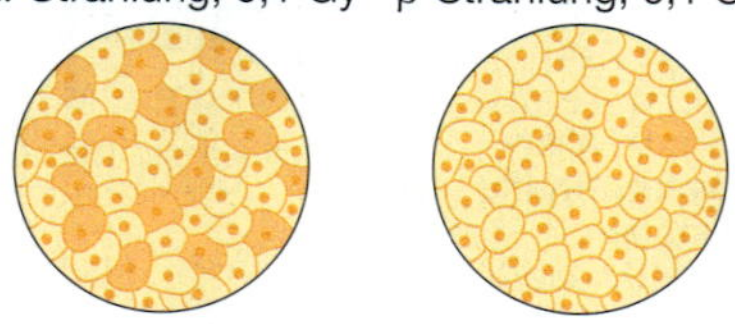

- Mit der Angabe der Äquivalentdosis kann die biologische Wirkung der Strahlung auf das lebende Gewebe aber immer noch nicht vollständig erfasst werden. Zusätzliche Bedeutung hat die Zeit: Es ist ein erheblicher Unterschied, ob die gleiche Strahlendosis in einem längeren oder kürzeren Zeitraum einwirkt.

Dosis	**Symptome** (in der Mehrzahl der Fälle)
0–0,3 Sv	äußerlich keine Symptome erkennbar
ab 0,3 Sv	gelegentlich Übelkeit und Erbrechen; erste Veränderungen im Blutbild
ab 1 Sv	**vorübergehende Strahlenkrankheit:** nach 2 Stunden Erbrechen; Kopfschmerzen; nach 2 Wochen Haarausfall; nach Jahren Trübungen der Augenlinse
ab 3 Sv	**schwere Strahlenkrankheit:** nach 30 Minuten Erbrechen; ständige Kopfschmerzen; später Fieber, Entzündungen im Mund/Rachen; blutiger Durchfall; in 50% der Fälle Tod
ab 8 Sv	**tödliche Strahlenkrankheit:** nach Minuten Erbrechen und Fieber; innere und äußere Blutungen; Bewusstseinstrübung; schneller Kräfteverfall; ohne Therapie in 100% der Fälle Tod

Energiedosis

Die Einheit ist 1 Gy (Gray) = $1\ \frac{\text{J}}{\text{kg}}$.
Das Formelzeichen ist *D*.

Äquivalentdosis

Die Einheit ist 1 Sv = $1\ \frac{\text{J}}{\text{kg}}$.
Das Formelzeichen ist *H*.

Die Äquivalentdosis berücksichtigt die biologische Wirksamkeit der Strahlungsarten auf organisches Gewebe. α-Strahlung wirkt 20-mal stärker, Neutronenstrahlung 10-mal stärker als β-, γ- und Röntgenstrahlung.

- Mit einem einfachen Geiger-Müller-Zählrohr lässt sich zwar eine schwache Strahlung von einer starken unterscheiden, die Energie- bzw. Äquivalentdosis lässt sich mit ihm jedoch nicht messen. Hierzu wurden verschiedene Dosimeter-Typen entwickelt.

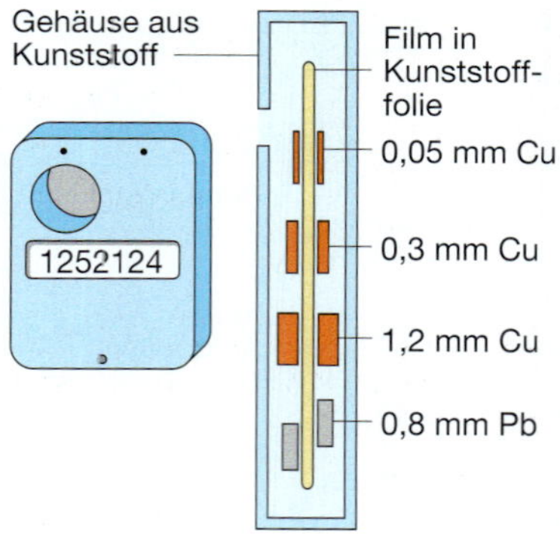

Filmdosimeter enthalten in einem flachen Gehäuse ein Stück Film, das an manchen Stellen durch verschiedene Metallfilter abgeschirmt ist. Durch radioaktive Strahlung und Röntgenstrahlung wird der Film geschwärzt. Nach der Entwicklung kann durch Schwärzungsvergleich mit definiert bestrahlten Filmen die aufgenommene Dosis bestimmt werden.

Strahlenschutz

Das Leben auf der Erde hat sich von Beginn an unter der Einwirkung von radioaktiver Strahlung entwickelt. Sie kommt aus dem All (kosmische Strahlung), dem Erdboden (terrestrische Strahlung) und der Atmosphäre. Radioaktive Strahlung ist also Bestandteil der Umwelt. Sogar der menschliche Körper ist ein Strahler: Durch die Nahrung und die Atmung gelangen radioaktive Stoffe in den Körper, werden dort gespeichert und strahlen weiter.

Neben der natürlichen **Strahlenbelastung** sind die Menschen zusätzlich zivilisationsbedingten Strahlungsquellen ausgesetzt. An erster Stelle steht dabei die Röntgendiagnostik in der Medizin. Aber auch durch kerntechnische Anlagen (Kernkraftwerke) oder durch Kernwaffenversuche werden die Menschen zusätzlich belastet.

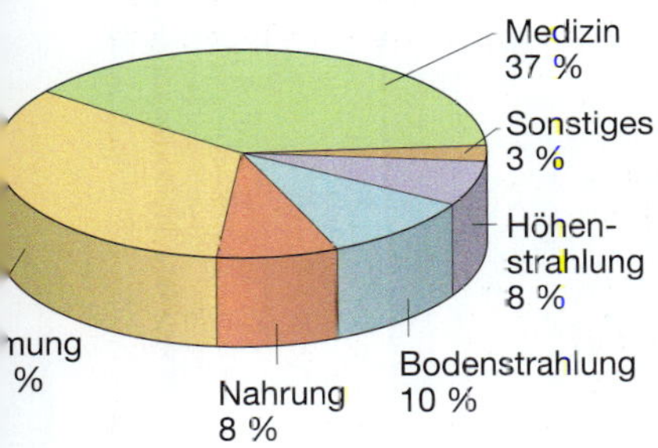

Die Jahresdosis aufgrund der natürlichen Strahlenbelastung beträgt in Deutschland je Einwohner durchschnittlich 2,4 mSv. Der Wert schwankt jedoch regional und liegt in Deutschland zwischen 1 und 5 mSv pro Jahr. Die medizinisch bedingte Strahlenbelastung beträgt durchschnittlich 1,8 mSv, sodass jeder Bewohner durchschnittlich einer Belastung von 4,2 mSv im Jahr ausgesetzt ist.
Die Grenzwerte für die Bevölkerung und beruflich strahlenexponierte Personen sind in der **Strahlenschutzverordnung (StrlSchV)** festgelegt.

Die Grenzwerte für die Normalbevölkerung orientieren sich dabei an der normalen Schwankungsbreite der natürlichen Strahlenbelastung.
Die StrlSchV schreibt u. a. vor, dass
- die Strahlendosis so gering wie möglich zu halten ist;
- Grenzwerte zu kontrollieren und einzuhalten sind.

Beruflich strahlenexponierte Personen müssen deshalb stets ein Dosimeter tragen. Überschreitet eine Person z. B. in einem Kernkraftwerk den für sie geltenden Grenzwert für die Jahresdosis, darf sie nicht länger an einem Arbeitsplatz tätig sein, an dem sie Strahlung ausgesetzt ist.

Strahlenschutz

ist für jeden Menschen wichtig. Die Grundregeln sind einfach:

- **Abstand halten:** Je größer die Entfernung von der Strahlungsquelle, desto schwächer ist die Strahlung. Bei doppelter Entfernung sinkt die Strahlungsintensität auf weniger als ein Viertel ab.
- **Nur kurzer Aufenthalt** in der Nähe einer Strahlungsquelle: Die vom Körpergewebe absorbierte Energiedosis ist proportional zur Bestrahlungszeit. Eine Halbierung der Bestrahlungszeit bedeutet daher auch eine Halbierung der Strahlendosis.
- **Abschirmung**
- **Keine Nahrung zu sich nehmen** während des Umgangs mit radioaktiven Stoffen: Durch Nahrungsaufnahme können radioaktive Stoffe in den Körper gelangen und sich dort in einzelnen Organen ablagern. Dadurch sind die Körperbereiche in der Nähe der betroffenen Organe einer verstärkten Bestrahlung ausgesetzt.

Grenzwerte für die Bestrahlung

Körperbereich	Erwachsene maximal	Jugendliche maximal	Bevölkerung im Schnitt
ganzer Körper	20 mSv	1 mSv	1 mSv
Alle Organe, falls nicht im Folgenden genannt	150 mSv	15 mSv	0,9 mSv
Keimdrüsen; Gebärmutter; Knochenmark	50 mSv	5 mSv	0,3 mSv
Knochenoberfläche; Haut	300 mSv	30 mSv	1,8 mSv
Hände/Arme; Füße/Beine samt zugehöriger Haut	500 mSv	50 mSv	0,9 mSv
	beruflich strahlenexponierte Personen		Normalbevölkerung

Aufgaben

1 Erkläre die Funktionsweise des Filmdosimeters. Begründe, dass damit auch die Strahlungsarten unterschieden werden können.

2 **a)** Erläutere, wovon die schädigende Wirkung radioaktiver Strahlung abhängt und welche verschiedenen Schäden sie hervorrufen kann.
b) Die Notwendigkeit der Einführung des Bewertungsfaktors zeigt die Grenzen physikalischer Sichtweisen. Erläutere diese Aussage.

3 Begründe die Grundregeln des Strahlenschutzes mithilfe der Eigenschaften und Wirkungen radioaktiver Strahlung.

4 Bei der natürlichen Strahlenbelastung spielt das radioaktive Edelgas Radon220 eine zentrale Rolle. Informiere dich, erkläre.

5 Informiere dich im Internet über Aufbau und Funktionsweise eines Taschendosimeters.

6 α-Strahlung wird schon durch eine dünne Pappe absorbiert. Trotzdem ist der Bewertungsfaktor für α-Strahlung $Q = 20$. Erkläre diesen scheinbaren Widerspruch. Beachte dabei z. B. die unterschiedliche Größe von α- und β-Teilchen.

Streifzug — Nahrungsketten und Belastungspfade

Die Strahlung, die aus der Luft von außen auf den Körper einwirkt, ist kaum ein Anlass zur Beunruhigung, denn die Reichweite der ionisierenden Strahlung ist gering. α- und β-Strahlung wird bereits durch die oberen Hautschichten zurückgehalten. Bedeutender ist die Tatsache, dass radioaktive Stoffe aus der Luft, dem Wasser und dem Boden direkt mit der Atemluft oder dem Trinkwasser oder indirekt über eine Nahrungskette in den menschlichen Körper gelangen.
Werden radioaktive Stoffe in den Körper aufgenommen, zerfallen sie und ihre Strahlung trifft das Zellgewebe ohne „schützende" Luft- bzw. Hautschicht direkt. Dies unterscheidet die künstlich verursachte Radioaktivität auch von der natürlichen. Ein großer Teil der natürlichen Strahlung wird nicht direkt oder indirekt in den Körper eingebracht und ist daher relativ ungefährlich.

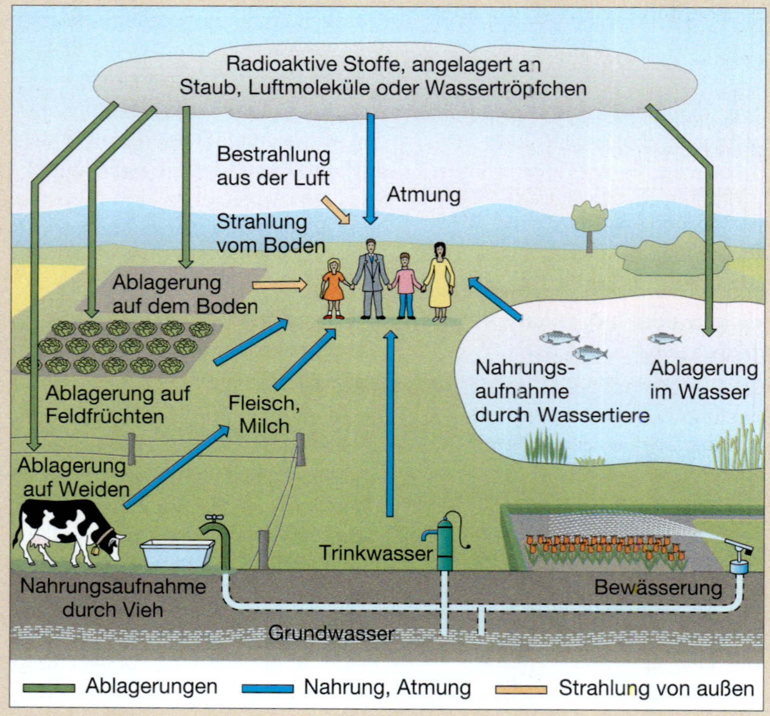

Werden radioaktive Stoffe an irgendeiner Stelle in die Luft freigesetzt, so lagern sie sich an Staubteilchen oder Wassertröpfchen an. Durch die Winde werden die radioaktiven Stoffe anschließend weltweit verteilt. Dann geschieht Folgendes:

- Mit Niederschlägen oder infolge ihrer Masse fallen die radioaktiven Stoffe auf die Erdoberfläche. Dadurch verringern sich zwar bei Störfällen mit Freisetzung von radioaktiven Substanzen die gemessenen Aktivitätswerte in der unmittelbaren Umgebungsluft, aber es kommt zu einer Anreicherung am Boden – eventuell in ganz anderen Regionen.
- Die radioaktiven Stoffe bleiben nicht an der Oberfläche von Pflanzen oder Böden. Durch Niederschläge werden sie abgewaschen und dringen in das Erdreich ein. Von dort gelangen sie in Grund- und Trinkwasser.
- Durch Wurzeln oder die Blattoberflächen werden die radioaktiven Stoffe in das Innere der Pflanzen transportiert.
- Als Nahrung (eventuell über die Zwischenstation „Tier") oder als Trinkwasser werden die radioaktiven Stoffe schließlich vom Menschen aufgenommen.

Gefährlich ist, dass manche radioaktiven Stoffe von Pflanzen genau so „verarbeitet" werden wie ungefährliche chemische Elemente oder Verbindungen, die durch diese „Doppelgänger" ersetzt werden. Dadurch reichern sich die radioaktiven Stoffe in Pflanzen, Tieren oder Menschen stark an. Einige zerfallen schnell entsprechend ihrer Halbwertszeit in ungefährliche Folgeprodukte (z.B. Iod), andere dagegen bleiben lange Zeit im Körper gespeichert. Strontium zum Beispiel mit einer Halbwertszeit von rund 30 Jahren bleibt praktisch ein Leben lang in den Knochen eingelagert. Es bestrahlt das Knochenmark, in dem die roten Blutkörperchen gebildet werden, dauernd aus nächster Nähe.

Die Herkunft der Nahrungs- und Genussmittel, des Wassers und der Luft sowie die Lebens- und Ernährungsgewohnheiten bestimmen die Menge der vom Körper aufgenommenen radioaktiven Stoffe.

Typische Strahlenbelastungen

Art der Belastung	Äquivalentdosis
Zahnröntgenaufnahme	10 µSv
Brustkorbröntgen	100 µSv
Mammographie	500 µSv
Schilddrüsenszintigraphie	800 µSv
Computertomographie Brustkorb	10 mSv
Flug Frankfurt-New York	30 µSv

Um das Risiko der Strahlenbelastung abzuschätzen, muss diese mit der natürlichen Äquivalentdosis verglichen werden, die bei etwa 2 mSv pro Jahr liegt und unvermeidbar ist.

Radioaktive Baustoffe

Alle Gesteine und Böden enthalten Spuren radioaktiver Nuklide. Da diese auch zum Bau von Häusern verwendet werden, ergibt sich eine natürliche Strahlenbelastung in Wohnhäusern. Die Aktivität der einzelnen Materialien variiert je nach Fundort über einen großen Bereich. So sind z. B. die Wohnungen im Erzgebirge wesentlich höher belastet als die an der Nordsee. Für Vergleichszwecke ist jeweils die Aktivität eines Kilogramms des entsprechenden Materials angegeben.

Baustoffspezifische Aktivität in $\frac{Bq}{kg}$

	^{40}K	^{226}Ra	^{232}Th
Naturstein			
Granit	1300	100	80
Schiefer	900	50	60
Marmor	40	20	20
Sandstein	20	30	30
Mauersteine			
Ziegel	700	60	70
Schamotte	400	60	90
Betonsteine	500	130	100
Kalksandstein	200	20	20
Zuschläge			
Sand, Kies	250	15	20
Hochofenschlacke	500	120	130
Flugasche	700	200	130
Bindemittel			
Portlandzement	220	30	20
Hüttenzement	150	60	90
Kalk	180	30	20
Naturgips	70	20	10
Chemiegips	110	560	20
Bitumen	110	20	20

Raucherrisiko

In der Stadt Schneeberg (Sachsen) wurden über mehrere Jahrhunderte bis 1990 Erze unter Tage abgebaut. Seit ca. 500 Jahren fiel auf, dass viele Bergleute an einer Lungenkrankheit, der „Schneeberger Krankheit" starben, die Anfang des letzten Jahrhunderts als Lungen- und Bronchialkrebs identifiziert werden konnte. Die Ursache für das erhöhte Lungenkrebsrisiko der Bergleute liegt in der erhöhten Strahlenbelastung. Diese kommt einerseits durch das Einatmen radioaktiver Uranstäube und andererseits durch die Inhalation des radioaktiven Edelgases Radon zustande, das beim Zerfall des Urans entsteht. Deutlich zu erkennen ist, dass der Milieufaktor „Rauchen" das Risiko für Lungenkrebs um ein Vielfaches erhöht. Die ionisierende Strahlung und die Aufnahme vieler krebserzeugender Stoffe mit dem Zigarettenrauch verstärken sich und vergrößern so die Zellschäden.

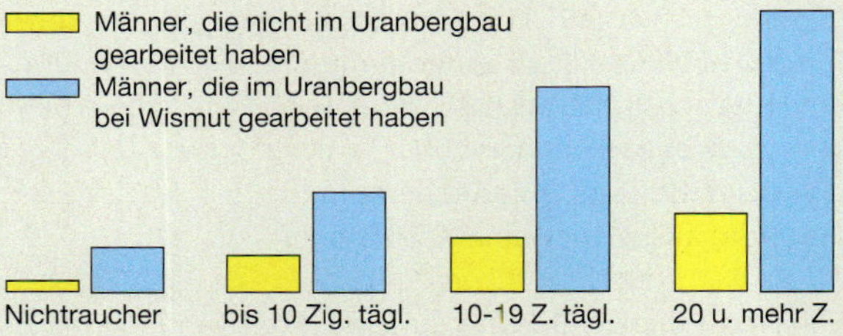

Relatives Lungenkrebsrisiko für Männer, aufgeschlüsselt nach Rauchgewohnheiten und Uranbergbau-Exposition (Wismut-Tätigkeit): Die Zahlenwerte geben an, um welchen Faktor das Risiko, an Lungenkrebs zu erkranken, erhöht ist, bezogen auf das Lungenkrebsrisiko von Männern aus der gleichen Region, die Nichtraucher sind und die nicht im Uranbergbau gearbeitet haben.

Radonbelastung

Das radioaktive Edelgas Radon, das aus Zerfallsprodukten im Boden entsteht, kann über Risse in der Erdrinde und der Bodenplatte in Häuser gelangen. Es führt dort zu einer zusätzlichen Belastung. Diese kann durch Lüften wesentlich verringert werden.

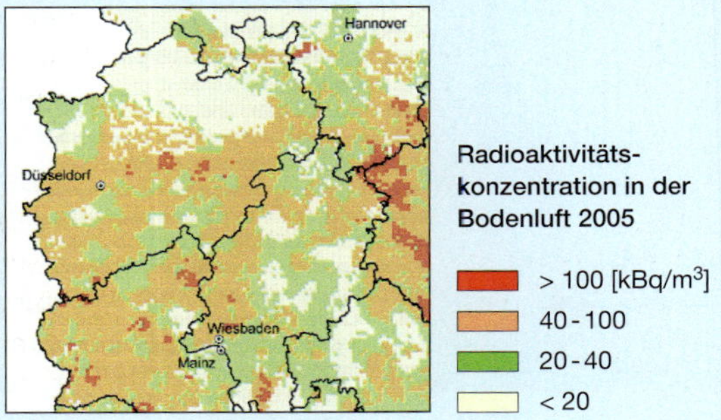

Strahlentherapie und Strahlendiagnostik

Nach der Entdeckung der Radioaktivität im Jahr 1896 durch BEQUEREL bzw. der Röntgenstrahlung 1895 durch RÖNTGEN dauerte es nicht lange, bis die ionisierende Strahlung im medizinischen Bereich sowohl zur Diagnose als auch zur Therapie eingesetzt wurde. Am bekanntesten ist die Röntgendiagnostik wie z.B. bei der Computertomographie. Hier wird die gute Durchdringungsfähigkeit der Röntgenstrahlung ausgenutzt.

Strahlentherapie

Ionisierende Strahlung hat nicht nur schädigende Wirkungen auf den menschlichen Organismus, sondern kann auch gezielt zur Heilung bestimmter Krankheiten eingesetzt werden, z.B. von Krebs. Dazu wird das erkrankte Körperteil ionisierender Strahlung ausgesetzt. Als Strahlungsquellen werden heute Geräte bzw. Stoffe benutzt, die energiereiche teilchenfreie Strahlung emittieren: Röntgenröhren, radioaktive Substanzen (Co 60, Cs137) und Linearbeschleuniger. Die Bestrahlungen bewirken über eine Hemmung der Zellteilung einen Wachstumsstillstand oder sogar ein Absterben von Gewebeanteilen, wobei wachsendes Gewebe, wie zum Beispiel Tumore, empfindlicher reagiert als gesunde, ausgewachsene Körperteile.

Die Strahlungsquelle wird auf einer kreisförmigen Bahn um den Patienten herum geführt. Hierdurch wird erreicht, dass das gesunde Gewebe nur mit einer geringen Energiedosis belastet wird und gleichzeitig eine gleichbleibend hohe Strahlendosis auf den Tumor trifft. Vielfach wird zusätzlich mit individuell angefertigten Schutzmasken gearbeitet, z.B. bei Bestrahlungen im Bereich des Kopfes. Eine genaue Positionierung auf dem Bestrahlungstisch ist für den Erfolg der oft mehrere Wochen dauernden Therapie mitentscheidend.

Wie eine Chemotherapie ist auch eine Strahlentherapie mit starken Nebenwirkungen verbunden. Dazu zählen z.B. Interesselosigkeit und Appetitmangel, Übelkeit und Erbrechen. Auch Hautstörungen wie Rötungen, Abschuppungen und Juckreiz sind beobachtet worden. Eine Strahlentherapie führt insgesamt zu einer Schwächung der Abwehrkräfte.

Möglich ist es auch, das Tumorgewebe von innen zu bestrahlen. Hierzu werden winzige Mengen einer radioaktiven Substanz direkt in den Tumor gebracht und nach der entsprechenden Behandlungszeit wieder entfernt.

Strahlendiagnostik

Es gibt eine große Anzahl von Anwendungsgebieten, bei denen die nuklearmedizinische Diagnostik den anderen Untersuchungsmethoden überlegen ist:

Bestimmte Erkrankungen können gegenüber anderen Untersuchungsverfahren früher erkannt werden und somit frühzeitig behandelt werden. Die Beobachtung der Verteilung radioaktiver Substanzen oder ihre bevorzugte Anlagerung in Gewebe- oder Körperteilen bietet die Möglichkeit, funktionale Zusammenhänge oder Informationen über Verteilungs-, Durchblutungs- und Stoffwechselvorgänge genauer zu erfassen als mit anderen Verfahren.

Ein Hauptanwendungsgebiet ist die Funktions- und Lokalisationsuntersuchung von Drüsen, z.B. die Bestimmung von Lage, Größe und Funktion der Schilddrüse, der Nebennieren u.a.

Dazu wird ungefährlichen Flüssigkeiten radioaktives Technetium oder Iod beigemischt. Diese Flüssigkeit wird dann in das Blut des Patienten gespritzt. Weil Iod oder Technetium bevorzugt in den kranken Bereichen der Schilddrüse abgelagert werden, senden diese Teile mehr Strahlung aus als die gesunden. Die Strahlung wird von einem Detektor aufgefangen und von einem Computer zu einem Strahlungsbild (Szintigramm) der Schilddrüse umgewandelt.

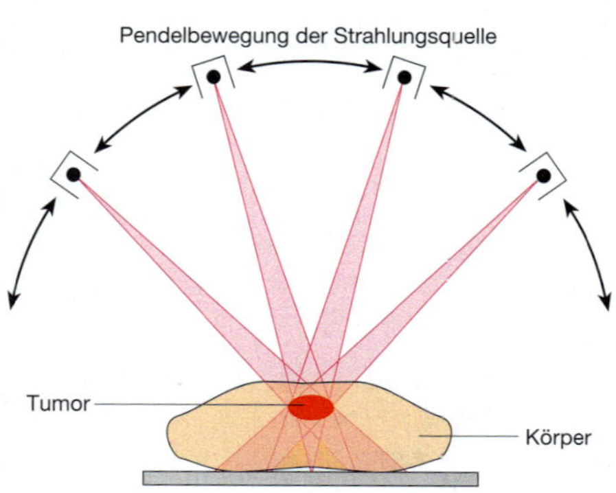

Aufgaben

1 Begründe, warum der Tumor von mehreren Seiten bestrahlt wird, und beschreibe die Wirkung der Strahlung.

2 Erläutere, wie ein Schilddrüsen-Szintigramm gemacht wird.

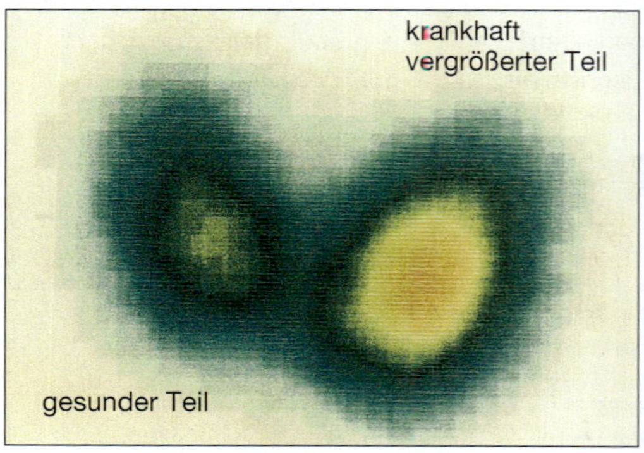

ANWENDUNG VON STRAHLUNG

Materialprüfung

Bei der Dickenmessung und zerstörungsfreien Werkstoffprüfung wird die Abnahme der Intensität einer γ- oder Röntgenstrahlung mit der Dicke der durchdrungenen Materialschicht genutzt.

Der zu untersuchende Gegenstand befindet sich zwischen der Strahlungsquelle und einem Nachweisgerät, z. B einem Film oder einem Zählrohr. Je nach Dicke der Schicht bzw. des eingebrachten Gegenstandes wird die Strahlung geschwächt. Unterschiede in der Zusammensetzung des Materials, Risse oder Hohlräume zeigen sich durch verschiedene Schwärzungsgrade auf dem Film oder unterschiedliche Zählraten. Auf diese Art erfolgt die Untersuchung von hochbelasteten und sicherheits-relevanten Bauteilen. Drahtseile für Seilbahnen oder Aufzüge und gegossene Felgen z. B. von Pkws oder die Radreifen bei der Eisenbahn werden so mit Röntgenstrahlung zerstörungsfrei untersucht.

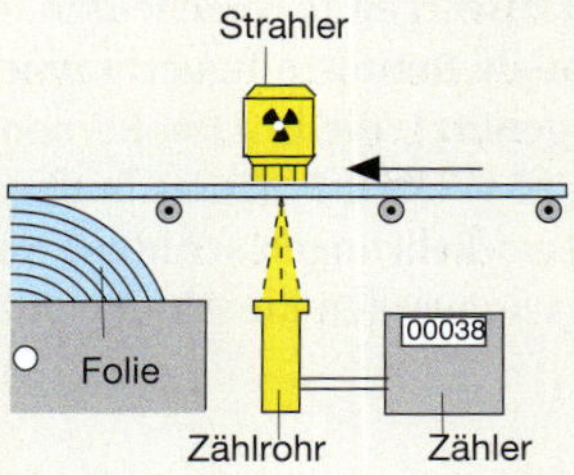

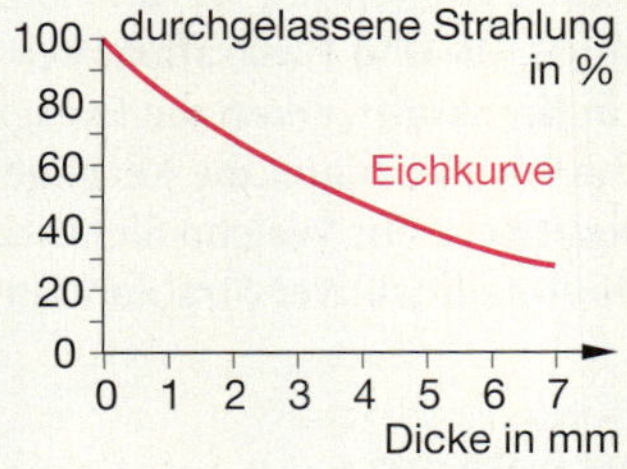

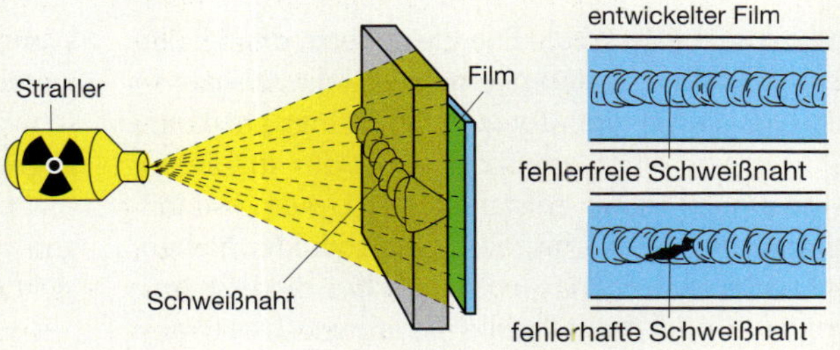

Materialbeeinflussung

In der Industrie werden Kunststoffe veredelt, indem sie für eine bestimmte Zeit β-Strahlung ausgesetzt werden. Dadurch vernetzen sich die Molekülketten im Kunststoff. Dieser wird dadurch z. B. beständiger gegen Hitze und Chemikalien.

Brandmelder

Es gibt Brandmelder, in denen ein radioaktives Präparat eingebaut ist, welches die Luft, die von außen in die Messkammer eindringt, permanent ionisiert. Dadurch kann ein elektrischer Strom durch die Messkammer fließen. Wenn Rauchpartikel in die Kammer gelangen, lagern sich die ionisierten Luftmoleküle an den Rauchpartikeln an. Die so entstandenen großen und schweren „Rauch"-Ionen sind nahezu ungeladen, die Stromstärke sinkt. Die Abnahme der Stromstärke kann elektronisch registriert werden und Alarm auslösen. Wird allerdings nach einem Brand ein solcher Ionisationsrauchmelder bei den Aufräumarbeiten nicht gefunden, muss der Brandschutt als Sondermüll entsorgt werden.

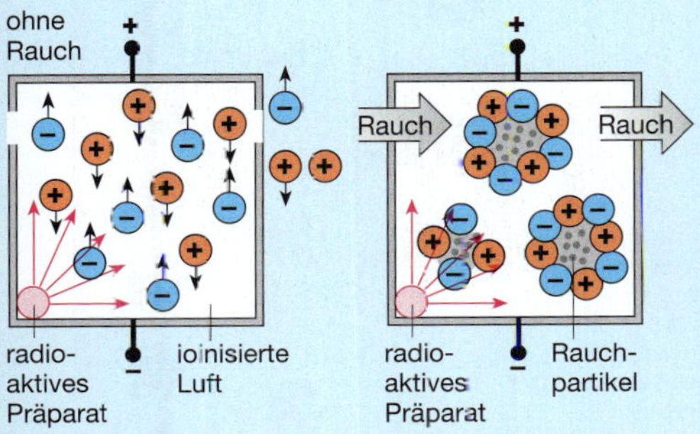

Konservierung von Lebensmitteln

In einigen Ländern (auch in der EU) werden ganze Paletten mit Lebensmitteln ionisierender Strahlung ausgesetzt, um sie dadurch zu konservieren (haltbarer zu machen). Das Bestrahlen von Lebensmitteln ist nicht unumstritten und in Deutschland ist zurzeit nur die Bestrahlung getrockneter Gewürze und Kräuter erlaubt.

Sterilisation

Zur Sterilisation (Entkeimung) werden medizinische Instrumente, hitzeempfindliche Arzneimittel, Schläuche, Verbandsstoffe und Ähnliches ionisierender Strahlung ausgesetzt. Durch die Bestrahlung mit hohen Energiedosen werden Bakterien, Sporen oder Viren getötet. Auch der Klärschlamm aus Kläranlagen wird ionisierender Strahlung ausgesetzt, um ihn anschließend als keimfreien Dünger verwenden zu können.

Kernenergie

Kernkraftwerke sind Wärmekraftwerke, die sich nur in der Art der Wärmeerzeugung von Kohle-, Öl- und Gaskraftwerken unterscheiden. Während in Kohle-, Öl- und Gaskraftwerken fossile Brennstoffe verbrannt werden, wird in Kernkraftwerken die Energie genutzt, die in Atomkernen steckt. Welche Vorteile bietet die Kernenergie? Welche Prozesse laufen in einem Kernkraftwerk ab? Welche Sicherheitsvorkehrungen schützen vor den Gefahren radioaktiver Strahlung und wie werden die Abfälle entsorgt?

Kernspaltung

In Kernkraftwerken wird die Energie genutzt, die bei der Spaltung von schweren Atomkernen entsteht. Ausgangsstoff ist das stabile Uranisotop $^{235}_{92}U$. Dringt ein langsames Neutron, ein *thermisches Neutron*, in diesen Urankern ein, so ist der entstandene $^{236}_{92}U$-Kern instabil und zerfällt in zwei Kerne, die **Spaltprodukte.** Neben der freiwerdenden Energie entstehen bei dieser Kernspaltung zwei oder drei schnelle Neutronen. Das Uranisotop236 kann beispielsweise unter Aussendung von drei schnellen Neutronen in einen Barium- und einen Kryptonkern zerfallen:

$^{236}_{92}U \rightarrow \, ^{139}_{56}Ba + \, ^{94}_{36}Kr + 3 \, ^{1}_{0}n$

Die Spaltprozesse können aber nur ausgelöst werden, wenn das Neutron beim Zusammenstoß mit dem U235-Kern die passende Geschwindigkeit hat. Schnelle Neutronen prallen einfach ab; mittelschnelle Neutronen werden zwar eingefangen, lösen aber keine Spaltung aus. Im Gegensatz dazu können beim Uranisotop238 nur schnelle Neutronen eingebaut werden. Auch andere schwere Kerne wie Plutonium können durch Neutronen gespalten werden.

Kettenreaktion

Wenn bei der Spaltung mehrere Neutronen freigesetzt werden, die eine für weitere Spaltungen geeignete Geschwindigkeit haben oder auf diese Geschwindigkeit abgebremst werden, dann können diese von anderen spaltbaren Kernen absorbiert werden, erneute Spaltungen auslösen und weitere Neutronen freisetzen. So entsteht eine **Kettenreaktion.**

Für die technische Nutzung der Kernenergie in Kernkraftwerken wird eine **kontrollierte Kettenreaktion** benötigt. Hierbei muss eine Spaltung wieder genau zu einer neuen Spaltung führen, sodass die Gesamtanzahl der Spaltungen, die in einer bestimmten Zeitspanne ablaufen, konstant ist. Dies geschieht dadurch, dass nicht alle Neutronen auf die für die Spaltung nötige Geschwindigkeit abgebremst werden, und dass Neutronen durch andere Materialien eingefangen werden. Sie stehen dann nicht mehr für eine Spaltung zur Verfügung. In Kernwaffen dagegen löst jede Spaltung durch die freiwerdenden Neutronen entsprechend viele Spaltungen aus. Die Anzahl der Spaltungen wächst exponentiell, es kommt zu einer **unkontrollierten Kettenreaktion.**

Die Kerne von Uran und Plutonium können Neutronen einfangen und sich dann unter Energiefreisetzung in Spaltprodukte und freie Neutronen spalten.

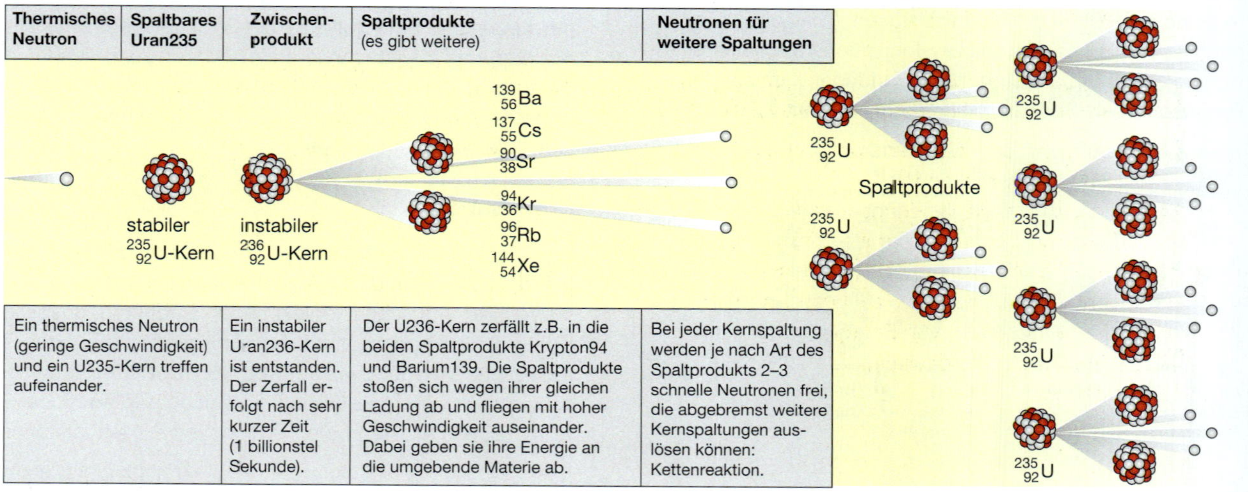

Kernfusion

Nicht nur bei der Spaltung schwerer Kerne wird Energie freigesetzt. Auch wenn zwei leichte Kerne zu einem größeren Kern verschmelzen, kann bei der Reaktion Energie abgegeben werden. Dieser Prozess der **Kernfusion** findet in unserer Sonne und jedem anderen Stern statt.

Das Alter der Sonne wird auf ca. 4,5 Milliarden Jahre geschätzt; sie wird zukünftig noch einmal den selben Zeitraum diese große Energiemenge abstrahlen, von der weniger als der zwei milliardste Teil auf die Erde trifft. Die Annahme, dass die Sonne diese Energie mittels chemischer Reaktionen freisetzen würde, wie z. B. mit der Verbrennung von Kohlenstoff, führt auf eine Lebensdauer von ca. 150 Jahren. Also müsste sie längst schon ihren Brennstoffvorrat aufgebraucht haben und erloschen sein. Auch die Kernspaltung liefert keine Erklärung, da die Sonne vor allem aus Wasserstoff und Helium besteht, also aus Elementen mit sehr kleinen Massezahlen. Elemente mit hohen Massenzahlen wie Uran oder Plutonium sind in der Sonne nicht zu finden.

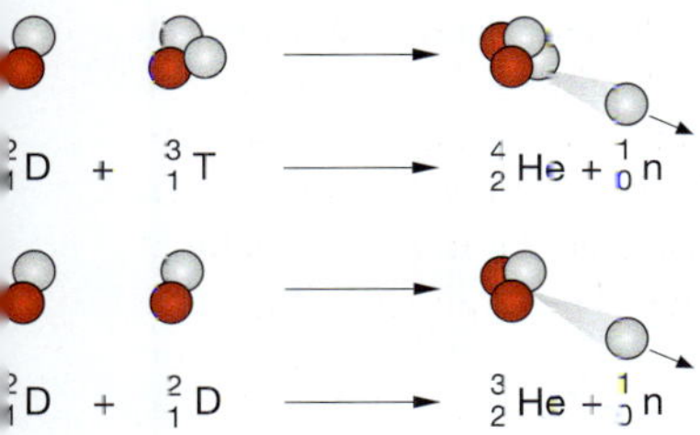

Werden Atomkerne *leichter* Elemente nahe zusammengebracht, so können sie miteinander verschmelzen. In der Sonne verschmelzen beispielsweise Wasserstoffisotope (Deuterium und Tritium) zu Helium. Dabei wird ein sehr großer Energiebetrag frei: Bei der Bildung von 1 kg Helium wird etwa die Energie frei, die bei der Verbrennung von 15 Millionen kg Steinkohle entsteht.

Wenn sich zwei leichte Atomkerne sehr nahe kommen, können sie unter Energiefreisetzung fusionieren. Neben dem Fusionsprodukt entsteht mindestens ein Neutron.

Aufgaben

1 Erläutere die Begriffe „Kernspaltung" und „kontrollierte Kettenreaktion".

2 Erkläre, warum die Bindungsenergie pro Nukleon für mittelschwere Kerne am größten ist.

3 Erläutere an einem selbstgewählten Beispiel, warum sowohl eine Kernspaltung als auch eine Kernfusion zu einer Freisetzung von Energie führen kann.

4 Erkläre, warum es schwierig ist, zwei Kerne zu verschmelzen.

Kernbindungsenergie

Welche Kerne sind leicht und setzen durch die Fusion zu einem schwereren Kern Energie frei und welche sind so schwer, dass sie bei der Spaltung in zwei leichtere Kerne Energie abgeben?

Einen Hinweis liefert die *Kernkraft,* die Protonen und Neutronen im Kern zusammenhält, obwohl sich die Protonen aufgrund der elektrischen Kraft gegenseitig abstoßen. Die Kernkraft ist „stärker" als die elektrische Kraft, besitzt aber im Gegensatz zu dieser nur eine begrenzte Reichweite von ca. 10^{-15} m. Daher wirkt sie nur zwischen benachbarten Nukleonen, während die elektrische Kraft zwischen allen Protonen wirkt. Das Wechselspiel beider Kräfte führt dazu, dass der Zusammenhalt eines Kerns sowohl von seiner Größe als auch von seiner Zusammensetzung abhängt. Zur Charakterisierung der Stärke dieses Zusammenhaltes dient die **Kernbindungsenergie.** Sie gibt an, welche Energie frei wird, wenn der Kern durch Zusammenfügen seiner einzelnen Nukleonen entsteht. Häufig wird die Kernbindungsenergie durch die Anzahl der Nukleonen dividiert, was die *Kernbindungsenergie pro Nukleon* ergibt.

Mittlerweile ist es gelungen, die Kernbindungsenergie pro Nukleon für viele Kerne im Experiment präzise zu bestimmen. Das Diagramm unten zeigt, dass sie ein Maximum für Kerne mittlerer Größe besitzt. Daher wird sowohl bei der Spaltung schwerer Kerne als auch bei der Fusion leichter Kerne Energie freigesetzt. Auch radioaktive Zerfälle laufen immer so ab, dass die Endprodukte näher am Maximum liegen

Bis Eisen wird Energie freigesetzt, wenn zwei leichte Kerne verschmelzen (Kernfusion).
Bei schwereren Kernen wird die Energie durch Spaltung freigesetzt (Kernspaltung).

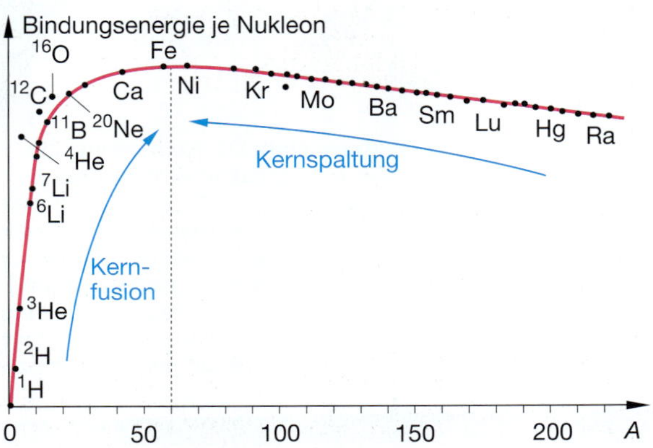

Der Reaktorkern

Der Reaktorkern ist der Teil des Kernreaktors, der den „Kernbrennstoff" enthält und in dem die **kontrollierte Kettenreaktion** abläuft. Er besteht aus ca. 300 Brennelementen, die etwa 100 t Uran enthalten.

Damit eine kontrollierte Kettenreaktion ablaufen kann, muss genau eines der zwei bis drei bei einer Spaltung freigesetzten Neutronen eine erneute Spaltung auslösen. Allerdings sind die entstehenden Neutronen zu schnell, um eine Spaltung zu bewirken. Sie müssen abgebremst werden. Die Materialien, die diese Aufgabe übernehmen, heißen **Moderatoren.** Meist wird Wasser als Moderator verwendet, weil es billig ist und die Energie der Neutronen aufnehmen kann. Zudem kann mit dem Wasser die bei der Spaltung entstehende Energie gut abtransportiert werden.

Wird Wasser als Moderator verwendet, so ist diesem Bor in Form von Borsäure zugesetzt. Bor fängt bevorzugt Neutronen ein, ohne dass irgendwelche Reaktionen ablaufen. Als weitere Neutronenfänger wirken **Regelstäbe** aus Bor oder Cadmium. Diese können mehr oder weniger tief in den Reaktorkern eingeschoben werden und mehr oder weniger Neutronen einfangen. Somit wird sichergestellt, dass im Mittel nur eines der zwei bis drei bei einer Spaltung freigesetzten Neutronen eine weitere Spaltung auslöst. Ein lawinenartiges Ansteigen der Kernspaltungen *(unkontrollierte Kettenreaktion)* wie bei einer Atombombe ist dadurch unmöglich.

Damit es überhaupt zu einer Kettenreaktion kommt, muss genügend spaltbares Material dicht beieinander sein. Natürliches Uran enthält zu ca. 0,7% das spaltbare Isotop U235. Die restlichen 99,3% bestehen aus Uran238. Wenn schnelle Neutronen auf dieses treffen, so werden sie einfach absorbiert, ohne dass es zu einer Spaltung kommt. In einem solchen Gemisch kann sich eine Kettenreaktion aus sich selbst heraus nicht erhalten. Daher muss natürliches Uran mit U235 **angereichert** werden, d. h. der Anteil wird von 0,7% auf 3% erhöht, so-

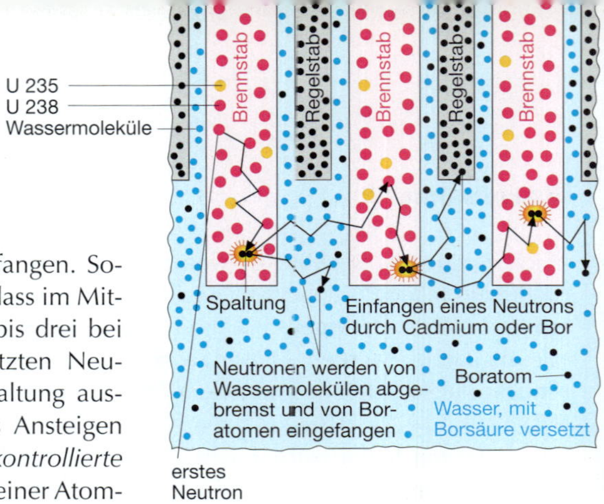

dass reaktorfähiges Uran üblicherweise aus 97% U238 und 3% U235 besteht. Das Uran liegt danach als Urandioxid-Pulver vor, das auch als Yellow Cake bezeichnet wird. Es wird zu kleinen zylindrischen Tabletten (*Pellets*) gepresst. Diese werden in ein 4 m langes Rohr aus einer Zirkonlegierung gefüllt. Diese Zirkonlegierung lässt die Neutronen ungehindert passieren. Ca. 300 dieser so entstandenen **Brennstäbe** werden zu einem **Brennelement** zusammengebaut.

Das Zusammenspiel von Moderator (Wasser) und Regelstäben ermöglicht im Reaktorkern eine kontrollierte Kettenreaktion.

Aufgaben

1 Erkläre die Funktionsweise und die Notwendigkeit eines Moderators im Kernreaktor.

2 Begründe, warum Uran in seiner natürlichen Isotopenzusammensetzung nicht als Kernbrennstoff geeignet ist.

3 Erläutere die Funktion der Regelstäbe.

Urandioxid (Yellow Cake)

Brennstab: Der Kernbrennstoff Urandioxid wird zu kleinen zylindrischen Tabletten (Pellets) gepresst. Sie werden in ein Rohr aus einer Zirkon-Legierung eingebracht. Diese Legierung lässt Neutronen, die zur Auslösung der Kernspaltung benötigt werden, weitgehend ungehindert passieren.

Pellet (Originalgröße)

Brennstab (4 m lang)

Brennelement: Die einzelnen Brennstäbe werden luft- und wasserdicht verschweißt. Das spaltbare Material und die Spaltprodukte sind dadurch sicher eingeschlossen. Verbleibende Hohlräume in den Brennstäben sind mit Helium gefüllt. Das Brennelement eines Reaktors wird aus bis zu 300 Brennstäben zusammengesetzt. Die Brennstäbe werden in einer besonderen Halterung von Federn fixiert.

Energiewandlung im Reaktor

Ein Kernkraftwerk ist wie ein Kohlekraftwerk ein Wärmekraftwerk. Das Wasser zwischen den Brennstäben nimmt die Bewegungsenergie der bei den Kernspaltungen freigesetzten Neutronen und der Spaltprodukte auf und erhitzt sich dadurch extrem. Mithilfe eines Wärmetauschers wird Wasser verdampft und dieser Wasserdampf treibt eine riesige Turbine und diese schließlich einen Generator an. Die Kernenergie wird somit in elektrische Energie gewandelt.

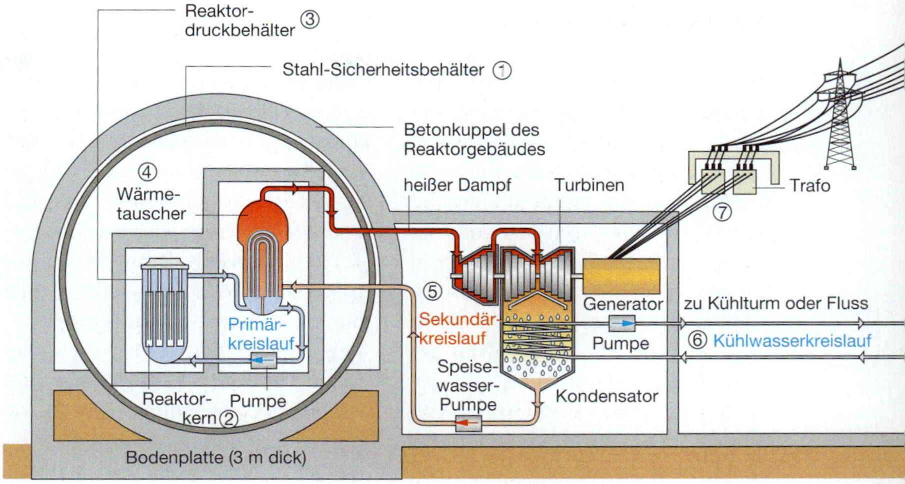

① Innerhalb der kuppelförmigen Stahlbetonhülle des Reaktorgebäudes, das auf einer erdbebensicheren Bodenplatte steht, befindet sich ein kugelförmiger **Stahl-Sicherheitsbehälter**, der den nuklearen Teil des Kernkraftwerkes umschließt. Er ist so ausgelegt, dass er den bei einem Störfall aus dem Reaktorkühlkreislauf austretenden Dampf aufnehmen kann. Der Behälter ist bei einem 1300 MW-Kraftwerk eine stählerne Kugel mit mehr als 50 m Durchmesser. Zwischen Sicherheitsbehälter und Betonkuppel herrscht Unterdruck. Dadurch wird ein etwaiges Entweichen radioaktiver Stoffe in die Umwelt verhindert.

② Der **Reaktorkern** besteht aus ca. 300 Brennelementen. Sie füllen einen Raum, der etwa so groß ist wie ein Würfel mit 4 m Kantenlänge. Die Brennelemente enthalten insgesamt etwa 100 t Uran. In ihnen läuft die Kernspaltung ab.

③ Der gesamte Reaktordruckbehälter ist mit normalem, gereinigtem Wasser gefüllt. Es wird von unten durch den Reaktorkern gepumpt und umspült die bis zu 800 °C heißen Brennelemente. Sie geben Energie an das Wasser ab, wodurch sie gekühlt werden.
Das Wasser selbst wird etwa 350 °C heiß. Es steht unter hohem Druck, damit es bei dieser hohen Temperatur nicht siedet. Deshalb heißen solche Reaktoren **Druckwasserreaktoren.** Der Reaktordruckbehälter hat die Funktion des Heizkessels bei einem konventionellen Wärmekraftwerk. Er ist zudem eine Barriere, die verhindert, dass radioaktive Strahlung nach außen dringt. Der aus Spezialstahl gefertigte Behälter ist bis zu 12 m hoch und hat einen Durchmesser bis zu 5 m.

④ Das Wasser des **Primärkreislaufs** enthält radioaktive Stoffe. Damit diese nicht austreten können, wird die von ihm im Reaktorkern aufgenommene Energie in einem **Wärmetauscher** an das Wasser eines Sekundärkreislaufs übertragen.

⑤ Das Wasser des **Sekundärkreislaufs** verdampft. Der Dampf wird zur Turbine geleitet und treibt diese an. Über eine gemeinsame Welle wird die Drehung der Turbine auf den Generator übertragen. Nach dem Austritt aus der Turbine strömt der Dampf in den Kondensator. Dort wird er verflüssigt und wieder in den Wärmetauscher zurückgepumpt.

⑥ Die beim Verflüssigen freiwerdende Energie wird über einen dritten Wasserkreislauf, den **Kühlkreislauf**, einem Fluss oder Kühlturm zugeführt und geht so als entwertete Energie in die Umwelt.

⑦ Wie bei jedem anderen Kraftwerk wird die vom Generator erzeugte Spannung hochtransformiert, um die Energieentwertung längs der Übertragungsleitungen zu verringern.

Energieflussdiagramm eines Kernkraftwerks

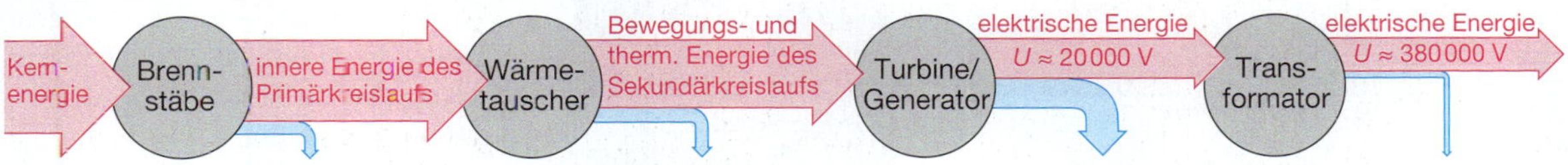

Der Wirkungsgrad eines Kernkraftwerks beträgt ca. 40 %.

Im Reaktor eines Kernkraftwerks läuft eine kontrollierte Kettenreaktion ab. Die Energieabgabe des Reaktors wird durch Absorption von Neutronen gesteuert.
Ein Kernkraftwerk ist ein Wärmekraftwerk. Der Reaktordruckbehälter hat die Funktion des Heizkessels eines Wärmekraftwerks.

Brennstoffkreislauf

Der Ausgangspunkt der Kernenergienutzung ist die Versorgung mit Uran. Der Urangehalt der abgebauten Erze beträgt typischerweise 0,2 %. In einem Aufbereitungsverfahren wird das Uran aus dem Erz gelöst. Es liegt dann als Uranoxid (UO_2) vor mit der natürlichen Isotopenzusammensetzung von 0,7 % U235 und 99,3 % U238. Zum Betrieb eines Kernkraftwerks wird jedoch Uran mit einem Anteil von rund 3 % des spaltbaren Isotops U235 benötigt. Daher muss das Natururan mit dem Isotop U235 „angereichert" werden.
In der Brennelementfabrik werden dann aus UO_2-Pulver Tabletten gepresst, die in Hüllrohre gefüllt und gasdicht verschlossen werden. Dadurch entstehen einzelne Brennstäbe, die zu den Brennelementen zusammengesetzt werden.
Während der Einsatzzeit (3–4 Jahre) der Brennelemente im Reaktor sinkt durch die Vielzahl der Kernspaltungen der Anteil des spaltbaren U235. Es entstehen zum Teil radioaktive Spaltprodukte sowie größere Mengen des neuen Kernbrennstoffs Plutonium. Die ausgedienten Brennelemente, die noch etwa $\frac{1}{3}$ des ursprünglich vorhandenen Uran235 enthalten, müssen ausgetauscht werden. Während der jährlichen Überprüfung der Kernkraftwerke erfolgt auch der Brennelementwechsel.
Die ausgewechselten Brennelemente werden zunächst in das *Abklingbecken* befördert, wo sie mindestens ein Jahr lang verbleiben. Während dieser Zeit geht die Strahlungsintensität und die Wärmeentwicklung erheblich zurück. Anschließend sind zwei Arten der Entsorgung möglich:

- **Wiederaufarbeitung** mit Rückgewinnung und Wiederverwendung der nutzbaren Anteile Plutonium und Uran;
- **direkte Endlagerung,** bei der die ausgedienten Brennelemente als Abfälle deponiert werden.

Der Transport zu einer Wiederaufarbeitungsanlage oder zur Endlagerung erfolgt in speziellen Behältern.

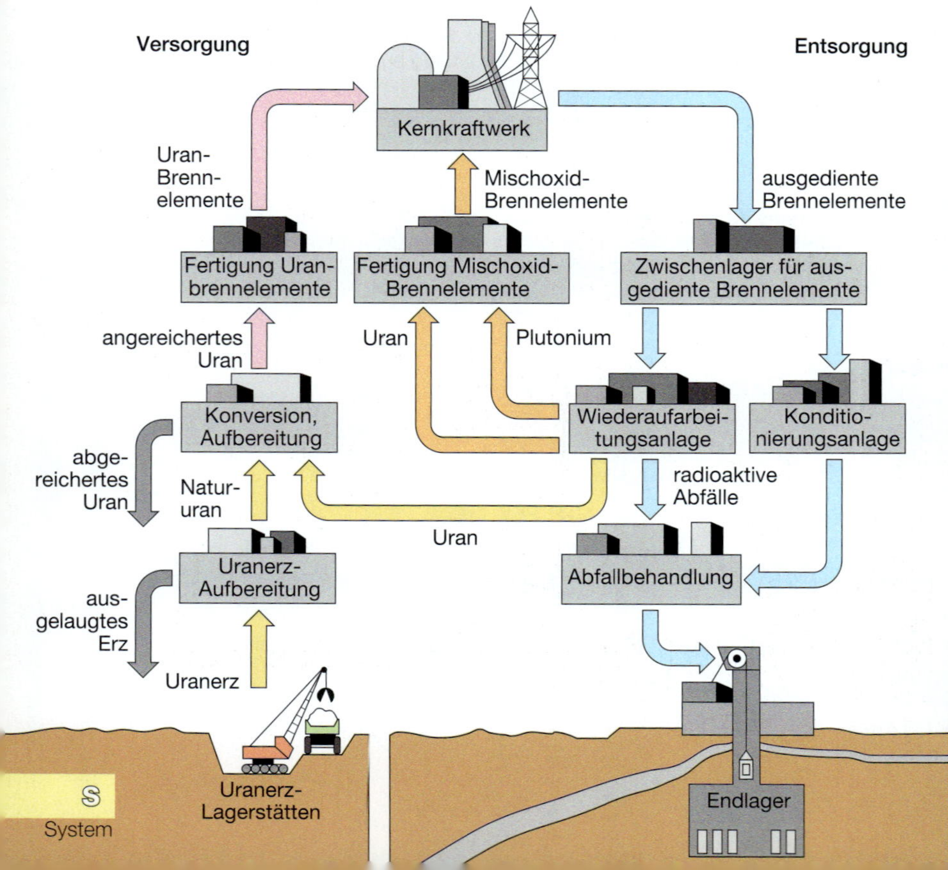

Wiederaufarbeitung

Die verbrauchten Brennelemente enthalten noch fast das gesamte ursprüngliche Uran238, ungefähr ein Drittel des Uran235 sowie das durch Neutroneneinfang aus U238 entstandene Plutonium239. Bei der Wiederaufarbeitung wird das Uran wiedergewonnen und zur Herstellung neuer Brennelemente verwendet. Das neu entstandene Plutonium239 kann anstelle von Uran235 in Brennelementen verwendet werden – oder aber für die Produktion von Atombomben! Daher ist die Wiederaufarbeitung politisch umstritten, denn die Risiken der heimlichen Produktion und unerlaubten Verbreitung von Plutonium239 für den Bau von Kernwaffen sind groß. Europäische Wiederaufarbeitungsanlagen stehen in La Hague (Frankreich) und in Windscale/Sellafield (Großbritannien). Dort lässt auch Deutschland, das keine eigene Anlage besitzt, seine Abfälle aufarbeiten.

Im gesamten Brennstoffkreislauf, insbesondere beim Betrieb von Kernkraftwerken und bei der Wiederaufarbeitung entstehen feste, flüssige oder gasförmige radioaktive Abfälle. Bei der Vorbereitung für die Wiederaufarbeitung oder Endlagerung wird nach schwach-, mittel- und hochaktiven Abfällen unterschieden.

Die radioaktiven Abfälle aus Kernkraftwerken werden je nach Art und Beschaffenheit besonders aufgearbeitet. Im Hinblick auf die Endlagerung wird zwischen zwei Abfallarten unterschieden:

- radioaktive Abfälle, die viel Wärmeenergie abgeben;
- radioaktive Abfälle, deren Wärmeabgabe zu vernachlässigen ist.

Reaktorsicherheit

Alle Sicherheitsvorkehrungen dienen dem obersten Ziel, die Bevölkerung und das Kraftwerkspersonal vor α-, β-, γ- und Neutronen-Strahlung zu schützen. Dazu wurde ein Konzept erarbeitet, um jederzeit einen ordnungsgemäßen Betrieb des Reaktors sicherzustellen. Zum Konzept gehören die Möglichkeiten:

- den Reaktor jederzeit abschalten und ihn im abgeschalteten Zustand halten zu können;
- durch die Kernspaltungen freigesetzte Energie während des Betriebs und im abgeschalten Zustand („Nachwärme“) jederzeit abführen zu können;
- die radioaktiven Stoffe im Kern in jedem Betriebszustand des Reaktors sicher eingeschlossen zu halten. Der Einschluss soll durch mehrere hintereinander angeordnete Barrieren, die sich zwischen den radioaktiven Stoffen und der Umgebung befinden, sichergestellt werden.

Ein Kernreaktor kann nicht wie eine Atombombe explodieren. Dies ist aufgrund der geringen Menge spaltbaren Materials nicht möglich. Im Notfall fallen die Regelstäbe durch ihr Eigengewicht automatisch zwischen die Brennstäbe und stoppen die Kettenreaktion.

Ein Bruch der Hauptkühlmittelleitung mit massivem Kühlmittelverlust ist für einen Druckwasserreaktor der **G**rößte **A**nzunehmende **U**nfall (**„GAU“**), der aber bei der Konstruktion des Kraftwerks berücksichtigt und im Betrieb beherrscht werden muss. Wird nämlich die erzeugte innere Energie nicht mehr vom Kühlsystem abgeführt, kann es zur Überhitzung des Kernbrennstoffes kommen. Der Brennstoff und die Inneneinrichtungen des Reaktors würden schließlich schmelzen. Es muss verhindert werden, dass der Reaktorbehälter zerstört wird und radioaktives Material in die Umwelt gelangen kann.

In den Kernkraftwerken sind daher Kontroll- und Steuereinrichtungen in mehrfacher Ausführung und technisch verschieden vorhanden. Sie sind räumlich voneinander getrennt untergebracht und verfügen über eigene Notstromversorgungen. Damit existiert bei Ausfall eines Systems mindestens ein funktionsfähiges zweites System. Insbesondere gibt es 3 bis 4 Notkühlsysteme, durch die Kühlmittel in den Reaktordruckbehälter gepumpt werden kann.

Die Sicherheitsbarrieren müssen auch dann funktionieren, wenn Einwirkungen von außen eintreten wie Brände, Erdbeben oder Flugzeugabstürze. Mögliche Vorkommnisse dieser Art werden bei Konstruktion und Bau von Kernkraftwerken berücksichtigt.

Aufgaben

1 **a)** Erläutere, wie ein Reaktor schnell abgeschaltet werden kann.
b) Begründe, weshalb nach dem Abschalten auf keinen Fall die Pumpe des Primärkreislaufs abgeschaltet werden darf.

2 Ein Notkühlsystem pumpt im Notfall borhaltiges Wasser in den Reaktordruckbehälter. Erläutere den Zweck des Bor-Zusatzes.

3 **a)** Begründe, weshalb der Kernbrennstoff in den metallenen Hüllrohren **gas**dicht eingeschweißt sein muss.
b) Erkläre die runde Form des Reaktorgebäudes.
c) Erläutere, wodurch sichergestellt wird, dass keine radioaktiven Stoffe aus einem Reaktor in die Umwelt gelangen.

Das 5 Barrieren-Sicherheitssystem

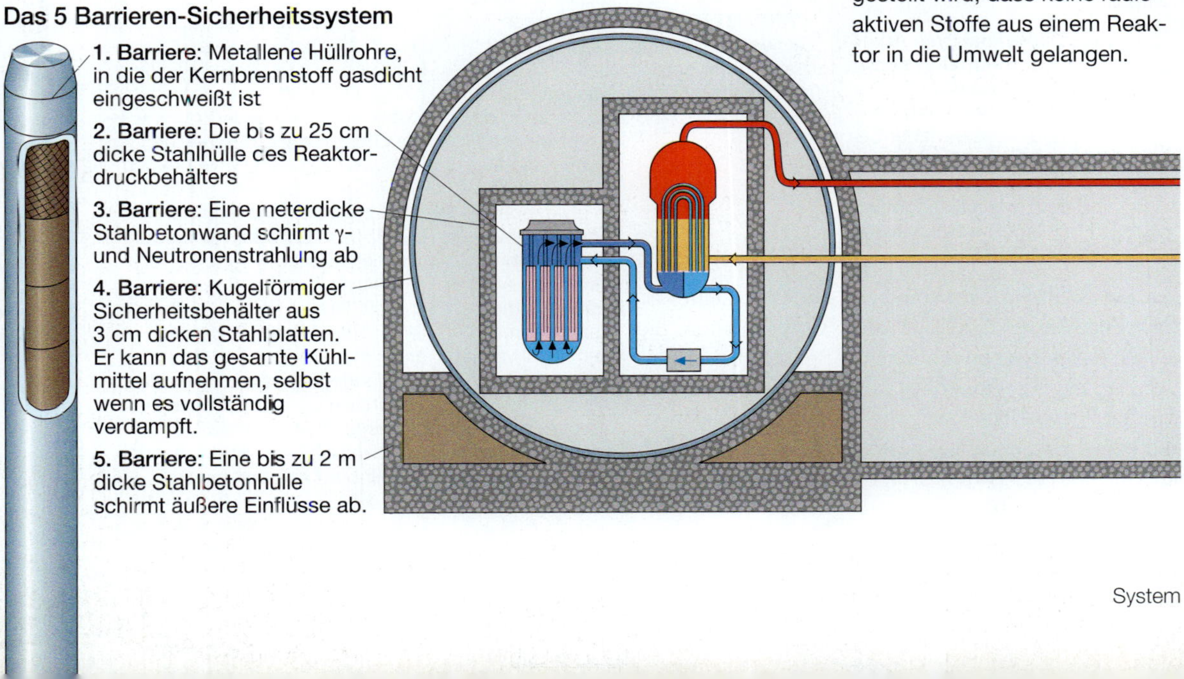

Kraftwerke im Vergleich

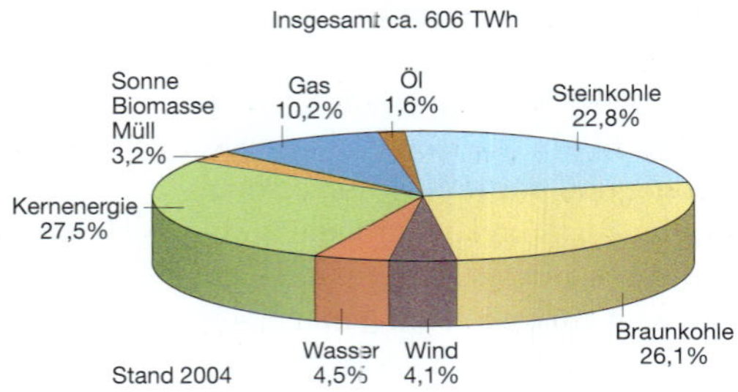

Die Erzeugung von elektrischer Energie in Kernkraftwerken gibt immer wieder Anlass für heftige Diskussionen. Dabei werden von Befürwortern und Gegnern der Kernenergie kontroverse Argumente im Hinblick auf die Notwendigkeit, den Nutzen, das Risiko und die möglichen Alternativen ausgetauscht. Je nach Interessenlage werden dabei ganz verschiedene Daten und Fakten vorgetragen.

Kernkraftwerke wie Philippsburg 2 (in Betrieb seit 1984) oder Brokdorf (in Betrieb seit 1986) haben eine elektrische Leistung von etwa 1400 MW. Sie erzeugen im Mittel ca. 6500 Stunden im Jahr elektrische Energie. An der Erzeugung elektrischer Energie sind sie in Deutschland mit etwa 30 % beteiligt.

Die Leistung eines Kraftwerkblocks beträgt bei Kohlekraftwerken ca. 500 MW (Steinkohle) bzw. 800 MW (Braunkohle). Mehrere Blöcke an einem Standort werden zu einem Kraftwerk mit einer Gesamtleistung von einigen Tausend MW zusammengekoppelt. Ihre mittlere jährliche Betriebsdauer beträgt knapp 4500 h bei Steinkohlekraftwerken und ca. 7000 h bei Braunkohlekraftwerken. Zusammen liefern die Kohlekraftwerke ca. 60 % der in Deutschland erzeugten elektrischen Energie.

Kernkraftwerk
1 Reaktor mit 1400 MW
7000 h in Betrieb

Steinkohlekraftwerk
4 Blöcke mit je 550 MW = 2200 MW
4500 h in Betrieb

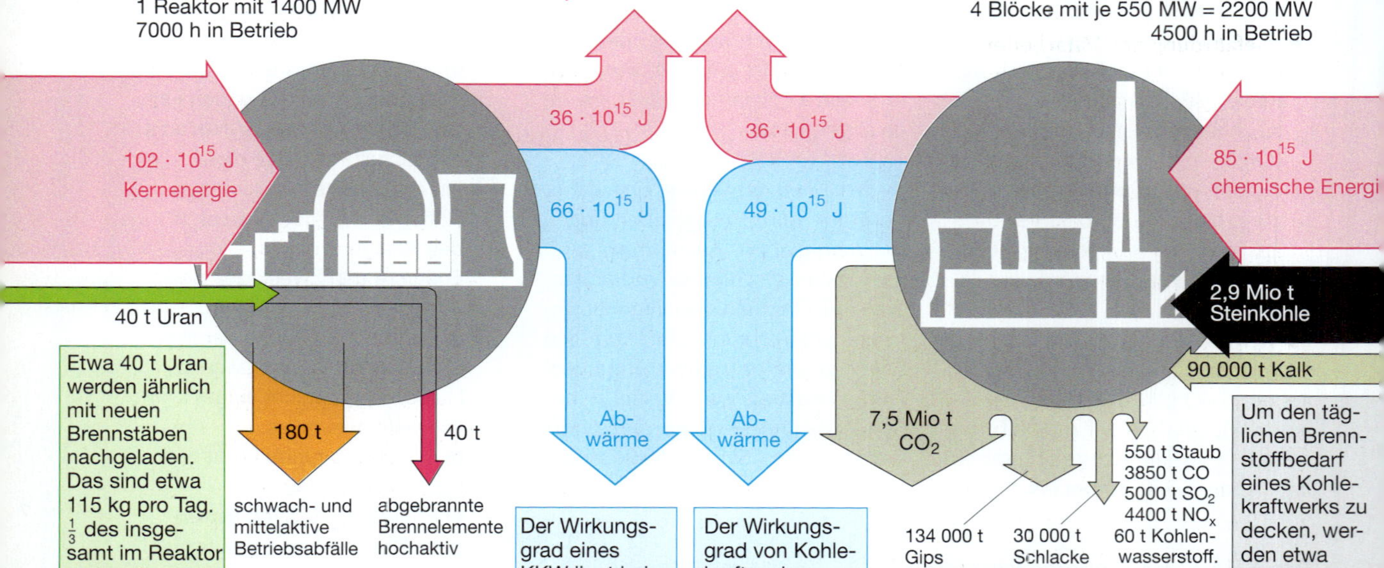

Etwa 40 t Uran werden jährlich mit neuen Brennstäben nachgeladen. Das sind etwa 115 kg pro Tag. $\frac{1}{3}$ des insgesamt im Reaktor vorhandenen Brennstoffs wird jährlich ausgetauscht.

Die radioaktiven Abfälle aus einem KKW setzen noch Tausende von Jahren Strahlung frei und müssen daher besonders entsorgt werden. Zurzeit steht noch nicht fest, wo sie endgültig gelagert werden sollen.

Der Wirkungsgrad eines KKW liegt bei etwa 40 %, also unter dem von Kohlekraftwerken.

Der Wirkungsgrad von Kohlekraftwerken liegt maximal bei 45 %. Mindestens 55 % der in der Kohle steckenden Energie werden nicht in elektrische Energie gewandelt, sondern gehen als Abwärme in die Luft oder mit dem Kühlwasser in Flüsse, wenn sie nicht für „Fernwärme" verwendet werden.

Um den täglichen Brennstoffbedarf eines Kohlekraftwerks zu decken, werden etwa 14 500 t Steinkohle benötigt. Dieser Tagesbedarf ergibt einen Güterzug mit ungefähr 450 Waggons. Daher werden Kohlekraftwerke in die Nähe der Fördergebiete gebaut oder von Häfen.

Hauptabfallprodukt eines Kohlekraftwerkes ist Kohlenstoffdioxid (CO_2). Die Kraftwerke, in denen fossile Brennstoffe verbrannt werden, belasten mit den riesigen Mengen CO_2 die Umwelt extrem und tragen durch ihre Emissionen stark zum Treibhauseffekt bei.
Die Abgase enthalten außerdem Schwefeldioxid (SO_2) und Stickoxide (NO_x), die zu Smog und saurem Regen führen, und weiterhin Staub, giftiges Kohlenstoffmonoxid (CO) und Krebs erregende Kohlenwasserstoffe. Außerdem etwa so viele radioaktive Nuklide (z. B. Ra226 oder Rn222), wie mit der Abluft aus einem KKW freigesetzt werden.
Entstaubungs-, Entschwefelungs- und Entstickungsanlagen haben in den letzten Jahren eine erhebliche Verminderung des Schadstoffausstoßes bewirkt.

Zur Kernspaltung wird keine Luft benötigt. Daher erfolgt durch Kernkraftwerke keine CO_2-Emission. Sie leisten deshalb einen erheblichen Beitrag zur Verminderung des CO_2-Ausstoßes bei der Gewinnung elek trischer Energie. Aber sie geben – im Rahmen der gesetzlichen Grenzwerte – gasförmige radioaktive Stoffe wie z. B. I113, Kr85, Sr90 oder H3 mit der Abluft an die Umwelt ab.

Risiken und Umweltbelastungen

Wenn die Umweltbelastungen von Kraftwerken miteinander verglichen werden, darf nicht nur der Prozess der Energieerzeugung in den Kraftwerken selbst betrachtet werden. Ein ganz wichtiger Punkt bei der Diskussion ist, dass die Vorräte an fossilen Energieträgern nicht beliebig lange reichen, wenn so weitergewirtschaftet wird wie bisher oder wenn sich der „Energiehunger" der Menschheit sogar erhöht. Außerdem müssen auch die Maßnahmen vor, während und nach dem Betrieb berücksichtigt werden.

• Abbau der Brennstoffe

KKW: Beim Abbau von Uranerz werden große Bodenflächen zerstört, weil das geförderte Gestein nur ca. 0,2–0,5% Uran enthält. Auch die Gewinnung des Erzes aus dem Gestein, die Urananreicherung und die Brennelementherstellung belasten die Umwelt.

Kohle: Bei der Kohlegewinnung in Tagebau-Revieren werden Landschaften zerstört und der Grundwasserspiegel abgesenkt. Die Bewohner müssen umgesiedelt werden; große Flächen bleiben trotz Renaturierung auf Jahrzehnte unbewohnbar.

• Gefährdung der Mitarbeiter

KKW: In den Uranminen atmen die Arbeiter das aus dem Uranerz austretende Gas Radon222 ein.

Kohle: Der eingeatmete Kohlenstaub und z. B. mögliche Schlagwetterexplosionen gefährden die Gesundheit und das Leben der Bergarbeiter.

KKW: Die Beschäftigten in Kernkraftwerken und Wiederaufarbeitungsanlagen sind auch bei Normalbetrieb einer geringen zusätzlichen Strahlendosis ausgesetzt. Sie kann bei Störfällen gefährlich groß werden und Strahlenschäden hervorrufen.

• Entsorgung der Abfälle

Kohle: Die Entsorgung der Abfälle (Schlacke, Flugasche und Gips) aus Kohlekraftwerken ist unproblematisch. Hauptproblem ist die Entstehung und Emission des Treibhausgases CO_2, das zur globalen Erwärmung der Erde beiträgt.

KKW: Die radioaktiven Abfälle aus Kernkraftwerken und Wiederaufarbeitungsanlagen sind wegen ihrer schädigenden Wirkung ein Risiko. Sowohl die Transporte zur Wiederaufarbeitung, Zwischenlagerung etc. als auch die Lagerung selbst sind nicht unproblematisch. Für die Endlagerung gibt es bisher nur Pläne, aber keine endgültige Lösung. Das gilt auch für Verfahren zur Stilllegung von Kernkraftwerken. Sie sind zur Zeit noch kaum erprobt.

• Gefährdung der Bevölkerung

KKW: Eine Gefährdung der Gesundheit lässt sich nicht hundertprozentig ausschließen, denn menschliches Versagen kann trotz aller Sicherheitsvorkehrungen zu außergewöhnlichen, gefährlichen Situationen führen.

Schadstoffe aus Kernkraftwerken tragen zu einer Belastung oder gar Veränderung der natürlichen Umwelt des Menschen bei. Trotz modernster Erkenntnisse und Untersuchungen ist nicht sicher, wie Menschen, Tiere und Pflanzen auf diese zusätzlichen Belastungen langfristig reagieren werden. Insbesondere ist umstritten, ob und in welchem Umfang sehr niedrige Strahlendosen schädlich sind. Es ist nicht auszuschließen, dass bei einzelnen Menschen zusätzlich zur natürlichen Strahlung aufgenommene Dosen Langzeitschädigungen zur Folge haben. Sie werden eventuell durch andere Umweltschadstoffe noch verstärkt.

Vorräte und Jahresbedarf weltweit
(erschlossen und sicher abbaubar)

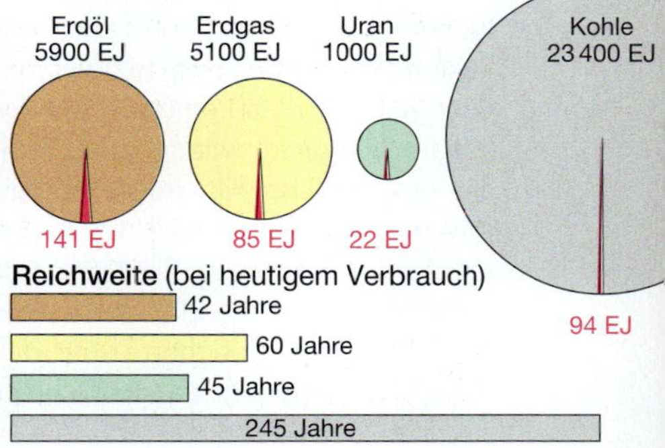

Fazit

Jede Art der Erzeugung elektrischer Energie in Wärmekraftwerken beeinträchtigt die Umwelt. Wärmekraftwerke stellen durch die unvermeidliche Emission von CO_2 und radioaktiven Stoffen ein Risiko für die Gesundheit der Menschen dar. Elektrische Energie hat eben ihren Preis. Wie hoch er genau ist, ist derzeit nur sehr schwer oder gar nicht abzuschätzen. Letztlich ist zu entscheiden, ob die Gesellschaft das verbleibende Risiko akzeptieren will.

Eine absolut sichere Energieerzeugung in der Größenordnung, in der sie in Deutschland tagtäglich benötig wird, gibt es zurzeit nicht. Das zeigen Störfälle und Unfälle in kerntechnischen Anlagen, in Kohlekraftwerken und Bergwerken. Dennoch liegt die Gefährdung der Bevölkerung durch Kraftwerke im Normalbetrieb, also ohne außergewöhnliche Unfälle, die bislang bei uns glücklicherweise noch nicht aufgetreten sind, sicher im unteren Bereich auf einer Skala von Risiken, denen Menschen durch Naturkatastrophen, Feuer, Dammbrüche, Chemieunfälle oder im Verkehr und im Beruf ausgesetzt sind.

Die großtechnische Erzeugung von elektrischer Energie hat ein hohes Risiko bezüglich der unvermeidlichen Folgen und Gefahren für Mensch und Umwelt.

Kernfusion und Fusionskraftwerk

Neben der Spaltung schwerer Kerne liefert auch die **Fusion (Verschmelzung)** leichter Kerne die Möglichkeit, Energie bereitzustellen und diese großtechnisch in elektrische Energie zu wandeln. Bei Fusionsreaktionen wird ca. eine Million Mal mehr Energie frei als bei chemischen Reaktionen wie etwa der Verbrennung von fossilen Energieträgern wie Kohle oder Öl. Daher könnte die Nutzung der Kernfusion mittel- und langfristig die Energieversorgung sichern, ohne dabei das klimaschädliche Gas Kohlenstoffdioxid zu produzieren.

Die aus verschiedenen Gründen in Frage kommende Fusionsreaktion ist folgende:

$^{2}_{1}H + ^{3}_{1}H \rightarrow ^{4}_{2}He + ^{1}_{0}n.$

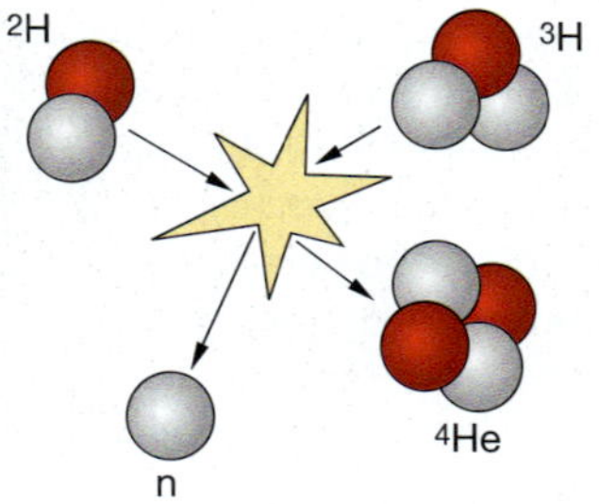

Hierbei verschmelzen die schweren Wasserstoffisotope Deuterium und Tritium zu Helium, wobei zusätzlich ein Neutron abgegeben wird. Dies ist im Prinzip die Reaktion, die seit etwa 4 Milliarden Jahren in der Sonne abläuft und diese auch noch ungefähr die nächsten 4 Milliarden Jahre scheinen lässt. Daher wird versucht, dieses „Sonnenfeuer" auf die Erde zu holen. Die Verschmelzung der Kerne soll kontrolliert in Fusionsreaktoren ablaufen.

Damit die Kernfusion in einem Reaktor kontrolliert ablaufen kann, müssen mehrere Bedingungen erfüllt sein:

- Atomkerne besitzen eine positive Ladung und stoßen sich daher gegenseitig ab. Damit die Kernkraft aber wirksam wird und sie verschmelzen, müssen sie sich extrem nahe kommen. Dies bedeutet, dass ihre Geschwindigkeiten genügend groß sein müssen. Große Geschwindigkeiten entsprechen einer hohen Temperatur. In diesem Fall muss die Temperatur etwa 100 000 000 °C betragen.
- Die Elektronen sind bei solch extrem hohen Temperaturen nicht mehr an die Kerne gebunden, sondern es existiert ein Gemisch aus Elektronen und völlig ionisierten Atomen, also Kernen. Ein solches Gemisch wird als **Plasma** bezeichnet. Physiker nennen diesen Zustand auch den *vierten (Aggregat-)Zustand der Materie.*

  Damit die Annäherung zweier Kerne auch genügend häufig passiert, muss dass Plasma genügend dicht sein und entsprechend stark komprimiert werden.

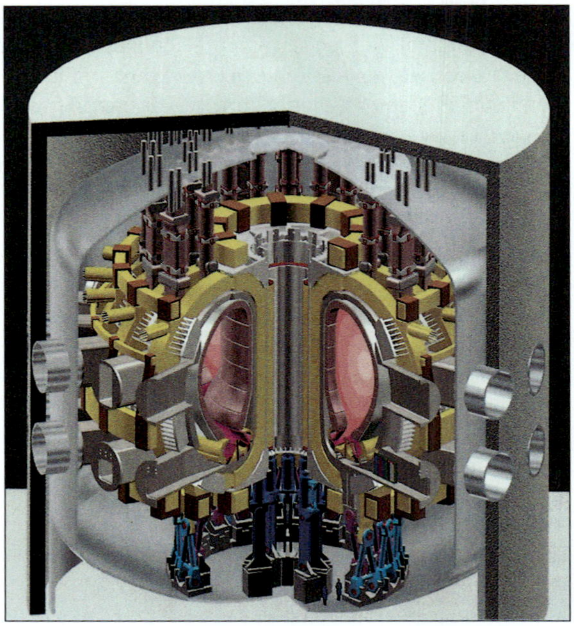

Wenn diese beiden Bedingungen erfüllt sind, und eine genügend große Anzahl an Fusionsreaktionen stattfindet, wird die Bewegungsenergie der Heliumkerne hauptsächlich dazu genutzt, um das Plasma zu heizen. Die Neutronen, die den größten Teil der freiwerdenden Kernbindungsenergie mitbekommen, werden außerhalb des Plasmas abgebremst und heizen dabei ein spezielles Material auf. Durch ein Kühlmittel wird die Energie dann weitertransportiert und wie bei einem Wärmekraftwerk benutzt, mittels Dampferzeugung, Turbinen und Generatoren elektrische Energie bereitzustellen.

Die Grundstoffe der Kernfusion sind Deuterium und Tritium. Während Deuterium im Wasser nahezu unbegrenzt vorhanden ist, ist Tritium in der Natur sehr selten. Allerdings kann es durch Beschuss von Lithium mit Neutronen direkt im Reaktor gewonnen werden:

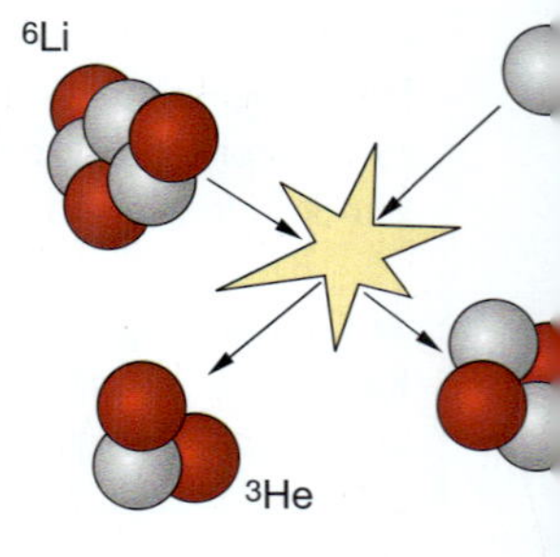

$^{6}_{3}Li + ^{1}_{0}n \rightarrow ^{4}_{2}He + ^{3}_{1}H.$

Der Vorteil der Fusion wird ganz deutlich, wenn die Menge der nötigen Rohstoffe zur Deckung des Jahresverbrauchs einer Familie an elektrischer Energie verglichen wird: 1 000 Liter Öl stehen dabei 75 mg Deuterium und 225 mg Lithium gegenüber, welche in 2 Litern Wasser bzw. 250 g Gestein zu finden sind.

Probleme und Vorteile der Fusion

Die technische Umsetzung der kontrollierten Kernfusion in Reaktoren bereitet noch große Probleme. Um diese zu lösen wird seit 2007 in einem weltweiten Projekt ein großer Forschungsreaktor namens **ITER** in Cadarache (Südfrankreich) gebaut. An diesem Forschungsreaktor entwickeln alle Industrienationen der Welt mit, denn seine Baukosten sind mit 4 Milliarden Euro sehr groß. Die Betriebskosten werden auf ca. 265 Mio € jährlich geschätzt.
Das Bild auf der linken Seite zeigt ein Modell des ITER. Zu beachten sind die Dimensionen der Anlage im Vergleich zu den Menschen unten rechts.

Ein großes Problem ist das heiße Plasma. Es gibt kein Gefäß, das diese Temperaturen aushält, und daher muss das Plasma von den Behälterwänden ferngehalten werden. Dies geschieht mithilfe von Magnetfeldern, in denen die sich bewegenden geladenen Teilchen (Elektronen und Kerne) Kräfte erfahren. Beim ITER wird dazu das Plasmagefäß ringförmig gestaltet. Um diesen Ring befinden sich Spulen, die das Magnetfeld erzeugen.

Das Plasma darf nicht an die Gefäßwände kommen, da es dadurch abkühlt und verunreinigt würde. Die Fusionsreaktionen kämen sofort zum Erliegen.

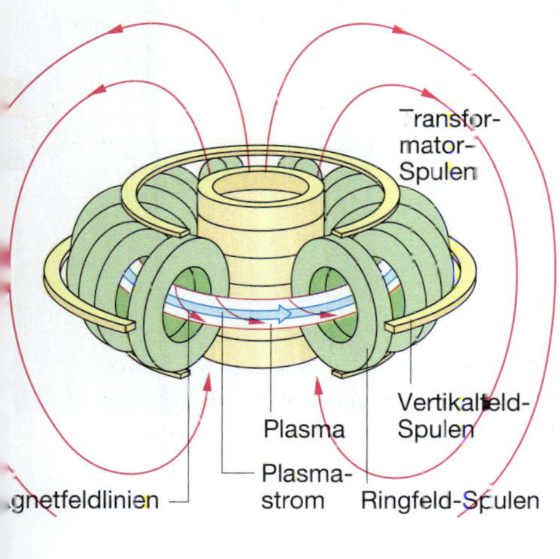

Da dies nicht vollständig verhindert werden kann, werden die Gefäßwände mit verschiedenen Materialien beschichtet. Zudem werden Werkstoffe gesucht, die durch den hohen Neutronenstrom nicht so stark aktiviert, d. h. radioaktiv werden.

In den Bildern rechts ist die größte deutsche Fusionsanlage zu sehen. Sie steht in Garching bei München. Das obere Bild zeigt, wie Wartungsarbeiten in der Plasmakammer durchgeführt werden; das zweite zeigt das Plasma in der Kammer.

Ähnlich wie bei Spaltungsreaktoren entstehen durch den Betrieb eines Fusionsreaktors radioaktive Abfälle. Allerdings ist das entstehende Helium, die „Asche" des Fusionsprozesses, nicht radioaktiv. Der Müll entsteht durch die Reaktion der schnellen Neutronen mit den Materialien, die das Plasmagefäß umgeben. Der Vorteil im Vergleich zu Spaltungsreaktoren liegt aber in den vorkommenden Halbwertszeiten. Diese sind wesentlich kleiner, sodass die nötigen Lagerzeiten wesentlich kürzer sind.

Da es sehr schwierig ist, das sehr heiße Plasma über längere Zeit so einzusperren, dass die Fusionsreaktionen ablaufen, kann bei einem Fusionsreaktor ein GAU (**G**rößter **A**nzunehmender **U**nfall) nicht auftreten. Selbst beim Ausfall aller Kühlsysteme ist die vorhandene Energie so gering, dass eine Zerstörung des Reaktors mit Austritt größer Mengen radioaktiven Materials unmöglich ist. Zudem sind die Mengen radioaktiven Materials im Plasma relativ klein und die aktivierten Materialien außerhalb des Plasmagefäßes sind fest und daher nicht flüchtig. Selbst bei einer vollständigen Zerstörung des Reaktors wären die Umweltbelastungen relativ gering.

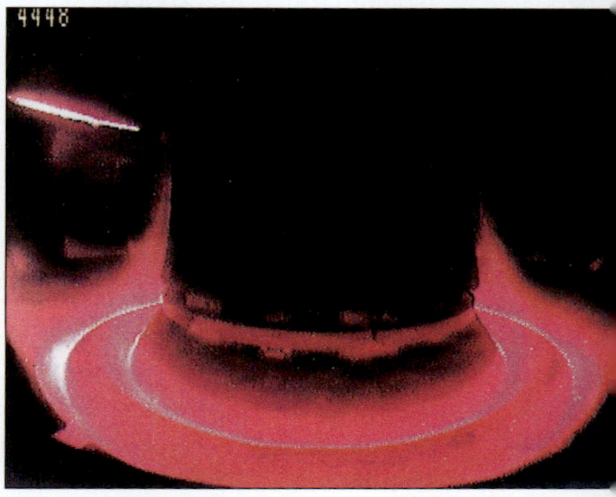

Bisher sind die Probleme bei der Kernfusion noch nicht soweit gelöst, dass sie zur Bereitstellung elektrischer Energie genutzt werden kann.
Wenn dies aber in Zukunft der Fall sein sollte, wären die Energieprobleme wegen der fast unbeschränkt auf der Welt vorkommenden benötigten Rohstoffe zu einem großen Teil behoben.

Aufgaben

1 Erläutere in groben Zügen die Funktionsweise eines Fusionsreaktors. Gehe dabei speziell auf die technischen Probleme bei der Umsetzung ein.

2 Vergleiche Nutzen und Risiken eines Spaltungs- und eines Fusionsreaktors und stelle dies übersichtlich dar.

Historische Entwicklung der Atom- und Kernphysik

Schon in der Antike kamen die griechischen Naturphilosophen LEUKIPP und DEMOKRIT zu der Überzeugung, dass es kleinste, unteilbare Teilchen geben müsse, aus denen sich alle Stoffe zusammensetzen, die Atome. Aus dem griechischen Wort „atomos" für unteilbar wurde der heute übliche Begriff „Atom" abgeleitet.

Es dauerte mehr als 2000 Jahre, bis Forscher in der Lage waren, diese Thesen auch im Experiment zu untersuchen. Im 19. Jahrhundert stellte JOHN DALTON fest, dass sich chemische Elemente immer in ganz bestimmten einfachen Zahlenverhältnissen verbinden. Dies begründete er damit, dass es Stoffe gibt, die aus nur einer Atomsorte bestehen, die chemischen Elemente. Die Entdeckung des Periodensystems durch DMITRIJ IVANOVIČ MENDELEEW und JULIUS LOTHAR MEYER deutete daraufhin, dass Atome aus gleichartigen Bauteilen zusammengesetzt sein mussten.

Noch bevor JOSEPH JOHN THOMSON die elektrischen Eigenschaften des Atoms herausfand, das Elektron entdeckte und sein Atommodell aufstellte, entdeckte HENRI BECQUERELL 1896 die Radioaktivität. Bereits wenige Jahre später (1902) gelang MARIE CURIE die Isolierung des Elementes Radium.

Weitere zehn Jahre später machte ERNEST RUTHERFORD seine berühmten Versuche zur Entdeckung des Atomkerns. Auf ihn geht das auch heute noch gültige Kern-Hülle-Modell für die Atome zurück. Von da an nahm die weitere Erforschung der Atome und ihrer Kerne einen rasanten Verlauf.

RUTHERFORDS Streuversuche: RUTHERFORD schießt α-Teilchen auf eine Goldfolie. Die Teilchen durchdringen die Folie nahezu ungestört; die Folie selbst wird nicht zerstört.

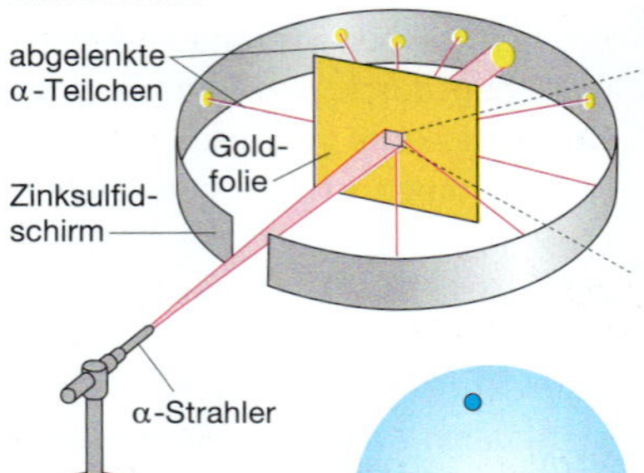

OTTO HAHNS Arbeitstisch

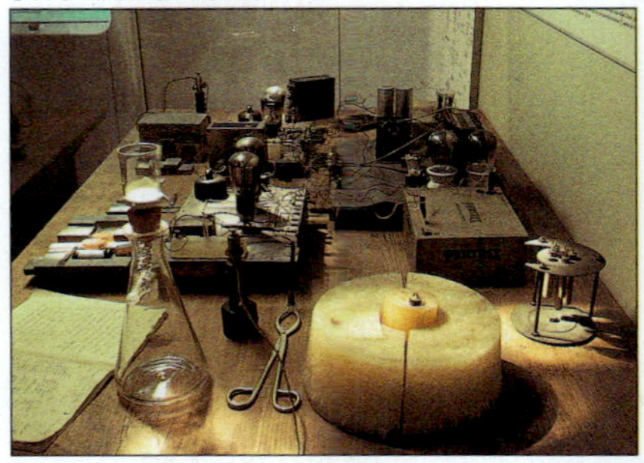

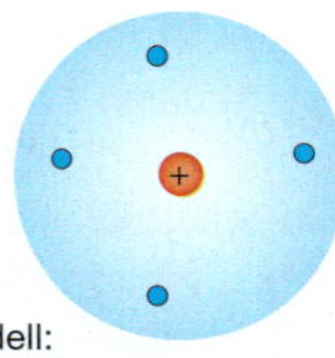

Kern-Hülle-Modell: Atome bestehen aus negativ geladener Hülle und positiv geladenem Kern; fast die gesamte Masse des Atoms ist im Kern konzentriert.

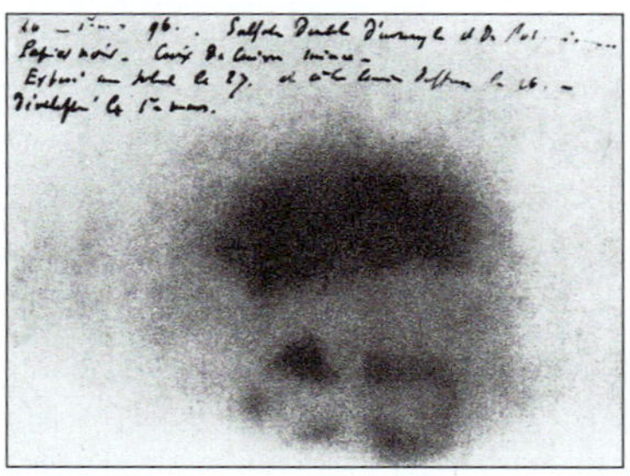

Um 450 vor Chr.

LEUKIPP (um 450)
DEMOKRIT (460–370)
Erstes Atommodell: Alle Körper bestehen aus winzigen, nicht weiter teilbaren Bausteinen

1803 – J. DALTON (1766-1844)
Elemente bestehen aus leichten Atomen und verbinden sich mit anderen Elementen immer in einfachen Zahlenverhältnissen ($2\,H + 1\,O \rightarrow H_2O$)

Dalton Atommodell: Atome sind kugelförmig und vollständig mit Materie gefüllt

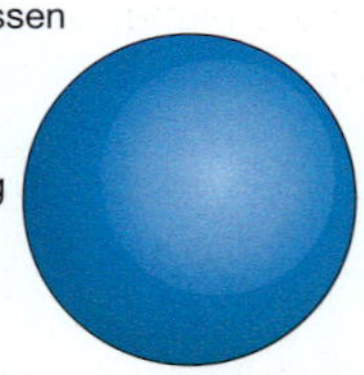

1869 – Periodensystem
D. MENDELEEW (1834–1907)
J. L. MEYER (1830–1895)

1896 – H. BECQUEREL (1852–1908)
Entdeckung der Radioaktivität

1902 – M. CURIE (1867–1934)
Isolierung des Radiums

1903 – Sir J. THOMSON (1856–1940)
Entdeckung des Elektrons

Thomson Atommodell: Positiver „Kuchen" mit negativen „Rosinen"

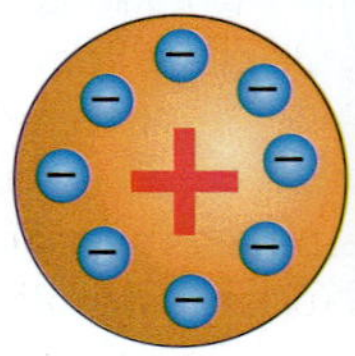

1911 – E. RUTHERFORD (1871–1937)
Entdeckung des Atomkerns
Kern-Hülle-Modell

1923 – NIELS BOHR (1885–1962)
Bohr'sches Atommodell: Schalenstruktur der Atomhülle

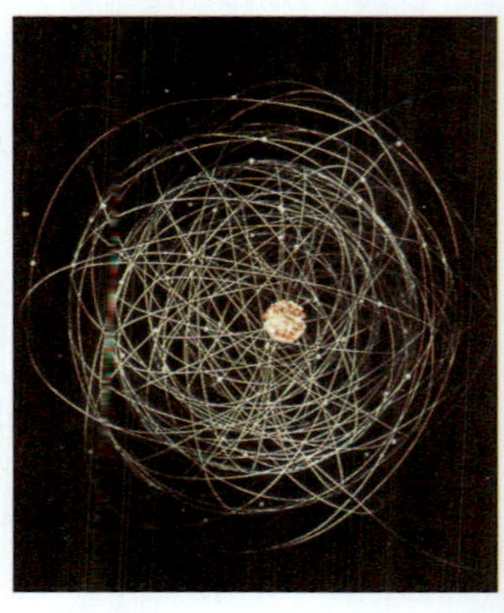

1932 – J. CHADWICK 1891–1974)
Nachweis des Neutrons

1938 – L. MEITNER (1878–1968)
F. STRASSMANN (1902–1980)
O. HAHN (1879–1968)
Erste Kernspaltung

S

Die friedliche Nutzung der Kernenergie

Mit der Entwicklung von Kernkraftwerken schien das Energieproblem für alle Zeiten gelöst.

- Das Restrisiko von Kernkraftwerken ist technisch minimiert worden und statistisch sehr gering. Die Beinahe-Katastrophe 1979 in Harrisburg (USA) und der schreckliche Super-GAU 1986 in Tschernobyl haben aber gezeigt, dass auch diese unwahrscheinliche Situation eintreten kann und dann eine Katastrophe auslöst, die alle anderen durch Menschen verursachten Unfälle um ein Vielfaches übersteigt.
- Für die endgültige Lagerung der strahlenden Abfälle ist noch keine allgemein akzeptierte Lösung gefunden. Die Belastung der Umwelt auf Jahrtausende mit den Abfällen heutiger Energiegewinnung wird von vielen als unverantwortbar angesehen. Ist die Energiegewinnung aus Kernspaltung, die physikalisch so sinnvoll und elegant erscheint, eine technologische Sackgasse?

Zu neuen Ufern!

Mithilfe riesiger Elementarteilchenbeschleuniger (z. B. CERN und LHC in der Schweiz oder DESY in Hamburg) wird heute nicht nur der Blick in das Innere des Atomkerns ermöglicht, sondern auch der Aufbau der Kernbausteine untersucht. Seit 1974 sind sich die Physiker sicher, dass Proton, Neutron und Elektron nicht die kleinsten Bausteine der Materie sind, sondern selbst aus noch kleineren Teilchen, den Quarks, zusammengesetzt sind. Diese tiefen Einblicke in das Innere der Materie haben viele wichtige Erkenntnisse in der Chemie, Geologie, Biologie und Medizin gebracht.

Die Elementarteilchenforschung ermöglicht aber auch den Blick zurück:

- Wie ist unser Universum entstanden?
- Wie sieht der Bauplan des Weltalls aus?

1942 – E. FERMI (1901–1954) erste kontrollierte Kettenreaktion

1952 – Erster Kernreaktor liefert Strom in den USA

1974 – Entdeckung der Quarks

1991 – Kernfusions-versuchsreaktor (Jet in England)

1956 – 1. KKW in Europa (Calder Hal, England)

1968 – 1. KKW in Deutschland: Obrigheim (Druckwasserreaktor)

1979 – Harrisburg – fast ein „Supergau“

1986 – Der Supergau von Tschernobyl am 26.04.

2009 – rund 440 KKW am Netz

1945 – Manhattan-Projekt: 1. Atombombe gezündet in Alamogordo (USA)

1945 – Atombombenabwurf auf Hiroshima und Nagasaki

1952 – 1. H-Bombe (Kernfusion) gezündet

1955 – Mainauer Erklärung führender Naturwissenschaftler zur Gefahr durch Kernwaffen

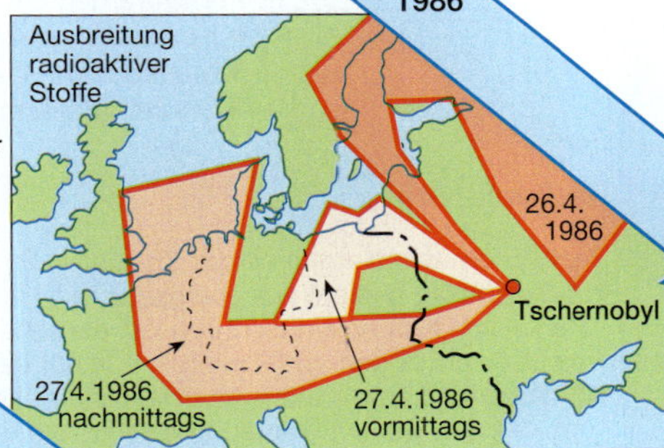

1968 – Atomwaffen-Sperrvertrag

1990 – Ende des „Kalten Krieges“ und des atomaren Wettrüstens

Der „Wettlauf“ zur Atombombe

In Deutschland forschten WEIZSÄCKER, HEISENBERG u. a., in den USA FERMI, TELLER, OPPENHEIMER u. a. (Manhattan Projekt). Das entsetzliche Ergebnis: Am 6. 8. 1945 fiel die erste Atombombe auf Hiroshima; wenige Tage später wurde auch Nagasaki durch eine Atombombe vernichtet. Dabei fanden hunderttausend Menschen sofort den Tod; viel mehr noch starben bis heute an den Spätfolgen. Zehntausende von Zivilisten und Soldaten kostete der Umgang bei Tests von Kernwaffen in den 50er Jahren des 20. Jahrhunderts die Gesundheit oder das Leben.

Anfang der Fünfziger Jahre wurde dann die Wasserstoffbombe mit einer noch viel größeren zerstörerischen Wirkung entwickelt. Das Zeitalter der atomaren Bedrohung in der zweiten Hälfte des 20. Jahrhunderts brachte das Wettrüsten, den „kalten Krieg“ und unvorstellbare Waffenarsenale. Die „offiziellen“ Atommächte (USA, Russland, Frankreich, Großbritannien und China) bauen diese Waffen heute mit immensem Aufwand wieder ab. Dagegen rüsten Indien, Pakistan und evtl. weitere Staaten atomar auf. Diese Staaten haben den Atomwaffensperrvertrag (der atomare Waffen verbietet, aber die friedliche Nutzung der Kernenergie in Kraftwerken erlaubt) nicht unterschrieben.

Grundwissen – Radioaktivität und Kernenergie

ENERGIE

Spaltung: Schwere Kerne setzen Energie frei, wenn sie in kleinere Bruchstücke gespalten werden.

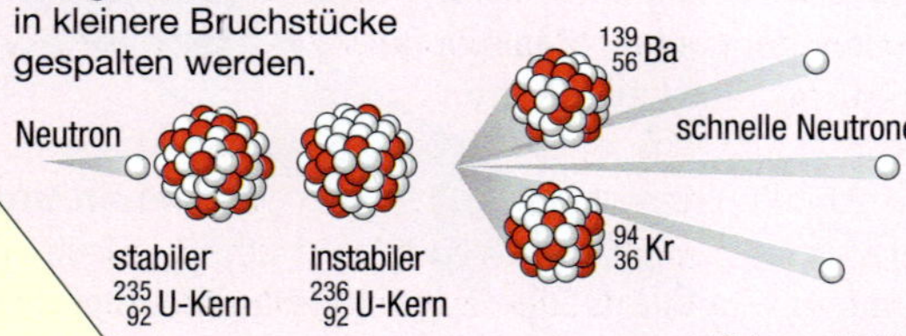

Fusion: Wenn leichte Kerne – bis Eisen – miteinander unter hohem Druck und extremer Temperatur verschmelzen, wird Energie frei.

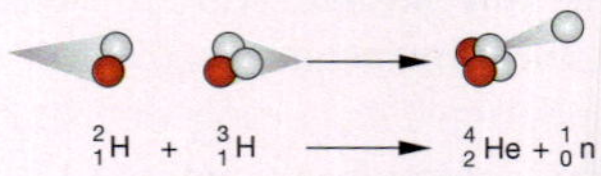

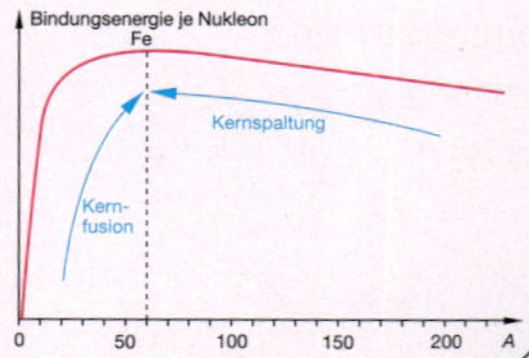

Kernkraftwerke sind Wärmekraftwerke.

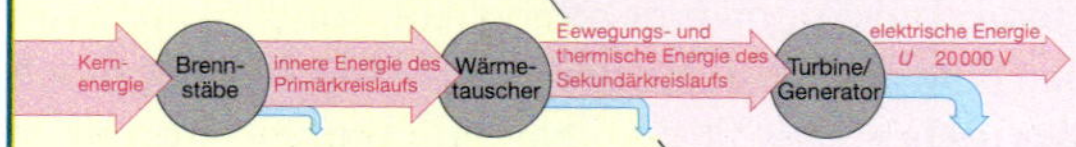

In den *Brennstäben* werden U235-Kerne durch langsame Neutronen gespalten. Die freiwerdende Energie wird an das Wasser abgegeben. Die bei der Spaltung entstehenden schnellen Neutronen werden durch das Wasser (*Moderator*) abgebremst und zu langsamen Neutronen, die weitere U235-Kerne spalten. Durch Regelstäbe kann die **Kettenreaktion** kontrolliert werden.
Die entstehenden Spaltprodukte sind hochradioaktiv und müssen wiederaufgearbeitet oder endgelagert werden.

SYSTEM

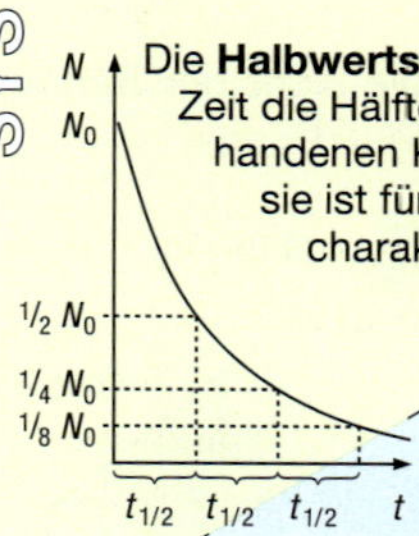

Die **Halbwertszeit** gibt an, nach welcher Zeit die Hälfte der ursprünglich vorhandenen Kerne zerfallen ist; sie ist für jede Kernart charakteristisch.

Strahlenwirkungen und Strahlenschutz

Wenn Strahlung von Körpergewebe absorbiert wird, werden Atome oder Moleküle ionisiert. Dies löst chemische oder biologische Prozesse aus, die bei Körperzellen zu **somatischen** und bei Keimzellen zu **genetischen Schäden** führen können. *Immun-* und *Reparatur-System* können leichtere Schäden beheben.
Radioaktive Strahlung kann aber auch zur Therapie, zur Diagnose oder auf technischem Gebiet (Materialuntersuchung etc.) nutzbringend eingesetzt werden.

Die **Strahlenbelastung** wird durch die *Energiedosis D* (= absorbierte Energie/Masse des bestrahlten Körpers oder Organs) in der Einheit 1 Gy (Gray) = $1\ \frac{J}{kg}$ bestimmt und mit Dosimetern gemessen. Die Wirksamkeit der verschiedenen Strahlungsarten auf organisches Gewebe wird durch einen *Qualitätsfaktor Q* berücksichtigt und als *Äquivalentdosis* $H = Q \cdot D$ in der Einheit 1 Sv (Sievert) = $1\ \frac{J}{kg}$ angegeben.

Strahlenschutz – die 4 A
- **A**bstand halten
- **A**ufenthaltsdauer so kurz wie möglich
- **A**bschirmung
- **A**bstinenz – nichts essen und trinken

WECHSELWIRKUNG

Aufbau der Atome

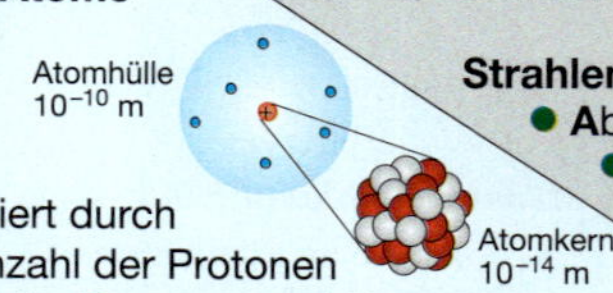

Kerne werden charakterisiert durch
- **Kernladungszahl *Z*:** Anzahl der Protonen
- **Massenzahl *A*:** Anzahl aller Protonen und Neutronen
- **Schreibweisen:** $^{A}_{Z}$**N**, z. B. $^{12}_{6}$C oder ^{12}C oder C12

Radioaktivität

Bei Kernumwandlungen wird α-, β- und γ-Strahlung emittiert.
- **α-Strahlung** besteht aus energiereichen He-Kernen, die beim Zerfall von Kernen emittiert werden; sie kann ein Blatt Papier nicht durchdringen und kommt in Luft nur einige Zentimeter weit.
- **β-Strahlung** besteht aus energiereichen Elektronen, die im Kern bei der Umwandlung eines Protons in ein Neutron entstehen; sie kann 4 mm dicke Alu-Platten nicht mehr durchdringen und kommt in Luft einige Dezimeter weit.
- **γ-Strahlung** ist keine Teilchen-, sondern reine Energiestrahlung wie Licht, aber mit viel größerer Energie; sie entsteht, wenn ein Kern nach einem α- oder β-Zerfall aus einem angeregten Zustand in den Grundzustand übergeht. γ-Strahlung kann auch dicke Bleischichten durchdringen und kommt in Luft im Prinzip unendlich weit.

Röntgenstrahlung ist wie γ-Strahlung keine Teilchenstrahlung; sie hat ionisierende Wirkung und kann in Medizin und Technik zu Untersuchungen angewendet werden.
Sie entsteht, wenn hochenergetische Elektronen auf Metallelektroden treffen.

Kernkraft

Protonen und Neutronen werden von der Kernkraft zusammengehalten. Sie
- hat nur eine Reichweite bis zum nächsten Nukleon;
- ist sehr viel stärker als die abstoßende elektrische Kraft;
- wirkt zwischen allen Nukleonen.

Nachweis von Strahlung

α-, β- und γ-Strahlung ionisiert Atome und Moleküle. Sie
- erzeugt Stromstöße in einem *Zählrohr*, die elektronisch gezählt werden;
- erzeugt Spuren in einer *Nebelkammer*;
- schwärzt *Fotopapier*.

Zerfallsreihen

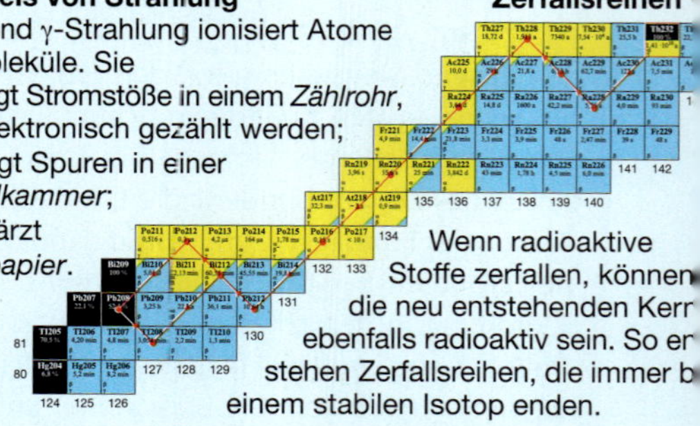

Wenn radioaktive Stoffe zerfallen, können die neu entstehenden Kerne ebenfalls radioaktiv sein. So entstehen Zerfallsreihen, die immer bei einem stabilen Isotop enden.

Isotope sind Kerne mit gleicher Protonenzahl, aber unterschiedlicher Neutronenzahl.

MATERIE

A1 Fertige mit den Grundbegriffe unten Karteikarten an. Notiere den Begriff auf der Vorderseite und erläutere ihn auf der Rückseite, eventuell mit Einheiten und sonstigen Besonderheiten. Anstelle der Karteikarten kannst du auch eine elektronische Datenbank anlegen.

A2 Bei einer Zählrohr-Messung werden für ein radioaktives Präparat in 20 Sekunden 560 Impulse registriert, ohne Präparat 120 Impulse in 5 Minuten.
a) Berechne die Zählraten und deute das Ergebnis.
b) Erläutere, welche Ergebnisse zu erwarten sein könnten, wenn die Messungen wiederholt werden. Begründe.

A3 **a)** Beschreibe den Vorgang, den ein eintreffendes α-Teilchen in einem Zählrohr in Gang setzt.
b) Mit einem Zählrohr wurde folgende Messreihe aufgenommen (*Z*: Zählrate):

t	0 s	20 s	40 s	60 s	80 s	100 s	120 s
Z	$620\,\frac{\text{Imp}}{10\,\text{s}}$	$470\,\frac{\text{Imp}}{10\,\text{s}}$	$354\,\frac{\text{Imp}}{10\,\text{s}}$	$259\,\frac{\text{Imp}}{10\,\text{s}}$	$191\,\frac{\text{Imp}}{10\,\text{s}}$	$151\,\frac{\text{Imp}}{10\,\text{s}}$	$124\,\frac{\text{Imp}}{10\,\text{s}}$

Fertige einen Graphen an und ermittle nachvollziehbar die Halbwertszeit.
c) Mit welcher Zählrate ist in b) nach einer Zeit von 5 Minuten zu rechnen? Dokumentiere dein Vorgehen.

A4 **a)** Radium226 ist ein α-Strahler. Begründe, weshalb ein Ra226-Strahlerstift α-, β- und γ-Strahlung abgibt.
b) Kann durch Abschirmung des Ra226-Strahlerstiftes erreicht werden, dass nur noch β-Strahlung mit einem Zählrohr gemessen wird? Begründe.

Grundbegriffe

A5 **a)** Beschreibe am Beispiel von C14 die zur β-Strahlung gehörige Kernumwandlung. Bestimme auch die Kernart, in die sich C14 umwandelt.
b) Erläutere zwei wesentliche Unterschiede bzgl. der Eigenschaften von α- und γ-Strahlung.
c) Ergänze die folgende Zerfallsreihe:

$$\text{X} \xrightarrow{\alpha} \text{Y} \xrightarrow{\alpha} \text{Ra225} \xrightarrow{?} \text{Z} \xrightarrow{\alpha} \text{Fr221}$$

d) Erläutere wesentliche Gemeinsamkeiten und Unterschiede von γ- und von Röntgenstrahlung.

A6 Das Radionuklid Ir195 hat eine Halbwertszeit von 2,5 Stunden. Zu Beginn der Messung sei die Masse genau 1,0 g.
a) Zeichne das zugehörige Zerfallsdiagramm.
b) Gib an, nach welcher Zeit nur noch 0,2 g Ir195 vorhanden sind.
c) Ermittle, wie viele Halbwertszeiten mindestens vergehen müssen, damit weniger als 3 mg Ir195 vorhanden sind.

A7 **a)** Erläutere, wie eine Kernspaltung ausgelöst und wie ein Kernkraftwerk „abgeschaltet" werden kann.
b) Beschreibe die notwendigen Maßnahmen, um eine kontrollierte Kettenreaktion aufrecht zu erhalten.

A8 **a)** Zeichne die wesentlichen Bestandteile des Primärkreislaufes eines Druckwasserreaktors.
b) Skizziere die beiden Hauptaufgaben des die Brennstäbe umgebenden Wassers.

A9 Bei der Kernspaltung in einem Kernkraftwerk entstehen radioaktive Spaltprodukte und radioaktive Strahlung. Erläutere, durch welche Sicherheitseinrichtungen verhindert wird, dass sie nach außen dringen.

A10 **a)** Erläutere, welche möglichen Wirkungen ionisierende Strahlung auf den Organismus hat. Beschreibe die dabei auftretenden Symptome.
b) Beurteile, ob jede Bestrahlung zu Schäden führt.

A11 In einem Reaktor soll der für die Fusion nötige „Brennstoff" Tritium (H3) durch Beschuss mit Neutronen aus Lithium (Li6) hergestellt werden. Schreibe die zugehörige Reaktionsgleichung auf.

Energie – elektrisch und thermisch

Unser gesamtes Leben wird durch Energie bestimmt. (Das Wort ist vom Griechischen „energeia“ abgeleitet und bedeutet „Wirksamkeit“.) Ohne Energie funktioniert die Wohnungsheizung nicht; eine Fahrt mit dem Auto oder der Bahn ist ohne Energie nicht möglich; CD-Player; Computer benötigen ebenfalls Energie – und für alle in der Natur ablaufenden Vorgänge ist sie ebenfalls unerlässlich.

Woher kommt diese Energie, ohne die nichts geht? Lässt sie sich aufbewahren und wie wird sie von einem Ort zu einem anderen transportiert?

Energieversorgung: Der Energiehunger der Menschheit ist ungeheuer. Zu seiner Deckung werden keine Kosten und Mühen gescheut: Riesentanker fahren Erdöl um den halben Globus; Pipelines bringen Erdöl und Erdgas über Tausende von Kilometern von den Förderstätten zu den Raffinerien. Die Nutzung der Energie bringt aber zwangsläufig auch hohe Belastungen und sogar Schäden für unsere Umwelt mit sich. Um die globale Erderwärmung so gering wie möglich zu halten, müssen wir effektiv die vorhandenen Vorräte nutzen und schonend mit Energie umgehen. Das bedeutet auch, dass wir unsere Gewohnheiten ändern müssen.

Energiepass für Häuser und Wohnungen: Energiesparen wird immer wichtiger. Eine gute Isolierung eines Hauses kann den Energiebedarf erheblich vermindern. Sie ist im Zeichen des Energiesparens eine wichtige konstruktive Maßnahme für ein Haus, die im Energiepass bescheinigt wird.

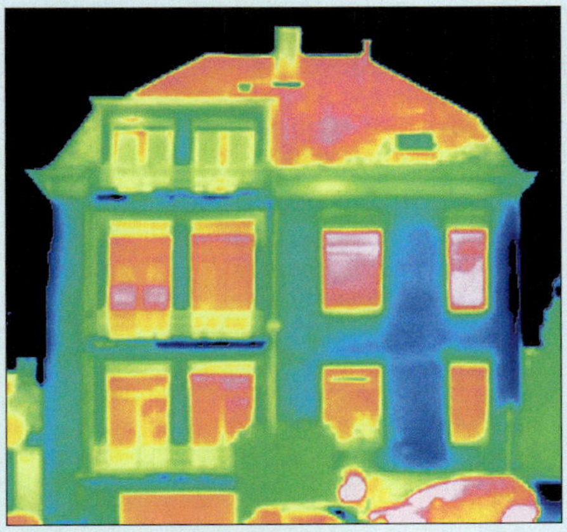

Europa bei Nacht: Auf den ersten Blick eine faszinierende Sicht aus dem Weltall, der Anblick des glitzernden Europas. Oder ist doch die Überschrift im Internet richtiger, wo von einer „Lichtverschmutzung der Erde" gesprochen wird? Sicher ist, dass ein großer Teil dieses Lichts nicht wirklich zum Leben erforderlich ist, aber für seine Erzeugung jede Menge Energie bereitgestellt werden muss.

Eine geniale Erfindung – oder? Diese Anlage löst zumindest einen Teil unserer Energieprobleme! Oder?

Vorbereitung

1. Lies die Texte dieser beiden Seiten durch und betrachte die zugehörigen Bilder. Schreibe zu den einzelnen Themen Fragen auf, die du dazu hast.
2. Blättere das folgende Kapitel durch, lies die Überschriften und betrachte die Bilder. Notiere neben den Fragen aus 1 die Seitenzahlen, die deiner Meinung nach Antworten zu deinen Fragen liefern könnten.
3. Überlege und schreibe auf, was du in Experimenten untersuchen möchtest. Vielleicht hast du ja schon Ideen, wie die Versuche aussehen könnten
4. Studiere die in der Wiederholung „Energie" auf Seite 238 dargestellten Zusammenhänge. Schreibe dazu die wichtigsten Begriffe zusammen mit einer kurzen Erklärung auf.

Wiederholung

ENERGIE

Energie ist erforderlich, damit Vorgänge ablaufen können. Sie tritt in unterschiedlichen Formen auf, die ineinander gewandelt werden können.

Einheit der Energie:
1 J (Joule)
1 kJ = 1000 J

Mechanische Energieformen

$E_{Bew} = \frac{1}{2}\, m \cdot v^2$; $E_{Lage} = F_G \cdot h = m \cdot g \cdot h$; $E_{Spann} = \frac{1}{2}\, D \cdot s^2$

Bei fast allen Energiewandlungen entsteht immer auch thermische Energie, die nicht weiter genutzt werden kann: **entwertete Energie.**

Aber Energie geht nie verloren, sie ändert nur ihre Form. **(Prinzip von der Erhaltung der Energie)**

Stromwirkungen

- Lichtwirkung

- Magnetische Wirkung

- Wärmewirkung

SYSTEM

Elektrischer Stromkreis

Die **Spannung *U*** (in V) ist ein Maß für die Größe des Antriebs, den die Quelle den Elektronen gibt.

Die **Stromstärke *I*** (in A) ist ein Maß für die pro Zeitdauer Δt geflossene Anzahl an Elektronen bzw. Ladungen.

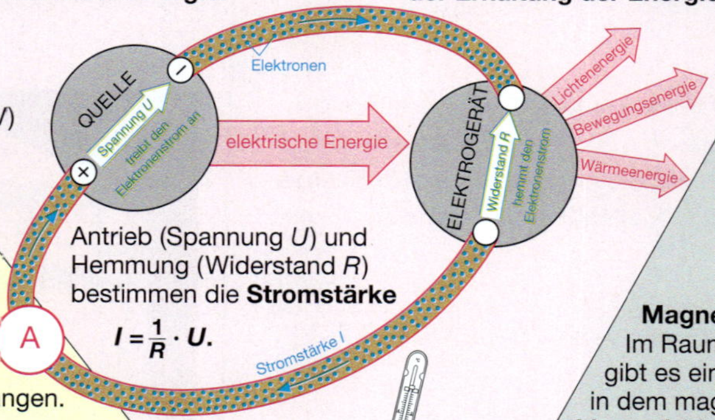

Antrieb (Spannung *U*) und Hemmung (Widerstand *R*) bestimmen die **Stromstärke**

$$I = \frac{1}{R} \cdot U.$$

Die Temperatur ist ein Maß dafür, wie heiß oder kalt ein Körper ist.
Sie wird in Grad Celsius (°C) angegeben.
Messgeräte sind Thermometer.

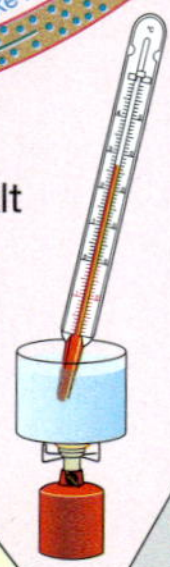

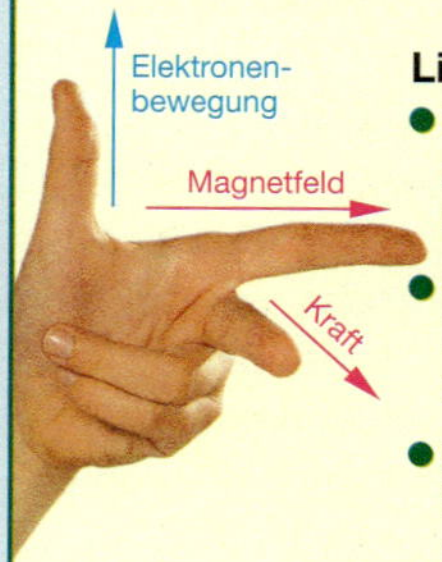

Linke-Hand-Regel

- Der Daumen der linken Hand zeigt in die Bewegungsrichtung der Elektronen von ⊖ nach ⊕ (Ursache).
- Der abgespreizte Zeigefinger zeigt in Richtung der Magnetfeldlinien von N nach S (Vermittlung).
- Der zu beiden senkrecht abgespreizte Mittelfinger zeigt dann die Richtung der Kraft an (Wirkung).

WECHSELWIRKUNG

Magnetisches Feld

Im Raum um einen Magneten gibt es ein magnetisches Feld, in dem magnetische Kräfte wirken. Magnetfelder lassen sich durch Feldlinien darstellen.

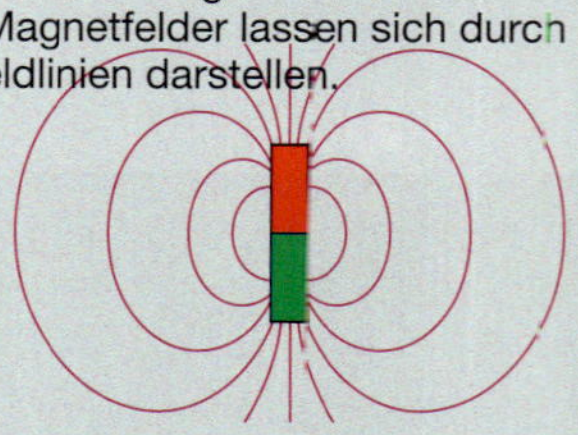

Magnetisches Kraftgesetz

Gleiche Pole stoßen sich ab.

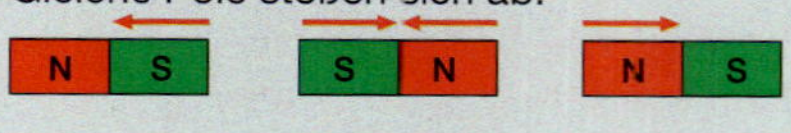

Ungleiche Pole ziehen sich an.

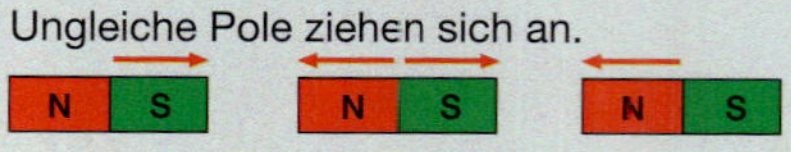

Zustandsformen im Teilchenbild

Festkörper:

Die Teilchen liegen dicht an dicht und halten sich gegenseitig auf ihren Plätzen fest; sie können nur ein wenig hin und her zittern.

Flüssigkeit:

Die Teilchen hängen nur locker aneinander und können ihre Plätze tauschen; sie liegen so dicht beieinander wie im Festkörper.

Luft/Gase:

Die Teilchen sind nicht miteinander verbunden, sondern völlig frei beweglich.

MATERIE

Grundbegriffe

- *Elektrischer Stromkreis*
- *Stromstärke*
- *Spannung*
- *Stromwirkungen*
- *Linke-Hand-Regel*
- *Magnetisches Feld*
- *Magnetisches Kraftgesetz*
- *Energie*
- *Mechanische Energie*
- *Thermische Energie*
- *Wärmeenergie*
- *Zustandsformen*
- *Temperatur*

Energiebedarf einer Familie

Projekt

Den gesamten Tag über ist Energie erforderlich, um unser Leben wie gewohnt zu gestalten. Die Wohnräume sollen warm sein, die Wäsche gewaschen, die Lebensmittel gekühlt, das Auto soll fahren und die elektrischen Geräte sollen arbeiten. Ohne die Wandlung von Energie, die in Trägern wie Öl, Gas, Kohle oder Sonnenstrahlung steckt, in elektrische Energie oder Wärmeenergie wäre unser heutiger Lebensstandard nicht aufrecht zu erhalten.

P1 Wählt als Beispiel eine eurer Wohnungen aus. Erstellt zu jedem Zimmer eine Übersicht der energiewandelnden Vorrichtungen nach der Energieart, die sie benötigen. Ordnet nach der Größe des Energiebedarfs, wobei auch die Betriebszeit pro Tag berücksichtigt werden sollte.

P2 Ermittelt die Kosten für den jährlichen Energiebedarf eines Haushalts. Lasst euch dazu die Rechnungen für die elektrische Energie und für die Heiz- und Warmwasserkosten erläutern. Schätzt zudem die jährlichen Kosten für das Fahrzeug der Familie ab. Berechnet so die Gesamtkosten für den Energiebedarf für ein Jahr und stellt die Aufteilung der Kosten in einem Diagramm dar. Vergleicht anschließend den von euch ermittelten Energiebedarf mit dem **durchschnittlichen Energiebedarf einer deutschen Familie** (siehe die Kreisdiagramme im Bild oben).

P3 Notiert eine Woche lang in Abständen von 24 Stunden die benötigte Energiemenge am Stromzähler im Haus. Erstellt einen Plan, wie in diesem Haushalt Energiebedarf gesenkt werden kann. Findet heraus, um wie viel Prozent er dadurch gesenkt werden kann, und stellt die Ergebnisse grafisch dar.

P4 **Energiesparmaßnahmen** betreffen nicht nur persönliche Verhaltensweisen, sondern ebenso bauliche Veränderungen am Haus oder der **Heizungsanlage.** Findet und erstellt für eine der möglichen Maßnahmen einen Finanzierungsplan, der staatliche Zuschüsse beinhaltet und darlegt, nach wie vielen Jahren sich die Maßnahme finanziell rentiert hat.

P5 Viele elektrische Geräte im Haushalt verfügen über einen **Elektromotor,** der elektrische Energie in Bewegungsenergie wandelt.

a) Erstellt eine Übersicht entsprechender Geräte in eurem Haushalt. Beschreibt, inwiefern sich mit Hilfe dieser Geräte alltägliche Abläufe vereinfacht haben.

b) Erarbeitet einen Kurzvortrag zum Thema „Funktionsprinzip eines Elektromotors".

Energie im Haushalt und im Verkehr

Von den ca. 170 GJ Energie, die eine vierköpfige Familie jährlich benötigt, werden durchschnittlich 65 % auf vielfältige Weise im Haushalt genutzt; die restlichen 35 % entfallen auf den Freizeit- und Berufsverkehr. Pro Einwohner ist der Energiebedarf in den letzten Jahrzehnten auch aufgrund geänderter Lebensumstände ständig gestiegen. Unter den Haushalten in Deutschland gibt es immer mehr Single-Haushalte und in den Familien leben heute meist weniger Kinder als noch vor einigen Jahrzehnten.

Ein sparsamer Einsatz der nur begrenzt verfügbaren Welt-Energie-Ressourcen ist von großer Bedeutung, um eine langfristige Energieversorgung zu gewährleisten. Wie kann jeder Einzelne zur Reduzierung des Energiebedarfs beitragen?

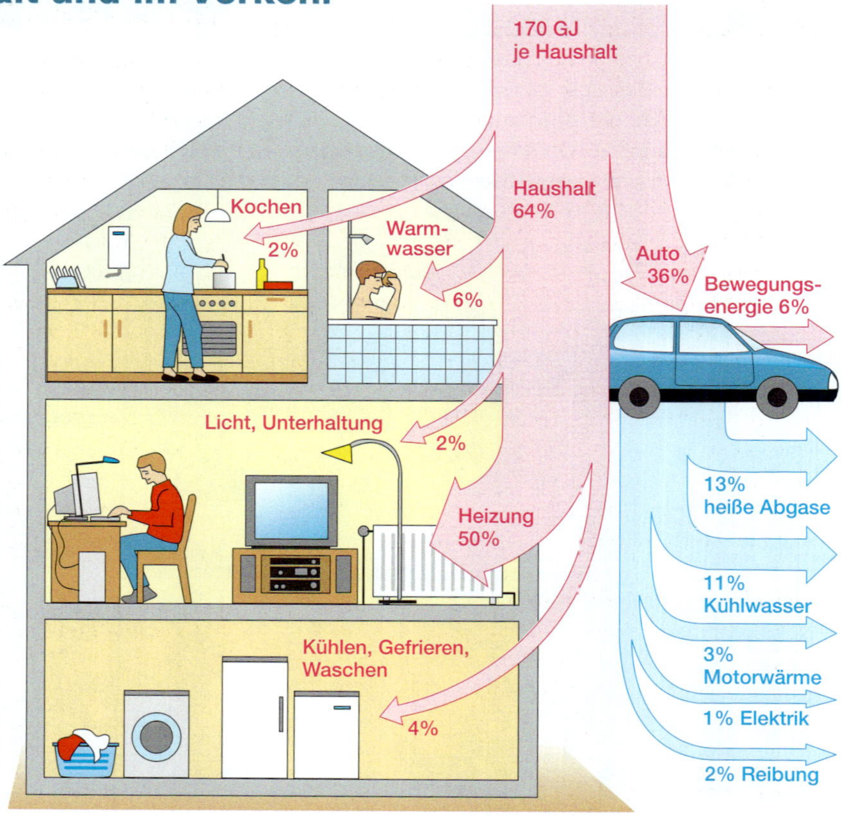

Möglichkeiten zur Reduzierung des Energiebedarfs

Heizen und Warmwasser

Warmwasserbereitung und Heizen stellen mit etwa 80 % den größten Posten des Energiebedarfs eines Haushalts dar.

Der Energiebedarf für das Heizen kann gesenkt werden durch eine geeignete Dämmung des Hauses und durch die Verwendung von regenerativen Energien wie z. B. Solarkollektoren. Im Vergleich zum Energiebedarf für das Heizen ist der Energiebedarf für das Erwärmen von Wasser relativ gering.

Die Warmwasserversorgung ist in vielen Fällen in eine Heizungsanlage integriert, sie kann aber auch über einen elektrischen Durchlauferhitzer geschehen. Das Wasser wird in ihm nur dann erwärmt, wenn es auch gebraucht wird.

Möglichkeiten zur Energieeinsparung
- verbesserte Dämmung der Gebäude
- effizientere Heizungsanlagen
- Solarkollektoren
- Duschen statt Baden
- Wassersparende Armaturen

Elektrogeräte

Die Anzahl elektrischer Geräte pro Haushalt hat in den letzten Jahrzehnten zugenommen. Allein ihr Stand-By-Betrieb macht zwischen 10 % und 15 % des Energiebedarfs im Bereich Elektrizität aus. Bei Elektrogeräten wie z. B. Kühlschränken ist die Angabe einer Energieeffizienzklasse verbindlich, um Geräte miteinander vergleichen zu können.

Traditionelle Glühlampen werden bald nicht mehr zu kaufen sein, da sie lediglich 5 % der Energie in Licht wandeln, moderne Energiesparlampen dagegen ca. 25 %. Energiesparlampen haben aber auch Nachteile: Ihre Herstellung bzw. Entsorgung ist umweltschädlicher als bei Glühlampen und viele Menschen empfinden ihr Licht als nicht so angenehm.

Möglichkeiten zur Energieeinsparung
- Stand-By-Betrieb vermeiden
- Licht nicht unnötig eingeschaltet lassen
- energieeffiziente Geräte kaufen
- Energiesparlampen benutzen
- auf die Energieklasse von Geräten achten

Verkehr

Vom Energiebedarf eines Haushalts entfallen ca. 35% auf die Fortbewegung. In den meisten Fällen dient dazu ein Auto. Während der Fahrt wird nur ein geringer Prozentsatz für die Bewegung des Autos genutzt; die restliche Energie verpufft in den unterschiedlichsten Bereichen und bleibt bis auf geringe Mengen ungenutzt. Wie viel Energie „verlorengeht" ist daran zu ersehen, wie heiß Motor und Auspuffanlage nach langen Autofahrten sind. Genutzt wird ein Teil der entstehenden Wärmeenergie für den Betrieb der Heizung. Technische Anlagen wie z. B. eine Klimaanlage, die Lichtanlage oder ein Navigations-CD-Audio-Gerät benötigen ebenfalls Energie. Noch ungünstiger ist das Verhältnis zwischen eingesetzter und genutzter Energie bei Reisen mit dem Flugzeug. Trotz dieser Tatsache würde heute niemand mehr Fernreisen mit einem Schiff unternehmen, sondern immer mit einem Flugzeug reisen. Die Zeitersparnis ist hier bedeutsamer.

Möglichkeiten zur Energieeinsparung

- Energiesparend fahren
- Bahn statt Flugzeug benutzen
- Öffentliche Verkehrsmittel benutzen
- Fahrgemeinschaften bilden

Rechenbeispiele

Durch Maßnahmen wurden im Haushalt 5 % des Energiebedarfs eingespart, bei Freizeit und Berufsverkehr 10 %.

a) Berechne, wie viel Prozent des Energiebedarfs insgesamt eingespart worden sind, wenn von einer Verteilung 65 % Haushalt und 35 % Verkehr ausgegangen wird.

b) Berechne die Ersparnis, wenn bei gleicher Verteilung des Energiebedarfs wie oben 10 % beim Haushalt und 5 % beim Verkehr gespart werden.

a) Haushalt :
5 % von 65 %: $0{,}65 \cdot 0{,}05 = 0{,}0325$
Freizeit und Berufsverkehr:
10 % von 35 %: $0{,}35 \cdot 0{,}10 = 0{,}035$
Gesamt: $0{,}035 + 0{,}0325 = 0{,}0675$
Es können insgesamt 6,75 % eingespart werden.

b) Haushalt: $0{,}65 \cdot 0{,}10 = 0{,}065$
Freizeit und Verkehr: $0{,}35 \cdot 0{,}05 = 0{,}0175$
Gesamt: $0{,}065 + 0{,}0175 = 0{,}0825$
Es können insgesamt 8,25 % eingespart werden.

Energie im Haushalt wird in Nutzenergie und Abwärme gewandelt. Durch technische Maßnahmen und Ändern der persönlichen Verhaltensweisen besteht die Möglichkeit, den Energiebedarf spürbar zu senken.

Ja, aber... Die beschriebenen Möglichkeiten und Maßnahmen zur Reduzierung des Energiebedarfs sind isoliert betrachtet in ihrer Gesamtheit sehr sinnvoll. In vielen Situationen, in denen Energie eingesetzt wird, kommt es aber nicht ausschließlich auf die berechenbaren Energiewandlungen an. So soll eine Lampe nicht nur Licht, sondern auch Gemütlichkeit ausstrahlen. Oder eine Reise soll nicht nur energiesparend, sondern auch schnell sein. Viele solcher Beispiele zeigen, dass im privaten Bereich Grenzen der eigenen wirtschaftlichen Möglichkeiten oder auch die allgemeine Lebensqualität energiesparenden Maßnahmen entgegenstehen.

Aufgaben

1 **a)** Informiere dich, welche der angegebenen Energiesparmaßnahmen in eurem Haushalt bereits umgesetzt sind.
b) Erstelle einen Plan mit weiteren Möglichkeiten, wie in eurem Haushalt weitere Energie gespart werden kann.
c) Finde Gründe, die eine Maßnahme zum Energiesparen verhindern.

2 Erstelle ein Plakat zur Vorbereitung einer Pro-Contra-Diskussion über den Einsatz von Energiesparlampen.

3 Vergleiche den Energiebedarf zwischen Duschen und Baden.

4 „Statt des Autos sollten öffentliche Verkehrsmittel benutzt werden!" Bereite eine Pro-Contra-Diskussion zu dem Thema vor.

5 Informiere dich, welche Kosten für einen Mittelklassewagen pro Jahr bei einer Kilometerleistung von 20 000 km entstehen. Schätze zunächst und überlege, aus welchen Faktoren sich die Kosten zusammensetzen.

6 **a)** Informiere dich über Dauer und Preis für die Reise „Köln–Westerland/Sylt" mit Bahn, Auto und Flugzeug.
b) Finde Aspekte, welche noch wichtig sein können für die Wahl des Verkehrsmittels.

Leistung – mechanisch und elektrisch

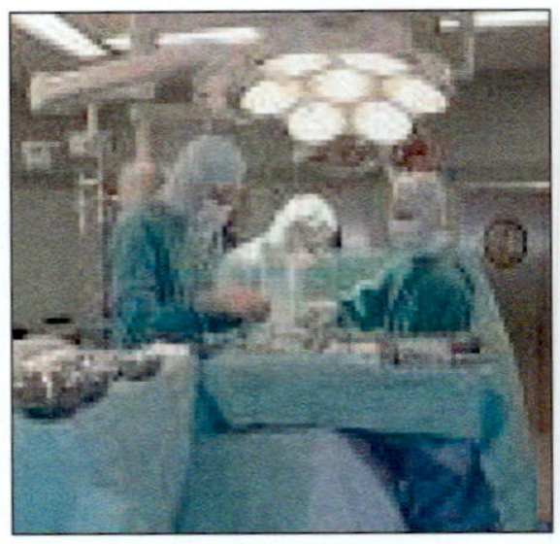

Der Begriff „Leistung“ hat umgangssprachlich viele Bedeutungen. Leisten Ärzte bei einer Operation mehr als ein Gewichtheber bei den Olympischen Spielen?
In beiden Beispielen wird eine Leistung erbracht. Wie ist der Leistungsbegriff in der Physik zu verstehen? Ist Leistung als physikalische Größe messbar?

Mechanische Leistung

Zentraler Versuch

Um Ziegel in den ersten Stock eines Gebäudes zu schaffen, wird Energie benötigt. Wenn verschiedene Bauarbeiter oder auch ein Motor diesen Vorgang durchführen, wird der Last jeweils dieselbe Energie zugeführt. Ihre Lageenergie erhöht sich dadurch um $\Delta E = m \cdot g \cdot \Delta h$. Ausgangspunkt und Endpunkt des Hochhebens sind immer gleich; unterschiedlich ist die Zeit, welche dafür benötigt worden ist. Wird für den Vorgang weniger Zeit benötigt, wird im physikalischen Sinn die größere **Leistung** erbracht. In der Physik definiert sich Leistung somit als Quotient aus der einem Körper zugeführten Energie ΔE und der dafür benötigten Zeit Δt:
$\boldsymbol{P = \frac{\Delta E}{\Delta t}}$.

Als Einheit für die Leistung ergibt sich $1\,\frac{\text{J}}{\text{s}}$. Zu Ehren des Erfinders der Dampfmaschine JAMES WATT (1736–1819) wird die Einheit $1\,\frac{\text{J}}{\text{s}}$ 1 Watt (W) genannt.

Leistung

Das Formelzeichen ist P.
Die Einheit ist 1 W (Watt).
Es gilt: $1\text{ W} = 1\text{ VA} = 1\,\frac{\text{J}}{\text{s}} = 1\,\frac{\text{N}\cdot\text{m}}{\text{s}}$

Weitere Einheiten:
Kilowatt: 1 kW = 1000 W
(Pferdestärke: 1 PS = 735 W)

Die mechanische Leistung P ist der Quotient aus der übertragenen Energie ΔE und der dazu benötigten Zeit Δt:
$P = \frac{\Delta E}{\Delta t}$
Die Leistung 1 W liegt vor, wenn in 1 Sekunde eine Energie von 1 J übertragen wird.

Rechenbeispiele

1. Ziegel mit der Masse $m = 25$ kg werden auf ein 3 m hohes Gerüst gebracht. Berechne die Leistung, wenn der Vorgang eine Minute dauert.
Geg.: $m = 25$ kg; $h = 3$ m; $t = 1$ min $= 60$ s
Ges.: P
Lösung: $P = \frac{\Delta E}{\Delta t} = \frac{m \cdot g \cdot h}{\Delta t}$

$= \frac{25\text{ kg} \cdot 3\text{ m} \cdot 9{,}81\,\frac{\text{N}\cdot\text{m}}{\text{s}}}{60\text{ s}} = 12{,}26\text{ W}$

2. Als Energieeinheit wird häufig die Kilowattstunde (kWh) verwendet. Wie viele Joule entsprechen 1 kWh?

Lösung: 1 kWh = 1 000 Wh = 1000 W · 60 min
= 60 000 W·60s = 3 6000 000 Ws
= 3 600 000 Ws = 3,6 MJ

Gerät	Leistung
Glühlampe	20 W–100 W
Energiesparlampe	7 W–15 W
Computer	300 W–500 W
Staubsauger	bis 2000 W
Motorroller	3–5 kW
Leichtkraftrad	bis 11 kW
Durchlauferhitzer	18 kW
Pkw	20 kW–300 kW
Mensch (Dauerleistung)	100 W
Mensch (Höchstleistung)	2 kW
Großkraftwerk	1700 MW

Elektrische Leistung

Die mechanische Leistung wurde mithilfe des mechanischen Energiebegriffs eingeführt. Die Einführung der elektrische Leistung und der elektrischen Energie erfolgt in der umgekehrten Richtung: Vom Begriff der elektrischen Leistung ausgehend wird die Größe „elektrisch Energie" definiert.
In einem Versuch wird ein Lämpchen (12 V | 30 W) bei einer angelegten Spannung von 12 V von einem Strom der Stärke 2,5 A durchflossen. Die Helligkeit der Lampe wird dabei als Maß für die Leistung der Lampe aufgefasst. Soll in den Stromkreis ein zweites, baugleiches Lämpchen so eingebaut werden, dass es ebenso hell leuchtet wie das erste Lämpchen, gibt es zwei Möglichkeiten – entweder eine Parallelschaltung oder eine Reihenschaltung.

Parallelschaltung

Zentraler Versuch

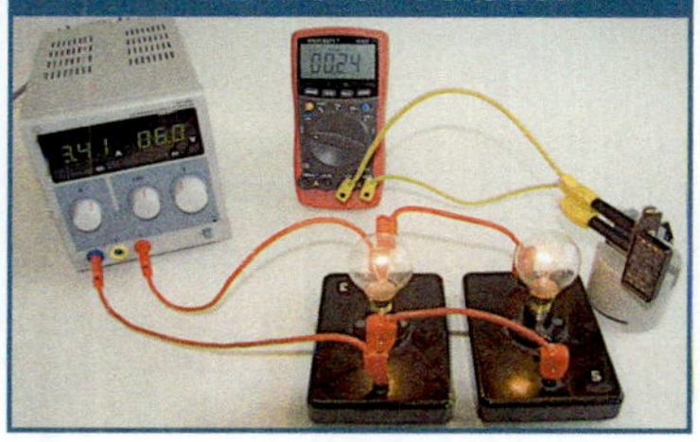

Bei gleicher Spannung verdoppelt sich die Gesamtstromstärke (in diesem Versuch würde ein Strom von 5 A gemessen). Wird die Helligkeit wieder als Maß für die abgegebene Leistung aufgefasst, dann hat sich die Leistung bei dieser Schaltung verdoppelt.

Reihenschaltung

Zentraler Versuch

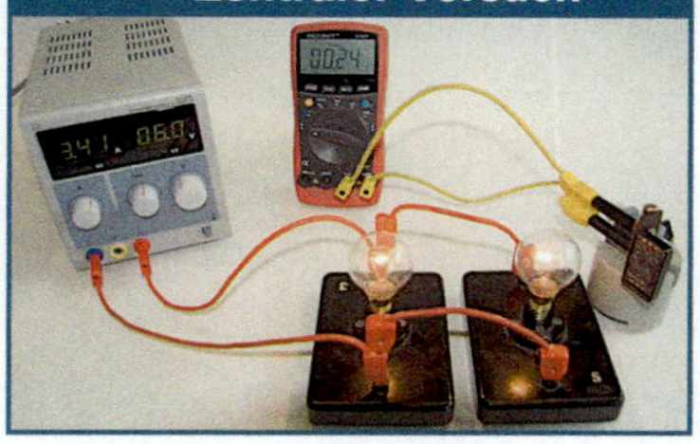

Für dieselbe Leistung wie bei der Parallelschaltung muss die Stromstärke $I = 2{,}5$ A vorhanden sein. Statt einer Spannung von 12 V wird dazu eine Spannung von 24 V benötigt. Hier verdoppelt sich die Leistung, wenn sich die Spannung verdoppelt.

Fazit

Aus den beiden Versuchen lassen sich zwei Ergebnisse folgern:
P ist proportional zu U (I=konstant)
P ist proportional zu I (U=konstant)

Die Proportionalität der einzelnen Größen führt auf eine Proportionalität zu deren Produkt: $P \sim U \cdot I$.
Mit einer Proportionalitätskonstante wird daraus $\boldsymbol{P = c \cdot U \cdot I}$.

Die elektrische Leistung P_{el} ist definiert als $P_{el} = U \cdot I$, also $c = 1$. Die Einheit 1 W soll ebenso wie in der Mechanik die Leistung beschreiben, sodass gilt:
1 W = 1 V · 1 A = 1 VA.

Die elektrische Leistung P_{el} in einem Stromkreis ist das Produkt aus der angelegten Spannung U und der im Stromkreis vorhandenen Stromstärke I: $P_{el} = U \cdot I$.

Elektrische Energie

Im Beispiel der gehobenen Ziegel wird dieselbe Leistung sowohl durch einen Bauarbeiter als auch durch einen Motor erbracht. Da beide Leistungen das gleiche Ergebnis haben, kann die mechanische Leistung mit der der elektrischen Leistung gleichgesetzt werden.

Mechanische Leistung: $P_{mech} = \frac{E}{t}$
Elektrische Leistung : $P_{el} = U \cdot I$
Daraus folgt $\boldsymbol{E_{el} = U \cdot I \cdot t}$

Als Einheit ergibt sich 1 V · 1 A · 1 s = 1 Ws = 1 J

Für die elektrische Energie in einem Stromkreis gilt:
$E_{el} = U \cdot I \cdot t$.

Aufgaben

1 Eine Glühlampe mit einer Leistung von $P = 60$ W leuchtet 45 min lang.
a) Berechne die Stromstärke I, wenn die Glühlampe an 230 V angeschlossen ist.
b) Berechne die Energiewandlung durch die Glühlampe in der genannten Zeit.
c) Berechne die Leuchtzeit einer 25 W-Glühlampe, wenn ihr die in b) berechnete Energiemenge zur Verfügung steht.
d) Würde die in b) berechnete Energie auf einen Ball mit der Masse $m = 0{,}5$ kg übertragen, könnte dieser eine bestimmte Höhe erreichen. Schätze zunächst die Steighöhe des Balls und berechne sie dann.
e) Berechne die Zeit, nach der die Glühlampe eine Energie von 50 000 J abgegeben hat.

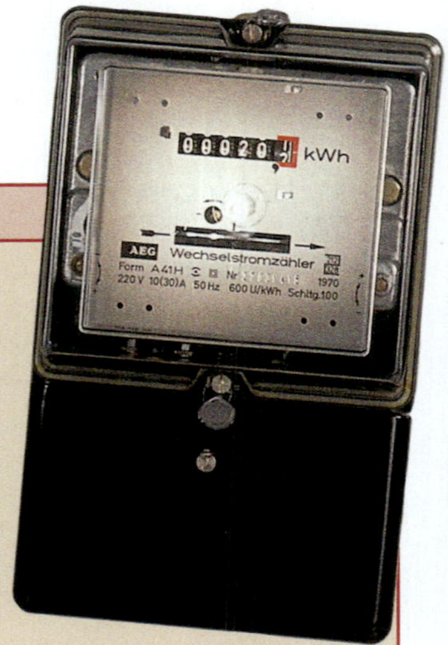

Streifzug „Stromrechnung“

Der umgangssprachliche Begriff „Stromrechnung“ ist nicht ganz exakt, da der Kunde keinen Strom kauft. Auch die elektrische Ladung behält der Kunde nicht; sie fließt in einem geschlossenen Stromkreis dahin zurück, wo sie herkam. Was bezahlt der Kunde also, wenn er seine „Stromrechnung“ begleicht?

Der Kunde bezahlt bei seinem Energieversorgungsunternehmen (EVU) die gelieferte elektrische Energie. Ein „Stromzähler“ (besser „Energiezähler“) misst die dem Haushalt gelieferte elektrische Energie (in kWh) und zeigt den „Verbrauch“ auf dem Zählwerk an. Die Rechnung des EVU hat dann folgenden Aufbau:

Jahresrechnung 2009

Rechnungsdatum : 15.01.2010

Marlies Muster
Energiepfad 4
34999 Stromdorf

Kundennummer : 013.256.252307.2

Bankverbindung
BLZ 56262310
Konto 12365488

Der Verbrauch wird über die Differen der Zählerstände des Stromzählers im Haus berechnet.
Daneben erfolgt die Berechnung des Abrechnungszeitraums in Tagen. Dies ist wichtig, falls sich im Abrechnungszeitraum Änderungen in den Tarifen ergeben oder Sonderabgaben dazukommen.

Verbrauchsermittlung : Zählernummer 951357

Zählerstände		Verbrauch	
Ablesung	Stand	kWh	Tage
02.01.09	15365		
31.01.09	15997	632	29
02.01.10	21436	5439	336

Abrechnung

Abrechnungszeitraum von	Abrechnungszeitraum bis	Verbrauch kWh	Tarif	Arbeitspreis Cent/kWh	Arbeitsbetrag €	Bereitstellung €/Jahr	Stromsteuer 2,05 Cent/kWh
02.01.09	02.01.10	6071	Haushalt 1	12,00	728,52	41,20	124,46

Summe	894,18 €
Umsatzsteuer 19%	169,89 €
zu zahlender Betrag	1064,07 €

Ihre monatliche Abschlagzahlung für 2009 betrug **72,00 €**
Jahresvorauszahlung **864,00 €**

Unsere Restforderung **200,07 €**
Dieser Betrag wird am 31.01.2009 abgebucht
monatliche Abschlagszahlung ab Januar 2010 **88,00 €**

Der errechnete Verbrauch wird mit dem tarifabhängigen Arbeitspreis multipliziert; das ergibt den Arbeitsbetrag. Der Bereitstellungspreis ist der Mietpreis für den zur Verfügung gestellten Stromzähler. Seit dem 01.04.1999 muss jeder Kunde eine Stromsteuer entrichten. Arbeitspreis, Bereitstellungspreis und Stromsteuer werden addiert und ergeben mit der Umsatzsteuer den zu zahlenden Betrag.

Die monatliche Vorauszahlung errechnet sich aus $\frac{1}{12}$ des zu zahlenden Betrages des Vorjahres. Der Kunde bezahlt monatlich einen festgelegten Betrag, der ihm am Ende gutgeschrieben wird. Im Normalfall entsteht eine Restforderung, die vom Konto des Kunden abgebucht wird. Aus dem zu zahlenden Betrag wird dann wieder die monatliche Vorauszahlung für das kommende Jahr ermittelt. Diese Vorauszahlung wird dann monatlich vom Konto abgebucht.

Energiesparen zuhause

Streifzug

Auch wenn elektrische Energie für den Einzelnen nicht teurer ist als andere Energieformen, ist es trotzdem absolut sinnvoll, mit ihr sparsam umzugehen, denn elektrische Energie lässt sich in Kraftwerken großtechnisch nur erzeugen, wenn etwa die dreifache Menge an chemischer Energie (als Kohle, Erdöl oder Erdgas) eingesetzt wird. Bei der Umwandlung in elektrische Energie gehen ja etwa $\frac{2}{3}$ der eingesetzten chemischen Energie als Abwärme nutzlos in die Umwelt, sie werden entwertet. Jede vom „Verbraucher" nicht benötigte Kilowattstunde „Strom" spart 10 MJ Energie bei den Kraftwerken!

In unseren Haushalten gibt es viele versteckte „Energieverschwender", die leicht übersehen werden, die aber merkliche Mengen an Energie „fressen". Um sie ausfindig zu machen, können in Elektrofachgeschäften, Geschäftsstellen der EVU oder Verbraucherzentralen Messgerä-te für die Energiestromstärke von Elektrogeräten, sogenannte **Leistungsmesser** oder „Wattmeter" gegen geringe Gebühr ausgeliehen oder gekauft werden. Damit lassen sich die „heimlichen Stromfresser" im Haushalt schnell ausfindig machen. In erster Linie sind das Elektrogeräte mit Stand-by-Schaltungen, die Energie „verbrauchen", obwohl sie nicht in Betrieb sind. Dazu gehören Fernseher, Stereoanlagen, Videorecorder und Computer.

Wie kann jeder von uns Energie sparen?

- **Bei der Beleuchtung sparen ohne auf Helligkeit zu verzichten:** Eine 100 W Glühlampe benötigt in zehn Stunden 1 kWh elektrische Energie, Leuchtstoffröhren oder Energiesparlampen bei gleicher Lichtabgabe hingegen nur 0,2 kWh. Sie sind zwar teurer, aber sie brauchen nicht nur deutlich weniger Energie, sondern „leben" auch wesentlich länger.
- **Effiziente Geräte sinnvoll einsetzen:** Wasch- und Spülmaschinen erwärmen bei jedem Gang etwa 20 l Wasser auf bis zu 95 °C. Dazu sind rund 7 MJ Energie nötig – sinnvollerweise werden derartige Geräte also möglichst voll beladen. Weitere Energieeinsparungen ergeben sich durch niedrigere Wasch- bzw. Spültemperatur. Bei Kühl- und Gefriergeräten wirken sich eine gute Wärmedämmung und möglichst seltenes und dann nur kurzzeitiges Öffnen energiesparend aus. Alle modernen Elektro-Großgeräte sind in **Effizienzklassen** eingeteilt, die Auskunft über ihre Energieeinspar-Möglichkeiten geben.

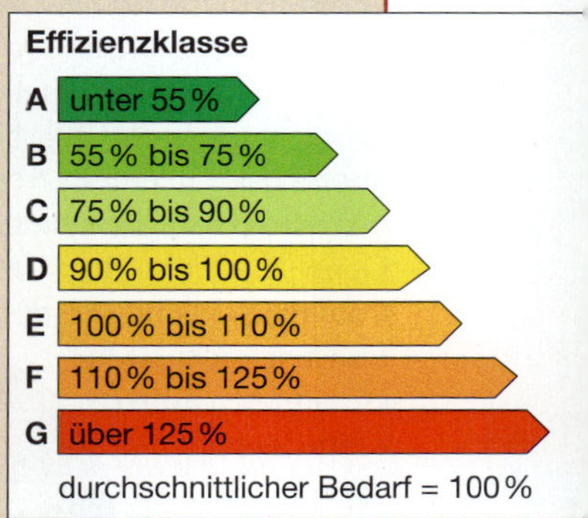

- **Stand-by-Betrieb von Geräten vermeiden:** Dazu die Aussage einer Werbung für Energiemessgeräte: „Wenn Sie Ihren Fernseher lediglich mit der Fernbedienung ausschalten, verbraucht er pro Jahr 87,6 kWh zusätzlich! Und die kosten alles eingerechnet rund 15 €!" Wenn ein Gerät nicht vollständig ausgeschaltet werden kann, sollte bei Nichtgebrauch der Stecker gezogen oder das Gerät an einer schaltbaren Steckdosenleiste betrieben werden.

Energiedienstleistungen

Energie wird nicht um ihrer selbst willen genutzt, sondern sie wird stets für bestimmte Zwecke eingesetzt. Die Energie soll gute Dienste leisten. Daher wird von **Energiedienstleistungen** gesprochen.

Eine Kanne Kaffee kann zum Beispiel auf einer beheizten Warmhalteplatte abgestellt werden. Dieselbe Energiedienstleistung (nämlich Kaffee mit angenehmer Trinktemperatur) wird aber auch erhalten, wenn eine Isolierkanne verwendet oder ein Teelicht untergestellt wird. Beim Einsatz elektrischer Energie sollte stets überlegt werden, ob die gewünschte Energiedienstleistung nicht auch auf andere Weise erbracht werden kann. Elektrische Energie ist die wertvollste Energieform und kann nur mit relativ großen Verlusten aus anderen Energieformen gewandelt werden.

Der Elektromotor

Das Herzstück vieler elektrischer Geräte z. B. der Küchenmaschine aber auch vieler Transportmittel wie Straßenbahn, S- und U-Bahn, der Eisenbahn oder des Schleppliftes auf der Skipiste ist ein Elektromotor.

Wie funktioniert er? Welche Energieformen werden durch den Motor gewandelt? Welche Größen beeinflussen die Drehzahl des Motors? Wovon hängt die Stärke eines Elektromotors ab?

Der rotierender Elektromagnet

Zentraler Versuch

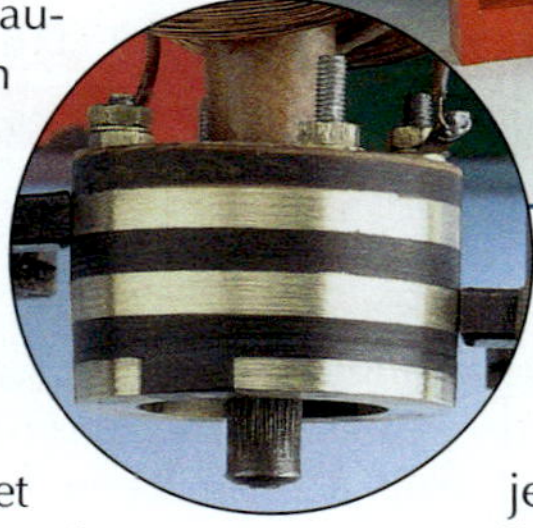

Wird ein drehbarer Elektromagnet zwischen die Pole eines Hufeisenmagneten gebracht, kommt es bei Stromfluss zu einer Drehung des Elektromagneten. Denn die Pole des Elektromagneten und die des feststehenden Dauermagneten üben Kräfte aufeinander aus: Gleiche Pole stoßen sich ab, ungleiche Pole ziehen sich an. Der Elektromagnet dreht sich, bis sich ungleiche Pole gegenüberstehen.

Die Stromzuführung erfolgt über zwei auf der Achse angebrachte Ringe, die mit jeweils einem Ende der Spule verbunden sind. Durch Umpolen der Stromrichtung im richtigen Moment kann eine dauernde Drehung erreicht werden. Mit der unten dargestellten Schaltung kann das Umpolen per Hand vorgenommen werden. Sehr elegant ist diese Lösung jedoch nicht, weil sie nicht von selbst ablaufen kann.

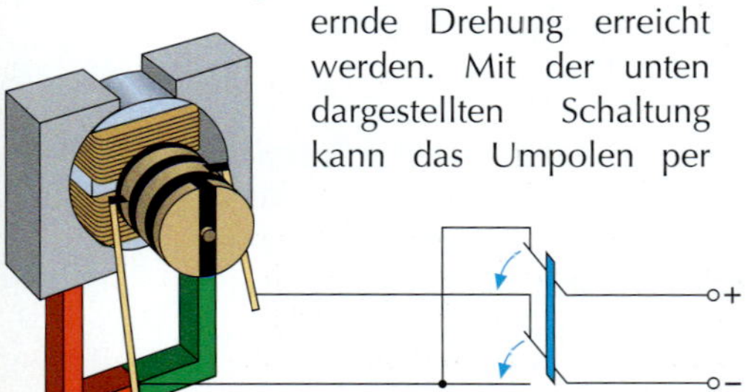

Doppel-Umschalter

Besser geht es mit einem automatischen Umschalter, **Polwender** oder **Kommutator** genannt. Der Strom wird dem Elektromagneten nicht über die beiden geschlossenen Ringe zugeführt, sondern über zwei Halbringe, die mit den Enden der Spule verbunden sind.

Dreht sich der Elektromagnet, so wird bei einer bestimmten Stellung die Stromrichtung umgepolt. Es kommt zu einem dauernden Wechsel der Pole des Magneten im jeweils richtigen Moment (phasenrichtig) und damit zu einer Dauerdrehung der Spule.

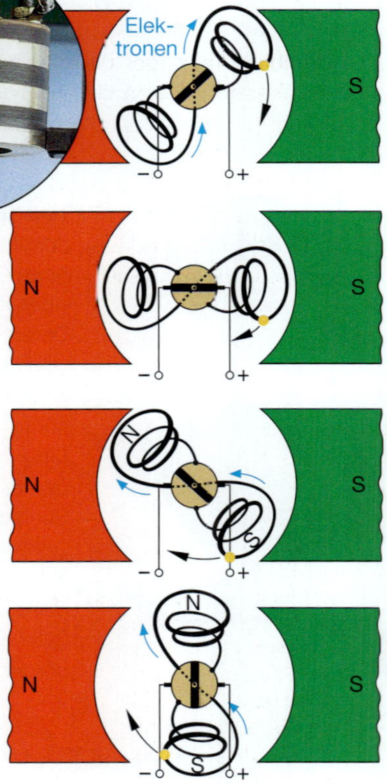

Zwischen den Magnetpolen einer drehbar aufgehängten, Strom durchflossenen Spule und den Polen eines die Spule umfassenden Magneten wirken Kräfte, die eine Drehung bewirken.
Bei Stromzufuhr über einen Kommutator kommt es zu einer Dauerdrehung.

Der Gleichstrommotor

Feldmagnet: Seine Pole üben Kräfte auf die Pole des Ankers aus.

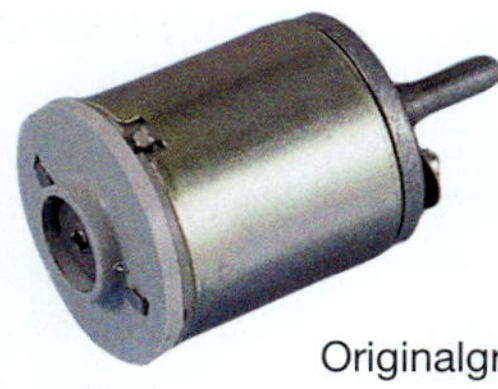

Originalgröße

Kommutator oder **Polwender:** Automatischer Umschalter, der die Änderung der Stromrichtung im Elektromagneten bewirkt. Er besteht aus metallischen Halbringen, die an die Enden der Ankerspule angeschlossen sind.

Schleifkontakte zur Zuführung des elektrischen Stromes an den sich drehenden Elektromagneten

Anker: Drehbarer Elektromagnet mit Eisenkern. Über die **Ankerwelle** wird die erzeugte Drehung abgenommen

Der drehbare Anker des Gleichstrommotors wird über die Schleifkontakte und den Kommutator an die elektrische Quelle angeschlossen. Es fließt ein Strom, der den Anker zu einem Elektromagneten macht. Durch die Kräfte zwischen den Polen des Statormagneten und den Polen des Ankermagneten kommt es zur Drehbewegung des Ankers. Dabei überwindet der rotierende Anker infolge seiner Trägheit den Totpunkt (Pole stehen sich direkt gegenüber). Durch die Anordnung der Polschuhe und die Form des Ankers wird eine große Wirkung des Motors erreicht.

Aufgaben

1 **a)** Erkläre, wie es zu einer Bewegung des Magneten im Versuchsfoto kommt.
b) Erkläre die Funktionsweise eines Elektromotors.

2 Erläutere die Aufgabe des Kommutators bei einem Gleichstrommotor.

3 Begründe, warum es bei Verwendung eines Trommelankers im Vergleich zum 3-T-Anker zu einer ruhigeren Drehung der Motorachse kommt.

4 Erkläre, wie die Drehzahl eines Gleichstrommotors durch einen veränderlichen Widerstand geregelt werden kann.

VERBESSERTE MOTOREN

Motor ohne Totpunkt

Ein Motor mit einer Spule auf dem Anker muss mit der Hand angeworfen werden, wenn die Pole des Ankers und der Feldspule sich genau gegenüberstehen (Totpunkt). Wird ein 3-T-Anker mit drei Spulen genutzt, so läuft der Motor immer von allein an.

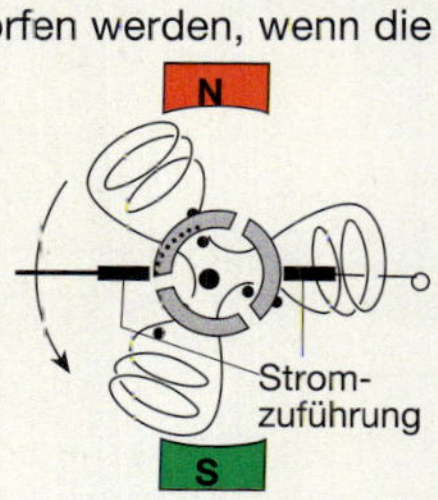

Trommelanker

Der 3-T-Anker wurde zum Trommelanker weiterentwickelt. Sein Anker besteht aus vielen Spulen (mehr als 12). Damit laufen diese Motoren sehr gleichmäßig.

Anker mit Eisenkern

Die Elementarmagnete im Innern des Eisenkerns richten sich unter dem Einfluss des Feldmagneten in eine Richtung aus und verstärken damit die Wirkung des Feldmagneten auf die Spule auf ein Vielfaches. Damit nimmt auch die auf die Spule wirkende Kraft zu und der Motor kann eine größere Kraft ausüben.

Wirkungsgrad eines Elektromotors

Zentraler Versuch

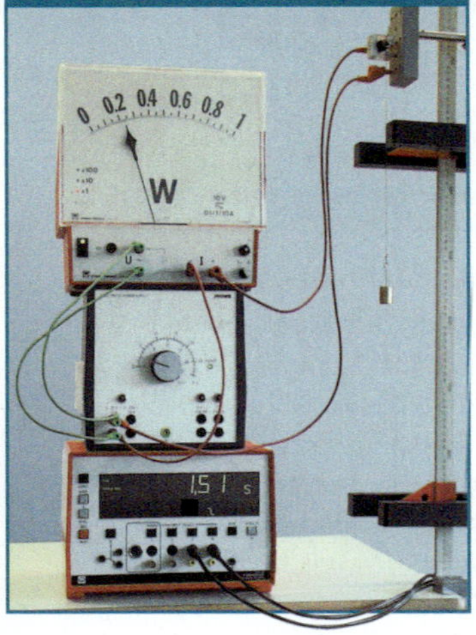

Der Elektromotor wandelt elektrische in mechanische Energie. Am Beispiel der Lageenergie soll untersucht werden, wie gut diese Wandlung funktioniert. Dazu werden die vom Motor aufgenommene Leistung und die für das Heben benötigte Zeit gemessen. Daraus lässt sich die vom Motor aufgenommene elektrische Energie berechnen und mit der dem Körper übertragenen Lageenergie vergleichen.

Die Tabelle zeigt, dass die vom Motor aufgenommene elektrische Energie E_{el} deutlich größer ist als die Änderung der Lageenergie ΔE_{Lage}. Der Elektromotor wandelt elektrische Energie also nur mit Verlust in mechanische Energie. Wie gut oder schlecht diese Wandlung erfolgt, sagt der Wirkungsgrad $\eta = \frac{\Delta E_{Lage}}{E_{el}}$.

Die Energieverluste, die durch Reibung und elektrische Vorgänge entstehen, sind abhängig von der Arbeitsweise des Motors. Der Wirkungsgrad ist bei unterschiedlicher Belastung verschieden groß. Aus der Kenntnis der Abhängigkeit des Wirkungsgrades von der Belastung kann ein effektiver Einsatz des Motors erfolgen.

P_{el}	t	E_{el}	m	ΔE_{Lage}	η
0,13 W	4,9 s	0,64 Ws	50 g	0,25 Nm	0,39
0,18 W	6,9 s	1,2 Ws	100 g	0,50 Nm	0,42
0,24 W	2,9 s	0,70 Ws	50 g	0,25 Nm	0,36
0,24 W	3,7 s	0,89 Ws	100 g	0,50 Nm	0,56
0,24 W	9,3 s	2,2 Ws	200 g	1,0 Nm	0,45
Die Hubhöhe h ist immer gleich: h = 50 cm					

Wird die Spannung, die am Motor anliegt, verändert, so ändert sich die Drehzahl des Motors: Je höher die Spannung ist, umso größer wird die Drehzahl (bei gleicher Belastung), da mit der Erhöhung der Spannung auch die Stromstärke wächst und somit auch die Kraft auf jede einzelne Leiterschleife zunimmt. Die maximal zulässige Stromstärke darf aber nicht überschritten werden, da sonst die Läuferwicklungen zerstört werden.

Elektromotoren sind Energiewandler. Ihr Wirkungsgrad ist abhängig von der Belastung.
Die Drehzahl eines Elektromotors hängt ab von der anliegenden Spannung und von der Belastung.

Versuche und Aufträge **Elektromotor**

V1 Baue einen einfachen Elektromotor aus einem vorgefertigten Bausatz nach. Welche Eigenschaften des Motors kannst du mit dieser Anordnung überprüfen?

V2 Wechselstrommotor:
a) Schließe den Motor an eine Quelle an, die Wechselstrom liefert. (Falls du einen Modelleisenbahntrafo besitzt, kannst du ihn als Quelle verwenden.)
b) Erläutere, warum sich dieser Motor sowohl als Gleichstrom- als auch als Wechselstrommotor betreiben lässt.
c) Lasse den Motor verschiedene Lasten hochziehen und miss jeweils die Stromstärke.
d) Berechne jeweils die vom Motor aufgenommene Leistung.
e) Lasse eine Last heben und berechne den Wirkungsgrad η.
Hinweis: Die Teilaufgaben c) bis e) kannst du auch mit einer Gleichstromquelle durchführen.

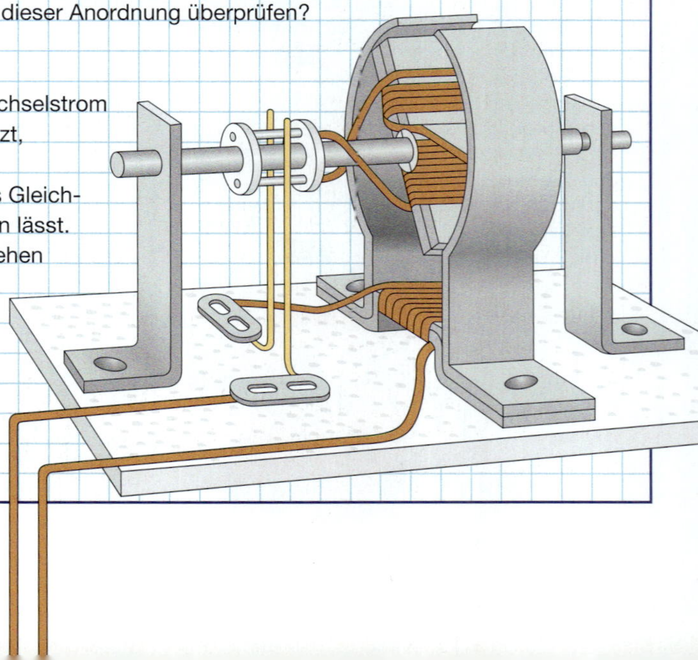

Der Schrittmotor

Streifzug

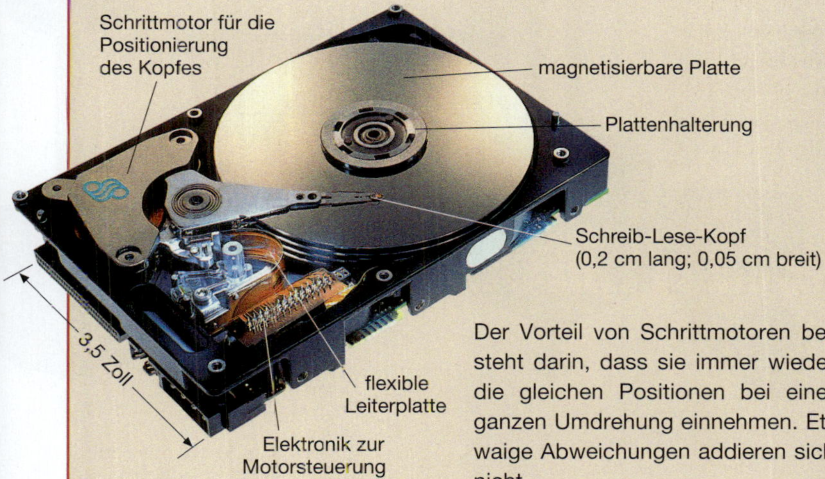

Die Leseköpfe von CD-Playern oder die Schreib-Lese-Köpfe von Computer-Festplatten müssen sehr exakte Querbewegungen ausführen, denn der Abstand von einer Datenspur zur nächsten beträgt ca. 2 µm. Bewegt werden die Köpfe von **Schrittmotoren.**

Ein Schrittmotor besteht aus zwei Statorwicklungen und einem Rotor mit mehreren Dauermagneten. Abhängig davon, welche Statorwicklung gerade von Strom durchflossen wird und in welcher Richtung dies geschieht, entstehen bestimmte Magnetpole. Diese üben Kräfte auf den Rotor aus, die ihn kurzzeitig in Bewegung setzen. Er dreht sich so lange, bis sich ungleichnamige Pole gegenüberstehen. Dies ist schematisch in der Zeichnung dargestellt für (der Einfachheit halber) nur drei Magnete des Rotors. Durch Umleiten des Stromes auf die andere Statorspule werden zwei neue Pole erzeugt, die den nächsten Magneten anziehen usw. Dadurch dreht sich der Rotor schrittweise weiter, weil er der „Wanderung" der äußeren Magnetpole folgt.

Der Vorteil von Schrittmotoren besteht darin, dass sie immer wieder die gleichen Positionen bei einer ganzen Umdrehung einnehmen. Etwaige Abweichungen addieren sich nicht.

Im gezeichneten Fall sind zwölf Schritte für eine ganze Umdrehung von 360° notwendig. Je Schritt dreht sich der Rotor genau um 30°.

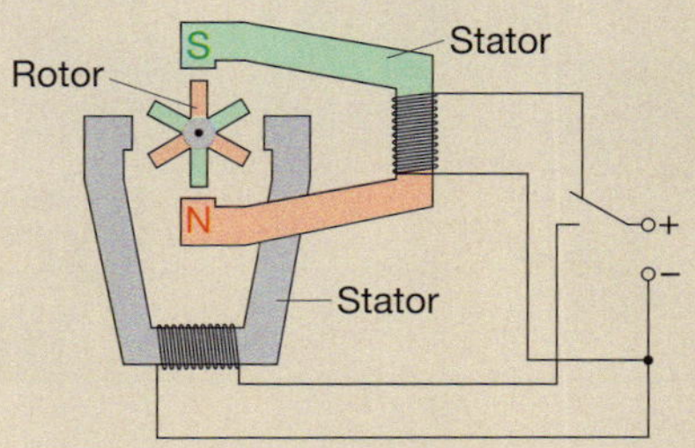

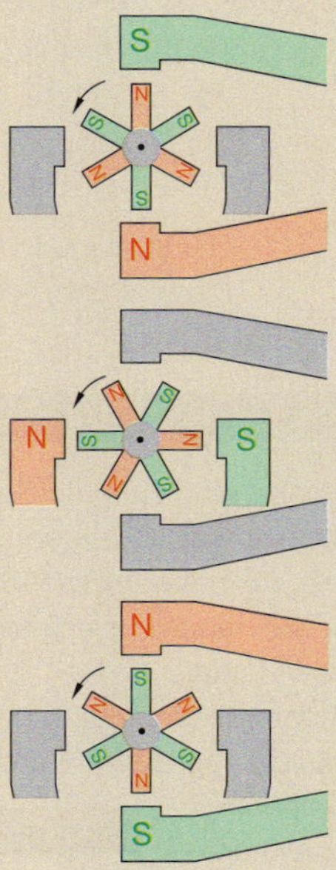

Die zu verschiedenen Zwecken eingesetzten Schrittmotoren haben im Rotor viele Magnete. Z. B. gibt es Motoren, die auf dem Rotor 25 Magnete oder 50 Pole haben. Dies erfordert besondere technische Lösungen, damit so viele Magnete auch untergebracht werden können. Damit werden Schrittgrößen von 3,6° erreicht.

Schrittmotoren können sehr klein sein, wie eine Anwendung bei der digitalen Blendensteuerung in Fotoapparaten und Videokameras zeigt. Die Objektive dieser optischen Geräte enthalten eine Blende, die durch elektrische Signale des eingebauten Belichtungsmessers gesteuert wird. Herzstück dieser präzisen elektronischen Steuerung ist ein Schrittmotor, der die Blendenlamellen mit höchster Genauigkeit einstellen kann.

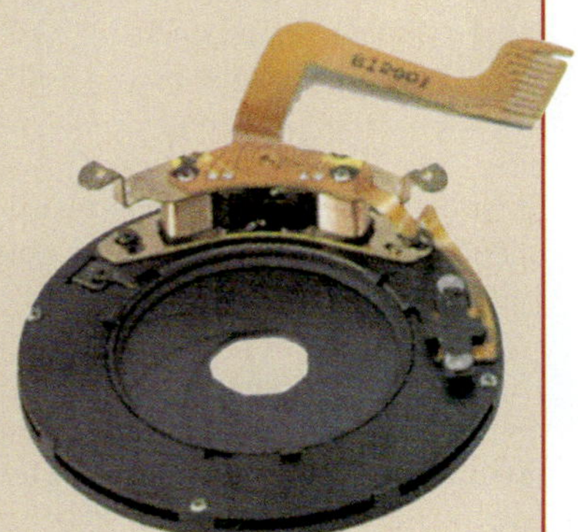

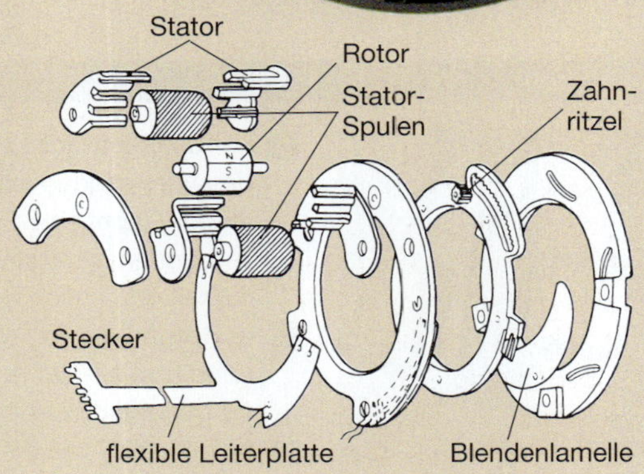

Elektromagnetische Induktion

Die Nutzung elektrischer Energie ist aus vielen Beispielen geläufig. Doch wie wird elektrische Energie für die vielfältigen Anwendungen gewonnen?

Der rechts dargestellte Fahrraddynamo ist ein Wandler von mechanischer in elektrische Energie. Worauf beruht diese Wandlung? Wovon ist sie abhängig? Wie arbeitet ein Generator im Kraftwerk oder in der Windenergieanlage? Wie wird die in unseren Haushalten gebräuchliche Wechselspannung erzeugt?

Erzeugung elektrischer Spannung

Wird der Stabmagnet in die Spule hineinbewegt, leuchtet die LED kurz auf. Der Zeiger des angeschlossenen Spannungsmessers schlägt nach einer Seite aus.
Wird der Stabmagnet wieder herausgezogen, schlägt der Zeiger in entgegengesetzter Richtung aus.
Steht der Stabmagnet fest und wird die Spule entsprechend bewegt, so ist die gleiche Bewegung des Zeigers zu beobachten.

Zentraler Versuch

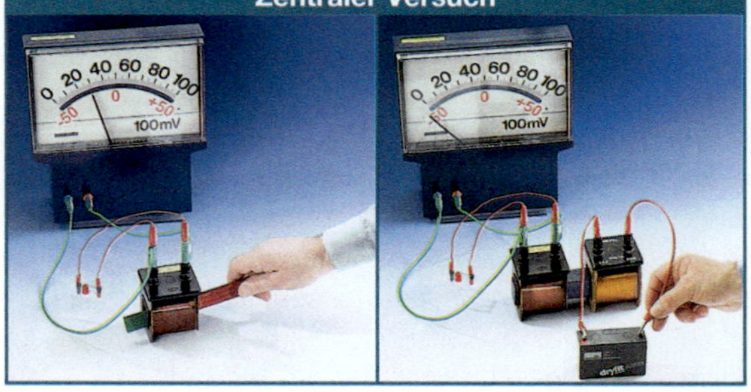

Wird in einem zweiten Versuch der Stromkreis mit dem Elektromagneten geschlossen, so schlägt der Zeiger des Spannungsmessers kurz nach einer Seite aus.
Beim Ausschalten ist ein gleich großer Ausschlag in entgegengesetzter Richtung zu beobachten.

Auch bei dieser Anordnung entsteht eine Induktionsspannung. Befindet sich die Induktionsspule in einem geschlossenen Stromkreis, so ist sie eine elektrische Quelle, die einen Induktionsstrom bewirkt.

Durch die Relativbewegung von Spule und Magnet entsteht also eine elektrische Spannung. Sie wird **Induktionsspannung** U_i genannt. Die Spule, in der die Spannung entsteht, heißt *Induktionsspule*.

Die Erzeugung von elektrischer Spannung durch Magnet und Spule wird Induktion genannt.

Aufgaben

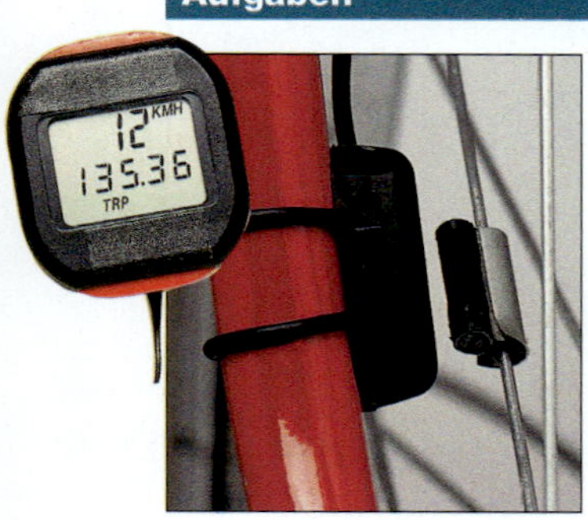

1 Für den Fahrradtachometer wird an einer Speiche des Vorderrades ein kleiner Magnet angebracht, an der Gabel eine Spule, die mit dem Tacho verbunden ist. Erkläre, wie dadurch die Geschwindigkeit gemessen werden kann.

2 **a)** Beschreibe Experimente, die Induktion hervorrufen und mit der rechts dargestellten Anordnung durchgeführt werden können.
b) Erläutere, wie die Induktionsspannung jeweils entsteht.

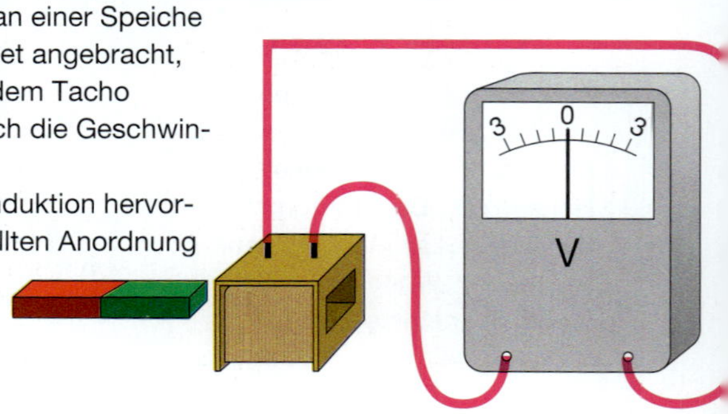

Unter welchen Bedingungen entsteht eine Induktionsspannung?

Bei unterschiedlichen Bewegungen einer Spule in einem weitgehend homogenen Magnetfeld, das von zwei großen Feldspulen erzeugt wird, tritt machmal eine Induktionsspannung auf, manchmal nicht. Wie kommt das?

Zentraler Versuch

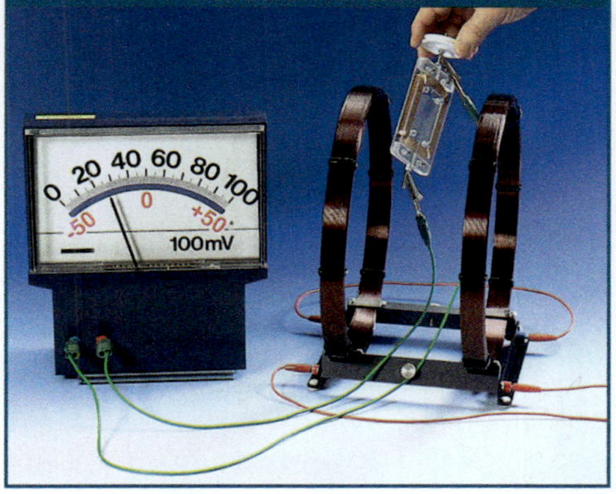

Schon 1831 entdeckte MICHAEL FARADAY die Induktion. Er beschrieb sie anschaulich mithilfe der magnetischen Feldlinien, die er als reale Fäden ansah, die man im Prinzip zählen könne.
Ein Vergleich des Anfangs- und des Endzustand der grafischen Darstellung einer Spule im Feldlinienbild, zeigt: Ist die Anzahl der Feldlinien, die die Spulenquerschnittsfläche umfasst, im Anfangs- und im Endzustand verschieden, so tritt eine Induktionsspannung auf. Wird die Spule dagegen zu jedem Zeitpunkt von der gleichen Feldlinienzahl durchsetzt, so gibt es keine Induktionsspannung.
Deshalb gibt es zwei grundsätzlich verschiedene Möglichkeiten, eine Induktionsspannung zu erzeugen:

- Die Anzahl der von der Spulenquerschnittsfläche umfassten Feldlinien ändert sich, weil sich Spule und Magnetfeld relativ zueinander bewegen.
- Die Anzahl der von der Spulenquerschnittsfläche umfassten Feldlinien ändert sich, weil sich die Stärke des Magnetfeldes ändert. Dabei ändert sich bekanntlich die Feldliniendichte.

Damit werden auch die Ergebnisse der Experimente auf der linken Seite verständlich:

- Im linken Foto ändert sich die Anzahl der Feldlinien durch die Bewegung des Magneten oder der Spule.
- Im rechten Foto wird die Spule beim Einschalten ganz von einem Magnetfeld durchsetzt; das Magnetfeld wächst dabei von null auf maximale Stärke, ändert sich also. Umgekehrt beim Ausschalten.

Wird die Stromstärke in den Feldspulen im Foto oben durch Hochregeln am Netzgerät kontinuierlich vergrößert, so entsteht auch bei fest stehender Induktionsspule eine Induktionsspannung. Im zugehörigen Feldlinienbild wird die Dichte der Feldlinien laufend größer. Diese Änderung findet auch im Inneren der Spule statt. Während der ganzen Zeit der Stromerhöhung wird daher in der Spule eine Spannung induziert.

Induktion tritt auf, wenn sich die Anzahl der magnetischen Feldlinien ändert, welche die Spulenquerschnittsfläche umfasst.

Aufgaben

1 Gib mögliche Bewegungen einer Spule im homogenen Magnetfeld an, bei denen
a) eine Spannung induziert wird;
b) keine Spannung auftritt.
c) Begründe deine Aussage.

2 Eine kleine Spule ist so in einer großen Spule angeordnet, dass die Längsachsen der beiden Spulen parallel sind. Die große Spule wird von Strom durchflossen.
a) Unter welchen Bedingungen wird in der kleinen Spule eine Spannung induziert?
b) Begründe deine Aussage.

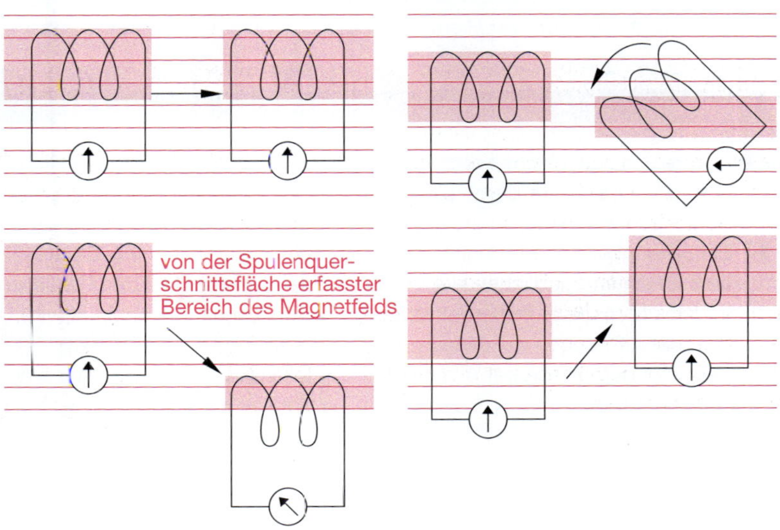

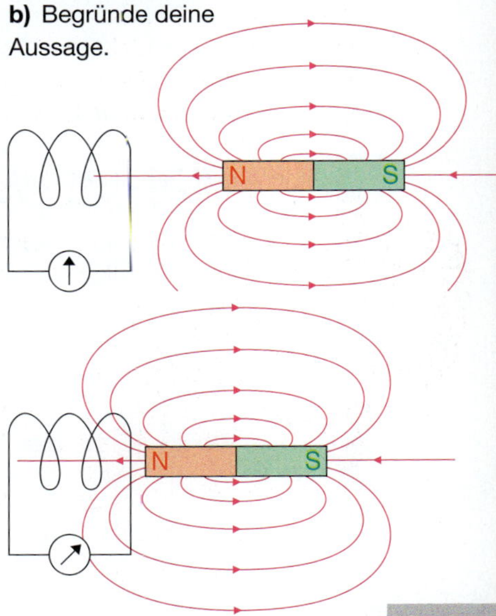

Die Leiterschaukel

Im linken Foto bewegt sich der frei aufgehängte Leiter beim Einschalten. Ohne Magnet ist keine Auslenkung zu beobachten.

Wichtig ist offensichtlich, dass sich der stromdurchflossene Leiter in einem Magnetfeld befindet. Nur dann tritt eine Kraft senkrecht zur Stromrichtung auf. Es zeigt sich:

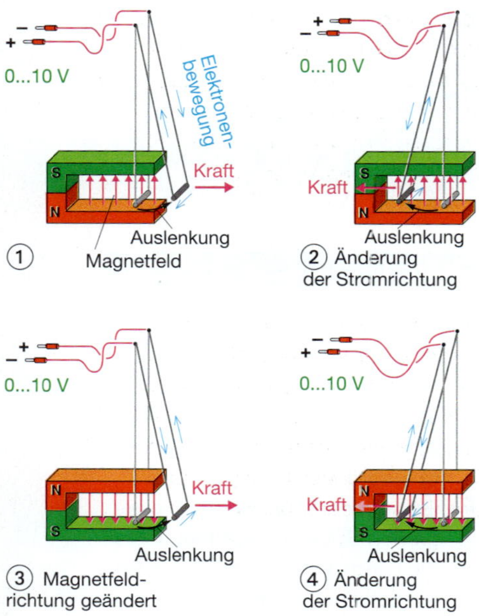

① Magnetfeld
② Änderung der Stromrichtung
③ Magnetfeldrichtung geändert
④ Änderung der Stromrichtung

Mit der Linken-Hand-Regel kann die Richtung der Kraft vorausgesagt werden. Diese Kraft heißt nach dem holländischen Physiker HENDRIK ANTOON LORENTZ (1853–1928, Professor für Theoretische Physik in Leiden, Holland) **Lorentzkraft.**

In dieser Regel hat das Magnetfeld eine Richtung: Es ist vereinbart, dass die Feldlinien immer vom Nordpol zum Südpol eines Magneten verlaufen.

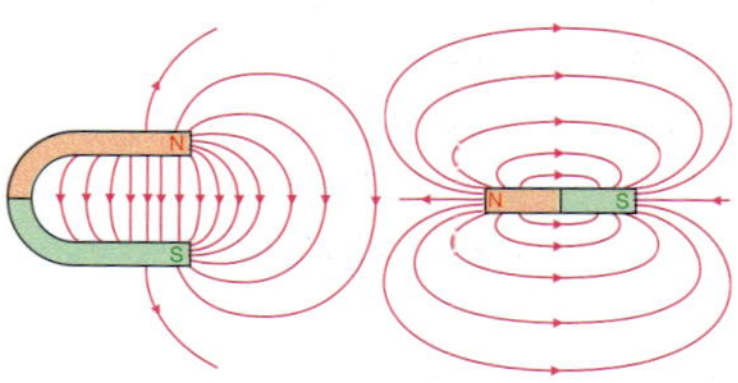

Zentraler Versuch

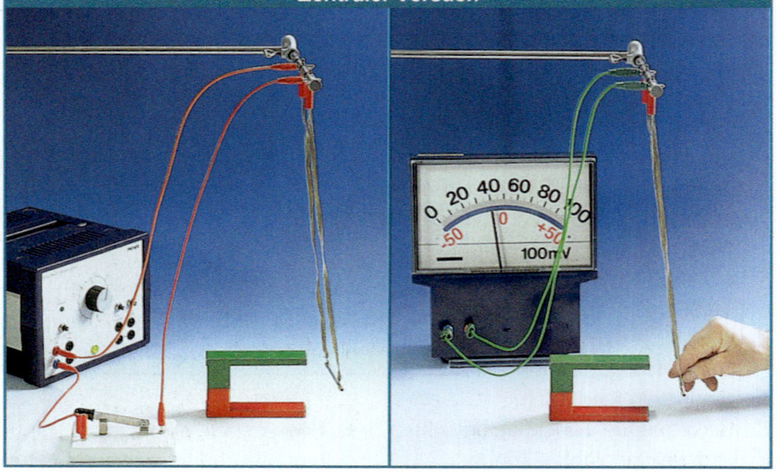

Die Lorentzkraft wirkt auf die fließenden Elektronen, für die der Leiter ein „Behälter" ist. So wird der Leiter mit den in ihm enthaltenen Elektronen senkrecht zur Magnetfeldrichtung abgelenkt.

Mit der Lorentzkraft kann auch der zweite Versuch erklärt werden: Wird der Leiter in Bewegung gesetzt, dann entsteht an seinen Enden eine Spannung. Ursache ist die Bewegung des Leiters im vom Nordpol zum Südpol gerichteten Magnetfeld. Die Linke-Hand-Regel gibt die Richtung der Kraft, die auf die Elektronen im Leiter in dessen Längsrichtung wirkt, die also eine Verschiebung von Elektronen zu einem Ende des Leiters verursacht. Diese Ansammlung von Elektronen an der einen Seite des Leiters und der dadurch aufretende Elektronenmangel an der anderen Seite bewirkt eine Spannung zwischen den Enden des Leiters. Das erklärt auch, wie die Induktionsspannung an den Spulenklemmen entsteht. Entscheidend ist dabei die Relativbewegung von Elektronen und Magnetfeld.

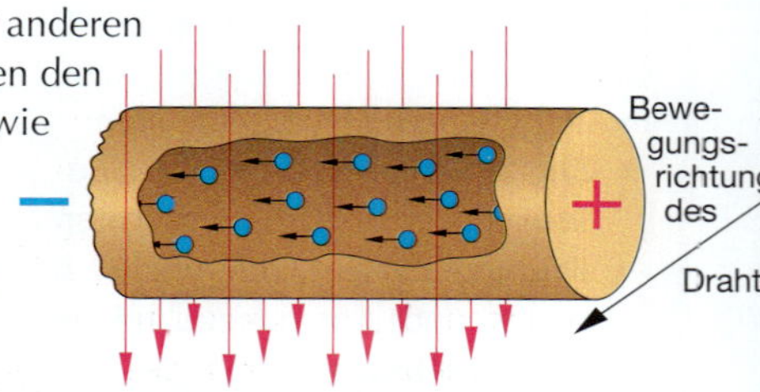

Bewegte Elektronen im Magnetfeld erfahren senkrecht zur Bewegungsrichtung und senkrecht zur Richtung des Magnetfeldes die Lorentzkraft.

Aufgaben

1 Erkläre, was geschieht, wenn im Foto oben der Leiter durch eine Spule ersetzt wird.

2 Ein Sprungseil aus Kupferlitze wird an ein empfindliches elektrisches Messgerät angeschlossen. Beim Springen mit diesem Seil zeigt das Messgerät Ausschläge. Erkläre.

3 Erkläre mithilfe der Lorentzkraft, warum bei der Bewegung einer Spule (Leiterschleife) in einem homogenen Magnetfeld parallel oder senkrecht zu den Feldlinien keine Spannung induziert wird. (*Hinweis:* Untersuche die Elektronenbewegung in jedem geradlinigen Teil der Schleife.)

Beobachten – Beschreiben – Erklären

Durchblick

Ein wesentliches Verfahren des naturwissenschaftlichen Erkenntnisprozesses ist das induktive Verfahren, also das Ableiten allgemeiner Gesetzmäßigkeiten aus Einzelbeobachtungen.

1. Beobachtung

Am Zeigerausschlag des Messgeräts ist zu sehen, dass eine Induktionsspannung entsteht, wenn Magnet und Spule gegeneinander bewegt werden.
Die Untersuchung des Spezialfalls einer Spule, die sich in einem homogenen (gleichmäßigen) Magnetfeld bewegt, zeigt, welche Bewegungen zu Induktion führen und welche nicht.

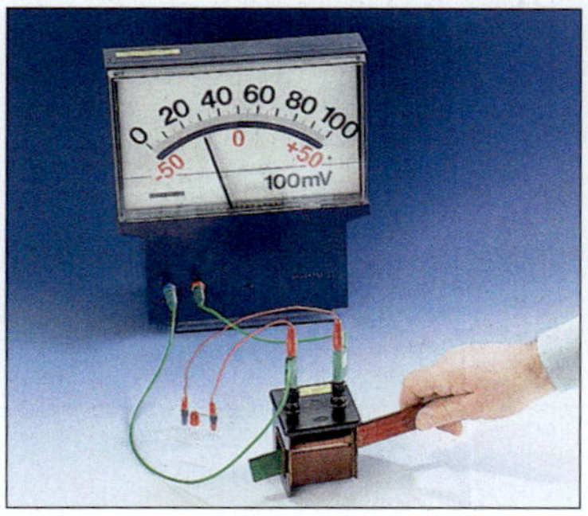

Die Beobachtung erfolgt mit unseren Sinnen. Physikalische Größen, die der direkten Beobachtung nicht zugänglich sind, werden indirekt beobachtet, d. h. über ihre Wirkungen. Hierzu werden Mess- oder Nachweisinstrumente verwendet. Zum Beispiel lässt sich elektrischer Strom mit einem Drehspulinstrument nachweisen, die Stromstärke kann gemessen werden.

2. Beschreibung

Induktion tritt auf,

- wenn die Spule in einen Bereich geführt wird, in dem das Magnetfeld stärker oder schwächer ist;
- wenn die Spule im Magnetfeld gedreht wird;
- wenn sich die Stärke des Magnetfelds ändert;

allgemein: wenn sich das Magnetfeld ändert, das die Induktionsspule durchsetzt.

Die Beschreibung hält fest, was die verschiedenen Induktionsvorgänge gemeinsam haben. Eine Reihe ähnlicher Phänomene wird beschrieben, die alle zum selben Ergebnis führen.
Zum Vergleich: In der Mechanik beschreibt der Energieerhaltungssatz als übergeordnetes Prinzip, was alle mechanischen Vorgänge gemeinsam haben.

3. Erklärung

Die Linke-Hand-Regel aus dem Leiterschaukelversuch zeigt, dass die Elektronen im roten Drahtstück durch die Lorentzkraft längs des Drahts zum rechten Anschluss der Leiterschleife bewegt werden, während die Kraft auf die Elektronen in den blauen Drahtstücken senkrecht zum Draht wirkt und daher die Elektronen nicht bewegt. Dadurch entsteht in der Spule eine Induktionsspannung mit der angegebenen Polung.
Somit erklärt sich die Induktion bei einer Spule durch die Induktion bei der Leiterschaukel, die wiederum auf die Lorentzkraft zurückgeht, die bewegte Ladungsträger in einem Magnetfeld erfahren.

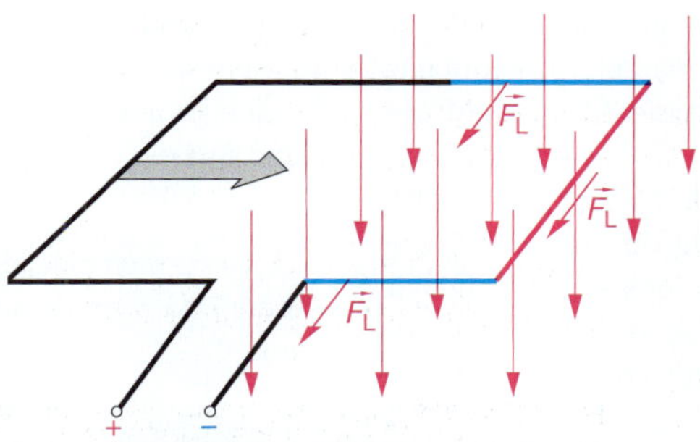

induzierte Spannung

Erklären bedeutet in der Physik, dass komplexe Phänomene durch Nachdenken auf einfachere Grundphänomene zurückgeführt werden. Es entspricht dem Beweisen in der Mathematik, wo Sätze durch logisches Schließen auf elementarere Grundtatsachen zurückgeführt werden.
Diese Grundphänomene versucht die Wissenschaft ebenfalls zu erklären. Bei der Erklärung der Induktion blieb allerdings die Frage offen, woher die Lorentzkraft kommt. Bisher lässt sich diese Frage nicht beantworten. Die Physik fragt aber stets weiter. So ist die naturwissenschaftliche Suche nach Erkenntnis prinzipiell nie abgeschlossen.

Wechselspannung

Zentraler Versuch

Dreht sich eine Induktionsspule in einem homogenen Magnetfeld, so pendelt der Zeiger des Spannungsmessers regelmäßig hin und her. Solange sich die Spule im Magnetfeld dreht, entsteht eine Spannung mit wechselnder Größe und Polung. Nach jeder Drehung werden wieder gleiche Zustände erreicht. Bei gleichbleibender Drehzahl zeigt das Oszilloskop einen charakteristischen Verlauf der Spannung, eine wellenförmige Kurve. Eine solche Spannung wird **Wechselspannung** genannt, da die Polarität laufend wechselt.

Auch das Versorgungsnetz der Haushalte hat Wechselspannung mit einer Frequenz von 50 Hz. Dies entspricht 100 Wechseln der Polarität in jeder Sekunde.

Wie es zu diesem zeitlichen Verlauf der Spannung kommt, lässt sich mithilfe des Feldlinienbildes verstehen: Dazu werden die Feldlinien gezählt, die von der Spule bei zwei verschiedenen Stellungen umfasst werden. Die Differenz Δz ist ein Maß für die Änderung und entscheidend für die induzierte Spannung. So kommt es zur maximalen Änderung, wenn die magnetischen Feldlinien parallel zur Spulenquerschnittsfläche verlaufen – obwohl das von der Spule umfasste Magnetfeld am kleinsten ist.

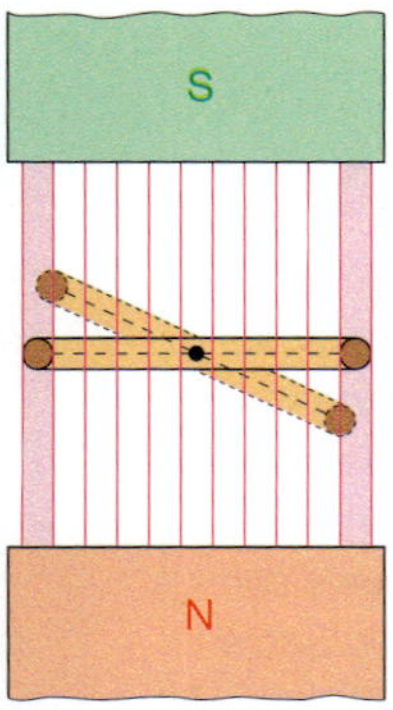

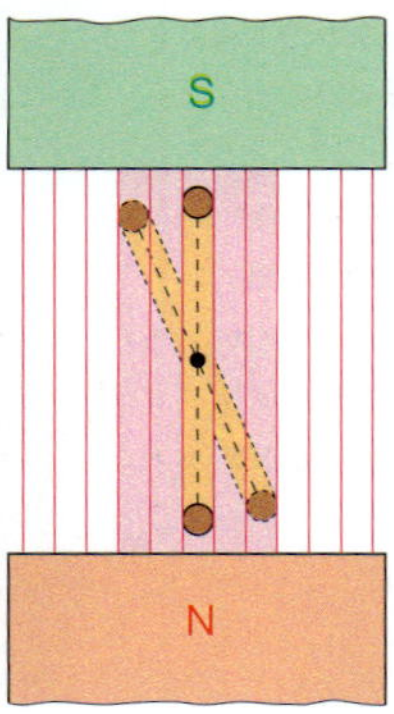

Für die Erzeugung der Wechselspannung ist nur die Änderung des von der Spule umfassten Magnetfeldes wichtig. Dabei kann auch die Induktionsspule fest stehen und der Magnet sich drehen.

Die Grafik unten zeigt, dass sich die Größe der Induktionsspannung auf diese Weise laufend von null auf +maximal über null zu –maximal und wieder auf null usw. ändert. Die Spannung schwankt periodisch bei gleichmäßiger Drehung der Induktionsspule in einem homogenen Magnetfeld. Das ergibt den beobachteten wellenförmigen Verlauf der Spannung. Wird eine solche Wechselspannung an einen Stromkreis angelegt, so wechselt der Strom in diesem Kreis laufend seine Richtung.

Wie verhalten sich die Elektronen bei **Wechselstrom?**
Alle beweglichen Elektronen im Stromkreis – auch in der Quelle und in einem angeschlossenen Gerät – schwingen gemeinsam sofort im ganzen Kreis um eine Mittellage hin- und her. Dabei wird Energie fast ohne zeitliche Verzögerung von der elektrischen Quelle zum Energiewandler Elektrogerät transportiert. Auch bei Gleichstrom wird Energie sehr schnell übertragen – viel schneller, als es der Strömungsgeschwindigkeit einzelner Elektronen entsprechen würde, da sich alle Elektronen beim Schließen des Stromkreises gleichzeitig in Bewegung setzen.
Das unterschiedliche Verhalten der Elektronen bei Gleich- und Wechselstrom ist vergleichbar mit den Arbeitsweisen einer Stichsäge und einer Kettensäge. Mit beiden kann Holz gesägt werden, aber auf unterschiedliche Arten.

An den Enden einer Spule entsteht eine Wechselspannung, wenn die Spule in einem Magnetfeld rotiert.

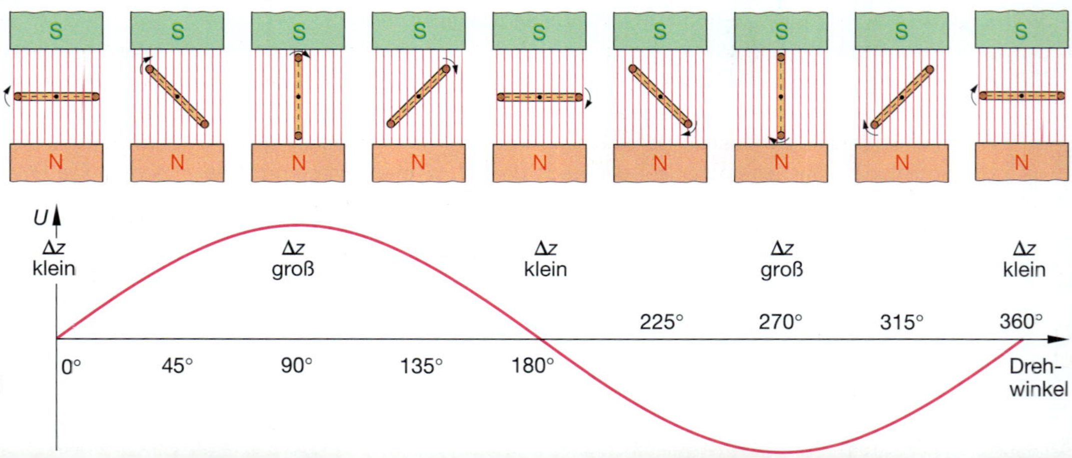

Wechselstromgenerator

Durch das Drehen des Rotors (Dauermagnet) werden die feststehenden äußeren Statorspulen (Induktionsspulen) laufend unterschiedlich vom Magnetfeld durchsetzt. Durch die Form von Rotor und Stator wird das Magnetfeld optimal zur Erzeugung des Wechselstromes genutzt.

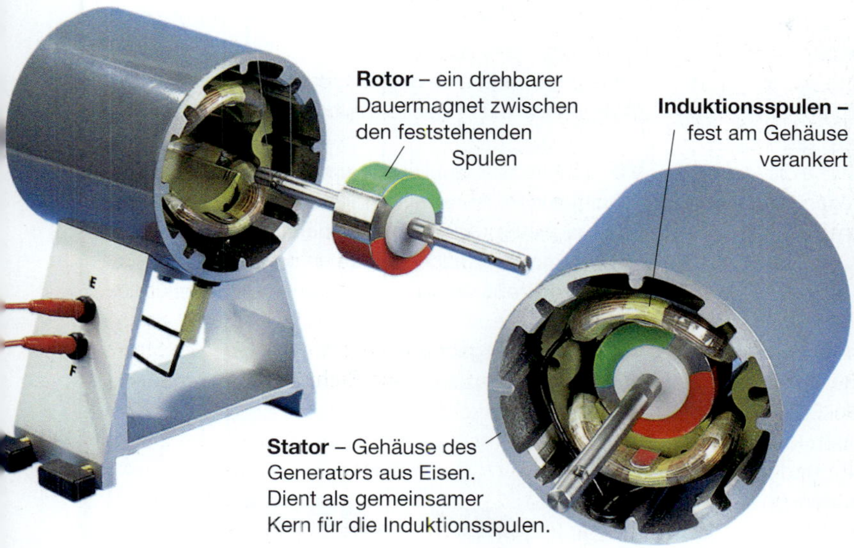

Vorteile der Generatoren mit feststehenden Induktionsspulen:
Die fest angebrachten Kontakte ermöglichen die Abnahme sehr großer Stromstärken. Befinden sich die Induktionsspulen dagegen im Anker, dann treten bei hohen Stromstärken Funken und damit ein starker Abrieb an den Schleifringen auf. Dies hat größere Verluste und eine hohe Störanfälligkeit zur Folge.
Es gibt auch die Möglichkeit, den rotierenden Dauermagneten durch einen Elektromagneten bei fest stehenden Induktionsspulen zu ersetzen. Denn für diesen Feldmagneten reichen relativ geringe Stromstärken aus, die problemlos über Schleifringe zugeführt werden können.

Generator ÷ Motor – zwei Seiten einer Medaille

Generator und Motor haben im Prinzip den gleichen Aufbau: Immer geht es um die Wandlung von mechanischer oder elektrischer Energie. Je nachdem, in welcher Richtung die Wandlung erfolgt, arbeitet die Maschine

als Generator $E_{mech} \Rightarrow E_{el}$
oder
als Motor $E_{el} \Rightarrow E_{mech}$.

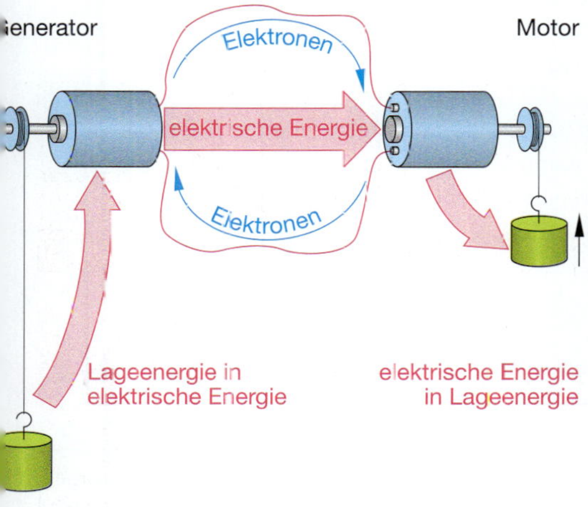

Jeder Motor kann als Generator und jeder Generator als Motor betrieben werden.
In der Technik werden allerdings unterschiedliche Bauformen eingesetzt, um jeweils einen hohen Wirkungsgrad zu erzielen.

Aufgaben

1 Eine Induktionsspule befindet sich im Magnetfeld eines Elektromagneten. Vergleiche die Induktionsspannungen
a) beim Einschalten des Stromkreises;
b) beim Unterbrechen;
c) beim Umpolen der Stromrichtungen.

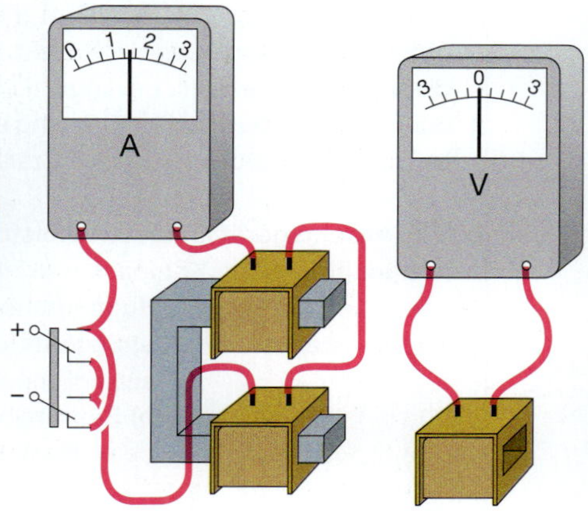

2 Die Spule im zentralen Versuch vollführe zehn Drehungen pro Sekunde. Wie oft wechselt dabei die Spannung ihr Vorzeichen?

3 Ein Stabmagnet wird mit der Geschwindigkeit v_0 durch eine Spule hindurch bewegt. Dabei wird eine Maximalspannung von U_0 induziert.
a) Erläutere, was sich über die induzierte Maximalspannung aussagen lässt, wenn die Geschwindigkeit
① größer als v_0, ② kleiner als v_0, ③ gleich null ist.
b) Beschreibe die Bewegung des Zeigers des Spannungsmessers. Begründe deine Aussage.

4 Das Foto unten zeigt, dass ein Motor auch als Generator betrieben werden kann. Erkläre.

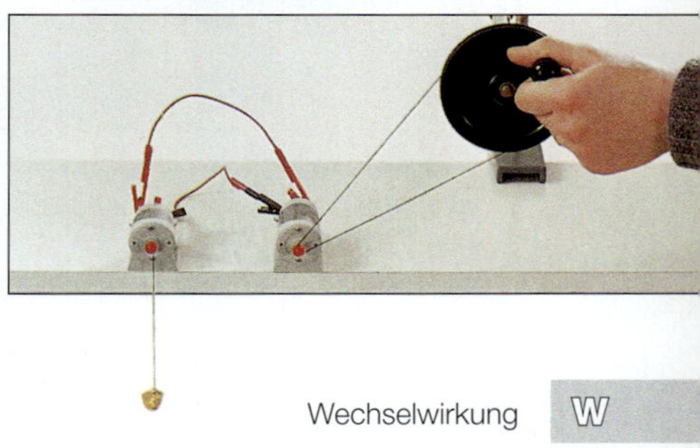

Versuche und Aufträge — Induktion

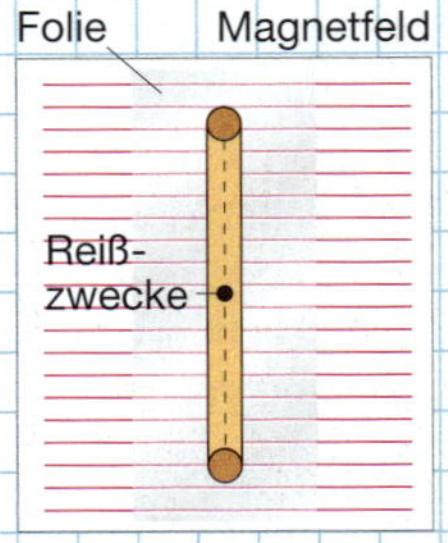

V1 Zeichne das Feldlinienbild eines homogenen Magnetfeldes auf ein Blatt Papier und eine Gerade auf eine Folie. (Die Gerade soll eine Spule symbolisieren). Bringe mit einer Reißzwecke die Folie so über der Felddarstellung an, dass die „Spule“ im „Feld“ drehbar ist.

a) Ermittle die Änderung der Anzahl der Feldlinien, die die Spule durchsetzen, bei verschiedenen Stellungen der Spule bei jeweils einer Drehung um 10°.

b) Trage die Ergebnisse in eine Grafik ein.

V2 Anzeigegerät für Induktionsströme und -spannungen: Um einen Kompass werden 20 Wicklungen Kupferdraht gewickelt.

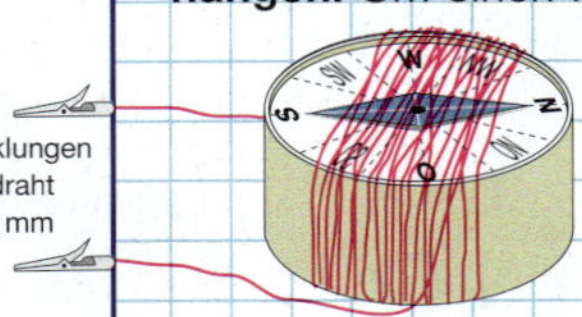

a) Lege an die Enden unterschiedliche Spannungen.

b) Beschreibe und erkläre deine Beobachtung.

V3 Verbinde eine Spule mit einer LED oder einem Spannungsmesser. Nimm mehrere Keramikmagnete. Füge sie zu unterschiedlich starken Magneten zusammen. Führe diese in die Spule hinein bzw. heraus und an der Spule vorbei. Halte deine Beobachtung in einer Tabelle fest. Erkläre die Ergebnisse.

V4 Schalte drei Spulen mit unterschiedlicher Anzahl von Windungen in Reihe mit einem Spannungs messer. Stelle die Spulen auf ein Schaumstoffkissen.

a) Lasse einen Stabmagneten aus immer gleicher Höhe nacheinander in die drei Spulen fallen. Zeichne auf, wie groß jeweils der Ausschlag am Messgerät ist.

b) Trage die Ergebnisse in eine Tabelle ein. Erkläre die Messergebnisse.

V5 Nimm ein Fahrrad mit einem Dynamo. Stelle das Fahrrad auf den Kopf und kopple den Dynamo an. Versetze das Rad und damit den Dynamo in Drehung. Stelle fest, wie lange sich das Rad dreht, wenn

a) beide Lampen (Scheinwerfer und Rücklicht),

b) wenn nur das Rücklicht,

c) wenn keine Lampe angeschlossen ist.

d) Begründe deine Beobachtungen.

V6 Schalte drei Spulen mit unterschiedlichen Querschnitten in Reihe mit einem Messgerät. Tauche einen Stabmagneten oder einige übereinander gesetzte Keramikmagnete nacheinander in die Spulen.

a) Gib die Größe des Ausschlags auf dem Spannungsmesser an.

b) Erkläre die Ergebnisse.

c) Gilt: „Die induzierte Spannung ist umso größer, je größer der Querschnitt der Spule ist.“?

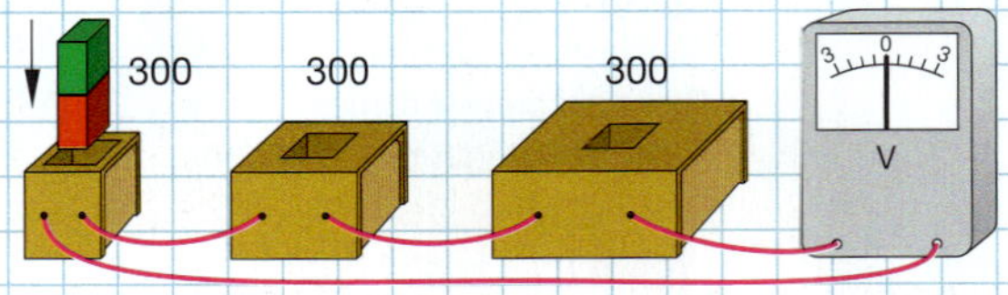

V7 Hänge einen Magneten an eine Feder. Lasse den Magneten in einer Spule schwingen. Vergleiche die Bewegung des Magneten, wenn

a) die Spule mit einer Lampe verbunden ist;

b) bei offenem Stromkreis;

c) bei kurzgeschlossener Spule.

d) Erkläre die Beobachtungen. Denke an die Energiewandlung.

V8 Untersuche, wie sich ein Eisenkern in einer Spule auf die Größe der Induktionspannung auswirkt. Lasse bei allen Versuchen die Feldspule jeweils unverändert.

V9 a) Welche Untersuchungen zur Induktion lassen sich mit der folgenden Experimentieranordnung durchführen?

b) Plane die entsprechenden Experimente. Sage die Ergebnisse voraus.

c) Zeichne die Feldlinienbilder.

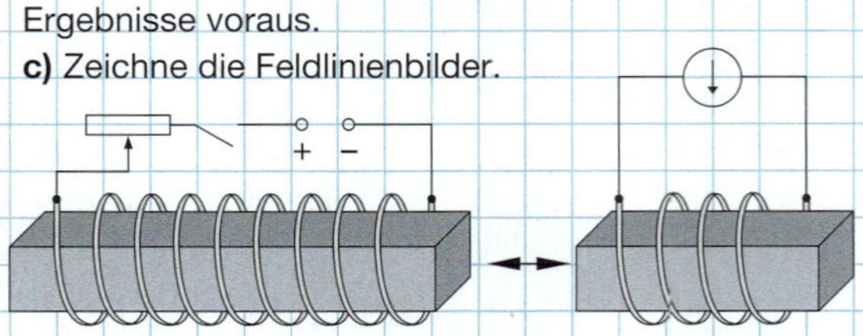

Ohne Induktion kein Hören von Musik!

Streifzug

Der Lautsprecher

In einem **dynamischen Lautsprecher** bewegt sich die in den Magneten eintauchende Spule im Rhythmus der Sprache oder der Musik.
Da sich die Windungen der Spule in einem Magnetfeld befinden, wirkt auf die bewegten Elektronen im Spulendraht die Lorentzkraft. Dies führt zu einer Bewegung der Spule. Die Spule ist mit einer steifen Membran verbunden, die die Luft davor zum Schwingen bringt – wir hören Sprache, Geräusche oder Musik.

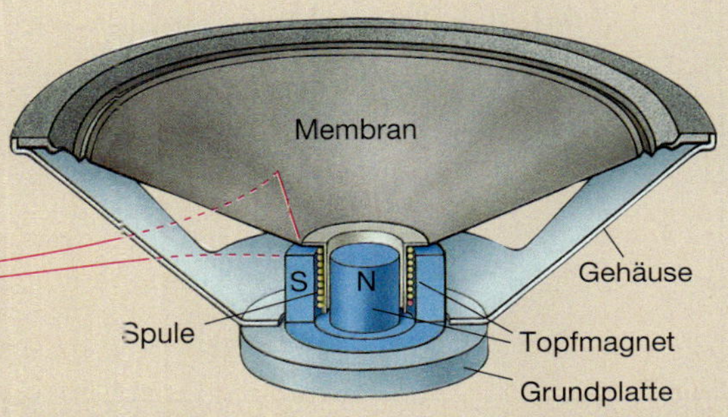

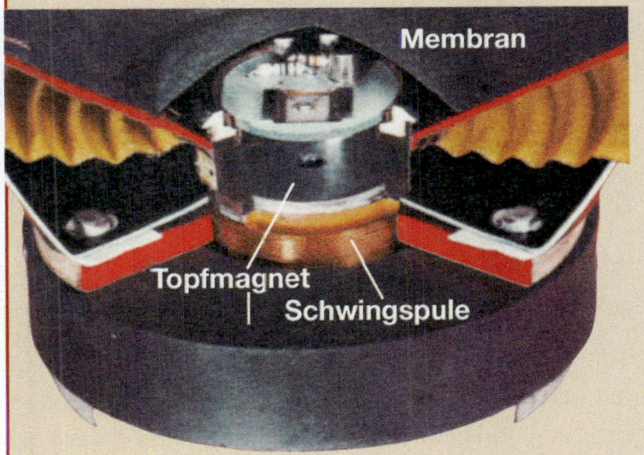

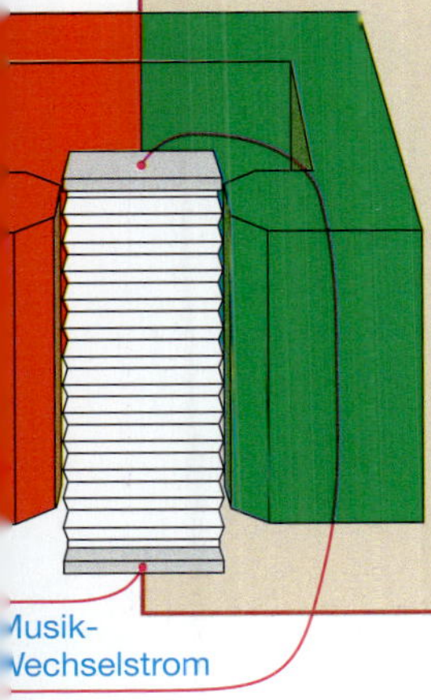

Im **Bändchen-Lautsprecher** ist das sehr dünne und etwa 0,5 cm breite Bändchen Leiter („Spule") und Membran zugleich. Es befindet sich im homogenen Magnetfeld des Lautsprechermagneten. Infolge der Lorentzkraft schwingt es auch im Rhythmus des durch die Musik bestimmten Wechselstromes und regt dabei die Luftsäule zu Schwingungen an. Dabei können Töne im Bereich von 350 Hz bis zu 20 kHz entstehen.

Magnetstreifen und Festplatten

Eine **Festplatte** besteht aus rotierenden Aluminium-Scheiben und bewegbaren kombinierten Schreib-Lese-Köpfen. Die Anzahl der Scheiben und die Anzahl der Schreib-Lese-Köpfe sind von der Bauart der jeweiligen Festplatte abhängig.

- Beim *Schreiben* werden auf der magnetisierbaren Schicht einer Scheibe kleinste Flächen mithilfe des Magnetfeldes einer Spule magnetisiert. Dabei polarisiert die Spule die magnetisierbare Fläche in zwei unterschiedlichen Richtungen. Dies entspricht den elektronisch interpretierbaren Werten 0 und 1.
- Das *Lesen* einer beschriebenen Festplatte ist praktisch die Umkehrung des Schreibens: Eine Spule wird über die magnetisch unterschiedlich polarisierten Flächen geführt. Das magnetische Wechselfeld induziert in der Spule unterschiedlich gepolte Spannungen bzw. Ströme, die elektronisch als 0 und 1 interpretiert werden können.

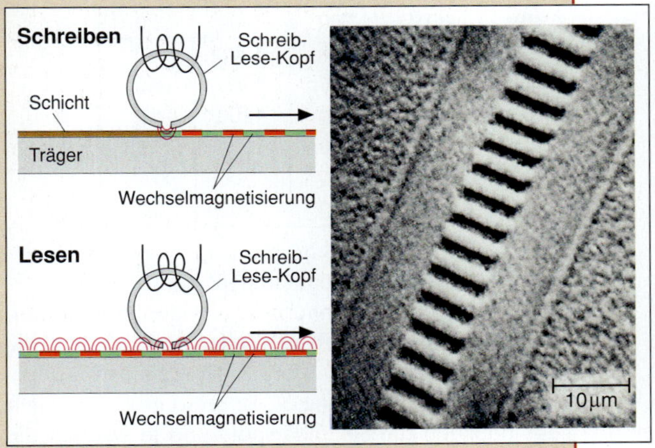

Der *Streifen* einer **Magnetkarte** besteht aus magnetischem Metalloxid. Auf ihm sind Daten gespeichert, die von einem Lesegerät zur Durchführung eines Vorganges ausgelesen werden. Ein Magnetstreifen verfügt über eine Speicherkapazität von 1024 bit, die auf drei Spuren verteilt sind. Die ersten beiden Spuren können nur gelesen werden, während die dritte Spur auch beschreibbar ist. Auf ihr werden bei Kreditkarten z. B. die letzten Transaktionen notiert.

Der Transformator als Spannungswandler

Ein Experimentiertransformator besteht aus einem U-förmigen Eisenkern, zwei Spulen und einem Joch. Eine der Spulen (die Primärspule) wird an eine Wechselspannung angeschlossen. Ein an die Sekundärspule angeschlossenes Spannungsmessgerät registriert dann ebenfalls eine Wechselspannung, im gezeigten Fall eine fast 4-mal so große Spannung.
Wird hingegen eine konstante Gleichspannung benutzt, so zeigt das Spannungsmessgerät an der Sekundärspule keine Spannung. Erst wenn der Primärstromkreis periodisch mit einem Schalter unterbrochen wird, kann auf der Sekundärseite eine Spannung registriert werden und zwar wiederum eine Wechselspannung.

Welchen Einfluss haben die Windungszahlen n_1 und n_2 der Spulen des Transformators und die Primärspannung U_1 auf die sekundärseitig zu messende Spannung U_2?

U_1	U_2	n_1	n_2	$\frac{n_2}{n_1}$	$\frac{U_2}{U_1}$
10 V	19 V	300	600	2,0	1,9
20 V	38 V	300	600	2,0	1,9
30 V	56 V	300	600	2,0	1,9
10 V	27 V	300	900	3,0	2,7
20 V	53 V	300	900	3,0	2,7
30 V	80 V	300	900	3,0	2,7
10 V	38 V	300	1200	4,0	3,8
20 V	74 V	300	1200	4,0	3,7
30 V	110 V	300	1200	4,0	3,7
10 V	3 V	900	300	0,33	0,3
20 V	6 V	900	300	0,33	0,3
30 V	9 V	900	300	0,33	0,3

Den Messwerten ist zu entnehmen:

- Wird die Primärspannung U_1 verdoppelt, verdreifacht, ..., so verdoppelt, verdreifacht, ... sich auch die Sekundärspannung U_2. Es gilt: $U_1 \sim U_2$.
- Die Sekundärspannung U_2 ist umso größer, je mehr Windungen die Sekundärspule und je weniger die Primärspule hat.

Größte Vorsicht bei allen Versuchen mit Transformatoren!

Versuche mit Transformatoren können gefährlich sein! Zum Beispiel bewirkt eine Primärspule mit 50 und eine Sekundärspule mit 600 Windungen bei einer Primärspannung von 6 V eine lebensgefährliche Sekundärspannung von etwa 72 V.

Zentraler Versuch

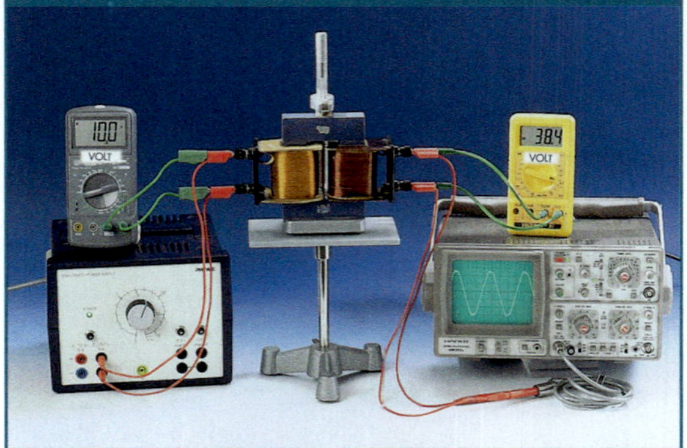

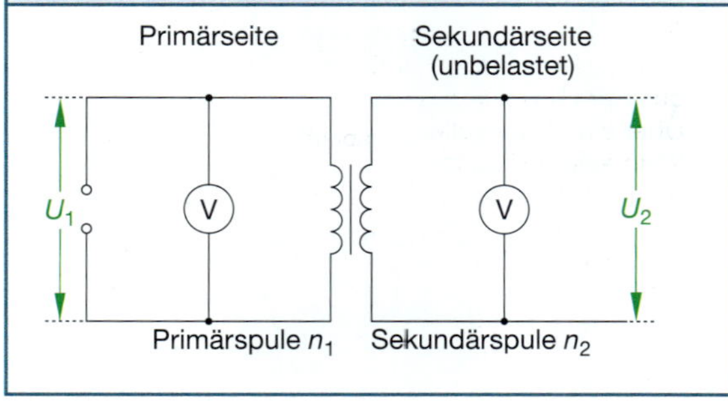

Zusammengefasst: Ein Transformator kann die Spannung transformieren, d. h. vergrößern oder verkleinern. Die Größe der Sekundärspannung hängt vom Verhältnis der Windungszahlen $\frac{n_2}{n_1}$ ab.

$$\frac{U_2}{U_1} = \frac{n_2}{n_1}$$

Für die Sekundärspannung ergibt sich damit:

$$U_2 = U_1 \cdot \frac{n_2}{n_1}$$

Diese Formel gilt für den Transformator im „Leerlauf", d. h. es sind keine Bauteile oder Geräte an die Sekundärspule angeschlossen. Der Transformator ist nicht „belastet".

Mit einem Transformator lassen sich Wechselspannungen vergrößern oder verkleinern. Konstante Gleichspannungen lassen sich mit ihm nicht verändern. Beim unbelasteten Transformator ist die Sekundärspannung U_2 (Ausgang) proportional zur Primärspannung U_1. Das Verhältnis der Windungszahlen von Sekundär- und Primärspule ist der Proportionalitätsfaktor.

$U_2 = U_1 \cdot \frac{n_2}{n_1}$; $\quad \frac{U_2}{U_1} = \frac{n_2}{n_1}$

Trafos mit variablen Sekundärspannungen

Bei **Stufentrafos** hat die Sekundärspule mehrere Abgriffe mit unterschiedlichen Windungszahlen. Dadurch können verschiedene Spannungen abgenommen werden.

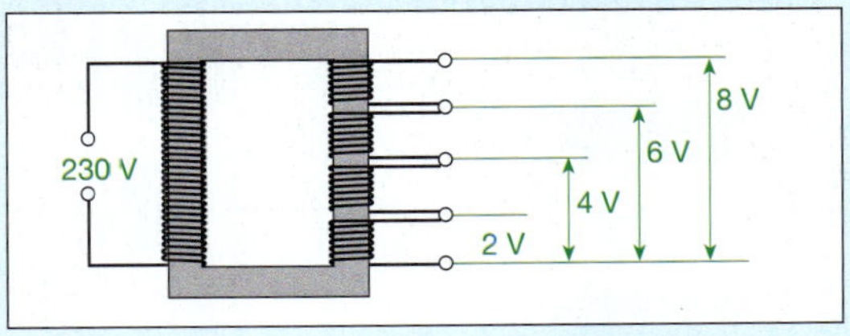

Bei einem **Stelltrafo** sind Eingangs- und Ausgangsspule auf einen ringförmigen Kern gewickelt. Über eine Kohlerolle kann eine beliebige Spannung auf der Sekundärseite abgenommen werden.

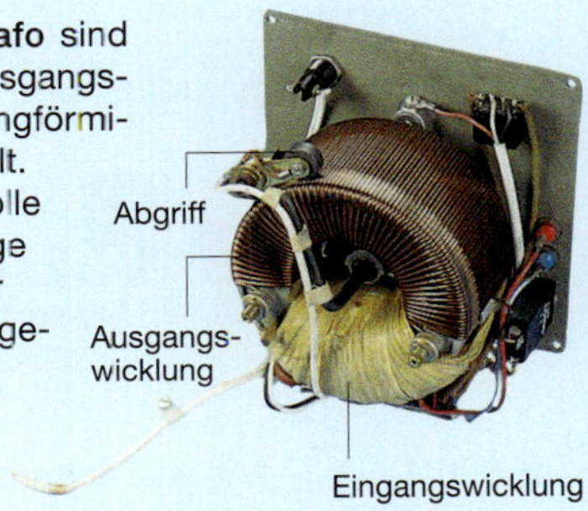

Elektronische Trafos

Viele moderne Trafos sind genau genommen Schaltnetzteile, bei denen die zu transformierende Spannung durch eine elektronische Schaltung mit hoher Frequenz periodisch unterbrochen und erst dann an einen Transformator angelegt wird.
Der eigentliche Transformator kann bei diesen Geräten sehr klein sein, wodurch das gesamte Gerät erheblich leichter wird. Ein Vorteil, den jeder Handy-Besitzer zu schätzen weiß. Mithilfe von Schaltnetzteilen können auch Gleichspannungen transformiert werden – eine weiterer Vorteil dieser Geräte.
Das untere Bild zeigt ein geöffnetes Netzteil mit herkömmlichem Trafo mit relativ schwerem Eisenkern.

Rechenbeispiel

Ein Transformator hat zwei Spulen mit 400 und 1600 Windungen. Wie groß ist die Sekundärspannung, wenn an die 1600er Spule eine Wechselspannung von 230 V angelegt wird?

Geg.: $U_1 = 230\ \text{V}$
$n_1 = 1600$
$n_2 = 400$

Ges.: U_2

Lösung: $U_2 = U_1 \cdot \frac{n_2}{n_1}$
$= 230\ \text{V} \cdot \frac{400}{1600}$
$= 230\ \text{V} \cdot \frac{1}{4} = 57{,}5\ \text{V}$

Die durch den Trafo bereitgestellte Spannung beträgt 57,5 V.

Aufgaben

1 Bei einem Experimentier-Transformator stehen Spulen mit 300, 600 und 1500 Windungen zur Verfügung.
Erläutere, in welche Spannungen sich die 230 V des Haushaltsnetzes damit transformieren lassen. Betrachte alle möglichen Spulenkombinationen.

2 Ein Transformator hat 750 Windungen auf der Primärseite und 150 Windungen auf der Sekundärseite. Berechne, welche Ausgangsspannung vorliegt, wenn der Transformator an die Steckdose zuhause angeschlossen wird.

3 An die Primärspule (1000 Windungen) eines Trafos wird eine Taschenlampenbatterie mit 4,5 V angeschlossen. Wie groß ist die Spannung auf der Sekundärseite mit 500 Windungen? Begründe deine Antwort.

4 Begründe anhand eines selbstgewählten Beispiels, weshalb das Experimentieren mit Transformatoren auch bei ungefährlicher Eingangsspannung lebensgefährlich sein kann.

5 Nenne mehrere Geräte in eurem Haushalt, die mit einem Schaltnetzteil betrieben werden.

6 Ein Stufentrafo für 230 V mit einer Primärwindungszahl von 460 soll Sekundärspannungen von 5 V und 20 V liefern.
Beschreibe und begründe die erforderlichen Eigenschaften der Sekundärspule.

Übertragung elektrischer Energie durch Hochspannung

Elektrische Energie wird in Kraftwerken erzeugt, deren Standort von ihrem Typ abhängt: Wärmekraftwerke werden in der Umgebung der Kohle-Abbaugebiete und wegen ihres großen Bedarfs an Kühlwasser in der Nähe von Flüssen gebaut, Speicherkraftwerke im Hoch- oder Mittelgebirge. Die erzeugte elektrische Energie muss meist über große Entfernungen zu den Endnutzern transportiert werden.

Der Träger der elektrischen Energie ist der Elektronenstrom. Elektrische Energie kann daher nur von einem Ort zu einem anderen transportiert werden, wenn gleichzeitig elektrischer Strom fließt. Zwangsläufig treten dabei in den Leitungen Verluste auf, da sich die Kabel ja wegen ihres Widerstandes bei Stromfluss erwärmen und damit ein Teil der elektrischen Energie als entwertete Energie in die Umgebung abfließt.

Je größer dabei die Stromstärke ist, desto mehr Energie wird entwertet: Soll z. B. eine elektrische Leistung von 920 MW übertragen werden, so wäre bei der üblichen Generatorspannung von 20 000 V eine Stromstärke

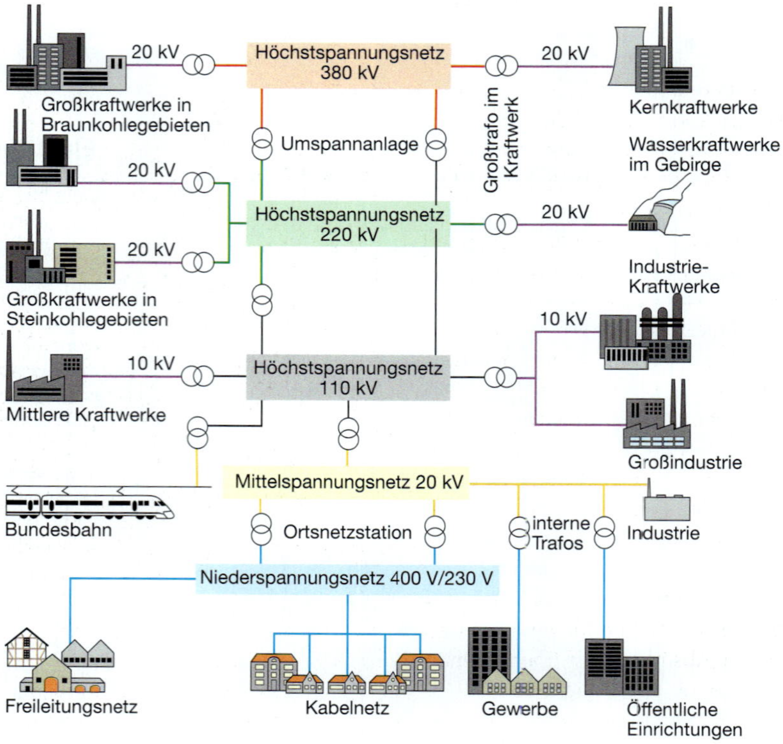

$$I = \frac{P}{U} = \frac{920 \cdot 10^6\,\text{VA}}{20 \cdot 10^3\,\text{V}} = 46\,000\ \text{A}$$

nötig. Eine so große Stromstärke führt zu einem Übertragungsverlust durch Energieabgabe an die Umgebung von mehr als 10 %! Dieser Leitungsverlust könnte reduziert werden, indem die Leitungsquerschnitte stark vergrößert würden. Dies hätte aber zur Folge, dass die Überlandleitungen mehr als 1 m dick, folglich sehr schwer und immens teuer würden.

Aber es kommt noch etwas dazu: Der Endnutzer liegt in Reihe mit den Übertragungsleitungen. Die Generatorspannung teilt sich daher entsprechend den Einzelwiderständen auf Leitungen und Nutzer auf. Weil der Widerstand der Leitungen sehr hoch ist im Vergleich zu dem des Nutzers bleibt für diesen fast nichts mehr von der Generatorspannung übrig! Das Foto unten zeigt das sehr eindrucksvoll bei „normalen" Spannungen.

Zentraler Versuch

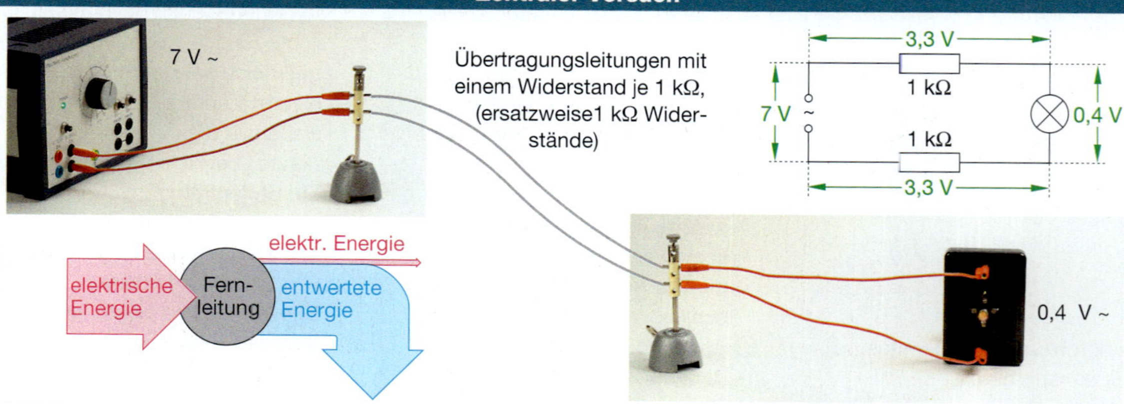

Um dennoch viel Energie übertragen zu können, wird die Generatorspannung durch Transformatoren auf 380 000 V heraufgesetzt. Die gleiche Leistung kann dann bei einer Stromstärke von nur noch ca. 2400 A übertragen werden. Für diese Stromstärke genügen etwa 1 cm dicke Aluminiumkabel.
Das Foto unten zeigt den entsprechenden Versuchsaufbau. Das Lämpchen rechts leuchtet, da der Spannungsabfall an den Widerständen der „Hochspannungs-Übertragungsleitungen“ viel weniger ins Gewicht fällt als bei Niederspannung.

Wenn Transformatoren belastet werden, erwärmt sich ihr Kern, was zu einem Absinken der übertragenen Energie führt. Um diese Verluste zu minimieren, müssen die Trafos gekühlt werden. Dazu befinden sich die Spulen und Kerne der Großtransformatoren von Kraftwerken oder Umspannwerken in einem Ölbad. Das Öl nimmt die entstehende Energie auf; über ein Kühlsystem wird sie an die Umgebung abgeführt.

Der Trafo im Bild oben setzt zum Beispiel die 27 000 V, die ein moderner Generator abgibt, auf 220 000 V hoch und gibt dabei eine Leistung von 780 MW ab. Die Energieverluste betragen 0,1 % – immerhin noch rund 800 kW!

Die Generatoren der Kraftwerke erzeugen aus Gründen der Isolation elektrische Energie bei Spannungen von maximal 27 kV. Je nach der zu überbrückenden Entfernung und der zu übertragenden Leistung wird diese Spannung auf 110 kV, 220 kV oder 380 kV hochtransformiert. Als Faustregel gilt: 1 kV Spannung für 1 km Übertragungsstrecke.
Höhere Übertragungsspannungen – bis zu 1 MV – werden in Ländern verwendet, in denen größere Entfernungen überbrückt werden müssen wie in den USA oder Russland. Eine Grenze für die Übertragungsspannung setzt hierbei die Luft, die bei extrem hohen Spannungen nicht mehr ausreichend isoliert.

Überlandleitungen brauchen Platz, sind witterungsanfällig und kein schöner Anblick. Auf sie könnte verzichtet werden, wenn Material mit sehr kleinem spezifischen Widerstand verwendet werden könnte. Supraleiter wären die Lösung, doch der Aufwand für Kühlung und Isolation ist zzt. noch unwirtschaftlich hoch. Als weitere Möglichkeit wird die dezentrale Energieversorgung durch viele Kleinkraftwerke (z. B. Blockheizkraftwerke) diskutiert.

Nur mithilfe von Hochspannung lässt sich elektrische Energie wirtschaftlich über große Entfernungen übertragen.

Lehrerversuch

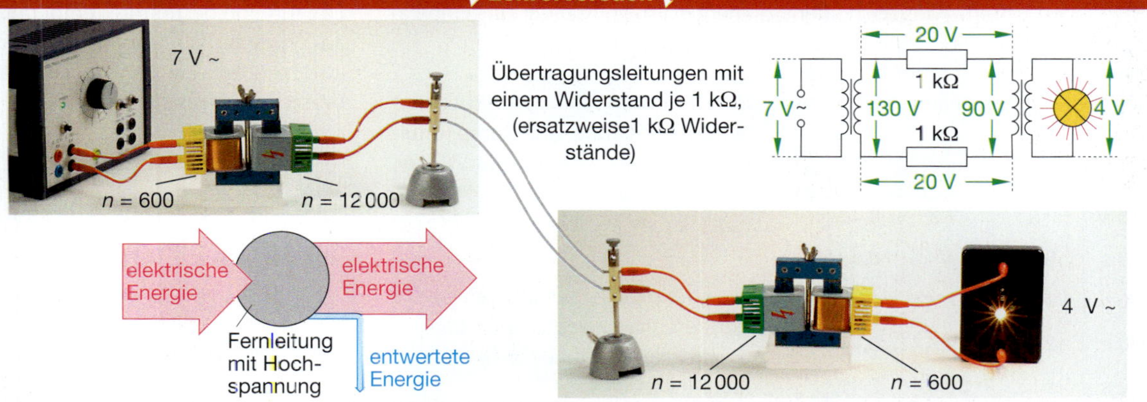

Energieänderung und Temperaturänderung

An heißen Tagen erwärmt die Sonne das Wasser im Freibad um einige Grad. Warum ist die Temperatur des Planschbeckens aber stets höher als die des Schwimmerbeckens? Warum sind eiserne Gullydeckel stets heißer als Steinplatten auf dem Boden. Alle beide bekommen doch von der Sonne die gleiche Menge an Energie! Wovon hängt die Temperaturerhöhung ab, wenn ein Körper Energie absorbiert und dadurch seine thermische Energie zunimmt?

Energiezufuhr – Temperatur

Die einem Körper durch die Sonnenstrahlung zugeführte Energie bewirkt eine Vergrößerung seiner thermischen Energie. Wird die zu geführte Energie vollständig zur Erwärmung des Körpers genutzt, dann steigt seine Temperatur. Um den genauen Zusammenhang zwischen der zugeführten Energie und der Temperaturänderung zu erhalten, müssen beide Größen gleichzeitig bestimmt werden.

Als Energielieferant wird ein Tauchsieder verwendet. Auf seinem Typenschild steht, wie viel Energie er abgibt: In jeder Sekunde sind es z. B. 300 J.
In der Tabelle sind die Messwerte für ein Becherglas mit 100 g Wasser festgehalten. Beim Vergleich der Quotienten aus der zugeführten Energie und der Temperaturänderung lässt sich feststellen, dass diese annähernd gleich sind. Die zugeführte Energie und die Temperaturänderung sind also proportional zueinander: $\Delta E \sim \Delta\vartheta$.

t	ΔE	$\Delta\vartheta$	$\frac{\Delta E}{\Delta\vartheta}$
10 s	3 kJ	7 K	0,43 $\frac{kJ}{K}$
20 s	6 kJ	14 K	0,43 $\frac{kJ}{K}$
30 s	9 kJ	22 K	0,41 $\frac{kJ}{K}$
40 s	12 kJ	29 K	0,41 $\frac{kJ}{K}$
50 s	15 kJ	36 K	0,42 $\frac{kJ}{K}$

Zentraler Versuch

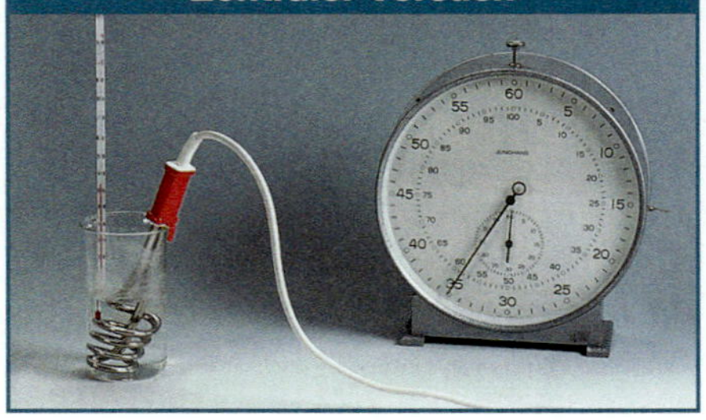

Diese Proportionalität $\Delta E \sim \Delta\vartheta$ gilt allerdings nur, wenn während der Energiezufuhr keine Zustandsänderung eintritt, wenn die zugeführte Energie also vollständig zur Temperaturerhöhung des Körpers führt.

Die Proportionalität zwischen zugeführter Energie und Temperatursteigerung gilt nicht nur für Wasser, sondern für alle Stoffe.

Zugeführte Energie und Temperaturerhöhung sind proportional, wenn keine Zustandsänderungen stattfinden.

Energiezufuhr – Masse

Natürlich ist im Schwimmerbecken mehr Wasser enthalten als im Planschbecken. Vermutlich hat also auch die Menge des Wassers, das erwärmt wird, einen Einfluss auf die Temperatursteigerung. Um das zu untersuchen, wird unterschiedlichen Mengen Wasser wieder mit dem Tauchsieder Energie zugeführt und gemessen, wie viel Energie für eine Temperatursteigerung um jeweils 10 K nötig ist.

Die Messwerte in der Tabelle unten zeigen, dass der Quotient aus zugeführter Energie und erwärmter Masse stets annähernd der gleiche ist. Die für eine bestimmte Temperaturänderung zuzuführende Energie ist also proportional zur Masse des Wassers: $\Delta E \sim m$.

m	t	ΔE	$\frac{\Delta E}{m}$
0,05 kg	14 s	2,10 kJ	43 $\frac{kJ}{kg}$
0,10 kg	28 s	4,20 kJ	42 $\frac{kJ}{kg}$
0,15 kg	43 s	6,45 kJ	43 $\frac{kJ}{kg}$
0,20 kg	56 s	8,40 kJ	42 $\frac{kJ}{kg}$
0,25 kg	68 s	10,20 kJ	41 $\frac{kJ}{kg}$

Auch diese Proportionalität gilt für alle Stoffe, solange während der Energiezufuhr keine Zustandsänderung eintritt.

Jetzt wird die höhere Temperatur des Planschbeckens verständlich: Aufgrund der geringeren Tiefe ist die Wassermenge, die von der einfallenden Sonnenstrahlung erwärmt wird, viel geringer und folglich die Temperatursteigerung viel größer – obwohl die Fläche des Schwimmerbeckens größer ist und es daher mehr Strahlung absorbiert.

Im Versuch wurde dem Wasser so lange Energie zugeführt, bis seine Temperatur um 10 K gestiegen ist. Es waren immer etwa 42 kJ – hochgerechnet auf 1 kg Wasser. Für eine Temperaturerhöhung von 1 kg Wasser um 1 K ist also $\frac{1}{10}$ dieser Energie nötig: 4,2 kJ.

Die für eine bestimmte Temperaturänderung zuzuführende Energie ist zur Masse des Körpers proportional.
Für Wasser gilt: Um die Temperatur von 1 kg Wasser um 1 K zu erhöhen, sind 4,2 kJ Energie nötig.

Rechenbeispiele

1. Berechne die Kosten für ein Wannenbad, wenn die Wanne mit rund 150 Liter Wasser gefüllt wird und die Wassertemperatur 38 °C betragen soll. Das zufließende Leitungswasser hat eine Temperatur von 14 °C.

Geg.: $m = 150\ \text{kg}$; $\Delta\vartheta = (38 - 14)\ \text{K} = 24\ \text{K}$

Ges.: ΔE

Lösung: Um die Temperatur von 1 kg Wasser um 1 K zu erhöhen, sind 4,2 kJ nötig. Daraus ergibt sich für eine beliebige Wassermenge m und eine beliebige Temperatursteigerung $\Delta\vartheta$ eine einfache Formel für die zuzuführende Energie:

$$\Delta E = 4{,}2\ \frac{\text{kJ}}{\text{kg}\cdot\text{K}} \cdot m \cdot \Delta\vartheta$$
$$= 4{,}2\ \frac{\text{kJ}}{\text{kg}\cdot\text{K}} \cdot 150\ \text{kg} \cdot 24\ \text{K} = 15120\ \text{kJ} \approx 15\ \text{MJ}$$

Wenn die Energie von einer Öl- oder Gasheizung bereitgestellt wird, so kosten 1000 kJ etwa 4 Cent. Die Energie für das Bad kostet also 60 Cent – ohne Wasserkosten, die etwa 1,20 € betragen. Insgesamt kostet das Wannenbad etwa 1,80 €.

2. Berechne, wie viel gespart werden kann, wenn anstatt des Bades eine Dusche genommen wird. Die Wassertemperatur soll die gleiche sein, die benötigte Wassermenge beträgt beim Duschen jedoch nur etwa 30 Liter.

Ges.: Kostenersparnis

Lösung: Da die für das Duschen benötigte Wassermenge nur $\frac{1}{5}$ der für das Baden benötigten Wassermenge beträgt, reduzieren sich die entsprechenden Kosten (wegen der sonst gleichen Bedingungen) um denselben Faktor.

Insgesamt betragen die Kosten für das Duschen nur $\frac{1}{5}$ der Kosten für ein Wannenbad, also 36 Cent.

Aufgaben

1 Begründe, warum du eines der beiden Verfahren zum Kartoffelkochen bevorzugen würdest.

2 **a)** Stelle die in den Tabellen angegebenen Werte für
- die zugeführte Energie und die Temperaturänderung
- die zugeführte Energie und die Masse des Wassers

in jeweils einem Diagramm dar.
b) Gib an, welcher Graph gezeichnet werden muss.
c) Lies im ersten Diagramm die zuzuführende Energie für eine Temperaturänderung von 10 K, 20 K, 30 K ab.
d) Lies im zweiten Diagramm die zuzuführende Energie für eine Masse von 120 g, 240 g ab.

3 **a)** Berechne die gesamte Energie, die notwendig ist, um 5 kg Wasser mit der Temperatur 14 °C zum Sieden zu bringen.
b) Diese Energie wird nun der doppelten Wassermenge (14 °C) zugeführt. Berechne die Temperatur, auf die diese Wassermenge erhitzt wird.

4 Wenn an wolkenlosen Sommertagen die Sonne zehn Stunden lang scheint, dann ist insgesamt eine Energie von 18 MJ pro m^2 eingestrahlt worden. Berechne die Temperaturerhöhung im Schwimmbecken (Wassertiefe 2,5 m) und im Planschbecken (Wassertiefe 0,8 m).
(*Hinweis:* Berechne die Temperaturdifferenz für 1 m^2 Wasseroberfläche.)

Energiezufuhr – Stoff

Wenn im Sommer die Sonne längere Zeit scheint, dann werden die Steinplatten im Schwimmbad angenehm warm, ein eiserner Gullydeckel aber unangenehm heiß. Sie bekommen beide gleich viel Energie von der Sonne zugestrahlt und haben auch etwa die gleiche Masse. Die unterschiedlichen Temperaturen könnten darauf beruhen, dass beide aus unterschiedlichen Stoffen hergestellt sind.

Zentraler Versuch

Die sechs Körper im Versuch haben die gleiche Masse und erhalten wegen ihrer jeweils gleich großen Grundfläche die gleiche Energie von der Kochplatte. Trotzdem steigt die Temperatur der Körper in der gleichen Zeit unterschiedlich stark an.

Stoff	c
Aluminium	$0{,}90\ \frac{\text{kJ}}{\text{kg} \cdot \text{K}}$
Beton	$0{,}92\ \frac{\text{kJ}}{\text{kg} \cdot \text{K}}$
Eis	$2{,}09\ \frac{\text{kJ}}{\text{kg} \cdot \text{K}}$
Eisen	$0{,}47\ \frac{\text{kJ}}{\text{kg} \cdot \text{K}}$
Glas	$0{,}86\ \frac{\text{kJ}}{\text{kg} \cdot \text{K}}$
Holz	$2{,}39\ \frac{\text{kJ}}{\text{kg} \cdot \text{K}}$
Kupfer	$0{,}39\ \frac{\text{kJ}}{\text{kg} \cdot \text{K}}$
Porzellan	$0{,}73\ \frac{\text{kJ}}{\text{kg} \cdot \text{K}}$
Sand, Stein	$0{,}84\ \frac{\text{kJ}}{\text{kg} \cdot \text{K}}$
Styropor	$1{,}50\ \frac{\text{kJ}}{\text{kg} \cdot \text{K}}$
Zinn	$0{,}23\ \frac{\text{kJ}}{\text{kg} \cdot \text{K}}$
Milch	$3{,}90\ \frac{\text{kJ}}{\text{kg} \cdot \text{K}}$
Petroleum	$2{,}00\ \frac{\text{kJ}}{\text{kg} \cdot \text{K}}$
Quecksilber	$0{,}14\ \frac{\text{kJ}}{\text{kg} \cdot \text{K}}$
Spiritus	$2{,}43\ \frac{\text{kJ}}{\text{kg} \cdot \text{K}}$
Wasser	$4{,}19\ \frac{\text{kJ}}{\text{kg} \cdot \text{K}}$
Luft	$1{,}01\ \frac{\text{kJ}}{\text{kg} \cdot \text{K}}$
Sauerstoff	$0{,}92\ \frac{\text{kJ}}{\text{kg} \cdot \text{K}}$
Wasserdampf	$1{,}95\ \frac{\text{kJ}}{\text{kg} \cdot \text{K}}$
Wasserstoff	$14{,}28\ \frac{\text{kJ}}{\text{kg} \cdot \text{K}}$

Es hängt also vom Stoff ab, welche Temperaturerhöhung durch die gleiche Energiezufuhr bewirkt wird. Die für eine bestimmte Temperaturerhöhung bei einer bestimmten Masse zuzuführende Energie ist abhängig von einer Stoffkonstanten. Wird als Bezug wieder eine Temperaturänderung von 1 K und eine Masse von 1 kg gewählt, dann ist diese Stoffkonstante die **spezifische Wärmekapazität *c***. Es gilt: $\boldsymbol{\Delta E \sim c}$.

Die Tabelle zeigt, dass die Werte für die spezifische Wärmekapazität von Stoff zu Stoff sehr unterschiedlich sind. Diese Werte sagen aus, wie viel Energie einem Körper der Masse 1 kg zugeführt werden muss, um seine Temperatur um 1 K zu erhöhen. Bei Wasser sind das 4,2 kJ, bei Sand bzw. Stein 0,84 kJ und bei Eisen nur 0,47 kJ. Wird Körpern gleicher Masse die gleiche Energiemenge zugeführt, dann ist der Temperaturanstieg des Körpers am größten, dessen spezifische Wärmekapazität am kleinsten ist, denn er benötigt pro Kelvin Temperaturerhöhung die kleinste Energiemenge.

Die spezifische Wärmekapazität von Wasser ist mit $c_W = 4{,}19\ \frac{\text{kJ}}{\text{kg} \cdot \text{K}}$ besonders hoch. Diese Tatsache wird in der Natur und Technik oft genutzt, z. B. bei der Temperaturregelung im menschlichen Körper, zum Schutz vor Frostschäden bei Pflanzen oder bei Wärmetauschern. Ändert das Wasser allerdings seinen Zustand, so verändert sich auch seine spezifische Wärmekapazität und sinkt

bei Eis auf $c_{\text{W-Eis}} = 2{,}09\ \frac{\text{kJ}}{\text{kg} \cdot \text{K}}$ oder

bei Wasserdampf sogar auf $c_{\text{W-Dampf}} = 1{,}95\ \frac{\text{kJ}}{\text{kg} \cdot \text{K}}$.

Die für eine bestimmte Temperaturerhöhung zuzuführende Energie hängt vom Stoff des Körpers ab. Die spezifische Wärmekapazität *c* gibt an, wie viel Energie einem Körper aus einem bestimmten Stoff mit der Masse 1 kg zugeführt werden muss, damit sich seine Temperatur um 1 K erhöht.

Aufgaben

1 Skizziere in einem Zeit-Temperatur-Diagramm die Kurven für die Erwärmung von 5 kg Eisen und 5 kg Zinn bei gleicher Energiezufuhr. Begründe ihren Verlauf.

2 Viele Teile einer Heizungsanlage sind aus Eisen, können also rosten. Nenne Gründe, warum trotzdem kein Öl (z. B. Petroleum) für den Kreislauf genommen wird, sondern Wasser.

3 Beim Löten kann es passieren, dass du eine Lötperle (Zinn) mit $\vartheta \approx 250$ °C auf die Hand bekommst. Das Ergebnis ist eine kleine Brandwunde. Erkläre, warum es viel schmerzhafter ist, die gleiche Menge „kochendes“ Wasser ($\vartheta \approx$ 100 °C) auf die Hand zu bekommen.

4 Überlege, ob die spezifischen Wärmekapazitäten für Isolierkannen und Kühlflüssigkeiten hoch oder niedrig sein müssen. Begründe deine Antwort.

Die Energie-Temperatur-Gleichung

Für alle Körper gelten drei Proportionalitäten – sofern keine Zustandsänderungen erfolgen, also die gesamte zugeführte Energie nur zu einer Temperaturerhöhung des Körpers führt;

- Energiezufuhr und Temperatursteigerung sind proportional: $E \sim \Delta\vartheta$.
- Um eine bestimmte Temperatursteigerung zu bewirken, muss die zugeführte Energie proportional zur Masse sein: $\Delta E \sim m$.
- Um eine bestimmte Temperaturerhöhung zu bewirken, muss die zugeführte Energie proportional zur spezifischen Wärmekapazität sein: $\Delta E \sim c$.

Alle drei Proportionalitäten können zu einer Proportionalität zusammengefasst werden: $\boldsymbol{\Delta E \sim c \cdot m \cdot \Delta\vartheta}$.

Da sich die Einheiten der Größen auf der rechten Seite gegenseitig „wegkürzen“ bis auf die Einheit Joule, kann diese Proportionalität als Gleichung ohne zusätzlichen Proportionalitätsfaktor geschrieben werden. Sie sagt, wie viel Energie einem Körper zugeführt werden muss, um seine Temperatur um $\Delta\vartheta$ zu erhöhen:
$\boldsymbol{\Delta E = c \cdot m \cdot \Delta\vartheta}$.

Umgekehrt gilt: Wird von einem Körper Energie aufgenommen, ohne dass sich sein Zustand ändert, dann erfolgt eine Temperaturerhöhung des Körpers um $\Delta\vartheta$:
$\Delta\vartheta = \frac{\Delta E}{c \cdot m}$.

Eine weitere Umformung liefert eine Gleichung, mit deren Hilfe die Werte der spezifischen Wärmekapazität für verschiedene Stoffe ermittelt werden kann.

Solange keine Zustandsänderungen auftreten, hängen die Änderung der thermischen Energie eines Körpers und seine Temperaturänderung folgendermaßen zusammen:
$\boldsymbol{\Delta E_{\text{thermisch}} = c \cdot m \cdot \Delta\vartheta}$.

Rechenbeispiele

1. Die Betonplatten im Schwimmbad sind durch Sonneneinstrahlung von 15 °C auf 25 °C erwärmt worden ($c_{\text{Beton}} = 0{,}92\,\frac{\text{kJ}}{\text{kg}\cdot\text{K}}$). Sie haben eine Masse von ca. 4000 kg. Berechne, wie viel Energie die Platten durch die Absorption der Sonnenstrahlung gespeichert haben.

Geg.: $m = 4000\,\text{kg}$; $c_{\text{Beton}} = 0{,}92\,\frac{\text{kJ}}{\text{kg}\cdot\text{K}}$
$\vartheta_1 = 15\,°\text{C}$; $\vartheta_2 = 25\,°\text{C}$

Ges.: Anstieg der Energie ΔE

Lösung: Bestimmung des Temperaturanstiegs:
$$\Delta\vartheta = \vartheta_2 - \vartheta_1 = 25\,°\text{C} - 15\,°\text{C} = 10\,°\text{C} \mathrel{\hat{=}} 10\,\text{K}$$
Bestimmung der Energieänderung:
$$\Delta E = c \cdot m \cdot \Delta\vartheta = 0{,}92\,\frac{\text{kJ}}{\text{kg}\cdot\text{K}} \cdot 4000\,\text{kg} \cdot 10\,\text{K} = 36800\,\text{kJ} = 36{,}8\,\text{MJ}$$

Die Betonplatten haben eine Energie von 36,8 MJ gespeichert.

2. Ein Wasserkocher mit der Leistung 1500 W wird mit zwei Liter kaltem Wasser gefüllt und eine Minute lang eingeschaltet. Berechne die Temperaturerhöhung.

Geg.: $m = 2\,\text{kg}$; $c = 4{,}2\,\frac{\text{kJ}}{\text{kg}\cdot\text{K}}$; $P = 1500\,\text{W}$
$t = 60\,\text{s}$

Ges.: $\Delta\vartheta$

Lösung: Der Tauchsieder gibt an das Wasser in jeder Sekunde 1500 J Energie ab. In 60 Sekunden also insgesamt 90 kJ.
$$\Delta\vartheta = \frac{\Delta E_{\text{thermisch}}}{c \cdot m} = \frac{90\,\text{kJ}}{4{,}2\,\frac{\text{kJ}}{\text{kg}\cdot\text{K}} \cdot 2\,\text{kg}} = 10{,}7\,\text{K}$$

Die Temperatur des Wassers erhöht sich um 10,7 K.

Aufgaben

1 Eine Bremsscheibe aus Eisen (Masse 8 kg) eines Pkw wurde beim Bremsen im Gebirge auf 700 °C erhitzt. Berechne den Energiebetrag, den sie aufgenommen hat.

2 Ein Quader der Masse 150 g wird durch Zufuhr von 2,5 kJ um 43 K erhitzt. Bestimme das Material.

3 Heißer Tee wird in einen Becher aus Porzellan und in einen aus Eisenblech gegossen. Beide Becher haben die gleiche Masse und vorher die gleiche Temperatur. In welchem Becher wird der Tee danach kühler sein? Begründe deine Antwort.

4 Bestimme die Temperaturänderung, die die beiden rechten Quader (aus gleichem Material) erfahren.

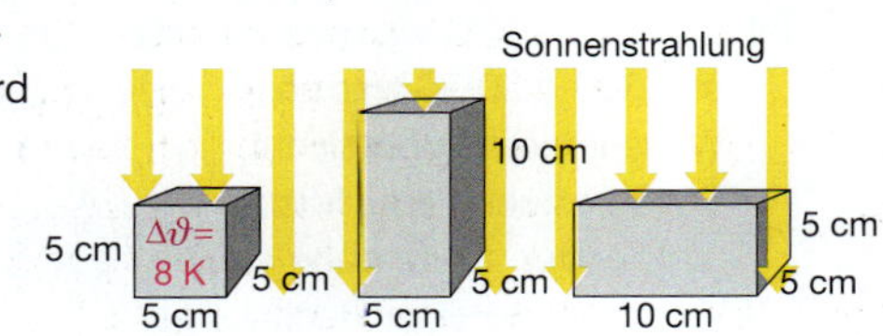

Mischungstemperatur

Werden zwei Wassermengen m_1 und m_2 unterschiedlicher Temperatur ϑ_1 und ϑ_2 ($\vartheta_1 > \vartheta_2$); in ein Becherglas gegossen, so ergibt sich eine gemeinsame Mischtemperatur ϑ_M mit $\vartheta_1 > \vartheta_M > \vartheta_2$. Die thermische Energie des kälteren Wassers nimmt dabei zu (Energieaufnahme ΔE_{auf}), die des wärmeren Wassers nimmt ab (Energieabgabe ΔE_{ab}). Bei Vernachlässigung der Abgabe von Energie an die Umgebung gilt:

Zentraler Versuch

$$\Delta E_{ab} = \Delta E_{auf}.$$

Mit $\Delta E = m \cdot c \cdot \Delta\vartheta$

folgt für $\Delta E_{ab} = m_1 \cdot c_W \cdot (\vartheta_1 - \vartheta_M)$

und $\Delta E_{auf} = m_2 \cdot c_W \cdot (\vartheta_M - \vartheta)$:

$$m_1 \cdot c_W \cdot (\vartheta_1 - \vartheta_M) = m_2 \cdot c_W \cdot (\vartheta_M - \vartheta_2).$$

Dieses Prinzip der Energieübertragung bei Körpern unterschiedlicher Temperaturen ermöglicht auch die Bestimmung von Temperaturen, die die Messbereiche normaler Thermometer überschreiten, z. B. in der Flamme eines Brenners. Dazu wird eine Metallkugel der Masse m_K und der spezifischen Wärmekapazität c_K so lange in eine Flamme gehalten, bis sie die Temperatur der Flamme ϑ_{Flamme} angenommen hat. Danach wird die heiße Kugel schnell in einem Wasserbad mit bekannter Masse m_W, spezifischer Wärmekapazität c_W und Anfangstemperatur ϑ_W vollständig untergetaucht und so lange gewartet, bis die Temperatur nicht mehr steigt. Vor Ablesen der Mischtemperatur ϑ_M muss das Wasser umgerührt werden, damit sich eine gleichmäßige Temperaturverteilung innerhalb des Wassers ergibt und das Ergebnis möglichst genau wird. Auch für diesen Versuch wird die Energieabgabe an die Umwelt (Entwertung) vernachlässigt, sodass gilt:

$$\Delta E_{abK} = \Delta E_{aufW}$$

Mit $m_K \cdot c_K \cdot (\vartheta_K - \vartheta_M) = m_W \cdot c_W \cdot (\vartheta_M - \vartheta_W)$

$$\vartheta_K - \vartheta_M = \frac{m_W \cdot c_W}{m_K \cdot c_K} \cdot (\vartheta_M - \vartheta_W)$$

$$\vartheta_K = \frac{m_W \cdot c_W}{m_K \cdot c_K} \cdot (\vartheta_M - \vartheta_W) + \vartheta_M$$

und $\vartheta_K = \vartheta_{Flamme}$

kann die Temperatur der Flamme über die Energieübertragung bestimmt werden. Durch die Energieabgabe an die Umwelt weicht der so ermittelte Wert vom tatsächlichen natürlich etwas ab, ist aber eine gute Näherung.

Durch Übertragung von Energie kann die Anfangstemperatur der beteiligten Körper näherungsweise ermittelt werden.

Aufgaben

1 **a)** Erläutere, warum der tatsächliche Wert der Flammentemperatur vom ermittelten etwas abweicht. Gehe dabei auch auf die Temperaturverteilung innerhalb der Flamme ein.
b) Erläutere, welche Maßnahmen die Genauigkeit des Versuchs erhöhen.

2 **a)** 100 g 60 °C warmes Wasser und 300 g 20 °C warmes Wasser werden gemischt. Schätze zuerst eine Mischtemperatur. Prüfe dann diesen Wert anhand einer Rechnung.
b) Berechne die Mischtemperatur, wenn das 110 g schwere Becherglas mit den 300 g Wasser mit berücksichtigt wird.

3 Der zentrale Versuch wird mit einer 40 g schweren Messingkugel ($c = 0{,}38\ \frac{kJ}{kg \cdot K}$) und 280 g Wasser mit einer Anfangstemperatur von $\vartheta_W = 22{,}4$ °C durchgeführt. Es ergibt sich eine Mischtemperatur von 35,2 °C. Bestimme die Temperatur der Flamme.

4 In einem Versuchskasten befinden sich zwei Metallkugeln.
a) Überlege dir eine Vorgehensweise, wie du die Metallart der Kugeln bestimmen kannst.
b) Du weißt, eine der Kugeln besteht aus Konstantan, die andere aus Silber. Finde heraus, welche Kugel welche ist.
Nimm dafür folgende Werte an:
ϑ_{Flamme} = 690 °C,
ϑ_{Wasser} = 21,5 °C,
$m_{Kugel\,1}$ = 30 g,
$m_{Kugel\,2}$ = 28 g,
m_{Wasser} = 300 g,
$\vartheta_{MKugel\,1}$ = 28 °C,
$\vartheta_{MKugel\,2}$ = 25 °C.

Energieübertragung

Versuche und Aufträge

V1 a) Gieße Wasser der Temperatur 40 °C in ein Becherglas, das längere Zeit im Kühlschrank gestanden hat. Miss nach kurzem Umrühren die Temperatur des Wassers.
b) Eine Anleitung bei einem Experiment, in dem Flüssigkeiten in andere Gefäße umgefüllt werden sollen, sagt aus, dass die Temperaturunterschiede zwischen Gefäßen und Flüssigkeiten vernachlässigt werden können. Beurteile mit deinem Ergebnis aus Aufgabenteil a) diese Aussage.
c) Führe Versuch a) nochmals durch und bestimme die Energie, die das Becherglas aufnimmt.

V2 a) Fülle eine kleine Dose (z. B. Filmdose) mit Wasser und eine mit Sand. Stelle beide Dosen in ein heißes Wasserbad und warte einige Zeit. Gieße in dieser Zeit in zwei Bechergläser jeweils die gleiche Menge kaltes Wasser und miss die Temperatur. (Sie sollte bei beiden Bechergläsern gleich sein.) Danach stelle beide Dosen in die Bechergläser und miss erneut die Temperatur.
b) Erkläre dein Ergebnis.
c) Bestimme die Energiemenge, die dem Wasser im Becherglas jeweils zugeführt worden ist.

V3 Damit eine Kerze brennt, muss ihr zunächst Energie zugeführt werden, um die Reaktion zwischen dem Sauerstoff und dem gasförmigen Wachs in Gang zu setzen. Dies geschieht in Form einer Flamme von einem Streichholz oder Feuerzeug. Bei unvorsichtigem Auspusten der Kerzenflamme entstehen aber oft unerwünschte Wachsflecken. Dagegen gibt es einen Trick:
Wickle ein unisoliertes Kupferdrahtstück (Durchmesser 1,5 mm; Länge ca. 10–20 cm) um einen Stab mit dem Durchmesser 4–6 mm (z. B. einen Stift), sodass eine ca. 3 cm lange Spule entsteht. Ihre Windungen müssen relativ eng beieinander liegen.
Stülpe nun diese Spule über die Kerzenflame, ohne den Docht zu berühren.

a) Beschreibe deine Beobachtungen, wenn du die Spule unterschiedlich weit über die Flamme stülpst.
b) Erkläre deine Beobachtungen.

V4 Dir stehen warmes Wasser, ein Thermometer, mehrere 10 Cent-Münzen und eine Waage zur Verfügung.
a) Überlege dir einen Versuch, mit dem du die spezifische Wärmekapazität und damit das Material der Münzen bestimmen kannst.
b) Führe deinen Versuch durch.

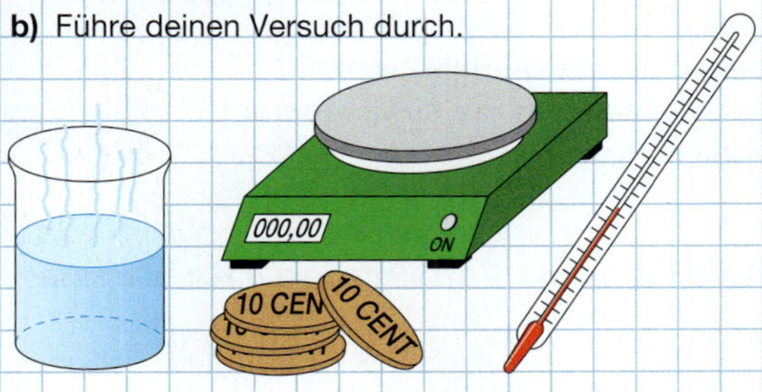

V5 Bei diesem Versuch musst du relativ schnell und genau arbeiten. Denke beim Erwärmen und Mischen des Wassers ans Umrühren.
a) 400 g 60 °C warmes Wasser und 200 g 18 °C warmes Wasser sollen gemischt werden. Vermute vor der Versuchsdurchführung eine Mischtemperatur ϑ_M. Überprüfe dann deinen vermuteten Wert anhand einer Rechnung.
b) Führe nun den Versuch durch, indem du die 60 °C warme Wassermenge in die 18 °C warme Menge gießt und die Mischtemperatur misst.
c) Baue nun den Versuch erneut auf. Gieße diesmal das kältere Wasser in das wärmere und miss ϑ_M. Vergleiche das Versuchsergebnis mit dem aus Aufgabenteil b) und erkläre deine Beobachtung.

V6 Verschließe eine 1 m lange Papprӧhre mit einem Korken und fülle dann etwas Bleischrot hinein, dessen Masse du vorher bestimmt hast. Durchbohre nun einen weiteren Korken so, dass ein Thermometer gerade hindurch passt und verschließe mit diesem Korken das andere Ende des Rohres. Halte das Rohr anfangs so, dass der Bleischrot auf der Seite des Thermometers liegt und bestimme die Temperatur.

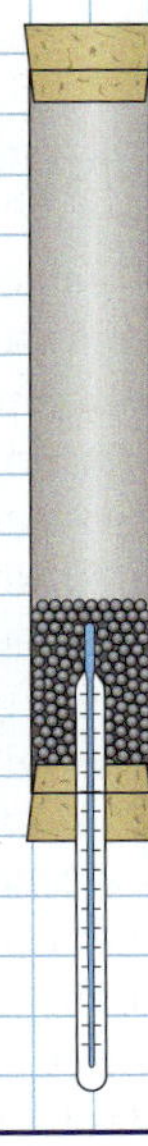

a) Drehe die Röhre 50-mal um und bestimme erneut die Temperatur.
b) Verändere die Menge des Bleischrotes und führe den Versuch erneut durch.
c) Bestimme für die Aufgabenteile a) und b) die Menge der zugeführten mechanischen Energie und die Änderung der dann gespeicherten Energie.

Energieänderung und Zustandsänderungen

Wasser ist eine der wichtigsten Lebensgrundlagen. Normalerweise ist es flüssig. Aber es tritt auch in fester Form als Eis oder gasförmig als Wasserdampf auf.
Wie kann Wasser von einem Zustand in einen anderen überführt werden? Ist für die Änderung der Zustandsform Energie nötig und wenn ja wie viel?

Schmelzen und Verdampfen – Kondensieren und Erstarren

Jeder Stoff hat seine eigene Schmelz- und Siedetemperatur. Da die Schmelz- und Siedetemperatur von Wasser in Bereichen liegen, die leicht zugänglich sind, ist es einfach, alle drei Zustände zu beobachten. Bei anderen Stoffen ist dies schwieriger. Eisen hat z. B. eine so hohe Siedetemperatur, dass es mit den Verfahren, die in der Schule zur Verfügung stehen, niemals gasförmig gemacht werden kann.

Im Versuch wird Eis geschmolzen. Das aus dem Eis entstehende Wasser wird weiter erhitzt, bis am Ende alles Wasser verdampft ist. Dazu wird eine Kochplatte verwendet, die über den gesamten Zeitraum gleichmäßig Energie an das Eis bzw. das Wasser im Becherglas abgibt.

Zentraler Versuch

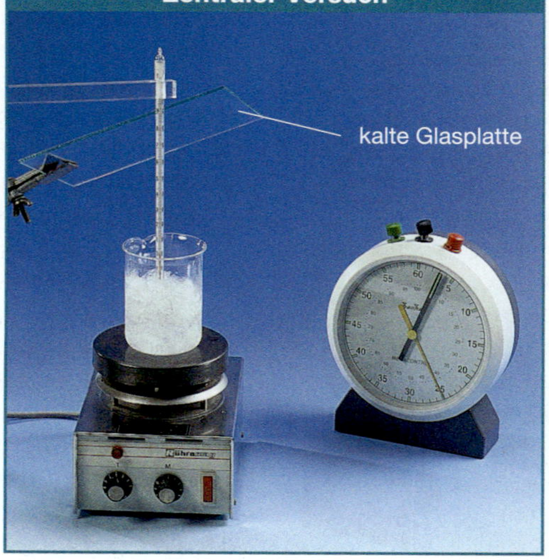

Im Diagramm ist der Temperaturverlauf in Abhängigkeit von der Zeit dargestellt. Da die Kochplatte in jeder Sekunde die gleiche Energiemenge abgibt, kann die Zeitachse in eine Energieachse umgewandelt und so die Energiezufuhr für das gesamte Experiment dargestellt werden.

Der jeweils waagerechte Anteil des Graphen (Temperatur konstant) zeigt an, dass die Bewegungsenergie der Wasserteilchen in diesem Zeitraum unverändert bleibt. Alle zugeführte Energie wird also für die Zustandsänderung des Wassers benötigt. Bei dem Becherglas mit dem Eis dauert es geraume Zeit, bis alles Eis geschmolzen ist und die Temperatur wieder ansteigt.

Die gleiche Menge (d. h. Masse) Blei wäre bei gleicher Energiezufuhr viel schneller geschmolzen. Das heißt, dass jeder Stoff einen ganz bestimmten Energiebetrag zum Schmelzen benötigt, die **spezifische Schmelzenergie e_S**. In Tabellen von Formelsammlungen u. ä. stehen die entsprechenden Werte bezogen auf 1 kg des jeweiligen Stoffes. (Manchmal findet sich auch der historisch bedingte Begriff „Schmelzwärme".)

Mit den Tabellenwerten lässt sich der Energiebetrag berechnen, der einem Körper aus einem bestimmten Stoff zugeführt werden muss, um ihn zu schmelzen: Die spezifische Schmelzenergie muss nur mit der Masse des Körpers multipliziert werden, um diesen Energiebetrag zu erhalten:
$E_S = m \cdot e_S$.

Zum Verdampfen benötigt 1 kg eines Stoffes ebenfalls eine ganz bestimmte Energiemenge, die **spezifische Verdampfungsenergie e_V**.

Für die einem Körper zum Verdampfen zuzuführende Energie gilt analog zum Schmelzen:
$E_V = m \cdot e_V$.

Das Diagramm zeigt, dass die nötigen Energiebeträge für das Schmelzen von Eis bzw. das Verdampfen von Wasser sehr stark voneinander abweichen. Es ist etwa siebenmal so viel Energie zum Verdampfen nötig wie zum Schmelzen.

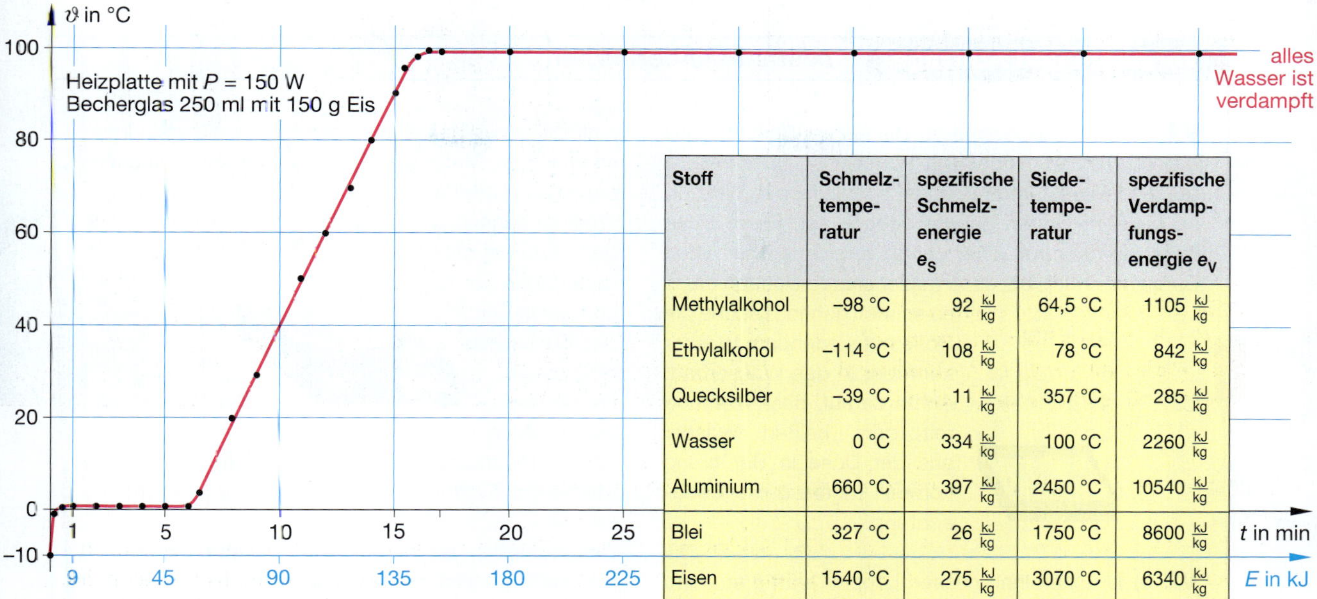

Stoff	Schmelztemperatur	spezifische Schmelzenergie e_S	Siedetemperatur	spezifische Verdampfungsenergie e_V
Methylalkohol	−98 °C	92 $\frac{kJ}{kg}$	64,5 °C	1105 $\frac{kJ}{kg}$
Ethylalkohol	−114 °C	108 $\frac{kJ}{kg}$	78 °C	842 $\frac{kJ}{kg}$
Quecksilber	−39 °C	11 $\frac{kJ}{kg}$	357 °C	285 $\frac{kJ}{kg}$
Wasser	0 °C	334 $\frac{kJ}{kg}$	100 °C	2260 $\frac{kJ}{kg}$
Aluminium	660 °C	397 $\frac{kJ}{kg}$	2450 °C	10540 $\frac{kJ}{kg}$
Blei	327 °C	26 $\frac{kJ}{kg}$	1750 °C	8600 $\frac{kJ}{kg}$
Eisen	1540 °C	275 $\frac{kJ}{kg}$	3070 °C	6340 $\frac{kJ}{kg}$
Gold	1063 °C	65 $\frac{kJ}{kg}$	2700 °C	1580 $\frac{kJ}{kg}$
Kupfer	1083 °C	205 $\frac{kJ}{kg}$	2590 °C	4790 $\frac{kJ}{kg}$
Silber	960 °C	104 $\frac{kJ}{kg}$	2200 °C	2360 $\frac{kJ}{kg}$
Zinn	232 °C	59 $\frac{kJ}{kg}$	2650 °C	2390 $\frac{kJ}{kg}$
Sauerstoff	−219 °C	14 $\frac{kJ}{kg}$	−183 °C	214 $\frac{kJ}{kg}$
Stickstoff	−210 °C	26 $\frac{kJ}{kg}$	−196 °C	198 $\frac{kJ}{kg}$

Im Versuch wurde dem Eis bzw. dem Wasser so viel Energie zugeführt, dass es schließlich verdampft. Kommt der Wasserdampf an die kalte Glasplatte, so gibt er Energie an diese ab. Dadurch sinkt seine Temperatur und er kondensiert zu Wasser, das als Wassertröpfchen an der Glasplatte sichtbar wird. Dieser Vorgang findet bei der **Kondensationstemperatur** statt. Für Wasser beträgt sie 100 °C. Die Kondensationstemperatur stimmt bei allen Stoffen mit der Siedetemperatur überein. Deshalb gibt es in Tabellen nur Angaben zur Siedetemperatur.
Kühlt das Wasser auf 0 °C ab und wird ihm weiter Energie entzogen, so erstarrt es zu Eis. Auch Schmelz- und Erstarrungstemperatur sind gleich.

Da Energie nicht vernichtet oder erschaffen werden kann, muss ein Körper beim Erstarren bzw. Kondensieren genau die gleiche Energiemenge E_E bzw. E_K abgeben, die er beim Schmelzen bzw. Verdampfen aufgenommen hat. Deshalb gilt:
$\boldsymbol{E_S = E_E}$ bzw. $\boldsymbol{E_K = E_V}$

Die spezifische Schmelzenergie e_S bzw. die Verdampfungsenergie e_V eines Stoffes gibt an, wie viel Energie einem Körper der Masse 1 kg aus diesem Stoff zugeführt werden muss, damit er vollständig schmilzt bzw. verdampft.
Beim Kondensieren bzw. Erstarren gibt der Körper die gleiche Energiemenge wieder ab, die er zum Verdampfen bzw. zum Schmelzen aufnehmen musste.

Aufgaben

1 Berechne die Energiemenge, die zum Schmelzen bzw. zum Verdampfen von 250 g Eis bzw. Wasser notwendig ist. Vergleiche sie miteinander.

2 **a)** Erkläre, warum es im Frühjahr zum Teil sehr lange dauert, bis das Eis auf einem großen See vollständig geschmolzen ist.
b) Erläutere, warum es am Wasser dabei wesentlich kühler ist als weiter entfernt am trockenen Ufer.

3 Erstelle eine Übersicht über die Wirkungen, die das Zuführen bzw. das Abführen von Energie für einen Stoff haben kann.

4 Erläutere, warum eine Brille beschlägt, wenn
a) sie über einen Topf mit heißem Wasser gehalten wird;
b) sie aus der Kälte in ein warmes Zimmer kommt.

5 Auf einer Herdplatte steht ein Topf mit 850 ml Wasser der Temperatur 20 °C. Die Herdplatte gibt an das Wasser in jeder Sekunde 1000 J ab. Berechne, wie lange es dauert, bis das Wasser vollständig verdampft ist. (*Hinweis:* Die Energieabgabe an die Umgebung und an den Topf wird nicht berücksichtigt.)

Versuche und Aufträge — Zustandsänderungen

V1 Fülle in eine Wanne so viel kaltes Wasser, dass das Wasserbad mindestens 1 cm tief ist. Danach füllst du eine leere Getränkedose ebenfalls mit Wasser, so dass ihr Boden gerade bedeckt ist. Diese Dose hältst du dann mit einer Zange vorsichtig über einen Bunsenbrenner, bis das Wasser siedet. Danach muss es schnell gehen: Tauche die Dose mit siedendem Wasser kopfüber in das Wasserbad. Achte darauf, dass niemand mit dem heißen Wasser aus der Dose in Berührung kommt! Erkläre deine Beobachtung.

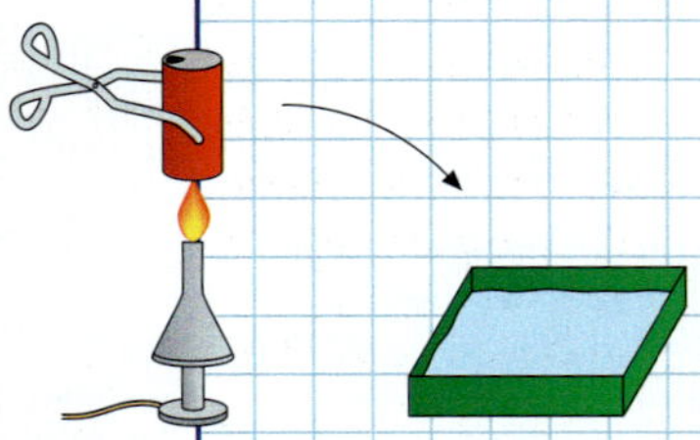

V2 **a)** Drücke einen nassen Lappen kräftig aus und lege ihn in einer Plastiktüte in das Gefrierfach. Untersuche den Lappen nach einer halben und nach einer Stunde.
b) Führe das Experiment noch einmal mit einem tropfnassen Lappen durch.
c) Vergleiche und erkläre die Ergebnisse.
d) Finde heraus, wo dieses Phänomen in der Natur oder Technik eine Rolle spielt, bzw. wo es genutzt wird.

V3 Auf einen Objektträger gibst du einen großen Tropfen Wasser und deckst diesen dann mit einem zweiten Objektträger zu. Dann träufelst du ein wenig Ether auf den oberen Objektträger. Damit der Ether besser verdunstet, kannst du ein bisschen pusten. Erkläre deine Beobachtung.

V4 Fieber kann auch ohne Medikamente gesenkt werden z.B. mit einem feuchten Tuch als Wadenwickel.
a) Teste die Wirkungsweise, indem du einen solchen Wickel um die Wade (oder den Unterarm) legst und dabei zur Temperaturkontrolle direkt über der Haut ein Thermometer mit einwickelst.
b) Erkläre die Funktionsweise des Wadenwickels.

V5 Mit diesem Versuch kannst du die Schmelzenergie E_s eines Eiswürfels bzw. die spezifische Schmelzenergie e_s von gefrorenem Wasser bestimmen. Dazu benötigst du einen Eiswürfel, der an der Oberfläche bereits etwas angeschmolzen ist. So stellst du sicher, dass es sich um Eis der Temperatur 0 °C handelt.
Des Weiteren brauchst du ein Becherglas mit Wasser, dessen Masse m_W und Temperatur ϑ_W du bestimmt hast. Miss die Masse m_{ges} des Eiswürfels und einem saugfähigen Material (Filter-, Lösch- oder Küchenpapier) als Unterlage.
Trockne danach den Eiswürfel mit dem Papier ab und gib ihn in das Becherglas mit Wasser. Die Masse des feuchten Papiers m_P musst du ebenfalls messen, damit du die Masse des Eiswürfel über $m_E = m_{ges} - m_P$ bestimmen kannst.

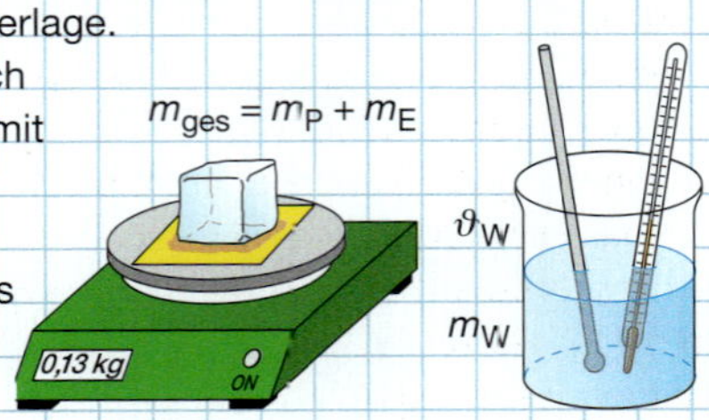

Das Wasser im Becherglas wird so lange umgerührt, bis das Eis vollständig geschmolzen ist. Miss dann die Mischtemperatur ϑ_M.
a) Bestimme aus deinen Messdaten die Schmelzenergie E_s deines Eiswürfels.
b) Berechne die spezifische Schmelzenergie e_s von Eis und vergleiche deinen Wert mit dem aus der Literatur. Erkläre mögliche Abweichungen.
c) Erkläre, warum dein Ergebnis ungenau wird, wenn der Eiswürfel vorher nicht antaut bzw. nicht abgetrocknet wird.

A6 Für einen guten Cappuccino oder Café Latte wird heißer Milchschaum benötigt.

a) Erkundige dich, wie dieser Milchschaum hergestellt wird. Es gibt unterschiedliche Methoden. Erkläre den Vorgang energetisch.
b) Den richtigen Milchschaum herzustellen ist schwierig. Für den idealen Schaum liegt die Temperatur der Milch zwischen 67 °C bis 77 °C. Versuche mit Schulmaterialien einen Versuch aufzubauen, mit dem du Milchschaum herstellen kannst, ohne dass die Milch vorher erwärmt werden muss. (Vorsicht beim Experimentieren mit heißen Flüssigkeiten und Wasserdampf.)

A7 Wer in der kalten Jahreszeit draußen Sport treiben will, benötigt spezielle Kleidung, damit die vom Körper abgegebene Energie sich nicht unter der Kleidung staut. Die Kleidung muss „atmungsaktiv" sein. Erkundige dich und stelle dar, was „atmungsaktiv" physikalisch bedeutet.

DIE BEDEUTUNG DER SPEZIFISCHEN WÄRMEKAPAZITÄT VON WASSER

Technische Wärmetauscher

Das Prinzip des Wärmetauschers ist sehr einfach. Eine Rohrleitung wird von einer heißen Flüssigkeit oder einem heißen Gas durchströmt. Durch die Rohrwandungen wird dann die gespeicherte Energie an die Umgebung, z. B. an das Nutzwasser eines Haushaltes, abgegeben.

Eine besondere Bauform dieser Rohrleitung ist der Wandheizkörper in Wohnräumen. Wegen seines hohen c_W-Wertes wird Wasser als Durchflussmedium gewählt, das seine Energie an die Raumluft abgibt.
Auch in Sonnenkollektoren fließt mit Frostschutzmitteln versetztes Wasser. Die von ihm aufgenommene Energie wird in einem Wärmetauscher zur Erwärmung von Nutzwasser verwendet.
Die Oberfläche der Rohrleitung und die Fließgeschwindigkeit sind ein Maß für die Menge der übertragenen Energie – die Temperatur kann somit geregelt werden.

c_W im menschlichen Körper

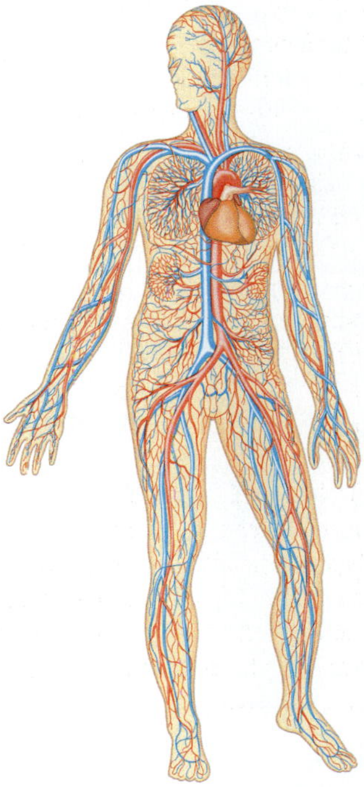

Der hohe c_W-Wert des Wassers wird auch zur Temperaturregelung im menschlichen Körper genutzt. Blut besteht zu ca. 56 % aus Wasser. So transportiert das Blut Energie an die Körperoberfläche, wenn die Körpertemperatur den Normalwert von ca. 37 °C überschreitet; die Kapillargefäße sind erweitert und Energie wird an die Umgebung abgegeben. Andererseits ziehen sich die Kapillargefäße zusammen, wenn es zu kalt wird. Das warme Blut gelangt nicht mehr an die Körperoberfläche und der Körper ist vor weiterer Auskühlung geschützt.

Wärmendes Eis

Eis zum Schutz gegen Frostschäden klingt vorerst paradox. Dennoch werden besonders im Frühling, wenn es nachts oder in den frühen Morgenstunden noch oft Frost gibt, auf Obstplantagen u. ä. die jungen Triebe, Blüten und Blätter mit Wasser besprüht. Sinken die Temperaturen unter den Gefrierpunkt, gibt das Wasser beim Erstarren Energie an die Umgebung ab und schützt so die Pflanzen vor Frostschäden.

Viel Wasser – mildes Klima?

Der Vergleich von Temperaturschwankungen des Klimas im Küstenbereich zu dem im Inland zeigt deutlich, dass die Differenz zwischen höchster und tiefster Temperatur am Meer wesentlich kleiner ist, als die in der Mitte der Kontinente. Das liegt an der hohen spezifischen Wärmekapazität c_W von Wasser. Im Sommer speichert das Meerwasser große Energiemengen, ohne dass sich seine Temperatur wesentlich erhöht. Im Winter wird diese Energie dann an die Umgebung wieder abgegeben, die Umgebung wird „geheizt".
So wird Europa auch durch die Sonneneinstrahlung über dem Golf von Mexiko erwärmt. Die dort im Wasser gespeicherte Energie wird über den Golfstrom nach Europa transportiert, sodass hier ein milderes Klima herrscht als in anderen Regionen, die auf dem gleichen Breitengrad liegen (z. B. in Nordamerika).

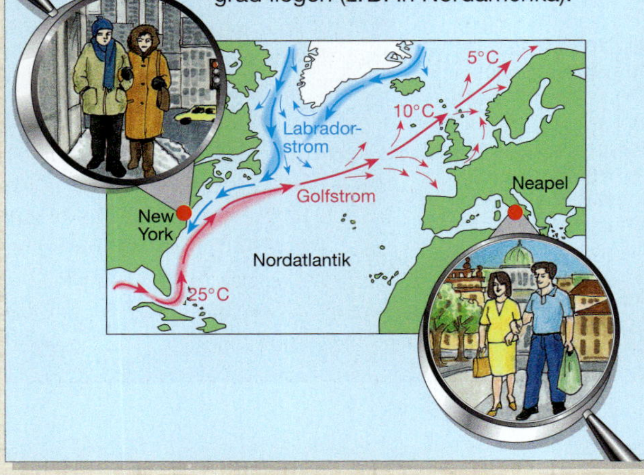

Thermische Energie im Teilchenbild

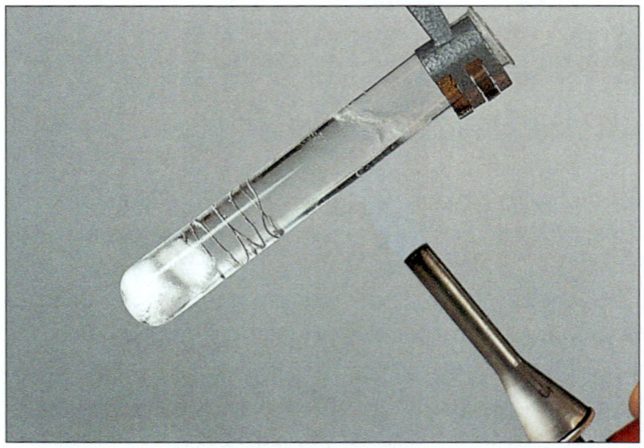

Eis wird selten in der Nähe von siedendem Wasser vermutet, doch beides kann sogar gleichzeitig in dem begrenzten Raum eines Reagenzglases auftreten.

Was passiert dabei auf dem Weg vom Eis zum flüssigen Wasser und vom flüssigen Wasser zum Wasserdampf mit den Teilchen und den Bindungen zwischen ihnen?

Ein Blick ins Innere der Körper

Gase nehmen jeden ihnen zur Verfügung stehenden Raum ein und lassen sich mit geringem Kraftaufwand zusammendrücken. Die Ursache dafür sind die sehr großen Abstände zwischen den Teilchen und ihre regellose Anordnung. Zwischen ihnen herrschen keine Bindungskräfte, sodass die Teilchen frei sind und sich ungehindert bewegen können.

Feste Körper: Ihre Form kann meist nur durch große Kräfte von außen verändert werden, denn der Zusammenhalt zwischen ihren Teilchen ist sehr stark. Die Teilchen haben einen bestimmten Platz in einer meist regelmäßigen Anordnung, dem Kristallgitter. Deshalb haben feste Körper eine bestimmte Form und ein unveränderbares Volumen.

Flüssige Körper: Ihr Volumen lässt sich auch durch große Kräfte nicht verändern. Sie passen sich aber der Form des Gefäßes an, in dem sie sich befinden. Auch ohne Gefäß bleiben sie zusammen, weil Bindungskräfte zwischen den Teilchen vorhanden sind. Sie sind aber nicht sehr stark; deshalb lassen sich die Teilchen leicht gegeneinander verschieben.

Alle Körper bestehen aus winzig kleinen Teilchen. Die Art der Teilchen legt fest, um welchen Stoff es sich handelt: Ein Stahllöffel besteht aus anderen Teilchen als eine Wachskerze. Die Teilchen unterscheiden sich dabei in ihrer Masse, Größe und Anordnung.
In festem und in geschmolzenem Kerzenwachs sowie im Dampf der gelöschten Kerze ist immer die gleiche Teilchenart zu finden. Nur der Zusammenhalt und das Verhalten der Teilchen sind bei den drei Zustandsformen (Aggregatzustände) unterschiedlich.

Die Zustandsformen fest, flüssig und gasförmig von Körpern unterscheiden sich durch Anordnung und Abstand der Teilchen und durch die Kräfte zwischen ihnen. Je größer der Abstand der Teilchen, desto geringer die Kräfte, desto höher die Beweglichkeit.

Aufgaben

1 Eine mit Wasser gefüllte Spritze lässt sich fast gar nicht und eine mit Luft gefüllte nur bis zu einem bestimmten Punkt zusammendrücken. Erkläre.

2 Begründe, warum Autoreifen nicht mit Wasser gefüllt werden.

Brown'sche Teilchenbewegung

Streifzug

In einem mit Wasser gefüllten Glas ist feiner Aluminiumstaub verrührt. Eine genaue Beobachtung der Staubteilchen zeigt, dass sie nicht wie erwartet relativ schnell auf den Boden des Glases sinken, sondern regellose Bewegungen in alle Richtungen ausführen. In der Draufsicht auf das Becherglas ist die Bahn eines Teilchens nachgezeichnet worden.

Zur Lösung der Frage, was die Staubteilchen zu diesen ziellosen Bewegungen veranlasst, hilft folgende Überlegung:
Das Wasser besteht aus winzigen Teilchen, die in ständiger Bewegung sind und daher zwangsläufig mit dem Aluminiumstaub zusammenstoßen. So wird das im Vergleich zum Wasserteilchen große Aluminiumteilchen durch die Wassermoleküle regellos hin und her gestoßen. Damit wird verhindert, dass die Aluminiumteilchen sofort auf den Boden sinken.

Diese Bewegung wurde als erstes von dem Naturforscher ROBERT BROWN (1773–1858) im Jahr 1827 entdeckt und ihm zu Ehren Brown'sche Teilchenbewegung genannt.

Eigentlich wollte BROWN Pflanzenzellen untersuchen, da machte er unter einem Mikroskop die erstaunliche Beobachtung, dass sich die Pollenkörner in der Flüssigkeit bewegen.
BROWN vermutete zuerst, dass die Pollen Lebewesen sind; aber auch verkohlte Pollen und sicherlich leblose Staubkörnchen verhielten sich so.
BROWN konnte die Beobachtung noch nicht deuten. Erst zu Beginn des 20. Jahrhunderts fand ALBERT EINSTEIN in der Teilchenbewegung die Ursache der Brown'schen Bewegung.

Ein Gedankenexperiment hilft, den Vorgang besser zu verstehen:
Ein Papierschnipsel wird auf einen Ameisenhaufen gelegt. Der Schnipsel bewegt sich in alle Richtungen, denn die durcheinander wuselnden Ameisen tragen ihn hin und her. Aus größerer Entfernung ist nur noch die Bewegung des Schnipsels zu erkennen, aber nicht mehr die der Ameisen.

- Die Bewegung des Aluminiumstaubs legt nahe, dass die mit bloßem Auge nicht sichtbaren Wasserteilchen sich ständig und regellos bewegen.
- Diese Beobachtung lässt sich auf Gasteilchen ausweiten. In schwach abgedunkelten Räumen weisen „tanzende" Staubkörner in Lichtbündeln von Beamern oder Overheadprojektoren auf die Bewegung der Luftteilchen hin.
- Die Teilchen fester Körper können sich nicht so stark bewegen. Sie sind an ihren Platz gebunden und schwingen dort nur hin und her.

Als Brown'sche Bewegung wird die regellose Bewegung kleinster Festkörper bezeichnet, die ihre Ursache in den Zusammenstößen mit den sich ständig in Bewegung befindlichen Teilchen von Gasen oder Flüssigkeiten hat.
Die Brown'sche Bewegung ist ein Beleg für die ständige Bewegung der Teilchen aller Körper.

Teilchenbewegung

Versuche und Aufträge

V1 Richte das Licht einer starken Taschenlampe in einen abgedunkelten Raum und schüttle mit einem Lappen Kreidestaub oder Puder in das Lichtbündel. Beobachte das Verhalten der Kreideteilchen.

V2 Schichte vorsichtig in einem Glas farbigen Getränkesirup und Wasser und in einem zweiten Glas Öl und Wasser übereinander. Lasse die Gläser ruhig stehen und beobachte sie mehrere Tage lang.

Energiezufuhr und Teilchenbewegung

Unter den Teilchenbildern in der Bildleiste unten sind die verschiedenen Anteile der im Körper enthaltenen Energieanteile in jeder Zustandsform bzw. beim Übergang in eine andere dargestellt. Betrachtet werden nur die Anteile der Energie eines Körpers, die für die Vorgänge „Zustandsänderung" bzw. „Temperaturerhöhung" wichtig sind und über die Aussagen gemacht werden können, also über seine *thermische* Energie.

Die gesamte in einem Körper vorhandene Energie ist seine **innere Energie**. Sie setzt sich aus der Bewegungsenergie der Teilchen und aus noch weiteren Energieanteilen zusammen. Energie ist auch in den Atomen selbst (*nukleare Energie*) oder in den chemischen Bindungen der Atome (*chemische Energie*) gespeichert. Um quantitative Aussagen über die innere Energie treffen zu können, müsste das Verhalten des Körpers am absoluten Nullpunkt bekannt sein. Auch deshalb die Beschränkung auf die Betrachtung der thermischen Energie.

Ausgehend von einem Stillstand der Teilchen bei 0 K, steigt ihre Bewegungsenergie bei einer Erhöhung der Temperatur. Erreicht diese einen bestimmten Wert (z. B. 0 °C bei Wasser), wächst die Bewegungsenergie der Teilchen plötzlich nicht mehr, sondern bleibt konstant. Die zugeführte Energie verändert nun die Bindungen zwischen den Teilchen. Erst wenn alle Bindungen gelockert bzw. aufgebrochen sind – je nach Zustandsänderung – steigt auch die Bewegungsenergie der Teilchen wieder.

Der genaue Wert der in einem Körper gespeicherten Energie ist bei der Beschreibung der Zustandsänderungen nicht bedeutsam. Wichtig ist die *Änderung* der thermischen Energie, wenn einem Körper bei einem Vorgang Energie zugeführt oder entzogen wird. (Die Energien, die zu Änderungen der chemischen oder nuklearen Energie führen, sind viel größer; sie werden hier nicht betrachtet.)

Diese Beträge der übertragenen Energie sind messbar und rechnerisch bestimmbar. Dabei kann die Wirkung der Energiezufuhr für einen Körper verschieden sein:

- Wandelt sich die zugeführte Energie in Bewegungsenergie der Teilchen, so bewegen sich die Teilchen schneller. Die Temperatur des Körpers steigt.
- Werden durch die Energiezufuhr die Bindungen zwischen den Teilchen verändert, dann ändert sich die Zustandsform des Körpers: Werden die Bindungen soweit gelockert, dass die Teilchen gegeneinander verschiebbar werden, dann schmilzt der Körper. Werden die Bindungen völlig aufgebrochen, sodass die Teilchen frei beweglich werden, verdampft er.

Welcher Anteil der thermischen Energie vergrößert wird, hängt von der Temperatur ab, bei der die Energie zugeführt wird:

- Hat der Körper Schmelz- oder Siedetemperatur, so wandelt sich die zugeführte Energie in die Anteile „Schmelzenergie" oder „Verdampfungsenergie".
- Hat der Körper eine Temperatur zwischen den Umwandlungstemperaturen, so geht alle zugeführte Energie in den Anteil „Bewegungsenergie der Teilchen" über.

Energiezufuhr oder -abfuhr bewirkt eine Änderung der thermischen Energie und damit eine Änderung der Temperatur oder der Zustandsform eines Körpers.

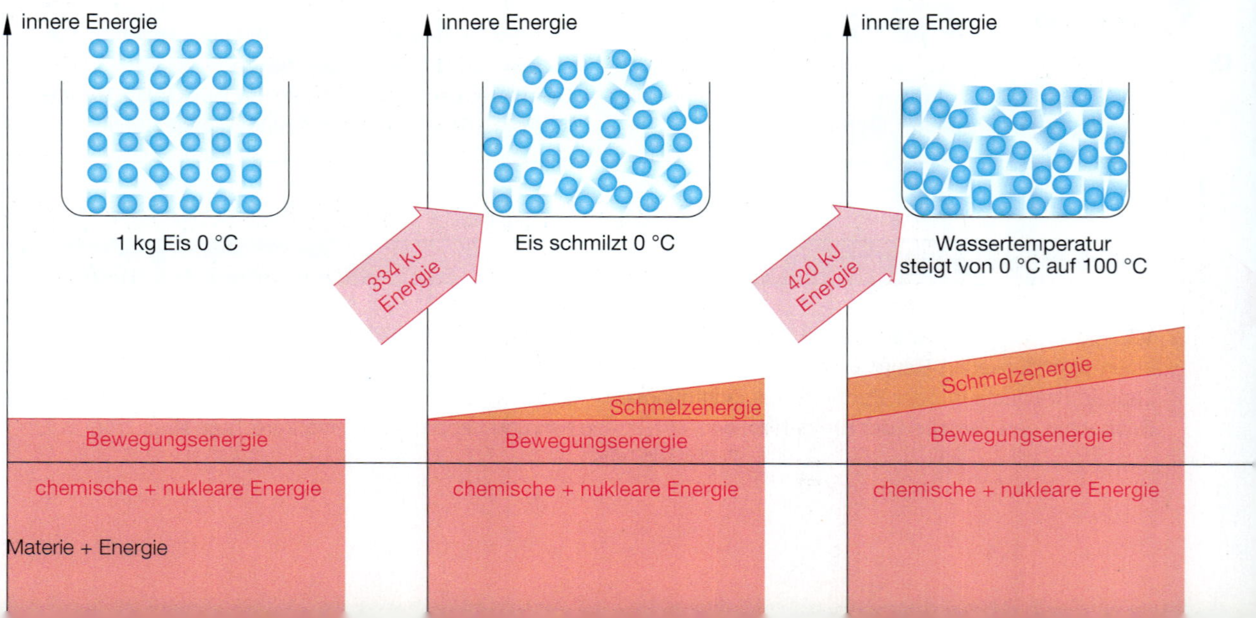

Verdunsten

Wäsche trocknet auf der Leine und Wasser in einer offenen Schale ist nach einiger Zeit verschwunden – es ist *verdunstet*. Sicher hat das Wasser nicht die Siedetemperatur von 100 °C erreicht. Was geschieht dabei?

Normalerweise hat Wasser unter 100 °C nicht die notwendige Energie, um die Bindungen der Teilchen ganz zu lösen, sodass sie sich frei bewegen können. Die Bewegungsenergie ist aber nicht gleichmäßig auf die Teilchen verteilt. Im Wasser gibt es stets langsamere Teilchen mit kleinerer Bewegungsenergie und sehr heftig schwingende mit höherer Energie als der Durchschnitt. Letztere können ihre Bindungen lösen und die Flüssigkeit verlassen.

Wenn die Teilchen mit der größten Bewegungsenergie das Wasser verlassen, sinkt dadurch die durchschnittliche Energie pro Wasserteilchen – die Temperatur des Wassers nimmt insgesamt ab. Deshalb ist beim Verdunsten die Wassertemperatur stets niedriger als die Lufttemperatur. Da das Wasser aber ständig Energie aus der umgebenden Luft aufnimmt, sinkt seine Temperatur beim Verdunsten nicht unter einen bestimmten Wert.

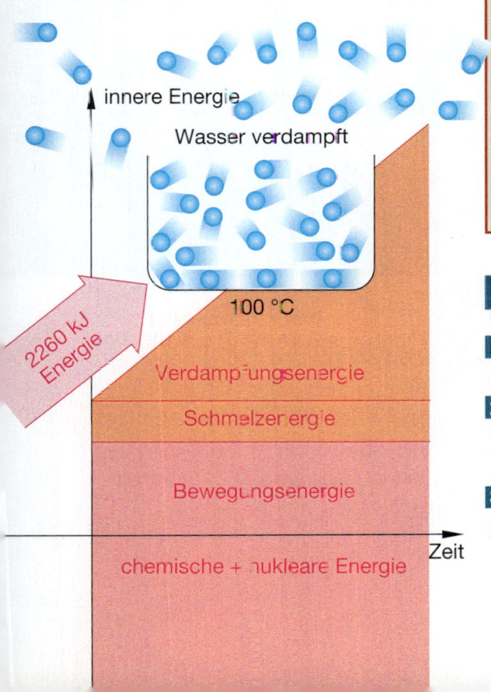

Ein Experiment vereinheitlicht die Physik — Streifzug

Wenn ein Rührgerät in der Küche angeschaltet wird, wandelt sich elektrische Energie in mechanische Energie. Der Motor muss dabei gekühlt werden, denn durch Reibung der drehenden Motorteile erhöht sich auch die thermische Energie.

So wie hier spielen oft Erkenntnisse aus verschiedenen Teilgebieten der Physik eine Rolle. Es ist eine wichtige Aufgabe, die verschiedenen Beobachtungen aus den unterschiedlichen Teilgebieten „unter einen Hut" zu bringen; sie dürfen nicht isoliert nebeneinander stehen. zum Beispiel standen noch bis ins 19. Jahrhundert die Teilgebiete „Mechanik" und „Wärme" unverknüpft nebeneinander. Für jede ihrer Energieformen gab es eine eigene Einheit: für die thermische Energie die Kalorie (cal), für die mechanische das Newtonmeter (Nm). Dass die beiden Energien etwas miteinander zu tun hatten und damit ihre Einheiten ineinander umrechenbar sein müssen, war lange nicht klar.

Mit dem dargestellten Versuch ist es JAMES PRESCOTT JOULE (1818–1889) gelungen, einen zahlenmäßigen Zusammenhang zwischen der bei einem Vorgang aufgewendeten mechanischen Energie (in Nm) und der daraus entstehenden thermischen Energie (in cal) herzustellen: Zwei Körper mit der Gesamtmasse m fielen an je einem Seil eine vorgegebene Strecke h hinunter. Damit war aus der ursprünglichen Lageenergie $E = m \cdot g \cdot h$ die von den beiden Körpern abgegebene Energie berechenbar. Diese Energie bewirkte die Drehung eines Rührwerks in Wasser. Durch die zugeführte Energie erwärmte sich dieses. Schon lange vorher war festgelegt worden, dass 1 kcal Energie zugeführt werden muss, um die Temperatur von 1 kg Wasser um 1 K zu erhöhen. Nun konnte JOULE das *Wärmeäquivalent* bestimmen. Er fand heraus, dass Körper der Gesamtmasse 42,7 kg zehn Meter tief fallen müssen, um die Energie des Wasser um 1 kcal zu vergrößern. Es galt also:
$1\ \text{kcal} = 42{,}7\ \text{kg} \cdot 9{,}81\ \frac{\text{N}}{\text{kg}} \cdot 10\ \text{m} = 4{,}189\ \text{kNm}\ (= 4{,}189\ \text{kJ})$.

Natürlich arbeitete JOULE noch nicht mit den heute gebräuchlichen Einheiten „kg", „m" und „K". Ihm zu Ehren ist heute das Joule die Einheit für jede Energieform. Die Einheit Kalorie gilt nicht mehr.

Aufgaben

1 Erkläre, was geschieht, wenn der Wasserdampf im letzen Teilbild der Zeichnung links weiter erhitzt wird.

2 Im Sommer soll Orangensaft kühl gehalten werden. Erkläre, warum es wirkungsvoller ist, Eiswürfel (0° C) in den Saft zu tun als die gleiche Menge Wasser (0 °C).

3 Beschreibe den Vorgang des Erhitzens von Eisen von 20 °C bis 1800 °C im Teilchenbild.

Thermische Energie und gesellschaftlicher Wandel

„... die Erfindung der Dampfmaschine und der Maschinen zur Verarbeitung der Baumwolle (gaben) den Anstoß zu einer industriellen Revolution, die zugleich die ganze bürgerliche Gesellschaft umwandelte. ...". So zu lesen 1845 bei FRIEDRICH ENGELS, Philosoph und Sozialrevolutionär. Wie kann eine Erfindung das Leben der Menschen so sehr verändern, dass dies als revolutionär bezeichnet wird? Wie hat sich die Nutzung der thermischen Energie auf die Veränderung des Lebens der Menschen ausgewirkt?

Wärme-Kraft-Maschinen – Entwicklung und Folgen

In England hatte sich die Bevölkerungszahl im 18. Jahrhundert fast verdoppelt. Entsprechend groß war die Nachfrage nach allen Lebensgütern, so auch nach Textilien aller Art. Deshalb erlebte die Textilindustrie einen großen Aufschwung.
Aber er stieß an Grenzen: Zwar war es gelungen, die Handspinnerei und die Handweberei durch Maschinen abzulösen, aber als Antrieb für diese Maschinen standen lediglich die altbewährten, von Tieren betriebenen Drehräder (Göpel) oder Wind- und Wasserräder zur Verfügung. Die von ihnen bereitgestellte Energie reichte nicht aus, die großen Antriebswellen zu drehen, an die mehrere Maschinen gleichzeitig hätten angekoppelt werden können.

In dieser Situation war die Konstruktion der Dampfmaschine durch JAMES WATT (1736–1819) der entscheidende Schritt. Sie machte es erstmals möglich, sich von den hergebrachten Energieformen der Natur zu lösen, weil sie die Nutzung der thermischen Energie auch für mechanische Zwecke ermöglichte. Mit den Verbrennungsmotoren und der Dampfturbine kamen später weitere Wandler von thermischer Energie in mechanische Energie hinzu.

Als es Ende des 19. Jahrhunderts gelang, mechanische Energie in elektrische zu wandeln, war eine wirtschaftliche, leicht transportierbare und überall nutzbare Energieform gefunden.

1889

1873

1850

1800

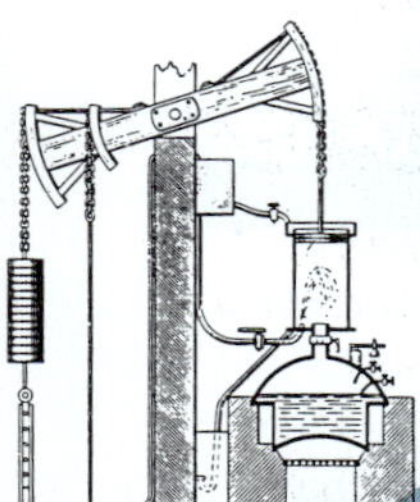

1760

Die Verfügbarkeit von Energie zu jeder Zeit an jedem Ort hat zu einer revolutionären Veränderung des Lebens der Menschen in den letzten zwei Jahrhunderten geführt.

In der Arbeitswelt haben die Änderungen zuerst und sehr einschneidend begonnen. Waren früher ganze Familien damit beschäftigt, Güter oder Produkte herzustellen, so trennten sich ab 1850 Wohnung und Arbeitsplatz: Als Fabrikarbeiter musste der Mann/Vater dafür sorgen, dass die Maschine nie still stand und immer mit dem notwendigen Material „gefüttert“ wurde.

1920

1900

Damit bestimmte nicht mehr er selbst den Arbeitsrhythmus nach seinen Bedürfnissen, sondern der Maschinentakt. Die Frau/Mutter blieb häufig zuhause, weil sie sich um die Kinder kümmern musste – auch heute noch eine weit verbreitete Rollenverteilung zwischen Mann und Frau.

1970

Auf dem Land gab es ab 1850 nicht mehr genügend Arbeit. Die Fabriken aber benötigten sehr viele Arbeitskräfte, sodass in den Städten sehr schnell große und dicht besiedelte Wohnviertel entstanden.

Die harten Bedingungen der damit verbundenen Trennung von Erwerbs- und Familienarbeit hatten insbesondere die Frauen zu tragen: Um den Lebensunterhalt der Familie zu sichern, mussten sie – sehr oft auch die Kinder – in der Fabrik mitarbeiten; gleichzeitig erledigten sie alle – damals ebenfalls sehr schweren – Arbeiten im Haushalt: Die gesamte Wäsche der Familie war von Hand zu waschen, alles Wasser und Brennmaterial musste mitunter mehrere Stockwerke hoch getragen werden. Die Abwasser- und Müllentsorgung waren völlig unzulänglich. Sie erforderten ebenfalls großen körperlichen Einsatz der Frauen.

2010

Erst staatliche Maßnahmen um 1900 haben die soziale Not gelindert, die durch das Produzieren in Fabriken entstanden war. Fabriken aber waren erst möglich geworden durch die Beherrschung der Wandlung von thermischer Energie in mechanische Energie.

Die Lebensbedingungen der Menschen haben sich durch den Einsatz frei verfügbarer Energie seitdem weiterhin gewandelt:
Zuhause nutzen wir Energie zum Heizen, Kochen, Waschen, Bügeln oder für Licht, Fernsehen und Computer. Wenn wir uns fortbewegen wollen, stehen uns Auto, Bus, Bahn oder Flugzeug zur Verfügung. Die Produktion aller Güter, die wir nutzen, ist ohne den Einsatz von großen Energiemengen nicht denkbar. Die Möglichkeit, aus thermischer Energie mechanische Energie zu gewinnen, ist Ausgang und Mittelpunkt dieses Aspektes der ständigen Wandlung unseres Lebens.

Aufgaben

1 Ordne den beiden Seiten der Zeitleiste je eine Überschrift zu..

2 Ordne jedem Bild oberhalb der Zeitleiste ein Bild unterhalb der Leiste zu und begründe deine Zuordnung.

3 Interpretiere die inhaltliche Beziehung zwischen den beiden Bildern, die die unterschiedliche Art der Textilherstellung zeigen..

4 Nenne Wandlungen der „ganzen bürgerlichen Gesellschaft“, wie ENGELS sie nach der Erfindung der Dampfmaschine und anderer Maschinen beobachtet bzw. vorausgesehen hatte.

5 Beschreibe, welche Bedingungen das Leben insbesondere der Frauen in den neuen Wohnvierteln des ausgehenden 19. Jahrhunderts erschwerten.

Energie – elektrisch und thermisch

In Kraftwerken wird heißer Dampf erzeugt, der eine Turbine und einen angekoppelten Generator antreibt. Nachteilig ist bei diesem Kraftwerksprozess, dass nur etwa 40 % der eingesetzten chemischen Energie schließlich als elektrische Energie herauskommen; die restlichen 60 % gehen als Abwärme verloren. Andererseits werden 50 % der in den Haushalten eingesetzten Energie für die Raumheizung verwendet. Ließe sich da nicht viel Energie einsparen, wenn die bei der Erzeugung von elektrischer Energie zwangsläufig entstehende thermische Energie für die Raumheizung genutzt würde?

Eine Möglichkeit sind Fernwärmenetze, die aber nur in der Nähe von Kraftwerken errichtet werden können, weil der Transport von thermischer Energie über große Strecken schwierig ist. Aber es gibt ein System, bei dem diese sogenannte *Kraft-Wärme-Kopplung* gut funktioniert, nämlich **Blockheizkraftwerke.** Sie sind inzwischen so ausgereift, dass es Überlegungen gibt, sie nicht nur für einzelne Haushalte oder große Gebäude einzusetzen, sondern mit ihnen ganze Stadtteile mit elektrischem Strom und Heizungswärme zu versorgen. Wie funktionieren sie?

Blockheizkraftwerk (BHKW)

Wie in einem Auto mit Katalysator werden auch die Abgase des Motors eines BHKW ständig durch **Messfühler** (Lambdasonde) auf Schadstoffe kontrolliert. Mit den ermittelten Messwerten wird die Frischluftzufuhr so dosiert, dass wenig Schadstoffe entstehen.

LKW- oder Schiffs-**Dieselmotor,** umgerüstet auf Erdgas und für geringere und sehr gleichmäßige Leistung ausgelegt. Dadurch 10-mal so lange Lebensdauer.

Im **Kühlwasser-Wärmetauscher** wird die thermische Energie des Kühlwassers an den Heizkreislauf abgegeben.

Generator für 400 V Wechselspannung, direkt an den Motor angekoppelt

Wärmeisolierte **Abgasleitung.** Die sehr heißen Abgase werden zum Wärmetauscher geleitet.

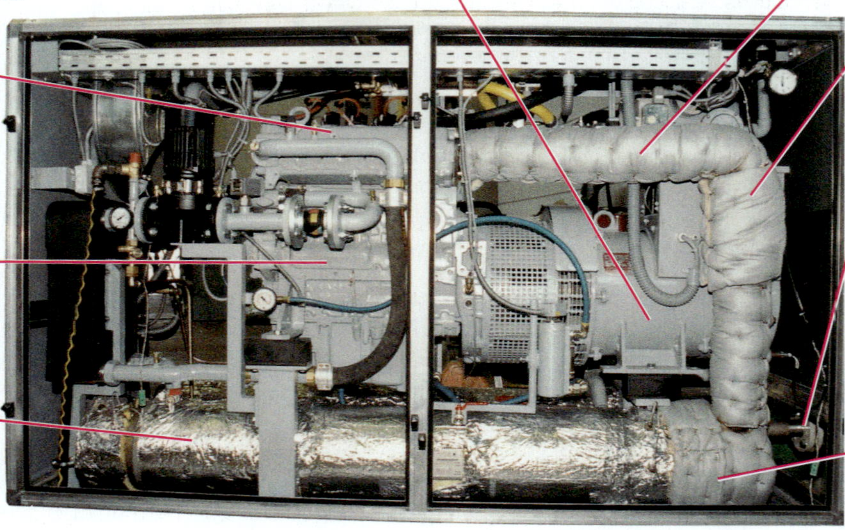

Katalysator zur Reinigung der Abgase des Motors

Durch den **Vorlauf** wird das im Wärmetauscher erhitzte Wasser zu den Heizkörpern in den Räumen gepumpt.

Im **Abgas-Wärmetauscher** wird die thermische Energie der Abgase an das Wasser des Heizkreislaufes abgegeben.

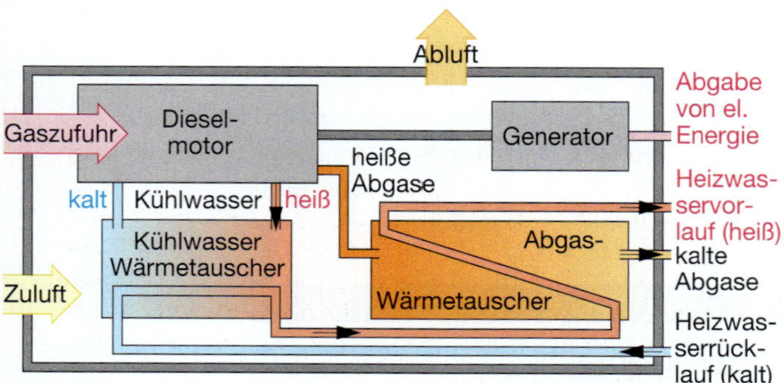

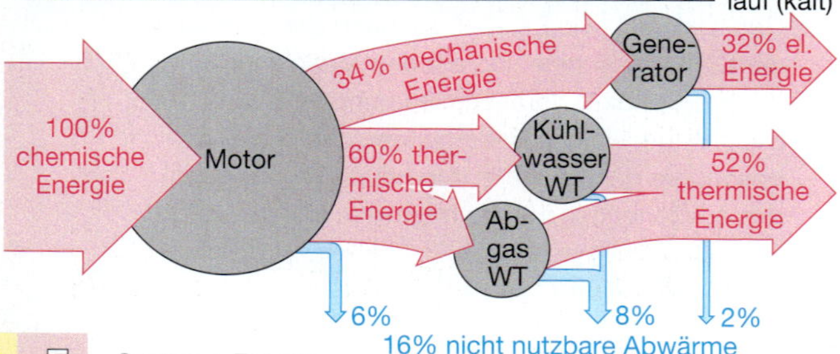

Weil bei den BHKWs nicht nur elektrische Energie erzeugt wird, sondern die beim Betrieb des Motors entstehende thermische Energie zur Raumheizung genutzt wird, ist die Ausnutzung der eingesetzten chemischen Energie fast doppelt so hoch wie bei einem zentralen Kraftwerk, das die Abwärme nicht mehr nutzt.

BHKWs sind kleine, nicht einmal zimmergroße Aggregate. Sie können überall dort eingesetzt werden, wo elektrische Energie und thermische Energie gleichzeitig und möglichst in gleichbleibenden Mengen während des ganzen Jahres benötigt werden. Als Antrieb eignet sich der Stirlingmotor, weil bei ihm der Energieträger in einer externen Brennkammer verbrannt wird. Dadurch ist er brennstoffvariabel und der Motorinnenraum bleibt frei von Rückständen und Verschleiß.

Hochspannungs-Gleichstrom-Übertragung (HGÜ)

Elektrische Energie zur Versorgung ganzer Städte oder Industrieanlagen gelangt über Hochspannungsleitungen zum Endnutzer. Je größer die Entfernung ist, desto höher muss die Spannung sein. Aber irgendwann wird aufgrund besonderer Eigenschaften des Wechselstroms keine Energie mehr übertragen, so dass aufwändige und teure Umsetzeranlagen notwendig werden.
Schon Edison wollte elektrische Energie mithilfe von Gleichspannung übertragen, aber dies war vor 150 Jahren nicht realisierbar. Erst seitdem es möglich ist, ohne nennenswerte Verluste Wechselspannung und Gleichspannung ineinander umzuwandeln, ist diese Übertragungsmethode wieder interessant geworden. Seit einigen Jahren gibt es mit hoher Gleichspannung betriebene Leitungen durch Nord- und Ostsee zwischen Skandinavien und Deutschland bzw. zwischen England und Holland.
Der Aufbau eines Verbundnetzes in der HGÜ-Technik ist zurzeit nicht realisierbar, weil die erforderliche Regelungstechnik zu aufwändig wäre. Es gibt aber besondere Aufgaben, wo der Einsatz wirtschaftlich ist. Sollten in Zukunft Windparks auf hoher See realisiert werden, wäre eine Übertragung der elektrischen Energie zum Festland mit dieser Technik geradezu ideal.

Induktionskochplatte

Beim Kochen mit Induktion entsteht die Wärme direkt im Boden des Kochtopfs. Unter dem Glaskeramik-Kochfeld ist anstelle eines Heizkörpers eine Induktionsspule angebracht, die durch elektromagnetische Induktion im Boden des Kochtopfs Wirbelströme erzeugt, welche den magnetisierbaren Topfboden sehr schnell erhitzen. Die leichte Erwärmung des Glaskeramik-Kochfeldes kommt durch Wärmeleitung des heißen Kochtopfs zustande.

Speicherung kleiner Energiemengen

Eine geriebene Kunststofffolie wird über eine Glimmlampe entladen, die dabei aufleuchtet. In dieser statischen Form kann elektrische Energie mittels Kondensatoren gespeichert werden, den „Goldcaps“. Sie speichern so viel elektrische Energie, dass damit das Rücklicht eines Fahrrades viele Minuten lang leuchten kann, auch wenn das Fahrrad steht.

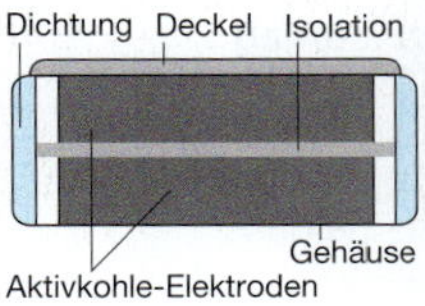

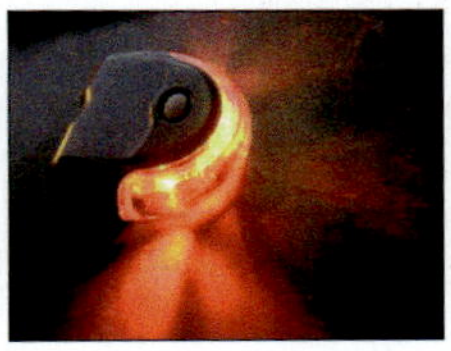

Hybridantriebe

E-Bikes oder Pedelecs sind Fahrräder mit „eingebautem Rückenwind“
E-Bikes haben einen Elektromotor, der das Rad auch antreibt, wenn nicht in die Pedale getreten wird. Der Pedelec-E-Motor wird nur zugeschaltet, wenn in die Pedale getreten wird. Die Energiequelle ist ein hochwertiger Akku. Dieser wird bei manchen Pedelecs aufgeladen, wenn es bergab geht. Dadurch fährt das Pedelec auch bergab nicht sehr schnell.
Aber Achtung! Fährt ein E-Bike schneller als 25 $\frac{km}{h}$, so gilt es als Kleinkraftrad und ist führerschein- und versicherungspflichtig.

Hybridautos besitzen zwei Motoren

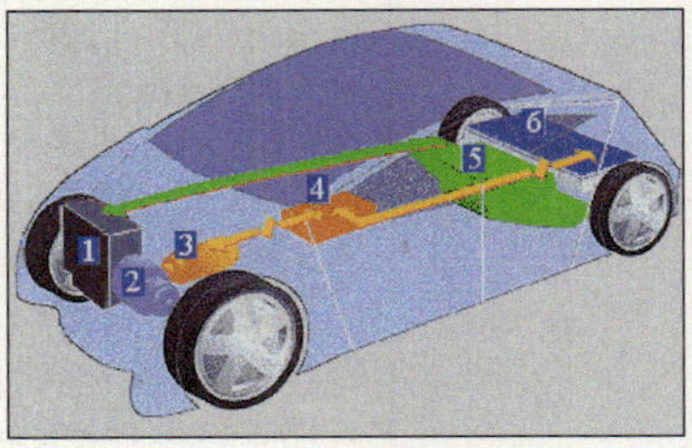

Beim *Anfahren* arbeitet nur der Elektromotor, da er bei niedriger Drehzahl besser antreibt als der Verbrennungsmotor.
Bei *geringen Geschwindigkeiten* (Stadtverkehr) erfolgt der Antrieb nur durch den Elektromotor ohne Abgase.
Bei *höheren Geschwindigkeiten* arbeitet nur der Verbrennungsmotor. Er stellt häufig mehr Energie bereit, als zum Fahren nötig ist. Mit der überschüssigen Energie wird über den Elektromotor, der dann als Generator arbeitet, der Akku aufgeladen.
Beim *Beschleunigen* und bergauf laufen beide Motoren.
Bergab und beim *Bremsen* wird der Verbrennungsmotor abgeschaltet. Überschüssige Bewegungsenergie wird vom Elektromotor (als Generator) zum Aufladen des Akkus genutzt.

Thermische Energie zur Materialverbindung

Beim Löten wird das Lötzinn durch den Lötkolben so erhitzt, dass es um die zu verbindenden Teile fließt und beim Erkalten eine stabile Verbindung ergibt.

Beim Schweißen werden die zu verbindenden Teile an der Verbindungsstelle flüssig und haften nach dem Erkalten fest zusammen.

Grundwissen — Energie – elektrisch und thermisch

ENERGIE

SYSTEM

Blockheizkraftwerk

In einem BHKW wird mit einem Verbrennungsmotor ein Generator betrieben. Die im Kühlwasser und in den Abgasen enthaltene Energie wird zum Heizen oder Warmwasserbereiten genutzt.

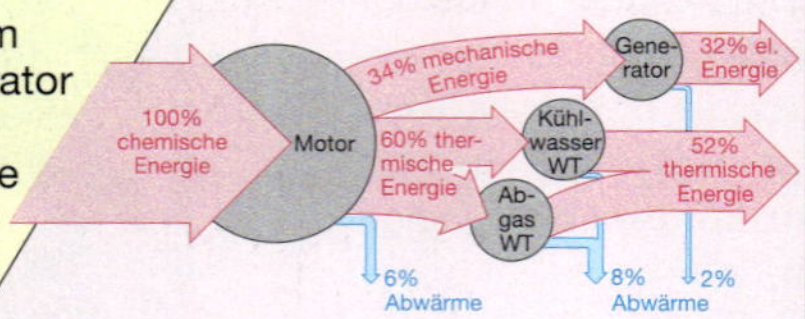

Übertragung elektrischer Energie

Riesige Mengen an elektrischer Energie können nur übertragen werden, wenn entweder die Übertragungsspannungen hoch oder die Stromstärken groß sind. Die langen Fernleitungen haben einen sehr hohen Widerstand und entwerten bei großen Stromstärken viel Energie. Deshalb wird Hochspannung (110 kV, 220 kV oder 380 kV) verwendet. Sie wird auf die für den Nutzer richtige Spannung (Haushalte 230 V) heruntertransformiert.

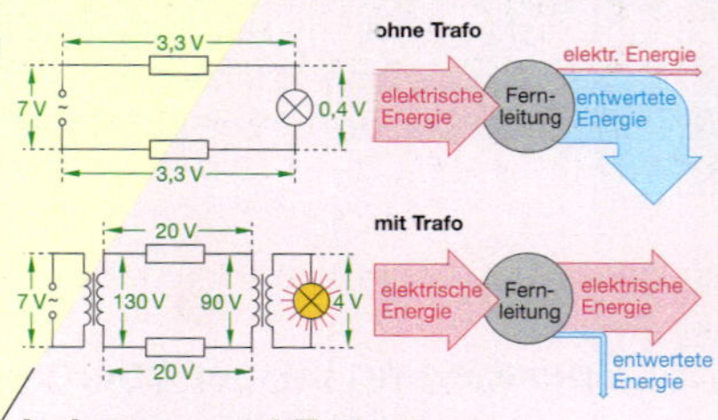

Leistung und Energie

Die Leistung ist die von einem Körper/Gerät während der Zeit Δt aufgenommene oder abgegebene Energie ΔE: $\boldsymbol{P = \frac{\Delta E}{\Delta t}}$

- **mechanisch:** $P_{mech} = \frac{\Delta E_{mech}}{\Delta t}$ mit E_{mech} als E_{Lage}, E_{Bew} oder E_{Spann}
- **elektrisch:** $P_{el} = \frac{\Delta E_{el}}{\Delta t} = U \cdot I$ mit $E_{el} = U \cdot I \cdot t$

Energieänderungen

- **Temperaturänderung**
  Wird einem Körper thermische Energie zugeführt oder von ihm abgegeben, ohne dass sich sein Zustand ändert, so ändert sich seine Temperatur. Es gilt:
  $\boldsymbol{\Delta E = c \cdot m \cdot \Delta\vartheta}$
- **Zustandsänderung**
  Um den Zustand eines Körpers zu ändern, müssen ihm von seiner Masse und seinem Stoff abhängige Energiemengen zugeführt oder von ihm abgegeben werden.

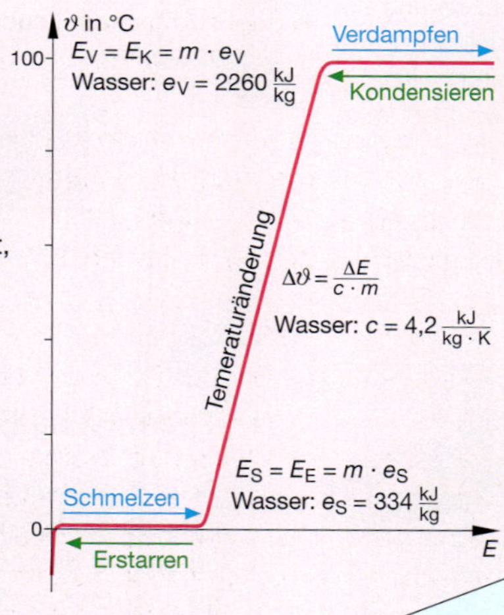

- **Teilchenbewegung**
  Energiezufuhr oder Abfuhr bewirkt eine heftigere oder langsamere Bewegung der Teilchen eines Körpers.
  Bei bestimmten Temperaturen (Schmelz- bzw Erstarrungstemperatur oder Siede- bzw Kondensationstemperatur) ändert sich der Zusammenhalt der Teilchen, also der Zustand des Körpers.

MATERIE

WECHSELWIRKUNG

Induktion

Induktion tritt auf, wenn sich das Magnetfeld in einer Spule ändert – anders gesagt, wenn sich die Anzahl der magnetischen Feldlinien ändert, die von der Spulenquerschnittsfläche erfasst werden.

Elektromotor und Generator

- Im **Motor** wechselwirken die Pole einer stromdurchflossenen Drehspule und die Pole eines feststehenden Dauer- oder Elektromagneten miteinander. Durch einen *Kommutator* wird laufend die Stromrichtung in der Spule so geändert, dass eine Dauerdrehung zustande kommt.
- Im **Wechselstromgenerator** rotiert ein Dauermagnet; dadurch wird in feststehenden Spulen eine Spannung induziert. Wechselstromgenerator und Elektromotor sind im Prinzip baugleich.

Lorentzkraft

Bewegte Elektronen erfahren in einem Magnetfeld eine Kraft senkrecht zu ihrer Bewegungsrichtung und senkrecht zur Richtung des Magnetfeldes.
Für die Kraftrichtung gilt die **Linke-Hand-Regel.**

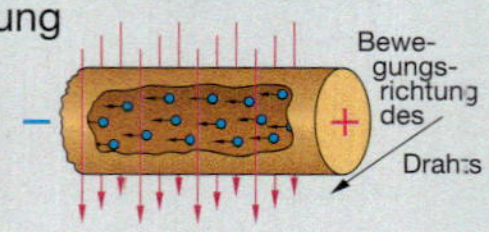

Transformator

Mit Transformatoren können Wechselspannungen verändert werden. Für „unbelastete" Transformatoren (d. h. ohne angeschlossene Geräte auf der Sekundärseite) gilt:

$\boldsymbol{U_2 = U_1 \cdot \frac{n_2}{n_1}}$ oder $\boldsymbol{\frac{U_2}{U_1} = \frac{n_2}{n_1}}$

n ist die Windungszahl der Primär- bzw Sekundärspule.

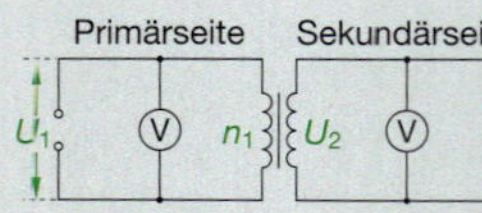

Grundbegriffe

A1 Fertige mit den Grundbegriffe auf der linken Seite Karteikarten an. Notiere den Begriff auf der Vorderseite und erläutere ihn auf der Rückseite, eventuell mit Einheiten und sonstigen Besonderheiten.
Anstelle der Karteikarten kannst du auch eine elektronische Datenbank anlegen.

A2 In einer Wohnung leuchten fünf 100 W-Glühbirnen acht Stunden lang. Berechne die Energiekosten, wenn einen Kilowattstunde 12 ct kostet.

A3 Erläutere, weshalb ein Transformator nicht mit Gleichspannung funktioniert.

A4 **a)** Ein Transformator besitzt eine Primärspule mit 300 Windungen und eine Sekundärspule mit 1300 Windungen. Berechne die Spannung an der Sekundärspule, wenn an der Primärspule 50 V anliegen.
b) Bei einem idealen Transformator (kein Leistungsverlust) gilt für die Ströme $I_2/I_1 = n_1/n_2$, wenn im Sekundärkreis ein Verbraucher liegt. Zeige, wie diese Beziehung aus dem Transformatorgesetz und der Formel für die elektrische Leistung hergeleitet werden kann.
c) Zum Elektroschweißen wird eine hohe Stromstärke benötigt. Im Prinzip wird dabei in der Sekundärspule ein Kurzschluss erzeugt. Bestimme die Stromstärke im Sekundärstromkreis, wenn $n_1 = 300$ und $n_2 = 6$ gegeben sind und an der Primärspule die Spannung $U = 230$ V liegt.

A5 Mit einem Transformator soll die Wechselspannung des Haushaltsnetzes von 230 V auf etwa 38 V heruntertransformiert werden. Für den Bau des Transformators stehen ein geschlossener Eisenkern und Spulen mit folgenden Windungszahlen zur Verfügung: 250; 300; 500; 170; 1200; 1500; 3000. Erläutere, welche Spulenkombination für den Transformator verwendet werden könnte.

A6 Eine kühle Apfelschorle ($c_{Schorle} = 4{,}2 \frac{kJ}{kg \cdot K}$))wird mit 8 °C serviert. Im Magen wird es auf Körpertemperatur (37 °C) gebracht. Berechne, wie viel Energie der Körper zur Erwärmung von 0,5 l Apfelschorle benötigt.

A7 Eine Goldschmiedin möchte Ringe aus einem Goldstück der Masse 200 g herstellen. Das Gold muss dafür geschmolzen und dann in Formen gegossen werden, bevor es weiter verarbeitet wird.
a) Erkläre den Vorgang unter Verwendung des Teilchenbildes.
b) Berechne die notwendige Energiezufuhr, wenn das Gold die Ausgangstemperatur 20 °C hat und 40 K über seine Schmelztemperatur erhitzt werden soll. ($c_{Gold} = 130 \frac{kJ}{kg \cdot K}$; weitere Werte S. 269)
c) Wie lange dauert der Vorgang des Erhitzens etwa, wenn der Schmelzofen 500 J je Sekunde an das Gold abgibt?

A8 In einem Kupferbecher der Masse 151 g werden 200 g Wasser gegossen. Nach kurzer Zeit wird eine Temperatur von 18,6 °C gemessen. Dann wird eine 85 g schwere Kupferkugel der Temperatur 98,5 °C ebenfalls in das Gefäß mit Wasser gelegt. Die Temperatur steigt auf 21,4 °C. Berechne die spezifische Wärmekapazität des Kupfers aus diesem Experiment. Überprüfe deinen Wert mit dem aus der Literatur.

A9 Vergleiche ein Groß-Wärmekraftwerk mit einem Blockheizkraftwerk.
a) Liste die Vor- und Nachteile beider Kraftwerkstypen auf. Denke dabei auch an die Brennstoffe, die zugeführt werden müssen, und an die Transportwege der elektrischen Energie vom Kraftwerk zum Endnutzer.
b) Entspricht jeder Nachteil des einen Kraftwerkstyps einem Vorteil des anderen? Begründe.

A10 Elektrische Energie wird an einigen wenigen Kraftwerksstandorten erzeugt, aber landesweit benötigt.
a) Vom Kraftwerksgenerator wird die erzeugte Energie mit 20 kV abgegeben. Erkläre, warum sie über Fernleitungen mit 110 kV, 220 kV und 380 kV übertragen wird. Berechne dazu die Stromstärke in den jeweiligen Fernleitungen, wenn vom Generator gerade 60 MW abgefordert werden.
b) Die im Generator des Kraftwerkes bei 20 kV erzeugte elektrische Energie wird im Umspannwerk durch Großtransformatoren in elektrische Energie der zur Übertragung notwendigen Spannung 220 kV bzw. 380 kV umgesetzt. Gib das dazu notwendige Verhältnis der Windungszahlen der Trafospulen an.
c) Die Temperaturen der Freileitungen betragen bei voller Last etwa 50 °C. Erläutere, warum bei der Übertragung der gleichen Menge an elektrischer Energie in der gleichen Zeit bei Erdkabeln aus dem gleichen Material wesentlich größere Querschnitte nötig sind. Erkläre, weshalb also elektrische Energie in großen Mengen und über große Entfernungen durch Freileitungen übertragen wird und nicht durch Kabel.

Energieströme – Energienutzung

Riesige Dieselmotoren treiben Schiffe an. Um an der Schiffsschraube Bewegungsenergie abgeben zu können, müssen sie tonnenweise mit Rohöl beschickt werden. Letztlich hat ein Strom von Energie von der im Rohöl gespeicherten Energie zur Bewegungsenergie der Schiffschraube stattgefunden. Schadlos ist das nicht. Viel entwertete Energie und die Umwelt belastende Abgase sind unvermeidlich, sodass Lebewesen geschädigt und das Klima negativ verändert werden.
Unter welchen Bedingungen kommen Energieströme zustande? Wie viel Energie wird in Verbrennungsmotoren entwertet? Wie wird Energie landesweit verteilt? Was sind die Folgen des extrem hohen Energieeinsatzes zur Lebensgestaltung moderner Gesellschaften und welche Maßnahmen können ergriffen werden, um die Folgen zu mildern?

Schiffsdiesel: bis zu 14 Zylinder mit je bis zu 2,5 m^3 Hubraum
Pkw-Motor: bis zu 6 Zylinder mit je bis zu 0,001 m^3 (1 l) Hubraum

■ **Windkraftanlagen – eine Lösung des Energieproblems?** Die Nutzung von Windenergie hat sich in den letzten 20 Jahren in Deutschland und Europa rasant entwickelt. An Küsten, aber auch an anderen geeigneten Stellen sind Windparks entstanden, die elektrische Energie erzeugen können. Der Vorteil dieser Anlagen besteht darin, dass keine fossilen Brennstoffe benötigt werden – ihr Nachteil ist, dass sie nur dann funktionieren, wenn Wind weht.
Windenergie ist eine von mehreren regenerativen Energiequellen, die heute zur Gewinnung elektrischer Energie genutzt wird, um die wertvollen fossilen Brennstoffe zu schonen.

■ **Automotor:** Zylinder, Kolben, Ventile oder Einspritzung, Zündkerze oder Selbstzündung, Pleuelstange, Kurbelwelle, Kühlung … das sind wichtige Begriffe, mit denen die Funktion eines Automotors beschrieben wird. Wie spielen diese Teile zusammen und auf welche Weise wird die chemische Energie des Benzins oder Diesels über eine sehr schnelle Verbrennung (Explosion) in mechanische Energie gewandelt?

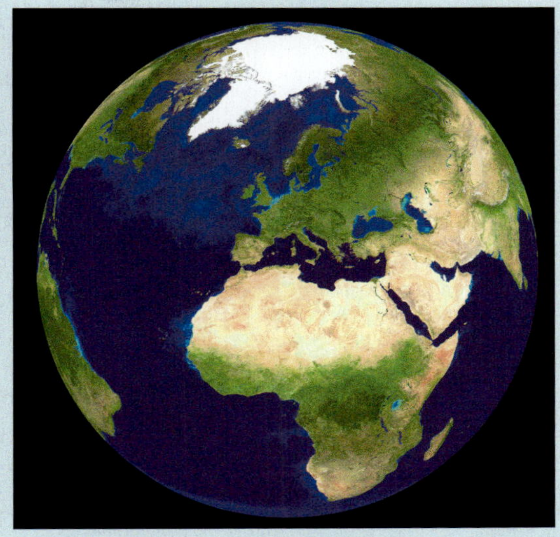

■ **Die Erde – ein riesiges Treibhaus:** In der Erdatmosphäre befinden sich Gase, die zusammen wie Glasscheiben eines Treibhauses wirken. Die Sonnenstrahlung kann diese Treibhausgase fast ungehindert durchdringen und gelangt zur Erde, wo sie absorbiert wird und den Boden erwärmt, der dann Wärmestrahlung aussendet. Diese kann aber die Treibhausgase größtenteils nicht durchdringen, sondern wird wieder zur Erde reflektiert. Dieser natürliche Treibhauseffekt ist die Voraussetzung für das Leben auf der Erde. Aber durch die zusätzlichen Treibhausgase, die durch menschliche Aktivitäten verursacht sind, verändert sich das Erdklima.

Vorbereitung

1 Lies die Texte dieser beiden Seiten durch und betrachte die zugehörigen Bilder. Schreibe zu den einzelnen Themen Fragen auf, die du dazu hast.

2 Blättere das folgende Kapitel durch, lies die Überschriften und betrachte die Bilder. Notiere neben den Fragen aus **1** die Seitenzahlen, die deiner Meinung nach Antworten zu deinen Fragen liefern könnten.

3 Überlege und schreibe auf, was du in Experimenten untersuchen möchtest. Vielleicht hast du ja schon Ideen, wie die Versuche aussehen könnten.

4 Studiere die in der Wiederholung „Energie“ auf Seite 284 dargestellten Zusammenhänge. Schreibe dazu die wichtigsten Begriffe zusammen mit einer kurzen Erklärung auf.

Wiederholung

Strömungen

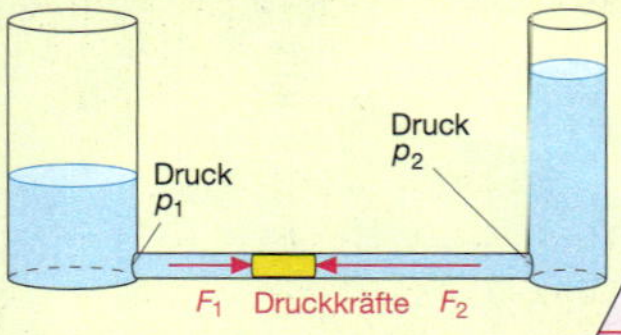

Druckunterschiede in flüssigen oder gasförmigen Stoffen verursachen Strömungen. Je größer die Druckdifferenzen sind, desto größer ist die Stromstärke des strömenden Stoffes.

SYSTEM

ENERGIE

Einheit der Energie:
1 J (Joule)
1 kJ = 1000 J

Leistung und Energie

Energie ist erforderlich, damit Vorgänge ablaufen können. Sie tritt in unterschiedlichen Formen auf, die ineinander gewandelt werden können.

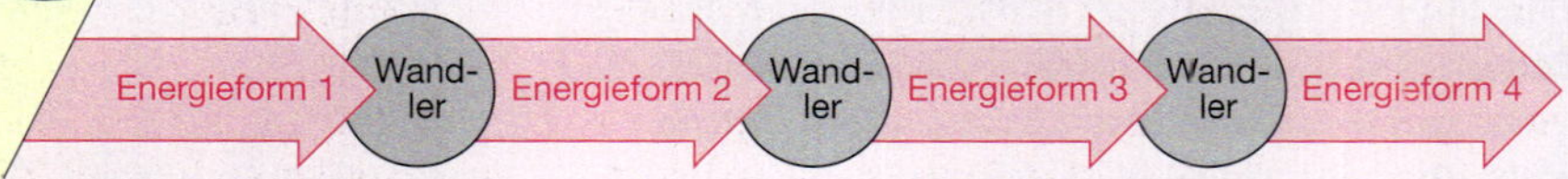

- **Mechanische Energieformen**
  $E_{Bew} = \frac{1}{2} m \cdot v^2$; $E_{Lage} = F_G \cdot h = m \cdot g \cdot h$
- **Elekrische Energie**
  $E_{el} = U \cdot I \cdot t$

Bei fast allen Energiewandlungen entsteht immer auch thermische Energie, die nicht weiter genutzt werden kann: **entwertete Energie** oder Abwärme.

Aber Energie geht nie verloren, sie ändert nur ihre Form. **(Prinzip von der Erhaltung der Energie)**

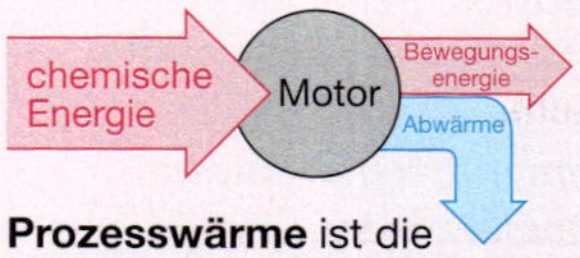

Wärmeenergie geht von selbst nur von warm → kalt über. Sie braucht immer einen Träger.

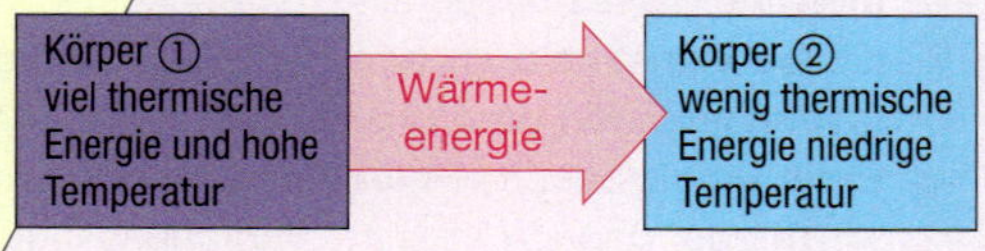

Prozesswärme ist die Energie, die zum Ablauf eines Vorgangs erforderlich ist.
Abwärme ist die Energie, die bei einem Vorgang an die Umgebung abgegeben wird.

Die **Leistung** ist die von einem Körper/Gerät während der Zeit Δt aufgenommene oder abgegebene Energie ΔE: $\mathbf{P = \frac{\Delta E}{\Delta t}}$

- **mechanisch:** $P_{mech} = \frac{\Delta E_{mech}}{\Delta t}$
- **elektrisch:** $P_{el} = \frac{\Delta E_{el}}{\Delta t}$

Energieübertragung

Leitung

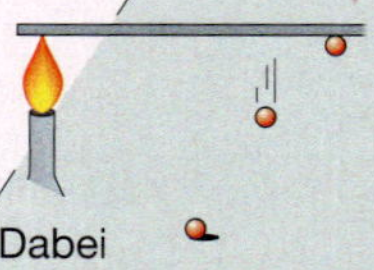

Dabei strömt nur Energie, kein Stoff.

Mitführung
Energie wird von strömenden Flüssigkeiten oder Gasen mitgenommen

Strahlung
Dabei strömt Energie ohne einen übertragenden Körper.

WECHSELWIRKUNG

Energiezufuhr und Teilchenbewegung

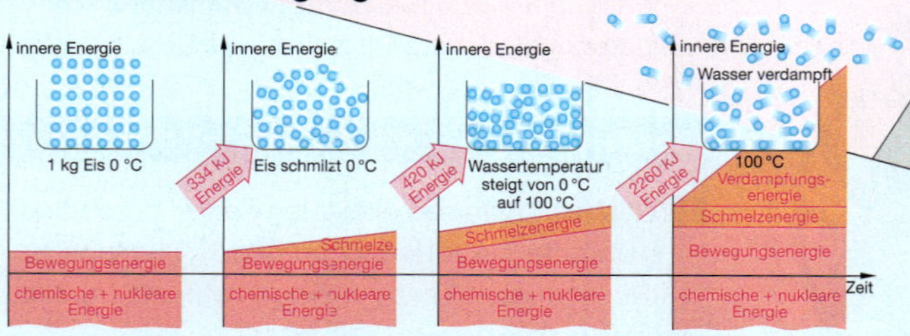

Energiezufuhr oder -abfuhr bewirkt eine Änderung der thermischen Energie eines Körpers und damit eine Änderung seiner Temperatur oder seiner Zustandsform.

Thermische Ausdehnung

Flüssigkeiten dehnen sich bei Temperaturerhöhung stärker aus als Festkörper. Die Ausdehnung hängt bei beiden vom jeweiligen Stoff ab.
Luft dehnt sich bei gleicher Temperaturerhöhung viel stärker aus als Flüssigkeiten.

Temperatur

Temperaturen werden in °C oder in Kelvin (K) angeben.
Das Formelzeichen ist ϑ bzw T.
Umrechnung:
$T = \vartheta$ (in der Einheit K) + 273 K
$\vartheta = T$ (in der Einheit °C) – 273 °C
Am Nullpunkt der Kelvinskala (0 K) sind alle Teilchen in Ruhe.

MATERIE

Grundbegriffe

- *Energie*
- *mechanische Energie*
- *elektrische Energie*
- *thermische Energie*
- *Wärmeenergie*
- *Prozesswärme*
- *Abwärme*
- *Leistung (elektrisch und mechanisch)*
- *Energietransport*
- *Teilchenbild*
- *Temperatur*
- *thermische Ausdehnung*
- *Druck*

Motoren, insbesondere Verbrennungsmotoren — Projekt

Motoren sind aus der von Technik bestimmten Welt nicht mehr wegzudenken. Aus physikalischer Sicht haben sie immer die gleiche Aufgabe: Energie so zu wandeln, dass sie als mechanische Energie zur Verfügung steht.

P1 a) Stellt eine möglichst lange Liste der unterschiedlichsten Motoren zusammen. Gliedert die Liste dann nach verschiedenen Gesichtspunkten und schafft möglichst auch Untergliederungen. Setzt die unterschiedlichen Sortierungen dann so in grafische Darstellungen um, dass der Sinn der unterschiedlichen Sortierungen augenfällig wird.
b) Arbeitet in eurer Zusammenstellung besonders den energiewandelnden Aspekt von Motoren heraus und zeichnet entsprechende Energieflussdiagramme unterschiedlicher Motorenarten.

P2 a) Fertigt viele (zweifache) Kopien von Schnittzeichnungen von **Verbrennungsmotoren** an und klebt sie auf zwei verschiedene Plakate. Eines soll sie nach den Brennstoffen geordnet darstellen, das zweite nach dem Ort, an dem die Verbrennung stattfindet.
b) Vergrößert und beschriftet die Kopie eines **Benzin-** und eines **Dieselmotors** so, dass ihr anderen daran die Funktionsweise beider Motoren erklären könnt.
c) Stellt eine bebilderte Zeitleiste her, die die Jahre der Erfindung der jeweiligen Art der Verbrennungsmotoren darstellt und die Erfinder mit aufführt. Gebt auch eine kurze Personenbeschreibung der Erfinder.
d) Findet aus dem Fahrzeugschein eines Autos heraus, welche Angaben dort zum Motor gemacht werden, und erläutert diese Angaben.

P3 An einem Benzinrasenmäher ist der Motor gut zugänglich.
a) Fertigt kleine Pappschilder über alle Motorteile an, die von außen sichtbar sind, klebt die Schilder an die Teile und fotografiert den Motor dann.
b) Schraubt die **Zündkerze** ab und messt die Länge des Weges des **Kolbens** im **Zylinder**. Berechnet daraus und aus den Angaben zum Hubraum des Motors die Bohrweite des Zylinders.
c) Klärt die Funktionsweise des Benzin- oder **Ottomotors** und stellt aus Pappstreifen ein großes Funktionsmodell her.

Mobilität, Transport und der Klimawandel — Projekt

In den letzten Jahren ist der Wunsch der Menschen nach wachsender Mobilität, aber auch der Anspruch der Gesellschaft an die Menschen im Hinblick auf ihre Mobilität gestiegen. Ebenso hat der Transport von Waren und Gütern innerhalb der einzelnen Länder, aber auch weltweit, durch die Globalisierung und die wachsende Weltbevölkerung ständig zugenommen. Die Umweltbelastungen durch die Mobilität der Menschen und den Warentransport haben mittlerweile spürbare Auswirkungen auf das Weltklima.

P1 a) Erstellt eine Grafik zum **Warentransport** auf der Erde. Berücksichtigt dabei die verschiednen **Transportmittel** und die Transportwege.
b) Bewertet den Transport von Waren und Gütern im Hinblick auf die **Umweltverträglichkeit**. Überlegt euch dazu geeignete Bewertungskriterien.
c) Zeigt mögliche Wege auf, die Umweltbelastungen durch den Transport zu verringern.

P2 Erarbeitet eine Übersicht mit Argumenten für und gegen eine gesteigerte **Mobilität** der Menschen. Berücksichtigt dabei z. B., ob jede Form von Mobilität notwendig ist.

P3 a) Gestaltet eine Übersicht mit Anregungen, wie jeder Einzelne im Rahmen seiner Möglichkeiten die **Umweltbelastungen**, die zu einer Beeinflussung des **Weltklimas** führen, verringern kann.
b) Bewertet die einzelnen Vorschläge im Hinblick auf ihre Durchführbarkeit und Akzeptanz in der Bevölkerung sowie auf den klimatischen Nutzen und die damit verbundnen Kosten.

Energieströme

Der Tauchsieder im Foto rechts ist an eine Batterie angeschlossen. Seine Heizspiralen stehen in einem Glas mit Wasser. Von der Batterie wird Energie auf den Tauchsieder übertragen. Dieser wandelt sie und gibt Wärmeenergie an das Wasser im Glas ab. Hier strömt also zweimal nacheinander Energie. Unter welchen Voraussetzungen kommen Energieströme zustande? Was bewirken sie? Wie groß sind sie?

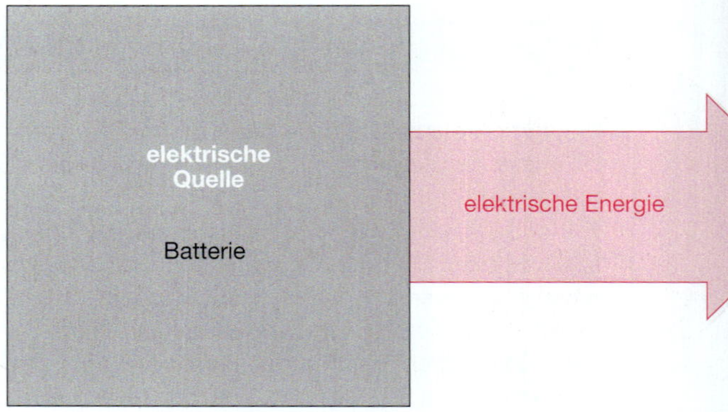

Unterschiede schaffen Ströme

Ströme kommen nicht von alleine zustande, sie benötigen immer einen Antrieb.

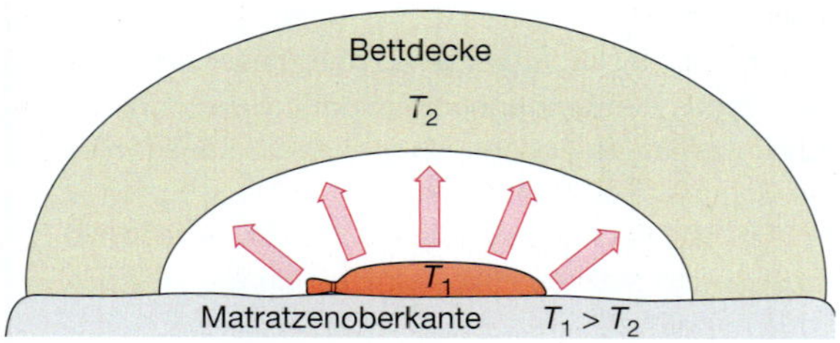

Wird eine heiße Wärmflasche in ein kaltes Bett gelegt, so wird es im Bett warm. An das Bett wird Wärmeenergie abgegeben, weil die Temperatur T_1 der Wärmflasche höher ist als die Temperatur T_2 des Bettes.
Dieser Energiestrom von der Wärmflasche zum Bett hört aber in dem Moment auf, in dem beide dieselbe Temperatur erreicht haben.

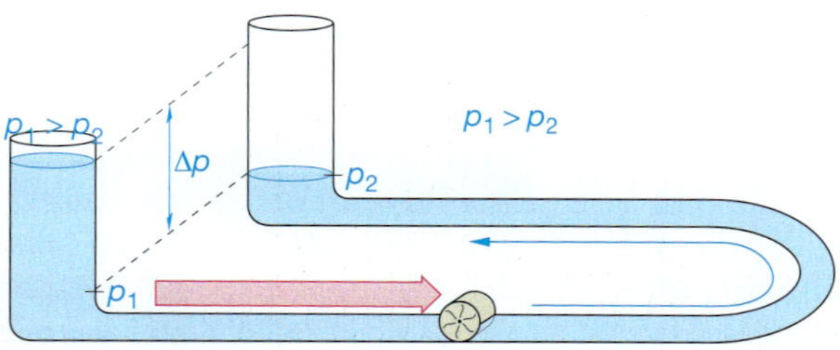

Das Wasser strömt vom vorderen Gefäß zum hinteren. Dadurch wird das Wasserrad in Bewegung gesetzt. Hier entsteht also ein Energiestrom. Das Wasser strömt, weil es links höher steht als rechts und damit der Druckunterschied $p_1 - p_2 = \Delta p$ besteht.
Sobald die Flüssigkeitssäulen dieselbe Höhe haben und damit der Druckunterschied null ist, hört das Wasser auf zu fließen und das Rad wird nicht mehr gedreht.

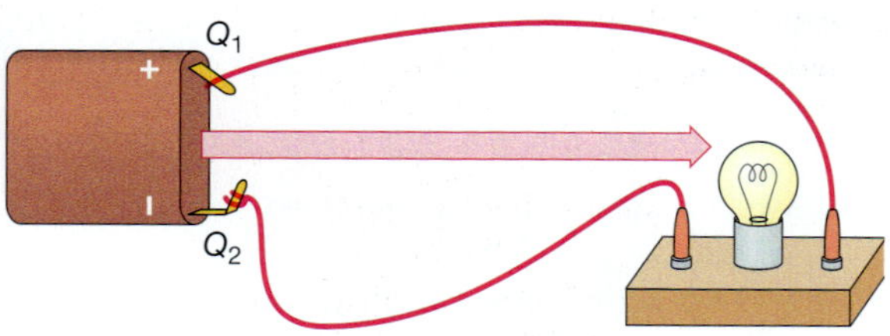

$Q_1 > Q_2$

Die Lampe leuchtet, weil sie an die Batterie angeschlossen ist. Es wird Energie an die Lampe abgegeben, weil die Pole der Batterie verschiedene Ladungen Q besitzen.
Der Energiestrom hört sofort auf, wenn die Pole der Batterie keine unterschiedlichen Ladungen Q mehr besitzen.

Im ersten Beispiel liefert der Temperaturunterschied ΔT, im zweiten der Druckunterschied Δp und im dritten der Ladungsunterschied ΔQ den Antrieb für den Energiestrom.

Ein Energiestrom zwischen einem Körper ① und einem Körper ② kommt nur dann zustande, wenn sie unterschiedliche Zustände φ_1 und φ_2 haben.
Die Energie strömt vom höheren Zustand zum niedrigeren.
Sobald der Unterschied $\Delta\varphi = \varphi_1 - \varphi_2 = 0$ ist, endet der Energiestrom.

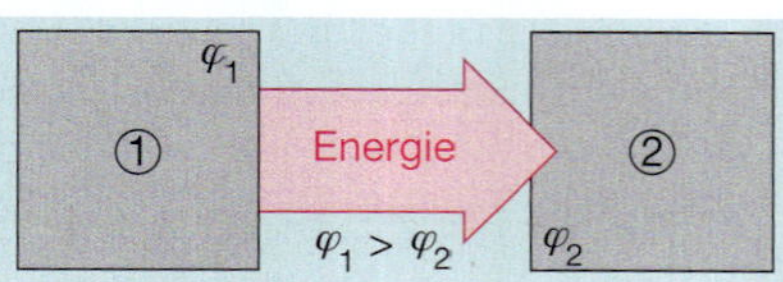

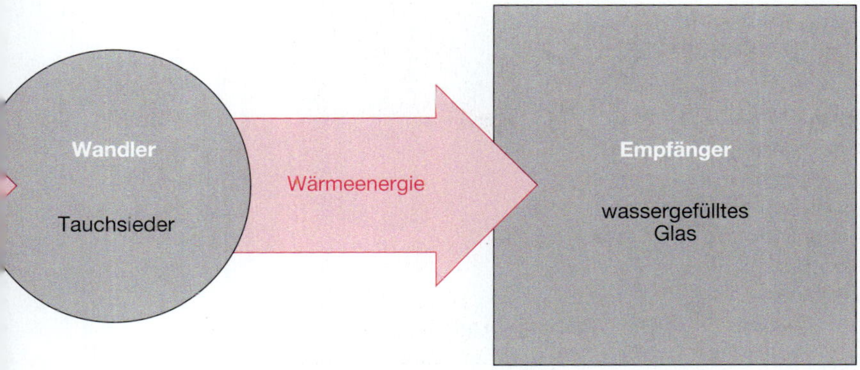

Energieströme schaffen Unterschiede

Strömt Wärmeenergie in das Federbett, so steigt dessen Anfangstemperatur T_A auf eine höhere Endtemperaturdes T_E. Der Wärmeenergiestrom kann ausgelöst werden durch einen Menschen, eine Wärmflasche oder eine Heizdecke.

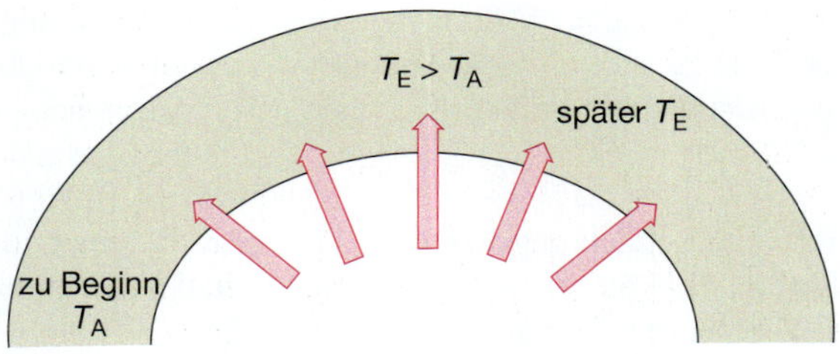

Fazit:

Hier strömt Energie von alleine in Richtung Zustand niedriger Temperatur.

Wird die Pumpe eingeschaltet, wird das Wasser in Bewegung gesetzt. Dadurch wird Energie übertragen, die Wassersäule steigt. Dadurch steigt der Druck im Gefäß von p_A auf p_E.

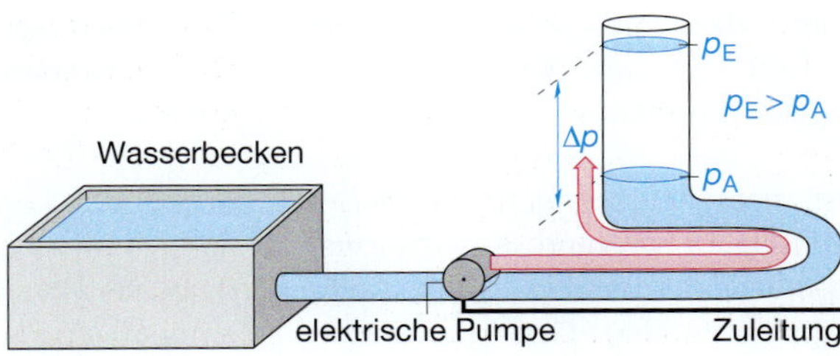

Wird die Autobatterie an eine elektrische Quelle angeschlossen, so fließt ein Elektronenstrom durch sie. Auch hier wird Energie übertragen, die die in der Batterie vorhandenen Ladungen voneinander trennt und dadurch eine Spannung zwischen den Batteriepolen erzeugt.

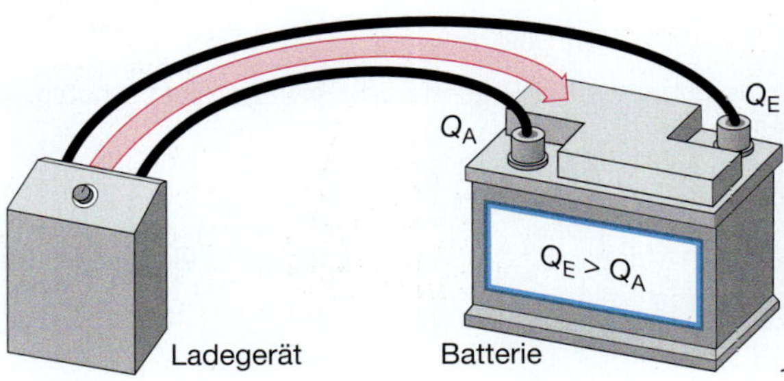

Bei diesen beiden Beispielen strömt Energie nur unter Zwang, weil von allein kein Druckunterschied bzw. Ladungsunterschied entsteht.

Beim Bett bewirkt die Zufuhr von Energie eine Temperatursteigerung um $\Delta T = T_E - T_A$, im Glasrohr einen Druckanstieg $\Delta p = p_E - p_A$ und in der Autobatterie eine Ladungsverschiebung $\Delta Q = Q_E - Q_A$.

Nur durch die Emission oder Absorption von Energie, also durch einen Energiestrom, ist es möglich, den Zustand φ_A eines Körpers oder eines Systems in den Zustand φ_E desselben Körpers oder Systems zu überführen. Dadurch entsteht die Zustandsänderung $\Delta\varphi = \varphi_E - \varphi_A$.

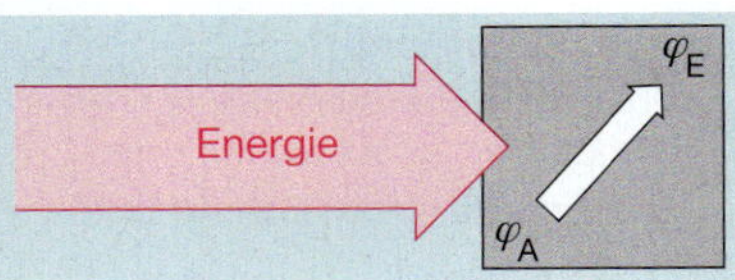

Energieströme und Wirkungsgrad

In dem Diagramm der vorhergehenden Seite ist bislang nur untersucht worden, wie Energieströme zustandekommen und was sie bewirken können. Jetzt soll es unter zwei weiteren Gesichtspunkten untersucht werden. Zunächst wird nur der linke Teil betrachtet, also das Strömen von Energie zum Gerät, im zweiten Schritt dann die Energiewandlung durch das Gerät.

Steht ein Tauchsieder, der an eine Batterie angeschlossen ist, in einem Glas mit Wasser, wird im Tauchsieder elektrische Energie gewandelt, die als Wärmeenergie an das Wasser abgegeben wird. Es gibt natürlich Tauchsieder unterschiedlicher Bauart. Der eine kann das Wasser in einer kürzeren Zeit erwärmen als ein anderer. Im ersten Tauchsieder wird deshalb in der kürzeren Zeit Δt eine größere Energiemenge ΔE in Wärmeenergie gewandelt. Der Quotient $\Delta E/\Delta t$ gibt also die **Energiewandlungsrate** des Tauchsieders an; sie kennzeichnet den Tauchsieder.

Es gibt aber noch eine zweite Betrachtungsweise:
Von der Batterie aus strömt Energie durch den Stromkreis zum Tauchsieder. Fließt in der Zeit Δt die Energiemenge ΔE durch den Stromkreis, so kann der Quotient $\Delta E/\Delta t$ als **Energiestromstärke** aufgefasst werden. Diese Größe bezieht sich nicht mehr auf den Tauchsieder, sondern auf den gesamten Stromkreis.

Die Größe $\Delta E/\Delta t$ ist nicht neu, sondern längst bekannt – es ist die *Leistung P*. Sie kann also auf zwei unterschiedliche Arten gedeutet werden, nämlich einmal als Energiewandlungsrate eines Gerätes und zum anderen als Energiestromstärke in einem Stromkreis.

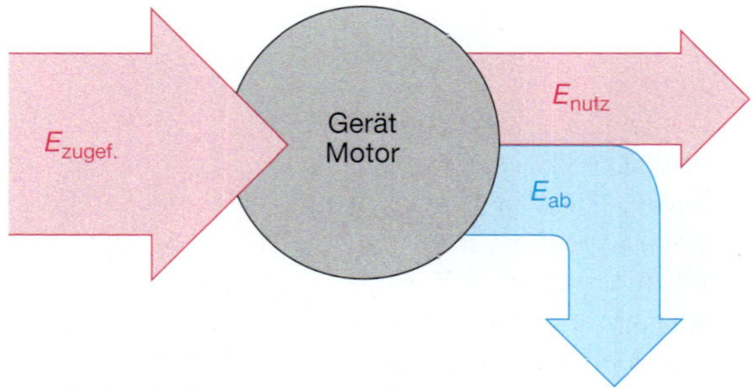

Der Wirkungsgrad

- Um eine Lampe zum Leuchten zu bringen, wird Energie von der elektrischen Quelle an sie übertragen. Eine unvermeidbare Begleiterscheinung besteht darin, dass nicht nur Licht ausgesendet, sondern auch Wärmeenergie an die Umgebung abgegeben wird, was gar nicht erwünscht ist.
- Genauso ist es auch bei einem Automotor: Durch die Verbrennung von Kraftstoff soll das Auto eigentlich nur angetrieben werden. Gleichzeitig wird aber auch Wärmeenergie erzeugt und an die Umgebung abgegeben, die der Bewegung nicht nützt.

Aus diesem Grund ist es sinnvoll, den Begriff **Wirkungsgrad** $\boldsymbol{\eta}$ einzuführen. Er gibt an, welcher Anteil der zugeführten Energie E_{zugef} in die gewollte Nutzenergie E_{nutz} gewandelt wird. Der Rest ist *Abwärme* E_{ab}, die an die Umgebung abgegeben wird. Weil sie nicht weiter genutzt werden kann, wird sie auch als *entwertet* bezeichnet.

Es gilt $E_{zugef} = E_{nutz} + E_{ab}$ oder $E_{nutz} = E_{zugef} - E_{ab}$.

Daraus ergibt sich insgesamt für den Wirkungsgrad

$$\eta = \frac{E_{nutz}}{E_{zugef}} = \frac{E_{zugef} - E_{ab}}{E_{zugef}} = 1 - \frac{E_{ab}}{E_{zugef}}.$$

Die Leistung P kann als Energiewandlungsrate oder als Energiestromstärke aufgefasst werden. In jedem Fall gilt: $P = \frac{\Delta E}{\Delta t}$

Für den Wirkungsgrad η gilt: $\eta = \frac{E_{nutz}}{E_{zug}} = 1 - \frac{E_{ab}}{E_{zugef}}$.

Es sollten immer Geräte mit möglichst großem Wirkungsgrad eingesetzt werden, weil sie viel Energie nutzen und wenig Abwärme produzieren.

Aufgaben

1 Ein fahrender Waggon fährt auf einen frei stehenden, ungebremsten Waggon so auf, dass die Kupplung einrastet. Erkläre, wie es hier zu einem kurzfristigen Energiestrom kommt und wann er endet.

2 Eine in eine einfache Fassung eingeschraubte 60 W-Glühlampe wird an das Stromnetz angeschlossen.Dann wird sie kopfüber so in ein wassergefülltes Einmachglas gestülpt, dass der Glaskörper vollständig unter Wasser ist. Dabei erwärmt sich das Wasser in 7 min um 5 °C.
a) Berechne den Wirkungsgrad der Lampe,
b) Erläutere, warum so nur der Wirkungsgrad berechnet wird, den die Lampe höchstens hat.

Perpetuum mobile – bewegt es sich ewig?

Streifzug

„La construction d'un mouvement perpetuel est absolument impossible." (Der Bau einer sich ständig bewegenden Maschine ist absolut unmöglich.) Mit diesen Worten beschloss die Pariser Akademie der Wissenschaften 1775, keine Patentvorschläge für Maschinen mehr zu prüfen, die ein „Perpetuum mobile" sein sollten, also ein Apparat, der sich „ewig bewegt". Damit waren Maschinen gemeint, die aufgrund ausgeklügelter Konstruktionen immerfort laufen sollten, wenn sie einmal in Gang gesetzt waren.

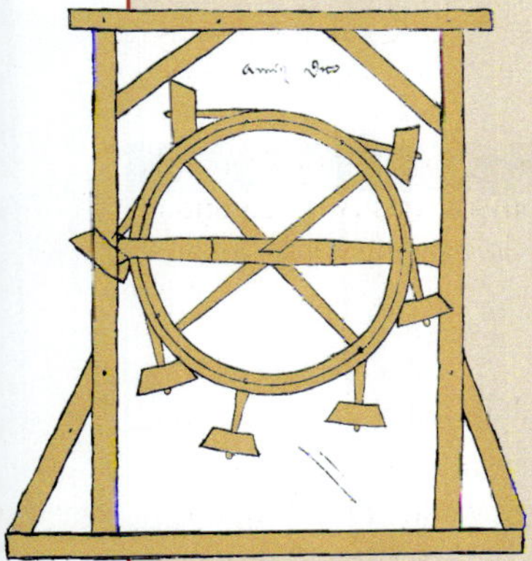

Der älteste bekannte Entwurf einer solchen Maschine stammt aus dem Jahre 1235. Da auf der einen Seite des Rades vier Hämmer waren und auf der anderen nur drei, sollte die schwerere Seite das Rad nach unten ziehen. Am höchsten Punkt klappte jeweils ein Hammer um und machte diese Seite wieder schwerer.

Auch LEONARDO DA VINCI (1425–1519), der geniale Erfinder und Konstrukteur, befasste sich mit Perpetua mobilia. Aber bald erkannte er die Unmöglichkeit, eine solche Maschine zu bauen. Anhand der Zeichnung links konnte Leonardo das auch beweisen. Er schrieb dazu: „Oh ihr Spekulanten der ununterbrochenen Bewegung, wie viel geistige Anstrengung habt ihr vergeblich aufgewandt!"

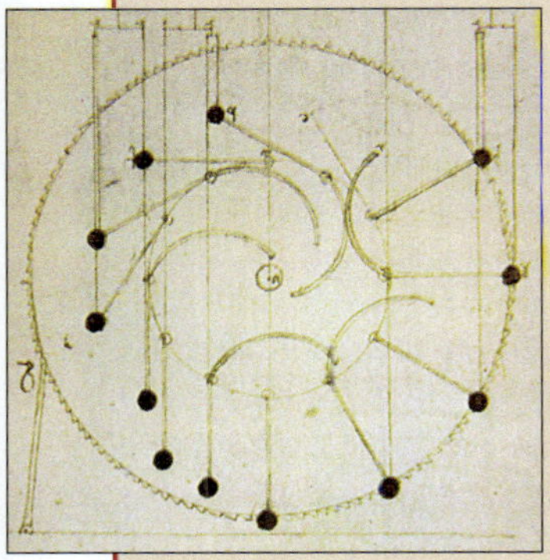

Woran scheiterten alle Konstrukteure? An der Maschine auf dem Bild rechts oben aus dem 17. Jahrhundert soll dies verdeutlicht werden: Sie ist eine Kombination aus Wasserrad und Archimedes'scher Schraube. Auf der rechten Seite treibt das aus dem oberen Becken herabstürzende Wasser ein Rad an. Dieses setzt auf der anderen Seite die Archimedes'sche Schraube in Bewegung, die das Wasser wieder hinaufbefördert, damit es wieder herabfließen und so die ganze Maschine in Bewegung halten kann.

Die Konstruktion scheiterte aber nicht an technischen Unzulänglichkeiten, sondern an den Gesetzen der Physik. Genauso viel Energie, wie das herabfließende Wasser an das Rad abgibt, wird benötigt, um das Wasser wieder hochzuheben – die Energie bleibt gleich. Und dabei ist noch gar nicht berücksichtigt, dass ja auch noch mechanische Energie durch die Reibung der Achsen von Schraube und Wasserrad in den Lagern entwertet wird!
Außerdem sollte dieses Perpetuum mobile aber auch noch Energie abgeben können als Antrieb für die Schleifscheibe. Das heißt aber, dass die Maschine mehr Energie abgibt, als in sie hineingesteckt wird – sie hätte also einen Wirkungsgrad größer als eins – eine eklatante Verletzung des Prinzips der Energieerhaltung. Das folgende Energiefluss-Schema macht das noch einmal deutlich.

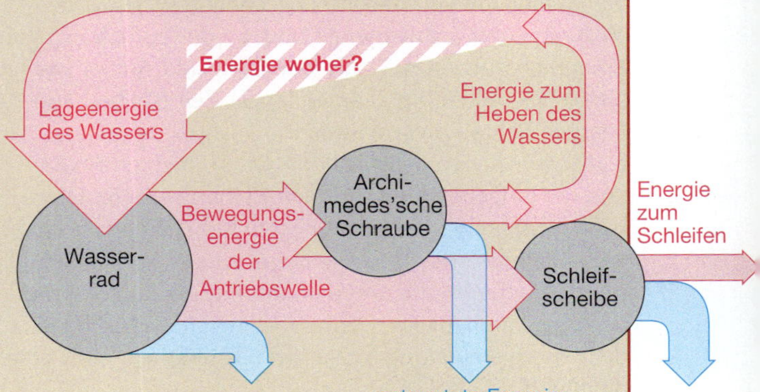

Erst im 19. Jahrhundert setzte sich die Erkenntnis durch, dass die Konstruktion eines Perpetuum mobile unmöglich ist. Trotzdem gibt es bis heute Erfinder, die immer wieder bei den Patentämtern entsprechende Erfindungen einreichen oder in Fernsehshows vorstellen – aber wenn nicht irgendwo versteckte Batterien, Solarzellen oder Ähnliches eingebaut sind, bleiben alle derartigen Maschinen irgendwann stehen!

Energieentwertung

Neben der begehrten elektrischen Energie produziert ein Wärmekraftwerk sehr viel Wärmeenergie, die über die Kühltürme ungenutzt entweicht. Ist das nicht eine gewaltige Vergeudung von Energie, die als Kohle, Öl, Gas oder Uran teuer eingekauft wurde?
Gibt es physikalische Gründe dafür, dass solche „Verschwendung" kostbarer Energie hingenommen werden muss? Woran liegt es, dass Energiewandlungen nicht beliebig von einer Form in eine andere vollzogen werden können, sondern dies nur unter „Verlust" möglich ist? Wo bleibt der Rest?

Einbahnstraße Energieentwertung

Die springende Kugel, die Erde am Aufprallpunkt und die alles umgebende Luft bilden ein *System,* in dem Energie gewandelt wird. In ihm gilt der Energieerhaltungssatz: Wenn diesem System Energie weder zu- noch abgeführt wird, bleibt die Summe aller beteiligten Energien konstant und die verschiedenen, im Inneren des Systems auftretenden Energieformen können beliebig lange ineinander gewandelt werden.

Zentraler Versuch

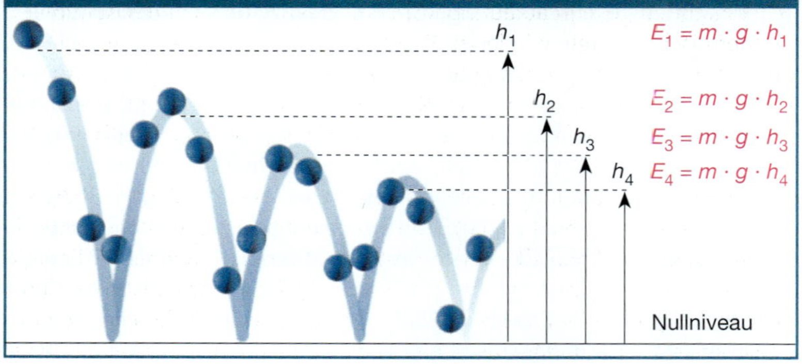

Die anfänglich vorhandene Lageenergie wird bei den Wandlungen in Bewegungs- und Spannenergie und wieder zurück in Lageenergie aber kontinuierlich entwertet. Nach jedem Ab und Auf ist weniger Lageenergie da als vorher – nach hinreichend langer Zeit ist überhaupt keine mechanische Energie mehr in diesem System.
Stattdessen haben sich die thermischen Energien des Balles, der Aufprallstelle und der umgebenden Luft durch Reibung erhöht. Diese thermische Energie kann nicht mehr in eine der mechanischen Energieformen zurückgewandelt werden. Sonst müsste ja die Kugel wieder anfangen zu springen, während sie, die Aufprallstelle und die Luft ringsum kühler würden, sie also die von der Kugel empfangene thermische Energie wieder an sie zurückgäben. Nach dem Energieerhaltungssatz wäre das möglich, aber gesehen hat das noch niemand!

Auch bei den Energiewandlungen in Kraftwerken wäre es wünschenswert, die Entwertung der kostbaren Eingangsenergie in dem System Kraftwerk–Umgebungsluft wieder rückgängig zu machen. Dazu müsste nur die erwärmte Luft über den Kühltürmen, also die Abwärme des Kraftwerks, durch Abkühlung wieder zurückgewonnen und mit ihr die Turbinen betrieben werden können. Aber auch das ist nicht machbar!

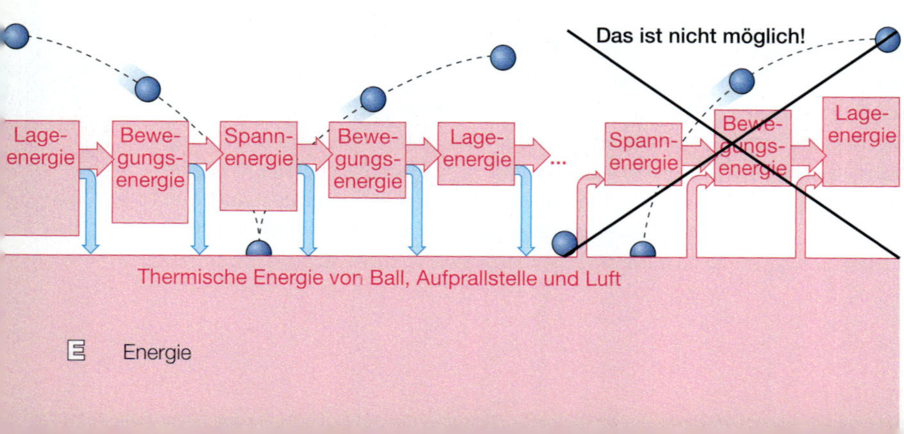

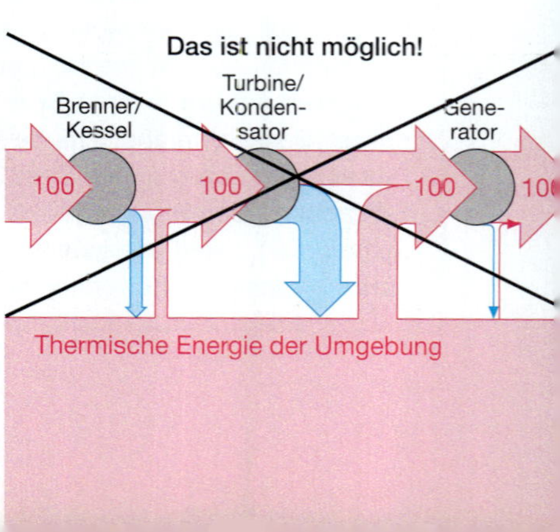

Dem Energieerhaltungssatz würden solche Umkehrungen der Entwertung nicht widersprechen. Die Erfahrung zeigt aber, dass der Vorgang nur in der Richtung abläuft, in der Entwertung auftritt, nicht in der umgekehrten. Um Energiewandlungen vollständig zu beschreiben, muss es also noch eine weitere Eigenschaft dieser Wandlungen geben, die die Einseitigkeit von Entwertungsvorgängen beschreibt.

Die Energiewandlungen an der springenden Kugel laufen in beiden Richtungen ab. Aber eine ist ausgezeichnet: Im Laufe der Zeit wird der Vorrat an mechanischer Energie immer geringer. Gäbe es die Entwertung durch Reibung nicht, würde der Idealfall eintreten, dass die Kugel nach jedem Aufprall wieder genau die Höhe erreichen würde, die sie vorher hatte. Es läge ein umkehrbarer, ein **reversibler Vorgang** vor. Der rückwärtslaufende Vorgang wäre vom vorwärts ablaufenden nicht zu unterscheiden.

Die Bewegungsenergie einer Turmspringerin „verschwindet" im Wasser. Dort ist sie in thermische Energie des Wassers gewandelt und dadurch entwertet worden. Es ist noch nie beobachtet worden, dass solch ein Vorgang in der Natur umgekehrt abläuft. Er wäre umgekehrt, wenn durch Abkühlung die thermische Energie wieder zu Bewegungs- und Lageenergie würde.
Ein nicht umkehrbarer Vorgang heißt **irreversibel.** Er ist eine Einbahnstraße, weil die Wandlungen nur in einer Richtung ablaufen, so wie bei der springenden Kugel oder wie bei den Energiewandlungsprozessen im Kraftwerk.

Bei allen Energiewandlungen entsteht Wärmeenergie, die nicht dem Zweck des Prozesses dient und die nicht in andere Energieformen weiter gewandelt werden kann. Am Ende aller Energieketten steht immer thermische Energie der Umgebung, die nicht mehr rückwandelbar und nutzlos ist, eben **entwertete Energie.** Stehen elektrische, mechanische, chemische Energie oder Lichtenergie dagegen am Ende von Energieketten, dann sind sie noch nutzbar. Deshalb sind sie *wertvoll.*
Energieentwertung ist also ein Wandlungsprozess, der Einbahnstraße und Sackgasse zugleich ist: Entwertete Energie nimmt am Austausch der Energieformen nicht mehr teil.

Fast alle Energiewandlungen sind irreversibel. Sie laufen nur in Richtung Entwertung ab, nie umgekehrt.

Aufgaben

1 Finde aus deinem Alltag drei weitere Beispiele für irreversibel ablaufende Energiewandlungen.

2 Nenne für das Beispiel Fahrrad Maßnahmen, die zur Verringerung der Energieentwertung ergriffen werden oder von dir beim Radfahren ergriffen werden können.

3 **a)** Bestimme den Prozentwert, auf den sich die Lageenergie zwischen je zwei benachbarten Maxima des zentralen Versuchs verringert.
b) Berechne den Prozentwert der ursprünglichen Lageenergie, der im 4. Maximum noch vorhanden ist.

4 Axel hat eine geniale Idee für sein Fahrrad: Ein Elektromotor treibt das Hinterrad an und wird selbst vom Dynamo am Vorderrad mit Strom versorgt. Franziska hat Zweifelt. – Kommentiere.

5 Das Wasserbecken, in das eine Springerin vom 5 m Brett springt, sei 10 m lang, 20 m breit und 4 m tief. Die Springerin ist 65 kg schwer.
a) Berechne, um wie viel Kelvin sich das Wasser allein durch die Reibung des Körpers der Springerin im Wasser erwärmt.
b) Wie oft müsste sie springen, um das Wasser um 1 K zu erwärmen? (Luftreibung vernachlässigen!)

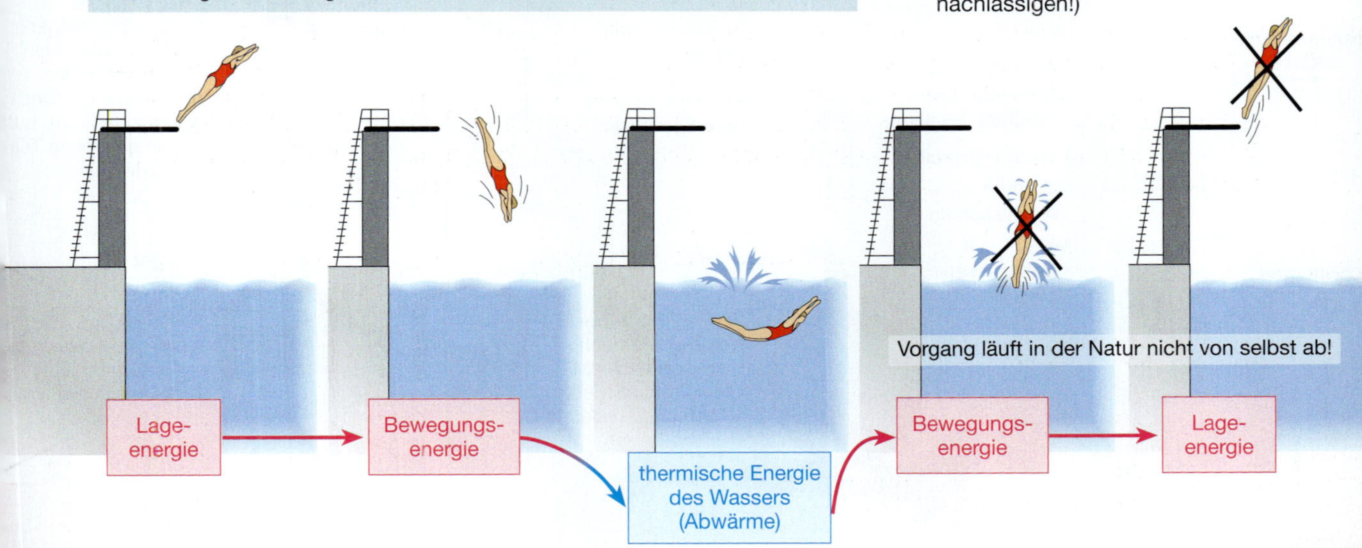

Wärme-Kraft-Maschinen

Benzin- bzw. Dieselmotoren oder Dampfmaschinen sind oder waren für die Menschen unentbehrliche Helfer zur Bewältigung des von Technik geprägten Alltags und haben ihn überhaupt erst ermöglicht. Sie beruhen auf dem Prinzip, dass sich Gase bei Erwärmung ausdehnen und bei Abkühlung zusammenziehen.
Wie werden die dabei ablaufenden Energiewandlungen in den verschiedenen Maschinen technisch realisiert? Wie wirkungsvoll sind die verschiedenen Maschinen und wie werden sie ihrem Zweck entsprechend eingesetzt?

Der Heißluftmotor

Ein durch einen beweglichen Kolben abgeschlossenes Luftvolumen dehnt sich im heißen Wasserbad aus. Dabei hebt es den Kolben. Im kalten Wasserbad zieht sich die Luft wieder zusammen, der Kolben bewegt sich nach unten.
Ein steter Wechsel zwischen heißer und kalter Umgebung führt zu einer ständigen Auf- und Abbewegung des Kolbens.

Die Grafik unten zeigt, wie dieser Wechsel automatisiert und damit ein Motor konstruiert werden kann:

Zentraler Versuch

In einem abgeschlossenen Zylinder wird Luft durch einen Verdrängerkolben zwischen einem heißen und einem kalten Ende hin- und hergeschoben. Sie wird dabei in stetigem Wechsel erwärmt und wieder abgekühlt.

In einem Heißluftmotor wird eine eingeschlossene Luftmenge periodisch erhitzt (→ Ausdehnung der Luft) und wieder gekühlt (→ Zusammenziehung).
Beim Ausdehnen wandelt sich die thermische Energie der Luft in mechanische Energie.

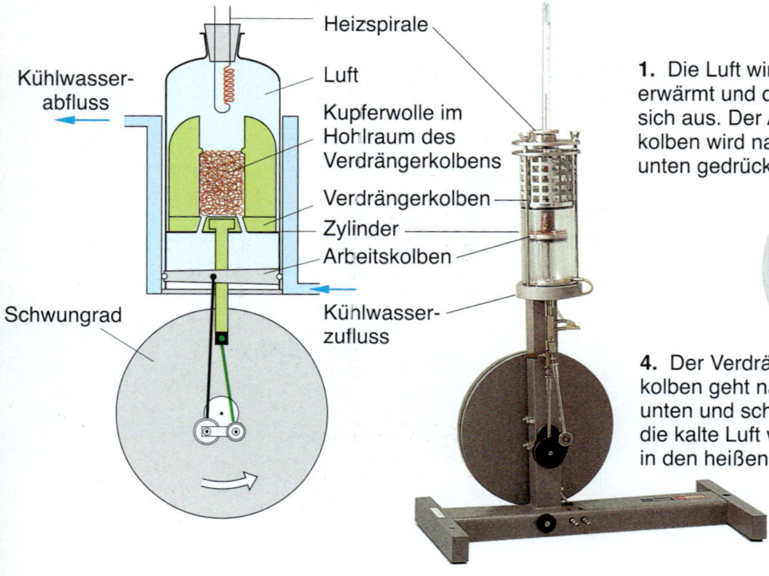

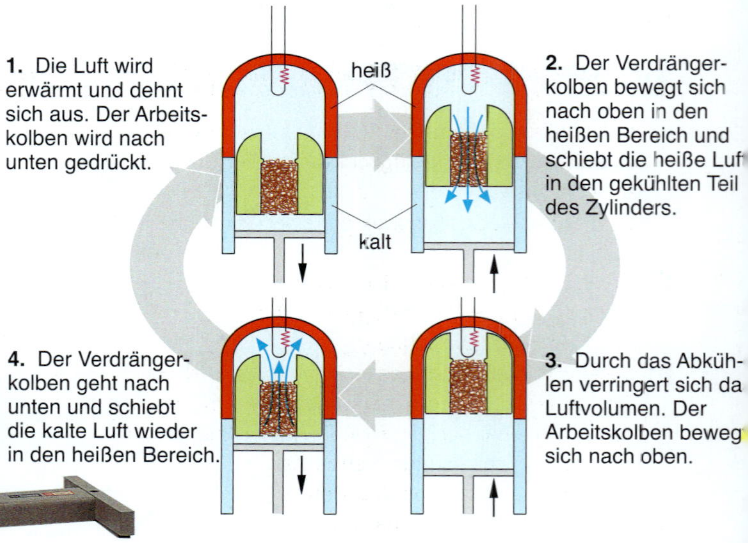

Wirkungsgrad ideal und real

Jeder Wärme-Kraft-Maschine wird Energie als chemische Energie in Form von Brennstoff zugeführt. Durch die Verbrennung des Brennstoffs erhöht sich die thermische Energie des eingeschlossenen Gases, die sich in mechanische Energie wandelt (meist in Bewegungsenergie eines Kolbens) und schließlich abgegeben wird. (Im Wort „Wärme-Kraft-Maschine" steht aus historischen Gründen fälschlicherweise „Kraft" statt „Energie"; vergleichbar mit dem Wort „Kraftwerk", das ja auch nichts mit dem physikalischen Begriff „Kraft" zu tun hat.)

Um die Wirksamkeit einer Maschine abzuschätzen, wurde der *Wirkungsgrad* eingeführt. Er gibt an, wie viel der zugeführten Energie E_{zugef} in die wirklich zu nutzende Energie E_{nutz} gewandelt wird. Für den Wirkungsgrad η gilt:

$$\eta = \frac{E_{nutz}}{E_{zugef}}$$

Eine Wärme-Kraft-Maschine mit dem Wirkungsgrad $\eta = 1 = 100\ \%$ wäre optimal – alle zugeführte Energie würde genutzt. Geht das?

Als E_{nutz} steht gemäß der Energiebilanz höchstens die Differenz $E_{zugef} - E_{abgef}$ zur Verfügung:

$$\eta_{ideal} = \frac{E_{nutz}}{E_{zugef}} = \frac{E_{zugef} - E_{abgef}}{E_{zugef}} = 1 - \frac{E_{abgef}}{E_{zugef}} < 1$$

Die entwertete Energie E_{abgef} steht der Wandlung in mechanische Energie nicht zur Verfügung. Zusätzlich wird durch Reibung noch Energie entwertet: E_{Reib}.

Der reale Wirkungsgrad eines jeden Motors

$$\eta_{real} = 1 - \frac{E_{abgef} + E_{Reib}}{E_{zugef}}$$

ist deshalb wesentlich geringer als η_{ideal}, d. h. $\eta_{real} < \eta_{ideal}$. Beide sind aber immer kleiner als 1.

Der schottische Prediger ROBERT STIRLING (1790–1878) hatte 1816 den ersten Heißluftmotor konstruiert. Dieser Motor hat sich lange Zeit nicht durchsetzen können, weil die Erhitzung und Abkühlung der Luft nicht schnell genug vonstatten geht und die Drehzahl des Motors nicht regulierbar ist. Neuere Materialien und eine noch stärkere Trennung von Erhitzen und Abkühlen lassen diese Motoren heute wieder interessant werden. Dort, wo ein Motor mit konstanter Drehzahl eine Pumpe oder einen Generator treiben soll, werden Heißluftmotoren schon vielfach genutzt.

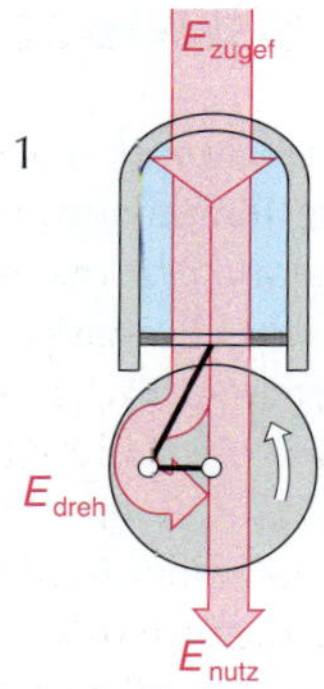

Ausdehnungstakt: Nur ein Teil von E_{zugef} wandelt sich in die gewünschte E_{nutz}; ein Teil bleibt als E_{dreh} in der Drehbewegung des Schwungrades im Motor.

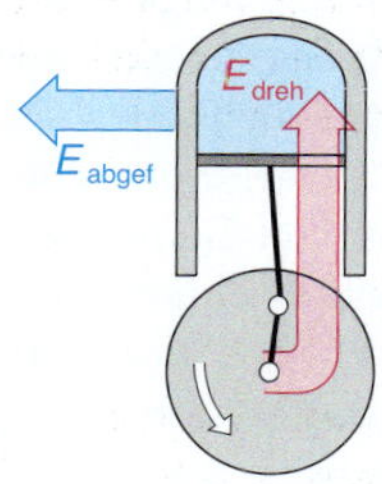

Verdichtungstakt: Das Schwungrad überträgt Energie auf den Kolben, damit er wieder hoch geht. Damit der Kolben sich zurück bewegen kann, muss die beim Zusammendrücken der Luft frei werdende innere Energie vom Kühlmittel abgeführt werden.

Energiebilanz

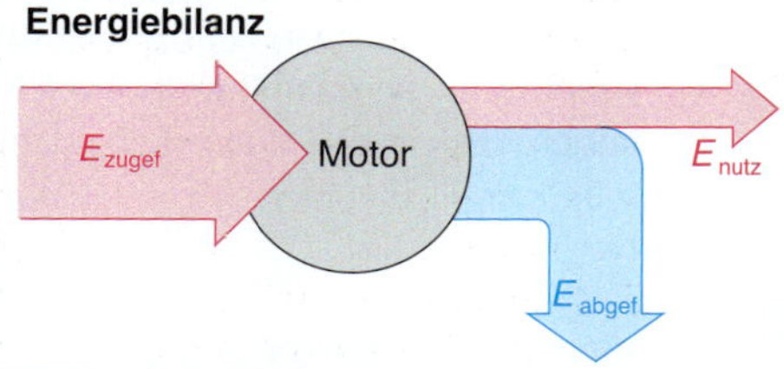

Es ist nicht möglich, einen Heißluftmotor zu betreiben, bei dem sich die zugeführte Energie vollständig in nutzbare mechanische Energie wandelt.
Der ideale und der reale Wirkungsgrad sind immer kleiner als eins: $\eta < 1$ mit $\eta_{real} < \eta_{ideal}$.

Aufgaben

1 **a)** Begründe anhand der Formel für den idealen Wirkungsgrad die Unmöglichkeit, ein Perpetuum mobile zu konstruieren.
b) Was haben die Konstrukteure der Perpetua mobilia wohl nicht gewusst?

2 Ein Heißluftmotor kann eine Last von 1,4 kg um 1,5 m heben. Dazu benötigt er 2 g Festspiritus (Esbit; Heizwert 30 $\frac{kJ}{g}$). Berechne η_{ideal}.

3 Bei einem zweizylindrigen Heißluftmotor sind der Zylinder für den Verdrängerkolben und den Arbeitskolben voneinander getrennt. Beide sind durch ein offenes Rohr miteinander verbunden.
a) Zeichne ein Schema des Motors.
b) Erläutere die Funktionsweise.

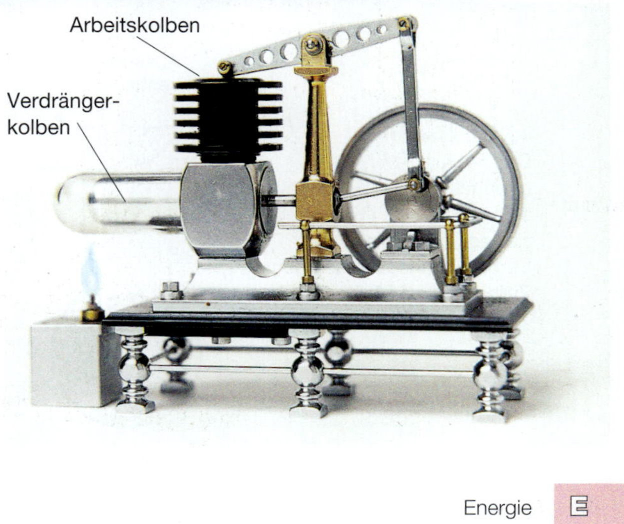

Verbrennungsmotoren

Ein Gas erhöht während seiner Verbrennung seine Temperatur und dehnt sich dabei stark aus. Verläuft der Vorgang sehr schnell, wird dies als *Explosion* bezeichnet.

Im Versuch wird ein in einem Rohr eingeschlossenes Gemisch aus Benzingas und Luft zur Explosion gebracht. Der lose aufgesetzte Deckel wird durch das sich schnell und extrem stark ausdehnende Gas hochgeschleudert. Die chemische Energie des Benzin-Luft-Gemisches wandelt sich zunächst in thermische Energie des Gases und dann in Bewegungsenergie des nach oben wegfliegenden Deckels.
Die frei werdende mechanische Energie wäre in einem Motor nutzbar, wenn der Explosionsvorgang fortlaufend wiederholt werden könnte. Welche technischen Veränderungen sind erforderlich, damit ein Kreisprozess möglich wird?

Zentraler Versuch

- Zunächst wird aus dem Papprohr ein Metallzylinder, in dem Explosionen unter großem Druck und hohen Temperaturen ablaufen können.
- Damit der Deckel an seinen Platz im Zylinder zurückgelangt, wird er zum Kolben mit Pleuelstange und Schwungrad umgebaut.
- Das verbrannte Gas muss aus dem Zylinder hinaus. Dazu wird ein Auslassventil in den Zylinder eingebaut.
- Nun muss neues Benzin-Luft-Gemisch in den Zylinder gelangen. Deshalb bekommt der Zylinder ein Einlassventil.
- Damit sich das Benzin-Luft-Gemisch entzündet, ist ein Zündfunke erforderlich. Er wird von einer elektrischen Zündkerze erzeugt.

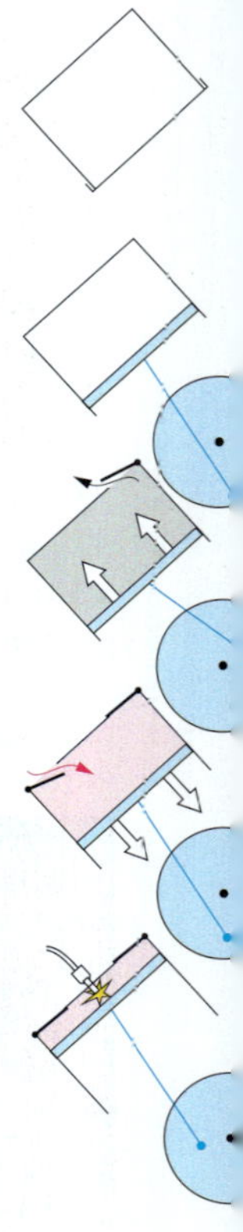

Viertakt-Ottomotor

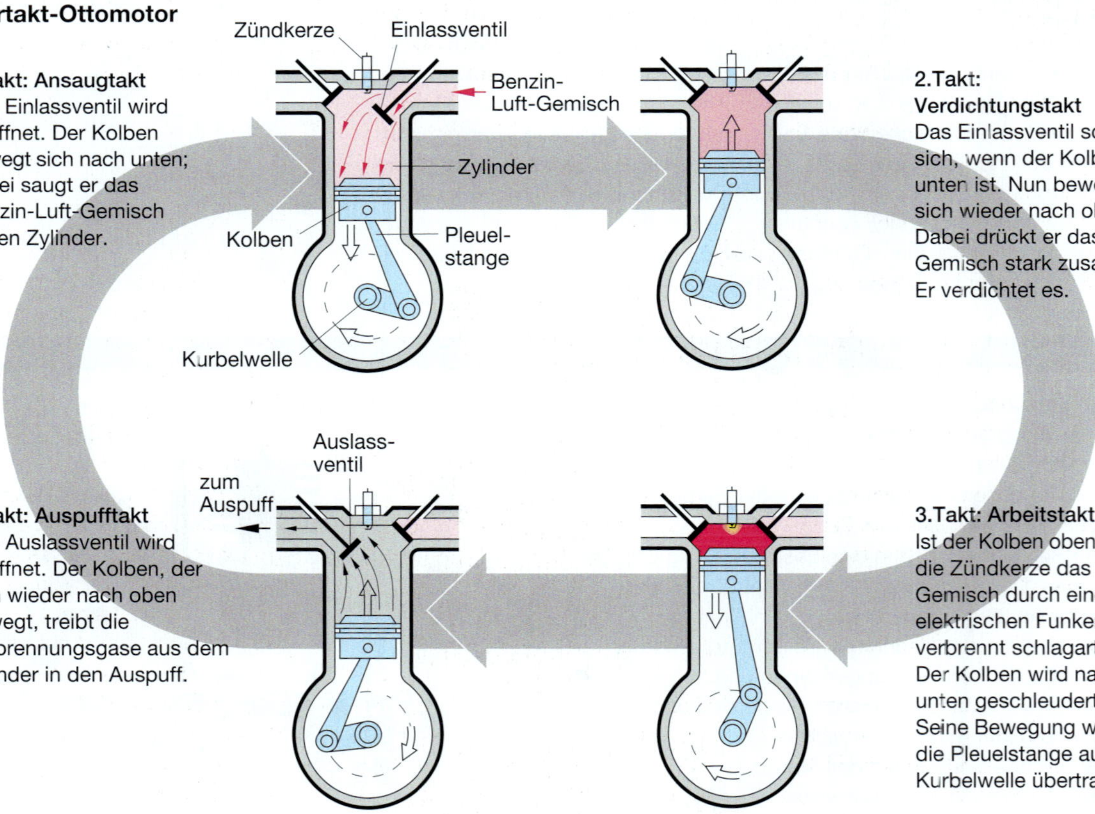

1.Takt: Ansaugtakt
Das Einlassventil wird geöffnet. Der Kolben bewegt sich nach unten; dabei saugt er das Benzin-Luft-Gemisch in den Zylinder.

2.Takt: Verdichtungstakt
Das Einlassventil schließt sich, wenn der Kolben unten ist. Nun bewegt er sich wieder nach oben. Dabei drückt er das Gemisch stark zusammen: Er verdichtet es.

3.Takt: Arbeitstakt
Ist der Kolben oben, zündet die Zündkerze das Gemisch durch einen elektrischen Funken. Es verbrennt schlagartig. Der Kolben wird nach unten geschleudert. Seine Bewegung wird über die Pleuelstange auf die Kurbelwelle übertragen.

4.Takt: Auspufftakt
Das Auslassventil wird geöffnet. Der Kolben, der sich wieder nach oben bewegt, treibt die Verbrennungsgase aus dem Zylinder in den Auspuff.

Energiebilanz Viertakt-Motor

Im Arbeitstakt wird ein Teil der zugeführten Energie zum Antrieb der Motorachse (Kurbelwelle) genutzt. Ein zweiter Teil wird zum Betrieb des Motors benötigt: Ansaugen und Verdichten des Benzin-Luft-Gemisches, Ausstoßen der Verbrennungsgase; Bewegung von Kurbelwelle, Kolben und Ventilen. Ein weiterer Teil wird in thermische Energie der heißen Verbrennungsgase bzw. der Zylinderwände gewandelt.

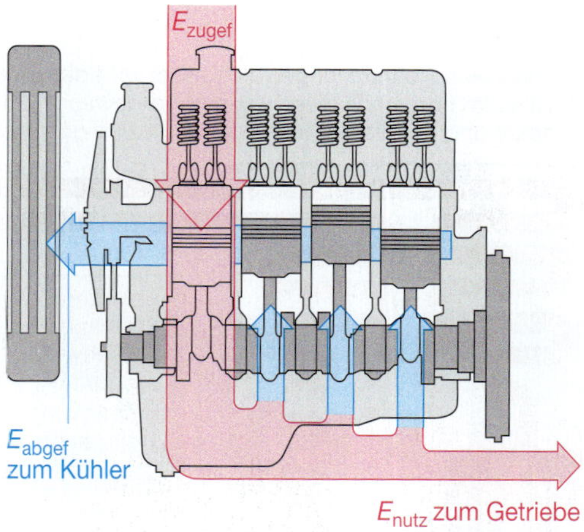

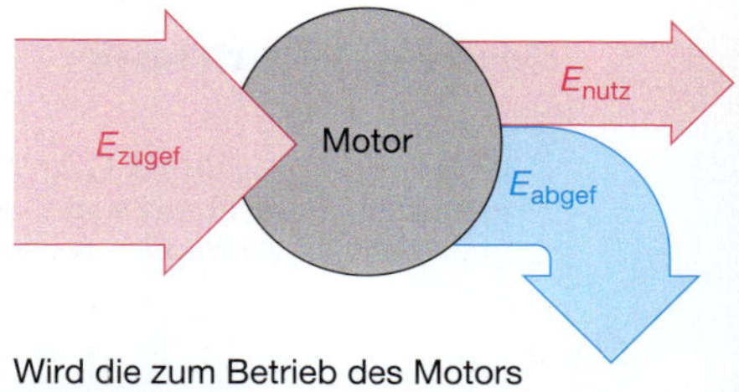

Wird die zum Betrieb des Motors erforderliche Energie nicht über die Kühlung abgeführt, überhitzt er sich und bleibt stehen. Kühlung ist deshalb unabdingbare Voraussetzung für den Betrieb eines jeden Motors.

Wird eine eingeschlossene Gasmenge sehr schnell zusammengepresst (komprimiert), so erhöht sich ihre Temperatur stark. Diesen Sachverhalt hat RUDOLF DIESEL 1893 für die Konstruktion eines Motors genutzt, der ohne Zündkerzen auskommt: Im Zylinder wird beim Verdichtungstakt Luft stark komprimiert. Dabei erhitzt sie sich auf über 600 °C. Dahinein wird Dieselkraftstoff fein verteilt eingespritzt, der sich bei dieser Temperatur von selbst entzündet. Bei der Verbrennung steigt die Temperatur der Verbrennungsgase auf über 2000 °C an. Entsprechend groß wird der Druck im Gasgemisch.

Zentraler Versuch

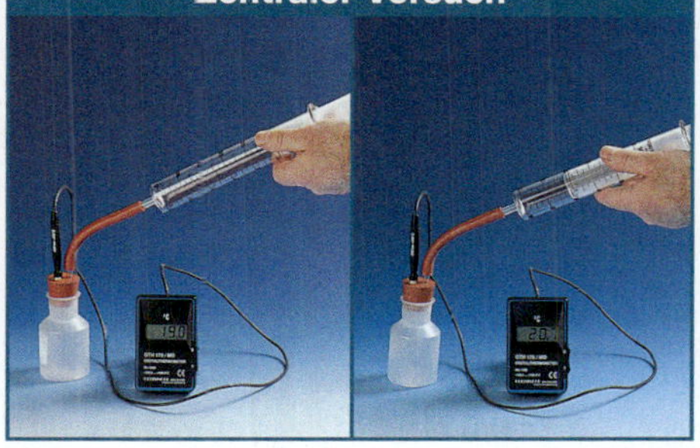

Im Benzinmotor wird ein verdichtetes Benzin-Luft-Gemisch durch eine Zündkerze zur Explosion gebracht. Im Dieselmotor entzündet sich eingespritzter Dieselkraftstoff in hochverdichteter Luft von selbst.
In beiden Fällen wandelt sich chemische Energie in mechanische Energie.

Verbrennungsmotoren haben sich ein weites Anwendungsfeld erobert. Die Möglichkeit, den Energievorrat als Benzin oder Dieselkraftstoff in vergleichsweise geringen Mengen mitzuführen, machen sie für Fahrzeuge zu geeigneten Antriebsmaschinen.

Ihr Nachteil: Schädliche Abgase gelangen in großen Mengen in die Atmosphäre. Die Verringerung des Schadstoffausstoßes ist deshalb ein wichtiges Gebot bei der Entwicklung neuer Verbrennungsmotoren. Dieses Ziel kann auf drei Wegen erreicht werden:

- Abgasreinigung in Katalysatoren;
- Senkung des Kraftstoffverbrauchs („3-Liter-Auto");
- Suche nach neuen Brennstoffen (z. B. Wasserstoff), die bei ihrer Verbrennung keine schädlichen Abgase zurücklassen.

Aufgaben

1 Zähle möglichst viele Unterschiede bzw. Gemeinsamkeiten bei Otto- und Dieselmotor auf.

2 Zeichne die vier Takte des Dieselmotors in der richtigen Reihenfolge.

3 Früher waren Dieselmotoren bei großer Kälte nur schwer zu starten. Erkläre, woran das gelegen haben mag. (Vorglühkerzen sind heute ein Teil der Abhilfe gegen den schlechten Start.)

4 Zur Verbrennung von 1 l Benzin werden ca. 3,6 kg Sauerstoff (O_2) benötigt, der in ca. 12 m^3 Luft enthalten ist; es entstehen 1,7 m^3 Kohlenstoffdioxid (CO_2).
a) Berechne die bei 100 km Autobahnfahrt (Verbrauch 8,1 l auf 100 km) entstehende Menge CO_2 in g und m^3 und das Luftvolumen, das dabei seines Sauerstoffs beraubt wird.
b) Zukünftig sollen nur noch 120 g auf 100 km erlaubt sein. Kommentiere.

Das Wärmekraftwerk

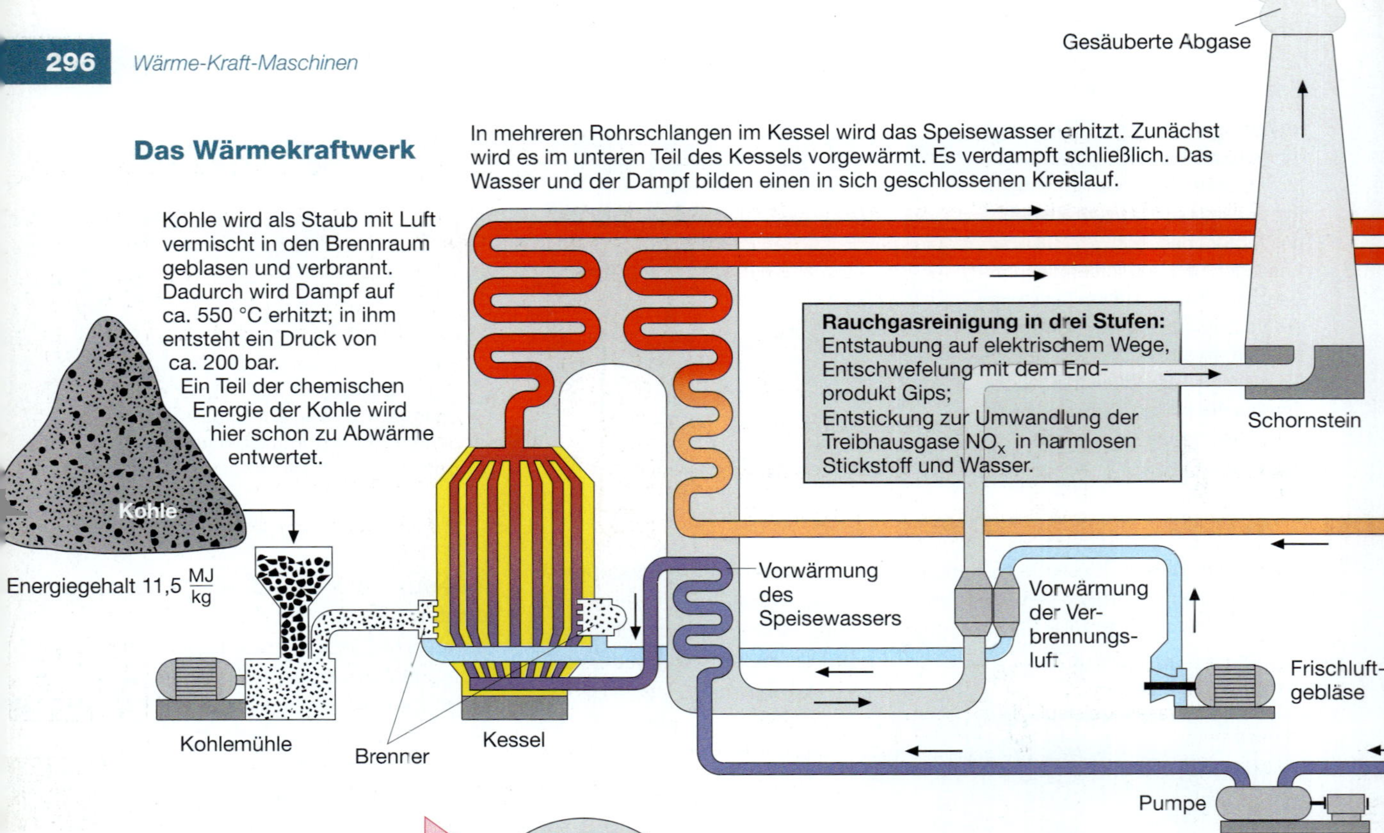

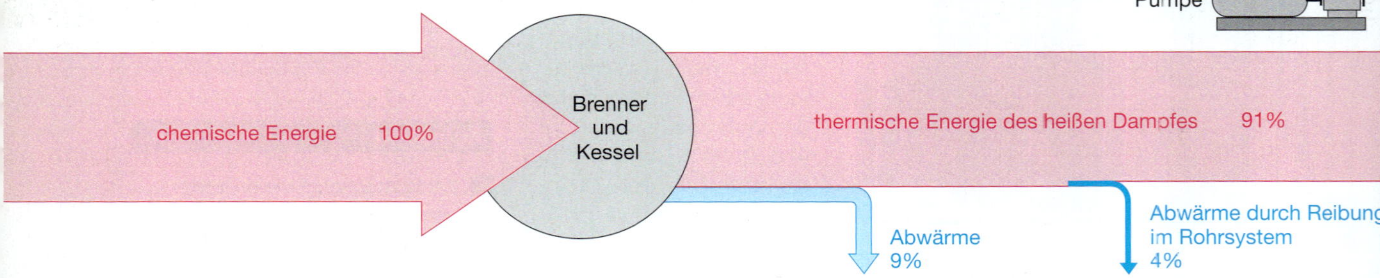

Ein Wärmekraftwerk ist ein riesiger Energiewandler: Ausgangspunkt ist die chemischen Energie von Kohle, Erdöl oder Erdgas, die bei der Verbrennung frei wird oder die Kernenergie im KKW. Sie erhöht die thermische Energie des Speisewassers und wird in der Turbine zu mechanischer, im Generator zu elektrischer Energie. Dabei gehen auch in modernen Kraftwerken bis zu 60 % der eingesetzten Energie als entwertete Energie und für den Betrieb des Kraftwerkes selbst verloren. Die entwertete Energie heißt in der Technik **Abwärme.**
Bei Kraftwerken in Städten kann die Abwärme zum Heizen von Wohnungen verwendet werden. Die Gesamtenergiebilanz lässt sich dadurch wesentlich verbessern.

Im Wärmekraftwerk wird in den Wandlern Brenner, Turbine, Generator aus chemischer oder atomarer Energie elektrische Energie.
Der Wirkungsgrad der Kraftwerke beträgt etwa 40 %.

Zentraler Versuch

Aufgaben

1 Nenne die Ursachen für die 9 % Abwärme in Brenner und Kessel eines Wärmekraftwerks.

2 Erläutere im Teilchenbild, was mit einem Wasserteilchen im Kreislauf Kessel–Kondensator–Kessel alles passiert.

3 Begründe, warum elektrische Energie vielseitiger verwendbar ist als thermische Energie. Denke auch an den Transport beider.

4 **a)** Zeichne das Energiefluss-Schema der „Dampfturbine" im Foto links.
b) Begründe, warum der Wirkungsgrad dieser „Dampfturbine" nicht sehr hoch sein kann.
c) Zeichne das Energiefluss-Schema der gesamten Anlage.

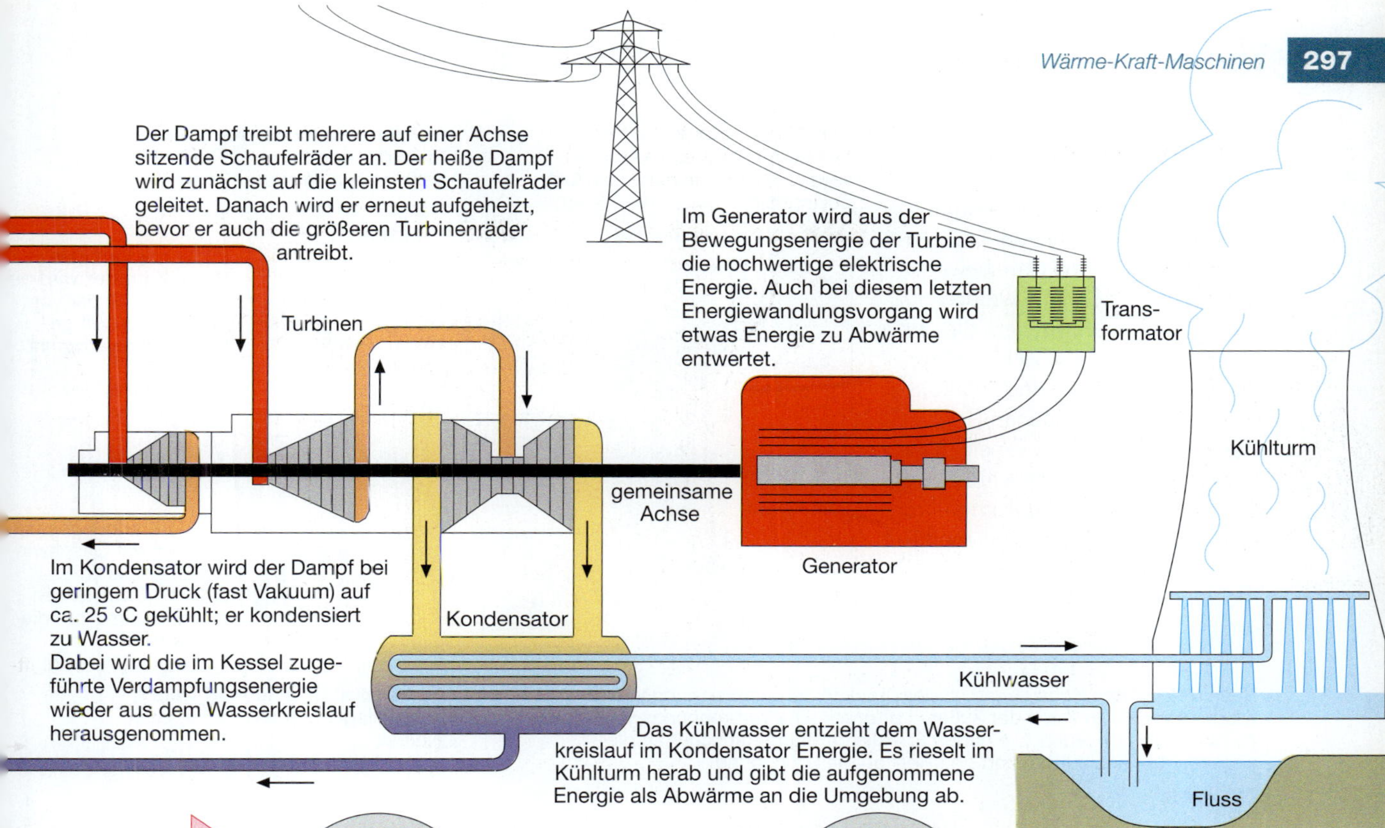

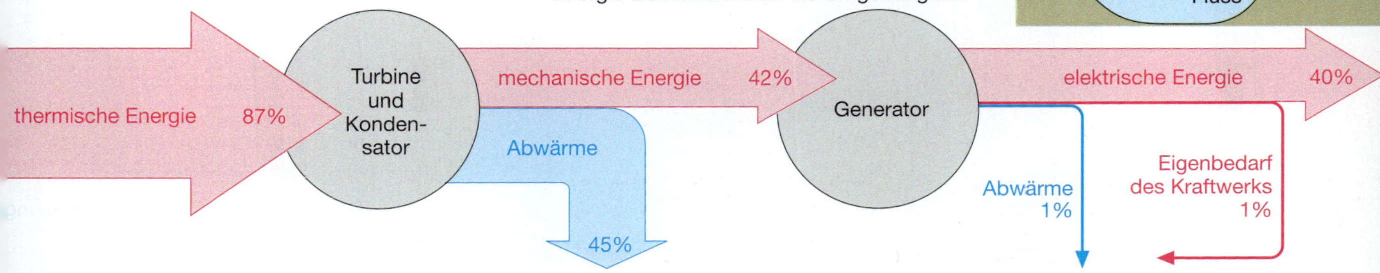

Die Dampfturbine

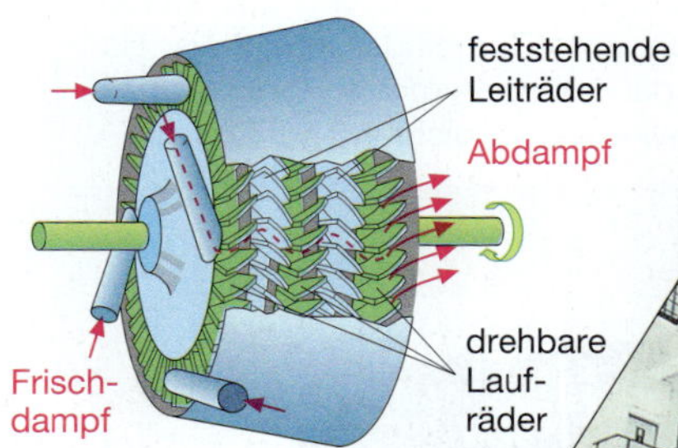

Herzstück jedes Wärmekraftwerkes ist die Dampfturbine, die den Generator treibt. In der Turbine wird die Bewegungsenergie des ca. 550 °C heißen Dampfes in Rotationsenergie der Turbine gewandelt. Der heiße Dampf trifft auf die kleinen Laufräder, wird dabei abgelenkt und von feststehenden Leitblechen auf ein zweites Laufrad gelenkt, das auf derselben Achse sitzt usw. Dann wird er zum Kessel zurückgeführt, nochmals erhitzt und auf eine zweite Turbine geleitet. Wenn er fast alle Bewegungsenergie abgegeben hat, wird er im Kondensator bei ca. 25 °C und geringem Druck wieder flüssig und zum Kessel zurückgepumpt. Der Kreislauf hat sich geschlossen.

Dampfturbinen sind einfachere und wirkungsvollere Energiewandler als Dampfmaschinen. Ihr Nachteil sind die hohen Qualitätsanforderungen an das Material und ihre komplizierte Herstellung.

Die Gasturbine

Gasturbinen sind Verbrennungsmotoren. Die sich bei der Verbrennung ausdehnenden Gase bewegen keine Kolben sondern werden auf Schaufelräder umgeleitet, die auf einer gemeinsamen Achse sitzen. Dadurch steht sofort eine Rotationsbewegung zur Verfügung.
Gasturbinen haben einen Wirkungsgrad von ca. 30 % und werden vornehmlich zum Antrieb von Generatoren genutzt. Eine modifizierte Bauart wird in den Strahltriebwerken von Flugzeugen eingesetzt.

Vom **Verdichter** wird Luft durch Schaufelräder angesaugt und verdichtet. Mit einigen bar Druck gelangt sie in die Wärmetauscher.

Im **Wärmetauscher** wird die Frischluft von den noch immer heißen Abgasen vorgewärmt.

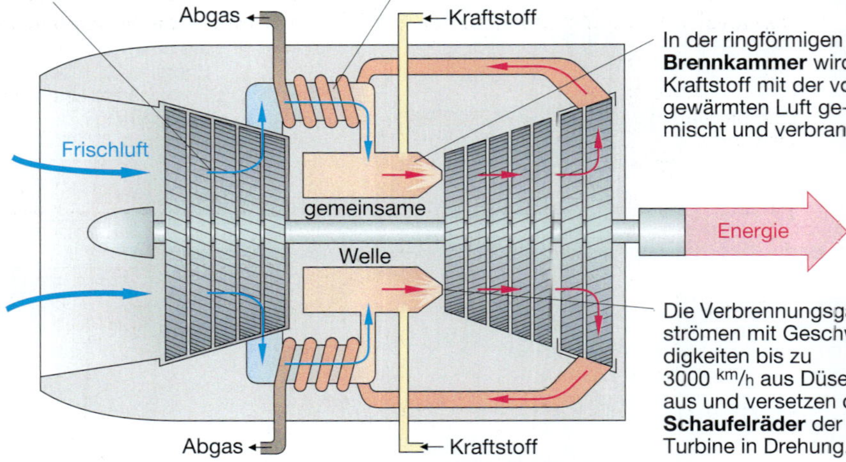

In der ringförmigen **Brennkammer** wird der Kraftstoff mit der vorgewärmten Luft gemischt und verbrannt.

Die Verbrennungsgase strömen mit Geschwindigkeiten bis zu 3000 km/h aus Düsen aus und versetzen die **Schaufelräder** der Turbine in Drehung.

Nach dem letzten Schaufelrad ist der Druck in den Verbrennungsgasen wieder etwa so groß wie der äußere Luftdruck. Die Verbrennungsgase sind zu **Abgasen** geworden. Sie geben Energie im Wärmetauscher an die angesaugte Frischluft ab und den Rest an die Umgebung.

Der **Kraftstoff** ist im Kraftwerk in der Regel Erdgas, im Flugzeug Kerosin.

AUTOMOTOR

Glühkerze, elektrisch betriebene Starthilfe für Dieselmotoren. Die Glühkerze wärmt den Verbrennungsraum vor, damit beim Starten das komprimierte Kraftstoff-Luft-Gemisch leichter entzündet wird.

Turbolader beim Verbrennungsmotor bewirkt die Vorverdichtung der angesaugten Luft und damit des Luft-Kraftstoff-Gemisches. Dadurch kann mehr Kraftstoff verbrannt und somit die Leistung des Motors gesteigert werden. Der Turbolader nutzt die Bewegungsenergie der Abgase, um eine Turbine anzutreiben. Diese bewirkt die Verdichtung der Luft.

Einspritzmotor (Injektion – I) ist ein Verbrennungsmotor, bei dem das Kraftstoff-Luft-Gemisch nicht von einem Vergaser sondern durch Zerstäuben in Einspritzdüsen erzeugt wird. Bei Direkteinspritzung wird der Brennstoff unter hohem Druck (über 1000 bar) in den Zylinder hineingepresst.
Die Einspritzpumpe besorgt das Einspritzen des Kraftstoff-Luft-Gemisches.

Kurbelwelle, gemeinsame Welle für alle Kolben eines Verbrennungsmotors. Sie wandelt die Hin- und Herbewegung der Kolben in eine Drehbewegung um.

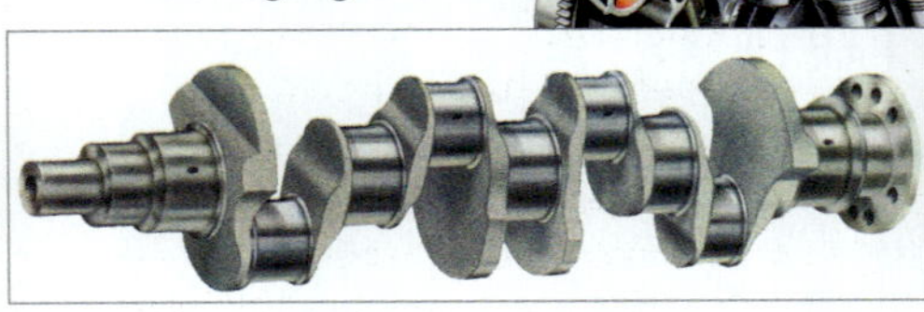

Nockenwelle steuert das Öffnen und Schließen der einzelnen Ventile eines Verbrennungsmotors:
In älteren Fabrikaten werden von ihr auch die Zündzeitpunkte der Zündkerzen in den verschiedenen Zylindern gesteuert.

Wärme-Kraft-Maschinen – kritisch gesehen

Wirkungsgrade von Wärme-Kraft-Maschinen sind sehr unterschiedlich. Warum sind sie für Fahrzeuge kein idealer Antrieb? Was macht den Betrieb von Wärme-Kraft-Maschinen so problematisch?

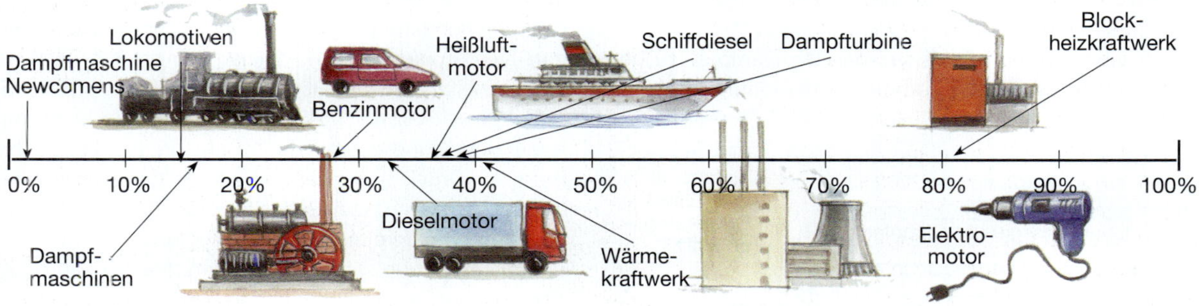

Wärme-Kraft-Maschinen im Vergleich

Alle Wärme-Kraft-Maschinen benötigen einen Teil der zugeführten Energie E_{zugef} für den eigenen Betrieb. Zur Wiederherstellung der Ausgangslage des Kolbens bei Motoren oder den Ausgangsbedingungen des Dampfes bei Dampfturbinen ist es in allen Wärme-Kraft-Maschinen unabdingbar, dass den verwendeten Betriebsstoffen Luft, Luft-Gasgemisch oder Dampf Energie über das Kühlmittel entzogen wird. E_{abgef} steht der Wandlung in mechanische Energie E_{nutz} nicht mehr zur Verfügung.

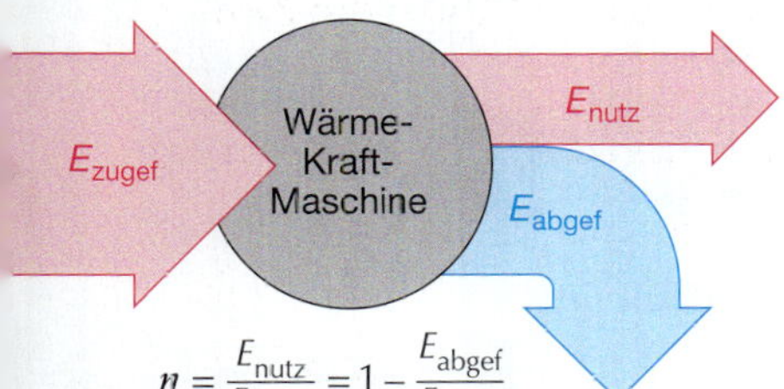

$$\eta = \frac{E_{nutz}}{E_{zugef}} = 1 - \frac{E_{abgef}}{E_{zugef}}$$

Theoretische Überlegungen führen dazu, dass der maximal erreichbare Wirkungsgrad einer Wärme-Kraft-Maschine η_{ideal} unabhängig ist vom Bau dieser Maschine. Nur der Unterschied der hohen Temperatur T_z des Trägers von E_{zugef} und der niedrigen Temperatur T_a des Trägers von E_{abgef} bestimmen das Verhältnis von E_{nutz} zu E_{zugef}. Es gilt:

$$\eta_{ideal} = 1 - \frac{T_a}{T_z}$$

Dies bedeutet: Ein kleiner Temperaturunterschied ($\frac{T_a}{T_z} \approx 1$) zwischen Ausgang und Eingang des Betriebsstoffes führt zu einer nur geringen Energieausbeute; ein großer Temperaturunterschied ($\frac{T_a}{T_z} \ll 1$) ermöglicht eine große Energieabgabe.

Praktisch ist die Kühlung nicht dauerhaft unter der Umgebungstemperatur zu halten. Deshalb kommt es bei der Konstruktion einer Wärme-Kraft-Maschine darauf an, möglichst hohe Betriebstemperaturen zu erreichen.

Die Betriebsstoffe Luft bzw. Wasserdampf setzen dem Heißluftmotor bzw. der Dampfmaschine Grenzen bezüglich der Höchsttemperatur (nicht über 550 °C). Sie bleiben deutlich unter denen der Verbrennungsmotoren. Bei diesen kann die Energie des Brennstoffes bei höchster Temperatur optimal im Zylinder, der ja gleichzeitig Brennraum ist, ausgenutzt werden. Aber Verbrennungsmotoren geben ihre Abgase bei sehr hohen Temperaturen nach außen ab, sodass auch hier nur ideale Wirkungsgrade von bestenfalls 60 % erreicht werden.

Die Reibung mindert die Wirkung einer Wärme-Kraft-Maschine nochmals, sodass gilt:
$\eta_{real} < \eta_{ideal}$.

Der ideale Wirkungsgrad einer Wärme-Kraft-Maschine wird bestimmt durch die höchste in der Maschine erreichbare Temperatur und durch die niedrigste der Kühlung.
Der durch die Konstruktion real erzielbare Wirkungsgrad liegt bei jeder Wärme-Kraft-Maschine unter dem idealen Wert.

Aufgaben

1 In Deutschland wird Kohle in über 1000 m Tiefe abgebaut.
a) Beschreibe die Energie wandelnden und nutzenden Vorgänge, die sie von der Lagerstätte bis zum Kraftwerk durchläuft.
b) Gib an, was dies für den Wirkungsgrad des Kohlekraftwerks bedeutet.

2 Beschreibe das grundlegende Ziel bei der Konstruktion einer möglichst wirkungsvollen Wärme-Kraft-Maschine. Begründe deine Antwort mit der formelhaften Darstellung des Wirkungsgrades.

3 Maschinen, die thermische Energie in mechanische wandeln, werden als „Wärme-Kraft-Maschinen“ bezeichnet. Dies ist in zweifacher Hinsicht keine richtige Bezeichnung. Erläutere.

Verdampfung – Kondensation: Entwertung im Wärmekraftwerk

Im Wärmekraftwerk werden ca. 48 % der für den Verdampfungs-Kondensationsprozess eingesetzten Energie entwertet. Ist diese „Vergeudung" nicht vermeidbar?

Um eine Turbine mittels strömenden Dampfes zu betreiben, muss vor der Turbine ein wesentlich höherer Druck herrschen als hinter ihr. Nur dann bekommt der Dampf die erforderliche hohe Strömungsgeschwindigkeit. Um Wasser von 20 °C auf 550 °C zu erhitzen, müssen für jeden Liter Wasser zur Temperaturerhöhung und zum Verdampfen 4346 kJ Energie eingesetzt werden. Dabei entsteht bei gleichem Volumen ein entsprechend hoher Druck vor der Turbine und der Dampf kann mit hoher Bewegungsenergie die Turbine drehen. Hinter ihr muss der Druck gering sein, also muss der Dampf wieder kondensieren, d. h. die zuvor für das Verdampfen zugeführte Energie muss nun wieder herausgenommen und als Abwärme „entsorgt" werden. Nur so kann das Speisewasser erneut Energie aufnehmen.
Im Kraftwerksprozess ist also die Energie „vergeudung" unvermeidbar.

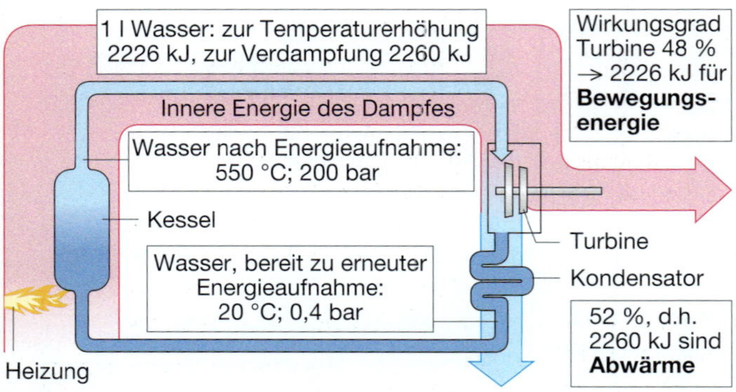

Der Energieeinsatz für den Verdampfungs-Kondensationsprozess im Wärmekraftwerk ist unvermeidbar.

Gas- und Dampfkraftwerk – Kraft-Wärme-Kopplung

Ist das für den Antrieb der Turbine benutzte Gas selbst brennbar, entfällt der hohe Energiebedarf für die Verdampfung. Eine solche Gasturbine kann mit den heißen Verbrennungsgasen aus dem Brennerraum bei ca. 1200 °C betrieben werden. Die Abgase verlassen sie bei einer Temperatur von ca. 600 °C. Damit kann danach noch ein Verdampfungs-Kondensations-Prozess wie im Wärmekraftwerk ablaufen. **Gas- und Dampfkraftwerke** (GuD) erreichen Wirkungsgrade von fast 60 %.

Eine sehr effiziente Nutzung der eingesetzten Energie zum Betrieb eines Kraftwerkes ist die **Kraft-Wärme-Kopplung** (KWK). Dabei wird die Abwärme aus dem Kraftwerk zur Heizung von Gebäuden in ein Fernwärmenetz eingespeist. Dies ist aber nur in unmittelbarer Nähe von Siedlungen möglich, denn ein Fernwärmenetz kann wegen der Isolierungsprobleme nicht beliebig lang sein.

Die Verbindung eines Gas- und Dampfkraftwerkes mit Kraft-Wärme-Kopplung macht Wirkungsgrade von fast 90 % möglich.

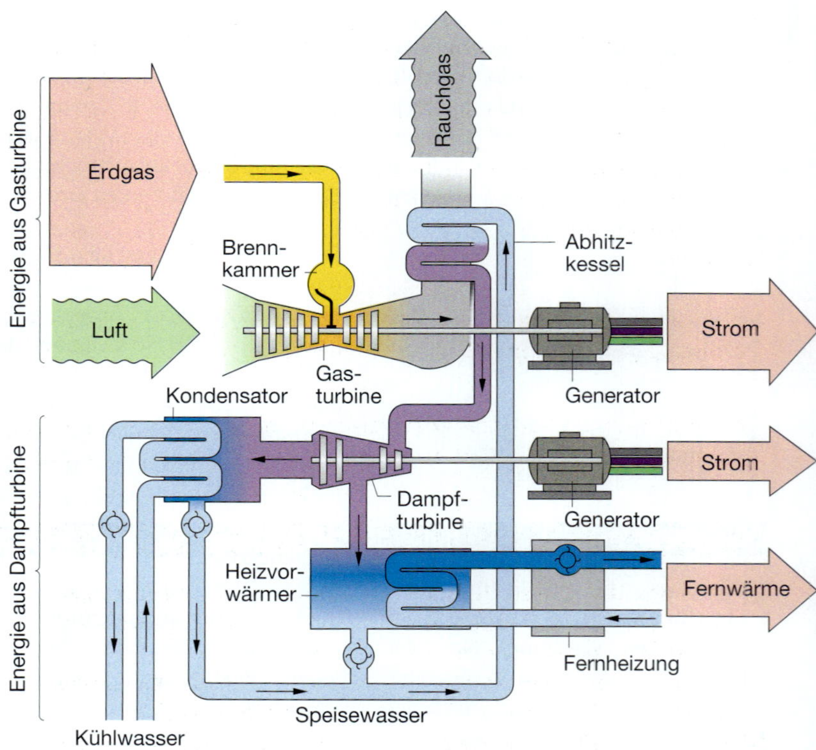

Gas- und Dampfkraftwerke und Kraft-Wärme-Kopplung steigern die Effizienz von Wärmekraftwerken.

Probleme der Energiewandlung bei Verbrennungsprozessen

In Kraftwerken

Der geringe **Wirkungsgrad** in Kraftwerken resultiert hauptsächlich aus der Verdampfungstechnologie. Die dabei auftretende Entwertung von Energie ist kaum zu beeinflussen. Aber an allen anderen Stellen, an denen der Gesamtwirkungsgrad im Kraftwerksprozess beeinträchtigt wird, sind Verringerungen möglich. Insbesondere bieten die GuD-Technik und die Kraft-Wärme-Kopplung Möglichkeiten, den Wirkungsgrad von Wärmekraftwerken zu steigern.

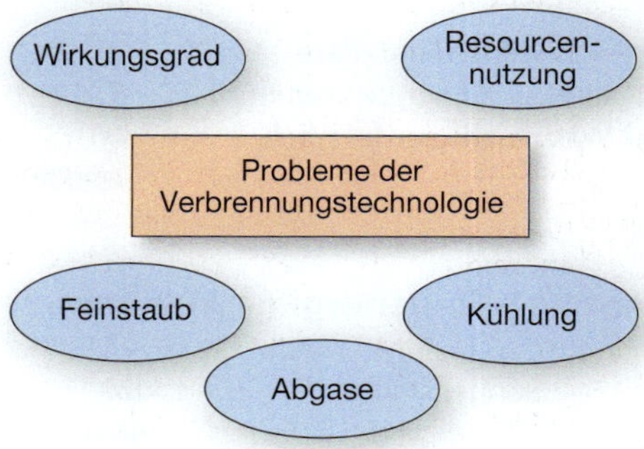

Feinstaub, der besonders in Kohlekraftwerken in den Rauchgasen anfällt, wird auf elektrostatischem Wege entfernt und auf chemische Weise so gebunden, dass dabei Gips entsteht (Nutzung in der Bauindustrie).

Die **Abgase** von Wärmekraftwerken enthalten vor allem Kohlenstoffdioxid (CO_2), das ein unabdingbares Verbrennungsprodukt von Kohlenstoff ist. Wegen der Treibhauswirkung von CO_2 muss die Freisetzung dieses Gases möglichst ganz unterbunden werden. Es wird an Technologien gearbeitet, das CO_2 zu verflüssigen und unterirdisch in bestimmte Gesteinsformationen zu verpressen.

Über die **Kühlung** werden große Luftmassen um die Kühltürme herum erwärmt. Auf das Klima im engen Umfeld von Kraftwerken kann dies einen gewissen Einfluss haben.

In Fahrzeugen

Der schlechte **Wirkungsgrad** von Verbrennungsmotoren ist durch technische Maßnahmen am Motor selbst kaum noch zu beeinflussen. Deshalb wird nach Möglichkeiten gesucht, die Gesamtbilanz eines Fahrzeuges zu verbessern. Hybridfahrzeuge (Verbrennungsmotor in Kombination mit einem Elektromotor) und Verringerungen der Masse sind solche Maßnahmen.

Feinstaub entsteht vor allem bei Dieselmotoren. Deshalb sind für diese Fahrzeuge Staubfilter erforderlich. Nach EU-Richtwerten darf ein Pkw seit Anfang 2009 nur 5 mg Feinstaub pro km ausstoßen.

Die **Abgase** des Verbrennungsprozesses sind insbesondere Schwefel, Stickoxide und Kohlenstoffdioxid. Der Schwefel wird dem Kraftstoff schon in den Raffinerien entzogen. Stickoxide werden durch Katalysatoren weitgehend unschädlich gemacht. Das CO_2 aus Fahrzeugen mit Verbrennungsmotoren wird jedoch nach wie vor direkt in die Atmosphäre „entsorgt".

Der Betrieb von Feinstaubfiltern und Katalysatoren setzt allerdings den Wirkungsgrad herab.

Mit **Ressourcennutzung** ist die Ausbeutung der begrenzten Lagerstätten von Kohle, Erdöl und Erdgas gemeint. Für technisch genutzte Verbrennungsprozesse werden diese Energiereserven der Erde aufgebraucht.

Technisch genutzte Verbrennungsprozesse haben unbefriedigende Wirkungsgrade, produzieren klima- und gesundheitsschädigende Abgase und verbrauchen die begrenzten Ressourcen der Erde.

Aufgaben

1 Bestimme die eingesetzte und wieder entwertete Energie, die bei 20 m^3 Speisewasser im Kreislauf eines Wärmekraftwerkes erforderlich ist.

2 Ein Wärmekraftwerk benötigt täglich 4000 t Braunkohle. Bestimme die Ausbeute an elektrischer Energie und gib an, welcher Anteil der eingesetzten Energie im Verdampfungs-Kondensationsprozess entwertet wird.

3 **a)** Zeichne das Energiefluss-Schema eines GuD.
b) Bestimme aus den Pfeildicken der Zeichnung zum GuD mit Kraft-Wärme-Kopplung die Teil- und die Gesamtwirkungsgrade solch einer Anlage.

4 **a)** Berechne mithilfe einer Internetrecherche den täglichen CO_2-Ausstoß eines Kohlekraftwerkes, das 4000 t Braunkohle an einem Tag verfeuert.
b) Bestimme die Masse des CO_2-Ausstoßes eines Pkw, der die Norm von 120 $\frac{g}{km}$ erfüllt, für eine Fahrt von Hannover nach Köln.

Energiequellen und Energienutzung

Ursprünglich stammt die Energie, die genutzt wird, aus dem Inneren der Erde (Kohle, Erdöl, Erdgas oder Uran) oder von der Sonne. In Kraftwerken oder Raffinerien werden diese Energieträger so aufbereitet, dass ihre Energie genutzt oder leichter transportiert werden kann.
Mit welchen Energiewandlungsprozessen werden nutzbare Energien zur Verfügung gestellt? Wie lässt sich Energie vom Kraftwerk zum Endnutzer transportieren? Was macht der letztlich damit?

Primärenergie – Sekundärenergie – Endenergie – Abwärme

Die von den natürlichen Energieträgern gelieferte Energie wird **Primärenergie** genannt. Zu diesen Energieträgern zählen Kohle, Holz, Erdöl, Erdgas, Sonnenlicht, Wind und hoch liegendes Wasser. Die Primärenergien lassen sich in zwei Gruppen einteilen:

- Energien, die in der Erde vorhanden sind und nach Wandlung in nutzbare Energie „verbraucht" sind. Dazu gehören die Energieträger, die durch Fotosynthese aus der Sonnenenergie entstanden sind (Holz, Kohle, Torf, Erdgas, Erdöl), die Kernenergie, die in Uran gespeichert ist, und Erdwärme.
- Energien, die sich durch die Sonneneinstrahlung oder durch die Bewegung des Mondes um die Erde immer wieder erneuern. Zu diesen regenerativen (erneuerbaren) Energien gehören Sonnenstrahlung, Wind„kraft", Wasser„kraft" und Gezeiten„kraft".

In Raffinerien, Kokereien und Kraftwerken wird Primärenergie in **Sekundärenergie** gewandelt. Es entstehen die Energieträger Koks, Brikett, Benzin, Diesel, Heizöl, Pellets und elektrischer Strom. Die Sekundärenergie wird auf den verschiedensten Wegen zum Endnutzer transportiert, der sie dann weiter verwenden kann.

Je nach Verwendungszweck wird beim Nutzer die Sekundärenergie in **Endenergie** gewandelt, z. B. im Auto die chemische Energie des Benzins in Bewegungsenergie, beim Elektroherd die elektrische Energie in thermische Energie.

Bei allen Wandlungen wird ein Teil der eingesetzten Energie für den Wandlungsprozess selbst benötigt, ein anderer Teil geht in nicht nutzbare, entwertete Energieformen (meistens thermische Energie) über, oft einfach **Abwärme** genannt. Der Anteil der Energie, die am Ende dem Nutzer tatsächlich zur Verfügung steht, ist die **Nutzenergie.**

Unsere moderne Gesellschaft hat einen enormen Bedarf an Energie, aber leider bisher nur wenig Bereitschaft zum Einsparen. Die auf der Erde zur Verfügung stehenden Energiereserven sind jedoch begrenzt. Die Entwicklung neuer Technologien zur Energieversorgung wird immer wichtiger. Dabei ist in besonderem Maße auf die Umweltbelastung zu achten. Die Gefahren durch Radioaktivität bei Kernkraftwerken und die Schadstoffemissionen bei Fahrzeugen oder Heizungen sind Beispiele dafür.

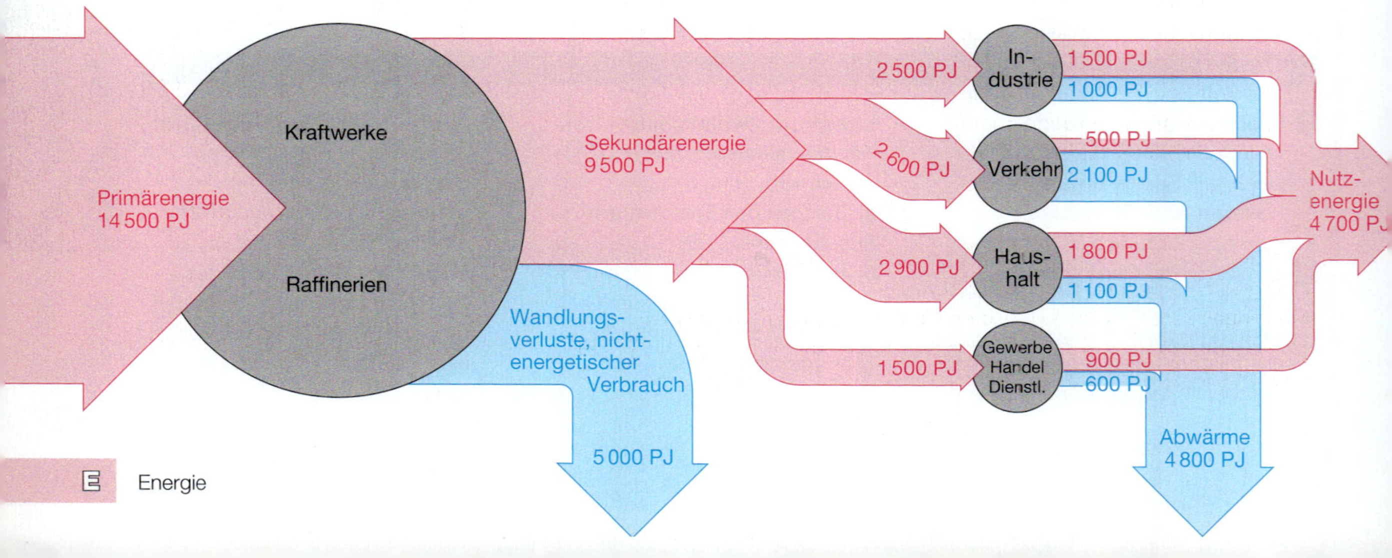

Sekundärenergie „Strom"

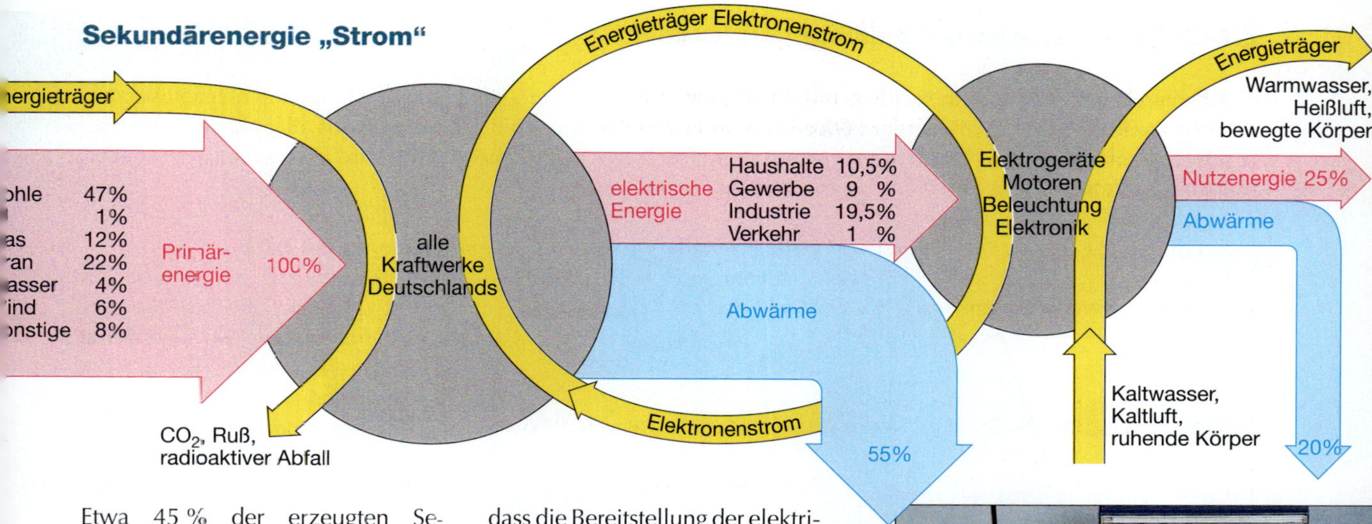

Etwa 45 % der erzeugten Sekundärenergie wird als elektrische Energie weiterverwendet; ihr Träger ist der elektrische Strom. Elektrische Energie ist so attraktiv, weil im Normalfall das Versorgungsnetz eine landesweite sofortige Verfügbarkeit der Energie sicherstellt und ihre großtechnische Erzeugung recht einfach ist. Außerdem ist für den Endnutzer elektrische Energie eine saubere und bequeme Sache.

Die Wandlung von Primärenergie in die Sekundärenergie „Strom" geschieht in Generatoren. Dabei kann der Generator direkt mit Primärenergie betrieben werden, z. B. mit Wind oder strömendem Wasser, oder in Kraftwerken mit Energie, die vorher mehrfach gewandelt wurde. Elektrische Energie kann aber auch ohne Verwendung von Generatoren erzeugt werden. Beispiele sind *Solarzelle* und *Brennstoffzelle*. Deren Entwicklung ist in den letzten Jahren deutlich vorangeschritten. Der Vorteil von Solarzellen und Brennstoffzellen liegt darin, dass bei ihrem Betrieb keine Schadstoffe in die Umwelt gelangen. Ihr Nachteil ist, dass die Bereitstellung der elektrischen Energie relativ teuer und nicht in den gewaltigen Mengen möglich ist, die benötigt werden. Sie können die Energiegewinnung in herkömmlichen Kraftwerken nicht ersetzen, aber sehr wohl ergänzen.

Die Wandlungsprozesse von verschiedenen Formen der Primärenergie in die Sekundärenergie „Strom" unterscheiden sich sehr stark hinsichtlich ihres **Wirkungsgrades,** also des Verhältnisses von nutzbarer zu eingesetzter Energie. Bei Kraftwerken beträgt der Wirkungsgrad ca. 40 %, bei Solarzellen 15 % bis 20 %, bei Brennstoffzellen 40 % bis 70 %.

Die bei Wärmekraftwerken entstehende **Abwärme** stellt ein beträchtliches Energiepotential dar, das – einmal an die Umwelt abgegeben – nicht mehr weiter verwertbar ist. In Kraftwerken, die mit *Kraft-Wärme-Kopplung* arbeiten, wird diese Energie teilweise weiter verwendet. Als *Fernwärme* wird sie zur Raumheizung oder zur Warmwasserbereitung in Haushalten und Betrieben genutzt.

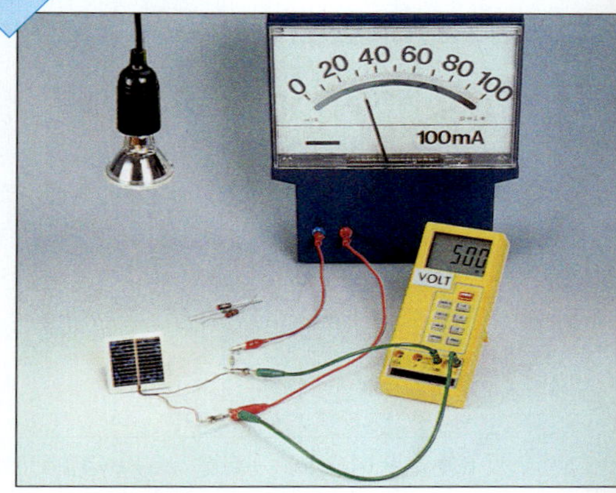

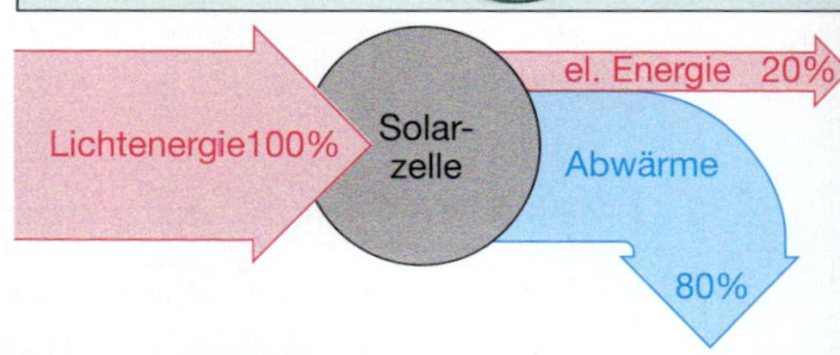

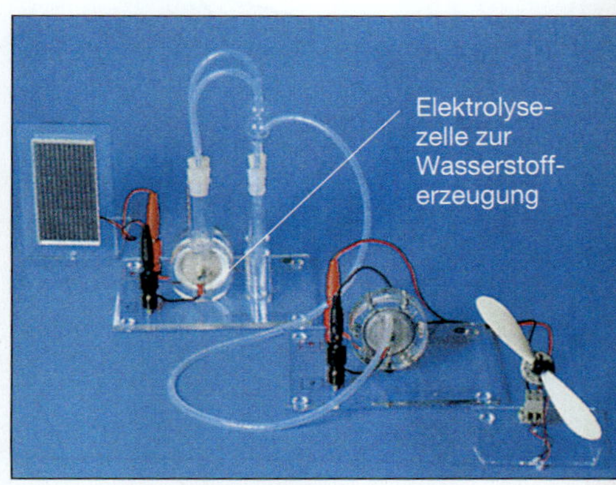

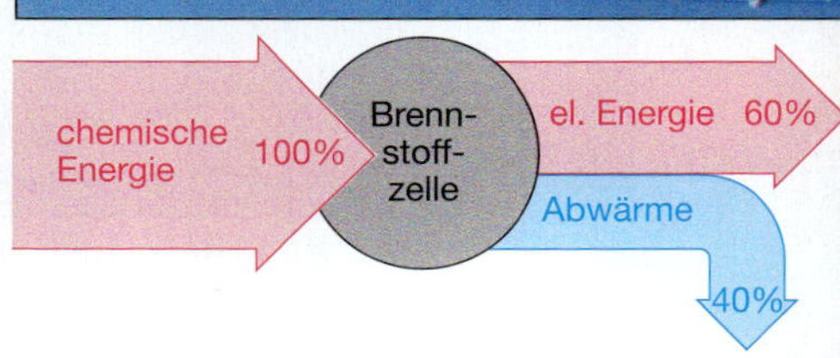

Kraftwerksgeneratoren, Solar- und Brennstoffzellen wandeln Primärenergie in die Sekundärenergie „Strom".
Die eingesetzte Primärenergie kann nicht vollständig in elektrische Energie gewandelt werden. Der Quotient aus Sekundärenergie und Primärenergie, der Wirkungsgrad, ist ein Maß für die Güte der Wandlung.

Energiebedarf und seine Deckung

Elektrische Energie kann nur in sehr begrenztem Maße gespeichert werden. Sie muss immer dann erzeugt werden, wenn sie benötigt wird. Der Bedarf an elektrischer Energie wird daher vom Lebensrhythmus aller Nutzer bestimmt. Er schwankt im Laufe eines Tages und im Laufe eines Jahres. Der Bedarf aller Nutzer wird in einer entsprechenden **Lastkurve** zusammengefasst.

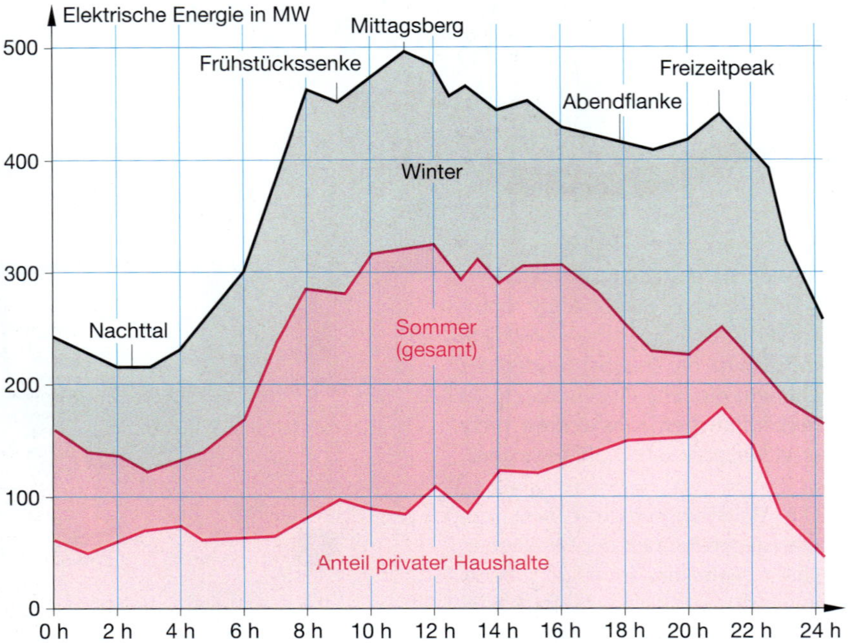

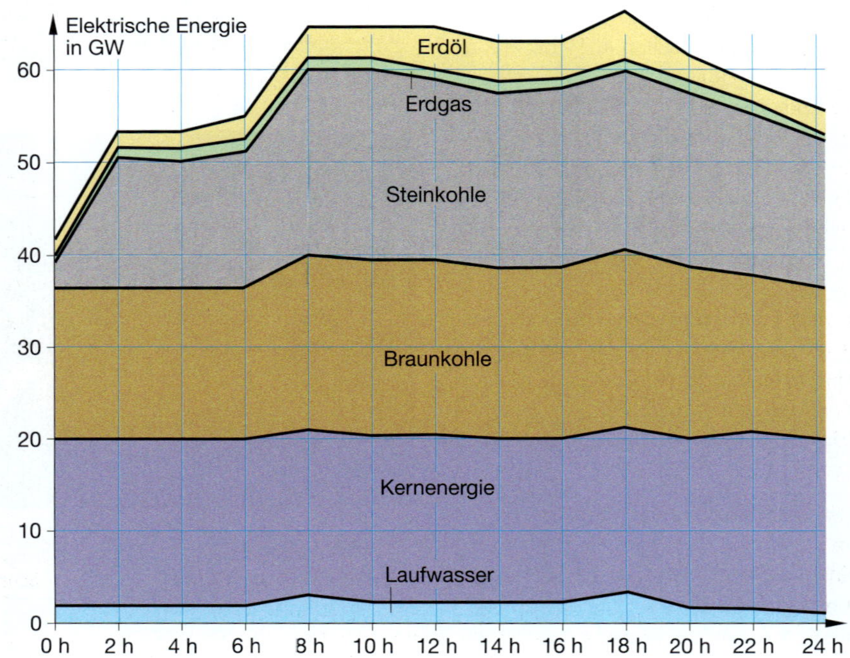

Deckung der Last

- Die **Grundlast** ist der rund um die Uhr benötigte Anteil an elektrischer Energie. Sie wird durch Kraftwerke gedeckt, die mit möglichst niedrigen Brennstoffkosten arbeiten und gleichmäßig Tag und Nacht laufen. Das sind Laufwasser- und Kernkraftwerke. Denn die Energieabgabe eines KKW kann nur langsam hoch- oder heruntergefahren werden. Ist ein KKW einmal abgeschaltet, kann es erst nach einigen Tagen wieder in Betrieb genommen werden.
- **Spitzenlast** ist der Teil des Energiebedarfs, der kurzfristig schwankt. Typische Spitzenlastzeiten sind die Morgenstunden bei Arbeitsbeginn und die Mittagszeit, wenn überall elektrisch gekocht wird. Zur Deckung der Spitzenlast werden Gasturbinen- und Pumpspeicherkraftwerke eingesetzt, die in sehr kurzer Zeit ihre maximale Leistung erreichen.
- Die **Mittellast** ist der Bereich zwischen Grundlast und Spitzenlast. Zu ihrer Deckung werden Kohlekraftwerke genutzt, weil ihre Energieabgabe nachts problemlos herunter- und tagsüber innerhalb von Stunden wieder hochgefahren werden kann.

Pumpspeicherkraftwerke speichern nicht benötigte elektrische Energie, indem nachts Wasser in ein höher gelegenes Speicherbecken gepumpt wird. Mit der im hochgehobenen Wasser gespeicherten Energie kann dann tagsüber die Spitzenlast gedeckt werden. Die Anzahl der Spitzenlastkraftwerke kann somit reduziert werden.

Verbundnetze

Die bei Spitzenlast benötigte elektrische Energie kann den Nutzern nur dann jederzeit zur Verfügung gestellt werden, wenn die verschiedenen Kraftwerke zu einem großen Netz zusammengeschlossen sind. Dadurch können z. B. Ausfälle von Kraftwerken aufgefangen und die Zahl der in Betrieb befindlichen Kraftwerke minimiert werden, ohne dass die Versorgung beeinträchtigt wird. Deshalb sind in Deutschland alle Kraftwerke in einem **Verbundnetz** miteinander verknüpft. Daher lässt sich nie sagen, von welchem Kraftwerk die zu einem bestimmten Zeitpunkt genutzte elektrische Energie tatsächlich stammt.

Bei der Anordnung der einzelnen Kraftwerkstypen fällt auf, dass in der Nähe von Industrieballungsorten solche Kraftwerke installiert sind, die in ihrer Energieerzeugung unabhängig vom Standort sind. Dazu gehören Kraftwerke, die mit den Brennstoffen Öl, Gas und Kernenergie arbeiten. Die Standorte von Kohlekraftwerken werden so ausgewählt, dass der aufwändige Transport von Kohle über weite Entfernungen vermieden wird.

Die untere Grafik zeigt die verschiedenen europäischen Verbundnetze. Die einzelnen Netze sind auch untereinander verbunden, um vom Ural bis zum Atlantik, vom Nordkap bis Sizilien elektrische Energie austauschen und so regionale Spitzen ausgleichen zu können.
Der größte Verbund ist die UCPTE (**U**nion pour la **C**oordination de la **P**roduction et du **T**ransport de l'**E**lectricité), zu dem auch Deutschland gehört. Die anderen Verbundnetze sind NORDEL (Organ for **nord**isk **el**kraftsamarbeid), VES/IPS (**V**ereinigte **E**nergie**s**ysteme / **I**nterconnected **P**ower **S**ystem) und der Inselverbund CEGB. Über die Netze der UCPTE werden ca. 350 Millionen Menschen mit elektrischer Energie versorgt. Deren jährlicher „Strom"-bedarf beträgt ca. 2500 TWh = $9 \cdot 10^{18}$ J.

Nach der Liberalisierung des „Strom"marktes kann jeder Nutzer den Energielieferanten seiner Wahl beauftragen, seinen Haushalt mit elektrischer Energie zu versorgen. Wenn dies nicht das ortsansässige **E**nergie-**V**ersorgungs-**U**nternehmen **(EVU)** ist, muss die gelieferte elektrische Energie „durchgeleitet" werden.

Die europäischen Verbundnetze gewährleisten eine sichere Energieversorgung und ermöglichen die freie Wahl des Energielieferanten.

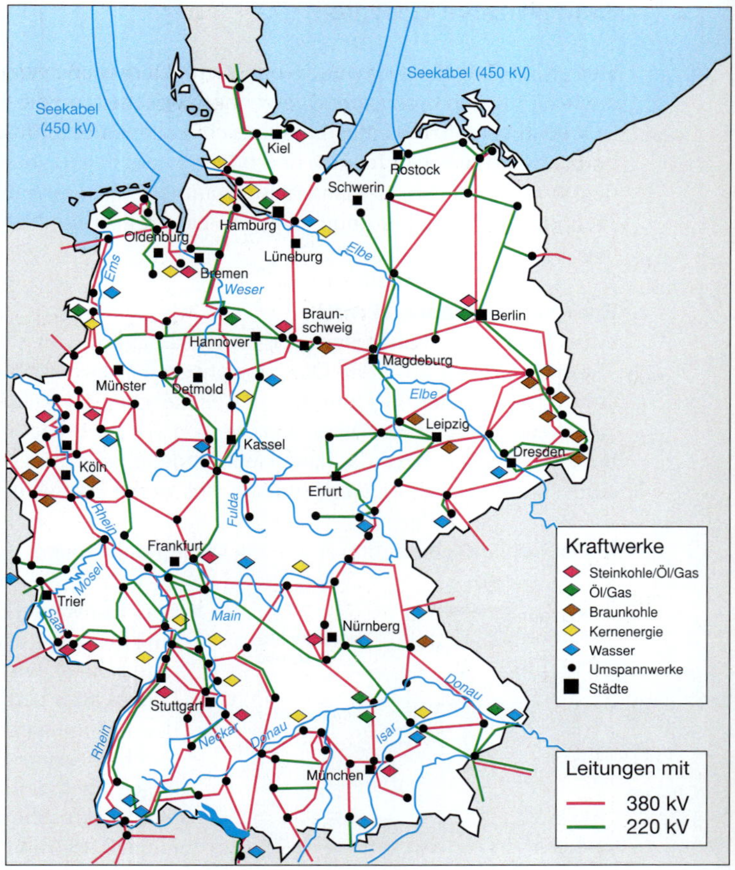

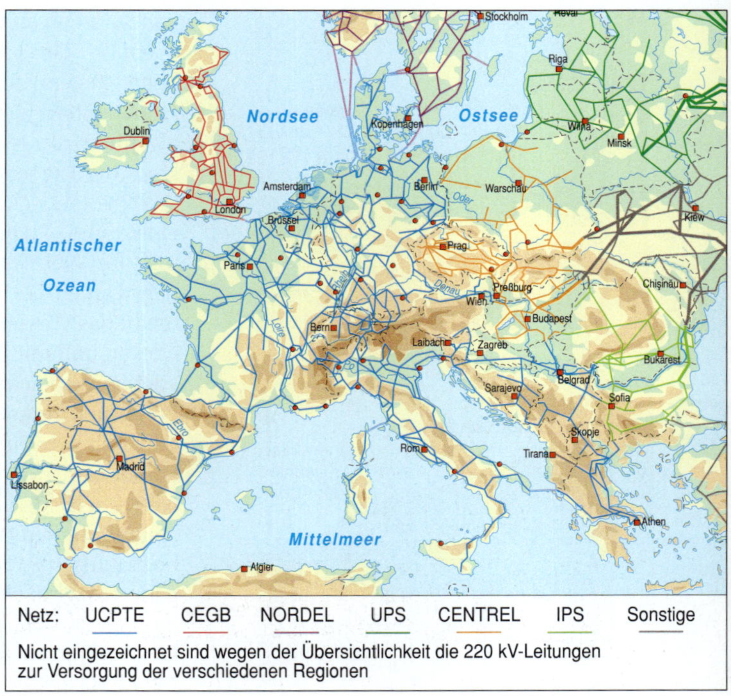

Regenerative Energien

Der größte Teil der weltweit benötigten elektrischen Energie wird immer noch aus fossilen Brennstoffen gewonnen. Der Vorrat an diesen Brennstoffen ist jedoch begrenzt, da allein in Deutschland etwa 500000-mal so viel verbraucht wird wie sich im Jahr neu bilden kann. Schätzungen zufolge wird der Vorrat in 100 bis 150 Jahren aufgebraucht sein. Die Entwicklung neuer Technologien ist daher unumgänglich. Ein Weg ist die Nutzung regenerativer Energien.

Träger	Vorräte	Verbrauch	Reichweite
Erdöl	6805 EJ	163 EJ	42 Jahre
Erdgas	6890 EJ	109 EJ	63 Jahre
Kohle	21290 EJ	141 EJ	151 Jahre
Uran	800 EJ	27 EJ	30 Jahre

Energie aus Wasser„kraft“

Wasserkraftwerke haben den größten Wirkungsgrad von allen Kraftwerken – je nach Typ bis zu 90 %. Die geografischen Gegebenheiten in Deutschland erlauben allerdings nur 4 % der elektrischen Energie mit Wasserkraft zu erzeugen. Bei allen Wasserkraftwerken wird die Lageenergie hochgehobenen Wassers bzw. die daraus entstandene Bewegungsenergie mithilfe einer Turbine und eines Generators in elektrische Energie gewandelt.

In Deutschland gibt es drei Arten von Wasserkraftwerken:

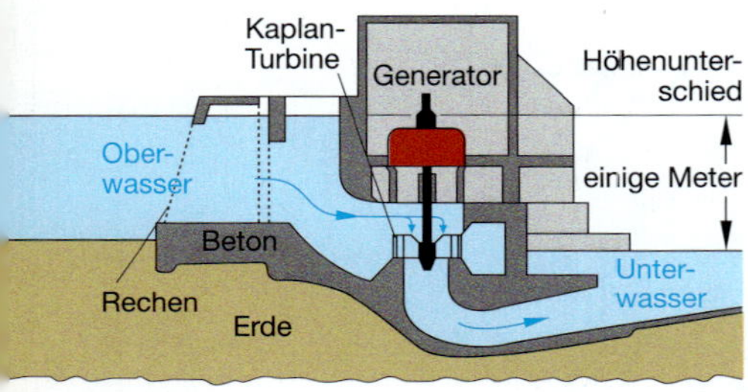

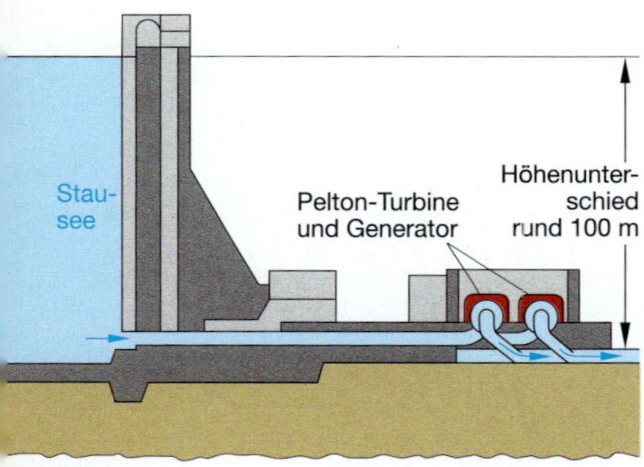

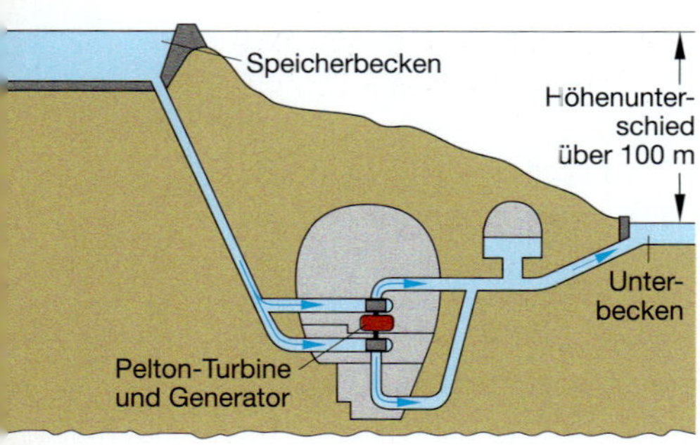

- Bei **Laufwasserkraftwerken** ist ein Fluss aufgestaut. Der Höhenunterschied zwischen Ober- und Unterwasser beträgt etwa 3–5 m. Die Turbine wird durch das hindurchfließende Wasser ständig angetrieben und liefert so laufend elektrische Energie. Ist sie nicht in Betrieb, läuft das Wasser ungenutzt über das Wehr.
- **Speicherkraftwerke** unterhalb von Stauseen im Gebirge nutzen ebenfalls die Lageenergie von hoch liegendem Wasser. Der Höhenunterschied beträgt mehr als hundert Meter. Bei Bedarf kann die Lageenergie des Wassers im Staubecken kurzfristig in elektrische Energie gewandelt und ins Netz eingespeist werden. Laufen die Turbinen nicht, bleibt das Wasser oben im Staubecken und mit ihm seine Lageenergie gespeichert.
- **Pumpspeicherkraftwerke** sind oft mit Speicherkraftwerken kombiniert. Sie können dem Netz überschüssige Energie entziehen, indem Wasser in ein hochgelegenes Speicherbecken gepumpt wird. Dieses steht dann auf Abruf zur Verfügung und kann in Spitzenlastzeiten binnen Minuten Energie liefern.

Energie aus Wind„kraft“

Eine Windkraftanlage liefert elektrische Energie, indem sie die Energie der bewegten Luft in Bewegungsenergie des sich drehenden Rotors wandelt, der den Generator antreibt.

Windenergie ist gewandelte Sonnenenergie, da Wind durch unterschiedliche Temperaturen in verschiedenen Gebieten der Erde entsteht. Wind besitzt Bewegungsenergie, die proportional zur Masse der bewegten Luft ist, die wiederum vom Luftdruck (Luftdichte) abhängt. Ein weiterer Faktor ist die Windgeschwindigkeit. Die Energie des Windes steigt kubisch mit der Windgeschwindigkeit. Eine Verdoppelung der Windgeschwindigkeit bedeutet eine Verachtfachung der Windenergie.

Der Wirkungsgrad einer Windkraftanlage wird durch die Rotoren bestimmt. (Mit Wirkungsgrad ist hier gemeint, welchen Anteil der im Wind steckenden Energie der Rotor in Bewegungsenergie umsetzt.) Sehr gute Rotoren haben einen Wirkungsgrad von etwa 45 %. Moderne Windkraftanlagen haben bis zu 2 MW Leistung; sie liefern also so viel elektrische Energie wie 50 Durchschnittshaushalte benötigen, nämlich 2 MJ je Sekunde .

Der Nachteil der Gewinnung elektrischer Energie aus Windenergie ist die Verfügbarkeit. Wenn elektrische Energie benötigt wird und kein Wind weht, nützt die beste Windkraftanlage nichts.

Solarenergie

Mithilfe von Solarzellen lässt sich die Energie der Sonnenstrahlung direkt in elektrische Energie wandeln. Der Wirkungsgrad heute üblicher Anlagen beträgt allerdings nur maximal 20 %. Bei klarem, blauem Himmel können beispielsweise mit einer Solarzellenfläche von 15 000 m^2 (etwa zwei Fußballplätze) je Sekunde etwa 1,5 MJ elektrische Energie gewonnen werden.

Das Hauptproblem neben dem geringen Wirkungsgrad ist die Tatsache, dass nur dann elektrische Energie geliefert werden kann, wenn die Sonne scheint. Für sonnenlose Zeiten sind aufwändige und teure Energiespeicher (Akkus) notwendig.

Da der Wirkungsgrad von Solarzellen relativ niedrig ist, ist die Gewinnung elektrischer Energie aus Sonnenenergie im Verhältnis zu anderen Energiegewinnungsmethoden relativ teuer. Sie rentiert sich dort, wo lange Versorgungsleitungen gespart werden können, zum Beispiel bei Berghütten oder bei Notrufsäulen an Autobahnen, oder wo Unabhängigkeit vom Versorgungsnetz wichtig ist, z. B. auf Schiffen oder beim Camping. Auch viele Elektrogeräte, die wenig elektrische Energie benötigen, z. B. Taschenrechner, Armbanduhren oder Taschenlampen, werden häufig mit Solarzellen betrieben.

Brennstoffzellen

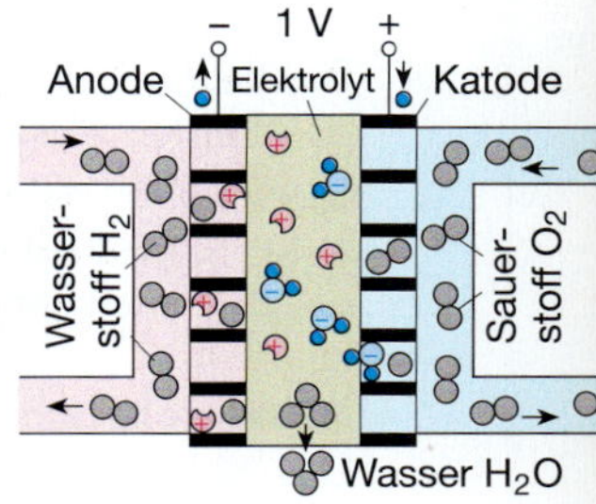

Brennstoffzellen arbeiten umgekehrt wie das bekannte Elektrolyseverfahren: Wasserstoff und Sauerstoff werden getrennt voneinander in die Brennstoffzelle eingeleitet. An der Anode gibt jedes Wasserstoffatom ein Elektron ab und wird dadurch zu einem positiv geladenen Wasserstoffion. An der Katode nimmt jedes Sauerstoffatom zwei Elektronen auf und wird dadurch zu einem negativ geladenen Sauerstoffion. Dabei fließen die vom Wasserstoff abgegebenen Elektronen von der Anode zur Katode und geben über einen äußeren Stromkreis elektrische Energie ab. Die Sauerstoffionen verbinden sich mit den Wasserstoffionen zu Wasser, wobei thermische Energie entsteht, die noch weiter genutzt werden kann.

Brennstoffzellen wurden in den 60er Jahren des vergangenen Jahrhunderts zur Stromversorgung der amerikanischen Weltraumkapseln benutzt. Testfahrzeuge mit Brennstoffzellen-Antrieb werden von der Automobilindustrie entwickelt und zzt. getestet. Inzwischen laufen Versuche, den für die Brennstoffzelle benötigten gasförmigen Wasserstoff nicht separat zu erzeugen und in aufwändigen Gasspeichern mitzuführen, sondern ihn durch Elektrolyse von Wasser zu gewinnen, das in normalen Tanks untergebracht werden kann. Die zur Elektrolyse nötige elektrische Energie könnte mithilfe von Solarzellen gewonnen werden.

Energieversorgung — Versuche und Aufträge

A1 a) Recherchiere, welche Art von Kraftwerken es in der Umgebung deines Wohnortes gibt.
b) Wie groß ist die je Sekunde abgegebene elektrische Energie, also die Leistung der Kraftwerke?

A2 Erstelle eine Übersicht, wie groß bei dem örtlichen Energieversorgungsunternehmen (EVU) der prozentuale Anteil der durch regenerative Energien bereitgestellten elektrischen Energie ist.

A3 Recherchiere, wo Brennstoffzellen verwendet werden.

A4 Erkundige dich, was mit dem gesammelten Biomüll in deinem Wohnort geschieht.

Solarbatterie

Die Energie der Sonnenstrahlung kann durch Solarzellen direkt in elektrische Energie gewandelt werden. Doch für den Betrieb elektrischer Geräte sind leistungsfähige elektrische Quellen mit höheren Spannungen und größeren Stromstärken nötig. Eine einzelne Solarzelle kann das nicht leisten. Von Batterien ist bekannt: Je mehr Monozellen in Reihe geschaltet sind, desto höher ist die Spannung, und je mehr Zellen parallel geschaltet sind, desto größer ist die zu entnehmende Stromstärke. Ist das bei Solarzellen auch so?

Reihenschaltung

Das linke Foto zeigt, dass sich in dieser Schaltung die Leerlaufspannungen der einzelnen Solarzellen addieren. So kann mit 4 Solarzellen eine Spannung von über 2 V erreicht werden, denn $4 \cdot 0{,}55\,\text{V} = 2{,}2\,\text{V}$.
Für eine Leerlauf-Spannung von 24 V müssen rund 45 Solarzellen hintereinandergeschaltet werden, für 230 V bereits 420.

Zentraler Versuch

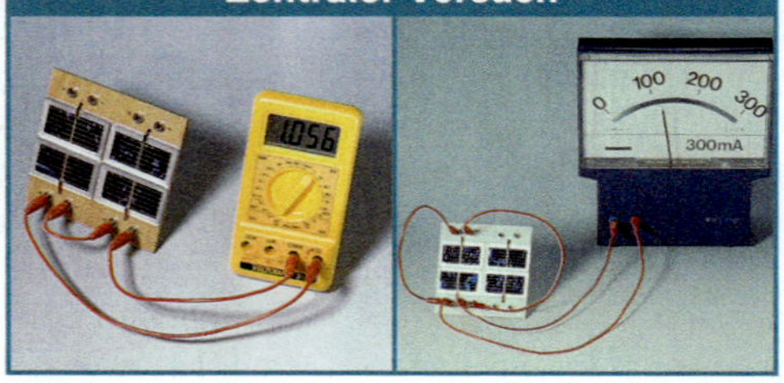

Parallelschaltung

Das rechte Foto zeigt, dass durch Parallelschaltung die maximale Stromstärke erhöht werden kann.
Werden Solarzellen mit einer Kurzschlussstromstärke von 0,3 A verwendet, so müssen für Geräte, die 3,6 A benötigen, 12 Solarzellen parallel geschaltet werden.

Solarbatterien bestehen aus hintereinander- und parallelgeschalteten Solarzellen. Durch die Reihenschaltung wird die Spannung erhöht, durch die Parallelschaltung die Belastbarkeit, d. h. die maximale Stromstärke.

* Technische Daten von Solaranlagen

Die Solarbatterien auf den Dächern vieler Häuser produzieren umweltschonend „Gleichstrom“. Über einen Wechselrichter wird er elektronisch in Wechselstrom von 50 Hz und 230 V umgewandelt. So kann er ins bestehende Netz eingespeist werden.

Es werden verschiedene Netzeinspeisesysteme angeboten. So wird für ein 220 W-Glas-Folie-Modul mit 96 Solarzellen von 125 x 125 mm² Fläche bei 25 °C und einer Sonneneinstrahlung von $1000\,\frac{\text{W}}{\text{m}^2}$ angegeben: Nennspannung $U_N = 24{,}5\,\text{V}$, Nennstromstärke $I_N = 8{,}89\,\text{A}$. Das sind die Spannung und die Stromstärke, die die Solarmodule liefern. Aus diesen Werten ergibt sich die Nennleistung $P_N = U \cdot I = 220\,\text{W}$. Die Leerlaufspannung beträgt $U_L = 29{,}5\,\text{V}$ und die Kurzschlussstromstärke $I_K = 9{,}70\,\text{A}$. 48 Solarzellen sind in Reihe geschaltet, dazu 48 Solarzellen parallel. Dies ergibt für die Einzelzelle $U_L = 0{,}61\,\text{V}$ und $I_K = 4{,}85\,\text{A}$. Bei der Größe der Fläche ergibt dies $31\,\frac{\text{mA}}{\text{cm}^2}$. Zehn solcher Module in Reihe geschaltet haben 245 V und 2 kW.

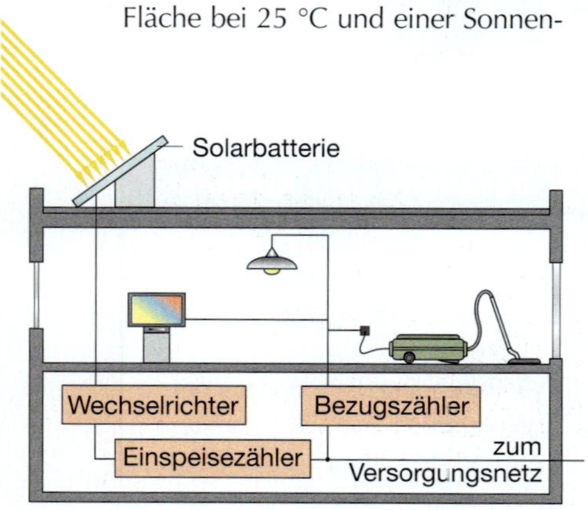

Wie die Grafik rechts zeigt, steigt mit wachsender Sonneneinstrahlung die Leistung an und fällt dann wieder ab. Die maximale Leistung (Nennleistung) wird bei klarem Himmel um die Mittagszeit erreicht.

Aufgaben

1 Die Solaranlage auf einem Dach besteht aus 7 Modulen mit 100 W Spitzenleistung bei einer Nennspannung von 34,5 V. Jedes Modul besteht aus 72 Solarzellen; die Leerlaufspannung des Moduls beträgt 42,5 V.
a) Berechne die Leerlauf–spannung jeder einzelnen Zelle.
b) Ermittle die erreichbare Spitzenleistung.
c) Erläutere, wie die Module zu schalten sind.

2 Die Solarbatterien werden normalerweise auf der Südseite der Dächer 36° schräg gestellt. Erkläre.

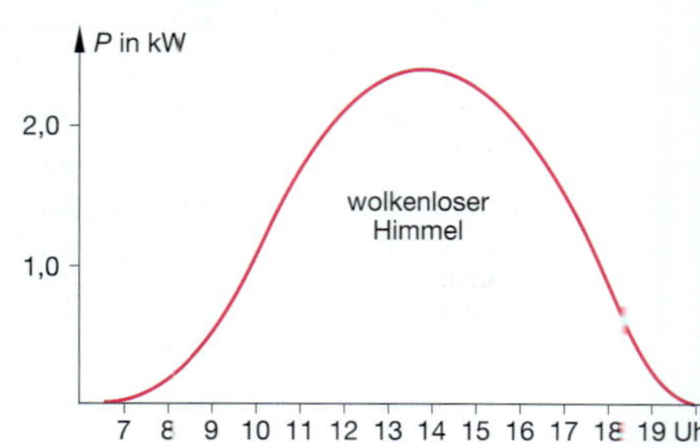

Windenergie

Immer häufiger sind Windenergieanlagen nicht nur an der Küste, sondern auch im Binnenland zu sehen. Sie bestehen aus den weithin sichtbaren Rotoren und einem Generator im Rumpf hinter dem Rotor. Die Windenergie wird in elektrische Energie gewandelt. Was geschieht bei dieser Wandlung?

Zentraler Versuch

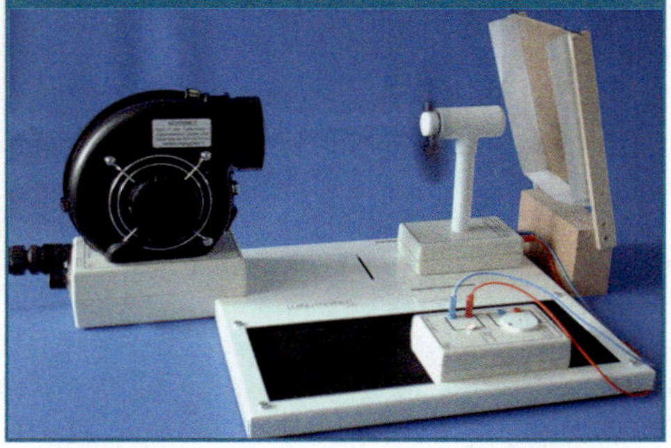

Das Foto zeigt eine Versuchsanordnung, mit der sich Änderungen der Energie eines Luftstromes feststellen lassen. Die pendelartig aufgehängte Platte hinter dem Windrad wird je nach Stärke (Geschwindigkeit) des Luftstromes ausgelenkt. Die Auslenkung ist ein Maß für die Energie des dort bestehenden Luftstromes. Zwei Extremfälle werden betrachtet:

- Der mit dem Windrad verbundene Generator ist unbelastet, d. h. es ist kein Stromkreis angeschlossen: Die Platte wird deutlich ausgelenkt.
- Am Generator wird eine Glühlampe angeschlossen bzw. der Generator wird kurzgeschlossen, sodass ein elektrischer Strom fließen kann: Die Auslenkung der Platte ist sichtbar geringer.

Offensichtlich wird die Energie des Luftstromes hinter dem Windrad durch das Schließen des Stromkreises geringer. Der fehlende Energieanteil ist die erzeugte elektrische Energie.

Die Bewegungsenergie eines Luftstromes kann über die Kopplung Windrad-Generator teilweise in elektrische Energie gewandelt werden.

Wind-Energie-Anlage (WEA) — Streifzug

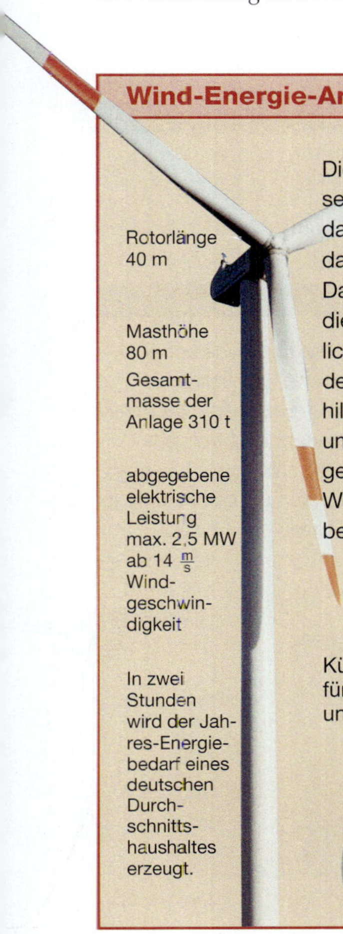

Die Spannung, die von einem Generator erzeugt wird, ist von der Drehzahl des angeschlossenen Rotors abhängig. Durch die Veränderung der Stellung der Rotorblätter wird erreicht, dass auch bei unterschiedlichen Windgeschwindigkeiten annähernd gleiche Drehzahlen und damit eine bestimmte Spannung erzeugt wird.
Da die Drehzahl des Rotors auch die Frequenz des erzeugten Wechselstromes bestimmt, ist diese windgeschwindigkeitsabhängig. Wenn die von der WEA erzeugte Energie in das öffentliche Wechselstromnetz eingespeist werden soll, darf die Frequenz nur weniger als 0,1 Hz von der Norm (50 Hz) abweichen. Dies wird durch komplizierte mechanische Anpassung oder mithilfe einer Elektronik erreicht, die den vom Generator erzeugten Wechselstrom in Gleichstrom umwandelt. Dieser Gleichstrom wird dann elektronisch in Wechselstrom von genau 50 Hz umgeformt und kann ohne Probleme in das öffentliche Netz eingespeist werden.
Weil aerodynamische, mechanische und elektrische Verluste auftreten, liegt der Wirkungsgrad bei den gegenwärtigen WEA zwischen 30 % und 45 %.

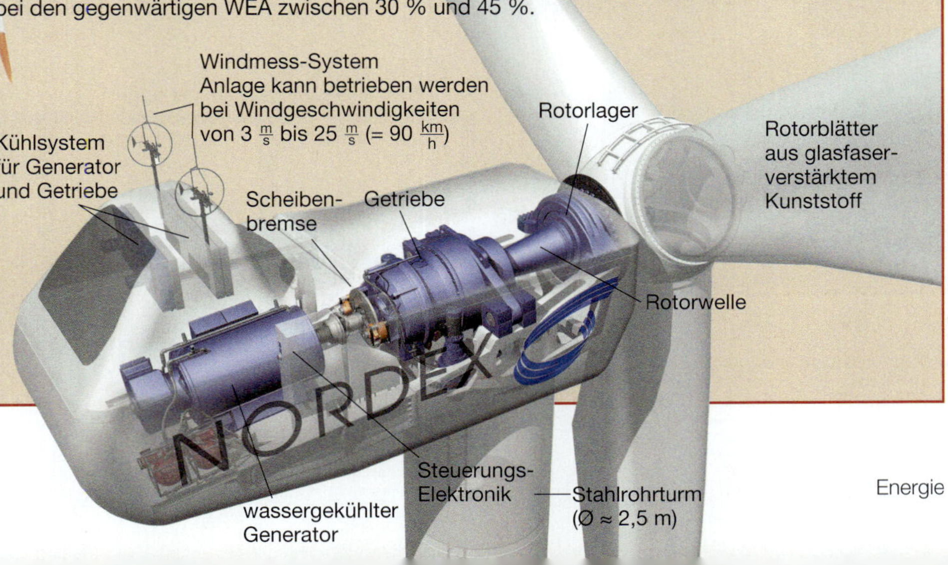

Geothermie

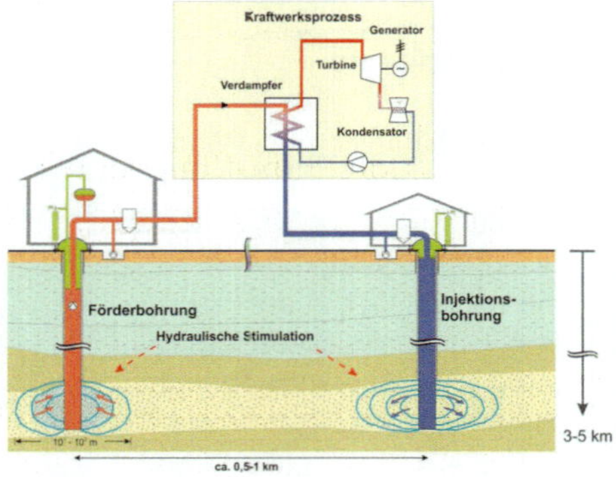

Durch den Zerfall radioaktiver Elemente und aufgrund der Entstehungsgeschichte der Erde beträgt die Temperatur in 99 % der Erde mehr als 1000 °C. Selbst in der dünnen Erdkruste liegt sie in 1 km Tiefe noch bei 40 °C bis zu mehreren 100 °C. Die **Erdwärme** bietet somit eine weitere, interessante Möglichkeit, günstig Energie zu beziehen.

Gewinnen läßt sich die Energie, indem durch kilometerlange Bohrungen zwei Rohre in die entsprechende Tiefe gebracht werden. Durch ein Rohr wird kaltes Wasser in den Untergrund gepumpt, wo es erhitzt wird; in dem zweiten Rohr wird es wieder nach oben befördert. Dort dient es zum Heizen von Wohnungen und Gebäuden. In manchen Gegenden Deutschlands gelingt es sogar, auf diese Weise Kraftwerke zu betreiben. In ihnen wird zu einem Teil elektrische Energie über Turbinen und Generatoren gewonnen und zum anderen Wärmeenergie in Fernwärmenetze eingespeist.

In Europa stehen schon fast hundert *Erdwärmekraftwerke*, viele davon in Italien und Island, da hier heiße Quellen teilweise bis an die Oberfläche kommen. Das sehr heiße Wasser kann dann direkt besonders wirtschaftlich zum Heizen und zur Gewinnung von elektrischer Energie genutzt werden.

Beim Einsatz von Erdwärmekraftwerken müssen auch *Risiken* berücksichtigt werden. Die über die Bohrungen in die Tiefe eingebrachten Wassermassen können Senkungen und Hebungen der Erdoberfläche hervorrufen. Sogar Erdbeben werden ausgelöst.

Elektrische Energie aus Müll und Biomasse

Die Wandlung von Sonnenenergie in Biomasse ist eine der wichtigsten Energieumsetzungen auf der Erde. Unter dem Begriff **Biomasse** werden alle pflanzlichen Stoffe und deren Rückstände oder Abfälle zusammengefasst, also z.B. Holz, Stroh, Algen, tierische und menschliche Exkremente, Haus- und Industrieabfälle und die durch Verrottung entstehenden Gase.
Da bei der Umwandlung von Biomasse in elektrische Energie nur so viel Kohlenstoffdioxid entsteht, wie vorher beim Wachstum der Pflanzen der Umwelt entzogen wurde, geschieht die Energiegewinnung ohne Erhöhung des CO_2-Gehaltes der Luft. Damit wird der Treibhauseffekt nicht verstärkt.

Mit dem von den Einwohnern produzierten Müll werden vielerorts **Müllheizkraftwerke** betrieben. Sie decken bis zu 5% des Bedarfs an elektrischer Energie einer Stadt.

Kraft-Wärme-Kopplung bei Erdwärmekraftwerken und die Gewinnung von elektrischer Energie aus Biomasse helfen, Primärenergie zu sparen, ohne den CO_2-Gehalt der Atmosphäre zu erhöhen.

Aufgaben

1 Recherchiere nach einem Müllheizkraftwerk, möglichst in deiner Umgebung. Fertige einen kleinen Bericht darüber an.

2 Erstelle eine tabellarische Übersicht mit Vor- und Nachteilen zu den genannten Kraftwerken.

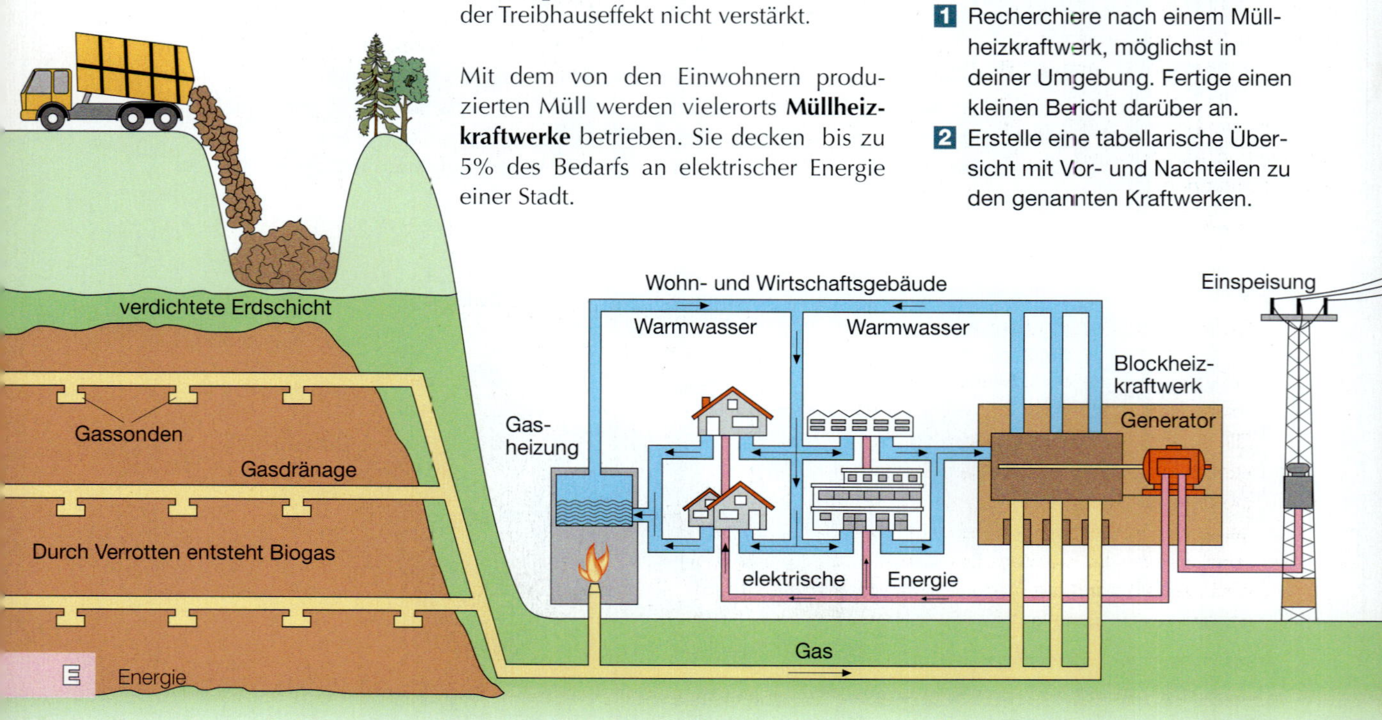

NUTZUNG REGENERATIVER ENERGIEN

Solarturm-Kraftwerk

Die Strahlungsenergie der Sonne wird durch Spiegel auf eine kleine Fläche in der Spitze des Turmes konzentriert. Diese Energie kann in Prozesswärme für ein Wärmekraftwerk (Dampferzeugung) gewandelt werden. In den südlichen Ländern Europas oder in Afrika ist die Sonneneinstrahlung so groß, dass eine solche Wandlung wirtschaftlich wird.

Windenergie auf den Meeren

Windenergie wurde schon sehr früh für Transport und Verkehr genutzt. Auch in der Gegenwart wird überlegt, wie sie genutzt werden kann, um fossile Energieträger zu schonen.

In der Zukunftsvision oben wird die „Gorch Fock", Segelschulschiff der Bundesmarine, von Schiffen mit computergesteuerten starren Stützsegeln passiert. Unten ein Schiff mit Flettner-Rotoren.

Solarkraftwerke in Deutschland

In verschiedenen Gegenden Deutschlands werden Solarkraftwerke erprobt. So zum Beispiel in Espenhain (5000 kW), Lubmin (1800 kW), Pellworm (600 kW) und in Neunburg vor dem Walde (370 kW).

Windmühlen

Windmühlen wurden vor der Erfindung der Dampfmaschine genutzt, um Menschen oder Tieren vielfältige Arbeiten abzunehmen. Das Mahlen des Mehls war eine solche typische Arbeit, bei der die Windenergie in Bewegungsenergie der schweren Mahlsteine gewandelt wurde. In südlichen Ländern werden auch heute noch Windmühlen zum Antrieb von Pumpen für die Bewässerung genutzt.

Solarbatterie für Raumstation

Für Raumstationen ist die Energieversorgung lebenswichtig. Die Solarbatterien bilden dabei die idealen Energiewandler für die Wandlung der ungestörten Sonnenstrahlung in elektrische Energie.

Solarmodule recycelt

Solarmodule werden aufwändig aus Silicium hergestellt. Bei der Produktion fällt Ausschuss an und Module gehen kaputt. Im sächsischen Freiberg werden die defekten Module recycelt und können so für neue Module ohne Einschränkung verwendet werden Die Umwelt wird geschont und die Module sind billiger als neu hergestellte.

Solardach bei Hybrid-Fahrzeugen

Energiewandlung und die Folgen

Heizen, elektrische Energie zur Verfügung stellen, Autofahren – nichts geht ohne Energie. Die angenehmen Folgen lassen sich schnell aufzählen: Geheizte und beleuchtete Räume, schnelles und komfortables Fortbewegen, Erleichterungen bei vielen körperlichen Arbeiten und industrielles Produzieren auf höchstem Niveau. Gibt es das alles ohne Nachteile?

Fast 60 % aller in Deutschland genutzten Energie stammt aus Kohle, Erdöl und Erdgas, also dem Vorrat an Energie, den die Sonne vor Jahrmillionen angelegt hat. Er wird in wenigen Generationen ausgeschöpft sein. Dabei wird das Gleichgewicht der Natur erheblich in Unordnung gebracht. In den großen Vorräten an Kohle, Erdöl und Erdgas ist Sonnenenergie in Form der chemischen Zusammensetzung dieser Stoffe und ihrer Bindungen untereinander gespeichert. Beim Verbrennen wird diese gespeicherte Energie auf nicht sehr wirksame Weise genutzt: Nur bestenfalls 40 % des Energiegehaltes der Brennstoffe werden ausgeschöpft.

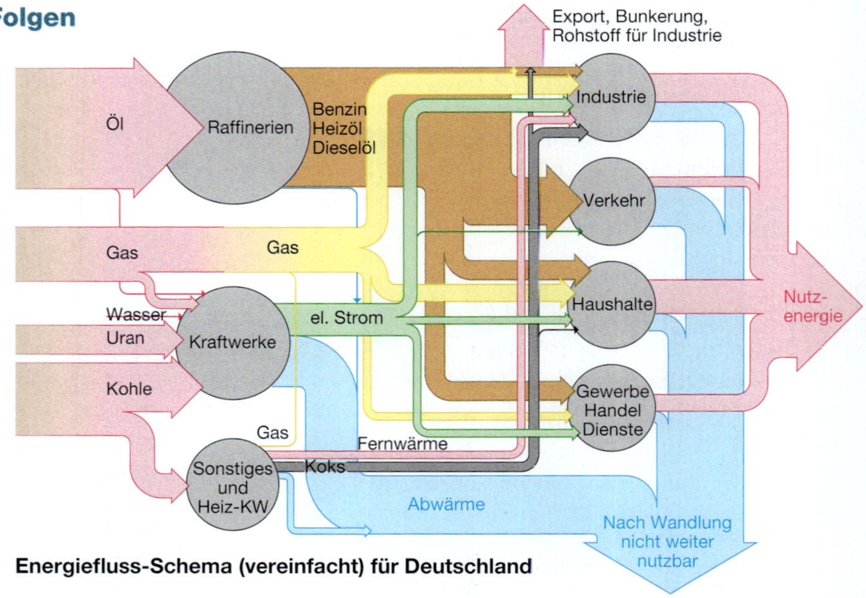

Energiefluss-Schema (vereinfacht) für Deutschland

Und dabei kommen dann alle Ursprungsstoffe – zum größten Teil in gasförmiger Form – wieder zum Vorschein. Sie entweichen in die Atmosphäre und ändern deren natürliche Zusammensetzung. Die Folgen sind bereits spürbar:
Das *Waldsterben* ist mancherorts deutlich sichtbar. Atemwegserkrankungen nehmen besonders bei Kindern zu. Schließlich ist die Vermutung schon weitgehend belegt, dass die Freisetzung großer Mengen an CO_2 die Erwärmung der Erde verstärkt („Treibhauseffekt").

Die **Abhilfen** sind bekannt, aber nur schwer zu verwirklichen:
- *Sparsamer Umgang mit Energie,* auf allen Gebieten durch möglichst alle Beteiligten.
- *Der Wechsel von der Verbrennung der fossilen Energieträger Kohle, Erdöl und Erdgas zu erneuerbaren Energieformen* wie Wasserstoffantrieb, Windenergie, Biogas oder Solartechnik.
- *Eine Nachbehandlung der Abgase,* sodass sie nach der Verbrennung weniger schädlich sind (Katalysator, Abgasreinigung).

Jährlicher Schadstoffausstoß in Deutschland in Mio. t

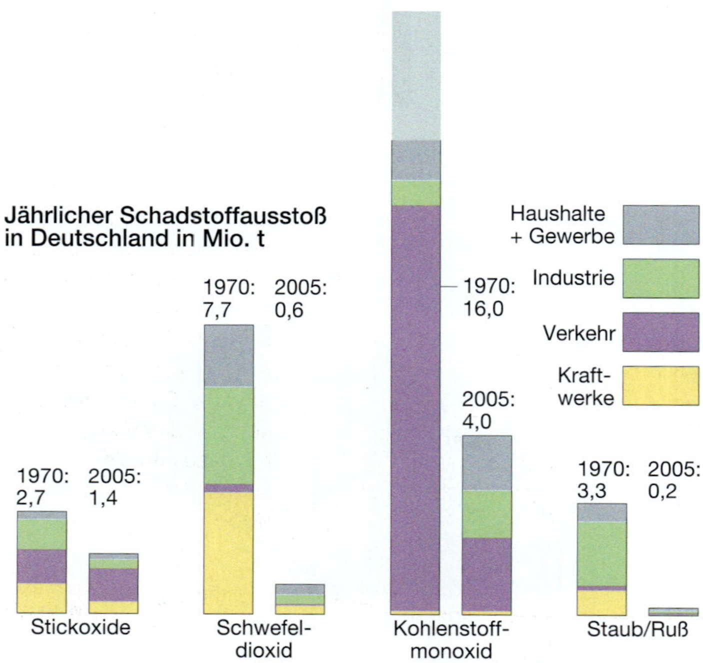

Aufgaben

1 Gib Beispiele für die Nutzenergien, in welche die einzelnen zufließenden Energien in den Verbrauchssektoren „Verkehr" und „Haushalte" im Energiefluss-Schema gewandelt werden.

2 **a)** Berechne das Vielfache, um das 1970 der Ausstoß bei den einzelnen Schadstoffen höher lag als 2005.
b) Entscheide, für welchen Schadstoff die Reduzierung am erfolgreichsten war und für welchen am schlechtesten.

Energienutzung und Klima – weltweit

Die Erzeugung von Treibhausgasen und die daraus folgenden Veränderungen der Atmosphäre mit der entsprechenden Klimaerwärmung betreffen nicht nur einzelne Regionen oder Länder, sondern wirken sich weltweit aus. Der Treibhauseffekt wird durch die rasante Zunahme der Erdbevölkerung in den letzten Jahrhunderten sowie die zunehmende Industrialisierung verstärkt. Immer mehr Menschen fahren immer mehr Autos und nutzen immer mehr Technik für einen gehobenen Lebensstandard.

Dabei gibt es auf der Welt aber noch deutliche Unterschiede beim Energiebedarf und bei den Emissionen. In den Industrieländern kommt auf jeden Einwohner ein Vielfaches an CO_2-Emission gegenüber einem Einwohner der Entwicklungsländer. Der niedrigere Lebensstandard dort erfordert viel weniger Energie und dem unfreiwilligen Verzicht auf Luxus eines großen Teils der Weltbevölkerung steht eine noch immer hohe Nutzung fossiler Energieträger in den Industrieländern gegenüber.
Die beängstigenden Klimawandlungen, verursacht durch die Industrienationen und Schwellenländer, bedrohen aber hauptsächlich die ärmeren Länder und deren Bevölkerung. Sie leben in klimatisch schwierigeren Regionen und können sich technische und bauliche Gegenmaßnahmen nicht leisten.

Bei einem Fortschreiten des Klimawandels wird mit folgenden Szenarien gerechnet:

- In Afrika und nach Europa hinein breiten sich schlimme Krankheiten aus. Millionen Menschen mehr würden z.-B. an Malaria erkranken.
- Durch Ernteausfälle steigt die Zahl der hungernden Menschen auf etwa ein halbe Milliarde. Millionen Menschen werden Opfer von Sturmfluten und Überschwemmungen. Viele Südseeinseln werden völlig überflutet. Stürme und Hurrikans verwüsten überall auf der Erde Landstriche und Städte. Dürren machen Landwirtschaft in Australien weitgehend unmöglich. In Sibirien sacken Strassen und Gebäude in den auftauenden Permafrostboden ein.
- Die Tiere der Welt werden ebenfalls leiden. Viele Landtierarten können sich nicht anpassen und sterben aus. Die Veränderung der Meere schädigt das Plankton. Fischarten und andere Meeresbewohner verschwinden.

Es ist wichtig und dringend, der Erderwärmung frühzeitig und konsequent entgegenzusteuern.

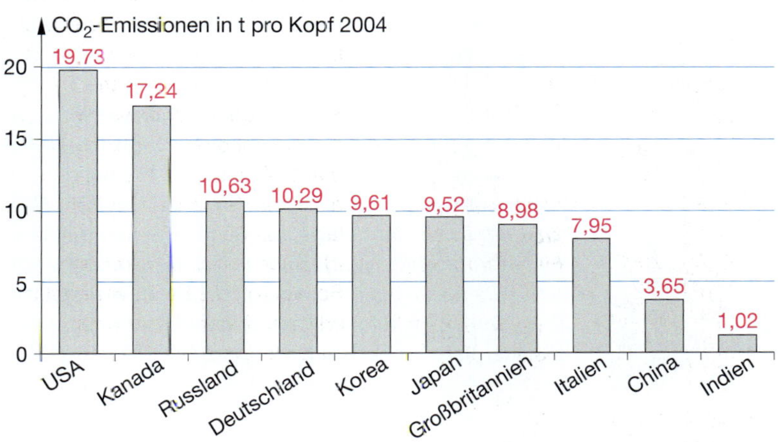

Aufgaben

1 Berechne die CO_2-Emissionen beim PKW pro Passagier, wenn zwei oder mehr Personen mitfahren. Vergleiche mit anderen Verkehrsmitteln.

2 Informiere dich über CO_2-Emissionen pro km einzelner Autotypen. Vergleiche.

3 Berechne die Zeitdauer bis zu einer CO_2-Konzentration von 420 ppm bei der aktuellen Zunahme.

4 Erkläre mithilfe der Grafik, wie viele Energieanteile von der Atmosphäre absorbiert und wie viele abgestrahlt werden.

5 Informiere dich, welche Kraftwerke die elektrische Energie für euren Energieversorger liefern und berechne damit die CO_2-Emission pro Jahr durch den Strombedarf deiner Familie.

6 Gibt es außer den angegebenen Energieträgern noch weitere, die zur Heizung eines Hauses verwendet werden können? Informiere dich darüber und vergleiche deren CO_2-Emissionen. Versuche, auch die Kosten der Energieträger herauszufinden.

7 Berechne die CO_2-Emissionen
a) bei deiner Fahrt zur Schule;
b) für deine letzte Reise.

8 **a)** Berechne die CO_2-Emissionen,
① wenn alle Menschen
② wenn alle Chinesen und Inder so leben würden wie Amerikaner.

9 **b)** Schätze die Folgen ab und diskutiere dieses Szenario.
In Deutschland müssen die Verursacher von Treibhausgasen Emissionsrechte kaufen. Mit diesen Strafgebühren können dann Projekte gefördert werden, die zur Reduzierung der Gase beitragen können. Sammle Daten dazu und diskutiere den Nutzen.

2007 6,6 Mrd
1999 6 Mrd
1987 5 Mrd
1974 4 Mrd
1960 3 Mrd
1927 2 Mrd
1804 1 Mrd
1500 500 Mio
1000 310 Mio
00 Mio

Alle Kraftwerkstypen im Vergleich

	Kohlekraftwerk	Kernkraftwerk	Wasserkraftwerk

Wirkungsgrad	ca. 45 %	ca. 35 %	ca. 95 %
elektrische Leistung	pro Kraftwerksblock 500–800 MW Meist werden zwei oder mehr Blöcke zusammengeschaltet	Neuere Kernkraftwerke haben mehr als 1300 MW Auch hier stehen oft zwei Reaktoren an einem Standort	Laufwasserkraftwerke liegen knapp über 50 MW
Brennstoff	Braunkohle oder Steinkohle Es werden ca. 4,1 Mio. t jährlich pro Kraftwerk benötigt	Uran Es werden ca. 30 t Uran jährlich pro Kraftwerk benötigt	keiner
Abwärme	ca. 60 % der Primärenergie geht in Form von thermischer Energie in die Umwelt; Abwärme kann als Fernwärme genutzt werden	ca. 65 % der im Uran enthaltenen Energie geht in Form von thermischer Energie in die Umwelt; Abwärme kann als Fernwärme genutzt werden	fast keine
Umweltbelastung	Abgase enthalten Schwefeldioxid und Stickoxide, die zu Smog und saurem Regen führen. Durch den Ausstoß von Kohlenstoffdioxid wird der Treibhauseffekt verstärkt	Abgabe von geringen Mengen radioaktiver Stoffe mit der Abluft in die Umwelt Die radioaktiven Abfälle müssen entsorgt werden Es gibt bislang kein Endlager	Erhebliche Eingriffe in die Natur bei der Anlage von Stauseen; Begradigung von Flussläufen; Überflutung von Uferzonen

Die Daten in der Tabelle sind natürlich einem ständigen Wandel unterworfen. Neue Technologien reduzieren die Umweltbelastung einzelner Kraftwerke immer weiter herab, Forschungen treiben die Nutzung regenerativer Energien weiter voran, sodass sie wirtschaftlich werden. Die Bereitschaft der Menschen, ihren Energiebedarf zu reduzieren, wird durch die anhaltende Diskussion um begrenzte Energieressourcen und Umweltbelastungen stetig erhöht. Jeder kann durch bewussten Umgang mit Energie viel zum Schutz der Umwelt beitragen. Jeder ist verpflichtet, nachfolgenden Generationen eine intakte Umwelt und ausreichend Energierohstoffe zu hinterlassen.

Erzeugung elektrischer Energie in Deutschland
Insgesamt ca. 637 TWh

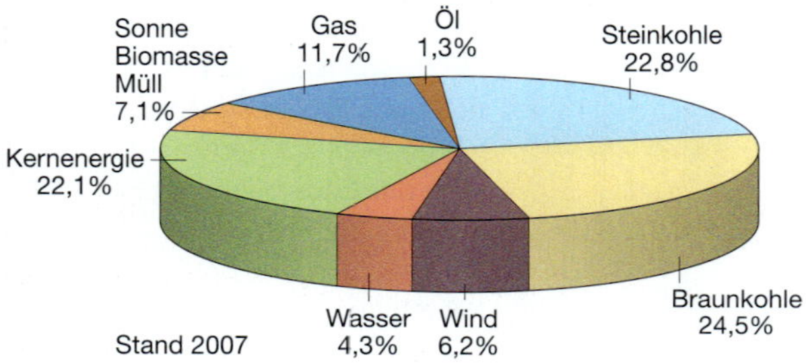

Stand 2007

Der „Club of Rome“, eine Gruppe führender Wissenschaftler aller Gebiete, schrieb schon 1989 in seinem „Bericht zur Lage der Menschheit“:
„Wenn die gegenwärtige Zunahme der Weltbevölkerung, der Industrialisierung, der Umweltverschmutzung, der Nahrungsmittelproduktion und der Ausbeutung von natürlichen Rohstoffen unverändert anhält, werden die absoluten Wachstumsgrenzen auf der Erde im Laufe des nächsten Jahrhunderts erreicht sein.“

Windkraftwerk	Biomasse	Solarkraftwerk	Brennstoffzelle
			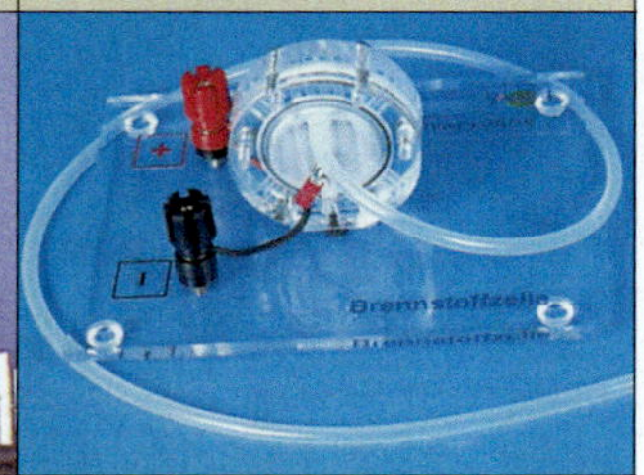
ca. 40 %	ca. 30 %	max. 20 %	ca. 60 %
abhängig von Windgeschwindigkeit Ab 12 $\frac{m}{s}$ beträgt die Leistung 250 kW bis 2 MW	ca. 20 MW (max) meist geringer	Anlagen mit Parabolspiegeln erreichen pro Spiegel eine elektrische Leistung von 50 kW	von einigen Milliwatt bis zu mehr als 200 kW in Blockheizkraftwerken
keiner	organische Abfälle 1 kg Biomasse enthält etwa 14–16 MJ Energie	keiner	Wasserstoff, Erdgas oder Methanol
keine	Ein Teil der thermischen Energie kann für Raumheizung und Warmwasserbereitung verwendet werden	keine	etwa so viel wie elektrische Energie Abwärme kann als Fernwärme genutzt werden
Lärmbelästigung durch die Rotoren Beeinträchtigung des Vogelflugs Beeinträchtigungen durch Schattenwurf	wie Kohlekraftwerk Treibhauseffekt wird nicht verstärkt, weil beim Wachsen der Pflanzen CO_2 aus der Atmosphäre aufgenommen wurde	Solarkraftwerke benötigen große Kollektorflächen. Die Vegetation unter diesen Stellflächen stirbt ab	keine Werden Erdgas oder Methanol „verbrannt", entsteht neben Wasser auch CO_2, das den Treibhauseffekt verstärkt

Aufgaben

1 Erläutere, welche der besprochenen Energiequellen nicht zu jeder Zeit verfügbar sind. Gib dazu jeweils Gründe an.

2 **a)** Beschreibe die Wandlungsprozesse der unterschiedlichen Kraftwerkstypen.
b) Zeichne für jeden Kraftwerkstyp ein Energiefluss-Schema.
c) Nenne die umweltschädigenden Nebenwirkungen der verschiedenen Kraftwerkstypen.

3 Erkläre, warum Menschen und Tiere ebenfalls als Energiewandler bezeichnet werden können.

4 Erläutere anhand einiger Beispiele den Begriff „Wirkungsgrad".

5 Begründe, warum Kohlekraftwerke immer möglichst in der unmittelbaren Nähe von Kohlebergwerken oder von Häfen gebaut werden.

6 Windgeneratoren dürfen nicht unmittelbar hintereinander aufgestellt werden. Erläutere.

7 Nenne verschiedene Elektrogeräte, die mit Sonnenenergie betrieben werden.

8 Bei vielen Berghütten sind Windkraftanlagen mit Solarzellen gekoppelt. Ist das sinnvoll?

Weniger ist mehr – Häuser mit geringem Energiebedarf

Der verantwortungsvolle Umgang mit Energie spielt eine immer größere Rolle. Themen wie „Explosion der Heizkosten“ oder „Klimakatastrophe“ beherrschen die Schlagzeilen. Ein Beitrag zum Energiesparen ist es, beim Wohnen mit weniger Energie auszukommen. **Energiesparhäuser** benötigen weniger Energie als herkömmliche.

Wie erreichen sie das? Welche Energien sind beteiligt? Durch welche Maßnahmen lassen sich die Energieströme beeinflussen? Woran lässt sich ein solches Haus erkennen?

Energiebilanz

Beim Vergleich des Energiebedarfs verschiedener Häuser kommt es auf die Gesamtbilanz an. Erst das Berücksichtigen aller eingesetzten Energien zeigt, wie gut ein Haus mit der Ressource Energie umgeht.

Zum besseren Vergleichen werden alle Werte auf einen Quadratmeter Wohnfläche und auf ein ganzes Jahr bezogen. Die Zahlen geben den **Endenergiebedarf** eines Hauses pro Jahr und Quadratmeter Wohnfläche an. Je geringer der Wert ist, desto besser wird die Energie genutzt. Er wird im Energieausweis (Bild unten) für Wohngebäude angegeben.
Ziel muss es schon beim Entwurf und Bau eines Hauses sein, mit möglichst wenig oder im Idealfall ohne von außen gelieferte Energie auszukommen. Auch bereits bestehende Häuser lassen sich durch verschiedene Maßnahmen energetisch nachrüsten und den Erfordernissen eines geringen Energiebedarfs anpassen.

Zur genauen Beurteilung sind zwei Energieflüsse zu berücksichtigen:
- Wie viel Energie geht aus dem Haus hinaus;
- wie viel Energie kommt in das Haus hinein.

Erst eine Gesamtbilanz lässt den wahren Energiebedarf eines Hauses erkennen.

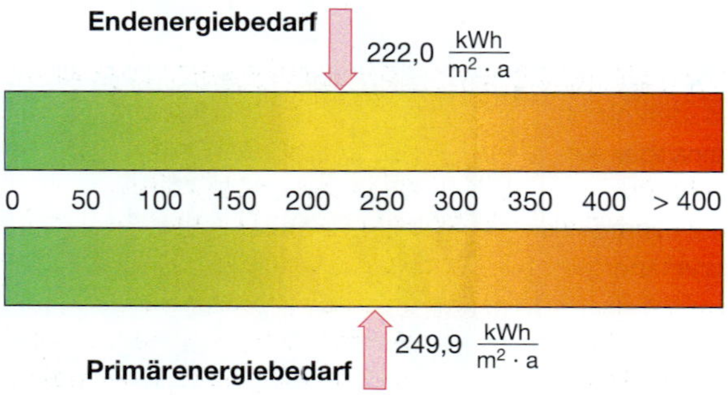

Ein Haus, das mit wenig Energie auskommen soll, muss diese zunächst im Innern halten. Dies lässt sich durch **Dämmmaßnahmen** erreichen:
- Die Mauerflächen erhalten einen mehrlagigen Aufbau aus verschieden Dämmmaterialien und dem Mauerwerk.
- Bei der Bauplanung ist es geschickt, wenn Fenster bevorzugt in Richtung Süden und nicht nach Norden weisen. So wird ermöglicht, dass Energie auch in das Haus hineinkommen kann.
- Die Fenster haben eine Mehrfachverglasung, wobei die Zwischenräume entweder luftleer sind oder ein Schutzgas enthalten. Zusätzlich können die Glasflächen mit Metall bedampft werden, um Verluste durch Strahlung zu reduzieren.
- Durch eine Begrünung des Daches lässt sich eine hervorragende Dämmung nach oben erreichen. Aber auch eine sorgfältige Dachisolierung hat ein großes Einsparpotenzial.
- Bei der Heizungsanlage ist auf effiziente Energieausbeute des eingesetzten Brennstoffs zu achten. Ferner werden alle Rohre, nicht nur die Heizungsrohre, isoliert, um die Energie dorthin zu bringen, wo sie benötigt wird.

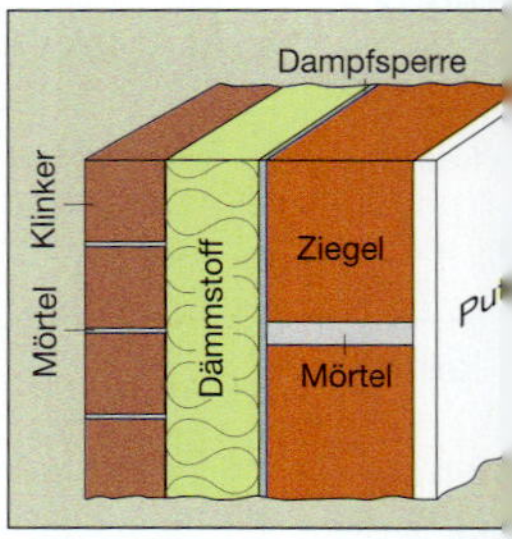

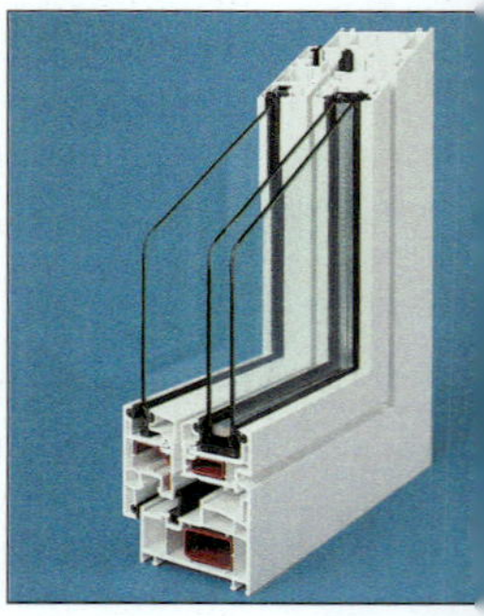

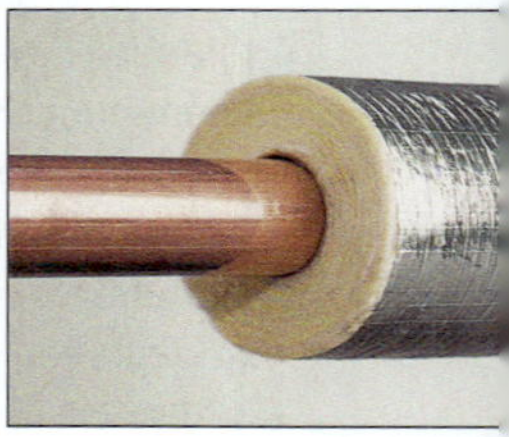

Ersatz fossiler Energien

Ein wesentlicher Lieferant für nicht-fossile Energien ist die Sonne. In Wintergärten oder durch der Sonne zugewandte Glasfassaden erwärmt sie das Haus. Sonnenkollektoren an Hauswänden oder auf dem Dach stellen warmes Wasser zum Heizen oder Duschen zur Verfügung. Zur Regelung der eingestrahlten Sonnenenergie dienen *passive Baumaßnahmen* wie überstehende Dächer oder *aktive* wie Abschattungen oder elektrisch verdunkelnde Fenster.

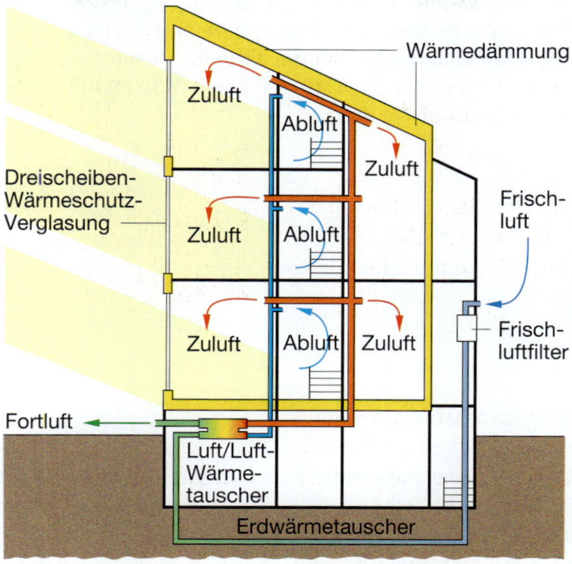

Soll die Energiebilanz eines Hauses gänzlich ausgeglichen sein, so muss es noch intensiver eigene Energiequellen erschließen:

- Im Erdreich verlegte Rohre erwärmen im Winter die angesaugte Frischluft bzw. kühlen diese im Sommer.
- Gleichzeitig spielt eine angenehme Versorgung mit Frischluft bei zunehmender Wärmedämmung eine entscheidende Rolle für Luftfeuchtigkeit und den damit verbundenen Wohnkomfort.
- Wärmetauscher entziehen der warmen Abluft oder dem warmen Abwasser Energie und übertragen sie an die ins Haus kommende Frischluft.
- Wärmepumpen können der umgebenden Luft oder noch besser dem Erdreich Energie entziehen und dem Haus zum Heizen zur Verfügung stellen. Sie schlagen aber in der Bilanz mit der benötigten elektrischen Energie auch negativ zu Buche.
- Eine weitere Möglichkeit, die Sonnenstrahlung zu nutzen, ist der Einsatz von Solarzellen (Fotovoltaik). Sie wandeln die Energie des Sonnenlichts direkt in elektrische Energie.

Persönliche Maßnahmen

Letztendlich spielt zum Erreichen einer guten Bilanz das Verhalten der Bewohner eine entscheidende Rolle.

- Schlaf– und Nebenräume, Küche und Keller kommen mit viel niedrigeren Temperaturen aus als das Wohnzimmer.
- Kurzes Stoßlüften tauscht gezielt die Luft aus und verhindert, dass der Raum mit seinen Gegenständen auskühlt. Richtiges Lüften unterstützt ein gesundes Raumklima mit der richtigen Luftfeuchtigkeit und beugt eventueller Schimmelbildung in gut isolierten Häusern vor.

Der Mensch selbst ist eine gute Wärmequelle. Er liefert im Durchschnitt 100 J pro Sekunde, sodass mehrere Menschen in einem Raum diesen sehr gut erwärmen können.

Fazit

Bei den Betrachtungen zur Energiebilanz muss die ganze Wandlungskette betrachtet werden. Wie viel Primärenergie (in Kohle, Erdöl, Uran usw.) muss eingesetzt werden, um die genutzte Sekundärenergie (elektrischer Strom, Benzin, Solarzellen usw.) bereitzustellen und zum Endnutzer zu transportieren; bei ihm ist dann der Wirkungsgrad der verwendeten Geräte oder Anlagen von Bedeutung. Dieser Wert der eingesetzten Primärenergie wird im Energiepass zusätzlich als **Primärenergiebedarf** ausgewiesen.

Die Energiebilanz kann durch Wärmedämmung, Ersatz fossiler Energien und persönliche Maßnahmen beeinflusst werden.

Aufgaben

1 **a)** Jeder Mensch gibt Wärmeenergie an die Umgebung ab. Schätze ab, wie viel Energie ein 4-Personen-Haushalt so im Jahr zur Verfügung stellen könnte.
b) Rechne auch in die Einheit kWh um. (1 kWh = 3,6 MJ)

2 **a)** Erkundige dich nach einem Energiepass. Beschreibe, welche Größen in diesem Pass erfasst sind und wie dort die Energiebilanz erstellt wird.
b) Untersuche, welche Schwachstellen das untersuchte Haus hat, und beschreibe Möglichkeiten zur Verbesserung.

3 **a)** Skizziere dein Idealhaus. Gib alle Maßnahmen an, die zu einer guten Energiebilanz führen.
b) Beschreibe, welche Maßnahmen sich gegenseitig behindern.

*Der Treibhauseffekt

Von der Sonne gelangt ständig Strahlung auf die Erde. Trotzdem wäre es auf der Erde im Mittel –18 °C kalt, wenn es wie auf dem Mond keine Atmosphäre gäbe. Durch die Existenz der Atmosphäre und durch die Prozesse darin stellt sich die aktuelle Mitteltemperatur von 15 °C ein. Wie kommt es dazu?

Treibhauseffekt und Temperatur

Für die von der Sonne kommende Strahlung ist die Atmosphäre nahezu durchlässig. Trotzdem gelangen nur 51 % der Strahlungsenergie zur Erdoberfläche, werden dort absorbiert und in thermische Energie gewandelt. Durch die Absorption steigt die Temperatur der Erdoberfläche, die dann die Energie als Infrarotstrahlung (IR) wieder abgibt. Für diese Strahlungsart ist die Atmosphäre aber viel weniger durchlässig; ein sehr großer Teil der Energie wird dort absorbiert und wieder zum Boden reflektiert. Von der erwärmten Atmosphäre erreicht den Erdboden deshalb ein ständiger Energiestrom, der fast doppelt so groß ist wie die direkte Einstrahlung. Der Erdboden erwärmt sich dadurch so lange, bis er genauso viel Energie abstrahlt, wie er aufnimmt. Es stellt sich ein *Strahlungsgleichgewicht* ein, das zu den herrschenden Temperaturen führt. Der beschriebene Vorgang ist der **natürliche Treibhauseffekt.** Da der Mond keine Atmosphäre hat, kühlt er nachts sehr viel stärker ab als die Erde.

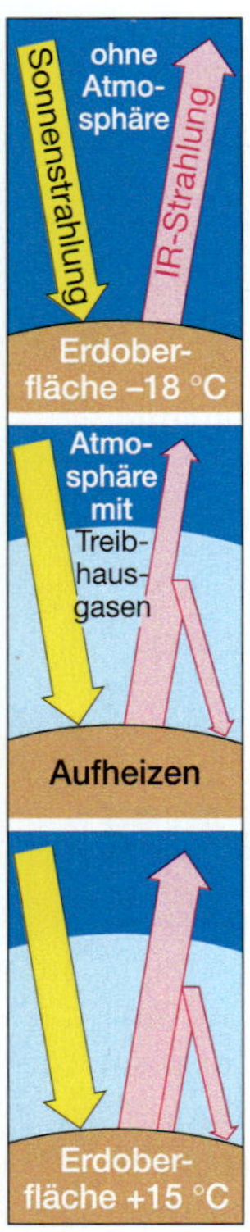

Je stärker die Infrarotstrahlung, die vom Boden ausgesandt wird, von der Atmosphäre absorbiert wird, desto höher wird die Durchschnittstemperatur, die sich einstellt. Es hängt von der Zusammensetzung der Atmosphäre aus verschiedenen Gasen ab, wie stark die Infrarotstrahlung absorbiert wird.

In den letzten 100 Jahren stieg die Durchschnittstemperatur um 0,74 K. Das scheint wenig zu sein – es wurde aber berechnet, dass ein weiterer Anstieg um nur 2 K einen bedenklichen thermischen Zustand für die Erde bedeuten würde – mit katastrophalen Folgen für das Leben auf ihr.

Schon heute sterben jährlich etwa 150 000 Menschen an den Folgen der Klimaerwärmung und die Existenz von weltweit 200 Mio Menschen ist durch die weitere Entwicklung gefährdet.

Der Anstieg der Durchschnittstemperatur ist hauptsächlich durch den Anstieg der Konzentration bestimmter Gase wie CO_2 in der Atmosphäre verursacht. Da dies eine Folge des Wirkens der Menschen auf der Erde ist, heißt dieser Effekt **anthropogener** – vom Menschen verursachter – **Treibhauseffekt.** Seine Wirkung beträgt heute erst 2 % des natürlichen Treibhauseffektes.

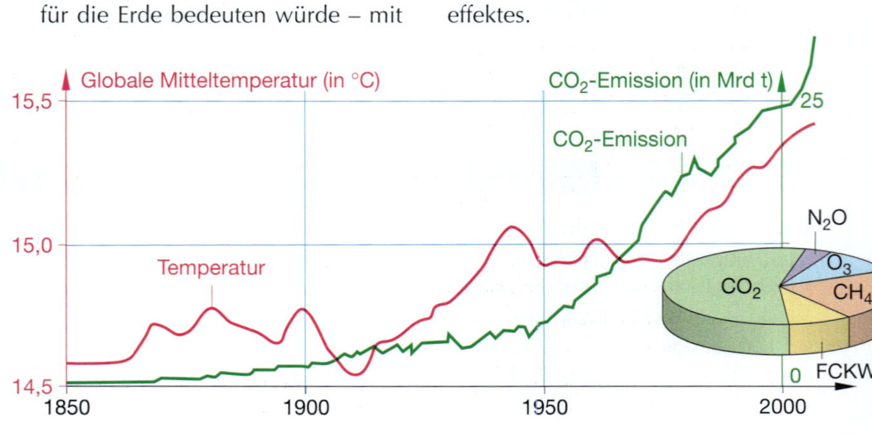

Die Treibhausgase

Für die Absorption der Infrarotstrahlung in der Atmosphäre sind hauptsächlich die Gase Kohlenstoffdioxid (CO_2), Methan (CH_4), Lachgas (N_2O), Fluorchlorkohlenwasserstoff (FCKW) und Wasserdampf verantwortlich.

Kohlenstoffdioxid

Seit der vorindustriellen Zeit ist die CO_2-Konzentration in der Atmosphäre von 0,028 % auf 0,038 % angestiegen. Nach neuen Berechnungen droht bei einer Konzentration von 0,042 % eine Klimakatastrophe mit einer Aufheizung der Erde um bis zu 6,4 K. Das kann bald erreicht sein, wenn nicht gegengesteuert wird, da zurzeit die Konzentration jährlich um 0,00025 % zunimmt.
CO_2 entsteht hauptsächlich bei der Verbrennung fossiler Energieträger in Öfen, Automotoren, Kraftwerken und Fabriken.

Methan

Durch die weltweite Viehwirtschaft werden jährlich 80 Mio Tonnen Methan aus den Mägen der Tiere freigesetzt. Die Rülpser der Rinder sind deutlich schädlicher für die Atmosphäre als CO_2.

Lachgas

Das Gas Distickstoffmonoxid ist momentan noch nicht so stark für den Treibhauseffekt verantwortlich. Durch zunehmenden Düngereinsatz in der Landwirtschaft und weitere Verbreitung von Abgaskatalysatoren bei Autos wird sein Anteil in der Atmosphäre aber weiterhin zunehmen.

Fluorchlorkohlenwasserstoffe

Die Schädlichkeit dieser unterschiedlichen Stoffe wurde schon 1991 zum Anlass genommen, ihre Verwendung in Spraydosen in Deutschland zu verbieten.
Diese ungiftigen Gase bauen sich besonders langsam in der Atmosphäre ab, steigen deshalb in große Höhen auf und schädigen dort zusätzlich die Ozonschicht. Sie werden aber noch immer als Treibgase zum Aufschäumen von Kunststoffen, als Kältemittel in Klimaanlagen und als Lösungsmittel in Reinigungen verwendet.

Wasserdampf

Hauptverursacher des natürlichen Treibhauseffekts ist der Wasserdampf. Er allein ist für 60 % der Wirkung verantwortlich. Da er zum größten Teil durch Verdunstung entsteht und natürlichen Ursprungs ist, wird er nicht zu den „Treibhausgasen" gezählt. Eine Zunahme des Wasserdampfes in der Atmosphäre hätte eine gegenläufige Wirkung, da dann die Erdoberfläche durch Wolkenbildung beschattet würde und sich weniger stark aufheizte.

Ausblick

Neben diesen Gasen gibt es noch viele weitere, die zur Erwärmung der Erde beitragen. Beim Einsatz großer Mengen von Gasen in der Industrie wird sich erst Jahre später zeigen, welche Auswirkungen sie haben.
Außer der Verringerung der Produktion der Treibhausgase werden heutzutage Möglichkeiten diskutiert, die Treibhausgase bei der Entstehung aufzufangen und unterirdisch in Sandsteinschichten zu lagern. Eventuell könnten auch Algen durch Zugabe von Eisen dazu gebracht werden, größere Mengen von CO_2 zu binden.

Treibhauseffekt ist die Erhöhung der mittleren Temperatur der Erde, weil die Abstrahlung von Energie durch atmosphärische Gase verhindert wird.

	Kohlenstoffdioxid CO_2	Methan CH_4	Lachgas N_2O	Fluorchlorkohlenwasserstoffe (FCKW)
Verweildauer in der Atmosphäre in Jahren	50–200 a	9–15 a	120 a	20–300 a
Treibhauswirksamkeit (Schädlichkeit) im Vergleich zu CO_2	1	21	310	11770
Konzentration in der Atmosphäre 2006	380000 ppb	1783 ppb	319 ppb	3 ppb
Zunahme der Konzentration seit Beginn der Industrialisierung	28 %	146 %	13 %	keine Angaben
Anteil am anthropogenen Treibhauseffekt	64 %	20 %	6 %	10%
ppb: parts per billion (Gasteilchen pro Milliarde Luftteilchen)				

Wege aus der Krise

Die EU hat 2007 beschlossen, den Kohlenstoffdioxid-Ausstoß bis 2020 um 20 % gegenüber 1990 zu verringern. Damit soll der ungewollte Treibhauseffekt – auch mit entsprechender Teilnahme anderer Staaten – stark reduziert werden. Dazu ist es nötig, in allen Bereichen nach Verbesserungsmaßnahmen zu suchen.

Kraftwerke

13 % der Treibhausgase werden bei der Herstellung von „Strom" freigesetzt. Langfristig wird erwartet, dass bis zu 20 % der elektrischen Energie durch bessere Technologie und Sparmaßnahmen kostendeckend eingespart werden kann. Die übrigen 80 % sollten mit möglichst geringen Emissionen erzeugt werden.

Deshalb wird wieder über mehr Kernkraftwerke nachgedacht. Wünschenswert wäre ein möglichst großer Anteil der erneuerbaren Energien an der Stromproduktion. Es wird aber damit gerechnet, dass dieser mittelfristig nur auf 20 % steigen kann.

Privat kann jeder mithelfen, indem Stand-by-Betrieb von Geräten unterlassen wird, unnötige Netzgeräte abgeschaltet und sparsame Geräte verwendet werden.

Energieart	CO_2
Strommix insgesamt	600 g
Braunkohlekraftwerk	950 g
Steinkohlekraftwerk	740 g
Gaskraftwerk	340 g
Fotovoltaik	98 g
Kernkraft (ohne Entsorgung)	31,4 g
Windkraft	18,5 g
Holzenergie	11,5 g

Die nebenstehende Tabelle zeigt, wie viel Gramm CO_2 bei der Herstellung von 1 kWh elektrischer Energie entstehen unter Berücksichtigung der CO_2-Freisetzung bei der ganzen Prozesskette (z. B. Rohstoffabbau, Kraftwerksbau, Abfallentsorgung, Verbrennung, …).

Verkehr

Auf den Personenverkehr entfallen 25 % der entstehenden Treibhausgase. Auch hier steckt das größte Einsparpotenzial in der Vermeidung von Fahrten. Für die Urlaubsreise sollte besser mit dem Bus gefahren werden als zu fliegen. Das Flugzeug erzeugt nicht nur mehr CO_2, in den großen Flughöhen wird die Atmosphäre zudem deutlich stärker geschädigt als am Boden.

Heizung

Energieträger	$\frac{g\ CO_2}{kWh}$
Strom	600
Heizöl	300
Erdgas	230
Pellets	60

Durch geeignete Dämmmaßnahmen der Gebäude lässt sich der CO_2-Ausstoß der Heizungen halbieren. Er macht immerhin 18 % der Treibhausgase aus.
Wird die Heizanlage modernisiert oder durch Sonnenkollektoren ergänzt, sinkt der CO_2-Ausstoß noch einmal deutlich. Während die Menschheit heute pro Jahr die Energiemenge in Form von Mineralöl nutzt, die vor Jahrmillionen in jeweils 400 Jahren eingelagert worden war, werden etwa bei den Holz-Pellets Rohstoffe genutzt, die beim Wachsen CO_2 gebunden haben. Holzheizungen produzieren also kein neues CO_2.

Nahrung

Durch die Herstellung und den Transport von Lebensmitteln entstehen 21 % der CO_2-Emissionen. Dabei sind diese Prozesse umso schädlicher für die Umwelt, je mehr die Lebensmittel veredelt wurden. Rohkost zu essen schädigt die Umwelt viel weniger als Fast-Food-Fleisch.
Obwohl meist die weiten Transportwege unserer Lebensmittel kritisiert werden, entfallen nur 3 % der CO_2-Emissionen bei der Lebensmittelherstellung auf den Transport, aber 97 % auf Entstehung und Verarbeitung.

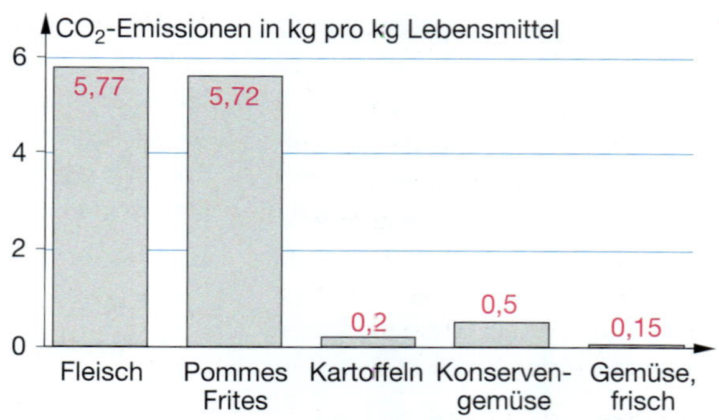

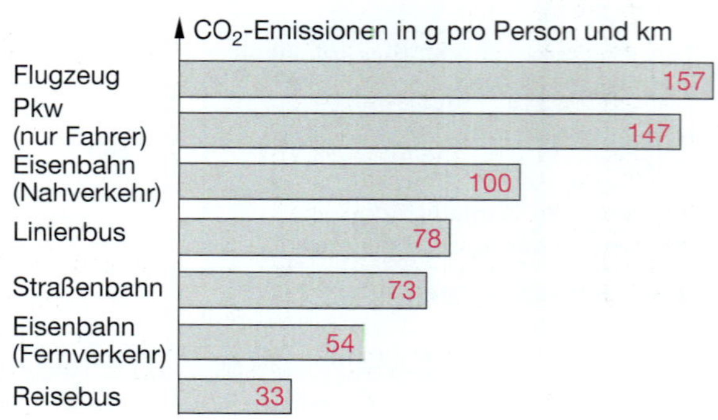

Weniger Verkehr – weniger CO_2

Menschen, Waren oder Ideen von Ort zu Ort zu bewegen (Logistikprozesse), ist in einer funktionierenden Wirtschaft unvermeidlich. Ihre Gestaltung ist auch unter Gesichtspunkten des Klimawandels eine wichtige Frage. Das diesbezügliche Ziel ist es, Logistikprozesse so zu optimieren, dass sie möglichst komplett vermieden werden können. Dies spart Zeit, Kosten und CO_2.
Videokonferenzen sind eine klimaschonende Alternative zu Geschäftsreisen. Solche virtuellen Meetings verursachen nur den CO_2-Ausstoß, den die Erzeugung der dafür erforderlichen elektrischen Energie hervorruft.

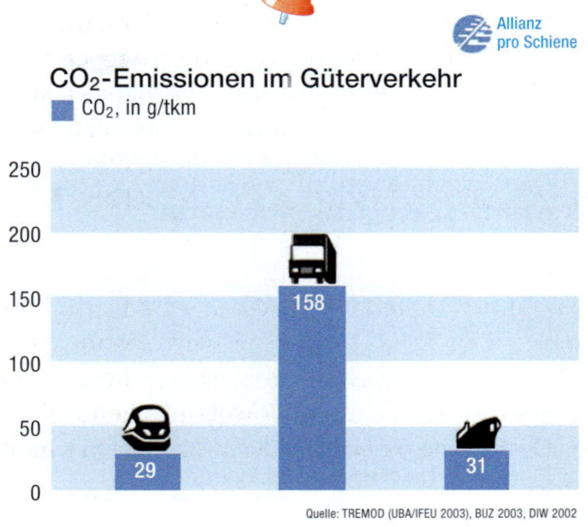

Umweltvergleich zwischen LKW, Bahn und Binnenschiff

Mit rund 70 % Anteil an der Verkehrsleistung dominiert der LKW auf der Straße das Güteraufkommen in Deutschland. Weit abgeschlagen folgen Schiene (15,5 %) und Binnenschifffahrt (11,3 %).
Nicht nur der Anteil an der Verkehrsleistung ist im Straßengüterverkehr sehr hoch, sondern auch die daraus resultierenden Umweltfolgen sind beim LKW pro transportierter Tonne je Kilometer (t/km) überproportional negativ.

CO_2 - Label für KFZ

Am Verkaufsort von Neufahrzeugen muss ein Hinweis auf den Kraftstoffverbrauch und die CO_2-Emissionen am Fahrzeug oder in unmittelbarer Nähe so angebracht werden, dass dieser deutlich sichtbar ist und eindeutig zugeordnet werden kann.

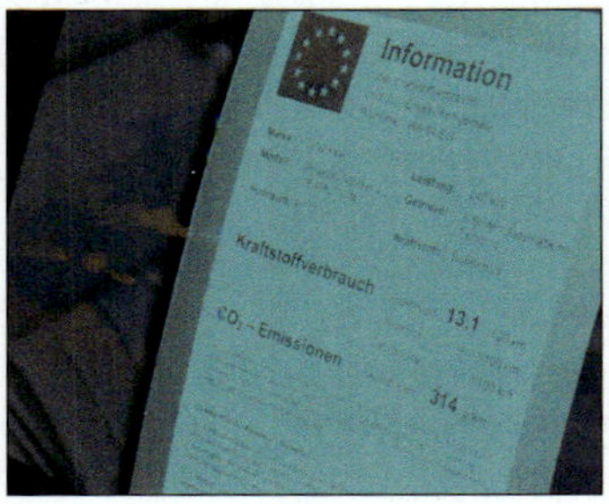

CO_2-Ausstoß von Flugzeug, PKW, Bahn und Bus

	CO_2-Emission in g/km pro Person	CO_2-Ersparnis gegenüber dem PKW
Flugzeug	380	+ 153 %
moderner Mittelklasse-PKW	150	0
Bahn	40	- 73 %
Reisebus	20	- 87 %
Mittelklasse-Elektro-PKW (16 kWh/100 km)	100 (7 mit Ökostrom)	- 33 (95) %
Leichtbau-Elektro-PKW (8 kWh/100 km)	50 (3,5 mit Ökostrom)	- 66 (97) %

In der Europäischen Union ist der Anteil des Verkehrs an den gesamten CO_2-Emissionen von 19 % im Jahre 1985 auf 26 % im Jahre 1995 gestiegen. Die verkehrsbedingten CO_2-Emissionen der EU machen derzeit etwa 3,5 % aller CO_2-Emissionen weltweit aus. Jegliche Maßnahme zur Verringerung der CO_2-Emissionen erfordert einen Eingriff bei den verkehrsbedingten Emissionen.

Grundwissen — Energieströme – Energienutzung

ENERGIE

Energieströme

Ein Energiestrom von Körper ① zu Körper ② kommt zustande, wenn für ihre Zustände $\varphi_1 > \varphi_2$ ist. Dabei nimmt φ_1 ab, φ_2 zu. Wenn $\Delta\varphi = \varphi_1 - \varphi_2 = 0$ erreicht ist, endet der Energiestrom.

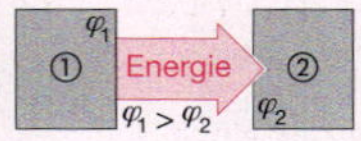

Ein Energiestrom zu einem Körper hin oder von ihm weg ändert den Zustand des Körpers von φ_A auf φ_E um $\Delta\varphi = \varphi_E - \varphi_A$.

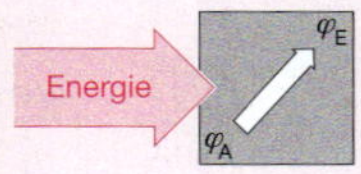

Energieströme werden charakterisiert durch ihre *Energiestromstärke* $\boldsymbol{P = \frac{\Delta E}{\Delta t}}$,
Geräte (Energiewandler) durch ihre *Energiewandlungsrate* $\boldsymbol{P = \frac{\Delta E}{\Delta t}}$.
P wird als **Leistung** bezeichnet.

Energienutzung

Etwa 60 % aller in Deutschland genutzten Energie stammt aus Kohle, Erdöl, Erdgas und Uran; also aus **fossilen Energieträgern,** die nach der Wandlung in Sekundärenergie (mit den Trägern Koks, Brikett, Benzin Diesel, Heizöl, elektrischer Strom) verbraucht sind, also dem Energievorrat der Erde unersetzbar entnommen sind. **Regenerative Energien** stehen dagegen fortwährend zur Verfügung. Nur weniger als 40 % der eingesetzten Primärenergie wird schließlich zu Nutzenergie.

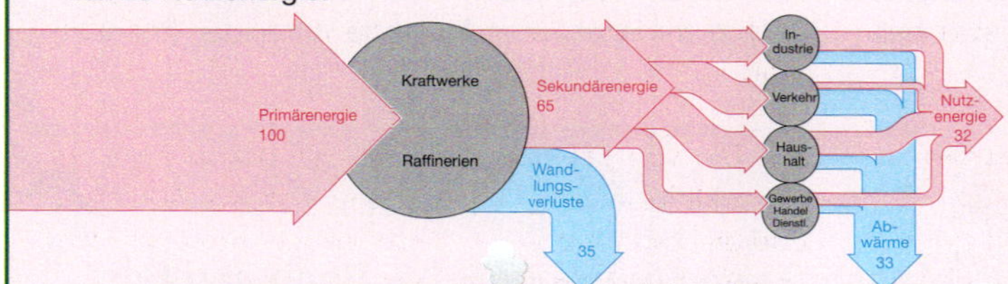

Wärmekraftwerk

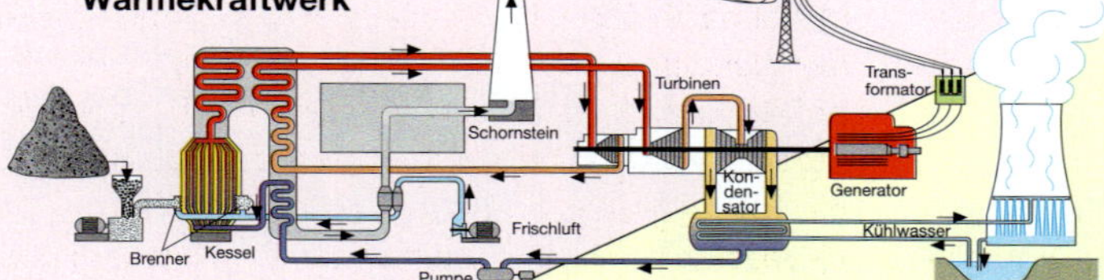

Wärmekraftmaschinen

Der geringe Wirkungsgrad von Verbrennungsmotoren bzw. von Wärmekraftwerken, die entstehenden Abgase (allesamt *Treibhausgase*) und die Endlichkeit der Primärenergieträger zeigen, dass Verbrennungsvorgänge keine idealen Energiegewinnungsprozesse sind.

SYSTEM

Viertakt-Motor

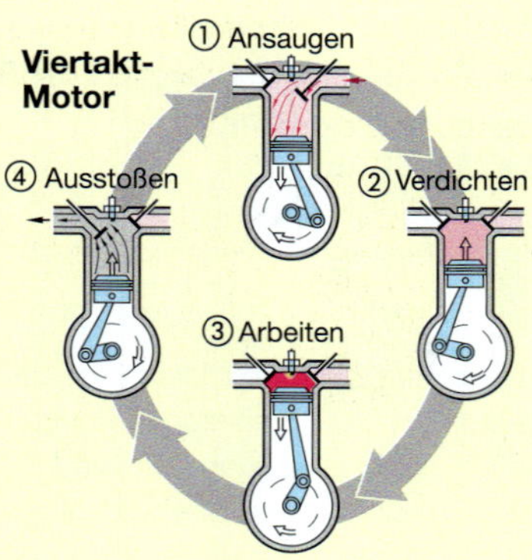

Energiewandlung

Energieentwertung: Ein Vorgang ist
- **reversibel,** wenn er umkehrbar ist,
- **irreversibel,** wenn er nur in einer Richtung abläuft.

Die meisten Energiewandlungsprozesse sind irreversibel, weil ein Teil der entstehenden thermischen Energie nicht zurückgewandelt werden kann; dieser Teil der Energie ist entwertet.

Wirkungsgrad
Der Wirkungsgrad $\eta = \frac{E_{nutz}}{E_{zugef}}$ gibt an, wie gut die eingesetzte Energie genutzt wird. Es gilt

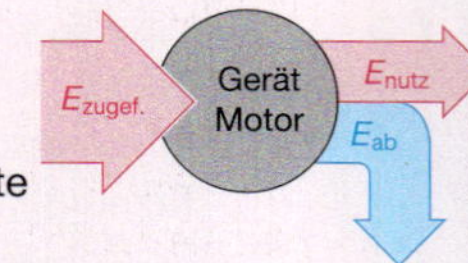

$$\eta = \frac{E_{nutz}}{E_{zugef}} = \frac{E_{zugef} - E_{abgef}}{E_{zugef}} = 1 - \frac{E_{abgef}}{E_{zugef}}$$

Optimal wäre, wenn alle zugeführte Energie genutzt werden könnte, also $E_{zugef} = E_{nutz}$ wäre, d. h. $\eta = 1$.
Reale Energiewandlungen in Wärmekraftmaschinen sind irreversibel. Bei ihnen ist immer $E_{zugef} > E_{nutz}$. Deshalb ist ihr Wirkungsgrad η_{real} immer kleiner als 1.
Der maximal erreichbare Wirkungsgrad η_{ideal} kann auch berechnet werden aus den Temperaturen, bei denen Energie zu- (T_z) oder abgeführt (T_a) wird:

$$\eta_{ideal} = 1 - \frac{T_a}{T_z}.$$

Grundbegriffe

A1 Fertige mit den Grundbegriffe auf der linken Seite Karteikarten an. Notiere den Begriff auf der Vorderseite und erläutere ihn auf der Rückseite, eventuell mit Einheiten und sonstigen Besonderheiten.
Anstelle der Karteikarten kannst du auch eine elektronische Datenbank anlegen.

A2 Ermittle im Internet den Wirkungsgrad von Energiesparlampen. Nimm dann kritisch Stellung zum Begriff „Energiesparlampe".

A3 Marcella behauptet, dass es im Badezimmer kälter wird, wenn die Badewanne mit kaltem Wasser gefüllt ist. Hat sie recht? Begründe deine Antwort.

A4 **a)** Skizziere durch Beschreibung und Zeichnung den Funktionsablauf eines Stirlingmotors.
b) Ein Stirlingmotor bleibt stehen, wenn die Kühlung ausfällt. Gib an, welche Wirkung diese Panne auf die eingeschlossene Luft im Motor hat. Benutze zur Erläuterung das Energieschema des Verdichtungstaktes.

A5 In der Zeichnung ist die Reihenfolge der Takte eines Viertakt-Benzinmotors durcheinander geraten.

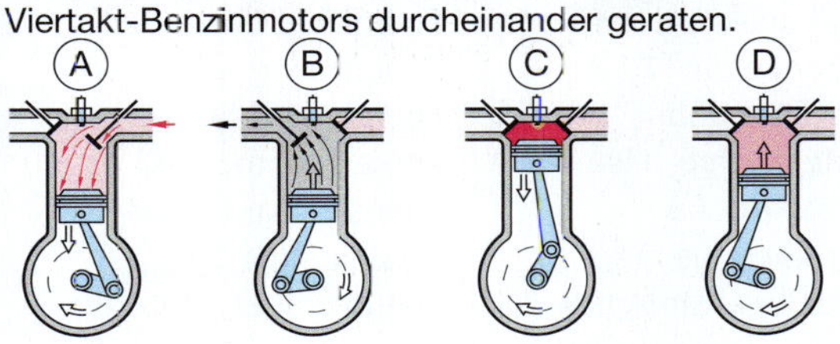

a) Welche Takte sind jeweils dargestellt?
b) Gib die richtige Reihenfolge an und begründe.

A6 Die Grafik unten zeigt ein vereinfachtes Energiefluss-Diagramm für ein Wärmekraftwerk.
a) Berechne die fehlenden Werte und bestimme den Wirkungsgrad des Wärmekraftwerks. Wie viel Energie ist entwertet worden?
b) Zeichne das Energiefluss-Diagramm maßstabsgetreu.

A7 **a)** Nenne Energiewandlungen, die irreversibel sind, und beschreibe diese Vorgänge.
b) Ist „Energieverlust" ein physikalisch sinnvolles Wort? Begründe deine Antwort.

A8 Im deutschen „Strom"-Verbundnetz sind etwa 75 Großkraftwerke und viele Kleinkraftwerke zusammengeschaltet.
a) Unterscheide die Kraftwerkstypen nach dem verwendeten Primärenergieträger bzw. nach der Art der Energiegewinnung.
b) Der tägliche Bedarf an elektrischer Energie ist nicht konstant. Beschreibe grob die Lastkurve. Erläutere, wodurch Spitzenlasten in der Versorgung mit elektrischer Energie zustande kommen.
c) Erstelle für zwei Tageszeiten je ein Kreisdiagramm, welches zeigt, durch welche Kraftwerke der bundesweite Energiebedarf gedeckt wird.
d) Begründe den Einsatz unterschiedlicher Kraftwerkstypen.
e) Bewerte den Umwandlungsprozess von Primär- in Sekundärenergie für verschiedene Kraftwerkstypen unter dem Umweltaspekt und dem erzielten Wirkungsgrad.

A9 Die von der Industrie und der Bevölkerung für Produktion, das Leben und die Mobilität benötigte Energie kann nicht auf Dauer in der heutigen Form „erzeugt" und genutzt werden.
a) Nenne Gründe für die notwendigen Änderungen der Wandlungsprozesse und der Nutzung.
b) Die Nutzung regenerativer Energien hat bestimmte Standortvoraussetzungen. Liste Vor- und Nachteile der Nutzung regenerativer Energien auf.
c) Beschreibe Möglichkeiten zur Reduzierung und zur alternativen Bereitstellung des Energiebedarfs in privaten Haushalten. Unterscheide technische und persönliche Maßnahmen.
d) Erstelle eine Übersicht mit den heutigen Nutzungsmöglichkeiten von Solarzellen.

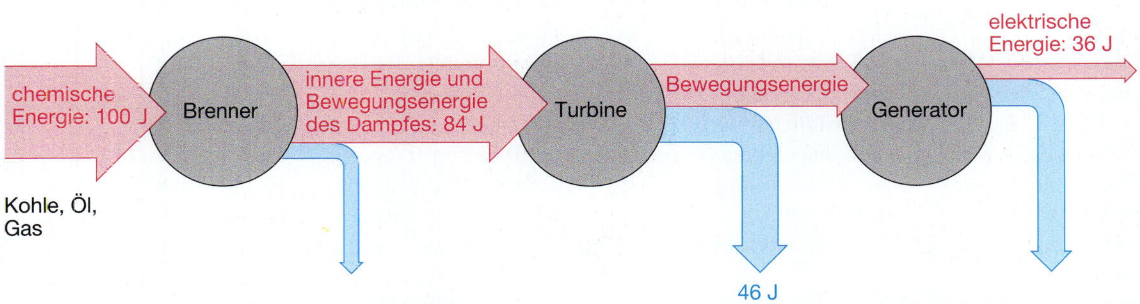

Anhang

Stichworte

Z

Vorsätze für Einheiten

Bezeichnung	kurz	Zahlenwert	Potenz	Zahlwort	Größenordnungsvergleich
Exa	E	1 000 000 000 000 000 000	10^{18}	Trillion	Die Anzahl der Sandkörner in einem 1000 km langen Strand, der so breit ist wie bei St. Peter-Ording, z. B. die Küste Marokkos
Peta	P	1 000 000 000 000 000	10^{15}	Billarde	Die Anzahl der Sandkörner in einem Strandabschnitt von 1 km Breite, 1 km Länge und 1 m Tiefe (z. B. St. Peter-Ording)
Tera	T	1 000 000 000 000	10^{12}	Billion	Die Anzahl der Sandkörner in einem Streifen von 1 m Breite, 1 km Länge und 1 m Tiefe (Streifen etwa des Strandes bei St. Peter-Ording)
Giga	G	1 000 000 000	10^{9}	Milliarde	Die Anzahl der Sandkörner in einem Würfel von 1 m Kantenlänge voller Sand
Mega	M	1 000 000	10^{6}	Million	Die Anzahl der Sandkörner in einem Würfel von 10 cm Kantenlänge voller Sand
Kilo	k	1 000	10^{3}	Tausend	Die Anzahl der Sandkörner in einem Würfel von 1 cm Kantenlänge voller Sand
Hekto	h	100	10^{2}	Hundert	Die Anzahl der dicht liegenden Sandkörner in einer Fläche von 10 mm mal 10 mm = 1 cm^2
Deka	da	10	10^{1}	Zehn	Eine Reihe von 10 Sandkörnern = 1 cm lang
Eins	–	1	10^{0}	Eins	Ein einzelnes Sandkorn
Dezi	d	0,1	10^{-1}	Zehntel	
Zenti	c	0,01	10^{-2}	Hundertstel	
Milli	m	0,001	10^{-3}	Tausendstel	
Mikro	µ	0,000 001	10^{-6}	Millionstel	
Nano	n	0,000 000 001	10^{-9}	Milliardstel	
Piko	p	0,000 000 000 001	10^{-12}	Billionstel	
Femto	f	0,000 000 000 000 001	10^{-15}	Billiardstel	
Atto	a	0,000 000 000 000 000 001	10^{-18}	Trillionstel	

Ausschnitt aus der Nuklidkarte

Elemente	**B** 10,81	Elementsymbol, Atommasse in u
Stabile Nuklide	**Pb208** 52,4 %	Elementsymbol und Nukleonenzahl, Häufigkeit des Vorkommens im natürlichen Element

α-Zerfall		β⁻-Zerfall		β⁺-Zerfall
Ra226 1600 a (α, γ)	← $t_{1/2}$	**Pb214** 26,8 min (β^-, γ)	← $t_{1/2}$ →	**Na22** 2,60 a (β^+, γ)

Häufigkeit der Zerfallsarten: **Ac226** 29 h — Die farbigen Flächen sind ein Maß für die Häufigkeit der jeweiligen Zerfälle

β^--Zerfall (heißt im Buch β-Zerfall)

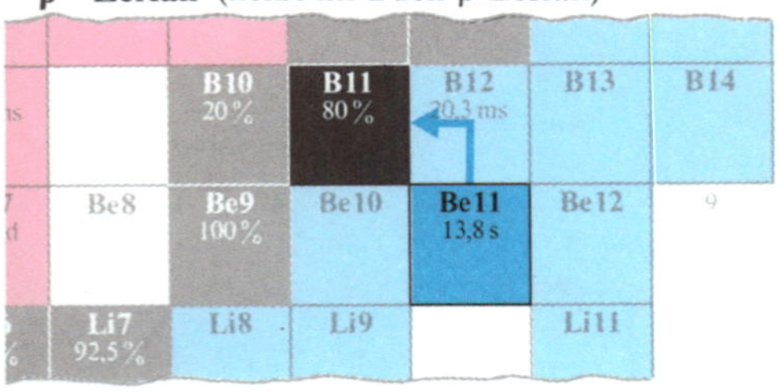

α-Zerfall

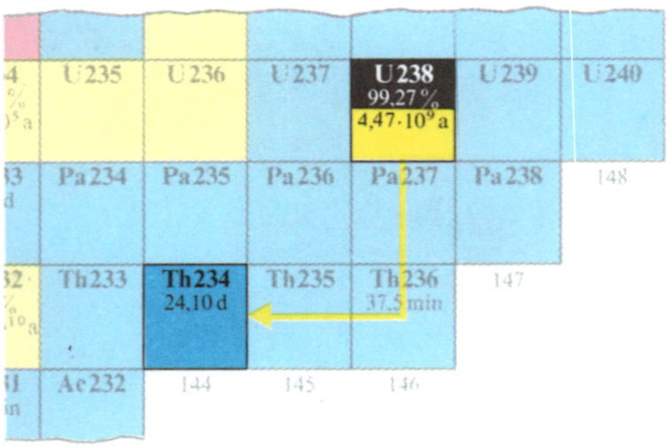

β^+-Zerfall (wird im Buch nicht erklärt)

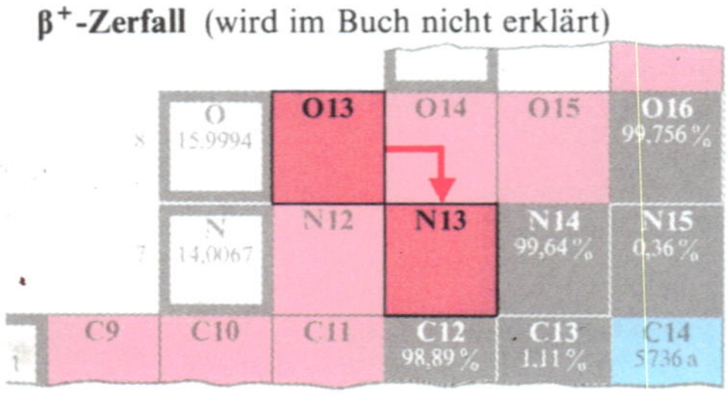

Z \ N	120	121	122	123	124	125	126	127	128	129
91					**Pa** 231,0359	**Pa216** 0,20 s	**Pa217** 4,9 ms	**Pa218** 0,12 ms		
90			**Th** 232,0381	**Th213** 0,14 s	**Th214** 0,10 s	**Th215** 1,2 s	**Th216** 28 ms	**Th217** 252 µs	**Th218** 0,1 µs	**Th219** 1,0 µs
89	**Ac209** 0,10 s	**Ac210** 0,35 s	**Ac211** 0,25 s	**Ac212** 0,93 s	**Ac213** 0,80 s	**Ac214** 8,2 s	**Ac215** 0,17 s	**Ac216** ~0,3 ms	**Ac217** 0,07 µs	**Ac218** 0,27 µs
88	**Ra208** 1,4 s	**Ra209** 4,6 s	**Ra210** 3,7 s	**Ra211** 13 s	**Ra212** 13 s	**Ra213** 2,74 min	**Ra214** 2,5 s	**Ra215** 1,6 ms	**Ra216** 0,18 µs	**Ra217** 1,6 µs
87	**Fr207** 14,8 s	**Fr208** 59 s	**Fr209** 50,0 s	**Fr210** 3,18 min	**Fr211** 3,10 min	**Fr212** 20,0 min	**Fr213** 34,6 s	**Fr214** 5,0 ms	**Fr215** 0,09 µs	**Fr216** 0,70 µs
86	**Rn206** 5,67 min	**Rn207** 9,3 min	**Rn208** 24,4 min	**Rn209** 28,5 min	**Rn210** 2,4 h	**Rn211** 14,6 h	**Rn212** 24 min	**Rn213** 25 ms	**Rn214** 0,27 µs	**Rn215** 2,3 µs
85	**At205** 26,2 min	**At206** 29,4 min	**At207** 1,8 h	**At208** 1,63 h	**At209** 5,4 h	**At210** 8,3 h	**At211** 7,2 h	**At212** 314 ms	**At213** 0,11 µs	**At214** 790 ns
84	**Po204** 3,52 h	**Po205** 1,8 h	**Po206** 8,8 d	**Po207** 5,84 h	**Po208** 2,898 a	**Po209** 102 a	**Po210** 138,38 d	**Po211** 0,516 s	**Po212** 0,3 µs	**Po213** 4,2 µs
83	**Bi203** 11,76 h	**Bi204** 11,3 h	**Bi205** 15,31 d	**Bi206** 6,24 d	**Bi207** 33,4 a	**Bi208** $3{,}68\cdot10^5$ a	**Bi209** 100 %	**Bi210** 5,01 d	**Bi211** 2,13 min	**Bi212** 60,55 min
82	**Pb202** $3\cdot10^5$ a	**Pb203** 51,9 h	**Pb204** 1,4 % $1{,}4\cdot10^{17}$ a	**Pb205** $1{,}5\cdot10^7$ a	**Pb206** 24,1 %	**Pb207** 22,1 %	**Pb208** 52,4 %	**Pb209** 3,25 h	**Pb210** 22,3 a	**Pb211** 36,1 min
81	**Tl201** 73,5 h	**Tl202** 12,2 d	**Tl203** 29,5 %	**Tl204** 3,78 a	**Tl205** 70,5 %	**Tl206** 4,20 min	**Tl207** 4,8 min	**Tl208** 3,054 min	**Tl209** 2,2 min	**Tl210** 1,3 min
80	**Hg200** 23,1 %	**Hg201** 13,2 %	**Hg202** 29,7 %	**Hg203** 46,6 d	**Hg204** 6,8 %	**Hg205** 5,2 min	**Hg206** 8,2 min			
79	**Au199** 3,13 d	**Au200** 48,4 min	**Au201** 26,4 min	**Au202** 28 s		**Au204** 40 s				
78	**Pt198** 7,2 %	**Pt199** 30,8 min	**Pt200** 12,5 h	**Pt201** 2,5 min						
77	**Ir197** 8,9 min	**Ir198** 8 s								